히말라야*Himalaya* 아시아의 산맥으로 인도 대륙과 티베트 고원 사이에 놓여 있다. 전체 길이 2400km, 너비 약 20km, 전체 면적은 59만 4400㎢에 이르며, 에베레스트 산을 비롯한 14개의 8000m 봉우리가 모두 이곳에 모여 있다. 파키스탄, 인도, 중국, 부탄, 네팔에 걸쳐 있으며, 인더스 강, 갠지스 강, 브라마푸트라 강, 양쯔 강 등의 발원지이기도 하다. 산지 정상 부분은 만년설로 덮여 있어, 이 설원을 신성시하는 성지순례 동산가들이 이 산맥을 '히말라야'(산스크리트로 hima는 '눈', laya는 '보금자리' 또는 '집'이라는 뜻)라고 부르게 되었다. 히말라야 산맥은 중국과 인도 사이의 교통을 가로막는 장벽일 뿐만 아니라 대기의 대순환에 있어서도 장애가 되어 겨울에는 북쪽의 찬기류가 이 산맥을 넘지 못하고, 여름에는 남쪽의 남서무역풍이 북으로 올라가지 못한다. 남쪽은 급격□□□□□□□□□□스탄 평원과 높은 고도차를 보이는 반면, 북쪽은 티베트 고원과 연결되어 낮□□□□□□□□□ 가파른 봉우리, 깊게 팬 계곡, 곡빙하, 풍부한 난대식물과 고산□□□□□□□□□□□세계 등산가들과 식물학자들의 발길을 끄는 가장 큰 도전장□□

취재지역 본문 14~27 페이지 참조

A 바후사타르 (파키스탄)
B 낭가파르바트 (파키스탄)
C 발티스탄 (파키스탄)
D 데오사이 (파키스탄)
E 라다크 (인도)
F 잔스카르 (인도)
G 카슈미르 분지 주변 (인도)
H 히마찰 (인도)
I 가르왈 동북부 (인도)
J 난다데비 (인도)
K 네팔 서부 (네팔)

L □□□□□ (네팔)
M 안나푸르나, 마나슬루 (네팔)
O 헬람부 (네팔)
P 랑탕, 고사인쿤드 (네팔)
Q 롤왈링 (네팔)
R 솔루 (네팔)
S 쿰부 (네팔)
T 마칼루, 잘잘레 (네팔)
U 틴주레, 타플레중 (네팔)
V 칸첸중가, 싱갈리라 (네팔, 인도)

W 시킴 동부 (인도)
X 부탄 서·중부 (부탄)
Y 티베트 남부 (중국)
Y₁ 시사팡마 (중국)
Y₂ 초모랑마 (중국)
Y₃ 얄룽창포 중류 지역 (중국)
Y₄ 간덴, 삼예 (중국)
Z 티베트 남동부 (중국)
Z₁ 차리 계곡 (중국)
Z₂ 파숨 호수 (중국)
Z₃ 남차바르와 (중국)

히말라야 식물대도감
HIMALAYAN PLANTS ILLUSTRATED

히말라야 식물대도감

글과 사진 _ 요시다 도시오
역자 _ 박종한

1판 1쇄 인쇄 _ 2008. 3. 28.
1판 1쇄 발행 _ 2008. 4. 7.

발행처 _ 김영사
발행인 _ 박은주

등록번호 _ 제406-2003-036호
등록일자 _ 1979. 5. 17.

경기도 파주시 교하읍 문발리 출판단지 515-1 우편번호 413-834
마케팅부 031)955-3100, 편집부 031)955-3250, 팩시밀리 031)955-3111

이 책의 한국어판 저작권은 (주)한국저작권센터(KCC)를 통한
저작권자와의 독점계약으로 김영사에 있습니다.
저작권법에 의해 한국 내에서 보호를 받는 저작물이므로 무단전재와 무단복제를 금합니다.

값은 표지에 있습니다.
ISBN 978-89-349-2856-0 03480

독자의견 전화 _ 031)955-3200
홈페이지 _ http://www.gimmyoung.com
이메일 _ bestbook@gimmyoung.com

좋은 독자가 좋은 책을 만듭니다.
김영사는 독자 여러분의 의견에 항상 귀 기울이고 있습니다.

히말라야 식물대도감

HIMALAYAN PLANTS ILLUSTRATED

요시다 도시오 글·사진 | 박종한 옮김

김영사

목차

속씨식물 쌍자엽 합변화류

속씨식물 쌍자엽 이변화류

속씨식물 단자엽류 · 겉씨식물

일러두기

● 전부 1,771 항목이며 대부분 종(種)으로 분류되어 있으나, 기준아종 외의 아종 40 항목, 기준변종 외의 변종 61 항목, 기준품종 외의 품종 2 항목, 그리고 신종일 가능성이 높은 것과 종명 분류가 불가능한 것도 82 항목 포함되어 있다. 종으로 분류된 항목의 대부분은 기본적으로 히말라야에서 찾아볼 수 있는 종 전체를 기술했으므로, 항목 내에 복수 아종 및 변종, 품종을 포함하는 것도 많다. 그러나 종의 항목 중에는 기준아종, 기준변종, 기준품종에 한정된 것도 있으므로 그 항목 내에서 다른 아종 및 변종, 품종을 언급한 경우도 있다. 기준아종 및 기준변종, 기준품종의 항목에는 각각의 라틴어 학명에 종소명과 아종명 및 변종명, 품종명을 병기했다.
● 각 항목과 그에 대한 사진은 한눈에 들어오도록 배치하고, 각 식물명 앞에 일련번호를 표기했다. 한 항목에 두 점 이상의 사진이 첨부된 경우에는 사진의 일련번호에 소문자 알파벳을 순서대로 덧붙였다.
● 과(科)의 순서는 1964 년에 정립된 신 엥글러 분류체계를 기준으로 하며, 쌍자엽(雙子葉) 식물을 합변화류(合弁花類, 후생화피아강後生化被亞綱)와 이변화류(離弁花類, 고생화피아강古生花被亞綱)로 분류하고 진화 방향과는 반대로 배열했다. 그러나 레이아웃은 순서가 바뀐 부분도 많다. 또한 최근의 유력한 설을 도입해 신 엥글러 체계의 산토끼꽃과에서 모리나과를, 노루발과에서 구상난풀과를, 범의귓과에서 까치밥나뭇과와 수국과 그리고 물매화과를, 양귀비과에서 현호색과를, 수련과에서 연꽃과를, 뽕나뭇과에서 삼과를, 생강과에서 코스투스(costus)과를 각각 독립시켰다. 속과 각 항목은 가급적 모양이 비슷한 것끼리 배치해 형태의 차이를 쉽게 비교할 수 있도록 했다.
● 각 항목은 식물명(학명 또는 한글명) 표기와 속명의 라틴어 학명 표기로 시작되며, 그 밑에 분포와 개화기가 이어진다. 〔〕안의 학명은 용어를 포함해 예전에 항목식물과 그 군락에 붙여진 이명(異名)을 나타낸다. 분포란의 지역명(p.13 그림5 참조)은 기본적으로 서쪽에서 동쪽으로 열거하고, 마지막에 티베트를 포함한 중국의 지역명을 넣었다. 또한 분포란에 삽입된 기호는 다음과 같이 3 단계의 출현빈도를 나타낸다.
　　　□ / 넓은 지역에서 쉽게 찾아볼 수 있는 것
　　　◇ / 분포지역이 한정되어 있지만 그 지역에서는 쉽게 찾아볼 수 있는 것
　　　■ / 좀처럼 찾아볼 수 없는 것
● 각 항목의 본문은 수직분포(p.39 참조)와 생육환경으로 시작된다. 1 년초, 상록관목 등의 별다른 표기가 없는 것은 다년초를 의미한다. 본문의 형태 설명은 저자가 촬영지에서 기록한 내용과 촬영 개체군의 표본에서 얻은 자료를 기본으로 기술하고, 몇몇의 참고자료에서 보충했으며, 식물이 가장 아름답게 보일 때의 자료를 중심으로 했다. 따라서 개화기 후반이나 과실기의 것, 그늘이나 밀집한 군락 내에서 자란 것 등 모든 표본을 무차별적으로 모은 일반 식물서적과 비교하면, 꽃줄기가 짧고 전체적으로 볼 때 꽃의 크기가 다소 크게 느껴질 수 있다. 형태 설명 뒤에 이어지는 * 표시는 해당 사진에 관한 보충 설명이다.
● 사진 밑에는 일련번호와 식물명에 이어 촬영날짜, 촬영지, 해발고도를 명기했다. 촬영지 첫머리에 표기된 알파벳 A-Z3 는 지역도(p.16~27)에 대응한다. 멸종 위기에 있는 식물의 촬영지는 광역지명으로 한정했다.

히말라야 식물 연구사

글_오바 히데아키大場秀章(도쿄대학 종합연구박물관 교수)

꽃의 낙원 히말라야

식물과 산을 좋아하는 사람에게 히말라야는 동경의 땅이다. 히말라야는 맑은 날 인도 평원 북쪽으로 보이는, 하얀 눈을 뒤집어쓴 높은 산맥이라는 뜻의 고대 인도어이다.

교통수단이 발달한 지금, 히말라야의 신비한 자태는 서서히 그 모습을 드러내고 있지만 반세기 전까지만 해도 인간이 쉽게 접근할 수 없는 머나먼 존재였다.

히말라야가 꽃의 낙원이라는 사실이 멀리 떨어진 유럽과 일본에 알려진 것은 19세기에 들어서면서부터다. 그러나 그 전까지 히말라야와 전혀 관계가 없던 것은 아니다.

히말라야 고산지에 서식하는 감송향(nardostachys grandiflora, 마타리과)은 기원전 1세기에 쓰인 것으로 알려진 디오스크리데스의 『약물지(藥物誌)』에 'nardos'라는 이름으로 기록되어 있다. 이것은 네팔·히말라야 지역 해발 3,000m 이상의 초지에 서식하는 다년초이다. 긴 교역을 통해 지중해 지역까지 흘러들어간 것으로 보인다.

2000년도 더 전에 히말라야의 고산식물이 유럽에서 약으로 쓰였다는 사실의 중요성을 실감할 수 있는데, 한편으로 꽃이 관상 목적으로 쓰이기 시작한 역사가 그리 오래 되지 않았다는 사실도 놀랍기만 하다.

히말라야 고산식물 연구의 역사를 되짚어보기 전에, 최초로 히말라야 식물의 연구를 실시한 영국의 인도 식물 연구사를 살펴보기로 하겠다. 영국은 히말라야를 인도의 일부로 보았다.

여명기의 인도 식물 연구

1600년에 영국은 동인도회사를 설립했다. 고대 아라비아와 페르시아에서뿐 아니라 항해술의 선도자이던 포르투갈과 스페인의 포교·무역활동을 통해 얻은 정보는, 이 땅에 대한 권리를 확보하려는 영국에 박차를 가했다. 그렇다고 해서 야생식물에 관한 조사가 바로 이루어진 것은 아니다.

인도의 근대식물학은 요한 게르하르드 코닉(Johann Gerhard Koenig)에 의해 막이 열렸다. 그는 1757년에 린네의 학생이 되었으나, 1774년에 인도로 건너가 마도라스의 식물을 조사했다. 1778년에 동인도회사에 들어간 그는 광범위한 지역의 식물자원을 조사할 수 있는 기회를 얻었다. 그 조사에서 얻은 식물은 스승 린네와 린네의 아들에 의해 연구되어 그의 저서 책으로 발표되었다. 마도라스는 대략 북위 13도에 위치하며 열대식물이 무성한 해안지방이었다. 온대의 유럽인에게 그곳의 식물은 매우 이국적인 것이었다. 그러나 당시에는 북위 27도 이북에 위치하는 히말라야는 아직 관심 밖이었다.

1751년 태생의 스코틀랜드인 록스버그(William Roxburgh)는 에든버러대학을 졸업하자마자 동인도회사에 들어가 1793년부터 1813년까지 캘커타 식물원의 원장으로 근무하는 등 생애의 대부분을 인도에서 보냈다. 1820년과 24년에 최초의 인도 식물지 『Flora Indicae』를 펴냈다. 록스버그가 원장으로 있던 캘커타 식물원은 그 후로 오랫동안 인도 히말라야 지역 식물 연구의 중심이 되었다.

에든버러대학에서 그를 지도한 인물은 존 호프(John Hope) 교수로, 동문에 프랜시스 부캐넌(Francis Buchanan) 즉 해밀턴 경(Hamilton)이 있었다. 당시 에든버러대학은 인도 식물학에 뜻을 둔 우수한 학생들을 배출해냈다. 록스버그의 연구를 뒤이은 로버트 와이트(Robert Wight), 깁슨(Alxeander Gibson), 클레그혼(Hugh Francis Clarke Cleghorn) 등은 영국이 실시한 인도 식물 연구를 크게 발전시켰다.

영국의 인도 히말라야 식물 연구를 되돌아볼 때 눈에 띄는 점은 큐 식물원과 에든버러 식물원이라는 두 개의 센터가 존재했다는 것이다. 둘 다 왕립 식물원이므로 연구를 분담해서 진행했을 거라고 생각하기 쉽지만 전혀 그렇지 않다.

1858년의 인도 통치법이 상징하듯, 영국은 인도의 식민지화를 추진하면서 동인도회사를 영국 정부에 예속시켰다. 식민주의와 결부된 큐 식물원의 일련 활동으로 인도 식물에 대한 연구가 시작된 것이다. 캘커타 식물원도 큐 식물원을 중심으로 한 영국 왕립식물원의 하나가 되었다. 큐 식물원에 따른 연구 지배 체제의 결정이라 할 수 있는 것이 원장 조셉 댈튼 후커(Joseph Dalton Hooker)가 쓴 『영국령 인도 식물지』(Flora of the British India, 1872-1897)이다.

캘커타 식물원은 동인도회사가 아직 사기업이던 시기에 휴양소를 겸해 설립되었다. 록스버그가 원장일 때 그 밑에서 일했던 한 사람이 워리크(Nathaniel Wallich)이다. 1786년 생의 덴마크인인 그는 코펜하겐대학에서 식물학 등을 공부한 뒤 1807년에 캘커타 근교의 세람포르에서 의사가 되었다. 워리크가 록스버그 밑에서 일한 것은 1809년 1년뿐으로, 그 후 건강상의 이유로 1812년까지 모리셔스에서 지낸다. 건강을 회복한 뒤에는 캘커타 식민지 의사관이 되어 1814년부터 1846년까지 캘커타 식물원에 적을 두고 부원장, 원장을 역임했다.

당시 유럽은 시민혁명이 휩쓸고 지나간 뒤 나폴레옹이 지배하던 시대로, 나라 간에 지역전이 끊이지 않고 이에 대항하는 동맹체결이 확산되는 격동기였다. 이에 인도의 중요성이 부각되면서 영국 정부의 압력이 거세졌다. 그 영향은 식물학에도 파급되었다. 열대 유용식물의 재배 및 새로운 자원식물의 발견이 기대되었고, 워리크가 그 중임을 맡게 되었다. 뒤에도 언급하겠지만, 워리크는 해밀턴 경에 이어 1820년에 네팔에서 식물 조사를 한 것으로도 유명하다.

히말라야 식물 연구사

동서로 길게 뻗은 히말라야는 동쪽과 서쪽의 기후가 판이하게 다르다. 서쪽은 여름 강수량이 적어 건조한 반면 동쪽은 여름 강수량이 많아 식물이 자라기에 알맞다. 히말라야를 네팔의 카트만두를 경계로 동서로 나누면, 서히말라야는 식생의 발달이 빈약하고 식물상도 다양하지 않다. 그러나 겨울에 쌓인 눈과 빙하에서 물이 흘러내리는 고산대는 이와는 다르게 식물의 수가 많고 종류도 다양하다. 동히말라야는 산기슭에도 식생이 잘 발달해 있으며 식물상도 다양하다.

히말라야 식물 연구사를 되돌아보면 동서에 걸친 히말라야 전체의 식물을 연구한 사람이 적다는 것을 알 수 있다. 같은 히말라야지만 동쪽과 서쪽에는 전혀 다른 식물이 자란다. 이런 관점에서 보면 네팔은 무척 흥미로운 곳에 위치해 있다고 할 수 있다. 네팔의 식물 연구는 동서 히말라야의 식물을 결코 배제할 수 없기 때문이다. 또한 히말라야 식물에 관한 연구가 네팔에서 처음 시작되었다는 것도 우연이라고는 하나 흥미로운 일이다.

당시 네팔은 폐쇄적 상황에 있었기 때문에 외국인은 발을 들여놓을 수가 없었다. 1802년 3월부터 이듬해 3월에 걸쳐 그 땅을 방문한 사절단의 단장은 프랜시스 해밀턴 경이었다. 그는 에든버러대학에서 식물학을 공부한 식물애호가였다. 수도 카트만두와 그곳으로 향하는 도중 외에는 식물을 채집할 기회가 없었음에도 그는 433점의 표본을 가지고 돌아왔다. 런던 자연사 박물관에 보관되어 있는 이 표본은 필자도 연구한 적이 있다. 이것이 최초의 히말라야 식물 표본이라는 생각에 감개무량해 했던 기억이 떠오른다.

한편 워리크는 18년 후인 1820년 12월부터 이듬해 11월까지 네팔을 방문해 1,834점의 표본을 채집한다. 해밀턴과 같은 경로를 통해 카트만두에 들어간 그는 지금의 고사인쿤드에 사람을 보내 식물을 채집하게 했다. 워리크는 그 땅을 고사인탄으로 착각해 라벨에 고사인탄이라고 기록했다.

네팔 고산대에 많은 돌나물과 돌꽃속의 로디올라 부플레우로이데스(Rhodiola bupleuroides)는 변이가 큰 식물로, 워리크의 표본은 고사인쿤드에서 채집한 것이다. 이 타입과 일치하는 변이형은 그 분포가 한정되어 있어 고사인쿤드 주변에만 알려져 있다. 고사인쿤드에 오르는 일반 등산로는 성지(聖池) 앞에서 갑자기 가팔라지면서 거대한 암벽이 가로막는다. 워리크는 로디올라 부플레우로이데스를 이곳에서 채집했을 것이다. 지금도 여기에서는 표본과 같은 타입을 찾아볼 수 있다.

해밀턴과 워리크의 표본을 연구한 던(David Don)은 1825년에 최초의 네팔 식물지 『Prodromus florae Nepalensis』를 펴냈다. 이 책에는 93과로 분류되는 337속 738종이 기재되어 있다. 네팔에는 5,000종을 넘는 식물이 분포하는 것으로 추정되므로, 15퍼센트 정도밖에 기록하지 못한 것에 불과하다. 그러나 단기간에, 그것도 카트만두 주변에 한정된 조사에서 이 정도의 식물을 수집한 성과는 가히 평가할 만하다.

영국의 식물학자인 던은 린네 협회와 당시 유명했던 램버트 가의 도서사서로 일했다. 램버트는 유한계급의 인물로, 옥스퍼드대학에서 식물학을 공부한 뒤 키나와 소나무속 등의 연구를 진행하는 한편 온갖 귀중한 표본과 도서를 수집했다. 해밀턴의 표본도 처음에는 램버트가 소유하고 있던 것이다.

서히말라야 식물연구의 선구자는 로일(John Forbes Royle)이다. 1800년생인 그는 에든버러대학에서 공부한 뒤 동인도회사에 들어가 1833년부터 사하란푸르 식물원과 관계를 맺었고, 그 후 영국으로 돌아가 킹스대학의 약물학 교수가 되었다. 사하란푸르는 우타르프라데시주에 있는데, 로일은 그곳에 체류하는 동안 카시밀 등 서히말라야의 식물을 연구했다.

1833년부터 1840년에 걸쳐 로일은 『Illustrations of the botany and other branches of the natural history of the Himalayan Mountains and of the flora of Cashmere』라는 제목의 책을 펴냈다. 이것은 『히말라야 식물도감』이라 할 수 있는 책으로, 많은 종류의 식물이 97장의 도판에 실려 있다. 간략하게 소개된 던의 책에 비해 도판을 곁들인 로일의 책은 히말라야 식물에 대한 관심을 넓히는 데 큰 공헌을 했다.

로일의 책이 완성될 즈음인 1841년부터 44년에 걸쳐 프랑스인 자크몽의 조사기행지 『Voyage dans l'Inde』가 간행되었다. 이 책은 총 4권의 방대한 기행기록으로, 제 4권에 식물과 동물에 관한 이야기가 실려 있다. 자크몽(Venceslas Victor Jacquemont)은 1801년에 태어나 31세의 젊은 나이로 세상을 떠났다. 박물학에 관심이 많은 여행가로 북아메리카 등지를 여행하기도 했다. 당시의 인기 작가 스탕달의 친구이기도 한 그는 화제가 풍부한 인물이었다.

19세기의 히말라야 식물 연구는 한정되어 있었다. 이들의 뒤를 이은 인물은 후커와 톰슨 등이지만, 그 전에 동인도회사와 관련된 그리피스(Wiliam Griffith)를 소개하기로 하겠다.

그리피스는 영국의 셰리주 태생으로, 런던대학을 졸업한 뒤 동인도회사에 외과의사로 취직했다. 1842년에 캘커타 식물원으로 호출되어 그곳에서 몇 년간 근무했으며, 1845년에 말라카에서 세상을 떠났다. 1838년 1월부터 5월에 걸쳐 그는 최초로 부탄의 식물상을 조사했다.

그리피스의 생전에는 그의 논문과 조사 기록이 단 한 권도 인쇄되지 않았다. 그 이유는 알 수 없으나, 1847년 이래 캘커타 식물원의 마크 클릴랜드(John Mac Clelland)가 편찬한 5권의 유고가 출판되었다. 1847년은 워리크가 원장을 퇴임한 해이다. 두 사람 사이에 무슨 문제가 있었는지는 아직 알려진 바가 없다.

히말라야 식물에 깊은 관심을 보인 후커는 1848년에 시킴 히말라야를 방문해 고산대까지 발을 들여놓았다. 히말라야의 다양한 고산식물을 처음으로 본 유럽인은 후커일 것이다. 그는 네팔의 왈룽충 골라와 얀마까지 발을 넓혔다. 10월에서 12월에 걸친 계절이었다.

20세기에 들어서자 히말라야 식물에 관한 조사도 본격화하기 시작했다. 외국인의 입국이 쉬워진 1950년 이후 네팔에는 영국, 인도, 스위스의 조사팀이 파견되었고 1952년부터는 일본의 조사팀도 참여하게 되었다.

일본의 히말라야 식물 연구

일본은 1945년에 제2차 세계대전 이전의 식민지와 신탁통치령을 중심으로 한 해외 식물 연구에 종지부를 찍었다. 그리고 전후 복구도 일단락될 즈음인 1950년부터 연구를 재개했다.

히말라야는 새로운 해외 연구 장소로 각광을 받았다. 그 이유는 아직 과학의 손길이 미치지 않아 자연 그대로의 모습이 보존되어 있을 뿐 아니라, 발길이 닿지 않은 산이 많았기 때문이다. 이에 교토대학에서는 산악회가 중심이 되어 히말라야에 학술등반대를 연속해서 파견했다. 그 범위는 서쪽으로는 아프가니스탄, 동쪽으로는 부탄에 이르렀다.

교토대학에서 분류학을 담당하던 기타무라 시로(北村四郎)는 아프가니스탄 현지 조사에 참가해 1955년에는 네팔 식물지, 1960년에는 최초의 아프가니스탄 식물지를 간행하는 외에 다수의 논문을 집필하여 히말라야 식물을 분류하는 데 큰 공헌을 했다.

일련의 조사에서 눈부신 활약을 한 인물은 당시의 나니와대학(현 오사카부립대학) 유전육종학 교수이던 나카오 사스케(中尾佐助)이다. 나카오는 네팔에서 다수의 식물을 수집한 외에 부탄에서도 조사를 실시해 많은 신식물을 발표했다. 식물학 외 전문가의 도움도 컸다. 그 중 한 사람이 동물학자인 요시이 료조(吉井良三)로, 기타무라는 그의 채집품을 참고로 1966년에 아프가니스탄 식물지를 보완해 발간했다. 후에 저널리스트로 활약하는 혼다 가쓰이치(本多勝一)도 대학원생일 때 현지 조사에 참가했다.

도쿄대학에서 분류학을 담당하던 하라 히로시(原寬)는 일본의 식물상과 타지역의 관계 및 그 기원에 관심을 가졌다. 하라는 하버드대학에 유학해 식물상이 일본과 유사한 북아메리카 동부 애팔래치아 산지의 식물상을 유심히 관찰했다. 1951년에 유행한 세포유전학의 입장도 연구에 접목해, 유라시아와 북아메리카의 온대 식물상을 일본과 주변지역의 식물상과 비교하는 연구로 높은 평가를 받았다. 지금 시점에서 보면 가장 먼저 비교연구가 이루어져야 할 대상은 한국과 중국의 식물임이 틀림없다. 하라가 그렇게 하지 못했던 까닭은 당시 양국의 정세가 입국을 허락하지 않았기 때문이다.

필시 교토대학의 학술등반대가 수집해온 표본의 일부를 연구한 결과겠지만, 하라는 일본과 연관된 식물이 분포하는 것으로 보이는 히말라야를 직접 조사, 비교할 식물학 조사단을 파견하기로 계획한다. 미등정 산악지역과 서히말라야를 중심으로 한 교토대학과는 차별을 두듯 1960년부터 동히말라야에서 현지조사를 개시했다. 첫 조사지역으로 선정된 곳은 시킴이었다. 조사허가를 받기 위한 까다로운 교섭은 물론 현지에서의 조사법을 확립하는 과정에서 많은 시간이 소요되었다.

이 조사의 실무를 담당한 사람은 가나이 히로오(金井弘夫)였다. 가나이는 이후에도 하라와 함께 도쿄대학의 히말라야 조사연구에 중심적인 역할을 수행하며 히말라야 식물 연구에 커다란 발자취를 남겼다. 교토대학의 무라타 겐(村田源), 다케타 약품 연구소의 도가시 마코토(富樫 誠), 오차노미즈 여자대학의 쓰야마 히사시(津山尚)가 이 조사에 참여했는데, 이렇듯 도쿄대학의 조사단은 처음부터 타대학과 민간연구소의 전문가로 구성되었다. 대학의 틀을 뛰어넘은 일종의 종합성은 이후에도 계속 유지된다.

하라는 1963년에 처음으로 네팔을 방문해 동부지역을 조사했다. 뒤이어 1967년에는 부탄 지역을 조사하는 데 성공한다. 부탄 조사에는 나카오 사스케도 함께 참여했다. 1969년에는 또 다시 네팔과 시킴을 조사했으며, 이때 도쿄대학의 야마자키 다카시(山崎敬)와 오하시 히로요시(大橋広好)가 참여했다. 가나이 히로오는 1969년부터 콜롬보 계획의 전문가 자격으로 네팔에 체류하며 각지에서 식물상을 조사했다. 하라가 도쿄대학을 퇴관한 1972년과 77년에는 그 자신도 도쿄대학의 조사단에 참가했다. 이제까지 쌓은 성과를 종합해 하라는 『The Flora of Eastern Himalaya(동부 히말라야 식물상)』이라는 3권의 보고서를 펴냈다.

시간이 흐르면서 연구의 중심은 히말라야 식물 그 자체로 옮겨갔고, 이에 히말라야 중심에 있는 네팔에 관한 식물지를 만드는 것을 목표로 세웠다. 1969년에 하라는 시애틀에서 열린 국제식물학회에 참석해 당시 대영박물관 자연사부문에서 히말라야 식물을 연구하던 스턴(William T.Stearn)과 만나, 일본과 영국이 협력해 히말라야 식물 연구를 진행하기로 약속했다. 이 방침에 따라 하라와 윌리엄스(L.H.J. Williams)가 중심이 된 양국 연구자의 협력 아래, 히말라야 중심부에 있는 네팔의 종자식물을 집대성한 『An Enumeration of the Flowering Plants of Nepal(네팔 종자식물집)』 총 3권이 1978년부터 1982년에 걸쳐 출판되었다. 이 출판은 히말라야 식물 연구의 새로운 시대를 연 획기적인 것이었다.

히말라야 식물 연구회

1986년에 하라 교수가 갑자기 세상을 떠나면서 필자는 하라가 진행해 온 히말라야 식물 연구를 잇게 되었다. 하라 교수가 목표로 했던 새로운 네팔 식물지를 네팔의 정부기관인 식물자원조사부문(Department of Plant Resources)과 공동으로 펴내는 한편, 고산대 식물과 식물상의 다각적인 연구를 새 주제로 첨가했다.

네팔인뿐 아니라 미국과 중국의 학자도 참가해 1983년부터 2001년까지 20차례에 걸쳐 현지조사를 실시했다. 이 조사에는 100여 명의 인원이 참가했으며, 여러 전문 분야에서 히말라야 식물에 관한 연구가 이루어졌다. 조사의 진행과 세계 연구자간의 커뮤니케이션을 원활히 하기 위해 1985년에 히말라야 식물 연구회(The Society of Himalayan Botany)가 발족되었다.

이후 이 연구회가 중심이 되어 연구 주제와 조사단 편성이 결정되었다. 와카바야시 미치오(若林三千男, 세포유전학), 스즈키 미츠오(鈴木三男, 해부학), 아키야마 시노부(秋山忍, 분류학), 기쿠치 다카오(菊池多賀夫, 식생생태학), 이케다 히로시(池田博, 분류학), 오모리 유지(大森雄治, 형태학), 노시로 슈이치(能城修一, 해부학), 미야모토 후토시(宮本太, 분류학), 미카게 마사유키(御影雅幸, 약학) 등 여러 연구자가 히말라야 조사에 참가해 각각의 입장에서 연구를 진행했다. 그 성과는 『Himalayan Plants』를 비롯한 많은 연구 논문으로 발표되었다.

연구가 진전됨에 따라 조사지역도 히말라야에 그치지 않고 근접한 중국의 티베트, 헝단 산맥, 쿤룬 산맥 등지로 확산되었다. 처음에는 개방지역이 한정되어 있던 티베트도 대부분 개방되었다. 조사가 진행되면서 이들 지역에 히말라야와 유사한 식물이 폭넓게 분포하고 있음이 밝혀졌다.

그때까지 티베트의 식물은 주로 중국인 학자에 의해 연구되었는데, 동종의 많은 식물이 다른 이름으로 분류되었다는 사실 등도 드러났다. 논문도 언제부턴가 『히말라야』에서 『중국 히말라야(Sino-Himalaya)』라는 표제를 다는 경우가 많아졌다.

히말라야와 관계된 식물은 윈난에서 쓰촨성에 걸친 헝단 산맥(橫斷山脈)까지 이어진다. 서쪽과 북쪽의 분포 범위는 아직 확실히 밝혀지지 않았지만, 이들 지역의 식물도 연구대상에 포함해야 하는 것이 직면한 과제이다.

중국과 히말라야 지역 전체를 두루 연구하고 있는 곳은 일본과 에든버러 식물원이다. 에든버러는 록스버그를 필두로 인도 히말라야 지역의 식물 연구에 선구적 역할을 해왔으며, 윈난·쓰촨·티베트 등 중국 오지의 식물 연구에서도 선도적 역할을 수행하고 있다.

온대 지역으로, 히말라야와 중국 오지의 식물 재배가 가능한 영국에서는 중국 히말라야의 고산식물을 원예에 이용하는 데 힘을 기울였다. 포레스트(George Forrest), 킹턴 워드(Francis Kingdon-Ward) 등의 많은 식물채집가가 에든버러 식물원과 관계를 맺었다. 그들이 채집한 표본이 에든버러를 중심으로 연구에 이용되었음은 두말할 것도 없다.

하라 교수가 그토록 바라던 네팔 식물지는, 네팔과 에든버러 식물원을 중심으로 한 영국과 일본(히말라야 식물 연구회)이 공동으로 출판하게 되었다.

중국 히말라야 지역의 식물은 영국을 중심으로 원예에 소개되어 왔다. 최근에는 야생의 모습 그대로 감상하는 것이 더 가치 있다는 인식이 높아지면서, 이들 식물의 자생지를 직접 보고 싶다는 사람들이 늘고 있다. 영국을 비롯한 유럽 각국에서 식물 관찰을 목적으로 한 여행단이 중국 오지를 향하는 시대가 되었다.

이 책의 저자 요시다 도시오는 필자가 속해 있는 히말라야 식물 연구회의 회원이다. 전문은 식물 사진 촬영이지만 이에 머물지 않고 촬영 대상인 식물 그 자체에도 큰 관심을 보이고 있다. 촬영 여행 중에 얻은 식물의 생태에 관한 세세한 기록 등 요시다의 정보는 그야말로 매력으로 가득하다. 지금은 요시다처럼 장시간 야외로 나갈 수 없는 처지인 필자는 요시다의 이야기에 귀를 기울이는 동안 마치 자신도 현지에 있는 듯한 착각에 빠지곤 한다.

이 책에 소개된 각 식물에 관한 해설은 요시다가 직접 쓴 것이다. 이런 일이 가능한 카메라맨도 찾아보기 힘들 것이라 생각된다. 이 책은 요시다가 우리에게 주는 커다란 선물이라 해도 과언은 아닐 것이다.

그런데 현 시점에서 히말라야의 식물을 분류하는 데는 곤란한 문제가 뒤따른다. 가장 큰 문제점은 히말라야와 중국에서 다른 이름으로 불리는 식물이 과연 별종인지, 동종으로 취급되는 많은 식물이 정말 같은 종인지 하는 것이다. 또한 히말라야 내에서 네팔과 인도, 파키스탄, 티베트 등 나라와 지역에 따라 제각각 시행되고 있는 식물 연구를 같은 수준으로 취급하는 데도 무리가 따른다. 종을 구분하는 방식에도 차이가 있다.

이들 문제를 해결하는 데는 꽤 많은 시간이 필요할 것으로 보인다. 21세기의 히말라야 식물 연구에 남겨진 과제라고도 하겠지만, 현실은 현실로 받아들일 수밖에 없겠다. 각각의 식물이 집중 분포하는 지역에서 출판된 식물지에 준거하자는 요시다의 기본적인 편집 방침은 현명한 판단이었다고 생각한다.

이 책이 중국 히말라야 식물에 관한 많은 사람의 관심을 불러일으킬 수 있기를 바란다.

히말라야 식물 지리

중생대의 남반구에는 고유의 식물상을 지닌 곤드와나라는 거대한 대륙이 존재했다고 한다. 곤드와나 대륙의 분열과 그에 따른 지각 이동은 신생대에 들어서자 곤드와나의 식물을 싣고 북진하던 인도아시아 대륙과 북반구의 고대 유라시아 대륙 간에 대충돌을 가져왔고, 대륙 간 해저에 퇴적된 석회질의 지층을 밀어 올려 아시아 중앙부에 거대한 티베트 고원을 형성했다. 그 후 지구는 히말라야 조산운동으로 알려진 산맥 형성기에 들어가며, 티베트 고원은 높이 솟아오른 원모양의 산맥군에 둘러싸이게 된다. 그 중에서도 가장 남쪽에 위치하며 지각변동의 에너지를 집중적으로 분출한 것이 히말라야 산맥이다.

히말라야 산맥의 서쪽 끝으로는 카라코룸 산맥을 지나 쿤룬 산맥과 텐진 산맥이 뻗어있고, 카라코룸 산맥의 서쪽으로는 파미르 고원을 지나 중앙아시아 주변의 산지가 이어진다. 히말라야 산맥의 동쪽으로는 헝단 산맥이 남북으로 내달리고 있으며, 그 북쪽으로 점차 고도가 낮아지면서 몽골과 시베리아가 펼쳐지고, 남쪽으로는 열대아시아인 말레이 반도를 지나 지금은 해저에 묻힌 산맥을 거쳐 보르네오에 이른다. 헝단 산맥의 동쪽 멀리에는 장강을 따라 산지가 나타난다. 이렇듯 히말라야를 중심으로 사방에 산맥의 네트워크가 형성되었다. (지도1 참조)

산맥을 이동하며 진화하는 식물

티베트 고원과 그 주변의 산맥군이 융기하자 태양으로 따뜻해진 바람이 내륙의 고지를 향해 상승하면서, 아시아의 여름은 남쪽 바다에서 습한 바람이 불어오는 몬순기후에 지배되었다. 히말라야 산맥과 헝단 산맥의 바다쪽 사면은 상승기류가 뿌리는 대량의 비에 침식되어 지형이 험악해진다. 그 험악하게 뒤얽힌 지형의 다양한 환경에 주변으로부터 온갖 식물이 흘러들어온다. 신천지를 찾아 헤매는 식물들은 환경변화가 적고 경쟁에서 살아남은 소수의 종이 지배하는 평지를 우회하여, 해마다 환경이 변동하기 쉬운 산맥 내에 경쟁 상대가 적은 적지(適地)를 발견하고는 바람과 동물에 실려 산맥을 따라 이동한다. 히말라야 산맥의 고산대에는 한대의 식물이 원모양의 산맥군을 거쳐 북에서 흘러들어오고, 산지 중턱에는 온대의 식물이 동서로 이어진 산지에서 흘러들어온다. 건조한 여름을 좋아하는 서아시아의 온대식물은 히말라야 북쪽의 건조지로 모여들고, 습한 여름을 좋아하는 동아시아의 온대식물은 몬순에 노출된 히말라야 남쪽의 산지 중턱으로 모여든다. 산기슭의 계곡에는 열대아시아와 곤드와나 기원의 식물이 남쪽에서 흘러들어온다.

히말라야 산맥의 서쪽에서 흘러들어온 식물은 고향에서는 경험하지 못한, 기상의 변화가 크고 불안정한 히말라야 특유의 환경에 대응하기 위해 안간힘을 쓴다. 특히 북쪽에서 온 한대식물에게 남쪽 바다에서 습한 바람이 불어오고 위도 상으로 아열대지방에 속한 히말라야 고산대의 환경은 고향과는 현저하게 다른 탓에, 대부분의 식물이 계속되는 비와 구름 사이로 쏟아지는 강렬한 햇살을 견디지 못하고 절멸한 것으로 추측된다.

히말라야 산맥이 현재와 같이 높이 융기한 후의 지구는 온난기와 한랭기가 주기적으로 반복되는 신생대 제4기에 들어선다. 온난기에는 식물이 종이라는 집단성을 유지하며 산맥을 따라 북쪽과 고지로 분포를 넓혀나간다. 이들 식물은 한랭기에 들어서서 다시 산기슭을 따라 남하한다. 한랭기가 되어서도 고산대에 남겨진 난지성(暖地性) 식물은 새롭게 직면한 저온건조의 혹독한 환경에 적응한 그룹만이 신종과 신변종으로 살아남을 수 있었다. 온난

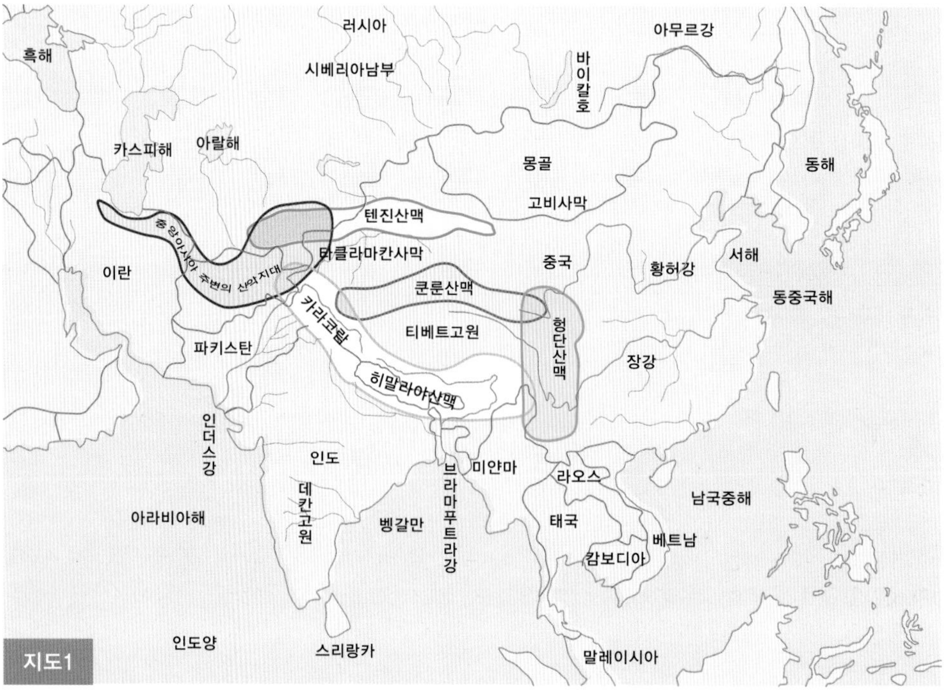

지도1

기에 낮은 산지에 남겨진 한지성(寒地性) 식물은, 유전자에 잠재해 있는 온난다습한 환경에서 번성했던 선조의 형태로 되돌아간 그룹이나, 고도로 진화해 새로운 적응 형태를 확립한 신종 그룹만이 세대를 이어나갈 수 있었다.

또한 환경변화가 극심한 지역에서 식물의 종이 절멸하지 않기 위해서는, 꽃을 눈에 띄게 해서 꽃가루를 옮겨주는 곤충을 유인해 멀리 떨어진 동종과 타가수분을 이루어 유전자를 다양화해야 한다. 이런 지역에서는 형질이 안정된 식물보다는, 형질이 불안정하고 복잡하게 분화하는 경향이 강한 식물이 우세하다.

식물지리상 히말라야의 범위

이렇듯 지형이 복잡하고 기후변동이 심한 히말라야와 그 주변의 산맥군은 신생대 제4기에 종자식물이 북반구에서 폭발적으로 종분화(種分化)하는 중심지가 되었으며, 적응력 강한 신종이 사방으로 뻗어있는 산맥을 통해 유라시아로 분포를 넓혀가는 발판이 되었다.

히말라야 북서부에서 중앙아시아 주변에 이르는 산악지대는 코카서스 및 유럽 남부의 고산과 함께 서유라시아의 식물종이 과거에 활발한 분화를 보였던 지역으로 추측된다. 이에 반해 북서부 외의 히말라야에서 중국의 헝단 산맥에 이르는 이른바 시노 히말라야 지역은 습윤한 유라시아 동부의 식물종이 분화한 중심지라 할 수 있다. 온실식물로 알려진 사우수레아 오브발라타는 카슈미르 서부로부터 동쪽으로 윈난·쓰촨·간쑤성을 거쳐 헝단 산맥 북쪽으로 조금 떨어진 칭하이성 북부의 치렌 산맥에 이르기까지 고산대에 산발적으로 분포하며, 시노 히말라야의 지리적 범위를 구분 짓는 식물의 하나로 이용할 수 있다. 사우수레아 오브발라타 등의 은분취속 외에도 솜다리속과 크레만토디움속·치아난투스속·송이풀속·용담속·앵초속·봄맞이꽃속·진달래속·양지꽃속·바위취속·돌꽃속·메코노프시스속·현호색속·바꽃속·제비고깔속·횡장구채속·벼룩이자리속 등 시노 히말라야에는 온갖 종류의 식물이 다양한 군락을 이루고 있다.

식물지리상으로 본 히말라야산맥의 범위

해발 7,000m이상의 고봉이 이어지는 히말라야 척량산맥(그레이트 히말라야)은 서쪽은 인더스 강, 동쪽은 얄룽창포 강(하류는 브라마푸트라강), 북쪽은 이들 두 강의 상류가 흐르는 지구대(地溝帶)로 둘러싸여 있는데, 서쪽 끝 인더스 강의 왼쪽으로 낭가파르바트 봉이 솟아있으며 동쪽 끝 얄룽창포 강의 굴곡부에는 남차바르와 봉이 솟아있다. 히말라야 척량산맥의 남쪽에는 인도 북서부의 비르반자르 산맥과 네팔의 마

하바르트산맥, 그리고 부탄의 블랙마운틴즈 등 해발 4,000-6,000m의 고봉이 이어지는 산맥이 나란히 내달리며, 더 남쪽으로 내려간 평원부와의 경계에는 평균 해발 500-1,000m의 시왈리크 구릉과 추리아 구릉이 마주보고 있다. 일반적으로 히말라야 산맥은 이들 두 강에 둘러싸여 있는 산맥군을 총칭한다.

종래에는 티베트령인 히말라야의 북쪽 사면이 외국인에게 개방되지 않은 까닭에, 히말라야 식물이라 하면 척량산맥 남쪽의 습윤지대에서 자라는 식물을 가리키는 경향을 보였다. 그러나 지질학적으로는 비교적 새 융기층에 속하는 히말라야 산맥에 서로 다른 환경에서 자라던 식물이 사방에서 흘러들어와 험악한 지형 속에서 다양하게 분화한 히말라야 식물지리의 역사 면에서 보면, 건조한 척량산맥의 북쪽 사면에서 자라는 식물이 중요한 요소임은 두말할 것도 없다. 또한 아열대식물은 뜨거운 저지대와 구릉지보다 오히려 빙설에 덮인 고봉이 이어지는 히말라야 척량산맥에 깊숙이 침투해, 남쪽에서 불어오는 습한 바람이 많은 비를 뿌리는 계곡의 경사면에 훨씬 많은 종이 모여 있는 것을 볼 수 있다. 이와 같은 아열대식물도 히말라야 식물상의 중요한 요소가 된다.

인더스 강과 얄룽창포 강이 지금처럼 깊은 협곡을 이루며 히말라야 산맥의 양 끝을 흐르게 된 것은, 식물 진화와 분포의 역사 면에서 볼 때 극히 최근의 일이다. 이들 두 강은 식물의 분포를 경계 짓는 역할은 거의 하지 않는다. 협곡 동쪽에서 찾아볼 수 있는 식물의 대부분은 서쪽에서도 발견된다. 히말라야 산맥 북서부의 식물상은 인더스 강을 사이에 두고 북쪽과 서쪽에 인접하는 카라코람과 힌두자르 산맥의 식물상과 거의 구별할 수 없으며, 히말라야 동부의 식물상은 다른 히말라야 지역보다 오히려 얄룽창포(브라마푸트라) 강을 사이에 두고 동쪽에 인접하는 티베트 남동부의 식물상에 가깝다. 또한 건조한 히말라야 산맥의 북쪽 사면에서 자라는 식물의 대부분은 인더스 강과 얄룽창포 강을 사이에

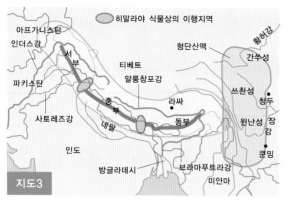

지도3

두고 북쪽으로 나란히 분포하며, 서쪽 라다크 산맥에서 힌두교와 불교의 성지인 카일라스 산(티베트어로 캉린포체)을 지나 동쪽 넨첸탕그라 산맥으로 이어지는 트랜스히말라야 산맥까지 분포를 확장하고 있다.

이러한 관점에서 이 책에서는 식물지리상 히말라야 산맥의 범위를 일반적 이해보다 넓게 잡아, 히말라야 척량산맥의 남쪽으로 나란히 달리는 산맥군뿐 아니라 북쪽으로 트랜스히말라야와 카라코룸 산맥, 서쪽으로 아프가니스탄 동단부, 동쪽으로 미얀마 북부와 살윈 강의 상류 지역에 이르는 범위를 다루고 있다. (지도2 참조)

히말라야 식물을 분리하는 대산군

히말라야 척량산맥은 식물이 동서로 이동하는 것을 방해하는 장벽 역할을 하며, 남쪽 습윤지대의 식물과 북쪽 건조지대의 식물을 명확하게 구분 짓고 있다. 이 히말라야 척량산맥을 인도 북서부의 사토레즈 강과 네팔 중부의 트리수리 강, 네팔 동부의 아룬 강, 부탄 동부의 마나스 강, 티베트 남동부의 수반시리 강과 같이 티베트에서 시작하는 대하가 남북으로 관통한다. 현재 인더스 강과 얄룽창포 강으로 모이는 티베트 남부의 물은, 과거에는 히말라야를 관통하는 이들 강으로 흘러들었다고 한다.

티베트 국경선보다 남쪽에 있는 네팔 중서부를 보면 히말라야 척량산맥을 구성하는 다울라기리 산맥과 안나푸르나 산군, 그리고 마나슬루 산군 북쪽의 네팔령에 티베트와 비슷한 건조지대가 펼쳐져 있고, 칼리간다키 강과 마르샨디

강과 같은 대하가 이들 산군 사이를 관통한다. 이들 강을 따라 도보로 히말라야 척량산맥을 통과하면, 식물의 경관이 극적으로 변하는 모습을 관찰할 수 있다.

척량산맥을 나누는 이들 계곡과 산마루길이 지나는 능선 위의 안부(鞍部)는 자연적 혹은 인위적으로 식물이 이동하는 좁은 회랑 역할을 하는 까닭에, 척량산맥 남쪽에 가로놓인 랑탕, 롤왈링, 쿰부, 루나 등의 고지 계곡에 티베트의 식물이 흘러든다. 또한 네팔 북쪽에 인접한 킬룽과 녜라무 계곡, 시킴과 부탄 사이에 끼어있는 춘비 계곡 등 티베트 깊숙이 자리한 계곡에 남쪽 식물이 진입하는 것을 허용한다.

히말라야 산맥은 남북 방향으로는 식물의 분포를 구분 짓고 있지만, 동서 방향으로는 식물이 이동하는 중요한 회랑 역할을 한다. 그러나 네팔 중동부의 에베레스트와 마칼루, 로체, 초오유, 가우리상카르 등의 고봉이 모여 있는 세계 제일의 산악지역은 식물의 동서 이동을 방해하는 장벽이 된다. 이 산악지역을 구성하는 고봉군은 각각 중앙의 계곡을 중심으로 롤왈링 산군, 쿰부 산군, 마칼루 산군의 세 산군으로 나뉘는데, 이들 산군 사이에는 뚜렷한 경계가 없어 거대한 하나의 대산군(大山群)으로 볼 수 있다.

식물지리상으로 히말라야를 동서로 삼분하면 이 네팔 중동부의 대산군을 경계로 서쪽은 히말라야 중부, 동쪽은 히말라야 동부가 된다. 히말라야 척량산맥이 남북 방향으로 장벽 역할을 하는 반면 이 대산군은 동서 방향으로 거대한 띠 모양의 장벽을 이루므로, 지도상에 선으로 표시하는 것은 그리 쉽지 않다.

이 거대한 띠는 식물지리상으로 히말라야 동부와 중부 사이의 이행대(移行帶)이며, 동시에 티베트 고산대의 식물에게는 남쪽으로 이동하는 회랑 역할도 하는 특수한 지역이라고

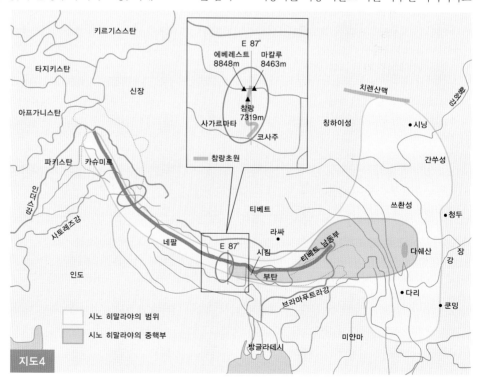

지도4

볼 수 있다. (지도3 참조)

이 대산군의 동쪽인 동경 87도 부근에는 탄브 지방과 마칼루 지방을 가르는 분수령 산맥이 남북으로 곧게 뻗어, 네팔의 행정구역인 사가르마타 주와 코시 주를 양분하고 있다. 해발 7,319m의 병풍처럼 둘러선 참랑을 최고봉으로 하는 분수령산맥(이하 '참랑 장벽')은 동쪽 습윤지대의 식물에게 뛰어넘기 어려운 장벽 역할을 하고 있다. (지도4 참조)

사우수레아 오브발라타와 같은 온실식물인 레움 노빌레의 분포지역은 그 서쪽 끝이 참랑 장벽 동쪽의 마칼루 산군에 있으며, 동쪽 끝은 윈난성 북서부와 쓰촨성 남서부에 걸친 다쉐산(大雪山) 산군에 있다. 이 레움 노빌레로 지표되는 참랑 장벽에서 형단 산맥 남부에 이르는 습윤지역은 시노 히말라야의 중심부분으로, 식물의 속에서 종으로의 분화가 이 지역에 집중되고 있다.

석남과 앵초, 메코노프시스(푸른 양귀비)는 세계에 분포하는 종수의 대다수가 이 지역에서 발견되는데, 참랑 장벽 동쪽의 아룬 강 유역에서는 흔히 찾아볼 수 있는 반면 참랑 장벽을 넘어 그 서쪽에 인접하는 솔루 · 쿰부 지방에서는 종수와 개체수가 급격히 줄어든다. 그 밖에 앞서 시노 히말라야를 특징하는 식물로 열거했던 속 포함해 히말라야와 중국에 많은 온대 및 아한대 기원의 식물 대부분이 이 시노 히말라야 중심부에 집중적으로 분포한다.

세계에서 지형이 가장 험악한 시노 히말라야의 중심부는 말레이반도에서 형단 산맥까지 남북으로 뻗은 산맥군과, 히말라야 산맥에서 장강 유역의 산지까지 동서로 뻗은 산맥이 십자형으로 교차하는 식물 회랑의 중심지에 위치한다. 이 지역은 여름에 비가 집중적으로 내리는 전형적인 몬순 기후의 영향을 받기 때문에, 남쪽 바다에 가까운 중복산지(中腹山地)는 연간 강우량이 10,000mm를 넘는 세계 유수의 다우지역으로도 알려져 있다. 또한 위도상으로 아열대지방에 속하기 때문에 식물이 구름 사이로 비치거나 안개를 투과하는 햇빛의 강한 에너지를 흡수할 수 있어, 열대지방을 제외하고 세계적으로 그 예를 찾아볼 수 없는 종자식물의 종분화 무대가 되고 있다.

북쪽을 향한 서히말라야

히말라야 산맥은 동서로 곧게 뻗지 않고 실제로는 부메랑처럼 굽어있다. 네팔 동부에서 부탄까지는 거의 동서로 뻗어있어, 구름이 없는 날에는 북위 27도 40분의 햇빛을 고스

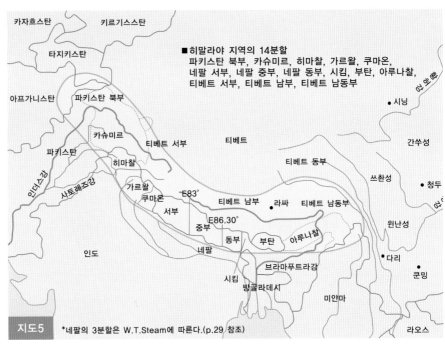

■ 히말라야 지역의 14분할
파키스탄 북부, 카슈미르, 히마찰, 가르왈, 쿠마온, 네팔 서부, 네팔 중부, 네팔 동부, 시킴, 부탄, 아루나찰, 티베트 서부, 티베트 남부, 티베트 남동부

지도5   *네팔의 3분할은 W.T.Steam에 따른다.(p.29 참조)

란히 받는다. 히말라야의 동쪽 끝은 약간 위도를 높여 북동쪽을 향해 형단 산맥의 남부로 이어진다.

히말라야의 서부는 사토레즈 강의 넓은 계곡 부근에서 북쪽으로 크게 휘어있다. 히말라야를 동서로 삼분하면 사토레즈 계곡에서 동쪽을 히말라야 중부로, 서쪽을 히말라야 서부로 하는 것이 타당하겠다. (지도3 참조) 중앙아시아 주변에서 히말라야에 걸쳐 분포하는 건조지 식물은, 사토레즈 강을 경계로 그 동쪽에 분포를 확장하는 종은 매우 적다. 그러나 히말라야 산맥의 남쪽 산지에서는 식물상이 끊임없이 변하기 때문에, 히말라야 서부와 중부의 식물을 계곡을 경계로 나누는 것은 별 의미가 없다.

사토레즈 강 서쪽의 척량산맥은 북위 32-35도 30분의 온대 지역에 있어, 히말라야 동부와 비교하면 비교적 저온인 한편 바다에서 멀기 때문에 건조한 내륙성 기후를 띤다. 히말라야 동부는 여름에 비가 많고 겨울에 비가 거의 오지 않는 극단적 몬순기후인 반면, 히말라야 서부의 산악지대는 여름 강우량은 그리 많지 않으나 겨울에는 습한 북서풍이 불어와 여름과 맞먹는 강우량이나 강설량을 기록하므로 유럽대륙 서쪽의 기후에 가깝다.

사토레즈 계곡에서 히말라야 중앙부의 대산군에 이르는 히말라야 중부에는 고유의 식물이 비교적 드물다. 그 중에서도 인도의 가르왈 지방과 네팔 서부에는 중복산지의 건조한 계곡 사면 대부분이 인도 서히말라야산 블루파인과 피체아 스미티아나(picea smithiana)가 뒤섞인 침엽수림으로 덮여있으며, 국지적으로 강우량이나 강설량이 많은 오지의 계곡 외에는 단순한 식생이 이어진다.

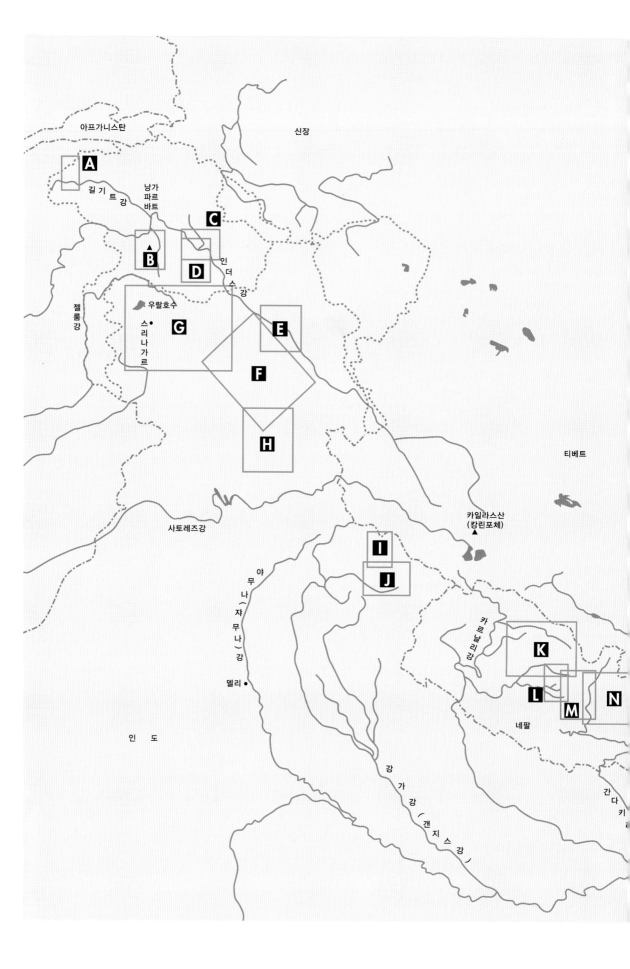

히말라야 산맥 전체도

A 바후시타르 Bahoushtar(파키스탄)
B 낭가파르바트 Nanga Parbat(파키스탄)
C 발티스탄 Baltistan(파키스탄)
D 데오사이 Deosai(파키스탄)
E 라다크 Ladakh(인도)
F 잔스카르 Zanskar(인도)
G 카슈미르 분지 주변 Kashmir(인도)
H 히마찰 Himachal Pradesh(인도)
I 가르왈 북동부 Northeast Garhwal(인도)
J 난다데비 Nanda Devi(인도)
K 네팔 서부 West Nepal(네팔)
L 도르파탄 Dhorpatan(네팔)
M 다울라기리 Dhauragiri(네팔)
N 안나푸르나, 마나슬루 Annapurna, Manaslu(네팔)
O 헬람부 Helambu(네팔)
P 랑탕, 고사인쿤드 Langtang, Gosainkund(네팔)
Q 롤왈링 Rolwaling(네팔)

R 솔루 Solu(네팔)
S 쿰부 Khumbu(네팔)
T 마칼루, 잘잘레 Makalu, Jaljale(네팔)
U 틴주레, 타플레중 Tinjure, Taplejung(네팔)
V 칸첸중가, 싱갈리라 Kangchenjunga, Singalila
　 (네팔, 인도)
W 시킴 동부 East Sikkim(인도)
X 부탄 서중부 West and Central Bhutan(부탄)
Y 티베트 남부 South Tibet(중국)
Y1 시샤팡마 Shisha Pangma(중국)
Y2 초모랑마 Chomolangma(중국)
Y3 얄룽창포 중류 지역 Lhasa, Gyantse(중국)
Y4 간덴, 삼예 Ganden, Samye(중국)
Z 티베트 남동부 Southeast Tibet(중국)
Z1 차리 계곡 Tsari Valley(중국)
Z2 파숨 호수 Pasum Lake(중국)
Z3 남차바르와 Namcha Barwa(중국)

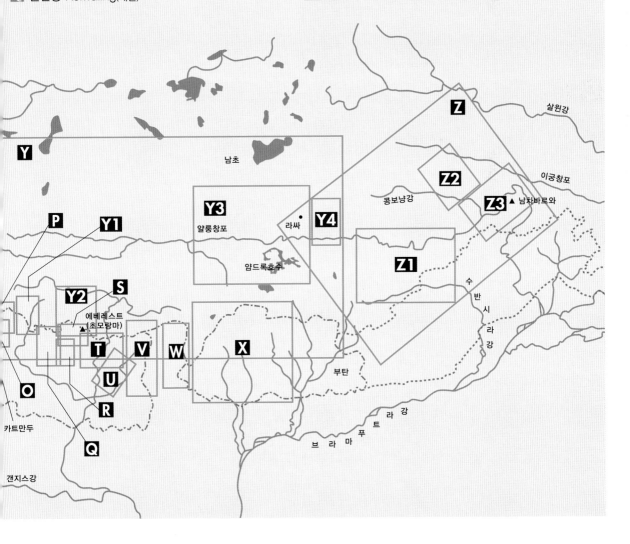

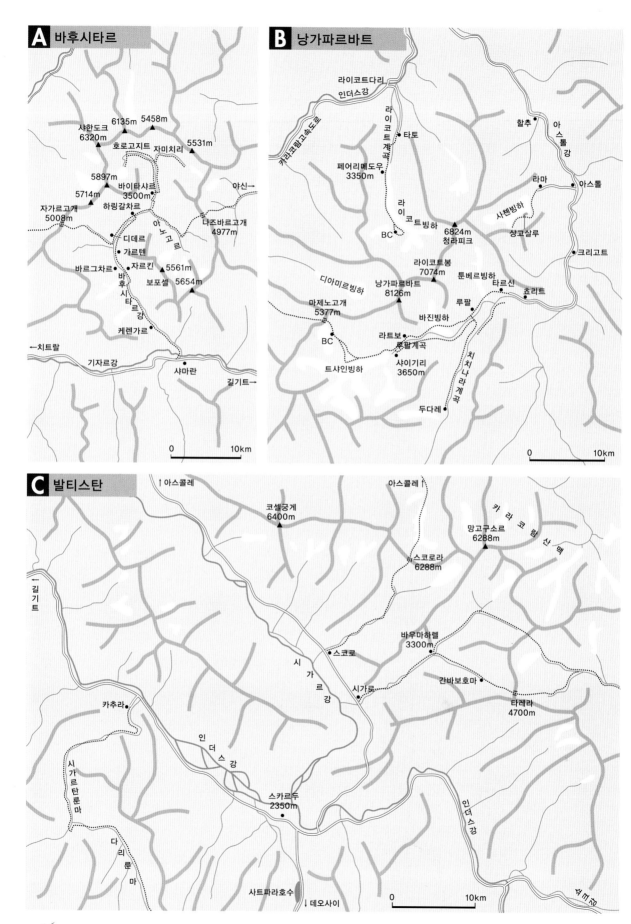

A 바후시타르

6135m
5458m
샤한도크
6320m
호로고지트
자미치리
5531m

5897m
바이타샤르
3500m
5714m
하링갈차르
자가르고개
5008m
아노고르
나즈바르고개
4977m
야신→

디데르
가르텐
자르킨
5561m
바르그차르
바후시타르강
보포셀
5654m

케렌가르
←치트랄
기자르강
샤마란
길기트→

0   10km

B 낭가파르바트

라이코트다리
인더스강
라이코트계곡
타토
카라코람고속도로
페어리메도우
3350m
라이코트빙하
BC
6824m
청라피크
할추
아스톨강
라마
아스톨
사첸빙하
상고살루
크리고트

라이코트봉
7074m
디아미르빙하
낭가파르바트
8126m
툰베르빙하
타르신
죠리트
루팔
마제노고개
5377m
바진빙하
BC
라트보
루팔계곡
샤이기리
3650m
트샤인빙하
치치나라계곡
두다레

0   10km

C 발티스탄

↑아스콜레
아스콜레
코셀궁게
6400m
카라코람산맥
망고구소르
6288m
스코로라
6288m
↑길기트
바우마하렐
3300m
스코로
시가르강
간바보호마
시가룡
타레라
4700m
카추라
인더스강
시가르탄룬마
스카르두
2350m
인더스강
다리룬마
사트파라호수
↓데오사이
슈ㅠ싱

0   10km

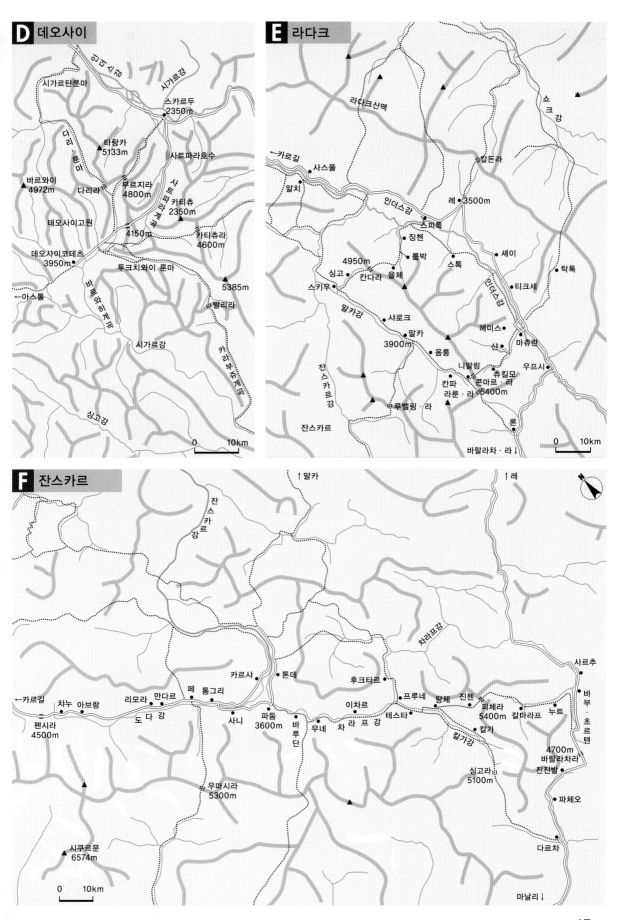

D 데오사이

싱고시 시오
시가르강
시가르탄룬마
스카르두
2350m
타랑카
5133m
사트파라호수
바르와이
4972m
부르지라
4800m
다리라
카티츄
2350m
데오사이고원
4150m
카티츄라
4600m
데오사이코데츠
3950m
투크치와이 룬마
5385m
아스톨
발리라
시가르강
싱고강

0 10km

E 라다크

카르길
사스폴
칼돈라
쇼 크 강
라다크산맥
알치
인더스강
레 3500m
스피툭
징첸
룸박
셰이
탁톡
4950m
싱고
율체
스톡
인더스강
티크세
스키우
칸다라
말카강
샤로크
헤미스
마츄란
말카
3900m
옴롱
산
우프시
잔스카르강
니말링
쥬킬모
칸파
콘마르·라
라룬·라 5400m
루벨링·라
론
잔스카르
바랄라차·라↓

0 10km

F 잔스카르

↑말카
↑레
잔스카르강
쵸라프강
카르길
카르샤
톤데
후크타르
사르추
차누
아브랑
리모라
만다르
페
통그리
이차르
프루네
탕체
진첸
피체라
5400m
칼마라프
누트
바부·초르텐
펜시라
4500m
도다강
사니
파둠
3600m
바르단
무네
차라프강
테스타
칼가
칼가강
4700m
바랄라차라
진진발
우마시라
5300m
싱고라
5100m
파체오
시쿠르문
6574m
다르차

0 10km

마날리↓

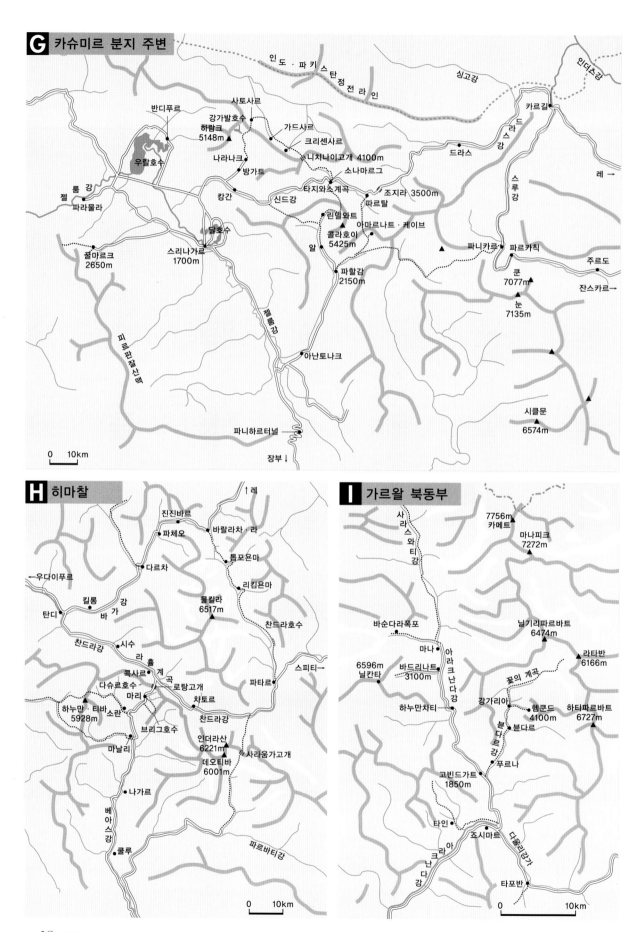

G 카슈미르 분지 주변

인도 · 파키스탄 정전라인
싱고강
인더스강

반디푸르
사토사르
카르길
강가발호수
하람크
5148m
가드사르
크리센사르
드라스강
나라나크
드라스
니치나이고개 4100m
방가트
소나마르그
스루강
젤 룸 강
캉간
타지와스계곡
조지라 3500m
레 →
파라물라
신드강
파르탈
린넬와트
아마르나트 · 케이브
달호수
콜라호이
5425m
파니카루
파르카칙
쫄마르크
2650m
스리나가르
1700m
알
주르도
파할감
2150m
쿤
7077m
잔스카르→
눈
7135m
피르판잘산맥
아난토나크
시클문
6574m
파니하르터널
장부↓
0 10km

H 히마찰

↑레
진진바르
바랄라차 · 라
파체오
톰포온마
←우다이푸르
다르차
리킴온마
바
킬롱
강
물킬라
6517m
탄디
찬드라호수
시수
찬드라강
라
스피티→
콕사르
홀
계곡
파타르
다슈르호수
로탕고개
마리
차토르
하누만 · 티바
5928m
소란
찬드라강
브리그호수
마날리
인더라산
6221m
사라움가고개
데오티바
6001m
나가르
베아스강
쿨루
파르바티강
0 10km

I 가르왈 북동부

7756m
카메트
사
라
스
와
티
강
마나피크
7272m
바순다라폭포
닐기리파르바트
6474m
마나
아
라
크
난
다
강
라타반
6166m
6596m
닐칸타
바드리나트
3100m
꽃의 계곡
강가리아
헴쿤드
4100m
하티파르바트
6727m
하누만차티
뷴
다
르
강
뷴다르
푸르나
고빈드가트
1850m
타인
아
라
크
난
다
강
죠시마트
다
울
리
강
가
타포반
0 10km

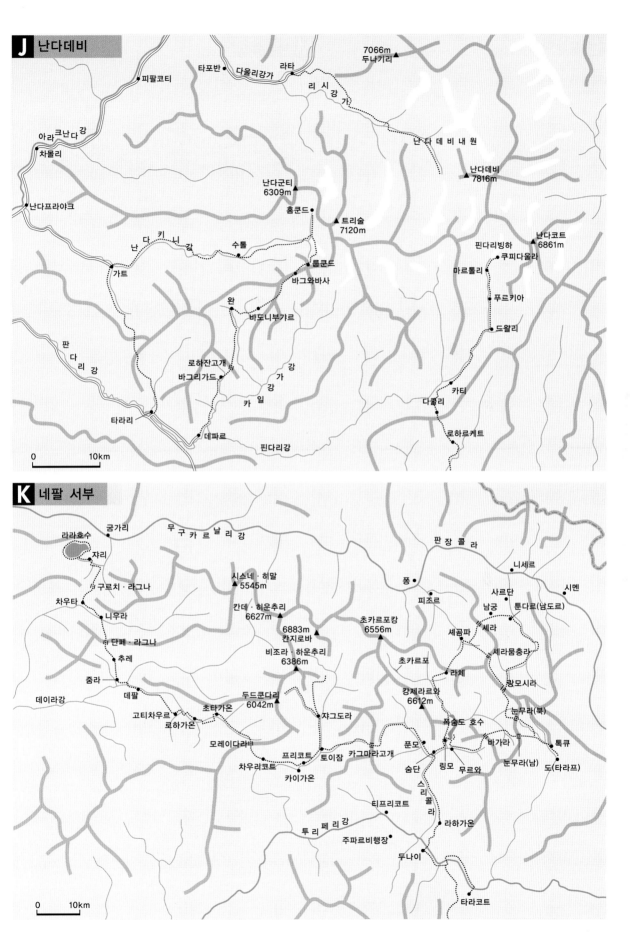

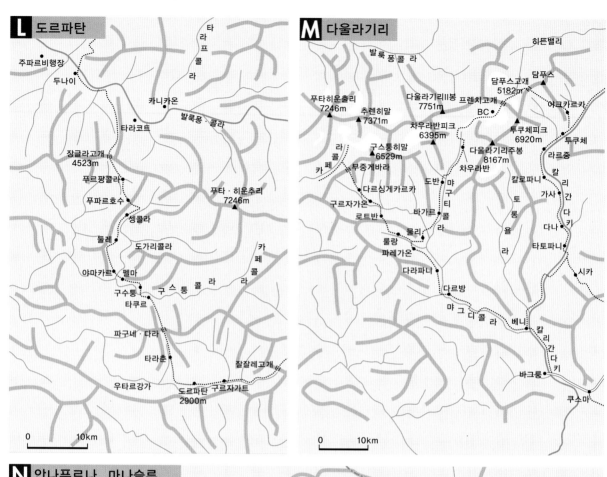

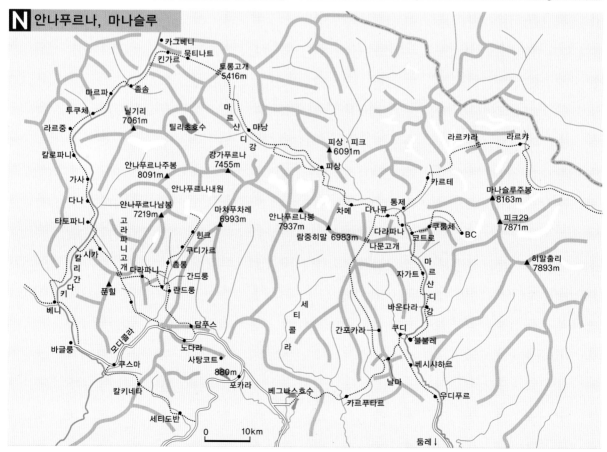

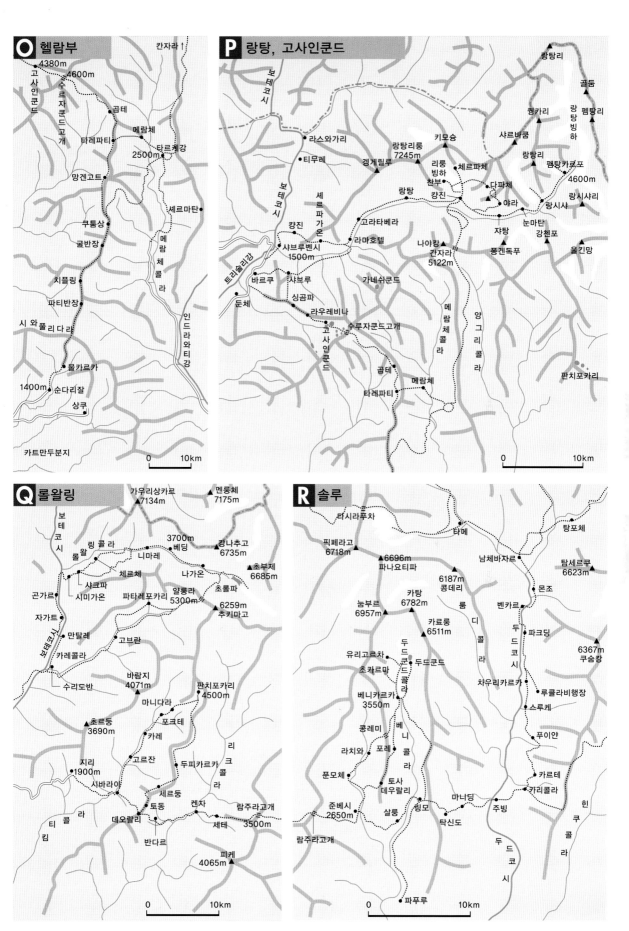

O 헬람부

4380m
4600m
고사인쿤드
수르자쿤드고개
곧테
칸자라 I
메람체
타레파티
타르케강
2500m
망겐고트
세르마탄
쿠툼상
메람체콜라
굴반장
치플링
파티반장
시왕풀리다라
인드라와티강
물카르카
1400m
순다리잘
상쿠
카트만두분지

0   10km

P 랑탕, 고사인쿤드

보테코시
라스와가리
랑탕리룽 7245m
키모슝
랑탕리
골둠
팸팅리
콍카리
랑탕빙하
샤르바쿰
랑탕리
티무레
겡게릴루
리룽빙하
체르파체
단파체
펨탕카롱포 4600m
보테코시
셰르파가온
천부
랑탕
캉진
야라
랑시샤
랑시샤리
캉진
고라타베라
라마호텔
눈마탄
강첸포
샤브루벤시 1500m
나야캉
간자라 5122m
쟈탕
폿겐독푸
올킹망
바르쿠
샤브루
가네쉬쿤드
둔체
싱곰파
라우레비나
메람체콜라
양그리콜라
판치포카리
고사인쿤드
수르자쿤드고개
곧테
메람체
타레파티

0   10km

Q 롤왈링

가우리상카르 7134m
멘룽체 7175m
보테코시
링콜라
3700m
캉나추고 6735m
롤왈
니마레
베딩
곤가르
체르체
나가온
초부제 6685m
샤크파
시미가온
알룽라 5300m
초롤파
6259m 추키마고
자가트
만탈레
고브란
타마코시강
카레콜라
바람지 4071m
판치포카리 4500m
수리도반
마니다라
초르둥 3690m
포크테
카레
지리 1900m
고르잔
리크콜라
시바라이
두피카르카
세르둥
토동
켄자
람주라고개 3500m
데오랄리
세테
티콜라킴
반다르
피케 4065m

0   10km

R 솔루

라시라푸차
타메
탕포체
핀페라고 6718m
남체바자르
6696m 파나요티파
탐세르쿠 6623m
6187m 콩데리
카탕 6782m
몬조
눔부르 6957m
룸
디콜라
벤카르
두드코시
파크딩
카롤룽 6511m
6367m 쿠숨캉
유리고르차
두드쿤드
콜라
조카르마
두드콜라
차우리카르카
베니카르카 3550m
루클라비행장
베니콜라
스루케
콩레미
라치와
포레
푸이얀
푼모체
토사데우랄리
마딩
카르테
카리콜라
준베시 2650m
살룽
링모
탁신도
주빙
힌쿠콜라
람주라고개
두드코시
파푸루

0   10km

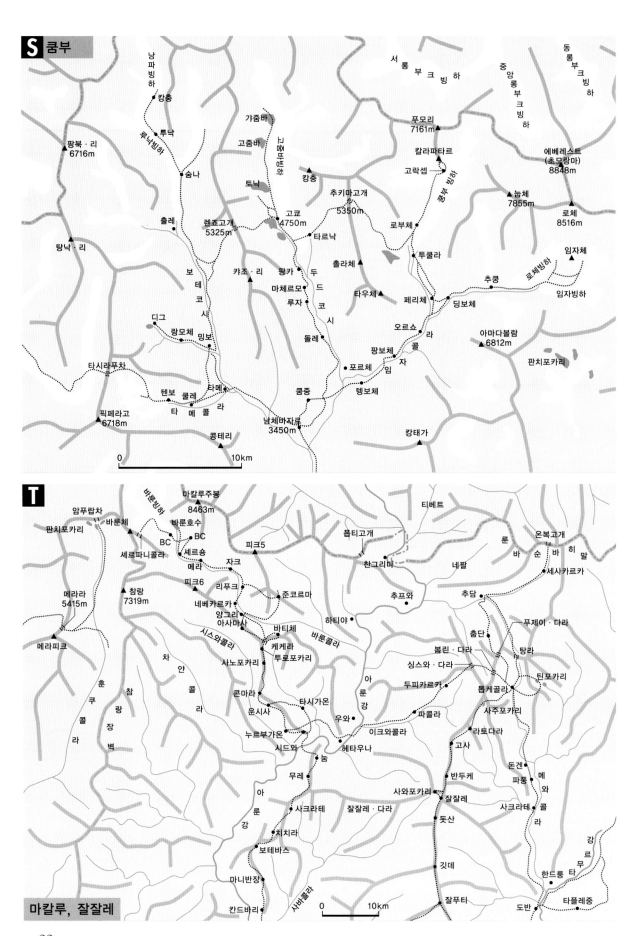

U 틴주레, 타플레중

파풍
시누와
미트룽
시와쿨라
사크라테
툼마
한드룽
잘잘레
돗산
도반
타플레중
마지와콜라
네숨
타무르강
구르자가온
갓데
자르푸티
수케
데오라리
미르케
구파포카리
싯다포카리
눈다키
슬리마네
피르와콜라
초우키
차인푸르
테라툼
틴주레·페디
틴주레다라
둘파니
바산다푸르
치트레
아룬강
시드와
힐레
단쿠타
다란바잘↓

0 10km

V 칸첸중가, 싱갈리라

캉라 5752m
티베트
온미캉그리
종상피크
파북
티시마피크
종사라
샤오
판도라
피라미드피크
안마
로낙
팡페마
눕추
네팔·피크
눕
샤르푸
람탕
칸첸중가 빙하
제무빙하
왈룬충골라
안마콜라
마르송라
캉바첸
트윈즈
타무르강
낭고라
람푸크
칸첸중가 8586m
송닝
가브라
군사
자누얄룽빙하
탈룽
세카통
양질라사
사콜라
야마타리빙하
카브루
고차라
룽룽
미르긴라
랍상
랍상라
라톤
체마탄
체람
얄룽
사미티레이크
타무르강
치라우네
싱바콜라
캉라
탕신
얌푸딘
종그리
초카
박킴
욕송
케체팔리호수
카벨리콜라
네팔
인도
페마양체
리그시프
싱갈리라
팔루트 3600m
고르키
사르바쿰
라맘
피딤
림빅
조레탕
산닥푸
푸르바잘
다질링
가이리반스
통루
드트레이
궁
마니반장
스키아포카리
2585m 타이거힐
이람
실리구리

0 10km

W 시킴 동부

세세라
야크라
움초
낙추로낙추무추제
칸첸쟈오 6889m
돈캬라 5495m
세브라
유메산돈
파우훈리 7128m
탕
티스타강
라첸
움탕 3600m
무네(싱파)
야크체이
라충라
라충제
톨룽
탈룽추
춘탄
돈
망간
티스타강
티베트춘비계곡
딕추
포돈
초라 4310m
나투라
카비
창구호수
메남 3234m
강톡 1731m
룸텍
사람사
제레프라
테미
싱탐 490m

0 10km

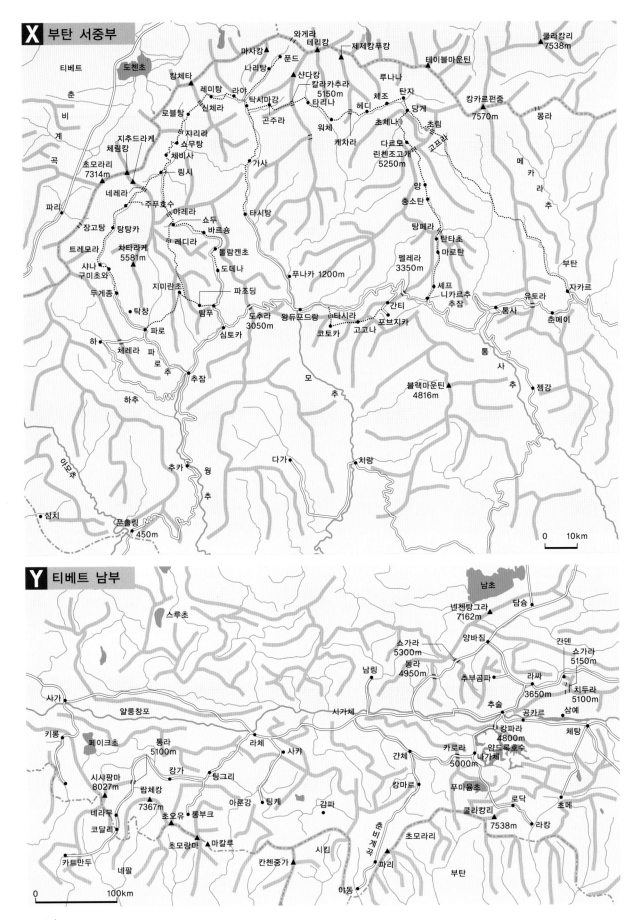

티베트

춘
비
계
곡

도첸초

캉체타

레미탕
로블탕
지추드라케
체림캉
쟈리라
쇼무탕
체비사
링시

초모라리
7314m
네레라

주푸호수
야레라

파리

장고탕
탕탕카
트레모라
샤나
구미초와
두게종
탁창

파로

차타라케
5581m

지미란초
팀푸

심토카

체레라
추잠

파
로
추

하추

추카

추
윈

마사캉
푼드
나리탕
라야
탁시마캉
신체라
곤주라

가사

타시탕

쇼두
바르숑
레디라
돌람켄초
도데나

파조딩

도추라
3050m
왕듀포드랑

코토카

다가

삼치

푸촐링
450m

와게라
테리캉
제제캉푸캉
산다캉
칼라카추라
5150m
타리나
워체

케차라

쿨라캉리
7538m

테이블마운틴

루나나
체조
헤디
탄자
당게

초체나
초림
고프라

다르모
린첸조고개
5250m

앙
총소탄
탕페라
펠레라
3350m
셰프
니카르추
추잠

푸나카 1200m

타시라
고고나
포브지카

간티

블랙마운틴
4816m

치랑

캉카르펀줌
7570m

몽라

메
카
라
추

부탄

자카르
유토라
춘메이
퉁사

탄타초
마로탄

통
사
추

젬강

이모추

0   10km

스루초

사가

키롱

페이크초

시샤팡마
8027m
네라무
코달리

카트만두

네팔

알롱창포

통라
5100m
캉가
랍체캉
7367m
초오유
롱부크

초모랑마
마칼루

남초

넨첸탕그라
7162m

쇼가라
5300m
몽라
4950m
추부곰파

앙바짐

담슝

간덴
쇼가라
5150m
치두라
5100m

라싸
3650m

추술
서카체
공카르
삼예

캉파라
4800m
얌드로호수

카로라
낙가체
5000m

체탕

라체
사캬

팅그리
아룬강
팅케
감파

간체

킹마르

춘
비
계
곡

푸마윰초

쿨라캉리
7538m
라캉

로닥
조메

초모라리

파리

부탄

시킴
칸첸중가

야동

0   100km

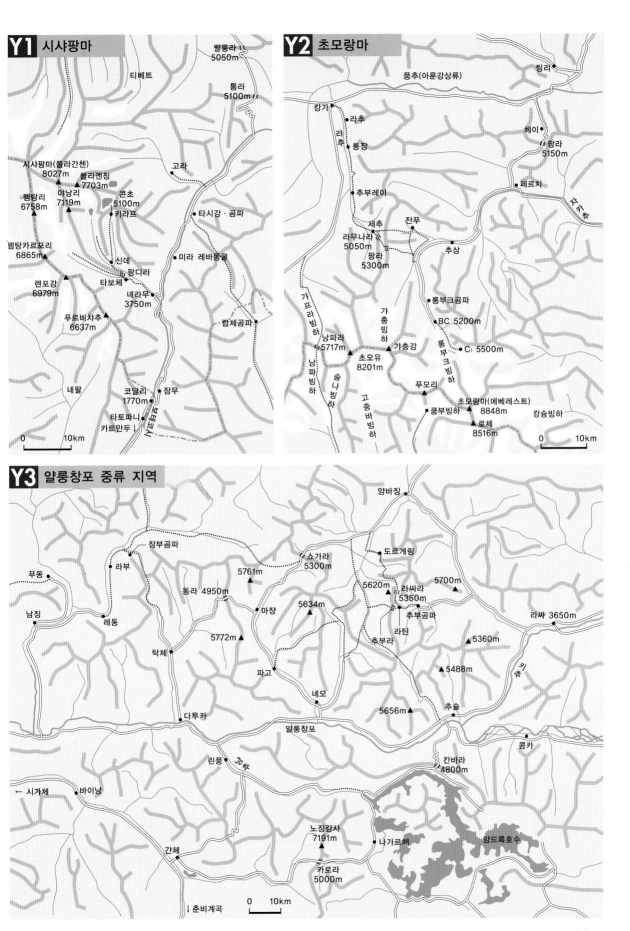

Y1 시샤팡마

랄룽라 5050m
티베트
통라 5100m
시샤팡마(폴라간첸) 8027m
고라
볼라멘칭 7703m
펨탕리 6758m
야낭리 7119m
콘초 5100m
키라프
타시강·곰파
펨탕카르포리 6865m
미라 레바옹굴
신데
팡디라
렌포강 6979m
타보체
네라무 3750m
랍체곰파
푸르비챠추 6637m
네팔
코달리 1770m
잠무
타토파니
카트만두

0 10km

Y2 초모랑마

풍추(아룬강상류)
팅리
캉가
라추
체이
팡라 5150m
라추
룽장
페르치
추부레이
제추
잔무
라무나라 5050m
팡라 5300m
추상
갸프라빙하
롱부크곰파
낭파라 5717m
갸충빙하
BC 5200m
낭파빙하
갸충강
롱부크빙하
초오유 8201m
C₁ 5500m
슐나빙하
푸모리
고충바빙하
쿰부빙하
초모랑마(에베레스트) 8848m
캉슝빙하
로체 8516m

0 10km

Y3 얄룽창포 중류 지역

양바징
잠부곰파
도르게링
라부
푸동
쇼가라 5300m
5761m
5620m
라싸라 5350m
5700m
남징
레동
동라 4950m
5634m
주부곰파
라싸 3650m
탁체
마쟝
5360m
5772m
라틴
추부라
파고
5488m
다투카
네모
5656m
추술
얄룽창포
콩카
린풍
칸바라 4800m
시가체
바이낭
노징캉사 7191m
나가르체
암드록호수
간체
카로라 5000m
춘비계곡

0 10km

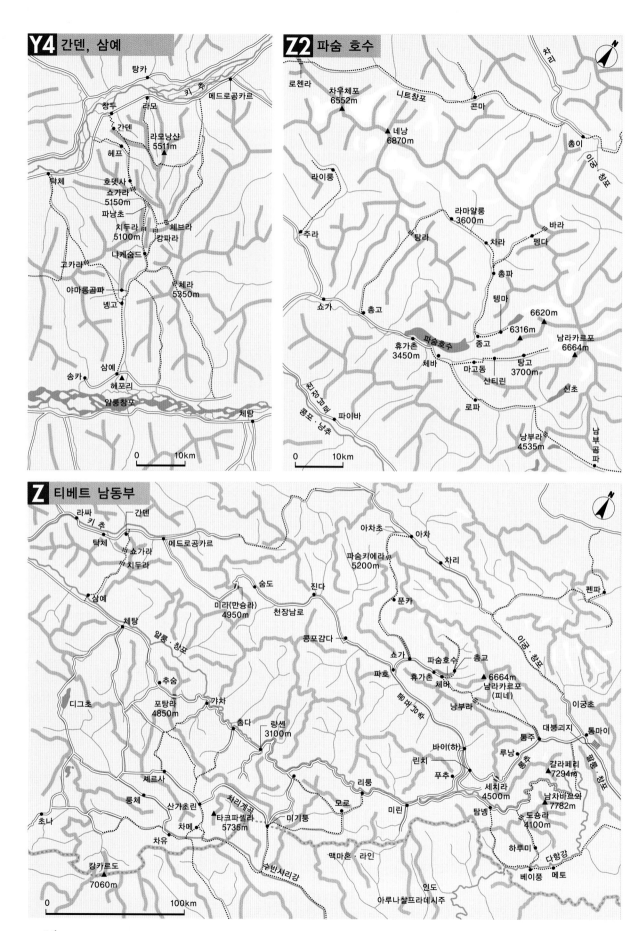

Y4 간덴, 삼예

- 탕카
- 키 추
- 메드로공카르
- 창두
- 라모
- 간덴
- 라모낭샨 5511m
- 헤프
- 탁체
- 호뎃사 쇼가리 5150m
- 파낭초
- 치두라 5100m
- 체브라
- 캄파라
- 나케숨드
- 고카라
- 야마롱곰파
- 넹고
- 체라 5350m
- 송카
- 삼예
- 헤포리
- 얄룽창포
- 체탕

0   10km

Z2 파숨 호수

- 차리
- 로첸라
- 차우체포 6552m
- 니트창포
- 콘마
- 총이
- 네낭 6870m
- 라이룽
- 이궁 창포
- 라마알룽 3600m
- 바라
- 주라
- 탕라
- 차라
- 펨다
- 쇼가
- 총파
- 텡마
- 6620m
- 총고
- 6316m
- 파숨호수
- 종고
- 남라카르포 6664m
- 휴가촌 3450m
- 체바
- 마고동
- 산티린
- 탕고 3700m
- 신초
- 남부곰파
- 로파
- 찐창 고레
- 콩포·낭추
- 파이바
- 낭부라 4535m

0   10km

Z 티베트 남동부

- 라싸
- 키 추
- 간덴
- 탁체
- 쇼가라
- 메드로공카르
- 아차초
- 아차
- 치두라
- 파숨키에라 5200m
- 차리
- 숨도
- 진다
- 펜파
- 삼예
- 미라(만슝라) 4950m
- 천장남로
- 푼카
- 체탕
- 얄룽·창포
- 콩포감다
- 쇼가
- 파숨호수
- 총교
- 추숨
- 파호
- 휴가촌
- 체바
- 6664m 남라카르포 (피네)
- 디그초
- 포탕라 4850m
- 갸차
- 낭부라
- 이궁초
- 촘다
- 랑센 3100m
- 대붕꾀지
- 통마이
- 세르사
- 바이(하)
- 통주
- 이궁 창포
- 린치
- 루낭
- 룽체
- 산가초린
- 리룽
- 푸추
- 세치라 4500m
- 갈라페리 7294m
- 초나
- 차메
- 차유
- 치리게곡
- 타크파셀라 5735m
- 미기퉁
- 모로
- 미린
- 탐넹
- 남차바르와 7782m
- 도숑라 4100m
- 맥마혼·라인
- 하루미
- 다항강
- 캉카로도 7060m
- 수반시리강
- 인도
- 아루나찰프라데시주
- 베이풍
- 메토

0   100km

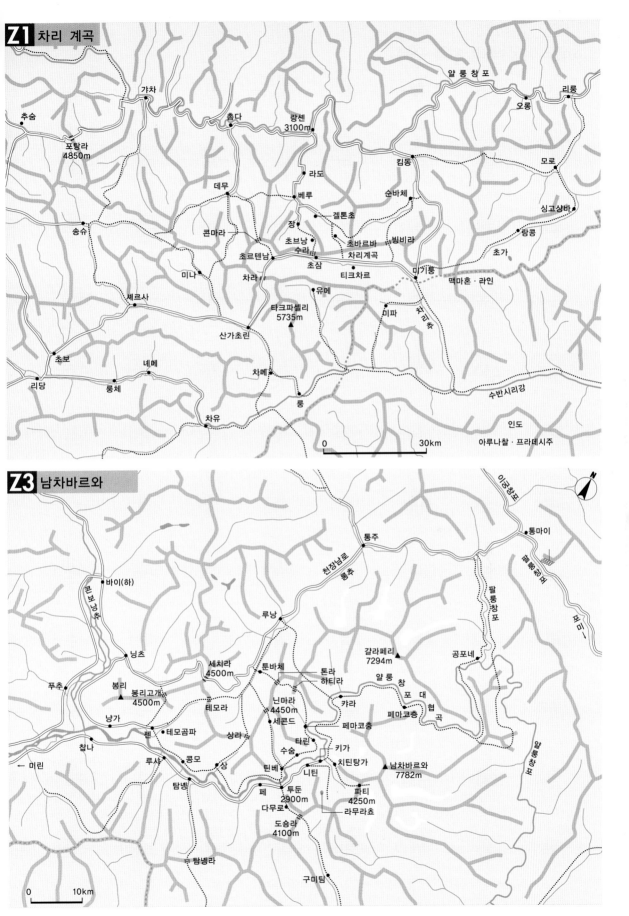

Z1 차리 계곡

얄룽창포
리룽
오룽
추숨
갸차
총다
랑센 3100m
모로
포탈라 4850m
킴동
싱고샹바
라도
데무
베루
순바체
겔톤초
랑콩
장
송슈
콘마라
초브낭
초바르바
빙비라
초가
수라
차리계곡
초르텐남
초삼
마기룽
미나
차라
티크차르
맥마혼 · 라인
셰르사
유메
미파
차리
타크파셸리 5735m
산가초린
초보
네메
차메
수반시리강
리당
룽체
인도
아루나찰 · 프라데시주
차유
룽
0   30km

Z3 남차바르와

이공창포
통주
통마이
콘보낭츄
바이(하)
천청남로 룽츄
얄룽창포
포미
닝츠
루낭
갈라페리 7294m
공포네
푸추
세차라 4500m
팔룽창포
봉리
봉리고개 4500m
툰바체
톤라 하티라
얄룽 창 포 대 협
냥가
테모라
닌마라 4450m
캬라
곡
젠
테모곰파
상라
세콘드
페마코충
찹나
루샤
콩모
상
수숨
타린
키가
페마코충
탐넹
페
틴베
니틴
치틴탕가
남차바르와 7782m
← 미린
투둔 2900m
파티 4250m
다무로
라무라쵸
도숑라 4100m
탐넹라
구미팀
0   10km

히말라야 산맥의 지역 구분

이 책은 기본적으로 현재의 국경과 행정구분을 토대로 히말라야 산맥을 파키스탄 북부, 카슈미르, 히마찰, 가르왈, 쿠마온, 네팔 서부, 네팔 중부, 네팔 동부, 시킴, 부탄, 아루나찰, 티베트 서부, 티베트 남부, 티베트 남동부의 14지역으로 분할해, 각 항목별 식물의 수평분포를 기재했다. (p.13 지도5 참조)

이들 지역을 앞서 언급한 '히말라야 동서 3분할'에 적용하면, 서쪽 끝의 파키스탄에서 카슈미르를 지나 히말라야 서쪽까지가 히말라야 서부로, 히말라야 동쪽에서 가르왈, 쿠마온, 네팔 중부까지가 히말라야 중부로, 네팔 동부에서 시킴, 부탄, 티베트 남동부까지가 히말라야 동부로 들어간다. 티베트령에 대해서는 히말라야 3분할과는 다른 기준으로 서부와 남부, 동부로 나눌 수 있다. 아래[ ]안의 A-Z는 p.16~27의 지도를 나타내며, 〈 〉안의 숫자는 게재한 페이지를 나타낸다.

파키스탄[A, B, C, D]

파키스탄 북부의 카슈미르를 제외한 지역, 즉 인더스 강의 서쪽과 북쪽에 펼쳐진 건조한 산악지대를 가리킨다. 단, 인도와 분쟁 중인 카슈미르의 경계는 분명하지 않다. 파키스탄 북동부에는 중국 신장(新疆, 신장 위구르 자치구)과의 사이에 카라코람 산맥이 가로지르고, 북부에는 힌두라즈라고 하는 산악지대가 펼쳐져 있으며, 북서부에서 아프가니스탄에 걸쳐 힌두쿠시 산맥이 내달리고 있다.

힌두라즈의 거의 중앙에 위치한 바후시타르 계곡 'A'의 상류지역에서는 같은 과인 분홍바늘꽃과 에필로비움 라티폴리움〈352〉의 군락을 동시에 볼 수 있다. 카라코람 산맥과 카슈미르 계곡을 사이에 둔 인더스 계곡은 주변의 산악지대를 포함해 발티스탄 'C'라고 불린다.

발티스탄의 중심지에 있는 해발 2,350m의 스카르두 주변은 극도로 건조한 탓에, 인더스 강과 그 지류가 다량의 모래를 퇴적해 사막과 같은 경관을 연출하고 있다. 스카르두 주변의 모래로 덮인 사면에는 소포라 알로페쿠로이데스〈399〉가 군생하며, 가축이 드나드는 계곡 줄기에는 에키놉스 코르니게루스〈66〉 등의 뾰족한 가시를 가진 식물이 우거져 있다. 스카르두에서 남쪽 계곡을 오르면 로사 웨비아나〈463〉의 분홍빛 꽃으로 물든 사트파라 호수가 나온다.

사트파라 호수에서 데오사이 고원 'D'에 이르는 길 주변의 바위지형에는 여름에 아크빌레기아 프라그란스〈611〉와 알리움 카롤리니아눔〈758〉의 꽃이 만발한다. 해빙이 늦은 데오사이 고원은, 짧은 여름이면 드라바 카세미리카〈533〉와 안드로사체 무크로니폴리아〈299〉의 꽃으로 가득 찬다.

스카르두에서 북동쪽으로 조금 떨어진 시가르 마을로부터 건조한 계곡 줄기를 따라 동쪽으로 오르면 카라코람 산맥의 식생을 만나볼 수 있다. 계곡의 하류부에는 강기슭의 관목림 외에 삼림이 거의 없다. 무너져 내리기 쉬운 자갈사면에는 포복성 관목인 카파리스 스피노사〈547〉가 찰싹 달라붙어 있다. 해발 3,500m를 넘어서면 상승기류가 안개를 불러와 산 표면

을 윤택하게 하고, 관목이나 소고목 형태인 유니페루스 마크로포다〈768〉의 소림(疏林)이 눈에 띄기 시작한다. 해발 4,000m를 넘으면 추위와 눈 때문에 나무다운 나무가 자라지 못하게 되어, 버드나무 등의 소관목과 풀사틸라 왈리키아나〈625〉, 린델로피아 스틸로사〈223〉가 만발하는 초지가 펼쳐진다. 이 계곡을 다 오르면 만년설에 뒤덮인 해발 4,700m의 타레 라에 다다른다. 도중에 빙하를 따라 펼쳐진 바위지형에는 베르게니아 스트라케이〈479〉가 군생하며, 눈이 녹은 직후의 사면에는 프리뮬러 마크로필라〈262〉가 꽃을 피운다.

카슈미르[B, E, F, G]

파키스탄과 인도 사이의 분쟁지역인 카슈미르는 정전협정에 따라 동서로 나뉘어 있으나, 식물지리상으로는 전혀 나눌 이유가 없다. 파키스탄이 지배하는 카슈미르에는 히말라야 척량산맥의 서쪽에 있는 낭가파르바트와 데오사이 고원이 포함된다.

낭가파르바트 산군 'B'의 남쪽에는 건조한 루팔 계곡이 동서로 가로지르며, 빙하에서 흘러내린 물로 관개하는 보리밭 주변은 서양톱풀〈100〉과 실레네 불가리스〈647〉의 꽃이 수를 놓는다. 루팔 계곡의 원두부에서 북쪽으로 오르면 해발 5,377m의 마제노 고개에 다다른다. 도중에 펼쳐진 바위사면에는 분홍색 설상화를 품고 있는 알라르디아 토멘토사〈94〉와 사우수레아 그나팔로데스〈55〉가 곳곳에 피어 있다. 남쪽에서 루팔 계곡에 합류하는 치치나라 계곡에는 상류의 방목지에 아코니툼 비올라체움〈601〉이 폭넓게 군생한다.

카라코람 고속도로가 관통하는 인더스 강의 협곡에서 낭가파르바트 산군의 북쪽 계곡을 지프로 거슬러 오르면, 페어리 메도우 빙하를 내려다볼 수 있는 쾌적한 캠프지가 나온다. 그곳에서 등반 캠프지로 통하는 빙하 주변의 길을 따라 오르면, 무너져 내리기 쉬운 빙퇴석 사면에 미누아르티아 카쉬미리카〈656〉와 비스토르타 아피니스〈666〉의 군락이 자리하고 있다.

인도가 지배하는 카슈미르에는 스리나가르가 있는 카슈미르 분지와 그 주변의 산악지대 외에, 티베트로 이어지는 건조지대인 라다크 지구 'E'와 잔스카르 지구 'F'도 포함된다. 발티스탄과 마찬가지로 삼림이 형성되기 어려운 라다크와 잔스카르는 식물지리상으로 카슈미르 분지 주변과 구별해서 다루어야 할 지역이다. 카슈미르 분지 주변 'G'는 여름에는 습한 몬순의 영향을 받고 겨울에는 눈이 많이 내리기 때문에, 산악지대에는 아비에스 핀드로우〈771〉와 베툴라 우틸리스〈687〉 등의 숲이 발달해 있다. 분지 주변부에는 굴마르그, 파할감, 소나마르그와 같은 휴양지가 있어 산행이 한결 즐거워진다. 소나마르그에서 나라나크에 이르는 트래킹 코스에서는 도중에 캄파눌라 카쉬메리아나〈119〉와 로술라리아 세도이데스〈528〉를 볼 수 있다.

스리나가르와 라다크 사이에는 해발 3,530m의 조지 라를 넘는 자동차도로가 있으며, 초여름부터 가을까지 개방한다. 해빙 직후의 조지 라 부근 방목지에는 코리스포라 사불로사

〈545〉가 폭넓게 군생한다. 라다크의 인더스 계곡은 발티스탄의 스카르두 주변과 마찬가지로 사막과 같은 풍경이 펼쳐진다. 북쪽에서 인더스 계곡으로 흘러드는 지류의 넓은 계곡에 있는 레의 연간 강수량은 100mm 정도라고 한다. 라다크 산맥의 눈 녹은 물이 종횡으로 흐르는 레의 수로 주변은 아이리스 라크테아〈747〉가 수를 놓는다.

레에서 인더스 강을 사이에 둔 건너편 기슭에는 해발 6,000m 전후의 봉이 여러 개 이어진다. 이 산지에는 서쪽의 칸다 라와 동쪽의 콘마르 라라는 높은 고개를 넘어, 산지의 남쪽으로 숨어드는 마루카 계곡을 경유해 일주하는 험난한 트래킹 코스가 있다.

칸다 라 부근의 가축이 방목되는 자갈사면에는 뾰족한 가시로 뒤덮인 아스트라갈루스 잔스카렌시스〈408〉와 카라가나 브레비폴리아〈404〉가 폭넓게 군생하며, 여름에는 바위가 드러난 산등성이에 안드로사체 로부스타〈300〉의 꽃이 무리를 짓듯 피어난다.

해발 5,400m의 콘마르 라에서 가파른 길을 따라 북쪽으로 내려가면 바위 그늘에서 비에베르스테이니아 오도라〈394〉와 파리아 누디카울리스〈544〉의 꽃을 발견할 수 있다.

스리나가르 레 도로의 중도에 있는 카르길에서 남쪽으로 스루 계곡을 거슬러 올라가면, 눈쿤 봉 바로 아래의 험난한 길을 통과해 해발 4,500m의 펜시 라를 넘어 잔스카르 중심지에 있는 파둠까지 차로 들어갈 수가 있다. 건조한 잔스카르 계곡의 자갈사면에는 네페타 글루티노사〈188〉와 린델로피아 안쿠소이데스〈223〉가 큰 그루를 형성해 군생하며, 드넓은 초지에는 로텐틸라 아르기로필라〈452〉가 가득 피어난다.

파둠에서 남동쪽으로는 히말라야와의 경계에 있는 해발 4,700m의 바랄라차 라를 넘는 험난한 트래킹 코스가 있다. 그 중도의 황량한 피체 라 부근을 탐색하면, 바위 그늘에서 실레네 롱기카르포라〈646〉와 코리달리스 크라시폴리아〈578〉를 발견할 수 있다.

히마찰[H]

히마찰은 현재 인도의 행정지명인 히마찰프라데시 주를 약칭한 것으로, 주의 대부분을 산악지대가 차지하고 있다. 이 지역은 예전에는 카슈미르 남부의 산악지대를 포함해 펀잡 히말라야라고 총칭되었다. 주의 동쪽 가까이에 사토레즈 강이 흐르며, 이를 경계로 북서쪽의 4분의 3이 히말라야 서부에, 남동쪽의 4분의 1이 히말라야 중부에 속한다. 남부의 구릉지에는 예전에 영국인이 만든 휴양지가 드문드문 자리하고 있으며, 그 주변의 식물은 오래 전부터 영국인의 탐색 대상이 되어왔다. 히마찰 북서부에 있는 베아스 강과 펀잡 강의 상류에는 다양한 트래킹 코스가 있다.

해발 3,350m의 마날리 주변에는 히말라야삼목〈771〉이 많다. 마날리에서 북쪽으로 로탕 고개를 넘고 라훌 계곡을 지나 바랄라차 라에 이르는 코스에는 라다크의 레로 통하는 자동차도로가 지나는데, 해발 4,000m의 로탕 고개 부근에서는 창문 너머로 메코노프시스 아쿨레아타〈558〉와 라고티스 카쉬메리아나〈156〉의 꽃을 감상할 수 있다. 히마찰의 북동부에는 스피티 지구와 키나우르 지구 등 잔스카르 동쪽의 룹슈와 티베트 서부로 이어지는 건조지대가 있다.

가르왈과 쿠마온[I, J]

인도 우타르프라데시 주의 북부 산악지대는 현재의 행정구분으로는 북서쪽의 3분의 2가 가르왈 지구에, 남동쪽의 3분의 1이 쿠마온 지구에 속해 있다. 가르왈 'I'는 그 전체가 힌두교의 성역지대로 서쪽에 야무노트리, 강고트리, 케다르나트, 바드리나트의 4대 성지가 있으며, 동쪽에는 시크교의 성지인 헴쿤드가 있다.

바드리나트에서 서쪽으로 아라크난다 강 지류의 계곡을 거슬러 오르면, 첨봉 닐칸타의 산기슭에 다다른다. 그 중도의 바위가 많은 초지에는 모리나 롱기폴리아〈127〉와 쿠션식물인 안드로사체 글로비페라〈301〉가 군생한다.

헴쿤드는 바드리나트에서 남동쪽으로 조금 떨어진 산 위의 호수 근처에 있는데, 중도의 초지에는 게움 엘라툼〈460〉과 포텐틸라 아르기로필라 아트로상그비네아〈452〉가 군생한다. 헴쿤드의 서쪽을 흐르는 분다르 강의 원류는 해빙이 늦기 때문에, 여름에는 U자 계곡 전체가 다양한 고산식물의 꽃으로 뒤덮인다. 이 계곡은 스미스(F. S. Smythe)의 『The Valley of Flowers』라는 책을 통해 세계에 최초로 소개되었는데, 일본에서도 '꽃의 계곡'이라는 명칭으로 불리고 있다. '꽃의 계곡'에는 임파티엔스 글란둘리페라〈370〉와 학켈리아 운치나타〈220〉, 에필로비움 스페치오숨〈352〉 등이 폭넓게 군생한다.

가르왈 남동쪽에 있는 난다데비 'J'의 서쪽 기슭에는 홈쿤드와 룹쿤드라는 두 성지를 방문하는 트래킹 코스가 있다. 룹쿤드 부근 산의 사면에는 사우수레아 오브발라타〈56〉가 군생하고, 홈쿤드의 바짝 마른 호수 바닥에는 가을에 겐티아나 베누스타〈235〉의 꽃이 핀다.

현재의 행정구분에 따른 쿠마온은 서쪽은 가르왈 지구와 접해있고, 동쪽은 국경선 위를 흐르는 고리강가로 네팔과 접해있다. 그러나 19세기에는 현재의 가르왈과 히마찰 일부, 북쪽의 네팔령까지 포함해 인도 북서부의 산악지대가 폭넓게 쿠마온으로 불렸으며 상세한 지명도 현재와는 다른 부분이 많기 때문에, 옛 기록에 '쿠마온'으로 쓰인 장소를 특정하기에는 어려움이 따른다. 쿠마온 남서부의 난다데비 산에서 아래로 흐르는 핀다리 빙하 'J'는 여름에는 평지의 더위를 피해 몰려드는 여행객들로 붐비는데, 빙퇴석 사면에서 겐티아넬라 무르크로프티아나〈242〉와 스웨르티아 쿠네아타〈247〉의 꽃을 볼 수 있다.

네팔 동서 3분할

식물지리상으로 네팔을 동서로 삼분할 때는『An Enumeration of the Flowering Plats of Nepal』에 채택된 W. T. Steam의 경도에 따른 구분, 즉 동경 83도 및 86도 30분선으로 분할하는 방법이 널리 쓰이고 있다. (p.13 지도5 참조)

이들 선이 행정구분과 마찬가지로 인위적인 것임은 두말할 필요도 없다. 동경 86도 30분선은 히말라야 전체를 동서로 크게 나누는 네팔 중동부의 대산군이라는 띠 모양의 이행대 중앙 부근을 지나기 때문에, 식물상이 거의 같은 솔루 · 쿰부 지방과 롤왈링 지방을 네팔의 동부와 중부로 갈라놓게 된다.

동경 83도선은 비교적 습윤하고 온난한 네팔 중부의 식생에서 비교적 차고 건조한 네팔 서부의 식생으로 넘어가는 부근에 있으나, 이들 두 지역 사이에는 네팔 동부와 중부에서 볼 수 있는 식물상의 극적인 변화는 없다. 네팔 중서부에는 히말라야 척량산맥의 북쪽에 돌포 지방과 무스탕 지방이 있는데, 양쪽 다 네팔령 내에 있음에도 불구하고 자연환경과 서식하는 식물은 네팔 건조지대의 것과 크게 다르지 않다. 동경 83도선은 이 북부 건조지대를 네팔 중부와 서부로 나누고 있다.

네팔 서부[K]

도로망 발달이 뒤떨어진 네팔 서부는, 고산대에 도달하기 위해 대대적인 준비가 필요한 장기 트레킹을 거쳐야 하는 일이 많다. 돌포 지방의 서부는 국립공원으로 지정되어 동부보다 접근이 쉽고 산행도 어렵지 않다. 돌포 지방의 남서부에 있는 터키석 빛깔의 아름다운 폭숨도 호수는, 이 지방 중심지에 있는 두나이 근처의 주파르 비행장에서 편안한 트레킹 스타일로 왕복할 수가 있다. 폭숨도 지방은 건조한 돌포 지방 내에서는 비교적 습하고 녹지가 많아, 이 지역 고유의 클레마티스 플레반타〈626〉와 라미움 투베로숨〈200〉 외에 앵초속 중에서 향이 가장 강한 프리뮬러 레이디이〈291〉의 꽃을 볼 수 있다.

폭숨도에서 동쪽으로 눈무 라를 넘으면 건조한 타라프 계곡으로 내려가게 된다. 이판암으로 뒤덮여 있으며 해발 5,200m의 바람에 노출되어 얼어붙기 쉬운 눈무 라 부근에는 소로세리스 글로메라타〈70〉와 포텐틸라 비플로라〈440〉, 크리스톨레아 히말라옌시스〈543〉, 코리달리스 헨데르소니이〈577〉 등의 고유 식물이 서식한다.

타라프 마을 부근에서는 피소클라이나 프래알타〈182〉와 같이 라다크 마을 부근과 공통적으로 서식하는 식물을 발견할 수 있다.

돌포 지방의 북서부에 있는 셰곰파 부근은 극도로 건조한 산악지대로, 자갈지형에서는 돌처럼 단단하게 뭉친 틸라코스페르뭄 캐스피토숨〈656〉과 안드로사체 타페테〈304〉 등의 쿠션식물을 볼 수 있다.

폭숨도의 서쪽에 인접한 칸지로바 산군의 쟈그도라 계곡은, 남쪽에서 습한 공기가 다왈라기리 산군 서쪽의 베리 계곡을 통해 흘러들어와 국지적인 습윤기후를 띤다. 이 계곡 상부의 초지에는 사우수레아 스피카타〈53〉와 아르네비아 벤타미이〈210〉, 오노스마 브라크테아툼〈213〉 등의 세타식물이 군생한다.

네팔 서부 산악지대의 중앙부에는 비행장이 있는 줌라 분지가 있다. 줌라에서 북쪽으로는 국립공원으로 지정된 라라 호수를 일주하는 트래킹 코스가 있으며, 길가의 둔덕 사면에는 플라탄테라 라틸라브리스〈702〉와 하베나리아 아리엔티나〈699〉 등의 지생란(地生蘭)이 많다.

네팔의 서쪽 끝에 있는 아피 산군과 사이팔 산군은 진입로가 길어서 일반 트래킹 스타일로는 도달하기가 어렵다.

네팔 중부[L, M, N, O, P, Q]

다울라기리 산군 서쪽에는 카페 빙하계곡이 있다. 그 하류는 사람이 접근하기 어려운 협곡을 이루며 구불구불 흐르고, 도르파탄 'L'으로 나오면 구스퉁 콜라로 이름을 바꾼다. 이 계곡의 암붕(岩棚)과 제방의 반대쪽 사면에는 진귀한 프리뮬러 스티르토니아나〈282〉가 많이 자란다. 네팔의 서부와 중부를 가르는 동경 83도선은 이 도르파탄 지구의 중앙을 지나간다.

히말라야 척량산맥을 구성하는 다울라기리 산군과 안나푸르나 산군 'N', 마나슬루 'N'의 남쪽은 여름이면 습한 몬순이

대량의 비를 뿌리고, 이 때문에 불어난 습지로 나뉜 깊은 계곡 바닥에는 착생란(着生蘭) 등의 아열대 식물이 꽃을 피운다.

다울라기리 산군과 안나푸르나 산군 사이에는 칼리간다키가 협곡을 이루며 남북으로 흐르고 있다. 그 강을 따라 척량산맥을 남쪽에서 북쪽으로 통과하면, 습윤기후에서 티베트 특유의 건조기후로 식물의 경관이 극적으로 바뀌는 모습을 관찰할 수 있다.

칼리간다키 상류 계곡에 있는 투쿠체와 좀솜 부근에는 여름에도 비가 거의 내리지 않아 계곡 밑 사면에 쿠프레수스 토룰로사〈767〉가 소림을 이루며, 중국 헝단 산맥의 건조한 하곡(河谷)에 많은 인카르빌레아 아르구타〈147〉가 이곳에도 드문드문 분포한다. 계곡 서쪽의 강풍이 부는 급사면을 오르면, 이 지역 고유의 프리뮬러 샤르매〈280〉 군락이 모습을 드러낸다.

더 나아가 서쪽 절벽을 기어오르면 고산식물로 발 디딜틈 없는 야크카르카라는 방목사면에 다다른다. 야크카르카에는 안드로사체 레만니이〈305〉와 아레나리아 글로비플로라〈649〉 등의 쿠션식물이 많다. 야크카르카의 상부를 끝까지 오르면 다울라기리 주봉 북쪽에 있는 광활한 히든밸리가 나타나고, 여기에서 진귀한 프리뮬러 글란둘리페라〈281〉와 안드로사체 무스코이데아〈302〉의 꽃을 만나볼 수 있다.

칼리간다키 옆에 있는 해발 2,700m의 좀솜에서 동쪽으로 가파른 사면을 오르면, 사원으로 유명한 묵티나트에 도착한다. 중도의 건조한 바람이 부는 자갈지형에는 옥시트로피스 윌리암시이〈421〉가 군생한다. 동쪽으로 더 나아가면 안나푸르나 산군 북쪽에 있는 해발 5,416m의 토롱 고개에 다다른다. 이 고개의 서쪽으로 펼쳐진 석회질의 자갈사면에는 크리스톨레아 히말라옌시스와 삭시프라가 히포스토마〈504〉 등이 바위틈에 숨어 있다.

네팔 중부의 중심지인 포카라에서 칼리간다키 상류를 향해 걸어 올라가면, 도중에 해발 2,840m의 고라파니 고개를 넘게 된다. 이 고개 부근에서는 건축자재 또는 땔감용으로 쓰거나, 방목용 맹아(萌芽)를 키우려는 목적으로 고목인 전나무와 떡갈나무가 벌목되어 왔다. 그 결과 산등성이의 비교적 건조한 사면의 숲은 어린잎에 독성이 있는 고목성 석남 로도덴드론 아르보레움〈318〉의 2차림으로 바뀌었으며, 늦은 봄에는 사면 전체가 붉은 꽃으로 물들어 여행객의 눈을 즐겁게 해 준다.

포카라에서 담푸스 고개를 넘어 모디 콜라를 따라 거슬러 오르면, 안나푸르나 내원이라고 하는 고지 계곡에 들어서게 된다. 말굽 모양으로 이어지는 고봉군으로 주위와 격리된 내원 입구 부근에는, 흰색이나 장밋빛 꽃을 피운 메코노프시스 나파울렌시스〈550〉가 군생한다. 그러나 한여름에 물이 불어난 습지를 걸으며 이 계곡을 거슬러 오르는 데는 상당한 위험이 따른다.

안나푸르나 산군과 마나슬루 산군 사이에는 마르샹디 강이 흐른다. 이 강을 따라 북상해 두 산군이 마주친 협곡 내의 코토로에서 동쪽 절벽을 지그재그로 오르면 나제 고원이 나타난다. 여기에서 동쪽으로 쿠룸체를 지나 도나 콜라로 내려가서 계곡 주변의 길을 따라 상류로 거슬러 오르면, 마나슬루 주봉의 서쪽 베이스캠프에 도착한다.

도나 콜라 주변의 습한 솔송나무 숲에는 클린토니아 우덴

시스 알피나〈756〉와 스밀라치나 푸르푸레아〈761〉가 군생하며, 해빙 직후의 고산대 관목림에는 아이리스 케마오넨시스〈744〉의 꽃이 흐드러진다.

코트로 북쪽에서 마르산디 강을 따라 서쪽으로 거슬러 오르면 해발 2,250m의 다나큐에 도착한다. 이곳에서 남쪽으로 온대 혼합림으로 덮여 있는 가파른 사면을 오르면, 안나푸르나 산군의 안부에 있는 나문 고개에 다다른다. 그 중도의 숲에서는 파리스 폴리필라〈765〉가 눈에 많이 띈다.

다나큐에서 마르산디 강을 따라 서쪽으로 더 나아가면 건조한 지구에 들어서게 된다. 맑은 날씨가 이어지는 가을에는 마낭 부근의 초지에 색 짙은 겐티아나 데프레사가 피어난다.

네팔의 수도 카트만두는 해발 1,350m의 광활한 분지에 자리하고 있다. 이 분지를 둘러싼 산지에는 봄에서 초여름에 걸쳐 로도덴드론 아르보레움의 흰 꽃과 붉은 꽃이 피며, 가을에는 체라수스 칼리치누스〈436〉와 루쿨리아 그라티시마〈226〉의 꽃이 핀다.

분지 북쪽 끝에 있는 순다리잘에서 시와풀리 다라를 넘어 산등성이를 따라 북상하면, 해발 4,400m 전후의 산 위에 고요한 호수가 점점이 흩어져 있는 고사인쿤드 'P'에 도착한다. 산등성이 동쪽에는 메람체 콜라를 중심으로 하는 헬람부 'O'계곡이 있으며, 계곡 맞은편 단구(段丘)에는 불교사원으로 유명한 타르케걍이 있다. 헬람부의 산지림 내에는 이 지역 고유의 로스코에아 카피타타〈721〉가 서식한다.

고사인쿤드 주변은 초여름에는 왜성 석남의 꽃이 피고, 해빙 직후의 바위 그늘에는 진귀한 소형 앵초가 모습을 드러낸다. 한여름에는 다양한 고산식물의 꽃이 자태를 뽐내며, 호숫가의 암벽과 상부 고개 부근에서는 쿠션식물인 아레나리아 덴시시마〈654〉를 찾아볼 수 있다. 가을에는 고사인쿤드 주변의 초지에 겐티아나 오르나타〈233〉 군락이 꽃을 피운다.

고사인쿤드 북쪽을 동서로 가로지른 랑탕 계곡 'P'에 직접 들어가려면, 트리술리 강을 따라 차로 북상해 해발 1,500m의 계곡 바닥에 있는 샤브루벤시에서 걷기 시작해야 한다. 랑탕 계곡의 하류부는 울창한 아열대림에 덮여있으며, 숲 내에는 거대한 잎을 가진 목본 덩굴식물 라피도포라 데쿠르시바〈733〉가 고목에 휘감겨 있고, 숲 가장자리의 습한 사면에는 생강과 비슷한 헤디키움 스피카툼〈722〉이 군생한다.

랑탕 계곡을 동쪽으로 거슬러 오르면 해발 3,000m의 고라타베라 주위로 햇살 가득한 U자 계곡이 펼쳐진다. 고목은 오래 전에 벌목된 듯 거의 찾아볼 수 없다. 랑탕 계곡에 거주하는 티베트인들은 트리술리 강의 상류를 거슬러 올라 높은 고개를 넘는 일 없이 티베트 사이를 오간다. 국경을 경계로 티베트쪽에 많고 네팔에서는 거의 찾아보기 힘든 델피니움 카마오넨세〈607〉와 카라가나 수키엔시스〈404〉가 이 계곡에 많은 것은, 티베트인과 함께 계곡을 따라 좁은 회랑을 지나 북쪽에서 흘러들어왔기 때문인 것으로 보인다.

랑탕 계곡의 원류에 있는 랑탕 빙하는 고산군에 둘러싸여 북쪽의 티베트령으로 돌출되어 있다. 이 랑탕 빙하에 합류하는 작은 지류의 계곡을 한여름에 거슬러 오르면, 사우수레아 고시피포라〈52〉와 사우수레아 심프소니아나〈54〉, 델피니움 브루노

니아눔〈603〉과 같은 고산대 상부 특유의 다년초를 볼 수 있다.

가우리샹카르를 중심으로 하는 롤왈링 지방 'Q'는 대략 동경 86도 30분선을 경계로 동쪽의 솔루·쿰부 지방과 접한다. 판치포카리 등의 호수가 점점이 흩어져 있는 롤왈링 남부의 산악지대는 여름에 비가 많고 식물이 풍부한 것으로 알려져 있다. 이 지역에는 메코노프시스 드우지이〈549〉와 사우수레아 토프케골렌시스〈53〉 등이 서식하며, 안개가 끼는 날이 많은 최상부 호수의 주변은 여름에 프리뮬러 프리뮬리나의 꽃으로 뒤덮인다.

롤왈링 계곡의 중심지에 있는 베딩 부근에서는 초여름에 아리새마 프로핀크붐〈730〉과 오이포르비아 루테오비리디스〈385〉의 꽃을 볼 수 있다.

네팔 동부[R, S, T, U, V]

산악 가이드 셰르파족의 고향으로 알려진 쿰부 지방 'S'와 그 남쪽의 솔루 지방 'R' 사이에는 눔부르 등의 고봉군이 늘어서 있다. 눔부르에서 남쪽으로는 중간 규모의 빙하가 흘러내린다. 이 빙하의 동쪽 유역에 있는 신성한 두드쿤드 호수는 여름이면 솔루 지방에 사는 힌두교도들의 순례로 북적거린다. 빙하의 말단 빙퇴석 위에는 베니카르카라는 오두막집이 몇 채 모여 있는 방목지가 있으며, 오두막집 주변에는 메코노프시스 그란디스〈554〉와 동속 파니쿨라타〈548〉가 군생한다.

두드쿤드 반대편에 있는 빙하의 서쪽 유역은 비교적 일조시간이 길기 때문에 다양한 고산식물이 서식한다. 석회질의 구릉 위에는 관목 형태의 로도덴드론 니발레〈330〉가 폭넓게 자리하고 있다. 이 종은 석남 중에서는 가장 높은 지역에 서식하는데, 두드쿤드 주변은 티베트를 중심으로 한 분포지의 최남단에 해당한다.

솔루 지방에서 두드코시를 따라 쿰부 지방으로 들어가기 전에, 길은 계곡에서 벗어나 산지대 상부의 울창한 떡갈나무 숲을 통과한다. 그 숲에는 사람의 키를 훌쩍 넘는 카르디오크리눔 기간테움〈749〉이 군생하며 희고 큰 꽃을 피운다.

쿰부 지방에는 타시라푸차 고개에서 흘러내리는 타메 콜라 계곡, 낭파 라에서 흘러내리는 보테코시 계곡, 고교와 고중바 빙하가 있는 두드코시 계곡, 에베레스트 베이스캠프가 있는 쿰부 빙하계곡, 추쿵이 있는 임자 콜라 계곡이라는 다섯 개의 큰 계곡이 있다. 이들의 상류는 전부 고봉군에 둘러싸여 있으며, 계곡 바닥을 커다란 빙하가 가로지르고 있다.

세계에서 가장 광대하고 복잡한 지형을 지닌 쿰부 지방 고산대 상부의 바위지형에는 사우수레아 고시피포라와 사우수레아 심프소니아나, 사우수레아 그라미니폴리아〈60〉 등의 세타식물이 폭넓게 군생한다. 또한 이 지역에는 라고티스 쿠나우렌시스〈155〉와 아스테르 디플로스테피오이데스〈90〉 등, 꽃줄기가 짧은 특수한 형태로 변한 광역 분포종도 있다. 프리뮬러 울라스토니이〈292〉는 에베레스트를 중심으로 하는 좁은 지역에 서식하는 고유의 앵초로, 쿰부 지방에서는 습한 산등성이 초원에서 흔히 볼 수 있다. 쿰부 지방에는 낭파 빙하를 경유해 티베트를 오가는 캬라반 루트가 있는데, 그 때문인지 길을 따라 있는 사면과 마을 주변에는 티베트에는 많고 네팔에서는 보기 드문 리굴라리아 루미치폴리아〈104〉 등이 많이 서식한다. 메코노프시스 호리둘라〈561〉는 쿰부 지방에

널리 분포하는데, 보테코시와 두드코시 상류에는 특히 그 개체수가 많다. 링두에서는 가을꽃인 겐티아나 데프레사〈233〉와 오르나타 외에, 맑은 여름날에는 히말라엔시스〈232〉와 누비게나〈235〉, 우르눌라〈236〉의 꽃도 볼 수 있다.

마칼루 산군 'T'의 고산대 상부에는 쿰부 지방과 마찬가지로 세타식물과 메코노프시스 호리둘라가 많이 서식하는데, 이 산군에서 쿰부 지방에는 알려지지 않은 온대식물 레움 노빌레〈676〉와 사우수레아 우니플로라가 발견되는 것은 무척 흥미로운 일이다.

히말라야 동부의 습윤지대에 많은 식물 중에서 디플라르케 물티플로라〈310〉와 로도덴드론 풀겐스〈325〉, 로도덴드론 푸밀룸〈331〉, 프리뮬러 후케리〈260〉, 프리뮬러 칼데리아나〈259〉, 옴팔로그람마 엘웨시아나〈294〉 등은 마칼루 산군을 분포의 서한지(西限地)로 하며, 참랑 장벽을 넘어 그 서쪽에 인접한 솔루·쿰부 지방에서는 찾아볼 수 없다.

네팔 동부의 톱케골라(티베트어로 톱페이골라)와 칸첸중가 산군에 들어가려면, 보통 다란바잘에서 단쿠타를 지나 산등성이를 따라 북상해 틴주레 다라 'U'라는 산지를 넘는다. 틴주레의 숲은 늦은 봄에는 로도덴드론 아르보레움 친나모메움〈318〉의 붉은 꽃으로 뒤덮이며, 그 뒤를 이어 솔송나무와 석남의 이끼 낀 나무줄기에 착생란이 꽃을 피운다. 안개비가 계속되는 7월에 들어서면, 틴주레 다라의 상승기류에 젖은 바위사면에서 릴리움 네팔렌세〈749〉가 하얀 꽃잎을 열어 안쪽의 검붉은 얼룩을 드러내 보인다.

틴주레 다라에서 구파포카리를 지나 북동쪽으로 내려가면 타플레중 지구 'U'에 들어서게 된다. 구파포카리에서 북서쪽으로 나아가면 잘잘레 다라 'T'에 도착한다. 잘잘레라는 지명은 정확히는 사바콜라 원류에 있는 사와포카리 호수가 위치한 산지의 한 부분을 가리킨다. 그러나 식물조사대 등의 기록에는 틴주레 다라의 북쪽에서 톱케골라로 이어지는 산지 전체를 가리키는 명칭으로 사용되는 일이 많다. 톱케골라의 북쪽에서 티베트와의 국경선에 이르는 고봉군은 네팔 지도에 룬바순바 히말라야로 기재되어 있으나, 그 지방 사람들에게는 이 이름이 알려져 있지 않다.

잘잘레 산지의 산등성이에는 로도덴드론 친나바리눔〈333〉과 동속 톰소니이〈326〉, 캄파눌라툼〈322〉 등이 관목림을 이루고 있으며, 6월쯤 거의 동시에 형형색색의 꽃을 피운다. 또한 해발 4,000-4,300m의 산등성이에 점점이 흩어져있는 호수 주변은 방목지로 이용되고 있으며, 해빙 직후의 초지에 프리뮬러 스트루모사〈259〉와 동속 오블리크바〈264〉, 스투아르티이〈268〉, 시키멘시스의 변종인 호페아나〈272〉와 같은 수종의 앵초가 꽃밭을 이룬다.

톱케골라 주변의 고산대는 식물의 종류가 풍부한 것으로 알려져 있다. 특히 커다란 푸른 양귀비의 동류는 그 수가 많은데, 메코노프시스 파니쿨라타〈548〉와 그란디스〈554〉, 왈리키이〈551〉, 심플리치폴리아〈555〉가 폭넓게 군생한다.

네팔령인 칸첸중가 산군 'V'에는 남쪽의 비가 많은 얄룽 빙하계곡과 북동쪽의 건조한 칸첸중가 빙하계곡, 북서쪽의 얀마 콜라 계곡이라는 세 개의 큰 빙하를 가진 계곡이 있다.

이 지방의 중심지에 있는 해발 3,400m의 군사에서 미르긴 라를 넘어 얄룽 빙하계곡을 내려가는 도중에는 이끼 낀 바위지형을 좋아하는 범의귀속의 종류가 많다. 얄룽 빙하 유역의 편평한 방목지는 여름에 라눈쿨루스 브로테루시이〈632〉의 노란 꽃으로 뒤덮이고, 약간 건조한 장소에는 프리뮬러 카피타타〈288〉가 군생한다. 푸른 양귀비의 동류로는 붉은 자주색 꽃을 피우는 메코노프시스 나파울렌시스〈550〉가 습지에 자생하며, 노란 꽃을 피우는 메코노프시스 디스치게라〈563〉가 절벽이나 바위틈에 자생한다.

북쪽의 칸첸중가 빙하와 얀마 콜라 상류의 계곡에는 바람이 넘나드는 빙퇴석 구릉 위에, 솜털로 덮인 잎이 황금색을 띠는 아나팔리스 자일로리자〈83〉와 레온토포디움 모노체팔룸〈79〉이 폭넓게 군생하며 삭시프라가 푼크툴라타〈498〉와 겐티아나 에모디〈237〉, 알라르디아 글라브라〈95〉가 지상에 보석처럼 아름다운 꽃을 피운다.

시킴[V, W]

현재 인도의 행정구역에 속해 있는 시킴 주 외에, 일찍이 시킴왕국이 영유했고 지금은 인도 서벵갈 주의 일부가 된 남쪽의 다질링 지구도 식물지리상으로는 시킴 주와 구분 없이 이어지는 지역이므로, 이 책에서는 시킴 속에 포함했다.

시킴의 동쪽에는 티스타 강이 남북으로 흐르며 시킴을 동서로 나누고 있다. 서쪽 끝 네팔과의 국경선에는 칸첸중가 산맥과 싱갈리라 산맥이 있고, 동쪽 끝에는 티베트의 춘비 계곡 및 부탄과 경계를 짓는 산맥이 있다.

남쪽의 다질링 지구에는 싱갈리라 'V'에서 마니반장까지 산등성이를 종주하는 쾌적한 트래킹 코스가 있다. 초여름의 맑은 날에 이 코스를 따라 걸으면, 서쪽 하늘에 떠오르는 네팔의 고봉군을 배경으로 다양한 석남을 감상할 수 있다. 석남의 무대가 끝나면 산지림에는 아리새마 네펜토이데스〈728〉와 시키멘세〈731〉와 같은 천남성속 꽃이 자주 눈에 띄게 된다.

시킴 서부의 욕솜에서 칸첸중가 산군으로 들어가는 코스 'V'에서는 초여름의 산지림에 많은 석남 외에 마그놀리아 캠프벨리이〈641〉와 착생란을 볼 수 있다. 비가 많은 한여름에 거머리 지옥인 수림대를 피해 고산대로 나오면, 해발 4,940m의 고차 라로 통하는 빙하 유역의 길에서 실레네 니그레스첸스〈644〉와 아코니툼 후케리〈597〉, 에리오피톤 왈리키이〈200〉 등의 꽃을 볼 수 있다.

티스타 강의 상류는 시킴 북동부 'W'에서 라춘 계곡을 동서로 나눈다. 라춘 계곡에는 싱바를 중심으로 한 삼림보호구역이 있어, 여러 종의 풍부한 석남숲이 전나무숲과 함께 보호되고 있다. 보호지역 남부의 바위지형에는 관목성 로도덴드론 글라우코필룸〈332〉 군락이 있다. 이 계곡 입구에 있는 라춘 마을 주변에는 초여름에 로도덴드론 달로우시애〈329〉가 꽃을 피우고, 한여름에는 오이포르비아 시키멘시스〈384〉가 노란 꽃의 바다를 이룬다.

부탄[X]

부탄 중앙부의 지구대를 동서로 달리는 자동차도로는 서쪽의 체레 라에서 동쪽으로 도추 라, 펠레 라, 유토 라라는 네 개의 높은 고개를 넘는다. 각 고개의 주변 숲은 봄에서 초여름에 걸쳐 로도덴드론 아르보레움〈318〉과 팔코네리〈315〉, 케상기애〈313〉, 그리피티아눔〈313〉 등의 고목성 석남 꽃으로 가득 찬다.

펠레 라와 가까운 간티에서 동쪽으로 걸으면, 부식질이 두껍게 쌓인 숲속에서 브리오카르품 히말라이쿰〈294〉과 프리뮬러 휘테이〈261〉 군락을 볼 수 있다.

수도 팀푸에서 북쪽으로 야레 라를 넘어 링시로 통하는 트래킹 코스에는 도중의 전나무숲 내에 프리뮬러 그리피티이〈259〉가 군생하고, 계곡 유역의 습한 절벽에 피크노플린토프시스 부타니카〈538〉와 삭시프라가 스톨리츠캐〈508〉의 대군락이 있다.

비행장이 있는 파로와 팀푸 사이에는 산등성이에 점점이 흩어진 호수를 찾아가는 트래킹 코스가 있어, 초여름에는 호숫가에 관목림을 이루는 로도덴드론 수코티이〈324〉의 꽃을 볼 수 있다.

파로에서 자동차로 파로추 유역의 도로를 따라 잠시 북상하면 탁창이라는 불교사원으로 유명한 산이 오른쪽에 보인다. 탁창에 오르는 도중의 절벽에서는 로디올라 호브소니이〈513〉와 크로탈라리아 카피타타〈431〉, 델피니움 쿠페리〈610〉 군락을 볼 수 있다.

자동차로 종점인 두게종에서 도보로 파로추를 거슬러 오르면, 사흘째 되는 날에 해발 4,050m의 장고탕에 있는 오두막집에 도착한다. 여기에서 북쪽으로 초모라리에 인접한 길가의 사면에는 보기 드문 메코노프시스 프리뮬리나〈557〉가 군생한다. 장고탕에서 파로추를 건너 동쪽 사면을 오르면 습한 절벽에 게르베라 니베아〈117〉가 피어 있고, 주푸 호수 근처의 바위지형에는 메코노프시스 디스치게라〈563〉와 코리달리스 게르대〈568〉가 군생한다. 장고탕에서 안드로사체 셀라고〈304〉 등의 쿠션식물로 뒤덮인 네레 라를 넘으면, 눈 아래로 티베트 특유의 회갈색 풍경이 펼쳐지며 종(성채)으로 유명한 링시에 도착한다. 링시 주변에는 키프리페디움 티베티쿰〈693〉과 아네모네 루피콜라〈617〉가 건조한 바람이 피해 땅 위에 꽃을 피운다.

링시에서 동쪽으로 라야를 경유해 루나나 지구로 향하려면 몇 개의 높은 고개를 넘고, 한여름에는 불어난 강을 걸어서 건너야만 한다. 신체 라 부근에서는 해발에 따라 형태가 변하는 메코노프시스 심플리치폴리아〈555〉를 관찰할 수 있다. 캠프지가 있는 로블탕 부근에서는 로도덴드론 안토포곤〈336〉의 꽃이 흰색에서 짙은 붉은색으로 변하는 모습을 감상할 수 있다.

루나나 지구의 산사면은 로도덴드론 애루기노숨〈323〉의 관목림으로 뒤덮여 있다. 강풍이 부는 고산대 상부의 구릉에는 포텐틸라 타페토데스〈449〉와 키오노카리스 후케리〈217〉, 디아펜시아 히말라이카〈338〉 등의 쿠션식물이 드문드문 분포하고, 바위사면에는 메코노프시스 셰리피이〈553〉가 밝은 분홍색 꽃을 피운다.

루나나에서 남쪽으로 나아가 린첸조 고개와 탕페 라를 넘으면 통사추의 지류인 니카르추 계곡에 들어서게 된다. 이 계곡에서는 메코노프시스 벨라〈556〉와 다채로운 꽃을 피우는 프리뮬러 차리엔시스〈260〉를 볼 수 있다.

아루나찰

부탄의 동쪽에 인접한 인도의 아루나찰프라데시 주를 약칭한 것으로 예전에는 아삼 히말라야로 불렸으며, 중국과의 계쟁지인 아삼 북부(티베트 남동부)의 산악지대 중에서 인도가 지배하는 지역을 가리킨다. 이 지역은 제2차 세계대전 후 외국인의 출입이 금지되었기 때문에, 전쟁 전에 영국인이 채집한 식물 외에는 아르나찰이라는 이름이 분포지역으로 거론되는 일은 거의 없다. 최근에는 저산대 아열대림에 많은 착생란이 지역 전문가에 의해 조사되고 있다.

티베트의 식물지리상 구분

티베트는 황량한 불모의 고원지대가 펼쳐진 땅이라고 생각하기 쉽지만 그 이미지는 북서부에 펼쳐진 부탄 고원의 것으로, 남부와 동부에는 깊은 계곡이 있으며 히말라야 척량산맥을 넘은 습윤한 몬순이 남쪽에서 흘러들어온다. 이 지역에는 윈난성과 쓰촨성을 지나는 형단 산맥의 식물과 히말라야 척량산맥의 식물이 연속적으로 분포하는 한편, 비그늘진 사면에서는 건조한 티베트 고지 고유의 식물도 눈에 많이 띈다.

히말라야 척량산맥의 북쪽에는 인더스 강 상류와 얄룽창포 강이 등을 마주하고 나란히 흐르는 지구대가 있으며, 그 북쪽에는 카일라스 산(티베트명은 캉린포체)을 중앙으로 서쪽의 라다크 산맥에서 동쪽의 녠첸탕그라 산맥까지 이어지는 트랜스히말라야 산맥이 있다.

히말라야 척량산맥의 북쪽 사면에서 발견되는 식물과 공통점이 많다는 것을 생각할 때, 식물지리상의 히말라야 산맥은 이 트랜스히말라야까지 포함하는 것이 타당하다는 생각이 든다.

티베트 남동부에는 세계에서도 손꼽히는 다우지대가 있기 때문에, 남쪽에서 불어오는 습윤한 바람은 평균해발이 낮고 가는 히말라야 척량산맥을 넘어 그 북쪽에 강한 영향을 끼친다. 티베트 남동부와 마찬가지로 습윤한 습곡산지(褶曲山地)의 환경은 서쪽을 향해 부탄 영내의 산악지대로 이어진다.

부탄의 북쪽에 있는 티베트 히말라야 지역은 비교적 건조하기 때문에 티베트 남동부와는 환경과 식물상이 판이하게 다르다. 부탄의 북쪽에서 네팔 중부의 북쪽에 이르는 티베트 히말라야 지역은 협의의 티베트 남부 또는 티베트 중남부로 구분해서 다루어야 하지만, 이 책을 비롯해 과거의 다른 식물지에서는 티베트 남동부로 명확히 구분 짓지 않았다.

네팔 서부의 북쪽 지역에서 서쪽의 극도로 건조한 티베트 히말라야까지는 티베트 서부로 다루어지고 있으며, 부탄과 잔스카르, 카라코람 산맥과 비슷한 식물상을 지니고 있다.

티베트 남부[Y, Y1, Y2, Y3, Y4]

트랜스히말라야 산맥의 남부에 위치한 라싸 주변에는 큰 불교사원이 여럿 있으며, 각각의 사원 뒤에는 그 지역 특유의 식물이 집중적으로 발견되는 산이 있다.

라싸의 남동쪽에 있는 간덴사(甘丹寺)를 출발점으로 남쪽의 높은 고개를 넘으면, 얄룽창포 북쪽 유역의 삼예사(桑伊寺)로 내려가는 트래킹 코스 'Y4'가 있다. 그 도중의 바위등성이에는 파라크빌레기아 아네모노이데스〈615〉와 삭시프라가 세실리플로라〈502〉가 군생하고, 하천 제방의 사면에는 사방으로 주출지를 뻗은 프리뮬러 플라겔라리스〈283〉가 매트상의 군락을 이루고 있다.

라싸의 서쪽에는 추부사(楚布寺) 'Y3'가 있으며, 여기에서 서쪽으로 계곡 줄기를 따라 오르면 길 끝의 절벽지에서 신칼라티움 가와구치이〈76〉와 로디올라 사크라〈525〉, 겐티아나 왈토니이〈231〉 등의 꽃을 볼 수 있다.

티베트 남부의 히말라야 척량산맥 기슭은, 사륜구동차를 대절해 먼지가 풀풀 나는 자동차도로를 달리면 라싸에서 짧은 시간에 도착할 수 있다. 도중의 높은 고개에서 차를 내리면 고산대 상부의 식물을 탐색할 수 있다.

랑탕 산군의 티베트쪽에 있는 시샤팡마 'Y1'는, 라싸와 카트만두를 잇는 자동차도로 부근의 녜라무에서 야크를 동반한 가이드를 채용해 북서쪽으로 계곡 줄기를 따라 올라간다. 녜라무 부근의 도로변 사면에는 건조한 히말라야 서부에서 척량산맥의 북쪽을 따라 분포를 확장하는 페로브스키아 리네아리스〈206〉와 코우시니아 톰소니이〈66〉가 군생한다.

시샤팡마의 고산대에는 콘초라는 호수가 있는데, 호숫가의 자갈지형에서는 크레만토디움 데카이스네이〈109〉와 아레나리아 글란둘리게라〈651〉 등 네팔에 공통으로 분포하는 고산식물을 만나볼 수 있다.

초모랑마(에베레스트) 산지 'Y2'에 들어가려면, 캉가에서 사흘에 걸쳐 트래킹 코스를 걷는 방법과 초모랑마 베이스캠프로 일컬어지는 해발 4,950m의 롱부크 사원까지 사륜구동차로 들어가는 방법이 있다. 트래킹 코스를 따라 더듬어 가면 도중의 높은 고개에서 안드로사체 타페테〈304〉와 인카르빌레아 영후스반디이〈147〉 등의 꽃을 볼 수 있다. 롱부크 빙하 옆에 있는 해발 5,500m의 고소 캠프지 부근에서는 바위틈에서 네페타 롱기브라크테아타〈192〉와 옥시트로피스 킬리오필라〈422〉 등, 중앙아시아 주변에서 티베트 남부에 걸친 건조지의 고산 상부에 자생하는 특유의 식물을 발견할 수 있다.

부탄과 시킴 사이에 쐐기를 박은 듯 튀어나와 있는 춘비 계곡은 티베트에서는 특수한 지형으로, 히말라야 척량산맥의 남쪽 식물이 많이 분포한다.

티베트 남동부[Z, Z1, Z2, Z3]

티베트 남부의 중심도시인 체탕(澤當)에서 얄룽창포 오른쪽 유역의 자동차도로를 따라 동쪽으로 달리면, 초숨(曲松) 끝에서 해발 4,850m의 포탕 라 고개 'Z1'를 넘게 된다. 도로가 좁아 차를 세우기 힘든 고개 부근에서는 프리뮬러 칼데리아나〈259〉와 카라가나 유바타〈404〉, 삭시프라가 움벨룰라타〈501〉 등의 꽃을 창문 너머로 관찰할 수 있다.

아삼 평원으로 흘러드는 수반시리 강의 원류에 있는 초나(錯那)와 차리 계곡 주변 'Z1'에서는 킹턴 워드와 그의 뒤를 잇는 러들로 및 셰리프에 의해 흥미로운 많은 식물이 채집되었고, 그 중에서 유럽 기후에 적응한 식물이 원예화되어 관심을 끌어 모았다. 그러나 이 지역은 인접한 아르나찰과 마찬가지로 제2차 세계대전 후에 외국인의 출입이 금지되었기 때문에, 식물상에 관한 새로운 정보는 거의 추가된 바가 없다.

만일 출입이 허용되어 얄룽창포의 오른쪽 유역에 있는 랑센(朗縣)에서 남쪽 길로 들어갈 수 있다면, 산등성이를 경계로 차리 계곡의 북쪽 계곡에 있는 초브낭과 초브바르바 등의

고산 호수를 찾아갈 수 있고, 그 주변의 바위사면에서 프리뮬러 베릴디폴리아〈289〉와 프리틸라리아 푸스카〈751〉와 같은 진귀한 꽃을 볼 수 있을 것이다.

히말라야 척량산맥의 동쪽 끝에 위치한 남차바르와 'Z3'는 얄룽창포의 굴곡부 안쪽에 있으며, 얄룽창포를 사이에 둔 북쪽 연안에는 트랜스히말라야의 동쪽 끝에 위치한 걀라페리가 대치하고 있다.

걀라페리에서 얄룽창포를 따라 남서쪽으로 갈려나온 산지에는 일찍이 킹턴 워드 등이 탐색한 여러 개의 고개가 있으며, 이들 고개 부근에서 푸른 양귀비와 동류인 메코노프시스 베토니치폴리아〈552〉와 스페치오사〈558〉, 프세우도인테그리폴리아의 변종인 로부스타〈552〉 등을 볼 수 있다. 지금은 천장남로(川藏南路, 쓰촨성-라싸 연결 도로)가 지나가는 세치 라(色齊拉) 부근에서 이들 꽃을 가까이에서 감상할 수 있다. 이 산지의 남서쪽 끝에 있는 봉리는 이 지역에서는 기적적이라 할 정도로 습윤한 남풍이 불어와, 칙칙한 숲의 나뭇가지에서 소나무겨우살이가 아래로 길게 드리워진다. 이 산의 이끼 낀 바위지형에서는 로디올리아 오바티세팔라〈526〉와 화통이 긴 프리뮬러 카우도리아나〈290〉를 볼 수 있다.

남차바르와 산지에 들어가려면, 미린(米林)에서 얄룽창포의 남쪽 유역으로 건너가 히말라야 척량산맥의 빙하가 코앞에 있는 얄룽창포 유역의 험난한 길을 지프나 트럭으로 내려가야만 한다. 남차바르와의 베이스캠프로 일컬어지는 치틴탕카에서 숲 아래의 길을 따라 남동쪽으로 오르면 고소 캠프지에 도착한다. 도중에 있는 고산대 하부의 습한 초지에는 프리뮬러 이오에사〈275〉의 대군락이 있다.

남차바르와의 남쪽에는 깊게 파인 계곡을 사이에 두고 라무라쵸라는 아름다운 호수가 산중에 숨어있다. 라무라쵸로 흘러드는 못의 원류에는 빙하가 있고, 빙하 주변에는 레움 노빌레〈676〉와 사우수레아 라니체프스〈53〉가 군생하며, 실레네 남라엔시스〈645〉와 삭시프라가 베르게니오이데스〈490〉와 같은 보기 드문 식물이 자생한다.

얄룽창포가 대협곡에 접어들기 전의 유역에 있는 페라는 집락촌에서 남동쪽을 따라 오르면, 히말라야 척량산맥의 해발 4,100m 안부에 있는 도숑 라(多雄拉)를 넘게 된다. 여름에도 두꺼운 만년설에 덮여있는 도숑 라 부근의 사면에는 티베트 남동부의 습윤지대에 자생하는 고유 식물이 모여 있는데, 앵초속으로는 프리뮬러 키오노타〈261〉와 팔치폴리아〈269〉, 발렌티니아나〈270〉 등이, 소관목 석남으로는 로도덴론 캄필로기눔〈334〉과 포레스티이의 변종인 파필라툼〈326〉, 비리데스첸스〈337〉 등이 있다. 또한 고개 부근의 산등성이는 한여름에 비스토르타 루들로위이〈662〉의 붉은 화수(花穗)로 뒤덮인다.

걀라페리의 북서쪽 산중에는 파숨 'Z2'이라는 커다란 호수가 있는데, 천장남로에서 자동차로 호숫가의 휴양지에 들어갈 수가 있다. 이 호수의 북동쪽에는 남라카르포 산군이 있으며, 산군 내에 평행하게 달리는 계곡을 거슬러 오르면 구불구불 이어진 얕은 강 주변에서 리굴라리아 창카넨시스〈106〉와 페디쿨라리스 롱기플로라 투비포르미스〈174〉의 대군락을 볼 수 있다.

히말라야 식물의 수평분포와 수직분포

히말라야 식물의 수평분포형

이 책에 수록된 1,771항목의 히말라야 식물 중에 종과 변종 등으로 분류된 1,689항목의 수평분포를 유형화하면 아래와 같다. 각 분포형에는 분류된 항목수와 해당하는 식물명을 기재했다. 단, 분류는 엄밀하다고 할 수 없다.

A. 유라시아 광역 분포형

Aa. 히말라야의 일부 또는 전역과 북극 주변을 포함한 유라시아의 냉온대-아한대지역에 널리 분포하는 식물 / 28항목 / Pinguicula alpina, Myosotis alpestris subsp. asiatica, Lomatogonium carinthiacum, Epilobium angustifolium subsp. circumvagum. Viola biflora, Polygala sibirica, Oxytropis lapponica, Saxifraga sibirica, Parnassia palustris, Papaver nudicaule, Caltha palustris, Bistorta vivipara, Oxyria digyna, Coeloglossum viride, Lloydia serotina, Juniperus communis var. saxatilis...

Ab. 히말라야의 일부 또는 전역을 포함한 유라시아의 온대지역에 널리 분포하는 식물 / 24항목 / Achillea millefolium, Orobanche coerulescens, Veronica beccabunga, Prunella vulgaris, Origanum vulgare, Galium verum, Halenia elliptica, Monotropa hypopithys, Bupleurum falcatum, Geranium robertianum, Caesalpinia decapetala, Lathyrus pratensis, Lotus corniculatus, Malus baccata, Batrachium trichophyllum, Rumex nepalensis, Ranunculus distans, Spiranthes sinensis, Iris lacter...

Ac. 귀화식물과 재배식물 / 41항목 / Cichorium intybus, Gnaphalium affine, Erigeron karvinskianus, Ageratum houstonianum, Sambucus canadensis, Verbascum thapsus, Calceolaria tripartita, Hyoscyamus niger, Brugmansia suaveolens, Urena lobata, Euphorbia milii, Ricinus communis, Oxalis latifolia, Medicago falcata, Argemone mexicana, Opuntia vulgaris, Fagopyrum tataricum, Cannabis sativa, Zephyranthes carinata...

B. 서방 분포형

Ba. 히말라야의 일부 또는 전역을 포함한 유라시아의 온대지역에 널리 분포하는 식물 / 28항목 / Solidago virgaurea, Anthemis cotula, Campanula latifolia, Orobanche alba, Lamium album, Elsholtzia densa, Isodon rugosus, Jasminum officinale, Epilobium laxum, Peganum harmala, Geranium pratense, Ribes orientale, Erysimum hieraciifolium, Capparis spinosa, Dianthus anatolicus, Silene vulgaris, Cerastium cerastioides, Dianthus anatolicus, Silene vulgaris, Cerastium cerastioides, Urtica dioica, Cephalanthera longifolia...

Bb. 중앙아시아 주변(중국 서부를 포함)에서 히말라야와 티베트에 걸친 건조지대에 널리 분포하는 식물 / 107항목 / Saussurea gnaphalodes, Inula rhizocephala, Aster flaccidus, Allardia tomentosa, Senecio tibeticus, Codonopsis clematidea, Pedicularis cheilanthifolia, Dracocephalum nutans, Arnebia guttata, Gentiana tianschanica, Acantholimon lycopodioides, Myricaria squamosa, Viola kunawarensis, Bieberssteiniaodora, Astragalus nivalis, Oxytropis chiliophylla, Sibbaldia cuneata, Hylotelephium ewersii, Rosularia alpestris, Draba oreades, Christolea crassifolia, Chorispora sabulosa, Paraquilegia anemonoides, Silene longicarpophora, Thylacospermum caespitosum, Polygonum paronychioides, Allium carolinianum, Ephedra pachyclada...

Bc. 티베트의 건조지대에 분포하는 식물(같은 환경에 속한 중국 서부와 히말라야의 북쪽을 포함) / 101항목 / Dolomiaea calophylla, Soroseris glomerata, Syncalathium kawaguchii, Pulicaria insignis, Hippolytia syncalathiformis, Artemisia wellbyi, Ligularia rumicifolia, Incarvillea younghusbandii, Pedicularis kawaguchii, Physochlaina praealta, Dracocephalum tanguticum, Phyllophyton decolorans, Phlomis younghusbandii, Onosma hookeri var. longiflorum, Microula tibetica, Gentiana waltonii, Primula littledalei, Androsace tapete, Cortiella caespitosa, Astragalus monticolus, Stracheya tibetica, Saxifraga tangutica, Saxifraga sessiliflora, Rhodiola sacra, Dicranostigma lactucoides, Corydalis inopinata, Delphinium caeruleum, Fritillaria fusca, Juniperus tibetica...

C. 히말라야 내 분포형

서쪽은 아프가니스탄까지, 동쪽은 미얀마까지, 북쪽은 트랜스히말라야 산맥을 포함한다. 아프가니스탄과 미얀마에만 분포하는 것은 제외했다.

Ca. 건조한 히말라야 서부에 분포하는 식물(서쪽 경계는 아프가니스탄에서 미얀마까지, 동쪽 경계는 파키스탄에서 히마찰 주까지, 특히 티베트 서부에 분포를 확장하는 것) / 62항목 / Scorzonera virgata, Psychrogeton andryaloides, Richteria pyrethroides, Sambucus wightiana, Lagotis cashmeriana, Pedicularis punctata, Nepeta floccosa, Onosma hispidum, Lindelofia anchusoides, Gentiana cachemirica, Androsace

mucronifolia, Heracleum pinnatum, Myricaria elegans, Astragalus zanskarensis, Oxytropis cashemiriana, Rosularia sedoides, Draba setosa, Phaeonychium parryoides, Corydalis crassifolia, Berberis ulicina, Caltha alba, Pulsatilla wallichiana, Dianthus angulatus...

Cb. 히말라야 서부와 중부에 걸쳐 분포하는 식물(서쪽은 카슈미르를 포함, 동쪽 경계는 가르왈에서 네팔 중부까지, 특히 티베트 서부에 분포를 확장하는 것) / 117항목 / Cousinia thomsonii, Cremanthodium arnicoides, Campanula cashmeriana, Scabiosa speciosa, Wulfenia amherstiana, Pedicularis pectinata, Nepeta govaniana, Phlomis bracteosa, Salvia hians, Thymus linearis, Arnebia benthamii, Gentiana marginata, Primula reidii, Androsace muscoidea, Pleurospermum govanianum, Epilobium speciosum, Impatiens glandulifera, Aesculus indica, Potentilla argyrophylla var. atrosanguinea, Rosa webbiana, Bergenia stracheyi, Rosularia rosulata, Meconopsis aculeata, Aquilegia fragrans, Ranunculus hirtellus, Silene moorcroftiana, Habenaria intermedia, Gagea elegans, Cedrus deodara, Picea smithiana...

Cc. 히말라야 전역에 분포하는 식물(서쪽은 카슈미르를 포함, 동쪽은 최소한 네팔 동부까지) / 99항목 / Cirsium falconeri, Leontopodium jacotianum, Anaphalis triplinervis, Viburnum grandiflorum, Lagotis kunawurensis, Nepeta laevigata, Trachelospermum lucidum, Gentiana pedicellata, Primula macrophylla, Primula denticulata, Androsace globifera, Rhododendron arboreum, Indigofera heterantha, Padus cornuta, Potentilla fruticosa var. pumila, Potentilla argyrophylla var.

argyrophylla, Fragaria nubicola, Saxifraga parnassifolia, Saxifraga mucronulata, Corydalis govaniana, Oxygraphis endlicheri, Gypsophila cerastioides, Bistorta affinis, Quercus semecarpifolia, Dactylorhiza hatagirea, Arisaema jacquemontii, Pinus roxburghii...

Cd. 히말라야 중부에 분포하는 식물(히마찰에서 네팔 중부까지) / 40항목 / Saussurea spicata, Pedicularis klotzschii, Pedicularis hoffmeisteri, Lamium tuberosum, Onosma bracteatum, Ceratostigma ulicinum, Primula sharmae, Primula glandulifera, Oxytropis williamsii, Hedysarum kumaonense, Saxifraga hypostoma, Corydalis megacalyx, Aconitum balfouri, Delphinium himalayai, Clematis phlebantha, Bistorta rubra, Roscoea capitata, Curcuma angustifolia, Larix himalaica...

Ce. 히말라야 중부와 동부에 걸쳐 분포하는 식물(서쪽 경계는 히마찰에서 네팔 중부까지, 동쪽 경계는 네팔 동부에서 미얀마까지) / 266항목 / Saussurea gossipiphora, Soroseris hookeriana, Leontopodium monocephalum, Anaphalis xylorhiza, Tanacetum atkinsonii, Nannoglottis hookeri, Hippolytia gossypina, Cremanthodium reniforme, Codonopsis thalictrifolia, Cyananthus microphyllus, Didymocarpus primulifolius, Oreosolen wattii, Veronica lanuginosa, Pedicularis oederi subsp. heteroglossa, Pedicularis megalantha, Phlomis macrophylla, Maharanga emodi, Gentiana orata, Swertia multicaulis, Primula rotundifolia, Primula stirtoniana, Androsace sarmentosa, Rhododendron barbatum, Cortiella hookeri, Viola wallichiana, Geranium refractum, Astragalus donianus, Cerasus

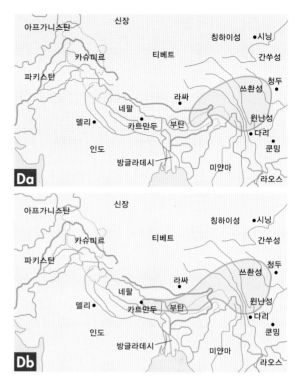

rufa, Potentilla aristata, Saxifraga andersonii, Meconopsis paniculata, Meconopsis napaulensis, Aconitum gammiei, Adonis nepalensis, Arenaria glanduligera, Cypripedium himalaicum, Roscoea auriculata, Arisaema griffithii...

Cf. 히말라야 동부에 분포하는 식물(네팔 동부-미얀마, 티베트 남동부에만 분포하는 것은 Cg) / 145항목 / Saussurea topkegolensis, Cirsium eriophoroides, Didymocarpus podocarpus, Pedicularis cornigera, Salvia wardii, Gentiana emodi, Crawfurdia speciosa, Swertia hookeri, Primula tsariensis, Primula capitata, Omphalogramma elwesiana, Bryocarpum himalaicum Androsace selago, Rhododendron hodgsonii, Rhododendron falconeri, Rhododendron thomsonii, Impatiens florigera, Daphniphyllum himalense, Saxifraga punctulata, Rhodiola hobsonii, Arabis axilliflora, Meconopsis sherriffi, Cathcartia villosa, Corydalis calliantha, Delphinium glaciale, Deiphinium muscosum, Arenaria pulvi-nata, Abies densa, Picea spinulisa...

Cg. 티베트 남동부의 습윤 지역에만 분포하는 식물 / 47항목 / Saussurea bomiensis, Anaphalis porphyrolepis, Pedicularis angustiloba, Primula chionota, Primula falcifolia, Primula florindae, Primula ioessa, Primula cawdoriana, Cassiope wardii, Rhododendron principis, Rhododendron viridescens, Saxifraga kingdonii, Saxifrage punctulatoides, Rhodiola serrata, Corydalis bimaculata, Dysosma tsayuensis, Silene namlaensis, Bistorta ludlowii, Allium kingdonii...

D. 동방 분포형

Da. 티베트 남동부의 히말라야 지역에서 윈난·쓰촨성에 걸친 습윤 지역에 분포하는 식물 / 71항목 / Saussurea

laniceps, Aster salwinensis, Pyrethrum tatsienense, Cremanthodium rhodocephlum, Incarvillea lutea, Nepeta souliei, Primula diantha, Androsace mollis, Rhododendron wardii, Rhododendron mekongense, Indigofera souliei. Potentilla stenophylla, Rhodiola nobilis, Meconopsis betonicifolia, Meconopsis speciosa, Oxygraphis delavayi, Quercus aquifolioides, Iris chrysographes...

Db. 시노 히말라야 동부에 분포하는 식물(서쪽 경계는 네팔 중부에서 부탄까지, 동쪽은 윈난·쓰촨성까지) / 103항목 / Saussurea uniflora, Aster himalaicus, Ligularia retusa, Cyananthus incanus, Pedicularis elwesii, Chionocharis hookeri, Gentiana phyllocalyx, Megacodon stylophorus, Primula geraniifolia, Primula dickieana, Diplarche multiflora, Rhododendron campylocarpum, Rhododendron pumilum, Diapensia himalaica, Epilobium conspersum, Myricaria rosea, Daphne bholua, Hedysarum sikkimense, Neillia rubiflora, Bergenia purpurascens, Aristolochia griffithii, Anemone trullifolia, Magnolia campbellii, Silene nigrescens, Rheum nobile, Cypripedium tibeticum, Cymbidium hookerianim, Arisaema nepenthoides, Allium macranthum...

Dc. 시노 히말라야 동부에 분포하는 식물(서쪽 경계는 네팔 중부에서 부탄까지, 동쪽은 윈난·쓰촨성 북쪽의 중국 서부까지) / 30항목 / Saussurea przewalskii, Aster asteroides, Ligularia vigaurea, Corallodiscus kingianus, Pedicularis kansuensis, Caragana jubata, Astragalus floridus, Saxifraga melanocentra, Rhodiola crenulata, Souliea vaginata, Arenaria polytrichoides, Notholirion bulbuliferum...

Dd. 시노 히말라야 중동부에 분포하는 식물(서쪽 경계는 히마

Dc

찰에서 네팔 서부까지, 동쪽은 윈난·쓰촨성까지) / 81항목 / Dubyaea hispida, Leontopodium stracheyi, Cyananthus lobatus, Acanthocalyx nepalensis, Viburnum nervosum, Incarvillea arguta, Neopicrorhiza scrophulariiflora, Pedicularis siphonantha, Mandragora caulescens, Salvia campanulata, Primula sikkimensis, Androsace delavayi, Rhododendron nivale, Benthamidia capitata, Geranium donianum, Spongiocarpella purpurea, Astragalus yunnanensis, Rosa sericea, Hydrangea heteromalla, Saxifraga wallichiana, Rhodiola cretinii, Thalictrum virgatum, Satyrium ciliatum, Lilium nanum, Juniperus indica...

De. 시노 히말라야 동부에 분포하는 식물(서쪽 경계는 히마찰에서 네팔 서부까지, 동쪽은 윈난·쓰촨성 북쪽의 중국 서부까지) / 38항목 / Nardostachys jatamansi, Viburnum erubescens, Sambucus adnata, Triosteum himalayanum, Ajuga lupulina, Phlomis rotata, Eriophyton wallichii, Stellera

chamaejasme, Oxytropis kansuensis, Gueldenstaedtia himalaica, Piptanthus nepalensis, Chrysosplenium nudicaule, Rhodiola himalensis, Meconopsis horridula, Caltha scaposa, Anemone demissa, Bistorta macrophylla, Ponerorchis chusua, Fritillaria cirrhosa...

Df. 시노 히말라야 내에 분포하는 식물(서쪽은 카슈미르를 포함, 동쪽은 윈난·쓰촨성까지) / 84항목 / Leontopodium himalayanum, Anaphalis contorta, Aster diplostephioides, Erigeron multiradiatus, Leycesteria formosa, Primula munroi, Gaultheria trichophylla, Rhododendron lepidotum, Coriaria napalensis, Rosa brunonii, Cotoneaster microphyllus, Philadelphus tomentosus, Parnassia nubicola, Saxifraga moorcroftiana, Sedum oreades, Cardamine loxostemonoides, Anemone rupicola, Bistorta amplexicaulis, Aconogonon polystachyum, Salix lindleyana, Platanthera latilabris, Roscoea alpina, Arisaema tortuosum, Juncus leucomelas, Iris decora, Aletris pauciflora, Pinus wallichiana...

Dg. 시노 히말라야 전역에 분포하는 식물(서쪽은 카슈미르를 포함, 동쪽은 윈난·쓰촨성 북쪽의 중국 서부까지) / 48항목 / Saussurea obvallata, Anaphalis nepalensis, Aster albescens, Cremanthodium ellisii, Pedicularis rhinanthoides subup. labellata, Daphne retusa, Desmodium elegans, Rubus biflorus, Potentilla eriocarpa, Geum elatum, Rhodiola coccinea, Cardamine macrophylla subsp. polyphylla, Pegaeophyton scapiflorum, Paraquilegia microphylla, Anemone obtusiloba, Clematis montana, Betula utilis, Gymnadenia orchidis, Cardiocrinum giganteum...

Dd

Df

De

Dg

Dh. 히말라야의 일부 또는 전역을 포함한 동유라시아의 냉온대지역에 널리 분포하는 식물 / 11항목 / Anaphais margaritacea var. japonica, Solidago virgaurea subsp. leiocarpa, Ligularia fischeri, Boenninghausenia albiflora, Tiarella polyphylla, Drosera peltata, Houttuynia cordata, Calanthe tricarinata, Schoenoplectus lacustris subsp. validus, Eriocaulon atrum, Hypoxis aurea

E. 남방 분포형

Ea. 히말라야에서 중국 남부와 동남아시아에 걸친 난온대지역에 널리 분포하는 식물 / 65항목 / Chirita pumila, Thunbergia coccinea, Ellisiophyllum pinnatum, Ophiorrhiza rugosa, Luculia gratissima, Hoya longifolia, Symplocos theifolia, Lyonia ovalifolia, Pieris formosa, Enkianthus deflexus, Oxyspora paniculata, Polygala arillata, Reinwardtia indica, Parochetus communis, Cerasus cerasoides, Potentilla polyphylla, Pyracantha crenulata, Dichroa febrifuga, Camellia kissii, Persicaria capitata, Boehmeria macrophylla, Castanopsis indica, Engelhardia spicata, Galeola lindleyana, Anthogonium gracile, Arisaema consanguineum, Disporum cantoniense, Ophiopogon intermedius...

Eb. 히말라야 저산대에서 인도와 동남아시아, 중국남부의 아열대지역에 널리 분포하는 식물 / 45항목 / Thunbergia fragrans, Torenia diffusa, Clerodendrum japonicum, Vitex negundo, Calotropis gigantea, Beaumontia grandiflora, Duabanga grandiflora, Melastoma normale, Schima wallichii, Shorea robusta, Ficus religiosa, Ficus auriculata, Eulophia spectabilis, Arundina graminifolia, Coelogyne prolifera, Dendrobium chrysanthum, Dendrobium nobile, Aerides multiflora, Globba clarkei, Kaempferia rotunda, Curcuma aromatica, Costus speciosus, Rhaphidophora decursiva...

Ec. 히말라야 저산대를 포함한 세계의 아열대지역에 널리 분포하는 식물 / 8항목 / Utricularia striatula, Solanum virginianum, Clinopodium umbrosum, Coleus barbatus, Calotropis procera, Woodfordia fruticosa, Remusatia vivipara, Cyanotis cristata

상기의 분포형에 따라 분류된 항목수를 집계하면 A 유라시아 광역 분포형은 93항목, B 서방 분포형은 236항목, C 히말라야 내 분포형은 776항목, D 동방 분포형은 466항목, E 남방 분포형은 118항목이 된다. C 히말라야 내에 분포하는 종(변종 등을 포함)은 전체의 46%를 차지하며, 그 뒤를 이어 D 히말라야에서 동쪽에 분포하는 종이 28%를 차지한다. B 히말라야에서 서쪽에 분포하는 종은 14%로, D 동방 분포형의 절반밖에 되지 않는다. E 남방 분포형이 7%로 적은 것은 다음 장에서 볼 수 있듯이, 저지와 저산대의 식물 항목이 이 책에 거의 소개되지 않은 이유가 크다. 상기의 분류와는 별도로 이 책에는 일본에 자생하는 식물 72종이 포함되어 있다.

히말라야 내 분포형의 비율이 46%로 높은 것은, 서쪽에서 히말라야 산맥으로 흘러들어온 식물의 대부분이 이 땅에 격

리되어 이어지는 환경변화에 적응하기 위해 새로운 종으로 진화했음을 의미한다. 이와 같은 히말라야 고유종은 고지에 자생하는 식물 중에서 특히 많이 찾아볼 수 있다.

남쪽 바다와 가깝고 위도상으로는 아열대지방에 속하는 히말라야 산맥의 고산대와 아고산대는, 평균기온이 비슷한 북극 주변의 한대와 아한대의 환경과는 판이하게 다르다.

히말라야 고산대에 자생하는 식물은 낮 동안 상승기류가 몰고 오는 이슬비에 젖는 동시에, 이따금 구름 사이로 쏟아지는 자외선 풍부한 아열대의 강한 햇빛을 받게 된다. 풍부한 강우량과 안개를 투과해 쏟아지는 햇빛은 식물이 성장하는 데 유리하게 작용한다. 그러나 변화가 적은 한랭기후에 적응한 북방의 식물에게, 계속되는 비와 강풍에 따른 물리적 장해, 구름 사이로 쏟아지는 강렬한 직사광선에 따른 과열, 급격한 기후의 변화 등은 허용범위를 넘어선 불리한 조건이 되기 때문에, 이들 조건에 적응하는 형태를 획득한 식물만이 신종으로 살아남을 수 있다. 따라서 히말라야의 고산식물은 속(屬)에서는 북방계 식물이 많이 발견되지만, 종과 근연종(近緣種) 그룹에서는 히말라야 산맥과 그 주변의 산악지대에서 독자적으로 진화한 것이 많다.

히말라야 식물의 수직분포

이 책에서 다룬 식물의 수직분포는 고산대 상부, 고산대 하부, 아고산대, 산지대 상부, 산지대 하부, 저산부, 저지의 일곱 분포대로 나뉘어 있다. 고산대 상부는 한대, 고산대 하부와 아고산대는 아한대, 산지대 상부는 냉온대, 한지대 하부는 난온대, 저산대와 저지는 아열대 기후와 각각 상동관계에 있다. 수직분포의 실제 해발고도를 히말라야 동부의 남쪽 사면을 기준으로 살펴보면 다음과 같이 모식화할 수 있다. 숫자는 각 분포대 간의 경계가 되는 해발을 나타내며, 〈 〉 내의 숫자는 평균 해발을 나타낸다.

5000—6500m(식생의 상한)

H 고산대 사부 = 한대

4400—〈4500〉—4700m

I 고산대 하부 = 아한대

36000—〈3900〉—4200m(고목림 한계)

J 아고산대 – 아한대(운무림대 상부)

3200—〈3400〉—3600m

K 산지대 상부 = 냉온대(운무림대 하부)

2300—〈2500〉—2600m

L 산지대 하부 = 난온대

1200—〈1400〉—1600m

M 저산대 = 아열대

100—〈150〉—300m

N 저지 = 아열대

히말라야의 서부는 비교적 위도가 높고 내륙에 위치해 기온이 낮고 건조한 까닭에, 각 분포대의 해발고도는 500-1,000m 정도가 낮다. 히말라야 서부의 극도로 건조한 지역에서는 삼림과 분포대의 주요 성립요인이 기온이 아니라 습도이기 때문에, 해발에 따른 식물분포대의 구획이 불가능하다. 이 책에서는 그와 같은 지역을 '건조 고지'로 구별해 다루고 있다. 히말라야 척량산맥의 북쪽은 티베트 남동부를 제외하고는 건조하고 평균해발이 높은 탓에, 삼림이 발달하지 않고 삼림 한계도 뚜렷하지 않다. 티베트 남동부에서는 비구름이 평균 해발이 낮은 척량산맥을 넘어 북쪽으로 널리 뻗어나가므로, 산맥의 남쪽과 북쪽은 삼림 한계의 해발고도에 거의 차이가 없다.

히말라야 동부에 자생하는 식물의 수직분포도

고산대 상부와 하부의 차이는, 고산대 하부는 녹색의 식생과 토양이 이어지는 반면 상부는 여름에도 지표가 얼어붙기 쉬워 지상에 토양층이 형성되지 않은 까닭에, 식물은 보통 산발적으로 자생하며 환경에 적응한 특수한 형태를 지니고 있다.

고산대 상부는 기온이 낮고 건조해 부패균이 활동할 수 없기 때문에, 죽은 식물은 분해되지 않고 바위지형에 말라붙어 그대로 쌓인다. 이 말라죽은 식물 층은 영어로 'peaty soil'이라고 하며, 우리말로는 '토탄(土炭)'이라는 용어가 쓰이고 있다. 이 책에서는 실제 이미지와 동떨어진 토탄이라는 용어 대신 '미부식질(未腐植質)'이라는 조어로 대체하였다. 강풍이 넘나드는 바위지형을 뒤덮는 미부식질은 히말라야의 작은 고산식물이 뿌리를 내리고 생활할 수 있는 장소를 제공한다.

고산대 하부와 아고산대는 고목림 한계로 나눌 수 있다. 그러나 고목림의 성립요인은 복잡하기 때문에, 같은 지역에서도 지형과 사면 방향에 따라 해발고도에 상당한 차이가 난다. 히말라야 척량산맥의 남쪽은 예전부터 목초를 재배하거나 방목지를 넓히기 위해 아고산대의 나무가 벌채되고 건기에 숲이 불태워지기도 했다. 그 결과 볕이 잘 들고 건조해 나무가 불타기 쉬운 아고산대 상부의 남쪽 사면에는 초지가 발달해 있으며, 그늘이 많고 습한 북쪽 사면보다 삼림 한계가 낮은 경향이 있다.

습윤한 히말라야 동부의 아고산대와 산지대 상부는 운무림(雲霧林)대라고도 할 수 있는 부분으로, 여름에는 운무에 덮여있는 시간이 햇빛을 받는 시간보다 길다. 아고산대에는 전나무 숲이 발달해 있으며, 관목과 아고목은 석남이 주류를 이루고 계곡 줄기에는 단풍나무 등의 낙엽수가 많다. 삼림 한계 부근에는 낙엽수인 베툴라 우틸리스가 고목림을 이루고 있으며, 그보다 상부에는 단풍나무와 버드나무 등의 관목림이 자리를 하고 있다. 전나무는 산지대 상부에서도 많이 발견되지만 아고산대와 같은 숲을 이루지는 않는다.

산지대 상부는 일반적으로 상록 또는 반상록성의 졸참나무속 고목(떡갈나무)이 우점하는 숲으로 덮여 있으며, 능선의 그늘진 사면에는 잎 둘레에 뾰족한 이가 있는 반상록성의 크베르쿠스 세메카르피폴리아가 타종을 압도한다.

산지대 하부는 졸참나무속과 메밀잣밤나무속과 같은 고목

이 우점하는 삼림의 잠재식생을 지니고 있다. 그러나 일조시간이 길어 경작에 적합한 산지대 하부의 사면은, 인구가 많은 네팔 등지에서는 계곡의 급사면을 제외한 대부분이 개간되어 풍부한 강수량을 이용한 계단식 밭이나 방목지로 그 모습이 바뀌고 있다.

저산대 역시 산지대 하부와 마찬가지로 완만한 사면의 대부분이 밭이나 논으로 이용되고 있으며, 양지바른 급사면에는 관목이 엉성한 숲을 이루고 있다. 히말라야의 특징이라 할 수 있는 지형이 험악하고 비가 많은 저산대의 계곡 줄기에는 메밀잣밤나무속과 무화과속, 두아방가 그란디플로라 등의 상록고목이 울창한 아열대림을 이루고 있으며, 이끼 낀 계곡 가지에는 양치식물과 덩굴식물이 뒤엉켜 자란다.

히말라야의 산기슭에 편평하게 펼쳐진 저지는 저산대보다 강우량이 적으며, 계곡에서 흘러나온 물과 빗물 대부분은 바위가 많은 중적층 밑으로 흘러들어 토양이 건조해지기 쉽다. 저지의 식생은 비교적 단순한데, 건기에 잎이 지는 사라수 숲이 광대한 면적을 뒤덮는 잠재식생을 지닌다. 그러나 저지에 만연한 말라리아의 위험이 사라진 지금은, 강 유역의 보호림을 제외한 대부분의 숲이 벌채되어 관개시설을 갖춘 논 등으로 개간되고 있다.

종이나 변종 등으로 분류된 이 책의 1,689항목 중에 '건조 고지'로 분류된 121항목을 제외한 나머지 항목을 상기의 수직분포대에 대입해 분류하면, 각각의 항목수는 다음과 같이 된다.

H88, HI297, HIJ72, HIJK11, I130, IJ221, IJK83, IJKL12, IJKLMN1, J74, JK143, JKL31, JKLM4, K63, KL132, KLM13, KLMN1, L59, LM63, LMN4, M38, MN25, N3

고산식물을 삼림 한계보다 상부에 자생하는 식물이라 하고 상기의 H, HI, HIJ, HIJK, I, IJ를 이에 적용하면, 합계 항목수는 819가 되어 이 책 항목 전체의 48%를 차지하게 된다. 오바 히데아키(大場秀章, 1988)가 편집한 대조표에 따르면, 네팔의 해발 4,000m 이상에 자생하는 고산식물은 1,227종으로 기록되어 있다. 이것은 약 6,500종으로 알려진 네팔의 현화식물(顯花植物) 중 19%를 차지한다. 이 책에 수록된 식물 중에 고산식물이 차지하는 비율은 이보다 2.5배나 많다. 반면 꽃사진을 찍기 어려운 고목과 아열대식물이 이 책에서 차지하는 비율은 실제보다 상당히 낮으리라고 생각된다. 이 책의 고산식물 819항목 중에는 히말라야 내 분포형이 409항목이나 되므로, 고산식물 항목의 50%가 히말라야 고유종이라는 얘기가 된다.

특수한 환경에 자생하는 식물

사면의 방향

세계에서 가장 높이 융기한 히말라야 산맥은 몬순이 몰고 오는 비에 심하게 침식되어 험악한 지형이 되었다. 그 경향은 동부의 남쪽 사면에 특히 두드러지게 나타난다.

햇빛으로 따뜻해진 공기는 계곡을 따라 상승하면서 이슬이 맺혀 산의 상부를 운무로 뒤덮는다. 여름의 비구름은 저산대에 굵은 소나기를 뿌리며 상공을 지나가고, 산지대 상부 이상의 사면에는 단속적으로 이어지는 이슬비를 뿌린다.

자세히 살펴보면, 산의 남쪽 사면은 구름 사이로 쏟아지는 아열대 햇빛에 노출되어 건조해지기 쉬운 탓에 삼림이 벌채되거나 불태워진 후에 가축이 방목되는가 하면, 식물상이 빈약한 초지와 관목소림은 반영구적으로 유지된다. 이에 반해 북쪽 사면은 그늘져 있기 때문에 건기에도 습기를 유지해 식물이 쉽게 불타지 않으며, 삼림이 벌채되어도 회복이 빠르므로 다양한 원시 식물상이 잘 보존된다. 대기가 안정한 아침에는 맑게 갠 시간이 많기 때문에 산의 동쪽 사면은 보통 남쪽 사면과 같은 식물상을 이룬다.

히말라야의 고산대 상부는 편서풍의 영향을 강하게 받는다. 계곡 원두부의 서쪽 사면은 겨울에 내리는 눈이 강풍에 휘몰아치면서 땅 위에 노출된 암석을 동결작용으로 붕괴해 침식하기 때문에, 식물이 적은 황량한 바위지형이 되는 일이 많다.

반면 고산대 상부의 산등성이에서 동쪽을 향한 사면에는 눈이 쌓여 눈 밑의 지표를 겨울 추위로부터 보호해주기 때문에, 침식이 적은 원만한 지형이 되어 사면을 덮는 풀밭 형태의 식생이 잘 보호된다.

온실식물과 세타식물, 쿠션식물 등 히말라야 고산대 상부 특유의 형태를 지닌 대형 다년초는, 산등성이 동쪽의 안정한 초지보다는 오히려 식물이 자라기 어렵고 안개에 묻히는 날이 많은 남서쪽 바위 사면에서 많이 발견된다. 특히 반투명한 포엽에 싸여 있는 온실식물의 꽃줄기는 오전 중에는 동쪽 사면에 쏟아지는 강렬한 햇빛을 받아 달구어졌다가 밤에는 내부기온이 외부기온과 비슷하게 내려가기 때문에 일교차가 큰 기온에 대처할 수 있다.

빙하 주변의 지형

현재 히말라야 빙하의 대부분은 자연의 사이클과 배출가스에 따른 인위적인 온난화로 많이 수축되어, 빙하에 운반되어 퇴적된 빙퇴석(moraine)이라는 바위·모래지형의 구릉으로 삼면이 높게 둘러싸인 형태로 되어있다. 빙하를 따라 양쪽에 형성되는 뾰족하게 솟은 좁고 긴 구릉을 측퇴석(lateral moraine)이라 하고, 말단부에 형성되는 폭이 넓은 구릉을 말단퇴석(end moraine)이라 한다.

줄어든 빙하의 실제 말단부와 말단퇴석 사이에 형성되는 큰 구덩이에는 빙하에서 흘러나오는 회갈색 물이 고여 호수를 이루기도 하는데, 이를 빙하호라고 한다. 측퇴석과 산쪽 사면 사이에는 좁고 긴 계곡(ablation valley)이 형성되며, 보통 그 중앙으로 한줄기 시냇물이 흐른다. 이 책에서는 이 계곡을 '측곡(側谷)'으로 약기했다. 식물이 뿌리를 내리기 쉬운 퇴적층을 지닌 측곡 내의 사면과 저부에서는 다양한 종류의 고산식물이 집중적으로 발견된다.

수축기에 있는 현재 빙하의 하류부는 보통 표면이 두꺼운 퇴적암에 덮여 있다. 하층에 빙괴를 품고 있는 이 불안정한 퇴적암의 모래지형이나 바위 그늘에서도 특유의 고산식물을 찾아볼 수 있다.

대하 기후

히말라야 산맥 내에는 산맥의 축과 평행하게 달리는 '종곡(縱谷)'이 발달해 있다. 부탄과 가르왈의 산악지대에서 그 전형적인 지형을 찾아볼 수 있다. 습윤지역 내에서도 습한 남풍은 깊은 종곡의 상공을 통과한다. 그 결과 종곡 내의 사면이 건조해지고, 산불에 내성이 있는 소나무 소림에 뒤덮이게 된다. (p.774 ①-a 참조)

여름의 몬순은 히말라야 산맥의 축을 직각으로 교차하는 '횡곡(橫谷)'을 주요 통로로 해서 북상한다. 구름을 형성하는 습한 몬순은 대하(大河)가 만든 광활한 횡곡 내에서 산의 중턱 사면을 따라 상류로 향한다. 이처럼 넓은 계곡의 중앙부는 상공에 구름이 없어 강한 햇빛을 그대로 받기 때문에, 칼로트로피스속과 같은 아열대 저지의 식물이 히말라야 산맥 내에 진입할 수 있는 장소를 제공한다.

계곡으로 뻗은 산등성이를 몇 차례 넘는 사이 습기를 잃어버린 몬순은 푄현상으로 기온이 높게 유지된다. 히말라야 척량산맥을 관통하는 협곡 내에는 낮 동안 남쪽에서 건조하고 따뜻한 강풍이 쉴 새 없이 불어온다. 이와 같은 국지적 기상은 네팔의 칼리간다키 협곡과 파키스탄의 낭가파르바트 바로 밑을 흐르는 인더스 협곡에서 전형적인 모습을 찾아볼 수 있으며, 그 환경에 적응한 부채선인장과 인카르빌레아 아르구타 등의 식물이 한정적으로 분포한다.

또한 대하의 협곡 부근은 사면 상부에는 풍부한 비의 작용으로 삼림이 발달한 반면, 계곡 바닥에 가까운 사면에는 비가 거의 오지 않아 갈색의 산 표면이 드러나는 양극단적인 풍경이 수평적으로 매우 가까운 거리에 펼쳐진다.

석회암 지역

중생대의 지구에서는 초대륙 판게아가 분열하면서 북쪽의 고대 유라시아 대륙과 남쪽의 곤드와나 대륙 사이에 테티스해라는 얕고 따뜻한 바다가 탄생했다. 그 해저에는 남북 대륙에서 유입된 토사가 풍부하게 서식하는 생물의 사체와 함께 퇴적되어 두께 10,000m를 넘는 석회질 지층이 형성되었다.

신생대에 들어서자, 곤드와나 대륙을 구성하고 있던 아프리카 대륙과 인도아시아 대륙을 실은 판이 제각기 북쪽으로 이동해 고대 유라시아 대륙 밑으로 깊숙이 파고든다. 그리고 인도아시아 대륙이 고대 유라시아 대륙과 충돌하자 테티스해의 석회질 지층은 파고든 판에 밀려 올려져 평균 해발 4,000m 이상의 티베트 고원을 형성하게 된다.

몬순에 의한 침식을 면한 현재의 히말라야 척량산맥 정상에서 북쪽의 티베트 고원에 이르는 부분에는 석회질 퇴적암이 도처에 드러나 있다. 이와 같은 석회암 지역에서는 알칼리성과 건조한 토양에 내성이 있는 식물만이 생육을 허락받는다. 석회암 고산에 많은 범의귀속 포르피리온절의 쿠션식물은 잎 둘레에 있는 미세한 구멍에서 물과 함께 석회가 배출되어 잎의 표면을 뒤덮음으로써 잎의 조직을 건조와 추위로부터 보호한다. 석남은 일반적으로 산성 토양을 좋아한다고 하지만, 작은 잎의 표면에 빽빽한 비늘 모양의 털을 지닌 로도덴드론 니발레는 건조에 강하고 보수력이 낮은 석회암 구릉에 널리 군생한다.

히말라야 고산식물의 적응 전략

① 왜소 다년초

왜소화(矮小化)는 고산식물이 추위와 건조를 유발하는 강풍으로부터 몸을 보호하기 위해 적응 변화한 가운데서 가장 일반적으로 볼 수 있는 형태로, 지하에 축적된 태양의 여열을 흡수하기 쉽고 초식동물의 공격을 최소화해 준다. 식물은 자신의 생리적 필요에 따라 가능한 수준까지 왜소화할 수가 있다. 그러나 충매화의 크기는 곤충의 시력에 관계한다. 타가수분으로 유전자를 다양화하는 고산대의 환경변화에 적응하기 위해 영양체에는 어울리지 않을 정도로 큰 꽃을 피우기도 한다. / Aconitum hookeri, Anaphalis nepalensis var. monocephala, Bistorta perpusilla, Caltha scaposa, Gentiana emodi, Iris kemaonensis, Leontopodium monocephalum, Parnassia kumaonica, Parnassia pusilla, Pedicularis muscoides, Polygonatum hookeri, Primula glandulifera, Primula tenuiloba, Saxifraga punctulata, Viola kunawarensis...

② 왜소 관목

이 책에서는 높이가 1m 전후보다 낮으며 한 그루에서 갈라져 자라는 나무를 소관목이라 하고, 지상에 수평으로 뻗어나가는 나무를 포복성 관목이라고 한다. 히말라야 고산대에는 왜성(矮性) 석남과 같은 소관목 종류가 셀 수 없이 많으며, 북쪽 비탈에는 고산대 상부의 해발 5,500m에 이르기까지 폭넓게 군생한다. 수분을 유지하는 목질부라는 조직을 가진 수목은 건조에 강하기 때문에, 고산대의 바람이 넘나드는 바위능선에서도 많이 발견된다. 고산대 상부에 자라는 왜소관목은 잎이 아주 작아지고 동결을 막기 위해 가지 끝 생장점이 비늘조각과 털에 의해 보호를 받는다. / Astragalus candolleanus, Bistorta vaccinifolia, Cassiope fastigiata, Cotoneaster microphyllus, Diplarche multiflora, Ephedra geradiana, Gaultheria trichophylla, Potentilla fruticosa var. pumila, Rhododendron nivale, Salix serpyllum...

③ 지상에 넓게 퍼지는 로제트잎을 가진 왜성 다년초

땅 표면에 퍼지는 큰 잎은 바람에 노출되는 것을 막는 동시에, 한낮의 햇빛과 지하에 축적된 태양의 여열을 최대한으로 흡수한다. 또한 초식동물의 공격을 최소화하고, 다른 풀이 접근해 지하의 수분을 빼앗지 못하게하는 효능도 갖고 있다. / Corydalis hendersonii, Cortia depressa, Cortiella hookeri, Dolomiaea macrocephala, Euphorbia stracheyi, Oreosolen wattii, Pegaeophyton scapiflorum, Phlomis rotata, Pycnoplinthopsis bhutanica, Saussurea yakla, Soroseris glomerata, Soroseris pumila, Swertia acaulis, Swertia multicaulis...

④ 매트모양으로 밀집한 군락을 이루는 왜성 다년초

(A)뿌리줄기가 발달하지 않은 채 촘촘한 매트모양의 군락을 이루는 것과 (B)분지하며 퍼지는 초질의 가는 뿌리줄기를 지니고 있으며 느슨한 매트모양의 군락을 이루는 것이 있다. 매트모양의 군락은 삼림과 마찬가지로 바람에 노출되는 식물체의 면적이 작다. 수많은 꽃으로 뒤덮인 매트모양의 군락은 뿔뿔이 흩어져 자라는 꽃보다 쉽게 눈에 띄어 곤충의

⑥ 포텐틸라 타페토데스 Potentilla tapetodes (귤색, p.449), ② 로도덴드론 니발레 Rhododendron nivale (붉은 자주색, p.330) ⑤ 아레나리아 폴리트리코이데스 Arenaria polytrichoides (흰색, p.655) 6월30일. X/초체나의 남쪽. 5,200m.

시선을 잡아끈다. 가늘고 긴 뿌리줄기를 가진 풀 중에는 뿌리줄기의 마디에 휴면아(休眠芽)를 숨겨 좋지 않은 환경에 적응한 것도 있다. / (A)Primula muscoides, Primula primulina, Primula soldanelloides, Saxifraga caveana, Saxifraga engleriana (B)Arenaria ciliolata, Arenaria glanduligera, Cardamine loxostemonoides, Gypsophylla cerastioides, Lignariella hobsonii, Saxifraga filicaulis, Scutellaria prostrata, Trigonotis rotundifolia…

⑤ 다년생으로 초질의 줄기(주출지)를 지닌 쿠션식물

바람이 많이 부는 고산대 상부의 흙이 없는 바위지형에서 흔히 볼 수 있으며, 둥근 쿠션모양으로 자란다. 습한 바람이 넘나드는 구릉 위에서 쿠션은 때로 끊임없이 이어져 넓은 면적을 뒤덮고 있다. 내부의 가는 줄기는 10년 이상 꾸준히 자라며, 기온이 낮은 탓에 시든 잎이 분해되지 않고 그대로 쌓인다. 쿠션식물은 굴곡이 없는 둥그스름한 모양을 하고 있다. 그래서 차고 건조한 바람을 피해 태양열과 지하의 온기를 내부에 저장하고, 우기의 생장기에는 자욱하게 낀 안개로부터 공급되는 수분도 저장할 수 있다. 또한 개화기에는 무수히 작은 꽃들이 동시에 피면서 쿠션을 뒤덮어 곤충의 시선을 잡아끈다. / Anaphalis cavei, Androsace delavayi, Androsace lehmannii, Androsace tapete, Arenaria densissima, Arenaria globiflora, Arenaria polytrichoides, Chionocharis hookeri, Draba involucrata, Saxifraga andersonii, Saxifraga hypostoma, Saxifraga pulvinaria, Stellaria congestiflora, Thylacospermum caespitosum…

⑥ 활발히 분지하는 목질의 뿌리줄기를 지닌 다년생으로, 빽빽하게 모여 자라거나 매트 또는 쿠션모양을 이룬다.

강풍에 노출된 고산대 싱부의 바위지형에서 흔히 볼 수 있으며, 강인한 목질의 뿌리줄기가 땅 표면 부근에서 분지하며 뻗어나간다. 내부의 줄기가 초질의 쿠션식물과는 다르고, 자생하는 환경에 따라 군락의 밀집도도 변한다. 이 그룹에는 국화과와 콩과, 장미과와 같은 다년초가 많다. / Allardia glabra, Anaphalis xylorhiza, Aster flaccidus, Bistorta affinis, Bistorta macrophylla, Gueldenstaedtia himalaica, Leontopodium jacotianum, Potentilla biflora, Petentilla cuneata, Potentilla microphylla, Potentilla tapetodes, Saussurea leontodontoides, Saussurea wernerioides, Sibbaldia purpurea, Spongiocarpella purpurea…

⑦ 굵고 긴 원뿌리를 지닌 다년초

불안정한 자갈땅이나 바위틈으로 뻗은 굵고 긴 원뿌리는 닻과 같이 식물체를 고정하며, 지하 깊은 곳에서 수분을 빨아들여 내부에 양분으로 저장한다. 땅위줄기가 없는 풀의 대부분이 이 그룹에 속한다. 바위틈에 자생하는 다년초에는 열매를 맺은 후 전체가 시들어버리는 1회 결실성(結實性)인 것이 많다. / Christolea himalayensis, Maharanga emodi, Meconopsis bella, Meconopsis horridula, Nardostachys grandiflora, Paraquilegia microphylla, Phaeonychium parryoides, Phlomis rotata, Potentilla eriocarpa, Pycnoplinthopsis bhutanica, Rhodiola spp., Saussurea gossipiphora, Stellera chamaejasme…

⑧ 주출지를 퍼뜨려 매트모양의 군락을 이룬다

먼저 새끼그루가 나온 강한 주출지를 지상에 뻗어 영양생식하는 다년초로, 불안정한 모래땅이나 절벽에 주출지를 둘러쳐서 안정된 군락을 이룬다. 둥근 모양의 로제트잎을 가진 쿠션식물에는 불안정한 비탈에 자생하면 주출지가 뻗어 나와 옆으로 퍼지는 것이 많다. / Androsace robusta, Androsace sarmentosa, Potentilla anserina, Primula flagellaris, Primula stirtoniana, Saxifraga brunonis, Saxifraga mucronulata, Saxifraga pilifera…

⑤ 키오노카리스 후케리 Chionocharis hookeri (p.217) 쿠션 위에 ⑦로디올라 부플레우로이데스 Rhodiola bupleuroides (p.522)가 자생하고 있다. 7월1일. X/초체나의 남쪽. 5,050m.

⑨ 굵고 속이 빈 꽃줄기를 지닌 다년초

속이 빈 줄기는 호흡작용으로 발생한 열을 효과적으로 내부에 저장한다. 또한 꽃줄기가 땅속에 묻히는 왜성 다년초는 흡수한 태양의 여열도 속이 빈 줄기에 저장한다. 두화가 원반형 또는 반구형으로 밀집한 복합꽃차례를 형성하는 국화과는 대부분 줄기 속이 비어있다. 그 빈 부분은 정수리 부분에서 크게 벌어지며 줄기 끝에 나란히 붙어있는 씨방을 온돌처럼 밑에서 따뜻하게 해준다. / Rheum nobile, Saussurea gossipiphora, Saussurea simpsoniana, Soroseris glomerata, Soroseris hookeriana...

⑩ 두꺼운 비늘조각잎에 싸인 겨울눈을 지닌 다년초

해빙이 늦는 습한 초지서 자생하는 앵초속 등에서 많이 발견된다. 두꺼운 비늘조각잎은 해빙 후에 직면하는 한파와 자외선으로부터 겨울눈을 보호한다. 그리고 다년초는 내부에 저장된 양분을 이용해 다른 풀보다 일찍 꽃줄기와 잎을 틔운다. 습한 초지에 자생하는 앵초속의 대부분은 비늘조각잎의 뒷면이 노란색이나 흰색 가루로 덮여있다. 이 가루는 물을 튕겨내 잎 표면에 단열효과를 가져오는 엷은 공기층을 보호하기 때문에, 잎이 물에 젖어도 호흡이 유지된다. / Omphalogramma elwesiana, Primula macrophylla, Primula obliqua, Primula strumosa, Primula stuartii...

⑪ 땅속 깊은 곳에 겨울눈이나 비늘눈을 지닌 다년초

차고 건조한 바람이 부는 초지나 바위땅, 그리고 바위틈에 자생한다. 초지에서 자생하는 풀은 겨울을 추위와 건조로부터 보호할뿐 아니라, 지상부가 초식동물에게 먹히거나 짓밟힌다 해도 땅속의 싹에서 새로운 줄기나 잎을 틔울 수 있다. / Allium carolinianum, Bistorta macrophylla, Cardamine loxostemonoides, Corydalis spp., Eriophyton wallichii, Fritillaria cirrhosa, Iris kemaonensis, Meconopsis horridula, Oreosolen wattii, Paraquilegia microphylla, Polygonatum hookeri, Potentilla coriandrifolia, Potentilla eriocarpa, Saussurea gossipiphora, Soroseris glomerata...

⑫ 포엽에 둘러싸인 꽃을 지닌 다년초

여름에도 눈이 내리는 고산대 상부의 불안정한 자갈비탈면에서 많이 발견된다. 표면에 솜털이 나 있는 포엽은 단속적으로 이어지는 차가운 비와 눈으로부터 꽃과 열매를 보호한다. / Veronica lanuginosa, Ajuga lupulina, Eriophyton wallichii, Phyllophyton decolorans...

⑬ 꽃차례가 포엽이나 잎에 둘러싸인 다년초

꽃차례 전체가 반투명한 포엽에 둘러싸인 식물을 '온실식물'이라고 한다. 반투명한 포엽은 급격한 기온변화를 완화하고 따뜻하고 습한 공기를 내부에 보존하며, 햇빛을 투과하고 차가운 바람과 비를 막는다. 또한 세포내의 플라보노이드 색소가 유해한 자외선을 흡수한다. 이러한 포엽은 꽃잎과 마찬가지로 곤충의 시선을 잡아끌어, 꽃가루를 운반하는 곤충에게 악천후 속에서도 활동할 수 있는 쾌적한 공간을 제공한다. / Rheum nobile, Saussurea bracteata, Saussurea gossipiphora, Saussurea hookeri, Saussurea obvallata, Saussurea uniflora...

⑭ 빽빽하게 자라는 긴 털을 지닌 식물

빽빽하게 자라는 긴 털은 고산식물에서 발견할 수 있는 형태로, 추위와 건조, 자외선을 완화하는 한편 자욱한 안개를 끌어 모아 이슬을 맺음으로써 식물체를 윤택하게 한다. 습윤지역의 바위땅에 자생하는 쿠션식물에는 긴 털로 덮인 잎을 지닌 것이 많다. 앵초 등에서 볼 수 있는 화통(花筒)의 개구부(開口部)에 모여 자라는 긴 털은, 빗물이 내부로 흘러드는 것을 방지하는 능을 갖고 있다. / Androsace globifera, Anemone polyanthes, Arnebia benthamii, Chionocharis hookeri, Cyananthus lobatus, Delphinium brunonianum, Meconopsis paniculata, Onosma bracteatum, Pedicularis trichoglossa, Potentilla argyrophylla, Potentilla peduncularis, Primula buryana, Primula primulina, Spongiocarpella purpurea...

⑮ 솜털로 덮인 식물

꽃차례 전체가 긴 솜털로 덮여있는 식물을 '스웨터식물'이라고 한다. 솜털은 따뜻한 공기와 비, 안개에서 공급받은 수분을 유지하며, 온실식물의 포엽보다 훨씬 효과적으로 꽃차례를 추위와 건조로부터 보호한다. 하얀 솜털 덩어리는 곤충의 시선을 잡아끈다. 사우수레아 고시피포라의 솜털이 자란 포엽 내부에는, 곤충이 꿀과 꽃가루를 구해 활동하거나 밤이나 기상이 나쁠 때 쉴 수 있는 쾌적한 공간이 있다. / Allardia tomentosa, Anaphalis cavei, Chrysanthemum pyrethroides, Eriophyton wallichii, Hippolytia gossypina, Leontopodium spp., Saussurea gossipiphora, Saussurea laniceps, Saussurea simpsoniana, Saussurea spicata, Saussurea tridactyla, Veronica lanuginosa...

⑯ 포물선 모양의 꽃을 지닌 식물

미나리아재빗과와 범의귓과, 장미과 등에 많은 포물선 모양의 꽃은, 맑은 날에는 꽃잎에 반사된 햇빛을 생식기관으로 끌어 모아 따뜻하게 하는 한편 상공을 날아다니는 곤충의 시선을 강하게 잡아끈다. 생식기관이 차가운 비나 눈에 시달려도 큰 타격을 받지 않는 이들 식물은 북반구의 고위도 지방에 널리 분포하는데, 진화 초기 단계에 세포가 추위에 적응하는 법을 터득한 것으로 생각된다. 미나리아재빗속의 광택 있는 포물선 모양 꽃은 눈에 파묻혀도 그 형태를 오래 유지하며, 눈이 녹으면 이내 물방울이 꽃잎 사이로 흘러내려 꽃이 가벼워지면서 꽃줄기가 꼿꼿하게 선다. 이들 과의 꽃잎은 표피에 함유된 노란 플라보노이드 색소가 유해한 자외선을 흡수하고, 표피 하층에 있는 흰 전분립(澱粉粒)을 함유한 조직이 투과한 빛을 남김없이 반사한다. / Anemone spp., Caltha scaposa, Ranunculus spp., Trollius pumilus, Saxifraga punctulata, Potentilla cuneata, Geum elatum...

⑰ 꽃이 아래를 향해 피는 식물

아래를 향해 피는 꽃은 여름에 비가 많은 히말라야 동부의 남쪽에서 많이 볼 수 있는데, 이런 형태로 피면 계속되는 차가운 비에 생식기관이 젖는 것을 막을 수 있다. 이 지역에서 고도로 분화한 메코노프시스속에 많은 아래를 향해 피는 꽃은 같은 과인 양귀비속의 위를 향해 피는 꽃과 대응한다. 마찬가지로 크레만토디움속에 많은, 아래를 향해 피는 꽃은 리굴라리아속의 위나 옆을 향해 피는 꽃과 대응한다. 꽃이 아래를 향한 정도와 벌어진 정도는 보통 강우량에 따라 지역적으로 차이가 있다. / Allium macranthum, Cremanthodium spp., Meconopsis spp., Primula megalocarpa, Primula obliqua, Primula sikkimensis, Primula soldanelloides Onosma bracteatum...

⑱ 생식기관이 풍선모양의 꽃덮이에 둘러싸인 식물

온실식물의 포엽과 마찬가지로 꽃덮이가 생식기관과 어린 열매를 추위와 건조에서 보호한다. / Aconitum spp., Delphinium brunonianum, Delphinium viscosum, Gentiana elwesii, Pedicularis elwesii, Pedicularis cornigera, Silene nigrescens...

①⑯ 삭시프라가 푼크툴라타
Saxifraga punctulata (p.498)

⑪⑫⑮ 에리오피톤 왈리키이
Eriophyton wallichii (p.200)

⑦⑨⑬⑮ 사우수레아 고시피포라
Saussurea gossipiphora (p.52)

⑬ 사우수레아 오브발라타
Saussurea obvallata (p.56)

⑤ 안드로사체 타페테 Androsace tapete(쿠션,
p.304), ③⑪ 오레오솔렌 웅그비쿨라투스
Oreosolen unguiculatus (p.148)

⑧ 프리뮬러 플라겔라리스
Primula flagellaris (p.283)

⑦ 크리스톨레아 히말라옌시스
Christolea himalayensis (p.543, ⑥-b)

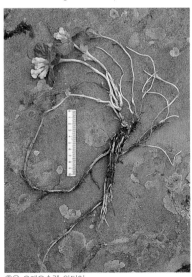
③⑪ 오레오솔렌 와티이
Oreosolen wattii (p.149, ②-b)

③⑨⑪ 소로세리스 글로메라타
Soroseris glomerata (p.70, ①-b)

중국 헝단 산맥에서 보는 히말라야 식물

히말라야 동부에서 발견되는 식물의 대부분은 중국의 윈난 · 쓰촨성 · 간쑤 · 칭하이성과 티베트 자치구에 걸친 헝단 산맥에까지 분포되어 있다. 여기에 수록한 15장의 사진은 전부 헝단 산맥 지역에서 촬영한 것으로, 수평분포형 Db-Dg 가운데 네팔과 헝단 산맥에 공통으로 분포하는 고산식물 중에서 추려냈다. 이 중에는 프리뮬라 시키멘시스와 같이 분포 중심이 히말라야 지역에 있는 식물이 있는가 하면, 안드로사체 잠발렌시스와 동속 델라바이와 같이 네팔에는 개체수가 적지만 헝단 산맥의 다쉐산 주변에서는 많이 볼 수 있는 종류도 있다. 히말라야와 중국의 식물은 얼마 전까지만 해도 분류학적인 비교연구가 어려웠던 탓에 같은 종임에도 제각각 다른 학명으로 불린 것이 많고, 또한 아네모네 데미사와 같이 동종으로 취급되고 있지만 연구가 진행되면 다른 종이나 변종으로 분류될 가능성이 높은 다형적인 식물도 많다. 시노 히말라야의 중심부를 지표하는 레움 노빌레는 분포 전역에서 거의 같은 형태의 것이 발견되므로, 분류상 종의 경계가 뚜렷하다. 한편 시노 히말라야 전역을 지표하는 사우수레아 오브발라타는 분포지역의 서부와 중부, 동부에서 형태가 조금씩 다르며, 북부의 건조지역에서는 동속의 인볼루크라타에 가깝다.

사우수레아 오브발라타 (p.56)
8월8일. 쓰촨성 북부/쉐바오딩(雪寶頂). 4,200m.

나르도스타키스 야타만시 (p.130)
7월9일. 쓰촨성 서부/신루하이(新路海). 4,250m.

페디쿨라리스 엘웨시이 (p.179)
7월3일. 윈난성 북서부/메이리쉐산(梅理雪山). 3,700m.

에리오피톤 왈리키이 (p.200)
8월31일. 티베트 남동부/메이리쉐산. 4,550m.

키오노카리스 후케리 (p.217)
7월8일. 쓰촨성 서부/쵀얼산(雀兒山). 4,850m.

메가코돈 스틸로포루스 (p.250)
7월2일. 윈난성 북서부/메이리쉐산. 3,750m.

프리뮬러 시키멘시스 (p.272)
7월4일. 쓰촨성 서부/미니아콩가. 3,900m.

안드로사체 잠발렌시스 (p.303)
6월19일. 쓰촨성 서부/시안레리(仙熱日). 4,450m.

안드로사체 델라바이 (p.303) 6월10일. 윈난성 북서부/바이마쉐산(白馬雪山). 4,400m.

삭시프라가 멜라노첸트라 (p.509)
8월5일. 쓰촨성 서부/쓰꾸낭산(四姑娘山). 4,350m.

메코노프시스 호리둘라 (p.561)
8월18일. 칭하이성 동부/아무네마칭. 4,600m.

아네모네 데미사 (p.618)
6월22일. 쓰촨성 서부/미니아콩가. 3,950m.

레움 노빌레 (p.676)
9월10일. 쓰촨성 남서부/다쉐산. 4,550m.

사티리움 칠리아툼 (p.703)
9월8일. 윈난성 북서부/스쉐산(小雪山). 3,650m.

알레트리스 파우치플로라 (p.756)
7월4일. 쓰촨성 서부/미니아콩가. 3,800m.

참고문헌

사막과 빙하 탐험, 1956, 기하라 히토시(木原均) (교토대학 카라코람 · 힌즈쿠시 탐험대장) 엮음, 아사히 신문사

카라코람 탐험 기록, 1956, 이마니시 긴지(今西錦司), 분케이 순쥬신샤(文藝春秋新社)

네팔 왕국 탐험기, 1957, 가와기타 지로(川喜多二郎), 고분샤(光文社)

비경 부탄, 1959, 나카오 사스케(中尾佐助), 마이니치 신문사

시킴 히말라야의 식물, 1963, 도쿄대학 인도 식물 조사대 엮음, 호이쿠샤(保育社)

히말라야의 꽃, 1964, 나카오 사스케, 마이니치 신문사

동부 히말라야 식물 사진집, 1968, 도쿄대학 인도 식물 조사대 엮음, 이노우에쇼텐(井上書店)

동경의 히말라야, 1972, 혼다 가츠이치(本多勝一), 스즈사와쇼텐(すずさわ書店)

세계 산악지도 집성(히말라야편), 1977, 요시자와 이치로(吉?一朗) 감수, 가쿠슈겐큐샤(學習研究社)

사진집 · 히말라야의 꽃, 1982, 후지타 히로모토(藤田弘基), 하쿠스이샤(白水社)

부탄의 꽃, 1984, 나카오 사스케 · 니시오카 교지(西岡京治), 아사히 신문사

Trekking in Nepal-네팔 히말라야 트레킹 안내, 1984, 나카오 도루(中野融), 야마토케이코쿠샤(山と溪谷社)

상승하는 히말라야, 1988, 기자키 고시로(木崎甲子郎) 엮음, 스키지쇼칸(築地書館)

히말라야는 왜 높은가, 1988, 아리타 가즈노리(在田一則), 아오키쇼텐(青木書店)

히말라야의 식물상, 1993, 오바 히데아키(大場秀章), 『플란타 No.27』중에서, 겐세이샤(研成社)

주간 아사히 백과 · 식물의 세계, 1994-96, 이와츠키 구니오(岩槻邦男) 외 감수, 아사히 신문사

비경 가네슈히말의 식물-조사대, 길 없는 길을 가다, 1996, 츠카타니 유이치(塚谷裕一), 겐세이샤

티베트, 1996, 여행인 편집실, 여행인

히말라야 명봉 사전, 1996, 야쿠시 요시미(藥師義美) · 간베 사다오(雁部貞夫) 엮음, 헤이본샤(平凡社)

히말라야 자연지, 1997, 사카이 하루타카(酒井治孝), 도카이대학 출판회

식물의 왜소화, 1997, 아키야마 시노부(秋山忍), 니시아키 요시히로(西秋良宏) 저 『정신 탐험대』중에서, 도쿄대학 출판회

히말라야를 넘은 꽃들, 1999, 오바 히데아키, 이와나미쇼텐(岩波書店)

히말라야 백화, 2002, 우치다 료헤이(內田良平), 아사히 소노라마

티베트의 알프스로-동티베트 4,000km, 2002, 나카무라 다모츠(中村保), 『산악(山岳)』중에서, 니혼 산악회

중국식물지, 1963-2002, 중국과학원 중국식물지 편찬위원회, 과학출판사 (베이징)

중국고등식물도감, 1974-87, 중국과학원 식물연구소 주편, 과학출판사 (베이징)

중약대사전, 1977-1979, 장쑤(江蘇) 신의학원 엮음, 상하이 과학기술출판사 (상하이)

시장(西藏)식물지, 1983-87, 중국과학원 칭장(靑藏)고원 종합과학고찰대, 과학출판사(베이징)

시장식피, 1988, 중국과학원 칭장고원 종합과학고찰대, 과학출판사 (베이징)

형단산구유관식물, 1993-94, 중국과학원 칭장고원 종합과학고찰대, 과학출판사 (베이징)

윈난식물지, 1975-2003, 중국과학원 쿤밍식물연구소 엮음, 과학출판사 (베이징)

쓰촨식물지 · 제15권, 1999, 하정농(何廷農) 엮음, 쓰촨민방출판사 (청두)

중국두견화 · 제 1, 2, 3편, 1988-99, 풍국미(馮國楣) 엮음, 과학출판사 (베이징)

Ahrendt, L.W.A., 1961, Berberis and Mahonia, A taxonomic revision, The Journal of the Linnean Society of London, Vol.57-No.369, London

Akiyama, S. & H. Ohba, 2000, Inflorescences of the Himalayan Species of Impatiens, The Journal of Japanese Botany, Vol.75-No.4, Tokyo

Akiyama, S., Ohba, H. & M. Wakabayashi, 1991, Taxonomic notes of the East Himalayan species of Impatiens, The Himalayan Plants, Vol.2, University of Tokyo Press

Akiyama, S., Ohba, H. & S.K. Wu, 2000, Saxifraga brachypoda D. Don and its allies collected in the Sino-Himalayan region, Bulletin of the National Science Museum, Vol.26-No.3, Tokyo

Al-Shehbaz, I.A., 2000, A revision of the Himalayan and Central Asian Genus Taphrospermum, Harvard Papers in Botany, Vol.5-No.1, U.S.A.

Al-Shehbaz, I.A., 2000, Lepidostemon is no longer monotypic, Novon, No.10, Missouri Botanical Garden, U.S.A.

Al-Shehbaz, I.A., Arai, K. & H. Ohba, 2000, A revision of the Genus Lignariella, Harvard Papers in Botany, Vol.5-No.1

Banerji, M.L. & P. Pradhan, 1984, The Orchids of Nepal Himalaya, J. Cramer, Germany

Bor, N.L. & M.B. Raizada, 1954, Some Beautiful Indian Climbers and Shrubs, Oxford University Press

Chan, V., 1994, Tibet Handbook, Moon Publications, U.S.A.

Clayton, D., 2002, The Genus Coelogyne, A Synopsis, Natural History Publications, Borneo

Cox, K. (ed.), 1988, Frank Kingdon Ward's Riddle of the Tsangpo Gorges, Antique Collectors' Club, U.K.

Cribb, P., 1997, The Genus Cypripedium, Timber Press, U.S.A.

Cribb, P. & I. Butterfield, 1999, The Genus Pleione, The Royal Botanic Gardens, Kew, U.K.

Cullen, J. & D.F. Chamberlain, 1980, 1982, A revision of Rhododendron, I & II, Notes from The Royal Botanic Garden Edinburgh, U.K.

Davidian, H.H., 1982-92, The Rhododendron Species, 3 vols., Timber Press, U.S.A.

Deva, S. & H.B. Naithani, 1986, The Orchid Flora of North West Himalaya, Print & Media Associates, India

Dhar, U. & P. Kachroo, 1983, Alpine Flora of Kashmir Himalaya, Scientific Publishers, India

Fletcher, H.R., 1975, A Quest of Flowers, The Plant Explorations of F. Ludlow and G. Sherriff, Edinburgh University Press

Genoud, C., (ed.), 1984, Ladakh Zanskar, Artou Guidebook, Switzerland

Grey-Wilson, C., 1993, Poppies, Timber Press, U.S.A.

Grey-Wilson, C., 1996, Meconopsis integrifolia, The yellow

poppywort and its allies (The New Plantsman, March, 1996)

Grey-Wilson, C., 2000, Clematis the Genus, Timber Press, U.S.A

Grierson, A.J.C., Long, D.G. & H.J. Noltie (eds.), 1983-2001, Flora of Bhutan, 3 vols., Royal Botanic Garden, Edinburgh

Halda, J.J., 1996, The Genus Gentiana, SEN, Dobré, Czech

Halda, J.J., 1992, The Genus Primula in Cultivation and the Wild, Tethys Book, U.S.A.

Hara, H. (ed.), 1966-71, The Flora of Eastern Himalaya, No.1-2, University of Tokyo Press

Hara, H., 1971, A rvision of the Eastern Himalayan species of the Genus Arisaema, Flora of Eastern Himalaya, No.2, University of Tokyo Press

Hara, H. et al, 1978-82, An Enumeration of the Flowering Plants of Nepal, 3 vols., Trustees of British Museum, London

Harding, W., 1992, Saxifrages, A Gardener's Guide to the Genus, The Alpine Garden Society, U.K.

Haw, S.G., 1986, The Lilies of China, B.T. Batsford, U.K.

Hedberg, I. & O. Hedberg, 1979, Tropical-alpine life-forms of vascular plants, Oikos, 33, Denmark

Hegde, S.N., 1984, Orchids of Arunachal Pradesh, The Forest Department, Arunachal Pradesh, India

Hong, S.P., 1992, Taxonomy of the Genus Aconogonon in Himalaya and adjacent regions, Symbolae Botanicae Upsalienses, XXX : 2, Sweden

Hooker, J.D., 1849-51, The Rhododendrons of Sikkim Himalaya, London

Hooker, J.D., 1855, Himalayan Journals, John Murry,

Hooker, J.D., 1875-97, The Flora of British India, 7 vols., L. Reeve, U.K.

Horný, R., Webr, K.M. & J.S. Byam-Grounds, 1986, Porophyllum Saxifrages, Byam-Grounds Publications, U.K.

Ikeda, H. & H. Ohba, 1993, A systematic revision of Potentilla lineata and allied species in the Himalaya and adjacent regions, Botanical Journal of the Linnean Society, 112 : 159-186, London

Ikeda, H. & H. Ohba, 1999, A systematic revision of Potentilla L. Section Leptostylae in the Himalaya and adjacent regions, The Himalayan Plants, Vol.3, University of Tokyo Press

Johnston, I.M., 1937-54, Stadies in the Boraginaceae, Journal of The Arnold Arboretum, U.S.A.

K rner, C., 1999, Alpine Plant Life, Springer, Germany

Kadota, Y., 1991, Taxonomic notes on some alpine species of Ranunculus in the Himalaya, The Himalayan Plants, Vol.2, University of Tokyo Press

Kadota, Y., 1996, 1997, 2002, Systematic studies of Asian Aconitum I, II, IX, Natural Environmental Science Research, Vol.9, 10, 15, Tokyo

Kazmi, S.M.A., 1970-71, A revision of the Boraginaceae of West Pakistan and Kashmir, Journal of the Arnold Arboretum, U.S.A.

Kihara, H. (ed.), 1955, Fauna and Flora of Nepal Himalaya, Kyoto University, Japan

King, G. & R. Pantling, 1898, The Orchids of the Sikkim-Himalaya, reprinted 1967, by J. Cramer, Germany

Kingdon-Ward, F., 1926, The Riddle of the Tsangpo Gorges, Edward

Kingdon-Ward, F., 1941, Assam Adventure, Jonathan Cape, London

Kondo, N. & M. Mikage, 1998, Anatomical and chemical studies of Himalayan Ephedra and their pharmaceutical implications, Newsletter of Himalayan Botany, No.23, Tokyo

Kurosawa, T., 1998, Tentative keys for Nepalese Euphor-biaceae, Newsletter of Himalayan Botany, No.22, Tokyo

Lancaster, R., 1981, Plant Hunting in Nepal, Vikas Publishing House, India

Lidén, M., 1989, Corydalis in Nepal, Bulletin of the British Museum, Vol.18-No.6, London

Lidén, M. & H. Zetterlund, 1997, Corydalis, A Gardener's Guide and a Monograph of the Tuberous Species, AGS Publications, U.K.

Ludlow, F. & W.T. Stearn, 1975, New Himalayan and Tibetan species of Corydalis, Bulletin of the British Museum, Vol.5-No.2, London

Malla, S.B. et al, 1976, Flora of Langtang and Cross Section Vegetation Survey, Department of Medicinal Plants, Nepal

Manandhar, N.P., 1980, Medicinal Plants of Nepal Himalaya, Ratna Pustak Bhandar, Nepal

Manandhar, N.P., 1989, Useful Wid Plants of Nepal, Franz Steiner Verlag, Germany

Matthiessen, P., 1978, The Snow Leopard, Viking Penguin, U.S.A.

McCann, C., 1959, 100 Beautiful Trees of India, D.B. Taraporevala Sons & Co., India

McCue, G., 1991, Trekking in Tibet, The Moutaineers, U.S.A.

McGregor, M. & W. Harding, 1998, Saxifrages, The Complete List of Species, The Saxifrage Society, U.K.

Mierow, D. & T.B. Shrestha, 1978, Himalayan Flowers and Trees, Sahayogi Press, Nepal

Nasir, Y.J. & R.A. Rafiq, 1995, Wild Flowers of Pakistan, Oxford University Press, Pakistan

Nasir, E. & S.I. Ali (eds.), 1970-, Flora of Pakistan, Department of Botany, University of Karachi, Pakistan

Noshiro, S. & K.R. Rajbhandari (ed.), 2002, Himalayan Botany in the Twentieth and Twenty-first Centuries, The Society of Himalayan Botany, Tokyo

Noshiro, S., (ed.), 1990-2004, Newsletter of Himalayan Botany, The Society of Himalayan Botany, Tokyo

Ohashi, H., 1971, A monograph of the Subgenus Dollinera of the Genus Desmodium, Flora of Eastern Himalaya, No.2, University of Tokyo Press

Ohashi, H. (ed.), 1975, The Flora of Eastern Himalaya, No.3, University of Tokyo Press

Ohashi, H. & Y. Tateishi, 1975, The Genus Hedysarum in the Himalaya, Flora of Eastern Himalaya, No.3, University of Tokyo Press

Ohba, H., 1975, A revision of the Eastern Himalayan species of The Subgenus Rhodiola of the Genus Sedum, Flora of Eastern Himalaya, No.3, University of Tokyo Press

Ohba, H., 1988, The alpine flora of the Nepal Himalayas : An introductory note, The Himalayan Plants, Vol.1, University of Tokyo Press

Ohba, H. & S. Akiyama (ed.), 1992, The alpine flora of the Jaljale Himal, East Nepal, The University Museum, University of Tokyo

Ohba, H. & H. Ikeda (ed.), 1999, A Contribution to the Flora of Ganesh Himal, Central Nepal, The University Museum, University of Tokyo

Ohba, H. & H. Ikeda (eds.), 2000, The Flora of Hinku and Hunku Valleys, East Nepal, The University Museum, University of

Tokyo

Ohba, H. & S.B. Malla (eds.), 1988-99, The Himalayan Plants, Vols.1-3, University of Tokyo Press

Omori, Y. & H. Ohba, 1999, Thermal condition of the inflorescence of a glasshouse plant, Rheum nobile Hook.f. & Thoms., and microclimatic features of its habitat in Jaljale Himal, East Nepal, Newsletter of Himalayan Botany, No.25, Tokyo

Omori, Y., Takayama, H. & H. Ohba, 2000, Selective light transmittance of tanslucent bracts in the Himalayan giant glasshouse plant, Rheum nobile Hook.f. & Thomson (Polygonaceae), Botanical Journal of the Linnean Society, 132 : 19-27, London

Pearce, N.R. & P.J. Cribb, 2002, The Orchids of Bhutan, Royal Botanic Garden Edinburgh & Royal Government of Bhutan

Polunin, O., 1952, The Natural History of the Langtang Valley, in H.W. Tilman, Nepal Himalaya, Cambridge University Press, U.K.

Polunin, O. & J.D.A. Stainton, 1984, Flowers of the Himalaya, Oxford University Press, India

Pradhan, U.C., 1997, Himalayan Cobra-Lilies (Arisaema), Their Botany and Culture, Primulaceae Books, India

Pradhan, U.C. & S.T. Lachungpa, 1990, Sikkim-Himalayan Rhododendrons, Primulaceae Books, India

Proctor, M.,Yeo, P. & A. Lack, 1996, The Natural History of Pollination, Timber Press, U.S.A.

Rana, T.S., Datt, B. & R.R. Rao, 2003, Flora of Tons Valley, Garhwal Himalaya, Bishen Singh Mahendra Pal Singh, India

Rai, L. & E. Sharma, 1994, Medicinal Plants of the Sikkim Himalaya, Status, Usage and Potetntial, Bishen Singh Mahendra Pal Singh, India

Rajbhandari, K.R. & S. Bhattarai, 2001, Beautiful Orchids of Nepal, published by Authors, Nepal

Rajbhandari, K.R., 2001, Ethnobotany of nepal, Ethno-botanical Society of Nepal

Richards, J., 1993, Primula, Timber Press, U.S.A.

Shrestha, B.P., 1989, Forest Plants of Nepal, Educational Enterprise, Nepal

Shrestha, K., 1979, A Field Guide to Nepali Names for Plants, Natural History Museum, Tribhuvan University, Nepal

Singh, N.P. et al, 2002, Flora of Jammu & Kashmir, Vol.1, Botanical Survey of India

Smith, G. & D. Lowe, 1997, The Genus Androsace, AGS Publications, U.K.

Smith, H., 1958, Saxifraga of the Himalaya I. Section Kabschia, Bulletin of the British Museum, Vol.2-No.4, London

Smith, H., 1960, Saxifraga of the Himalaya II. Some new species, Bulletin of the British Museum, Vol.2-No.9, London

Smith, W.W. & H.R. Fletcher, 1941-49, The Genus Primula,

Transactions and Proceedings of the Botanical Society of Edinburgh, Transactions of the Royal Society of Edinburgh, The journal of the Linnean Society of London

Smythe, F.S., 1938, The Valley of Flowers, Hodder and Stoughton, London

Stainton, J.D.A., 1972, Forests of Ncpal, Hafner Publishing, U.S.A.

Stainton, J.D.A., 1988, Flowers of the HImalaya, a supplement, Oxford University Press, India

Storrs, A. & J., 1984, Discovering Trees in Nepal and the Himalayas, Sahayogi Press, Nepal

Strachey, R. & J.F. Duthie, 1918, Catalogue of the Plants of Kumaon and of the Adjacent Portions of Garhwal and Tibet, Bishen Singh Mahendra Pal Singh, India

Swift, H., 1990, Trekking in Pakistan and India, Hodder and Stoughton, U.K.

Taylor, G., 1934, An Account of the Genus Meconopsis, New Flora and Silva, London

Thomson, T., 1852, Western Himalayas and Tibet, republished 1979 by Ratna Pustak Bhandar, Nepal

Tilman, H.W., 1952, Nepal Himalaya, Cambridge University

Tsukaya, H., & T. Tsuge, 2001, Morphological adaptation of inflorescenses in plants that develop at low temperatures in early spring : The convergent evolution of "downy plants", 2001, Plant Biology, Germany & Netherlands

Tsukaya, H., Fujikawa, K. & S.G. Wu, Thermal insulation and accumulation of heat in the downy inflorescences of Saussurea medusa (Asteraceae) at high elevation in Yunnan, China, Journal of Plant Research, Vol.115-No.4, Springer-Verlag, Tokyo

Waddick J.W. & Y.T. Zhao, 1992, Iris of China, Timber Press, U.S.A.

Wakabayashi, M. & H. Ohba, 1988, Cytotaxonomic study of the Himalayan Saxifraga, The Himalayan Plants, Vol.1, University of Tokyo Press

Wu, Z.Y. & Raven, P.H. (eds.), 1998-2003, Flora of China, Vols.4, 5, 6, 8, 9, 18, Science Press, China ; Missouri Botanical Garden Press, U.S.A.

Yamazaki, T., 1988, A revision of the Genus Pedicularis in Nepal, The Himalayan Plants, Vol.1, University of Tokyo Press

Yonekura, K. & H. Ohashi, 1999, A revision of plants hitherto referred to Bistorta milletii in Nepa, The Journal of Japanese Botany, Vol.74-No.6, Tokyo

Yonekura, K. & H. Ohashi, 2001-02, Taxonomic studies of Bistorta in the Himalayas and adjacent regions, The Journal of Japanese Botany, Vol.76-No.6, Vol.77-No.2, Tokyo

Yoshida, T., 2002, Adaptive strategies of alpine plants in Nepal, Himalayan Botany in the Twentieth and Twenty-first Centuries, The Society of Himalayan Botany, Tokyo

속씨식물
ANGIOSPERMAE

쌍자엽 합변화류
DICOTYLEDONEAE GAMOPETALAE

국화과 COMPOSITAE

세계 각지에 분포하며 특히 고산과 초원, 사막 주변 같은 건조한 장소에 많다. 대부분 초본이지만 줄기가 목질화하는 경우도 있다. 국화과의 모든 꽃은 관상화와 설상화라고 하는 작은 꽃이 꽃받침 위에 밀집한 것을 총포조각(總苞片)이 둘러싸서 두화(頭花)를 이룬다. 이러한 형태의 두화는 작은 꽃들이 여기저기 흩어져 있는 것보다는 한결 눈에 잘 띄기 때문에, 식물이 드문드문 자라는 고산대에서는 곤충을 유인하는 데 유리하게 작용한다. 그 효과를 한층 높이기 위해 두화가 모여 복합형태를 이루기도 한다. 작은 꽃에는 꽃받침이 없고 대신 그 자리에 열매를 멀리 운반하기 위한 관모가 나 있는 경우가 많다. 수술은 5개고, 보통은 꽃밥의 옆면이 들러붙어 꽃밥통을 이룬다. 그 꽃밥통 속에서 암술 한 개가 자라는데 꽃가루를 밖으로 분출한 후 끝부분이 둘로 갈라진다.

은분취속 Saussurea

중국 서부의 산악지대를 중심으로 북반구에 폭넓게 분포한다. 전체적으로 엉겅퀴와 비슷한 모양이지만 잎과 총포조각에 긴 가시가 없다. 시노 히말라야의 고산대에는 솜털에 둘러싸인 스웨터식물, 꽃차례의 전체나 일부가 얇고 큰 포엽에 싸인 온실식물, 줄기는 거의 없이 큰 잎을 땅 위에 드리우는 로제트식물, 땅위줄기는 없고 뿌리줄기가 발달해 작은 잎이 빽빽하게 자라는 지피식물 등, 같은 속 중에서도 혹독한 환경에 대한 다양한 대응전략이 나타난다. 꽃받침에 돋아나는 센털 형태의 비늘조각이 종을 구분하는 중요한 포인트가 된다.

① 사우수레아 고시피포라

S. gossipiphora D. Don

분포 ◇가르왈-부탄, 티베트 남부
개화기 8-9월

고산대 상부의 황량한 남서쪽 자갈 비탈면에 많이 자생한다. 높이 10-20cm. 줄기가 굵고 속이 비어 있다. 잎의 기부는 선상장원형(線狀長圓形)으로 길이가 7-14cm이며 성긴 톱니모양이다. 줄기의 중부-상부는 선상피침형(線狀披針形)으로 곧게 자란 솜털이 꽃차례를 부드럽게 감싸고 있다. 줄기의 정부는 반구형 또는 평면으로, 두화가 많이 밀집해 있다. 두화는 직경 4-6mm이며 관상화는 어두운 자주색이다. 솜털은 길게 자라 뒤엉켜 있고, 정수리 부분에 꿀벌이 드나드는 작은 구멍이 나 있는 타원형 모습이다.

*①-b는 포엽을 열고 두화(봉오리)를 드러내 보인 것이다. 부탄에는 ①-c와 같이 잎이 선명한 톱니모양인 것도 있다.

①-a 사우수레아 고시피포라. 8월23일. P/펨탕카르포의 북서쪽. 4,800m. 싹이 난 후 몇 년간은 오른쪽 포기처럼 근생엽(根生葉)만 자란다. 위쪽에 보이는 붉은 솜털은 동속 심프소니아나.

①-b 사우수레아 고시피포라. 7월28일. T/마칼루 주봉의 남쪽. 5,150m.

①-c 사우수레아 고시피포라. 7월31일. X/주푸호수 부근. 4,500m. 촬영/치바(千葉)

② **사우수레아 라니체프스**

S. laniceps Hand.-Mazz.

분포 ◇티베트 남동부, 윈난·쓰촨성
개화기 8-9월

여름에 비가 많이 내리는 고산대 상부의 빙퇴석이나 바위틈에 자생한다. 고시피포라와 비슷한 모양이나 중·상부의 잎(포엽)이 짧고 곧지 않으며, 두화는 굵은 줄기의 옆면에 이삭모양으로 흩어져 달린다. 개화기에 총포조각이 벌어지면 관상화의 끝이 솜털 사이로 드러난다. 꽃줄기 높이는 15-35cm. 기부의 잎에는 길이 4-6cm의 잎자루가 있다. 잎몸은 도피침형(倒披針形)으로 길이 4-10cm이고 끝이 뾰족하며 가장자리에 물결 모양·피침형의 이가 있다. 표면은 3개의 맥이 두드러져 있고 뒷면은 솜털로 덮여 있다. 두화는 포엽 겨드랑이에 달리고 짧은 꽃자루가 있다. 총포는 직경 5-8mm, 총포조각의 기부는 포엽 형태로 길게 자라며, 총포조각에서 자라는 솜털은 암갈색을 띤다.

③ **사우수레아 스피카타** *S. spicata* Kitamura

분포 ◇네팔 중서부 개화기 7-8월

고산대 중·상부의 오래된 빙퇴석으로 덮인 초지에 자생한다. 두화가 꽃줄기 옆면에 흩어져 달리는 까닭에 동속 라니체프스와 비슷해 보이나, 줄기 기부·중부에 달리는 잎은 길고 불규칙적으로 갈라져 있으며, 두화는 한층 크고 총포조각에서 자라는 솜털은 암갈색을 띠지 않는다. 꽃줄기는 높이 15-25cm. 잎의 기부는 도피침형으로 길이 10-20cm이며 성긴 톱니가 있다. 두화는 잎 겨드랑이에 달리며 직경 1-1.5cm이고 끝이 솜털 밖으로 나와 있다. 꽃받침에서 센털 형태의 비늘조각을 찾아볼 수 없다.

④ **사우수레아 토프케골렌시스**

S. topkegolensis H. Ohba & S. Akiyama

분포 ◇네팔 동부 개화기 8-9월

비가 많은 고산대 중·상부 능선에 이끼와 지의류로 덮인 바위 비탈에 자생한다. 고시피포라와 비슷하나, 줄기는 거의 자라지 않고 잎은 좁고 얕게 갈라졌으며 개화기에는 두화의 끝이 솜털 사이로 드러난다. 높이 3-7cm. 잎은 선상장원형으로 길이 5-15cm, 폭 3-8mm이며 가장자리에 삼각모양의 뾰족하고 성긴 이가 있다. 표면은 짙은 녹색으로 긴 털이 드문드문 자라며, 뒷면은 중맥을 제외하고 흰 견모로 덮여 있다. 두화는 포엽 겨드랑이에 달리며, 줄기 끝의 약간 불룩한 평면 위에 모여 달린다. 꽃차례는 직경 2.5-3.5cm. 꽃받침 위의 작은 꽃 둘레에 고시피포라와 비슷한 센털 형태의 비늘조각이 자란다.

② 사우수레아 라니체프스. 8월5일. Z3/라무라쵸의 남동쪽. 4,850m. 여름 동안 안개에 묻히는 날이 많은 빙하 계곡의 근원지에 하얀 표지처럼 생긴 꽃줄기가 점점이 흩어져 있다.

③ 사우수레아 스피카타. 7월22일.
K/쟈그도라의 북서쪽. 4,600m.

④ 사우수레아 토프케골렌시스. 8월17일.
Q/판치포카리 부근. 4,500m

은분취속 Saussurea

① 사우수레아 심프소니아나

S. simpsoniana (Field. & Gardn.) Lipschitz

분포 ◇카슈미르-시킴, 티베트 남부

개화기 8-9월

고산대 상부의 빙퇴석이나 자갈이 많은 초지에 자생한다. 뿌리줄기는 굵고 길게 자라며 쉽게 갈라진다. 꽃줄기는 높이 3-10cm로 속이 비었다. 잎의 기부는 선형 또는 도피침형으로 길이 4-5cm이고 끝은 점침형(漸針形)이며 가장자리에 성긴 톱니가 있다. 상부의 잎은 가늘고 붉은색을 띤 긴 솜털로 덮여 있다. 줄기 끝에 20-30개의 두화가 모여 달린다. 두화는 직경 4-6cm이며, 개화기에 솜털 위로 어두운 자주색 관상화가 모습을 드러낸다.

*①-b는 줄기가 매우 짧고 잎은 두껍고 넓으며 드문드문 얕게 갈라져 있다.

② 사우수레아 트리다크틸라

S. tridactyla Hook.f.

분포 ◇네팔-부탄, 티베트 남부 개화기 8-9월

고산대 상부의 바위땅에 자생하며 에베레스트 산의 티베트쪽 산기슭에 많다. 동속인 심프소니아나와 비슷하나, 잎이 두껍고 끝이 3-6개로 갈라져 있으며 꽃차례의 솜털은 붉은색을 띠지 않는다. 높이 5-12cm. 잎의 기부는 선상도피침형으로 길이 3-5cm. 중·상부의 잎은 선형피침형으로 끝은 짙고 어두운 붉은색을 띤다. 관상화는 검자주색이다.

③ 사우수레아 히프시페타 S. hypsipeta Diels

분포 ◇티베트, 윈난·쓰촨·칭하이성

개화기 7-8월

고산대 상부의 바위땅에 자생한다. 비슷하게 생긴 그나팔로데스보다 전체적으로 크게 자란

①-a 사우수레아 심프소니아나. 8월22일. P/펨탕카르포의 북서쪽 4,750m. 분단 리의 빙하쪽 계곡. 아래에 보이는 하얀 설상화는 알라르디아 글라브라.

①-b 사우수레아 심프소니아. 9월6일. J/홈쿤드. 4,400m.

② 사우수레아 트리다크틸라. 8월1일. V/팡페마의 서쪽. 5,050m.

③ 사우수레아 히프시페타. 7월29일. Y2/팡 라의 남쪽. 5,100m.

다. 뿌리줄기는 바위틈으로 길게 뻗으며, 꽃
줄기는 굵고 곧다. 잎 가장자리가 물결모양으
로 얕게 갈라졌다. 높이 5-10cm. 전체적으로
흰색 또는 옅은 갈색의 솜털이 자란다. 잎은
질이 두껍고, 잎몸은 장원형-타원형으로 길
이 2-6cm. 포엽에 나는 솜털은 길게 자란다.
두화는 많이 달리며 직경 4-6mm이다.

④ 사우수레아 그나팔로데스
S. gnaphalodes (Royle) Sch. Bip.
분포 ◇중앙아시아 주변 - 히말라야, 티베
트, 중국 서부 개화기 7-8월
고산대 상부의 건조한 바람이 부는 바위땅에
자생한다. 강한 뿌리줄기가 땅속 널리 퍼져 있
다. 꽃줄기는 높이 2-5cm. 전체적으로 솜털이
자란다. 잎은 장원형으로 두껍고 길이 1.5-
3cm이며, 가장자리에 성긴 이가 있는 것과
없는 것이 있다. 줄기 끝에 두화가 모여 달리며
직경 2-3cm의 반구형 꽃차례를 이룬다. 두화
는 직경 5-8mm이며 관모는 갈색을 띤다.
*④-b는 잎이 거의 매끈하다. ④-c는 건조한
바위지형에 난 것으로, 잎 가장자리에 동속
히프시페타와 같은 물결 모양의 톱니가 있다.

⑤ 사우수레아 킹기 *S. kingii* C.E.C. Fischer
분포 ◇티베트 남·중앙부 개화기 8-9월
고산대의 자갈땅 비탈에 자생한다. 땅속으
로 길게 뻗은 뿌리줄기에서 굵은 뿌리가 수
없이 나온다. 땅위줄기는 자라지 않는다.
전체적으로 성긴 솜털에 덮여 있으며 잿빛
을 띤 녹색을 띤다. 잎은 선상도침형으로 다
소 두껍고 길이 4-10cm이며 우상으로 깊게
갈라졌다. 갈래조각은 난형(卵形)으로 성기
고 무딘 톱니가 있으며 간격이 벌어져 있다.
총포는 구형으로 직경 8-10mm, 총포조각
은 난형-협란형(狹卵形)이다.

④-a 사우수레아 그나팔로데스. 8월1일. B/마제노 봉의 남동쪽. 4,800m. 얼어붙기 쉬운 빙퇴석 사면에 자생하며,
개화기에 재빨리 깃털 모양의 관모가 자라나와 공기를 흡수해 씨방을 보호한다.

④-b 사우수레아 그나팔로데스. 7월24일.
F/피체 라의 남동쪽. 4,700m.

④-c 사우수레아 그나팔로데스. 8월16일.
Y3/카로 라. 5,000m.

⑤ 사우수레아 킹기. 8월15일.
Y3/카로 라의 동쪽. 4,600m.

은분취속 Saussurea

① 사우수레아 오브발라타

S. obvallata (DC.) Edgew.

분포 ◇히말라야 전역과 중국 남부. 자생지는 드문드문 흩어져 있다. 개화기 8-9월

고산대의 바위가 많은 초지나 빙퇴석 사면에 군생한다. 높이 20-80cm. 기부의 잎에는 자루가 있으며, 잎몸은 장원상피침형으로 길이 15-30cm이고 가장자리에 톱니가 있다. 잎줄기의 기부는 줄기를 따라 내려간다. 상부의 잎은 배 모양의 장란형(長卵形)으로, 흰 막질의 포엽을 이루어 줄기 끝에 모인 수 개~수십 개의 두화를 느슨하게 감싼다. 두화는 직경 1-1.5cm. 총포조각의 둘레는 검은색을 띤다. 관상화는 어두운 자주색.

*①-a는 비교적 건조한 히말라야 서부의 것. 전체적으로 작은 형태이며, 하얀 포엽군은 불꽃 모양을 하고 있다. ①-b는 얇은 포엽을 손으로 열어 보인 것. 관상화의 꽃밥통에서 하얀 꽃가루가 뿜어져 나오는 것을 볼 수 있다. ①-c는 습윤한 히말라야 동부의 것으로 크게 자라며 포엽군은 둥근 모양이다.

② 사우수레아 브라크테아타 S. bracteata Decne.

분포 ◇카슈미르, 네팔 서중앙부, 중국 서부 개화기 7-9월

건조한 고산대의 바위가 많은 초지나 자갈 땅에 자생한다. 높이 5-30cm. 잎의 기부는 도피침형으로 길이 5-15cm이고 둘레에 날카로운 톱니가 있다. 상부의 잎은 녹색을 띤 흰색-흰색-연붉은색이며, 얇은 종이와 같은 배 모양의 포엽을 이루어 줄기 끝에 모인 1-5개의 두화를 감싼다. 개화기에는 두화의 끝만 타원형의 포엽군에서 빠져나온다. 전체적으로 솜털이 자라며, 꽃차례의 자루와 총포조각에 긴 털이 빽빽하게 자란다.

①-a 사우수레아 오브발라타. 9월3일. J/바그와바사. 4,200m. 곧게 자란 붉은 화수는 비스토르타 아피니스. 로디올라 임브리카타의 잎이 황갈색으로 물들어 있다.

①-b 사우수레아 오브발라타의 꽃차례. 9월3일. J/바그와바사. 4,200m.

①-c 사우수레아 오브발라타. 9월26일. X/틴타초 부근. 4,300m.

*②-b는 티베트 중앙부의 강풍이 넘나드는 고개 부근에서 자란 것으로, 꽃줄기는 매우 짧고 커다란 두화가 1개만 달려 있다. 촬영 중에 눈이 내리기 시작하더니, 몇 분 후에는 주변의 초지가 하얀색으로 탈바꿈하였다.

③ 사우수레아 우니플로라

S. uniflora (DC.) Sch. Bip.

분포 ◇네팔 중부-원난성, 티베트 남부
개화기 8-10월

고산대와 아고산대의 돌이 많은 초지나 방목초원에 자생하며, 생육지에 따라 형태가 달라진다. 높이 15-30cm. 꽃차례에 긴 털이 자란다. 기부 잎의 잎몸은 장원형으로 길이 6-15cm이며 톱니가 있다. 중·상부의 잎은 배 모양의 얇은 포엽을 이루고 붉은색을 띠며 기부는 줄기를 감싸고 있다. 직경 1-1.5cm의 두화가 한 개 달리며, 작은 두화가 1-2개 덧달리는 경우도 있다. 두화는 개화기에 포엽에서 빠져나온다.
*사진의 개체는 강변의 초지에서 많이 볼 수 있는 유형. 산등성이의 초지에 자생하는 것은 전체적으로 더 작은 형태로 1개의 꽃줄기가 독립해 있으며, 포엽은 얇고 짙은 붉은색이다.

④ 사우수레아 우니플로라 코니카

S. uniflora (DC.) Sch. Bip. var. conica (Clarke) Hook.f.

분포 ◇시킴-부탄, 티베트 남동·중앙부
개화기 8-9월

기준변종보다 전체적으로 크게 자란다. 꽃줄기는 높이 20-60cm. 줄기 끝에 비슷한 크기의 작은 두화가 여러 개 달리고, 두화에는 길이 1-5cm의 가는 자루가 있다. 그러나 기준변종과는 구별이 명확치 않으며 중간형이 많이 눈에 띈다.

②-a 사우수레아 브라크테아타. 7월20일. D/투크치와이 룬마. 4,500m. 하얀 포엽군 속에 3-5개의 꽃봉오리가 모여 있으며, 줄기 끝이 자라면서 두화가 노출된다.

②-b 사우수레아 브라크테아타. 8월28일. Y3/라싸 라. 5,350m.

③ 사우수레아 우니플로라. 9월27일. X/틴타초의 남쪽. 3,650m.

④ 사우수레아 우니플로라 코니카. 8월10일. X/장고탕의 북쪽. 4,200m

은분취속 Saussurea

① 사우수레아 후케리 *S. hookeri* Clarke

분포 ◇가르왈-부탄, 티베트, 쓰촨성
개화기 8-9월

고산대 자갈땅의 초지나 소관목 사이에 자생한다. 높이 4-25cm. 잎의 기부는 질긴 선형이며 매끈하다. 길이 4-15cm, 폭 224mm이고 양 끝이 바깥쪽으로 말려있다. 뒷면에 긴 털이 자란다. 두화는 줄기 끝에 1개 달리며 직경 1.5-2.5cm. 두화의 하부에 달리는 여러 개의 잎은 협란형으로 갈색을 띤 자주색의 포엽을 이루며, 점차 작아져 선상피침형의 총포조각으로 이어진다. 줄기 상부와 포엽에 긴 털이 빽빽하게 자란다.
*①-b는 티베트 고지에 있는 것. 꽃줄기가 짧고 포엽은 변화가 많다.

② 사우수레아 아트킨소니이 *S. atkinsonii* Clarke

분포 ◇카슈미르-가르왈 개화기 8-9월

고산대의 건조한 방목초원에 자생한다. 뿌리줄기는 굵고 거의 분지하지 않으며 땅위 줄기는 없다. 잎은 땅위로 퍼지며, 질은 약간 두껍고 타원형이다. 길이는 4-10cm이고 가장자리에 무딘 톱니가 있으며 표면에 녹황색 그물맥이 파여 있다. 두화는 자루가 없고 로제트잎 중앙에 1개 달리며 직경은 1.5-2.5cm, 총포조각은 곧게 자라거나 끝이 약간 휘어 있다.

③ 은분취속의 일종 (A) Saussurea sp. (A)

분포 ■부탄 중북부와 거기에 인접한 티베트 남부 개화기 8-9월

여름에 이슬비가 많이 내리는 고산대 절벽의 상부 비탈에 자생한다. 꽃줄기는 두껍고 속이 비어 있으며, 높이는 8-15cm로 곧게 자라거나 약간 기울어 있다. 하부의 잎은 도침형으로 길이 15-20cm, 폭 2-3cm이고 가장자리에 톱니가 있으며 표면의 중맥 부근은 붉은 자주색을 띤다. 긴 솜털로 덮여 있는 상부의 잎(포엽)은 위로 꽃차례를 덮으며 총포조각쪽으로 연속적으로 변화한다. 두화는 1개로 직경 1.5-2.5cm, 길이 1.5-2cm. 솜털에 싸인 꽃차례는 직경 5-8cm의 구형을 이루며, 개화기에 정수리 부분이 열린다. 『부탄의 식물상(Flora of Bhutan)』에 기재된 Saussurea sp. A와 같다. 『서장식물지(西藏植物志)』에 신변종으로 기재된 S. gossipiphora D. Don var. conaensis S.W. Liu와 같은 종류로 여겨진다.
*③-b의 두화는 아직 봉오리인 상태. 꽃이 피기 시작하면 하얀 솜털로 덮여 있는 포엽과 총포조각이 꼿꼿하게 서고, 솜털 덩어리 정수리부분에 곤충이 드나들 수 있는 구멍이 열린다.

①-a 사우수레아 후케리. 8월30일. P/다파체의 동쪽. 4,950m. 로도덴드론 안토포곤으로 뒤덮인 서쪽 비탈면. 암술대가 꽃밥통과 함께 옆으로 기울어 있어 관처럼 보인다.

①-b 사우수레아 후케리. 8월28일. Y3/라싸 라의 남쪽. 5,300m.

② 사우수레아 아트킨소니이. 9월10일. G/크리센사르 부근. 3,750m.

④ **은분취속의 일종 (B)** Saussurea sp. (B)

고산대 자갈사면의 초지나 소관목 사이에 자생하며, 원뿌리가 땅속으로 깊이 뻗는다. 줄기는 높이 10-15cm로 곧게 서며 솜털이 자란다. 하부의 잎에는 폭넓은 자루가 있다. 잎몸은 선상장원형으로 길이 5-10cm, 폭 1-1.5cm이며 역방향으로 갈라졌다. 잎 표면에는 드문드문 긴 털이 자라고 뒷면에는 솜털이 붙어 있다. 두화는 1개로 약간 기울어 있다. 포엽과 총포조각은 구별이 어려우며 선상피침형으로 길이 1.5-2cm, 폭 1-2mm. 관상화보다 훨씬 길게 자라며 솜털이 나 있다. 솜털에 싸인 꽃차례는 길이 3-5cm, 직경 2.5-3.5cm. 관상화의 집합부는 직경 1cm.
＊사진의 개체는 포엽(총포조각)이 꼿꼿하게 서고 솜털 덩어리에 구멍이 열려 있으나 아직 개화하기 전이다.

③-a 은분취속의 일종 (A) 9월25일.
X/탕페 라의 남서쪽. 4,500m.

③-b 은분취속의 일종 (A) 9월21일.
X/틴타초 부근. 4,250m.

⑤ **사우수레아 파스투오사**
S. fastuosa (Decne.) Sch. Bip.

분포 □가르왈 동쪽·히말라야, 티베트 남부, 윈난성 개화기 8-10월
산지의 숲 주변에 자생한다. 줄기는 0.5-1.2m로 곧게 자란다. 잎은 타원형-피침형으로 자루가 거의 없고 끝이 뾰족하며 길이는 10-15cm. 기부는 원형으로 측맥이 많이 있으며 가장자리에 가는 톱니가 있다. 뒷면에 털이 빽빽하게 자란다. 두화는 직경 1.5-2cm로 기부에 포엽 형태의 잎이 달린다. 바깥쪽 총포조각은 짧아지고 주변부는 검은 색을 띤다. 관상화는 황갈색이다.

⑥ **사우수레아 아우리쿨라타**
S. auriculata (DC.) Sch. Bip

분포 □카슈미르-부탄, 티베트 남부
개화기 8-10월
산지의 숲 주변이나 삼림 벌채지에 자생한다. 줄기는 길이 1-1.5m로 곧게 자란다. 하부 잎은 도피침형으로 자루가 없고 역방향으로 깊게 갈라졌으며 길이는 8-20cm. 기부는 줄기를 안고 있으며 뒷면에 털이 빽빽하게 자란다. 두화는 갈색으로 가지 끝에 1개가 아래를 향해 달리며 직경 3-4cm. 총포조각은 많이 달리며 살짝 벌어져 있다.

④ 취속의 일종 (B) 6월21일.
Z1/초바르바 부근. 4,500m.

⑤ 사우수레아 파스투오사. 8월13일.
X/탕탕카의 남서쪽. 3,400m.

⑦ **사우수레아 웨르네리오이데스**
S. wernerioides Hook.f.

분포 □네팔 중부-윈난·쓰촨성, 티베트 중앙·남동부 개화기 7-9월
고산대 상부의 습한 바위땅에 자생한다. 가는 뿌리줄기가 분지해 넓게 퍼져 잎을 위로 향해 빽빽하게 모인 매트모양의 군락을 이룬다. 땅위줄기는 없다. 잎은 두꺼운 도피침형으로 길이 1-2cm이고 가장자리에 가시모양의 성긴 톱니가 있으며 뒷면에 털이 빽빽하게 자란다. 두화는 로제트 잎의 중앙에 1개 달리며 직경 7-10mm.

⑥ 사우수레아 아우리쿨라타. 9월18일.
X/니카추 추잠의 북쪽. 2,800m.

⑦ 사우수레아 웨르네리오이데스. 8월22일.
P/펨탕카르포의 북서쪽. 4,850m.

은분취속 Saussurea

① 사우수레아 그라미니폴리아 *S. graminifolia* DC.

분포 ■가르왈-부탄, 티베트 남부
개화기 7-9월

고산대 상부의 습한 상승 기류에 노출된 자갈
비탈면에 자생한다. 뿌리줄기가 발달해 잎이
위로 향해 모이는 섬 모양의 군락을 이룬다.
높이 15-20cm. 줄기는 곧게 자라며 직경 5-
7mm이고 상부에 솜털이 나 있다. 근생엽의
잎몸은 질긴 선형이다. 길이는 5-12cm, 폭
은 2mm이고 가장자리가 바깥으로 말렸으며
뒷면에 성긴 솜털이 자란다. 기부는 막질로
폭이 넓다. 두화는 직경 2-2.5cm로 줄기 끝
에 1개 달리며, 선형의 총포조각에 자란 하얀
솜털로 싸여 있다. 개화기에는 어두운 자주
색 관상화가 솜털 사이로 고개를 내민다. 관
상화는 두화의 중앙부에는 달리지 않는다.
*①-b에서 볼 수 있듯이, 관상화는 두화의
바깥쪽에서 안쪽 순서로 핀다. 어두운 자주
색 꽃밥통 속에 있는 암술은 꽃밥통 끝으로
하얀 꽃가루를 뿜어낸 뒤 밖으로 돌출해 끝
이 둘로 갈라지며, 자가수분이 되지 않도록
바깥쪽으로 쓰러진다. ①-c는 가르왈 지방
의 산등성이에 군생한 것. 전체적으로 작고
꽃차례 솜털이 성기다.

② 사우수레아 콜룸나리스

S. columnaris Hand.-Mazz.

분포 ◇부탄 중북부, 티베트 남동부, 윈
난·쓰촨성 개화기 9-10월

고산대 상부의 습한 자갈땅에 쿠션 모양으로
밀집한 군락을 이룬다. 잎에는 얇고 긴 자루
가 있으며, 오래된 것부터 새로 나온 것까지
수많은 잎자루가 겹쳐 줄기를 두껍게 싸고 있
다. 잎몸은 질긴 선형으로 길이 1.5-5cm, 폭
1-2mm이고 가장자리가 바깥으로 말렸으며

①-a 사우수레아 그라미니폴리아. 7월29일. T/마칼루 주봉의 남쪽. 5,150m. 아직 개화기 전이라서 오른쪽에 보이는 2-3개의 꽃줄기만이 정부에 어두운 자주색 관상화를 살짝 내보이고 있다.

①-b 사우수레아 그라미니폴리아. 9월2일.
S/고쿄의 북서쪽. 5,000m.

①-c 사우수레아 그라미니폴리아. 9월3일.
J/바그와바사. 4,200m.

② 사우수레아 콜룸나리스. 9월25일.
X/탕페 라의 동쪽. 4,500m.

뒷면에 털이 빽빽하게 나 있다. 두화는 1개 달리고 자루는 없으며 직경 1.5cm. 총포조 각은 난상피침형으로 솜털이 자라고, 바깥쪽 의 것은 길게 뻗어 휘어진다. 기준표본이 채 집된 윈난성 것에 비해 부탄 것은 전체적으로 작고 두화에 자루가 없다.

③ 사우수레아 파키네우라
S. pachyneura Franch.

분포 ◇시킴-부탄, 티베트 남동부, 윈난 · 쓰촨성 개화기 8-9월
고산대의 자갈 비탈면이나 아고산대의 이끼 낀 바위땅에 자생한다. 땅속으로 굵은 뿌리 줄기가 뻗는다. 높이 3-20cm. 잎은 도피침 형으로 길이 5-20cm이며 우상(羽狀)으로 깊게 갈라졌다. 표면은 짙은 녹색으로 짧은 털이 자라고, 뒷면에는 솜털이 붙어 있어 희 뿌옇게 보인다. 갈래조각은 난형-타원형으 로 보통 표면에 2-3개의 나란히맥이 있으 며, 가장자리에 가시 모양의 톱니가 있다. 두화는 줄기 끝에 1개 달리며 직경은 1.5- 2cm. 총포조각의 끝은 녹색으로 가늘고 길 게 자라 휘어진다.

④ 사우수레아 오크로클라에나
S. ochrochlaena Hand.-Mazz.

분포 ■티베트 남동부, 윈난성 개화기 7-8월
고산대의 이끼 낀 바위땅에 자생한다. 뿌리줄 기는 분지하며, 줄기 끝마다 여러 개의 잎이 근생한다. 높이 2-5cm. 잎에는 폭넓은 자루 가 있다. 잎몸은 도피침형으로 길이 2-4cm이 고 우상으로 깊게 갈라졌으며 뒷면에 성긴 솜 털이 자란다. 갈래조각은 삼각상피침형(三角 狀披針形)으로 끝이 뾰족하고 바깥쪽으로 말리 는 경향이 있으며, 3-5개가 간격을 두고 나 있 다. 두화에는 길이 2-7mm의 가는 자루가 있으며 줄기 끝에 여러 개가 밀집한다. 총포는 직경 4-6mm, 길이 1-1.2cm이다.

⑤ 사우수레아 레온토돈토이데스
S. leontodontoides (DC.) Sch. Bip.

분포 □히말라야 전역, 티베트, 윈난 · 쓰촨 성 개화기 8-10월
고산대의 이끼나 지의류로 덮인 안정된 바위 땅에 자생한다. 뿌리줄기가 활발히 분지하며, 줄기 끝마다 여러 개의 잎이 근생한다. 땅위 줄기는 거의 없다. 잎은 로제트형태로 땅위에 퍼지며, 장원형-도피침형으로 길이 3-8cm 이고 우상으로 깊게 갈라졌다. 표면에는 성긴 털이, 뒷면에는 빽빽한 털이 나있다. 갈래조 각은 좁은 삼각모양으로 가장자리가 바깥으 로 말려 있으며 끝이 뾰족하다. 두화는 로제 트잎의 중앙에 1개 달리며 직경 1-1.5cm, 자루는 없다. 총포조각은 난형도피침형으로 끝 이 가늘고 길게 자라 살짝 휘어진다.

③ 사우수레아 파키네우라. 9월20일. X/틴타초의 남쪽. 3,750m. 바위 사이로 굵은 뿌리줄기가 자란다. 왼쪽의 붉 은 꽃은 페디쿨라리스 시포난타.

④ 사우수레아 오크로클라에나. 8월6일. Z3/라무라쵸의 남동쪽. 4,700m.

⑤ 사우수레아 레온토돈토이데스. 9월2일. S/고교의 북서쪽. 5,000m.

① 취속의 일종 (C) Saussurea sp. (C)

고산대 초지의 경사면에 자생한다. 뿌리줄기 정수리 부분은 오래된 섬유질에 싸여 있다. 줄기는 굵고 길이 0-8cm로 곧으며 긴 털이 사란다. 잎몸은 노피침형으로 길이 5-10cm이고 보통 역방향 우상으로 깊게 갈라졌으며, 갈래조각은 삼각-오각형태의 난형으로 무딘 톱니가 있다. 표면에 긴 털이 자라고, 뒷면에는 털이 빽빽하게 들어차 있다. 두화는 1개 달리며 직경 1-2cm. 총포조각은 끝이 가늘게 자라 살짝 휘어진다. 잎의 형태와 두화의 크기는 변화가 크다.

② 사우수레아 안드리알로이데스

S. andryaloides (DC.) Sch. Bip. [S. falconeri Hook.f.]

분포 ◇카슈미르, 카라코람, 티베트 서부
개화기 7-8월

건조한 고산대의 모래땅이나 불안정한 초지에 자생한다. 질긴 뿌리줄기가 땅속으로 뻗으며, 정수리 부분은 오래된 섬유질에 싸여 있다. 높이 3-12cm, 꽃줄기는 굵다. 전체적으로 털이 촘촘히 나 있어 희뿌옇게 보인다. 잎의 기부는 도피침형으로 길이 5-10cm이고 보통 역방향 우상으로 얕게 갈라졌으나 가는 잎은 갈라짐이 없이 매끈하다. 두화는 1개 달리며 직경 2-2.5cm. 총포조각은 선상피침형으로 끝이 살짝 휘어 있다.

③ 사우수레아 스톨릭츠캐

S. stoliczkae Clarke

분포 ◇카슈미르-네팔 서부, 티베트, 중국 서부 개화기 8-9월

고산대의 건조한 초지에 자생한다. 높이 2-6cm. 줄기에 털이 자란다. 잎은 도피침형으로 끝이 가늘어지고 길이 4-8cm이며 역방향 우상으로 갈라진다. 갈래조각은 삼각상광란형(三角狀廣卵形)으로 앞뒷면에 털이 자란다. 두화는 1개 달리며 직경 1-2cm. 총포조각은 피침형으로 바깥쪽의 것은 두껍고 기부가 넓으며 털이 나 있다.

④ 사우수레아 네팔렌시스

S. nepalensis Spreng. [S. eriostemon Clarke]

분포 ▢네팔 중부-부탄, 티베트 남부
개화기 8-10월

고산대의 모래가 많은 초지에 자생한다. 높이 2-20cm. 잎몸은 도피침형으로 길이 3-10cm이고 보통 역방향 우상으로 깊게 갈라진다. 뒷면에는 긴 털이 빽빽하게 나거나 드문드문 자란다. 갈래조각에는 무딘 톱니가 있으며, 그 중 1-2개의 끝이 돌출한다. 두화는 1개 달리며 직경 1-2cm. 총포조각은 보통 끝이 길게 자라 휘어진다. 잎과 총포조각, 그리고 털의 상태는 변화가 크다.

① 취속의 일종 (C) 8월22일. Y4/간덴의 남동쪽. 4,700m. 같은 그루 안에서도 잎은 갈라짐이 없는 것부터 깊게 갈라진 것까지 다양한 모습을 보인다. 미나리과 풀잎이 섞여 있다.

② 사우수레아 안드리알로이데스. 7월19일. D/투크치와이 룸마. 4,500m

③ 사우수레아 스톨릭츠캐. 9월3일. J/바그와바사. 4,200m.

*④-a는 잎의 갈래조각이 가늘고, 총포조각은 잎 모양으로 자라 휘어 있다. ④-b는 잎의 갈래조각이 우상으로 얕게 갈라졌고 잎자루가 두화의 기부에 달라붙어 있으며, 총포조각은 끝이 짧고 반이 휘어 있다.

⑤ 사우수레아 채스피토사

S. caespitosa (DC.) Sch. Bip.

분포 ▫히말라야 전역 개화기 7-8월

고산대의 습윤한 초지에 자생한다. 원뿌리는 부드러운 흙속으로 길게 뻗으며 5-20cm이다. 잎은 줄기에 일정 간격으로 어긋나기도 하고, 두화 기부의 것을 포함해 잎의 끝이 두화보다 높게 자란다. 털이 전체적으로 나지만 잎의 표면에는 적다. 잎에는 긴 자루가 있다. 잎몸은 협도피침형으로 길이 5-15cm이며 역방향 우상으로 갈라졌다. 갈래조각에는 성기고 무딘 톱니가 있으며 톱니 끝이 돌출한다. 두화는 직경 1.5-2.5cm. 총포조각은 선상피침형으로 끝이 살짝 휘어 있다.

⑥ 사우수레아 안데르소니이

S. andersonii Clarke

분포 ■시킴, 티베트 남부 개화기 8-9월

고산대의 바위가 많은 초지나 소관목 사이에 자생한다. 뿌리줄기는 가늘고 쉽게 분지하며, 줄기 끝마다 수많은 잎을 지표로 내뻗는다. 높이 2-10cm. 잎은 선형으로 길이 2-5cm, 폭 3-6mm이고 드문드문 우상으로 얕게 갈라졌으며 앞뒷면에 털이 없다. 갈래조각은 협피침형. 두화는 1개 달리고 자루가 없으며 직경 7-10mm. 총포조각은 끝이 가늘고 살짝 휘어 있다.

⑦ 취속의 일종 (D) Saussurea sp. (D)

고산대의 이끼 낀 바위땅에 자생한다. 뿌리줄기는 분지하여 길게 뻗고, 줄기 끝마다 잎이 로제트형태로 달리며 로제트는 서로 겹친다. 땅위줄기는 없다. 전체적으로 긴 털이 자라서 희뿌옇게 보인다. 잎은 도피침형으로 길이 2-3cm, 폭4-6mm이고 역방향 우상으로 깊게 갈라졌으며 뒷면에는 털이 촘촘히 나 있다. 잎의 갈래조각은 삼각상광난형으로 끝이 가시모양으로 불거져 있다. 두화는 1개 달리며 직경 1cm. 총포조각은 거의 곧게 자란다.

⑧ 취속의 일종 (E) Saussurea sp. (E)

뿌리줄기는 활발히 분지하고 줄기 끝마다 가는 잎이 로제트형태로 달리며 로제트는 서로 겹친다. 잎은 선형으로 길이 2.5-4cm, 폭 3-5mm이고 가장자리는 바깥쪽으로 말리는 경향이 있으며 성기고 무딘 톱니가 있다. 뒷면에 긴 털이 촘촘히 나 있고 어린잎은 표면에도 털이 자란다. 두화는 1개 달리며 직경 1-1.5cm. 기부는 로제트 중앙에 파묻히고, 총포조각 끝은 살짝 휘어 있다.

④-a 사우수레아 네팔렌시스. 9월24일.
X/총소탄의 남쪽. 3,900m

④-b 사우수레아 네팔렌시스. 9월25일.
X/탕페 라의 남서쪽. 4,500m

⑤ 사우수레아 채스피토사. 8월2일.
T/준코르마. 4,000m

⑥ 사우수레아 안데르소니이. 8월22일.
V/종그리의 남쪽. 3,700m

⑦ 취속의 일종 (D) 9월2일.
P/간자 라의 남쪽. 4,500m

⑧ 취속의 일종 (E) 9월25일.
X/탕페 라의 동쪽. 4,400m

은분취속 Saussurea

① 사우수레아 프르체왈스키이

S. przewalskii Maxim. [S. likiangensis Franch.]

분포 □부탄, 티베트 남동부, 중국 서부
개화기 8-9월

고산대의 초지나 소관목 사이에 자생한다. 높이 15-30cm. 전체적으로 털이 자란다. 잎의 기부는 도피침형으로 길이 7-15cm이고 역방향 우상으로 갈라졌으며 갈래조각은 끝이 뾰족하다. 줄기 끝에 여러 개의 두화가 모여 달리고, 바로 밑에 1-3장의 가는 잎(포엽)이 달려 수평하게 퍼진다. 두화는 직경 5-7cm.

② 사우수레아 로일레이 S. roylei (DC.) Sch. Bip.

분포 □카슈미르- 네팔 중부 개화기 7-9월

고산대의 초지나 아고산대의 숲 주변에 자생한다. 높이 20-40cm. 하부의 잎은 피침형-도피침형으로 끝이 가늘고 뾰족하며 길이 20-30cm. 불규칙적으로 얕게 갈라졌으며 뒷면에는 털이 촘촘히 나 있다. 상부의 잎은 가늘다. 두화는 줄기 끝에 1 개 달리며 직경 2-2.5cm. 총포조각은 살짝 휘어 있고 기부에는 털이 촘촘히 나 있다.

③ 사우수레아 라나타 S. lanata Y.L. Chen & S.Y. Liang

분포 ■티베트 남동부 개화기 7-8월

고산대의 사면이나 아고산대의 숲 주변에 자생한다. 높이 40-50cm. 전체적으로 얇은 솜털에 덮여 있다. 잎의 기부는 피침형-도피침형으로 끝이 가늘고 뾰족하며 길이 10-25cm. 역방향 우상으로 갈라졌으며 갈래조각은 삼각상란형으로 뒷면에 털이 촘촘히 나 있다. 줄기 상부의 잎은 협피침형으로 작으며 기부가 줄기를 살짝 안고 있다. 두화는 굵어진 줄기 끝에 1-2개 달리며 직경 1-2cm. 총포조각에는 털이 많다.

④ 사우수레아 보미엔시스

S. bomiensis Y.L.Chen & S.Y.Liang

분포 ■티베트 남동부 개화기 7-8월

고산대의 초지나 소관목 사이에 자생한다. 높이 30-40cm. 줄기 상부에 선모나 긴 털이 자란다. 잎은 도피침형으로 기부에 많이 달리며 길이 10-20cm이고 역방향 우상으로 갈라졌다. 갈래조각에는 성긴 톱니가 있으며 표면에는 갈색의 짧은 선모가, 뒷면에는 하얀 긴 털이 나 있다. 상부의 잎은 가늘다. 두화는 줄기 끝에 1 개 달리며 직경 1.5-2cm. 총포조각은 털이 많고 살짝 휘었으며 끝이 날카롭다.

⑤ 사우수레아 히에라치오이데스

S. hieracioides Hook.f.

분포 ◇네팔 서부- 부탄, 티베트 남동부
개화기 8-9월

① 사우수레아 프르체왈스키이. 8월3일. Z3/라무라쵸의 남동쪽. 4,700m. 포텐틸라 프루티코사 리기다 틈에서 솟아나온 것. 오른쪽 위로 라무라쵸 호수가 보인다.

② 사우수레아 로일레이. 7월23일. K/쟈그도라의 북서쪽. 3,850m.

③ 사우수레아 라나타. 7월6일. Z1/포탕 라의 동쪽. 3,700m.

고산대의 초지나 소관목 사이에 자생한다. 높이 10-30cm. 줄기 상부에서 두화의 총포 조각에까지 긴 털이 빽빽하게 자란다. 잎은 기부에 모여 나고 자루가 있다. 잎몸은 타원형-장원형으로 끝이 뾰족하다. 길이는 5-10cm이며 매끈하거나 드문드문 무딘 이가 있으며 둘레에 긴 털이 빽빽하게 자란다. 줄기 끝은 굵어져 1개의 두화를 매단다. 두화는 직경 1-1.5cm이다.

⑥ 사우수레아 수페르바 *S. superba* Anth.
분포 □티베트 중동부, 중국 서부
개화기 7-9월
고산대 둔덕의 초지에 자생한다. 뿌리줄기 정수리 부분은 잎자루에 싸여 있다. 줄기는 길이 3-15cm로 굵고 곧게 자라며 긴 털이 나 있다. 잎은 기부에 모여 달리며 질이 두꺼운 타원형-도피침형으로 길이 5-12cm이고 끝은 둔형. 표면은 짙은 녹색, 가장자리는 거의 매끈하며 긴 털이 촘촘하게 나 있다. 두화는 1개 달리며 직경 1.5-3cm. 총포조각에는 털이 거의 없다.

⑦ 사우수레아 야클라
S. yakla Clarke [*Jurinea cooperi* Anth.]
분포 ◇시킴-부탄, 티베트 남부 **개화기** 8-9월
산지의 숲 주변이나 고산대의 습한 초지에 자생한다. 줄기는 없다. 잎은 땅위에 로제트 형태로 퍼지고 도피침형으로 길이 15-28cm이며 우상으로 갈라졌다. 갈래조각은 난형으로 삼각모양의 톱니가 있으며 톱니 끝은 날카롭다. 잎 표면은 짙은 녹색으로 드문드문 짧은 털이 나 있고, 뒷면에는 긴 털이 자라지만 없기도 한다. 두화는 로제트 중앙에 여러 개가 모여 달리며 직경 1-2cm. 총포조각은 선상피침형으로 끝이 휘어 있다.

④ 사우수레아 보미엔시스. 8월5일. Z3/라무라쵸 부근. 4,600m. 개화기가 끝난 카시오페 와르디이 틈에서 자라고 있다. 왼쪽 위로 라무라쵸 호수가 보인다.

⑤ 사우수레아 히에라치오이데스. 8월24일. V/체마탄의 북쪽. 4,600m.

⑥ 사우수레아 수페르바. 8월22일. Y4/간덴의 남쪽. 4,750m.

⑦ 사우수레아 야클라. 9월18일. X/마로탄의 남쪽. 3,300m.

절굿대속 Echinops

① 에키노프스 코르니게루스 *E. cornigerus* DC.

분포 □아프가니스탄- 네팔 중부

개화기 7-8월

극도로 건조한 계곡의 바위땅에 자생한다. 강인한 줄기가 하부에서 분지해 높이 0.5-1m의 둥근 그루를 이룬다. 줄기와 잎 뒷면에 솜털이 붙어 있다. 잎몸은 길이 15-30cm이고 우상으로 갈라졌으며, 삼각모양의 톱니에서 길이 2cm에 달하는 날카로운 가시가 솟아 있다. 줄기 끝 둥근 형태의 꽃차례는 직경 6-8cm. 길이가 고르지 않고 끝이 날카로운 여러 개의 총포조각이 각각의 가는 꽃을 감싸고 있다. 화관은 흰색으로 길이 2-2.5cm이며 총포조각보다 길게 자라고 끝에서 6-8mm가 5개로 갈라져 휘어진다. 갈래조각은 선형이다.

돌로미애아속 Dolomiaea

② 돌로미애아 마크로체팔라

D. macrocephala Royle [*Jurinea dolomiaea* Boiss.]

분포 ◇카슈미르- 네팔 동부, 티베트 남부

개화기 7-9월

고산대 하부의 무성한 초지에 자생한다. 줄기는 자라지 않고 장대한 잎이 땅위로 퍼지며, 중앙에 호리병 모양으로 움푹 들어간 곳에 여러 개의 두화가 모인다. 잎은 도피침형으로 길이 20-30cm이고 우상으로 깊게 갈라졌으며, 갈래조각 또한 얕게 갈라졌다. 잎의 표면에는 얇게, 뒷면에는 두껍게 솜털이 붙어 있다. 두화는 길이 2.5-3cm. 총포조각은 협피침형으로 끝이 단단하고 날카로우며 어두운 자주색을 띤다.

③ 돌로미애아 칼로필라 *D. calophylla* Ling

분포 ◇티베트 남·남동부 개화기 8-9월

건조한 고지 계곡의 초지나 모래땅에 자생한다. 잎이 땅위에 방사상으로 퍼지고 그 중앙에 여러 개의 두화가 모인다. 잎은 도피침형으로 길이 10-25cm이고 우상으로 깊게 갈라졌으며, 갈래조각 또한 얕게 갈라졌다. 녹색인 잎 표면에는 거미집 모양의 털이 자라고, 뒷면에는 솜털이 붙어 있다. 두화는 길이 2-2.5cm. 총포조각은 녹색으로 끝은 단단하고 날카로우며 검붉은색을 띤다.

코우시니아속 Cousinia

④ 코우시니아 톰소니이 *C. thomsonii* Clarke

분포 □아프가니스탄- 네팔 중부, 티베트 서남부 개화기 7-8월

건조한 계곡의 자갈 비탈면에 자생한다. 높이 20-40cm. 줄기는 굵고 강하며 기부에서 분지한다. 줄기와 잎 뒷면, 총포에 솜털이 나 있다. 잎의 기부는 장원형으로 길이 10-20cm이며 우상으로 갈라졌다. 갈래조각은 피침형

① 에키노프스 코르니게루스. 7월21일. D/사트파라 호수의 북쪽. 2,500m. 양과 티베트 산양 떼가 오가는 계곡 줄기에 나 있으나 먹힌 흔적은 전혀 찾아볼 수 없다.

② 돌로미애아 마크로체팔라. 7월24일. I/타인의 북서쪽. 3,600m.

③ 돌로미애아 칼로필라. 8월19일. Y3/라싸의 서쪽 외교. 4,200m.

으로 끝이 가시 모양으로 솟아 있다. 잎의 표면은 녹색, 중맥은 연노란색이다. 두화는 줄기 끝에 1개 달리며 직경 4-5cm. 총포조각은 선상피침형으로 나고 끝은 단단한 가시를 이룬다. 관상화는 붉은 자주색이다.

⑤ 코우시니아 아우리쿨라타 *C. auriculata* Boiss.
분포 ◇아프가니스탄-카슈미르 개화기 7-9월
건조한 계곡의 자갈땅에 자생한다. 동속 톰소니와 비슷하나, 줄기와 총포의 털이 희박하고 잎 갈래조각의 중맥은 눈에 띄지 않는다. 줄기 중·상부의 잎은 난형-피침형으로 길이는 3-8cm로 작고 우상으로 갈라짐이 없으며 기부는 줄기를 안고 있다. 잎과 총포조각의 가시는 그리 날카롭지 않다. 총포조각은 약간 배모양의 삼각상피침형으로 상부에 있는 것은 나오지 않는다.

산비장이속 Serratula
⑥ 세라툴라 팔리다 *S. pallida* DC.
분포 □파키스탄-네팔 중부 개화기 7-8월
고산대 상부의 건조한 초지에 자생한다. 높이 30-80cm. 줄기는 굵고 거의 분지하지 않으며 곧게 자란다. 잎은 줄기 하부에 모여 나고 자루는 거의 없으며 길이 7-20cm. 갈라짐이 없는 것부터 우상으로 깊게 갈라진 것까지 같은 그루에 다양한 형태가 혼재하는 경우가 많다. 두화는 줄기 끝에 1개 달리고, 총포는 길이 2-2.5cm. 총포조각은 협피침형으로 질이 딱딱하고 살짝 벌어져 있다. 화관의 좁은 통부분은 총포보다 길게 자라고 넓은 통부분은 붉은 색이며, 갈래조각을 포함해 길이 1-1.2cm. 암술이 숙성하면 넓은 통부분의 기부에서 밖으로 기울어진다. 관모는 흰색으로 깃털 모양이다.

④-a 코우시니아 톰소니이. 8월5일. Y1/네라무의 북쪽. 4,000m. 티무스 리네아리스와 실레네 무르크로프시아나와 함께 건조한 계곡의 절벽을 화려하게 채색한다.

④-b 코우시니아 톰소니이. 8월4일. B/루팔 계곡. 3,400m.

⑤ 코우시니아 아우리쿨라타. 8월19일. A/아노고르. 3,800m.

⑥ 세라툴라 팔리다. 8월19일. A/아노고르. 4,000m.

국화과 **67**

유리네아속 Jurinea

① 유리네아속의 일종 (A) Jurinea sp. (A)

인더스 협곡의 건조한 바람이 부는 절벽에 자생한다. 줄기는 30-60cm로 기부에서 빗자루 모양으로 분지해 아래로 늘어진다. 전체적으로 털이 자란다. 잎은 선형이며 일정 간격으로 어긋나기 한다. 줄기 잎의 기부는 길이 2-3cm, 폭 1mm이고 하부에 1-2개의 작은 갈래조각이 있다. 줄기 상부의 잎은 매끄럽고 점차 짧아진다. 두화는 줄기 끝에 1개 달린다. 총포는 길이 1.2cm, 직경 7-10mm. 총포조각은 많이 달리고 선상피침형으로 안쪽에서 바깥쪽으로 점차 짧아지며, 끝은 황갈색을 띠고 가시처럼 가늘고 길게 돌출한다. 화관의 좁은통은 길이 6mm, 넓은통은 옅은 자주색으로 갈래조각을 포함해 길이 8mm. 중국 서부의 신장에 분포하는 동속 필로스테모노이데스 (J. pilostemonoides Iljin)와 비슷하다.

지느러미엉겅퀴속 Carduus

② 카르두스 에델베르기이 C. edelbergii Rech.f.

분포 □아프가니스탄- 인도 북서부
개화기 7-8월

건조한 계곡의 거친 초지나 밭 주변에 자생한다. 꽃줄기는 분지하지 않고 곧게 자라며 높이 0.5-1.2m. 줄기에는 잎이 안개를 따라 내려간 날개가 있으며, 날개의 갈래조각 끝은 뾰족한 가시를 이룬다. 잎은 장원상피침형으로 길이 5-10cm이고 우상으로 갈라졌으며, 갈래조각 끝은 날카로운 가시를 이룬다. 두화는 줄기 끝에 1개- 여러 개 달린다. 총포는 둥근 형태로 직경 2.5-3.5cm, 총포조각은 끝이 휘고 솜털이 자란다. 화관은 붉은 자주색이다.

엉겅퀴속 Cirsium

③ 치르시움 왈리키이 글라브라툼

C. wallichii DC. var. glabratum(Hook.f.) Wendelbo

[C. glabrifolium (Winkler) O. & B. Fedtsch.]

분포 □아프가니스탄- 시킴, 티베트 남부, 신장 개화기 7-8월

건조한 계곡의 관목림 주변이나 돌이 많은 거친 초지에 자생한다. 높이 1-1.5m. 전체적으로 털이 거의 없다. 줄기 중부의 잎은 자루가 없고 장원상피침형으로 길이 15-25cm, 폭 4-7cm이며 우상으로 중앙부까지 분열하고 넓은 삼각모양의 톱니 끝에 길이 1cm 전후의 가시가 솟아 있다. 줄기 끝에 여러 개의 두화가 모이고, 두화의 기부에 협피침형의 포엽이 달린다. 두화는 직경 1.5-2.5cm. 총포조각의 상부는 폭이 넓어지며 그 끝에서 황갈색 가시가 돌출해 나오거나 휜다. 관상화의 화관은 연노란색- 연자주색으로 좁은통 부분은 길이 6-8mm, 넓은 통부분은 갈래조각을 포함해 길이 8-10mm이다.

① 유리네아속의 일종 (A) 8월11일.
B/타토 부근. 2,400m.

② 카르두스 에델베르기이. 7월30일.
H/다르차. 3,300m.

③ 치르시움 왈리키이 글라브라툼. 8월19일.
A/아노고르. 3,700m.

④ 치르시움 베루툼. 5월7일.
N/란드룽의 남쪽. 1,750m.

⑤-a 치르시움 팔코네리. 8월17일.
V/왈룬충골라의 북동쪽. 3,650m.

⑤-b 치르시움 팔코네리. 7월30일.
G/굴마르그. 2,650m.

④ 치르시움 베루툼 *C. verutum* (D. Don) Spreng.
분포 ㅁ아프가니스탄- 부탄 개화기 4-6월
산지의 숲 주변이나 돌이 많은 초지에 자생
한다. 높이 1-2m. 줄기 끝에 긴 털이 빽빽
하게 자란다. 중부의 잎에는 자루가 없다.
잎몸은 타원상피침형으로 길이 20-35cm
이고 우상으로 깊게 갈라졌으며, 삼각모양
의 톱니 끝에서 길이 1.5cm 전후의 강한 가
시가 돌출한다. 표면에 가는 가시모양의 털
이 자라고, 뒷면에는 긴 털이 촘촘히 나 있
다. 두화는 줄기 끝에 여러 개 달리며 직경
2-3.5cm. 안쪽 총포조각은 끝부분의 가시
가 짧고 곧게 섰으며, 바깥쪽 총포조각은 가
시가 길게 나와 있다. 화관은 연붉은색이다.

⑤ 치르시움 팔코네리 *C. falconeri* (Hook.f.) Petrak
분포 ㅁ카슈미르- 부탄, 티베트 남부
개화기 7-9월
아고산대의 삼림 벌채지나 고산대 하부의 목초
지에 많다. 높이 1-2m. 전체적으로 털이 자라
고 잎 뒷면과 두화의 자루, 총포조각에는 솜털
이 붙어 있다. 잎의 기부에는 자루가 없다. 잎
몸은 도피침형, 길이 30-40cm이고 우상으
로 갈라졌으며, 좁은 삼각모양의 톱니 끝은 길
이 5-10mm의 뾰족한 가시를 이룬다. 두화는
매우 짧은 자루 끝에 1개 달린다. 총포는 구형
또는 난형으로 길이 2-3cm이고 황갈색 가시가
솟아 있다. 화관은 붉은색- 연노란색이다.
*카슈미르에서는 ⑤-b와 같이 두화가 거의 구
형이고 연노란색이며 아래를 향한 것이 많다.

⑥ 치르시움 에리오포로이데스
C. eriophoroides (Hook.f.) Petrak
분포 ■시킴-부탄, 티베트 남동부
개화기 8-10월
아고산대의 습지 주변이나 고산대의 바위가
많은 초지에 자생한다. 높이 0.7-1.5m. 줄기
중부의 잎은 피침형으로 길이 10-20cm이며
우상으로 갈라졌다. 여기에는 자루가 없다.
삼각모양의 톱니 끝에서 길이 1.5cm에 달하
는 황갈색 가시가 돌출하고, 뒷면에 솜털이
붙어 있다. 총포는 전체적으로 하얀 솜털에
싸여 있으며 직경 4-5cm. 바깥쪽 총포조각은
협피침형으로 톱니가 있으며 끝은 약한 가시
를 이룬다. 두화는 옆을 향하기 쉽다.

⑦ 엉겅퀴속의 일종 (A) *Cirsium sp.* (A)
건조한 계곡에 자생한다. 높이 1-1.5m. 잎
은 장원상도침형으로 길이 10-15cm이고
우상으로 갈라졌으며, 길이 4-7mm의 가시
가 돌출하고 뒷면에 약간 긴 털이 자란다. 두
화는 직경 1.5-2cm이며 여기에는 짧은 자루
가 있다. 총포는 직경 7-10mm. 총포조각은
바깥쪽에서 안쪽으로 점차 길어지고, 끝에
길이 1mm 전후의 가시가 솟아 있다.

⑥-a 치르시움 에리오포로이데스. 7월28일. Z3/도슝 라의 서쪽. 3,800m. 두화의 봉오리는 구형이며, 전체적으로 하얀 솜털에 싸여 있다. 잎 뒷면에도 솜털이 붙어 있다.

⑥-b 치르시움 에리오포로이데스. 9월 하순.
X/링시 종 부근. 4,000m. 촬영/스즈키(鈴木)

⑦ 엉겅퀴속의 일종 (A) 8월14일.
A/케렌가르. 2,850m.

소로세리스속 Soroseris

바람이 넘나드는 고산대에 자생한다. 굵은 줄기는 땅위로는 거의 자라지 않고 수직으로 땅속에 묻혀 있으며, 정수리에 4-5개의 설상화로 이루어진 작은 두화가 원반 모양으로 모여 있다. 줄기 내부에는 도원추형(倒圓錐形)의 공동(空洞)이 있어 여기에 태양의 열과 식물체가 뿜어낸 호흡열을 저장해 공동의 상부에 모인 두화를 따뜻하게 한다. 땅위를 기어다니는 벌레들은 날지 않고도 쉽게 꽃을 찾아와 따뜻한 꽃차례 위에서 휴식을 취하고, 인접한 두화로 이동해 효율적으로 꿀을 취하며 꽃가루를 운반할 수가 있다.

① 소로세리스 글로메라타

S. glomerata (Decne.) Stebb.

분포 ■가르왈-네팔 중부, 티베트 서남부
개화기 6-8월

고산대 상부 산등성이의 얼기 쉬운 자갈땅에 독립적으로 자생한다. 희고 연약한 줄기가 땅속에 묻혀 있고, 줄기 하부에는 난형의 비늘조각잎이 어긋나기 한다. 잎은 줄기 상부에 로제트형태로 달리고 자루는 가늘다. 잎몸은 질이 두껍고 난형-타원형으로 길이 5-15mm이며 매끈하거나 물결 모양의 이를 지니고 있으며, 표면에 3-5개의 맥이 파여 있다. 잎몸의 가장자리에서 자루까지 긴 털이 뚜렷하다. 두화에는 4-5개의 설상화가 있으며, 설편(舌片)은 흰색이나 노란색으로 길이 4-5mm. 총포조각에 긴 털이 자란다.

② 소로세리스 푸밀라 *S. pumila* Stebb.

분포 ◇네팔 중부-부탄 개화기 7-8월

고산대 상부 산등성이의 자갈땅에 자생하며, 3-10cm의 줄기가 땅속에 묻혀 있다. 줄기 상부에 로제트형태로 달리는 잎은 어두운 녹갈색의 주걱형-도피침형으로 길이 1-2.5cm이고 하부가 우상으로 갈라졌다. 잎에 긴 털이 자란다. 줄기 하부와 붙임 가지의 잎에는 길고 얇은 자루가 있으며, 잎몸은 녹색으로 거의 갈라짐이 없고 로제트잎의 바깥쪽으로 퍼진다. 화관의 설편은 노란색으로 길이 5-7mm. 총포조각에 긴 털이 자란다. 잎의 형태와 색깔은 변화가 크다.

③ 소로세리스속의 일종 (A) Soroseris sp. (A)

네팔 동부의 빙하 주변에 있는 모래땅에 자생한다. 동속 푸밀라와 비슷하나, 잎은 모두 모양이 일정한 선상 도피침형이며 전체가 우상으로 가늘고 깊게 갈라졌다.

④ 소로세리스 에뤼시모이데스

S. erysimoides (Hnad.-Mazz.) Shih

분포 ◇부탄, 티베트 남동부, 중국 서부
개화기 8-9월

①-a 소로세리스 글로메라타. 7월7일.
K/눈무 라. 5,100m.

①-b 소로세리스 글로메라타. 6월21일.
Z1/초바르바 부근. 4,600m.

②-a 소로세리스 푸밀라. 7월30일.
T/메라. 4,500m.

②-b 소로세리스 푸밀라. 8월2일.
V/로닉의 북쪽. 4,800m.

③ 소로세리스속의 일종 (A) 8월3일.
S/추쿵의 동쪽. 5,000m.

④ 소로세리스 에뤼시모이데스. 9월21일.
X/탕페 라. 4,400m.

고산대의 자갈땅이나 풀밭에 자생한다. 높이 3-15cm. 잎의 기부는 도피침형으로 길이 4-10cm이고 매끈하거나 성기고 무딘 톱니를 지니고 있으며 앞뒷면에 털이 없다. 상부의 잎은 차츰 가늘고 짧아진다. 설상화의 설편은 노란색으로 길이 6-8mm. 총포는 길이 1-1.2cm이며 긴 털이 자란다. 부탄 것은 전체적으로 작고 개체수가 적다.

⑤ 소로세리스 후케리아나 *S. hookeriana* Stebb.
분포 ◇네팔 중부-부탄, 티베트 남부(?)
개화기 8-9월
고산대 상부의 안정된 자갈땅에 자생한다. 높이 5-15cm. 잎은 줄기의 기부로부터 촘촘하게 어긋나기 한다. 잎몸은 피침형-장원형으로 길이 2-5cm이고, 가장자리는 물결모양 또는 불규칙하게 우상으로 갈라졌다. 포엽은 선형이며 긴 털이 자란다. 반구형의 줄기 끝에 여러 개의 두화가 모여 직경 4-5cm의 복합꽃차례를 이룬다. 설편은 노란색으로 길이 7-10mm.

⑥ 소로세리스 히르수타 *S. hirsuta* (Anth.) Shih
분포 ◇티베트 남·중동부, 중국 서부
개화기 7-9월
고산대 상부의 바람이 넘나드는 풀밭지형이나 모래땅에 자생한다. 높이 3-10cm. 잎은 로제트형태로 달리며, 폭넓은 자루가 꽃차례 밑에 숨어 있다. 잎몸은 장원형으로 길이 1-5cm이고 살짝 역방향으로 갈라졌으며, 갈래조각은 삼각 또는 사각형태의 난형이다. 잎에 긴 털이 자란다. 복합꽃차례는 직경 5-7cm. 포엽과 총포조각에 긴 털이 자란다. 설편은 노란색으로 길이 4-6mm. 해발이 높은 곳에서는 잎 가장자리가 강한 물결모양을 이루고, 모래지형에서는 잎이 갈색을 띤다.

⑤ 소로세리스 후케리아나. 8월24일. P/펨탕카르포의 북동쪽. 4,750m. 속이 빈 줄기가 땅위로 나와 있다. 중앙 하부에 범꼬리속의 짙은 녹색 잎이 섞여 있다.

⑥-a 소로세리스 히르수타. 7월26일.
Y2/라무나 라. 5,050m.

⑥-b 소로세리스 히르수타. 8월28일.
Y3/라싸 라. 5,300m.

⑥-c 소로세리스 히르수타. 8월2일.
Y1/신데의 북쪽. 4,600m.

국화과 **71**

민들레속 Taraxacum

① 타락사쿰 시키멘세 *T. sikkimense* Hand.-Mazz.
분포 □네팔 서부·시킴, 티베트 남부
개화기 6-7월

고산대 하부의 건조한 초지에 군생한다. 높이 5-10cm. 잎은 도피침형으로 길이 5-12cm, 폭 7-12mm이며 역방향 우상으로 깊게 갈라졌다. 옆갈래조각은 4-5장이고 삼각상피침형으로 톱니는 없다. 두화는 직경 3-4cm. 안쪽의 총포조각은 길이가 1-1.2cm이고 바깥쪽의 것은 짧다.

② 민들레속의 일종 (A) Taraxacum sp. (A)
잎은 도피침형으로 길이 5-7cm, 폭 1.5-2cm이며 우상으로 깊게 갈라졌다. 갈래조각은 피침형으로 끝이 뾰족하며 앞뒷면에 드문드문 긴 털이 자란다. 줄기는 길이 3-4cm이며 여기에 긴 털이 자란다. 두화는 직경 3cm. 안쪽의 총포조각은 길이 1-1.3cm로 끝에 거무스름하고 짧은 털이 나 있으며, 바깥쪽의 것은 피침형으로 작다.

③ 민들레속의 일종 (B) Taraxacum sp. (B)
꽃줄기는 모래에 묻혀 있으며 높이는 1cm로 여기에 긴 털이 자란다. 잎몸은 도피침형으로 길이 4-8cm, 폭 1.5-2cm이며 우상으로 깊게 갈라졌다. 갈래조각은 삼각상피침형으로 끝이 날카롭다. 두화는 직경 2.5-3cm. 안쪽의 총포조각은 길이 1cm, 바깥쪽의 것은 짧고 휘어 있다.

④ 민들레속의 일종 (C) Taraxacum sp. (C)
잎은 가는 도피침형으로 길이 2.5-4cm, 폭 5-10mm이고 털을 지니고 있지 않으며 우상으로 갈라졌다. 끝갈래조각은 창모양. 줄기는 길이 3-4cm이며 긴 털이 자란다. 두화는 직경 2cm. 안쪽의 총포조각은 선상피침형으로 길이 1cm, 바깥쪽의 것은 난형으로 매우 작다.

① 타락사쿰 시키멘세. 6월25일. P/캉진의 남동쪽. 4,000m. 초여름 방목거점의 초지에 콩과의 구엘덴스타에드티아와 함께 꽃을 피우고 있다.

③ 민들레속의 일종 (B) 7월31일. B/샤이기리의 서쪽. 3,700m. 산에 비가 계속 내리면 물에 잠기는 광대한 모래지형 주변부에, 꽃줄기와 잎자루를 모래에 묻은 채 꽃을 피우고 있다.

② 민들레속의 일종 (A) 9월11일.
H/찬드라 호수의 남쪽. 4,150m.

크레피스속 Crepis

⑤ 크레피스 플렉수오사 *C. flexuosa* (DC.) Benth.

분포 ◇중앙아시아-네팔 중부, 티베트, 중국 서부 **개화기** 7-8월

건조한 고지의 하원(河原)이나 자갈땅에 자생한다. 높이 7-20cm. 꽃줄기는 가늘며 기부에서 두 갈래로 갈라진다. 잎의 기부는 도피침형으로 길이 2-4cm이며 우상으로 갈라졌다. 상부의 잎은 매우 작다. 두화는 직경 1-1.3cm이고 설상화가 10개 전후로 있으며 설편은 폭 1mm이다.

고들빼기속 Youngia

⑥ 영기아 데프레사

Y. depressa (Hook.f. & Thoms.) Babcock & Stebb.

분포 ◇네팔 동부-부탄, 티베트 남부

개화기 8-10월

고산대의 바위가 많고 습한 초지에 자생한다. 높이 2-5cm. 잎몸은 난형·타원형으로 길이 1.5-4cm이고 기부는 원형이거나 살짝 심형(心形)이며 가장자리에 무딘 톱니가 있다. 총포는 길이 1-1.5cm. 설편은 노란색이며 길이는 5-7mm이다.

⑦ 영기아 그라칠리페스

Y. gracilipes (Hook.f.) Babcock & Stebb.

분포 ◇인도 북서부-부탄, 티베트 남부

개화기 7-8월

고산대의 자갈이 많은 초지에 자생한다. 높이 3-7cm. 잎은 도피침형으로 길이 2.5-4cm이며 우상으로 갈라졌다. 가는 줄기에 1-2개의 작은 포엽이 달리고, 상부에 털이 빽빽하게 자란다. 두화는 직경 2-2.5cm. 안쪽의 총포조각은 길이 1cm, 바깥쪽의 것은 매우 작다. 노란색 설상화가 17-20개 달린다.

④ 민들레속의 일종 (C) 7월4일.
C/바우마하렐의 남동쪽. 3,900m.

⑤ 크레피스 플렉수오사. 8월6일.
B/치치나라 계곡. 3,700m.

⑥ 영기아 데프레사. 9월25일.
X/탕페 라의 동쪽. 4,300m.

⑦ 영기아 그라칠리페스. 8월3일. Y1/팡디 라. 4,450m. 시샤팡마에서 남쪽으로 파생한 산등성이의 끝 부근. 노란색 설편은 길이 7~9mm, 끝에 5개의 이가 있다.

두비애아속 Dubyaea

① 두비애아 히스피다

D. hispida DC. [*Lactuca dubyaea* Clarke]

분포 □가르왈-미얀마, 윈난 · 쓰촨성
개화기 8-9월

고산대 하부의 돌이 많은 초지나 아고산대의 숲 주변 비탈에 자생하며, 환경에 따라 크기와 잎의 형태가 변한다. 줄기는 높이 20-50cm로 곧게 자란다. 줄기 중부에서 꽃차례에 걸쳐 거무스름한 털이 자라며 특히 총포에 뚜렷하다. 잎은 난형-피침형-도피침형으로 길이 7-15cm이고 자루를 지니고 있지 않으며 하부는 불규칙적으로 갈라졌다. 두화는 비스듬히 뻗은 긴 자루 끝에 달려 아래를 향해 반개한다. 총포는 길이 1.7-2cm. 설편은 노란색으로 길이 1-1.3cm.

치체르비타속 Cicerbita

② 치체르비타 비올리폴리아

C. violifolia (Decne.) Beauv. [*Prenanthes violifolia* Decne.]

분포 □카슈미르-티베트 남동부, 미얀마
개화기 8-10월

고산대의 습지 주변이나 산지의 숲 주변에 자생한다. 가는 줄기가 높이 50-80cm로 곧게 자란다. 전체적으로 털이 거의 없다. 하부의 잎에는 긴 자루가 있다. 잎몸은 창형·협삼각형으로 길이 5-8cm이고, 기부는 절형(切形)-살짝 심형으로 가장자리에 물결 모양의 톱니가 있으며, 이따금 잎자루의 상부에 1-2개의 갈래조각이 떨어져서 달린다. 두화는 줄기 끝과 꽃대에 총상으로 달리며 살짝 아래를 향해 반개한다. 두화의 자루는 짧다. 안쪽의 총포조각은 길이 1.5-1.7cm, 바깥쪽의 것은 매우 작다. 설상화는 5개, 설편은 제비꽃색으로 길이 1-1.2cm, 폭 2-3mm. 꽃밥통은 어두운 자주색으로 길이 4-5mm이다.

①-a 두비애아 히스피다. 8월22일. V/종그리의 남쪽. 3,700m. 안개가 잘 끼는 산등성이의 급사면에서 자란다. 긴 자루 끝에 달린 두화가 아래를 향해 반쯤 피어 있다.

①-b 두비애아 히스피다. 8월25일.
P/랑시샤의 북서쪽. 4,300m.

② 치체르비타 비올리폴리아. 9월19일.
X/마로탄의 남쪽. 3,350m.

③ 치체르비타 마크로리자. 9월1일.
H/마리 부근. 3,300m.

74 국화과

③ 치체르비타 마크로리자

C. macrorhiza (Royle) Beauv.[*Mulgedium macrorhizum*
Royle, *Cephalo-rrhynchus macrorhizus* (Royle) Tuisl]

분포 ▫카슈미르-부탄, 티베트 남·남동부,
미얀마, 원난성 개화기 8-9월

산지와 아고산대의 바위땅이나 숲 주변에 자
생하며 땅속에 굵은 뿌리가 있다. 줄기는 가
늘고 단단하며, 보통 기부에서 분지해 사방
으로 퍼진다. 높이 10-50cm. 전체적으로 털
이 없다. 잎은 드문드문 어긋나기 한다. 잎
의 기부는 도피침형으로 길이 5-8cm이며
우상으로 중맥까지 갈라졌다. 갈래조각 사
이에는 간격이 있으며 끝갈래조각은 크다.
두화는 직경 2.5-3cm로 위를 향해 평개한다.
안쪽의 총포조각은 길이 1-1.2cm, 바깥쪽의
것은 매우 작다. 두화에는 연한 자주색 설상
화가 10개 가량 달린다.

④ 치체르비타 마크란타

C. macrantha (Clarke) Beauv.[*Lactuca macrantha*
Clarke, *Chaetoseris macrantha* (Clarke) Shih]

분포 ▫네팔 중부-부탄, 티베트 남·남동부
개화기 7-9월

산지와 아고산대의 숲 주변 비탈이나 소관목
사이에 자생한다. 줄기는 높이 0.5-1m로 곧
게 자란다. 하부의 잎은 장원상피침형으로
길이 15-30cm이고 우상으로 깊게 갈라졌
다. 갈래조각은 삼각 모양으로 끝이 뾰족하며
불규칙한 톱니가 있다. 상부의 잎은 기부가
줄기를 안고 있다. 두화는 산방꽃차례로 달리
며 아래를 향해 거의 평개하고, 직경 4-5cm
로 연보라색의 설상화가 많이 달린다. 총포는
길이 2cm. 총포조각은 바깥쪽에서 안쪽으로
차츰 길어지고 가장자리에 하얀 털이 있다.

물게디움속 Mulgedium

⑤ 물게디움 레세르티아눔

M. lessertianum DC. [*Lactuca lessertiana* (DC.) Clarke]

분포 ▫파키스탄-부탄, 티베트 남·남동부,
원난성 개화기 7-9월

아고산대와 고산대의 건조한 바위땅이나 자
갈이 많은 초지에 자생한다. 땅속으로 기부
가 덩이뿌리처럼 불룩한 원뿌리를 가지고 있
어 여기에 수분 등을 저장한다. 줄기는 높이
5-20cm로 곧게 자라거나 하부에서 쓰러진
다. 잎의 기부는 도피침형으로 길이 4-10cm
이고 털을 거의 지니고 있지 않으며 역방향
우상으로 갈라졌다. 갈래조각은 삼각 모양.
두화는 총상으로 달리고 위나 옆을 향해 평개
하며 직경 1.5-3cm. 여기에 자주색 설상화
가 많이 달린다. 총포조각에는 긴 털이 개출
하고 안쪽의 것은 길이 1.2cm이다.
*⑤-b는 건조한 바위지형에 자라 것으로, 상부 잎
의 표면에 털이 나 있고 두화는 직경 3cm로 크다.

④ 치체르비타 마크란타. 8월23일. V/종그리. 4,000m. 소관목상의 석남과 향나무 틈에서 높이 솟아올라 꽃을 피
우고 있다. 오른쪽 아래의 우상복엽은 양지꽃속의 풀.

⑤-a 물게디움 레세르티아눔. 8월11일.
V/안마의 북동쪽. 4,250m.

⑤-b 물게디움 레세르티아눔. 7월19일.
D/투크치와이 룬마. 4,400m.

신칼라티움속 Syncalathium

① 신칼라티움 가와구치이

S. kawaguchii (Kitamura) Ling [*Lactuca kawaguchii* Kitamura]

분포 ◇티베트 중·남동부 **개화기** 8-9월
기타무라 시로(北村四郎)가 최초로 왕고들빼기속의 신종으로 이름붙인 이 종명은, 20세기 초에 가와구치 에카이(河口慧海)가 고대 불교경전과 함께 이 풀의 표본을 일본에 가지고 들어온 데서 유래한다. 건조한 계곡 줄기의 바위땅에 자생한다. 뿌리줄기는 땅속에서 옆으로 뻗으며, 돌 틈으로 새로운 줄기가 자라지만 땅위로는 드러나지 않는다. 잎은 로제트형태로 사방에 퍼진다. 줄기 기부에 달린 잎에는 길이 2-4cm의 폭넓은 자루가 있다. 잎몸은 혁질의 타원형-도란형으로 길이 2-4cm이며 가장자리에 톱니가 있다. 큰 잎의 잎몸에는 1-2개의 결각(缺刻)이 있다. 잎 표면은 맥이 선명하고, 기부는 털이 빽빽하게 자라 희뿌옇게 보인다. 줄기 상부의 잎은 차츰 작아지고 자루는 짧아진다. 로제트잎의 중앙에 두화가 여러 개 모여 직경 2-4cm의 꽃차례를 이룬다. 두화에는 3개의 총포조각과 3개의 설상화가 있으며, 설편은 연한 자주색·붉은 자주색으로 길이 5-6mm.

치커리속 Cichorium

② 치커리 *C. intybus* L.

분포 □유럽이 원산지로 북반구에 널리 분포하는 야생화 **개화기** 7-9월
연백화(軟白化)한 어린잎을 샐러드로 해서 먹는 서양 채소이다. 반건조지대의 거친 밭이나 길가에 야생하며 카슈미르에서는 흔히 찾아볼 수 있다. 꼭지눈을 가축한테 먹히면 쉽게 분지한다. 높이 0.15-1m. 잎은 대부분 줄기 기부에 달리고 장원상도피침형으로

① 신칼라티움 가와구치이. 8월29일. Y3/추부곰파의 서쪽. 4,600m. 꽃차례 중앙의 두화만 개화했다. 왼쪽 아래로 꽃장대속의 흰 꽃과 돌나물속의 노란 꽃도 보인다.

② 치커리. 7월28일. B/쵸리트. 2,750m.

③-a 스코르조네라 비르가타. 7월19일. F/무네의 남동쪽. 3,750m.

③-b 스코르조네라 비르가타. 7월18일. D/사트파라 호수의 남쪽. 3,800m.

길이 15-30cm이며 불규칙하게 우상으로 갈라졌다. 두화는 줄기 마디와 가지 끝에 달리며, 연자주색 설상화가 평개하면 직경 3-4cm에 이른다.

쇠채속 Scorzonera
③ 스코르조네라 비르가타 *S. virgata* DC.
분포 ◇파키스탄-히마찰 개화기 7-8월
건조지대 계곡 줄기의 모래땅이나 바위틈에 자생한다. 땅속에 강한 뿌리줄기가 있으며, 가늘고 질긴 꽃줄기와 잎이 무더기로 자란다. 높이 15-30cm. 큰 그루에서는 꽃줄기가 두 갈래로 분지해 길게 자라서 쉽게 쓰러진다. 근생엽은 선형으로 길이 7-18cm이고 가장자리가 안쪽으로 말리며 폭은 1mm 이하. 줄기에 달린 잎은 짧다. 두화는 직경 2-2.5cm이며 노란색 설상화가 5개 달린다. 총포는 길이 1.5-2cm.

금불초속 Inula
④ 이눌라 후케리 *I. hookeri* Clarke
분포 ㅁ네팔 중부-부탄, 티베트 남·남동부, 윈난성, 미얀마 개화기 8-10월
산지의 숲 주변에 자생한다. 줄기는 높이 0.5-1m로 곧게 자라며 여기에 털이 나 있다. 잎은 타원상도침형으로 길이 8-15cm이고 여기에는 자루가 거의 없으며 털이 자란다. 두화는 줄기나 가지 끝에 1개가 위를 향해 달리고 직경은 4-6cm로 크며, 매우 가는 노란색 설상화가 평개한다. 바깥쪽의 총포조각은 휘어 있으며 긴 털이 촘촘히 나 있다.

⑤ 이눌라 리조체팔라 *I. rhizocephala* Schrenk
분포 ◇중앙아시아 주변-카슈미르
개화기 7-8월
건조지대 산지의 둔덕이나 초지에 자생한다. 줄기는 자라지 않으며 잎은 로제트형태로 땅위에 퍼진다. 잎은 도피침형으로 길이 3-7cm이고 갈라짐이 거의 없으며 앞뒷면에 털이 약간 나 있다. 로제트잎 중앙에 여러 개의 노란색 두화가 모인다. 두화는 직경 1-2.5cm이고 주변부에 설상화가 평개하며 설편은 5-7mm이다.

⑥ 이눌라 리조체팔라 리조체팔로이데스
I. rhizocephala Schrenk var. *rhizocephaloides* (Clarke) Kitamura
분포 ■카슈미르 개화기 7-8월
건조한 산지 계곡 바닥의 모래땅에 자생한다. 기준변종과 달리 두화 전체가 관상화이며 주변부에 설상화가 없다.

④ 이눌라 후케리. 10월8일. R/파크딩의 남쪽. 2,600m.

⑤ 이눌라 리조체팔라. 8월16일. A/바이타샤르의 북쪽. 3,550m.

⑥ 이눌라 리조체팔라 리조체팔로이데스. 7월30일. B/라트보. 3,550m. 줄기가 없는 로제트 식물. 바람을 피해 햇빛과 열을 충분히 공급받는 동시에 가축의 공격도 방지한다.

금불초속 Inula

① 이눌라 오브투시폴리아 *I. obtusifolia* Kerner

분포 ◇아프가니스탄-가르왈 개화기 6-8월
건조지대 계곡의 바위땅에 자생하며 줄기의
기부는 반목질이다. 높이 10-30cm. 전체적
으로 하얀 털에 덮여 있다. 잎은 질이 두꺼
운 난형-장원형으로 길이 2-4cm이며 자루
를 지니지 않는다. 두화는 줄기 끝에 1개 달
리고 위를 향해 평개하며 직경 2.5-3.5cm.
설편은 길이 7-10mm.

두할데아속 Duhaldea

② 두할데아 네르보사

D. nervosa (DC.) Anderberg [*Inula nervosa* DC.]

분포 □가르왈-아삼, 중국 남서부, 동남아
시아 개화기 7-10월
산지대 하부의 숲 주변이나 바위땅에 자생
한다. 높이 0.3-1m. 전체적으로 털이 자란
다. 잎은 타원형으로 길이 7-14cm이고 끝
과 기부는 가늘어지며 무딘 톱니가 있다. 두
화는 줄기 끝에 여러 개 달리며 직경 2.5-
3.5cm. 안쪽의 총포조각은 얇고, 바깥쪽의
것은 녹색으로 약간 짧다.

풀리카리아속 Pulicaria

③ 풀리카리아 인시그니스

P. insignis Drumm. ex Dunn

분포 ◇티베트 남동부 개화기 7-8월
건조한 계곡바람이 부는 모래땅에 자생한다.
많은 꽃줄기가 모여나기 한다. 높이 10-25cm.
전체적으로 하얀 털이 빽빽하게 나 있다. 잎의
기부는 도피침형으로 길이 7-12cm이고 갈라짐
은 없으며 기부가 줄기를 살짝 안고 있다. 두화
는 노란색으로 직경 4-6cm. 총포조각은 선상
피침형으로 길이 1-1.3cm이고 살짝 벌어져
있다. 여기에는 털도 많다.

① 이눌라 오브투시폴리아. 6월30일.
C/카추라의 남쪽. 2,500m.

② 두할데아 네르보사. 9월7일.
P/라마 호텔의 서쪽. 2,500m.

③-b 풀리카리아 인시그니스. 8월6일. Y3/카로 라의 서쪽. 4,300m. 간체에서 시가체를 거쳐 얄룽창포로 합류하
는 강에 인접한 절벽 위에 드문드문 군락을 이루고 있다.

③-a 풀리카리아 인시그니스. 8월15일.
Y3/칸바 라의 북쪽. 4,000m.

솜다리속 Leontopodium

전체적으로 솜털이 자라며, 방사형태로 퍼진 포엽군 위에 작은 두화가 밀집한다. 유럽 알프스의 에델바이스가 유명하나, 중심은 중국 남서부의 산악지대에 있다. 봉오리를 보호하기 위해 포엽 표면에 자란 두꺼운 솜털은, 꽃이 피면 빛을 반사해 공중에 날아다니는 곤충을 두화로 유인한다.

④ 레온토포디움 모노체팔룸
L. monocephalum Edgew.

분포 ◇네팔 중부-시킴, 티베트 남부
개화기 7-9월

고산대 상부 빙하 주변의 바위틈이나 모래땅에 자생한다. 가는 뿌리줄기가 넓게 퍼져 매트모양의 군락을 이룬다. 높이 1-5cm. 습기가 없을 때는 전체적으로 금색을 띤다. 여름에 자란 큰 잎은 주걱형-도피침형으로 길이 5-20mm이다. 포엽군은 직경 2-3cm로 표면에 두꺼운 솜털이 나 있다. 두화는 보통 1개 달리며 직경 5-7mm이고, 큰 그루에는 그 주변에 여러 개의 작은 두화가 달린다.
*④-a와 ④-c의 꽃줄기에는 두화가 1개, ④-b에는 여러 개가 달려 있다. ④-c는 관모가 잔뜩 부풀어 씨를 사방으로 퍼뜨릴 준비를 하고 있다.

⑤ 솜다리속의 일종 (A) Leontopodium sp. (A)

건조한 빙하호 주변의 안정된 모래땅에 자생한다. 동속 모노체팔룸과 비슷하나 전체적으로 작다. 뿌리줄기는 활발히 분지해 넓게 퍼져나가 쿠션형태의 군락을 이룬다. 뿌리줄기의 정부는 시들어 검은 잎자루에 싸여 있다. 땅위줄기는 거의 없다. 포엽은 짧고 노란색을 띠며, 줄기 끝에 달린 두화의 기부를 감싸듯 비스듬하게 기운다.

④-a 레온토포디움 모노체팔룸. 7월26일. T/바룬 빙하의 오른쪽 기슭. 4,950m. 빙하를 사이에 둔 맞은편 유역에 마칼루 주봉의 남벽이 버티고 서 있다. 아래의 녹색 잎은 알라르디아 글라브라.

④-b 레온토포디움 모노체팔룸. 7월20일. V/알룽 빙하의 오른쪽 기슭. 4,650m.

④-c 레온토포디움 모노체팔룸. 10월17일. S/칼라파타르. 5,300m.

⑤ 솜다리속의 일종 (A) 9월6일. J/홈쿤드. 4,400m.

솜다리속 Leontopodium

① 레온토포디움 야코티아눔

L. jacotianum Beauv.

분포 □카슈미르-부탄, 티베트 남·남동부
개화기 8-10월

고산대의 바람이 넘나드는 건조한 초지나 자
갈땅에 자생하며, 끝부분에 로제트잎이 달린
주출지가 땅위와 바위틈으로 내뻗는다. 주출
지는 가는 줄기뿌리가 되어 매트모양의 군락
을 이룬다. 뿌리줄기 끝에는 오래된 잎이 시
들어 붙어 있다. 높이 4-15cm. 잎은 줄기에
일정 간격으로 어긋나기 한다. 잎몸은 선상
도피침형으로 길이 1-2.5cm이고 끝에 갈색
의 작은 구멍이 있으며 가장자리는 살짝 휘어
있다. 로제트잎은 줄기잎보다 약간 짧다. 줄
기 끝의 포엽군은 직경 2-3cm. 포엽은 피침
형으로 표면에 약간 두꺼운 솜털이 붙어 있
다. 중앙의 두화는 직경 3mm 전후이고, 그
주변에 같은 크기나 약간 작은 두화가 4-8개

①-a 레온토포디움 야코티아눔. 10월2일.
P/고사인쿤드. 4,200m.

①-b 레온토포디움 야코티아눔. 9월6일. J/홈쿤드. 4,300m. 갈색의 두화는 개화기 끝무렵에 있다. 아래에 보이는 3출복엽(三出複葉)은 포텐틸라 아르기로필라.

② 레온토포디움 야코티아눔 파라독숨. 8월2일.
V/로닉의 북쪽. 3,900m.

③-a 레온토포디움 브라키아크티스. 7월28일.
H/바랄라차 라. 4,700m.

③-b 레온토포디움 브라키아크티스. 7월16일.
D/데오사이 고원. 3,900m.

달린다. 관상화는 노란색-갈색이다.
* ①-a는 수그루, ①-b는 암그루.

② 레온토포디움 야코티아눔 파라독숨
L. jacotianum Beauv. var. *paradoxum* (Drumm.) Beauv.
분포 ■네팔 동부-부탄, 티베트 남부
개화기 7-9월

고산대의 습한 바위땅에 자생한다. 기준변종에 비해 황갈색의 오래된 잎이 꽃줄기의 기부와 뿌리줄기의 정수리에 많이 남아 있다. 잎의 앞뒷면에는 솜털이 균일하게 붙어 있고, 포엽군에 붙은 솜털은 매우 두껍다.
* 사진은 암그루.

③ 레온토포디움 브라키아크티스
L. brachyactis Gand.
분포 ◇아프가니스탄-인도 북서부, 네팔(?)
개화기 7-9월

건조지대의 자갈땅에 자생하며 카슈미르에 특히 많다. 바람이 강하게 부는 고산대에서는 쿠션형태의 군락을 이루며, 개화에 맞춰 줄기가 자란다. 높이 2-25cm. 뿌리줄기의 정수리에 오래된 잎이 많이 남아 있다. 잎은 주걱형-도피침형으로 길이 1-3cm이다. 줄기 끝의 포엽군은 직경 1.5-2.5cm. 중앙의 두화 주변에 약간 작은 두화가 여러 개 달린다.
* ③-a는 암그루, ③-b는 수그루.

④ 레온토포디움 푸실룸
L. pusillum (Beauv.) Hand.-Mazz.
분포 ◇네팔 동부-시킴, 티베트, 중국 서부
개화기 7-8월

고산대 초지의 비탈이나 물가의 모래땅에 자생하며, 주출지를 뻗어 소군락을 이룬다. 뿌리줄기는 갈색의 오래된 잎자루에 싸여 갈색 뿌리를 무수히 내뻗는다. 높이 3-7cm. 로제트잎은 도피침형으로 길이 1-4cm. 줄기의 하부에도 같은 모양의 잎이 어긋나기 한다. 포엽군은 직경 2-3.5cm이고 표면에 솜털이 두껍게 붙어 있다. 중앙의 두화는 직경 4-5mm이며 그 주변에 작은 두화가 5-8개 달린다. 수꽃의 화관은 연한 갈색이다.
* ④-a는 수그루, ④-b는 암그루.

⑤ 솜다리속의 일종 (B) *Leontopodium* sp. (B)
고산대 상부의 바위틈에 자생한다. 가는 뿌리줄기가 옆으로 뻗어 무수한 뿌리를 내리며, 정수리에는 갈색의 오래된 잎이 많이 남아 있다. 높이 5-8cm. 로제트잎은 도피침형으로 길이 1.5-2cm, 폭 2-3mm이다. 꽃줄기에도 같은 모양의 잎이 어긋나기 한다. 포엽군은 직경 3cm이며 양털 형태의 털로 덮여 있다. 중앙의 두화는 직경 4-6mm이며 그 주변에 작은 두화가 7-9개 달린다. 동속 푸실룸에 가깝다.

④-a 레온토포디움 푸실룸. 7월19일. S/렌죠 고개의 남서쪽. 4,800m.

④-b 레온토포디움 푸실룸. 8월2일. Y1/키라프의 남쪽. 4,700m.

⑤ 솜다리속의 일종 (B) 7월1일. X/초체나의 남동쪽. 5,000m. 관상화의 관모는 화관보다 길게 자라 끝이 붉은 자줏빛을 띠고, 중앙의 두화에서는 암술 끝이 약간 솟아올라 있다.

솜다리속 Leontopodium

① 레온토포디움 히말라야눔 *L. himalayanum* DC.

분포 ㅁ카슈미르-윈난성, 티베트 남부, 미얀마 개화기 7-9월

고산대의 바위가 많은 초지나 소관목 사이에 자생한다. 주출지를 뻗지 않으며 자루는 작다. 꽃줄기는 높이 3-15cm로 기부에 오래된 잎이 남아 있다. 근생엽은 선상도피침형으로 길이 3-7cm이고 끝에는 작은 구멍이 있다. 줄기에 어긋나기 하는 잎은 도피침형-광선형으로, 기부가 줄기를 살짝 안고 있다. 포엽은 협피침형으로 길이차가 크며, 긴 것은 3cm 이상 자라 끝이 늘어지기도 한다. 중앙의 두화는 직경 4mm 전후이며 그 주변에 작은 두화가 3-7개 달린다.

*①-b의 중앙의 두화는 웅성(雄性)으로, 주변부의 관상화만 화관을 열어 꽃밥통을 드러내 보이고 있다. 화관은 갈색을 띠며, 5개로 갈라진 끝부분만 연노란색이다.

①-a 레온토포디움 히말라야눔. 9월3일.
J/바그와바사. 4,200m.

①-b 레온토포디움 히말라야눔. 7월9일.
K/눈무 라의 동쪽. 4,900m.

② 솜다리속의 일종 (C) Leontopodium sp. (C)

건조지대 고지의 바위가 많은 초지에 자생하며, 때로는 커다란 군락을 이루기도 한다. 높이 10-15cm. 암수 딴그루이며, 암그루가 더 크게 자란다. 로제트잎은 협도피침형으로 길이 1.5-6cm이고 가장자리는 살짝 물결모양을 하고 있으며 뒷면에 솜털이 두껍게 붙어 있다. 줄기잎은 곧게 자란다. 꽃차례는 포엽을 포함해 직경 2-4cm. 두화는 약간 떨어져서 7-11개 달리고 모양은 거의 같으며 직경 5-7mm. 총포조각은 바깥쪽에서 안쪽으로 차츰 길어지고, 뒷면에는 솜털이 붙어 있다. 관모는 개화시에 총포보다 길어진다. 동속 레온토포디오이데스'*L.leontopodioides* (Wild) Beaeuv.'에 가깝다.

*②-a는 수그루, ②-b는 암그루. 관모에 묻힌 가는 화관에서 수그루에서는 꽃밥통이, 암그루에서는 암술이 각각 1mm 정도 솟아나온다.

②-a 솜다리속의 일종 (C) 8월3일.
B/샤이기리의 남동쪽. 3,900m.

②-b 솜다리속의 일종 (C) 7월19일.
D/투크치와이 룬마. 4,000m.

③ 레온토포디움 스트라케이

L. stracheyi (Hook.f.) Clarke

분포 ㅁ가르왈-윈난·쓰촨성, 티베트 남·남동부 개화기 7-9월

고산대 하부의 둔덕진 초지나 아고산대의 숲 주변 비탈에 자생한다. 꽃줄기는 모여나기 하며 길이 30-50cm, 하부는 쓰러지기 쉽다. 잎은 줄기에 촘촘하게 어긋나기 한다. 잎몸은 피침형으로 길이 1.5-3cm이고 기부는 줄기를 안고 있으며 가장자리는 물결 모양이다. 잎의 표면은 녹색이며 뒷면에 솜털이 붙어 있다. 줄기 끝의 포엽군은 직경 3-4cm이고 표면에 솜털이 붙어 있다. 두화는 7-13개 달리며 직경 3-4mm. 화관은 연한 갈색을 띤다.

*③-a는 수그루.

③-a 레온토포디움 스트라케이. 8월6일.
S/오르쇼의 북쪽. 4,150m.

③-b 레온토포디움 스트라케이. 7월31일.
Y1/네라무의 북서쪽. 3,850m.

다북떡쑥속 Anaphalis

전체적으로 털이 자란다. 두화의 총포조각
은 보통 반투명한 흰색으로, 직사광선을 흡
수하는 낮에는 벌리고 있으며 밤이나 악천
후 시에는 불꽃 모양으로 닫아 버린다. 개화
가 끝나면 평개한 채로 있다.

④ 아나팔리스 자일로리자 *A. xylorhiza* Hook.f.
분포 ◇가르왈-부탄, 티베트 남부
개화기 7-9월
고산대 상부의 바람이 부는 건조한 자갈땅
에 자생한다. 굵고 강인한 목질의 뿌리줄기
가 뒤틀리며 뻗어나가 근생엽이 가득한 매
트모양 군락을 이룬다. 높이 3-10cm. 여름
에 나온 근생엽은 곧게 자라고 주걱형-도피
침형으로 길이 2-4cm이며 건조한 장소에서
는 전체가 노란색을 띤다. 줄기잎은 짧다. 줄
기 끝에 여러 개의 두화가 밀집해 직경 1-2cm
의 꽃차례를 이룬다. 두화는 직경 5-7mm,
노란 관상화의 집합은 직경 1.5-2mm이다.

⑤ 아나팔리스 포르피롤레피스
A. porphyrolepis Ling & Y.L. Chen
분포 ■티베트 남동부 개화기 7-8월
고산대 하부의 습지 주변에 있는 초지에 자
생하며, 거무스름한 뿌리가 땅속으로 뻗는
다. 뿌리줄기의 끝마다 1-4개의 줄기가 곧
게 자라나온다. 높이 20-30cm. 잎은 촘촘
하게 어긋나기 한다. 잎몸은 장원형으로 길
이 2.5-4cm이고 앞뒷면에 연노란색을 띤 털
이 자란다. 줄기 끝의 잎은 솜다리속의 포엽
군처럼 밀집한다. 총포는 원통형. 총포조각
은 난형-피침형으로 길이 3-4mm이며 붉은
자주색을 띤다.

⑥ 아나팔리스 카베이 *A. cavei* Chatterjee
분포 ■네팔 서부-시킴 개화기 7-9월
고산대 상부의 건조한 모래 사면이나 이끼
로 덮인 바위땅에 자생한다. 가는 뿌리줄기
가 분지해 넓게 퍼지며, 때때로 높이 3-
5cm의 돔 형태로 부풀어 오른 부드러운 쿠
션을 이루기도 한다. 전체적으로 거미집 모
양의 솜털에 덮여 있어 겉으로는 잎의 윤곽
을 알아보기 어렵다. 꽃줄기 높이는 2-
7cm. 뿌리줄기 끝에 달리는 로제트잎은 도
란형-타원형으로 길이 2-5mm이고 주변부
에 솜털이 두껍게 붙어 있다. 줄기잎은 주걱
형으로 길이 4-7mm이고 곧게 자라며 촘촘
하게 어긋나기 한다. 줄기 끝에 여러 개의
두화가 밀집해 직경 1-1.5cm의 꽃차례를 이
룬다. 두화는 직경 4-7mm. 총포조각은 바
깥쪽의 작은 것 외에는 반투명한 도침형으
로 길이 3-4mm이며 노란색을 띤다.

④-a 아나팔리스 자일로리자. 7월30일. V/팡페마의 서쪽. 5,050m. 칸첸중가 빙하의 오른쪽 유역. 중앙 상부의
산은 트윈즈와 크로스 피크, 왼쪽 끝은 네팔 피크.

④-b 아나팔리스 자일로리자. 7월29일.
V/팡페마의 서쪽. 4,750m.

⑤ 아나팔리스 포르피롤레피스. 7월29일.
Z3/도숑 라의 남동쪽. 3,600m.

⑥-a 아나팔리스 카베이. 7월22일.
S/숨나의 남쪽. 4,650m.

⑥-b 아나팔리스 카베이. 8월22일.
P/펨팅카르포의 북서쪽. 4,850m.

다북떡쑥속 Anaphalis

① 아나팔리스 네팔렌시스

A. nepalensis (Spreng.) Hand.-Mazz.[*A. triplinervis* (Sims)

Clarke var. *intermedia* (DC.) Air Shaw]

분포 □아프가니스탄·부탄, 티베트 남동부,
중국 서부 **개화기** 7-9월

아고산대나 고산대의 건조한 바위땅에 자생
하며, 땅위와 바위틈으로 주출지를 뻗는다.
높이 7-20cm. 잎의 기부는 선상도피침형으
로 길이 2-5cm이다. 상부의 잎은 작고 곧게
섰으며, 건조지에서는 가장자리가 물결모
양을 하고 끝에 갈색의 작은 구멍이 있다.
두화는 1-5개 달리며 직경 1-2cm이다. 총
포조각의 기부는 어두운 갈색이다.
*①-a는 암그루로 높이 15-20cm, 두화는
꽃줄기에 1-3개 달린다. ①-b는 수그루로
높이 8-10cm, 두화는 한 개만 달린다. 찬
바람을 맞는 비탈에 폭넓게 군생한다.

② 아나팔리스 네팔렌시스 모노체팔라

A. nepalensis (Spreng.) Hand.-Mazz.

var. *monocephala* (DC.) Hand.-Mazz.

[*A. triplinervis* (Sims) Clarke

var. *monocephala* (DC.) Hand.-Mazz.]

분포 □가르왈·윈난·쓰촨성, 티베트 남·
남동부 **개화기** 6-9월

고산대의 바위가 많은 초지나 모래지형에
소군락을 이룬다. 기준변종보다 주출지와
꽃줄기가 짧고, 줄기잎은 주걱형으로 끝에
갈색의 작은 구멍이 없으며, 두화는 1개이
며 높이 1.5-8cm, 직경 1.5-2cm로 크다.
*②-a는 암그루, ②-c는 수그루. ②-b는 티
베트 남동부의 것으로 꽃줄기와 잎이 매우
짧으며, 레둑타 f. *reducta* Pax라는 품종
으로 취급되고 있다.

①-a 아나팔리스 네팔렌시스. 7월31일. B/샤이기리의 서쪽. 3,800m. 바위틈으로 주출지를 뻗어 소군락을 이룬다. 상부의 우상복엽은 콩과의 치체르 미크로필룸.

①-b 아나팔리스 네팔렌시스. 7월27일.
B/상고살루의 서쪽. 3,850m.

②-a 아나팔리스 네팔렌시스 모노체팔라. 6월21일.
R/베니카르카. 3,950m.

②-b 아나팔리스 네팔렌시스 모노체팔라. 7월21일.
S/캉충의 남쪽. 5,200m.

③ 아나팔리스 부수아 *A. busua* (D. Don) DC.
분포 ㅁ카슈미르-윈난·쓰촨성, 티베트 남
부, 미얀마 개화기 7-10월
산지의 숲 주변이나 길가에 자생한다. 높이
는 0.5-1m로 상부에서 많은 곁줄기가 나오
며, 줄기 끝에 솜털이 자란다. 잎은 선상피침
형으로 길이 4-8cm이고, 표면은 짙은 녹색
으로 중맥이 선명하며 뒷면에는 솜털이 자란
다. 기부는 줄기를 따라 내려간다. 두화는
직경 3-5mm이며 가지 끝에 산방상으로 달
린다. 총포조각은 난형-타원형이다.

④ 산떡쑥
A. margaritacea (L.) Benth. & Hook.f. subsp. *japonica*
(Sch. Bip) Kitamura
분포 ㅁ티베트 남동부, 중국, 한국, 일본
개화기 7-9월
산지와 아고산대의 숲 주변이나 습한 초지에
자생한다. 꽃줄기는 높이 30-60cm. 상부에
서 곁줄기를 뻗고, 전체적으로 솜털이 붙어 있
다. 잎은 촘촘하게 어긋나기 하며 선형으로 길
이 3-8cm, 폭 3-5mm이다. 잎에 자루는
없으며 중맥이 선명하다. 기부는 줄기를 살짝
안고 있으며, 뒷면은 솜털이 짙다. 두화는 직
경 5-7mm이며 줄기 끝에 산방상으로 모인다.

⑤ 아나팔리스 로일레아나 *A. royleana* DC.
분포 ㅁ카슈미르-미얀마, 티베트 남부
개화기 7-9월
산지에서 고산대 하부에 걸쳐 바위가 많은 초지
에 자생한다. 줄기의 기부는 목질로 쉽게 분지
해 초질의 가지를 무수히 내뻗는다. 높이 15-
30cm. 잎은 선상장원형으로 길이 2-5cm이고
중맥이 선명하며 뒷면에는 솜털이 짙다. 가지
끝에 많은 두화가 모여 달린다. 두화는 직경 4-
6mm이며 자루에 하얀 솜털이 붙어 있다.

②-c 아나팔리스 네팔렌시스 모노체팔라. 7월1일. Z3/세치 라. 4,600m. 높이는 1.5-3cm, 잎몸은 길이 5-10mm
로 작으며, 레둑타라는 품종으로 취급되고 있다.

③ 아나팔리스 부수아. 9월16일.
H/마날리의 서쪽. 2,200m.

④ 산떡쑥. 8월17일.
Z2/파숨 호수 부근. 3,450m.

⑤ 아나팔리스 로일레아나. 8월4일.
H/로탕 고개의 남쪽. 3,700m.

다북떡쑥속 Anaphalis

① 아나팔리스 콘토르타 *A. contorta* (D.Don) Hook.f.
분포 □아프가니스탄-윈난·쓰촨성, 티베
트 개화기 8-10월
산지에서 고산대 하부에 걸쳐 숲 주변의 비탈
이나 바위틈에 자생한다. 분포지역이 넓은
만큼 잎 형태 등의 변이폭도 크다. 줄기의 기
부는 목질로 쉽게 분지해 무수한 가지를 내뻗
는다. 높이 10-30cm. 잎은 촘촘하게 어긋나
기 한다. 잎몸은 선상장원형으로 길이 1-
3cm이고 가장자리는 물결 모양이며 바깥쪽
으로 말렸다. 뒷면에 솜털이 붙어 있다. 가지
끝에 여러 개의 두화가 모여 직경 1-3cm의
구형 꽃차례를 이룬다. 두화는 직경 3-5mm.
지역과 환경에 따라 형태의 변화가 크다.
*①-c는 기타무라 시로가 혼대(*A. hondae*
Kitamura)라는 종명으로 발표한 식물과 같은
것으로, 높이는 8-10cm로 낮고 잎은 길이
8-12mm, 폭 1.5-2mm로 작으며 솜털은 앞
뒷면에 균일하게 붙어 있다.

② 아나팔리스 비르가타 *A. virgata* Thoms.
분포 ◇중앙아시아 주변-히마찰, 티베트 서
부 개화기 7-9월
건조지대의 자갈땅에 자생한다. 가는 꽃줄
기가 모여나기로 곧게 자라 둥근 그루를 이
룬다. 높이 25-40cm. 줄기의 기부는 목질
로 쉽게 분지한다. 전체적으로 하얀 솜털이
자란다. 잎은 줄기에 촘촘하게 어긋나기 하
고, 하부의 잎은 선형으로 길이 2-2.5cm.
상부의 잎은 작고 곧추 선다. 가지 끝에 작
은 두화가 산방상으로 모인다. 두화는 직경
4-6mm. 총포조각은 길이 2.5mm이며, 개
화할 무렵에는 붉은색을 띠는 경향이 있다.

①-a 아나팔리스 콘토르타. 8월25일. P/랑시샤의 북서쪽. 4,300m. 빙하의 측퇴석 위에 높이 20cm 가량의 둥근 그루를 이루고 있다. 주변에 보이는 난형의 잎은 두비애아 히스피다.

①-b 아나팔리스 콘토르타. 9월29일.
O/쿠툼상의 남쪽. 2,400m.

①-c 아나팔리스 콘토르타. 8월19일.
Y3/라싸의 서쪽교외. 4,100m.

② 아나팔리스 비르가타. 8월4일.
B/루팔의 남서쪽. 3,200m.

③ 아나팔리스 트리플리네르비스
A. triplinervis (Sims) Clarke
분포 □카슈미르-부탄, 티베트 남부
개화기 7-10월
산지와 아고산대의 숲 주변이나 바위가 많
은 초지에 자생한다. 꽃줄기는 높이 15-
30cm. 기부의 잎에는 자루가 없다. 줄기잎
은 타원형-장원형으로 길이 2-7cm이고 끝
이 뾰족하다. 기부는 줄기를 살짝 안고 있으
며 표면에 3개의 맥이 선명하다. 앞뒷면에
하얀 솜털이 붙어 있다. 두화는 직경 1-
1.5cm로 줄기 끝에 모여 달린다.
*③-a는 흔히 볼 수 있는 것으로, 잎은 길이 5-
7cm. ③-b는 전체적으로 솜털이 짙고 잎은
길이 2-2.5cm로 짧다. 둘 다 암그루이다.

떡쑥속 Gnaphalium
④ 떡쑥 *G. affine* D. Don
분포 □파키스탄-일본, 티베트 남부, 동남
아시아 개화기 4-10월
1년초. 저산대에서 고산대에 걸쳐 논밭 주변
이나 길가 둔덕에 자생한다. 높이 10-30cm.
전체적으로 하얀 털이 자란다. 하부의 잎은
주걱형으로 길이 3-6cm. 상부의 잎은 협피
침형. 두화는 직경 2-3mm. 총포조각은 얇
고 노란색이며 광택이 있다.

⑤ 금떡쑥 *G. hypoleucum* DC.
분포 □파키스탄-일본, 티베트 남부, 동남
아시아 개화기 5-10월
1년초. 산지의 논밭이나 숲 주변에 자생한
다. 꽃줄기는 길이 30-80cm로 곧게 자란다.
잎은 빽빽하게 어긋나기 한다. 잎몸은 선형
으로 길이 2-3cm이고 가장자리는 물결 모
양이며 뒷면에 솜털이 붙어 있다. 두화는 직
경 3mm. 총포조각은 노란색이다.

③-a 아나팔리스 트리플리네르비스. 9월28일. O/파티반장의 남쪽. 2,300m. 산등성이를 덮은 떡갈나무 숲 주변
에 자란 것으로 높이 20-30cm이다. 뒷면에는 솜털이 짙어 희뿌옇게 보인다.

③-b 아나팔리스 트리플리네르비스. 7월19일.
K/카그마라 고개의 서쪽. 3,700m.

④ 떡쑥. 6월10일.
Q/지리의 동쪽. 2,200m.

⑤ 금떡쑥. 9월16일.
X/탁창 부근. 2,700m.

개미취속 Aster

① 아스테르 몰리우스쿨루스

A. molliusculus (DC.) Clarke

분포 ㅁ카슈미르-가르왈, 티베트 서부
개화기 7-8월

건조지대 계곡 줄기의 자갈땅이나 초지에 자생한다. 옆으로 뻗은 목질의 뿌리줄기에서 수많은 꽃줄기가 올라와 곧게 자란다. 높이 15-40cm. 전체적으로 성긴 털이 자란다. 줄기 하부의 잎은 선상타원형으로 길이 2-4cm, 중부의 잎은 협피침형. 중기 상부에는 잎이 거의 나지 않으며, 끝에 보통 1개의 두화가 달린다. 두화는 직경 1.5-2cm. 설편은 옅은 자주색으로 늘어지는 경향을 보인다.

② 아스테르 살위넨시스 *A. salwinensis* Onno

분포 ◇티베트 남동부, 윈난 · 쓰촨성, 미얀마 개화기 7-9월

아고산대의 숲 주변이나 고산대 하부의 습하고 바위가 많은 초지에 자생한다. 옆으로 뻗은 강인한 뿌리줄기에서 수많은 꽃줄기와 로제트잎이 나온다. 높이 7-20cm. 근생엽의 잎몸은 도란형-타원형으로 길이 1-3cm이며 가장자리에 1-4쌍의 이가 있다. 표면에는 털이 자라고, 3개의 측맥이 나란히 자리하고 있다. 줄기에 어긋나기 하는 잎은 작으며, 기부가 줄기를 살짝 안고 있다. 두화는 직경 2.5-3cm로 줄기 끝에 1개 달린다. 설편은 분홍색으로 폭 1-1.2mm.

③ 아스테르 알베스첸스

A. albescens (DC.) Hand.-Mazz.

분포 ㅁ카슈미르-부탄, 티베트 남부, 중국 서부 개화기 6-10월

높이 1-2m의 관목으로 산지와 아고산대의 숲 주변이나 바위틈에 자생한다. 줄기는 분지하고, 상부에 짧은 털이 빽빽하게 자란다. 잎에는 자루가 거의 없다. 잎몸은 장원상피침형으로 길이 3-5cm이고 끝은 가늘고 뾰족하며 가장자리에 성긴 톱니가 있거나 매끈하다. 가지 끝에 많은 두화가 모여 산방꽃차례를 이룬다. 두화는 직경 6-10mm. 총포조각은 바깥쪽에서 안쪽으로 점차 길어진다. 설편은 연자주색·연붉은색으로 길이 4-6mm이다.

④ 아스테르 알베스첸스 필로수스

A. albescens (DC.) Hand.-Mazz. var. *pilosus* Hand.-Mazz.

분포 ◇티베트 남동부, 윈난 · 쓰촨성
개화기 7-9월

산지나 아고산대의 습한 숲 주변에 자생한다. 전체적으로 연한 갈색을 띤 털이 빽빽하게 자라서, 습기가 없을 때는 마치 녹이 슨 것처럼 보인다. 상부의 줄기잎에는 선모가 섞여 있다. 높이 1.5-2m. 잎은 길이 3-6cm로 가장자리에 무딘 톱니가 있다. 두화는 직경 1.2-2.4cm로 크다.

① 아스테르 몰리우스쿨루스. 7월21일. F/테스타의 북서쪽. 3,900m.

② 아스테르 살위넨시스. 7월30일. Z3/도숑 라의 남동쪽. 3,700m.

③ 아스테르 알베스첸스. 10월5일. P/싱곰파의 서쪽. 3,150m.

④ 아스테르 알베스첸스 필로수스. 8월13일. Z3/치틴탕카. 3,450m.

⑤ 아스테르 스트라케이. 9월2일. P/간자 라의 남쪽. 4,450m.

⑥ 아스테르 바탕겐시스. 6월22일. Z1/초바르바 부근. 4,500m.

⑤ 아스테르 스트라케이 *A. stracheyi* Hook.f.
분포 ◇히마찰 - 부탄, 티베트 남부
개화기 7-9월
고산대와 아고산대의 바위땅에 자생하며,
로제트잎이 달린 주출지가 뻗는다. 높이 3-
10cm. 꽃줄기는 적갈색이며 긴 털이 자란
다. 근생엽의 잎몸은 주걱형으로 길이 1-
3cm이고 0-3쌍의 톱니를 지니고 있으며 표
면에는 광택이 있다. 두화는 직경 2.5-3cm
로 줄기 끝에 1개 달린다. 총포조각은 바깥
쪽에서 안쪽으로 점차 길어지고 가장자리에
털이 나 있다. 설편은 옅은 자주색이다.

⑥ 아스테르 바탕겐시스
A. batangensis Bur. & Franch.
분포 ◇티베트 남 · 남동부, 윈난 · 쓰촨성
개화기 6-7월
아고산대와 고산대의 관목림 주변이나 둔덕
진 초지에 자생한다. 강인한 목질의 뿌리줄
기가 옆으로 뻗어 근생엽이 빽빽하게 자란
매트모양의 군락을 이룬다. 뿌리줄기의 정
부는 오래된 잎의 기부에 싸여 있다. 꽃줄기
는 길이 7-12cm. 근생엽은 도피침형으로
길이 3-5cm이고 앞뒷면에 짧은 털이 촘촘
히 나 있다. 줄기잎은 가늘다. 두화는 1개로
직경 3.5-4cm. 설편은 분홍색이다.

⑦ 아스테르 플락치두스 *A. flaccidus* Bunge
분포 ◇중앙아시아 - 부탄, 티베트, 중국 서
부, 몽골 개화기 7-9월
건조한 고산대의 자갈땅에 자생한다. 강인한
뿌리줄기가 옆으로 뻗으며, 정수리는 오래된
잎자루에 싸여 있다. 높이 3-15cm. 줄기
상부에서 총포까지 솜털이 자란다. 근생엽의
잎몸은 타원형 - 도피침형으로 길이 1-5cm이
고 앞뒷면에 짧은 털이 자라며 가장자리는 물
결모양이다. 줄기에는 피침형 잎이 1-3개 달
린다. 두화는 1개로 직경 3-4cm. 설상화는
40-60개 달리고, 설편은 연붉은색이다.

⑧ 아스테르 히말라이쿠스 *A. himalaicus* Clarke
분포 ◇네팔 중부 - 부탄, 티베트 남 · 남동부,
윈난 · 쓰촨성 개화기 8-10월
고산대의 바위가 많은 초지나 바위그늘에 자
생한다. 꽃줄기는 길이 5-15cm로 곧게 자라
거나 비스듬히 뻗는다. 전체적으로 털이 빽빽
하게 자란다. 근생엽의 잎몸은 난형 - 타원형으
로 길이 2-4cm이고 0-3개의 톱니를 지니고
있으며 표면에는 맥이 선명하다. 줄기잎의 기
부는 줄기를 안고 있다. 두화는 줄기 끝에 1
개 달리며 직경 3-4cm. 총포조각은 황갈색의
관상화보다 훨씬 길게 자란다. 설편은 연자주
색 · 연붉은색으로 폭 1mm 이하이다.

⑦-a 아스테르 플락치두스. 7월19일.
D/투크치와이 룬마. 4,200m.

⑦-b 아스테르 플락치두스. 7월11일.
K/셰라. 4,900m.

⑧ 아스테르 히말라이쿠스. 10월2일. P/고사인쿤드. 4,200m. 건조한 바위 그늘에 대군락을 이룬 것으로 갈색의
마른 잎이 많이 남아 있다. 두화가 가축에게 먹힌 흔적이 있다.

개미취속 Aster

① 아스테르 디플로스테피오이데스

A. diplostephioides (DC.) Clarke

분포 ㅁ카슈미르- 윈난 · 쓰촨성, 티베트 남 · 남동부 개화기 7-9월

고산대와 아고산대의 빙퇴석 비탈이나 모래가 많은 초지에 자생한다. 뿌리줄기의 정수리는 오래된 섬유질에 싸여 있다. 높이 10-40cm. 전체적으로 털이 자라고 상부에는 선모가 나 있다. 근생엽은 도피침형으로 길이 3-10cm 이고, 가장자리는 매끈하거나 성긴 이가 있다. 두화는 줄기 끝에 1개 달리며 직경 3.5-7(9)cm이다. 관상화의 봉오리는 어두운 자주색이다. 설편은 연붉은색 연자주색으로 폭 1-2mm이고, 기부로 가면서 점차 가늘어져 아래로 늘어지는 경향을 보인다.

*①-b는 쿰부 지방의 고지에 자란 것으로, 꽃줄기가 짧은 채로 개화하고 설편은 길이 4cm에 이른다.

② 아스테르 소울리에이 *A. souliei* Franch.

분포 ㅁ부탄, 티베트 남동부, 중국 남서부, 미얀마 개화기 6-8월

산지에서 고산대에 걸쳐 관목림 주변이나 둔덕진 초지에 자생한다. 꽃줄기는 높이 12-35cm이며 털이 자란다. 잎의 기부는 도피침형으로 길이 3-8cm이고 매끈하며 주변부에 털이 빽빽하게 나 있다. 줄기에는 작은 잎이 2-7개 달리며 기부가 줄기를 살짝 안고 있다. 두화는 직경 3-5cm로 줄기 끝에 1개 달린다. 총포조각은 가장자리에 털이 나 있다. 관상화는 굴색이다.

③ 아스테르 아스테로이데스

A. asteroides (DC.) Kuntze

분포 ㅁ네팔- 부탄, 티베트, 중국 서부 개화기 6-8월

①-a 아스테르 디플로스테피오이데스. 7월30일. V/팡페마. 5,100m. 뒤로 보이는 고봉은 오른쪽부터 알룽캉, 칸첸중가 주봉, 트윈즈, 크로스 피크.

①-b 아스테르 디플로스테피오이데스. 7월28일. S/로부체의 북동쪽. 5,150m.

①-c 아스테르 디플로스테피오이데스. 6월14일. X/로블탕. 3,950m.

② 아스테르 소울리에이. 8월22일. Y4/간덴의 남동쪽. 4,850m.

③ 아스테르 아스테로이데스. 6월15일. M/야크 카르카. 4,000m.

④ 아스테르 아스테로이데스 코스테이. 7월1일. Z3/세치 라. 4,500m.

고산대의 초지나 이끼 낀 바위땅에 자생하며, 방추형으로 불룩한 여러 개의 뿌리를 지닌다. 높이 5-15cm. 줄기는 곧게 자라고 자갈색을 띠는데 겉에 털도 나 있다. 근생엽에는 짧은 자루가 있다. 잎몸은 질이 약간 두꺼운 타원형으로 길이 2-4cm이고, 가장자리는 매끈하고 3개의 맥을 지니고 있으며 주변부에 털이 나 있다. 줄기에 작은 잎이 1-2개 달린다. 두화는 직경 3-3.5cm로 1개 달린다. 총포조각에 긴 털이 자란다. 설상화는 40-60개 달리며 분홍색이다. 통상화는 굴색이다.

④ 아스테르 아스테로이데스 코스테이

A. asteroides (DC.) Kuntze subsp. *costei* (Léveilé) Griers

분포 ◇시킴-부탄, 티베트 남·남동부
개화기 7-8월
방추형으로 불룩한 뿌리를 지닌다. 높이 5-10cm. 꽃줄기 상부에 하얀 털과 노란색 짧은 털이나 선모가 자란다. 잎의 기부는 타원형으로 길이 2cm이고 주변부와 뒷면의 맥 위에 짧은 털이 나 있다. 두화는 직경 3cm. 총포조각은 선상피침형이고 뒷면은 어두운 자주색이며 관상화보다 훨씬 길게 자란다. 총포조각 끝에는 누런색의 짧은 털이 자라 위를 향해 있으며, 설상화 사이에서 솟아나온다. 관상화는 어두운 자주색이다.

⑤ 아스테르 고울디이

A. gouldii C.F.C. Fisch.

[*Heteropappus gouldii* (C.F.C. Fisch.) Griers.]

분포 □시킴, 티베트 남·남동부
개화기 8-9월
건조한 모래땅이나 밭 주변에 자생하는 1년초. 줄기는 비스듬히 분지해 사방으로 퍼진다. 꽃줄기는 길이 10-30cm이며 굵은 털과 가는 털이 자라고 상부에 선모가 섞여 있다. 잎은 선상타원형으로 길이 1-3cm이고 기부는 줄기를 살짝 안고 있다. 가지 끝에 달리는 두화는 직경 2.5-3cm이며, 분홍색 설상화가 30-40개 달린다.

사이크로게톤속 Psychrogeton

⑥ 사이크로게톤 안드리알로이데스

P. andryaloides (DC.) Kraschen.

분포 □파키스탄-히마찰 개화기 6-8월
건조지대의 모래땅이나 바위틈에 자생한다. 강인한 뿌리줄기가 분지해 무수한 근생엽과 꽃줄기를 내민다. 높이 5-10cm. 꽃줄기의 기부는 사방으로 쓰러지는 경향을 보인다. 전체적으로 성긴 솜털이 붙어 있다. 근생엽은 주걱형·도피침형으로 길이 2-5cm이고 가장자리는 매끈하거나 무딘 톱니를 지닌다. 줄기 하부에 2-4개의 작은 잎이 달리고 상부에는 잎이 달리지 않는다. 두화는 직경 1.5-2cm로 줄기 끝에 1개 달린다. 총포조각은 선형으로 길이가 거의 같다. 설편은 흰색으로 길이 5-7mm. 관상화는 연노란색에서 붉은빛을 띤 갈색으로 변한다.

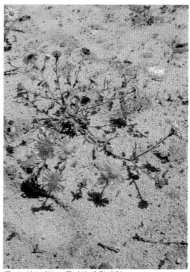

⑤-a 아스테르 고울디이. 8월 15일. Y3/나가르체의 북쪽. 4,400m.

⑤-b 아스테르 고울디이. 8월 18일. Z2/산티린. 3,600m.

⑥ 사이크로게톤 안드리알로이데스. 7월 21일. D/데오사이 고원. 4,000m. 두화 중앙의 관상화 부분은 연노란색으로, 개화가 끝날 무렵에 구릿빛을 띠며 부풀어 오른다.

망초속 Erigeron

① 에리게론 물티라디아투스
E. multiradiatus (DC.) Clarke

분포 ▫카슈미르-윈난 · 쓰촨성, 티베트 남 · 남동부 개화기 6-9월

아고산대와 고산대의 관목림 주변, 초지, 모래땅에 자생한다. 강인한 뿌리줄기가 옆으로 뻗는다. 꽃줄기는 높이 15-35cm. 전체적으로 털이 자란다. 잎의 기부는 도피침형으로 길이 4-10cm이고 가장자리는 매끈하거나 1-2개의 무딘 톱니를 지닌다. 상부의 잎은 기부가 줄기를 살짝 안고 있다. 두화는 직경 3-4cm로 1개 달린다. 총포조각은 선상피침형으로 길이 6-8mm이고 여기에 털이 촘촘하게 나 있다. 설상화는 150-200개 달리며 폭 1mm이다.

② 에리게론 우니플로루스 *E. uniflorus* L.

분포 ▫북구 전반, 유럽-네팔, 티베트 서부 개화기 7-9월

건조한 고산대의 모래땅이나 바위틈에 자생한다. 땅속으로 강인한 뿌리줄기가 뻗는다. 높이 10-20cm. 전체적으로 털이 자란다. 근생엽은 도피침형으로 길이 2-10cm. 줄기에는 3-6개의 잎이 달리고 자루는 없으며, 기부는 줄기를 살짝 안고 있다. 두화는 보통 1개 달리지만 간혹 2-3개 달리는 것도 있으며 직경 2-2.5cm이다. 총포조각은 선상피침형으로 개출하며 여기에 솜털이 붙어 있다. 설상화는 선형으로 무수히 달리며 흰색 붉은색이다.

③ 에리게론 벨리디오이데스
E. bellidioides (D.Don) Clarke

분포 ▫카슈미르-부탄 개화기 5-9월

산지에서 아고산대에 걸쳐 숲 주변이나 습한 초지의 사면에 자생한다. 꽃줄기는 높이 15-35cm로 가늘고 전체적으로 털이 거의 없다. 잎은 장원상피침형으로 길이 2-4cm이고 끝은 가늘고 뾰족하며 기부도 가늘어진다. 가장자리는 매끈하거나 1-3쌍의 날카로운 톱니를 지닌다. 두화는 꽃줄기에 1-3개 달리며 직경 2.5-3cm. 설상화는 60-100개 달리고, 설편은 분홍색이다.

④ 에리게론 몬티콜루스 *E. monticolus* DC.

분포 ▫아프가니스탄-네팔 중부 개화기 5-9월

산지의 숲 주변이나 둔덕에 자생하며, 뿌리줄기가 옆으로 뻗는다. 높이 20-30cm. 꽃줄기는 가늘고 드문드문 분지하며 상부에 짧은 털이 자란다. 근생엽에는 긴 자루가 있다. 잎몸은 장원형으로 길이 2-3cm이고 끝은 둔형이며 매끈하다. 앞뒷면에 털이 약간 자란다. 두화는 곧게 뻗은 긴 자루 끝에 1개 달리며 직경 2-2.5cm. 총포조각은 선상피침형으로 길이 5mm. 설상화는 60-80개 달리고, 설편은 연붉은색이다.

①-a 에리게론 물티라디아투스. 8월4일. V/캉바첸의 북동쪽. 4,250m. 양지꽃속 풀과 함께 인동속 소관목 사이에서 보호받고 있다.

①-b 에리게론 물티라디아투스. 7월10일. S/포르체의 북서쪽. 4,000m.

①-c 에리게론 물티라디아투스. 8월3일. Y1/키라프의 남쪽. 4,800m.

⑤ 망초속의 일종 (A) Erigeron sp. (A)

높이 35cm. 줄기는 중부 이상에서 활발히
분지하고 짧은 털이 자란다. 하부의 잎은 도
피침형-선상장원형으로 자루를 지니지 않고
길이 2.5-4cm이며 앞뒷면에 털이 자란다.
두화는 직경 2.5-2.8cm. 안쪽의 총포조각
은 선상피침형으로 길이 6mm이며, 바깥
쪽의 것은 짧고 휘어있다. 설편은 연붉은색
으로 초반에는 색이 짙다.

⑥ 에리게론 아체르 물티카울리스

E. acer L. var *multicaulis* Clarke

분포 □아프가니스탄-부탄, 티베트 서부
개화기 7-9월

유라시아 대륙에 널리 분포하는 민망초의 변
종. 산지나 아고산대의 숲 주변, 바위가 많
은 초지에 자생한다. 꽃줄기는 높이 20-50
cm이며 전체적으로 털이 거의 없다. 근생엽
은 도피침형으로 길이 4-8cm이고 매끈하
다. 줄기잎은 장원형-선형이며 기부가 줄기
를 살짝 안고 있다. 두화는 가늘고 긴 자루
끝에 달리며 직경 1.5-2.5cm. 설상화는
120개 이상 달린다.

⑦ 에리게론 카르빈스키아누스

E. karvinskianus DC.

분포 □중앙아메리카 원산. 일본을 포함한
세계의 온대 및 아열대지역에 야생하며, 히
말라야의 구릉지대에 많다. 개화기 4-6월
밭 주변이나 돌담 사이에 자생한다. 길이
20-40cm. 줄기는 쉽게 쓰러지고 비 모양으
로 분지한다. 잎의 기부는 크고 3개로 얕게
갈라져 있다. 중부 상부의 잎은 선상도피침
형으로 길이 1-4cm이며 끝이 뾰족하다.
두화는 직경 1.5-2cm. 설편은 흰색-붉은색
이다.

②-a 에리게론 우니플로루스. 8월17일.
A/호로고지트. 4,200m.

②-b 에리게론 우니플로루스. 7월20일.
D/투크치와이 룬마. 4,600m.

③ 에리게론 벨리디오이데스. 9월5일.
J/홈쿤드의 남쪽. 3,700m.

④ 에리게론 몬티콜루스. 6월1일.
M/구르자가온의 북서쪽. 2,700m.

⑤ 개망초속의 일종 (A) 7월29일.
B/루팔의 서쪽. 3,200m.

⑥ 에리게론 아체르 물티카울리스. 8월5일.
B/루팔. 3,150m.

⑦ 에리게론 카르빈스키아누스. 5월30일.
V/고르키. 2,300m.

알라르디아속 Allardia

① 알라르디아 토멘토사

A. tomentosa Decne. [Waldheimia tomentosa (Decne.) Regel]

분포 ◇중앙아시아 주변- 네팔 중부, 티베트 서부 개화기 7-9월

바람이 넘나드는 건조한 고산대의 바위땅이나 하원에 자생한다. 강인하고 유연한 뿌리줄기가 땅속으로 뻗는다. 꽃줄기는 기부에서 분지해 비스듬히 자라며 높이 5-15cm이다. 전체적으로 솜털이 자란다. 하부의 잎은 도피침형으로 길이 2-4cm이고 2회 우상으로 깊게 갈라졌으며, 갈래조각은 선상피침형으로 폭 1mm 이하. 두화는 직경 3-4cm. 총포조각의 주변부는 막질로 어두운 자주색이다. 설편은 흰색 연붉은색으로 길이 1-1.7cm.

② 알라르디아 니베아

A. nivea Hook.f. & Thoms.

[Waldheimia nivea (Hook.f. & Thoms.) Regel]

분포 ■중앙아시아 주변- 네팔 중부, 티베트 남부 개화기 6-8월

건조한 고지의 빙하 주변에 있는 모래땅에 자생하며, 가는 뿌리줄기가 바위틈으로 뻗어 매트모양의 군락을 이룬다. 꽃줄기는 높이 2-3cm로 분지하고 전체적으로 솜털이 붙어 있다. 잎은 쐐기형으로 길이 4-6mm이고 상부는 2-5개로 갈라졌다. 대부분은 3개로 갈라진다. 두화는 직경 1.5-2cm. 총포조각은 피침형으로 주변의 막질부는 좁고 뒷면에는 털이 많다. 설편은 타원형으로 연붉은색이며 길이 6-7mm. 관상화는 주홍색이다.

③ 알라르디아 베스티타

A. vestita Hook.f. & Thoms.

[Waldheimia vestita (Hook.f. & Thoms.) Pamp.]

분포 ■카슈미르, 티베트 서남부

①-a 알라르디아 토멘토사. 8월1일. B/마제노 고개의 남동쪽. 4,600m. 사초과 풀과 함께 피어있으며, 바람이 넘나드는 불안정한 모래땅에 강인하고 유연한 뿌리를 땅속 깊숙이 내리고 있다.

①-b 알라르디아 토멘토사. 7월10일. K/랑모시 라의 북서쪽. 4,800m.

② 알라르디아 니베아. 7월31일. B/샤이기리의 서쪽. 4,050m.

③ 알라르디아 베스티타. 7월28일. Y2/롱부크 빙하. 5,500m.

개화기 7-9월

고산대 상부의 빙퇴석에 자생하며 매트모양의 군락을 이룬다. 높이 2-4cm. 전체적으로 솜털에 덮여 있다. 잎은 쐐기형으로 길이 6-8mm이고 상부가 3-5개로 갈라졌으며, 갈래조각은 짧고 끝이 원형이다. 두화는 직경 2-2.5cm. 총포조각 주변의 막질부는 넓고 가늘게 갈라져 있다. 설편은 장원형으로 연붉은색이며 끝이 살짝 휘어 있다. 중앙의 관상화 집합은 두화 직경의 절반 이상을 차지할 정도로 크다.

④ 알라르디아 글라브라

A. glabra Decne. [*Waldheimia glabra* (Decne.) Regel]

분포 ◇중앙아시아 주변-부탄, 티베트 서남부 **개화기** 7-9월

고산대 상부의 바위땅이나 빙하 부근의 모래땅에 자생한다. 뿌리줄기가 바위틈을 누비듯이 분지하며 넓게 퍼져 매트모양의 군락을 이룬다. 꽃줄기는 높이 2-5cm이고 전체적으로 털이 매우 적다. 잎은 로제트형태로 달린다. 잎몸은 쐐기형으로 길이 7-15mm이고 끝이 3-7개로 갈라졌으며, 기부는 칼집 모양으로 줄기를 안고 있다. 두화는 직경 2-4cm. 총포조각의 주변은 막질로 어두운 자주색이다. 관상화 집합은 두화 직경의 절반 정도이다. 설상화는 연붉은색인 것과 흰색인 것이 있는데, 후자는 일반적으로 해발이 높고 이슬비가 끊이지 않는 지역에서 볼 수 있으며 전체적으로 작다. 잎에는 제충국(除蟲菊)과 비슷한 향기가 있어서 향을 피울 때 섞어서 사용하기도 한다.

*④-b의 두화는 직경 4cm. ④-c의 흰색 두화는 직경 2cm로 작다. 랑탕 계곡에서는 하얀 꽃만 볼 수 있다. ④-d는 파키스탄의 것으로, 두화는 직경 2.5cm이고 관상화 부분은 작다. 봉오리가 달린 힐로텔레피움 에웨르시이가 함께 피어 있다.

④-a 알라르디아 글라브라. 8월15일. V/캉 라의 남쪽. 4,850m. 장대한 빙하의 빙퇴석 그늘에 희고 유연한 뿌리줄기를 살짝 드러내며 매트상의 군락을 이루고 있다.

④-b 알라르디아 글라브라. 7월29일. V/로닉의 동쪽. 4,850m.

④-c 알라르디아 글라브라. 9월1일. P/간자 라의 북쪽. 4,850m.

④-d 알라르디아 글라브라. 8월1일. B/마제노 고개의 남동쪽. 4,500m.

미역취속 Solidago

① 솔리다고 비르가우레아 *S. virgaurea* L.

분포 □유럽, 중앙아시아 주변-네팔 중부
개화기 7-9월

일본 각지에 분포하는 미역취의 기준아종으로, 산지나 아고산대의 숲 주변 초지에 자생한다. 꽃줄기는 높이 30-60cm이며 상부에 짧은 털이 자란다. 잎의 기부는 도피침형으로 길이 8-15cm이고 끝이 뾰족하며, 가장자리에 이가 있고 기부는 폭넓은 자루로 이어진다. 줄기 상부의 잎겨드랑이마다 두화가 달려 전체적으로 총상 또는 원추상의 꽃차례를 이룬다. 두화는 직경 1.5cm이며 귤색의 설상화와 관상화가 10개 전후로 달린다. 총포는 원통형으로 길이 1cm. 총포조각은 얇으며 바깥쪽의 것은 짧다.

② 솔리다고 비르가우레아 레이오카르파

S. virgaurea L. subsp. *leiocarpa* (Benth.) Hultén

분포 □카슈미르-네팔, 아삼, 중국, 일본
개화기 8-9월

일본에서 시베리아 동부에 걸쳐 분포하는 미역취와 같은 아종에 속한다. 산지에서 고산대까지 돌이 많은 초지나 자갈땅에 자생한다. 꽃줄기는 길이 15-40cm로 모여나기 한다. 전체적으로 털이 거의 없다. 잎의 기부는 개화시에는 남아 있지 않다. 줄기에 어긋나기 하는 잎은 피침형이며 날카로운 톱니가 있다. 두화는 직경 1.5cm로 줄기 끝에 산방상으로 모여 달린다.

리크테리아속 Richteria

③ 리크테리아 피레트로이데스

R. pyrethroides Kar. & Kir. [*Chrysanthemum pyrethroides* (Kar. & Kir.) B. Fedtsch.]

분포 ◇파키스탄 북서부-카슈미르
개화기 7-8월

바람이 넘나드는 건조한 계곡 줄기의 모래땅에 자생한다. 높이 10-30cm. 뿌리줄기의 정부가 활발히 분지해 많은 꽃줄기를 내민다. 잎은 줄기 하부에 집중적으로 달린다. 잎의 기부에는 자루가 있다. 잎몸의 윤곽은 장원형으로 길이 2-7cm이고 2-3회 우상으로 깊게 갈라졌으며, 갈래조각은 선형으로 폭 0.2-1mm이다. 두화는 비스듬한 줄기 끝에 1개 달리며 직경 3-4cm. 총포조각의 주변부는 막질로 암갈색이다. 설편은 흰색으로 길이 1-1.5cm. 개화 끝 무렵에 꽃줄기는 길고 곧게 자라며, 설편은 기부에서 아래로 늘어진다. 지역적으로 형태의 변화가 큰데, 분포 지역의 동쪽에 있는 라다크 지방에서는 그루가 작고 전체적으로 솜털에 덮여 있으며 잎의 갈래조각이 매우 가늘다. 반면 서쪽 지방에서는 큰 그루를 이루며 털이 희박하고 잎의 갈래조각이 크다.

① 솔리다고 비르가우레아. 7월16일. I/꽃의 계곡. 3,500m.

② 솔리다고 비르가우레아 레이오카르파. 9월5일. J/홈쿤드의 남쪽. 3,700m.

③ 리크테리아 피레트로이데스 . 7월18일. D/사트파라 호수의 남쪽. 3,700m. 데오사이 고원의 가축 떼가 오가는 길목에서 자라고 있으나, 용케 가축의 식해를 피해 큰 그루를 이루고 있다.

* 사진의 그루는 비교적 바람이 약한 습지 주변의 비탈에서 유달리 크게 자란 것으로, 높이 30-40cm이고 두화는 직경 4cm이다. 그러나 크기를 제외하고는 종내(種內)의 중간적인 형태를 띠고 있다. 전체적으로 털이 희박하게 자라며, 잎의 갈래조각은 폭 0.5mm 전후이다.

쑥국화속 Tanacetum

④ 타나체툼 팔코네리 *T. falconeri* Hook.f.

분포 ■파키스탄 북서부-카슈미르

개화기 7-9월

건조 고지의 자갈이 많은 초지나 관목림 주변에 자생한다. 꽃줄기는 높이 30-50cm로 상부에서 분지하고, 잎은 하부에 모인다. 꽃차례에 털이 빽빽하게 자란다. 잎의 기부는 도피침형으로 길이 8-12cm이고 2-3회 우상으로 깊게 갈라졌다. 갈래조각은 선형으로 표면에는 성기게, 뒷면에는 촘촘하게 털이 나 있다. 상부의 잎은 기부가 줄기를 안고 있다. 곧게 자란 줄기 끝에 노란색 두화가 산방상으로 모여 달린다. 두화는 관상화로만 이루어져 있으며 직경 7-9mm이다. 총포조각의 주변부는 막질로 옅은 갈색이며 뒤쪽에 털이 자란다.

⑤ 타나체툼 아트킨소니이

T. atkinsonii (Clarke) Kitamura

[*Chrysanthemum atkinsonii* Clarke]

분포 ◇네팔 중부-부탄 개화기 7-9월

아고산대와 고산대의 관목림 주변이나 바위 사이의 초지에 자생한다. 높이 20-40cm. 줄기상부에서 총포조각까지 긴 털이 자란다. 근생엽은 도피침형으로 길이 15-25cm이고 3회 우상으로 깊게 갈라졌으며, 작은 갈래조각은 선상장원형으로 폭 0.5mm이며 줄기잎은 작다. 줄기 끝에 노란 두화가 달려 있다. 두화는 직경 3-4cm. 총포조각의 주변부는 막질로 어두운 자주색이며 털이 거의 없다. 설편은 굴색으로 길이 8-12mm. 잎에 제충국과 같은 강한 향기가 있다.

⑥ 타나체툼 돌리코필룸

T. dolichophyllum (Kitam.) Kitam.

분포 □카슈미르-네팔 중부 개화기 7-9월

건조지대의 아고산대에서 고산대에 걸쳐 바위가 많은 초지의 비탈에 자생한다. 전체적으로 동속 아트킨소니이와 비슷하나, 줄기 끝에 노란 두화가 1-5개 모이고 두화는 관상화로만 이루어져 있다. 잎의 기부는 2-3회 우상으로 깊게 갈라졌으며, 갈래조각은 선형으로 뒷면에 털이 자란다. 두화는 완전히 개화하면 반구형이 되며 직경 1.2-1.5cm이다. 총포조각의 뒷면은 털로 덮여 있다.

④ 타나체툼 팔코네리. 8월16일.
A/바이타샤르의 북쪽. 3,650m.

⑤ 타나체툼 아트킨소니이. 7월21일.
T/사노포카리의 남쪽. 4,000m.

⑥ 타나체툼 돌리코필룸. 7월15일. D/데오사이 북부. 4,200m. 고원의 가장자리를 두른 바위 능선의 남쪽 사면에서 상승기류가 이끌고 온 이슬비의 혜택을 입어 높이 40cm의 큰 그루로 자라있다.

난노글로티스속 Nannoglottis

① 난노글로티스 후케리

N. hookeri (Hook.f.) Kitamura

분포◇네팔 중부·부탄, 티베트 남부
개화기 6-8월

고산대의 관목림 사이나 바위가 많은 초지의
비탈, 간혹 아고산대의 소림 내에도 자생한다.
높이 15-80cm. 전체적으로 긴 털이 자란다.
기부의 잎은 도피침형으로 길이 12-25cm이고
가장자리에 톱니가 있으며, 기부는 날개가 달
린 자루로 이어진다. 상부의 잎에는 자루가
없으며 기부가 줄기를 따라 내려간다. 꽃줄기
는 상부에서 분지하며 1-4개의 노란색 두화가
위를 향해 핀다. 두화는 직경 3.5-4.5cm이고,
총포조각에 선모가 자란다.

*①-a의 오른쪽 밑에 보이는 큰 잎은 리굴라
리아 루미치폴리아. ①-b는 숲속에 자란 것
으로, 줄기와 잎이 다 나오기도 전에 일찌감
치 두화 1개를 피우고 있다.

② 난노글로티스 소울리에이

N. souliei (Franch.) Ling & Y.L. Chen

분포 ◇네팔 서중부, 티베트 남동부, 쓰촨
성 개화기 7-8월

산지나 아고산대의 숲 주변에 자생한다. 높
이 50-80cm. 전체적으로 털이 자라며 꽃차
례에 선모가 나 있다. 잎의 기부에는 날개가
달린 자루가 있으며, 잎몸은 장란형으로 길
이 15-25cm이고 가장자리에 톱니가 있다.
상부의 잎은 줄기를 살짝 안고 있으며 줄기를
따라 내려간다. 두화는 직경 2.5cm로 여러
개가 산방상으로 달린다. 총포조각은 길다.

아야니아속 Ajania

③ 아야니아 티베티카

A. tibetica (Hook.f. & Thoms.) Tzvel.

[Tanacetum tibeticum Hook.f. & Thoms.]

분포 ◇중앙아시아 주변·히마찰, 티베트 서
부 개화기 7-9월

고산대의 건조한 바람이 넘나드는 바위가 많
은 초지에 자생한다. 강인한 뿌리줄기와 뿌리
가 땅속으로 길게 뻗는다. 높이 8-20cm. 전
체적으로 솜털에 덮여 있다. 잎의 기부에는
자루가 있다. 잎몸은 삼각상란형으로 길이 2-
3cm이고 2회 우상으로 깊게 갈라졌으며 갈래
조각은 선형이다. 꽃줄기 끝에 1개 또는 여러
개의 노란색 두화가 산방상으로 모여 달린다.
두화는 직경 7-12mm. 총포조각은 장원형으
로 주변부는 막질이고 옅은 갈색이다.

④ 아야니아 누비게나

A. nubigena (DC.) Shih [Tanacetum nubigenum DC.]

분포 ◇가르왈·부탄, 티베트 남부
개화기 7-9월

고산대의 건조한 바위비탈에 자생한다. 꽃줄

① -a 난노글로티스 후케리. 7월6일.
S/랑모체의 동쪽. 4,150m.

① -b 난노글로티스 후케리. 6월16일.
X/레미탕의 동쪽. 4,000m.

② 난노글로티스 소울리에이. 7월21일.
K/자그도라의 남쪽. 3,400m.

③ 아야니아 티베티카. 8월2일.
B/마제노 고개의 남동쪽. 4,500m.

④ 아야니아 누비게나. 8월3일.
Y1/키라프의 남쪽. 4,800m.

⑤ 아야니아 푸르푸레아. 8월28일.
Y3/라싸 라의 남쪽. 5,150m.

98 국화과

기는 길이 15-30cm로 곧게 자라거나 사방으
로 쓰러지며, 전체적으로 솜털이 붙어 있다.
잎은 길이 2-3cm이고 1-3회 우상으로 깊게
갈라졌으며, 1회째 옆갈래조각은 1-4쌍이다.
작은 갈래조각은 도피침형·선형이다. 줄기 끝
에 여러 개 수십 개의 두화가 산방상으로 모여
달린다. 두화는 노란색 관상화로만 이루어졌
으며 직경 5-7mm. 총포조각은 장원형으로
주변부는 막질이고 흑갈색이다.

⑤ 아야니아 푸르푸레아 *A. purpurea* Shih

분포 ◇티베트 남·남동부 개화기 8-9월
건조한 고산대 상부의 바위 비탈에 자생한
다. 줄기의 기부는 목질로, 여러 개의 곁줄
기가 곧게 자라난다. 높이 10-20cm. 전체
적으로 솜털이 붙어 있다. 하부 잎의 잎몸은
도란형·능상타원형으로 길이 7-15cm이고
우상으로 깊게 갈라졌다. 옆갈래조각은 3-5
개이며 0-3개의 톱니가 있다. 두화는 직경
4-5mm로 줄기 끝에 모여 달린다. 관상화의
화관은 자줏빛 붉은색이다.

힙폴리티아속 Hippolytia
⑥ 힙폴리티아 고시피나
H. gossypina (Hook.f. & Thoms.) Shih
[*Tanacetum gossypinum* Hook.f. & Thoms.]

분포 ◇네팔 중부 부탄, 티베트 남부
개화기 7-9월
고산대 상부의 바위땅에 자생한다. 가는 뿌
리줄기가 넓게 퍼진다. 뿌리줄기의 정수리
에 오래된 잎이 많이 남아 있다. 꽃줄기는 2-
7cm. 전체적으로 두꺼운 솜털에 덮여 있으
며, 건조한 티베트 고지에서는 솜털이 얇다.
줄기잎은 주걱형으로 길이 5-10mm이고 상
부는 손바닥 모양으로 3-5개로 갈라졌으며
갈래조각은 선형이다. 로제트잎은 작다. 두
화는 줄기 끝에 3-10개(대부분 5개)가 빈틈없
이 모여 달린다. 두화는 직경 4-7mm이며
노란색 관상화로만 이루어졌다. 총포조각은
장원형으로 주변부는 막질이고 암갈색이다.

⑦ 힙폴리티아 신칼라티포르미스
H. syncalathiformis Shih

분포 ■티베트 남부 개화기 8-9월
고산대 상부의 건조한 바람이 부는 초지에 자
생한다. 높이 1-2cm. 줄기는 짧고 땅위로는
거의 나오지 않는다. 잎은 꽃차례의 기부에
로제트형태로 달리며 길이 1-1.5cm이고 2
회 우상으로 깊게 갈라졌다. 1회째 옆갈래조
각은 2-4쌍이고, 작은 갈래조각은 장원상피
침형으로 폭 1mm 이하이다. 앞뒷면에 누운
털이 빽빽하게 자란다. 꽃차례는 전체적으로
직경 2-3cm이며 10-25개의 두화가 모인다.
두화는 직경 3-5mm. 화관은 붉은빛을 띤
귤색. 총포조각의 주변부는 암갈색이다.

⑥ 힙폴리티아 고시피나. 9월2일. P/간자 라의 남쪽. 4,500m. 여름에도 눈이 쌓이기 쉬운 바위틈의 미부식질에 뿌리를 뻗고 있다. 위쪽에 보이는 노란 꽃은 삭시프라가 나카오이.

⑦ 힙폴리티아 신칼라티포르미스. 8월27일. Y3/라틴의 동쪽. 봄맞이꽃속의 쿠션군락에 뿌리를 내린 것으로, 깊게 갈라진 작은 잎이 적등색의 꽃차례 주변에 펼쳐져 있다.

톱풀속 Achillea

① 서양톱풀 *A. millefolium* L.

분포 ▫유럽-히말라야 서부가 원산지, 세계 각지에서 원예식물로 재배되고 있다.
개화기 7-9월

건조한 고지의 관목림 주변이나 방목지, 밭 주변에 자생한다. 높이 20-60cm. 전체적으로 짧은 털이 자란다. 잎은 일정 간격으로 달리고, 잎의 기부에는 자루가 있다. 잎몸은 장원상피침형으로 길이 5-10cm이고 2-3회 우상으로 갈라졌으며, 작은 갈래조각은 선상피침형으로 폭 0.5mm 이하. 상부의 잎은 기부가 줄기를 안고 있다. 줄기 끝의 산방상꽃차례는 직경 5-12cm. 두화는 보통 흰색으로 직경 5-7mm이며, 십 수 개의 관상화와 5개의 설상화로 이루어져 있다. 설편은 도난형으로 폭 2-2.5mm이고 평개한다.

꽃이 아름다운 고산대의 마을 식물

히말라야의 고산대는 빙하로 둘러싸인 해발 5,500m의 구릉에 이르기까지, 연속적으로 식생이 발견되는 장소의 대부분이 가축을 방목하는 마을 사람들에게 이용되고 있다. 여름용 취락과 방목 오두막 주변에는 독성이 있거나 소화가 안 되는 탓에 가축이 멀리하는 풀이 무성하게 자란다. 눈에 띄어도 큰 타격을 받지 않는 이들 풀 중에는 혹독한 환경 속에서 힘겹게 살아가는 곤충을 격려하기 위해 크고 화려한 꽃을 피우는 종류가 많다. 서히말라야의 양지바른 U자 계곡 내에는 빙하에서 흘러나온 물로 관개하는 보리밭이 펼쳐져 있으며, 밭을 둘러싼 돌담 안쪽에는

여름에 서양톱풀과 붉은토끼풀, 실레네 불가리스, 메디카고 팔카타 외에 자주개자리와 라눈쿨루스 라에투스, 임파티엔스 글란둘리페라, 세네치오 라에투스, 에리시뭄 히에라치이폴리움 등의 꽃이 흐드러지게 피어 마치 꽃밭과 같은 경관을 연출한다(아래 사진) 방목 거점의 주변에는 게라니움 프라텐세와 독성이 강한 아코니툼 비올라체움이 무성하게 자란다.

습윤한 동히말라야의 고산대에서는 여름용 취락 밭에 감자와 메밀을 심는데 취락 주변에는 휴경 중인 감자밭을 가득 메운 아네모네 리불라리스와 돌담 바깥쪽을 따라 나 있는 세네치오 라파니폴리우스 외에, 리굴라리아 루미치폴리아와 셀리눔 왈리키아눔 등의 꽃을 볼 수 있다(오른쪽 가운데 사진). 돌담으

① 서양톱풀. 7월29일. B/타르신 동쪽. 2,950m. 뒤로 보이는 하얀 고봉군의 중앙에 있는 라이코트 피크와 왼쪽 끝의 낭가파르바트 주봉은 정상이 구름에 가려져 있다.

로 둘러싸인 목초밭에는 라눈쿨루스 브로테
루시이(노란색)와 네페타 라미오프시스(어두
운 자주색), 미크로울라 시키멘시스(파란색),
에리게론 물티라디아투스(분홍색) 등의 풀이
많다(오른쪽 아래 사진). 습한 방목지에는 프리
뮬라 시키멘시스를 비롯한 앵초속 풀이 무
성히 자라며(오른쪽 위 사진), 건조한 초지에
는 범꼬리속 풀이 군생한다. 메코노프시스
그란디스와 테르모프시스 바르바타, 포도필
룸 헥산드룸은 가축의 배설물이 널려 있는
바위가 많은 초지에 자생한다.
양지꽃속 풀은 히말라야 고산대 전역의 과
방목(過放牧) 초지에 널리 군생하는데, 서쪽
에는 아르기로필라와 겔리다, 동쪽에는 페
둔쿨라리스와 콘티구아 등의 종이 많다.

프리뮬러 시키멘시스 푸디분다가 군생하는 방목지. 6월17일. X/라야 부근. 4,200m.

아네모네 리불라리스로 덮인 휴경밭과 마을 입구의 불탑. 7월8일. S/쿰중. 3,750m.

돌담으로 둘러싸인 목초밭은 여름에 다양한 종류의 꽃으로 채색된다. 7월11일. S/팡카. 4,450m.

피레트룸속 Pyrethrum

① 피레트룸 타치에넨세

P. tatsienense (Bur. & Franch.) Shih

분포 ◇티베트 남동부, 윈난·쓰촨성
개화기 7-9월

고산대의 바람이 넘나드는 초지 비탈이나 소관목 사이에 자생한다. 꽃줄기는 길이 7-15cm로 곧게 자란다. 줄기와 잎줄기, 총포조각에 긴 털이 나 있다. 잎의 기부는 장원형-도피침형으로 길이 2-6cm이고 우상으로 깊게 갈라졌다. 갈래조각은 2-5개로 깊게 갈라졌으며, 작은 갈래조각은 선형으로 폭 0.5mm 이하이다. 두화는 줄기 끝에 1개 달리며 직경 2.5-3.5cm. 총포조각의 주변부는 막질로 암갈색이다. 설편은 질이 약간 단단하고 표면은 굴색, 뒷면은 주홍색이다.

안테미스속 Anthemis

② 송장쑥 *A. cotula* L.

분포 ▢유럽, 서아시아, 파키스탄-카슈미르 개화기 7-9월

산지의 거친 관목림이나 하원, 길가의 초지에 자생한다. 높이 20-50cm. 줄기는 활발히 분지한다. 잎의 기부 윤곽은 장란형으로 길이 2-3cm이고 2-3회 우상으로 깊게 갈라졌으며, 작은 갈래조각은 폭 0.5mm 이하이다. 두화는 긴 자루 끝에 달리며 직경 2-2.5cm. 총포조각 주변부는 막질로 흰색이다. 개화가 끝날 무렵에는 하얀 설상화가 아래로 늘어지고, 노란 관상화가 모인 꽃받침이 솟아오른다. 잎에 독특한 냄새가 있다.

쑥속 Artemisia

③ 아르테미시아 웰비이 *A. wellbyi* Hemsl. & Pears.

분포 ◇티베트 전역 개화기 7-9월

건조한 고지의 바람이 강한 하원이나 바위가 많은 비탈에 자생한다. 굵고 단단한 뿌리줄기가 땅으로 솟아나와 소관목 형태를 이루는 경우가 많다. 높이 15-25cm. 가지 끝은 늘어지기 쉽고 전체적으로 황갈색을 띤 짧은 털이 자란다. 잎의 기부는 길이 2-4cm, 폭 1-2cm이고 1-2회 우상으로 깊게 갈라졌으며, 1회째 갈래조각은 3-4개이고 작은 갈래조각은 폭 1-1.5mm이다. 잎겨드랑이에서 나온 짧은 자루 끝에 1-5개의 두화가 달려 수상 또는 원추형의 꽃차례를 이룬다. 두화는 난구형(卵球形)으로 직경 2-3mm. 관상화는 갈색이다.

④ 아르테미시아 브레비폴리아

A. brevifolia DC. [*Seriphidium brevifolium* (DC.) Ling & Y.R. Ling]

분포 ▢파키스탄-네팔 서부, 티베트 서부
개화기 7-9월

건조지대의 산 비탈에 군생한다. 줄기의 기부는 목질로 활발히 분지해 많은 곁가지를 내민다.

① 피레트룸 타치에넨세. 8월22일. Y4/간덴의 남동쪽. 4,850m.

② 송장쑥. 7월28일. B/쵸리트. 2,750m.

③ 아르테미시아 웰비이. 7월25일. Y2/룽장의 남쪽. 4,550m. 건조한 바람이 부는 광대한 하원상의 평원에 굵고 단단한 목질 뿌리줄기를 드러낸다.

높이 20-50cm. 전체적으로 털이 붙어 있다. 잎의 기부는 길이 1.5-3cm, 폭 1-2cm이고 2-3회 우상으로 깊게 갈라졌으며 작은 갈래조각은 폭 0.5mm 이하이다. 두화는 자루가 없고, 곧게 자란 가지 끝에 이삭 모양으로 달리며 직경 2mm이다. 관상화는 연갈색이다.
*④-b는 건조한 남동쪽 비탈을 덮은 대군락으로, 오랜 시간에 걸쳐 양과 염소를 방목한 결과 형성된 것으로 보인다.

⑤ 아르테미시아 그멜리니이 *A. gmelinii* Stechm.
분포 □중앙아시아 주변- 네팔 중부, 티베트, 중국 서부 개화기 7-9월
건조한 산의 자갈 비탈에 자생한다. 줄기의 기부는 목질로 활발히 분지한다. 높이 30-60cm이며 전체적으로 털이 빽빽하게 자란다. 하부의 잎은 자루가 없고 길이 2-4cm, 폭 1-2.5cm이며 3회 우상으로 깊게 갈라졌다. 작은 갈래조각은 폭 0.5mm 전후이다. 두화는 곧게 자란 줄기에 이삭모양으로 달리며, 구형으로 직경 4-5mm이고 약간 아래를 향해 있다.

⑥ 아르테미시아 왈리키아나
A. wallichiana Besser [*A. moorcroftiana* DC.]
분포 □파키스탄- 부탄, 티베트, 중국 서부
개화기 8-10월
산지에서 고산대에 걸쳐 약간 건조한 숲 주변이나 길가에 자생한다. 높이 40-80cm. 전체적으로 솜털이 얇게 붙어 있다. 하부의 잎은 길이 3-5cm이고 2회 우상으로 깊게 갈라졌으며, 1회째 옆갈래조각은 3-4쌍이고 작은 갈래조각은 장원상피침형으로 폭 2-3mm이다. 뒷면에 솜털이 촘촘하게 나 있다. 줄기 끝과 곁가지에 두화가 이삭모양으로 달리고, 가지 끝은 살짝 늘어진다. 두화는 구형으로 직경 3-4mm이고 자루는 가지고 있지 않다. 약간 아래를 향해 있다. 총포조각은 난형으로 겉에 털이 많다. 관상화는 적갈색이다.

④-a 아르테미시아 브레비폴리아. 8월 19일. A/아노고르. 3,600m. 안정한 장소에서는 기부의 목질부가 활발히 분지해 높이 50cm의 큰 그루를 형성한다.

④-b 아르테미시아 브레비폴리아. 8월 7일. B/치치나라 계곡. 3,300m.

⑤ 아르테미시아 그멜리니이. 8월 15일. A/바이타샤르의 남쪽. 3,500m.

⑥ 아르테미시아 왈리키아나. 8월 20일. P/랑시샤의 남서쪽. 4,100m.

곰취속 Ligularia

① 리굴라리아 루미치폴리아

L. rumicifolia (Drumm.) S.W. Liu[*L. lessicotal* Kitamura]

분포 ㅁ네팔 중동부, 티베트 남동부

개화기 7-8월

아고산대에서 고산대에 걸쳐 바위가 많은
초지 비탈이나 소관목 사이에 자생한다. 꽃
줄기는 굵고 높이 0.3-1m. 줄기와 잎에 거
미줄 같은 털이 자란다. 근생엽에는 굵고 긴
자루가 있다. 잎몸은 장란형-타원형으로 길
이 12-20cm이고 가장자리에 가는 이가 있
으며 표면의 맥이 선명하다. 줄기 상부의 잎
에는 자루가 없으며 끝이 가늘고 뾰족하다.
두화는 직경 2.5-3cm이며 줄기 끝에 산방상
으로 달린다. 설상화는 5-13개 달리고, 설
편은 길이 8-12mm이다.

② 리굴라리아 라파티폴리아

L. lapathifolia (Franch.) Hand.-Mazz.

분포 ◇티베트 남동부, 윈난 · 쓰촨성

개화기 7-9월

산지의 숲 주변에 자생한다. 높이 0.7-1m.
근생엽에는 굵고 가는 자루가 있다. 잎몸은
난상타원형으로 길이 25-35cm이고 끝은
원형, 기부는 심형이며 가장자리에 가는 이
가 있다. 표면에는 맥이 선명하다. 잎의 앞
뒷면에 쉽게 떨어지는 거미줄 같은 털이 자
란다. 줄기 상부의 잎은 난상피침형이며 기
부가 줄기를 안고 있다. 두화는 직경 4-
5cm. 설상화는 7개 전후, 설편은 길이 1.5
-2cm, 폭 3-4mm이다.

③ 곰취속의 일종 (A) Ligularia sp. (A)

아고산대의 습한 초지에 자생한다. 꽃줄기는
높이 50-80cm. 잎의 일부와 꽃차례에 누르
스름한 짧은 털이 자란다. 하부의 잎에는 길
이 5-7cm의 가는 배모양의 자루가 있다. 잎

①-a 리굴라리아 루미치폴리아. 7월31일. S/딩보체. 4,400m. 고지의 여름용 취락이 내려다보이는 사면에 군생
한다. 왼쪽 아래의 흰 꽃은 아코노고논 토르투오숨 푸비테팔룸.

①-b 리굴라리아 루미치폴리아. 8월6일.
Y3/암독 호수. 4,400m.

② 리굴라리아 라파티폴리아. 8월13일.
Z3/치틴탕카. 3,450m.

③ 곰취속의 일종 (A) 7월28일.
Z3/도송 라의 서쪽. 3,500m.

몸은 난상심형-창형으로 길이 10-18cm, 폭 8-14cm이고 끝은 뾰족하며 가장자리에 날카로운 이가 있다. 두화에는 설상화가 1-2개 달리고 설편은 길이 1.2-1.5cm, 폭 1mm로 늘어지는 경향을 보인다. 총포조각은 길이 7-9mm. 동속 통골렌시스(*L. tongolensis* (Franch.) Hand.-Mazz.)와 톰소니이(*L. thomsonii* (Clarke) Pojark)의 잡종으로 보인다.

④ 리굴라리아 암플렉시카울리스
L. amplexicaulis DC.

분포 ◇카슈미르-부탄 **개화기** 7-9월
산지에서 고산대에 걸쳐 습한 초지에 자생한다. 지역에 따라 잎의 형태와 설상화의 길이가 변한다. 높이 0.5-1.2m. 잎의 기부에는 긴 자루가 있다. 잎몸은 타원형-광란형으로 길이 20-50cm이고 끝이 뾰족하며 기부는 얕은 심형-쐐기형이다. 가장자리에 가는 이가 있으며, 표면에 쉽게 떨어지는 거미줄 같은 털이 자란다. 상부의 잎은 배모양으로 줄기를 안고 있다. 두화는 직경 2-4cm이며 산방상으로 모인다. 설상화는 5-8개 달리고 설편은 길이 7-15mm, 폭 1-1.5mm이다. 관모는 연갈색이다.

⑤ 리굴라리아 후케리
L. hookeri (Clarke) Hand.-Mazz. [*Cremanthodium hookeri* Clarke]

분포 ㅁ네팔 중부-부탄, 티베트 남부, 중국 서부 **개화기** 7-9월
산지에서 고산대에 걸쳐 관목림 주변이나 습한 초지에 자생한다. 줄기는 가늘고 높이 30-50cm이며 꽃차례에 털이 자란다. 근생엽에는 긴 자루가 있다. 잎몸은 신형(腎形)-타원형으로 길이 3-6cm이고 끝은 둔형, 기부는 깊은 심형이며 가장자리에 성긴 이가 있다. 표면에는 맥이 선명하다. 줄기 하부에 잎이 1-3장 달리고 자루는 짧으며 배모양을 하기 쉽다. 줄기 끝에 여러 개의 두화가 총상으로 달리며 자루는 짧다. 두화는 직경 2-3cm이며 약간 아래를 향해 있다. 설상화는 5-7개 달리고 설편은 길이 1-1.5cm, 폭 2mm로 살짝 휘어 있다.

⑥ 리굴라리아 라틸리굴라타
L. latiligulata (Good) Springate [*Cremanthodium hookeri* Clarke subsp. *hookeri* f. *latiligulatum* Good]

분포 ◇시킴-부탄, 티베트 남부 **개화기** 7-9월
아고산대의 습한 숲 주변이나 고산대의 이끼 낀 바위땅에 자생한다. 동속 후케리와 비슷하나, 전체적으로 약간 크고 두화의 자루는 길며, 총포는 굵고 설상화는 12-17개로 많이 달린다. 설편은 폭 4-7mm이다.

④ 리굴라리아 암플렉시카울리스. 8월10일. X/장고탕. 3,950m. 뒤쪽의 계곡 사이로 우뚝 솟은 초모라리는 이 시기에는 아침에 잠깐을 제외하고 거의 모습을 드러내지 않는다.

⑤ 리굴라리아 후케리. 8월2일. T/준코르마. 4,000m.

⑥ 리굴라리아 라틸리굴라타. 8월9일. X/탕탕카의 북쪽. 3,700m.

곰취속 Ligularia

① 리굴라리아 창카넨시스

L. tsangchanensis (Franch.) Hand.-Mazz.

분포 □티베트 남동부, 윈난 · 쓰촨성

개화기 7-9월

산시에서 아고산대에 걸쳐 숲 주변이나 초지에 자생하며, 티베트에서는 건조한 계곡 유역에 널리 군생한다. 꽃줄기는 굵고 높이 0.4-1m이며, 상부에 연갈색을 띤 거미줄 같은 털이 자란다. 잎의 기부에는 긴 자루가 있다. 잎몸은 난형-장란형으로 길이 8-15cm이고 끝은 뾰족하며, 기부는 절형-얕은 심형으로 가장자리에 이가 있다. 상부의 작은 잎은 곧추서서 줄기를 안고 있다. 줄기 끝의 총상 꽃차례는 길이 10-25cm이며 여기에 많은 두화가 달린다. 두화는 직경 2-2.5cm이며 총포의 기부에 털이 빽빽하게 자란다. 설상화는 7개 전후로 달리고 설편은 길이 8-13mm, 폭 2-3mm이다.

② 곰취 *L. fischeri* (Ledeb.) Turcz.

분포 □카슈미르-부탄, 티베트, 동아시아

개화기 7-9월

산지에서 아고산대에 걸쳐 숲 주변이나 습지 주변의 초지에 자생하며, 지역과 환경에 따라 형태의 변화가 크다. 높이 0.5-1.8m. 잎의 기부에는 굵고 긴 자루가 있다. 잎몸은 원신형(圓腎形)으로 폭 15-30cm이고 기부는 깊은 심형이며 가장자리에 이가 있다. 줄기 상부의 잎은 작으며, 칼집모양의 자루와 잎몸의 하부가 줄기를 안고 있다. 줄기 끝의 총상 꽃차례는 길이 20-30cm. 두화에는 5-7개의 설상화가 달리고 설편은 길이 1.5-2cm, 폭 3-4cm이다.

* ②-a는 아고산대의 풀이 무성한 사면에서 일반적으로 볼 수 있는 형태. 꽃줄기는 가늘고 높이 60cm 전후이다.

① 리굴라리아 창카넨시스. 8월18일. Z2/산티린. 3,600m. 빙하에서 흘러나온 물로 가득한 습지 주변에 군생한다. 오른쪽에 보이는 자주빛 갈색 꽃은 살비아 카스타네아.

②-a 곰취. 7월14일.
N/안나푸르나 내원. 3,700m.

②-b 곰취. 8월3일.
K/라라 호수. 3,000m.

③ 리굴라리아 비르가우레아. 8월9일.
X/장고탕의 남서쪽. 3,900m.

③ 리굴라리아 비르가우레아

L. virgaurea (Maxim.) Mattf.

분포 □시킴-부탄, 티베트 동부, 중국 서부
개화기 7-9월

산지에서 고산대 하부에 걸쳐 습한 초지에
자생한다. 높이 40-80cm. 꽃차례에 털이
자란다. 잎의 기부는 도피침형으로 길이
20-25cm이고 가장자리가 매끈하며, 기부
는 날개가 있는 자루로 이어진다. 상부의 작
은 잎은 곧추 서고, 기부의 양쪽이 줄기를
안고 있다. 두화는 총상으로 여러 개 달리며
직경 2.5-3cm이다. 총포는 길이 6-8mm.
설상화는 7-15개 달리고 설편은 길이 7-
10mm, 폭 3-4mm이다.

④ 리굴라리아 레투사

L. retusa DC. [*Cremanthodium retusum* (DC.) Good]

분포 □네팔 중부-부탄, 티베트 남·남동부,
원난성 개화기 7-8월

아고산대나 고산대의 습지 주변에 있는 바
위땅에 자생하며, 환경에 따라 형태의 변화
가 크다. 높이 15-80cm. 꽃차례와 어린잎
에 연갈색 털이 빽빽하게 자란다. 잎의 기부
에는 굵고 긴 자루가 있다. 잎몸은 원신형으
로 폭 7-20cm이고 기부는 깊은 심형이며 가
장자리에 성긴 이가 있다. 상부의 잎은 작으
며, 배 모양의 자루와 잎몸의 기부가 줄기를
안고 있다. 두화는 길이 2-25cm의 자루 끝
에서 아래를 향해 핀다. 설상화는 7-10개 달
리고 설편은 길이 6-15mm이다.

*④-b의 두화의 자루는 길이 10-25cm, 설편
은 길이 1.3cm. ④-c는 ④-b와 가까운 거리
에 있는 군락으로 두화의 자루는 길이 3-
18cm, 설편은 길이 7-10mm. ④-d는 물방
울이 떨어지는 암벽 밑에 군생한 것으로 길이
15cm, 잎몸은 폭 10cm, 설편은 길이 6mm
이다.

④-a 리굴라리아 레투사. 8월4일. T/앙그리의 남쪽. 3,950m. 물이 불어나면 물보라가 이는 습지 주변에서 크게
자란 그루. 높이 70cm, 잎몸은 폭 15-20cm, 두화는 직경 2.5cm.

④-b 리굴라리아 레투사. 7월28일.
Z3/도승 라의 서쪽. 3,800m.

④-c 리굴라리아 레투사. 7월28일.
Z3/도승 라의 서쪽. 3,800m.

④-d 리굴라리아 레투사. 7월23일.
V/미르긴 라의 남쪽. 4,600m.

크레만토디움속 Cremanthodium

곰취속과 선을 긋기 어려울 정도로 유사한 속으로, 히말라야와 그 주변에 분포한다. 개화기에 차가운 비가 계속 내리는 고산대의 환경에 적응해 두화는 크고 수가 적어 대부분 짧은 줄기 끝에 1개 달리고, 우산을 편듯이 아래를 향하고 있다.

① 크레만토디움 팔마툼 *C. palmatum* Benth.
분포 ■시킴-부탄, 티베트 남부 개화기 7-10월
산지에서 고산대 상부에 걸쳐 비가 많이 내리는 바위 비탈에 자생한다. 높이 10-20 cm. 꽃줄기의 상부에서 총포에 걸쳐 자주 고동색 털이 자란다. 잎의 기부에는 긴 자루가 있다. 잎몸의 윤곽은 광란형으로 길이 2-4cm이고 손바닥 모양으로 갈라졌으며 기부는 심형이다. 줄기잎은 작고 자루가 짧다. 두화는 1개. 총포는 길이 1.5cm. 설편은 쐐기형으로 길이 1.5-2.5cm이고 끝에 3-5개의 이가 있으며 연붉은색이다.

② 크레만토디움 로도체팔룸 *C. rhodocephalum* Diels
분포 ◇티베트 남동부, 윈난·쓰촨성
개화기 7-9월
산지에서 고산대 상부에 걸쳐 절벽지나 모래땅에 자생한다. 높이 10-20cm. 꽃줄기의 상부와 총포에 자줏빛 갈색 털이 빽빽하게 자란다. 잎의 기부에는 길이 2-8cm의 자루가 있다. 잎몸은 원신형으로 폭 1-4cm이고 기부는 깊은 심형이며, 가장자리에 둥근 이가 있고 표면에 맥이 선명하다. 줄기 중부 상부에 달리는 잎은 매우 작다. 두화는 1개 달리고, 총포는 길이 1-2cm이다. 설편은 도피침형으로 길이 1.5-2.5cm이고 끝에 2-3개의 이가 있으며 연붉은색을 띤다.

① 크레만토디움 팔마툼. 9월 21일. X/틴타초. 4,250m.

② 크레만토디움 로도체팔룸. 8월 6일. Z3/라무라쵸의 남동쪽. 4,700m.

③-a 크레만토디움 데카이스네이. 7월 22일. S/숨나. 4,900m.

③-b 크레만토디움 데카이스네이. Y1/콘초. 5,100m. 현수빙하(懸垂氷河)에서 흘러나오는 물로 넘치는 투명한 호수 근처에 군생하며, 점토질의 모래땅에 뿌리를 깊이 내리고 있다.

③ 크레만토디움 데카이스네이 *C. decaisnei* Clarke

분포 ◇카슈미르-부탄, 티베트, 중국 서부
개화기 7-9월

산지에서 고산대 상부에 걸쳐 풀밭 형태의 초지나 하층에 진흙이 숨겨진 자갈땅에 자생한다. 높이 10-25cm. 꽃줄기의 상부에서 총포에까지 갈색을 띤 긴 털이 빽빽하게 자란다. 잎의 기부에는 길이 2-10cm의 자루가 있다. 잎몸은 다소 혁질의 원신형으로 폭 1.5-3cm이고 기부는 심형이며 가장자리에 성기고 둥근 이가 있다. 표면에는 광택이 있으며 맥이 선명하고, 뒷면에는 솜털이 붙어 있어 희뿌옇게 보인다. 줄기에 달리는 작은 잎은 자루가 배모양을 하기 쉽다. 두화는 줄기 끝에 1개 달리며 아래를 향해 반개한다. 총포는 길이 1-1.5cm. 설상화는 10-20개 달리고, 설편은 노란색으로 길이 1.5-2cm이다.

④ 크레만토디움 톰소니이 *C. thomsonii* Clarke

분포 ◇네팔 중부-부탄, 티베트 남동부
개화기 6-8월

산지에서 고산대에 걸쳐 습하고 바위가 많은 초지에 자생한다. 높이 10-25cm. 잎의 기부에는 길이 5-10cm의 자루가 있다. 잎몸은 원신형으로 폭 1-3cm이고 기부는 깊은 심형이며 가장자리에 둥근 이가 있다. 앞뒷면에는 털이 거의 없다. 두화는 1개 달리고, 총포는 길이 1-2cm이다. 설편은 도피침형으로 길이 1.5-2.2cm이며 노란색이다. 잎의 형태와 털의 상태는 변화가 크다. *④-a는 잎몸이 원형-난형으로 길이 3cm이고 기부는 얕은 심형이다. 꽃줄기 중부에 자루가 배 모양인 작은 잎이 달린다. 총포조각은 길이 1.2cm, 설편은 길이 1.7cm. 꽃줄기의 상부와 총포에 털이 자란다. ④-b는 잎몸이 원신형으로 폭 1.5-2cm이고 기부는 깊은 심형이다. 총포에 검고 긴 털이 자란다.

⑤ 크레만토디움 레니포르메

C. reniforme (DC.) Benth.

분포 □네팔 중부-부탄 **개화기** 7-9월

아고산대와 고산대 하부의 풀이 무성한 석남숲 주변에 자생한다. 높이 20-50cm. 꽃줄기는 굵으며 상부에서 총포에 걸쳐 거무스름하고 긴 털이 자란다. 잎의 기부에는 길이 10-25cm의 자루가 있다. 잎몸은 원신형-난형으로 길이 5-10cm이고 기부는 심형이며 가장자리에 성긴 이가 있다. 앞뒷면에 털이 없다. 줄기 중부 상부에는 잎이 거의 달리지 않는다. 두화는 크고 1개 달리며 옆 또는 살짝 아래를 향한다. 총포조각은 길이 1.5-25cm. 설편은 노란색으로 길이 2-3.5cm이다.

④-a 그레만토디움 톰소니이. 8월8일.
V/낭고 라의 남쪽. 4,300m.

④-b 그레만토디움 톰소니이. 8월17일.
Q/판치포카리의 남쪽. 4,000m.

⑤ 크레만토디움 레니포르메. 8월23일. Q/람주라 고개의 서쪽. 3,500m. 아고산대 전나무 숲의 상한 부근. 고목성 석남 밑동에 군생하고 있다.

크레만토디움속 Cremanthodium

① 크레만토디움 핀나티피둠 *C. pinnatifidum* Benth.

분포 ◇네팔 동부 부탄, 티베트 남부
개화기 7-9월

고산대 하부의 이끼나 지의류로 덮인 바위 위의 초지에 자생한다. 높이 10-25cm. 꽃줄기의 상부와 총포에 암갈색 털이 자란다. 잎몸은 난형-협타원형으로 길이 1.5-5cm이고 기부는 절형이나 얕은 심형이며 보통 우상으로 갈라졌다. 앞뒷면에 털이 없다. 두화는 1개. 총포조각은 길이 1-1.5cm로 끝에 짧은 털이 자란다. 설편은 길이 1.5-2cm.

② 크레만토디움 필로디네움 *C. phyllodineum* Liu

분포 ■티베트 남동부, 윈난성 개화기 7-8월

아고산대와 고산대 하부의 초지나 습한 바위땅에 군생한다. 꽃줄기는 높이 40-60cm. 상부에는 잎이 달리지 않으며, 줄기 끝과 총포의 기부에 암갈색의 긴 털이 자란다. 근생엽의 자루는 길이 10-20cm. 잎몸은 원신형-광란형으로 길이 3.5-6cm이고 기부는 깊은 심형이며 가장자리에 이가 있다. 표면에 그물맥이 선명하다. 줄기 끝의 자루는 엽상화해 줄기를 안고 있다. 두화는 1개. 총포조각은 길이 1-1.5cm. 설편은 노란색으로 길이 2-2.3cm.

③ 크레만토디움속의 일종 (A)

Cremanthodium sp. (A)

동속 엘리시이와 비슷하나, 잎 가장자리에 길고 뾰족한 이가 있으며 두화는 거의 오므린 상태이다. 또한 총포조각이 길고 총포는 끝을 향해 누운 암갈색의 굵고 긴 털로 덮여 있으며, 설편 끝은 약간 안으로 말려 있다. 고산

① 크레만토디움 핀나티피둠. 8월7일.
T/투로포카리. 4,050m.

② 크레만토디움 필로디네움. 7월29일.
Z3/도숭 라의 서쪽. 4,100m.

③-a 크레만토디움속의 일종 (A) 8월22일.
P/펨탕카르포의 북서쪽. 4,900m.

③-b 크레만토디움속의 일종 (A) 8월24일. V/고차 라. 4,800m. 아래를 향해 반쯤 핀 두화는 길이 4cm이고, 총포를 덮은 굵고 긴 털은 어두운 녹색으로 약간 금색을 띠고 있다.

대 상부의 빙하 옆 모래땅에 자생하며 높이 8-17cm이다. 근생엽에는 길이 3-8cm의 자루가 있다. 잎몸은 질이 두꺼운 타원형-광피침형으로 길이 4-10cm이고 끝이 뾰족하며 황록색이다. 앞뒷면에 털이 없다. 상부의 줄기잎은 난상피침형으로 곧게 자라고, 기부는 줄기를 안고 있다. 두화는 1개. 총포는 길이 1.5-3.2cm. 설편은 길이 1.5-3cm이다.
*③-b는 바위 그늘에서 자란 것으로 ③-a보다 전체적으로 크다.

④ 크레만토디움 엘리시이
C. ellisii (Hook.f.) Kitamura [*C. plantagineum* Maxim.]
분포 □카슈미르-부탄, 티베트, 중국 서부
개화기 7-9월
하층에 습한 모래땅을 품고 있는 고산대의 자갈땅이나 물가의 초지에 자생한다. 같은 지역이라도 환경이 다르면 전체적인 크기와 털의 상태, 두화의 수, 잎의 형태와 질, 색깔이 변한다. 높이 8-40cm. 꽃줄기 상부와 총포에 거무스름한 긴 털이 자란다. 잎의 기부에는 날개가 달린 자루가 있다. 잎몸은 도피침형-타원형으로 두껍고 길이 5-25cm이며 가장자리에 무딘 이가 있다. 앞뒷면에 드문드문 흰색 털이 자라고, 건조한 장소에서는 청동색을 띤다. 줄기잎은 작고 곧게 자라며 기부가 줄기를 안고 있다. 두화는 1-3개 달리며 옆이나 아래를 향한다. 건조지대에서는 위를 향하는 경우도 있다. 총포는 길이 1-2cm, 설편은 길이 1.2-3cm이다.
*④-c는 웅덩이 옆에서 크게 자란 것으로 높이 30-40cm이며, 두화가 3개 달린 꽃줄기가 많다. ④-a와 ④-d는 티베트의 차고 건조한 바람이 넘나드는 바위땅에 자생한 것으로 잎이 두껍고 청동색을 띠며, ④-d에서는 잎맥이 선명하다.

④-a 크레만토디움 엘리시이. 8월6일. Y3/카로 라. 5,200m. 땅위 높이는 10cm가 채 안되며, 꽃줄기와 잎자루의 기부가 5cm나 땅속에 묻혀 있다. 뒤로 보이는 고봉은 노징캉사.

④-b 크레만토디움 엘리시이. 8월31일.
H/브리그 호수 부근. 3,900m.

④-c 크레만토디움 엘리시이. 7월20일.
D/투크치와이 룬마. 4,100m.

④-d 크레만토디움 엘리시이. 8월15일.
Y3/카로 라의 동쪽. 4,600m.

크레만토디움속 Cremanthodium

① 크레만토디움 오블롱가툼

C. oblongatum Clarke [*C. nepalense* Kitamura]

분포 ㅁ가르왈-부탄, 티베트 남부
개화기 7-9월

고산대의 바람이 넘나드는 풀밭 형태의 초지
에 자생하며, 산등성이의 방목지에 많다.
높이 8-20cm. 전체적으로 털이 자란다.
잎의 기부에는 굵은 자루가 있다. 잎몸은 질
이 다소 두꺼운 광타원형-장원형으로 길이
2-8cm이고 기부는 쐐기형-얕은 심형이며
가장자리에 불규칙한 이가 있다. 표면에는
그물맥이 움푹 파여 있다. 줄기잎은 피침형
으로 곧게 자라고 하부는 줄기를 안고 있다.
줄기 끝에 1개의 두화가 아래를 향해 달리고,
총포조각은 털이 없거나 드문드문 나 있다.
설편은 노란색으로 길이 1-1.5cm. 잎의 형
태와 맥이 패인 정도, 줄기잎의 수, 털의 상
태 등은 지역과 환경에 따라 변화가 크다.
*①-a는 흔히 볼 수 있는 유형으로, 바위틈
에서 높이 20cm 가까이 크게 자란 것이다.
①-b는 비스토르타 마크로필라가 분홍색
화수를 피운 티베트 남부의 건조한 초원에
자생한 것으로, 총포조각에는 털이 없다.
①-c는 부탄의 것으로, 잎의 그물맥이 가늘
고 살짝 파였으며 총포에 암갈색 털이 자란
다. ①-d는 잎이 가늘고 꽃줄기의 상부와
총포에 검고 긴 털이 빽빽하게 자란다. 타종
과의 잡종일 가능성이 있다.

② 크레만토디움 아르니코이데스

C. arnicoides (DC.) Good

분포 ㅁ카슈미르-네팔 중부, 티베트 서남부
개화기 7-9월

고산대 하부의 습한 초지나 소관목 사이에
자생한다. 높이 0.3-1m. 근생엽에는 날개가

①-a 크레만토디움 오블롱가툼. 8월1일. T/양그리의 동쪽. 4,500m. 잎은 녹황색이며 표면의 그물맥이 깊게 패인
것이 특징이다. 총포는 털이 거의 없으며 기부가 잘록하다.

①-b 크레만토디움 오블롱가툼. 8월2일.
Y1/신데의 북쪽. 4,600m.

①-c 크레만토디움 오블롱가툼. 8월10일.
X/장고탕의 북쪽. 4,200m.

①-d 크레만토디움 오블롱가툼. 7월18일.
K/카그마라 고개의 동쪽. 4,600m.

달린 굵고 긴 자루가 있다. 잎몸은 장란형-
타원형으로 길이 15-40cm이고 가장자리에
이가 있으며 표면에는 그물맥이 선명하다.
두화는 총상으로 3-15개 달리며 직경 4-
6cm이고, 옆이나 약간 아래를 향해 평개한
다. 설편은 노란색으로 길이 1.5-2.5cm.

③ 크레만토디움 후밀레

C. humile Maxim. [*C. laciniatum* Ling & Y.L. Chen]
분포 ◇티베트 남동부, 중국 서부
개화기 7-9월
고산대의 불안정한 바위 비탈에 자생한다.
꽃줄기는 높이 5-20cm이며 상부에서 총포
까지 암갈색의 긴 털이 자란다. 잎몸은 원
형-장원형으로 길이 1.5-5cm이고 가장자리
에 삼각 모양의 이가 있거나 우상으로 갈라
졌으며 뒷면에 하얀 솜털이 붙어 있다. 두화
는 1개로 거의 피지 않는다. 총포조각은 길
이 1.3-2.5cm, 설편은 연노란색으로 길이
1.5-2cm. 잎 가장자리의 결각 상태는 같은
장소에서도 다양하게 변한다.

④ 크레만토디움 나눔 *C. nanum* (Decne.) W.W. Smith

분포 ■카슈미르-네팔 중부, 티베트 서남부
개화기 6-8월
건조한 고산대 상부의 자갈땅에 자생한다.
높이 2-5cm. 꽃줄기는 굵고 부드러우며 하
부가 자갈 속에 묻혀 있고, 비늘조각잎이 달
린다. 전체적으로 긴 털이 자란다. 잎은 질
이 두꺼운 난형-타원형으로 길이 2-4cm이
고 가장자리는 매끈하며 표면에 나란히맥이
선명하다. 두화는 1개로 위를 향해 평개하
며 직경 3-4cm. 총포조각은 설상화보다 크
다. 설편은 길이 8-12mm이다.

②-a 크레만토디움 아르니코이데스. 7월27일. K/모레이 다라. 3,850m. 비구름사이로 쏟아진 한 줄기 햇빛이 이
풀을 비추고 있다. 붉은 자주색 꽃은 게라니움 왈리키아눔.

②-b 크레만토디움 아르니코이데스. 8월21일.
I/헴쿤드. 3,800m.

③ 크레만토디움 후밀레. 8월3일.
Z3/라무라쵸의 남동쪽. 4,650m.

④ 크레만토디움 나눔. 7월1일.
K/셰곰파의 남서쪽. 4,900m.

국화과 113

솜방망이속 Senecio

① 세네치오 알보푸르푸레우스

S. albopurpureus Kitamura

분포 ■네팔 중부·부탄, 티베트 남부
개화기 7-8월

고산대 상부 빙하 주변의 불안정한 모래땅에 자생한다. 높이 3-10cm. 하부의 잎에는 긴 자루가 있다. 잎몸은 타원형-도피침형으로 길이 1-3cm이고 우상으로 얕게·깊게 갈라졌으며 뒷면에 하얀 털이 빽빽하게 자란다. 줄기 끝에 1-4개의 두화가 산방상으로 달린다. 두화는 직경 2-2.5m. 설편은 노란색으로 길이 7-9mm이다.

② 세네치오 라파니폴리우스

S. raphanifolius DC. [*S. diversifolius* DC.]

분포 ㅁ네팔 서부·미얀마, 티베트 남·남동부 개화기 7-9월

산지에서 고산대 하부에 걸쳐 숲 주변이나 삼림 벌채지, 방목 거점의 초지에 널리 군생한다. 높이 0.5-1.5m이며 상부에 털이 자란다. 잎의 기부의 잎몸은 난상타원형-도피침형으로 불규칙하고 성긴 이가 있으며, 이따금 두대우상(頭大羽相)으로 깊게 갈라졌다. 꽃차례 잎의 기부는 도피침형이며 우상으로 얕게·깊게 갈라졌다. 줄기 끝에 많은 두화가 산방상으로 밀집한다. 두화는 직경 2-3cm, 설편은 협타원형이다. 동속 라에투스 사이에 잡종이 많다.

③ 세네치오 티베티쿠스 *S. tibeticus* Hook.f.

분포 ◇파키스탄 북서부·카슈미르, 신장
개화기 7-9월

고산대의 건조하고 자갈이 많은 초지에 자생한다. 높이 20-40cm이며 전체적으로 하얀 털이 자란다. 잎의 기부는 도피침형으로 길이 5-12cm, 폭 1.5-3cm이고 두대우상으

① 세네치오 알보푸르푸레우스. 7월28일. S/고락셉의 남쪽. 5,150m. 빙하 주변에 쌓인 무너지기 쉬운 모래자갈 속에 가늘고 유연한 뿌리줄기를 뻗고 있다.

②-a 세네치오 라파니폴리우스. 7월31일. Y1/네라무의 북서쪽. 3,850m.

②-b 세네치오 라파니폴리우스. 8월5일. V/군사. 3,400m. 목초밭 사이의 작은 길을 임파티엔스 술카타와 루멕스 네팔렌시스가 수놓고 있다.

로 갈라졌다. 줄기 상부의 잎은 피침형으로 포엽 모양. 줄기 끝은 분지해 여러 개의 두화가 산방상으로 달린다. 두화는 직경 3-4cm, 자루는 길고 곧게 자란다. 동속 라에투스 사이에 잡종이 많다.

④ 세네치오 라에투스
S. laetus Edgew. [*S. chrysanthemoides* DC.]
분포 ▫파키스탄-아삼, 티베트 남부, 중국 남서부 개화기 6-9월
다형적인 종. 산지에서 아고산대에 걸쳐 양지바른 초지나 삼림 벌채지에 자생한다. 높이 0.4-1.5m. 잎의 기부의 잎몸은 장원형-도피침형으로 길이 8-20cm이고 우상으로 깊게 갈라졌으며 갈래조각에는 톱니가 있다. 상부의 잎은 피침형이며 우상으로 갈라졌다. 꽃차례에는 피침형의 작은 포엽이 달린다. 줄기 끝에 많은 두화가 산방상으로 달린다. 두화는 직경 2-3cm. 설편은 장원상피침형으로 평개하며 끝이 약간 휘어 있다.
*④-a는 건조한 방목지에 자란 것으로 동속 티베티쿠스에 가깝다.

도로니쿰속 Doronicum
⑤ 도로니쿰 티베타눔 *D. thibetanum* Cavill.
분포 ◇티베트 동부, 중국 서부 개화기 7-9월
아고산대에서 고산대 하부에 걸쳐 숲 주변의 초지나 습한 바위땅에 자생한다. 높이 50-80cm. 근생엽의 잎몸은 난상타원형으로 길이 8-12cm이고 가장자리에 톱니가 있으며 나란히맥이 선명하다. 줄기에 어긋나기하는 잎은 자루를 가지지 않으며 끝이 뾰족하며, 기부는 줄기를 안고 있다. 두화는 줄기 끝에 1개 달리며 직경 5-7cm. 총포조각은 협피침형이며 기부에 연갈색 털이 자란다. 설편은 노란색으로 폭 2mm이다.

③ 세네치오 티베티쿠스. 7월31일. B/샤이기리의 서쪽. 4,050m. 건조하고 광활한 U자 계곡을 가로지르는 대빙하의 측퇴석 구릉의 남쪽 사면에 피어 있다.

④-a 세네치오 라에투스. 9월11일. G/크리센사르의 북서쪽. 3,650m.

④-b 세네치오 라에투스. 8월3일. K/라라 호수의 남쪽. 2,950m.

⑤ 도로니쿰 티베타눔. 7월28일. Z3/도숑 라의 서쪽. 3,800m.

카칼리아속 Cacalia

① 카칼리아 모르토니이

C. mortonii (Clarke) Koyama[Ligularia motonii Hand.-Mazz.]

분포 □네팔 중부·부탄 개화기 7-9월
산지와 아고산대의 습한 숲 주변에 자생한다.
높이 1-1.5m. 꽃줄기에 하얀 털이 빽빽하게
자란다. 잎몸은 폭 30-50cm의 원형인데 손
바닥 모양으로 3-7개로 깊게 갈라졌으며, 갈
래조각은 다시 얕게 갈라졌다. 줄기 끝은 분
지해 여러 개의 두화가 복산방상 꽃차례를 이
룬다. 총포는 원주형으로 길이 1.3cm이며
여기에 총포조각이 4-5개 달린다. 관상화는
3-5개 달리고 설상화는 없다.

시노티스속 Synotis

② 시노티스 솔리다기네아

S. solidaginea (Hand.-Mazz.) Jeffrey & Chen [Senecio
solidagineus Hand.-Mazz.]

분포 □티베트 남동부, 윈난·쓰촨성
개화기 7-9월
건조한 아고산대의 숲 주변이나 물가의 바
위땅에 자생한다. 높이 40-80cm. 전체적으
로 털이 자란다. 잎몸은 피침형으로 길이 7-
12cm이고 가장자리에 톱니가 있다. 줄기
끝에 여러 개의 두화가 원추상으로 달린다.
총포는 원주형으로 길이 3mm이며 총포조
각이 3-5개 달린다. 관상화는 연노란색으
로 3개 달리며 길이 5-6mm이다.

③ 시노티스 캅파

S. cappa (D. Don) Jeffrey & Chen [Senecio cappa D.
Don, Senecio densiflorus DC.]

분포 □쿠마온·동남아시아, 티베트 남부,
중국 남서부 개화기 9-2월
저산대에서 산지에 걸쳐 숲 주변이나 강가
에 자생한다. 꽃줄기는 높이 1-1.5mm이며
목질화한 기부를 제외하고 털이 빽빽하게
자란다. 잎몸은 장원상도피침형으로 길이
10-25cm이고 가장자리에 톱니가 있다. 줄
기 끝에 여러 개의 두화가 원추상으로 달린
다. 총포는 원주형으로 길이 4-6mm. 설편
은 노란색으로 길이 3-4mm이다.

카베아속 Cavea

④ 카베아 탕그엔시스

C. tanguensis (Drumm.) W.W. Smith & J. Small

분포 ◇시킴-부탄, 티베트 남부, 윈난·쓰
촨성 개화기 5-8월
고산대의 빙하와 습지 주변의 바위땅에 자
생한다. 높이 5-20cm. 전체적으로 노랗고
짧은 선모가 자라며 강한 악취를 풍긴다. 잎
의 기부는 질이 두꺼운 도피침형으로 길이
4-10cm이고 가장자리에 성긴 톱니가 있다.
두화는 줄기 끝에 1개 달리고, 관상화는 흰
색·옅은 자줏빛 갈색이다.

① 카칼리아 모르토니이. 8월7일. T/운시사의 북쪽. 3,400m. 고목성 석남과 자작나무가 섞인 습한 숲 주변에 직경 40-50cm의 거대한 손바닥 모양 잎을 펼치고 있다.

② 시노티스 솔리다기네아. 8월17일.
Z2/파숨 호수 부근. 3,450m.

③ 시노티스 캅파. 10월27일.
R/스루케. 2,300m.

*④-a는 암그루로 두화는 직경 1.7cm이고 암술대가 분지해서 자란다. ④-b는 수그루로 두화는 직경 2.5cm이고 암술대는 분지하지 않는다.

등골나물속 Eupatorium
⑤ 오이파토리움 마이레이 *E. mairei* Leveille
분포 □히말라야 전역, 티베트 남·남동부, 중국 남서부 **개화기** 7-10월
산지의 숲 주변이나 초지에 자생한다. 높이 0.3-1m이며 전체적으로 털이 자란다. 잎은 단엽 또는 3출복엽으로 마주나기 한다. 잎몸과 중소잎은 피침형으로 길이 4-8cm이고 가장자리에 성긴 톱니가 있다. 두화는 가지 끝에 산방상으로 달린다. 총포는 원주형으로 길이 4-6mm이고 붉은색을 띤다. 관상화는 암술대가 분지한다.

게르베라속 Gerbera
⑥ 게르베라 니베아 *G. nivea* (DC.) Sch. Bip.
분포 ■네팔 서부-부탄 **개화기** 7-9월
고산대의 이끼 낀 바위사면이나 소관목 사이에 자생한다. 꽃줄기는 높이 10-20cm이며 상부에 거미줄 같은 털이 자란다. 잎은 도피침형으로 길이 3-15cm이고 우상으로 깊게 갈라졌으며 갈래조각은 난형이다. 뒷면에 하얀 솜털이 붙어 있다. 줄기 끝에 1개의 두화가 약간 아래를 향해 달린다. 두화는 길이 2.5-2.8cm이며 거의 오므린 채로 있다. 총포조각은 협피침형으로 거무스름하고 바깥쪽의 것은 짧다. 설상화는 10개 전후이고 설편은 연노란색으로 길이 1.7-2cm이다.

천수국속 Tagetes
⑦ 천수국 *T. erecta* L.
분포 □멕시코 원산의 원예식물. 히말라야 저산대에 야생으로 자란다. **개화기** 3-10월
높이 0.3-1.5m의 1년초. 잎은 우상복엽으로 길이 5-15cm이다. 두화는 볼록한 가지 끝에 달리며 직경 3-8cm이고, 홑겹이거나 국화처럼 8겹인 것도 있으며, 노란색이나 귤색 외에 적갈색을 띠는 것도 있다. 꽃은 힌두교에서 신에게 공양하는 것이나 화망(花網)으로 이용되기도 한다.

등골나물아재비속 Ageratum
⑧ 불로화 *A. houstonianum* Miller
분포 □멕시코·열대 아메리카 원산. 세계의 난지에 귀화. 히말라야 저산대의 길가나 숲 주변에 야생으로 자란다. **개화기** 3-10월
높이 0.3-1m. 잎은 마주나기 한다. 잎몸은 난형-장란형으로 길이 3-8cm. 총포는 직경 6-8mm. 관상화는 연보라색으로, 실 모양의 암술대 분지가 화관에서 3-4mm 정도 자란다.

④-a 카베아 탕그엔시스. 6월19일.
X/마사캉의 북동쪽. 4,500m.

④-b 카베아 탕그엔시스. 6월9일.
X/장고탕의 북쪽. 4350m.

⑤ 오이파토리움 마이레이. 8월14일.
X/샤나 부근. 2,700m.

⑥ 게르베라 니베아. 8월11일.
X/주푸 호수의 서쪽. 4,000m.

⑦ 천수국. 9월15일.
H/마날리. 1,900m.

⑧ 불로화. 9월27일.
카트만두/고다바리. 1,450m.

초롱꽃과 CAMPANULACEAE

개화 전에 꽃밥이 벌어져 미숙한 암수술 끝부분에 꽃가루를 부착시키는 종류가 많다.

초롱꽃속 Campanula

① 캄파눌라 라티폴리아 *C. latifolia* L.
분포 ◇유럽, 중앙아시아 주변-네팔 중부
개화기 7-9월
아고산대의 습한 초원이나 관목소림에 자생한다. 높이 1-2m. 잎은 피침형으로 길이 7-12cm이고 자루가 거의 가지 않았으며 가장자리에 톱니가 있다. 표면에는 맥이 선명하다. 상부의 잎겨드랑이마다 꽃이 1개씩 달려 옆을 향해 핀다. 꽃받침 조각은 협피침형으로 평개한다. 화관은 푸른빛 나는 자주색으로 길이 4-5cm이고, 갈래조각은 삼각상피침형이다.

② 캄파눌라 카나 *C. cana* Wall.
분포 ▯쿠마온-부탄, 티베트 남부 개화기 8-10월
산지의 부식질로 덮인 바위땅이나 비탈에 자생한다. 꽃줄기는 길이 15-30cm이며 기부는 쓰러지기 쉽다. 잎은 타원형-장란형으로 길이 1-1.4cm이고 자루를 가지지 않았으며 가장자리에 무딘 톱니가 있다. 표면에는 누운 털이 자라고, 뒷면에는 하얀 털이 빽빽하게 자란다. 꽃받침 조각은 협삼각형이며 성긴 톱니가 있다. 화관은 종형으로 길이 1-1.4cm이고 연자주색이며 갈래조각은 난형이다.

③ 캄파눌라 아르기로트리카 *C. argyrotricha* A. DC.
분포 ◇카슈미르-부탄, 티베트 남부
개화기 6-10월
산지에서 고산대의 건조한 암붕(岩棚)이나 절벽에 자생한다. 꽃줄기는 길이 15-25cm이며 땅위로 쓰러져 자란다. 전체적으로 털이 나 있다. 잎은 타원형으로 길이 10-15cm이고 자루를 거의 가지지 않았으며, 매끈하거나 가장자리에 무딘 톱니가 있다. 꽃받침 조각은 삼각상피침형으로 평개한다. 화관은 원통형 종 모양으로 길이 1.5-1.7cm이고 푸른빛 나는 자주색이며 갈래조각은 장원형이다.

④ 캄파눌라 팔리다 *C. pallida* Wall. [*C. colorata* wall.]
분포 ▯아프가니스탄-동남아시아, 티베트 남부, 중국 서부 개화기 7-9월
산지와 아고산대의 이끼 낀 바위땅이나 비탈에 자생한다. 꽃줄기는 길이 15-60cm로 분지하며, 곧게 자라거나 비스듬히 뻗는다. 전체적으로 하얀 털이 나 있다. 잎은 협란형-능상피침형으로 길이 1-3cm이고 가장자리에 무딘 톱니가 있다. 꽃은 줄기에 1-3개 달리고, 꽃받침 조각은 삼각상피침형으로 평개한다. 화관은 종형으로 길이 1.2-1.8cm이며 연자주색 푸른빛 나는 자주색이다.

① 캄파눌라 라티폴리아. 8월 20일. I/꽃의 계곡. 3,400m. 국립공원으로 지정된 이 계곡에서 잡초처럼 무성한 아코노고논 폴리스타키움과 섞여 자라고 있다.

② 캄파눌라 카나. 10월 5일.
P/싱곰파의 서쪽. 2,100m.

③ 캄파눌라 아르기로트리카. 9월 18일.
J/푸르키아의 남쪽. 2,900m.

⑤ **캄파눌라 테누이시마** C. tenuissima Dunn.
분포 ◇파키스탄-히마찰 개화기 7-8월
건조 고지의 바위틈에 자생한다. 꽃줄기는 길
이 15-30cm이고 상부에서 분지하며 전체적
으로 뻣뻣한 털이 자란다. 잎은 광란형·피침
형으로 길이 1.5-2cm이고 매끈하거나 가장자
리에 무딘 톱니가 있다. 꽃받침 조각은 협란형
이며 개화 후에 커진다. 화관은 종형으로 길이
8-12mm이며 옅은 자줏빛 갈색이다.

⑥ **캄파눌라 카쉬메리아나** C. cashmeriana Royle
분포 ■아프가니스탄-가르왈 개화기 7-9월
아고산대의 바위틈에 자생하며 장소에 따라
잎과 꽃의 크기, 털의 상태가 크게 변한다.
꽃줄기는 길이 10-30cm이고 상부에서 분지
하며 전체적으로 부드러운 털이 자란다. 잎은
타원형·피침형으로 길이 8-30mm이고 가장
자리에 무딘 톱니가 있으며 뒷면에는 털이 빽
빽하게 나 있다. 꽃받침 조각은 삼각상피침
형. 화관은 종형으로 길이 1.2-2cm이고 바
깥쪽에 부드러운 털이 촘촘하게 나 있다.

영아자속 Asyneuma
⑦ **아시네우마 스트리크툼**

A. strictum Wendelbo
분포 ◇중앙아시아 주변-파키스탄
개화기 8-9월
고산대 초지의 비탈에 자생한다. 높이 20-
40cm. 하부의 잎은 장원상피침형으로 길이 3-
5cm이고 자루를 갖지 않으며 가장자리에 무
딘 톱니가 있다. 총상꽃차례는 길이 2-8cm.
꽃받침 조각은 선형으로 길이 4mm. 화관은
자주색으로 길이 8-12mm이고 5개로 깊게 갈
라졌으며, 갈래조각은 선형으로 평개한다. 암
술은 화관과 길이가 같거나 약간 길다.

④ 캄파눌라 팔리다. 8월 19일.
Y3/라싸의 서쪽 교외. 4,000m.

⑤ 캄파눌라 테누이시마. 7월 29일.
H/파체오. 3,700m.

⑥ 캄파눌라 카쉬메리아나. 9월 13일.
G/사토사르의 남쪽. 3,550m.

⑦ 아시네우마 스트리크툼. 8월 18일. A/자미치리. 3,700m. 일찍이 야생동물의 수렵장이었던 계곡 내의 서쪽 비
탈에서, 다른 풀 사이로 솟아올라 꽃을 피우고 있다.

더덕속 Codonopsis

① 코도노프시스 탈리크트리폴리아

C. *thalictrifolia* Wall.

분포 ◇네팔 중부·시킴, 티베트 남부
개화기 7-9월

고산대의 소관목 덤불이나 비탈에 자생하며, 가늘고 유연한 곁줄기가 땅위로 퍼진다. 원줄기는 분지하지 않고 길이 30-50cm로 곧게 자라며 작은 포엽이 달린다. 잎은 곁줄기에 마주나기 하고 자루는 짧다. 잎몸은 광란형·삼각상란형으로 길이 3-6mm이고 기부는 절형·얕은 심형이며 앞뒷면에 부드러운 털이 자란다. 원줄기에 1-4개의 꽃이 아래를 향해 달린다. 꽃받침 조각은 피침형으로 살짝 벌어진다. 화관은 원통형으로 길이 2.2-3cm이며 푸른빛 나는 옅은 자주색, 기부 쪽은 잘록하게 들어갔고 상부는 넓게 퍼졌으며 갈래조각은 광란형이다.

*①-b의 왼쪽에 보이는 비탈은 이 풀로 뒤덮여 있다.

② 코도노프시스 오바타 C. *ovata* Benth.

분포 ◇파키스탄·카슈미르 개화기 7-8월

고산대 하부의 관목 덤불이나 비탈에 자생한다. 꽃줄기는 높이 30-70cm이며 전체적으로 부드러운 털이 빽빽하게 자란다. 잎은 어긋나기 또는 마주나기 하고 자루는 짧다. 잎몸은 난형·난상피침형으로 길이 2-3cm이고 가장자리에 성기고 무딘 톱니가 있다. 곧게 자란 잎이 없는 줄기 끝에 1개의 꽃이 아래를 향해 달린다. 꽃받침 조각은 피침형이며 휘어 있다. 화관은 종형으로 길이 2.5-3.5cm이고 푸른빛 나는 옅은 자주색이며 갈래조각은 삼각상광란형이다.

③ 코도노프시스 클레마티데아

C. *clematidea* (Schrenk) Clarke

분포 ⊡중앙아시아 주변—히마찰, 티베트 서

①-a 코도노프시스 탈리크트리폴리아. 8월11일. V/안마의 동쪽. 4,200m. 소관목 포텐틸라 프루티코사 푸밀라 사이에서 솟아오른 꽃줄기가 바람에 크게 흔들리고 있다.

①-b 코도노프시스 탈리크트리폴리아. 8월20일. P/캉진의 남동쪽. 3,900m.

② 코도노프시스 오바타. 7월29일. B/루팔의 남서쪽. 3,200m.

③ 코도노프시스 클레마티데아. 7월29일. H/다르차. 3,300m.

부 개화기 7-9월
건조한 고산대 하부의 관목소림이나 관개된
초지에 많다. 동속 오바타와 비슷하나, 잎이
크고 광택이 있으며 길이 2-3cm이다. 화관은
볼록한 종형으로 길이 1.5-2.5cm. 꽃줄기는
상부에서 활발히 분지해 많은 꽃을 피운다.

④ 코도노프시스 콘볼부라체아

C. convolvulacea Kurz

분포 ◇네팔 서부-부탄 개화기 8-9월
덩굴성 다년초. 고산대 하부의 관목소림에
자생한다. 길이 1-2m. 잎은 마주나기 하고
길이 2-5cm의 자루가 있다. 잎몸은 난형-
피침형으로 길이 4-8cm이고 기부는 심형이
며, 매끈하거나 가장자리에 성기고 무딘 톱
니가 있다. 꽃은 긴 자루 끝에 옆을 향해 달
린다. 꽃받침 조각은 피침형. 화관은 푸른빛
나는 자주색 또는 흰색이고 5개로 깊게 갈라
져 접시모양으로 벌어지며 직경 4-7cm이
다. 갈래조각은 난상타원형이며 기부에 붉은
띠가 있다. 씨방에 솜털이 촘촘히 나 있다.
* 랑탕 계곡에서 자란 것은 전부 ④-b와 같
이 두화가 크며 흰색이다.

⑤ 코도노프시스 빈치플로라

C. vinciflora Kom. [*C. convolvulacea* Kurz subsp.
vinciflora (Kom.) Hong]

분포 ㅁ티베트 남부, 윈난·쓰촨성
개화기 8-9월
동속 콘볼부라체아와 매우 비슷하나, 잎이 가
늘고 작으며 잎자루가 짧고 꽃도 작다. 잎몸
은 얇은 피침형으로 길이 2-6cm이고 기부는
절형-쐐기형이며 가장자리에 성기고 무딘 톱
니가 있다. 꽃받침 조각은 선상피침형. 화관
은 푸른빛 나는 자주색으로 직경 3-4.5cm이
고, 갈래조각은 도란상타원형이다.

④-a 코도노프시스 콘볼부라체아. 8월10일.
R/남체바자르의 남쪽. 3,000m.

④-b 코도노프시스 콘볼부라체아. 9월6일.
P/캉진의 서쪽. 3,700m.

⑤-a 코도노프시스 빈치플로라. 8월13일.
Z3/치틴탕카. 3,500m.

⑤-b 코도노프시스 빈치플로라. 8월19일. Y3/라싸의 서쪽 교외. 4,100m. 성냥처럼 생긴 암술 끝에 고동색 꽃가
루가 붙어 있다. 오른쪽 아래 꽃에는 3개로 갈라진 암술머리가 보인다.

더덕속 Codonopsis

① 코도노프시스 로툰디폴리아

C. rotundifolia Benth.

분포 ◇카슈미르-네팔 중부 개화기 7-8월
덩굴성 다년초. 산지와 아고산대의 관목소림
이나 습한 초지에 자생한다. 잎은 마주나기
하고 짧은 자루가 있다. 잎몸은 삼각상난형
으로 길이 3-6cm이고 기부는 절형·원형이
다. 꽃받침 조각은 큰 타원형으로 평개한다.
화관은 녹색을 띤 흰색으로 안쪽에 띠가 있
으며, 넓은 종형으로 길이 2-3cm이고 갈래
조각은 삼각상광란형이다.
*사진 오른쪽의 꽃은 변칙적인 것으로, 화관은
6개로 갈라지고 암술 끝은 4개로 갈라져 있다.

② 코도노프시스 아피니스

C. affinis Hook.f. & Thoms.

분포 ◇네팔 중부-부탄 개화기 7-9월
덩굴성 다년초. 산지의 떡갈나무 숲이나 습한
관목림에 자생한다. 전체적으로 부드러운 털
이 자란다. 잎에는 유연한 자루가 있다. 잎몸
은 난형·난상피침형으로 길이 5-8cm이고 기
부는 깊은 심형이며 가장자리에 불규칙하고
무딘 톱니가 있다. 뒷면에 부드러운 털이 촘촘
히 나 있다. 꽃받침 조각은 장원상피침형으로
길이 7-9mm이며 평개한다. 화관은 종형으
로 직경 1.5-2cm이고 연두색 검붉은색이며,
갈래조각은 삼각상광란형이다.

③ 코도노프시스 수브심플렉스

C. subsimplex Hook.f. & Thoms.

분포 ◇네팔 중부-부탄, 티베트 남부
개화기 7-9월
덩굴성 다년초. 아고산대의 숲속이나 관목
림 주변의 초지에 자생한다. 길이 0.3-2m이
며 초지에서는 곧게 자란다. 잎에는 가늘고
유연한 자루가 있다. 잎몸은 삼각상장란형
으로 길이 3-7cm이고 불규칙하고 성긴 톱
니가 있다. 꽃받침 조각은 난상장원형으로
크다. 화관은 항아리처럼 생긴 종형으로 길
이 1.3-1.7cm이며 연두색이다. 휘어진 갈
래조각의 기부에 검붉은색 띠가 있다.

④ 더덕속의 일종 (A) Codonopsis sp. (A)

덩굴성 다년초. 산지의 습한 관목소림에 자생
한다. 길이 2m. 전체적으로 부드러운 털이 자
란다. 잎자루는 길이 7-10mm. 잎몸은 장란
형으로 길이 2.5-3cm이고 끝은 점첨형(漸尖
形), 기부는 원형-얕은 심형이며 가장자리에
무딘 톱니가 불규칙하게 있다. 뒷면에는 털이
촘촘히 나 있다. 꽃자루는 길이 2-4cm. 꽃은
길이 1.5-1.7cm. 꽃받침 조각은 장원상피침
형으로 간격이 없으며 평개한다. 화관은 원통
형 종모양으로 직경 1.8-2cm이고 연두색이
며, 갈래조각의 안쪽은 검붉은색을 띤다.

① 코도노프시스 로툰디폴리아. 8월 20일.
I/꽃의 계곡. 3,400m.

② 코도노프시스 아피니스. 8월 12일.
R/푸이얀의 북서쪽. 2,700m.

③ 코도노프시스 수브심플렉스. 7월 23일.
V/체람의 북쪽. 3,900m.

④ 더덕속의 일종 (A) 7월 14일.
V/암질라사의 북동쪽. 2,400m.

⑤-a 치아난투스 인카누스. 8월 25일.
P/랑시샤의 남서쪽. 4,000m.

⑤-b 치아난투스 인카누스. 8월 25일.
V/탕신의 남쪽. 3,800m.

치아난투스속 Cyananthus

시노히말라야 고산대를 중심으로 분포한다. 씨방상위로, 꽃받침통은 씨방에 붙어 있지 않다. 커다란 원통형 종 모양의 꽃받침이 화관의 기부를 감싸서 씨방을 보호하는 동시에, 벌이 꿀을 채취하지 못하도록 방지한다.

⑤ 치아난투스 인카누스

C. *incanus* Hook.f. & Thoms.

분포 □네팔 중부-중국 서남부, 티베트 남동부 개화기 8-9월

아고산대에서 고산대에 걸쳐 바위땅이나 초지, 관목림 주변에 자생한다. 굵은 목질 뿌리줄기의 정수리에서 여러 개의 줄기가 뻗어 나와 사방으로 퍼진다. 꽃줄기는 길이 5-20cm이며 전체적으로 털이 자란다. 상부의 잎에는 편평한 자루가 있다. 잎몸은 난형-타원형-피침형으로 길이 3-7mm이고 가장자리는 매끈하거나 물결 모양이다. 꽃받침은 길이 7-10mm이고 전체적으로 하얀 털에 덮인 것이 많다. 화관은 푸른빛 나는 자주색으로 직경 2-3cm, 통부(筒部)는 길이 1.5-2cm, 갈래조각은 장원형이며 화후(花喉)에 자주색 또는 흰색의 긴 털이 촘촘히 나 있다.

* ⑤-a와 ⑤-b의 꽃받침은 주변부 외에는 털이 없기 때문에, 변종이나 아종으로 취급되는 경우가 있다.

⑥ 치아난투스 마크로칼릭스

C. *macrocalyx* Franch. [C. *spathulifolius* Nannfeldt]

분포 ◇네팔 동부-부탄, 티베트 남부, 중국 서부 개화기 7-8월

고산대의 건조한 초지에 자생한다. 꽃줄기는 길이 5-15cm이고, 잎은 줄기 끝에 빽빽하게 모여 큰 무더기를 이룬다. 상부의 잎에는 편평한 자루가 있다. 잎몸은 난형-원형으로 길이 4-6mm이고 가장자리는 물결 모양이며 뒷면에는 털이 촘촘히 나 있다. 꽃은 길이 1.7-2cm, 직경 2-2.5cm. 꽃받침은 적갈색으로 바깥쪽에 털이 없고 5개의 맥이 선명하다. 꽃이 지면 기부가 볼록해진다. 화관은 노란색으로 바깥쪽은 적갈색을 띠고, 갈래조각은 장원형으로 화후에 노랗고 긴 털이 빽빽하게 나 있다.

* 사진의 잎무더기에는 가울테리아 트리코필라의 짙은 녹색잎이 섞여 있다.

⑦ 치아난투스 레이오칼릭스

C. *leiocalyx* (Franch.) Cowan [C. *incanus* Hook.f. & Thoms. var. *leiocalyx* Franch.]

분포 ◇티베트 남동부, 윈난·쓰촨성 개화기 7-8월

고산대의 바위가 많은 초지에 자생한다. 전체적으로 동속 마크로칼릭스와 비슷하나 화관은 푸른빛 나는 자주색이다. 가지 끝에 여러 개의 큼직한 잎이 모여 달린다. 잎몸은 길이 3-7mm. 화관은 직경 1.8-2.3cm이고 통부는 길이 1.2-1.3cm이다. 꽃받침은 바깥쪽 능상 이외에는 털이 없다.

⑤-c 치아난투스 인카누스. 8월11일. V/얀마의 북동쪽. 4,250m. 화관의 화후에 붉은색과 흰색의 긴 털이 촘촘히 나 있고, 꽃받침은 하얀 털에 덮여 있다. 왼쪽에 폴리고나툼 후케리의 잎이 보인다.

⑥ 치아난투스 마크로칼릭스. 7월23일. T/자크의 서쪽. 4,200m.

⑦ 치아난투스 레이오칼릭스. 8월3일. Y1/키라프의 남쪽. 4,700m.

치아난투스속 Cyananthus

① 치아난투스 로바투스 C. lobatus Benth.
분포 ◇히마찰-윈난성, 티베트 남부
개화기 7-10월
아고산대 산등성이의 둔덕이나 고산대의 건조
한 초시에 자생한다. 꽃줄기는 길이 10-30cm
이며 상부만 곧게 선다. 잎은 능상타원형으로
길이 1-2cm이고 우상으로 3-7개로 갈라졌으
며, 갈래조각에는 성기고 무딘 톱니가 있다.
뒷면에는 희고 긴 털이 빽빽하게 자라고, 기부
는 편평한 자루로 이어진다. 화관은 자주색으
로 직경 2.5-4cm이고 갈래조각은 광도란형으
로 평개하며, 기부에 희고 긴 털이 자란다. 꽃
받침은 검은 개출모(開出毛)로 덮여 있다.

② 치아난투스 미크로필루스 C. microphyllus Edgew.
분포 ◇가르왈-네팔 동부, 티베트 남부
개화기 8-9월
고산대의 바위틈이나 비탈에 자생한다. 꽃줄기
는 길이 5-15cm로 사방으로 퍼진다. 잎은 줄기
의 좌우에 달리고 장원상피침형으로 길이 4-
8mm이며 가장자리는 바깥으로 말렸다. 짙은
녹색인 표면에는 털이 없고, 뒷면에는 누운 털
이 자란다. 꽃받침에 검고 뻣뻣한 털이 빽빽하게
나 있다. 화관은 푸른빛 나는 자주색으로 직경
2-3cm이고 갈래조각은 장원형으로 끝이 뾰족
하다. 화후에 희고 긴 털이 촘촘이 나 있다.

③ 치아난투스 페둔쿨라투스 C. pedunculatus Clarke
분포 ■네팔 중부-시킴, 티베트 남부
개화기 7-9월
고산대의 바위가 많은 초지에 자생한다. 꽃
줄기는 길이 7-20cm로 끝만 곧게 서고 털이
자란다. 잎은 장원상피침형으로 길이 5-
15mm이고 기부는 줄기를 살짝 안고 있다.
뒷면에 긴 누운 털이 자란다. 꽃자루는 길이
1-3cm. 꽃은 옆을 향해 달리며 길이 2.5-

①-a 치아난투스 로바투스. 8월26일. P/야라의 서쪽. 4,550m. 바람이 강하게 부는 산등성이의 방목비탈에서 로
도덴드론 세토숨의 보호를 받으며 큰 그루로 자라고 있다.

①-b 치아난투스 로바투스. 10월4일.
P/라우레비나의 북서쪽. 3,500m.

①-c 치아난투스 로바투스. 8월20일.
I/꽃의 계곡. 3,400m.

② 치아난투스 미크로필루스. 9월2일.
J/바도니부갸르의 북동쪽. 3,800m.

3.5cm, 직경 1.7-2.5cm. 화관은 원통형 종 모양으로 끝이 조금씩 넓어지며 연자주색이다. 갈래조각은 광란형이고, 화후는 털이 없거나 성기게 나 있다. 꽃자루와 꽃받침에 거무스름한 긴 털이 촘촘히 나 있다.
*③-a의 그루는 줄기와 잎에 털이 거의 없다.

잔대속 Adenophora
④ 아데노포라 히말라야나 A. himalayana Feer
분포 ◇중앙아시아 주변, 티베트 전역, 중국 서부 개화기 8-9월
고산대의 비탈이나 소관목 사이에 자생한다. 높이 15-30cm. 줄기와 잎에는 털이 없다. 중부의 잎은 선형으로 길이 4-10cm, 폭 1-3mm. 줄기 끝에서 1-2개의 꽃이 늘어진다. 꽃받침은 선상피침형. 화관은 종형으로 길이 1.8-2.3cm이고 푸른빛 나는 옅은 자주색이며, 갈래조각은 광란형이다. 암술은 화관과 길이가 같다. 수술대의 하부는 편평하며 긴 털이 자라서 원주형의 화반(花盤)을 둘러싼다.

숫잔대속 Lobelia
⑤ 로벨리아 에레크티우스쿨라
L. erectiuscula Hara [L. erecta Hook.f. & Thoms.]
분포 ◇네팔 중부·미얀마, 티베트 남부, 중국 남서부 개화기 7-9월
산지와 아고산대의 습한 숲 주변에 자생한다. 꽃줄기는 높이 30-80cm이며 상부에 부드러운 털이 빽빽하게 자란다. 하부의 잎은 도피침형으로 길이 7-12cm이고 가장자리에 성긴 톱니가 불규칙하게 생겨있으며, 기부는 날개가 있는 자루로 이어진다. 꽃은 길이 1.8-2.2cm. 꽃받침은 선상피침형. 화관은 자주색이고 화후는 흰색이다. 상부의 두 조각은 선형으로 위를 향해 있고, 갈래조각 사이는 깊게 갈라졌으며, 아랫입술은 3개로 얕게 갈라졌다.

③-a 치아난투스 페둔쿨라투스. 8월24일. V/체마탄의 북쪽. 4,500m. 이 종의 기준 유형과는 달리, 줄기와 잎에는 털이 거의 없고 정부의 잎에서만 짧게 누운 털을 볼 수 있다.

③-b 치아난투스 페둔쿨라투스. 8월16일. V/얀마의 북서쪽. 4,300m.

④ 아데노포라 히말라야나. 8월21일. Y4/간덴의 남동쪽. 4,300m.

⑤ 로벨리아 에레크티우스쿨라. 7월20일. T/운사사의 남동쪽. 2,950m.

산토끼꽃과 DIPSACACEAE

국화과와 두화의 형태가 비슷하지만 꽃밥이 붙어있지 않다. 잎은 마주나기 또는 돌려나기 한다.

솔체꽃속 Scabiosa

① 스카비오사 스페치오사 S. *speciosa* Royle
분포 ◇파키스탄-가르왈 개화기 7-9월
아고산대나 고산대 하부의 키 큰 초지에 자생한다. 높이 30-80cm. 잎은 도피침형으로 길이 3-8cm이고 마주나기 한다. 기부에 0-2쌍의 갈래조각이 있다. 두화는 긴 자루 끝에 달리며 연붉은색으로 직경 5-7cm이다. 바깥쪽 꽃잎은 크고 3개로 갈라졌으며, 윗갈래조각이 길다.

프테로체팔로데스속 Pterocephalodes

② 프테로체팔로데스 후케리

P. *hookeri* (Clarke) Mayer & Ehrend.

[*Pterocephalus* hookeri (Clarke) Pritz.]

분포 ◇네팔 서부-부탄, 티베트 남동부, 중국 서부 개화기 8-9월
고산대의 초지나 바위땅에 자생한다. 꽃줄기는 높이 15-40cm. 뻣뻣한 털이 아래를 향해 빽빽하게 자란다. 잎은 근생엽이다. 잎몸은 선상장원형으로 길이 5-15cm이고 가장자리는 매끈하거나 우상으로 갈라졌으며, 앞뒷면에 길고 가는 털이 나 있다. 두화는 연붉은색으로 직경 2-3cm. 화관의 5개 갈래조각은 난형이다.

산토끼꽃속 Dipsacus

③ 디프사쿠스 이네르미스

D. *inermis* Wall. [D. mitis D. Don]

분포 ◇아프가니스탄-중국 남서부, 티베트 남부 개화기 8-9월
아고산대의 관목숲림이나 키 큰 초지에 자생한다. 꽃줄기는 높이 0.7-2m. 드문드문 짧고 뻣뻣한 털이 자란다. 기부에 마주나기 하는 잎은 길이 10-20cm이며 우상으로 3-5개로 갈라졌다. 윗갈래조각은 타원형-도피침형으로 크고 끝이 뾰족하며 가장자리에 톱니가 있다. 두화는 긴 자루 끝에 달리며 직경 2.5-3.5cm이다. 화관은 흰색으로 직경 3-4mm이고, 끝은 4개로 갈라졌다.

④ 디프사쿠스 키넨시스 D. *chinensis* Batalin
분포 ◇티베트 동부, 중국 서부 개화기 7-8월
아고산대의 관목림 주변이나 초지에 자생한다. 높이 1-2m. 줄기는 굵고 능(稜)을 지녔으며, 능 위에 노란색의 짧고 뻣뻣한 털이 빽빽하게 나 있다. 잎은 마주나기 하고, 잎의 기부에는 자루가 있다. 잎몸은 길이 15-25cm이고 우상으로 갈라졌으며, 갈래조각에 성기고 무딘 톱니가 있다. 앞뒷면에 털이 자란다. 두화는 직경 4-5cm. 화관은 흰색이다.

① 스카비오사 스페치오사. 8월7일. B/타르신. 3,000m. 강가의 둔덕을 뒤덮은 풀숲 사이로, 한여름에 잎 없는 줄기가 쑥쑥 자라나와 커다란 꽃을 피운다.

②-a 프테로체팔로데스 후케리. 8월29일. Y3/추부곰파의 서쪽. 4,500m.

②-b 프테로체팔로데스 후케리. 8월18일. Z2/산티린. 3,600m.

모리나과 MORINACEAE

잎에 가시가 있고, 잎자루의 기부가 칼집 모양으로 줄기를 안고 있으며, 줄기 상부의 마디마다 꽃이 밀집하는 점에서 산토끼꽃과와 구별된다.

모리나속 Morina

⑤ **모리나 코울테리아나** M. *coultheriana* Royle
분포 ◇중앙아시아 주변-가르왈
개화기 7-8월

건조한 아고산대의 숲 주변이나 자갈 비탈에 자생한다. 꽃줄기는 높이 0.3-1m이며 겉에 가는 털이 빽빽하게 나 있다. 잎의 기부는 장원상피침형으로 길이 15-25cm이고 우상으로 갈라졌으며, 갈래조각과 톱니 끝이 가시처럼 솟아 있다. 포엽은 난상피침형. 소엽의 바깥쪽에 털이 자라고 끝에 가시가 나 있다. 꽃받침은 입술 모양. 화관은 흰색·연노란색이며 통부는 길이 2-2.5cm. 윗입술은 2개로 갈라져 솟아 있고, 아랫입술은 3개로 갈라져 늘어져 있다.

⑥ **모리나 롱기폴리아** M. *longifolia* DC.
분포 ◇카슈미르-부탄 개화기 7-9월

아고산대의 숲 주변 초지나 고산대 하부의 방목지에 자생한다. 꽃줄기는 높이 0.3-1m이며 상부에 가는 털이 빽빽하게 자란다. 기부에 마주나기 하는 잎은 선상피침형으로 길이 10-30cm이고 우상으로 갈라졌으며, 톱니 끝에 연갈색의 가시가 솟아 있다. 꽃차례의 포엽은 난상피침형이며 가장자리의 가시는 단단하다. 소엽은 원통 모양이며 끝에 가시가 있다. 꽃받침은 원통형 종 모양으로 끝이 2개로 갈라졌으며, 갈래조각은 주걱형이다. 화관의 통부는 흰색으로 길이 2.5-3.5cm. 화관 끝은 붉은빛을 띠며 위로 2조각, 아래로 3조각으로 갈라져 평개한다.

③ 디프사쿠스 이네르미스. 8월3일.
K/라라 호수. 2,950m.

④ 디프사쿠스 키넨시스. 8월13일.
Z3/치틴탕카. 3,450m.

⑥ 모리나 롱기폴리아. 7월20일. I/바드리나트의 서쪽. 3,500m. 양떼와 티베트 산양이 오가는 남쪽을 향하는 방목지에 높이 1m의 큰 그루를 이루고 있다.

⑤ 모리나 코울테리아나. 7월14일.
D/사트파라 호수. 3,500m.

크리프토트라디아속 Cryptothladia

① 크리프토트라디아 폴리필라

C. polyphylla (DC.) Cannon [Morina polyphylla DC.]
분포 ◇가르왈-부탄 개화기 6-8월

고산대의 넓은 초지 비탈에 자생한다. 꽃줄
기는 높이 20-50cm이며 상부에 가는 털이
빽빽하게 자란다. 잎의 기부는 선상피침형
으로 길이 10-30cm이고 우상으로 갈라졌으
며, 성긴 톱니 끝이 목질의 가시가 된다. 수
상꽃차례는 7-15cm. 포엽은 끝이 단단하
다. 살짝 입술 모양을 한 꽃받침은 4개로 갈
라져 깔때기모양으로 열리며 개화기에 붉은
색을 띤다. 화관은 흰색-붉은색으로 직경
4mm이고, 끝은 입술모양으로 4개로 갈라
졌다. 갈래조각은 원형으로 곧추선다.
* ①-b는 기부가 전부 쓰러지고 꽃차례만
곧게 서 있다. 깔때기 모양의 꽃받침 속으로
조개처럼 입을 다물고 있는 화관이 보인다.

아칸토칼릭스속 Acanthocalyx

② 아칸토칼릭스 네팔렌시스

A. nepalensis (D. Don) Cannon[Morina nepalensis D. Don]
분포 ◇네팔 서부-윈난·쓰촨성, 티베트 남
부 개화기 6-8월

고산대의 이끼 낀 바위땅이나 소관목 사이, 둔
덕진 초지에 자생한다. 꽃줄기는 12-30cm
이며 가는 털이 2줄로 나 있다. 기부에 마주나
기 하는 잎은 선상피침형으로 길이 7-20cm이
고 가장자리에 가시가 나 있다. 꽃은 줄기 끝
에 모여 달리는데 이따금 하부의 마디에도 달
린다. 화관은 연붉은색으로 통부는 길이 2cm
이고 완만하게 휘었으며 겉에 가는 털이 빽빽
하게 자란다. 화관의 끝은 약간 입술모양이며
5개로 갈라져 평개한다. 직경 6-8mm. 갈래
조각은 도란형, 기부는 붉은색이다.

①-a 크리프토트라디아 폴리필라. 8월26일. P/야라의 서쪽. 4,550m. 야크가 방목되는 비탈에서 높이 50cm 이
상 자란다. 역광이라서 잘 보이지 않지만 꽃받침은 검붉은 빛을 띠고 있다.

①-b 크리프토트라디아 폴리필라. 5월31일.
M/부중게 바라의 남동쪽. 3,900m.

②-a 아칸토칼릭스 네팔렌시스. 7월8일.
S/쿰중의 남쪽. 3,800m.

②-b 아칸토칼릭스 네팔렌시스. 6월30일.
Z3/봉 리의 북동쪽. 4,200m.

마타리과 VALERIANACEAE

잎은 마주나기 한다. 줄기 끝에 작은 꽃이 산 방상으로 모여 달린다. 꽃받침은 작으며, 화관은 5개로 갈라졌다.

쥐오줌풀속 Valeriana

③ **발레리아나 피롤리폴리아** V. pyrolifolia Decne.
분포 ◇파키스탄-히마찰 개화기 5-7월
건조지대의 산지에서 고산대에 걸친 숲 주변이나 바위가 많은 초지에 자생한다. 꽃줄기는 높이 5-20cm이며 겉에 드문드문 털이 자란다. 근생엽에는 긴 자루가 있다. 잎몸은 원형·타원형으로 길이 1.5-3cm. 줄기잎은 광란형으로 자루가 없으며 기부는 줄기를 안고 있다. 꽃차례는 직경 1-3cm. 화관은 흰색으로 직경 3-4mm.
＊③-b는 산등성이의 바위땅에 자생한 것으로 높이 5-10cm이고 털이 없다. 줄기잎은 장원형이며 기부에 0-2쌍 갈래조각이 있다. 포엽은 이따금 3개로 깊게 갈라졌다. 화관은 직경 3mm. 별종일 가능성이 있다.

④ **발레리아나 하르드위키이** V. hardwickii Wall.
분포 ◇카슈미르-동남아시아, 티베트 남동부, 중국 남부 개화기 6-8월
산지에서 고산대에 걸쳐 관목소림이나 초지에 자생한다. 꽃줄기는 높이 0.3-1m이며 겉에 털이 없거나 가는 털이 나 있다. 잎의 기부는 길이 4-13cm이고 우상으로 깊게 갈라졌으며, 갈래조각은 5-7개이고 윗갈래조각은 협란형·피침형이다. 꽃차례는 직경 2-5cm. 화관은 흰색으로 직경 2-3 mm.
＊④-b는 높이 40cm 이하. 털이 없다. 기부의 잎은 길이 4-7cm. 갈래조각은 5개로 윗갈래조각이 옆갈래조각보다 훨씬 크다. 측맥은 평행하며 가장자리에 성긴 톱니가 있다. 별종일 가능성이 있다.

③-a 발레리아나 피롤리폴리아. 6월 10일.
G/굴마르그. 2,850m.

③-b 발레리아나 피롤리폴리아. 7월 20일.
D/투크치와이 룬마. 4,600m.

④-a 발레리아나 하르드위키이. 7월 19일.
I/바순다라 폭포 부근. 3,650m.

④-b 발레리아나 하르드위키이. 7월 24일. K/쟈그도라의 북쪽. 3,900m. 안개가 잘 끼는 산등성이의 남쪽 비탈에 자란 것으로, 가는 뿌리줄기가 옆으로 뻗어 군생하고 있다.

나르도스타키스속 Nardostachys

① 나르도스타키스 야타만시

N. jatamansi (D.Don) DC. [N. grandiflora DC.]

분포 ◇가르왈-부탄, 티베트 남동부, 중국 서부 개화기 6-9월.

고산대의 소관목 사이나 초지, 바위땅에 자생한다. 갈색 섬유로 싸인 긴 뿌리줄기가 있다. 다형적인 종으로 같은 지역에서도 환경에 따라 전체의 크기, 형태, 꽃의 색깔 등이 변한다. 꽃줄기는 길이 3-30cm이고, 곧게 자라거나 비스듬히 뻗으며 겉에 가는 털이 나 있다. 바람에 노출된 자갈땅에서는 왜성화하여 땅위로 누워 자란다. 근생엽은 광란형-선상도피침형으로 길이 2-15cm. 줄기에 마주나기 하는 잎은 짧다. 꽃은 줄기 끝에 모여 직경 1-3cm의 두상꽃차례를 이룬다. 꽃받침은 길이 2-3mm이며 열매 맺을 시기에 크게 자란다. 화관은 원통형 종 모양으로 길이 6-10mm이고 연붉은색 붉은색이며, 끝은 5개로 갈라져 평개하고 4개의 수술과 암술을 드러낸다. 말린 뿌리줄기는 힌디어와 네팔어로 '만시' 또는 '제타만시', 티베트어로 '팡베'로 불리는 민간약이나 방향제로 쓰인다. 한방에서도 오래전부터 감송향이라는 이름으로 신경쇠약, 간질, 심근경색 등의 증세를 완화하는 진정제로 사용되어 왔으며, 향이 좋은 까닭에 다양한 처방에 이용되고 있다.

*①-c의 아래쪽에 보이는 긴 털로 덮인 광선형 잎은 지치과의 오노스마 후케리. ①-d의 포기는 극도로 왜소화한 것으로 꽃줄기는 꽃을 포함해 길이 2-5cm이며, 차고 건조한 바람이 부는 거친 자갈땅에서 벼룩이자리속 쿠션식물을 바람막이로 삼아 자라고 있다.

①-a 나르도스타키스 야타만시. 7월24일. I/타인의 북서쪽, 3,750m. 태양열을 축적한 바위와 로도덴드론 안토포곤 덤불의 보호를 받으며 큰 포기로 자라고 있다.

①-b 나르도스타키스 야타만시. 7월25일. V/미르긴 라의 북쪽. 4,050m.

①-c 나르도스타키스 야타만시. 6월22일. Z1/초바르바 부근. 4,500m.

①-d 나르도스타키스 야타만시. 7월26일. Y2/라무나 라. 5,000m.

인동과 CAPRIFOLIACEAE

잎은 마주나기 하고 수술은 5개이며 하위씨방이다. 대부분 목본으로 줄기에 보통 심이 있다.

인동속 Lonicera

② **로니체라 미르틸루스** L. myrtillus Hook.f. & Thoms.
분포 ㅁ파키스탄-미얀마, 티베트 남부, 윈난·쓰촨성 개화기 5-7월
높이 1-2m의 관목으로 산지나 아고산대의 관목소림에 자생한다. 가지는 가늘고 적갈색을 띤다. 전체적으로 털이 거의 없다. 잎자루는 길이 1-2mm. 잎몸은 장원형으로 길이 1.5-2cm. 꽃자루는 1-5mm로 끝에 2개의 두화가 달리며, 씨방은 옆면에 합착한다. 화관은 흰색으로 통부는 길이 5-8mm.

③ **로니체라 앙구스티폴리아** L. angustifolia DC.
분포 ㅁ카슈미르-부탄, 티베트 남부
개화기 5-7월
높이 2-4m의 관목. 산지에서 아고산대에 걸쳐 계곡 줄기의 숲 주변이나 강가의 늪에 자생한다. 가지는 경질로 회갈색이다. 잎자루는 길이 2-3mm. 잎몸은 장원상피침형으로 길이 2-4cm이고 가장자리와 뒷면에 드문드문 털이 자란다. 꽃자루는 길이 1-2cm. 씨방은 옆면에 합착한다. 화관은 흰색-연노란색으로 이따금 붉은빛을 띠며, 통부는 길이 8-10mm이다.

④ **로니체라 스피노사** L. spinosa (Decne.) Walp.
분포 ◇아프가니스탄-시킴, 티베트 서남부
개화기 6-7월
건조 고지의 계곡 줄기에 자생하는 높이 0.3-1m의 관목. 가지는 단단하며, 오래된 가지의 끝은 가시 모양이 된다. 잎자루는 매우 짧다. 잎몸은 선상장원형으로 길이 6-10mm이고 가장자리가 바깥쪽으로 말려있다. 꽃은 잎겨드랑이에 2개 달리고, 꽃자루는 매우 짧다. 씨방은 이생(離生)한다. 화관은 연붉은색, 통부는 길이 1cm이다. 난형-타원형인 갈래조각은 평개하며 4개의 수술과 암술을 드러낸다.

⑤ **로니체라 세메노비이** L. semenovii Regel.
분포 ◇중앙아시아 주변-카슈미르, 티베트 서부 개화기 6-7월
건조 고지의 바위땅에 자생하는 높이 30cm 이하의 소관목. 가지는 분백색을 띤다. 잎은 장원형으로 길이 1-1.7cm이고 뒷면은 분백색을 띠며 가장자리는 바깥쪽으로 말려 있다. 꽃자루는 길이 3-7mm로 2개의 꽃이 달리고, 씨방은 이생한다. 화관은 노란색, 통부는 길이 1.5-2.5cm, 갈래조각은 타원형이다. 암술은 꽃 밖으로 돌출한다.

② 로니체라 미르틸루스. 6월28일. K/링모 부근. 3,600m.

③ 로니체라 앙구스티폴리아. 6월23일. P/랑탕 마을의 동쪽. 3,650m.

④ 로니체라 스피노사. 6월28일. K/링모 부근. 3,600m. 짧은 가지 끝은 단단하며 가시 모양이다.

⑤-a 로니체라 세메노비이. 7월23일. F/피체 라의 서쪽. 4,500m.

⑤-b 로니체라 세메노비이. 7월7일. C/간바보호마 부근. 4,200m.

인동속 Lonicera

① 로니체라 미크로필라 L. microphylla Roem. & Schult.
분포 ◇중앙아시아 주변-카슈미르, 티베트,
중국 서부 개화기 5-7월
건조 고지의 계곡 줄기에 자생하는 관목. 높
이 1-2.5m. 전체적으로 회백색을 띤다. 잎
은 짧은 가지에 모여나기 하고 도란상타원
형으로 길이 1-2cm. 꽃의 씨방 2개는 완전
히 합착한다. 화관은 연노란색, 통부는 길이
6-8mm, 기부의 한쪽이 주머니 모양으로
부풀어 있다. 5개의 갈래조각은 선상장원형
이며 입술 모양으로 갈라져 평개한다.

② 로니체라 히폴레우카 L. hypoleuca Decne.
분포 ◇아프가니스탄-네팔 중부, 티베트 서
부 개화기 6-7월
높이 1-2m의 관목. 건조지대 계곡 줄기의 바
위 비탈에 자생한다. 잎은 난상타원형으로 길
이 1-2cm이며 뒷면은 희뿌옇다. 꽃의 씨방 2
개는 이생한다. 화관은 연노란색으로 길이 1-
1.5cm. 5개의 갈래조각은 선상장원형으로
통부와 길이가 같으며, 입술 모양으로 갈라져
평개하고 암술과 수술이 길게 돌출한다.

③ 인동속의 일종 (A) Lonicera sp. (A)
높이 2-5cm의 포복성 소관목으로 고산대
상부의 관목림 주변이나 자갈 비탈에 자생한
다. 잎자루는 길이 1-2mm. 잎몸은 난상타원
형으로 길이 8-10mm이고 앞뒷면에 누운
털이 자란다. 총꽃자루는 길이 3-4mm. 포엽
은 도란형-타원형으로 길이 8-12mm이고
끝은 매끈하거나 물결 모양이다. 씨방은 이
생한다. 화관은 연노란색, 통부는 길이 1-
1.5cm, 바깥쪽에 털이 자란다. 화관의 갈래
조각은 타원형으로 길이 5-7mm이다.

④ 로니체라 히스피다 세토사
L. hispida Willd. var. setosa Hook.f. & Thoms.
분포 ◇네팔 중부-부탄, 티베트 남동부, 중
국 서부 개화기 6-7월
높이 0.15-1m의 소관목. 고산대의 바위 비탈
에 자생한다. 잎은 난상타원형으로 길이 1.5-
2.5cm이고 앞면에는 빳빳하게 누운 털이,
뒷면에는 센털과 부드러운 털이 자란다. 포
엽은 도광란형으로 크고 겉에 털이 나 있다. 꽃
의 씨방 2개는 기부에서 합착한다. 화관은
연노란색으로 길이 2-2.5cm이며 바깥쪽에
털이 자란다. 갈래조각은 원형이다.

⑤ 로니체라 오보바타 L. obovata Hook.f. & Thoms.
분포 □카슈미르-부탄, 티베트(?)
개화기 5-7월
고산대의 관목소림이나 바위땅에 자생하는 소관
목. 높이 0.2-1m. 전체적으로 털이 없다. 잎은
개화와 동시에 전개되며, 도란상타원형으로 길

① 로니체라 미크로필라. 6월26일.
E/싱고의 남서쪽. 3,800m.

② 로니체라 히폴레우카. 6월18일.
N/좀솜의 남서쪽. 2,700m.

③ 인동속의 일종 (A) 6월22일. Z1/초바르바 부근. 4,800m. 높이 5cm 이하의 포복성 소관목으로, 잎이 마주나
기로 빽빽하게 돋은 불임지(不稔枝)가 옆으로 길게 뻗어 있다.

이 5-15mm이다. 꽃의 씨방 2개는 합착한다. 포엽은 선상피침형. 화관은 연노란색으로 길이 8-12mm이며 끝은 5개로 얕게 갈라졌다.

⑥ 인동속의 일종 (B) Lonicera sp. (B)
높이 2-4m의 관목으로 건조 고지의 계곡 줄기에 자생한다. 잎자루는 2-3mm. 잎몸은 협란형-난상타원형으로 길이 2.5-5cm이고 기부는 원형·절형이며 분백색을 띤다. 뒷면에 털이 드문드문 자란다. 총꽃자루는 길이 1.5-3cm이고 겉에 부드러운 털이 자란다. 액과(液果)는 붉은색으로 직경 6-7mm이며 2개가 기부에서 밀착한다. 동속 웨비아나(L. webbiana DC.)에 가깝다.

⑦ 인동속의 일종 (C) Lonicera sp. (C)
높이 2-5m의 관목으로 건조 고지의 계곡 줄기에 자생한다. 잎자루는 매우 짧다. 잎몸은 타원형-도란형으로 길이 1.5-2.5m이고 뒷면은 희뿌옇다. 총꽃자루는 길이 1-1.5cm. 액과는 직경 1-1.2cm로 2개가 합착해 구형을 이루며, 익으면 붉은색에서 검자주색으로 변한다. 동속 채룰레아 알타이카(L. caerulea L. var. altaica Pall.)에 가깝다.

⑧ 로니체라 루피콜라 L. rupicola Hook.f. & Thoms.
분포 □쿠마온-부탄, 티베트 남동부, 중국 서부 개화기 6-7월
높이 0.5-1.5m의 관목. 고산대의 바위 비탈이나 하천 근처에 군생한다. 오래된 가지는 단단하고 끝이 뾰족하다. 잎은 마주나기 또는 3개씩 돌려나기 하고 장원상피침형으로 길이 1-1.5cm이며 뒷면에 흰 털이 자란다. 꽃은 2-6개씩 모여나기로 달린다. 화관은 분홍색, 통부는 길이 6-8mm, 갈래조각은 원형으로 길이 4-5mm이며 평개한다. 암술과 수술은 돌출하지 않는다.

레이체스테리아속 Leycesteria
꽃이 수상으로 달리는 점에서 인동속과 구별된다. 마주나기 하는 포엽이 눈에 띈다.
⑨ 레이체스테리아 포르모사 L. formosa Wall.
분포 □카슈미르-미얀마, 티베트 남부, 중국 남서부 개화기 6-8월
높이 1-3m의 관목. 산지의 숲 주변에 자생한다. 나무줄기는 녹색으로 속이 비어 있으며, 가지 끝은 살짝 늘어진다. 잎자루는 길이 4-6mm. 잎몸은 난형으로 길이 5-10cm이고 끝이 뾰족하다. 포엽은 난상피침형으로 붉은빛을 띠며 개화 후에 커진다. 화관은 흰색으로 바깥쪽은 붉은빛을 띠고, 깔때기 모양으로 열리며 길이는 1.2-1.5cm. 갈래조각은 난형으로 평개하며 암술이 길게 돌출한다.

④ 로니체라 히스피다 세토사. 7월13일.
S/토닉. 4,900m.

⑤ 로니체라 오보바타. 6월9일.
M/차우라반의 북쪽. 3,550m.

⑥ 인동속의 일종 (B) 8월14일.
A/케렌가르의 북서쪽. 3,000m.

⑦ 인동속의 일종 (C) 8월14일.
A/케렌가르의 북서쪽. 3,000m.

⑧ 로니체라 루피콜라. 6월24일.
P/자탕. 3,900m.

⑨ 레이체스테리아 포르모사. 7월15일.
V/갸브라의 북동쪽. 2,750m.

가막살나무속 Viburnum

관목. 잎은 마주나기 한다. 방사상칭형(放射相秤形)의 작은 양성화가 가지 끝에 산방상 또는 원추상으로 모여 달린다. 화관은 5개로 갈라졌으며 수술은 5개, 암술대는 짧다. 둥근 핵과(核果)가 달린다.

① 비부르눔 그란디플로룸 V. grandiflorum DC.

분포 ㅁ카슈미르-부탄, 티베트 남부
개화기 4-6월

높이 1.5-3m의 낙엽관목. 산지에서 아고산대에 걸쳐 습한 혼합림이나 습지 주변에 자생한다. 가지는 굵고 연하며 거무스름하다. 잎은 짧은 가지 끝에 모여나기 하며 개화 후에 전개된다. 다 자란 잎에는 길이 1.5-3cm의 자루가 있다. 잎몸은 타원형-도란형으로 길이 5-10cm이고 끝이 뾰족하며 기부는 쐐기형이다. 가장자리에 가는 톱니가 있으며, 표면과 뒷면의 맥에 별 모양의 노란색 털이 자란다. 꽃은 자루를 거의 갖지 않고 가지 끝에 산방상으로 달리며 좋은 향기가 있다. 화관은 연붉은색으로 원통형 종 모양, 통부는 7-8mm, 5개의 갈래조각은 타원형으로 길이 3-4mm이며 평개한다. 열매는 타원체로 길이 7-10mm이고 익으면 자줏빛 나는 검은색으로 변한다. 카슈미르에서 히마찰에 걸친 아고산대 침엽수림 내의 해빙이 늦는 장소에 군생하는 것은, 나무껍질이 회갈색을 띠고 다 자란 잎은 털이 없으며 광택이 있어 포에텐스 f. foetens (Decne.) Taylor & Zappi라는 품종으로 취급된다.

② 비부르눔 에루베스첸스 V. erubescens DC.

분포 ㅁ쿠마온-미얀마, 티베트 남부, 중국 서부 개화기 4-6월

높이 2-5m의 낙엽관목으로 산지의 숲 주변에 자생한다. 잎자루는 굵고 붉은색을 띠며 길이 1-2cm이다. 잎몸은 타원형으로 길이 4-10cm이고 뾰족하며 가장자리에 톱니가 있다. 표면에 광택이 있으며 측맥이 선명하다. 꽃은 가지 끝에 원추상으로 달리고, 꽃차례의 끝과 꽃은 늘어진다. 화관은 봉오리일 때는 붉은색, 활짝 피면 흰색을 띠며 통부는 길이 7-10mm. 5개의 갈래조각은 타원형으로 길이 2-3.5mm이고 평개한다. 열매는 타원체로 길이 7-9mm이며 자루와 함께 선홍색을 띤다. 잎의 크기와 형태, 털의 상태, 꽃차례의 밀도와 길이 등은 환경에 따라 변화가 크다. 비교적 해발이 낮은 숲에서 전체적으로 크게 자라며, 잎이 얇고 크며 꽃차례가 성기고 길게 자라 늘어지는 것은 프라티이 var. prattii (Graebn.) Rehd. 라는 변종으로 취급되기도 한다.

① 비부르눔 그란디플로룸. 5월23일.
N/마나슬루 주봉의 남서쪽. 3,400m.

②-a 비부르눔 에루베스첸스. 4월25일.
U/치트레의 남쪽. 2,400m.

②-b 비부르눔 에루베스첸스. 5월6일.
N/간드룽의 북서쪽. 2,400m.

②-c 비부르눔 에루베스첸스. 7월15일.
V/갸브라의 북동쪽. 2,750m.

③ 비부르눔 물라하. 10월28일. R/스루케. 2,300m.

③ 비부르눔 물라하

V. *mullaha* D. Don [V. mullaha D. Don var. *glabrescens* (Clarke) Kitamura]

분포 □카슈미르-미얀마, 티베트 남부, 원 난성 개화기 6-8월

산지의 양지 바른 숲 주변이나 늪 근처의 관 목림에 자생하는 높이 2-5m의 낙엽관목으 로, 가지는 회갈색을 띤다. 잎과 꽃차례에 보통 별 모양의 털이 자란다. 잎자루는 길이 5-15mm. 잎몸은 난형으로 길이 7-15cm이 고 끝은 가늘고 뾰족하며, 기부는 원형-얕은 심형으로 가장자리에 성긴 톱니가 있다. 가 지 끝에 작은 꽃이 산형(散形) 또는 산방상으 로 달린다. 화관은 흰색인데 이따금 분홍색 을 띠며 직경 3-4mm이다. 열매는 구형으로 직경 6-8mm이고 붉게 익는다.

④ 비부르눔 코티니폴리움 V. *cotinifolium* D. Don

분포 ◇카슈미르-부탄, 티베트 남부
개화기 4-6월

높이 2-4m의 낙엽관목. 산지의 혼합림 주변 에 자생한다. 가지는 회갈색으로 굵다. 짧은 가지 끝에 마주나기 하는 잎은 좌우로 수평하 게 퍼지며 굵은 자루를 가졌다. 잎몸은 약간 혁 질의 난형으로 길이 5-10cm이고, 기부는 원 형-얕은 심형으로 가장자리에 불분명한 무딘 톱니가 있다. 앞뒷면에 별 모양의 털이 자라고, 가장자리와 뒷면은 털이 무성하다. 꽃은 가지 끝에 산방상으로 모인다. 화관은 바깥쪽은 붉 은색, 안쪽은 연붉은색을 띠며 직경 5-7mm 이다. 갈래조각은 원형으로 끝이 휘었으며, 노 란색 꽃밥이 두드러지는 5개의 수술이 길게 돌출한다. 열매는 타원체로 길이 8-12mm이 고, 익으면 붉은색에서 검은색으로 변한다.

⑤ 비부르눔 네르보숨

V. *nervosum* D. Don [V. *cordifolium* DC.]

분포 □쿠마온-미얀마, 티베트 남부, 중국 남서부 개화기 4-6월

높이 2-6m의 낙엽관목으로 산지나 아고산 대의 습한 혼합림에 자생한다. 잎과 꽃차례 에 별모양의 노란색 털이 자란다. 잎은 짧은 가지 끝에 마주나기 하며 개화기에 전개된 다. 다 자란 잎에는 길이 0.8-2cm의 굵은 자루가 있다. 잎몸은 난형-장란형으로 길이 는 7-10cm이며 끝이 가늘고 뾰족하다. 기 부는 원형-얕은 심형으로 가장자리에 가는 톱니가 있고, 앞면은 짙은 녹색으로 나란히 맥이 선명하다. 꽃은 짧은 가지 끝에 산형상 으로 달린다. 꽃차례는 직경 4-10cm. 자루 에서 꽃받침까지 별모양의 털이 빽빽이 자 란다. 화관은 흰색으로 바퀴모양이며 직경 1-1.7cm. 통부는 매우 짧다. 갈래조각은 난 상타원형이며 5개의 수술 끝이 꽃 밖으로 살짝 돌출한다. 열매는 타원체로 길이 8- 12mm이며 붉게 익는다.

④ 비부르눔 코티니폴리움. 5월23일. M/로트반의 남동쪽. 3,150m.

⑤-a 비부르눔 네르보숨. 5월4일. N/푼 힐의 남쪽. 3,150m.

⑤-b 비부르눔 네르보숨. 5월24일. W/푸네의 북쪽. 여러 종의 석남이 붉은색, 연자주색, 짙은 붉은색, 노란색 꽃 을 피운 전나무 숲 내에서 가는 가지에 모여 있는 흰 꽃이 시선을 잡아끈다.

딱총나무속 Sambucus

① 삼부쿠스 위그티아나 S. wightiana Wight & Am.
분포 ◇아프가니스탄-히마찰 개화기 6-8월
건조지대의 숲 주변이나 길가에 자생하며 양
지 바른 비탈에 군생한다. 높이 1-1.5m. 줄
기는 전체적으로 녹색이며 반목질이다. 잎은
우상복엽으로 길이 15-30cm. 소엽은 5-9
장 달려 있는데 피침형으로 길이 7-15cm이
며 가장자리에 날카로운 톱니가 있다. 꽃차례
는 산방상으로 직경 5-10cm. 화관은 흰색으
로 직경 3mm이고 통부는 매우 짧다. 5개의
갈래조각은 원형이며 평개한다. 열매는 직경
4-5mm로 귤색으로 익는다.

② 삼부쿠스 아드나타 S. adnata DC.
분포 □네팔 서부-부탄, 티베트 남동부, 중
국 서부 개화기 5-8월
높이 1-1.5m의 다년초로 산지의 초지나 길가
에 자생하며, 방목 거점 주변에 군생한다.
잎은 우상복엽으로 길이 15-30cm. 소엽은 5-
11장 달려 있는데 장원상피침형으로 길이 7-
15cm이며 가장자리에 톱니가 있다. 앞쪽 끝
소엽의 기부는 줄기를 따라 내려간다. 꽃차례
는 산방상으로 직경 7-15cm. 화관은 흰색으
로 이따금 바깥쪽이 붉은색을 띠며 직경 4-
5mm. 갈래조각은 원형이며 평개한다.

③ 삼부쿠스 카나덴시스

S. canadensis L.[S. nigra L. var. canadensis (L.) Bolli]
분포 □북아메리카 원산의 재배식물
개화기 4-9월
높이 3-5m의 관목. 따뜻한 마을 주변에 심는다.
네팔에 특히 많으며 야생화한 것도 있다. 잎은 우
상복엽. 소엽은 5-9장 달려 있는데 피침형으로
길이 5-10cm이며, 끝이 뾰족하고 가장자리에 톱
니가 있다. 잎의 기부는 이따금 2-3개로 깊게 갈라

① 삼부쿠스 위그티아나. 9월8일. G/소나마르그 부근. 2,750m. 신드 강 유역의 동쪽 제방 비탈에 무성히 자란 것
으로, 가을에 열매를 맺으면 귤색으로 물든다.

②-a 삼부쿠스 아드나타. 6월29일. Z3/니틴 부근. 3,100m. 남차바르와로 통하는 알룽창포 오른쪽 유역의 중간 지
점에 있는 양지 바른 길가에 군생하고 있다.

②-b 삼부쿠스 아드나타. 6월11일.
U/싯다포카리의 북동쪽. 2,400m.

졌다. 꽃차례는 반구형으로 직경 10-20cm. 화관은 흰색이며 직경 3-4mm. 열매는 자줏빛 나는 검은색으로 직경 4-5mm이다.

댕강나무속 Abelia

④ 아벨리아 트리플로라 A. triflora Wall.
분포 ㅁ아프가니스탄-네팔 중부 개화기 5-7월
높이 1.5-3m의 관목으로 산지나 아고산대의 관목소림에 자생한다. 가지잎은 피침형으로 길이 3-4cm. 꽃은 줄기 끝에 모이며 향기가 좋다. 꽃받침조각은 선상피침형이며 가장자리에 우산모양의 털이 자란다. 화관은 흰색인데 바깥쪽은 붉은색을 띤다. 통부는 길이 1cm, 갈래조각은 타원형으로 길이는 3mm. 수술과 암술은 짧다.

트리오스테움속 Triosteum

⑤ 트리오스테움 히말라야눔 T. himalayanum Wall.
분포 ◇쿠마온-부탄, 티베트 남부, 중국 서부 개화기 6-7월
산지나 아고산대의 숲 사이 초지에 자생하며, 방목용 오두막 주변에 군생한다. 꽃줄기는 높이 40-80cm이며 전체적으로 센털과 솜털이 자란다. 잎의 기부에는 자루가 없다. 잎몸은 도란상타원형으로 길이 8-15cm이고 끝이 뾰족하며 기부는 절형이다. 표면에 맥이 선명하다. 마주나기 하는 잎의 기부는 완전히 합착한다. 줄기 끝에 짧은 수상꽃차례가 달린다. 화관은 원통형으로 길이 1.2-1.5cm이고 황록색이며, 기부에서 휘어져 옆을 향한다. 윗입술은 크고 4개로 갈라졌으며 아랫입술은 작다. 갈래조각의 안쪽은 주홍색을 띤다. 열매는 구형으로 붉게 익는다.

③-a 삼부쿠스 카나덴시스. 6월12일. O/굴반장. 2,100m. 카트만두에서 북으로 달리는 산등성이에 오래된 길이 있는데, 마을 부근에 이르면 이 나무를 흔히 볼 수 있다.

③-b 삼부쿠스 카나덴시스. 5월11일. 카트만두/고다바리. 1,450m.

④ 아벨리아 트리플로라. 6월26일. K/링모의 남쪽. 3,400m.

⑤ 트리오스테움 히말라야눔. 6월21일. L/장글라 고개의 북쪽. 3,400m.

통발과 LENTIBULARIACEAE
통발속 Utricularia
뿌리가 없는 식충식물. 땅속줄기와 잎줄기에 포충낭(捕蟲囊)이 달려 있다. 화관은 입술모양이며 꽃뿔이 있다.

① 우트리쿨라리아 브라키아타
U. brachiata Oliver
분포 ◇네팔 중부- 온난성 개화기 7-9월
아고산대의 이끼 낀 암벽이나 나뭇가지에 자생한다. 땅속줄기는 휴면아를 품고 있다. 꽃줄기는 높이 4-8cm로 흰 꽃이 1-2개 달린다. 잎몸은 긴 타원형으로 폭 2-5mm. 꽃자루는 길이 5-7mm. 꽃받침조각 2개는 길이 2mm. 화관의 윗입술은 짧으며 2개로 깊게 갈라졌다. 아랫입술은 길이 7-9mm이고 5개로 갈라졌으며 가운데 조각은 크다. 기부에 노란색 점이 있다. 꽃뿔은 길이 4-5mm.

② 우트리쿨라리아 스트리아툴라
U. striatula Smith
분포 ◇아프리카와 아시아의 열대-아열대 지방 개화기 4-9월
산기슭의 이끼 낀 암벽에 자생하는 1년초. 잎자루는 매우 짧고, 잎몸은 난형으로 폭 2-2.5mm이며 기부는 심형이다. 꽃줄기는 높이 3-10cm로 두화 2-7개가 달린다. 화관의 윗입술은 꽃받침조각보다 짧다. 아랫입술은 연자주색·연붉은색으로 기부에 노란색 점이 있으며, 신장형으로 폭 5-8mm이고 5개로 얕게 갈라졌다. 갈래조각은 원형이다. 꽃뿔은 길이 4mm.

③ 우트리쿨라리아 쿠마오넨시스
U. kumaonensis Oliver
분포 ■쿠마온- 네팔 동부, 부탄(?)
개화기 7-8월
산지림 내의 물이 떨어지는 암벽에 자생

① 우트리쿨라리아 브라키아타. 8월7일. T/콤마 라의 남쪽. 3,300m. 비스듬하게 기운 로도덴드론 호그소니이의 가지 위에서 스펀지처럼 빗물을 빨아들인 이끼 사이로 자라나 있다.

② 우트리쿨라리아 스트리아툴라. 8월21일. V/욕솜의 북쪽. 2,000m.

③ 우트리쿨라리아 쿠마오넨시스. 8월20일. T/찬그리마의 남동쪽. 2,350m. 촬영/츠카타니(塚谷)

④ 우트리쿨라리아 레크타. 9월18일. X/니카르추 추잠의 북쪽. 2,650m.

다. 동속 스트리아툴라와 비슷하나, 꽃이 작고 1-3개 달린다. 화관의 아랫입술은 반원형으로 길이 3-4mm이며 5개로 갈라졌다. 갈래조각의 끝은 절형이며 가운데 조각은 크다. 꽃뿔은 길이 3mm이다.

④ 우트리쿨라리아 레크타 U. recta P. Taylor
분포 ◇쿠마온·미얀마, 중국 남서부
개화기 6-10월
산지의 물가에 자생하며 가는 땅속줄기가 있다. 잎은 땅속줄기에 달리며 길이 1cm 이하이다. 꽃줄기는 높이 2-8cm로 끝에 노란색 꽃이 1-4개 달린다. 꽃자루는 길이 3-5mm. 꽃받침조각은 길이 2.5mm. 화관의 아랫입술은 길이 4-5mm이며 기부가 솟아 있다. 꽃뿔은 길이 5-6mm이다.

벌레잡이제비꽃속 Pinguicula
⑤ 핑쿨라 알피나 P. alpina L.
아고산대에서 고산대에 걸쳐 초지나 소관목 사이에 자생한다. 잎은 장원형으로 길이 1.5-3cm이고 가장자리는 안쪽으로 말렸으며, 표면에 선모가 나 있어 작은 곤충이 달라붙는다. 꽃줄기는 높이 4-10cm로 끝에 흰색 꽃이 1개 달린다. 화관은 원추형의 꽃뿔을 포함해 길이 1-1.3cm. 아랫입술은 크고 3개로 갈라졌으며, 가운데 조각의 기부에 노란색 점이 있고 굵은 털이 빽빽하게 자란다.

열당과 OROBANCHACEAE
초종용속 Orobanche
엽록소가 없으며 다른 식물의 뿌리에 기생한다.
⑥ 오로반케 알바 O. alba Willd.
분포 ◇유럽, 서아시아·네팔 중부, 티베트
개화기 6-8월
반건조지대의 둔덕진 초지에 자생한다. 꽃줄기는 높이 15-30cm, 겉에 부드러운 털이 빽빽하게 있고, 삼각상피침형의 비늘조각잎이 어긋나기 한다. 화관은 황갈색으로 길이 1.5-2cm이고 바깥쪽에 선모가 자란다. 아랫입술과 윗입술은 짧으며 길이가 거의 같다.

⑦ 오로반케 푸르푸레아 O. purpurea Jacq.
분포 지중해 연안, 중앙아시아 주변·파키스탄 개화기 6-7월
십자화과 풀과 함께 건조지의 자갈이 많은 초지에 자생한다. 꽃줄기는 높이 10-20cm이며 겉에 부드러운 털이 빽빽하게 있고, 난상피침형의 비늘조각잎이 드문드문 어긋나기 한다. 포엽은 꽃받침보다 짧다. 꽃받침은 길이 8-10mm, 갈래조각은 협삼각형이다. 화관은 길이 1.8-2cm이며 갈래조각 가장자리에 부드러운 털이 자란다. 화관 끝은 연자주색, 아랫입술은 윗입술보다 약간 길며 양쪽 다 휘어 있다.

⑤ 핑쿨라 알피나. 6월8일. M/차우리반의 북쪽. 3,500m. 버드나무속과 인동속의 소관목 틈에서 자란 것으로, 수술의 꽃밥을 모방한 노란색 얼룩무늬로 꿀벌을 유혹하고 있다.

⑥ 오로반케 알바. 8월4일.
H/시수. 3,000m.

⑦ 오로반케 푸르푸레아. 7월3일.
C/시가르의 북동쪽. 2,600m.

초종용속 Orobanche

① 초종용 O. coerulescens Steph.

분포 ◇동유럽과 아시아의 온대 각지
개화기 5-7월
건조한 모래땅 초지에 자생하며, 쑥속의 뿌리에 기생한다. 동속 채시아와 비슷하나, 진체적으로 부드러운 털이 자라고 선모는 섞여 있지 않다. 포엽은 꽃받침보다 길게 자란다. 꽃차례는 원추형이며 정수리가 포엽에 싸여 있다. 화관은 짙은 자주색·연자주색으로 바깥쪽에 부드러운 털이 빽빽하게 자라고, 윗입술은 2개로 얕게 갈라졌다.

② 오로반케 채시아 O. caesia Reichenb.

분포 ◇유럽, 서아시아-카슈미르, 티베트 서부 개화기 4-7월
건조지대의 황량한 초지에 자생하며, 쑥속의 뿌리에 기생한다. 꽃줄기는 높이 10-30cm이며 상부에 가루모양의 부드러운 털이 자라고 꽃차례에 선모가 섞여 있다. 비늘조각잎은 난상피침형으로 길이 8-12mm. 포엽은 꽃받침과 길이가 같다. 화관은 연자주색으로 길이 2-2.2cm이고 윗입술은 2개로 갈라졌으며 갈래조각은 삼각형이다. 아랫입술은 윗입술보다 약간 길고 3개로 갈라졌으며 갈래조각은 피침형이다. 화관의 바깥쪽과 갈래조각의 주변에 부드러운 털이 자란다.

③ 오로반케 솔므시이 O. solmsii Hook.f.

분포 ◇카슈미르-부탄, 티베트 남부
개화기 6-8월
산지의 습한 바닥에 자생하며, 미나리과 풀의 뿌리에 기생한다. 꽃줄기는 높이 30-60cm이며 부드러운 털이 자라고 꽃차례에는 선모가 섞여 있다. 비늘조각잎은 피침형으로 길이 2-2.5cm이고 빽빽하게 어긋나기 한다. 수상꽃차례는 가늘며 꽃이 모여 달린다. 포엽은 꽃과 길이가 같다. 화관은 연한 황갈색으로 길이 1.5-2cm이고 갈래조각은 원형이다.

오리나무더부살이속 Boschniakia

④ 보스크니아키아 히말라이카

B. himalaica Hook.f. & Thoms.

분포 ◇가르왈-부탄, 티베트 남부, 중국 서부 개화기 6-8월
아고산대의 전나무·석남 숲에 자생하며, 석남의 뿌리에 기생한다. 꽃줄기는 지상높이 15-20cm로, 땅속 기부에 직경 2-3cm의 딱딱한 덩이줄기가 있어 숙주의 가는 뿌리를 차지한다. 비늘조각잎은 타원상피침형으로 길이 1.5-2cm이고 빽빽하게 어긋나기 한다. 포엽의 길이는 화관의 약 절반. 화관은 길이 1.5-2cm로 갈색빛 자주색이며, 곧게 자라나 끝만 옆을 향한다. 갈래조각은 원형이며 수술은 길게 돌출한다.

① 초종용. 6월22일.
N/킨가르의 서쪽. 3,000m.

② 오로반케 채시아. 8월7일.
B/치치나라 계곡. 3,300m.

③ 오로반케 솔므시이. 7월25일.
K/토이잠의 북쪽. 3,100m.

④ 보스크니아키아 히말라이카. 6월14일.
R/푼모체의 북동쪽. 3,300m.

⑤-a 키리타 푸밀라. 8월16일.
P/바르쿠 부근. 1,800m.

⑤-b 키리타 푸밀라. 8월21일.
V/욕솜의 북쪽. 2,000m.

게스네리아과 GESNERIACEAE

대부분 두꺼운 단엽을 지닌 다년초로, 따뜻하고 습한 숲속의 바위나 나무에 착생한다. 화관은 크고 통부가 발달했으며 끝은 5개로 갈라졌다.

키리타속 Chirita

⑤ **키리타 푸밀라** C. pumila D. Don

분포 ◇히마찰-동남아시아, 티베트 남동부, 중국 서부 개화기 7-9월

1년초. 산지의 이끼 낀 바위나 둔덕 비탈에 자생한다. 꽃줄기는 길이 5-15cm로 이따금 50cm까지 자라기도 한다. 크고 작은 잎이 마주나기 하며, 4장의 잎이 돌려나기 형태를 이룰 때가 많다. 잎몸은 협란형-타원형으로 길이 3-10cm이고 가장자리에 톱니가 있으며, 표면에 개출모가 빽빽이 자라고 검은 점이 나 있다. 꽃받침조각은 삼각상피침형. 화관은 길이 3.5-4cm. 윗입술의 갈래조각 2개는 원형이고 아랫입술의 갈래조각 3개는 둥근 사각형이며, 통부는 흰색으로 끝은 연자주색이다. 아랫입술의 기부에 노란색 점이 있다. 꽃받침과 화통의 바깥쪽에 긴 선모가 자란다.

⑥ **키리타 우르티치폴리아** C. urticifolia D. Don

분포 ◇네팔 서부-미얀마, 완난성 개화기 7-9월

산지 숲 주변의 습한 둔덕 비탈에 자생하며 긴 뿌리줄기가 있다. 꽃줄기는 높이 10-30cm이고 개출모가 자라며, 크고 작은 잎이 마주나기 한다. 큰 잎에는 길이 2-6cm의 자루가 있다. 잎몸은 타원형으로 길이 5-12cm이고 가장자리에 톱니가 있으며 표면에 맥이 선명하다. 꽃받침은 길이 2.5-3cm, 갈래조각은 협피침형이다. 화관은 붉은 자주색으로 길이 5-6cm이며, 아랫입술의 기부에 가늘고 긴 노란색 점이 2개 있다. 꽃받침과 화통의 바깥쪽에 굵고 긴 털이 빽빽하게 자란다.

⑦ **키리타 마크로필라** C. macrophylla Wall.

분포 ◇네팔 중부-동남아시아, 중국 남서부 개화기 6-8월

산지 숲 주변의 이끼 낀 둔덕 비탈에 자생하며 가는 뿌리줄기가 있다. 꽃줄기는 길이 15-30cm. 근생엽에는 길이 8-15cm의 자루가 있다. 잎몸은 난형으로 길이 8-15cm이며 끝이 뾰족하고, 기부는 원형-얕은 심형으로 가장자리에 무딘 톱니가 있으며 표면에 털이 자란다. 줄기의 하부에 보통 잎이 1장 달린다. 꽃받침은 길이 1.5-2cm, 갈래조각 5개 피침형이다. 화관은 길이 4.5-6cm이며 통부는 흰색. 화관 끝은 네팔과 시킴에서는 노란색, 부탄에서는 자주색을 띤다. 윗입술과 아랫입술의 갈래조각은 원형이다.

⑥-a 키리타 우르티치폴리아. 8월27일. V/초카의 남쪽. 2,250m. 떡갈나무 숲속의 옅게 그늘진 둔덕 비탈에 피어 있는 긴 털로 덮인 붉은 자주색 꽃이 시선을 잡아끈다.

⑥-b 키리타 우르티치폴리아. 8월10일. T/무레의 남쪽. 2,100m.

⑦ 키리타 마크로필라. 8월12일. R/푸이얀의 남쪽. 2,700m.

키리타속 Chirita

① 키리타 비폴리아 C. bifolia D. Don

분포 ◇히마찰-부탄 개화기 6-8월

저산대 숲속의 습한 둔덕 비탈에 자생하며 땅속에 긴 뿌리줄기가 있다. 꽃줄기는 높이 10-20cm이고 전체적으로 털이 자란다. 줄기 끝에 잎이 2개 있으며 한쪽은 매우 작다. 큰 잎은 난상타원형으로 길이 5-10cm이며 자루가 없고, 기부는 심형으로 총꽃자루를 안고 있으며, 매끈하거나 가장자리에 무딘 톱니가 있다. 총꽃자루는 길이 2-4cm로 끝에 1-2개의 꽃이 달린다. 꽃받침은 길이 1.5cm, 갈래조각은 피침형. 화관은 길이 4-5cm, 통부는 흰색이며 밑으로 굴색의 띠가 이어진다. 화관의 끝은 연자주색이며 윗입술의 2개 갈래조각은 신장형, 아랫입술의 3개 갈래조각은 원형이다.

디디모카르푸스속 Didymocarpus

② 디디모카르푸스 아로마티쿠스

D. aromaticus D. Don [D. subalternans R. Brown]

분포 ◇쿠마온-부탄 개화기 7-8월

산지 숲 주변의 이끼 낀 바위나 절벽에 자생하며, 짧은 뿌리줄기에서 강한 뿌리가 뻗어 나온다. 꽃줄기는 높이 10-20cm이며 겉에 다소 빳빳한 털이 자라고 꽃차례에는 선모가 섞여 있다. 잎은 마주나기 하고, 잎의 기부에는 긴 자루가 있다. 잎몸은 타원형으로 길이 3-6cm이고 가장자리에 무딘 톱니가 있다. 총꽃자루는 길이 3-5cm로 끝에 2-5개의 꽃이 달린다. 꽃받침은 길이 3-4mm, 갈래조각은 삼각형. 화관은 자줏빛 갈색으로 기부는 담색이며 길이 1.5-2cm, 바깥쪽에 솜털이 자라고 아랫입술은 윗입술보다 약간 길다.

①-a 키리타 비폴리아. 7월11일. U/미트룽의 북쪽. 1,000m.

①-b 키리타 비폴리아. 7월11일. U/미트룽의 북쪽. 1,000m.

② 디디모카르푸스 아로마티쿠스. 8월11일. R/스루케의 남쪽. 2,700m.

③ 디디모카르푸스 포도카르푸스. 6월17일. U/초우키의 북쪽. 2,700m. 전나무·석남 숲속의 둔덕에 양치류와 함께 자라고 있다. 화관 바깥쪽의 선모에 이슬이 맺혀 있다.

③ 디디모카르푸스 포도카르푸스

D. *podocarpus* Clarke

분포 ◇네팔 동부-부탄 **개화기** 6-7월

산지대 상부 숲속의 이끼 낀 바위나 둔덕 비
탈에 자생한다. 높이 7-20cm. 줄기 끝에 4
개의 잎이 돌려나기 한다. 잎몸은 약간 혁질
의 좌우부정인 장란형으로 길이 4-10cm이
고 가장자리에 불규칙한 톱니가 있으며 표
면에 짧은 털이 빽빽하게 자란다. 총꽃자루
는 길이 3-8cm로 끝에 여러 개의 꽃이 달린
다. 화관은 자줏빛 갈색으로 길이 2.5-
3.2cm이며, 바깥쪽에 긴 선모가 자라고 안
쪽에 세로줄 무늬가 있다.

④ 디디모카르푸스 오블롱구스 D. *oblongus* D. Don

분포 □히마찰-아르나찰 **개화기** 6-8월

산지 숲속의 이끼 낀 바위나 둔덕 비탈에 자
생한다. 높이 5-15cm. 전체적으로 짧은
털이 자란다. 잎은 줄기 끝에 십자 마주나기
하고 짧은 자루를 가진다. 잎몸은 장란형-장
원형, 길이 2-8cm이고 가장자리에 톱니가
있으며 그물맥이 선명하다. 총 꽃자루는 길
이 3-7cm로 끝에 5-15개의 꽃이 달린다. 화
관은 붉은 자주색으로 길이 8-12mm. 윗입
술은 매우 작고, 아랫입술은 크며 3개로 얕
게 갈라졌다. 갈래조각은 원형이다.

⑤ 디디모카르푸스 프리물리폴리우스

D. *primulifolius* D. Don

분포 □쿠마온-시킴 **개화기** 5-7월

형태 및 자생 상태가 동속 오블롱구스와 비슷
하나 화관이 1.4-1.6cm로 크다. 잎몸은 좌우
부정의 난형으로 끝이 뾰족하고 기부는 원형-
심형이며, 가장자리에 불규칙하고 성긴 톱니
가 있다. 표면에 짧은 털이 빽빽하게 자란다.

플라티스템마속 Platystemma

⑥ 플라티스템마 비올로이데스 P. *violoides* Wall.

분포 □히마찰-부탄 **개화기** 7-9월

산지 숲속의 습한 바위나 절벽에 자생한다.
높이 5-10cm. 줄기 끝에 잎이 1장 달린다.
잎은 난형-원형으로 길이 2-5cm이고, 기부
는 깊은 심형으로 총꽃자루를 안고 있다.
가장자리에 톱니가 있으며 표면에 빳빳한
누운 털이 자란다. 꽃자루는 길이 2-5cm로
꽃이 1-5개 달린다. 화관은 제비꽃 색으로
직경 1-1.5cm이고 통부는 매우 짧다. 윗입술
과 아랫입술은 평개하고, 윗입술 기부의 흰
부분에 녹색 반점 5개가 늘어서 있다. 노란색
꽃밥 4개는 돌출한 암술의 기부에 모인다.

④ 디디모카르푸스 오블롱구스. 7월14일.
V/암질라사의 북동쪽. 2,450m.

⑤ 디디모카르푸스 프리물리폴리우스. 6월6일.
M/도반의 남쪽. 2,050m.

⑥ 플라티스템마 비올로이데스. 8월17일. P/샤브루의 동쪽. 2,100m. 화관 윗입술의 흰 부분에 작은 녹색 반 5개
가 점 활 모양으로 늘어서 있고, 그 밑에 노란색 꽃밥 4개가 모여 있다.

코랄로디스쿠스속 Corallodiscus
① 코랄로디스쿠스 킹기아누스
C. kingianus (Craib) Burtt
분포 ◇티베트 남동부, 부탄, 중국 서부
개화기 6-8월
건조 고지의 이끼 낀 바위나 절벽에 자생한
다. 잎은 로제트형태로 달리며 잎겨드랑이
에서 총 꽃자루가 뻗어 나온다. 바깥쪽 잎에
는 편평한 자루가 있다. 잎몸은 혁질의 능상
란형으로 길이 3-5cm이고 끝이 뾰족하며
기부는 쐐기형이다. 가장자리에 무딘 톱니
가 있으며 표면에는 측맥이 선명하고, 뒷면
에는 연갈색 솜털이 붙어 있다. 길이 5-
10cm의 꽃자루 끝에 많은 꽃이 모여 달리
고, 꽃자루와 꽃받침에 연갈색 털이 자란다.
화관은 자주색으로 길이 1.5cm이고, 안쪽
은 흰색을 띠며 노란 줄이 2개 있다. 아랫입
술의 3개 갈래조각은 원형이다.

② 코랄로디스쿠스 라누기노수스
C. lanuginosus (DC.) Burtt
분포 ◇히마찰-시킴 개화기 6-8월
산지대의 지의류와 이끼로 뒤덮인 바위나
절벽에 자생한다. 동속 킹기아누스와 비슷
하나, 잎 표면에 흰 털이 자라고 꽃자루와
꽃받침에는 털이 거의 없으며 꽃은 드문드
문 달린다. 잎몸은 능상타원형-도란형. 화관
은 길이 1-1.3cm. 아랫입술의 3개 갈래조
각은 도란형이다.

애스키난투스속 Aeschynanthus
③ 애스키난투스 후케리
A. hookeri Clarke
분포 ◇네팔 동부-미얀마, 윈난성
개화기 5-8월
상록 소관목. 산지 떡갈나무 숲속의 이끼 낀
나무줄기에 착생해 아래로 늘어진다. 길이
0.5-1m. 잎몸은 혁질의 타원상피침형으로
길이 7-10cm이고 끝이 뾰족하며 매끈하거
나 가장자리에 무딘 톱니가 있다. 가지 끝
마디에 꽃이 여러 개 모여 곤추선다. 꽃받침
은 질이 두껍고 길이 1.2-1.5cm. 화관은 주
홍색으로 길이 2.5-3.5cm이고 바깥쪽에
선모가 자라며, 상부는 옆을 향하고 수술 4
개와 암술이 길게 돌출한다.

④ 애스키난투스 시키멘시스
A. sikkimensis (Clarke) Stapf
분포 ◇네팔 중부-부탄 개화기 5-7월
상록 소관목. 산지대 하부 혼합림 내의 나뭇가
지에 착생해 아래로 늘어진다. 길이 0.5-
1.5m. 잎은 마주나기 하고, 다육질의 잎몸은
장원상피침형으로 길이 10-15cm이며 끝은
꼬리모양이다. 꽃받침은 길이 5-7mm. 화관은
주홍색의 원통형으로 길이 3cm. 상부는 완만
하게 옆으로 휘었으며 암술이 길게 돌출한다.

① 코랄로디스쿠스 킹기아누스. 7월21일. Y3/라싸의 서쪽 교외, 4,050m.

②-a 코랄로디스쿠스 라누기노수스. 8월10일. R/파크딩의 북쪽, 2,800m.

②-b 코랄로디스쿠스 라누기노수스. 7월11일. U/시누와의 북동쪽, 1,250m.

③ 애스키난투스 후케리. 7월8일. U/구파포카리의 북동쪽, 2,300m.

④ 애스키난투스 시키멘시스. 5월20일. W/포돈 부근, 1,900m.

쥐꼬리망초과 ACANTHACEAE

열대지방에 종류가 많다. 잎은 십자 마주나기 한다. 화관은 좌우대칭이며 수술은 보통 4개다.

툰베르기아속 Thunbergia

덩굴식물. 마주나기 하는 소포(小苞)가 꽃의 기부를 가르고 있으며, 이 속에 작은 꽃받침이 숨어 있다. 화관의 5개 갈래조각은 모양이 거의 일정하고, 통부는 밑쪽이 부풀어 있다.

⑤ **툰베르기아 프라그란스** T. fragrans Roxb.
분포 ◇네팔 중부-동남아시아, 인도, 중국서부 개화기 8-9월
초질의 덩굴식물로 저산대 계곡 줄기의 늪이나 둔덕진 초지에 자생한다. 잎은 마주나기하고 길이 1-3cm의 자루가 있다. 잎몸은 난형-피침형으로 길이 3-10cm이고 끝이 뾰족하며, 기부는 심형-창형으로 매끈하거나 가장자리에 성기고 무딘 톱니가 있다. 꽃은 잎겨드랑이에 달리며 꽃자루는 길이 3-5cm. 화관은 흰색으로 직경 4-5cm, 통부는 길이 2.5-3cm이다.

⑥ **툰베르기아 그란디플로라** T. grandiflora Roxb.
분포 ▢네팔 중부-동남아시아, 인도, 중국남부 개화기 6-9월
저지의 아열대 하반림(河畔林)에 자생하는 덩굴식물. 줄기는 수 미터를 뻗어나가 관목을 뒤덮는다. 잎몸은 삼각상란형으로 길이 5-15cm이고 기부는 심형-창형이며 매끈하거나 가장자리에 무딘 톱니가 있다. 연두색 소포는 일그러진 타원형으로 길이 2-4cm. 화관은 흰색으로 이따금 푸른을 띠며 직경 5-7cm. 통부는 길이 3-5cm로 안쪽은 노란색을 띤다. 꽃이 푸른빛 나는 자주색인 원예품종은 따뜻한 지역의 정원에서 흔히 재배된다.

⑦ **툰베르기아 콕치네아** T. coccinea D. Don
분포 ◇쿠마온-동남아시아, 원난성
개화기 7-10월
저산이나 산지대 하부의 숲 주변에 자생하는 대형 덩굴식물. 줄기는 10m를 넘게 뻗어 고목 가지에서 어두운 붉은색의 총상꽃차례를 길게 드리운다. 잎은 마주나기 하고 길이 4-7cm의 자루가 있다. 잎몸은 난형으로 길이 6-15cm이고 끝은 뾰족하며, 기부는 심형으로 가장자리에 성긴 톱니가 있다. 꽃차례는 길이 15-40cm. 꽃자루의 기부에 마주나기 하는 거무스름한 포엽은 협란형으로 길이 1-3cm이고 끝이 뾰족하다. 꽃의 기부를 가르는 어두운 붉은색의 소포는 일그러진 난형으로 길이 1.5-2cm. 화관은 주홍색으로 길이 2.5-3cm, 직경 1-1.5cm. 따뜻한 지역 정원의 퍼걸러용으로 흔히 심는다.

⑤ 툰베르기아 프라그란스. 9월8일. P/샤브루벤시의 남서쪽. 1,700m. 직경 5cm 가량의 흰 꽃이 달콤한 향기를 내뿜는다. 난상피침형 2개는 갈라진 봉오리가 곧게 서 있다.

⑥ 툰베르기아 그란디플로라. 8월29일. 시킴/티스타의 남쪽. 350m.

⑦ 툰베르기아 콕치네아. 9월17일. X/펠레 라의 서쪽. 2,000m.

스트로빌란테스속 Strobilanthes
화관의 통부는 길며 휘어 있다.

① 스트로빌란테스 아테누아타
S. *attenuata* (Nees) Nees [Pteracanthus *urticifolius* (Kuntze) Bremek.]

분포 ㅁ카슈미르-네팔 중부 개화기 7-9월
산지대 하부의 숲 주변에 자생한다. 꽃줄기는 높이 0.5-1.3m로 상부에 선모가 빽빽이 자란다. 하부의 잎에는 긴 자루가 있으며, 자루 상부에 날개가 있다. 잎몸은 난형으로 길이 7-12cm이고 끝은 꼬리 모양이다. 꽃은 가지 끝에 수상으로 달리고, 포엽은 크며 쉽게 떨어진다. 꽃받침은 5개로 갈라졌으며, 갈래조각은 선형으로 각각 길이가 다르다. 화관은 자주색으로 길이 3-4cm, 머리 부분은 직경 1.5-2.5cm.
*①-b는 네팔 중부의 것으로, 화관은 붉은 자주색이며 길이는 5cm로 크다.

② 스트로빌란테스 왈리키이
S. *wallichii* Nees [S. *atropururea* Nees, Pteracanthus *alatus* (Wall.) Bremek.]

분포 ㅁ카슈미르-부탄, 티베트 남부, 중국 남서부 개화기 6-8월
산지대 상부의 숲 주변 초지에 자생한다. 높이 20-50cm. 하부의 잎에는 짧은 자루가 있다. 잎몸은 협란형-타원형으로 길이 1-3cm. 가지 끝의 마디에 포엽이 마주나기 하고, 꽃 1-2개가 한쪽을 향해 달린다. 화관은 연자주색으로 길이 3-4cm, 머리 부분은 직경 1.5-2.5cm이다.

③ 스트로빌란테스 펜츠테모노이데스 달로우시에아나
S. *pentstemonoides* (Nees) Anderson var. *dalhousieana* (Nees) J.R.I. Wood

분포 ㅁ카슈미르-쿠마온 개화기 8-10월
산지대 하부의 숲 주변에 자생하는 소관목. 높이 0.5-1.5m. 잎은 타원상피침형으로 길이 10-18cm이고, 기부는 날개가 있는 자루로 이어진다. 곧추선 꽃자루에 꽃이 1-3개 달린다. 포엽은 조락성(早落性). 화관은 연자주색으로 털이 없으며 길이 4-5cm, 머리 부분은 직경 1-1.5cm.

골드푸시아속 Goldfussia
화관의 통부는 곧게 뻗는다.
④ 골드푸시아 누탄스 G. *nutans* Nees
분포 ■네팔 중부 개화기 8-10월
산지의 습한 숲 주변 비탈에 자생한다. 꽃줄기는 높이 0.5-1m이며 기부는 목질이다. 하부의 잎에는 긴 자루가 있다. 잎몸은 난형·타원형으로 길이 7-10cm이고 끝은 꼬리 모양이다. 잎겨드랑이에서 총 꽃줄기가 늘어지고, 짧은 수상꽃차례에 연두색 포엽이 겹쳐 있다. 화관은 흰색으로 길이 2.5-3.5cm, 직경 1.5-2.5cm.

① -a 스트로빌란테스 아테누아타. 9월 15일. H/마날리. 1,900m.

① -b 스트로빌란테스 아테누아타. 8월 17일. P/라마 호텔의 남서쪽. 2,300m.

② 스트로빌란테스 왈리키이. 7월 20일. T/운시사. 3,200m.

③ 스트로빌란테스 펜츠테모노이데스 달로우시에아나. 9월 22일. J/다쿨리. 2,200m.

④ 골드푸시아 누탄스. 9월 29일. O/굴반장의 남쪽. 2,200m.

⑤ 인카르빌레아 루테아. 6월 19일. Z1/겔톤초. 3,800m.

능소화과 BIGNONIACEAE

대부분 열대의 고목이나 목성 덩굴식물로, 트럼펫모양의 커다란 화관을 지닌다.

인카르빌레아속 Incarvillea
이 과에서는 보기 드문 초목성 속으로, 시노히말라야 고산대와 그 주변에 분포한다.

⑤ 인카르빌레아 루테아 I. lutea Bur. & Franch.
분포 ◇티베트 남부, 윈난 · 쓰촨성
개화기 5-7월
건조 고지의 돌이 많은 초지에 자생한다. 높이 0.3-1m. 잎은 우상복엽으로 기부에 어긋나기 하고 길이 10-20cm이며 측소엽이 4-7쌍 달린다. 화관은 노란색으로 통부는 길이 4.5-6cm, 머리 부분은 직경 2-3cm. 꽃가루를 방출하면 통부의 안쪽이 붉게 물든다.

⑥ 인카르빌레아 아르구타 I. arguta (Royle) Royle
분포 ◇히마찰-네팔 중부, 티베트 남부, 중국 남서부 개화기 5-9월
건조한 대하기후의 바람이 넘나드는 바위 비탈에 자생한다. 높이 1-1.5m. 잎은 우상복엽으로 기부에 어긋나기 하며 길이 5-15cm. 측소엽은 3-5쌍 달리고 타원상피침형으로 길이 1-3cm. 꽃은 줄기 끝에 총상으로 달리고 꽃자루는 길다. 화관은 붉은색으로 길이 3-4cm이다.

⑦ 인카르빌레아 히말라옌시스
I. himalayensis Grey-Wilson [I. mairei (Léveillé)
Grierson var. grandiflora (Wehrhahn) Grerson]
분포 ■네팔 서중부, 부탄, 티베트 남부(?)
개화기 6-7월
고산대의 건조한 모래 비탈에 자생한다. 굵은 뿌리줄기의 정수리에서 여러 개의 우상복엽과 꽃자루가 뻗어 나온다. 전체적으로 털이 없다. 잎몸은 길이 4-8cm. 측소엽은 1-4쌍 달린다. 정소엽은 난원형-타원형으로 측소엽보다 훨씬 길다. 꽃받침은 길이 1.5-2cm. 화관은 붉은색으로 길이 4-6cm, 통부의 안쪽은 귤색, 머리 부분은 직경 4-5cm이다.

⑧ 인카르빌레아 영후스반디이
I. younghusbandii Sprague
분포 ◇남동부를 제외한 티베트, 칭하이성
개화기 6-8월
건조 고지의 바람이 넘나드는 평활한 모래 땅에 자생한다. 동속 히말라옌시스와 화관의 크기는 비슷하나, 잎이 작고 표면에 광택이 있다. 측소엽은 4-7쌍 달리고, 정소엽은 원신형이다. 꽃받침은 길이 1-1.5cm. 화관의 기부는 가늘고 통부는 도중에 갑자기 굵어지며, 화후 주변의 흰 반점이 눈에 띈다.

⑥ 인카르빌레아 아르구타. 6월17일. N/투크체의 북동쪽. 2,600m.

⑦ 인카르빌레아 히말라옌시스. 6월26일. K/링모의 남쪽. 3,700m.

⑧ 인카르빌레아 영후스반디이. 7월27일. Y2/롱부크 곰파의 북쪽. 4,550m. 화통은 기부가 자루처럼 가늘고 도중에 갑자기 부풀어 오르는 것이 특징. 잎 표면에 광택이 있다.

현삼과 SCROPHULARIACEAE

화관은 보통 끝이 입술모양으로 나뉘었고 윗입술은 2개로, 아랫입술은 3개로 갈라졌다. 화통에 달리는 수술은 대부분 2개는 길고 2개는 짧으며 나머지 1개는 퇴화했다. 암술은 가늘며 끝부분이 머리모양으로 부풀어 있다.

오레오솔렌속 Oreosolen

땅위줄기가 없는 로제트식물. 잎은 땅속에 묻힌 줄기 끝에 십자 마주나기 하며 땅위로 퍼지고, 땅속줄기에는 비늘조각잎이 달린다. 꽃은 위를 향해 곧게 선다. 꽃받침은 기부까지 5개로 갈라졌으며, 원통모양의 화관은 끝이 입술 모양으로 5개로 갈라졌다.

① 오레오솔렌 웅그비쿨라투스

O. unguiculatus Hemsley

분포 ◇네팔 서·중동부, 티베트 남부
개화기 7-8월

고산대 상부의 안정한 모래땅이나 미부식질이 쌓인 바위 위에 자생하며, 땅속에 긴 뿌리줄기가 있다. 땅속으로 곧게 내린 줄기는 희고 부드러우며, 그 끝에 보통 녹색 잎 3쌍이 십자 마주나기 하고, 기부의 1쌍은 주걱 모양으로 작다. 상부의 잎은 질이 두꺼운 난형-도란형으로 길이 1.5-5cm이고 끝이 둔형이며, 가장자리에 톱니 또는 둔한 톱니가 있고 녹황색이다. 잎 표면에 그물맥이 깊게 파여 있으며 희고 부드러운 털이 빽빽이 자란다. 꽃받침은 선상장원형으로 길이 5mm. 화관은 노란색으로 곧추 서고 길이 1.5-3cm. 윗입술은 아랫입술보다 크고 2개로 갈라졌으며, 아랫입술은 3개로 깊게 갈라졌다. 갈래조각 모양은 거의 일정하다. 화관갈래조각은 태양의 직사광선을 받으면 열리고, 날이 흐리면 안쪽으로 말려들어 빗물이 화관 안으로 스며드는 것을 막는다. 암술은 다 자라면 화관갈래조각 틈 사이로 돌출한다.

①-a 오레오솔렌 웅그비쿨라투스. 7월25일. T/바룬 빙하의 오른쪽 기슭. 4,950m.

①-b 오레오솔렌 웅그비쿨라투스. 7월26일. Y2/라무나 라. 4,800m.

②-a 오레오솔렌 와티이. 6월15일. X/신체 라. 4,950m.

②-b 오레오솔렌 와티이. 6월21일. Z1/초바르바 부근. 4,600m. 기준 종과는 달리 잎과 화관에 미세한 털이 빽빽하게 자라고, 잎의 중맥과 측맥의 기부는 굵지 않으며 톱니는 성기다.

② 오레오솔렌 와티이 O. wattii Hook.f.
분포 ◇네팔 서부-부탄, 티베트 남동부
개화기 6-8월
고산대 상부의 불안정한 바위땅이나 자갈 비탈에 자생한다. 동속 웅그비쿨라투스와 비슷하나, 잎은 짙은 녹색으로 중맥과 측맥의 기부가 굵고 그물맥이 엉성하며 가장자리에 성긴 톱니가 있다. 또한 표면에는 털이 없거나 부드러운 털이 빽빽하게 자란다. 꽃받침은 녹황색으로 약간 길다. 잎은 길이가 1.5-2cm. 화관은 길이가 1.5-2.5cm이다.

③ 오레오솔렌 윌리암시이 O. williamsii Yamazaki
분포 ■네팔 서부-시킴 개화기 6-8월
고산대 상부의 이끼가 두껍게 덮인 습한 바위땅에 자생한다. 동속 와티이와 비슷하나, 전체적으로 작고 털이 없다. 잎은 난형-협란형으로 길이 2-3.5cm이고 끝이 뾰족하며 가장자리에 성긴 톱니가 있다. 표면에는 광택이 있다. 화관은 길이 1.1-1.5cm이고, 아랫입술의 가운데 조각은 다른 두 조각보다 작다.

현삼속 Scrophularia
④ 스크로풀라리아 코엘지이 S. koelzii Pennell
분포 ◇아프가니스탄-네팔 서부 개화기 6-8월
건조 고지의 자갈 비탈에 자생하며, 꽃줄기가 무더기로 자라 높이 20-40cm의 둥근 그루를 이룬다. 잎의 기부에는 날개가 있다. 잎몸은 장원형으로 길이 3-6cm이고 우상으로 얕게 갈라졌으며 기부는 깊게 갈라졌다. 줄기 끝에 여러 개의 작은 꽃이 모여 가늘고 긴 원추상의 꽃차례를 이룬다. 꽃받침은 길이 2mm이며 5개로 갈라졌다. 화관은 항아리 모양으로 길이 6-7mm이며 자줏빛 갈색. 끝은 입술모양으로 5개로 얕게 갈라졌으며 갈래조각은 광란형. 윗입술의 갈래조각 2개는 크고 휘었으며, 가는 암술이 돌출한다.

베르바스쿰속 Verbascum
⑤ 우단담배풀 V. thapsus L.
분포 □유럽 원산. 세계의 온대 각지에 귀화
개화기 6-9월
2년초. 히말라야 각지의 다소 건조한 계곡 줄기의 논밭 주변이나 강가, 삼림 벌채지에 야생화해 있다. 꽃줄기는 높이 1-1.5m이며 전체적으로 누르스름한 긴 털로 덮여 있다. 잎의 기부는 장란형-장원형으로 길이 10-30cm. 줄기에 마주나기 하는 잎은 기부가 길고 줄기를 따라 내려간다. 수상꽃차례는 길이 10-40cm. 화관은 노란색으로 직경 1.5-2cm이고 5개로 갈라져 평개한다. 갈래조각은 거의 원형이며 통부는 매우 짧다.

③ 오레오솔렌 윌리암시이. 7월24일. V/미르긴 라. 4,550m.

④ 스크로풀라리아 코엘지이. 7월14일. D/사트파라 호수의 남쪽. 3,650m.

⑤ 우단담배풀. 7월29일. K/줌라의 동쪽. 2,450m. 히말라야 산지에서는 강가나 방목지 등에서 많이 볼 수 있다. 자동차 배기가스에 오염되지 않은 청정한 곳에서 아름다운 꽃을 피우고 있다.

물꽈리아재비속 Mimulus

① 미물루스 네팔렌시스

M. nepalensis Benth. var. nepalensis

분포 ㅁ네팔 중부-중국 중남부, 티베트 남동부 개화기 4-9월
일본의 물꽈리아재비의 기준변종으로 산지대 하부의 숲 주변 비탈이나 강가에 자생한다. 꽃줄기는 15-25cm로 분지해 땅위로 퍼져나간다. 털은 거의 없다. 잎몸은 난형으로 길이 1-2cm이고 가장자리에 무딘 톱니가 있다. 꽃자루는 잎보다 길다. 꽃받침은 길이 8-10mm. 화관은 노란색·귤색으로 길이 1.5-2.5cm이고 끝은 입술 모양으로 5개로 갈라졌으며 갈래조각은 모양이 거의 일정하다.

주름잎속 Mazus

② 마주스 수르쿨로수스 *M. surculosus* D. Don

분포 ㅁ카슈미르-아삼, 티베트 남부
개화기 4-7월
산지 논밭의 둔덕이나 길가에 자생한다. 꽃줄기는 길이 5-10cm로 쓰러지기 쉽고 기부에서 긴 주출지가 나온다. 전체적으로 긴 털이 자란다. 잎은 근생엽이고 도란형·도피침형으로 길이 2-5cm이며 기부만 또는 전체가 우상으로 깊게 갈라졌다. 꽃자루는 길이 1-3cm. 화관은 길이 7-12mm, 윗입술은 푸른빛 나는 자주색이며 아랫입술은 크고 연자주색이다. 아랫입술의 표면 중앙에 노란색 줄무늬가 2개 도드라져 있다.

란체아속 Lancea

③ 란체아 티베티카 *L. tibetica* Hook.f. & Thoms.

분포 ㅁ파키스탄-부탄, 티베트, 중국 서부
개화기 6-9월
고산대의 건조한 모래땅이나 길가의 초지에 자생하며, 가는 뿌리줄기가 옆으로 뻗는다. 잎은 도란형-타원형으로 길이 2-4cm. 꽃자루는 길이 3-7mm. 꽃받침은 조각 피침형. 화관은 제비꽃색으로 길이 2-2.5cm. 아랫입술은 크고 3개로 갈라졌으며, 도드라진 중앙부에 흰털이 빽빽하게 자란다.

산좁쌀풀속 Euphrasia

④ 오이프라시아 야에스크케이

E. jaeschkei Wettst.

분포 ㅁ파키스탄-인도 북서부 개화기 6-7월
건조지대 산지의 계곡 줄기에 자생하는 1년초. 숲 주변이나 수로의 제방에 군생한다. 높이 15-25cm, 전체적으로 털이 자라며 상부에는 짧은 선모가 섞여 있다. 잎은 마주나기 또는 어긋나기 하고 자루는 없으며, 난형으로 길이 5-12mm이고 선명한 톱니가 있다. 꽃은 정수리부분의 잎겨드랑이에 달린다. 꽃받침은 길이 5mm. 화관은 흰색·연자주색으로 길이 1.1cm, 아랫입술은 길이 6mm이며 3개로 갈라졌다.

① 미물루스 네팔렌시스. 4월25일.
X/탁창 부근. 2,600m.

② 마주스 수르쿨로수스. 6월11일.
O/순다리잘의 북쪽. 1,600m.

③ 란체아 티베티카. 7월21일. Y3/라싸의 서쪽 교외. 4,400m. 화관의 윗입술은 곧추서서 2개로 갈라졌으며, 아랫입술은 3개로 갈라졌다. 오른쪽 꽃은 화관이 두 겹이며 아랫입술의 중앙에 결각이 있다.

울페니아속 Wulfenia

⑤ 울페니아 암헤르스티아나
W. amherstiana Benth.

분포 ■파키스탄-네팔 중부 개화기 7-8월
산지의 건조한 바위 그늘에 자생한다. 높이
7-15cm. 잎은 전부 근생엽이고 도피침형으
로 길이 4-8cm이며 크고 가장자리에 둥근
톱니가 있다. 꽃은 잎겨드랑이에서 곧추선
꽃자루에 수상으로 달려 한 방향으로 늘어
진다. 꽃받침은 길이 2.5mm이며 5개로
깊게 갈라졌다. 화관은 긴 원통형으로 길이
5mm이고 자주색·연붉은색이며 4개로 깊
게 갈라졌다. 갈래조각은 서로 겹쳐 있다.

토레니아속 Torenia

⑥ 토레니아 비올라체아 *T. violacea* (Blanco) Pennell
분포 □쿠마온-동남아시아, 중국 남중부
개화기 5-10월
자생 장소와 모양이 동속 디푸사와 매우 비슷
하나, 꽃받침은 협란형이고 5개로 얕게 갈라
졌으며, 능 5개는 돌출해 날개를 이룬다. 꽃
자루는 길이 1-2.5cm. 화관은 길이 2-3cm.

⑦ 토레니아 디푸사 *T. diffusa*. D. Don
분포 □인도 북부-동남아시아· 개화기 5-9월
1년초. 난지의 바위가 많고 습한 비탈에 자
생한다. 길이 15-30cm. 줄기에 능이 4개 있
다. 잎몸은 삼각상난형으로 길이 1-2.5cm이
고 가장자리에 톱니가 있다. 꽃자루는 길이
5-10mm. 꽃받침은 길이 1.2-1.5cm로
능이 5개 있으며 2개로 갈라졌다. 화관은
자주색으로 길이 1.8-2.3cm. 긴 수술대 2개
에 길이 1mm의 돌기가 있다. 암술 끝은 위
아래로 갈라졌으며, 갈래조각은 반원형으로
건드리면 이내 닫힌다.

④ 오이프라시아 야에스크케이. 6월 30일.
C/카추라의 남쪽. 2,550m.

⑤ 울페니아 암헤르스티아나. 8월 1일.
K/차우타의 북쪽. 3,000m.

⑥ 토레니아 비올라체아. 8월 21일.
V/욕솜의 북쪽. 1,850m.

⑦ 토레니아 디푸사. 7월 12일. U/시누와의 북동쪽. 1,400m. 오른쪽 꽃은 암술머리가 위아래로 열려 있다. 암술머
리 오른쪽의 구부러진 수술대에 돌기가 보인다.

현삼과 **151**

개불알풀속 Veronica

화관은 4개로 깊게 갈라졌으며, 보통 위쪽 1조각은 크고 아래쪽 1조각은 작다. 수술은 2개.

① 베로니카 벡카붕가 V. beccabunga L.

분포 ◇파키스탄-네팔 서부, 구대륙의 온대 각지 개화기 5-9월

다소 건조한 산지의 습지나 늪에 자생한다. 줄기는 속이 비었으며 길이 20-40cm이고 기부는 쓰러져 마디마다 잎을 내민다. 전체적으로 털이 없다. 잎은 질이 두꺼운 난형-타원형으로 길이 2-4cm이고 가장자리에 무딘 톱니가 있으며 마주나기 한다. 잎겨드랑이에서 길이 1-4cm의 총상꽃차례를 내민다. 꽃자루는 짧다. 화관은 푸른빛 나는 자주색으로 직경 5-6mm이다.

② 베로니카 라노사 V. lanosa Benth.

분포 ◇파키스탄-가르왈 개화기 6-8월

건조지대 아고산대의 숲 주변이나 바위땅에 자생한다. 꽃줄기는 높이 12-20cm이며 겉에 부드러운 털이 자란다. 잎의 기부는 협타원형으로 길이 2-4cm이고 가장자리에 무딘 톱니가 있으며 마주나기 한다. 꽃자루는 곧추서며 길이 7-13mm. 꽃받침은 도피침형으로 길이 4-5mm. 화관은 연자주색으로 직경 1.2-1.5cm이고 붉은 자주색 심줄이 있다.

③ 베로니카 라누기노사 V. lanuginosa Hook.f.

분포 ◇네팔 중부-부탄, 티베트 남부 개화기 6-8월

고산대 상부의 바위땅이나 모래땅에 자생하며, 가는 뿌리줄기가 옆으로 뻗는다. 높이 3-10cm, 전체적으로 솜털이 자란다. 잎은 광란형-도란형으로 길이 5-13mm이며 마주나기 한다. 개화기에 푸른빛 나는 자주색 화관이 포엽 사이로 드러난다. 화관은 길이 7-10mm, 통부는 곧추선다. 4개의 갈래조각은 옆을 향하며, 원신형의 위쪽 1조각은 양옆을 아래로 말아 암술과 수술을 감싸고 그 옆을 원형 2조각이 덮고 있다. 도난형의 아래쪽 1조각은 휘어 있다.

④ 베로니카 히말렌시스 V. himalensis D. Don

분포 ㅁ네팔 서부-미얀마, 티베트 남부, 원난성 개화기 6-8월

아고산대의 키 큰 초지에 자생한다. 꽃줄기는 높이 20-50cm로 곧게 자라고, 전체적으로 부드러운 털이 나 있다. 잎은 마주나기 하고 자루는 없으며, 난형으로 길이 2.5-4cm이고 가장자리에 무딘 톱니가 있다. 줄기의 상부 잎겨드랑이에서 긴 자루가 있는 총상꽃차례가 곧추서서 옆을 향해 꽃을 피운다. 화관은 연푸른색으로 길이 8-10mm. 갈래조각은 타원형으로 서로 겹치며 거의 열리지 않는다.

① 베로니카 벡카붕가. 7월30일. B/루팔의 남서쪽. 3,500m.

② 베로니카 라노사. 8월7일. B/루팔의 남쪽. 3,300m.

③ 베로니카 라누기노사. 7월2일. X/린첸조 고개의 남쪽. 5,200m. 푸른빛 나는 자주색 꽃이 솜털 사이로 살짝 고개를 내밀고 있다. 짙은 붉은색 봉오리가 달린 왼쪽 포기는 로디올라 부플레우로이데스.

⑤ 베로니카 로부스타 V. robusta (Prain) Yamazaki

분포 ◇네팔 중부-부탄 개화기 5-8월

산지의 습한 혼합림 주변에 자생한다. 꽃줄기는 15-30cm이며 센털과 선모가 자란다. 잎은 마주나기 하고 잎자루의 기부가 살짝 합착한다. 잎몸은 난형으로 길이 3-5cm이고 끝이 뾰족하며 가장자리에 톱니가 있다. 꽃은 총상꽃차례에 달리며 한 방향을 향한다. 화관은 연자주색으로 직경 1-1.3cm, 갈래조각은 사발 모양으로 열린다.

⑥ 베로니카 알피나 푸밀라

V. alpina L. subsp. pumila (Allioni) Dostál

[V. lasiocarpa Pennell]

분포 □중앙아시아 주변-인도 북서부, 티베트 서부 개화기 7-8월

아고산대의 소림이나 바위가 많은 초지에 자생한다. 높이 8-15cm이며 상부에 다세포의 긴 털이 자란다. 잎은 난형-타원형으로 길이 1-2cm이고 매끈하거나 가장자리에 무딘 톱니가 있으며 마주나기 한다. 꽃은 줄기 끝에 모여 달린다. 화관은 자주색으로 직경 2.5-4mm. 꽃받침은 화관보다 약간 짧다.

⑦ 베로니카 체팔로이데스

V. cephaloides Pennell [V. ciliata Fischer subsp. cephaloides (Pennell) Hong]

분포 □카슈미르-부탄, 티베트 남부

개화기 7-8월

고산대 초지에 자생한다. 꽃줄기는 높이 10-30cm이며 전체적으로 희고 긴 털이 빽빽하게 자란다. 잎은 마주나기 하고 자루는 갖지 않으며, 난상피침형으로 길이 1.5-2.5cm이고 가장자리에 날카로운 톱니가 있다. 꽃은 줄기 끝과 잎겨드랑이에서 뻗은 꽃줄기에 두상으로 모여 달린다. 화관은 푸른빛 나는 자주색으로 길이 4mm, 4개의 갈래조각은 종 모양으로 열리며 아래쪽 1 조각은 가늘다.

④ 베로니카 히말렌시스. 7월23일. K/쟈그도라의 북서쪽. 3,850m. 푸른 꽃을 햇빛을 받아도 거의 피지 않는다. 방목 가축이 접근하지 않는 계곡 안쪽에서 높이 자라나 있다.

⑤ 베로니카 로부스타. 6월24일. R/준베시의 동쪽. 2,900m.

⑥ 베로니카 알피나 푸밀라. 8월17일. A/호로고지트. 4,200m.

⑦ 베로니카 체팔로이데스. 7월28일. V/킹바첸의 북동쪽. 4,350m.

①-a 라고티스 쿠나우렌시스. 7월16일. D/데오사이 고원. 4,000m.
이 지역에서는 꽃이 흰색으로, 아랫입술은 2-4개로 갈라졌다.

①-b 라고티스 쿠나우렌시스. 6월21일. N/토롱 고개의 서쪽. 4,700m.
해빙 직후의 모래땅에 흰색-연자주색 꽃을 피우고 있다.

①-c 라고티스 쿠나우렌시스. 7월29일. T/마칼루 주봉의 남쪽. 5,000m. 꽃차례는 개화와 동시에 자란다. 오른쪽 그루는 로디올라 크레눌라타.

라고티스속 Lagotis

한랭지의 모래지형에 자생하며, 굵은 뿌리 줄기와 다육질의 큰 근생엽을 지닌다. 화관 끝은 입술 모양으로, 아랫입술은 2개로 갈라졌다. 수술은 2개.

① 라고티스 쿠나우렌시스

L. kunawurensis (Benth.) Rupr.

분포 ▫ 파키스탄-부탄 개화기 6-8월

고산대의 해빙이 늦은 모래땅에 자생한다. 지역적인 형태 변화가 큰 탓에 여러 개의 아종과 변종으로 갈라질 가능성이 있다. 높이 3-25cm. 근생엽의 잎몸은 협타원형 도란형으로 길이 5-18cm이고 매끈하거나 가장자리에 둥근 톱니가 있다. 줄기에 마주나기 하는 잎은 작다. 수상꽃차례는 길이 2-10cm, 직경 2-2.5cm. 포엽은 타원형 피침형으로 꽃받침보다 약간 길거나 짧다. 꽃받침은 막질로 길이 2-5mm이고 아래쪽이 갈라져 있다. 화관은 흰색, 연자주색, 붉은 자주색으로 다양하며 길이 7-12mm. 통부는 꽃받침과 길이가 같거나 약간 길다. 아랫입술과 윗입술은 길이 3-4mm. 아랫입술은 분포 지역 동부에서는 2개로 깊게 갈라졌고, 서부에서는 2-4개로 깊게 갈라졌다. 기준표본은 히말라야 서부 히마찰의 것으로, 포엽은 꽃받침보다 약간 길고 화관은 연자주색이며 아랫입술은 보통 3개로 갈라졌다.

*①-a는 분포지 서쪽 끝에 자란 것. 포엽은 꽃받침보다 길고, 꽃받침은 길이 4mm. 화관은 흰색으로 길이 7-8mm, 통부는 꽃받침보다 길다. 윗입술과 아랫입술은 길이 3mm로, 아랫입술은 2-4개로 깊게 갈라졌고 중앙의 1-2조각은 가늘다. ①-g는 잎몸의 길이가 2-3cm. 꽃차례는 길이 2cm. 화관은 크며 길이 1-1.2cm, 아랫입술은 2개로 깊게 갈라져 마주본다. 꽃받침은 길이 2-3mm. 검붉은색 포엽은 꽃받침과 길이가 같거나 짧다.

①-d 라고티스 쿠나우렌시스. 6월 20일.
R/두드쿤드의 남쪽. 4,450m.

①-e 라고티스 쿠나우렌시스. 7월 4일.
S/타시라푸차의 동쪽. 4,800m.

①-f 라고티스 쿠나우렌시스. 7월 20일.
S/루낙의 동쪽. 5,200m.

①-g 라고티스 쿠나우렌시스. 7월 15일.
S/갸줌바. 5,200m.

①-h 라고티스 쿠나우렌시스. 7월 15일.
S/갸줌바. 5,150m.

①-i 라고티스 쿠나우렌시스. 7월 11일.
T/봄린 다라의 북서쪽. 4,500m.

①-j 라고티스 쿠나우렌시스. 7월 26일.
Y2/팡 라. 5,300m.

라고티스속 Lagotis

① 라고티스 카쉬메리아나

L. *cashmeriana* (Royle) Ruplr.
분포 ◇파키스탄-히마찰 개화기 7-9월
고산대 산등성의 초지에 자생한다. 높이 7-
15cm. 근생엽의 잎몸은 타원형·장원형으로 길
이 4-7cm이고 둥근 톱니가 있다. 줄기잎은 작으
며 기부가 줄기를 안고 있다. 수상꽃차례는 길이
2-4cm. 화관은 짙은 푸른빛 나는 자주색으로 길
이 7-9mm이며 포엽보다 훨씬 길다.

② 라고티스 인테그라 L. *integra* W.W. Smith

분포 ◇티베트 남동부, 중국 서부
개화기 6-8월
아고산대의 숲 주변이나 고산대의 물가에
자생하며, 많은 수염뿌리를 지닌다. 높이 7-
20cm. 꽃줄기의 기부는 묻혀 있다. 근생엽
의 잎몸은 장란형-장원형으로 길이 3-7cm
이고, 매끈하거나 가장자리에 무딘 톱니가
있다. 수상꽃차례는 길이 3-7cm. 포엽은
난형으로 끝이 뾰족하며 꽃받침과 길이가
같다. 꽃받침은 막질로 화통보다 길고 한쪽
이 벌어져 있으며 가장자리에 털이 나 있다.
화관은 자주색으로 길이 6-8mm.

③ 라고티스 클라르케이 L. *clarkei* Hook.f.

분포 ◇네팔 동부-부탄 개화기 7-8월
고산대의 모래가 많은 초지에 자란다. 높이
10-20cm. 근생엽의 잎몸은 난상타원형으로
길이 5-12cm이고 매끈하거나 가장자리에
둥근 톱니가 있으며 분백색을 띤다. 꽃차례
는 길이 3-7cm. 포엽은 꽃받침보다 짧다. 꽃
받침은 난상피침형으로 길이 10-12mm,
끝은 덮개모양이며 흰색을 띤다. 화관은 연
자주색으로 길이 8-10mm.
* 사진의 그루는 뒤쪽에 화관이 시들어 붙어
있다.

① 라고티스 카쉬메리아나. 8월5일.
H/로탕 고개. 4,000m.

② 라고티스 인테그라. 7월11일.
Y4/호뎃사의 북쪽. 4,700m.

④ 라고티스 글로보사. 7월6일. C/간바보호마 부근. 4,600m. 남쪽의 불안정한 모래땅. 개화기가 끝나 커다래진 포
엽 사이로 화관이 시들어 있다.

③ 라고티스 클라르케이. 8월15일.
V/캉 라의 남쪽. 4,900m.

④ 라고티스 글로보사 L. *globosa* Kurz
분포 ■파키스탄·카슈미르 개화기 6-7월
건조한 고산대의 불안정한 모래땅에 자생한
다. 가늘고 유연한 뿌리줄기가 사방으로 뻗
고, 잎자루와 꽃줄기의 대부분은 땅속에 묻
혀 있다. 잎몸은 장란형으로 길이 2.5-4cm
이고 우상으로 깊게 갈라졌으며 뒷면에 털이
자란다. 꽃차례는 구형으로 직경 1.5-2cm.
꽃차례는 푸른빛 나는 자주색이며 길이 5-
6mm로 광란형의 포엽과 길이가 같다.

엘리시오필룸속 Ellisiophyllum
⑤ 엘리시오필룸 핀나툼
E. *pinnatum* (Benth.) Makino var. *pinnatum*
분포 ◇네팔 중부·동남아시아, 티베트 남부,
중국 서부 개화기 5-7월
엘리시오필룸의 기준변종. 산지림의 습한
둔덕 비탈에 자생한다. 길이 10-30cm이며
줄기는 쓰러져 땅위로 뻗어나간다. 잎은 어
긋나기 한다. 잎몸은 장란형으로 길이 2.5-
4cm이고 우상으로 5-7개로 깊게 갈라졌으
며 뒷면에 센털이 자란다. 꽃자루는 길다.
화관은 흰색이고 5개로 갈라져 평개하며 직
경 1-1.5cm. 화후는 노란색을 띤다.

칼체올라리아속 Calceolaria
⑥ 칼체올라리아 트리파르티타
C. *tripartita* Ruiz & Pavón [C. *gracilis* Kunth, C. *mexicana* Benth.]
분포 ◇중남미 원산의 원예식물. 남아시아
에 널리 귀화 개화기 5-10월
1년초. 산지 길가의 비탈이나 돌담 밑에 자
생한다. 높이 10-50cm. 전체적으로 선모가
자란다. 잎은 마주나기 한다. 잎몸은 난형으
로 길이 4-8cm이고 우상으로 5-7개로 깊게
갈라졌다. 화관은 노란색. 윗입술은 작고 덮
개 모양, 아랫입술은 주머니 모양의 편평한
타원체로 길이 1-1.3cm.

네오피크로리자속 Neopicrorhiza
⑦ 네오피크로리자 스크로풀라리이플로라
N. *scrophulariiflora* (Pennell) Hong
[*Picrorhiza scrophulariiflora* Pennell]
분포 ◇가르왈·미얀마, 티베트 남부, 윈
난·쓰촨성 개화기 6-8월
고산대의 자갈땅에 자생하며, 옆으로 뻗는 긴
뿌리줄기를 지닌다. 높이 4-8cm. 전체적으
로 부드러운 털과 선모가 자란다. 잎은 타원
상도피침형으로 길이 2-5cm이고 모여나기
하며 가장자리에 성긴 톱니가 있다. 꽃은 곧
추선 굵은 꽃줄기 끝에 모여 달린다. 화관은
어두운 자주색으로 길이 8-15mm, 윗입술은
크고 3개로 갈라졌으며 아랫입술은 작다. 수
술 2개가 화관에서 길게 돌출한다. 매우 쓴 맛
을 지니고 있는 뿌리줄기는 인도와 네팔에서
'쿠르키'라 불리며 위장약으로 쓰이고 있다.

⑤ 엘리시오필룸 핀나툼. 5월24일.
T/돈겐의 북쪽. 2,300m.

⑥ 칼체올라리아 트리파르티타. 8월15일.
R/준베시의 서쪽. 2,850m.

⑦ 네오피크로리자 스크로풀라리이플로라. 7월24일. I/타인의 북서쪽. 3,850m. 보통 산등성이의 평활한 자갈땅에
자생하는데, 이처럼 뿌리줄기를 드러내 바위 위로 뻗은 것은 보기 드문 모습이다.

송이풀속 Pedicularis

다른 식물의 뿌리에서 영양을 흡수하는 반기생식물. 화관은 입술 모양. 윗입술은 가장자리가 아래로 말려 배모양을 이루어 수술과 암술을 감싸고 있다. 아랫입술은 3개로 갈라져 옆으로 퍼진다. 북반구에 널리 분포하며, 특히 시노 히말라야에 그 종류가 많다. 또한 이 지역에서는 칼집모양으로 암술대를 감싼 윗입술 끝의 '부리'가 나선모양으로 꼬이거나, 아랫입술이 크게 퍼져 윗입술을 막처럼 둘러싸거나, 화통이 자루처럼 길게 뻗는 등, 꽃을 찾는 꿀벌의 행동과 여름에 차가운 비가 계통되는 고산 환경에 적응해 화관 모양이 특이해진 것이 많다. 수술은 4개, 꽃밥은 2개씩 마주보고 붙는다.

① 페디쿨라리스 안세란타

P. anserantha Yamazaki

분포 ◇네팔 서중부 개화기 7-8월
아고산대의 관림목 주변이나 소관목 사이에 자생한다. 꽃줄기는 분지하지 않고 곧게 자라며 높이 0.5-1m. 잎은 빽빽하게 어긋나기 하고 자루는 갖지 않는다. 잎몸은 선상피침형으로 길이 5-10cm이고 우상으로 갈라졌으며 갈래조각은 장란형으로 끝에 날카로운 톱니가 있다. 줄기 끝의 총상꽃차례는 길이 15-30cm. 꽃받침은 길이 1.2-1.5cm로 화통과 길이가 같으며 긴 털이 빽빽하게 자란다. 화관은 연노란색으로 길이 2-2.2cm. 윗입술은 덮개모양으로 길이 1-1.3cm, 정수리에 부드러운 털이 자란다. 아랫입술은 윗입술과 길이가 같다.

② 페디쿨라리스 앙구스틸로바

P. angustiloba Tsoong

분포 ◇티베트 동부 개화기 6-8월
아고산대의 관목림 주변이나 고산대의 소관목 사이에 자생한다. 꽃줄기는 높이 40-80cm. 잎은 빽빽하게 어긋나기 하고 자루는 갖지 않으며 폭넓은 기부가 줄기를 안고 있다. 잎몸은 길이 5-8cm이고 우상으로 얕게 갈라졌으며, 갈래조각은 삼각형으로 끝에 이가 있다. 꽃차례는 길이 8-20cm. 꽃받침은 길이 1cm. 화관은 연노란색으로 길이 2.5-3cm이며 살짝 휘었다. 통부는 꽃받침과 길이가 같다. 윗입술과 아랫입술은 길이 1.5cm.

③ 페디쿨라리스 클라르케이 *P. clarkei* Hook.f.

분포 ◇네팔 동부 부탄, 티베트 남부
개화기 7-8월
고산대 하부의 습한 바위땅이나 소관목 사이에 자생한다. 꽃줄기는 높이 30-80cm이며 상부에 긴 털이 빽빽하게 자란다. 잎은 빽빽하게 어긋나기 하고 자루는 없으며 폭넓은 기부가 줄기를 안고 있다. 잎몸은 선상피침형으로 길이 4-8cm이고 우상으로 깊게 갈라졌으며, 갈래조각은 피침형으로 겹톱니가 있다. 총상꽃차례

① 페디쿨라리스 안세란타. 7월24일. K/쟈그도라의 남쪽. 3,700m. 매자나무속 관목과 함께 석남 숲 주변에 자생한 것. 꽃차례의 끝은 개화와 동시에 자란다.

② 페디쿨라리스 앙구스틸로바. 8월4일.
Z3/라무라쵸 호수. 4,300m.

③ 페디쿨라리스 클라르케이. 7월22일.
V/랍상. 4,300m.

는 길이 7-20cm. 꽃받침은 길이 1cm로 긴 털이 빽빽하게 자란다. 화관의 통부는 꽃받침과 길이가 같다. 윗입술은 검붉은색으로 살짝 말려 앞쪽으로 굽었으며, 정수리에 부드러운 털이 자란다. 아랫입술은 길이 1-1.2cm로 흰색을 띠며, 가장자리에 긴 털이 나 있다.

④ **페디쿨라리스 트리코글로사** *P. trichoglossa* Hook.f.
분포 ◇쿠마온-부탄, 티베트 남동부, 중국 서부 개화기 7-9월
고산대의 바위가 많은 초지나 소관목 사이에 자생한다. 꽃줄기는 높이 20-70cm이며 상부에 긴 털이 빽빽하게 자란다. 잎은 빽빽하게 어긋나기 하고 자루는 갖지 않는다. 잎몸은 선상장원형으로 길이 3-8cm이고 우상으로 갈라졌으며, 갈래조각은 난형으로 겹톱니가 있다. 꽃차례는 길이 7-25cm. 꽃받침은 길이 1-1.3m이며 긴 털이 자란다. 화관은 검붉은색으로, 통부는 꽃받침보다 짧고 옆으로 휘었다. 윗입술은 살짝 말려 U자 모양으로 굽었으며, 길이 2-3mm의 털이 빽빽하게 자란다. 아랫입술은 반원형으로 직경 1.5-1.7cm이며 윗입술을 살짝 감싸고 있다.

⑤ **페디쿨라리스 라크노글로사** *P. lachnoglossa* Hook.f.
분포 ◇네팔 동부-부탄, 티베트 남동부, 중국 서부 개화기 6-8월
아고산대나 고산대의 초지 비탈에 자생한다. 높이 15-30cm. 대부분의 잎은 기부에 달리고 긴 자루를 갖는다. 잎몸은 선상장원형으로 길이 7-10cm이고 우상으로 깊게 갈라졌으며, 갈래조각은 선상피침형으로 톱니가 있다. 총상꽃차례는 길이 5-10cm. 꽃받침은 길이 8-10mm. 화관은 붉은 자주색으로, 통부는 꽃받침보다 길다. 윗입술은 아래로 심하게 굽었으며 부리는 길이 3mm. 정부와 부리 끝에 긴 털이 빽빽하게 자란다. 아랫입술은 길이가 4-5mm 있다.

④-a 페디쿨라리스 트리코글로사. 8월4일. Z3/라무라쵸 부근. 4,300m. 살짝 말린 윗입술은 낚싯바늘처럼 U자 모양으로 구부러져 커다란 아랫입술을 덮고 있다. 붉은 자주색 털이 빽빽하게 나 있다.

④-b 페디쿨라리스 트리코글로사. 8월6일. Z3/라무라쵸 부근. 4,400m.

④-c 페디쿨라리스 트리코글로사. 8월22일. P/펨탕카르포의 북서쪽. 4,650m.

⑤ 페디쿨라리스 라크노글로사. 6월22일. Z1/초바르바 부근. 4,500m.

송이풀속 Pedicularis
● 윗입술이 배 모양인 것
① 페디쿨라리스 칸스엔시스 *P. kansuensis* Maxim.
분포 ◇네팔 동부, 티베트 남동부, 중국 서
부 개화기 6-8월
1, 2년초. 다소 건조한 고산대의 조지에 자생
하며, 방목 거점 주변에 군생한다. 높이 15-
30cm. 꽃줄기는 기부에서 분지하며 전체적
으로 부드러운 털이 자란다. 잎은 하부에서 마
주나기 하고, 상부에서 3-4개씩 돌려나기 한다.
잎몸은 삼각상피침형으로 길이 2-3cm이고
우상으로 깊게 갈라졌다. 갈래조각 또한 우상
으로 갈라졌으며 작은 갈래조각에 톱니가 있
다. 꽃차례는 길이 5-15cm. 꽃받침은 흰색 막
질의 항아리 모양으로 길이 5-7mm이고 10개
의 검붉은색 심줄이 있으며, 끝에 이가 5개 있
고 가장자리에 긴 털이 자란다. 꽃받침은 꽃이
피면 둥글게 부풀어 오른다. 화관은 붉은색으
로 길이 1.4-1.6cm. 배모양의 윗입술은 길이
4-5mm. 아랫입술은 길이 7-8mm이고 3개로
갈라졌으며 가운데 조각이 약간 크다.

② 페디쿨라리스 날라멘시스
P. nyalamensis H.P. Yang
분포 ◇티베트 남부 개화기 6-8월
고산대의 초지나 소관목 사이에 자생한다. 꽃
줄기는 높이 20-30cm로 기부에서 분지한다.
잎은 4개씩 돌려나기 한다. 잎몸은 장원형으로
길이 1.5-3cm이며 우상으로 깊게 갈라졌다.
갈래조각은 장원형이며 우상으로 갈라졌다.
꽃차례는 길이 5-15cm. 꽃받침은 흰색 막질의
항아리 모양으로 길이 6-7mm이고 끝이 뾰족
하며, 10개의 검붉은색 심줄이 있고 흰색 털이
빽빽하게 자란다. 화관은 붉은색, 화후는 희
고 길이 1.5-1.8cm. 윗입술은 가는 배모양으
로 길이 4-5mm. 아랫입술은 3개로 갈라졌는
데 가운데 조각이 약간 작다.

③ 페디쿨라리스 로일레이 *P. roylei* Maxim.
분포 ▢아프가니스탄-윈난·쓰촨성, 티베
트 남동부 개화기 6-9월
고산대의 미부식질로 덮인 초지에 자생한다.
바람이 넘나드는 장소에서는 왜소화한다. 꽃
줄기는 높이 3-20cm이며 4줄로 개출모가
자란다. 근생엽의 잎몸은 선상장원형으로 길
이 1-3cm이고 우상으로 깊게 갈라졌으며 갈
래조각 또한 우상으로 갈라졌다. 줄기잎은
자루가 짧고 4개씩 돌려나기 한다. 꽃은 줄기
끝에 모여 달린다. 꽃받침은 길이 4-6mm.
통부는 흰색 막질로 10개의 검붉은색 심줄이
있으며 긴 털이 자란다. 화관은 붉은 자주색
연붉은색으로 길이 1.3-2cm. 배모양의 윗입
술은 아랫입술보다 짧다. 아랫입술은 길이
6-8mm이며 가운데 조각이 약간 작다.
*③-a의 그루는 높이 7-9cm, 잎몸의 길이 1-

① 페디쿨라리스 칸스엔시스. 8월 11일.
V/안마의 북동쪽 4,200m.

② 페디쿨라리스 날라멘시스. 7월 31일.
Y1/녜라무의 북서쪽. 3,850m.

③-a 페디쿨라리스 로일레이. 7월 11일. S/고쿄의 남쪽. 4,700m. 곤돌라를 엎어놓은 듯한 모양의 비홍색 윗입술
은 3개로 갈라진 연붉은색 아랫입술보다 훨씬 짧다.

2.5cm, 꽃받침의 길이 5mm, 화관의 길이
1.2-1.4cm. ③-b의 그루는 높이 15-20cm. 잎
과 꽃의 크기는 ③-a의 그루와 거의 같다. ③-c
의 그루는 줄기의 길이 1cm, 잎몸의 길이 8-
15mm, 화관의 길이는 1.4-1.6cm이다.

④ 페디쿨라리스 디푸사 *P. diffusa* Prain
분포 ◇네팔 중부-부탄, 티베트 남동부
개화기 6-8월
고산대의 미부식질로 덮인 자갈땅에 자생한다.
꽃줄기는 높이 4-15cm이며 전체적으로 부드
러운 털이 자란다. 대부분의 잎은 기부에 달린
다. 잎몸은 장원형으로 길이 5-10mm이고 우
상으로 깊게 갈라졌으며 갈래조각 또한 우상으
로 갈라졌다. 포엽은 꽃받침과 길이가 같거나
약간 길다. 꽃받침은 길이 5mm, 통부는 막질
로 맥이 선명하며 갈래조각의 끝은 잎모양이
다. 화관은 연붉은색으로 길이는 1.4-1.7cm이
고 통부는 꽃받침보다 3-4mm 길다. 윗입술은
가는 배모양으로 아랫입술보다 짧다. 아랫입술
은 길이는 6-8mm이다.

⑤ 페디쿨라리스 나나 *P. nana* C.E.C. Fischer
분포 ■네팔 중부-미얀마, 티베트 남동부
개화기 7-8월
고산대의 미부식질로 덮인 이끼 낀 바위땅에
자생한다. 꽃줄기는 높이 3-7cm로 기부에서
분지하며, 상부에서 꽃차례까지 개출모가 자란
다. 대부분의 잎은 기부에 달린다. 잎몸은 타원
형-장원형으로 길이 5-20mm이고 우상으로
깊게 갈라졌으며, 갈래조각은 4-7쌍이고 가장
자리에 톱니가 있다. 꽃자루는 길이 2-5mm.
꽃받침은 길이 4-5mm. 화관은 연붉은 자주색
으로 길이 1.5cm이고, 통부는 꽃받침의 2배
이상 자라나 꽃받침 상부에서 앞쪽으로 휘어진
다. 윗입술은 가는 배모양으로 아랫입술보다
짧다. 아랫입술 길이는 6mm이다.

③-b 페디쿨라리스 로일레이. 7월 25일.
S/고쿄의 남쪽. 4,700m.

③-c 페디쿨라리스 로일레이. 8월 17일.
Y3/쇼가 라. 5,400m.

④ 페디쿨라리스 디푸사. 7월 7일.
T/춤단의 남쪽. 4,350m.

⑤ 페디쿨라리스 나나. 7월 29일. Z3/도송 라의 서쪽. 3,900m. 잎 뒤쪽의 하얀 로제트는 프리물라 요나르두니이.
종 모양의 흰 꽃을 늘어뜨린 소관목은 카시오페 셀라기노이데스.

● 윗입술이 배 모양인 것

① 페디쿨라리스 몰리스 P. mollis Benth.
분포 ◇카슈미르-부탄, 티베트 남부
개화기 6-8월
아고산대 숲 주변이나 고산대 바위땅에 자생
한다. 꽃줄기는 높이 25-80cm로 4개의 능이
있으며, 능에는 개출모가 자란다. 잎은 돌려
나기 한다. 잎몸은 삼각상피침형으로 길이
1.5-5cm이고 우상으로 깊게 갈라졌으며,
갈래조각은 선상장원형이고 우상으로 갈라
졌다. 앞뒷면에 부드러운 털이 자란다. 꽃받
침은 길이 4-5mm이며 긴 털이 빽빽하게 나
있다. 화관은 길이 9-11mm. 배모양의 윗입
술은 비스듬히 기울었으며 길이 3-5mm.
아랫입술은 윗입술보다 약간 짧다.

② 페디쿨라리스 노도사 P. nodosa Pennell
분포 ◇쿠마온-네팔 중부 개화기 6-8월
1년초. 건조한 고산대 하부의 바위땅이나
초지에 자생한다. 꽃줄기는 높이 12-20cm
이며 4열로 개출모가 자란다. 잎은 돌려나기
한다. 잎몸은 피침형으로 길이 2-4cm이고
우상으로 깊게 갈라졌으며, 갈래조각은 장
원형이고 우상으로 갈라졌다. 꽃은 상부의
잎겨드랑이에 달린다. 꽃받침은 흰색 막질
로 길이 6-8mm이며 겉에 검붉은색 심줄이
있다. 화관은 길이 1.1-1.3cm, 통부는 꽃받
침 상부에서 앞쪽으로 휘어 있다. 배모양의
윗입술은 붉은색으로 비스듬히 기울었으며,
연붉은색의 아랫입술보다 짧다.

③ 페디쿨라리스 가와구치이 P. kawaguchii Yamazaki
분포 ◇티베트 남부 개화기 6-8월
건조지대 물가의 초지에 자생한다. 꽃줄기
는 길이 20-30cm로 기부에서 활발히 분지
하고, 4개의 능이 있으며 각 능에는 부드러
운 털이 자란다. 잎은 보통 4개씩 돌려나기
하고 자루는 짧다. 잎몸은 장원상피침형으
로 길이 3-5cm이고 우상으로 깊게 갈라졌
으며, 갈래조각은 장원형으로 톱니가 있다.
꽃받침은 길이 6-7mm. 화관은 연붉은색으
로 길이 1.6-1.9cm이고, 통부는 꽃받침의 2
배로 자란다. 윗입술은 길이 7-8mm이며 길
이 1-2mm의 부리가 있다. 아랫입술은 윗입
술과 길이가 같거나 약간 길다.

④ 페디쿨라리스 아나스 티베티카
P. anas Maxim. var. tibetica Bonati
분포 ◇티베트 남동부, 쓰촨성 개화기 7-8월
고산대 계곡 줄기의 초지에 자생한다. 동속
글로비페라와 비슷하나, 화관은 윗입술의
정부가 U자 모양으로 굽었고, 부리는 약간
길고 끝은 아래를 향해 있으며 휘지 않았다.
꽃줄기는 높이 10-20cm이고 겉에 4개의

① 페디쿨라리스 몰리스. 8월16일.
Y3/카로 라의 동쪽. 4,500m.

② 페디쿨라리스 노도사. 6월19일.
N/묵티나트의 서쪽. 3,550m.

③ 페디쿨라리스 가와구치이. 8월15일.
Y3/암드록 호수. 4,450m.

④ 페디쿨라리스 아나스 티베티카. 8월3일.
Y1/팡디 라의 북쪽. 4,450m.

⑤-a 페디쿨라리스 글로비페라. 7월27일.
Y2/롱부크곰파. 4,450m.

⑤-b 페디쿨라리스 글로비페라. 8월16일.
Y3/카로 라. 5,000m.

개출모가 빽빽이 자란다. 근생엽은 많이 달린다. 잎몸은 선상피침형으로 길이 2-4cm이고 우상으로 깊게 갈라졌다. 갈래조각은 우상으로 얕게·깊게 갈라졌으며, 갈래조각 사이에는 약간의 간격이 있다. 줄기잎은 4개씩 돌려나기 하고 자루는 짧다. 꽃받침은 길이 5-6mm. 화관은 붉은색으로 길이 1.2-1.5cm, 부리는 길이 1.5-2mm이다.

⑤ 페디쿨라리스 글로비페라 *P. globifera* Hook.f.

분포 ◇네팔 서중부, 시킴, 티베트 남부
개화기 6-8월

고산대의 건조한 초지나 모래땅에 자생한다. 꽃줄기는 높이 3-20cm이며 전체적으로 털이 자라고, 바람에 노출된 모래땅에서는 쓰러지기 쉽다. 잎은 보통 4개씩 돌려나기 한다. 잎몸은 선상피침형으로 길이 1-3cm이고 우상으로 깊게 갈라졌으며, 갈래조각은 장원형으로 톱니가 있다. 꽃은 짧은 꽃차례에 모여 달린다. 꽃받침은 흰색 막질로 길이 6-7mm이며 겉에 긴 털이 자란다. 화관은 연붉은색·흰색으로 길이 1.5-1.8cm이고 통부는 꽃받침보다 길다. 윗입술은 길이 5-6mm로 정수리에 요철이 있으며, 길이 1mm 이하의 부리 끝이 살짝 휘었다. 아랫입술은 윗입술보다 약간 짧다.

⑥ 페디쿨라리스 케일란티폴리아

P. cheilanthifolia Schrenk subsp. *cheilanthifolia*

분포 □중앙아시아 주변-카슈미르, 티베트 서부, 중국 서부 개화기 6-8월

고산대의 초지나 자갈 비탈에 자생. 꽃줄기는 높이 7-20cm이며 상부에 부드러운 털이 빽빽하게 자란다. 근생엽의 잎몸은 도피침형으로 길이 1-8cm이고 우상으로 깊게 갈라졌다. 갈래조각은 장원형이며 우상으로 갈라졌다. 줄기잎은 보통 4개씩 돌려나기 한다. 총상꽃차례는 길이 3-5cm인데 이따금 길게 자란다. 꽃받침은 길이 5-10mm이며 겉에 부드러운 털이 빽빽하게 자라고 갈래조각은 짧다. 화관은 연붉은색·흰색으로 길이 2-2.5cm이고 통부는 꽃받침보다 약간 길다. 화관의 윗입술은 길이 8-10mm로 상부에서 살짝 굽었으며, 끝은 약간 돌출하나 부리 모양을 하지는 않았다. 아랫입술은 윗입술보다 짧다.

⑦ 페디쿨라리스 케일란티폴리아 네팔렌시스

P. cheilanthifolia Schrenk subsp. *nepalensis* Yamazaki [P. anas Maxim. subsp. *nepalensis* (Yamazaki) Yamazaki]

분포 ■네팔 서중부 개화기 6-8월

고산대의 다소 습한 초지나 관목소림에 자생. 기존변종보다 크게 자란다. 꽃줄기는 곧추 서고, 화관의 윗입술은 검붉은색이며 끝에 짧은 부리가 있다. 아랫입술은 가장자리 이외는 백색으로, 맥의 색깔은 짙다.

⑥-a 페디쿨라리스 케일란티폴리아. 8월2일. B/마제노 고개의 남동쪽. 4,700m. 윗입술의 정부에 2개씩 마주보고 있는 꽃밥의 실루엣과, 머리끝에서 튀어나온 암술머리가 보인다.

⑥-a 페디쿨라리스 케일란티폴리아. 7월7일. C/간바보호마 부근. 4,200m.

⑦ 페디쿨라리스 케일란티폴리아 네팔렌시스. 6월25일. P/랑시샤. 4,300m.

송이풀속 Pedicularis

● 윗입술이 배 모양인 것

① 페디쿨라리스 오에데리 오에데리 시넨시스

P. oederi Vahl subsp. *oederi* var. *sinensis* (Maxim.) Hurusawa

[*P. oederi* Vahl subsp. *branchiophylla* (Pennell) Tsoong]

분포 ◇시킴-부탄, 티베트 남동부, 중국 서부 개화기 6-8월

고산대의 초지나 소관목 사이에 자생한다. 다즙질의 꽃줄기는 높이 7-15cm로 곧게 자라고, 상부에 솜털이 나 있다. 잎은 기부에 집중적으로 어긋나기 하고 긴 자루를 지닌다. 잎몸은 선상피침형으로 길이 3-7cm이고 우상으로 갈라졌으며, 갈래조각은 장란형으로 톱니가 있다. 총상꽃차례는 꽃줄기의 약 절반을 차지한다. 꽃받침은 길이 9-12mm, 갈래조각은 주걱형이며 상부에 가는 톱니가 있다. 화관은 노란색이고 윗입술의 끝은 검붉은색을 띤다. 화통은 꽃받침보다 긴 1.4-1.6cm로, 꽃받침의 정수리에서 앞쪽으로 휘어 있다. 배모양의 윗입술은 길이 7-10mm로 화통보다 짧다. 아랫입술은 윗입술과 길이가 거의 같고 3개로 갈라졌으며, 원형의 가운데 조각은 앞쪽으로 돌출한다.

② 페디쿨라리스 오에데리 헤테로글로사

P. oederi Vahl subsp. *heteroglossa* (Prain) Pennell

분포 ◇가르왈-네팔 동부, 티베트 남부 개화기 6-8월

일본의 기바나시오가마와 비슷한 아종. 기준아종과는 달리 꽃받침조각의 끝이 엽상화해 가장자리에 톱니가 있으며, 화관의 윗입술은 길이 1-1.5cm로 아랫입술보다 길다. *②-c는 네팔 중부의 깊숙한 계곡에 자란 것으로, 화관은 전체적으로 붉은 자주색을 띠고 일반적인 것보다 윗입술이 길다.

① 페디쿨라리스 오에데리 오에데리 시넨시스. 6월21일. Z1/초바르바 부근. 4,500m. 배 모양의 윗입술은 화통보다 짧다. 잎은 갈래조각이 살짝 역방향으로 밀집해 있어 물고기의 아가미를 연상케 한다.

②-a 페디쿨라리스 오에데리 헤테로글로사. 7월15일. S/가줌바. 5,150m.

②-b 페디쿨라리스 오에데리 헤테로글로사. 7월30일. S/로부체의 남쪽. 4,900m.

②-c 페디쿨라리스 오에데리 헤테로글로사. 7월14일. N/안나푸르나 내원. 4,200m.

③ 페디쿨라리스 크리프탄타

P. cryptantha Marq. & Shaw

분포 ◇부탄, 티베트 남부 **개화기** 5-7월

아고산대의 전나무ㆍ석남 숲에 자생하며, 숲 바닥의 부식토에 뿌리줄기를 길게 뻗어 근생엽과 불임지를 사방으로 퍼뜨린다. 높이 3-5cm이며 전체적으로 부드러운 털이 자란다. 잎자루는 길이 2-5cm. 잎몸은 장원상피침형으로 길이 3-7cm이고 우상으로 깊게 갈라졌다. 갈래조각은 장원형으로 7-10쌍 달렸으며 우상으로 갈라졌다. 꽃은 잎겨드랑이에 달리거나 짧은 총상꽃차례를 이룬다. 꽃자루는 가늘며 길이 2cm 이하. 꽃받침은 길이 6-8mm, 갈래조각은 잎모양. 화관은 노란색으로 길이 1.7-2cm이고 통부는 꽃받침보다 약간 길다. 윗입술은 가는 배모양으로 적갈색을 띠며, 끝이 살짝 아래쪽으로 돌출한다. 아랫입술은 길이 7-10mm로 윗입술과 길이가 같거나 약간 길다.

④ 페디쿨라리스 무스코이데스

P. muscoides Li subsp. *himalayca* Yamazaki

분포 ■네팔 서부·동부 **개화기** 7-8월

고산대 상부의 안정된 빙퇴석 비탈의 초지에 자생하며, 기부에 오래된 잎자루가 무더기로 남아 있다. 높이 2.5-4cm. 줄기와 꽃자루는 매우 짧다. 잎자루는 길이 5-15mm. 잎몸은 선형으로 길이 5-20mm, 폭 2-3mm이고 겉에 털이 없으며 우상으로 갈라졌다. 갈래조각은 난형으로 가장자리에 톱니가 있다. 화관은 연노란색으로 길이 2-2.3cm이고 통부는 꽃받침보다 약간 길다. 배 모양의 윗입술은 길이 7-8mm. 아랫입술은 윗입술과 길이가 같거나 약간 짧으며 3개로 갈라졌고, 가운데 조각은 원형으로 약간 작다.

⑤ 페디쿨라리스 플리카타 아피쿨라타

P. plicata Maxim. subsp. *apiculata* Tsoong

분포 ■티베트 동부 **개화기** 7-8월

아고산대에서 고산대 하부에 걸쳐 숲 사이의 습한 초지에 자생한다. 높이 20-50cm. 줄기는 굵고 4개의 능을 가졌으며, 각 능에는 개출모가 자란다. 잎은 4개씩 돌려나기 하고 자루는 짧다. 잎몸은 피침형으로 길이 3-5cm이고 우상으로 깊게 갈라졌으며, 갈래조각은 장원형이고 우상으로 갈라졌다. 꽃은 줄기 끝에 수상으로 모여 달리며 자루는 매우 짧다. 꽃받침은 길이 1-1.3cm이며 긴 털이 빽빽하게 자라고 끝은 깊게 갈라졌다. 화관은 연노란색으로 길이 2.5-2.8cm. 배모양의 윗입술은 길이 1.2-1.5cm로 상부에서 살짝 휘었으며, 양 옆은 좌우로 벌어져 있다. 아랫입술은 윗입술과 길이가 같거나 약간 짧다.

③ 페디쿨라리스 크리프탄타. 6월22일. Z1/초바르바 부근. 4,400m. 석남 관목림 내의 부드러운 부식질에 뿌리를 뻗어 불임지를 사방으로 퍼뜨리고 있다.

④ 페디쿨라리스 무스코이데스. 7월13일. S/토낙 부근. 5,000m.

⑤ 페디쿨라리스 플리카타 아피쿨라타. 8월19일. Z2/산티린의 북동쪽. 3,700m.

송이풀속 Pedicularis

● 윗입술에 부리가 있는 것
① 페디쿨라리스 알라스카니카

P. alaschanica Maxim. subsp. *alaschanica*

분포 ◇티베트 동부, 중국 서부 개화기6-8월
고산대의 초지나 자갈 비탈에 자생한다. 높이
15-30cm로 상부에 부드러운 털이 자란다.
잎은 보통 4개씩 돌려나기 한다. 잎몸은 장원
상피침형으로 길이 2-3cm이고 우상으로 갈라
졌으며 갈래조각은 선형이다. 꽃차례는 수상
으로 길이 5-15cm. 꽃받침은 길이 1-1.3cm이
고 갈래조각은 매끈하거나 가장자리에 가는
톱니가 있다. 화관은 노란색으로 길이 2-
2.2cm이고 통부는 꽃받침과 길이가 같다. 윗
입술은 길이 8-10mm, 부리는 길이 2-3mm.
아랫입술은 윗입술과 길이가 같다.
* 사진의 우상복엽과 붉은 자주색 꽃은 아스
트라갈루스 스트리크투스.

② 페디쿨라리스 알라스카니카 티베티카

P. alaschanica Maxim. subsp. *tibetica* (Maxim.) Tsoong

분포 ◇티베트 남서부 개화기 7-8월
건조한 고산대의 초지나 바위땅에 자생한다.
기존변종과는 달리 잎이 마주나기 한다. 꽃받
침은 전체적으로 긴 털이 자라며, 꽃받침조각
에는 톱니가 없다. 윗입술의 부리는 약간 짧다.

③ 페디쿨라리스 그라칠리스

P. gracilis Benth. subsp. *gracilis* [P. gracilis Benth. subsp.
stricta (Prain) Tsoong]

분포 ▫아프가니스탄-부탄, 티베트 남부
개화기 6-9월
1년초. 산지나 아고산대의 바위가 많은 초지
에 자생한다. 꽃줄기는 길이 30-80cm이며 4
열로 부드러운 털이 자란다. 잎은 4개씩 돌려
나기 한다. 잎몸은 난상장원형으로 길이 2-

① 페디쿨라리스 알라스카니카. 7월21일.
Y3/라싸의 서쪽 교외. 4,300m.

② 페디쿨라리스 알라스카니카 티베티카. 8월16일.
Y3/카로 라. 5,000m.

③ 페디쿨라리스 그라칠리스. 8월20일.
I/꽃의 계곡. 3,500m.

④ 페디쿨라리스 그라칠리스 마크로카르파. 8월28일. S/남체바자르. 3,300m. 아고산대의 다소 건조한 숲 주변에
서 흔히 볼 수 있다. 줄기가 부러지면 하부에서 많은 가지를 내민다.

4cm이고 우상으로 깊게 갈라졌으며 갈래조각은 톱니가 있다. 꽃은 마디에 4개씩 달린다. 꽃받침은 길이 4-6mm, 갈래조각은 짧다. 화관은 길이 1.2-1.4cm이고 통부는 꽃받침보다 약간 길다. 윗입술은 아랫입술보다 짧고, 부리는 길이 4-5mm로 점차 가늘어진다.

④ 페디쿨라리스 그라칠리스 마크로카르파
P. gracilis Benth. subsp. *macrocarpa* (Prain) Tsoong
[*P. pennelliana* Tsoong]
분포 ▫카슈미르-부탄, 티베트 남부
개화기 7-9월
아고산대의 숲 주변이나 초지에 자생한다. 기준변종과는 달리 윗입술의 부리가 급격히 가늘어지며 끝이 길게 뻗는다. 꽃받침조각은 약간 길고 가장자리에 톱니가 있다. 열매는 크다.

⑤ 페디쿨라리스 왈리키이 *P. wallichii* Bunge
분포 ◇네팔 서부-동부, 티베트 남부(?)
개화기 6-8월
고산대의 초지에 자생한다. 꽃줄기는 높이 7-15cm로 상부에 부드러운 털이 자란다. 잎은 기부에 어긋나기 하며 길이 3-5cm의 자루가 있다. 잎몸은 선상피침형으로 길이 3-4cm이고 우상으로 깊게 갈라졌으며 10-15쌍의 갈래조각이 있다. 꽃자루는 길이 3-10mm, 꽃받침은 길이 8-10mm. 화관은 길이 2-2.5cm, 통부는 길이 1.2-1.4cm. 아랫입술은 길이 1.2-1.5cm이다.

⑥ 페디쿨라리스 트리코돈타 *P. trichodonta* Yamazaki
분포 ◇네팔 동부-부탄 개화기 6-8월
고산대의 초지에 자생하며 굵은 뿌리줄기가 있다. 높이 3-8cm. 근생엽에는 길이 1-4cm의 자루가 있다. 잎몸은 선형으로 길이 1-3cm이고 규칙적으로 가늘게 우상으로 갈라졌으며 12-16쌍의 갈래조각이 있다. 줄기 잎은 어긋나기 한다. 꽃자루는 길이 2-5mm, 꽃받침은 길이 1-1.2cm. 화관은 길이 2.3-2.5cm로 통부는 꽃받침보다 길다. 아랫입술은 8-10mm로 윗입술보다 길다.

⑦ 페디쿨라리스 비피다 *P. bifida* (D. Don) Pennell
분포 ◇네팔 중부-시킴 개화기 8-9월
산지의 둔덕 비탈이나 관목 사이에 자생한다. 높이 15-30cm. 잎은 어긋나기 하고 짧은 자루가 있다. 잎몸은 장원형으로 길이 1.5-3.5cm이고 크고 가장자리에 둥근 톱니가 있으며 겉에 부드러운 털이 있다. 꽃받침은 길이 7-9mm. 화통은 꽃받침과 길이가 같거나 약간 길다. 윗입술의 곧은 부분은 희며 길이 5-7mm, 부리는 급격히 가늘어지며 길이 3-4mm. 아랫입술은 3개로 얕게 갈라졌으며 윗입술보다 약간 길다.

⑤ 페디쿨라리스 왈리키이. 6월18일. L/둘레의 북쪽. 3,850m. 사초과 풀이 모여 있는 산등이의 비탈에 자란 것으로, 붉은 꽃이 녹색 잎 사이로 솟아있다.

⑥ 페디쿨라리스 트리코돈타. 7월24일. V/미르긴 라의 남쪽. 4,450m.

⑦ 페디쿨라리스 비피다. 8월10일. R/파크딩의 북쪽. 2,800m.

송이풀속 Pedicularis

● 윗입술에 부리가 있으며 화관이 긴 것

① 페디쿨라리스 프르제왈스키이 아우스트랄리스

P. przewalskii Maxim. subsp. *australis* (Li) Tsoong

분포 ◇티베트 남동부, 윈난성

개화기 6-7월

고산대의 초지에 자생하며, 땅속에 굵고 큰 뿌리가 있다. 높이 4-5cm로 줄기는 없다. 잎과 꽃받침에 부드러운 털이 빽빽하게 자란다. 잎몸은 선상장원형으로 길이 1-3cm이고 우상으로 갈라졌으며 갈래조각의 가장자리는 뒤쪽으로 말려 있다. 꽃자루는 길이 5-15mm. 꽃받침은 길이 1-1.2cm. 화관의 통부는 길이 2.5-3.5cm로 꽃받침의 3-4배로 자라며 겉에 부드러운 털이 촘촘히 나 있다. 윗입술의 부리는 길이 6mm이며 2개로 깊게 갈라졌다. 아랫입술은 길이 1.8cm.

② 페디쿨라리스 프세우도레겔리아나

P. pseudoregeliana Tsoong

분포 ■네팔 중동부 개화기 6-8월

고산대의 미부식질로 덮인 바위땅에 자생한다. 높이 5-7cm로 줄기는 매우 짧다. 잎몸은 선상장원형으로 길이 5-15mm이고 우상으로 깊게 갈라졌다. 4-7쌍 달리는 갈래조각은 난형이며 가장자리에 날카로운 톱니가 있다. 꽃받침은 길이 6-8mm. 화관은 길이 3.5-4.5cm, 통부는 꽃받침의 3-5배로 자라며 겉에 부드러운 털이 나 있다. 윗입술의 곧은 부분은 희며 상부에 2개의 돌기가 있다. 아랫입술은 9-10mm로 윗입술과 길이가 같다.

* 사진의 개체는 바위를 뒤덮은 비스토르타 마크로필라와 포텐틸라 미크로필라 군락에 자란 것으로, 꽃의 기부 뒤로 우상으로 깊게 갈라진 잎이 희미하게 보인다.

③ 송이풀속의 일종 (A) Pedicularis sp. (A)

고산대 하부의 이끼 낀 둔덕 비탈에 자생한다. 높이 6-8cm. 전체적으로 부드러운 털이 자란다. 잎은 짧고 줄기의 기부에 어긋나기 한다. 잎몸은 협타원형으로 길이 7-13mm이고 우상으로 얕게 갈라졌다. 갈래조각은 난형이며 가장자리가 휘고 겉에 털이 나 있다. 꽃자루는 길이 3-4cm. 꽃받침은 길이 7-9mm, 갈래조각은 잎 모양으로 펑개한다. 화통은 꽃받침 길이의 3배인 2.2-2.5cm이며 부드러운 털이 촘촘히 나 있다. 윗입술의 부리는 길이 3-4mm. 아랫입술은 길이 2.5-2.8cm.

④ 송이풀속의 일종 (B) Pedicularis sp. (B)

고산대 상부의 이끼 낀 모래땅에 자생한다. 줄기는 길이 1-2cm이며 2열로 부드러운 털이 자란다. 잎과 꽃받침에 긴 털이 나 있다. 잎몸은 장원상피침형으로 길이 5-12mm이고 우상으로 깊게 갈라졌다. 갈래조각은 4-5개이며 톱니는 휘

① 페디쿨라리스 프르제왈스키이 아우스트랄리스. 7월11일. Y4/호뎃사의 북쪽. 4,700m. 화통은 길이 3.5cm, 직경 1mm. 2개로 갈라진 부리 사이로 암술머리가 비스듬히 튀어나와 있다.

② 페디쿨라리스 프세우도레겔리아나. 6월19일. P/고사인쿤드. 4,500m.

③ 송이풀속의 일종 (A) 7월12일. T/두피카르카의 북동쪽. 4,000m.

어 있다. 포엽은 마주나기 하고 길이는 꽃받침의 약 절반이다. 꽃받침은 화관 모양으로 붉은색을 띠며 길이 1.5-1.8cm이고, 상부는 앞쪽으로 휘었으며 5개의 갈래조각은 평개해 3-5개로 얕게 갈라졌다. 화관은 길이 2.5cm. 화통은 길이 2cm로 상부에서 앞쪽으로 살짝 굽었다. 윗입술의 부리는 길이 5mm. 아랫입술은 작게 퇴화해 길이는 1.5mm, 폭은 2mm이다.

⑤ 페디쿨라리스 시키멘시스 *P. sikkimensis* Bonati
분포 ■ 네팔 중부·시킴 개화기 6-8월

고산대의 이끼 낀 둔덕이나 바위땅에 자생하며, 가는 뿌리줄기가 사방으로 퍼진다. 꽃줄기는 길이 6-15cm로 쉽게 쓰러진다. 잎은 기부에서 어긋나기 한다. 잎몸은 피침형-장원형으로 길이 1-4cm이고 우상으로 깊게 갈라졌다. 갈래조각은 5-10쌍이며 우상으로 갈라졌다. 꽃자루는 짧다. 꽃받침은 길이 5-7mm. 화관은 길이 2.7-3cm, 통부는 꽃받침의 3배로 자라고 겉에 부드러운 털이 나 있으며 부리 끝에 가는 톱니가 있다. 아랫입술은 길이가 8-10mm이다.

⑥ 송이풀속의 일종 (C) *Pedicularis* sp. (C)

고산대의 미부식질로 덮인 바위땅에 자생하며, 굵고 큰 뿌리가 있다. 꽃줄기는 길이 4-7cm이며 전체적으로 부드러운 털이 빽빽하게 자란다. 잎은 기부에 마주나기 하며 길이 2-3cm의 자루를 가진다. 잎몸은 장원상피침형으로 길이 2-4cm이고 우상으로 깊게 갈라졌다. 갈래조각은 10-12쌍이며 가장자리에 둥근 톱니가 있다. 꽃자루는 길이 3-22mm. 꽃받침은 길이 7-9mm. 화관은 길이 2.5-2.7cm, 통부는 꽃받침의 2배로 자라고 아랫입술은 길이 8-12mm. 동속 프래루프토룸(*P. praeruptorum* Bonati)과 비슷하나, 꽃자루와 화통이 길다.

④ 송이풀속의 일종 (B) 8월22일. P/펭탕카르포의 북서쪽. 4,850m. 붉은색을 띠는 커다란 꽃받침의 상부는 화관의 아랫입술처럼 보인다. 실제 아랫입술은 매우 작다.

⑤ 페디쿨라리스 시키멘시스. 7월21일.
T/투로포카리. 4,150m.

⑥-a 송이풀속의 일종 (C) 7월2일.
Z3/파티. 4,600m.

⑥-b 송이풀속의 일종 (C) 6월21일.
Z1/초바르바 부근. 4,500m.

현삼과 169

송이풀속 Pedicularis

● 윗입술의 부리가 길며 꼬인 것

① 송이풀속의 일종 (D) *Pedicularis* sp. (D)

랑탕 지방의 해발고도 4,300-4,500m 부근에서 볼 수 있으며, 빙하 유역의 초지에 자생한다. 꽃줄기는 높이 7-12cm이며 전체적으로 긴 털이 자란다. 잎은 하부에 마주나기하고 길이 5-8mm의 자루가 있다. 잎몸은 장란형-장원형으로 길이 7-15mm이고 우상으로 깊게 갈라졌다. 갈래조각은 5-7쌍이며 가장자리에 가는 톱니가 있다. 꽃자루는 매우 짧다. 포엽은 광란형으로 꽃받침과 길이가 같다. 꽃받침은 길이 7mm. 화관은 길이 1.5cm, 통부는 꽃받침보다 약간 길다. 아랫입술은 길이 1cm이며 3개로 얕게 갈라졌다.

② 페디쿨라리스 브레비폴리아 *P. brevifolia* D. Don

분포 ◇중앙아시아 주변-네팔 중부
개화기 7-8월

고산대의 바위가 많은 초지나 소관목 사이에 자생한다. 꽃줄기는 가늘고 겉에 부드러운 털이 자라며, 초지에서는 하부가 쉽게 쓰러진다. 높이 10-40cm. 잎은 마주나기 또는 3-4개씩 돌려나기 하고 길이 2-8mm의 자루를 가진다. 잎몸은 난형-장원형으로 길이 1-2cm이고 우상으로 깊게 갈라졌다. 갈래조각은 난형-장원형으로 가장자리에 겹톱니가 있다. 포엽은 광란형. 꽃자루는 매우 짧다. 꽃받침은 길이 6-8mm. 화관은 붉은색으로 길이 1.2-1.4cm, 통부는 꽃받침과 길이가 같거나 약간 길다. 윗입술의 곧은 부분은 길이 2mm, 부리는 길이 5mm. 아랫입술은 윗입술과 길이가 같거나 약간 길며 3개로 깊게 갈라졌다.

③ 페디쿨라리스 헤이데이 *P. heydei* Prain

분포 ◇카슈미르-시킴 개화기 6-8월

고산대의 미부식질로 덮인 바위땅에 자생한

①-a 송이풀속의 일종 (D) 9월5일.
P/찬부의 북쪽. 4,450m.

①-b 송이풀속의 일종 (D) 6월24일.
P/랑시사의 북동쪽. 4,300m.

② 페디쿨라리스 브레비폴리아. 8월5일.
H/로탕 고개의 남쪽. 3,900m.

③ 페디쿨라리스 헤이데이. 8월4일. S/추쿵의 동쪽. 4,900m. 줄기와 잎에 부드러운 털이 빽빽하게 나 있어 이슬이 맺힌 것처럼 보인다. 빙하가 남긴 바위틈에 굵은 뿌리를 내리고 있다.

다. 꽃줄기는 높이 5-12cm이며 전체적으로 부드러운 털이 빽빽하게 자란다. 근생엽에는 길이 1-3cm의 자루가 있다. 잎몸은 선상 장원형으로 길이 7-25mm이고 우상으로 깊게 갈라졌다. 갈래조각은 6-15쌍이며 톱니는 휘어 있다. 줄기잎은 마주나기 한다. 포엽은 난형-광란형으로 꽃받침과 길이가 같거나 약간 짧다. 꽃받침은 길이 5-8mm 화통은 꽃받침보다 길다. 윗입술의 부리는 길이 4-6mm. 아랫입술은 길이 5-7mm이다.

④ 페디쿨라리스 콘페르티플로라
P. confertiflora Prain

분포 ◇네팔 서부 부탄, 티베트 남부, 윈난·쓰촨성 **개화기** 6-8월
고산대의 자갈 비탈에 자생한다. 꽃줄기는 높이 10-25cm. 근생엽은 가늘며 많이 달린다. 줄기잎은 자루가 짧고 돌려나기 한다. 잎몸은 장원상피침형으로 길이 2-4cm이고 우상으로 깊게 갈라졌다. 갈래조각은 5-8쌍이며 우상으로 갈라졌다. 꽃은 상부의 마디마다 2-4개 달리며 자루는 매우 짧다. 꽃받침은 길이 6-7mm. 화관은 길이 1.6-1.8cm, 통부는 꽃받침의 2배로 자란다. 윗입술의 부리는 길이 7-8mm. 아랫입술은 8-10mm로 윗입술과 길이가 같고 3개로 얕게 갈라졌으며 가운데 조각은 약간 작다.

⑤ 페디쿨라리스 포레크타 *P. porrecta* Benth.
분포 ◇히마찰·네팔 동부 **개화기** 6-8월
고산대의 초지에 자생한다. 꽃줄기는 높이 6-15cm이며 겉에 2열로 부드러운 털이 자란다. 근생엽에는 길이 1-2cm의 자루가 있다. 잎몸은 장란형-피침형으로 길이 1-2cm이고 우상으로 깊게 갈라졌다. 갈래조각은 5-7쌍이며 톱니가 있다. 줄기잎은 마주나기 한다. 꽃자루는 짧다. 포엽은 엽상으로 짧은 자루를 가지며 타원형-관란형이며 꽃받침과 길이가 같다. 꽃받침은 길이 7-8mm. 화관은 길이 1.5-2cm, 통부는 꽃받침보다 길다. 아랫입술은 9-10mm로 윗입술과 길이가 같으며 3개로 얕게 갈라졌다.

⑥ 송이풀속의 일종 (E) Pedicularis sp. (E)
아고산대 계곡 줄기의 초지에 자생한다. 높이 12-15cm. 줄기에 털이 없으며 꽃차례에 부드러운 털이 자란다. 잎은 줄기 하부에 돌려나기 하고 길이 2-4cm의 자루를 가진다. 잎몸은 장원상피침형으로 길이 1-2cm이고 우상으로 깊게 갈라졌다. 갈래조각은 선상장원형으로 6-7쌍이고 가장자리에 약간의 간격을 두며 톱니가 있다. 꽃자루는 길이 5-10mm. 포엽은 엽상으로 자루를 가지며 꽃받침보다 길다. 꽃받침은 길이 6mm. 화통의 길이는 꽃받침의 2.5-3배. 아랫입술은 길이 1cm이며 3개로 얕게 갈라졌다.

④ 페디쿨라리스 콘페르티플로라. 7월4일. K/링모의 서쪽. 4,000m. 약간 떨어진 마디에 2-4개의 꽃이 돌려나기 한다. 살짝 꼬인 윗입술은 모두 오른쪽을 향하고 있다.

⑤ 페디쿨라리스 포레크타. 7월17일. K/카그마라 고개의 북동쪽. 4,400m.

⑥ 송이풀속의 일종 (E) 6월14일. Z3/구미팀의 남동쪽. 3,000m.

송이풀속 Pedicularis

● 윗입술의 부리가 길며 꼬인 것

① 페디쿨라리스 푸르푸라체아

P. furfuracea Benth.

분포 □네팔 중부-부탄, 티베트 남부
개화기 6-8월

산지나 아고산대의 혼합림에 자생한다. 꽃줄
기는 높이 20-50cm이며 겉에 3-4열로 부드러
운 털이 자란다. 잎은 마주나기 한다. 잎몸은
난형-삼각상장란형으로 길이 1-6cm이고 우상
으로 얕게 깊게 갈라졌으며 갈래조각에 겹톱
니가 있다. 갈래조각 앞면에는 짧은 털이 자라
고, 뒷면에는 비늘모양의 털이 자란다. 꽃은
잎겨드랑이에 달린다. 꽃받침은 길이 5-7mm
로 끝이 깊게 갈라졌다. 화통은 꽃받침과 길이
가 같다. 윗입술은 검붉은색으로 가늘게 말려
꼬였으며, 부리는 길이 4-5mm. 아랫입술은
연붉은색으로 길이 8-12mm이다.

② 페디쿨라리스 플렉수오사 *P. flexuosa* Hook.f.

분포 □네팔 중부-부탄 개화기 6-8월

산지나 아고산대의 혼합림에 자생한다. 꽃
줄기는 길이 15-30cm로 쉽게 쓰러지며, 상
부에 부드러운 털이 자란다. 근생엽에는 긴
자루가 있다. 줄기잎은 어긋나기 한다. 잎몸
은 장원상피침형으로 길이 2.5-7cm이고 우
상으로 깊게 갈라졌으며 갈래조각에 톱니가
있다. 꽃은 줄기 끝 잎겨드랑이에 달린다. 꽃
받침은 길이 8-10mm. 화관은 길이 2.5-
3.5cm, 화통은 꽃받침의 2배 이상 자란다.
윗입술은 가늘게 말려 꼬였으며 아랫입술보
다 짧다. 아랫입술은 길이 8-11mm이며 가
운데 조각의 끝은 원형이다.

③ 페디쿨라리스 미크로칼릭스 *P. microcalyx* Hook.f.

분포 ◇네팔 중부-부탄 개화기 6-8월

아고산대나 고산대의 이끼 낀 바위땅에 자생

① 페디쿨라리스 푸르푸라체아. 6월19일.
U/자르푸티의 남동쪽. 3,000m.

② 페디쿨라리스 플렉수오사. 7월16일.
V/군사의 남동쪽. 3,550m.

③ 페디쿨라리스 미크로칼릭스. 7월17일.
V/군사의 남동쪽. 4,250m.

④ 페디쿨라리스 린코트리카. 8월17일. Z2/파숨 호수 부근. 3450m. 붓꽃속 풀이 군생하는 숲 주변의 습한 초지
에 자란 것으로, 높이 1m에 달하는 큰 그루를 이루고 있다.

한다. 높이 15-35cm. 잎은 어긋나기 하고 기부에 긴 자루가 있다. 잎몸은 피침형으로 길이 2-5cm이고 우상으로 깊게 갈라졌다. 갈래조각은 장원상피침형이며 가장자리에 톱니가 있다. 꽃자루는 길이 2-5mm. 꽃받침은 길이 4-5mm이며 5개로 깊게 갈라졌다. 화관은 길이 1.2-1.4cm이고 통부는 꽃받침의 2배로 자란다. 윗입술의 부리는 길이 4-5mm. 아랫입술은 8-10mm로 윗입술과 길이가 같다.

④ 페디쿨라리스 린코트리카
P. rhynchotricha Tsoong
분포 ◇티베트 남동부 **개화기** 6-8월
아고산대의 숲 주변 초지에 자생한다. 높이 30-100cm. 잎은 4-5개씩 돌려나기 하고, 하부에는 짧은 자루가 있다. 잎몸은 장원상피침형으로 길이 4-8cm이고 우상으로 깊게 갈라졌다. 갈래조각은 장원상피침형이며 가장자리에 톱니가 있다. 꽃차례는 개화와 동시에 길게 자란다. 꽃받침은 길이 7-8mm. 화통은 꽃받침보다 길다. 윗입술 부리는 길이 8-10mm이며 나선모양으로 꼬였다. 아랫입술은 살짝 3개로 갈라졌으며 가운데 조각은 작다.

⑤ 페디쿨라리스 올리베리아나 *P. oliveriana* Prain
분포 ◇티베트 남부 **개화기** 6-8월
건조 고지 계곡 줄기의 초지나 관목소림에 자생한다. 꽃줄기는 높이 30-60cm로 곧게 자라며, 2열로 부드러운 털이 나 있다. 잎은 줄기에 일정 간격으로 돌려나기 하고 자루는 매우 짧다. 잎몸은 피침형으로 길이 2-5cm이고 우상으로 깊게 갈라졌다. 갈래조각은 피침형이며 톱니가 있다. 꽃은 상부의 마디마다 4개씩 달리고 자루는 없다. 꽃받침은 길이 5mm. 화관은 붉은색으로 길이 1.3-1.5cm, 통부는 꽃받침과 길이가 같거나 약간 길다. 윗입술의 부리는 길게 뻗어 나선 모양으로 꼬였으며, 끝은 위를 향한다. 아랫입술은 길이 5mm이며 3개로 얕게 갈라졌다.

⑥ 페디쿨라리스 페크티나타 *P. pectinata* Benth.
분포 ▯파키스탄- 네팔 서부 **개화기** 7-8월
다소 건조한 고산대의 자갈 비탈이나 초지에 자생한다. 꽃줄기는 높이 20-60cm로 곧게 자란다. 잎은 마주나기 또는 돌려나기 하고 기부에 긴 자루가 있다. 잎몸은 피침형으로 길이 3-8cm이고 우상으로 깊게 갈라졌다. 갈래조각은 선상피침형이며 우상으로 갈라졌다. 총상꽃차례는 개화와 동시에 길게 자라고, 꽃자루는 매우 짧다. 꽃받침은 길이 8-12mm로 꽃이 피면 풍선처럼 부풀어 오른다. 화관은 길이 1.5-2cm, 통부는 꽃받침과 길이가 같거나 약간 길다. 윗입술의 부리는 나선 모양으로 꼬였으며 길이 9-12mm. 아랫입술은 도광란형으로 길이 1-1.2cm이고 3개로 얕게 갈라졌다.

⑤ 페디쿨라리스 올리베리아나. 8월19일. Y3/라싸의 서쪽 교외. 4,300m.

⑥-a 페디쿨라리스 페크티나타. 7월24일. K/쟈그도라의 북쪽. 4,100m.

⑥-b 페디쿨라리스 페크티나타. 7월19일. D/투크치와이 룬마. 4,000m. 윗입술의 부리는 길며 나선 모양으로 꼬여 있다. 아랫입술은 살짝 3개로 갈라졌으며 가운데 조각은 작다.

송이풀속 Pedicularis
● 윗입술의 부리가 꼬이고 화통이 긴 것
① 페디쿨라리스 롱기플로라 투비포르미스
P. longiflora Rudolph subsp. *tubiformis* (Klotzsch & Garcke) Pennell

분포 ◇카슈미르- 부탄, 티베트, 윈난 · 쓰촨성 개화기 6-9월
건조지역 고산대의 습한 초지나 늪지에 자생한다. 높이 7-30cm. 잎몸은 선상장원형으로 길이 2-4cm이고 우상으로 깊게 갈라졌다. 갈래조각은 장원형이며 톱니가 있다. 화관은 황금색이며 아랫입술의 기부에 연지색 반점이 있다. 화통은 길이 3-5.5cm로 꽃받침의 3-5배 정도 자라며 겉에 부드러운 털이 나 있다. 윗입술의 부리는 나선 모양으로 꼬여 있다. 아랫입술은 폭 1.5-1.8cm로 3개로 갈라졌으며 각 갈래조각의 끝은 움푹 파여 있다.

② 송이풀속의 일종 (F) Pediularis sp. (F)
아고산대 계곡 줄기의 습하고 바위가 많은 초지에 자생하며, 뿌리는 길게 뻗는다. 꽃줄기는 17-20cm로 기부에서 분지하며 부드러운 털이 자란다. 잎의 기부에는 길이 3-5cm의 자루가 있다. 잎몸은 장원상원형으로 길이 1.5-3cm이고 우상으로 깊게 갈라졌다. 갈래조각은 타원형으로 4-6개이며 가장자리에 겹톱니가 있다. 꽃받침은 길이 7-8mm로 끝이 깊게 갈라졌으며 겉에 부드러운 털이 나 있다. 화통은 길이 1.5-2.3cm로 꽃받침의 2배 이상 자란다. 아랫입술은 폭 1.5-1.8cm로 가장자리 털은 없다.

③ 페디쿨라리스 푼크타타 *P. punctata* Decne.
분포 ◇파키스탄- 히마찰 개화기 7-8월
고산대 하부의 습한 초지나 시냇가에 자생한다. 꽃줄기는 높이 12-25cm, 기부는 분지해 쉽게 쓰러진다. 근생엽의 잎몸은 장원상피침형으로 길이 2-6cm이고 우상으로 깊게 갈라졌다. 갈래조각은 협타원형이며 이따금 우상으로 갈라졌고 가장자리에 가는 톱니가 있다. 꽃차례는 개화와 동시에 자란다. 꽃받침은 길이 8-10mm. 화통은 길이 2-3cm로 꽃받침의 3배 정도 자란다. 윗입술의 부리는 나선모양으로 꼬여 있다. 아랫입술은 폭 1.3-1.8cm이다.

④ 페디쿨라리스 시포난타 *P. siphonantha* D. Don
분포 ◇가르왈- 부탄, 티베트 남부, 윈난 · 쓰촨성 개화기 6-9월
고산대의 습하고 바위가 많은 초지나 모래 땅, 소관목 사이에 자생한다. 동속 푼크타타와 비슷하나, 화통은 길이 3.5-8cm로 꽃받침의 3.5-8배 정도 자라고 부드러운 털이 나 있으며 아랫입술에 가장자리 털이 있다. 꽃줄기는 보통 높이 5-15cm로 짧다. 잎몸 길이는 1-3cm이다.

①-a 페디쿨라리스 롱기플로라 투비포르미스. 8월19일. Z2/산티린의 북동쪽. 3,700m. 여름에 고봉의 얼음이 녹으면 물에 잠기는 건조지대의 계곡 바닥 습지에 폭넓게 군생하고 있다.

①-b 페디쿨라리스 롱기플로라 투비포르미스. 7월31일. S/페리체의 북서쪽. 4,300m.

② 송이풀속의 일종 (F) 7월29일. Z3/도숑 라의 남동쪽. 3,600m.

③-a 페디쿨라리스 푼크타타. 7월29일. B/루팔의 북동쪽, 3,050m. 붉은토끼풀과 미누아르티아 카쉬미리카와 함께 관개용수로 하부의 돌이 많은 완비탈을 꽃으로 가득 메우고 있다. 수로 상부의 건조한 산 비탈에는 노간주나무속 관목이 흩어져 자라고 있다.

③-b 페디쿨라리스 푼크타타. 7월30일.
G/굴마르그. 2,650m.

④-a 페디쿨라리스 시포난타. 7월5일.
S/텐보의 동쪽. 4,300m.

④-b 페디쿨라리스 시포난타. 8월10일.
X/장고탕의 북쪽. 4,200m.

현삼과　175

송이풀속 Pedicularis

● 아랫입술이 크게 수직으로 펼쳐진 것

① 페디쿨라리스 네팔렌시스 *P. nepalensis* Prain
분포 ◇네팔 중부-부탄 개화기 7-9월
고산대의 안정한 빙퇴석 초지나 습한 바위 그
늘에 자생하며, 환경에 따라 형태로 변한다.
보통 기부에서 분지해 높이 4-8cm의 둥근 그
루를 이루는데, 이따금 꽃줄기가 15cm 이상
곧게 자라 꽃이 총상으로 모여 달린다. 전체적
으로 긴 털이 자란다. 잎은 하부에 집중해 어
긋나기 한다. 잎몸은 광란형으로 길이 2-
10cm 이고 우상으로 갈라졌으며, 갈래조각은
우상으로 얕게 깊게 갈라졌다. 꽃자루는 길이
1-12mm. 꽃받침은 길이 1-1.7cm. 화관은
붉은색으로 길이 2.5-3cm, 통부는 꽃받침
의 1-1.5배 정도 자라 정수리에서 꼬였다. 가
는 배모양의 윗입술을 둥글게 굽었고 부리는
길이 5mm 이며 끝이 2개로 갈라졌다. 아랫입
술은 반원형이며 수직으로 펼쳐졌다. 폭 1.7-
2.2cm. 기부에 융기가 2개 있으며 이따금 윗
입술을 절반쯤 덮는다.

② 송이풀속의 일종 (G) *Pedicularis* sp. (G)
고산대의 키 높은 초지에 자생한다. 꽃줄기는 길
이 25-50cm로 곧게 자라고 잎은 드문드문 어긋
나기 하며 전체적으로 부드러운 털이 나 있다.
잎의 기부에는 길이 5-10cm의 폭넓은 자루가
있다. 잎몸은 선상장원형으로 길이 7-10cm,
폭 8-10mm 이고 우상으로 깊게 갈라졌다. 갈래
조각은 10-14쌍이며 우상으로 얕게 깊게 갈라
졌다. 총상꽃차례는 길이 8-12cm. 포엽은 엽상
으로 화관보다 길거나 짧다. 꽃자루는 짧다. 꽃
받침은 길이 1-1.2cm. 화관은 길이 2.5cm, 통
부는 꽃받침과 길이가 같거나 약간 길다. 아랫입
술은 길이 2cm, 폭 2.5cm. 수술대의 하부에 부
드러운 털이 자란다.

①-a 페디쿨라리스 네팔렌시스. 8월 8일. V/닝고 라. 4,600m. 여름에 이슬비가 이어지는 고산대의 바람에 노출
된 비탈에서는, 부채모양으로 넓게 펴진 아랫입술이 윗입술을 감싼다.

①-b 페디쿨라리스 네팔렌시스. 9월 2일.
P/간자 라의 남쪽. 4,500m.

①-c 페디쿨라리스 네팔렌시스. 8월 19일.
Q/판치포카리의 남쪽. 4,100m.

② 송이풀속의 일종 (G) 9월 19일.
J/쿠피다울라 부근. 3,700m.

③ 페디쿨라리스 스쿨리아나 *P. scullyana* Maxim.
분포 ◇네팔 서부-시킴, 티베트 남부
개화기 6-8월
고산대의 바위가 많은 초지나 소관목 사이에
사생한다. 꽃줄기는 높이 15-60cm로 굵고
곧게 자라며 전체적으로 긴 털이 나 있다. 잎
은 어긋나기 한다. 잎몸은 선상피침형으로 길
이 6-15cm이고 우상으로 깊게 갈라졌다.
갈래조각은 장원상피침형이며 우상으로 갈라
졌다. 총상꽃차례는 개화와 동시에 자라며
길이 10-30cm. 꽃자루는 길이 2-10mm. 꽃
받침은 길이 1.7-2cm이며 능이 5개 있다. 화
통은 꽃받침과 길이가 같다. 윗입술은 이따금
어두운 자주색을 띠며 갈고리모양으로 굽었
다. 아랫입술은 신장형으로 길이 1.7-2cm
이고 수직으로 펼쳐지며, 이따금 윗입술을
휘장모양으로 감싸고 있다.
*③-c는 소관목 틈에서 높이 50cm 이상 높
게 자란 것. 계곡 저편으로 보이는 고봉은 시
샤팡마.

④ 페디쿨라리스 클로츠키이 *P. klotzschii* Hurusawa
분포 ◇가르왈-네팔 중부 개화기 6-8월
아고산대의 숲 주변이나 바위 사이의 습한 초
지에 자생한다. 높이 15-60cm. 잎은 어긋나
기 한다. 잎몸은 선상피침형으로 길이 4-
15cm이고 우상으로 깊게 갈라졌다. 갈래조각
은 피침형이며 우상으로 갈라졌다. 꽃받침은
길이 9-12mm로 긴 털이 자라며 갈래조각은
엽상이다. 화관은 연노란색으로 길이 1.7-
2cm이고 통부는 꽃받침과 길이가 같다. 윗입
술의 곧은 부분은 끝이 검붉은색이고 U자형으
로 굽었으며, 부리는 2개로 갈라졌다. 아랫입
술은 신장형으로 길이 1-1.5cm이며 아래를
향해 평평하게 펴진다.

③-a 페디쿨라리스 스쿨리아나. 7월27일. S/투클라의 서쪽. 4,650m. 비스토르타 아피니스와 함께 졸라초 호수
를 굽어보는 바위 위에 뿌리를 내린 것으로, 왜성화한 꽃을 피우고 있다.

③-b 페디쿨라리스 스쿨리아나. 7월27일.
S/투클라의 서쪽. 4,650m.

③-c 페디쿨라리스 스쿨리아나. 7월31일.
Y1/타보체의 동쪽. 4,100m.

④ 페디쿨라리스 클로츠키이. 8월2일.
K/라라 호수의 남쪽. 3,000m.

송이풀속 Pedicularis

● 아랫입술이 윗입술을 휘장 모양으로 감싼 것

① 페디쿨라리스 비코르누타 *P. bicornuta* Klotzsch

분포 ◇파키스탄-가르왈 개화기 7-8월

건조지역 고산대의 땅이나 바위가 많은 초지, 관개수로의 제방에 자생한다. 꽃줄기는 높이 15-30cm로 굵고 곧게 자라며, 상부에 긴 털이 나 있다. 잎은 하부에 빽빽하게 어긋나기 한다. 잎몸은 선상장원형으로 길이 7-15cm 이고 우상으로 깊게 갈라졌다. 갈래조각은 장원형으로 톱니가 있다. 총상꽃차례는 길이 10-15cm로 자라고, 꽃자루는 매우 짧다. 꽃받침은 길이 1.5-1.8cm로 통부는 부풀어 있으며 갈래조각은 엽상이다. 화관은 길이 3-4cm, 통부는 꽃받침의 1.5-2배로 자라 정수리에서 앞쪽으로 굽었다. 윗입술의 부리는 나선 모양으로 꼬여 끝이 2개로 깊게 갈라졌다. 아랫입술은 길이 1-1.3cm로 윗입술을 휘장처럼 감싼다.

② 페디쿨라리스 메갈로킬라 *P. megalochila* Li

분포 ◇부탄-미얀마, 티베트 동부 개화기 7-8월

고산대의 습한 초지에 자생하며, 땅속에 크고 굵은 뿌리가 있다. 높이 10-20cm. 잎은 기부에 빽빽하게 어긋나기 하고 긴 자루를 가진다. 잎몸은 선상장원형으로 길이 4-8cm이고 우상으로 갈라졌다. 갈래조각은 장원형으로 가장자리에 톱니가 있다. 꽃은 줄기 끝에 모여 한 방향을 향한다. 꽃받침은 길이 1.2-1.4cm 이며 겉에 부드러운 털이 자란다. 화관은 길이 3.5-4.5cm이고, 보통은 노란색으로 윗입술만 검붉은색을 띠는데 이따금 전체가 붉은 색을 띠기도 한다. 화통은 길이 1.5-2cm로 정부에서 꼬여 윗입술과 아랫입술이 옆을 향한다. 윗입술의 부리는 길며 나선모양으로 꼬여 있다. 아랫입술은 길이 1.5-2cm로 윗입술을 휘장처럼 감싼다.

③ 페디쿨라리스 코림비페라 *P. corymbifera* H.P. Yang

분포 ■티베트 남동부 개화기 7-8월

아고산대와 고산대 하부의 숲 주변이나 습한 초지에 자생하며, 땅속에 굵은 원뿌리가 있다. 높이 12-25cm로 꽃줄기는 곧게 자라거나 기부에서 분지해 사방으로 뻗으며, 상부에 긴 털이 빽빽하게 나 있다. 잎은 어긋나기 한다. 잎몸은 선상장원형으로 길이 4-8cm이고 우상으로 깊게 갈라졌다. 갈래조각은 난형-장원형으로 8-11개 있으며 우상으로 얕게 갈라졌다. 꽃은 줄기 끝에 산방상으로 달린다. 꽃자루는 길이 1-4cm. 꽃받침은 길이 1.5-1.8cm, 갈래조각은 엽상. 화관은 길이 4-5.5cm이고 통부는 꽃받침보다 길다. 윗입술은 갈고리 모양으로 휘어 있다. 아랫입술은 도광란형으로 길이 2-2.5cm이며 윗입술을 휘장처럼 감싼다.

① 페디쿨라리스 비코르누타. 8월17일. A/호로고지트. 4,100m. 양과 염소가 방목되는 비탈에 흩어져 자란다. 왼쪽에 잎 뒷면이 보인다. 뒤쪽의 고봉은 사한 도크.

② 페디쿨라리스 메갈로킬라. 7월29일. Z3/도숑 라의 서쪽. 4,100m.

③ 페디쿨라리스 코림비페라. 8월19일. Z2/산티린의 북동쪽. 3,700m.

④ **페디쿨라리스 엘웨시이** *P. elwesii* Hook.f.
분포 ◇네팔 중부·미얀마, 티베트 남동부,
윈난성 개화기 6-8월

고산대의 초지나 소관목 사이, 물가에 자생한다.
꽃줄기는 높이 5-20cm로 기부는 쉽게 쓰러지
며 전체적으로 부드러운 털이 자란다. 잎은 하
부에 빽빽하게 어긋나기 한다. 잎몸은 선상피침
형으로 길이 3-8cm이고 우상으로 깊게 갈라
졌다. 갈래조각은 협타원형이며 우상으로 갈라
졌다. 꽃받침은 길이 1-1.2cm로 앞쪽이 얇게
갈라졌으며, 뒤쪽에 2개의 갈래조각이 있다.
화관은 길이 2.5-3cm, 통부는 꽃받침과 길이가
같으며 윗입술과 아랫입술은 옆으로 쓰러진다.
윗입술은 갈고리 모양으로 굽었으며 끝이 2개
로 갈라졌다. 아랫입술은 신장형으로 길이
1.5-1.8cm이며 윗입술을 휘장처럼 감싼다.

⑤ **페디쿨라리스 리난토이데스 라벨라타**

P. rhinanthoides Schrenk. subsp. *labellata* (Jacquem.) Pennell
분포 ◇카슈미르-부탄, 티베트 남동부, 중
국 서부 개화기 7-9월

고산대의 습한 초지나 물가의 미부식질에 자
생한다. 꽃줄기는 높이 5-15cm로 기부에서 분
지하며 하부는 쉽게 쓰러진다. 잎은 하부로 집
중적으로 어긋나기 하고 긴 자루를 가진다. 잎
몸은 선상피침형으로 길이 1.5-5cm이고 우상
으로 깊게 갈라졌으며 갈래조각 또한 우상으
로 갈라졌다. 꽃은 정수리에 모이며 길이 3-
10mm의 자루를 가진다. 꽃받침은 길이 1-
1.2cm로 겉에 부드러운 털이 자라고 어두운
자주색을 띤 능을 가지며 갈래조각은 엽상이
다. 화관은 연노란색으로 길이 2.5-3.5cm,
통부는 꽃받침의 1.5-2.5배로 자라며 상부가
앞쪽으로 휘어 있다. 가늘게 말린 윗입술은 아
래를 향해 굽어 있다. 아랫입술은 반원형으로
길이 1.5cm이고, 2개의 옆갈래조각은 신장형
으로 크며 살짝 윗입술을 덮는다.

④-a 페디쿨라리스 엘웨시이. 7월 29일.
V/람탕의 북동쪽. 4,550m.

④-b 페디쿨라리스 엘웨시이. 7월 13일.
S/토낙 부근. 5,000m.

⑤-a 페디쿨라리스 리난토이데스 라벨라타.
V/캉 라의 남쪽. 4,900m.

⑤-b 페디쿨라리스 리난토이데스 라벨라타. 8월 2일. Y1/콘초. 빙하가 녹아 흘러든 호수 주변. 코끼리 코처럼 구부
러진 윗입술을 아랫입술의 옆갈래조각이 양쪽에서 감싸고 있다.

송이풀속 Pedicularis

● 아랫입술이 휘장 모양이며 화통이 긴 것

① 페디쿨라리스 벨라 *P. bella* Hook.f.

분포 ◇시킴-부탄, 티베트 남부 개화기 6-8월
1년초. 고산대의 습한 초지나 소관목 사이
에 자생한다. 높이 5-7cm. 잎몸은 장원형으
로 길이 1-2cm이고 우상으로 얕게 갈라졌
다. 갈래조각은 난형으로 뒷면에 가루모양
의 털이 빽빽하게 자란다. 꽃은 잎겨드랑이
에 달린다. 꽃받침은 길이 1.2-1.5cm로 겉
에 부드러운 털이 자라며, 갈래조각은 엽상
으로 톱니가 있다. 화관은 붉은 자주색 또는
사진과 같이 통부는 황록색이고 아랫입술은
흰색. 화통은 길이 2.5-3.5cm. 아랫입술은
1.5-1.7cm이며 나선모양으로 꼬인 윗입술
을 휘장처럼 감싼다.

② 페디쿨라리스 호프메이스테리

P. hoffmeisteri Klotzsch

분포 ◇히마찰-네팔 중부 개화기 7-9월
아고산대와 고산대 계곡 줄기의 습하고 바
위가 많은 초지에 자생한다. 꽃줄기는 높이
20-70cm로 굵고 곧게 자라며 상부에 긴
털이 나 있다. 잎은 어긋나기 한다. 잎몸은
피침형으로 길이 3-6cm이고 우상으로 깊게
갈라졌다. 갈래조각은 가는 톱니가 있으며
뒷면에 긴 털이 자란다. 꽃차례는 개화와 동
시에 길게 자란다. 꽃받침은 길이 1.3-
1.5cm. 화관은 레몬색으로 길이 3-4.5cm.
통부는 꽃받침의 2.5-3.5배로 자라 정수리
에서 꼬여, 윗입술과 아랫입술이 옆을 향한
다. 윗입술은 가늘게 말려 나선모양으로 꼬
였다. 아랫입술은 길이 1.5-2cm로 윗입술
을 휘장처럼 감싼다.

③ 페디쿨라리스 코르니게라 *P. cornigera* Yamazaki

분포 ■네팔 동부 개화기 7-9월
고산대의 습한 바람에 노출된 초지의 바위
나 소관목 사이에 자생한다. 동속 호프메이
스테리와 비슷하나, 꽃줄기는 짧고 기부에
서 쉽게 쓰러지며 화관은 약간 길다. 또한 윗
입술 중부에 뿔모양의 돌기가 있으며, 아랫
입술 주변부에 불규칙적으로 어두운 자주색
반점이 나 있다. 꽃줄기는 높이 5-20cm이며
상부에서 꽃받침에 걸쳐 긴 털이 빽빽하게
자란다. 화관은 길이 4-6cm, 통부는 꽃받침
의 3-4배로 자란다.

④ 페디쿨라리스 파우치플로라

P. pauciflora (Maxim.) Pennell

분포 ■네팔 동부-부탄 개화기 7-8월
고산대의 바위가 많은 습한 초지에 자생한다.
줄기는 길이 2-5cm로 곧게 자란다. 잎은 줄
기 기부에 빽빽하게 어긋나기 하고 길이 1-
3cm의 자루를 가진다. 잎몸은 선상피침형으

① 페디쿨라리스 벨라. 8월3일.
Z3/라무라쵸 부근. 4,350m.

② 페디쿨라리스 호프메이스테리. 7월19일.
K/카그마라 고개의 서쪽. 3,900m.

③ 페디쿨라리스 코르니게라. 8월15일. V/캉 라의 남쪽. 4,700m. 굵은 꽃줄기는 초지에 드러난 바위를 뒤덮듯 기
부에서 쓰러지고 꽃만 곧게 서서 꿀벌을 유혹하고 있다.

로 길이 1-4cm이고 우상으로 깊게 갈라졌다. 갈래조각은 장란형으로 가장자리에 겹톱니가 있다. 꽃은 잎겨드랑이에 달리고 꽃자루는 짧다. 꽃받침은 길이 1.3-1.5cm. 화관은 길이 5-9cm로 바깥쪽은 붉은 자주색이고 안쪽은 약간 희다. 통부는 꽃받침의 4.5-6배로 곧게 자라며 부드러운 털이 나 있다. 윗입술은 가늘게 말려 고리모양으로 굽어 있다. 아랫입술은 길이 1.3-1.5cm로 가장자리에 털이 있으며 윗입술을 휘장처럼 감싼다.

⑤ 페디쿨라리스 메갈란타 *P. megalantha* D. Don
분포 ◇네팔 중부·부탄, 티베트 남부
개화기 6-9월

산지대 상부의 숲 주변이나 아고산대의 습한 초지, 고산대의 소관목 사이에 자생하며 환경에 따라 형태로 크게 변한다. 높이 10-80cm. 꽃줄기는 굵으며, 고산대에서는 거의 분지하지 않고 곧게 자란다. 잎은 어긋나기 또는 마주나기 하고 잎의 기부에는 자루가 있다. 잎몸은 장란형-피침형으로 길이 2-8cm이고 우상으로 얕게 깊게 갈라졌다. 갈래조각은 난형-장란형으로 가장자리에 톱니가 있으며 겉에 드문드문 긴 털이 자란다. 포엽은 꽃받침보다 길고, 자루는 폭이 넓으며 약간 배모양이다. 꽃받침은 길이 1.5-2cm로 긴 털이 자라며, 갈래조각은 엽상으로 평개한다. 화관은 붉은색-주홍색으로 길이 5-7cm, 통부는 꽃받침의 2.5-4배로 자라고 겉에 부드러운 털이 나 있으며 정수리에서 꺾여 있다. 윗입술은 가늘게 말려 나선모양으로 휘어 있다. 아랫입술은 직경 2-2.5cm로 반구형을 이루며 윗입술을 휘장처럼 감싼다.
*⑤-a는 전나무·석남 숲의 이끼 낀 바닥에 자생한 것으로, 높이 10-15cm이며 기부에서 분지한 꽃줄기가 사방으로 퍼져 있다.

송이풀의 수분 전략

화통이 자루처럼 가늘고 길게 자라며 휘장모양의 큰 아랫입술이 윗입술과 화후를 덮는 송이풀은, 씨방을 차가운 바람에 드러내는 일 없이 화려한 아랫입술을 높이 치켜세워 꿀벌을 불러 모으고, 계속되는 이슬비에 꽃가루가 젖거나 화통에 물이 차는 것을 막는다. 꿀벌의 입은 화통보다 짧기 때문에 밑바닥에서 분비되는 꿀을 빨아들이지 못한다. 그 결과 꽃은 꿀을 분비하지 않게 되었고, 꿀벌은 유충의 먹이인 꽃가루만을 노리고 꽃을 찾는다. 꽃밥이 담긴 윗입술의 기부에 꿀벌이 접근하면 나선모양으로 꼬인 윗입술이 움직여 부리 끝에서 암술이 튀어나와, 꿀벌이 자신의 자리로 모을 수 없는 체절(體節) 사이에 남아 있는 다른 꽃의 꽃가루가 암술머리에 부착된다.

④-a 페디쿨라리스 파우치플로라. 8월9일. V/낭고 라의 북쪽. 4,550m. 매우 짧은 줄기는 풀 틈에 숨어 있으며, 자루처럼 긴 화통을 지닌 꽃이 땅위에 곧게 서 있다.

④-b 페디쿨라리스 파우치플로라. 8월23일. V/종그리. 3,850m.

⑤-a 페디쿨라리스 메갈란타. 9월30일. O/타레파티의 남쪽. 3,300m.

⑤-b 페디쿨라리스 메갈란타. 6월21일. X/로두푸의 서쪽. 3,700m.

⑤-c 페디쿨라리스 메갈란타. 8월10일. X/장고탕의 북쪽. 4,000m.

가짓과 SOLANACEAE

잎은 어긋나기 한다. 꽃받침과 화관갈래조각, 수술은 보통 5개이며 꽃밥은 밀집한다. 씨방상위. 꽃받침은 열매를 맺을 때 커지는 경우가 많다.

가지속 Solanum

① 감자 *S. tuberosum* L.

안데스 산맥 원산. 16세기에 유럽에 도입된 후 냉온대 지방의 주요 작물로 재배되고 있다. 히말라야에는 19세기 후반에 전해졌다. 평원부에서 해발고도 4,500m 전후의 고산대에 이르기까지 넓은 지역에서 볼 수 있다. 평원부에서는 겨울에, 고산대에서는 여름에 재배되며 산 중턱 분지에서는 1년에 두 차례 수확된다. 화관은 흰색-연붉은색-붉은 자주색.

② 솔라눔 비르기니아눔

S. virginianum L. [*S. surattense* Burm.f., *S. xanthocarpum* Schrad. & Wendl.]

분포 ▫아프리카 북부-동남아시아, 오스트레일리아, 폴리네시아 개화기 1년 내내
저산대의 건조한 계곡 줄기의 나지에 자생하는 다년초. 높이 0.3-1m. 전체적으로 목질의 긴 황갈색 가시가 자란다. 잎몸은 난상타원형으로 길이 4-8cm이고 우상으로 얕게-깊게 갈라졌다. 화관은 연자주색이고 5개로 갈라져 평개하며 직경 2-2.5cm. 열매는 타원형으로 길이 1.5-2cm이며 녹색에서 황색으로 변한다.

구기자속 Lycium

③ 리치움 루테니쿰 *L. ruthenicum* Murray
분포 ◇중앙아시아 주변-파키스탄, 중국 서부, 몽골 개화기 6-8월
건조지대 산지의 계곡에 자생하는 높이 0.5-1.5m의 소관목. 전체적으로 털이 없다. 회백색 가지는 활발히 분지하며 목질의 가시를 가진다. 잎은 선상도피침형으로 다육질이며 길이 7-20mm. 꽃은 잎겨드랑이에 달리고 가는 자루를 가진다. 꽃받침은 종형으로 길이 3-3.5mm. 화관은 깔때기형으로 자주색, 통부는 길이 7-10mm.

피소클라이나속 Physochlaina

④ 피소클라이나 프래알타

P. praealta (Decne.) Miers

분포 ◇카라코람 산맥 - 네팔 중부, 티베트 서부 개화기 6-7월
건조 고지 계곡의 나지나 바위 비탈에 자생하는 유독성 다년초. 꽃줄기는 높이 0.4-1m이며 상부에 부드러운 털이 자란다. 잎은 어긋나기 한다. 잎몸은 난형으로 길이 7-12cm. 꽃은 줄기 끝에 산방상으로 달린다. 꽃받침은 길이 9-11mm이고 겉에 선모가 자라며 갈래조각은 삼각형이다. 화관은 원통형 종모양으로 길이

① 감자. 6월12일. Q/반다르. 2,100m. 고지에서 수확하는 덩이줄기는 작고 맛이 좋다.

② 솔라눔 비르기니아눔. 6월26일.
파키스탄 북부/치라스의 남쪽. 900m.

③ 리치움 루테니쿰. 7월3일.
C/시가르의 북동쪽. 2,600m.

2-3cm이고 5개로 얕게 갈라졌으며 연한 황록색이다. 암술은 화관보다 짧다.

사리풀속 Hyoscyamus
⑤ 사리풀 H. niger L.
분포 ◇파키스탄 - 시킴, 티베트, 유라시아 온대 각지 개화기 6-7월

건조한 산지의 마을 주변 공터에 자생하는 유독성 1-2년초. 높이 0.5-1.5m. 전체적으로 부드러운 털과 선모가 자라며, 상부에는 긴 털이 빽빽하게 나 있다. 잎은 빽빽하게 어긋나기 하고 자루는 갖지 않는다. 잎몸은 협타원형으로 길이 7-15cm이고 드문드문 우상으로 얕게 갈라졌다. 꽃은 길게 뻗은 줄기 끝 잎 겨드랑이마다 달려 한 방향을 향하고 자루는 갖지 않는다. 화관은 연노란색으로 기부와 그물맥이 자줏빛 갈색을 띠며, 넓은 종형으로 길이 2.5-3.5cm. 잎에서 약용성분이 추출된다.

아니소두스속 Anisodus
⑥ 아니소두스 루리두스
A. luridus Spreng [*Scopolia lurida* (Spreng.) Dunal, *S. stramonifolia* (Wall.) Shrestha]

분포 ◇카슈미르 - 부탄, 티베트 남부, 윈난 · 쓰촨성 개화기 6-7월

산지나 아고산대 마을 주변의 초지, 목축 농가의 마당에 자생하는 유독성 다년초. 꽃줄기는 높이 0.5-1.5m. 잎은 어긋나기 한다. 잎몸은 타원형으로 길이 5-15cm이고 매끈하거나 가장자리에 불규칙한 톱니가 있다. 꽃은 잎겨드랑이에 달리고 길이 2-4cm의 굵은 자루를 가진다. 꽃받침은 종형으로 길이 3-4cm이고 능이 10개 있으며 겉에 긴 털이 빽빽하게 자란다. 화관은 연노란색으로 끝이 자주색을 띠며 꽃받침보다 약간 길다. 마른 잎은 독이 없어 가축의 겨울 사료로 쓰인다.
*⑥-b는 꽃받침에 털이 거의 없다.

④ 피소클라이나 프래알타. 7월8일. K/도의 북서쪽. 4,000m. 건조지대에 자생하는 유독식물로, 방목가축이 오가는 마을 주변의 모래땅이나 길가의 나지에 많다.

⑤ 사리풀. 6월22일.
N/킨가르. 3,300m.

⑥-a 아니소두스 루리두스. 6월26일.
Z3/톤부룽의 북서쪽. 3,400m.

⑥-b 아니소두스 루리두스. 6월25일.
X/헤디의 서쪽. 3,700m.

브루그만시아속 Brugmansia

① 브루그만시아 스바베올렌스

B. suaveolens (Willd.) Berchtold & Presl [*Datura suaveolens* Willd.]

분포 ◇브라질 원산 개화기 5-9월
높이 1.5-4m의 관목. 히말라야 저산대의 민가 주변에서 흔히 볼 수 있으며, 관목소림으로 야생화했다. 잎몸은 타원형으로 길이 10-20cm이며 끝이 뾰족하다. 꽃은 늘어지며 밤에는 좋은 향기를 풍긴다. 꽃받침은 원통모양으로 길이 7-12cm. 화관은 유백색으로 길이 20-30cm, 5개의 주맥은 가늘고 길게 자란다.

독말풀속 Datura

② 독말풀 *D. stramonium* L.

분포 □열대 아메리카 원산으로 세계 온난지역에 널리 야생화 개화기 3-9월
히말라야 각지의 마을 주변에 자생하는 유독성 1년초. 높이 0.5-1.2cm. 잎몸은 난상타원형으로 길이 10-20cm이고 끝이 뾰족하며 가장자리는 불규칙적으로 얕게 갈라졌다. 꽃받침은 길이 4-5cm. 화관은 깔때기형으로 길이 7-10cm, 직경 6-7cm이며 유백색이다. 열매는 타원체로 길이 5-7cm이며 가시로 덮여 있다.

브룬펠시아속 Brunfelsia

③ 브룬펠시아 우니플로라

B. uniflora (Pohl) D. Don

분포 브라질 원산 개화기 3-7월
히말라야 남쪽 도시의 뜰에서 많이 볼 수 있다. 높이 1-3cm의 상록관목. 잎몸은 혁질의 도피침형으로 길이 5-10cm이며 표면에 광택이 있다. 가지 끝에 향기 좋은 꽃이 1-2개 달리고 꽃자루는 짧다. 화관은 직경 2.5-4cm이며 자주색에서 흰색으로 변한다.

만드라고라속 Mandragora

④ 만드라고라 카울레스첸스

M. caulescens Clarke

분포 ◇네팔 서부-부탄, 티베트 남부, 윈난·쓰촨성 개화기 5-7월
아고산대와 고산대의 겨울에 눈 많은 숲 주변이나 계곡 바닥의 습한 초지에 자생하며, 땅속에 굵은 뿌리줄기가 있다. 꽃줄기는 높이 8-20cm이며 하부는 땅속에 묻혀 있다. 잎은 짧은 줄기의 상부에 모이며 개화 후에 전개된다. 다 자란 잎은 도피침형으로 길이 10-20cm. 꽃자루는 길이 5-12cm로 곧추선다. 화관은 보통 녹갈색-짙은 자주색으로 꽃받침보다 약간 길다. ④-d와 같이 꽃받침과 화관이 황록색인 것은 플라비다(subsp. *flavida* grierson & Long)라는 아종으로 구별되기도 한다.

① 브루그만시아 스바베올렌스. 7월11일. U/미트룽의 북쪽. 1,000m. 히말라야 저산대의 집 주위에 관상용으로 심어진 것이 야생화했다.

② 독말풀. 8월22일. I/푸르나. 2,000m.

③ 브룬펠시아 우니플로라. 5월11일. 카트만두/고다바리. 1,450m.

④-a 만드라고라 카울레스첸스. 6월20일.
Z3/닝마 라의 남동쪽. 3,700m.

④-b 만드라고라 카울레스첸스. 6월13일.
Z3/도송 라의 남동쪽. 3,250m.

④-c 만드라고라 카울레스첸스. 6월21일.
Z3/닝마 라의 남동쪽. 4,100m.

④-d 만드라고라 카울레스첸스. 5월26일.
T/톱케골라의 북서쪽. 3,900m.

꿀풀과 LABIATAE

잎은 십자 마주나기 한다. 화관의 끝은 입술 모양이며 윗입술은 2개, 아랫입술은 3개로 갈라졌다. 수술은 4개로 보통 2개는 길다. 열매는 익으면 4개로 나뉜다. 지중해 연안이나 중앙아시아 주변에 종류가 많다.

자난초속 Ajuga

① 아유가 루풀리나 *A. lupulina* Maxim.

분포 네팔 서중부, 티베트 동부, 중국 서부
개화기 6-8월

고산대의 초지 비탈에 자생하며, 줄기의 기부는 땅속에 길게 묻혀 있다. 꽃줄기는 높이 15-25cm이며 겉에 전체적으로 길고 부드러운 털이 빽빽하게 자란다. 잎은 장원형으로 길이 5-10cm이고 기부는 쐐기형이며 가장자리에 둥근 톱니가 있다. 수상꽃차례는 길이 5-10cm. 포엽은 난상피침형으로 길이 3-5cm이며 흰색이고, 4열로 겹쳐 있으며 끝이 돌출해 살짝 늘어진다. 꽃은 자루를 갖지 않으며 포엽 틈에 숨어서 핀다. 꽃받침은 5개로 깊게 갈라졌고, 갈래조각은 선상장원형으로 겉에 털이 무성하다. 화관은 흰색으로 심줄이 검자주색을 띠며 길이 1-2cm. 네팔의 것은 화관이 작다.

② 아유가 로바타 *A. lobata* D. Don

분포 ▯네팔 중부·미얀마, 티베트 남동부, 윈난성 개화기 4-7월

산지의 숲 주변이나 길가의 습한 둔덕 비탈에 자생한다. 꽃줄기는 길이 10-25cm로 땅위를 기어 자라며 마디마다 뿌리를 낸다. 전체적으로 털이 자란다. 잎자루는 길이 1-4cm. 잎몸은 난형으로 길이 1.5-3cm이고 기부는 얕은 심형이며 가장자리가 불규칙하게 우상으로 얕게 갈라졌다. 앞뒷면의 맥 위에 털이

①-a 아유가 루풀리나. 7월8일. K/도의 북서쪽. 4,000m.

①-b 아유가 루풀리나. 7월6일. Z1/포탕 라의 북동쪽. 3,700m.

②-b 아유가 로바타. 5월26일. V/가이리반스의 남동쪽. 2,800m. 4개의 수술 중에 바깥쪽 2개는 길게 자라 활처럼 굽는다. 좌우로 제비꽃속과 바늘꽃속 풀의 잎이 보인다.

②-a 아유가 로바타. 6월16일. U/탄주레 다라. 2,800m.

나 있다. 꽃은 잎겨드랑이에 달리고 자루는 매우 짧다. 꽃받침은 길이 6-7mm. 화관의 통부는 길이 1-1.2cm이고 윗입술은 매우 짧다. 아랫입술은 길이 8-10mm로 맥이 자주색을 띠며, 가운데 조각은 크고 끝이 움푹 파였다. 4개의 수술은 화통에서 돌출했는데, 바깥쪽 2개는 안쪽으로 길게 굽어 있으며 꽃가루를 떨어뜨리면 위쪽으로 휜다.

골무꽃속 Scutellaria

③ 스쿠텔라리아 프로스트라타
S. prostrata Benth.

분포 ◇파키스탄-네팔 중부 개화기 6-8월
반건조지대의 아고산대나 고산대의 바위땅에 자생하며, 땅속에 굵은 뿌리줄기가 있다. 줄기는 반목질로 길이 10-30cm이고 겉에 부드러운 털이 자라며, 바위틈을 덩굴 형태로 뻗어 나간다. 잎자루는 짧다. 잎몸은 난형·협삼각형으로 길이 7-15mm이고 우상으로 얕게 갈라졌으며 갈래조각은 장란형이다. 가지 끝에 여러 개의 꽃이 모여 달리고 꽃자루는 매우 짧다. 포엽은 협란형. 꽃받침은 길이 1.5-2mm. 화관은 희뿌연 황갈색이고 머리 부분은 붉은 자주색으로 물들어 있으며 길이 2-3cm, 겉에 부드러운 털이 자란다.

④ 스쿠텔라리아 헤이데이 *S. heydei* Hook.f.
분포 ◇아프가니스탄-카슈미르 개화기 7월
건조 고지의 바위땅에 자생하며, 땅속에 굵은 뿌리줄기가 있다. 줄기는 반목질로 길이 10-40cm이며 바위틈을 덩굴 형태로 뻗어 나간다. 화관을 포함해 전체적으로 길고 부드러운 털로 덮여 있다. 잎자루는 길이 2-10mm. 잎몸은 삼각상란형으로 표면의 측맥은 깊게 파여 있다. 가지 끝에 큰 포엽이 4열로 겹쳐 원주상의 꽃차례를 이룬다. 포엽은 광란형으로 길이 7-10mm이며 연갈색을 띤다. 꽃받침은 길이 2mm. 화관은 길이 1.5-2cm, 아랫입술은 노란색으로 중앙부는 붉은 자주색이다.

⑤ 스쿠텔라리아 디스콜로르 *S. discolor* Benth.
분포 ◇쿠마온-동남아시아, 티베트 남동부, 중국 남서부 개화기 7-10월
저산대 숲 주변의 둔덕 사면이나 풀로 덮인 절벽지에 자생하며, 땅속에 뿌리줄기가 옆으로 뻗는다. 꽃줄기는 높이 15-30cm로 기부는 쉽게 쓰러지며 전체적으로 부드러운 털로 덮여 있다. 잎의 기부에는 긴 자루가 있다. 잎몸은 장란형으로 길이 4-8cm이고 기부는 얕은 심형, 가장자리는 물결 모양, 뒷면은 자주색을 띤다. 곧게 선 줄기 끝에 길이 7-20cm의 꽃차례가 자라며, 꽃은 한 방향을 향한다. 꽃받침은 길이 2-3mm. 화관은 길이 1.4-1.7cm로 자주색, 아랫입술은 흰색이다.

③ 스쿠텔라리아 프로스트라타. 6월21일. N/묵티나트. 가시가 많은 로사 세리체아 가지의 보호를 받으며, 힌두교도와 불교도가 동시에 찾는 유명한 사원 앞 돌무더기에 가지를 내뻗고 있다.

④ 스쿠텔라리아 헤이데이. 7월22일. F/탕체의 남동쪽. 4,000m.

⑤ 스쿠텔라리아 디스콜로르. 8월27일. U/단쿠타의 남쪽. 1,300m.

꿀풀과 **187**

개박하속 Nepeta

히말라야에서는 서쪽의 건조한 산지에 집중적으로 분포하며 향기가 좋은 것이 많다. 꽃은 곧게 선 줄기 끝에 수상으로 모여 달리거나 약간 흩어진 윤산꽃차례(輪散花序)를 이룬다. 화관의 통부는 가늘다. 곧추 선 윗입술은 2개로 갈라졌으며, 아랫입술은 3개로 갈라졌고 가운데 조각이 크다.

① 네페타 글루티노사 *N. glutinosa* Benth.

분포 ◇중앙아시아 주변-카슈미르
개화기 7-8월

건조 고지 계곡의 자갈 많은 완만한 비탈에 자생하며, 꽃줄기는 모여나기로 높이 40-80cm의 큰 그루를 이룬다. 일정 간격을 유지하며 군생하는 경우가 많다. 개화기에는 특유의 달콤한 향기를 내뿜는다. 전체적으로 선모가 나 있어 만지면 끈적거린다. 잎은 빽빽하게 마주나기하고 자루는 갖지 않는다. 잎몸은 광란형-도피침형으로 길이 1.5-3cm이고 우상으로 얕게 갈라졌으며 갈래조각은 협삼각형. 꽃은 자루를 갖지 않으며 줄기 상부의 마디마다 모여 달린다. 꽃받침은 길이 7-10mm. 화관은 연보라색으로 길이 2cm. 윗입술과 아랫입술은 평개해 암술 끝이 튀어나온다.

② 네페타 코카니카

N. kokanica Regel [*N. supina* Stev.]

분포 ◇중앙아시아 주변-카슈미르
개화기 7-8월

건조 고지의 초지에 자생하며, 땅속에 굵은 뿌리줄기가 있다. 꽃줄기는 높이 10-25cm로 상부에 긴 털이 빽빽하게 자란다. 잎은 드문드문 마주나기 하고 자루는 짧다. 잎몸은 질긴 두꺼운 광란형-난형으로 길이 1-2cm이고 가장자리에 무딘 톱니가 있다. 줄기 끝의 꽃차례는 짧고 꽃에는 자루가 없다. 꽃받침은 길이 8-10mm. 화관은 푸른빛 나는 옅은 자주색으로 길이 1.5-1.8cm. 통부는 꽃받침에서 나와 갑자기 위아래로 불룩해지며, 아랫입술은 윗입술보다 길다.

③ 네페타 엘리프티카 *N. elliptica* Benth.

분포 ▫파키스탄-히마찰 개화기 7-8월

건조 고지의 돌이 많은 초지에 자생한다. 꽃줄기는 높이 30-70cm로 모여나기 하며 기부는 쓰러지기 쉽다. 전체적으로 부드러운 털이 자란다. 풀의 기부에는 길이 3-7mm의 자루가 있으며 겨드랑이에 작은 곁가지를 안고 있다. 잎몸은 타원형-난삼각형으로 길이 1.5-3cm이며 가장자리에 깊은 톱니가 있다. 앞면에는 측맥이 파여 있고, 뒷면에는 털이 빽빽하게 자란다. 꽃은 줄기 끝에 모여 길이 3-7cm의 수상꽃차례를 이룬다. 포엽과 꽃받침의 끝은 뾰족하며 겉에 긴 털이 나 있다. 화관은 흰색-연자주색으로 길이 1.2-1.4cm. 윗입술은 곧추 서고 아랫입술은 늘어진다.

①-a 네페타 글루티노사. 7월15일. F/아브랑. 3,900m. 달콤한 향기가 감돈다.

①-b 네페타 글루티노사. 7월15일.
F/아브랑. 3,900m.

② 네페타 코카니카. 8월1일.
B/마제노 고개의 남동쪽. 4,600m.

③ 네페타 엘리프티카. 7월25일. F/누트. 4,400m. 하안단구(河岸段丘) 위의 방목지.

④ 네페타 파울세니이 *N. paulsenii* Briquet
분포 ◇아프가니스탄-파키스탄
개화기 7-8월

건조 고지의 자갈땅에 자생한다. 약간 목질인
가는 줄기가 모여나기로 곧게 자라 높이 40-
80cm의 큰 그루를 이룬다. 줄기와 잎에는 털이
적다. 잎의 기부에는 짧은 자루가 있으며 겨드
랑이에 작은 곁가지를 안고 있다. 잎몸은 광란
형-도피침형으로 길이 1-1.5cm이고 가장자리
에 성긴 톱니가 있다. 줄기 끝의 수상꽃차례는
길이 2-5cm이며 아래쪽 마디에도 꽃이 달린
다. 포엽과 꽃받침의 끝은 뾰족하고 자주색을
띠며 긴 털이 빽빽하게 나 있다. 화관은 연붉
은 자주색으로 길이 1-1.2cm, 통부는 살짝 활
모양으로 굽어 있다.

⑤ 네페타 플록코사 *N. floccosa* Benth.
분포 ◇아프가니스탄-카슈미르
개화기 6-8월

극도로 건조한 산지 계곡의 바위 비탈에 자생한
다. 초질의 꽃줄기는 높이 20-50cm로 곧게 자라
며, 이따금 잎겨드랑이에서 곁가지를 비스듬히
내민다. 전체적으로 양털모양의 흰털이 자라는
데, 어린잎과 봉오리에 특히 두드러진다. 잎은
줄기 하부에 마주나기 하고, 잎의 기부에는 긴
자루가 있다. 잎몸은 질이 두꺼운 원형-난형으
로 길이 3-6cm이고, 기부는 심형으로 가장자리
에 둥근 톱니가 있으며 표면의 맥이 깊게 패였
다. 꽃은 마주나기 한 짧은 꽃자루 끝에 두상으
로 모여 달리며, 전체적으로 길고 가늘게 뻗은
원추꽃차례를 이룬다. 포엽은 선상도피침형으
로 짧다. 꽃받침은 길이 7-9mm. 화관은 연자주
색으로 길이 1-1.3cm, 아랫입술은 이따금 흰색을
띠며 가장자리에 이가 있다. 잎을 으깨면 레몬
과 비슷한 상쾌한 향기가 난다.

④ 네페타 파울세니이. 8월19일. A/아노고르. 3,800m. 높이 80cm 정도로 크게 자라있다. 밑으로 보이는 붉은
열매(포편)가 달린 식물은 에페드라 파키클라다.

⑤-a 네페타 플록코사. 7월1일.
D/사트파라 호수의 북쪽. 2,500m.

⑤-b 네페타 플록코사. 7월3일. C/시가르의 북동쪽. 2,500m. 극도로 건조한 계곡의 자갈 비탈에 자생한다. 전체
적으로 흰털로 덮여 있어 꽃이 없으면 쉽게 눈에 띄지 않는다.

개박하속 Nepeta

① 네페타 디스콜로르 *N. discolor* Benth.

분포 ◇아프가니스탄-네팔 서부, 티베트 남부 개화기 7-9월

고산대의 바위가 많은 초지 비탈에 자생한다. 꽃줄기는 길이 20-60cm로 상부에서 분지하며 능위에 부드러운 털이 자란다. 잎몸은 난상삼각형-광란형으로 길이 2-2.5cm이고 가장자리에 톱니가 있다. 앞면은 짙은 녹색으로 그물맥이 살짝 파였고, 뒷면에는 짧은 털이 빽빽하게 자란다. 수상꽃차례는 길이 3-8cm. 바깥쪽 포엽은 난형-도피침형으로 끝이 뾰족하다. 안쪽 포엽과 꽃받침조각은 선상피침형으로 겉에 긴 털이 자란다. 화관은 연자주색으로 길이 1-1.2cm이고, 아랫입술의 가운데 조각은 흰색으로 부채처럼 펴진다. 티베트 남부에 있는 것은 동속 라미오프시스나 래비가타와 구별하기 어렵다.

② 네페타 라미오프시스 *N. lamiopsis* Hook.f.

분포 ▫네팔 서부-부탄, 티베트 남부
개화기 6-9월

다형적인 종. 고산대의 돌이 많은 초지나 소관목 사이, 방목지, 아고산대의 초지 등 다양한 환경에서 자생한다. 꽃줄기는 길이 20-80cm이며 전체적으로 부드러운 털이 자란다. 잎몸은 난형-광란형으로 길이 2-3cm이고, 기부는 얕은 심형으로 가장자리에 둥근 톱니가 있으며 살짝 바깥쪽으로 말렸다. 수상꽃차례는 길이 2-7cm. 바깥쪽 포엽은 난형으로 끝이 뾰족하고, 안쪽 포엽과 꽃받침조각은 선상피침형으로 긴 털이 빽빽하게 덮고 있다. 화관은 어두운 자주색-연자주색으로 길이 1-1.5cm.

*②-d는 티베트 남부의 건조지에 자란 것인데, 잎몸은 길이 1cm로 작다.

①-a 네페타 디스콜로르. 9월1일.
H/브리그 호수의 북쪽. 3,500m.

①-b 네페타 디스콜로르. 9월5일.
J/홈쿤드의 남쪽. 3,700m.

②-a 네페타 라미오프시스. 7월31일.
V/팡페마의 북쪽. 5,250m.

②-b 네페타 라미오프시스. 6월24일.
P/랑시샤의 북동쪽. 4,200m.

②-c 네페타 라미오프시스. 8월5일.
V/람푸크. 3,850m.

②-d 네페타 라미오프시스. 8월15일.
Y3/얌드록 호수. 4,400m.

②-e 네페타 라미오프시스. 8월4일.
Y1/녜라무의 북서쪽. 3,850m.

③ **네페타 래비가타** *N. laevigata* (D. Don) Hand.-Mazz.
분포 □아프가니스탄-네팔, 티베트(?)
개화기 7-9월

다소 건조한 고산대의 자갈 사면이나 관개된 방목지에 자생한다. 꽃줄기는 높이 40-80cm로 곧게 자라며 전체적으로 털이 적다. 잎의 기부에는 길이 2-4cm의 자루가 있다. 잎몸은 피침형-난상삼각형으로 길이 4-6cm이고 끝이 뾰족하며 가장자리에 고른 톱니가 있다. 수상꽃차례는 길이 5-8cm. 바깥쪽 포엽은 난상삼각형, 안쪽 포엽과 꽃받침조각은 선상피침형으로 털이 적다. 화관은 연자주색으로 길이 1.2-1.4cm이고 통부는 살짝 활모양으로 굽었다. 윗입술은 수평방향으로 나 있고, 아랫입술은 윗입술보다 약간 짧다. 기준표본 채집지는 인도의 가르왈. 티베트 남부나 네팔에 있는 것은 동속 라미오프시스나 디스콜로르와 구별하기 어렵다.

④ **네페타 코에룰레스첸스**
N. coerulescens Maxim.
분포 ◇카슈미르-시킴, 티베트, 중국 서부
개화기 7-9월

다소 건조한 고산대의 마을 주변이나 바위가 많은 초지 사면에 자생한다. 꽃줄기는 길이 30-70cm로 쉽게 쓰러진다. 전체적으로 털이 적다. 기부의 잎에는 짧은 자루가 있으며 겨드랑이에 곁가지를 안고 있다. 잎몸은 난상타원형-장원형으로 길이 3-6cm이고 끝이 뾰족하며 가장자리에 무딘 톱니가 있다. 표면은 녹황색으로 그물맥이 선명하다. 수상꽃차례는 길이 3-5cm. 바깥쪽 포엽은 협란형으로 끝이 뾰족하고, 안쪽 포엽과 꽃받침조각은 선상피침형. 화관은 연자주색으로 길이 9-12mm. 윗입술은 살짝 위를 향해 핀다.

⑤ **네페타 네르보사** *N. nervosa* Benth.
분포 ◇파키스탄-카슈미르 **개화기** 7-9월

고산대의 바위가 많은 초지에 자생한다. 꽃줄기는 길이 30-60cm로 상부에서 활발히 분지하며 기부는 쉽게 쓰러진다. 줄기와 잎에는 털이 매우 적다. 잎에는 거의 자루가 없다. 잎몸은 약간 두꺼운 피침형-선상장원형으로 길이 6-8cm이며 가장자리에 성기고 무딘 톱니가 있다. 앞면은 짙은 녹색으로 측맥이 선명하고, 뒷면에는 짧은 털이 자란다. 수상꽃차례는 길이 3-6cm이며 곁가지의 꽃차례는 짧다. 바깥쪽 포엽은 광란형으로 끝이 뾰족하고, 안쪽 포엽과 꽃받침조각은 선상피침형으로 가장자리에 긴 털이 자란다. 화관은 연자주색으로 길이 1-1.3cm, 아랫입술의 가운데 조각은 광삼각형으로 끝이 파였으며 주변 부는 흰색이다.

③ 네페타 래비가타. 7월30일. H/다르차. 3,300m. 산중턱에 관개수로가 지나가고, 그보다 아래쪽 비탈에 초지가 형성되어 있다. 노란색 꽃은 세네치오 라에투스.

④ 네페타 코에룰레스첸스. 8월10일. V/얀마. 4,100m.

⑤ 네페타 네르보사. 9월9일. G/니치나이 고개의 남동쪽. 3,450m.

꿀풀과 **191**

개박하속 Nepeta

① 네페타 레우콜래나 *N. leucolaena* Hook.f.
분포 ◇파키스탄-카슈미르 개화기 6-8월
건조지대 고산대의 자갈땅에 자생하며 강
인한 뿌리줄기가 있다. 높이 15-30cm. 전체
가 겨모양의 융털로 덮여 있다. 잎의 기부에
잎에는 짧은 자루가 있으며 작은 곁가지를
안고 있다. 잎몸은 난형-광란형으로 길이 7-
15mm이고 가장자리에 둥근 톱니가 있으며
표면에는 측맥이 선명하다. 꽃은 줄기 끝에
두상으로 모여 달리며, 아래쪽 마디에도 약
간 달린다. 꽃받침은 길이 6-7mm. 화관은
연자주색으로 길이 1.2-1.4cm, 화후는 위아
래로 크게 부풀어 있다.

② 네페타 레우코필라 *N. leucophylla* Benth.
분포 ◇히마찰-네팔 중부 개화기 6-8월
산지의 건조한 계곡 줄기의 자갈땅에 자생하
며 긴뿌리줄기가 있다. 꽃줄기는 길이 50-
80cm, 기부는 반목질로 쉽게 쓰러지며 곁가
지를 많이 낸다. 전체가 융털로 엷게 덮여있
다. 잎몸은 난상삼각형으로 길이 1-3cm이고
가장자리에 둥근 톱니가 있다. 앞면은 그물맥
이 선명하고 뒷면은 융털이 짙다. 수상꽃차례
의 아래쪽 마디는 약간 떨어져 있으며 짧은
자루가 있다. 꽃받침은 길이 5-6mm로 갈래
조각은 짧다. 화관은 연붉은 자주색으로 길이
9-11mm, 아랫입술에 반점이 있다.

③ 네페타 롱기브라크테아타
N. longibracteata Benth.
분포 ◇중앙아시아 주변-히마찰, 티베트 서
남부 개화기 7-8월
건조한 고산대 상부의 바위땅에 자생하며, 바
위틈으로 강인한 뿌리줄기를 뻗는다. 꽃줄기
는 길이 10-20cm로 쉽게 쓰러진다. 전체적으
로 솜털이 자란다. 잎몸은 능상란형으로 길이
7-12mm이며 가장자리에 깊고 무딘 톱니가
있다. 수상꽃차례는 길이 3-5cm, 바깥쪽 포엽
은 협타원형으로 가장자리에 톱니가 있다. 꽃
받침은 길이 6-7mm. 화관은 푸른빛 나는 옅은
자주색으로 길이 1.5-1.8cm. 아랫입술 가운데
조각은 흰색으로, 짙은 색 반점이 2열로 늘어
서 있다.
*『Flora of Pakistan』은 해발고도가 가장 높은
채집지로 카라코람 산맥의 해발고도 5,400m
지점을 들고 있지만, 사진의 촬영지는 그보
다 위쪽이다.

④ 네페타 덴타타 *N. dentata* Hsuan
분포 ◇티베트 남동부 개화기 7-8월
산지에서 고산대 하부에 걸쳐 소림이나 바위
땅에 자생한다. 꽃줄기는 길이 50-80cm로 곧게
자라고 활발히 분지하며, 상부에 짧은 털이 빽
빽하게 나 있다. 잎몸은 광란형-피침형으로 길

① 네페타 레우콜래나. 8월16일. A/호로고지트. 4,050m. 빙하에서 불어오는 바람 탓인지, 겨 모양의 털로 뒤덮인 잎은 길이 6-8mm로 작으며 배모양으로 접혀 있다.

② 네페타 레우코필라. 6월18일.
N/좀솜의 남쪽 하원. 2,700m.

③ 네페타 롱기브라크테아타. 7월28일.
Y2/롱부크 빙하. 5,500m.

이 3-5cm이고 끝이 뾰족하며 가장자리에 약간 성긴 톱니가 있다. 꽃은 원추상으로 달리고 포엽은 작다. 꽃받침은 길이 8-10mm. 화관은 자주색으로 길이 1.8-2cm이며 화후는 부풀어 있다. 아랫입술은 매우 짧고, 아랫입술의 가운데 조각에 반점이 있다.

⑤ 네페타 소울리에이 *N. souliei* Leveille

분포 ◇티베트 남부, 쓰촨성 **개화기** 7-8월
산지나 아고산대의 소림 내, 숲 주변의 초지에 자생한다. 꽃줄기는 높이 0.7-1m로 활발히 분지하며 짧은 털이 빽빽하게 자란다. 잎몸은 장원상피침형으로 길이 5-10cm이고 가장자리에 가는 톱니가 있으며 앞뒷면에 짧은 털이 나 있다. 꽃은 가시 끝의 마디마다 모여 달린다. 꽃받침은 길이 7-10mm. 화관은 연자주색으로 길이 2-2.8cm. 통부는 옆이나 아래를 향해 굽어 있고, 화후는 위아래로 크게 부풀어 있다. 아랫입술의 가운데 조각은 색이 연하며 반점이 있다.
*사진에 보이는 것은 전체적으로 크고 화관 길이는 2.8-3cm이다.

⑥ 네페타 고바니아나

N. govaniana (Benth.) Benth.
분포 □파키스탄-가르왈 **개화기** 8-9월
산지의 숲 주변이나 길가의 초지에 자생한다. 꽃줄기는 높이 0.4-1m로 활발히 분지하며 짧은 털이 빽빽하게 자란다. 잎몸은 협란형으로 길이 3-7cm이고 끝이 뾰족하며 가장자리에 무딘 톱니가 있다. 꽃은 원추상으로 달리고, 포엽은 매우 작다. 꽃받침은 길이 6-8mm이고 갈래조각은 짧다. 화관은 보통 연노란색으로 길이는 2-2.5cm이다. 통부는 옆을 향해 굽어 있고, 화후는 위아래로 크게 부풀어 있다.

④ 네페타 덴타타. 8월19일.
Y3/라싸의 서쪽 교외. 4,100m.

⑤ 네페타 소울리에이. 8월13일.
Z3/치틴탕카 부근. 3,250m.

⑥-a 네페타 고바니아나. 9월16일.
G/방가트. 3,100m.

⑥-b 네페타 고바니아나. 8월20일. I/꽃의 계곡. 꽃은 큰 원추상꽃차례를 이루며, 가늘고 길게 자란 화통이 아래를 향해 굽어 있다. 카슈미르에서는 연보라색 꽃을 볼 수 있다.

용머리속 Dracocephalum

꽃받침 끝은 입술모양이며 윗입술은 3개로, 아랫입술은 2개로 갈라졌다. 화관은 보통 크며 기부에서 점차 굵어진다.

① 드라코체팔룸 누탄스 *D. nutans* L.

분포 ◇중앙아시아 주변-카슈미르

개화기 6-8월

건조지대 고산대의 자갈땅에 자생한다. 꽃줄기는 길이 12-20cm로 기부는 쉽게 쓰러지고 분지하지 않으며 꽃차례에 짧은 털이 자란다. 잎몸은 난상타원형으로 길이 7-15mm이며 가장자리에 둥근 톱니가 있다. 수상꽃차례는 길이 3-10cm. 꽃받침은 길이 7-10mm. 윗입술의 가운데 조각은 광란형으로 크며, 각 조각의 끝은 가시모양이다. 화관은 자주색으로 길이 1.3-1.5cm이고, 개박하속과 같이 긴 통부의 끝이 크게 부풀어 있다.

② 드라코체팔룸 헤테로필룸 *D. heterophyllum* Benth.

분포 ▯중앙아시아 주변-시킴, 티베트, 중국 서부 개화기 6-8월

건조한 고산대의 자갈땅에 자생한다. 꽃줄기는 길이 8-15cm로 쉽게 쓰러지며, 전체적으로 짧은 털이 빽빽하게 자란다. 잎몸은 난상타원형으로 길이 1-2cm이며 가장자리에 둥근 톱니가 있다. 수상꽃차례는 길이 3-6cm. 포엽은 협타원형으로 톱니 끝이 길고 날카롭다. 꽃받침 길이는 1.5-1.8cm, 갈래조각의 끝은 가시모양이다. 화관은 흰색인데 이따금 분홍색을 띠며 길이는 2.2-2.8cm이다.

③ 드라코체팔룸 헴슬레야눔

D. hemsleyanum (Prain) Marq. [*Nepeta angustifolia* C.Y. Wu]

분포 ◇티베트 남동부 개화기 7-9월

고산대의 건조하고 모래가 많은 초지에 자생한다. 꽃줄기는 길이 30-50cm로 잎겨드랑이에 작은 곁가지를 안고 있으며, 전체적으로 부드러운 털로 덮여 있다. 잎은 장원상피침형으로 길이 2-4cm이고 자루를 갖지 않으며, 가장자리에 이따금 몇 개의 톱니가 있다. 꽃은 상부의 마디에 여러 개 달려 한 방향을 향한다. 꽃받침은 길이 1-1.3cm. 화관은 푸른빛나는 자주색으로 길이 2.5-3.5cm, 안쪽 바닥에 반점이 늘어서 있고 흰털이 빽빽하게 나 있다. 윗입술과 아랫입술은 휘어 있지 않다.

④ 드라코체팔룸 탕구티쿰 *D. tanguticum* Maxim.

분포 ◇티베트 남동부, 중국 서부

개화기 7-9월

건조한 고산대의 모래가 많은 초지나 바위땅에 자생한다. 꽃줄기는 길이 15-30cm. 전체적으로 짧고 부드러운 털이 빽빽하게 자란다. 잎의 윤곽은 장란형으로 길이 2-3.5cm이고 우상으로 5-9개 갈라졌다. 갈래조각은 선형이며 가장자리가 바깥쪽으로 말렸다. 꽃

① -a 드라코체팔룸 누탄스. 7월20일. D/투크치와이 룬마. 4,000m.

① -b 드라코체팔룸 누탄스. 7월19일. D/투크치와이 룬마. 4,200m.

② 드라코체팔룸 헤테로필룸. 7월8일. K/도의 북서쪽. 4,100m.

③ 드라코체팔룸 헴슬레야눔. 8월15일. Y3/암드록 호수. 4,400m.

④ 드라코체팔룸 탕구티쿰. 8월15일. Y3/카로 라의 동쪽. 4,600m.

은 줄기 끝에 수상으로 모이고, 손바닥모양
으로 깊게 갈라진 포엽이 있다. 꽃받침은 길
이 1-1.4cm. 화관은 자주색으로 길이 2-3cm이
고 안쪽 바닥에 반점이 있다.

⑤ 드라코체팔룸 비핀나툼

D. bipinnatum Rupr. [*D. ruprechtii* Regel]
분포 ◇중앙아시아 주변 파키스탄 개화기 8월
건조 고지의 바위땅에 자생한다. 꽃줄기는
높이 30-60cm로 기부는 반목질이고 겉에 털
은 적다. 잎의 윤곽은 장원상피침형으로 길
이 3-4cm이고 우상으로 5-7개 갈라졌다. 갈래
조각은 선상장원형. 꽃은 줄기 상부의 마디
에 여러 개 달려 한 방향을 향한다. 포엽은
장원형, 톱니 끝은 까끄라기 형태로 자라 구
릿빛을 띤다. 꽃받침은 길이 1.3-1.6cm이고
갈래조각의 끝은 까끄라기 형태. 화관은 길
이 2.8-3.2cm이다.

필로피톤속 Phyllophyton
줄기 중부-상부에 자루가 없는 큰 잎이 겹
쳐 있으며, 잎겨드랑이에 꽃이 모여 달린다.
화관은 보통 거꾸로 자라며, 아래쪽에 위치
하는 윗입술은 배모양이다. I.C. Hedge는
이 속명을 마르모리티스(Marmoritis)의 이명
으로 정했다.

⑥ 필로피톤 데콜로란스

P. decolorans (Hemsl.) Kudo [*Glechoma decolorans*
(Hemsl.) Turrill]
분포 ◇네팔 서중부, 티베트 남중부
개화기 7-8월
고산대 상부의 건조한 바람이 부는 자갈땅
에 자생하며, 긴 뿌리줄기가 있다. 높이 4-
10cm. 상부 잎의 표면과 꽃차례에 곧은 털이
빽빽하게 자란다. 중부의 잎은 난원형으로
길이 1.5-3cm. 기부는 넓은 쐐기형이며 가장
자리에 둥근 톱니가 있다. 표면에는 그물맥
이 선명하다. 꽃자루는 매우 짧다. 꽃받침은
길이 6-10mm. 화관은 1.3-2cm이고 바깥쪽에
부드러운 털이 자란다. 위쪽에 위치하는 아
랫입술은 휘어 있지 않다.

⑦ 필로피톤 니발레

P. nivale (Benth.) C.Y. Wu [*Glechoma nivalis* (Benth.)
Press, *Marmoritis nivalis* (Benth.) Hedge]
분포 ■카슈미르-네팔 서부, 티베트 남부
개화기 6-7월
고산대의 건조하고 모래가 많은 비탈에 자생
한다. 높이 8-15cm. 전체에 미세한 털이 촘촘
히 나 있다. 중부의 잎은 난원형-신형으로 길
이 2-3cm. 기부의 잎은 원형-심형으로 줄기를
안고 있으며 가장자리에 둥근 톱니가 있다.
표면은 녹황색으로 그물맥이 선명하다. 꽃차
례에는 짧은 총꽃자루와 꽃자루가 있다. 꽃받
침은 길이 8-10mm. 화관은 푸른빛 나는 자주
색-연자주색으로 길이 1.5-2cm이다.

⑤ 드라코체팔룸 비핀나툼. 8월11일.
B/페어리메도우의 북쪽. 2,800m.

⑥ 필로피톤 데콜로란스. 8월16일.
Y3/카로 라. 5,150m.

⑦ 필로피톤 니발레. 7월6일. K/눈무 라의 서쪽. 4,450m. 푸른빛 나는 자주색 화관은 거꾸로 자란다. 아래쪽에 위
치한 윗입술은 똑바로 튀어나와 배 모양으로 접혀 있다.

에레모스타키스속 Eremostachys

① 에레모스타키스 비카리이 E. vicaryi Hook.f.

분포 ◇이란-카슈미르 개화기 3-8월

저산대에서 아고산대에 걸쳐 건조한 계곡 줄기의 숲 주변이나 둔덕 비탈에 자생한다. 꽃줄기는 높이 40-80cm로 굵고 활발히 분지하며, 꽃차례에 솜털이 자란다. 잎의 기부에는 긴 자루가 있다. 잎몸의 윤곽은 장원형으로 길이 15-25cm이고 우상으로 깊게 갈라졌으며, 갈래조각은 우상으로 얕게 갈라졌다. 꽃은 윤산꽃차례에 6-10개 달린다. 꽃받침은 길이 1.5-1.8cm이며 가시 모양의 이가 5개 있다. 화관은 연한 황갈색으로 길이 2.5-3cm. 윗입술은 덮개모양으로 안쪽에 긴 털이 나 있고, 아랫입술은 3개로 갈라졌으며 색이 짙다.

꿀풀속 Prunella

② 프루넬라 불가리스 P. vulgaris L. subsp. vulgaris

분포 ▫세계의 온대 각지 개화기 5-9월

꿀풀의 기준아종. 산지의 안정한 초지나 습한 둔덕 비탈에 자생한다. 꽃줄기는 높이 7-30cm이며 4개의 능에 개출모가 자란다. 잎몸은 난형-피침형으로 길이 1-4cm이고 매끈하거나 가장자리에 성긴 톱니가 있다. 수상꽃차례는 길이 2-4cm. 꽃받침은 자줏빛 갈색으로 길이 6-9mm. 윗입술 끝은 방형으로 이가 3개 있고, 아랫입술은 2개로 갈라졌으며 갈래조각은 피침형으로 끝이 가시모양이다. 화관은 연자주색으로 길이 8-12mm, 윗입술은 덮개모양이고 아랫입술은 3개로 갈라졌다.

속단속 Phlomis

꽃줄기 상부의 마디마다 윤산꽃차례가 달리고, 꽃차례에 선형의 많은 포엽이 달린다. 꽃받침은 원통 모양이며 5개의 이를 가진다. 화관의 윗입술은 낫모양으로 휘어 있고, 안쪽에 긴 털이 나 있다.

③ 플로미스 스페크타빌리스 P. spectabilis Benth.

분포 ◇아프가니스탄-네팔 동부

개화기 7-9월

네팔에는 개체수가 적다. 산지에서 아고산대에 걸쳐 숲 주변이나 바위땅에 자생한다. 꽃줄기는 높이 1-2m. 잎의 기부에는 긴 자루가 있다. 잎몸은 광란형으로 길이 10-15cm이고 기부는 깊은 심형이며 가장자리에 무딘 톱니가 있다. 앞면에는 그물맥이 선명하고, 뒷면에는 별모양의 짧은 털이 빽빽하게 나 있다. 상부의 잎은 가늘고 끝이 뾰족하며 자루는 짧다. 윤산꽃차례는 직경 3-4cm로 꽃이 10-20개 달린다. 꽃받침통은 길이 7-8mm, 5개의 갈래조각은 바늘모양으로 길이 4-6mm이며 개출한다. 화관은 분홍색으로 길이 1.5-2.5cm, 윗입술은 가는 배모양을 이룬다.

① 에레모스타키스 비카리이, 8월15일. A/바이타샤르의 남쪽, 3,500m.

② 프루넬라 불가리스, 8월30일. H/마리, 3,250m.

③ 플로미스 스페크타빌리스, 8월8일. S/텡보체의 남서쪽, 꽃줄기는 높이 1.5m 이상으로 곧게 자라며, 같은 종 중에서는 가장 화려한 분홍색 꽃을 피운다.

④ 플로미스 마크로필라

P. macrophylla Benth. [*P. setigera* Benth.]

분포 ◇쿠마온-부탄 개화기 7-8월

아고산대의 숲 주변이나 습한 관목숲림 내에 자생한다. 높이 1-1.7m. 하부의 잎에는 굵은 자루가 있다. 잎몸은 난형으로 길이 8-15cm이고 끝이 뾰족하며 가장자리에 성긴 톱니가 있다. 뒷면의 맥 위에는 별모양의 털이 자란다. 윤산꽃차례는 직경 2.5-3.5cm. 꽃받침은 길이 1.3-1.5cm이며 가시 모양의 이가 5개 있다. 화관은 연붉은색으로 길이 2-2.5cm, 윗입술은 덮개 모양으로 폭이 넓다.
*사진 앞쪽의 톱니 없는 장원형 잎은 마디풀과 아코노고논속 다년초이다.

⑤ 플로미스 브레비플로라 *P. breviflora* Benth.

분포 ◇네팔 서부-미얀마 개화기 6-8월

아고산대의 습한 숲 주변 초지에 자생한다. 동속 마크로필라와 매우 비슷하나, 꽃이 작고 화관은 길이 1.4-1.6cm이다. 하부의 잎은 작고 잎몸은 길이 20cm 이상 자라며 기부는 깊은 심형이다.

⑥ 플로미스 티베티카 *P. tibetica* Marq. & Shaw

분포 ◇네팔 중부-부탄, 티베트 남부
개화기 7-8월

고산대의 바위가 많은 초지에 자생한다. 꽃줄기는 높이 20-50cm이며 전체적으로 길고 부드러운 털로 덮여 있다. 잎의 기부에는 긴 자루가 있다. 잎몸은 장란형으로 길이 5-10cm이고, 기부는 얕은 심형으로 가장자리에 둥근 톱니가 있으며 표면에는 그물맥이 선명하다. 윤산꽃차례는 정수리와 그 밑에 있는 1-3개의 마디에 달린다. 꽃받침통은 길이 8-10mm로 포엽과 함께 겉에 어두운 갈색의 센털이 빽빽하게 자라며, 끝에 짧은 이가 5개 있다. 화관은 홍갈색으로 길이 1.7-2.2cm, 윗입술은 덮개모양으로 크다.

⑦ 플로미스 영후스반디이

P. younghusbandii Mukerjee

분포 ◇티베트 남동부 개화기 7-9월

건조 고지의 바위가 많은 초지에 자생하며, 땅속에 굵은 뿌리가 있다. 꽃줄기는 높이 15-30cm. 전체적으로 하얀 별 모양의 털로 덮여 있다. 근생엽에는 긴 자루가 있다. 잎몸은 장원상피침형으로 길이 7-12cm이고, 기부는 심형으로 가장자리에 둥근 톱니가 있으며 표면에 그물맥이 깊게 파여 있다. 윤산꽃차례는 줄기 끝에 있는 1-4개의 마디에 달린다. 꽃받침은 길이 8-10mm이며 끝에 가시 모양의 이가 5개 있다. 화관은 붉은 자주색으로 길이 1.4-1.6cm, 윗입술은 덮개모양으로 끝이 살짝 위를 향한다.

④ 플로미스 마크로필라. 7월23일.
V/체람의 북쪽. 3,950m.

⑤ 플로미스 브레비플로라. 7월31일.
K/단페 라그나의 북쪽. 3,500m.

⑥-a 플로미스 티베티카. 8월2일.
T/준코르마. 4,050m.

⑥-b 플로미스 티베티카. 8월9일.
X/탕탕카의 북쪽. 3,600m.

⑦-a 플로미스 영후스반디이.
Y3/카로 라의 동쪽. 4,500m.

⑦-b 플로미스 영후스반디이.
Y3/카로 라의 동쪽. 4,500m.

① 플로미스 브라크테오사 *P. bracteosa* Benth.
분포 ▫아프가니스탄·네팔 중부 개화기 7-9월
산지에서 고산대 하부에 걸쳐 방목 비탈이나
숲 주변의 초지에 자생한다. 높이 20-80cm. 잎
몸은 난상삼각형으로 길이 5-10cm이고 무딘
톱니가 있으며, 뒷면에 별모양의 털이 빽빽하
게 자란다. 포엽은 선상피침형으로 꽃받침보
다 약간 짧다. 꽃받침은 길이 1-1.2cm, 5개의
이는 길이 2-3mm. 화관은 연붉은 자주색으로
길이 1.7-2cm이다.

② 플로미스 메디치날리스 *P. medicinalis* Diels
분포 ◇티베트 남동부, 쓰촨성 개화기 7-9월
산지나 아고산대의 숲 주변, 계곡 줄기의 초지
에 자생하며 뿌리가 굵다. 꽃줄기는 높이 30-
70cm이며 별모양의 털이 자란다. 잎의 기부는
난형·난상장원형으로 길이 8-20cm이고 기부는
심형이며 가장자리에 둥근 톱니가 있다. 앞면에
는 누운 털이 자라고, 뒷면에는 별모양의 털이
빽빽하게 자란다. 상부의 잎은 가늘고 끝이 뾰
족하며 기부는 절형이다. 윤산꽃차례는 서로
떨어져 있다. 꽃받침은 길이 1-1.2cm. 화관은 분
홍색으로 길이 1.7-2cm이다.

③ 플로라 로타타

P. rotata Hook.f. [*Lamiophlomis rotata* (Hook.f.) Kudo]
분포 ◇네팔 서부-부탄, 티베트, 중국 서부
개화기 6-8월
고산대의 건조한 초원이나 나지에 자생한다.
높이 2-20cm. 잎은 로제트형태로 땅위에 퍼진
다. 잎몸은 질이 두꺼운 난원형·신장형으로
길이 3-15cm이고 가장자리에 둥근 톱니가 있
으며, 표면에는 털이 빽빽하게 자라고 그물맥
이 깊게 파여 있다. 해발고도가 높은 곳에서
는 꽃이 두상으로 달리고, 계곡 줄기에서는

①-a 플로미스 브라크테오사. 9월1일. H/마리 부근. 3,300m. 남쪽 바위 그늘에서 크게 자란 것으로 기부가 쓰러져 있다. 바람에 노출된 비탈에서는 높이 30cm 전후의 것이 많다.

①-b 플로미스 브라크테오사. 7월25일. I/타인의 북서쪽 3,550m. 개화기가 끝날 무렵. 붉은 원기둥 모양의 화수를 곧게 올린 풀은 마디풀과의 비스토르타 루브라.

② 플로미스 메디치날리스. 8월19일. Z2/산티린의 북동쪽. 3,750m.

꽃줄기가 뻗어 윤산꽃차례가 서로 떨어진다. 꽃받침은 길이 8-10mm이며 5개의 이는 경질이다. 화관은 연붉은 자주색으로 길이 1-1.4cm. 윗입술은 가는 배모양으로 비스듬히 기울어 있으며 아랫입술보다 훨씬 작다.

④ 속단속의 일종 (A) Phlomis sp. (A)

고산대의 바람이 강하게 부는 잔디형 초원에 자생한다. 동속 로타타와 비슷하나, 줄기에 긴 센털이 빽빽하게 자라고 잎 표면에 별모양의 센털이 벨벳 형태로 나 있다. 꽃받침은 길이 4-5mm. 화관은 붉은 자주색으로 길이 8-10mm. 윗입술은 아랫입술과 길이가 같으며, 기부에서 갑자기 옆으로 휘고 끝이 약간 불룩하다. 꽃줄기는 높이 5-15cm. 잎의 기부는 신장형-심형으로 길이 5-12cm이고 가장자리에 둥근 톱니가 있다.

③-a 플로라 로타타. 7월14일. Y4/녠고의 남쪽. 3,800m.

③-b 플로라 로타타. 6월12일. X/체비사의 남쪽. 3,900m. 화수를 움켜쥐면 가시 모양의 포엽과 꽃받침조각이 손바닥을 찌른다. 바람이 강하게 불고 해발고도가 높을수록 왜성화한다.

③-c 플로라 로타타. 7월26일. S/타르낙의 북동쪽. 4,900m.

④-a 속단속의 일종 (A) 6월30일. T/탕 라의 남쪽. 4,150m.

④-b 속단속의 일종 (A) 7월4일. T/온복 고개의 남쪽. 4,700m.

에리오피톤속 Eriophyton

① **에리오피톤 왈리키이** *E. wallichii* Benth.

분포 ◇네팔 서부-부탄, 티베트 남동부, 중국 서부 개화기 7-9월

여름에 비나 눈이 내리기 쉬운 고산대의 자갈 땅에 자생한다. 꽃줄기의 하부는 가늘고 땅속에 묻혀 있으며, 비늘조각잎이 마주나기 한다. 높이 7-15cm. 잎은 능상광란형으로 길이 2.5-4cm이고 상부에 톱니가 있으며, 맥을 제외한 표면 전체에 솜털이 붙어 있다. 꽃은 잎 사이에 숨어 있다. 꽃받침은 광종형이며 길이 1-1.2cm로 곧게 자라고, 5개의 갈래조각은 협피침형이다. 화관은 연붉은색-자줏빛 갈색으로 길이 2-2.5cm이며, 꽃받침에서 나와 옆으로 기운다. 윗입술은 반원형으로 덮개모양을 이루며, 아랫입술은 작고 3개로 갈라졌다.

광대수염속 Lamium

② **라미움 알붐** *L. album* L. var. *album*

분포 □유럽, 중앙아시아-네팔 중부, 중국 북서부 개화기 4-9월

광대수염의 기준아종. 산지나 아고산대의 습한 숲 주변 초지에 자생한다. 높이 15-30cm. 잎몸은 난형으로 길이 4-6cm이고 끝이 뾰족하며 가장자리에 성긴 톱니가 있다. 표면에 긴 털이 자란다. 꽃받침은 길이 8-12mm로 통부보다 길고, 5개의 갈래조각은 바늘모양이다. 화관은 흰색-붉은 자주색으로 길이는 1.5-2.3cm이다.

③ **라미움 투베로숨** *L. tuberosum* Hedge

분포 ■네팔 서중부 개화기 6-8월

고산대 하부의 건조한 생지 비탈이나 소관목 사이에 자생한다. 높이 3-8cm. 꽃줄기의 하부는 땅속에 묻혀 있고 상부만 솟아나온다. 전체적으로 부드러운 털이 자란다. 중부

①-a 에리오피톤 왈리키이. 8월24일. V/고차 라의 남쪽. 4,700m. 부드러운 털로 덮인 덮개모양의 윗입술을 지닌 화관은 잎 밑에 완전히 숨거나 얼굴만 살짝 내민다.

①-b 에리오피톤 왈리키이. 8월16일. Y3/카로 라. 5,200m.

②-a 라미움 알붐. 6월1일. M/로트반의 북쪽. 2,350m.

②-b 라미움 알붐. 9월14일. G/나라나크의 북쪽. 3,150m.

의 잎에는 자루가 있다. 잎몸은 난형으로 길이 1.2-2cm이며 가장자리에 성긴 톱니가 있다. 꽃받침은 종형으로 길이 7-8mm이고, 5개의 갈래조각은 삼각형으로 끝이 뾰족하다. 화관은 짙은 붉은 자주색으로 길이는 1.5-2.8cm이다.

익모초속 Leonurus
④ 레오누루스 카르디아카 푸베스첸스
L. cardiaca L. var. *pubescens* (Benth.) Hook.f.
분포 ◇카슈미르-네팔 서부 개화기 7-8월
산지의 습한 숲 주변이나 둔덕 비탈에 자생한다. 높이 0.6-1.2cm이며 전체적으로 부드러운 털이 자란다. 잎에는 길이 1-3cm의 자루가 있다. 잎몸은 난형-피침형으로 길이 4-9cm이고 가장자리에 성긴 톱니가 있으며 이따금 3-7개로 갈라져 있다. 꽃받침은 길이 5mm, 5개의 이는 바늘 모양. 화관은 흰색으로 이따금 분홍색을 띠며 길이 1-1.2cm. 윗입술의 바깥쪽에 흰털이 빽빽하게 자란다.

라고킬루스속 Lagochilus
⑤ 라고킬루스 카불리쿠스 *L. cabulicus* Benth.
분포 ◇이란-파키스탄 개화기 6-8월
건조한 산지의 자갈 비탈에 자생한다. 높이 30-60cm. 줄기는 약간 목질. 잎에는 날개가 달린 자루가 있다. 턱잎은 길이 1-2cm의 단단한 가시를 이루며, 줄기 상부에서는 3개로 갈라진다. 잎몸은 난형으로 길이 2-3cm이고 2-3회 우상으로 깊게 갈라졌으며, 갈래조각은 선상 장원형이다. 꽃받침은 황록색으로 길이 2-3cm이고 5개로 갈라졌으며, 갈래조각은 장원형으로 끝에 짧은 가시가 있다. 화관은 연노란색으로 길이 2.5-3.5cm. 윗입술의 끝에 2-4개의 이가 있으며 긴 털이 자란다.

③ 라미움 투베로숨. 7월8일. K/도의 북서쪽. 4,150m. 가지 끝이 가시모양인 보리수나무과 히포패속 관목의 보호 아래 큰 그루를 이루고 있다. 노란꽃은 콩과인 트리고넬라 에모디.

④ 레오누루스 카르디아카 푸베스첸스. 7월23일. L/타인의 북쪽. 2,500m.

⑤-a 라고킬루스 카불리쿠스. 8월15일. A/바이타샤르의 남쪽. 3,500m.

⑤-b 라고킬루스 카불리쿠스. 8월15일. A/바이타샤르의 남쪽. 3,500m.

콜쿠호우니아속 Colquhounia

① 콜쿠호우니아 콕치네아

C. coccinea Wall. var. *coccinea*

분포 ◇쿠마온-부탄 개화기 7-10월

높이 1.5-4m의 관목으로 산지의 숲 주변에 자생한다. 가지는 가늘고 구릿빛을 띠며 별 모양의 털이 자란다. 잎자루는 길이 1-3cm. 잎몸은 난상타원형-광피침형으로 길이 5-10cm이고 끝은 꼬리 모양으로 뾰족하며 가장자리에 가는 톱니가 있다. 앞뒷면에 드문드문 별모양의 털이 자란다. 꽃은 가지 끝에 모여 달린다. 꽃받침은 길이 7-10mm로 별모양의 털이 빽빽하게 나 있어 희뿌옇게 보인다. 5개의 갈래조각은 삼각형. 화관은 원통형으로 길이 2.5-3cm이며 주홍색. 안쪽에 귤색 반점이 있다.

② 콜쿠호우니아 콕치네아 몰리스

C. coccinea Wall. var. *mollis* (Schlecht.) Prain

분포 ▫네팔 중부-동남아시아, 티베트 남부, 윈난성 개화기 6-11월

저산대 산지의 숲 주변이나 늪과 비탈에 자생한다. 기준변종보다 전체적으로 크며 가지와 잎자루는 굵다. 잎몸은 두껍고 폭이 넓으며 끝이 짧고 뾰족하다. 가장자리에 둥근 톱니가 있다. 앞면에는 가는 그물맥이 선명하고, 뒷면에는 별모양의 털이 촘촘히 나 있어 흰색이나 적갈색을 띤다.

석잠풀속 Stachys

③ 스타키스 티베티카 *S. tibetica* Vatke

분포 ◇파키스탄-카슈미르, 신장 개화기 6-8월

건조지대의 자갈 비탈에 자생한다. 꽃줄기는 가늘고 목질의 기부가 분지해 높이 30-70cm의 둥근 그루를 이룬다. 전체적으로 짧은 털이 빽빽하게 나 있어 희뿌옇게 보인다. 잎의 기부에는 짧은 자루가 있다. 잎몸은 장란형으로 길이 1.5-2.5cm이고, 가장자리는 매끈하거나 3-5개로 얕게 갈라졌다. 상부의 잎은 장원상피침형. 꽃은 자루를 갖지 않으며 상부의 마디에 마주나기 한다. 꽃받침은 길이 8-10mm로 끝은 5개의 날카로운 가시를 이룬다. 화관은 흰색-연자주색으로 길이 1.5-2cm이며 2개로 깊게 갈라졌다. 윗입술은 곧거나 낫모양으로 굽어 있다.

④ 스타키스 에모디이 *S. emodii* Hedge [*S. sericea* Benth.]

분포 ▫아프가니스탄-네팔 서부 개화기 6-8월

산지 둔덕의 초지나 소관목 사이에 자생한다. 꽃줄기는 높이 40-80cm로 분지하지 않고 곧게 자라며, 상부에 길고 부드러운 털이 빽빽하게 나 있다. 잎의 기부에는 짧은 자루가 있다. 잎몸은 장란형으로 길이 4-7cm이고 끝이 뾰족하며 가장자리에 무딘 톱니가 있다. 윤산꽃차례는 정수리에 밀집한다. 꽃받침은 길이 7-9mm이고 5개로 갈라졌으며, 갈래조각은 협삼각형으로 끝은 가시모양이

①-a 콜쿠호우니아 콕치네아. 8월14일. R/살룽의 북동쪽. 2,800m.

①-b 콜쿠호우니아 콕치네아. 10월5일. P/둔체의 북동쪽. 2,300m.

② 콜쿠호우니아 콕치네아 몰리스. 9월16일. X/탁창 부근. 2,600m. 호랑이를 탄 티베트 불교의 존사(尊師)가 내려와 지었다는 전설을 지닌 승원으로 통하는 다리 옆에서.

다. 화관은 분홍색으로 길이 1.5-1.8cm, 아랫
입술의 가운데 조각은 크다.

칼라민타속 Calamintha
⑤ 칼라민타 롱기카울레
Calamintha longicaule (Benth.) Benth. [*Clinopodium*
piperitum (D. Don) Press]

분포 ◇네팔 중동부 개화기 3-6월

산지대 하부의 건조한 떡갈나무 숲이나 관목
림에 자생하는 반목질의 다년초. 높이 0.4-
1m. 가지는 가늘고 곧게 자라며 겉에 부드러
운 털이 나 있다. 하부의 잎에는 길이 5-7mm
의 가는 자루가 있다. 잎몸은 난상타원형으로
길이 1-2cm이고 끝은 둔형이며 가장자리에
드문드문 무딘 톱니가 있다. 표면에 짧은 털
이 자란다. 꽃은 윤산꽃차례에 3-7개 달리며
한 방향을 향한다. 꽃받침은 원통형으로 길이
8-9mm이고, 5개의 갈래조각은 협피침형으
로 길이 2mm. 화관은 분홍색으로 길이 1.7-
2cm이고 바깥쪽에 부드러운 털이 자란다. 윗
입술은 아랫입술보다 짧고 2개로 얕게 갈라
졌으며 살짝 휘어 있다.

탑꽃속 Clinopodium
⑥ 클리노포디움 움브로숨
C. umbrosum (M. Bieg.) Koch [*C. repens* (D. Don)
Benth.]

분포 □서아시아-동남아시아, 히말라야, 중
국 개화기 5-9월

저지에서 산지에 걸쳐 숲 주변의 둔덕이나
화전 주변에 자생한다. 꽃줄기는 높이 20-
40cm이며 겉에 부드러운 털이 자란다. 잎에
는 길이 3-8mm의 자루가 있다. 잎몸은 난형
으로 길이 1.5-3cm이고 가장자리에 무딘 톱
니가 있다. 윤산꽃차례에 여러 개의 꽃이 달
린다. 꽃받침은 길이 5-6mm로 끝이 입술모
양으로 갈라졌다. 윗입술의 3개 갈래조각은
협삼각형, 아랫입술의 2개 갈래조각은 침형
이며 각 갈래조각의 끝은 위를 향한다. 화관
은 분홍색으로 길이 6-8mm이다.

꽃박하속 Origanum
⑦ 꽃박하 *O. vulgare* L.

분포 히말라야 전역을 포함한 북반구의 온대
각지 개화기 6-9월

일명 오레가노. 다소 건조한 지역의 숲 주변
이나 길가 초지에 자생한다. 꽃줄기는 높이
30-50cm. 기부가 쉽게 쓰러지며 마디에서
잎을 낸다. 잎에는 짧은 자루가 있으며 겨드
랑이에 작은 곁가지를 안고 있다. 잎몸은 난
형으로 길이 1.5-2cm이고 매끈하거나 가장자
리에 드문드문 둥근 톱니가 있다. 꽃은 줄기
끝에 산방상으로 모이며 포엽은 작다. 꽃받
침은 길이 3mm, 5개의 갈래조각은 삼각형.
화관은 흰색-연붉은색으로 길이 5-7mm이다.

③-a 스타키스 티베티카. 6월25일.
E/징첸의 남쪽. 3,900m.

③-b 스타키스 티베티카. 7월1일.
D/사트파라 호수. 2,650m.

④ 스타키스 에모디이. 7월19일.
K/카그마라 고개의 서쪽. 3,700m.

⑤ 칼라민타 롱기카울레. 5월24일.
M/로트반의 북쪽. 2,450m.

⑥ 클리노포디움 움브로숨. 9월20일.
J/마르톨리 부근. 3,500m.

⑦ 꽃박하. 7월16일.
K/링모의 남쪽. 3,500m.

차즈기속 Salvia

수술은 2개. 꽃밥부리가 길게 자라나와 꽃가루가 꿀벌의 등에 달라붙는 것을 돕는다.

① 살비아 누비콜라 S. nubicola Sweet [S. glutinosa L.]
분포 ◇아프가니스탄-부탄 개화기 7-9월
산지에서 아고산대에 걸쳐 계곡 줄기의 초지나 숲 주변에 자생한다. 높이 0.6-1.2cm이며 전체적으로 겉에 겉에 부드러운 털과 선모가 자라고 꽃차례는 끈적거린다. 잎몸은 창형으로 길이 8-15cm이고 가장자리에 톱니가 있으며 표면에 그물맥이 선명하다. 꽃은 가지 끝 마디마다 3-6개 달리며 전체적으로 원추상의 꽃차례를 이룬다. 꽃받침은 길이 8-10mm. 화관은 노란색으로 길이 2.6-3cm. 가는 배 모양의 윗입술은 이따금 붉은색을 띤다.

② 살비아 무르크로프티아나
S. moorcroftiana Benth.
분포 ◇아프가니스탄-네팔 서부 개화기 4-6월
다소 건조한 산지의 길가나 초지에 자생한다. 꽃줄기는 길이 40-80cm로 상부에 선모가 빽빽하게 자란다. 잎몸은 장란형-타원형으로 길이 10-25cm이고 기부는 원형-얇은 심형이며 가장자리에 불규칙적으로 얇게 갈라진 둥근 톱니가 있다. 뒷면과 자루에 흰털이 촘촘히 나 있다. 포엽은 막질의 난원형으로 희뿌옇게 보이며, 끝이 갑자기 뾰족해진다. 꽃받침은 길이 1.2-1.5cm. 화관은 길이 2.5-3cm이고 통부는 흰색. 윗입술은 연자주색을 띤다.

③ 살비아 히안스 S. hians Benth.
분포 ◇카슈미르-네팔 서부 개화기 6-9월
비탈에서 아고산대에 걸쳐 숲 주변이나 초지 비탈에 자생한다. 꽃줄기는 높이 30-80cm로 상부에 선모가 빽빽하게 자란다. 잎의 기부 잎몸은 난상심형-창형으로 길이 10-17cm이고 가장자리에 둥근 톱니가 있다. 꽃받침은 길이 1.2-1.5cm. 화관은 푸른빛 나는 자주색-연자주색으로 길이 4-4.5cm이고 통부는 굵다. 아랫입술의 가운데 조각은 흰색으로 끝이 부채처럼 펼쳐지며 2개로 갈라졌다.

④ 살비아 와르디이 S. wardii Peter
분포 ◇부탄, 티베트 동부 개화기 7-8월
고산대 하부의 초지나 관목 사이에 자생한다. 꽃줄기는 높이 30-70cm로 상부는 짙은 자주색을 띠며 선모와 겉에 부드러운 털이 촘촘히 나 있다. 잎의 기부에는 긴 자루가 있다. 잎몸은 난상심형-창형으로 길이 10-17cm이고 가장자리에 둥근 톱니가 있다. 꽃은 마디에 2-6개 달린다. 꽃받침은 길이 1.7-2cm. 화관은 짙은 자주색으로 길이 3.5-4cm. 아랫입술은 이따금 옅은 색을 띤다.

① 살비아 누비콜라. 7월28일.
K/고티차우르 부근. 2,750m.

② 살비아 무르크로프티아나. 6월24일.
K/라하가온의 남서쪽. 2,800.

③ 살비아 히안스. 7월31일.
K/단페 라그나의 북쪽. 3,500m.

④ 살비아 와르디이. 8월10일.
X/장고탄의 북쪽. 4,200m.

⑤ 차즈기속의 일종 (A) 7월17일.
K/푼모의 북서쪽. 3,500m.

⑥ 살비아 캄파눌라타. 8월15일.
Q/람주라 고개. 3,500m.

⑤ 차즈기속의 일종 (A) Salvia sp. (A)
건조한 길가의 초지나 관목 사이에 자생한
다. 꽃줄기는 높이 30-50cm로 상부에 흰 털과
선모가 빽빽하게 자란다. 잎몸은 난형-장원
형으로 길이 8-12cm이고 기부는 심형-화살촉
형이며 가장자리에 불규칙한 둥근 톱니가
있다. 꽃은 마디에 1-4개 달리며 한 방향을
향한다. 꽃받침은 길이 1-1.3cm. 화관은 붉은
자주색으로 길이 3-3.5cm이고 바깥쪽에 긴
털이 자란다. 동속 프르제왈스키이(S. prze
walskii Maxim.)에 가깝다.

⑥ 살비아 캄파눌라타 S. campanulata Benth.
분포 ㅁ가르왈-부탄, 티베트 남부, 윈난성
개화기 6-9월
산지에서 아고산대에 걸쳐 숲 사이의 습한
초지에 자생한다. 꽃줄기는 높이 0.5-1m로
상부에 긴 털과 선모가 빽빽하게 자란다. 잎
몸은 장란형으로 길이 7-20cm, 기부는 얕은
심형으로 가장자리에 무딘 톱니가 있다. 뒷
면에 짧은 털이 촘촘하게 나 있다. 꽃받침은
길이 1-1.2cm로 끈적임이 강하다. 화관은
노란색으로 길이는 2.2-2.8cm이다.

⑦ 살비아 카스타네아 S. castanea Diels
분포 ◇네팔 중부-부탄, 티베트 남부, 윈난 ·
쓰촨성 개화기 7-9월
다소 건조한 아고산대의 초지에 자생한다.
꽃줄기는 높이 50-80cm로 겉에 부드러운 털
이 빽빽하게 자라며 상부에 선모가 섞여 있
다. 잎몸은 타원상피침형으로 길이 10-28cm,
기부는 원형-심형으로 가장자리에 둥근 톱
니나 이가 있다. 꽃받침은 길이 1-1.3cm로 어
두운 자주색을 띤다. 화관은 자주빛 갈색으
로 길이 3-4.5cm, 통부는 S자 모양으로 굽었
으며 바깥쪽에 겉에 부드러운 털이 촘촘히
나 있다.

⑧ 차즈기속의 일종 (B) Salvia sp. (B)
산지의 습한 떡갈나무 · 석남 숲에 자생한다.
꽃줄기는 높이 60cm로 상부에 길고 겉에 부드
러운 털이 자란다. 잎의 기부 잎몸은 난형-장
란형으로 길이 15-17cm이며 끝이 갑자기 뾰족
해지고, 기부는 심형으로 가장자리에 둥근 겹
톱니가 있다. 앞면은 털이 없고, 뒷면은 맥 위
에 겉에 부드러운 털이 나 있다. 꽃자루는 길
이 5mm. 포엽은 도란형으로 끝이 뾰족하다.
꽃받침은 길이 1cm. 화관은 어두운 붉은색으
로 길이 2.5-3cm이며 바깥쪽에 겉에 부드러운
털이 자란다. 꽃밥부리의 받침점 부근에 긴
털이 나 있다. 윈난성에 자생하는 동속 아트로
푸르푸레아(S. atropurpurea C.Y. Wu)에 가깝
고,『Flora of Bhutan』에 나오는 Salvia sp. A와
같다.

⑦-a 살비아 카스타네아. 8월18일. Z2/산티린. 3,600m. 티베트 남동부의 것은 꽃이 작고 잎 뒷면에 흰털이 빽
빽하게 자라기 때문에 품종 토멘토사 f. tomentosa Stib.로 취급된다.

⑦-b 살비아 카스타네아. 7월2일.
S/남체바자르의 북서쪽. 3,450m.

⑧ 차즈기속의 일종 (B) 8월8일.
T/운시사의 남동쪽. 3,000m.

① 페로브스키아 아브로타노이데스

P. abrotanoides Karelin

분포 ◇중앙아시아 주변·카슈미르 개화기 6·8월
건조지대 산지의 하원이나 계곡 줄기의 바위
땅에 자생한다. 꽃줄기의 기부는 목질로 활
발히 분지해 높이 0.5-1.3m의 둥근 그루를 이
루며, 전체적으로 짧은 털이 빽빽하게 나 있
어 희뿌옇게 보인다. 잎의 윤곽은 장원형-협
피침형으로 길이 3-5cm이고 드문드문 우상으
로 깊게 갈라졌으며, 갈래조각은 선상장원형
으로 폭 1.5mm이다. 꽃은 마디에 2-6개 달리
고 꽃자루는 짧다. 꽃받침은 원통형으로 어
두운 자주색을 띠며 길이 4-6mm, 바깥쪽에
긴 자주색 털이 촘촘히 나 있으며 5개의 갈래
조각은 삼각형. 화관은 푸른빛 나는 자주색
으로 길이 9-11mm. 윗입술은 위를 향해 휘고
끝이 4개로 갈라졌으며, 기부에 어두운 색의
반점이 있다. 아랫입술은 가늘며 밑으로 늘
어졌다. 암술 끝은 꽃 밖으로 돌출한다.

지지포라속 Ziziphora

② 지지포라 클리노포디오이데스 프세우도다
시안타

Z. clinopodioides Lam. subsp. pseudo-dasyantha

(Rech.f.) Rech.f.

분포 ◇이란·파키스탄 개화기 7-9월
건조지대의 자갈땅이나 관목 사이에 자생한
다. 꽃줄기의 기부는 쉽게 쓰러지며, 활발히
분지해 반목질의 가는 가지를 무수히 내뻗
는다. 높이 15-30cm. 잎자루는 매우 짧다.
잎몸은 장원형으로 길이 1.2-1.5cm이고 끝은
원형, 기부는 쐐기형이다. 꽃차례는 구형으
로 직경 1.8-2cm이고 15-30개의 꽃이 모여 달
린다. 꽃받침은 길이 5-6mm이며 길고 겉에
부드러운 털이 빽빽하게 자란다. 화관은 분
홍색으로 길이 8-10mm. 윗입술은 1개, 아랫
입술은 3개로 갈라져 휘어지며 수술과 암술
끝이 돌출한다.

백리향속 Thymus

③ 티무스 리네아리스 *T. linearis* Benth.

분포 ▫아프가니스탄-네팔 중부, 티베트 남
부 개화기 6-8월
포복성 소관목. 건조지대의 산지에서 고산
대 하부에 걸쳐 모래땅이나 바위 사이에 자
생한다. 땅위로 뻗은 가지에서 뿌리를 내며
사방으로 퍼진다. 가는 줄기는 높이 2-6cm로
곧게 자라며 구릿빛을 띤다. 잎은 타원상도
란형-피침형으로 길이 6-10mm. 가지 끝에 달
린 난형 꽃차례는 길이 1-2cm. 꽃받침은 길
이 4mm. 화관은 연붉은색-붉은색으로 길이
5-7mm. 윗입술은 2개로 얕게 갈라지고 아랫
입술은 3개로 깊게 갈라져 늘어지며 수술과
암술 끝이 돌출한다.

①-a 페로브스키아 아브로타노이데스. 7월1일. D/사트파라 호수. 2,700m. 아름다운 청록색 호수의 상류쪽 삼각
주에 높이 1m 정도의 둥근 그루가 일정 간격으로 군생하고 있다.

①-b 페로브스키아 아브로타노이데스. 7월1일.
D/사트파라 호수. 2,650m.

② 지지포라 클리노포디오이데스 프세우도다시안타.
8월15일. A/디데르의 북동쪽. 3,450m.

③-a 티무스 리네아리스. 7월19일. I/바순다라. 3,650m. 폭포의 물보라가 흩날리는 자갈사면에 장미과의 포펜틸라 쿠네아타와 함께 자라고 있다.

③-b 티무스 리네아리스. 7월15일.
D/데오사이 북부. 4,200m. 잎을 비비면 타임향이 난다.

③-c 티무스 리네아리스. 8월7일.
B/치치나라 계곡. 3,450m. 남쪽 암벽에서 자라나 가지를 늘어뜨리고 있다.

향유속 Elsholtzia

화관은 작고 끝이 입술모양으로 갈라져 있다.

① 엘솔치아 스트로빌리페라
E. strobilifera (Benth.) Benth.

분포 ◇카슈미르-부탄, 티베트 남동부, 중국 남서부 개화기 8-10월

1년초. 산지나 아고산대의 길가 둔덕에 자생한다. 꽃줄기는 높이 7-20cm로 곁가지가 곧게 자라나온다. 잎에는 짧은 자루가 있다. 잎몸은 난형으로 길이 1.5-2.5cm이고 끝이 뾰족하며 가장자리에 무딘 톱니가 있다. 앞뒷면에 털이 자란다. 줄기 끝의 수상꽃차례는 길이 2-4cm. 포엽은 난원형으로 노란색이고 맥은 자줏빛 갈색을 띠며 끝이 돌출되어 있다. 꽃받침은 포엽에 가려져 있다. 화관은 연붉은색으로 길이 3mm, 직경 1mm이다.

② 엘솔치아 에리오스타키아
E. eriostachya (Benth.) Benth. var. *eriostachya*

분포 ◇파키스탄-부탄, 티베트 남동부, 중국 남서부 개화기 7-9월

1년초. 아고산대나 고산대 하부의 습한 둔덕 비탈에 군생하며, 특유의 향기가 있다. 꽃줄기는 높이 10-25cm이며 전체적으로 털이 자란다. 잎은 난상장원형으로 길이 1.5-3cm이며 가늘고 무딘 톱니가 있다. 줄기 끝의 수상꽃차례는 길이 1.5-3cm이고 전체적으로 노란색을 띤 털이 자란다. 하부 잎겨드랑이에도 작은 꽃차례가 달린다. 화관은 귤색으로 길이 2mm, 직경 1mm이다.

③ 엘솔치아 에리오스타키아 푸실라
E. eriostachya (Benth.) Benth. var. *pusilla* (Benth.)
Hook.f.

분포 ◇카슈미르-시킴, 티베트 남부 개화기 7-8월

고산대의 습한 둔덕에 자생한다. 높이 2-10cm로 기준변종보다 전체적으로 작다. 잎몸은 장란형으로 길이 3-10mm이고 끝은 둔형이며 가장자리에 둥근 톱니가 있다. 뒷면에 겉에 부드러운 털이 빽빽하게 자란다. 수상꽃차례 길이는 3-7mm이다.

④ 엘솔치아 덴사 *E. densa* Benth.

분포 □중앙아시아-부탄, 티베트 남동부, 중국 서부 개화기 7-9월

1년초. 산지에서 고산대에 걸쳐 화전 주변이나 길가에 자생한다. 꽃줄기는 높이 15-30cm로 활발히 분지하며 겉에 부드러운 털이 자란다. 잎에는 짧은 자루가 있다. 잎몸은 장원형으로 길이 4-5cm이고 끝이 뾰족하며 가장자리에 무딘 톱니가 있다. 가지 끝의 수상꽃차례는 길이 1.5-3cm, 직경 1cm이며 연자주색 털로 덮여 있다. 화관은 분홍색으로 길이 2.5-3mm. 꽃받침은 개화 후에 커지며, 그와 동시에 꽃차례도 커진다.

① 엘솔치아 스트로빌리페라. 9월30일. O/쿠툼싱의 북쪽. 3,300m.

② 엘솔치아 에리오스타키아. 7월28일. V/캉바첸의 북동쪽. 4,350m.

③ 엘솔치아 에리오스타키아 푸실라. 8월2일. Y1/신데의 북쪽. 4,600m. 이 변종 중에서도 특히 왜소한 군락으로 높이 2-5cm이며 줄기 끝의 꽃차례는 길이 3-5mm, 직경 2-3mm이다.

⑤ **엘숄치아 프루티코사** *E. fruticosa* (D. Don) Rehder
분포 □파키스탄-부탄, 티베트 남부, 중국
남서부 개화기 8-10월
산지의 숲 주변에 자생하는 높이 1-3m의 관
목. 전체적으로 겉에 부드러운 털과 짧은 선
모가 빽빽하게 자란다. 잎은 타원상피침형으
로 길이 7-15cm이고 자루를 갖지 않며 끝이
뾰족하다. 기부는 쐐기형으로 톱니가 있다.
수상꽃차례는 길이 5-12cm, 직경 8mm. 꽃받
침은 길이 1-2mm. 화관은 흰색으로 길이
4mm, 수술과 암술은 흰색이며 꽃 밖으로 돌
출되어 있다. 꽃 향기가 좋다.

방아풀속 Isodon
⑥ **이소돈 루고수스**
I. rugosus (Benth.) Codd [*Rabdosia rugosa* (Benth.)
Hara]
분포 □서아시아-부탄, 티베트 남부, 중국
남서부 개화기 4-10월
건조한 산지대 하부의 길가나 관목숲림에 자
생하는 높이 1-2m의 관목. 잎몸은 난형으로
길이 2-4cm이고 가장자리에 무딘 톱니가 있
다. 앞면에 그물맥이 선명하고, 뒷면에 별모
양의 겉에 부드러운 털이 촘촘하게 나 있다.
화관은 흰색, 윗입술은 3개로 갈라져 위로 휘
었으며 중앙부에 붉은 자주색 반점이 있다.
아랫입술은 배모양으로 길이는 4-5mm이다.

콜레우스속 Coleus
⑦ **콜레우스 바르바투스** *C. barbatus* (Andrews) Benth.
분포 ◇쿠마온-부탄, 세계의 열대·아열대
지역 개화기 8-10월
산지대 하부의 돌이 많은 초지나 소나무 숲
에 자생한다. 꽃줄기는 높이 30-80cm이며
전체적으로 긴 털이 빽빽하게 자란다. 잎은
난상타원형으로 길이 4-8cm이고 기부는 점
첨형이며 가장자리에 둥근 톱니가 있다. 화
관은 연보라색으로 길이 1.7-2cm. 윗입술은
작고 위를 향하며, 아랫입술은 배모양으로
길이 1.2-1.5cm. 암술의 기부는 합착한 수술
대에 싸여 살짝 위를 향해 휘어 있다.

오르토시폰속 Orthosiphon
⑧ **오르토시폰 루비쿤두스**
O. rubicundus Benth. [*O. incurvus* Benth.]
분포 ◇쿠마온-미얀마 개화기 4-11월
저산대 숲 주변의 둔덕 비탈에 자생하는 반
목질의 다년초. 높이 20-60cm. 잎몸은 난형
으로 길이 3-7cm이고 기부는 점첨형이며
가장자리에 드문드문 무딘 톱니가 있다. 꽃
에는 짧은 자루가 있다. 화관은 연붉은색으
로 길이 1.5-2cm이고 통부는 곧게 자란다. 윗
입술은 3개로 얕게 갈라져 위로 휘었으며,
중앙부에 붉은색 반점이 있다. 아랫입술은
배모양으로 곧으며 끝만 살짝 굽었다.

④-a 엘숄치아 덴사. 7월31일.
Y1/네라무의 북서쪽. 3,900m.

④-b 엘숄치아 덴사. 7월29일.
B/루팔의 남서쪽. 3,200m.

⑤ 엘숄치아 프루티코사. 9월6일.
P/고라타베라의 북동쪽. 3,300m.

⑥ 이소돈 루고수스. 9월16일.
G/방가트. 3,100m.

⑦ 콜레우스 바르바투스. 9월7일.
P/셰르파가온의 서쪽. 2,650m.

⑧ 오르토시폰 루비쿤두스. 5월13일.
N/바운다라. 1,200m.

지칫과 BORAGINACEAE

잎은 단엽으로 어긋나기 한다. 방사상칭형(放射相稱形)의 작은 꽃이 소용돌이 모양의 꽃차례에 나란히 기부에서 상부로 피어 나간다. 꽃받침과 화관의 끝은 5개로 갈라졌다. 화관 안쪽에 5개의 수술이 달리고, 종종 화후에 부속 조각이 달린다. 지중해 지방에 주로 분포되어 있으며 히말라야에서는 서쪽에 종류가 많다. 열매의 형태는 변화가 크다.

아르네비아속 Arnebia

① 아르네비아 굿타타 *A. guttata* Bunge

분포 ◇중앙아시아-히말라야, 티베트 서부, 중국 서부 **개화기** 6-8월

건조지대 산지에서 고산대에 걸쳐 토사 무더기나 바위 비탈에 자생한다. 목질의 뿌리는 종이를 자줏빛 갈색으로 물들인다. 꽃줄기는 길이 15-30cm로 분지해 사방으로 퍼진다. 전체적으로 흰 센털이 빽빽하게 자란다. 하부의 잎은 선상장원형으로 길이 2-5cm. 꽃은 분지해 소용돌이 모양의 꽃차례에 달리고, 꽃차례는 개화와 동시에 자란다. 꽃받침은 길이 6-8mm이고 5개로 깊게 갈라졌으며 갈래조각은 선형이다. 화관은 귤색에서 노란색으로 변하며 길이 1.3-1.5cm, 직경 6-8mm. 갈래조각은 삼각상광란형으로 가장자리가 살짝 겹쳐 있다.

*①-b와 같이 화관갈래조각에 자줏빛 갈색 반점이 들어가 있는 경우도 있다.

② 아르네비아 벤타미이

A. benthamii (G. Don) Johnston

분포 ◇파키스탄-네팔 서부 **개화기** 6-7월

아고산대에서 고산대에 걸쳐 초지나 관목 사이에 자생한다. 뿌리에서 자줏빛 갈색 즙이 나온다. 꽃줄기는 속이 비었으며, 분지하지 않고 높이 30-80cm로 곧게 자란다. 잎의 기부는 선상피침형으로 길이 20-40cm, 폭 2-4cm.

①-a 아르네비아 굿타타. 7월3일. C/시가르의 북동쪽. 2,600m.

①-b 아르네비아 굿타타. 7월3일. E/산 부근. 3,700m.

②-b 아르네비아 벤타미이. 7월24일. K/쟈그도라. 3,800m. 개화기가 거의 끝난 무렵으로, 길게 자란 포엽과 꽃받침조각 틈에서 자줏빛 갈색 화관이 살짝 아래를 향한 채 숙존해 있다.

②-a 아르네비아 벤타미이. 7월20일. I/바드리나트의 서쪽. 3,700m.

앞면에는 5개의 나란히맥이 선명하고, 뒷면에
는 센털이 촘촘하게 나 있다. 줄기잎은 가늘
고 짧다. 꽃차례는 원기둥모양이고 긴 센털로
빽빽하게 덮여 있으며, 8-15cm였던 것이 개화
후에 20cm 이상으로 자란다. 포엽은 선상피
침형으로 꽃받침보다 길다. 꽃받침은 길이
2cm로 기부까지 5개로 갈라졌다. 포엽과 꽃받
침은 개화 후에 길게 자라 늘어진다. 화관은
원통형 종모양으로 자줏빛 갈색이며 꽃받침
보다 짧은 길이 1.5cm, 직경 6-8mm. 바싹 말라
버린 후에도 숙존한다.

③ 아르네비아 오이크로마
A. euchroma (Benth.) Johnston

분포 ◇중앙아시아 주변-네팔 중부, 티베트
서남부 개화기 6-8월
다형적인 종으로, 건조지대의 아고산대에서
고산대에 걸쳐 자갈 비탈에 자생한다. 목질의
굵은 뿌리는 종이를 붉은 자주색으로 물들인
다. 꽃줄기는 높이 20-40cm로 모여나기 하고,
다즙질로 쉽게 부러진다. 전체적으로 센털이
자라며 꽃차례에 선모가 섞여 있다. 잎의 기부
는 선상피침형으로 길이 5-15cm, 폭 5-17mm.
줄기잎은 짧다. 꽃차례는 두상으로 살짝 기울
었으며 직경 4-6cm. 포엽과 꽃받침은 길이가
같다. 꽃받침은 길이 1.3-1.5cm로 기부까지 5개
로 갈라졌으며 갈래조각은 선상피침형. 화관
은 원통형 깔때기모양으로 길이 1.3-2cm, 직경
8-12mm이고 색깔은 자주색에서 연자주색,
황백색으로 변한다.
*③-b은 파키스탄에 있는 전체적으로 크고 화
관은 길이 2cm. 상부 잎의 기부는 원형으로 줄
기를 살짝 안고 있다. ③-c는 네팔에 있는 것으
로, 잎의 기부는 길이 10-15cm로 크고 넓으며 5
개의 나란히맥이 선명하다. 정수리에 모이는
줄기잎은 질이 두껍고 어두운 자주색을 띤다.
받침은 길이 1cm, 화관은 길이 1.5cm이다.

③-a 아르네비아 오이크로마. 7월 2일. E/츄킬모. 4,300m.

③-c 아르네비아 오이크로마. 6월30일. K/라체의 남동쪽. 4,100m. 네팔 서부의 것은 기부의 잎이 크고 나란히
맥이 선명하며, 상부의 잎은 질이 두껍고 어두운 자주색을 띤다.

③-b 아르네비아 오이크로마. 7월18일.
D/사트파라 호수의 남쪽. 3,700m.

화관은 종 모양으로 끝이 살짝 5개로 갈라졌다. 5개의 꽃밥은 인접한 면의 일부 또는 전체가 합착해 암술을 둘러싼다. 이 속명은 라틴어로는 여성명사이지만, 관습적으로 중성명사로 다루어지는 일이 많다.

① 오노스마 후케리 *O. hookeri* Clarke
분포 ◇시킴-부탄, 티베트 남동부
개화기 6-8월

반건조지대의 아고산대에서 고산대에 걸쳐 광활한 초지나 절벽에 자생한다. 땅속의 긴 원뿌리에서 선명한 붉은 자주색 줄기 나온다. 꽃줄기는 높이 7-20cm로 단립(單立)하거나 모여나기 하며, 전체적으로 희고 긴 센털로 빽빽하게 덮여 있다. 잎의 기부는 선상장원형으로 길이 2-12cm, 폭 3-8mm이고 가장자리가 바깥쪽으로 말렸으며 뒷면에 중맥이 돌출되어 있다. 상부에 어긋나기 하는 잎은 점차 짧아진다. 꽃차례는 매우 짧으며 꽃은 아래를 향해 핀다. 꽃받침은 길이 1-1.7cm로 기부까지 5개로 갈라졌으며 갈래조각은 협피침형. 화관은 원통형 종모양으로 길이 1.7-2.8cm, 직경 6-8mm이고 바깥쪽에 누운 털이 촘촘히 나 있다. 푸른빛 나는 자주색인 화관은 막 개화할 무렵에는 붉은빛을 띤다. 꽃밥은 기부만 합착한다.

*①-c는 티베트 남동부에 잇는 것으로, 화관이 길이 2.5-2.8cm로 크고 수술이 화관 안쪽의 약간 아래에 달리기 때문에 인테르메디움 var. *intermedium* (Stapf) Johston이라는 변종으로 취급되는 경우도 있다.

② 오노스마 후케리 롱기플로룸

O. hookeri Clarke var. *longiflorum* (Duthie) Stapf
분포 ◇티베트 남중부 **개화기** 7-8월

건조지대 고산대의 안정된 바위땅이나 절벽지에 자생한다. 기준변종과 달리 화관이 길

①-a 오노스마 후케리. 6월14일.
X/쟈리 라의 남쪽. 4,200m.

①-b 오노스마 후케리. 6월18일.
X/나리탕의 남서쪽. 4,000m.

② 오노스마 후케리 롱기플로룸. 8월16일. Y3/카로 라의 동쪽. 4,500m. 어두운 붉은색 화관은 길이 3cm 이상으로 자란다. 오른쪽 위로 보이는 나비 모양의 자주색 꽃은 아스트라갈루스 스트리크투스.

①-c 오노스마 후케리. 6월22일.
Z1/초바르바 부근. 4,500m.

이 3-3.3cm로 크다. 수술은 화관 안쪽의 약간 앞쪽에 달린다.

③ **오노스마 브라크테아툼** *O. bracteatum* Wall.
분포 ■가르왈-네팔 중부 **개화기** 6-8월
고산대의 초지에 자생한다. 꽃줄기는 모여나기 하고 높이 25-50cm로 굵고 쉽게 부러진다. 전체적으로 긴 센털과 짧은 털이 자란다. 잎의 기부는 선상도피침형으로 길이 7-15cm, 폭 1-3cm이고 우상맥이 있으며 뒷면에 중맥이 돌출되어 있다. 가장자리는 무딘 물결 모양이다. 상부에 모이는 줄기잎은 짧고 꼬이는 경향이 있다. 꽃차례는 두상으로 줄기 끝이 살짝 굽었으며, 꽃은 꽃차례마다 아래를 향해 달린다. 포엽은 선상피침형으로 꽃받침과 길이가 같다. 꽃받침은 길이 1.5cm로 기부까지 5개로 갈라졌다. 포엽과 꽃받침은 개화 후에 길게 자란다. 화관은 원통형 종모양으로 꽃받침보다 짧은 길이 1.2-1.5cm, 직경 4-6mm이며 자줏빛 갈색. 꽃밥은 기부가 합착한다.

④ **오노스마 히스피둠** *O. hispidum* G. Don
분포 ◇아프가니스탄-히마찰 **개화기** 6-7월
건조지대의 산지에서 고산대에 걸쳐 밝은 바위 비탈에 자생한다. 꽃줄기는 모여나기 하고 길이 30-60cm로 쉽게 쓰러지며, 전체적으로 황록색을 띤 긴 센털로 덮여 있다. 센털의 기부는 원반모양이다. 잎의 기부는 선상 도피침형으로 길이 10-20cm, 폭 8-13mm이고 질이 두꺼우며 어두운 녹색이다. 앞뒷면에 뻣뻣한 누운 털이 자라고, 뒷면에 옅은 색의 중맥이 돌출되어 있다. 줄기에는 짧은 잎이 일정하게 어긋나기 한다. 꽃차례는 크게 두 갈래로 분지해 개화와 동시에 길게 자란다. 포엽은 꽃받침보다 짧다. 꽃받침은 길이 1.2-1.5cm이며 기부까지 5개로 갈라졌다. 화관은 원통형 종모양으로 길이 2-2.5cm, 직경 7-8mm이며 연노란색. 꽃밥은 옆면에서 합착한다.

⑤ **오노스마 와델리이** *O. waddellii* Duthie
분포 ◇티베트 남부 **개화기** 7-8월
건조 고지의 모래 비탈에 자생한다. 꽃줄기는 길이 15-25cm로 가늘고 쉽게 쓰러지며 활발히 분지한다. 센털과 짧은 누운 털이 자란다. 하부의 잎은 선상장원형으로 길이 1.5-3cm, 폭 4-6mm이며 표면에 뻣뻣한 털이 촘촘하게 나 있다. 꽃은 곧게 자란 줄기 끝에 소용돌이모양으로 달린다. 꽃받침은 길이 4-6mm이며 5개로 깊게 갈라졌다. 화관은 자주색으로 길이 7-10mm, 직경 4-5mm. 꽃밥은 길이 5mm로 옆면에서 합착한다.

③ 오노스마 브라크테아툼. 7월23일. K/자그도라. 4,000m. 꽃차례는 두상으로 아래를 향해 있어, 포엽과 꽃받침 조각 사이에 파묻힌 화관이 비에 젖지 않는다. 잎의 기부에는 우상맥이 있다.

④ 오노스마 히스피둠. 7월18일. D/사트파라 호수의 남쪽. 3,700m.

⑤ 오노스마 와델리이. 8월19일. Y3/라싸의 서쪽 교외. 4,000m.

마하랑가속 Maharanga

오노스마속과 매우 비슷하나, 화관은 항아리 모양으로 기부가 불룩하며 끝이 오그라들어 있다.

① 마하랑가 에모디

M. emodi (Wall.) DC. [*Onosma emodi* Wall.]

분포 ◇가르왈-부탄, 티베트 남부 개화기 7-8월
산지에서 아고산대에 걸쳐 습한 바위땅이나 둔덕 초지에 자생하며, 땅속에 긴 원뿌리가 있다. 꽃줄기는 높이 15-40cm로 모여나기 하며 긴 센털이 자란다. 중부의 큰 잎은 도피침형으로 길이 7-15cm, 폭 1-3cm이고 뒷면에 센털이 나 있다. 꽃은 줄기 끝의 집산꽃차례에 모여 달리며 아래를 향한다. 꽃받침은 길이 7-9mm, 갈래조각은 삼각상피침형. 화관은 항아리모양으로 길이 8-12mm이고 붉은 적갈색이며 바깥쪽에 누운 털이 자란다. 꽃밥은 기부에서 합착한다.

② 마하랑가 비콜로르

M. bicolor (G. Don) A. DC. [*Onosma bicolor* G. Don]

분포 ◇네팔 서부-부탄, 티베트 남부
개화기 6-8월
산지의 숲 주변이나 둔덕 비탈의 초지에 자생하며, 가늘고 강인한 뿌리가 땅속을 길게 뻗는다. 꽃줄기는 직경 1-1.5mm로 가늘며 길이 15-30cm이고, 긴 센털과 짧게 누운 털이 빽빽하게 자란다. 잎은 장원형-타원형으로 길이 1.5-4cm이고 끝이 뾰족하며 규칙적으로 어긋나기 한다. 기부에 불분명한 3개의 맥이 있고, 앞뒷면에 빳빳하게 누운 털이 자란다. 꽃은 줄기 끝의 집산꽃차례에 모여 달린다. 꽃받침은 길이 5-6mm, 갈래조각은 삼각상피침형. 화관은 가늘고 긴 항아리모양으로 길이 9-11mm, 직경 4-5mm이며 주홍색에서 자주색으로 변한다.

③ 마하랑가 베루쿨로사

M. verruculosa (Johnston) Johnston

[*Onosma verruculosum* Johnston]

분포 ■네팔 동부 개화기 8월
산지의 습한 떡갈나무 숲속 초지나 둔덕 비탈에 자생한다. 꽃줄기는 높이 40-70cm로 굵고 곧게 자라며, 길이 2.5mm 이하의 고르지 않은 센털로 빽빽하게 덮여 있다. 잎은 선상장원형-피침형으로 길이 4-6cm, 폭 6-9mm이고 끝이 뾰족하며 규칙적으로 어긋나기 한다. 기부에 불분명한 3개의 맥이 있고, 앞뒷면에 센털이 촘촘하게 나 있다. 꽃은 상부 잎겨드랑이에서 나온 가지 끝에 모여 달리며, 전체적으로 원추꽃차례를 이룬다. 꽃받침은 길이 6mm, 갈래조각은 삼각상피침형. 화관은 가늘고 긴 항아리모양으로 길이 1.2-1.5cm, 직경 5-6mm이고 어두운 붉은색에서 푸른빛 나는 자주색으로 변하며 바깥쪽에 겉에 부드러운 털이 자란다. 꽃밥은 길이 4mm로 기부에서 합착한다.

① 마하랑가 에모디. 7월15일. N/쿠디가르. 2,500m.

② 마하랑가 비콜로르. 8월4일. K/차우타의 남동쪽. 2,800m.

③ 마하랑가 베루쿨로사. 8월15일. Q/람주라 고개의 서쪽. 2,900m. 가늘고 긴 항아리 모양의 화관은 부풀어 오르는 동시에 어두운 자주색에서 선명한 푸른빛 나는 자주색으로 변한다. 줄기의 센털은 단단하고 날카롭다.

왜지치속 Myosotis

④ 미오소티스 알페스트리스 아시아티카

M. alpestris Schmidt subsp. *asiatica* Hultén

분포 ▫유라시아의 아한대, 중앙아시아 주변·네팔 서부 **개화기** 6-8월

아고산대나 고산대의 건조한 초지에 자생하며, 환경에 따라 형태의 변화가 크다. 꽃줄기는 높이 7-25cm로 모여나기 한다. 전체적으로 희고 누운 털이 나 있으며, 줄기 하부에는 개출모가 자란다. 하부의 잎은 도피침형-선상장원형으로 길이 2-8cm, 폭 5-10mm이며 끝은 둔형. 꽃차례는 개화와 함께 위로 자란다. 꽃받침은 길이 2-2.5mm, 갈래조각은 협피침형으로 긴 누운 털로 촘촘하게 덮여 있다. 화관은 푸른빛 나는 옅은 자주색으로 직경은 5-8mm이다.

*④-a는 건조한 바람이 부는 비탈에 자생한 것으로, 잎은 비교적 성기며 가늘다. ④-b는 전체적으로 작고 털이 많다. 높이 7-10cm, 잎의 길이 2-2.5cm이다.

꽃마리속 Trigonotis

⑤ 트리고노티스 스미티이 *T. smithii* S.P. Banerjee

분포 ◇네팔 동부-부탄 **개화기** 6-8월

아고산대에서 고산대에 걸쳐 이끼 낀 바위질 초지에 자생하며, 가는 꽃줄기가 모여나기 한다. 높이 10-20cm. 전체적으로 누운 털이 자란다. 잎은 기부에 많이 달리며 긴 자루를 가진다. 잎몸은 장란형-장원형으로 길이 1-3cm이고 끝은 둔형. 꽃은 줄기 끝의 집산꽃차례에 달리며, 개화와 함께 꽃자루가 자란다. 꽃받침은 길이 2-2.5mm, 갈래조각은 장원형. 화관은 연자주색으로 막 개화할 무렵에는 분홍색을 띠며 직경 7-8mm, 화후는 오렌지색을 띤다.

④-a 미오소티스 알페스트리스 아시아티카. 7월4일. C/간바보호마 부근. 4,400m. 다소 건조한 남쪽 비탈에 자생한 것으로, 꽃이 피기 시작하면 꽃차례가 위로 뻗는다.

④-b 미오소티스 알페스트리스 아시아티카. 6월20일. L/푸르팡콜라. 4,100m.

⑤ 트리고노티스 스미티이. 7월11일. T/봄린 다라의 북서쪽. 4,450m.

꽃마리속 Trigonotis

① 트리고노티스 로툰디폴리아

T. rotundifolia (Benth.) Clarke

분포 ◇히마찰부탄, 티베트 남부 개화기 6-8월 다형적인 종. 아고산대에서 고산대 상부에 설쳐 바위 그늘이나 바위 틈, 빙하 주변의 모래땅, 관목림 주변의 초지에 자생하며 암갈색의 가는 원뿌리가 옆으로 뻗는다. 꽃줄기는 길이 3-12cm로 모여나기 하고 옆으로 쓰러져 사방으로 퍼지며, 이따금 곧게 서서 자라기도 한다. 잎의 기부에는 긴 자루가 있다. 잎몸은 타원형-원형으로 길이 3-15mm이고 끝은 뾰족하거나 원형이며 기부는 쐐기형-얕은 심형이다. 표면에는 중맥이 깊게 파였으며 앞뒷면에 미세한 누운 털이 빽빽하게 자란다. 꽃받침은 길이 1.5-2mm, 갈래조각은 피침형. 화관은 푸른빛 나는 옅은 자주색으로 직경 4-6mm이며, 개화기가 지나도 갈색으로 시들어 오래 숙존한다.

*①-a는 빙하 주변의 모래땅에 난 것으로, 잎은 질이 약간 두껍고 끝이 뾰족하며 화관은 직경 4mm이다. ①-b는 건조한 바위 그늘에 난 것으로, 잎몸은 타원형으로 길이 7-13mm이며 가장자리 긴털이 있다. 화관은 직경 6-7mm로 화후가 볼록하게 튀어나와 있다. ①-c는 바위그늘의 바위취속 쿠션식물에 난 것으로, 잎몸은 원형-타원형으로 길이 3-6mm이며 끝은 가는 돌기모양이다. ①-d는 습한 바위틈에 난 것으로, 꽃줄기는 길이 5cm 이하. 잎몸은 원형-타원형으로 길이 4-6mm. 화관은 직경 4mm이다. ①-e는 습한 초지에 난 것으로, 꽃줄기는 쓰러지거나 곧게 서서 자란다. 근생엽의 잎몸은 원형-장란형으로 길이 7-15mm이고 질이 얇으며 끝은 원형이거나 약간 파여 있다. 기부는 원형-얕은 심형으로 앞뒷면에 누운 털이 촘촘하게 나 있

①-a 트리고노티스 로툰디폴리아. 7월21일. S/캉충의 남쪽. 5,200m.

①-b 트리고노티스 로툰디폴리아. 8월1일. V/로낙. 4,750m.

①-c 트리고노티스 로툰디폴리아. 7월18일. K/카그마라 고개의 서쪽. 4,600m.

①-d 트리고노티스 로툰디폴리아. 6월15일. L/파구네 다라의 북쪽. 3,800m.

①-e 트리고노티스 로툰디폴리아. 7월24일. I/타인의 북서쪽. 3,800m.

②-a 라시오카리움 문로이. 7월31일. S/페리체. 4,300m.

②-b 라시오카리움 문로이. 8월3일. V/로낙의 북쪽. 4,950m.

나. 꽃받침은 길이 2-2.5mm, 화관은 직경 6mm. 윈난·쓰촨성에서 볼 수 있는 동속으로 툰다타(*T. rotundata* Johnston)와 비슷하다.

라시오카리움속 Lasiocaryum

② 라시오카리움 문로이

L. munroi (Clarke) Johnston

분포 ◇카슈미르-부탄, 티베트 남부
개화기 6-8월

아고산대와 고산대의 관목림 주변 초지나 습한 모래땅에 자생하며, 1년생 가는 원뿌리가 땅속으로 뻗는다. 꽃줄기는 높이 2-7cm이고 전체적으로 긴 센털이 자라며, 잎겨드랑이에서 곁가지가 비스듬히 뻗는다. 잎은 협타원형으로 길이 3-8mm이고 끝이 뾰족하며 규칙적으로 어긋나기 한다. 기부는 쐐기형으로 표면에 중맥이 깊게 파여 있다. 꽃받침은 1.5-2mm로 화통과 길이가 같으며 5개로 깊게 갈라졌다. 갈래조각은 협피침형으로 센털이 촘촘하게 나 있다. 화관은 연자주색으로 길이 1-2mm, 중앙부는 노란색에서 흰색으로 변한다.

*②-a는 높이 4-6cm, 잎의 길이 6-8mm, 화관의 직경 1-1.5mm이다. ②-b는 빙하계곡의 모래땅에서 에페드라 게라르디아나에 달라붙은 듯이 자란 것으로, 길이 2-3mm의 피침형 로제트잎이 있다. 꽃줄기는 높이 2-3cm이며 기부에서 4-6개로 갈라졌다. 줄기잎은 길이 4-6mm. 화관은 직경 2-2.5mm, 통부는 꽃받침보다 약간 길다. 동속 덴시플로룸(*L. densiflorum* (Duthie) Johnston)에 가깝다.

키오노카리스속 Chionocharis

③ 키오노카리스 후케리

C. hookeri (Clarke) Johnston

분포 ◇네팔 동부-부탄, 티베트 남부, 윈난·쓰촨성 **개화기** 6-8월

고산대 상부의 모래땅이나 바위 위의 미부식질에 자생하는 쿠션식물. 겉에 부드러운 쿠션은 보통 직경 5-20cm, 두께 2-6cm이지만 이따금 수십 년의 세월을 거쳐 직경 50cm 이상, 두께 8cm 이상으로 자란다. 밑동에서 쿠션의 표면을 향해 다년생의 가는 줄기가 분지해 뻗으며, 줄기를 축으로 오래된 갈색 로제트잎이 형태를 유지한 채 쌓여 쿠션 내부의 충전제처럼 빈틈없이 꽉 찬다. 줄기 끝의 새 로제트는 직경 5-10mm. 잎은 곧게 자라 서로 겹치고, 주걱형-도피침형으로 길이 6-10mm, 폭 2.5-4mm이며 끝은 원형이다. 가장자리와 표면 앞쪽에 긴 털이 촘촘하게 나 있다. 꽃은 로제트에 1개 달린다. 꽃받침은 길이 2.5-3mm이고 5개로 깊게 갈라졌으며 잎 사이에 파묻혀 있다. 갈래조각은 도피침형. 화관은 연자주색으로 직경 5-7mm이다.

③-a 키오노카리스 후케리. 6월29일. X/초림 부근. 5,200m. 바람에 노출되어 동결되기 쉬운 언덕 위의 모래지형에 직경 5-30cm의 쿠션이 점점이 흩어져 있다.

③-b 키오노카리스 후케리. 7월31일. V/팡페마의 북쪽. 5,350m.

③-c 키오노카리스 후케리. 7월12일. Y4/쇼가 라. 5,000m.

프세우도메르텐시아속 Pseudomertensia
파키스탄을 중심으로 이란에서 네팔 서부에
걸쳐 건조한 산악지대에 분포한다. 화통은
보통 꽃받침보다 길다.

① 프세우도메르텐시아 몰트키오이데스

P. moltkioides (Benth.) Kazmi
분포 ◇파키스탄-카슈미르 개화기 6-8월
건조지대 고산대의 바위질 비탈에 군생한다.
꽃줄기는 높이 3-13cm로 잎이 달리지 않는
다. 근생엽에는 긴 자루가 있다. 잎몸은 타원
형-장원형으로 길이 7-15mm이고 앞뒷면에
누운 털이 촘촘하게 나 있다. 꽃은 줄기 끝에
2-7개 달리며 거의 동시에 핀다. 화관은 푸른
빛 나는 자주색으로 직경 8-10mm, 갈래조각
은 장원형. 화후는 희고 볼록하게 도드라져
있다. 화통은 길이 1-1.2cm로 붉은색을 띠며
꽃받침의 3배 이상 자란다.

② 프세우도메르텐시아 몰트키오이데스 탄네리

P. moltkioides (Benth.) var. *tanneri* (Clarke) Stewart &
Kazmi
분포 ■파키스탄 개화기 6-8월
건조지대의 아고산대 침엽수림에 자생한다.
기존변종과 달리 화관은 붉은 자주색이고
갈래조각은 협란형이며, 암술과 꽃밥 끝이
꽃 밖으로 돌출한다. 화통의 길이는 꽃받침
조각의 2배 이하이다.

③ 프세우도메르텐시아 에키오이데스

P. echioides (Benth.) Riedle
분포 ◇파키스탄-히마찰 개화기 6-8월
건조한 산지의 바위질 비탈에 군생하며, 전
체적으로 누운 털이 빽빽하게 자란다. 꽃줄
기 높이는 10-20cm이며 잎이 거의 없다. 근생
엽에는 자루가 있다. 잎몸은 장원형-도피침
형으로 길이 2-3cm. 화관은 자주색, 통부는
길이 5-6mm이고 화후에 부속 조각이 없다.
갈래조각은 도피침형으로 길이 3-4mm이며
깔때기모양으로 핀다. 암술은 화관이 열리
기 전에 꽃 밖으로 돌출한다.

섬꽃마리속 Cynoglossum
④ 치노글로숨 푸르카툼

C. furcatum Wall. [*C. zeylanicum* (Vahl) Lehm.]
분포 ㅁ아프가니스탄-부탄, 티베트 남부
개화기 5-8월
2년초. 저산대에서 아고산대에 걸쳐 화전 주
변이나 길가, 하원에 자생한다. 꽃줄기는 높이
30-80cm로 곧게 자라며, 전체적으로 겉에 부드
러운 누운 털이 빽빽하게 나 있다. 잎은 규칙
적으로 어긋나기 하고, 잎겨드랑이마다 꽃이
달리는 곁가지가 비스듬히 뻗는다. 잎의 기부
에는 짧은 자루가 있다. 잎몸은 도피침형으로
길이 10-18cm이며 가장자리는 완만한 물결
모양이다. 상부의 잎은 작고 기부가 줄기를
안고 있다. 가지 끝의 꽃차례는 크게 두 갈래

①-a 프세우도메르텐시아 몰트키오이데스.
7월5일. C/간바보호마 부근. 4,400m.

①-b 프세우도메르텐시아 몰트키오이데스.
8월3일. B/샤이기리의 남동쪽. 4,400m.

② 프세우도메르텐시아 몰트키오이데스 탄네리.
8월4일. B/루팔의 남쪽. 3,200m.

③ 프세우도메르텐시아 에키오이데스.
7월15일. D/데오사이 고원 북부. 4,150m.

④ 치노글로숨 푸르카툼.
8월4일. Y1/네라무의 북서쪽. 3,850m.

⑤ 에리트리키움 락숨.
7월12일. Y4/쇼가 라의 남쪽. 5,100m.

로 갈라져 개화와 함께 길게 옆으로 뻗어서, 숙성한 열매가 지나가는 동물에게 잘 달라붙도록 한다. 화관은 푸른빛 나는 짙은 자주색으로 직경 5-7mm이며 화후는 볼록하게 도드라져 있다. 열매(분과, 分果)에는 갈고리모양의 센털이 촘촘하게 나 있어, 동물의 몸이나 인간의 옷에 달라붙으면 쉽게 떨어지지 않는다.

산지치속 Eritrichium

화관은 바퀴모양이며 5개의 갈래조각은 평개한다. 화후에 5개의 부속 조각이 달려 고리모양으로 돌출된 형상을 하고 있다. 수술의 꽃밥은 드러나지 않는다.

⑤ 에리트리키움 락숨 *E. laxum* Johnston

분포 ◇티베트 남부, 시킴, 윈난 · 쓰촨성
개화기 6-8월

건조지대 고산대의 바위 비탈에 자생하며, 뿌리줄기가 사방으로 뻗어 군락을 이룬다. 꽃줄기는 높이 5-15cm로 가늘며 전체적으로 누운 털이 빽빽하게 자란다. 근생엽에는 긴 자루가 있다. 잎몸은 타원형-도피침형으로 길이 7-20mm. 줄기잎은 드문드문 어긋나기 한다. 줄기 끝에 1-7개의 꽃이 산방상으로 모이고, 하부의 꽃자루는 개화 후에 2cm 이상으로 자란다. 꽃받침은 길이 2mm이며 5개로 깊게 갈라졌다. 화관은 흰색-연자주색으로 직경 5-7mm. 화후는 노란색으로 살짝 도드라져 있다.

⑥ 에리트리키움 나눔 빌로숨

E. nanum (L.) Schrad. subsp. *villosum* (Ledeb.) Brand
분포 ◇중앙아시아 주변-히마찰
개화기 7-9월

건조한 고산대의 초지나 모래땅에 군락을 이룬다. 꽃줄기는 높이 3-10cm이며 전체적으로 길고 겉에 부드러운 털이 빽빽하게 자란다. 잎의 기부는 자루가 없다. 잎몸은 협타원형-도피침형으로 길이 7-13mm이며 긴 가장자리 털이 있다. 줄기잎은 촘촘하게 마주나기 한다. 꽃은 줄기 끝에 모여 달린다. 화관은 연한 청색-푸른빛 나는 자주색으로 직경 4-7mm, 화후는 도드라져 있다.

⑦ 에리트리키움 카눔

E. canum (Benth.) Kitamura var. *canum*
분포 ▫아프가니스탄-네팔 중부, 티베트 서부 개화기 7-8월

건조 고지 계곡 줄기의 초지에 자생하며 환경에 따라 전체의 크기, 잎의 형태, 털의 상태가 변한다. 꽃줄기는 높이 15-40cm로 기부는 목질이며 전체적으로 누운 털이 자란다. 잎의 기부에는 짧은 자루가 있다. 잎몸은 선상도피침형으로 길이 3-7cm. 줄기에 마주나기 하는 잎은 짧다. 꽃차례는 분지해 개화와 함께 높이 자란다. 화관은 푸른빛 나는 자주색으로 직경 5-7mm이다.

⑥-a 에리트리키움 나눔 빌로숨. 7월28일. H/바랄라차 라. 4,900m. 밤새 쌓인 자국눈이 녹아 이슬이 맺히면 사방에 쓰러져 있던 꽃줄기가 고개를 들기 시작한다.

⑥-b 에리트리키움 나눔 빌로숨. 9월8일. H/바랄라차 라. 4,950m.

⑦ 에리트리키움 카눔. 7월18일. F/무네. 3,800m.

①-a 학켈리아 운치나타. 7월15일. I/헴쿤드. 3,800m.

①-b 학켈리아 운치나타. 7월14일. I/꽃의 계곡.

뚝지치속 Hackelia
① 학켈리아 운치나타

H. uncinata (Benth.) Fischer [*Eritrichium uncinatum*
(Benth.) Lian & J.Q. Wang]
분포 ◇파키스탄-부탄, 티베트 남부, 중국
서부 개화기 6-8월
다소 건조한 지역의 아고산대에서 고산대에
걸쳐 숲 주변이나 초지, 바위땅 등 다양한 환
경에 자생하며, 겨울에 눈이 많은 계곡 줄기
의 초지에 폭넓게 군생하는 경우도 있다. 환
경과 지역에 따라 형태가 크게 변한다. 꽃줄
기는 높이 40-80cm로 잎이 규칙적으로 어긋나
기 하며 전체적으로 짧은 누운 털이 자란다.
하부의 잎에는 길이 2-4cm의 자루가 있다.
잎몸은 난형-협란형으로 길이 5-10cm이고 끝
이 뾰족하다. 기부는 원형-얕은 심형으로 표
면에는 4-5쌍의 측맥이 선명하고, 뒷면에는
누운 털이 촘촘하게 나 있다. 꽃은 줄기 상부

에 원추상으로 달린다. 꽃받침은 길이 3-4mm
이고 5개로 깊게 갈라졌으며 갈래조각은 장
원상피침형. 화관은 옅은 푸른빛 나는 연한
자주색으로 직경 1.3-1.5cm. 화후는 흰색-연노
란색으로 도드라져 있다. 열매(분과)에 갈고
리 모양의 센털이 빽빽하게 나 있다.

② 학켈리아 운치나타 브라키투바

H. uncinata (Benth.) Fischer var. *brachytuba* (Diels)
Hara [*Eritrichium brachytubum* (Diels) Lian & J.Q. Wang]
분포 ㅁ네팔 중부-부탄, 티베트 남부, 윈
난 · 쓰촨성 개화기 5-8월
산지에서 아고산대에 걸쳐 숲속이나 숲 주
변의 초지에 자생한다. 기준변종과는 달리
맥 위를 제외한 잎 면에 털이 적고 꽃이 작
다. 꽃받침은 길이 2-3mm이고 5개로 갈라졌
으며 갈래조각은 삼각상피침형. 화관은 직
경 6-8mm이다.

*사진에 찍히지 않은 잎의 기부에는 긴 자루
가 있다. 잎몸은 난형으로 길이 7-10cm이고 끝
은 꼬리모양이며 기부는 심형. 높이 80cm. 습
한 떡갈나무 · 솔송나무 숲속에 자라고 있다.

③ 뚝지치속의 일종 (A) Hackelia sp. (A)
양과 야크가 방목되는 습한 초지에 자생하
며, 땅속에 목질의 뿌리줄기가 있다. 꽃줄기
는 직경 3-5mm, 높이 20-35cm이며 분지하지
않고 곧게 자란다. 전체적으로 누운 털이 빽
빽하게 나 있다. 잎의 기부에는 길이 4cm의
자루가 있다. 잎몸은 광란형-타원형으로 길
이는 3-5cm, 끝이 약간 뾰족하다. 기부는 거
의 원형이며 앞뒷면의 맥 위에 누운 털이 자
란다. 꽃은 줄기 끝에 10-20개 모여 달린다.
꽃자루는 길이 2-5mm. 꽃받침은 길이 2mm.
화관은 직경 1-1.2cm이다.

3,550m. 분다르 강 원류의 U자 계곡 내에 널리 번성하고 있으며, 꽃이 피면 초원에 푸른 노을이 깔린 듯한 경관이 연출된다.

①-c 학켈리아 운치나타. 7월13일.
N/안나푸르나 내원 3,800m.

② 학켈리아 운치나타 브라키투바. 5월23일.
M/로트반의 남동쪽. 2,750m.

③ 뚝지치속의 일종 (A) 7월21일.
T/사노포카리의 남쪽. 4,000m.

미크로울라속 Microula

① 미크로울라 티베티카 *M. tibetica* Benth.

분포 ◇카라코람-시킴, 동부를 제외한 티베트, 칭하이성 개화기 7-9월

건조한 고산대 상부의 모래땅에 자생하는 줄기 없는 다년초로, 지역적인 변화가 크다. 잎의 기부에는 편평한 자루가 있다. 잎몸은 난형-장원형으로 길이 2-12㎝. 앞면에 미세한 누운 털이 빽빽하게 자라고, 앞뒷면에 센털이 드문드문 나 있다. 꽃은 로제트 중앙에 평평하게 모여 달린다. 화관은 직경 3-5mm로 푸른빛 나는 짙은 자주색·연자주색 또는 흰색.

② 미크로울라 시키멘시스

M. sikkimensis (Clarke) Hemsl.

분포 □네팔 중부-부탄, 티베트 남부, 중국 서부 개화기 6-8월

고산대의 소관목 사이나 방목 거점 주변에 군생한다. 꽃줄기는 높이 20-70cm로 곁가지가 비스듬히 뻗으며 가시모양의 센털이 자란다. 하부의 잎에는 짧은 자루가 있다. 잎몸은 타원형-장원상피침형으로 길이 4-7cm이고 겉에 부드러운 털이 자라며 드문드문 센털이 나 있다. 꽃은 줄기 끝에 모여 달린다. 화관은 푸른빛 나는 자주색으로 직경 6-8mm.

린델로피아속 Lindelofia

③ 린델로피아 롱기플로라 *L. longiflora* (Benth.) Baill.

분포 ◇파키스탄-네팔 서부 개화기 7-8월

다형적인 종. 아고산대의 초지에 자생한다. 높이 30-70cm이며 꽃차례에 겉에 부드러운 털이 자란다. 잎의 기부는 도피침형으로 길이 8-15cm이고 끝이 뾰족하며 기부는 폭 넓은 자루가 된다. 상부의 잎은 기부가 줄기를 살짝 안고 있다. 꽃은 줄기 끝에서 분지한 꽃차례에 달린다. 화관은 깔때기형 종모양으

① 미크로울라 티베티카. 7월27일.
Y2/롱부크곰파 부근. 4,950m.

② 미크로울라 시키멘시스. 8월10일.
X/장고탕의 북쪽. 4,200m.

③ 린델로피아 롱기플로라. 7월27일.
K/모레이 다라. 3,850m.

④ 린델로피아 안쿠소이데스. 7월18일. D/사트파라 호수의 남쪽. 3,750m. 향나무속 관목이 흩어져 자라는 건조지의 바위 비탈에 높이 1m에 달하는 큰 그루를 이루고 있다.

로 직경 1.2-1.5cm이고 푸른빛 나는 자주색 어두운 자줏빛 갈색이며, 5개로 갈라졌고 갈래조각은 난형이다.

④ 린델로피아 안쿠소이데스

L. anchusoides (Lindl.) Lehm.

분포 ◇아프가니스탄-히마찰 개화기 6-8월
건조 고지의 숲 주변이나 바위가 많은 초지에 자생하며 때에 따라 군생한다. 꽃줄기는 높이 30-80cm이며 전체적으로 누운 털이 빽빽하게 자란다. 잎의 기부는 도피침형으로 길이 15-30cm이고 끝이 뾰족하며 기부는 폭넓은 자루가 된다. 꽃은 가지 끝에 모여 달리며, 큰 그루에서는 원추상의 꽃차례를 이룬다. 화관은 종형으로 길이 1-1.2cm이고 푸른빛 나는 자주색이며, 끝이 5개로 갈라졌고 갈래조각은 광란형이다.

⑤ 린델로피아 스틸로사 *L. stylosa* (Kar. & Kir) Brand

분포 ◇중앙아시아 주변-히마찰, 티베트 서부 개화기 6-8월
건조 고지의 모래가 많은 초지에 자생하며 보통 군생한다. 꽃줄기는 높이 25-50cm이며 전체적으로 누운 털이 빽빽하게 자란다. 잎의 기부는 도피침형으로 길이 20-30cm이고, 기부는 폭 넓은 자루가 된다. 꽃은 크게 두 갈래로 분지한 꽃차례에 모여 아래를 향해 핀다. 꽃받침은 길이 6-8mm이며 기부까지 5개로 갈라졌다. 화관은 자줏빛 갈색으로 길이 8-12mm, 갈래조각은 꼿꼿한 채 열리지 않으며 암술이 화관에서 돌출한다.

메꽃과 CONVOLVULACEAE

고구마속 Ipomea

⑥ 이포모에아 카르네아 피스툴로사

I. carnea Jacq. subsp. *fistulosa* (Choisy) Austin

분포 □열대 아메리카 원산 개화기 4-7월
높이 2.5m 이하의 관목으로, 히말라야 저산대의 화전 주변이나 황무지에 야생화했다. 잎몸은 장란형으로 길이 10-15cm이고 끝이 뾰족하며 기부는 얕은 심형이다. 앞뒷면에 가늘고 겉에 부드러운 털이 빽빽하게 자란다. 화관은 깔때기형으로 직경 5-7cm이고 연붉은색이며 기부는 색이 짙다.

아르귀레이아속 Argyreia

⑦ 아르귀레이아 후케리 *A. hookeri* Clarke

분포 □네팔 중부-아삼 개화기 6-9월
저산대의 숲 주변이나 절벽지에 자생하는 덩굴식물. 줄기는 길이 8m 이상 자란다. 잎은 광란형으로 길이 10-25cm이고 끝이 뾰족하며 기부는 심형이다. 표면에 누운 털이 빽빽하게 자란다. 꽃은 자루 끝에 1-5개 달린다. 화관은 깔때기모양으로 직경 5-8cm이고 연붉은색이며 기부는 색이 짙다.

⑤ 린델로피아 스틸로사. 7월7일. C/간바보호마의 북서쪽. 4,100m. 아래를 향한 자주및 갈색 화관은 거의 피지 않으며, 그 끝에서 1개의 암술이 돌출한다.

⑥ 이포모에아 카르네아 피스툴로사. 5월19일. M/베니의 북서쪽. 900m.

⑦ 아르귀레이아 후케리. 7월11일. U/신와의 북동쪽. 1,250m.

마편초과 VERBENACEAE
누리장나무속 Clerodendrum

① 당오동 *C. japonicum* (Thunb.) Sweet
분포 ◇네팔 중부–동남아시아, 인도, 중국 남부 개화기 6-9월
규슈 남부에서 오래전부터 재배되어 야포니쿰이라는 종명이 붙었다. 높이 1-2m의 관목으로 저산대의 숲 주변에 자생한다. 잎에는 긴 자루가 있다. 잎몸은 심형으로 길이 10-30cm. 꽃차례는 주홍색. 화관은 길이 2-2.5cm로 수술과 암술이 길게 돌출한다.

② 클레로덴드룸 비스코숨 *C. viscosum* Vent.
분포 ▫가르왈–동남아시아 개화기 2-4월
높이 1-3m의 관목으로 저산대의 숲속에 자생한다. 잎은 마주나기 한다. 잎몸은 광란형-장란형으로 길이 12-20cm이고 끝이 뾰족하며 앞뒷면에 누운 털이 자란다. 화관은 흰색으로 길이 1.5-1.7cm이고 좋은 향기가 있으며, 수술과 암술이 길게 돌출한다. 꽃받침은 개화 후에 붉은색을 띤다. 중앙에 열매 1개 검게 익는다.

순비기나무속 Vitex

③ 비텍스 네군도 *V. negundo* L.
분포 ▫아프가니스탄–동남아시아 개화기 5-10월
저산대 숲 주변이나 마을 주변에 야생한다. 잎은 장상복엽으로 긴 자루를 가지며 마주나기 한다. 소엽은 피침형으로 길이 5-8cm. 원추꽃차례에는 짧은 털이 빽빽하게 자란다. 화관은 자주색으로 길이 6-8mm이고 끝은 입술모양으로 평개한다.

① 당오동. 7월11일.
U/신와의 북동쪽. 1,100m.

② 클레로덴드룸 비스코숨. 5월28일.
N/날마의 남서쪽. 1,000m.

③ 비텍스 네군도. 7월9일.
U/도반의 남쪽. 1,200m.

④ 폴레모니움 캐룰레움 히말라야눔. 7월16일. I/꽃의 계곡. 3,450m. 큰 바위 비탈의 양지 바른 곳에 자란 것으로, 꽃줄기가 높이 1m 이상으로 솟아있다.

꽃고빗과 POLEMONIACEAE
꽃고비속 Polemonium
④ 폴레모니움 캐룰레움 히말라야눔

P. caeruleum L. subsp. *himalayanum* (Baker) Hara

분포 ◇카슈미르-네팔 서부 개화기 6-9월
아고산대 숲 주변이나 습한 초지에 자생한
다. 꽃줄기는 높이 0.5-1m로 우상복엽이 어
긋나기 하며 상부에 겉에 부드러운 털이 자
란다. 잎의 기부에는 짧은 자루가 있다. 잎몸
은 길이 7-15cm, 소엽은 피침형. 꽃은 원추상
으로 달린다. 화관은 연자주색으로 직경 2.5-
3cm, 통부는 매우 짧으며 5개의 갈래조각은
광란형으로 평개한다. 수술은 5개이고 암술
끝은 3개로 갈라졌다.

꼭두서닛과 RUBIACEAE
열대에 많다. 잎은 마주나기, 꽃은 방사상칭.
솔나물속 Galium
⑤ 갈리움 베룸 *G. verum* L.

분포 ▫온대 유라시아, 아프가니스탄-히마
찰 개화기 6-8월
다형적인 1년초로, 많은 변종과 품종으로 나
뉜다. 건조한 산지에 자생한다. 꽃줄기는 높
이 30-50cm이며 겉에 부드러운 털이 자란다.
잎은 선형으로 길이 1.5-2cm이고 6-8개씩
돌려나기 하며, 뒷면에 겉에 부드러운 털이
촘촘하게 나 있다. 화관은 직경 3-4mm이며 4
개로 깊게 갈라져 평개한다. 갈래조각은 피
침형이다.

오피오리자속 Ophiorrhiza
⑥ 오피오리자 루고사 *O. rugosa* Wall.

분포 ◇네팔 중부-동남아시아, 인도
개화기 5-7월
산지대 하부 숲속에 자생하며 긴 뿌리줄기
가 있다. 높이 10-20cm. 잎자루는 길이 5-
15mm. 잎몸은 타원상피침형으로 길이 4-
8cm. 꽃은 곧게 자란 총꽃자루 끝에 모여 달
린다. 화관은 원통형 깔때기모양으로 길이
1-1.5cm이며 흰색이다.

아르고스템마속 Argostemma
⑦ 아르고스템마 사르멘토숨

A. sarmentosum Wall.

분포 ◇가르왈-미얀마 개화기 6-8월
저산대 계곡 줄기의 아열대림에 자생한다.
줄기는 길이 3-15cm. 잎은 줄기 끝에 돌려나
기 한다. 잎몸은 타원형-도피침형으로 길이
3-8cm. 꽃은 총꽃자루 끝에 여러 개 달린다.
꽃자루는 흰색으로 길이 1-1.5cm. 화관은
직경 1.3-1.5cm, 통부는 매우 짧고 4개의 갈
래조각은 삼각상피침형. 꽃밥은 길이 5-
7mm이다.

⑤ 갈리움 베룸. 7월29일. B/루팔의 남서쪽. 3,200m. 흰솔나물 종류. 히말라야 서부를 포함해 유라시아 온대 각
지에 널리 분포한다.

⑥ 오피오리자 루고사. 7월12일.
U/미트룽의 북쪽. 1,400m.

⑦ 아르고스템마 사르멘토숨. 7월11일.
U/미트룽의 북쪽. 1,000m.

루쿨리아속 Luculia

① 루쿨리아 그라티시마 *L. gratissima* (Wall.) Sweet
분포 ◇네팔 서부-원난성, 동남아시아
개화기 9-11월
높이 1-4m의 상록관목. 산지대 하부의 관목림이나 절벽에 자생한다. 잎몸은 타원형-도피침형으로 길이 10-18cm이고 끝이 뾰족하며 표면에 광택이 있다. 가지 끝의 구상꽃차례는 직경 10-15cm. 화관은 연분홍색, 통부는 길이 2.5-4cm, 갈래조각은 원형으로 길이 1-1.5cm. 꽃 향기가 강하다.

무샌다속 Mussaenda

② 무샌다 록스부르기이 *M. roxburghii* Hook.f.
분포 □네팔 중부-미얀마 **개화기** 5-8월
저산대의 숲 주변에 자생하는 높이 1.5-3m의 관목. 잎몸은 타원형으로 길이 10-20cm이고 끝이 뾰족하다. 꽃은 가지 끝에 모여 달린다. 꽃받침은 5개로 갈라졌고 갈래조각은 선형이며, 이따금 갈래조각 1개가 자루가 있는 하얀 잎모양으로 변한다. 화관의 통부는 길이 2.5-3.5cm, 오렌지색인 갈래조각 5개는 피침형으로 끝이 실 모양으로 돌출한다.

제롬피스속 Xeromphis

③ 제롬피스 스피노사 *X. spinosa* (Thumb.) Keay
분포 □히마찰-동남아시아 **개화기** 3-5월
저산대 계곡 줄기의 숲에 자생하는 높이 2-5m의 낙엽관목으로, 가지에 목질의 가시가 있다. 잎몸은 능상타원형-도란형으로 길이 3-7cm. 꽃은 가지 끝에 1-3개 달리고 자루는 매우 짧다. 화관은 연노란색으로 직경 1.5-2cm, 갈래조각은 도란형으로 뒷면에 털이 빽빽하게 자란다.

레프토데르미스속 Leptodermis

④ 레프토데르미스 란체올라타 *L. lanceolata* Wall.
분포 ◇카슈미르-부탄, 티베트 남동부
개화기 6-8월
높이 0.5-2m의 낙엽관목. 산지의 건조한 숲 주변이나 절벽에 자생한다. 잎몸은 타원형-타원상피침형으로 길이 1-5cm이고 끝이 뾰족하며 앞뒷면에 겉에 부드러운 털이 빽빽하게 자란다. 꽃은 가지 끝에 모여 달린다. 화관은 원통형 깔때기모양으로 길이 7-12mm이고 흰색-붉은 자주색이며, 갈래조각은 삼각상피침형이다.

파베타속 Pavetta

⑤ 파베타 폴리안타 *P. polyantha* Bremek. [*P. indica* L.]
분포 □네팔 중부-아삼, 인도 **개화기** 4-6월
높이 1.5-3m의 관목으로 저산대의 숲 주변이나 2차림에 자생한다. 잎몸은 장원형으로 길이 7-18cm. 가지 끝의 구상꽃차례는 직경 7-

① 루쿨리아 그라티시마. 10월29일.
R/카리콜라. 2,000m.

② 무샌다 록스부르기이. 7월11일.
U/미트룽의 북쪽. 1,000m.

③ 제롬피스 스피노사. 5월14일. N/자가트의 남쪽. 1,200m. 치자나무를 연상케 하는 꽃은 작지만 감미로운 향기를 풍긴다. 열매와 나무껍질은 구토제나 물고기를 잡는 독으로 쓰인다.

10cm. 화관의 통부는 길이 1.5-2cm, 갈래조각
은 피침형. 암술은 길게 튀어나와 있다.

박주가릿과 ASCLEPIADACEAE
잎은 마주나기 한다. 꽃은 5수성 방사총칭
형. 화관 안쪽에 부화관이 있으며, 중심에
수술과 암술이 합착한 꽃술대가 있다. 자
루로 연결된 꽃가루덩이 1쌍이 곤충에 의
해 운반된다.

백미속 Cynanchum
⑥ **치난쿰 아우리쿨라툼** *C. auriculatum* Wight
분포 □파키스탄-아삼, 티베트 남부, 중국
남·중부 개화기 6-9월
산지대 하부에 자생하는 반목질의 덩굴식물.
잎몸은 광란상피침형으로 길이 7-15cm이고
끝이 뾰족하며 기부는 깊은 심형이다. 앞뒷
면에 겉에 부드러운 털이 자란다. 곧게 자란
총꽃자루 끝에 달린 구상꽃차례는 직경 3-
4cm. 화관은 녹색으로 직경 1.2-1.5cm이고 갈
래조각은 피침형. 부화관은 흰색, 갈래조각
은 난형으로 곧게 뻗는다.

체로페기아속 Ceropegia
⑦ **체로페기아 푸베스첸스** *C. pubescens* Wall.
분포 ◇네팔 서부-미얀마, 티베트 남동부,
중국 남서부 개화기 7-9월
저산대의 습한 숲에 자생하는 초질의 덩굴
식물. 잎몸은 난형-협란형으로 길이 7-12cm
이고 끝은 꼬리모양으로 뾰족하다. 꽃은 총
꽃자루 끝에 여러 개 달리고, 꽃자루는 길이
1-2cm. 화관의 통부는 길이 2.5-3.5cm이며 노
란색을 띤 갈래조각 5개는 길이 1.5-2.5cm, 하
부는 난형, 상부는 선형으로 정수리에서 합
착한다.

④ 레프토데르미스 란체올라타. 7월16일.
K/링모의 남쪽. 3,500m.

⑤ 파베타 폴리안타. 5월13일.
N/바운다라의 북쪽. 1,200m.

⑥ 치난쿰 아우리쿨라툼. 7월20일.
K/자그도라의 남쪽. 3,100m.

⑦ 체로페기아 푸베스첸스. 8월3일. 네팔 서부/베리 지방. 1,250m. 숲속에 자생하는 덩굴초로, 이끼 낀 바위를 기
어올라 위를 향해 촛불모양의 꽃을 피우고 있다. 촬영/스즈키(鈴木)

칼로트로피스속 Calotropis

① 칼로트로피스 프로체라 *C. procera* (Aiton) Dryand.
분포 ㅁ서아시아-네팔 중부, 인도, 아프리카
개화기 2-11월
높이 0.5-2m의 관목. 저지의 건조한 숲 주변
이나 길가에 자생하며 전체석으로 분백색을
띤다. 잎은 질이 두꺼운 도란상타원형으로
길이 7-15cm이고 자루를 거의 갖지 않으며
마주나기 한다. 꽃은 산형상으로 모여 달린
다. 화관은 직경 1.5-2.5cm이며 5개로 갈라져
거의 평개한다. 갈래조각은 삼각상광란형이
며 안쪽은 자주색을 띤다.

② 칼로트로피스 기간테아
C. gigantea (L.) Dryand.
분포 ㅁ인도, 네팔 서부-동남아시아, 중국
남부 개화기 3-10월
저지나 대하 유역의 햇빛 강한 나지에 자생하
는 관목. 높이 0.5-3m. 전체적으로 희고 겉에 부
드러운 털로 덮여 있다. 잎은 타원형-장원형으
로 길이 8-17cm이고 기부는 심형이며 매우 짧
은 자루가 있다. 화관은 직경 2-3cm, 갈래조각
은 삼각상피침형이며 살짝 굽어 있다.

호야속 Hoya

③ 호야 란체올라타 *H. lanceolata* D. Don
분포 ◇쿠마온-미얀마 개화기 5-7월
저산이나 산지대 하부의 습한 숲속 나무에
착생하는 목성 덩굴식물. 가지는 활발히 분
지해 아래로 늘어진다. 잎은 2열로 마주나기
하고 자루는 짧다. 잎몸은 난상피침형으로
길이 2-4cm. 꽃은 산형상으로 달리고, 꽃자
루에 겉에 부드러운 털이 빽빽하게 자란다.
화관은 유백색으로 질이 두껍고 직경 1-1.3cm.
갈래조각은 삼각형으로 살짝 굽었으며, 안
쪽에 겉에 부드러운 털이 자란다. 부화관의

① 칼로트로피스 프로체라. 5월15일.
네팔 중부/치트완. 300m.

② 칼로트로피스 기간테아. 5월11일.
N/우디푸르의 남쪽. 600m.

④ 호야 리네아리스. 8월27일. V/육솜의 북쪽. 1,900m. 하얀 화관은 직경 1-1.3cm. 중앙의 불가사리 모양을 한
부화관은 직경 5mm으로 단단하고 반투명하며 끝만 자주색을 띤다.

③ 호야 란체올라타. 6월5일.
M/물리의 북동쪽. 1,500m.

갈래조각은 징원형으로 단단하고 반투명하며 붉은 자주색을 띤다.

④ 호야 리네아리스 H. linearis D. Don
분포 ◇네팔 중부-미얀마. 원난성
개화기 7-10월
동속 란체올라타와 비슷하나, 개화기가 늦다. 줄기는 짧고 가늘며 드문드문 분지곁에 황록색을 띤 털이 빽빽하게 나 있다. 잎은 선상장원형, 표면은 어두운 녹색이며 곁에 부드러운 털로 덮여 있고 뒷면에 중맥이 돌출되어 있지 않다. 부화관의 갈래조각은 삼각상란형으로 끝이 자주색을 띤다.

⑤ 호야 롱기폴리아 H. longifolria Wight
분포 ◇쿠마온-동남아시아 개화기 5-10월
목성 덩굴식물. 산지대의 이끼 낀 나무나 바위에 착생한다. 잎몸은 도피침형으로 길이 7-14cm이고 끝이 뾰족하며 질이 두껍다. 꽃자루는 길이 2.5-3cm. 화관은 유백색으로 질이 두껍고 직경 1.3-1.6cm이며 5개로 갈라져 접시 모양으로 핀다. 갈래조각은 삼각형이며 안쪽에 흰털이 촘촘하게 나 있다. 부화관의 갈래조각은 도란형이며 윗면이 파여 있다.

협죽도과 APOCYNACEAE
마삭줄속 Trachelospermum
⑥ 트라켈로스페르뭄 루치둠

T. lucidum (D. Don) Schumann
분포 ◇파키스탄-아삼 개화기 5-8월
저산대의 습한 숲속에 자생하는 목성 덩굴식물. 잎몸은 협타원형으로 길이 5-10cm이고 끝이 뾰족하다. 가지 끝과 잎겨드랑이에서 늘어진 자루 끝에 향기 좋은 하얀 꽃이 집산상으로 달린다. 화관에는 가는 통부가 있으며, 갈래조각 5개는 도피침형으로 길이 7-9cm이고 가장자리가 바깥쪽으로 말려 살짝 휘었다. 화후 주변은 황록색을 띠며 곁에 부드러운 털이 촘촘하게 덮고 있다.

베아우몬티아속 Beaumontia
⑦ 베아우몬티아 그란디플로라

B. grandiflora Wall.
분포 ◇네팔 중부-원난성, 인도 개화기 2-5월
저산대의 고목을 타고 오르는 대형 목성 덩굴식물. 잎은 상록성으로 가지 끝에 마주나기 한다. 잎몸은 타원상장원형으로 길이 15-25cm이고 끝은 갑자기 뾰족해진다. 꽃은 가지 끝에 여러 개 달려서 옆을 향해 피며 강한 향기를 풍긴다. 화관은 흰색, 기부는 황록색을 띠며 직경 8-12cm. 갈래조각 5개는 난상삼각형이며 살짝 굽어 있다.

⑤ 호야 롱기폴리아. 6월5일. M/물리의 북동쪽. 1,500m.

⑥ 트라켈로스페르뭄 루치둠. 6월5일. M/물리의 북동쪽. 1,500m.

⑦ 베아우몬티아 그란디플로라. 4월25일. 서벵갈주/칼림퐁. 1,200m. 둘로 갈라져 씨를 떨어뜨린 어두운 갈색의 긴 열매가 가지 끝에서 늘어져 있다.

용담과 GENTIANACEAE

북반구의 온대에 종류가 많다. 대부분 초본으로, 톱니 없는 단엽이 마주나기한다. 꽃은 4-5수성. 화관은 방사상칭형으로, 봉오리일 때는 갈래조각이 한쪽으로 말린다. 씨방상위.

용담속 Gentiana

1, 2년초 또는 다년초. 다년초는 크게 뿌리줄기가 단축분지(單軸分枝, 주축이 신장)하는 것과 가축분지(假軸分枝, 곁눈이 신장)하는 것으로 나뉜다. 꽃받침과 화관은 원통형이며 끝이 5개로 갈라졌고, 화관갈래조각 사이에는 부속 조각이 있다. 화관은 햇빛을 받으면 열리고, 기부는 빛을 쉽게 투과해 곤충을 안으로 유인한다.

① 겐티아나 스트라미네아 *G. straminea* Maxim.
분포 ◇네팔 서중부, 티베트 남동부, 중국 서부 개화기 7-9월

건조 고지의 숲 주변이나 강가의 흙이 노출된 초지에 자생한다. 꽃줄기는 길이 15-30cm로 로제트의 기부에서 비스듬히 자라나온다. 근생엽은 광피침형으로 길이 10-22cm이고 5-7개의 나란히맥을 가진다. 줄기 상부의 잎은 작다. 꽃은 정수리와 잎겨드랑이에 모여 달리고 짧은 자루를 가진다. 꽃받침은 막질로 길이 1.5-2cm이고 한쪽이 깊게 갈라졌으며 갈래조각은 톱니모양이다. 화관은 흰색으로 3-4cm이고 안쪽에 녹색을 띠는 부분이 있으며 바깥쪽은 갈색빛 자주색을 띤다. 화관갈래조각은 삼각상난형으로 길이 4-5mm, 부속 조각은 작다.

② 겐티아나 티베티카 *G. tibetica* Hook.f.
분포 ◇네팔 서중부, 부탄, 티베트 남부
개화기 7-9월

건조지대 산지에서 고산대에 걸쳐 습한 풀밭 형태의 초지에 자생한다. 동속 스트라미네아와 비슷하나, 꽃줄기 최상부의 잎은 난

① 겐티아나 스트라미네아. 8월15일.
Y3/암드록 호수. 4,450m.

② 겐티아나 티베티카. 8월18일.
Z2/산티린. 3,600m.

③-a 겐티아나 왈토니아. 8월27일.
Y3/추부곰파의 서쪽. 4,500m.

③-b 겐티아나 왈토니아. 8월19일. Y3/라싸의 서쪽 교외. 4,300m. 작은 녹색 꽃받침조각은 수평으로 열린다. 꽃받침통의 한쪽이 깊게 갈라져 꽃받침조각은 그 반대쪽에 모여 달린다.

싱피침형으로 배모양의 큰 포엽을 이루며 꽃차례의 기부를 안고 있다. 꽃은 전체적으로 약간 작고 자루는 갖지 않으며 두상으로 모여 달린다. 꽃받침은 길이 7-15mm이고 한쪽으로 깊게 갈라졌으며 갈래조각은 매우 작다. 화관 길이는 2.2-2.8cm이다.

③ 겐티아나 왈토니이 *G. waltonii* Burk.
분포 ◇티베트 남부 개화기 8-9월
건조 고지의 이끼 낀 바위 틈이나 절벽에 자생한다. 꽃줄기는 길이 10-25cm이며 기부는 오래된 잎자루의 섬유로 두껍게 싸여 있다. 근생엽은 장원상피침형으로 길이 7-15cm이고 나란히맥이 3개 있으며 끝은 뾰족하다. 줄기잎은 피침형으로 짧다. 꽃은 줄기 끝과 잎겨드랑이에 1-10개 모여 달린다. 꽃받침은 자줏빛 갈색으로 길이 1.5-2.3cm이고 한쪽으로 깊게 갈라졌다. 갈래조각은 질이 두꺼운 협타원형으로 길이 4-7mm이고 끝이 뾰족하며 녹색으로 평개한다. 화관은 깔때기형으로 길이 3.5-4.5cm이며 푸른빛 나는 자주색. 화관갈래조각은 난형으로 끝이 약간 뾰족하며, 부속 조각은 작고 파여 있다.

④ 겐티아나 티안스카니카 *G. tianschanica* Rupr.
분포 ◇중앙아시아 주변-가르왈, 신장
개화기 7-9월
건조 고지의 자갈이 많은 초지에 자생한다. 꽃줄기는 길이 10-25cm. 근생엽은 선상장원형으로 길이 7-15cm이고 겉에 굵은 중맥이 있다. 줄기에는 선상도피침형 잎이 2-3개 달린다. 꽃은 줄기 끝과 잎겨드랑이에 1-5개 달린다. 꽃받침은 길이 1.4-1.7cm이고 한쪽으로 깊게 갈라졌으며 갈래조각은 선상피침형. 화관은 자주색으로 바깥쪽은 갈색빛 자주색을 띠며, 원통형 깔때기모양으로 길이 2-2.5cm. 화관갈래조각은 난형이며 기부에 작은 반점이 흩어져 있다. 부속 조각은 작고 톱니가 있으며 곧게 자란다.

⑤ 겐티아나 카케미리카 *G. cachemirica* Decne.
분포 ◇파키스탄-카슈미르 개화기 8-10월
건조 고지의 바위틈에 자생한다. 꽃줄기는 가늘고 질이 강하며 길이 7-15cm다. 혁질의 잎이 촘촘하게 마주나기 한다. 상부의 잎은 난형으로 길이 7-12mm이고 자루가 없으며 끝이 뾰족하다. 줄기 끝에는 꽃 1-3개가 옆을 향해 달려 있다. 꽃받침통은 길이 8-14mm이고, 갈래조각은 사이가 벌어져 있다. 꽃받침조각은 자루가 있는 난형으로 길이 5-6mm이고 끝이 뾰족하다. 화관은 연자주색으로 바깥쪽은 갈색빛 자주색을 띠며, 깔때기모양으로 길이 2-2.8cm. 화후에 작은 반점이 늘어서 있다. 화관갈래조각은 난형으로 길이 6-8mm. 부속 조각은 작고 불규칙적으로 가늘게 갈라졌다.

④-a 겐티아나 티안스카니카. 8월18일. A/자미치리. 4,000m. 종명은 기준표본이 텐산산맥에서 채집된 데서 유래. 건조한 스텝 형태의 초지나 하원에 자생한다.

④-b 겐티아나 티안스카니카. 8월2일. B/샤이기리의 서쪽. 4,500m.

⑤ 겐티아나 카케미리카. 9월15일. G/나라나크의 북쪽. 3,450m.

①-a 겐티아나 오르나타. 10월3일. P/라우레비나. 4,000m. 바람에 노출된 서쪽 비탈에 군생하고 있다. 뒤쪽으로 보이는 산은 랑탕 리룽.

①-b 겐티아나 오르나타. 10월1일. P/수르자쿤드 고개의 남동쪽.
3,700m. 이끼와 부식질로 덮인 바위 위의 소군락.

② 겐티아나 프롤라타. 8월11일. V/안마의 북동쪽. 4,250m.
U자 계곡 내의 평평한 초지에 고독한 그루를 이루고 있다.

용담속 Gentiana

① 겐티아나 오르나타 G. ornata (G. Don) Griseb.
분포 ◇네팔 중부-부탄 개화기 9-11월
고산대 산등성이의 초지나 이끼 낀 바위땅에
자생하며, 바람이 불고 석양이 비치는 비탈에
군생한다. 꽃줄기는 길이 5-10cm이며 옆으로
퍼진다. 줄기잎은 약간 혁질의 선상피침형으
로 길이 8-15mm이고 끝이 뾰족하며 촘촘하게
마주나기 한다. 꽃은 자루를 갖지 않으며 줄
기 끝에 1개 달려 비스듬히 위를 향한다. 꽃
받침의 통부는 길이 1-1.5cm이며 갈래조각
은 잎과 모양이 같다. 화관은 길이 2-3.5cm로
꽃받침통에서 나와 종모양으로 열리며, 통부
에 어두운 자주색과 황록색 줄무늬가 있다.
화관갈래조각은 삼각상광란형으로 푸른빛
나는 자주색이며 부속 조각은 작다.

② 겐티아나 프롤라타 G. prolata Balf.f.
분포 ■네팔 중부-부탄, 티베트 남부
개화기 7-10월
반건조지대 고산대의 미부식질이 얇게 쌓인
초지에 자생한다. 동속 오르나타와 비슷하
나, 줄기잎은 약간 폭이 넓으며 길이 6-
13mm이다. 꽃줄기는 이따금 분지하고, 화관
은 도원추형으로 길이 4-5cm. 화관갈래조각
은 협삼각형으로 길이 5-7mm이며 비스듬히
자란다.

③ 겐티아나 오레오독사 G. oreodoxa H. Smith
분포 ◇부탄, 티베트 남부, 원난성
개화기 8-10월
아고산대나 고산대 초지의 비탈에 자생하며,
땅속에 크고 굵은 뿌리가 여러 개 있다. 동속
프롤라타와 매우 비슷하나, 전체적으로 약
간 작고 잎은 활모양으로 휘어 있다. 화관은
길이 3.5-4cm, 통부는 꽃받침에서 나와 갑자
기 불룩해진다. 갈래조각은 난상삼각형, 부
속 조각은 매우 작다.

④ 겐티아나 데프레사 G. depressa D. Don
분포 ◇네팔 중부-부탄, 티베트 남부
개화기 9-11월
고산대의 양지 바른 절벽이나 모래가 많고
건조한 초지에 자생하며, 주출지가 뻗어 매
트 군락을 이룬다. 꽃줄기는 매우 짧다. 로제
트잎은 난형·장원형으로 길이 7-20mm이며
십자모양으로 모인다. 줄기잎은 혁질의 광
란형으로 가장자리는 연골질이며, 뒷면에
중맥이 돌출되어 있다. 꽃은 줄기 끝에 1개
달린다. 꽃받침조각은 광란형·주걱형으로
길이 6-8mm. 화관은 항아리형 종모양으로
길이 2-2.8cm. 화관갈래조각은 광란형으로
옅은 청색·푸른빛 나는 자주색, 부속 조각은
흰색·연자주색으로 약간 작다.

③ 겐티아나 오레오독사. 8월22일.
Y4/간덴의 남동쪽. 4,850m.

④-a 겐티아나 데프레사. 10월24일.
S/남체바자르의 동쪽. 3,600m.

④-b 겐티아나 데프레사. 10월2일. P/고사인쿤드, 4,300m. 구름이 태양을 가리는 순간에 촬영한 것. 주위가 어
두워지면 화관은 이내 입을 닫고, 빛이 강하면 검은 그림자가 생긴다.

용담속 Gentiana

① 겐티아나 엘웨시이 *G. elwesii* Clarke

분포 ◇네팔 동부-부탄, 티베트 남부
개화기 7-9월

고산대의 소관목 사이에 자생한다. 꽃줄기는
높이 15-30cm로 곧게 자란다. 근생엽에는 짧은
자루가 있다. 잎몸은 타원형-도피침형으로 길
이 1-2.5cm. 줄기잎은 2-3개 달리며 근생엽과
모양이 같다. 꽃은 줄기 끝에 모여 달리고 포
엽은 잎모양이며 꽃자루는 매우 짧다. 꽃받침
은 피침형으로 길이 2-3mm이며 평개한다. 화
관은 통상방추형으로 길이 2-2.5cm이고 흰색
이며 끝은 푸른빛 나는 자주색을 띤다. 화관갈
래조각은 삼각형으로 곧게 뻗는다.

② 겐티아나 에레크토세팔라 *G. erectosepala* Ho

분포 ■티베트 남동부 개화기 8-9월

고산대의 소관목 사이나 미부식질로 덮인 바
위땅에 자생한다. 꽃줄기는 높이 12-20cm로
여기에 잎이 2-4쌍 달리며, 기부에서 불임지
가 갈라진다. 근생엽은 선상도피침형으로 길
이 3-6cm. 꽃은 1-5개 달리고 꽃자루는 길이 1-
4cm. 꽃받침조각은 고르지 않은 선상피침
형. 화관은 통상도원추형으로 길이 2.8-
3.2cm이고 어두운 자주색 줄무늬가 있다. 화
관갈래조각은 삼각상광란형으로 곧게 뻗으
며 어두운 자주색 반점이 있다.

③ 겐티아나 히말라옌시스

G. himalayensis Ho [*G. algida* Pall. var. *parviflora* (Clarke)
Kuzn.]

분포 ■네팔 동부-부탄 개화기 7-9월

고산대 상부의 미부식질로 덮인 자갈 비탈
에 자생하며, 꽃줄기 주변에 로제트잎이 모
여 달린다. 잎은 질이 두꺼운 선상피침형으
로 길이 1.5-2.5cm이며 중맥에서 살짝 안으로
꺾였다. 꽃은 짧은 줄기 끝에 1개 달린다. 꽃

① 겐티아나 엘웨시이. 8월23일.
V/탕신의 남서쪽. 3,800m.

②-a 겐티아나 에레크토세팔라. 8월6일.
Z3/라무라쵸의 남동쪽. 4,500m.

②-b 겐티아나 에레크토세팔라. 8월6일.
Z3/라무라쵸의 남동쪽. 4,650m.

③ 겐티아나 히말라옌시스. 7월26일. S/타르닉의 북동쪽. 5,100m. 오른쪽 ④-b의 촬영지와 같은 비탈의 상부. 이
쪽은 개화기가 빠르다. 잎은 질이 두껍고, 화관은 도원추형으로 안쪽에 반점이 있다.

받침조각은 장원형. 화관은 도원추형으로 길이 2.5-3.5cm이고 바깥쪽에 어두운 자주색 띠가 있으며, 안쪽에 같은 색 반점이 있다. 갈래조각은 광란형으로 곧게 뻗는다.

④ 겐티아나 누비게나

G. nubigena Edgew. [*G. przewalskii* Maxim., *G. algida* Pall. var. *nubigena* Edgew.]

분포 ◇카슈미르-부탄, 티베트 남부
개화기 8-10월

고산대의 자갈 많은 초지에 자생한다. 줄기는 길이 3-7cm. 근생엽은 선형으로 길이 2-5cm이고 끝은 원형이며 가장자리가 안쪽으로 굽었다. 줄기잎은 2-3쌍 달린다. 꽃은 줄기 끝에 1-3개 달리며 자루는 짧다. 꽃받침조각은 선상피침형. 화관은 원통형 종모양으로 길이 3.5-4.5cm이고 끝은 푸른빛 나는 자주색으로 물들었으며, 통부에 어두운 자주색 줄무늬가 있다. 화관갈래조각은 삼각상 광란형으로 곧게 뻗는다.

*④-a는 티베트에 난 것으로, 화관 끝이 희고 동속 알기다(*G. algida* Pall.)에 가깝다. ④-c는 사초과 풀과 섞여 자라고 있다.

⑤ 겐티아나 베누스타 *G. venusta* (G. Don) Griseb.

분포 ■파키스탄-부탄 개화기 8-10월

고산대의 이끼로 덮인 모래땅에 자생하며, 줄기는 쓰러져서 끝만 꼿꼿이 선다. 줄기잎은 질이 두꺼운 난원형으로 길이 5-15mm이고 자루가 없으며 가장자리가 안쪽으로 굽어 배 모양을 이룬다. 꽃은 줄기 끝에 1-5개 달리고, 기부는 잎에 덮여 있다. 꽃받침조각은 주걱형으로 간격이 벌어져 있다. 화관은 원통형 종모양으로 길이 2-3.5cm이며 푸른빛 나는 자주색. 화관갈래조각은 난형으로 곧게 뻗는다. 부속 조각은 작으며 가장자리에 불규칙한 톱니가 있다.

④-a 겐티아나 누비게나. 8월28일. Y3/라싸 라. 5,300m. 여름에도 눈이 자주 내리는 풀밭 형태의 초지에 흩어져 자라고 있다. 히말라야 남쪽의 것과는 달리 화관 끝이 청자색을 띠지 않는다.

④-b 겐티아나 누비게나. 9월3일.
S/타르낙의 북동쪽. 4,800m.

④-c 겐티아나 누비게나. 8월27일.
P/야라의 북동쪽. 4,900m.

⑤ 겐티아나 베누스타. 9월6일.
J/홈쿤드. 4,400m.

용담속 Gentiana

① 겐티아나 우르눌라 G. urnula H. Smith

분포 ■네팔 동부-부탄, 티베트 남동부, 칭하이성 개화기 8-10월

고산대 상부의 건조한 모래 비탈에 자생한다. 줄기는 짧고 바닥으로 쓰러져 모래에 묻히는 경우가 많으며, 기부에 오래된 잎을 남긴다. 꽃줄기에 마주나기 하는 잎은 도광란형으로 길이 1-1.7cm이며 혁질이다. 가장자리에는 하얀 연골질 부분이 있으며, 중맥을 경계로 안쪽으로 꺾여 있다. 불임지의 잎은 길이 4-8mm로 작으며, 가지 끝에 모여 마름모모양의 로제트를 이룬다. 꽃은 줄기 끝에 1-2개 달리며, 기부는 잎에 덮여 있다. 꽃받침조각은 잎과 모양이 같다. 화관은 항아리형 종모양으로 길이 2-3cm, 질이 얇고 흰색이며 끝은 어두운 자주색을 띤다. 갈래조각은 광란형으로 곧게 뻗는다.

*①-a는 악천후 때문에 화관을 닫은 상태. ①-b는 1년 후 늦가을에 같은 장소에서 찍은 사진으로, 둘로 갈라져 씨를 떨어뜨린 후 시들어버린 열매가 숙존하는 화관 끝에서 높이 솟아 있다.

② 겐티아나 길보스트리아타

G. gilvostriata Mauq.

분포 ◇부탄-미얀마, 티베트 남동부, 윈난성 개화기 9-10월

고산대의 이끼로 덮인 바위땅에 자생한다. 꽃줄기와 불임지는 길이 2-5cm이며 사방으로 쓰러진다. 잎은 타원형으로 길이 4-8mm이고 끝이 뾰족하며 촘촘하게 마주나기 한다. 기부는 폭넓은 자루가 된다. 줄기 끝에 자루 없는 꽃 1개가 비스듬히 달린다. 꽃받침조각은 협타원형으로 끝이 뾰족하다. 화관은 푸른빛 나는 자주색으로 길이 2.5-3.5cm이고 꽃받침의 상부에서 불룩해지며, 바깥쪽에 푸른빛 나는 짙은 자주

①-a 겐티아나 우르눌라. 9월 6일. S/칼라파타르의 동쪽. 5,400m.

①-b 겐티아나 우르눌라. 10월 15일. S/칼라파타르의 동쪽. 5,400m.

② 겐티아나 길보스트리아타. 9월 23일. X/총소탄의 북쪽. 4,650m.

③ 겐티아나 에모디. 8월 15일. V/캉 라의 남쪽. 4,700m. 지의류로 덮인 빙하의 측퇴석 위에 점점이 보석을 흩뿌려놓은 듯이 자라나 있다. 마름모 모양의 로제트는 직경 5mm.

색과 노란색 띠가 있다. 화관 끝은 깔때기모양으로 열리고, 갈래조각은 삼각상광란형이다.

③ 겐티아나 에모디 *G. emodi* Marq.
분포 ■ 네팔 동부-부탄, 티베트 남부
개화기 7-9월
자생 환경과 형태가 동속 우르눌라와 비슷하나 전체적으로 약간 작다. 자주색 화관은 종모양으로 질이 약간 두껍고 통부에 어두운 자주색 띠가 있다. 잎 주변의 연골질은 폭이 넓으며, 가장자리에 미세한 요철이 있다. 잎은 길이 3-12mm. 화관은 길이 1.7-2.3cm이다.

④ 겐티아나 투비플로라 *G. tubiflora* (D. Don) Griseb.
분포 ◇히마찰-부탄, 티베트 남부
개화기 7-9월
고산대의 풀밭 형태의 초지에 자생한다. 전체적으로 동속 길보스트리아타와 비슷하나, 화관은 누두상 도원추형(漏斗狀倒圓錐形)으로 길이 2.2-3.8cm이고 푸른빛 나는 짙은 자주색이다. 잎은 질이 두껍다. 꽃줄기는 길이 3.5-5cm이다.

⑤ 겐티아나 필로칼릭스 *G. phyllocalyx* Clarke
분포 ◇네팔 중부-미얀마, 티베트 남동부, 윈난성 개화기 6-9월
고산대의 미부식질로 덮인 자갈 비탈에 자생한다. 꽃줄기는 높이 5-12cm로 곧게 자라고, 붙임지는 사방으로 뻗는다. 잎은 질이 두꺼운 광타원형-도란형으로 길이 7-15mm이고 뒷면에 중맥이 돌출되어 있다. 줄기 끝에 1개의 꽃이 곧게 서고, 꽃받침은 잎으로 덮여 있다. 꽃받침 조각은 피침형으로 길이 4-6mm이며 간격이 벌어져 있다. 화관은 원통형 종모양으로 길이 2.5-4cm이고 푸른빛 나는 짙은 자주색이다. 화관갈래조각은 난형, 부속 조각은 매우 작다.

④-a 겐티아나 투비플로라. 8월17일. Y3/쇼가 라. 5,400m.

④-b 겐티아나 투비플로라. 8월5일. T/아사마사. 4,400m.

⑤-a 겐티아나 필로칼릭스. 8월4일. T/아사마사의 북서쪽. 3,950m.

⑤-b 겐티아나 필로칼릭스. 7월1일. Z3/세치 라. 4,600m. 고개 위 풀밭 형태의 초지에 이 종으로서는 커다란 매트 군락을 이루고 있다. 노란 꽃은 장백제비꽃.

용담속 Gentiana

① 겐티아나 마르기나타 *G. marginata* (D. Don) Griseb.

분포 ◇아프가니스탄-가르왈 개화기 7-9월
1년초. 건조한 고산대의 풀밭 형태 초지에
자생한다. 높이 2-5cm. 줄기는 활발히 분지하
고 잎은 빽빽하게 마주나기 한다. 하부의 잎
은 광란형-타원형으로 길이 6-10mm이고 살
짝 휘었으며 끝은 약간 뾰족하다. 상부의 잎
은 장원형. 꽃은 줄기 끝에 반구형으로 모여
달린다. 꽃받침조각은 피침형이며 약간 휘어
있다. 화관의 통부는 길이 8-12mm, 끝은 자
주색으로 평개하며 직경 9-13mm. 화관갈래
조각은 난형. 부속 조각은 갈래조각과 크기
가 거의 같으며 가장자리에 톱니가 있다.

② 겐티아나 카리나타 *G. carinata* (D. Don) Griseb.

분포 ◇파키스탄-가르왈 개화기 5-8월
1년초. 건조한 풀밭 형태 초지에 자생하며,
특히 카슈미르의 방목지에 많다. 높이 3-
10cm. 줄기는 활발히 분지한다. 잎의 기부는
도란형-장원상피침형으로 길이 1-2.5cm. 상
부의 잎은 가늘고 끝이 휘어 있다. 꽃은 줄기
끝에 반구형으로 모여 달린다. 꽃받침조각
은 피침형으로 곧게 자란다. 화관의 통부는
길이 8-12mm, 끝은 청색으로 평개하며 직경
8-12mm. 화후에 실모양의 부속 조각이 곧게
뻗어 있다. 화관갈래조각은 난형, 부속 조각
은 약간 작고 가장자리에 톱니가 있다.

③ 겐티아나 아르겐테아

G. argentea (D. Don) Clarke
분포 □아프가니스탄-네팔 중부 개화기 4-8월
1년초. 산지에서 고산대에 걸쳐 건조한 초지
나 둔덕에 자생한다. 꽃줄기는 높이 2-8cm로
활발히 분지하며 전체적으로 회갈색을 띤다.
기부의 잎은 난형-장원상피침형으로 길이 7-
20mm이고 끝이 뾰족하다. 상부의 잎은 휘어

①-a 겐티아나 마르기나타. 7월5일. C/간바보호마 부근. 4,400m. 빙하에서 불어오는 바람이 넘나드는 건조한 남
쪽 사면에 자생한 것으로, 전체적으로 왜소화했다.

①-b 겐티아나 마르기나타. 9월10일.
G/크리센사르 부근. 3,800m.

② 겐티아나 카리나타. 6월9일.
G/굴마르그의 서쪽. 2,850m.

③ 겐티아나 아르겐테아. 5월23일.
N/마나슬루 주봉의 남서쪽. 3,450m.

있으며 가장자리는 연골질. 꽃은 반구형으로 모여 달린다. 꽃받침조각은 선상피침형이며 끝이 날카롭다. 화관의 통부는 길이 4-8mm, 끝은 자주색으로 평개하며 직경 5-7mm. 화관갈래조각은 난형, 부속 조각은 약간 작고 가장자리에 톱니가 있다.

④ 용담속의 일종 (A) Gentiana sp. (A)

1년초. 양지 바른 풀밭 형태 초지의 구덩이에 자생한다. 전체적으로 동속 아르겐테아와 비슷하나, 화관은 깔때기모양으로 통부의 안쪽에 희고 긴 털이 자라며, 화후는 넓고 녹색 반점이 있다. 높이 2-3cm. 줄기에 마주나기 하는 잎은 선상피침형으로 길이 8-10mm이고 전체적으로 질이 단단하며 끝은 가시모양으로 뾰족하다. 꽃은 줄기 끝과 잎겨드랑이에 달린다. 꽃받침조각은 피침형으로 끝이 날카롭고, 가장자리는 막질이다. 화관은 직경 6mm, 화통은 길이 5-6mm이다.

⑤ 용담속의 일종 (B) Gentiana sp. (B)

1년초. 소관목 사이의 평활한 초지에 자생한다. 로제트잎은 발견되지 않는다. 꽃줄기는 높이 2-3cm로 기부에서 분지해 곧게 자라고, 자줏빛 갈색을 띤 비늘조각모양의 잎이 빽빽하게 겹치며 마주나기 한다. 잎은 도광란형-반원형으로 길이 3-4cm이고 끝은 원형이거나 미세한 돌기가 있다. 가장자리는 막질로 흰색이며, 기부의 중맥 부근에 직사각형의 하얀 반점이 있다. 꽃은 자루를 갖지 않고 줄기 끝과 잎겨드랑이에 달리며 1가지에 2-4개가 모인다. 꽃받침조각은 폭넓은 주걱형으로 끝이 갑자기 뾰족해지고, 가장자리의 막질부는 폭이 넓다. 화관은 깔때기모양으로 길이와 직경 모두 6-8mm, 통부는 흰색으로 끝은 연자주색, 화후에 어두운 자주색 반점이 있다. 화관갈래조각은 난형. 부속 조각은 원형으로 갈래조각과 크기가 거의 같으며 가장자리에 톱니가 있다.

⑥ 겐티아나 마인링겐시스

G. mainlingensis Ho [*G. nyingchiensis* Ho]

분포 ◇티베트 남동부 **개화기** 7-8월

1년초. 고산대의 습한 절벽에 자생한다. 꽃줄기는 높이 2-4cm로 기부에서 활발히 분지한다. 줄기와 뿌리는 매우 가늘다. 잎은 길이 2-5mm로 폭 넓은 막질 자루가 있으며, 자루의 바깥쪽은 자줏빛 갈색을 띤다. 잎몸은 광란형으로 길이 1-2mm이고 휘었으며 끝이 돌출한다. 꽃은 줄기 끝에 1개 달린다. 꽃받침의 통부는 길이 3-6mm, 갈래조각은 잎모양. 화관의 통부는 길이 5-7cm, 끝은 붉은 자주색으로 평개하며 직경 2-3mm. 화후는 흰색. 화관갈래조각은 난원형으로 부속 조각은 작다.

④ 용담속의 일종 (A) 5월4일. N/푼힐. 3,150m.

⑤ 용담속의 일종 (B) 5월29일. M/카페 콜라의 왼쪽 기슭. 4,050m.

⑥ 겐티아나 마인링겐시스. 8월5일. Z3/라무라쵸의 남동쪽. 4,650m. 무너져내리기 쉬운 절벽에 자생하는 초소형 용담. 꽃은 직경 2-3mm. 글색 꽃은 돌나물속 풀.

용담속 Gentiana

① 겐티아나 크라술로이데스

G. crassuloides Bur. & Franch.

분포 ◇가르왈·부탄, 티베트 남동부, 중국 서부 개화기 7-9월

1년초. 고산대의 건조한 모래땅에 자생한다. 줄기는 기부에서 활발히 분지해 높이 2.5-5cm의 둥근 그루를 이룬다. 잎은 가지에 3-4개 달리고 막질의 자루를 가진다. 잎몸은 질이 두꺼운 광란형으로 길이 1-3mm이고 끝이 뾰족하며 중맥에서 안쪽으로 꺾인 경우가 많다. 꽃은 가지 끝에 1개 달리고 기부는 잎에 덮여 있다. 꽃받침통은 도원추형으로 길이 6-8mm, 갈래조각은 잎모양으로 평개한다. 화관의 통부는 꽃받침보다 길고 끝은 청색으로 평개하며 직경 5-7mm. 갈래조각은 삼각상협란형, 부속 조각은 좌우부정인 피침형으로 작다.

①-a 겐티아나 크라술로이데스. 9월3일. S/타르낙의 북동쪽. 4,700m.

①-b 겐티아나 크라술로이데스. 8월22일. Y4/간뎬의 남동쪽. 4,850m.

② 용담속의 일종 (C) Gentiana sp. (C)

1년초. 고산대의 소관목 사이 초지에 자생한다. 꽃줄기는 높이 3-7cm로 기부에서 분지해 곧게 자란다. 잎의 기부는 난형으로 길이 4-8mm이고 끝은 가시모양으로 뾰족하며 가장자리는 투명한 연골질이다. 뒷면에 중맥이 돌출되어 있다. 줄기잎은 선상피침형으로 길이 3-6mm이고 끝이 뾰족하며 가장자리는 연골질이다. 5-7쌍이 일정한 간격으로 떨어져 곧게 자란다. 꽃은 가지 끝에 1개 달리고, 길이 2-4mm의 자루를 가진다. 꽃받침의 통부는 길이 4-5mm, 갈래조각은 피침형으로 길이 3mm, 중앙의 녹색 부분이 통부의 기부까지 이어진다. 화관의 통부는 길이 5-6mm로 안쪽은 귤색. 화관 끝은 연자주색으로 평개하며 직경 7-8mm, 화후에 청자주색 반점이 있다. 화관갈래조각은 협란형으로 끝이 뾰족하고, 부속 조각은 약간 작고 톱니가 있다. 동속 파우치필로사(*G. faucipilosa* H. Smith)에 가깝다.

③ 겐티아나 미칸스 *G. micans* Clarke

분포 ◇네팔 중부·부탄, 티베트 남부

개화기 8-10월

1년초. 아고산대에서 고산대에 걸쳐 이끼 낀 모래땅이나 둔덕 비탈에 자생한다. 줄기는 짧고 활발히 분지하며 꽃을 포함해 높이 2-4cm이고 잎이 빽빽하게 마주나기 한다. 잎의 기부는 난형으로 길이 3-8mm. 줄기잎은 선상피침형으로 길이 7-13mm, 폭 1.5-2mm이며 곧게 서서 자란다. 꽃은 가지 끝에 1개 달리고 자루는 없으며 기부가 잎에 덮여 있다. 꽃받침조각은 잎모양으로 길이 3-6mm. 화관의 통부는 길이 1.5-2.2cm, 끝은 자주색으로 평개하며 직경 1-1.2cm. 화관갈래조각은 난형으로 끝이 뾰족하고, 부속 조각은 약간 작고 가장자리에 불규칙한 이가 있다.

② 용담속의 일종 (C) 6월19일. X/마사캉의 북동쪽. 4,500m. 곧게 뻗은 가는 꽃줄기에 길이 5mm 정도의 가는 잎이 달라붙듯이 꼿꼿하게 자라나 있다. 화통의 안쪽은 귤색.

240 용담과

④ 겐티아나 프라이니이 *G. prainii* Burk.
분포 ■ 네팔 동부-부탄 개화기 5-8월
1년초. 산지에서 아고산대에 걸쳐 숲속의 습한 둔덕이나 부식질에 자생한다. 줄기는 길이 5-15cm로 분지하고 질이 약하며 하부는 쓰러지기 쉽다. 줄기잎은 난형으로 길이 4-7mm이고 끝은 뾰족하며 휘어 있다. 꽃은 줄기 끝에 1개 달리고, 꽃자루는 길이 2-8mm. 꽃받침조각은 피침형으로 길이 1-2mm이며 휘어 있다. 화관의 통부는 길이 5-8mm로 끝은 자주색으로 평개하고, 화후에 어두운 자주색 줄무늬가 있다. 화관갈래조각은 난형으로 길이 2-3mm이고 끝이 뾰족하다. 부속 조각은 좌우부정으로 약간 작다.

⑤ 겐티아나 레쿠르바타 *G. recurvata* Clarke
분포 ■ 네팔 동부-시킴 개화기 6-9월
1년초. 산지 떡갈나무 숲의 이끼 낀 바위땅이나 둔덕 비탈에 자생한다. 꽃줄기는 높이 5-12cm로 질이 부드럽고 기부에서 두 갈래로 분지해 휘었으며, 잎이 드문드문 마주나기 한다. 로제트잎은 난형-타원형으로 길이 8-15mm이고 기부는 폭 넓은 자루가 된다. 줄기 상부의 잎은 장원상피침형으로 길이 5-10mm이고 끝이 약간 뾰족하며, 기부는 합착해 짧은 칼집모양을 이룬다. 꽃은 가지 끝에 1개가 위를 향해 달리며 짧은 자루를 가진다. 꽃받침은 길이 4-5mm, 갈래조각은 피침형. 화관의 통부는 길이 6-8mm, 끝은 자주색으로 평개하며 직경 7-9mm. 화관갈래조각은 협란형으로 끝이 뾰족하다. 부속 조각은 장원형으로 끝이 실처럼 가늘게 갈라졌다.

⑥ 겐티아나 페디첼라타
G. pedicellata (D. Don) Griseb.
분포 □ 파키스탄-미얀마, 티베트 남부, 인도 개화기 2-6월
1년초. 저산에서 산지대에 걸쳐 길가나 숲 주변의 둔덕 비탈에 자생한다. 높이 2-8cm. 줄기는 활발히 분지하고 하부는 쉽게 쓰러지며 잎은 드문드문 마주나기 한다. 전체적으로 매우 짧은 털이 자란다. 로제트잎은 장란형으로 길이 1-2.5cm이고 끝에 미세한 돌기가 있다. 줄기잎은 타원상피침형으로 길이 5-10mm이고 휘었으며, 끝은 가시모양으로 뾰족하고 가장자리에 털이 있다. 꽃은 줄기 끝에 1개 달리며 짧은 자루를 가진다. 꽃받침조각은 피침형으로 길이 2-4mm이고 끝은 휘어 있다. 화관의 통부는 길이 6-8mm, 끝은 연한 자주색으로 평개하며 직경 6-7mm. 화관갈래조각은 난형으로 끝이 뾰족하고, 부속 조각은 약간 작다. 열매는 편평한 도란형이며 굵은 자루를 가진다.

③-a 겐티아나 미칸스. 9월 20일.
X/마로탄의 북쪽. 3,700m.

③-b 겐티아나 미칸스. 9월 19일.
X/마로탄의 남쪽. 3,450m.

④ 겐티아나 프라이니이. 5월 27일.
T/톱케골라 부근. 4,000m.

⑤ 겐티아나 레쿠르바타. 7월 20일.
T/운시사의 남동쪽. 2,700m.

⑥-a 겐티아나 페디첼라타. 4월 26일.
U/둘파니. 2,800m.

⑥-b 겐티아나 페디첼라타. 5월 30일.
V/팔루트의 남동쪽. 3,000m.

야에스크케아속 Jaeschkea

① 야에스크케아 올리고스페르마

J. oligosperma (Griseb.) Knobl.

분포 ◇아프가니스탄-카슈미르 개화기 7-9월
1년초. 건조지대의 산지에서 고산대에 걸쳐
초지에 자생한다. 꽃줄기는 높이 10-25cm로
능을 4개 가지며 상부에서 곁가지를 낸다.
잎은 협피침형으로 길이 1.5-3cm이고 자루가
없다. 꽃은 가지 끝과 잎겨드랑이에 달리며
가는 자루를 가진다. 꽃받침은 5개로 깊게
갈라졌으며 갈래조각은 피침형. 화관은 원
통형 종모양으로 길이 8-12mm, 기부는 원형
으로 끝이 자주색을 띠며 갈래조각은 삼각
형이다.

겐티아넬라속 Gentianella

② 겐티아넬라 무르크로프티아나

G. moorcroftiana (Griseb.) Airy Shaw

분포 ▢파키스탄-네팔 중부 개화기 7-10월
다형적인 1년초. 건조 고지의 바위가 많은
초지에 자생한다. 꽃줄기는 높이 7-20cm로
활발히 분지한다. 잎은 장란형-선상피침형
으로 길이 1-3cm. 꽃은 줄기 끝과 잎겨드랑
이에 달리며, 길이 1-10cm인 가는 자루가
곧추 선다. 꽃받침은 길이 8-15mm이고 5개
로 깊게 갈라졌으며 갈래조각은 장원상피침
형. 화관의 통부는 길이 1.2-2.8cm, 끝은 연청
색-연자주색으로 평개하며 직경 1.2-1.8cm,
갈래조각은 장란형. 화관이 짧고 잎이 가는
것은 마데니(var. *maddeni* Clarke)라는 변종
또는 별종으로 취급되기도 한다.
*②-a는 이 종의 기준표본 채집지인 카슈미
르에 있는 것으로, 화관의 길이 2-2.5cm이다.
②-b는 변종 마데니의 기준표본 채집지인
쿠마온에 있는 것으로, 화관은 짧고 자루는
가늘며 꽃자루가 길다.

① 야에스크케아 올리고스페르마. 7월29일. B/타르신의 서쪽. 2,950m. 가늘고 긴 풍선모양의 화관은 길이 1cm
정도이며, 강한 햇빛을 받으면 정부의 삼각형 갈래조각이 열린다.

②-a 겐티아넬라 무르크로프티아나. 9월11일.
G/가드사르의 남동쪽. 3,550m.

②-b 겐티아넬라 무르크로프티아나. 9월20일.
J/마르톨리의 남쪽. 3,500m.

③ 코마스토마 페둔쿨라툼. 7월30일.
B/바진 빙하의 왼쪽 기슭. 3,600m.

코마스토마속 Comastoma

③ 코마스토마 페둔쿨라툼

C. pedunculatum (D. Don) Holub

[*Gentianella pedunculata* (D. Don) H. Smith]

분포 ◇파키스탄-부탄, 티베트, 중국 서부
개화기 7-10월

1년초. 아고산대에서 고산대에 걸쳐 돌이 많은 초지에 자생한다. 꽃줄기는 높이 5-15cm로 기부에서 활발히 분지한다. 잎은 난형-피침형으로 길이 4-13mm이며 자루를 갖지 않는다. 꽃자루는 길이 1-8cm. 꽃받침은 길이 4-7mm이며 기부까지 5개로 갈라졌다. 화관의 통부는 길이 7-10mm, 끝은 연한 자주색으로 평개하며 직경 1-1.5cm. 화후에 희고 긴 털이 자란다.

수염용담속 Gentianopsis

④ 겐티아노프시스 바르바타 *G. barbata* (Froel.) Ma

분포 ◇중앙아시아-네팔 중부, 티베트 남부, 중국 서부 개화기 7-9월

1년초. 건조지대의 바위가 많은 초지에 자생한다. 높이 10-40cm. 잎의 기부는 도란형-장원형으로 길이 2-4cm이며 짧은 자루를 가진다. 줄기잎은 장원상피침형. 꽃자루는 열매 시기에 꼿꼿이 자란다. 꽃은 4수성. 꽃받침은 길이 2-3cm로 능을 가지며 갈래조각은 삼각상피침형. 화관은 연노란색으로 길이 3-4cm이고 어두운 자주색 줄무늬가 있으며, 갈래조각은 가늘고 곧추 선다.

⑤ 겐티아노프시스 팔루도사

G. paludosa (Hooker) Ma [*Gentianella paludosa*

(Hooker) H. Smith]

분포 ◇파키스탄-부탄, 티베트 남동부 중국 서부 개화기 7-9월

1년초. 건조한 아고산대의 숲 주변이나 바위가 많은 초지에 자생한다. 높이 20-50cm. 잎의 기부는 타원형으로 길이 2-4cm이며 짧은 자루를 가진다. 줄기잎은 장원상피침형. 꽃은 줄기 끝과 잎겨드랑이에 달리며 꽃자루는 길이 7-20cm. 꽃받침은 길이 2.5-3cm로 능을 4개 가진다. 화관의 통부는 길이 2.5-3.5cm이고 끝은 4개로 갈라졌으며, 갈래조각은 주걱형으로 자주색이며 평개한다.

크라우푸르디아속 Crawfurdia

⑥ 크라우푸르디아 스페치오사 *C. speciosa* Wall.

분포 ◇네팔 동부-미얀마, 티베트 남동부
개화기 9-11월

비가 많은 산지의 관목에 휘감기는 덩굴식물. 잎몸은 난형-타원형으로 길이 5-8cm이고 끝은 꼬리모양이며 가장자리에 무딘 톱니가 있다. 꽃받침조각은 피침형으로 길이 2-4mm이며 개출한다. 화관은 원통형 종모양으로 길이 3-5cm이고 자주색 띠가 있으며, 갈래조각은 삼각형으로 휘어 있다.

④ 겐티아노프시스 바르바타. 8월19일. A/아노고르. 3,800m. 연한 노란색 화관은 가는 갈래조각 4개를 곧게 세운 채, 열매가 크게 자랄 때까지 숙존한다.

⑤ 겐티아노프시스 팔루도사. 8월19일. Z2/산티린의 북동쪽. 3,750m.

⑥ 크라우푸르디아 스페치오사. 10월28일. R/푸이안의 남동쪽. 2,800m.

로마토고니움속 Lomatogonium

1년초. 꽃은 4-5수성. 씨방은 가늘고 길게 자라며 상부의 양쪽에 암술머리가 아래로 내려오며 양날검과 같은 모습을 하고 있다. 암술대는 없다.

① 로마토고니움 카린티아쿰

L. carinthiacum (Wulf.) Reichenb.

분포 ◇북반구의 냉온대-한대, 파키스탄-네팔 개화기 8-10월

1년초. 고산대의 습하고 자갈이 많은 초지나 모래땅에 자생한다. 높이 3-10cm. 가는 줄기가 기부에서 여러 개로 갈라져 곧게 자란다. 잎은 난형-장원형으로 길이 4-10mm이고 자루를 갖지 않으며, 줄기 기부에 빽빽하게 모여나기 하며 로제트형태로 땅위에 퍼져 나간다. 이따금 줄기 중부에 잎이 1장 달린다. 꽃은 줄기 끝에 1개 달린다. 꽃받침은 난상피침형. 화관은 연한 자주색이고 4-5개로 깊게 갈라져 포물선모양으로 열리며 직경 1.8-2.2cm. 화관갈래조각은 난상타원형으로 끝이 뾰족하며, 기부에 굵은 털로 가장자리를 두른 꿀샘이 있다. 앞면에는 색 어두운 나란히맥이 있고, 뒷면은 중맥을 경계로 봉오리일때 드러나는 절반이 어두운 자주색을 띤다. 씨방 길이는 7-10mm이다.

② 로마토고니움 브라키안테룸

L. brachyantherum (Clarke) Fernald

분포 ◇카슈미르-부탄, 티베트 남부
개화기 8-10월

1년초. 아고산대와 고산대의 불안정한 둔덕 비탈에 자생한다. 높이 2-10cm. 줄기는 가늘고 기부에서 분지해 곧게 자란다. 잎의 기부는 타원형으로 길이 2-6mm이고 짧은 자루를 갖거나 아니면 갖지 않는다. 줄기에서 마주나기 하는 잎은 장원형. 꽃은 가지 끝에 1개 달린다. 꽃받침은 주걱모양. 화관은 4-5개로 깊게 갈라져 포물선모양으로 열리며 직경 6-8mm. 화관갈래조각은 난형-피침형으로 길이 4-6mm. 기부의 꿀샘은 불분명하고 털이 자라지 않으며, 뒷면은 중맥을 경계로 절반이 회녹색을 띤다.

③ 로마토고니움 캐룰레움 *L. caeruleum* (Royle) B. L. Burtt

분포 ◇파키스탄-카슈미르 개화기 7-9월

다년초. 고산대의 양지 바른 초지 비탈에 자생한다. 줄기는 모여나기로 곧게 자라거나 사방으로 퍼지며 높이 10-20cm. 잎의 기부는 선상도피침형으로 길이 3-5cm. 줄기잎은 선상장원형이며 약간 짧다. 꽃받침조각은 선형으로 길이 7-8mm. 화관은 연붉은 자주색이고 5개로 깊게 갈라져 평개하며 직경 2.3-2.7cm. 화관갈래조각은 협타원형으로 길이 1.2-1.4cm이며, 기부에 자주색 굵은 털로 가장자리를 두른 꿀샘이 있다. 수술은 평개한다.

① 로마토고니움 카린티아쿰. 8월27일. P/야라의 북쪽. 4,900m.

② 로마토고니움 브라키안테룸. 9월20일. X/마로탄의 북쪽. 3,700m.

③ 로마토고니움 캐룰레움. 8월3일. B/샤이기리의 남쪽. 4,000m. 암술머리는 양날검처럼 곧게 선 씨방의 양쪽에 연하하며, 꿀샘을 둘러싼 굵은 털과 함께 자주색을 띤다.

④ 로마토고니움 톰소니이

L. thomsonii (Clarke) Fernald
분포 ◇티베트 서 · 남 · 중부, 칭하이성
개화기 8-9월
1년초. 건조 고지의 바위가 많은 초지에 자생한다. 줄기는 높이 5-12cm로 기부에서 활발히 분지해 비스듬히 자란다. 줄기에 마주나기 하는 잎은 타원형-피침형으로 길이 4-7mm이고 자루를 갖지 않는다. 꽃자루는 길이 2.5-6cm. 꽃받침조각은 피침형. 화관은 연자주색으로 길이 3mm의 통부가 있으며, 끝은 5개로 갈라져 평개하고 직경 1.2-1.5cm. 화관갈래조각은 협란형으로 길이 6-8mm이고 끝이 뾰족하며, 기부의 꿀샘은 눈에 띄지 않는다.

⑤ 용담과의 일종 (A) Gentianaceae sp. (A)

고산대의 소관목 사이나 미부식질로 덮인 바위 비탈에 자생한다. 줄기는 길이 2-5cm로 하부는 쓰러져 시든 잎으로 덮여 있고, 끝에만 녹색 잎이 빽빽하게 마주나기 하며 곧게 자란다. 줄기 상부의 잎은 타원형으로 길이 5-7mm이고 짧은 자루를 가지며 끝이 약간 뾰족하다. 꽃은 가지 끝에 1개 달리며 꽃자루는 길이 2-3mm. 꽃받침은 길이 5-7mm, 갈래조각은 타원형-광란형. 화관은 어두운 자주색이며 5개로 깊게 갈라져 반개한다. 갈래조각은 장원상피침형으로 길이 1-1.5cm, 폭 3mm이며 기부에 꿀샘 2개가 있다. 연두색 암술은 길이 1.6-1.8cm이고 암술머리는 2개로 갈라졌으며 암술대는 매우 짧다.

쓴풀속 Swertia

1, 2년초 또는 다년초. 꽃은 4-5수성. 화관은 깊게 갈라졌으며, 갈래조각의 기부에 1-2개의 꿀샘이 있다. 암술머리는 2개로 갈라졌다.

⑥ 스웨르티아 히스피디칼릭스 *S. hispidicalyx* Burk.

분포 ■네팔 중부, 티베트 남부 **개화기** 8-9월
1년초. 건조 고지의 이끼로 덮인 바위땅이나 절벽에 자생한다. 높이 5-20cm. 줄기는 붉은 자주색을 띠며 곧게 자라거나 기부에서 분지해 사방으로 퍼진다. 잎은 장원상피침형으로 길이 5-15mm, 기부는 좌우로 뻗고 뒷면에는 중맥이 돌출되어 있으며 가장자리가 뒤쪽으로 말려 있다. 꽃은 줄기 끝과 잎겨드랑이에 달리며 길이 1-3.5cm의 자루를 가진다. 꽃받침은 길이 7-8mm로 기부까지 5개로 갈라졌으며, 갈래조각은 피침형으로 가장자리와 중맥에 굵은 털이 자란다. 화관은 연붉은 자주색으로 직경 1-1.2cm, 갈래조각 5개는 난형으로 길이 4-6mm이며 끝이 가늘고 뾰족하다. 기부는 회녹색이며 주머니모양의 꿀샘이 2개 있다. 수술대의 기부는 폭이 넓어 씨방을 안고 있다. 씨방은 타원형으로 길이 2.5-3cm. 암술대는 가늘다.

④ 로마토고니움 톰소니이. 8월29일. Y3/라틴 부근. 4,800m.

⑤ 용담과의 일종 (A) 8월6일. Z3/라무라쵸 부근. 4,500m.

⑥ 스웨르티아 히스피디칼릭스. 8월29일. Y3/추부곰파의 서쪽. 4,500m. 로디올라 프라이니이와 버룩이자리속 쿠션 식물과 함께 건조한 둔덕 비탈에 찰싹 달라붙어 있다.

쓴풀속 Swertia

① 스웨르티아 페티올라타 *S. petiolata* D. Don
분포 ◇아프가니스탄-네팔 서부
개화기 7-8월

아고산대와 고산대 계곡 줄기의 습한 초지에 자생한다. 높이 30-60cm. 잎의 기부에는 긴 자루가 있다. 잎몸은 장원형으로 길이 12-17cm. 상부의 잎은 피침형으로 기부가 줄기를 안고 있다. 꽃은 줄기 끝과 잎겨드랑이에 달리며 전체적으로 수상꽃차례를 이룬다. 꽃자루는 길이 1-2.5cm. 꽃받침조각은 피침형. 화관은 흰색-연두색으로 직경 1.5-2cm이며 4-5개로 갈라져 평개한다. 화관갈래조각은 장원상피침형으로, 기부에 녹색 꿀샘이 1-2개 있다.

② 스웨르티아 스페치오사 *S. speciosa* D. Don
분포 ◇파키스탄-시킴 개화기 8-10월

아고산대와 고산대의 바위가 많고 습한 초지에 자생한다. 높이 30-80cm. 잎의 기부에는 긴 자루가 있다. 잎몸은 장원상피침형으로 길이 7-12cm. 상부의 잎은 포엽이 되고, 기부가 줄기를 안고 있다. 꽃은 보통 5수성으로, 줄기 끝과 잎겨드랑이에서 곧게 자란 가지 끝에 위를 향해 달린다. 꽃받침은 피침형으로 가장자리는 막질. 화관은 흰색으로 기부가 어두운 청색을 띠며 직경 2-2.5cm. 화관갈래조각은 협타원형이며 기부에 긴 털로 가장자리를 두른 꿀샘이 2개 있다.

③ 스웨르티아 와르디이 *S. wardii* Marq.
분포 ■시킴-부탄, 티베트 남부 개화기 7-9월

아고산대에서 고산대에 걸쳐 바위가 많은 초지나 호숫가의 관목 사이에 자란다. 높이 30-70cm. 동속 스페치오사와 비슷하나, 화관

① 스웨르티아 페티올라타. 9월9일.
G/니치나이 고개의 남동쪽. 3,650m.

② 스웨르티아 스페치오사. 9월10일.
G/크리센사르. 3,850m.

③-a 스웨르티아 와르디이. 9월20일.
X/틴타초. 3,900m.

③-b 스웨르티아 와르디이. 9월21일. X/틴타초의 북쪽. 엉겅퀴속과 제비고깔속, 양지꽃속, 현호색속 풀과 함께 계절풍이 넘나드는 호숫가의 남쪽 비탈을 뒤덮고 있다.

은 직경 2.7-3.2cm로 크고 갈래조각에 자주
색 맥이 나란히 있으며, 기부의 꿀샘은 어두
운 자주색을 띤다. 꽃받침조각은 협피침형
이다.

④ 스웨르티아 쿠네아타 *S. cuneata* D. Don
분포 ◇쿠마온-시킴 개화기 8-10월
고산대의 미부식질로 덮인 바위땅이나 초지
에 자생한다. 높이 10-25cm. 잎의 기부에는
짧은 자루가 있다. 잎몸은 타원형-주걱형으
로 길이 2-5cm. 상부의 잎은 주걱모양이며
기부가 줄기를 안고 있다. 꽃은 줄기 끝과 잎
겨드랑이에 위를 향해 달린다. 꽃자루는 길
이 1-5cm. 꽃은 5수성. 꽃받침조각은 장원상
피침형으로 자주색의 나란히맥이 있으며,
기부에 푸른빛 나는 자주색의 오그라든 긴
털로 둘러싸인 꿀샘이 2개 있다.

⑤ 스웨르티아 물티카울리스

S. multicaulis D. Don
분포 ◇네팔 중부-부탄, 티베트 남부
개화기 7-9월
고산대의 이끼 낀 바위땅이나 자갈이 많은
초지에 자생하며, 땅속에 굵은 뿌리줄기가
있다. 많은 꽃줄기가 방사상으로 나와 높이
5-12cm의 둥근 그루를 이룬다. 잎의 기부는
선상도피침형으로 길이 4-8cm, 상부의 잎은
포엽 모양. 꽃은 4수성으로, 줄기 끝과 잎겨
드랑이에서 곧추 선 자루 끝에 위를 향해 달
린다. 꽃자루는 길이 2-7cm. 꽃받침조각은
장원상피침형. 화관은 청색-붉은 자주색으
로 점판암 광택이 있으며 직경 1.7-2.3cm.
갈래조각은 타원형이며 기부에 긴 털로 둘
러싸인 꿀샘이 1개 있다.

④-a 스웨르티아 쿠네아타. 8월26일.
P/라야의 북쪽. 4,850m.

④-b 스웨르티아 쿠네아타. 9월19일.
J/쿠피다울라. 3,700m.

⑤-a 스웨르티아 물티카울리스. 7월18일.
V/랍상의 북쪽. 4,600m.

⑤-b 스웨르티아 물티카울리스. 7월11일. S/고쿄의 남쪽. 4,700m. 화관에는 특유의 점판암 광택이 있으며, 평개
한 갈래조각 4개의 기부에는 긴 털이 자란 꿀샘이 1개 있다.

쓴풀속 Swertia

① 스웨르티아 후케리 *S. hookeri* Clarke

분포 ◇네팔 동부 - 부탄, 티베트 남동부
개화기 7-9월

아고산대의 계곡 줄기나 고산대의 습한 초
지에 자생한다. 꽃줄기는 높이 0.3-1.5m로 곧
게 자라며 굵고 속이 비었다. 잎은 마디마다
4개씩 돌려나기 한다. 잎의 기부에는 폭넓은
자루가 있다. 잎몸은 난형·협타원형으로 길
이 7-15cm이고 겉에 나란히맥이 7개있다.
상부의 잎은 작고 자루를 갖지 않는다. 줄기
끝과 잎겨드랑이에 많은 꽃이 모여 달리고,
하부의 잎겨드랑이에서 총꽃자루가 자란다.
꽃자루는 길이 2-4cm로 개화 후에 길게 자란
다. 꽃은 4수성. 꽃받침은 타원형·협란형으
로 녹색이고 개화 후에 크게 자라며, 바깥쪽
의 2장은 기부가 얕은 심형을 이룬다. 화관
은 연붉은색을 띠며 반개하고, 갈래조각은
도란형으로 길이 1.2-1.8cm. 기부는 연두색이
며 1개의 꿀샘이 있다. 화관은 개화 후에도
오래 숙존한다.

② 스웨르티아 아카울리스 *S. acaulis* H. Smith

분포 ■네팔 중동부 개화기 7-8월

고산대 산등성의 미부식질로 덮인 암붕에
자생한다. 줄기 없는 다년초로, 뿌리줄기가
바위틈으로 길게 뻗어 그 정수리에서 많은
꽃자루가 방사상으로 나온다. 짧아진 꽃줄
기 잎의 기부는 로제트형태로 땅위로 퍼진
다. 잎몸은 도피침형·주걱형으로 길이 4-
6cm, 폭 5-12mm이고 표면에 중맥이 살짝 파
여 있다. 정수리(중앙부)의 잎은 포엽형태로
작다. 꽃자루는 길이 4-7cm이며 개화 후에
길게 자란다. 꽃은 4수성. 꽃받침은 난상타
원형으로 녹색이며 개화 후에 커진다. 화관
은 연노란색. 갈래조각은 도란형으로 길이
1.5-1.8cm이고 끝에 가는 톱니가 있으며 안쪽
기부에 1개의 꿀샘이 있다. 곧추 선 채 거의
열리지 않는다. 화관은 개화 후에도 오래 숙
존한다.
*사진에 보이는 것은 개화기가 끝난 뒤 열매
가 약간 자란 상태이다.

③ 스웨르티아 프세우도후케리

S. pseudohookeri H. Smith

분포 ■부탄 개화기 6-9월

고산대 하부 산등성이의 습하고 바위가 많
은 초지에 자생한다. 동속 후케리와 비슷하
나, 전체적으로 약간 작고 총꽃자루가 발달
해 원추형의 꽃차례를 이룬다. 높이 30-
70cm. 잎의 기부에는 긴 자루가 있으며, 잎
몸은 난형·타원형으로 길이 5-8cm. 꽃자루는
길이 2-3cm. 꽃받침은 난형으로 길이 6-
8mm. 화관갈래조각은 나란히맥과 끝부분
이 연붉은색을 띠며, 도란형으로 길이 1.5-

①-a 스웨르티아 후케리. 8월1일. T/준코르마의 서쪽. 4,500m. 옹기종기 모여 있는 꽃은 개화기가 끝난 후에 꽃
자루가 자라고 꽃받침이 커진다. 숙존하는 화관에서 어린 열매의 끝이 비집고 나오려 하고 있다.

①-b 스웨르티아 후케리. 7월22일.
T/네베카르카. 3,700m.

② 스웨르티아 아카울리스. 8월5일.
T/아사마사의 남동쪽. 4,500m.

248　용담과

1.8cm이고 가장자리는 거의 매끈하다.
*사진에 보이는 것은 개화기가 끝날 무렵으
로, 씨방이 크게 부풀어 있다.

④ 스웨르티아 라체모사
S. racemosa (Griseb.) Clarke
분포 □네팔 서부-부탄, 티베트 남부
개화기 9-10월
1년초. 산지에서 아고산대에 걸쳐 숲 주변이
나 둔덕 비탈에 자생한다. 높이 10-30cm.
보통 상부의 잎과 갈래조각 가장자리 털이
자란다. 잎은 피침형으로 길이 1.5-4cm이
고 자루를 갖지 않으며 수평으로 마주나기
한다. 기부는 자루를 안고 있다. 꽃은 5수성
으로 옆을 향해 피며 가는 원추꽃차례를 이
룬다. 꽃자루는 길이 3-10mm. 꽃받침은 피
침형으로 길이 2-4mm, 3장은 크고 2장은 작
다. 화관은 흰색-연붉은 자주색이고 종모양
으로 반개하며 길이 7-10mm. 화관갈래조각
은 능상란형으로 끝이 뾰족하며 기부에 1개
의 꿀샘이 있다. 수술대의 기부는 폭이 넓어
씨방을 안고 있다.

⑤ 스웨르티아 코르다타 *S. cordata* (G. Don)Clarke
분포 □파키스탄-미얀마 **개화기** 6-9월
산지에 자생하는 1년초. 꽃줄기는 높이 30-
50cm로 가늘고 곧게 자라며 능이 4개 있다.
잎은 난상피침형으로 길이 1-2.5cm이고 마
주나기 한다. 기부는 약간 심형으로 줄기를
안고 있다. 꽃은 5수성으로 가는 원추꽃차례
를 이룬다. 꽃자루는 길이 3-10mm. 꽃받침
은 피침형. 화관은 흰색으로 거의 평개하며
직경 1.4-1.8cm. 화관갈래조각은 협타원형으
로 끝이 뾰족하고, 기부에 귤색의 원형 꿀샘
이 1개 있다.

③ 스웨르티아 프세우도후케리. 9월21일. X/틴타초 부근. 4,250m. 안개비가 이어지는 산등성이의 비탈에 높이
40cm가량의 굵은 꽃줄기가 곧게 자라나 있다.

④-a 스웨르티아 라체모사. 9월30일.
O/쿠툼상의 북쪽. 3,000m.

④-b 스웨르티아 라체모사. 10월4일.
P/라우레비나의 북서쪽. 3,400m.

⑤ 스웨르티아 코르다타. 6월30일.
C/카추라의 남쪽. 2,550m.

메가코돈속 Megacodon

① 메가코돈 스틸로포루스

M. stylophorus (Clarke) H. Smith

분포 ◇네팔 동부-부탄, 티베트 남부, 윈난성
개화기 6-8월

아고산대 숲 사이의 습한 초지나 이끼 낀 바
위땅에 자생한다. 꽃줄기는 높이 0.5-1.5m
로 굵고 속이 비었다. 잎의 기부에는 자루가
있으며, 잎몸은 타원형으로 길이 15-30cm이
고 겉에 나란히맥이 5-7개 있다. 상부의 잎은
난상피침형으로 자루를 갖지 않는다. 꽃은
줄기 끝과 잎겨드랑이에서 뻗은 굵은 자루
끝에 1개 달린다. 꽃받침조각은 피침형. 화
관은 종형으로 길이 6-8cm이고 노란색이며
안쪽에 녹색 반점이 있다. 갈래조각 5개는
난형으로 서로 겹친다. 큰 씨방과 긴 꽃자루
가 있다.

닻꽃속 Halenia

② 할레니아 엘리프티카 *H. elliptica* D. Don

분포 ◇중앙아시아 주변-미얀마, 티베트, 중
국 서부 개화기 7-9월

1년초. 산지에서 아고산대에 걸쳐 숲 주변의
둔덕이나 습한 초지에 자생한다. 꽃줄기는
높이 30-80cm로 능이 4개 있다. 잎의 기부에
는 짧은 자루가 있으며, 잎몸은 난형-타원형
으로 길이 2-4cm이고 맥 3개가 두드러진다.
꽃자루는 길이 2-4cm. 꽃은 4수성으로 옆
또는 아래를 향해 핀다. 꽃받침조각은 난상
피침형. 화관은 연자주색으로 종모양. 화관
갈래조각은 광란형으로 길이 4-6mm이며 흰
색. 기부에서 길이 4-7mm의 꽃뿔이 자라 사
방으로 뻗는다.

물푸레나뭇과 OLEACEAE

영춘화속 Jasminum

③ 소형화 *J. officinale* L.

분포 ◇유럽 남부-부탄, 티베트 남부, 윈난·
쓰촨성 개화기 6-7월

다소 건조한 산지의 소림에 자생하는 목성
덩굴식물. 환경에 따라 잎과 꽃의 형태가 변
한다. 잎은 우상복엽으로 자루를 포함해 길
이 3-10cm이고 마주나기 한다. 소엽은 3-5장
달리고 난상피침형으로 길이 1.5-6cm이며
정수리의 소엽은 크다. 꽃은 가지 끝에 모여
달리고 꽃자루는 길이 5-15mm. 꽃받침은
선형. 화관은 흰색, 통부의 바깥쪽은 붉은색
을 띠며 길이 1.5-2.2cm이고 4-5개로 갈라져
평개하며 직경 1.2-2cm. 갈래조각은 타원형.
꽃에는 강한 향기가 있다.

④ 야스미눔 후밀레 *J. humile* L.

분포 ◇중앙아시아-미얀마, 티베트 남부, 중
국 남서부 개화기 5-7월

① 메가코돈 스틸로포루스. 7월8일. S/쿰중의 남쪽. 3,800m. 이끼 낀 바위틈에서 높이 1.5m의 큰 그루를 이루
고 있다. 노란색 화관의 안쪽으로 그물 모양의 녹색 반점이 보인다.

②-a 할레니아 엘리프티카. 7월27일.
V/군사의 북동쪽. 3,650m.

②-b 할레니아 엘리프티카. 9월18일.
X/니카르추 추잠의 북쪽. 2,650m.

다소 건조한 산지의 소림에 자생하는 관목. 높이 2-5m. 잎은 우상복엽으로 어긋나기 하며 자루를 포함해 길이 4-7cm. 소엽은 3-7장 달리고 난상피침형으로 길이 2-4cm이며 상부의 소엽은 약간 크다. 꽃은 가지 끝에 모여 달리며 아래를 향한다. 꽃자루는 길이 1-1.5cm. 꽃받침은 매우 짧다. 화관은 귤색으로 길이 1.3-1.8cm이고 끝은 5개로 갈라져 평개하며 직경 1.2-1.5cm이다.

⑤ 야스미눔 네팔렌세
J. nepalense Spreng. [J. glandulosum DC.]
분포 ◇쿠마온-미얀마 개화기 5-8월
저산대의 숲 주변에 자생하는 덩굴성 관목. 잎은 단엽으로 마주나기 하고 길이 5-8mm의 자루를 가진다. 잎몸은 약간 혁질의 타원상 피침형으로 길이 7-12cm이고 끝이 뾰족하며 기부는 원형이다. 꽃은 잎겨드랑이에 1-3개 달리는데 옆을 향한다. 꽃자루는 휘기 쉽다. 꽃받침은 매우 짧다. 화관은 흰색, 통부는 길이 2-3cm이고 끝은 5-8개로 갈라져 평개하며 직경 3-4cm. 갈래조각은 선형. 꽃에 강한 향기가 있다.

수수꽃다리속 Syringa
⑥ 시링가 에모디 S. emodi Royle
분포 ◇아프가니스탄-네팔 중부, 티베트 남부 개화기 6-7월
다소 건조한 산지의 소림에 자생하는 낙엽 관목. 높이 1.5-5m. 잎은 마주나기 하고 길이 1-2.5m의 굵은 자루가 있다. 잎몸은 타원형으로 길이 5-10cm. 여러 개의 꽃이 줄기 끝에 모여 원추꽃차례를 이룬다. 꽃자루는 매우 짧고 꽃받침조각은 작다. 화관은 흰색, 통부는 길이 7-8mm이고 끝은 5개로 갈라져 휘었으며, 갈래조각은 장원상피침형으로 길이 2mm. 꽃에 특유의 강한 향기가 있다.

③ 소형화. 6월 17일.
L/야마카르의 북쪽. 2,900m.

④ 야스미눔 후밀레. 5월 18일.
N/다나큐의 남서쪽. 2,550m.

⑤ 야스미눔 네팔렌세. 5월 13일.
N/바운다라의 북쪽. 1,200m.

⑥ 시링가 에모디. 6월 28일. K/링모 부근. 폭숨도 호수 주변을 뒤덮은 피누스 왈리키아나 소림 내에서 모리나과의 로니체라 미르틸루스와 함께 하얀 꽃을 피우고 있다.

노린재나뭇과 SYMPLOCACEAE

잎은 단엽으로 어긋나기 한다. 꽃받침은 5개로 갈라졌고 화관은 5-10개로 깊게 갈라졌으며, 많은 수술이 눈에 띈다.

노린재속 Symplocos

① 심플로코스 라모시시마

S. ramosissima G. Don

분포 ▫쿠마온-동남아시아, 티베트 남부, 중국 남부 개화기 5-7월

조엽수림에 자생하는 상록 소관목으로 높이 5-10m. 잎자루는 길이 6-10mm. 잎몸은 얇은 혁질의 타원상피침형으로 길이 6-12cm이고 끝은 길고 뾰족하며, 기부는 쐐기형으로 가장자리에 가는 톱니가 있다. 꽃차례는 길이 1-3cm로 잎겨드랑이에 달린다. 꽃은 유백색으로 드문드문 달린다. 화관갈래조각은 도란형이며 길이는 4-5mm이다.

② 심플로코스 드리오필라 *S. dryophila* Clarke

분포 ▫네팔 동부-동남아시아, 윈난·쓰촨성 개화기 4-6월

조엽수림에 자생하는 상록 소관목으로 높이 3-10m. 가지는 굵다. 잎은 어긋나기 하고 길이 1-2cm의 자루를 가진다. 잎몸은 혁질의 타원형-도피침형으로 길이 10-20cm이고 끝은 갑자기 뾰족해지며, 기부는 쐐기형으로 표면에 광택이 있다. 꽃차례는 길이 4-10cm. 화관은 유황색, 갈래조각은 장원형으로 길이는 5-6mm이다.

③ 심플로코스 수문티아 *S. sumuntia* D. Don

분포 ◇네팔 동부-동남아시아, 티베트 남동부, 윈난성 개화기 4-6월

조엽수림에 자생하는 상록 소관목으로 높이 3-10m. 잎자루는 길이 7-15mm로 굵다. 잎몸은 두꺼운 혁질의 장원형으로 길이 7-10cm이고 끝은 뾰족하며 기부를 제외한 가장자리에 가는 톱니가 있다. 꽃차례는 길이 3-5cm로 잎겨드랑이에 달린다. 꽃자루는 길이 2-5mm. 꽃은 흰색. 화관갈래조각은 장원형으로 길이는 4-5mm이다.

④ 심플로코스 테이폴리아 *S. theifolia* D. Don

분포 ▫네팔 서부-동남아시아, 티베트 남동부, 윈난성 개화기 9-4월

조엽수림에 자생하는 상록 소관목으로 높이 3-10m. 잎은 가지 끝에 촘촘하게 어긋나기 하며 길이 7-15mm의 자루를 가진다. 잎몸은 장원상피침형으로 길이 5-10cm이고 끝은 가늘고 뾰족하며, 가장자리는 매끈하거나 앞부분에 무딘 톱니가 있다. 꽃차례는 길이 2-4cm로 잎겨드랑이에 달리며 겉에 부드러운 털로 덮여 있다. 잎자루는 매우 짧다. 꽃은 유백색으로 보통 가을에서 겨울에 걸쳐 핀다. 화관갈래조각은 타원형으로 길이는 4-5mm이다.

①-a 심플로코스 라모시시마. 5월23일. 시킴/탄뎅산의 북쪽. 2,000m. 고목 석남 꽃의 개화가 끝난 산등성이의 조엽수림에서는 무수히 작은 흰 꽃으로 둘러싸인 이 나무가 시선을 잡아끈다.

①-b 심플로코스 라모시시마. 6월12일. O/굴반장의 남쪽. 2,300m.

② 심플로코스 드리오필라. 4월8일. V/마니반장의 북쪽. 2,300m.

갯질경잇과 PLUMBAGINACEAE

지중해 연안이나 서아시아의 건조지대를 중심으로 분포한다. 꽃은 5수성, 꽃받침조각은 건조한 막으로 유합한다. 꽃받침과 화관은 개화 후에도 남는다.

체라토스티그마속 Ceratostigma

⑤ 체라토스티그마 미누스 *C. minus* Prain
분포 ◇티베트 남동부, 중국 남서부
개화기 5-10월

건조 고지의 언덕 비탈에 자생하는 소관목으로 높이 15-80cm. 가지에 빳빳한 누운 털이 빽빽하게 자란다. 잎은 자루를 갖지 않으며 어긋나기 한다. 도란형-도피침형으로 길이 1-3cm이고 끝은 가시모양이며, 표면과 가장자리에 빳빳한 누운 털이 자란다. 꽃은 가지 끝에 모여 달린다. 포엽은 난형이며 끝이 돌출한다. 꽃받침은 길이 6-8mm로 곧추 서고, 가시모양인 이가 5개있다. 화관의 통부는 길이 1.-1.5cm, 끝은 자주색으로 평개하며 직경 1-1.2cm. 갈래조각은 도삼각형으로 끝이 파이고 중맥이 돌출되어 있다.

⑥ 체라토스티그마 울리치눔 *C. ulicinum* Prain
분포 ◇네팔 서중부, 티베트 남부 개화기 7-9월

다소 건조한 아고산대의 자갈 비탈에 자생하는 소관목으로 높이 10-50cm. 가지에 짧고 빳빳한 털이 빽빽하게 자라고, 마디마다 길이 4-7mm의 가시가 모여나기 한다. 잎은 자루를 갖지 않으며 어긋나기 한다. 잎몸은 도란형-주걱형으로 길이 1.5-3cm이고 끝은 원형이며, 가장자리에 센털이 촘촘하게 자라고 중맥 끝이 가시모양으로 솟아 있다. 꽃은 가지 끝에 모여 달린다. 포엽은 잎 모양. 꽃받침은 길이 1-1.2cm이며 가시처럼 생긴 이가 5개있다. 화관의 통부는 길이 1.3-1.7cm, 끝은 자주색 으로 평개하며 직경 1cm. 갈래조각은 타원형이다.

③ 심플로코스 수문티아. 6월27일.
R/카리콜라의 북쪽. 2,600m.

④ 심플로코스 테이폴리아. 9월28일.
O/물카르카의 북쪽. 2,600m.

⑤ 체라토스티그마 미누스. 8월19일.
Y3/라싸의 서쪽 교외. 4,200m.

⑥ 체라토스티그마 울리치눔. 7얼14일. K/링모의 남동쪽. 3,750m. 양지 바른 숲 주변이나 바위 위에 자생하는 소관목. 잎은 포엽꽃받침조각의 끝이 단단한 가시를 이룬다.

아칸톨리몬속 Acantholimon

① 아칸톨리몬 리코포디오이데스

A. lycopodioides (Girard) Boiss.

분포 ◇중앙아시아 주변·카슈미르
개화기 6-8월

건조 고지의 모래 비탈에 자생하는 소관목.
높이 10-40cm인 쿠션 형태의 그루를 이루며,
안쪽의 단단한 줄기는 시든 잎으로 덮여 있
다. 새 잎은 선상피침형으로 길이 1-2cm이며
줄기 끝에 촘촘히 어긋나기 하고, 전체적으
로 질이 두껍고 단단하며 끝은 연갈색의 날
카로운 가시를 이룬다. 꽃줄기는 높이 3-
5cm로 작은 꽃차례가 수상으로 모여 달린다.
포엽은 협란형으로 끝이 뾰족하며 가장자리
는 막질이다. 꽃받침은 길이 7-9mm로 곧게
자라고, 현부(舷部)는 흰 건막질로 오렌지색
이며 선상피침형의 맥이 5개 있다. 화관은
분홍색으로 꽃받침보다 길게 자라 평개하며
직경 4-6mm이고, 갈래조각 5개의 끝이 파였
다. 꽃받침은 열매 맺을 시기에 깔때기 모양
으로 열리며 오래 숙존한다.
*①-a와 ①-b 그루에서는 절반가량의 꽃이
곧게 자란 꽃받침 끝에 연붉은색 화관을 피
우고 있다. ①-c는 열매시기. 화관이 떨어지
자 평개한 꽃받침의 하얀 현부가 눈에 띈다.

② 아칸톨리몬 레프토스타키움

A. leptostachyum Aitch. & Hemsl.

분포 ■아프가니스탄·파키스탄 개화기 7-9월
자생 환경과 형태는 동속 리코포디오이데스
와 비슷하나, 개화기가 늦고 꽃은 약간 크며
목질의 줄기는 가늘다. 잎은 길게 자라고 질
은 비교적 약하다. 높이 10-20cm. 잎은 선형으
로 길이 2.5-4cm, 폭 1mm. 꽃줄기는 높이 6-
10cm이며 가늘다. 꽃받침은 길이 1cm. 화관
은 연붉은색으로 직경 8-10mm이다.

①-a 아칸톨리몬 리코포디오이데스. 7월18일. D/사트파라 호수의 남쪽. 3,800m. 양과 염소가 방목되는 건조지
의 바위 비탈에 고슴도치 모양의 그루를 이루고 있다.

①-b 아칸톨리몬 리코포디오이데스. 7월4일.
C/바우마하렐의 남동쪽. 3,800m.

①-c 아칸톨리몬 리코포디오이데스. 8월15일.
A/디데르의 북서쪽. 3,350m.

② 아칸톨리몬 레프토스타키움. 8월15일.
A/디데르의 북서쪽. 3,400m.

앵초과
PRIMULACEAE

대부분 다년초로, 북반구의 난온대에서 한대에 걸쳐 분포한다. 꽃은 5수성의 방사상칭형. 씨방상위. 열매는 삭과(蒴果).

앵초속 Primula

시노 히말라야를 중심으로 북반구의 온대에서 한대에 걸쳐 폭넓게 분포한다. 습지나 눈 덮인 땅, 안개가 잘 끼는 사면에 흔히 군생하며 이끼 낀 바위틈이나 암봉, 건조한 모래 땅에도 사생한다. 짧은 뿌리줄기를 지닌 다년초로, 때때로 목질의 뿌리줄기가 땅위로 주출지를 뻗어 매트 군락을 이루기도 한다. 겨울눈을 품은 비늘잎이 개화기까지 남는

것과 남지 않는 것이 있다. 잎은 근생하며, 뚜렷한 자루를 갖기도 하고 그렇지 못하기도 한다. 잎몸은 매끈하거나 가장자리에 이가 있으며, 우상이나 장상으로 갈라지는 것도 있다. 잎 뒷면과 꽃차례에 흰색이나 연노란색 가루가 붙어 있는 것과 없는 것이 있으며, 잎과 줄기에 다세포 털이 빽빽하게 자라는 것도 있다. 꽃은 보통 잎이 없는 꽃줄기 끝에 산형상으로 달리지만 두상이나 총상으로 여러 개의 꽃이 달리는 것도 있으며, 꽃줄기와 꽃자루가 거의 자라지 않는 것과 꽃이 1개밖에 달리지 않는 것도 있다. 화관은 통부가 길고 끝이 평개하는 고배형(高环形)이 많은데, 그 외에 깔때기형이나 종형, 주발형, 접시형, 원통형도 있다. 화관의 색은

분홍색이 많으며 그 외에 노란색이나 자주색, 흰색, 붉은색도 있다. 화후는 노란색이나 흰색이며 고리모양으로 도드라진 것도 있다. 수술은 화통에 달리며 수술대는 매우 짧다. 꽃에는 암술대가 길어 암술머리가 화통의 앞쪽에 위치하는 '장화주화(長花柱花)'와, 암술대가 짧아 수술의 꽃밥이 화통의 앞쪽에 위치하는 '단화주화(短花柱花)'가 있다. 이러한 2가지 형태는 타가수분을 촉진해 앵초를 다양화하는 원동력이 되었다. 각각의 종은 집중적으로 분포하기 때문에 좁은 지역의 고유종이 많으며, 광역 분포종이라도 지역적으로 편재하는 경우가 많다. 다음에 사용한 절과 아절의 분류는 J. Richards(1993년)에 따른다.

잎은 원형으로 자루가 길다. 꽃받침은 넓은 종형, 화후는 금색. (P. listeri→p.256)

줄기가 없으며 잎은 로제트 형태. 화후는 황록색. (P. gracilipes→p.257)

잎은 우상으로 갈라졌다. 꽃받침은 깔때기형, 화후는 도드라져 있다. (P. chionota→p.261)

화관갈래조각의 끝이 가늘게 갈라졌다. 두꺼운 비늘조각잎이 있다. (P. stuartii→p.268)

화관의 중앙은 귤색이며 질이 두껍고 부드러운 털이 자란다. (P. dickieana→p.271)

화관은 종형으로, 가는 자루 끝에서 늘어진다. (P. sikkimensis→p.272)

전체적으로 크기가 작으며 매트상의 군락을 이룬다. (P. concinna→p.279)

꽃은 수가 적다. 화통은 꽃받침의 2배 이상 자란다. (P. sharmae→p.280)

화후는 흰색으로 깔때기형. 주출지가 길게 뻗는다. (P. stirtoniana→p.282)

화후는 하얀 털로 막혀 있다. 잎은 우상으로 얕게 갈라졌다. (P. primulina→p.284)

꽃줄기는 굵고 꽃차례는 구형, 화후는 노란색. (P. denticulata→p.287)

꽃은 자루가 없으며 아래를 향해 핀다. 꽃받침은 주발형, 화관은 종형. (P.wollastonii→p.292)

앵초속 Primula

오브코니콜리스테리절 Obconicolisteri

① 프리뮬러 리스테리 *P. listeri* Hook.f.

분포 ◇네팔 중부-아삼 개화기 4-6월

산지나 아고산대 숲 내의 부식질에 자생하며 가는 뿌리줄기가 있다. 전체적으로 다세포 털이 자라고 가루는 붙어 있지 않다. 잎에는 긴 자루가 있다. 잎몸은 원형으로 폭 3-5cm이고 손바닥 모양으로 얕게 갈라졌다. 기부는 심형으로 삼각 모양의 톱니가 있으며 톱니 끝에는 미세한 돌기가 있다. 꽃줄기는 높이 5-12cm로 끝에 꽃이 1-4개 달린다. 꽃자루는 길이 3-10mm. 꽃받침은 넓은 종형으로 길이 5-7mm. 화관의 통부는 꽃받침의 1-2배로 자라고, 꽃은 짙은 분홍색으로 평개하며 직경 1.4-1.7cm. 갈래조각은 도심형, 화후는 굴색이다.

코르투스오이데스절 Cortusoides

② 프리뮬러 라티세크타 *P. latisecta* W.W. Smith

분포 ■티베트 남동부 개화기 5-7월

아고산대 전나무 숲 내의 부식질에 자생하며 가는 뿌리줄기가 있다. 전체적으로 흰 털과 선모가 자란다. 잎몸은 장신형으로 폭 3-7cm이고 손바닥모양으로 갈라졌으며 기부는 깊은 심형이다. 갈래조각 사이는 굽어 있다. 꽃줄기는 높이 10-20cm로 끝에 꽃이 2-4개 달린다. 꽃자루는 길이 1-1.5cm. 꽃받침은 길이 7-9mm, 갈래조각은 피침형. 화관의 통부는 꽃받침의 1-1.5배로 자라고 끝은 거의 평개하며 직경 1.3-1.7cm. 화후는 흰색. 갈래조각은 도란형이며 V자형의 새김눈이 있다.

③ 프리뮬러 게라니이폴리아

P. geraniifolia Hook.f.

분포 ◇네팔 중부-미얀마, 티베트 남동부, 윈난성 개화기 5-8월

아고산대 전나무 숲 내의 둔덕이나 이끼 낀 바위에 자생하며 가는 뿌리줄기가 있다. 잎몸은 원형-광란형으로 폭 4-8cm이고 손바닥 모양으로 얕게 갈라졌으며 기부는 깊은 심형이다. 꽃줄기는 높이 20-40cm로 여기에 꽃이 2-5개 달린다. 꽃자루는 길이 8-15mm. 꽃받침은 길이 5-7mm, 갈래조각은 피침형. 화관의 통부는 꽃받침의 1.5-2배로 자라고 끝은 깔대기형-접시형으로 피며 직경 1.2-1.7cm. 갈래조각은 도란형이며 끝이 파여 있다.

다비디이절 Davidii

④ 프리뮬러 드룸몬디아나

P. drummondiana Craib

분포 ◇쿠마온-네팔 중부, 시킴 개화기 10-3월

겨울에 피는 줄기 없는 상록 다년초로 산지나 아고산대 습지의 둔덕 비탈, 암벽의 기부

① 프리뮬러 리스테리. 5월5일.
N/고라파니 고개의 동쪽. 2,800m.

② 프리뮬러 라티세크타. 6월20일.
Z3/세컨드의 남동쪽. 3,500m.

③-a 프리뮬러 게라니이폴리아. 7월16일.
V/군사의 남쪽. 3,750m.

③-b 프리뮬러 게라니이폴리아. 8월8일.
X/탕탕카의 남서쪽. 3,400m.

④ 프리뮬러 드룸몬디아나. 11월6일. N/다라파니의 서쪽. 2,650m.

에 자생한다. 잎은 도란형-도피침형으로 길이 3-10cm이고 가장자리에 이가 있으며 로제트형태로 퍼진다. 꽃은 로제트의 중앙에 모여 달리며 꽃자루는 길이 1-2.5cm. 꽃받침은 종 형으로 길이 4-6mm, 갈래조각은 피침형. 화관은 분홍색·연자주색이며 통부는 꽃받침의 2배 이상 자란다. 화후는 노란색. 화관은 평개하며 직경 1.2-1.5cm, 갈래조각은 도심형.

페티올라레스절 Petiolares
페티올라레스아절 Petiolares
⑤ **프리뮬러 데우테로나나** *P. deuteronana* Craib
분포 ◇네팔 중부-시킴 개화기 5-7월
고산대의 산등성이 비탈에 자생하며 해빙 직후에 꽃이 핀다. 기부에 오래된 잎이 남아 있고, 어린잎의 뒷면에 흰 가루가 붙어 있다. 잎은 도란형-장원형으로 개화기에는 길이 3-5cm이고 가장자리에 불규칙한 이가 있다. 꽃줄기는 자라지 않는다. 꽃은 로제트의 중앙에 1-4개 달리고 꽃자루는 짧다. 꽃받침은 원통형으로 길이 7-8mm. 화통은 꽃받침의 2배 이상 자라며 안쪽에 부드러운 털이 나 있다. 화관은 평개하며 직경 2-2.5cm, 화후에 오렌지색 반점이 있다. 갈래조각은 협도란형이며 끝이 불규칙적으로 파여 있다.

⑥ **프리뮬러 그라칠리페스** *P. gracilipes* Craib
분포 ㅁ네팔 중부-아삼, 티베트 남부
개화기 3-6월
아고산대의 숲이나 늪 주변에 자생한다. 안쪽 잎에는 가는 자루가 있다. 잎몸은 타원형-장원형으로 길이 2-5cm이고 가장자리에 불규칙하고 날카로운 톱니가 있다. 꽃줄기는 자라지 않으며, 로제트의 중앙에 많은 꽃이 달린다. 꽃자루는 길이 2-5cm. 꽃받침은 길이 6-8mm, 갈래조각은 피침형이며 안쪽에 노란 가루가 붙어 있다. 화통은 꽃받침의 2배 이상 자란다. 화관은 거의 평개하며 직경 1.5-2.5cm, 화후에 황록색 반점이 있다. 갈래조각은 도란형이며 끝에 이가 있다.

⑦ **프리뮬러 스카피게라** *P. scapigera* (Hook.f.) Craib
분포 ◇네팔 동부-시킴 개화기 3-5월
산지나 아고산대 혼합림 내의 이끼 낀 둔덕 비탈에 자생한다. 동속 그라칠리페스와 비슷하나, 가루가 붙어 있지 않고 잎은 이따금 우상으로 얕게 갈라졌다. 짧은 꽃줄기 끝에 2-10개의 꽃이 달리며 꽃자루는 길이 1.5-4cm. 꽃받침은 길이 7-10mm, 갈래조각은 난상피침형이며 끝이 약간 휘어 있다. 화관은 직경 1.5-2.5cm, 갈래조각의 끝은 불규칙적으로 파여 있다.

⑤ 프리뮬러 데우테로나나. 6월21일. T/돗산. 4,100m. 산등성이의 남쪽 급사면에서 해빙 직후에 꽃을 피우고 있다. 은색으로 빛나는 우상복엽의 어린잎은 장미과의 포텐틸라 페둔쿨라리스.

⑥ 프리뮬러 그라칠리페스. 5월30일. T/톱케골라의 서쪽. 3,800m.

⑦ 프리뮬러 스카피게라. 4월27일. V/초카의 남쪽. 2,850m.

①-a 프리뮬러 그리피티이. 5월9일.
X/돌람켄초의 북동쪽. 3,500m.

①-b 프리뮬러 그리피티이. 5월8일.
X/돌람켄초의 남서쪽. 3,200m.

②-a 프리뮬러 칼데리아나. 6월9일.
X/장고탕의 북쪽. 4,200m.

②-b 프리뮬러 칼데리아나. X/칼라카추 라의 남서쪽. 4,800m. 계곡 밑에서 피어오르는 안개에 젖은 이끼 낀 대지 주변의 바위땅에 군생하고 있다.

앵초속 Primula
페티올라레스절 Petiolares
그리피티이아절 Griffithii

① 프리뮬러 그리피티이 *P. griffithii* (Watt) Pax
분포 ◇부탄 서부, 티베트 남부(춘비 계곡)
개화기 4-5월

아고산대 숲 내의 부식질에서 자라며 보통 군생한다. 기부에 광란형의 비늘조각잎이 남아 있다. 전체적으로 연노란색 가루가 붙어 있으며, 비늘조각잎의 뒷면과 꽃받침에 특히 많다. 잎에는 폭넓은 자루가 있다. 잎몸은 난형-장원형으로 길이 4-15cm이며 끝이 뾰족하고, 기부는 주걱형-얕은 심형으로 가장자리에 이가 있다. 꽃줄기는 높이 15-30cm로 많은 꽃이 달린다. 꽃자루는 길이 1-2cm. 꽃받침은 종형으로 길이 5mm. 화통은 꽃받침의 2-3배로 자란다. 화관은 자주색으로 평개하며 직경 1.5-2.5cm, 화후는 노란색. 갈래조각은 타원형

이며 끝이 약간 파여 있다.

② 프리뮬러 칼데리아나

P. calderiana Balf.f. & Cooper
분포 ◇네팔 중부-부탄, 티베트 남부
개화기 5-7월

아고산대의 숲 사이나 고산대의 양지바르고 습한 초지에 자생하며, 눈 녹은 땅 위에 군생한다. 기부는 땅속에 묻혀 난형의 비늘조각잎에 싸여 있다. 전체적으로 흰색 또는 연노란색 가루가 붙어 있는데, 비늘조각잎의 뒷면에 특히 많다. 잎은 도피침형으로 길이 7-20cm이고 기부는 폭넓은 자루가 되며 가장자리에 가늘고 무딘 톱니가 있다. 꽃줄기는 높이 10-25cm로 끝에 5-20개의 꽃이 달린다. 꽃자루는 길이 1-2.5cm. 꽃받침은 길이 6-8mm, 갈래조각은 선상피침형. 화통은 꽃받침의 2배로 자란다. 화관은 붉은 자주

색으로 평개하며 직경 1.7-2.5cm, 화후는 오각형으로 귤색. 갈래조각은 도란형이며 끝이 파여 있다.

③ 프리뮬러 스트루모사

P. strumosa Balf.f. & Cooper [*P. calderiana* Balf. & Cooper subsp. *strumosa* (Balf.f. & Cooper) Richards]
분포 ◇네팔-부탄, 티베트 남부 **개화기** 5-6월

네팔 동부의 잘잘레 산지에 집중적으로 분포하며, 시킴과 부탄 동부에서는 아직 발견된 바 없다. 아고산대의 혼합림이나 고산대의 초지에 자생하며, 해빙이 늦는 방목지에 폭넓게 군생한다. 전체적으로 동속 칼데리아나와 매우 비슷하나 화관은 귤색이다. 칼데리아나보다 습한 장소를 좋아하고 빽빽하게 군생해 크게 자라며, 꽃줄기와 꽃자루는 개화 후에 길에 자란다. 비가 많은 장소에서는 화관은 반개해 아래를 향한다.

③ 프리뮬러 스트루모사. 5월27일. T/톱케골라의 북서쪽. 4,000m. 버드나무와 중국패모 등의 관목숲으로 뒤덮인 해빙이 빠른 동쪽 비탈에 자생한 것. 줄기와 잎이 자라는 동시에 꽃이 핀다.

앵초속 Primula

페티올라레스절 Petiolares
그리피티이아절 Griffithii
① 프리뮬러 탄네리 네팔렌시스

P. tanneri King subsp. *nepalensis* (W.W. Smith) Richards

분포 ■네팔 서부-부탄 개화기 5-6월
아고산대의 습한 초지에 자생하며 비늘조
각잎이 남아 있다. 가루는 붙어 있지 않다.
안쪽 잎에는 날개가 있는 자루가 있다. 잎몸
은 난형-타원형으로 길이 4-10cm이고 기부
는 절형이며 가장자리에 날카로운 이가 있
다. 꽃줄기는 높이 15-20cm로 2-10개의 꽃이
달린다. 꽃자루는 길이 1-2cm. 녹색 꽃받침
에 능이 5개 있다. 화관은 노란색으로 직경
1.8-2.2cm, 통부는 꽃받침의 2배로 자란다.
갈래조각은 타원형이며 끝에 V자형 새김눈
이 있다.

② 프리뮬러 차리엔시스 *P. tsariensis* W.W. Smith

분포 ■부탄, 티베트 남동부 개화기 6-7월
해빙이 늦는 고산대의 이끼 낀 둔덕 비탈이
나 절벽에 자생하며, 기부에 비늘조각잎이
남아 있다. 전체에 가루가 얇게 붙어 있다.
잎에는 폭넓은 자루가 있다. 잎몸은 도란형-
타원형으로 길이 2-5cm이고 기부는 점첨형
이며 가장자리에 이가 있다. 꽃줄기는 높이
4-10cm로 1-5개의 꽃이 달린다. 꽃자루는
길이 1-2cm. 화통은 꽃받침의 1.5-2배로 자란
다. 화관은 평개하며 직경 2.5-3.7cm. 색은 노
란색, 흰색, 붉은 자주색, 짙은 자주색으로
다양하며 중앙부는 굴색이다. 갈래조각은
난원형이며 V자형의 새김눈이 있다.

손키폴리아아절 Sonchifolia
③ 프리뮬러 아우레아타 핌브리아타

P. aureata Fletcher subsp. *fimbriata* Gould

분포 ■네팔 중부 개화기 4-5월
고산대의 양지바르고 습한 바위그늘에 자생
한다. 전체적으로 흰색 가루에 덮여 있다.
잎은 도피침형으로 길이 5-10cm이고 가장
자리에 불규칙하고 날카로운 이가 있으며
기부는 폭넓은 자루가 된다. 매우 짧은 꽃줄
기에 꽃이 3-8개달린다. 꽃자루는 길이 1-
2cm. 화통은 꽃받침의 2배로 자란다. 화관은
연노란색으로 중앙부는 굴색이며 거의 평개
하고 직경 2-2.5cm. 갈래조각은 도란형이며
끝이 가늘게 갈라졌다.

④ 프리뮬러 후케리 *P. hookeri* Watt

분포 ◇네팔 중부-미얀마, 티베트 남동부,
윈난성 개화기 5-8월
아고산대의 숲 사이나 고산대의 초지에 자
생하며, 해빙 직후에 꽃을 피운다. 기부에
비늘조각잎이 남아 있다. 가루는 붙어 있지
않다. 안쪽 잎은 도란형-주걱형으로 길이

① 프리뮬러 탄네리 네팔렌시스. 6월13일.
Q/람주라 고개. 3,450m.

② 프리뮬러 차리엔시스. 7월4일.
X/탕페 라의 남서쪽. 4,500m.

③ 프리뮬러 아우레아타 핌브리아타. 5월 상순. P/고사인쿤드. 4,350m. 습한 바위틈으로 수염뿌리를 뻗어 다른 풀
이 싹을 틔우기 전에 일찌감치 꽃을 피우고 있다. 촬영/우치다(内田)

1.5-3cm이고 가장자리에 불규칙하고 날카
로운 이가 있으며, 중맥은 굵고 희다. 꽃은 2-
5개 달리고 꽃자루는 매우 짧다. 꽃받침은
길이 5-7mm로 로제트잎 중앙에 파묻혀 있
다. 화관은 흰색, 통부는 굵으며 꽃받침의
1.5-2배로 자란다. 갈래조각은 장원형으로
길이 5-7mm이며 반개한다. 화후는 고리모양
으로 도드라져 있다.

⑤ 프리뮬러 휘테이 *P. whitei* W.W. Smith
분포 ■ 부탄 중부 **개화기** 3-5월
산지나 아고산대 숲의 부식질에 자생하며,
비늘조각잎 뒷면에 노란색 가루가 붙어 있
다. 잎은 도피침형으로 길이 5-8cm이고 가장
자리에 불규칙한 이가 있으며 기부는 폭넓
은 자루가 된다. 매우 짧은 꽃줄기 끝에 3-8
개의 꽃이 달린다. 꽃자루는 길이 3-6cm. 꽃
받침은 넓은 종형으로 길이 7-10mm. 화통은
꽃받침의 2배로 자란다. 화관은 연보라색으
로 거의 평개하며 직경 2.5-3.5cm. 갈래조각
은 도란형이며 끝에 이가 있다. 화후에 황록
색 고리가 있다.

⑥ 프리뮬러 키오노타 *P. chionota* W.W. Smith
분포 ■ 티베트 남동부 **개화기** 7-8월
아고산대나 고산대의 해빙이 늦는 바위 비
탈에 자생하며, 기부에 비늘조각잎이 남아
있다. 전체적으로 노란색 가루가 얇게 붙어
있다. 잎에는 폭넓은 자루가 있다. 잎몸은
장원상도피침형으로 길이 3-5cm이고 우상
으로 1-2개 갈라졌다. 짧은 꽃줄기 끝에 꽃이
1-7개 달린다. 꽃자루는 길이 1.5-5cm. 꽃받침
은 깔때기형으로 열리며 갈래조각은 난상피
침형. 화관은 연노란색, 통부는 꽃받침의 1-
1.5배로 자란다. 화관은 직경 2-3cm로 거의
평개한다. 화후는 굴색이며 고리모양으로
도드라져 있다. 갈래조각에는 V자형의 새김
눈이 있다.

④ 프리뮬러 후케리. 8월6일.
T/바타체. 4,100m.

⑤ 프리뮬러 휘테이. 4월28일.
X/고고나의 서쪽. 3,350m.

⑥-a 프리뮬러 키오노타. 7월30일.
Z3/도송 라의 남동쪽. 3,800m.

⑥-b 프리뮬러 키오노타. 7월29일. Z3/도송 라의 서쪽. 4,100m. 해빙이 늦고 초여름에는 안개비와 진눈깨비가
이어지는 이끼 긴 둔덕 사면에 섬 모양의 큰 군락을 이루고 있다.

앵초속 Primula

크리스탈로플로미스절 Crystallophlomis
크리스탈로플로미스아절 Crystallophlomis
① 프리뮬러 마크로필라

P. macrophylla D. Don var. *macrophylla*

분포 ◇중앙아시아 주변-부탄, 티베트 서남부 개화기 5-8월

고산대의 초지나 눈 녹은 모래땅, 습지에 자생한다. 기부에 비늘조각잎이 남아 있고, 잎 뒷면과 꽃차례에 연노란색 가루가 붙어 있다. 안쪽 잎은 도피침형으로 길이 5-12cm이며 끝이 뾰족하고, 가장자리에 가늘고 무딘 톱니가 있으며 질이 두껍다. 꽃줄기는 높이 10-20cm로 꽃이 3-13개 달린다. 꽃자루는 길이 5-15mm. 꽃받침은 어두운 자주색으로 길이 8-12mm이고 5개로 깊게 갈라졌으며 갈래조각은 선상피침형. 화통은 꽃받침의 1-2배로 자란다. 화관 끝은 붉은 자주색·짙은 자주색으로 평개하며 직경 1.5-2.2cm. 갈래조각은 난형·타원형이다.

*①-a와 ①-c는 분포역의 동쪽에 자란 것으로, 화관은 자주색 중앙부는 짙은 색이다. ①-b는 서쪽의 건조지대에 자란 것으로, 화관은 분홍색, 중앙부는 흰색이다. ①-d는 잎이 가늘고 꽃자루가 길며, 화관은 직경 2.8cm로 크고 중앙부에 흰색 반점이 있다. 변종 무르크로프티아나에 가깝다.

② 프리뮬러 마크로필라 무르크로프티아나

P. macrophylla D. Don var. *moorcroftiana* (Klatt) W.W. Smith & Fletcher

분포 ◇중앙아시아 주변-네팔 중부, 티베트 서부 개화기 6-8월

기준변종보다 건조한 장소에 자생하며 독립된 그루를 이루는 경우가 많다. 잎은 좀 더 가늘고 질이 얇다. 화관은 붉은 자주색으로 중앙부는 희고, 갈래조각은 도란형으로 끝이 파여 있다.

*②-a는 꽃줄기가 자라는 동시에 개화한 것으로, 바람이 넘나드는 언덕 위의 풀밭형태 초지에 흩어져 자라고 있다.

③ 프리뮬러 닝그이다 *P. ninguida* W.W. Smith

분포 ◇티베트 남동부 개화기 6-7월

해빙이 늦은 고산대의 초지나 관목 사이에 자생한다. 기부에 비늘조각잎이 남아 있고, 잎 뒷면과 꽃차례에 연노란색 가루가 붙어 있다. 안쪽 잎은 도피침형으로 길이 5-10cm이며 가늘고 무딘 톱니가 있다. 꽃줄기는 높이 12-25cm로 끝이 약간 휘었으며, 3-17개의 꽃이 옆이나 아래를 향해 달린다. 꽃자루는 길이 5-10mm. 꽃받침은 어두운 자주색으로 길이 7-9mm이고 5개로 깊게 갈라졌으며 갈래조각은 선형. 화통은 꽃받침의 1.5-2배로 자란다. 화관은 분홍색으로 거의 평개하며 직경 1.8-2.5cm. 화후는 노란색, 갈래조각은

①-a 프리뮬러 마크로필라. 7월15일. S/가줌바. 5,150m.

①-b 프리뮬러 마크로필라. 7월5일. C/타레 라의 북서쪽. 4,400m.

①-c 프리뮬러 마크로필라. 6월15일. X/신체 라. 4,800m.

①-d 프리뮬러 마크로필라. 6월30일. K/라체. 4,700m.

②-a 프리뮬러 마크로필라 무르크로프티아나. 6월20일. L/푸파르 호수의 북서쪽. 4,450m.

②-b 프리뮬러 마크로필라 무르크로프티아나. 8월31일. H/브리그 호수 부근. 4,200m.

장원형이다.

④ 프리뮬러 메갈로카르파 *P. megalocarpa* Hara
분포 ◇네팔 중부-부탄, 티베트 남부
개화기 6-7월
고산대의 해빙이 늦고 바위가 많은 초지에
자생하며 빗물이 고이는 구덩이 주변에 군
생한다. 수염뿌리가 땅속 깊이 뻗으며, 오래
된 잎과 비늘조각잎이 남아 있다. 잎 뒷면과
꽃차례에 노란색 가루가 붙어 있다. 안쪽 잎
은 질이 두꺼운 도피침형으로 길이 4-8cm이
며 가늘고 무딘 톱니가 있다. 꽃줄기는 높이
3-8cm로 꽃 2-7개가 살짝 아래를 향해 달린
다. 꽃자루는 길이 3-7mm. 꽃받침은 흑갈색
으로 길이 8-12mm이고 5개로 깊게 갈라졌으
며 갈래조각은 도피침형. 화관은 질이 두껍
고, 통부는 꽃받침보다 약간 길다. 화관은
분홍색이나 흰색으로 거의 평개하며 직경 2-
2.5cm. 갈래조각은 도란형이며 보통 V자형
의 새김눈이 있다.

③-a 프리뮬러 닝그비다. 6월25일.
Z3/톤 라의 서쪽. 4,350m.

③-b 프리뮬러 닝그비다. 6월22일. Z3/닌마 라의 서쪽. 4,350m. 석남 관목림으로 둘러싸인 방목 거점 주변에 군
생하고 있다. 앞쪽의 타원형 잎은 범의귀과의 베르게니아 푸르푸라스첸스.

④-a 프리뮬러 메갈로카르파. 6월30일.
T/탕 라의 남쪽. 4,400m.

④-b 프리뮬러 메갈로카르파. 7월7일. T/푸제이 다라의 북서쪽. 4,600m. 하얀 꽃을 피운 그루는 분홍색 꽃을 피
운 그루보다 해발고도가 높고 여름에 청명한 날이 적은 서늘한 모래땅에 많다.

앵초속 Primula

크리스탈로플로미스절 Crystallophlomis
크리스탈로플로미스아절 Crystallophlomis

① 프리뮬러 오블리쿠아 *P. obliqua* W.W. Smith

분포 ◇네팔 중부-부탄, 티베트 남부

개화기 6-7월

아고산대의 숲 주변이나 고산대의 습한 초
지에 자생한다. 기부는 두꺼운 비늘조각잎
으로 싸여 있고, 잎 뒷면과 꽃차례에 연노란
색 가루가 붙어 있다. 잎은 도피침형으로 길
이 10-25cm이고 끝은 뾰족하며 가장자리에
가늘고 무딘 톱니가 있다. 꽃줄기는 높이 15-
40cm로 3-15개의 꽃이 아래를 향해 달린다.
꽃자루는 길이 1-2.5cm. 꽃받침은 길이 8-
12mm. 화관은 질이 두꺼운 흰색으로 기부가
황록색을 띠는데 이따금 붉은색을 띠며, 통
부는 꽃받침과 길이가 같거나 약간 길다. 화
관은 깔때기형으로 반개하며 직경 2-3cm,
갈래조각은 도심형.

①-a 프리뮬러 오블리쿠아. 6월24일.
T/사와포카리 부근. 4,100m.

①-b 프리뮬러 오블리쿠아. 7월21일.
T/투로포카리의 남쪽. 4,200m.

①-c 프리뮬러 오블리쿠아. 6월25일. T/반두케의 북쪽. 4500m 야크와 양의 방목지에서 가까운 호숫가 초지에 꽃

밭을 이루고 있다. 귤색 꽃은 동속 스트루모사. 중앙에서 왼쪽으로 핀 하얀 꽃은 진달래과의 로도데드론 안토포곤.

방목하는 가축은 맛없고 소화도 안 되는 프리뮬러 오블리크바와 스트루모사의 도피침형 잎, 양지꽃속의 우상복엽, 왜성 석남의 작고 단단한 상록엽을 피해 그들 틈에 자라나 있는 사초과의 가는 잎을 입술과 앞니를 이용해 뜯어 먹는다. 6월25일. T/반두케의 북쪽. 4,150m.

목축민들이 장작으로 쓰거나 오두막을 지으려고 나무를 잘라내는 바람에 환해진 전나무·석남 숲 주변의 비탈에 꽃줄기를 길게 뻗은 프리뮬러 오블리쿠아의 큰 그루가 군생하고 있다. 오른쪽의 주홍색 꽃을 피운 관목 석남은 로도덴드론 친나바리눔. 6월20일. U/자르푸티의 남동쪽. 3,400m.

프리뮬러 오블리쿠아의 생태

히말라야의 대형 앵초 중에는 왼쪽 위 사진에서 보듯이, 겨울에서 봄까지 많은 눈이 쌓이는 고산대 단구 형태의 대지에 군생하는 것이 많다. 이들 앵초는 초여름에 눈덮개가 사라진 후에도 밤에 기온이 급격히 떨어지면 싹 속으로 움츠러드는 잎과 꽃봉오리가 얼어붙지 않도록, 겨울눈이 질 두꺼운 난형의 비늘조각잎에 양파처럼 둘러싸여 있다. 해빙 직후에 흰색을 띠는 비늘조각잎은, 맑은 날 쏟아지는 햇빛의 유해한 자외선으로 생식기관의 세포분열에 이상이 생기지 않도록 표피조직에 자외선을 흡수하는 색소를 생성한다. 그 중에서도 프리뮬러 오블리쿠아의 비늘조각잎은 오른쪽 아래 사진에서 보듯이 초여름에 노란색과 귤색, 주홍색으로 아름답게 물든다.

이들 앵초 싹과 어린 그루에는, 공기가 드나드는 기공이 빽빽하게 분포하는 비늘조각잎과 어린잎의 뒷면에 노란색이나 흰색 가루가 붙어 있다. 가루가 물을 튀겨내는 까닭에 잎 뒷면은 얇은 공기층에 싸여 있다. 따라서 초여름 경에 부풀어 오른 앵초 싹이 눈 녹은 물이나 빗물에 완전히 침수되더라도, 기공을 통해 호흡을 유지하며 생장할 수 있다.

고산대에 자라난 프리뮬러 오블리쿠아의 비늘조각잎은 개화기에도 싱싱함을 유지한다. 그러나 왼쪽 아래 사진에서 보듯이, 아고산대의 숲 주변에 자생한 것은 출아 시기가 빨라 개화기에는 전체적으로 크게 자라고, 비늘조각잎은 수분과 양분을 빨아들여 갈색으로 썩기 시작한 것이 많다.

해빙 직후의 호숫가에 싹을 틔운 것으로, 다양한 색으로 물든 비늘조각잎에서 잎과 꽃줄기를 내뻗은 프리뮬러 오블리쿠아. 6월6일. H/잘잘레 산지. 4,100~4,200m.

앵초속 Primula

크리스탈로플로미스절 Crystallophlomis
크리스탈로플로미스아절 Crystallophlomis

① 프리뮬러 스투아르티이 *P. stuartii* Wall.
분포 ◇히마찰-네팔 동부 개화기 6-7월
네팔 동부의 잘잘네 산지에서는 동속 오블리쿠아와 스트루모사보다 약간 늦게 꽃을 피우며, 해빙이 늦는 고산대의 방목지에 폭넓게 군생한다. 그 외의 지역에서는 군생하지 않고 산발적으로 자란다. 기부에 비늘조각잎이 남아 있고, 잎 뒷면과 꽃차례에 노란색 가루가 붙어 있다. 잎은 장원상도피침형으로 길이 10-20cm이고 끝이 뾰족하며, 표면은 짙은 녹색으로 가장자리에 가는 톱니가 있다. 꽃줄기는 높이 15-30cm로 끝에 꽃 5-15개가 옆을 향해 달린다. 꽃자루는 길이 1-2.5cm. 꽃받침은 길이 1-1.5cm. 화통은 꽃받침의 1-2배로 자란다. 화관은 노란색으로 평개하며 직경 2-2.8cm, 중앙부는 질이 두껍고 색이 짙다. 갈래조각은 원형이며 끝은 보통 가늘게 갈라졌다. 꽃에 향기가 있다.

② 프리뮬러 바르나르도아나

P. barnardoana W.W. Smith & Ward
분포 ■네팔 동부-부탄, 티베트 남동부
개화기 7-8월
비가 많이 내리는 고산대의 둔덕 비탈이나 절벽, 바위그늘에 흩어져 자라며 환경에 따라 형태와 크기가 변한다. 비늘조각잎은 남아 있지 않고, 잎 뒷면과 꽃차례에 연노란색 가루가 붙어 있다. 잎에는 좁은 날개가 있는 자루가 있다. 잎몸은 난형·타원형으로 길이 1-5cm이고 기부는 보통 심형이며 가장자리에 성긴 이가 있다. 꽃줄기는 높이 10-20cm로 끝에 꽃 1-7개가 달린다. 꽃자루는 길이 1-22mm. 꽃받침은 길이 5-6mm. 화통은 꽃받침의 2-3배로 자란다. 화관은 노란색으로 중앙부는 색이 짙고 접시 모양으로 열리며 직경 1.2-2cm. 갈래조각은 원형이며 매끈하거나 끝에 이가 있다.
*사진의 꽃은 단화주(短花柱).

③ 프리뮬러 엘롱가타 *P. elongata* Watt
분포 ◇시킴-부탄 개화기 5-7월
아고산대의 전나무숲 내에 독립된 그루를 이루며, 노간주나무·석남 관목림 주변에 띠 모양으로 군생한다. 기부에 비늘조각잎이 남아 있고, 잎 뒷면과 꽃차례에 연노란색 가루가 붙어 있다. 잎은 도피침형으로 길이 7-15cm이고 가장자리에 가늘고 무딘 톱니가 있으며, 기부는 점첨형으로 이따금 뚜렷한 자루가 있다. 잎몸의 기부는 원형-얕은 심형을 이룬다. 꽃줄기는 높이 12-25cm로 끝에 꽃 3-12개가 옆을 향해 달린다. 꽃자루는 길이 3-10mm. 꽃받침은 길이 6-8mm. 화통은

①-a 프리뮬러 스투아르티이. 6월24일. T/반두케의 남쪽. 4,200m. 화관의 중앙부는 질이 두껍고 색이 짙다. 네팔 동부의 것은 갈래조각 끝이 가늘게 갈라졌다. 하얀 꽃은 동속 오블리쿠아

①-b 프리뮬러 스투아르티이. 7월24일. I/타인의 북서쪽. 3,850m.

② 프리뮬러 바르나르도아나. 7월28일. V/킹바첸의 북동쪽. 4,450m.

꽃받침의 2-2.5배로 자란다. 화관은 노란색으로 직경 1.5-2.5cm. 갈래조각은 타원형-도란형이며 매끈하거나 끝에 작은 이가 있다. *③-a의 꽃에는 희미한 향기가 있고 ③-b의 꽃에서는 이상한 냄새가 느껴진다. ③-c는 전나무숲에 자란 것으로, 전체적으로 가루가 두껍게 붙어 있으며 고약한 냄새가 난다.

④ 프리뮬러 디안타 *P. diantha* Bureau & Franch.
분포 ◇티베트 남동부, 윈난·쓰촨성
개화기 6-7월
고산대의 미부식질로 덮인 바위땅이나 절벽에 자생하며, 수염뿌리는 갈색으로 길다. 비늘조각잎은 남아 있지 않고, 잎 뒷면과 꽃차례에 흰색 가루가 붙어 있다. 잎은 도피침형으로 길이 1-4cm이고 끝은 뾰족하며 가장자리에 가늘고 무딘 톱니가 있다. 꽃줄기는 높이 2-5cm로 끝에 꽃이 1-3개 달리며 꽃자루는 짧다. 꽃받침은 길이 5-10mm. 화통은 꽃받침보다 약간 길다. 화관은 분홍색으로 평개하며 직경 1.5-2.5cm, 갈래조각은 도란형. 화후는 흰색이며 고리모양으로 도드라져 있다.

아글레니아나아절 Agleniana
⑤ 프리뮬러 팔치폴리아 *P. falcifolia* Ward
분포 ■티베트 남동부 개화기 6-8월
아고산대의 이끼 낀 바위질 초지에 자생한다. 기부에 비늘조각잎이 남아 있고, 잎 뒷면과 꽃차례에 연노란색 가루가 얇게 붙어 있다. 잎은 선상피침형으로 길이 5-15cm이고 끝은 뾰족하며 가장자리에 가늘고 무딘 톱니가 있다. 꽃줄기는 높이 13-20cm로 끝에 꽃 1-3개가 옆을 향해 달린다. 꽃자루는 길이 1.5-3cm. 꽃받침은 길이 5-7mm. 화통은 꽃받침의 1.5-2배로 자란다. 화관은 유황색으로 거의 평개하며 직경 1.8-2.5cm, 갈래조각은 원상도란형. 화후에 노란색 가루가 두껍게 붙어 있다. 꽃에 희미한 향기가 있다.

맥시모위크지이아절 Maximowiczii
⑥ 프리뮬러 아드베나 오이프레페스
P. advena W.W. Smith var. *euprepes* (W.W. Smith) Chen & C.M. Hu
분포 ■티베트 남동부 개화기 7-8월
고산대 하부의 둔덕 비탈이나 소관목 사이에 자생하며 기부에 비늘조각잎이 남아 있다. 잎은 도피침형으로 길이 8-15cm이고 가장자리에 톱니가 있다. 꽃줄기는 높이 40-60cm로, 정수리에 있는 1-3개 마디의 윤산꽃차례마다 꽃 5-10개가 살짝 아래를 향해 달린다. 꽃자루는 길이 1-3cm. 꽃받침은 길이 1-1.2cm. 화관은 어두운 붉은 자주색, 통부는 꽃받침보다 약간 길고 끝은 5개로 갈라져 휘어 있다. 갈래조각은 장원형으로 길이는 7-10mm이다.

③-a 프리뮬러 엘롱가타. 6월13일. X/체비사의 북쪽. 4,200m.

③-b 프리뮬러 엘롱가타. 6월21일. X/로두푸의 서쪽. 4,000m.

③-c 프리뮬러 엘롱가타. 6월7일. X/탕탕카의 남서쪽. 3,400m.

④ 프리뮬러 디안타. 6월25일. Z3/톤 라의 서쪽. 4,450m.

⑤ 프리뮬러 팔치폴리아. 7월30일. Z3/도숑 라의 남동쪽. 3,700m.

⑥ 프리뮬러 아드베나 오이프레페스. 7월2일. Z3/파티의 북동쪽. 4,400m.

앵초속 Primula

코르디폴리애 Cordifoliae

① 프리뮬러 리틀레달레이

P. littledalei Balf.f. & Watt

분포 ◇티베트 남부 개화기 6-7월

고산대 상부의 그늘진 암붕에 자생하며, 길
이 2-5cm인 뿌리줄기의 정수리에 오래된 잎
이 시들어 남아 있다. 잎 뒷면과 꽃차례에 흰
색 가루가 붙어 있다. 잎에는 긴 자루가 있
다. 잎몸은 거의 원형으로 길이 2-6cm이고
기부는 절형-심형이며 가장자리에 이가 있
다. 표면에 측맥이 살짝 파여 있다. 꽃줄기는
높이 7-18cm로 끝에 꽃 1-12개 달린다. 꽃자
루는 길이 1-2cm. 꽃받침은 길이 6-8mm.
화통은 꽃받침의 2배로 자란다. 화관은 분홍
색으로 평개하며 직경 1.3-1.8cm, 갈래조각은
타원형-도란형. 화후는 오각형이며 보통 노
란색을 띤다.

② 프리뮬러 로툰디폴리아 *P. rotundifolia* Wall.

[*P. cardiophylla* Balf.f. & W.W. Smith]

분포 ◇네팔 서부-시킴 개화기 5-7월

고산대의 그늘진 암붕에 자생한다. 단단한
뿌리가 바위틈으로 길에 뻗고, 뿌리줄기의
정수리에 오래된 잎이 남아 있다. 잎 뒷면과
꽃차례에 흰색-연노란색 가루가 붙어 있다.
잎에는 긴 자루가 있다. 잎몸은 광란형-원신
형으로 길이 2-7cm이고 기부는 깊은 심형이
며 가장자리에 성긴 이가 있다. 꽃줄기는 높
이 7-15cm로 끝에 꽃 2-8개가 옆을 향해 달린
다. 꽃자루는 길이 3-15mm. 꽃받침은 길이 5-
6mm. 화통은 꽃받침의 2배로 자란다. 화관
은 붉은 자주색으로 평개하며 직경 1.7-
2.3cm, 갈래조각은 도란형이며 끝에 가는 이
가 있다. 화후는 노란색을 띤다.

③ 프리뮬러 감벨리아나 *P. gambeliana* Watt

분포 ■네팔 동부-부탄, 티베트 남부
개화기 5-7월

아고산대에서 고산대에 걸쳐 그늘진 암붕이
나 절벽에 자생한다. 기부에 비늘조각잎이
남아 있고, 비늘조각잎의 뒷면에 흰색 가루
가 붙어 있다. 잎에는 긴 자루가 있다. 잎몸
은 광란형-원형으로 길이 1.5-5cm이고 기부는
깊은 심형이며 가장자리에 성긴 이가 있다.
꽃줄기는 높이 5-15cm로 끝에 꽃 1-7개가 옆
을 향해 달린다. 꽃자루는 길이 3-10mm. 꽃
받침은 길이 4-6mm. 화통은 꽃받침의 2-3배
로 자란다. 화관은 분홍색으로 평개하며 직
경 2-2.5cm, 갈래조각은 도심형. 화후는 노란
색을 띤다.
*사진의 개체는 전체적으로 작지만 화관은
직경 2.5cm로 크며 예외적으로 6개로 갈라져
있다.

① 프리뮬러 리틀레달레이. 7월12일. Y4/쇼가 라. 5,100m. 포기 안쪽에 지난해에 나왔던 꽃줄기가 시들어 남아 있
다. 상부의 쿠션식물은 범의귀과의 삭시프라가 세실리플로라.

② 프리뮬러 로툰디폴리아. 6월23일.
T/사와포카리 부근. 4,350m.

③ 프리뮬러 감벨리아나. 6월21일.
T/돗산의 남쪽. 4,000m.

④ 프리뮬러 카베아나 *P. caveana* W.W. Smith

분포 ◇네팔 동부-부탄, 티베트 남부
개화기 6-7월

고산대의 그늘진 암붕이나 바위그늘 초지에 자생한다. 짧은 뿌리줄기의 정수리에 오래된 잎이 남아 있고, 잎 뒷면과 꽃차례에 연노란색 가루가 붙어 있다. 잎자루는 길다. 잎몸은 난형-원형으로 길이 1.5-5cm이고 기부는 주걱형-절형이며 가장자리에 불규칙한 이가 있다. 꽃줄기는 높이 5-10cm로 끝에 꽃 2-9개 달린다. 꽃자루는 길이 5-20mm. 꽃받침은 종형으로 길이 6-8mm. 화통은 꽃받침보다 약간 길다. 화관은 분홍색으로 평개하며 직경 1.3-1.7cm, 갈래조각은 거의 원형. 화후는 노란색을 띤다.

*④-a의 꽃은 장화주(長花柱), ④-b의 꽃은 단화주이다.

아메티스티나절 Amethystina

⑤ 프리뮬러 딕키에아나 *P. dickieana* Watt

분포 ◇네팔 동부-미얀마, 티베트 남동부, 윈난성 개화기 5-7월

고산대의 눈이 녹아 습해진 풀밭형태의 초지에 군생하며, 때로로 빗물이 흐르는 바위 비탈에 자생한다. 전체적으로 연노란색 가루가 얇게 붙어 있다. 바깥쪽 잎은 작다. 안 잎은 질이 두꺼운 도피침형으로 길이 2-7cm이고 가장자리에 작고 성긴 이가 있다. 꽃줄기는 높이 5-18cm로 끝에 꽃 1-3개가 옆을 향해 달린다. 꽃자루는 길이 3-12mm. 꽃받침은 길이 7-10mm. 화통은 꽃받침의 2배로 자란다. 화관은 유황색, 흰색, 붉은 자주색으로 다양하게 평개하며 직경 1.5-3cm, 갈래조각은 도심형, 기부는 귤색이며 질이 두껍고 부드러운 털이 자란다. 꽃에 향기가 있다.

*⑤-c는 미부식질로 덮인 바위땅에서 왜소화한 것으로, 꽃줄기는 꽃자루를 포함해 길이 1.5-4cm, 잎은 길이 2-4cm, 꽃은 1개 달린다.

⑥ 프리뮬러 발렌티니아나

P. valentiniana Hand.-Mazz.

분포 ■티베트 남동부, 윈난성, 미얀마
개화기 7-8월

고산대 하부의 미부식질로 덮인 바위땅에 소군락을 이룬다. 기부에 오래된 잎자루와 비늘조각잎이 남아 있다. 전체적으로 연노란색 가루가 얇게 붙어 있다. 잎은 도피침형으로 길이 2-3.5cm이고 가장자리에 작고 성긴 이가 있다. 꽃줄기는 높이 3-7cm로 끝에 꽃 1-2개가 아래를 향해 달린다. 꽃자루는 길이 3-7mm. 꽃받침은 넓은 종형으로 길이 3-4mm. 화관은 붉은 자주색으로 길이와 직경 모두 1.2-1.5cm이며, 꽃받침에서 나와 넓은 종형으로 열린다. 갈래조각 5개는 끝이 원형이다.

④-a 프리뮬러 카베아나. 7월15일.
S/가줌바의 남쪽. 5,050m.

④-b 프리뮬러 카베아나. 7월11일.
S/고교 부근. 4,750m.

⑤-a 프리뮬러 딕키에아나. 6월22일.
T/돗산. 4,100m.

⑤-b 프리뮬러 딕키에아나. 5월24일.
W/야크체이의 북서쪽. 3,150m.

⑤-c 프리뮬러 딕키에아나. 6월12일.
Z3/도송 라의 남동쪽. 3,650m.

⑥ 프리뮬러 발렌티니아나. 7월29일.
Z3/도송 라의 서쪽. 4,100m.

앵초속 Primula
시키멘시스절 Sikkimensis
① 프리뮬러 시키멘시스

P. sikkimensis Hook.f. var. *sikkimensis*

분포 □네팔 서부-미얀마, 티베트 남부, 윈난·쓰촨성 개화기 5-8월

비가 많이 내리는 아고산대나 고산대의 습한 초지에 자생한다. 냇가 주변에 큰 그루를 이루기도 하고, 빗물이 흐르는 자갈 비탈이나 습지에 군생한다. 기부에 비늘조각잎은 남아 있지 않으며 꽃차례에 연노란색 가루가 붙어 있다. 안쪽 잎에는 자루가 있다. 잎몸은 장원형으로 길이 7-20cm이고 끝은 둔형, 기부는 점첨형-단첨형이며 가장자리에 가는 이가 있다. 꽃줄기는 20-70cm로 끝에 꽃 5-15개가 아래를 향해 달린다. 꽃자루는 길이 2-4cm. 꽃받침은 가늘고 긴 방추형으로 길이 7-10mm. 화관은 노란색으로 질이 두껍고 길이 2-2.5cm, 직경 1.3-2cm이며 꽃받침에서 나와 종형으로 열린다. 5개로 갈라졌고 안쪽 기부에 가루가 두껍게 붙어 있으며 희미한 향기가 있다. 화관갈래조각은 도심형이며 끝은 약간 파여 있거나 절형이다.

② 프리뮬러 시키멘시스 호페아나

P. sikkimensis Hook.f. var. *hopeana* (Balf.f. & Cooper) W.W. Smith & Fletcher

분포 ◇네팔 중부-부탄, 티베트 남부(?)
개화기 6-7월

기준변종과 비슷한 장소에 자생하며, 비가 많이 내리는 평활한 풀밭 형태의 초지에 군생한다. 전체적으로 약간 작다. 화관은 흰색으로 다소 크게 열린다.

③ 프리뮬러 시키멘시스 푸디분다

P. sikkimensis Hook.f. var. *pudibunda* (W.W. Smith) W.W. Smith & Fletcher

분포 ◇시킴-부탄, 티베트 남부 개화기 6-7월

비교적 건조한 구릉 위의 초지나 자갈땅에 자생한다. 전체적으로 약간 작고 꽃이 적게 달린다. 잎몸은 장란형-장원형으로 끝이 약간 뾰족하고 기부는 단첨형-얕은 심형이며, 짙은 녹색으로 표면에 측맥이 깊게 파여 있다. 화관은 노란색. 기준변종과의 경계는 뚜렷하지 않다.

④ 프리뮬러 플로린대 *P. florindae* Ward.
분포 ◇티베트 남동부 개화기 6-8월

건조 고지의 아고산대에서 고산대에 걸쳐 숲 주변이나 강 유역의 습한 초지에 자생한다. 뿌리줄기는 덩어리모양으로 딱딱하다. 동속 시키멘시스와 비슷하나, 잎몸은 난상타원형으로 길이 7-15cm이고 기부는 심형이다. 꽃줄기는 높이 0.4-1m로 끝에 많은 꽃이 아래를 향해 달린다. 꽃자루는 가늘며 길이 3-8cm. 화관은 노란색으로 길이 1.7-2.5cm, 직경 1-2cm이다.

①-a 프리뮬러 시키멘시스. 7월6일. S/랑모체의 북서쪽. 4,400m. 비가 이어지면 물이 흐르는 자갈 사면에, 해발고도차 100m에 걸쳐 노란색 꽃밭이 펼쳐져 있다.

①-b 프리뮬러 시키멘시스. 7월3일. T/추담의 북동쪽. 4,100m.

②-a 프리뮬러 시키멘시스 호페아나. 6월24일. T/톱케골라의 북서쪽. 4,050m.

272 앵초과

②-b 프리뮬러 시키멘시스 호페아나. 6월30일. T/탕 라의 남쪽. 4,150m. 남쪽으로 열린 U자 계곡 내에 여름의 습한 계절풍이 흘러 들어온다. 안개비로 축축해진 평활한 초지는 야크 방목지로 이용되며, 여기저기 널린 배설물은 야크가 먹다 남긴 앵초의 좋은 거름이 된다.

③ 프리뮬러 시키멘시스 푸디분다. 6월13일.
X/체비사의 북쪽. 4,400m.

④ 프리뮬러 플로린대. 7월27일.
Z3/다무로. 3,300m.

앵초속 Primula

시키멘시스 Sikkimensis

① 앵초속의 일종 (A) Primula sp. (A)

건조지 고산대의 볕이 잘 들지 않는 습한 장소에 자생하며, 이따금 빽빽하게 군생한다. 동속 시키멘시스와 비슷하나, 꽃줄기와 꽃자루는 좀 더 가늘고 길게 자라며 꽃은 한 방향을 향해 있다. 화관은 흰색이며 도원추형으로 열린다. 높이 45-60cm. 잎몸은 길이 15-22cm. 화관은 길이 2-2.5cm, 직경 1-1.5cm로 안쪽 기부에 연노란색 가루가 붙어 있다. 시키멘시스의 잡종군 중 하나로 여겨진다.

*①-b는 ①-a의 촬영지에서 가까운 절벽 아래의 습한 장소에 빽빽하게 자란 것으로, 중간에 섞여 있는 붉은 자주색 꽃은 동속 왈토니이(오른쪽 ⑥번 사진)와 교잡했을 가능성이 있다.

② 프리뮬러 레티쿨라타 P. reticulata Wall.

분포 ◇네팔 중부-부탄, 티베트 남부

개화기 6-8월

고산대의 습한 둔덕 비탈이나 바위 비탈에 독립된 그루를 이룬다. 비늘조각잎은 없으며 꽃차례에 연노란색 가루가 붙어 있다. 안쪽 잎에는 긴 자루가 있다. 잎몸은 장원형으로 길이 5-10cm이고 끝은 원형, 기부는 절형-얕은 심형이며 가장자리에 날카로운 겹톱니가 있다. 꽃줄기는 높이 15-30cm로 끝에 꽃 3-7개가 살짝 아래를 향해 달린다. 꽃자루는 길이 1.5-5cm. 꽃받침은 원통형으로 길이 6-8mm. 화관은 흰색으로 직경 1.2-1.7cm이며 깔때기형으로 열린다. 통부는 꽃받침보다 약간 길다. 화후에 노란색 가루가 붙어 있다. 갈래조각은 타원형이며 끝은 매끈하거나 가장자리에 V자형의 새김눈이 있다. 꽃에 희미한 향기가 있다.

③ 프리뮬러 쿰비엔시스 P. chumbiensis W.W. Smith

분포 ■부탄 중서부, 티베트 남부(춘비 계곡)

개화기 5-7월

아고산대의 숲 주변이나 고산대의 습한 바위질 초지에 자생한다. 비늘조각잎은 없으며 꽃차례에 가루가 붙어 있다. 안쪽 잎에는 긴 자루가 있다. 잎몸은 장란형으로 길이 2.5-4cm이고 기부는 원형-얕은 심형이며 가장자리에 불규칙한 이가 있다. 표면에 그물맥이 깊게 파여 있다. 꽃줄기는 높이 15-20cm로 끝에 꽃 3-8개가 아래를 향해 달린다. 꽃자루는 길이 1-2cm. 꽃받침은 길이 5-6mm. 화관은 흰색으로 직경 1-1.5cm이며 깔때기형으로 열린다. 통부는 꽃받침의 2배로 자란다. 화후에 연노란색 가루가 붙어 있다. 갈래조각은 타원형이며 매끈하거나 가장자리에 V자형의 새김눈이 있다. 꽃에 희미한 향기가 있다.

①-a 앵초속의 일종 (A) 7월14일.
Y4/냐케숨드의 남쪽. 4,300m.

①-b 앵초속의 일종 (A) 7월14일.
Y4/냐케숨드의 남쪽. 4,300m.

② 프리뮬러 레티쿨라타. 7월12일.
T/싱스와 다라의 남서쪽. 4,300m.

③ 프리뮬러 쿰비엔시스. 5월10일.
X/쇼두의 동쪽. 3,600m.

④-a 프리뮬러 알피콜라. 8월6일.
Z3/라무라쵸 부근. 4,400m.

④-b 프리뮬러 알피콜라. 6월20일.
Z3/틴베의 북서쪽. 3,300m.

274   앵초과

④ 프리뮬러 알피콜라

P. alpicola (W.W. Smith) Stapf

분포 ◇부탄, 티베트 남동부 개화기 6-8월

아고산대 계곡 줄기의 습한 초지나 고산대의 미부식질로 덮인 바위 비탈에 자생한다. 기부에 비늘조각잎은 없으며 꽃차례에 연노란색 가루가 붙어 있다. 안쪽 잎에는 자루가 있다. 잎몸은 난상타원형-장원형으로 길이 2-8cm이고 기부는 짧은첨형-얕은 심형이며 가장자리에 가늘고 둥근 톱니가 있다. 표면에 그물맥이 파여 있다. 꽃줄기는 높이 15-30cm로 끝에 꽃 3-10개가 살짝 아래를 향해 달린다. 꽃자루는 길이 1.5-3cm. 꽃받침은 길이 6-8mm. 화관은 흰색-유황색으로 직경 1.5-2cm이며 깔때기형으로 열린다. 통부는 꽃받침보다 약간 길며, 안쪽 기부에 가루가 두껍게 붙어 있다. 갈래조각은 원형-도심형이며 가장자리는 큰 물결 모양을 이룬다. 꽃에 희미한 향기가 있다.

*④-a의 앞쪽과 뒤쪽으로 보이는 중맥이 하얀 잎은 마디풀과의 비스토르타 그리피티이다.

⑤ 프리뮬러 이오에사 *P. ioessa* W.W. Smith

분포 ■티베트 남동부 개화기 6-8월

습한 계절풍이 부는 아고산대 숲 사이나 고산대 초지에 자생한다. 비늘조각잎은 없으며 꽃차례에 연노란색 가루가 붙어 있다. 안쪽 잎에는 긴 자루가 있다. 잎몸은 타원형-장원형으로 길이 7-18cm이고 기부는 짧은첨형-얕은 심형이며 가장자리에 가는 이가 있다. 표면에 그물맥이 파여 있다. 꽃줄기는 높이 20-40cm로 끝에 꽃 5-15개가 옆이나 아래를 향해 달린다. 꽃자루는 길이 2-5cm. 꽃받침은 길이 8-12mm로 어두운 자주색을 띤다. 화관은 깔때기형으로 직경 2-2.5cm이며 제비꽃색이다. 갈래조각은 옆으로 긴 원신형이며 끝은 매끈하거나 물결 모양이다. 화관의 안쪽 기부에 가루가 두껍게 붙어 있다.

*남차바르와 주변에 있는 것(⑤-a와 ⑤-b)은 잎 가장자리의 이가 가늘고 뾰족하지 다른 점에서 기준표본 기록과 다르다.

⑥ 프리뮬러 왈토니이 *P. waltonii* Balf.f.

분포 ◇시킴, 부탄, 티베트 남부

개화기 6-8월

다소 건조한 고산대의 바위가 많은 초지에 자생하며, 지역에 따라 형태와 색깔이 변한다. 동속 이오에사와 비슷하나, 화관이 약간 작고 끝은 거의 열리지 않는 누도상 종형으로 직경 1.5-2cm. 색깔은 붉은빛이 강한 장미색에서 포도주색까지 다양하다. 갈래조각은 거의 원형이며 끝은 살짝 파여 있다.

⑤-a 프리뮬러 이오에사. 7월2일. Z3/파티. 4,250m. 짙은 안개에 싸이는 날이 많은 산등성이의 평활한 초지에 군생한다. 비가 내리면 꽃은 아래를 향하고, 날이 개면 옆을 향한다.

⑤-b 프리뮬러 이오에사. 7월2일. Z3/파티. 4,250m.

⑥ 프리뮬러 왈토니이. 7월13일. Y4/치두 라의 남쪽. 4,700m.

앵초속 Primula

프롤리페래절 Proliferae

① 프리뮬러 스미티아나 P. smithiana Craib
분포 ◇부탄, 티베트 남부 개화기 4-6월
다소 건조한 산지의 축축한 초지에 자생한다.
겨울잎이 시들어 남아 있고, 꽃차례에 가루가
붙어 있다. 잎은 도피침형으로 길이 7-15cm이
고 가장자리에 날카로운 이가 있다. 꽃줄기는
높이 20-50cm로 정수리의 2-4마디에 윤산꽃차
례가 달린다. 꽃자루는 길이 5-20mm. 꽃받침
은 종형으로 길이 3-4mm이고 끝에 이가 5개
있다. 화통은 꽃받침의 2배로 자란다. 화관은
거의 평개하며 직경 1-1.3cm. 갈래조각은 도란
형이며 끝이 살짝 파여 있다.

② 프리뮬러 쿵겐시스 P. chungensis Balf.f. & Ward
분포 ◇티베트 남동부, 윈난 · 쓰촨성
개화기 5-7월
산지나 아고산대의 숲 주변 초지에 자생한
다. 꽃차례에 가루가 붙어 있다. 안쪽 잎은
도피침형으로 길이 10-18cm이고 가장자리에
날카로운 이가 있으며 이따금 불규칙적으로
얕게 갈라졌다. 꽃줄기는 높이 20-40cm로
정수리의 1-4마디에 윤산꽃차례가 달린다.
꽃자루는 길이 1-2cm. 꽃받침은 종형으로
길이 5-6mm이고 끝에 이가 5개있다. 화통은
꽃받침의 3배로 자라고 바깥쪽은 주홍색이
다. 화관은 귤색으로 평개하며 직경 1.3-
1.8cm, 갈래조각은 도란형이며 끝이 살짝
파여 있다.

③ 프리뮬러 프레난타
P. prenantha Balf.f. & W.W. Smith
분포 ◇네팔 동부-미얀마, 티베트 남동부,
윈난성 개화기 5-7월
아고산대의 습한 둔덕 비탈에 흩어져 자생

① 프리뮬러 스미티아나. 6월4일. X/두게종 부근. 2,650m. 꽃차례는 일본앵초처럼 여러 층으로 나뉘어 있다. 장화주와 단화주의 구별이 뚜렷치 않은 탓에 원시적인 앵초로 불린다.

② 프리뮬러 쿵겐시스. 6월11일.
Z3/다무로 부근. 3,250m.

③ 프리뮬러 프레난타. 6월21일.
T/돗산의 남쪽. 3,500m.

④ 프리뮬러 모르셰아디아나. 7월28일.
Z3/도슝 라의 서쪽. 3,800m.

276 앵초과

한다. 잎은 도피침형으로 길이 4-10cm이고
가장자리에 불규칙한 이가 있으며 표면에
그물맥이 깊게 파여 있다. 꽃줄기는 높이 7-
15cm로 끝에 꽃 3-8개가 아래를 향해 달린다.
꽃자루는 길이 5-10mm. 꽃받침은 길이 4-
5mm. 화관은 깔때기형으로 직경 5-7mm이며
굴색이다. 통부는 꽃받침의 1.5배로 자란다.
갈래조각은 주걱모양으로 길이 1.5-2.5mm
이고 끝이 살짝 파여 있다.

④ 프리뮬러 모르셰아디아나
P. morsheadiana Ward
분포 ■티베트 남동부 개화기 6-8월
고산대 하부의 해빙이 늦은 습한 둔덕 비탈
이나 이끼 낀 바위땅에 자생한다. 동속 프레
난타와 비슷하나, 꽃줄기와 꽃자루는 가늘
고 화관은 깔때기형으로 크게 열리며 직경
1.2-1.5cm. 갈래조각은 도란형으로 길이 4-
5mm이고 끝은 살짝 파였으며 이따금 작은
이가 있다.

아르메리나절 Armerina
⑤ 프리뮬러 문로이
P. munroi Lindl. [*P. involucrata* Duby]
분포 ◇카슈미르-미얀마, 티베트 남부, 윈
난·쓰촨성 개화기 6-8월
아고산대에서 고산대에 걸쳐 축축한 초지나
하층에 진흙을 품고 있는 자갈 비탈에 자생한
다. 잎 뒷면과 꽃차례에 연노란색 가루가 붙
어 있다. 안쪽 잎에는 긴 자루가 있다. 잎몸은
장란형-장원형으로 길이 1-3cm이고 매끈하거
나 가장자리에 성긴 이가 있다. 꽃줄기는 높
이 6-40cm로 끝에 꽃 1-8개가 옆을 향해 달린
다. 포엽은 피침형-장원형으로 곧추 서고 길
이 6-12mm이며, 기부에서 길이 4-6mm의 막질
로 된 부속 조각이 아래로 늘어진다. 꽃자루
는 길이 5-25mm. 꽃받침은 길이 6-8mm. 화통
은 꽃받침의 2배로 가늘게 자란다. 화관은 흰
색 또는 중앙부 이외가 연붉은색을 띠며 직경
1.3-2.2cm로 평개한다. 갈래조각은 도심형,
화후는 황록색. 꽃에 희미한 향기가 있다.

⑥ 프리뮬러 티베티카 *P. tibetica* Watt
분포 ◇쿠마온-부탄, 티베트 서남부
개화기 6-7월
건조 고지의 습한 풀밭 형태 초지나 관개수로
주변에 자생한다. 잎에 자루가 있다. 잎몸은
타원형으로 길이 5-20mm이고 매끈하며 광택
이 있다. 꽃줄기는 4-10cm로 끝에 꽃이 1-10개
달린다. 꽃자루는 길이 1.5-5cm. 꽃받침은 길
이 4-5mm. 화통은 꽃받침보다 약간 길다. 화
관은 분홍색으로 평개하며 직경 8-12mm. 화후
는 노란색, 갈래조각은 도심형이다.
*⑥-a의 꽃은 장화주. ⑥-b의 연붉은색 꽃은
단화주, 짙은 붉은색 꽃은 장화주이다.

⑤-a 프리뮬러 문로이. 8월5일.
H/로탕 고개의 남서쪽. 3,800m.

⑤-b 프리뮬러 문로이. 6월15일.
M/야크카르카. 4,000m.

⑤-c 프리뮬러 문로이. 7월6일. K/바가 라의 남동쪽. 4,600m. 고지에 자란 것은 꽃이 희다.

⑥-a 프리뮬러 티베티카. 6월18일.
N/킨가르의 동쪽. 3,400m.

⑥-b 프리뮬러 티베티카. 6월14일.
X/로블탕의 남쪽. 4,200m.

앵초속 Primula

오레오플로미스절 Oreophlomis
① 프리뮬러 스클라긴트웨이티아나

P. schlagintweitiana Pax

분포 ◇파키스탄-가르왈 개화기 6-7월
건조 고지의 초지나 둔덕 비탈에 자생한다.
기부에 오래된 잎이 남아 있고, 잎 뒷면과 꽃
차례에 짧은 털이 자란다. 잎에는 거의 자루
가 없다. 잎몸은 주걱형-장원형으로 길이 2-
3cm이고 기부는 쐐기형이며 가장자리에 가
는 이가 있다. 꽃줄기는 높이 7-15cm로 끝에
꽃 5-15개가 모여 위를 향해 핀다. 포엽은 선
상피침형으로 길이 4-5mm. 꽃받침은 길이
5-6mm. 화통은 꽃받침의 1.5-2배로 가늘게
자란다. 화관은 분홍색으로 평개하며 직경
9-12mm. 화후는 흰색, 갈래조각은 도심형
이다.

② 프리뮬러 로세아 *P. rosea* Royle

분포 ◇아프가니스탄-가르왈 개화기 5-7월
아고산대에서 고산대에 걸쳐 습한 초지나
시냇가에 자생하며, 해빙수가 넘쳐흐르는
풀밭 형태의 초지에 군생한다. 전체적으로
가루가 없다. 잎에는 짧은 자루가 있으며,
잎몸은 타원형-장원형으로 길이 3-8cm이
고 가장자리에 이가 있다. 꽃줄기는 높이
3-10cm로 끝에 꽃 2-12개가 달린다. 포엽은
기부에 짧은 부속 조각이 달린다. 꽃자루는
길이 7-10mm. 꽃받침은 길이 7-9mm. 화통
은 꽃받침보다 약간 길다. 화관은 붉은빛이
강한 장미색으로 평개하며 직경 1.2-1.7cm.
화후는 노란색, 갈래조각은 도심형이다.
*해빙이 늦는 비탈에서는 싹이 트면 이내
꽃이 피며, 잎은 개화 후에 전개된다.

① 프리뮬러 스클라긴트웨이티아나. 7월19일.
D/투크치와이 룬마. 4,200m.

②-a 프리뮬러 로세아. 6월10일.
G/굴마르그. 3,000m.

②-b 프리뮬러 로세아. 6월10일. G/굴마르그. 3,150m. 해빙 직후의 방목 초원.

③-a 프리뮬러 글라브라. 6월15일.
R/라치와의 북동쪽. 4,000m.

③-b 프리뮬러 글라브라. 6월23일.
X/칼라카추 라의 남서쪽. 4,800m.

④ 프리뮬러 글라브라 콩보엔시스. 6월26일.
Z3/하티 라. 4,400m.

글라브라절 Glabra
③ 프리뮬러 글라브라

P. glabra Klatt subsp. *glabra*

분포 ◇네팔 동부–미얀마, 티베트 남부, 윈난성 개화기 5-7월

비가 많이 내리는 아고산대 석남 숲 내의 이끼 낀 둔덕 비탈이나 고산대의 미부식질로 덮인 바위땅에 자생한다. 기부에 비늘조각 잎이 남아 있다. 전체적으로 털이 거의 없다. 안쪽 잎은 주걱형-도피침형으로 길이 8-25mm이며 가장자리에 날카롭고 휘기 쉬운 이가 있다. 꽃줄기는 높이 3-7cm로 끝에 꽃 5-15개가 두상으로 달린다. 꽃받침은 종형으로 길이 2-3mm. 화통은 꽃받침과 길이가 같거나 약간 길다. 화관은 연보라색-분홍색으로 평개하며 직경 5-7mm. 화후는 노란색, 갈래조각은 도심형이다.

④ 프리뮬러 글라브라 콩보엔시스

P. glabra Klatt subsp. *kongboensis* (Ward) Halda

분포 ■티베트 남동부 개화기 6-7월

고산대의 습한 둔덕 비탈에 자생한다. 기준 아종보다 전체적으로 작고 가루 형태의 짧은 털이 자라며, 잎 가장자리에 물결모양의 이가 있다. 꽃차례에 길이 2mm 정도의 광란형 포엽이 달린다. 높이 5-40mm. 꽃은 1-10개 달린다.

알레우리티아절 Aleuritia
⑤ 프리뮬러 콘친나 *P. concinna* Watt

분포 ◇네팔 서부-부탄, 티베트 남부

개화기 6-8월

차가운 이슬비가 휘몰아치는 고산대의 평활한 모래땅이나 이끼 낀 둔덕 비탈, 미부식질로 덮인 바위땅에 자생하며 작은 매트모양의 군락을 이룬다. 기부에 오래된 잎이 남아 있고 잎과 꽃차례에 노란색 가루가 붙어 있으며, 이따금 가루 형태의 짧은 털이 빽빽하게 자란다. 잎은 도란형-도피침형으로 길이 5-15mm이고 끝은 약간 뾰족하거나 둔형이며, 기부는 쐐기 형으로 매끈하거나 가장자리에 이가 있으며 뒷면에 노란색 가루가 두껍게 붙어 있다. 꽃줄기는 꽃을 포함해 높이 5-20mm로 끝에 꽃 1-3개가 위를 향해 달리며 꽃자루는 짧다. 꽃받침은 가는 종형으로 길이 2-4mm. 화통은 꽃받침과 길이가 같거나 약간 길다. 화관은 연붉은색-붉은 자주색으로 평개하며 직경 4-8mm. 화후는 노란색, 갈래조각은 도심형이다.

*⑤-a와 ⑤-b의 꽃은 단화주, ⑤-c의 꽃은 장화주. ⑤-b는 편평한 바위 표면을 덮은 지의류와 이끼의 얇은 미부식질에 국화과의 크레만토디움 데카이스네이와 미나리아재비속의 작은 풀과 함께 자란 것으로, 단속적으로 이어지는 이슬비에 촉촉이 젖어 있다.

⑤-a 프리뮬러 콘친나. 6월20일. R/베니카르카의 북동쪽. 4,300m.

⑤-b 프리뮬러 콘친나. 7월1일. T/탕 라. 4,550m.

⑤-c 프리뮬러 콘친나. 6월14일. M/야크카르카. 4,450m. 가는 잎이 빽빽하게 모인 안드로사체 레만니이와 우상복엽을 지닌 포텐틸라 미크로필라의 쿠션 위에 자라나 있다.

앵초속 Primula

풀켈라절 Pulchella

① 프리뮬러 샤르매 *P. sharmae* Fletcher

분포 ■네팔 서중부 개화기 6-7월

건조한 산지에서 고산대에 걸쳐 바람에 노출된 둔덕 비탈이나 풀밭 형태의 초지에 자생한다. 잎 뒷면과 꽃차례에 연노란색 가루가 붙어 있다. 잎은 땅 위로 퍼지며, 타원형-도피침형으로 길이 1-3cm이고 끝은 약간 뾰족하거나 둔형이며 가장자리에 가는 이가 있다. 기부는 점첨형이며 짧은 자루로 이어진다. 꽃줄기는 높이 3-7cm로 끝에 꽃 1-8개가 위나 옆을 향해 달린다. 꽃자루는 매우 짧다. 꽃받침은 길이 5-7mm, 갈래조각은 선상피침형. 화통은 꽃받침의 2배 이상 자란다. 화관은 붉은색-붉은 자주색으로 거의 평개하며 직경 1-1.5cm. 화후는 노란색, 갈래조각은 도란형이며 끝이 파여 있다.

② 프리뮬러 야프레야나 *P. jaffreyana* King

분포 ◇티베트 남부 개화기 7-8월

건조 고지의 암붕이나 이끼 낀 바위 비탈에 자생한다. 기부에 오래된 잎자루가 남아 있고, 잎 뒷면과 꽃차례에 흰색 가루가 붙어 있다. 잎은 도란상타원형-도피침형으로 길이 4-12cm이고 가장자리에 불규칙한 이가 있다. 기부는 점첨형이며 짧은 자루로 이어진다. 꽃줄기는 높이 12-25cm로 끝에 꽃 3-13개가 위나 옆을 향해 달린다. 꽃자루는 길이 7-20mm. 꽃받침은 길이 8-12mm로 능 5개가 있다. 화통은 꽃받침의 1.5-2배로 자란다. 화관은 흰색-연붉은색으로 평개하며 직경 1.5-1.8cm. 화후는 노란색, 갈래조각은 도란형이며 끝에 V자형의 새김눈이 있다.

①-a 프리뮬러 샤르매. 6월16일. M/야크카르카. 3,700m. 꽃줄기와 꽃받침은 연노란색 가루로 덮여 있다. 근접 촬영으로 직경 1-1.5cm인 꽃이 실제보다 크게 보인다.

①-b 프리뮬러 샤르매. 6월21일. N/묵티나트의 동쪽. 3,800m.

②-a 프리뮬러 야프레야나. 8월15일. Y3/얌드록 호수 부근. 4,400m.

②-b 프리뮬러 야프레야나. 7월21일. Y3/라싸의 서쪽 교외. 4,150m.

280 앵초과

③ 프리뮬러 타일로리아나

P. tayloriana Fletcher

분포 ■티베트 남동부　개화기 6-7월

건조 고지 떡갈나무 숲 내의 이끼 낀 바위땅이나 둔덕 비탈에 자생한다. 기부에 오래된 잎이 남아 있고, 잎 뒷면과 꽃차례에 흰색 가루가 붙어 있다. 잎은 도피침형으로 길이 5-13cm이고 가장자리에 이가 있다. 꽃줄기는 높이 10-23cm로 꽃 3-8개가 위를 향해 달린다. 꽃자루는 길이 7-15mm. 꽃받침은 길이 7-10mm로 끝에서 3분의 2가 5개로 갈라졌으며, 갈래조각은 장원상피침형. 화통은 꽃받침의 1.5배로 자란다. 화관은 분홍색으로 평개하며 직경 1.4-1.7cm. 화후는 노란색, 갈래조각은 도심형.

*위의 자료는 촬영한 것으로, 기준표본보다 잎이 크고 꽃줄기와 꽃받침이 길며 화관은 작다.

미누티시매절 Minutissimae
④ 프리뮬러 글란둘리페라

P. glandulifera Balf.f. & W.W. Smith

분포 ■쿠마온-네팔 중부　개화기 5-7월

고산대의 모래땅이나 불안정한 둔덕 비탈에 자생한다. 동속 미누티시마와 비슷하나 가루가 붙어 있지 않고, 전체적으로 가루 형태의 짧은 선모로 덮여 있어 분백색을 띤다. 주출지는 뻗지 않으며 꽃줄기와 꽃자루는 매우 짧다. 잎몸의 끝은 원형·예형이다.

*사진 2장은 모두 네팔 중부의 다울라기리 산군 북쪽에서 촬영한 것. 차가운 바람에 얼어붙기 쉬운 이 지역 고산대 상부의 모래땅에 자생하는 개체군은 쿠마온에서 채집된 기준표본보다 전체적으로 작아서, 잎은 길이 3-6mm이고 화관은 직경 6-10mm이다. ④-a의 뒤로 보이는 쿠션식물은 삭시프라가 안데르소니이.

⑤ 프리뮬러 미누티시마 *P. minutissima* Duby

분포 ■파키스탄-네팔 중부, 티베트 서부

개화기 7-9월

건조 지대 고산대의 모래땅이나 둔덕 비탈에 자생한다. 기부에 오래된 잎이 남아 있고, 불안정한 비탈에서는 로제트잎을 지닌 짧은 주출지가 뻗는다. 잎 뒷면과 꽃차례에 연노란색 가루가 붙어 있다. 잎은 능상도란형-도피침형으로 길이 7-12mm이고 끝이 뾰족하며, 기부를 제외하고 가늘고 날카로운 이가 있다. 꽃줄기는 길이 1-20mm로 끝에 자루 없는 꽃 1-3개가 위를 향해 달린다. 꽃받침은 길이 3-4mm. 화통은 꽃받침의 2-3배로 자란다. 화관은 분홍색으로 거의 평개하며 직경 8-10mm. 화후는 흰색이나 연노란색, 갈래조각은 도심형이다.

③ 프리뮬러 타일로리아나. 6월26일. Z3/톤부룽의 북쪽. 3,000m.

④-a 프리뮬러 글란둘리페라. 6월12일. M/프렌치 고개의 남쪽. 5,050m.

④-b 프리뮬러 글란둘리페라. 6월13일. M/프렌치 고개의 남쪽. 4,950m.

⑤-a 프리뮬러 미누티시마. 9월9일. H/톱포 은마의 남동쪽. 4,500m.

⑤-b 프리뮬러 미누티시마. 9월10일. H/톱포 은마의 남동쪽. 4,500m.

앵초속 Primula
미누티시매절 Minutissimae
① 프리뮬러 스티르토니아나

P. stirtoniana Watt

분포 ◇네팔 서부-부탄 개화기 5-7월

아고산대와 고산대의 살짝 그늘진 암붕이나 이끼 낀 둔덕의 역비탈면에 자생하며, 주출지를 뻗어 군락을 이룬다. 오래된 잎이 시들어 남아 있으며 전체적으로 가루가 없다. 주출지는 폭 0.5-1mm, 길이 10cm로 끝 쪽에 자루가 긴 잎이 어긋나기 한다. 꽃줄기에 달린 잎은 질이 얇은 도피침형으로 길이 1.5-3cm이고 상부에 날카로운 이가 있으며, 앞뒷면에 짧고 부드러운 털이 자란다. 꽃줄기는 매우 짧다. 꽃은 1-2개 달리며 꽃자루는 길이 5-20mm. 꽃받침은 길이 7- 12mm, 갈래조각은 선상피침형으로 끝이 살짝 열린다. 화통은 꽃받침의 1.5배로 자란다. 화관은 연붉은색-붉은색으로 평개하며 직경 1.8-2.5cm. 화후는 흰색으로 깔때기모양. 갈래조각은 도심형이며 V자형의 깊은 새김눈이 있다.

② 프리뮬러 레프탄스 *P. reptans* Hook.f.

분포 ■카슈미르-네팔 중부 개화기 6-8월

고산대 상부의 미부식질로 덮인 바위땅에 자생한다. 가는 목질의 뿌리줄기가 땅위로 퍼져 작은 잎이 빽빽하게 모인 매트 군락을 이룬다. 오래된 잎이 기부에 시들어 남아 있고, 꽃차례의 일부에 흰색 가루가 붙어 있다. 잎에는 길이 1-4mm의 폭넓은 자루가 있다. 잎몸은 삼각상광란형으로 길이 2-3mm이고 짙은 녹색이며 우상으로 얕게 갈라졌다. 갈래조각의 끝은 아래로 늘어진다. 꽃줄기는 뻗지 않으며, 뿌리줄기의 정부에 꽃 1개가 곧추서서 달린다. 꽃자루는 길이 3mm 이하.

①-a 프리뮬러 스티르토니아나. 6월15일. L/파구네 다라의 북쪽. 3,800m. 역으로 비탈진 암벽에서 빗물을 흠뻑 품은 이끼에 뿌리를 내려 유연한 주출지를 뻗고 있다.

①-b 프리뮬러 스티르토니아나. 5월30일. M/카페 콜라. 4,000m. 둔덕의 역사면

② 프리뮬러 레프탄스. 7월18일. K/카그마라 고개의 북동쪽. 4,900m.

꽃받침은 길이 2-3mm. 화통은 꽃받침의 3배로 자라고, 안쪽에 흰색 털이 빽빽하게 나 있다. 화관은 붉은 자주색으로 거의 평개하며 직경 8-14mm. 화후는 흰색, 갈래조각은 도란형이며 V자형의 깊은 새김눈이 있다.

③ 프리뮬러 플라겔라리스

P. flagellaris W.W. Smith

분포 ■시킴, 티베트 남부 개화기 6-8월

건조지대 고산대의 이끼 낀 바위땅이나 불안정한 둔덕 비탈에 자생하며, 주출지가 사방으로 뻗어 매트 군락을 이룬다. 기부에 오래된 잎이 시들어 남아 있고, 전체적으로 가루가 붙어 있다. 주출지는 굵고 흰빛을 띠며 폭 1-1.5mm, 길이 1-5cm로 약간 편평하고 끝 부분에 작은 로제트 잎을 지니고 있다. 잎은 도란형-도피침형으로 길이 6-12mm이고 뒷면에 가루가 두껍게 붙어 있으며 끝에 물결모양의 이가 있다. 꽃은 로제트잎 중심에 1개 달리며 꽃자루는 길이 5-10mm. 꽃받침은 길이 5-6mm. 화통은 꽃받침과 길이가 같거나 약간 길다. 화관은 분홍색으로 평개하며 직경 8-10mm. 화후는 노란색, 갈래조각은 도심형. G. Sherriff가 부탄 중부에서 채집해 이 종으로 동정한 것은 『A Quest of Flowers』의 사진과 기록, 채집지의 환경으로 미루어보아 동속 스티르토니아나로 여겨진다.

③-a 프리뮬러 플라겔라리스. 7월12일. Y4/치두 라의 남쪽. 5,000m.

③-b 프리뮬러 플라겔라리스. 7월12일. Y4/치두 라의 남쪽. 5,000m. 둔덕의 수직면이나 불안정한 장소에서는 많은 주출지를 내뻗는다.

앵초속 Primula

미누티시매절 Minutissimae

① 프리뮬러 테누일로바

P. tenuiloba (Watt) Pax

분포 ◇네팔 중부-부탄, 티베트 남동부
개화기 6-8월

고산대 상부의 미부식질로 덮인 바위땅에
자생한다. 기부에 오래된 잎이 시들어 남아
있다. 전체적으로 가루는 붙어 있지 않으며,
꽃차례에 흰 털이 자란다. 잎에는 폭 넓은 자
루가 있다. 잎몸은 광란형-장원형으로 길이
3-5mm이고 빗살모양으로 얕게 갈라졌으며
표면은 약간 배모양으로 들어가 있다. 갈래
조각의 끝은 아래로 휘어 있다. 꽃줄기는 길
이 3-15mm로 자루 없는 꽃 1개가 위나 옆을
향해 달린다. 꽃받침은 길이 3-5mm. 화통은
꽃받침의 2-3배로 자라고, 안쪽과 바깥쪽 끝
에 희고 긴 털이 빽빽하게 자란다. 화관은 분
홍색-연자주색-자주색으로 직경 1.2-1.8cm이
며 깔때기형으로 열린다. 갈래조각은 가는
도심형이며 V자형의 깊은 새김눈이 있다.

② 프리뮬러 무스코이데스 *P. muscoides* Watt

분포 ■네팔 중부-부탄, 티베트 남동부
개화기 6-8월

습한 계절풍이 넘나드는 고산대 상부의 미
부식질로 덮인 바위 급비탈에 자생하며, 편
평한 쿠션 군락을 이룬다. 쿠션 내부의 다년
생인 가는 줄기에 암갈색의 오래된 잎이 빽
빽하게 숙존한다. 잎과 꽃차례의 일부에 연
노란색 가루가 붙어 있다. 잎은 질이 두꺼운
주걱형으로 길이 3-8mm이고 끝에 삼각형
이가 3-7개 있다. 꽃줄기와 꽃자루는 거의 자
라지 않으며, 로제트잎 중앙에 꽃 1개가 이
옆을 향해 달린다. 꽃받침은 길이 2- 3mm로
잎 사이에 숨어 있다. 화통은 흰색이며 꽃받
침의 2-3배로 자란다. 화관은 흰색-연자주
색으로 직경 7-8mm이며 깔때기형으로 열린
다. 화후는 흰색이며 하얀 털로 덮여있다.
갈래조각은 장원형이며 V자형의 새김눈이
있다.

③ 프리뮬러 프리뮬리나

P. primulina (Spreng.) Hara

분포 ◇쿠마온-부탄, 티베트 남부
개화기 6-8월

습한 계절풍이 넘나드는 고산대의 바위 비
탈을 덮는 미부식질에 군생한다. 기부에 오
래된 잎이 시들어 남아 있고, 꽃차례 일부에
흰색 가루가 얇게 붙어 있다. 잎은 로제트형
태로 달린다. 잎몸은 주걱형-도피침형으로
길이 5-18mm이고 빗살모양으로 얕게 갈라
졌으며 앞뒷면에 짧고 부드러운 털이 자란
다. 꽃줄기는 높이 2-7cm로 끝에 자루 없는
꽃 1-4개가 위나 옆을 향해 달린다. 꽃받침은

①-a 프리뮬러 테누일로바. 8월1일. T/준코르마의 서쪽. 4,500m. 차가운 바람을 피하듯 산등성이에 드러난 퇴적
암의 움푹 파인 곳에 자라나 있다. 노란 꽃은 포텐틸라 콤무타타.

①-b 프리뮬러 테누일로바. 7월1일. X/초체나의 남쪽. 5,050m.

①-c 프리뮬러 테누일로바. 7월1일.
T/탕 라의 남쪽. 4,650m.

② 프리뮬러 무스코이데스. 7월7일.
T/푸제이 다라의 북서쪽. 4,600m.

길이 3-4mm. 화통은 꽃받침과 길이가 거의 같다. 화관은 연자주색-붉은 자주색으로 평개하며 직경 8-10mm이고 표면에 짧고 부드러운 털이 나 있다. 갈래조각은 가는 도심형. 화후에 흰 털이 빽빽하게 자라 화통 입구를 막는다.

④ 프리뮬러 타넬라 *P. tenella* Hook.f.
분포 ■ 부탄, 티베트 남부 개화기 5-9월
고산대 암붕의 두꺼운 미부식질에 자생하며 수염뿌리가 깊게 뻗는다. 주출지는 없다. 전체적으로 흰색 가루가 붙어 있으며 잎 뒷면에 특히 짙다. 잎에는 폭넓은 자루가 있다. 잎몸은 약간 질이 두꺼운 능상란형으로 길이 5-10mm이고 끝에 이가 있으며 기부는 짧은첨형이다. 꽃줄기는 길이 5-20mm로 끝에 꽃 1개가 달린다. 꽃받침은 길이 5-6mm. 화통은 꽃받침의 2배로 자란다. 화관은 붉은 자주색으로 평개하며 직경 1.3-1.8cm. 화후는 흰색으로 짧고 부드러운 털이 자란다. 갈래조각은 도심형이며 끝이 살짝 파여 있다.

⑤ 프리뮬러 스파툴리폴리아
P. spathulifolia Craib
분포 ■ 네팔 동부-시킴 개화기 5-8월
고산대 하부의 이끼 낀 암붕이나 암벽 밑 초지에 자생한다. 새로 자란 잎 밑에 갈색의 오래된 잎이 두껍게 쌓여 있다. 전체적으로 흰색 가루가 붙어 있으며, 어린잎의 앞뒷면과 다 자란 잎의 뒷면에 특히 짙다. 잎은 주걱형-도피침형으로 길이 1.5-2.5cm이고 끝이 뾰족하며 상부에 이가 있다. 기부는 점첨형. 꽃줄기는 길이 7-10mm로 끝에 꽃 1개가 달린다. 꽃받침은 길이 5-6mm. 화통은 꽃받침의 1.5-2배로 자란다. 화관은 분홍색으로 평개하며 직경 1-1.5cm. 화후는 흰색으로 털이 없으며, 갈래조각은 도심형이다.

③ 프리뮬러 프리뮬리나. 6월27일. T/라토 다라. 4,350m. 늘 안개에 젖어 있는 산등성이의 습한 바위땅에 군생한다. 화통 입구를 막은 흰색 털 덩어리가 빗물의 침투를 막는다.

④ 프리뮬러 타넬라. 6월14일.
X/쟈리 라의 남쪽. 4,300m.

⑤ 프리뮬러 스파툴리폴리아. 6월23일. T/사와포카리 호숫가. 4,350m. 완전히 비그늘진 암붕에 자리 잡은 군락. 같은 지역에 자라는 동종의 군락 중에서도 흰색 가루가 더욱 두드러진다.

앵초속 Primula
드리아디폴리아절 Dryadifolia
① 프리뮬러 요나르두니이

P. jonardunii W.W. Smith

분포 ■ 부탄, 티베트 남동부 개화기 7-8월
고산대의 이끼 낀 바위땅에 자생한다. 가는
뿌리줄기가 뻗어 로제트잎이 빽빽하게 모인
매트 군락을 이룬다. 뿌리줄기는 오래된 잎
자루에 싸여 있다. 잎자루는 길이 3-10mm로
폭넓은 날개를 가진다. 잎몸은 광란형-타원
형으로 길이 3-6mm이고 약간 혁질이다. 뒷
면에 노란색 가루가 붙어 있고 상부에 둥근
톱니가 있으며, 톱니는 뒤쪽으로 말려 있다.
꽃줄기는 길이 1cm 이하로 끝에 꽃 1-2개가
달린다. 꽃자루는 길이 1-4mm. 꽃받침은 길
이 5-6mm. 화통은 꽃받침의 1.5배로 자란다.
화관은 분홍색으로 평개하며 직경 1.5-1.8cm.
화후는 붉은 자주색이며 하얀 고리모양으로
도드라져 있다. 갈래조각은 도심형이다.

①-a 프리뮬러 요나르두니이. 7월29일.
Z3/도송 라의 서쪽. 4,000m.

①-b 프리뮬러 요나르두니이. 7월29일. Z3/도송 라의 서쪽. 4,100m. 잎은 꽃보다 훨씬 작다. 해빙이 늦은 바위
땅에 가는 뿌리줄기를 뻗어 이끼와 같은 매트 군락을 이룬다.

②-a 프리뮬러 덴티쿨라타. 6월16일.
R/유리고르차. 4,500m.

②-b 프리뮬러 덴티쿨라타. 4월30일. X/유토 라의 서쪽. 3,250m. 아스팔트 포장된 도로변에 자리 잡은 군락. 부
탄에서는 줄기 높이 30cm, 직경 7mm를 넘는 그루를 어렵지 않게 볼 수 있다.

덴티쿨라타절 Denticulata

② **프리뮬러 덴티쿨라타** *P. denticulata* Smith

분포 □아프가니스탄-미얀마, 티베트 남부

개화기 3-6월

산지에서 고산대에 걸쳐 길가나 숲 사이의 습한 초지, 소관목 사이, 방목지의 풀밭 형태 초지에 자생한다. 기부에 비늘조각잎이 남아 있고, 전체적으로 흰색 가루가 붙어 있다. 잎은 도피침형으로 길이 3-15cm이고 가장자리에 이가 있으며 표면에 측맥이 파여 있다. 꽃줄기는 높이 5-25cm로, 자루가 없는 꽃이 모여 직경 2.5-4cm의 구형 꽃차례를 이룬다. 꽃받침은 길이 5-8mm. 화통은 꽃받침과 길이가 같거나 약간 길다. 화관은 분홍색으로 평개하며 직경 1-1.5cm. 화후는 노란색을 띠며 고리모양으로 도드라져 있다. 갈래조각은 도심형이며 V자형의 깊은 새김눈이 있다.

③ **프리뮬러 아트로덴타타**

P. atrodentata W.W. Smith

분포 ◇쿠마온-부탄, 티베트 남부

개화기 5-7월

다형적인 종으로, 아고산대와 고산대의 초지나 소관목 사이에 자생한다. 동속 덴티쿨라타와 비슷하나, 비교적 해발 고도가 높은 곳에서 자라며 전체적으로 작다. 꽃줄기는 가늘고 적은 수의 꽃이 구형이 아닌 반구형의 꽃차례를 이루며, 갈래조각은 어두운 자주색을 띠고 화통은 길다. 기부에 오래된 잎이 남아 있으며 비늘조각잎은 없다. 잎은 길이 1-5cm로 표면에 가루 형태의 짧은 털이 자라며, 이따금 뒷면에 가루가 붙어 있다. 꽃줄기는 높이 2-15cm. 꽃차례에 가루가 붙어 있다. 화통은 꽃받침의 2-2.5배로 자란다. 화관은 직경 9-12mm. 화후는 흰색 또는 노란색이며, 고리모양으로 희미하게 도드라져 있거나 밋밋하다.

③-a 프리뮬러 아트로덴타타. 6월21일. L/장글라 고개의 북쪽. 4,250m. 동속 덴티쿨라타에 가까운 형질을 지닌 군락. 만년설 아래쪽에서 다른 풀이 잎을 내밀기 전에 꽃을 피우고 있다.

③-b 프리뮬러 아트로덴타타. 5월31일. M/부중계 바라의 남동쪽. 4,300m.

③-c 프리뮬러 아트로덴타타. 5월31일. M/부중계 바라의 남동쪽. 3,900m.

③-d 프리뮬러 아트로덴타타. 6월9일. X/장고탕의 북쪽. 4,200m.

앵초속 Primula
덴티쿨라타절 Denticulata
① 프리뮬러 카케미리아나 *P. cachemiriana* Munro
분포 ■카슈미르 개화기 5-6월
아고산대의 습한 숲 사이 초지나 고산대의
초원을 흐르는 냇가에 자생한다. 자생종의
재배품을 관찰한 J. Richards에 따르면, 매우
비슷한 동속 덴티쿨라타와는 달리 휴면아가
가늘고 뾰족하며 비늘조각잎 뒷면에 노란색
가루가 붙어 있다. 개화기의 잎은 가늘다.
표면에는 털이 없고 광택이 있으며, 가장자
리는 거의 매끈하고 뒤쪽으로 말려 있다. 뒷
면에는 노란색 가루가 붙어 있다.

② 프리뮬러 에로사 *P. erosa* Regel
분포 ■히마찰-네팔 중부 개화기 4-7월
산지 숲 주변의 둔덕 비탈에 자생하며 뿌리
수염이 길다. 기부에 오래된 잎이 남아 있고,
잎 뒷면과 꽃차례에 흰색 가루가 얇게 붙어
있다. 잎은 도피침형으로 길이 3-10cm이고
끝은 원형이며 가장자리에 불규칙하고 작은
이가 있다. 꽃줄기는 높이 5-10cm로 가늘며
끝에 꽃이 2개-여러 개 달린다. 꽃자루는 길
이 2-5mm. 화통은 꽃받침의 2배로 자란다.
화관은 분홍색으로 평개하며 직경 1-1.5cm.
화후는 노란색으로 밋밋하다. 갈래조각은
난형이며 V자형의 새김눈이 있다.

③ 프리뮬러 글로메라타 *P. glomerata* Pax
분포 ◇네팔 중부-부탄, 티베트 남부
개화기 8-10월
산지에서 아고산대에 걸쳐 숲 주변이나 키
큰 초지에 자생한다. 기부에 오래된 잎이 남
아 있고, 잎 뒷면과 꽃차례에 흰색 가루가 붙
어 있다. 잎은 도피침형으로 길이 5-12cm이
고 가장자리에 불규칙하고 날카로운 이가 있
다. 꽃줄기는 높이 15-30cm. 꽃은 직경 2.3-
3cm의 구형 두상꽃차례를 이룬다. 꽃받침은
길이 5-7mm. 화통은 꽃받침과 길이가 같거
나 약간 길다. 화관은 연자주색이며 깔때기
형으로 반개하고, 화후는 노란색으로 주변부
는 짙은 자주색. 갈래조각은 도심형이며 길
이는 4-5mm이다.

카피타태절 Capitatae
④ 프리뮬러 카피타타

P. capitata Hook.f. subsp. *capitata*
분포 ◇네팔 동부-부탄, 티베트 남부
개화기 6-8월
고산대 계곡 줄기의 초지나 소관목 사이에
자생한다. 기부에 오래된 잎이 남아 있고 비
늘조각잎은 없다. 전체적으로 흰색 가루가
붙어 있으며 잎 뒷면과 꽃차례에 특히 짙다.
잎은 도피침형으로 길이 2-10cm이고 가장
자리에 작은 이가 있다. 꽃줄기는 높이 10-
30cm. 꽃은 직경 2.5-3cm의 원반형 두상꽃차

① 프리뮬러 카케미리아나. 6월10일.
G/굴마르그. 2,950m.

② 프리뮬러 에로사. 6월25일.
K/숨단의 남서쪽. 2,900m.

③ 프리뮬러 글로메라타. 10월1일. O/곱테의 북서쪽. 3,700m. 가시가 많은 매자나무속 관목의 보호를 받으며 다
북떡쑥속과 쓴풀속, 범의귓속 풀과 함께 크게 자라나 있다.

례를 이루며, 상부의 꽃은 보통 피지 않고 하부의 꽃만 살짝 아래를 향해 핀다. 꽃받침은 길이 5-6mm로 난형의 포엽과 함께 어두운 자주색을 띤다. 화통은 꽃받침과 길이가 같거나 약간 길다. 화관은 자주색·붉은 자주색으로 직경 8-12mm이며 깔때기형으로 반개한다. 갈래조각은 도심형이다.

⑤ 프리뮬러 카피타타 크리스파타

P. capitata Hook.f. subsp. *crispata* (Balf.f. & W.W. Smith) W.W. Smith & Forrest

분포 ◇네팔 동부·미얀마, 티베트 남부
개화기 8-10월

아고산대 숲 주변의 둔덕 비탈이나 고산대의 바위가 많은 초지, 소관목 사이에 자생한다. 기준아종과 달리, 꽃차례에는 흰색 가루가 두껍게 붙어 있지만 잎에는 가루가 거의 없으며 가장자리의 이는 뾰족하고 꽃은 작다. 꽃차례는 직경 2-2.5cm, 화관은 직경 5-8mm이다.

무스카리오이데스절 Muscarioides

⑥ 프리뮬러 벨리디폴리아 *P. bellidifolia* Hook.f.

분포 ◇네팔 동부·부탄, 티베트 남부
개화기 6-7월

아고산대에서 고산대에 걸쳐 흙이 쌓인 바위땅이나 숲 주변의 둔덕 비탈에 자생한다. 기부에 비늘조각잎은 없으며 꽃차례에 흰색 가루가 붙어 있다. 잎은 도피침형으로 길이 4-12cm이고 가장자리에 무딘 이가 있으며 앞뒷면에 부드러운 털이 빽빽하게 자란다. 꽃줄기는 높이 15-35cm. 꽃은 짧은 수상꽃차례에 달리며 아래를 향해 핀다. 꽃받침은 길이 3-5mm로 어두운 자주색을 띤다. 화통은 꽃받침의 2-4배로 자란다. 화관은 연보라색으로 직경 5-8mm이며 깔때기형으로 반개한다. 갈래조각은 도란형이며 끝은 원형이거나 살짝 파여 있다.

④-a 프리뮬러 카피타타. 7월18일.
V/얄롱 빙하의 오른쪽 유역. 4,550m.

④-b 프리뮬러 카피타타. 7월18일.
V/랍상의 북쪽. 4,600m.

⑤ 프리뮬러 카피타타 크리스파타. 9월20일.
X/마로탄의 북쪽. 3,600m.

⑥ 프리뮬러 벨리디폴리아. 6월22일. Z1/초바르바 부근. 4,900m. 꽃은 짧은 수상꽃차례에 달리며 살짝 아래를 향한다. 이 종 중에서는 생육지의 해발 고도가 높고 꽃줄기는 낮으며 꽃이 큰 편이다.

앵초속 Primula

솔다넬로이데스절 Soldanelloides

① 프리뮬러 솔다넬로이데스 *P. soldanelloides* Watt

분포 ◇네팔 중부-부탄, 티베트 남부
개화기 6-8월

비가 많이 내리는 고산대의 이끼 낀 바위땅에 매트 군락을 이룬다. 전체적으로 가루가 붙어 있지 않다. 잎에는 폭넓은 자루가 있으며, 잎몸은 장란형으로 길이 2-5mm이고 가장자리는 빗살모양으로 얕게 갈라져 휘어 있다. 꽃줄기는 높이 1.5-4cm로 끝에 꽃 1개가 아래를 향해 달린다. 꽃받침은 종형으로 길이 3-4mm이며 검은색을 띤다. 화관은 흰색으로 기부에서 도원추상종형으로 열리며 길이, 직경 모두 1-1.4cm이고 5개로 갈라졌다. 갈래조각은 장원형이며 끝은 둔형이거나 V자형의 새김눈이 있다.

② 프리뮬러 사피리나

P. sapphirina Hook.f. & Thoms
분포 ◇네팔 동부-부탄, 티베트 남부
개화기 6-8월

비가 많이 내리는 아고산대나 고산대의 이끼 낀 바위땅에 자생한다. 꽃줄기에서 꽃받침에 걸쳐 부드러운 털이 빽빽하게 자란다. 잎에는 폭넓은 자루가 있다. 잎몸은 타원형으로 길이 2-5mm이고 가장자리는 빗살모양으로 얕게 갈라졌다. 꽃줄기는 높이 2-5cm로 어두운 붉은색을 띠며, 끝에 자루 없는 꽃 2-4개가 아래를 향해 달린다. 꽃받침은 길이 2-3mm로 어두운 붉은색을 띤다. 화관은 분홍색으로 직경 4-6mm이고 넓은 깔때기형으로 열리며 5개로 갈라졌다. 갈래조각은 도란형이며 끝이 파여 있다.

③ 프리뮬러 카우도리아나 *P. cawdoriana* Ward

분포 ■티베트 남동부 개화기 6-8월

① 프리뮬러 솔다넬로이데스. 6월27일. T/사주포카리 호숫가. 4,400m. 이슬비가 이어지는 산등성이의 이끼 낀 바위땅에 자란 것. 비가 스며들지 못하도록 꽃이 아래를 향하고 있다.

② 프리뮬러 사피리나. 6월22일.
X/로두푸의 동쪽. 4,500m.

③ 프리뮬러 카우도리아나. 6월30일.
Z3/봉리의 동쪽. 3,700m.

④ 프리뮬러 시포난타. 7월3일.
Z3/파티. 4,250m.

안개가 자주 끼는 아고산대에서 고산대에 걸쳐 이끼 낀 바위땅이나 둔덕 비탈에 자생한다. 기부에 오래된 잎이 남아 있고, 잎과 꽃차례에 가루 형태의 짧은 털이 자란다. 잎은 로제트형태로 땅위로 퍼진다. 잎몸은 장원상도피침형으로 길이 3-7cm이고 가장자리에 성기고 무딘 톱니가 있다. 꽃줄기는 높이 10-30cm로 끝에 자루 없는 꽃 2-8개가 아래를 향해 달린다. 꽃받침은 길이 4-7mm이고 5개로 얕게 갈라졌으며 갈래조각 끝에 이가 있다. 화관은 연자주색으로 기부는 흰색, 전체적으로 원통 모양을 하고 있으며 길이 2-3cm이고 끝에서 3분의 1이 5개로 갈라졌다. 갈래조각은 장원형이며 V자형의 새김눈이 있다.

④ **프리뮬러 시포난타** *P. siphonantha* W.W. Smith
분포 ■ 티베트 남동부, 미얀마
개화기 6-7월
아고산대에서 고산대에 걸쳐 관목림 주변의 둔덕 비탈이나 절벽, 그늘진 암봉에 자생한다. 잎과 꽃차례에 가루형태의 짧은 털이 자란다. 잎은 타원형-장원상도피침형으로 길이 2-4cm이고 가장자리에 성기고 무딘 톱니가 있다. 꽃줄기는 높이 10-15cm로 끝에 자루 없는 꽃 3-8개가 옆이나 아래를 향해 달린다. 꽃받침은 길이 4-5mm이며 5개로 얕게 갈라졌다. 화관은 연자주색으로 기부는 흰색이며, 바깥쪽에 하얀 가루형태의 짧은 털이 자란다. 길이 1.2-1.5cm, 직경 7-15mm이고 깔때기형으로 열리며 끝에서 3분의 1이 5개로 갈라졌다. 갈래조각은 장원형이며 끝이 파여 있다.

⑤ **프리뮬러 레이디이** *P. reidii* Duthie var. *reidii*
분포 ◇카슈미르-네팔 서부 개화기 6-7월
다소 건조한 아고산대에서 고산대에 걸쳐 흙이 쌓인 바위 비탈이나 암봉에 자생한다. 꽃차례에 흰색 가루가 붙어 있다. 잎은 장원형-도피침형으로 길이 2-10mm이고 가장자리에 성기고 불규칙한 이가 있다. 표면에 다세포의 긴 털이 빽빽하게 자라며 측맥이 파여 있다. 꽃줄기는 높이 7-15cm로 끝에 자루 없는 꽃 1-5개가 옆이나 약간 아래를 향해 달린다. 꽃받침은 종형으로 길이 4-6mm이고 5개로 갈라졌다. 화관 끝은 상아색이며 길이 6-8mm의 가는 통부가 있다. 화관은 주발형으로 열리며 직경 1.8-2.5cm이고 5개로 얕게 갈라졌다. 갈래조각은 반원형이며 끝이 파여 있다. 꽃에 강한 향기가 있다.

⑥ **프리뮬러 레이디이 윌리암시이**

P. reidii Duthie var. *williamsii* Ludlow
분포 ◇네팔 서부 · 중부 개화기 6-7월
다소 건조한 아고산대나 고산대의 바위땅, 둔덕 비탈에 자생한다. 기준변종보다 전체적으로 크게 자라며 화관은 청자주색을 띤다.

⑤-a 프리뮬러 레이디이. 7월23일. K/쟈그도라. 3,850m. 장미과 섬개야광나무속의 소관목으로 덮인 바위틈에 뿌리를 내린 활짝 핀 꽃이 감미로운 향기를 풍기고 있다.

⑤-b 프리뮬러 레이디이. 7월6일. K/바가 라의 남서쪽. 4,200m.

⑥ 프리뮬러 레이디이 윌리암시이. 6월18일. L/둘레의 북쪽. 3,700m.

앵초속 Primula

솔다넬로이데스절 Soldanelloides

① 프리뮬러 울라스토니이 *P. wollastonii* Balf.f.
분포 ◇네팔 중동부, 티베트 남부
개화기 6-8월

에베레스트(초모랑마)를 중심으로 하는 고산대의 바위가 많은 초지나 소관목 사이, 이끼 낀 절벽에 자생하며, 네팔의 쿰부 지방에서는 상승기류에 노출된 산등성이의 비탈진 방목지에 폭넓게 흩어져 자란다. 잎 뒷면과 꽃차례에 흰색 가루가 붙어 있다. 잎은 도란형-도피침형으로 길이 2-4cm이고 가장자리에 불규칙한 이가 있으며, 앞뒷면에 다세포의 긴 털이 빽빽하게 자란다. 꽃줄기는 높이 7-20cm로 자루 없는 꽃 2-8가 아래를 향해 달린다. 꽃받침은 주발 모양으로 포엽과 함께 어두운 자주색을 띠며, 갈래조각 끝에 작은 이가 있다. 화관은 자주색으로 직경 1.5-2cm이고 넓은 종형으로 열리며 5개로 얕게 갈라졌다. 갈래조각은 삼각상광란형. 화관 안쪽에 흰색 가루가 붙어 있다.

*①-b는 반음지의 이끼 낀 절벽에 자란 것으로, 꽃줄기가 높이 7cm 이하로 왜소화했다. ①-c는 장미과 섬개야광나무속의 소관목 사이에서 자란 것으로, 꽃줄기가 높이 20cm 전후로 호리호리하게 뻗어 있다. ①-d는 랑탕 빙하 주변에 자란 것으로, 전체적으로 흰색 가루가 두껍게 붙어 있고 화관은 주발모양으로 크게 열리며, 바깥쪽에도 가루가 붙어 있다.

② 프리뮬러 클라티이 *P. klattii* Balakr. [*P. uniflora* Klatt]
분포 ◇네팔 동부-부탄 개화기 7-8월

고산대의 이끼 낀 바위질 초지에 자생한다. 잎에는 날개가 달린 자루가 있다. 잎몸은 장란형으로 길이 6-12mm이고 가장자리는 물결모양 또는 우상으로 얕게 갈라졌으며, 앞

①-a 프리뮬러 울라스토니이. 7월30일. T/메라. 4,500m. 안개를 동반한 상승기류에 노출된 빙하 유역의 절벽에 자란 것으로, 가는 꽃줄기 끝에서 늘어진 종 모양의 꽃이 풍경처럼 흔들리고 있다.

①-b 프리뮬러 울라스토니이. 8월7일. S/텡보체의 북동쪽. 3,800m.

①-c 프리뮬러 울라스토니이. 7월30일. T/메라. 4,500m.

①-d 프리뮬러 울라스토니이. 6월24일. P/랑시샤의 북동쪽. 4,300m.

뒷면의 맥 위에 긴 털이 자란다. 꽃줄기는 높이 5-10cm로 가늘게 자라고 상부는 어두운 붉은색을 띠며, 자루 없는 꽃 1-2개가 아래를 향해 달린다. 포엽은 매우 작다. 꽃받침은 종형-항아리형으로 길이 6-7mm이며 녹 색깔과 비슷한 어두운 붉은색을 띤다. 화관의 통부는 꽃받침과 길이가 같고 끝은 접시형-넓은 종형으로 열리며 직경 1.5-3cm. 갈래조각 5개는 도심형이며 V자형의 새김눈이 있다. 화관의 색깔은 연붉은 자주색에서 자주색까지, 지역에 따라 변화가 크다. 화관 안쪽에 흰색 가루가 붙어 있다.

③ 프리뮬러 부리아나 *P. buryana Balf.f. var. buryana*
분포 ◇네팔 서-동부, 티베트 남부
개화기 6-7월
비가 많이 내리는 고산대의 초지나 절벽, 상승기류가 통과하는 계곡 줄기의 이끼 낀 바위 급비탈에 자생한다. 기부에 오래된 잎과 꽃줄기가 시들어 남아 있고, 전체적으로 다세포의 긴 털이 빽빽하게 자란다. 잎은 도피침형으로 길이 2-4cm이고 가장자리에 불규칙한 이가 있다. 꽃줄기는 높이 5-15cm로 끝에 자루 없는 꽃 2-6개가 옆을 향해 달린다. 꽃받침은 길이 4-6mm. 화통은 꽃받침의 1.5-2배로 자라고, 안쪽과 바깥쪽에 흰 털이 빽빽하게 나 있다. 화관 끝은 흰색으로 거의 평개하며 직경 8-14mm. 갈래조각은 도란형이며 V자형의 깊은 새김눈이 있다. 꽃에 희미한 향기가 있다.

④ 프리뮬러 부리아나 푸르푸레아
P. buryana Balf.f. var. purpurea Fletcher
분포 ◇네팔 중부 개화기 5-7월
고산대의 이끼 낀 절벽이나 초지의 급비탈에 자생한다. 기준변종보다 전체적으로 작고 꽃 수는 적으며 화관은 자주색을 띤다.

② 프리뮬러 클라티이. 7월31일.
T/리푸크의 동쪽. 4,400m.

③-a 프리뮬러 부리아나. 6월29일.
T/반두케의 남쪽. 4,600m.

③-b 프리뮬러 부리아나. 6월30일.
T/탕 라의 남쪽. 4,300m.

④ 프리뮬러 부리아나 푸르푸레아. 6월19일. L/셍 콜라. 4,000m. 협곡 내의 안정한 절벽에 자란 것으로, 높이 5cm 이하로 왜소화했다. 화후에 흰 털이 빽빽하게 나 있다.

옴팔로그람마속 Omphalogramma

① 옴팔로그람마 엘웨시아나

O. elwesiana (Watt) Franch.

분포 ■ 네팔 동부-부탄, 티베트 남부
개화기 6-7월

해빙이 늦는 고산대 하부의 습한 둔덕 비탈에 자생하며, 기부는 비늘조각잎에 싸여 있다. 어린잎의 가장자리는 안쪽으로 말려 있다. 잎은 개화 후에 전개된다. 다 자란 잎은 도피침형으로 길이 4-10cm이고 가장자리는 매끈하거나 물결모양이며 부드러운 털로 덮여 있다. 꽃줄기는 높이 7-18cm로 자주색을 띤 부드러운 털이 빽빽하게 자라며, 끝에 꽃 1개가 옆을 향해 달린다. 포엽은 없다. 꽃은 5-6수성. 꽃받침은 길이 6-8mm이고 깊게 갈라졌으며 갈래조각은 피침형으로 부드러운 털로 덮여 있다. 화관은 자주색이며 부드러운 털로 덮여 있다. 통부는 꽃받침의 3배로 자란다. 화관 끝은 깔때기형으로 열리며 직경 3.5-4.5cm, 갈래조각은 장원형이며 끝에 불규칙한 이가 있다.

브리오카르품속 Bryocarpum

② 브리오카르품 히말라이쿰

B. himalaicum Hook.f. & Thoms.

분포 ◇시킴-부탄, 티베트 남동부 개화기 4-6월
아고산대의 부드러운 부식질로 덮인 숲 바닥에 군생한다. 기부가 비늘조각잎에 싸여 있다. 잎은 개화 후에 전개되고, 다 자란 잎에는 폭넓은 자루가 있다. 잎몸은 장란형으로 길이 3-8cm이고 기부는 얕은 심형이며 가장자리는 매끈하거나 물결 모양이다. 꽃줄기는 높이 10-20cm로 부드러운 털로 덮여 있으며 끝에 꽃 1개가 아래를 향해 달린다. 포엽은 없다. 꽃은 7-8수성. 꽃받침은 길이 7-10mm이고 깊게 갈라졌으며 갈래조각은 협피침형. 화관은 종형으로 길이 2-2.5cm이며 노란색. 통부는 꽃받침과 길이가 같다. 갈래조각은 광선형이며 끝이 파여 있다.

① 옴팔로그람마 엘웨시아나. 7월21일. T/사노포카리의 남쪽. 4,100m. 풀고사리와 앵초, 동의나물속 풀과 함께 빗물을 빨아들인 부식질 비탈에 자라나 있다.

②-a 브리오카르품 히말라이쿰. 4월27일. X/고고나의 동쪽. 3,300m.

②-b 브리오카르품 히말라이쿰. 5월8일. X/돌람켄초의 남쪽. 3,200m. 전나무·석남 숲 내의 이끼 낀 부식질에 군생하고 있다. 개화와 동시에 꽃줄기가 높이 자라고 잎이 펼쳐진다.

294 앵초과

봄맞이속 Androsace

앵초속보다 꽃이 작다. 화관의 통부는 매우 짧고, 화후는 좁고 고리모양으로 두드러졌으며, 보통 황록색이나 주홍색을 띤다. 화관 갈래조각은 평개한다. 고산대에서는 매트형태 또는 쿠션형태의 군락을 이룬다.

③ 안드로사체 게라니이폴리아

A. geraniifolia Watt

분포 □ 가르왈-아삼, 티베트 남동부, 중국 서부 개화기 5-7월

아고산대의 약간 어둡고 습한 침엽수림 내에 자생하며, 기는 뿌리줄기의 주출지가 옆으로 뻗어 군생한다. 잎에는 긴 자루가 있다. 잎몸은 원신형으로 폭 1-3.5cm이고 손바닥모양으로 5-7개로 갈라졌다. 꽃줄기는 높이 10-25cm로 끝에 산형꽃차례가 달린다. 꽃자루는 길이 5-20mm. 꽃받침은 종형으로 길이 3-4mm이고 갈래조각은 피침형. 화관은 분홍색에서 흰색으로 변하며 직경 5-8mm이고 화후는 노란색이다. 갈래조각은 도란형이며 끝은 매끈하거나 살짝 파여 있다.

④ 안드로사체 스트리길로사

A. strigillosa Franch.

분포 ◇ 네팔 서부-부탄, 티베트 남부(?) 개화기 5-7월

산지나 아고산대 숲 주변의 둔덕 비탈에 자생한다. 땅속으로 가늘고 강한 뿌리줄기가 뻗으며, 그 정수리는 오래된 잎자루에 싸여 있다. 바깥쪽의 겨울잎은 주걱모양으로 작다. 안쪽의 여름잎은 도피침형으로 길이 3-15cm이고 가장자리는 매끈하며 기부는 점첨형이다. 앞뒷면에 부드러운 털이 자란다. 꽃줄기는 높이 12-40cm로 가늘고 곧게 자라며 끝에 산형꽃차례가 달린다. 포엽은 매우 작다. 꽃자루는 길이 2-3cm. 꽃받침은 길이 2-4mm이며 5개로 갈라졌다. 화관은 직경 7-10mm, 갈래조각은 도란형으로 끝은 원형이다.

*분포역의 서쪽인 네팔(서중부)에서는 전체적으로 작으며, 화관의 표면은 흰색-연붉은색이고 뒷면은 주변부 이외가 짙은 붉은색이다. 동쪽 지역에서는 전체적으로 크며, 화관의 표면은 분홍색이고 뒷면은 색이 약간 짙다. 중간 지역인 동부에서는 발견된 바 없다.

⑤ 안드로사체 스테노필라

A. stenophylla (Petitm.) Hand.-Mazz.

분포 ◇ 티베트 남동부, 쓰촨성 개화기 6-7월

건조한 아고산대나 고산대의 바위가 많은 둔덕 비탈에 자생한다. 동속 스트리길로사와 비슷하나 약간 작다. 여름잎의 앞뒷면에 짧은 털이 빽빽하게 자라고, 가장자리는 긴 털이 자라서 뿌옇게 보인다. 화관은 직경 6-9mm, 갈래조각은 도광란형이며 끝은 절형이거나 살짝 파여 있다.

③ 안드로사체 게라니이폴리아. 6월13일. R/람주라 고개의 동쪽. 3,200m.

④ 안드로사체 스트리길로사. 6월1일. M/다르싱게카르카 부근. 2,800m.

⑤ 안드로사체 스테노필라. 6월22일. Z1/초바르바 부근. 4,500m. 여름에 자라는 안쪽의 큰 잎은 가장자리에 긴 털이 빽빽하게 나 있어, 흰색을 두른 것처럼 보인다.

봄맞이속 Androsace

① 안드로사체 사르멘토사

A. sarmentosa Wall.

분포 ▫ 히마찰-시킴, 티베트 남부
개화기 5-7월

산지에서 아고산대에 걸쳐 반음지의 숲 주변이나 관목 사이의 초지에 자생한다. 전체적으로 긴 털이 자란다. 잎 사이로 붉은빛을 띤 주출지가 사방으로 뻗어 매트형태의 군락을 이룬다. 주출지는 길이 2-8cm로 꽃줄기보다 굵으며, 끝에 로제트잎이 퍼진다. 겨울잎은 작으며, 긴 털로 덮여 있다. 여름잎은 도피침형으로 길이 1-3cm이고 끝은 원형이거나 약간 뾰족하다. 꽃줄기는 높이 5-10cm로 끝에 산형꽃차례가 달린다. 꽃자루는 길이 5-10mm. 화관은 분홍색-흰색으로 직경 5-7mm, 화후는 황록색에서 주홍색으로 변한다. 화관갈래조각은 도광란형이며 끝은 원형이다.

② 안드로사체 스투디오소룸

A. studiosorum Kress [*A. primuloides* Duby]

분포 ◇ 카슈미르-네팔 서부 개화기 7-8월

다소 건조한 아고산대나 고산대 하부의 바위가 많은 둔덕 비탈에 자생하며, 빽빽한 매트군락을 이룬다. 동속 사르멘토사와 비슷하나, 안쪽의 여름잎은 개화 후에 커지고 기부는 가늘며 전체적으로 좀 더 부드러운 털로 덮여 있다. 포엽은 폭이 약간 넓다. 화관은 직경 7-10mm로 약간 크며 분홍색이다.

③ 안드로사체 후케리아나 *A. hookeriana* Klatt

분포 ◇ 네팔 중부-부탄, 티베트 남부
개화기 6-8월

비가 많이 내리는 아고산대에서 고산대에 걸쳐 바위가 많은 이끼 낀 둔덕 비탈에 자생한다. 동속 사르멘토사와 비슷하나, 여름잎에는

① -a 안드로사체 사르멘토사. 6월13일. Q/람주라 고개의 서쪽. 3,100m. 전나무에 떡갈나무와 석남이 섞여 있는 숲 내의 쓰러진 나무 옆에 자란 것으로, 붉은 주출지를 사방으로 뻗고 있다.

① -b 안드로사체 사르멘토사. 6월17일. O/타레파티. 3,600m.

② 안드로사체 스투디오소룸. 7월16일. I/꽃의 계곡. 3,450m.

③ 안드로사체 후케리아나. 6월21일. T/돗산의 남쪽. 4,000m.

뚜렷한 자루가 있으며 잎몸은 난형으로 길이 4-10mm. 꽃은 2-8개 달리고, 꽃자루는 길이 3-6mm로 짧다. 화관은 흰색·연자주색, 화후는 황록색에서 주홍색으로 변한다.

④ 안드로사체 노르토니이 *A. nortonii* Ludlow
분포 ◇네팔 중동부, 티베트 남부
개화기 6-7월
습한 바람에 노출된 고산대의 미부식질이 쌓인 바위땅이나 소관목 사이에 자생하며, 짧은 주출지를 사방으로 뻗어 매트형태의 군락을 이룬다. 전체적으로 길고 부드러운 흰 털이 빽빽하게 나 있다. 로제트 안쪽에 곧추서는 여름잎은 난상타원형으로 길이 4-10mm이고 기부는 폭넓은 자루가 된다. 꽃줄기는 높이 2-5cm로 끝에 꽃 1-3개가 옆을 향해 달린다. 꽃자루는 길이 2-8mm. 화관은 분홍색으로 직경 6-8mm, 갈래조각은 원상도란형이다.

⑤ 안드로사체 아데노체팔라

A. adenocephala Hand.-Mazz.
분포 ◇티베트 남동부 개화기 6-7월
다소 건조한 고산대의 바위가 많은 비탈에 자생한다. 뿌리줄기의 정부는 암갈색으로 바싹 말라버린 무수한 잎자루에 싸여 있다. 전체적으로 길고 부드러운 털이 자라며 꽃차례에는 선모가 섞여 있다. 안쪽 잎에는 폭넓은 자루가 있으며, 잎몸은 난상타원형으로 길이 5-10mm. 꽃줄기는 높이 3-6cm로 끝에 꽃 2-7개가 달린다. 꽃자루는 길이 2-5mm. 꽃받침은 길이 3mm, 갈래조각의 가장자리에 부드러운 털이 촘촘히 나 있어 희뿌옇게 보인다. 화관은 분홍색으로 직경 7-9mm. 갈래조각은 원상도란형이고 기부는 색이 짙으며 능이 2개 있다.

④-a 안드로사체 노르토니이. 7월24일. T/메라의 남동쪽. 4,500m. 로제트에서 주출지를 사방으로 짧게 뻗어 빙하가 운반한 화강암을 뒤덮듯 매트형태의 군락을 이루고 있다.

④-b 안드로사체 노르토니이. 6월15일.
M/야크카르카. 4,000m.

④-c 안드로사체 노르토니이. 7월12일.
S/고쿄. 4,800m.

⑤ 안드로사체 아데노체팔라. 6월25일.
Z3/톤 라의 서쪽. 4,400m.

봄맞이속 Androsace

① 안드로사체 셈페르비보이데스

A. sempervivoides Jacq.

분포 ◇파키스탄-히마찰 개화기 6-8월

다소 건조한 고산대의 바위가 많은 초지나 모래질 비탈에 자생한다. 로제트잎 사이로 적갈색을 띤 주출지를 사방으로 뻗어 매트 형태의 군락을 이룬다. 주출지는 길이 3-7cm로 굵고 강하며 부드러운 털이 자란다. 잎은 약간 혁질의 주걱형-도란형-도피침형으로 길이 8-15mm이고 끝에는 미세한 돌기가 있으며 가장자리에 희뿌연 털로 덮여 있다. 꽃줄기는 높이 2-6cm로 부드러운 털이 자라며 끝에 4-10개의 꽃이 두상으로 달린다. 꽃자루는 매우 짧다. 꽃받침은 길이 3-4mm이며 5개로 갈라졌다. 화관은 분홍색으로 직경 8-10mm, 갈래조각은 원상도란형. 꽃자루와 꽃받침에 선모가 나 있다.

② 안드로사체 와르디이 *A. wardii* W.W. Smith

분포 ◇티베트 남동부, 윈난·쓰촨성

개화기 6-7월

아고산대에서 고산대에 걸쳐 숲 주변의 둔덕 비탈이나 바위가 많은 초지에 자생한다. 옆으로 뻗는 가는 뿌리줄기의 정수리가 활발히 분지해 쿠션형태의 그루를 이룬다. 새로 난 잎 밑에 암갈색의 오래된 잎이 많이 남아 있다. 전체적으로 부드러운 털이 자란다. 바깥쪽 잎은 주걱모양으로 작다. 안쪽 잎에는 길이 3-10mm의 자루가 있으며, 잎몸은 능상타원형으로 길이 5-10mm. 꽃줄기는 높이 3-5cm로 끝에 꽃 3-6개가 달린다. 꽃자루는 짧다. 꽃받침은 길이 2-3mm이며 5개로 얕게 갈라졌다. 화관은 분홍색으로 직경 7-8mm. 화후는 황록색, 갈래조각은 도란형이다.

① 안드로사체 셈페르비보이데스. 8월5일. H/로탕 고개의 남쪽. 3,900m. 주출지를 뻗어 남쪽의 양지바른 모래 바위 위에 군락을 이루고 있다. 잎은 혁질로 건조에 강하다.

② 안드로사체 와르디이. 7월1일. Z3/세치 라. 4,500m.

③-a 안드로사체 몰리스. 7월1일. Z3/세치 라. 4,600m.

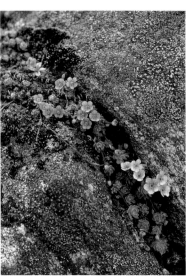

③-b 안드로사체 몰리스. 7월29일. Z3/도숑 라의 서쪽. 4,000m.

③ 안드로사체 몰리스 *A. mollis* Hand.-Mazz.

분포 ◇티베트 남동부, 윈난 · 쓰촨성
개화기 6-8월

아고산대나 고산대의 바위가 많은 초지에 자생한다. 로제트잎 사이로 적갈색의 주출지를 뻗어 매트형태 또는 쿠션형태의 군락을 이룬다. 주출지는 길이 5-30mm. 로제트는 구상으로 직경 5-10mm. 안쪽 잎은 자루를 갖지 않으며 질이 약간 두껍다. 잎몸은 주걱형-도란형으로 길이 3-5mm이고 가장자리에 긴 털이 자란다. 꽃줄기는 높이 1-3cm로 끝에 꽃 1-4개가 달린다. 꽃차례에 부드러운 털이 나 있다. 꽃자루는 길이 3-5mm. 꽃받침은 길이 3mm이고 5개로 갈라졌으며 갈래조각은 난형. 화관은 분홍색으로 직경 5-7mm. 화후는 황록색으로 둘레는 주홍색이며, 갈래조각은 원상도란형이다.

④ 안드로사체 무크로니폴리아

A. mucronifolia Watt

분포 ◇아프가니스탄-카슈미르 **개화기** 6-8월

다소 건조한 고지의 해빙이 늦는 평활한 모래땅에 부드러운 쿠션 군락을 이루며 일정 간격으로 군생한다. 쿠션은 직경 20cm 이상으로 커진다. 주출지는 길이 2cm 이하. 로제트는 구상으로 직경 4-8mm이며 개화기에는 살짝 벌어진다. 잎은 약간 혁질로 광택이 있으며, 장원형-도피침형으로 길이 3-5mm이고 가장자리에 털이 자라며 끝에는 미세한 돌기가 있다. 꽃줄기는 길이 2-15mm로 길고 부드러운 털로 덮여 있다. 끝에 꽃 1-5개가 두상으로 달린다. 꽃자루는 매우 짧다. 꽃받침은 길이 3mm이며 겉에 부드러운 털이 나 있다. 화관은 분홍색으로 직경 6-8mm, 화후는 황록색에서 주홍색으로 변한다. 갈래조각은 도란형이며 끝은 원형이거나 살짝 파여 있다.

⑤ 안드로사체 그라미니폴리아

A. graminifolia C. Fischer

분포 ◇티베트 남부 **개화기** 6-8월

건조 고지의 평활한 모래땅에 자생하며, 땅속으로 길게 뻗는 목질의 뿌리줄기가 있다. 뿌리줄기의 정수리는 활발히 분지해 그루 2개-여러가 모인 소군락을 이루며, 무수히 많은 오래된 잎자루가 숙존한다. 안쪽 잎은 선상피침형으로 길이 1-2.5cm, 폭 1.5-2mm이고 가장자리는 연골질이며 끝은 가시 모양으로 뾰족하다. 꽃줄기는 높이 2-3.5cm로 길고 부드러운 털로 빽빽하게 덮여 있으며, 끝에 꽃 5-12개가 두상으로 달린다. 포엽은 잎모양으로 광피침형이며 길이 4-6mm. 꽃자루는 매우 짧다. 꽃받침은 길이 3mm이며 5개로 깊게 갈라졌다. 화관은 흰색-붉은 자주색으로 직경 4-5mm, 화후는 황록색에서 주홍색으로 변한다. 갈래조각은 도란형이다.

④ 안드로사체 무크로니폴리아. 7월17일. D/데오사이 고원. 3,950m. 아침햇살이 들이비친 직후. 꽃은 아직 밤이슬에 젖어 있다. 쿠션 속에 십자화과인 드라바 세토사와 국화과 풀이 뿌리를 내리고 있다.

⑤-a 안드로사체 그라미니폴리아.
Y3/라싸의 서쪽 교외. 4,400m.

⑤-b 안드로사체 그라미니폴리아.
Y3/양바징의 남서쪽. 4,500m.

봄맞이속 Androsace

① 안드로사체 로부스타

A. robusta (Knuth) Hand.-Mazz.

분포 ◇파키스탄-히마찰 개화기 6-7월

건조한 아고산대의 숲 주변 비탈이나 고산대의 모래땅에 매트형태의 군락을 이룬다. 전체적으로 길고 부드러운 털로 덮여 있다. 주출지는 길이 1.5cm 이하. 로제트잎은 거의 구형이며, 바깥쪽 잎은 작고 시들기 쉽다. 안쪽 잎은 장원형-도피침형으로 길이 5-8mm이고 끝에 긴 털이 빽빽하게 나 있다. 꽃줄기는 높이 1-7cm로 곧게 자라며 끝에 꽃 1-5개가 두상으로 달린다. 꽃자루는 길이 2-5mm. 꽃받침은 길이 3mm. 화관은 흰색-붉은색으로 직경 6-10mm, 화후는 황록색에서 주홍색으로 변한다. 갈래조각은 도란형이며 끝은 원형이거나 살짝 파여 있다.

①-a 안드로사체 로부스타. 6월25일.
E/칸다 라의 북동쪽. 4,500m.

①-b 안드로사체 로부스타. 7월7일. C/간바보호마 부근. 4,200m. 건조한 바위 사면에 성긴 쿠션을 이루고 있다.
여름에 자라는 잎은 곧추서며 희고 긴 털로 덮여 있다.

②-a 봄맞이속의 일종 (A) 6월26일.
K/링모의 남쪽. 3,500m.

②-b 봄맞이속의 일종 (A) 7월14일.
K/바가 라의 남서쪽. 4,900m.

②-c 봄맞이의 일종 (A) 6월21일.
N/토롱 고개의 북서쪽. 4,650m.

② 봄맞이속의 일종 (A)

Androsace sp. (A) [*A. muscoidea* Duby f. *longiscapa* (Kunth) Hand.-Mazz.]

분포 ◇네팔 서중부 개화기 6-7월

Y. Nasir는 이것을 동속 로부스타의 기준아종에 포함시켰고, G. Smith & D. Lowe는 로부스타의 별아종 또는 근연 별종으로 보았다. 형태와 생태 모두 로부스타의 기준아종과 매우 비슷하나, 화관 색깔은 같은 그루안에서는 농담이 일정한 붉은 자주색이며 흰색으로는 변하지 않는다. 로제트는 구형으로 잘 모이고, 잎 상부에 촘촘히 자라는 은색의 긴 털끝이 로제트 안쪽을 향한다는 특징을 지닌다.

③ 안드로사체 글로비페라 *A. globifera* Duby

분포 ◇파키스탄-부탄, 티베트 남동부
개화기 6-7월

습한 계절풍에 노출된 고산대의 바위땅에 커다란 쿠션을 이룬다. 전체적으로 부드러운 털이 자란다. 로제트는 직경 5-10mm로, 여름에는 잎이 곧추서서 인접한 로제트와의 경계가 불분명해진다. 잎은 도피침형으로 길이 2-5mm, 폭 1.5mm이고 뒷면 끝에 부드러운 털이 촘촘하게 나 있다. 꽃줄기는 자라지 않으며, 로제트에 꽃이 1-2개 달린다. 꽃자루는 길이 3-15mm. 꽃받침은 길이 2-3mm. 화관은 흰색-분홍색으로 직경 5-8mm, 화후는 황록색에서 주홍색으로 변한다. 갈래조각은 원상도란형이다.

*네팔 서중부에 있는 것(③-b)은 곧추 선 주출지 끝에 포엽 형태의 작은 잎이 돌려나기 하고, 그 끝에 자루 있는 꽃이 1-2개 달리는 경우가 많다. 동쪽 다우지역에 있는 것(③-c)은 꽃이 약간 작고 흰색이며 꽃자루가 짧다.

③-a 안드로사체 글로비페라. 7월 20일. I/바드리나트의 서쪽. 3,700m. 종명은 '구형의 로제트를 지니고 있다'는 뜻. 그러나 여름에는 잎이 곧추서서 무성해지므로 로제트 형태가 무너진다.

③-c 안드로사체 글로비페라. 7월 4일. X/탕페 라의 남쪽. 4,500m. 습한 계절풍에 노출된 남쪽 사면에 자란 것으로, 쿠션은 이슬비와 태양열을 흡수해 촉촉이 젖어 있으며 온기를 품고 있다.

③-b 안드로사체 글로비페라. 6월 30일. K/라체의 남쪽. 4,000m.

봄맞이속 Androsace

① 안드로사체 무스코이데아

A. muscoidea Duby

분포 ■파키스탄-카슈미르, 네팔 중서부
개화기 6-8월

건조한 아고산대 상부의 산등성이에 있는 평평한 모래땅에 매트형태의 군락을 이룬다. 땅속으로 가는 뿌리줄기가 뻗으며, 그 정수리에 오래된 로제트가 여러 개 남아 있다. 새로 난 로제트는 구형으로 직경 3-6mm. 전체적으로 긴 털이 자란다. 잎은 광피침형-장원형으로 길이 2-3mm이고 뒷면 상부에 긴 털이 빽빽하게 나 있다. 꽃줄기는 길이 2-8mm로 끝에 꽃 1-2개 달린다. 꽃자루는 매우 짧다. 꽃받침은 길이 2-3mm. 화관은 흰색으로 직경 5-7mm, 화후는 황록색에서 주홍색으로 변한다. 갈래조각은 도란형이며 끝은 원형이거나 살짝 파여 있다.

*네팔 중서부에 있는 것(①-b)에는 '다울라기리(Dhaulagiri)' 라는 품종명이 있다.

② 봄맞이속의 일종 (B) Androsace sp. (B)

티베트 남부 고산대의 습한 모래땅이나 미부식질로 덮인 바위땅에 자생하며, 성긴 쿠션을 이룬다. 동속 야르공겐시스(*A. yargongensis* Petitm.)와 비슷하나 화관은 짙은 분홍색이다. 로제트는 직경 5-10mm로, 개화기에는 잎이 곧추서거나 옆으로 벌어진다. 전체적으로 부드러운 털이 자란다. 안쪽 잎은 피침형-도피침형으로 길이 4-7mm이며 뒷면 상부에 길고 부드러운 털이 빽빽하게 나 있다. 꽃줄기는 길이 5-20mm로 끝에 꽃 2-4개 달린다. 포엽은 선상피침형. 꽃자루는 길이 2-4mm. 꽃받침은 길이 2-3mm이고 5개로 갈라졌으며 갈래조각은 장원형. 화관은 직경 4.5-6mm이다.

①-a 안드로사체 무스코이데아. 8월20일. A/나즈바르 고개의 서쪽. 4,700m.

①-b 안드로사체 무스코이데아. 6월13일. M/히든밸리. 5,000m.

②-b 봄맞이속의 일종 (B) 7월6일. Z1/포탕 라의 서쪽. 4,500m. 꽃줄기는 높이 1-3cm로, 기부의 로제트 잎이 크게 벌어져 있다. 대극속과 양지꽃속 꽃도 보인다.

②-a 봄맞이속의 일종 (B) 6월18일. Z1/포탕 라의 서쪽. 4,600m.

③ 안드로사체 잠발렌시스

A. zambalensis (Petitm.) Hand.-Mazz.

분포 ◇네팔 서부 - 부탄, 티베트 남부, 윈난 · 쓰촨성 개화기 6-7월

고산대 상부의 미부식질이 쌓인 바위땅에 부드러운 쿠션을 이룬다. 로제트는 구형으로 직경 4-7mm이며 여름에도 거의 벌어지지 않는다. 전체적으로 희고 부드러운 털이 자란다. 잎은 질이 약간 두꺼운 장란형-장원형으로 길이 2-4mm이고 상부에 긴 가장자리 털이 빽빽하게 자라며 털끝은 안쪽을 향한다. 꽃줄기는 길이 1cm 이하로 끝에 꽃이 2-5개 달린다. 꽃자루는 매우 짧다. 꽃받침은 길이 2-3mm이고 5개로 갈라졌으며 갈래조각 끝은 붉은 자주색을 띤다. 화관은 거의 흰색으로 직경 5-7mm, 화후는 바랜 황록색에서 주홍색으로 변한다.

④ 안드로사체 델라바이 *A. delavayi* Franch.

분포 ◇가르왈 - 시킴, 티베트 남동부, 윈난 · 쓰촨성 개화기 6-8월

고산대 상부의 습한 바위땅에 자생하며 두꺼운 쿠션을 이룬다. 로제트는 구형으로 직경 4-6mm이며 여름에도 거의 벌어지지 않는다. 잎은 약간 혁질의 도란형-주걱형으로 길이 3-5mm이고 상부에 길이 1-1.5mm의 은색 가장자리 털이 자라며, 털끝은 안쪽을 향해 인접한 잎의 가장자리 털과 겹친다. 꽃은 로제트에 1개 달리고, 꽃줄기와 꽃자루는 거의 자라지 않는다. 화관은 흰색으로 직경 5-8mm, 화후는 황록색. 갈래조각은 원형이며 끝은 매끈하거나 살짝 파여 있다. 기준표본 채집지인 윈난성 북서부와 그 주변의 건조한 자갈 비탈에 자생하는 것은, 꽃줄기가 조금 자라고 꽃은 약간 작게 1-2개 달리며 화관은 분홍색이다.

③-a 안드로사체 잠발렌시스. 6월 20일. N/토롱 고개의 북서쪽. 4,650m.

③-b 안드로사체 잠발렌시스. 6월 11일. M/다울라기리 주봉의 북쪽. 4,750m.

④-a 안드로사체 델라바이. 7월 17일. I/헴쿤드. 4,000m.

④-b 안드로사체 델라바이. 7월 15일. S/가좀바. 5,150m. 로제트는 여름에도 구형을 유지한다. 잎 끝에 자란 긴 가장자리 털이 속눈썹처럼 안쪽을 향해 겹쳐 있다.

봄맞이속 Androsace

① 안드로사체 타페테

A. tapete Maxim.

분포 ◇네팔 서중부, 티베트, 중국 서부
개화기 6-7월

건조지대 고산대 상부의 평평한 자갈땅이나 둔덕 비탈에 자생하며, 긴밀하게 얽힌 쿠션을 이룬다. 쿠션 속에는 오래된 로제트가 많은데 다년생 줄기를 축으로 원기둥모양으로 겹쳐 있으며, 인접한 로제트와 빈틈없이 밀착해 있다. 로제트는 직경 3-4mm. 기부의 난형 잎은 질이 두껍고 털이 작으며, 시들면 갈색으로 변한다. 상부의 잎은 도피침형으로 길이 2-3mm이고 표면 상부에 희고 긴 털이 빽빽하게 자라며, 시들면 회색으로 보인다. 꽃은 로제트에 1개 달리고, 꽃줄기와 꽃자루는 갖지 않는다. 화관은 흰색으로 직경 3-4mm, 화후는 황록색에서 주홍색으로 변한다.

② 안드로사체 셀라고 *A. selago* Klatt

분포 ◇네팔 동부-부탄, 티베트 남부
개화기 6-7월

고산대의 미부식질로 덮인 바위땅에 두꺼운 쿠션을 이루며, 부탄 북부의 편서풍에 노출된 자갈 비탈에 폭넓게 흩어져 자란다. 로제트는 직경 3-5mm. 기부의 난형 잎은 약간 혁질로 겉에 털이 적다. 상부의 잎은 협란형-도피침형으로 길이 2-3mm이고 개화기에 곤추서며, 끝은 긴 털로 덮여 있다. 꽃은 로제트에 1개 달린다. 꽃줄기는 길이 1-6mm이며 연한 털로 덮여 있다. 꽃받침의 기부에 피침형 포엽이 1장 달린다. 화관은 흰색으로 직경 5-8mm, 화후는 황색-황록색으로 일정하다. 갈래조각은 원상도란형이다.

①-a 안드로사체 타페테. 7월10일. K/랑모시 라의 북서쪽. 4,800m.

①-b 안드로사체 타페테. 7월26일. Y2/라무나 라. 5,000m.

②-a 안드로사체 셀라고. 6월18일. Z1/포탕 라의 서쪽. 4,600m.

②-b 안드로사체 셀라고. 6월10일. X/네레 라의 남서쪽. 4,600m. 고개에 가까운 고산대 상부의 비탈 사면에 반구형 쿠션이 흩어져 있다. 꽃이 없으면 이끼 낀 바위처럼 보인다.

③ 안드로사체 레만니이 *A. lehmannii* Duby
분포 ◇네팔 서부-시킴 개화기 6-8월
습한 계절풍에 노출된 고산대에 자생하며,
미부식질로 덮인 바위 비탈이나 바위틈에
두꺼운 쿠션을 이룬다. 쿠션 표면에 밀집하
는 녹색 잎은 여름에는 곧추서서 로제트의
경계가 불분명해진다. 로제트 안쪽 잎은
짙은 녹색으로 질이 약간 두껍다. 잎몸은
선상피침형으로 길이 5-10mm, 폭 1-
1.5mm이고 앞뒷면에 부드러운 털이 자라
며, 날카롭게 솟은 끝부분에 긴 털이 어긋
나기 한다. 다 자란 잎은 털이 줄어든다.
꽃은 로제트에 1-3개 달리고, 꽃줄기는 자
라지 않는다. 꽃자루는 길이 1-8mm로 부드
러운 털로 덮여 있다. 화관은 흰색-연붉은
색으로 직경 5-6mm, 화후는 황록색에서
주홍색으로 변한다. 갈래조각은 원형-도란
형이다.

까치수염속 Lysimachia

④ 리시마키아 프롤리페라 *L. prolifera* Klatt
분포 ◇파키스탄-아삼 개화기 4-6월
산지에서 아고산대에 걸쳐 밝은 혼합림이나
길가에 자생한다. 줄기는 길이 10-20cm로
기부에서 분지해 땅위로 뻗으며 끝만 곧추
선다. 잎은 어긋나기 또는 마주나기 하며 길
이 5-7mm의 자루를 가진다. 잎몸은 광란형-
타원형으로 길이 8-15mm이고 기부는 주격
형이며 가장자리는 느슨한 물결모양이다.
꽃은 가지 끝 잎겨드랑이에 달리고, 꽃자루
는 길이 5-10mm. 꽃받침은 길이 3-4mm
이고 5개로 깊게 갈라졌으며 갈래조각은 선
형. 화관은 5개로 깊게 갈라져 깔때기형으로
열리며 연붉은색이다. 갈래조각은 주격형으
로 길이 4-6mm. 수술과 암술 끝은 꽃 밖으
로 돌출한다.

⑤ 리시마키아 에발비스 *L. evalvis* Wall.
분포 ◇네팔 중부-미얀마 개화기 4-6월
저산이나 산지대 하부의 이끼 낀 숲 주변의
비탈에 자생한다. 꽃줄기는 높이 20-50cm
로 기부는 쓰러지기 쉽다. 잎은 어긋나기
하고 길이 1-2cm의 자루가 있다. 잎몸은
광란형-타원형으로 길이 4-6cm이고 끝이
뾰족하며 가장자리는 물결모양이다. 표면
에 광택이 있다. 꽃은 줄기 끝 잎겨드랑이에
달리고, 꽃자루는 길이 2-3cm. 꽃받침은
피침형으로 길이 5-10mm. 화관은 노란색이
며 5개로 깊게 갈라졌다. 갈래조각은 타원
상피침형으로 길이 8-12mm이며 크게 열린
다. 수술대는 매우 짧고 꽃밥은 길이 5mm
이며, 가는 암술대를 중심으로 원추상으로
모인다.

③-a 안드로사체 레만니이. 6월15일. M/야크카르카. 4,100m. 스퐁기오카르펠라속과 양지꽃속의 노란 꽃과 로도
덴드론 안토포곤의 붉은 봉오리도 보인다.

③-b 안드로사체 레만니이. 6월14일.
M/야크카르카. 4,450m.

③-c 안드로사체 레만니이. 7월11일.
T/잘잘레 피크. 4,400m.

④ 리시마키아 프롤리페라. 5월31일.
M/다르싱게카르카의 북서쪽. 3,200m.

⑤ 리시마키아 에발비스. 4월24일.
W/포돈. 1,600m.

자금웃과 MYRSINACEAE

매사속 Maesa

① 매사 루고사 *M. rugosa* Clarke
분포 ◇시킴-아삼, 티베트 남동부, 윈난성
개화기 11-3월
산지의 소엽수림에 자생하는 높이 1-3m의
상록관목. 가지는 가늘다. 잎에는 길이 1-
2cm의 자루가 있다. 잎몸은 약간 혁질의 장
원상피침형으로 길이 10-15cm이고 끝은 가
늘고 뾰족하며 거의 매끈하다. 표면에 가늘
고 나란한 측맥이 파여 있다. 꽃은 길이 2-
4cm의 총상꽃차례에 달리고, 꽃자루는 매
우 짧다. 화관은 흰색으로 직경 2-3mm. 열매
는 직경 3mm이다.

진달랫과 ERICACEAE

대부분 상록관목으로 산지의 산성토양을 좋
아하며 바위나 나무 줄기에 착생하는 경우
가 많다. 잎은 단엽으로 어긋나기 한다. 화
관은 원통형-종형-깔때기형이며 보통 끝이 5
개로 갈라졌다.

아가페테스속 Agapetes

② 아가페테스 세르펜스 *A. serpens* (Wight) Sleumer
분포 ◇네팔 동부-아삼, 티베트 남부
개화기 3-5월
조엽수림의 이끼 낀 나뭇가지에 착생하는
상록 소관목. 길이 0.5-1.5m로 기부는 두껍고
불룩하다. 가지는 늘어지며, 센털이 자란다.
잎은 빽빽하게 어긋나기 해 좌우로 나뉘고,
자루는 매우 짧다. 잎몸은 혁질의 타원상피
침형으로 길이 1-2cm이고 매끈하거나 가장
자리에 성기고 무딘 톱니가 있다. 꽃은 잎겨
드랑이에 1개 달리며 긴 자루 끝에서 늘어진
다. 꽃받침조각은 피침형으로 길이 8-10mm.
화관은 통모양으로 길이 2-3cm이고 능이 5
개 있으며 주홍색 물결무늬가 있다.

① 매사 루고사. 5월1일.
V/욕솜의 북쪽. 2,200m.

② 아가페테스 세르펜스. 4월12일.
V/라맘의 북쪽. 2,400m.

③-a 박치니움 레투숨. 6월16일.
U/틴주레 다라. 2,800m.

③-b 박치니움 레투숨. 5월2일. N/고라파니 고개의 남동쪽. 2,500m. 분홍색 화관은 항아리 모양이고 연한 색의
세로줄 5개가 봉긋하게 부풀어 있으며, 그 끝은 작은 갈래조각이 되어 휘어 있다.

산앵도나무속 Vaccinium

화관은 항아리 모양이며, 끝이 5개로 짧게 갈라져 휘어 있다. 꽃밥 기부에 2개의 가시 모양 돌기가 있다.

③ 박치니움 레투숨 *V. retusum* (Griff.) Hook.f.
분포 ◇네팔 중부-미얀마, 티베트 남부
개화기 4-6월
산지의 습한 혼합림 내의 바위나 나무에 착생하는 소관목. 길이 0.5-1.5m. 굵은 가지는 쓰러지기 쉽고, 꽃차례가 달리는 짧은 가지는 비스듬히 자라며 겉에 부드러운 털이 나 있다. 잎은 어긋나기 하고 길이 2-3mm의 굵은 자루를 가진다. 잎몸은 혁질의 도란형-타원형으로 길이 2-3cm이고 끝은 뾰족하거나 파여 있으며 기부는 쐐기형이다. 표면은 진한 녹색, 뒷면은 연두색이다. 가지 끝의 총상꽃차례는 길이 2-5cm. 꽃자루는 짧다. 꽃받침조각은 삼각형으로 매우 짧다. 화관은 항아리형으로 길이 4-5mm이고 붉은색이며, 연한 색으로 5개가 봉긋하게 부풀어 있다. 끝은 5개로 짧게 갈라져 휘어 있다.

④ 박치니움 글라우코알붐

V. glauco-album Clarke

분포 ◇네팔 동부-미얀마, 티베트 남부, 윈난성 개화기 5-7월
비가 많이 내리는 산지의 혼합림에 자생하는 높이 1-3m의 상록관목. 가지에 부드러운 털이 자란다. 잎에는 길이 2mm의 자루가 있다. 잎몸은 타원형-능상도란형으로 길이 4-6cm이고 끝은 가늘고 뾰족하며 기부는 쐐기형이다. 가장자리에 가는 톱니가 있고, 뒷면에 측맥이 돌출되어 있다. 총상꽃차례는 새로운 가지의 기부에 달리며 길이 3-4cm로 비스듬히 자란다. 꽃자루는 길이 5-8mm. 꽃받침조각은 매우 작다. 화관은 항아리형으로 길이 6-7mm이며 연붉은색, 끝은 가늘고 색이 짙으며 갈래조각 5개는 매우 작다. 수술대에 부드러운 털이 촘촘히 나 있다.

⑤ 박치니움 눔물라리아 *V. nummularia* Clarke
분포 ◇네팔 중부-미얀마, 티베트 남부
개화기 4-6월
산지에서 아고산대에 걸쳐 이끼 낀 나무 줄기나 바위에 착생하는 상록 소관목으로 길이 0.3-1m. 가지는 늘어지기 쉽고, 암갈색의 센털이 빽빽하게 자란다. 잎자루는 길이 1-2mm. 잎몸은 혁질의 광란형-타원형으로 길이 1-1.5cm이고 기부는 원형이며 가장자리에 성기고 무딘 톱니가 있다. 표면에 짙은 녹색의 측맥이 파여 있다. 꽃은 가지 끝의 매우 짧은 총상꽃차례에 달리며 꽃자루는 길이 5-8mm. 꽃받침조각은 삼각형으로 길이 1mm. 화관은 항아리형으로 길이 5-7mm이고 흰색이며 끝은 비홍색, 갈래조각 5개는 매우 작다.

④ 박치니움 글라우코알붐. 6월14일. Z3/구미팀의 남동쪽. 3,000m.

⑤-a 박치니움 눔물라리아. 4월30일. X/유토 라의 서쪽. 3,200m.

⑤-b 박치니움 눔물라리아. 5월26일. V/가이리반스의 남쪽. 2,800m. 이끼와 지의류로 덮인 솔송나무 줄기에 착생하여 늘어져 있다. 항아리 모양의 화관은 끝만 비홍색으로 물들어 있다.

진달랫과 307

리오니아속 Lyonia

① 리오니아 오발리폴리아

L. ovalifolia (Wall.) Drude var. *ovalifolia*

분포 ▫파키스탄-동남아시아, 중국 남서부
개화기 5-6월

산지대 하부의 밝은 숲에 자생하는 반상록
수로 높이 3-10m. 잎은 어긋나기 하며 짧은
자루가 있다. 잎몸은 지질(紙質)로 뻣뻣하
고, 난형-장란형으로 길이 5-13cm이며 가장자
리는 매끈하고 끝은 가늘고 뾰족하다. 기부는
원형. 총상꽃차례는 길이 5-15cm로 생장이 끝
난 가지에서 수평으로 자라고, 기부에 잎이
1-2장 달리며 꽃은 아래를 향해 나란히 핀다.
꽃자루는 길이 3-4mm. 꽃받침조각은 삼각형
으로 매우 작으며 연두색. 화관은 원통형 항
아리 모양으로 길이 7-10mm이며 흰색이다.

② 리오니아 빌로사 *L. villosa* (Hook.f.) Hand.-Mazz.

분포 ◇가르왈-미얀마, 티베트 남동부, 중국
남서부 개화기 6-8월

산지나 아고산대의 밝은 숲에 자생하는 낙
엽수. 동속 오발리폴리아와 비슷하나, 잎은
타원형-원상도란형으로 길이 4-8cm이고 끝
은 원형이거나 약간 뾰족하며 기부는 원형-
얕은 심형이다. 앞뒷면에 부드러운 털이 자
란다. 꽃차례는 길이 2-5cm이며 꽃은 적다.
화관은 항아리형으로 길이 6-8mm이고 흰색
이며 부드러운 털로 덮여 있다.

가울테리아속 Gaultheria

열매는 비대한 다즙질 꽃받침에 싸여 있다.

③ 가울테리아 트리코필라 *G. trichophylla* Royle

분포 ▫파키스탄-미얀마, 티베트 남부, 윈
난·쓰촨성 개화기 5-6월

포복성 상록 소관목으로, 산지에서 고산대에
걸쳐 이끼 낀 둔덕 비탈이나 바위땅에 자생
한다. 높이 10cm 이하. 포복줄기는 가늘고 잎

① 리오니아 오발리폴리아. 5월23일.
T/파룽 부근. 2,100m.

② 리오니아 빌로사. 7월10일.
S/포르체의 북서쪽. 3,700m.

③-a 가울테리아 트리코필라. 6월7일.
T/돗산의 남쪽. 3,600m.

③-b 가울테리아 트리코필라. 9월5일. P/찬부의 북쪽. 4,450m. 리룽 빙하의 오른쪽 유역. 검푸른색 열매(꽃받침)
에는 달짝지근하고 싸한 향기가 있다.

이 없다. 비스듬한 가지에는 센털이 자라고 잎이 빽빽하게 어긋나기 한다. 잎은 혁질의 타원형-도피침형으로 길이 5-10mm이고 기부는 쐐기형이며, 가장자리의 무딘 톱니 끝은 센털이 된다. 꽃은 잎겨드랑이에 1개 달리고 자루는 짧다. 화관은 유백색붉은 갈색으로 구상광종형이며 길이 4-5mm, 갈래조각은 흰색이며 휘어 있다. 열매를 품은 꽃받침은 검푸른색으로 길이는 5-8mm이다.

④ 가울테리아 세미인페라

G. semi-infera (Clarke) Airy Shaw
분포 ◇네팔 동부-미얀마, 티베트 남부, 윈난 · 쓰촨성 개화기 5-7월
산지의 숲 주변에 자생하는 상록관목. 높이 0.5-3m. 가지에 빳빳한 누운 털이 자란다. 잎자루는 굵고 짧다. 잎몸은 약간 혁질의 장원형으로 길이 2-10cm이고 끝이 뾰족하며 기부는 쐐기형-원형이다. 가장자리에 무딘 톱니가 있고, 뒷면에는 측맥이 돌출되어 있으며 센털이 자란다. 총상꽃차례는 길이 2-3cm이며 겉에 부드러운 털이 나 있다. 꽃자루에 포엽과 소포가 마주나기 한다. 화관은 구상의 항아리형으로 길이 3-4mm이며 흰색-연붉은색이다.

⑤ 가울테리아 프라그란티시마 G. fragrantissima Wall.

분포 ㅁ네팔 서부-동부 아시아, 티베트 남부, 윈난성 개화기 4-6월
산지의 떡갈나무 숲에 자생하는 상록관목으로 높이 1-3m. 가지에는 털이 없다. 잎자루는 길이 4-8mm로 적갈색을 띠며 굵다. 잎몸은 약간 혁질의 피침형-도피침형으로 길이 5-10cm이고 끝이 뾰족하며 가장자리에 무딘 톱니가 있다. 기부는 넓은 쐐기형. 총상꽃차례는 길이 3-7cm이며 겉에 부드러운 털이 자란다. 꽃자루의 기부와 정수리에 각각 포엽과 소포가 마주나기 한다. 화관은 구상의 항아리형으로 길이 3-4mm이며 흰색이다.

⑥ 가울테리아 피롤로이데스 G. pyroloides Miquel

분포 ◇네팔 동부-미얀마, 티베트 남동부, 윈난 · 쓰촨성 개화기 5-8월
아고산대와 고산대의 이끼 낀 둔덕 비탈이나 바위땅에 자생하는 포복성 소관목. 가늘고 강한 뿌리줄기가 옆으로 뻗어 매트 형태의 군락을 이룬다. 동속 미크벨리아나(G. miqueliana)와 비슷하나, 열매를 품은 꽃받침이 흰색이 아닌 어두운 자주색을 띤다. 높이 10cm 이하. 잎몸은 혁질의 도란형-타원형으로 길이 1.5-4cm이고 가장자리에 무딘 톱니가 있으며 표면에 그물맥이 파여 있다. 총상꽃차례는 매우 짧으며 꽃이 여러 개 달린다. 꽃자루에 포엽과 소포가 마주나기 한다. 화관은 구상의 항아리형으로 길이 4-6mm이고 흰색이며 부분적으로 연붉은색을 띤다.

④ 가울테리아 세미인페라. 6월14일. Z3/구미팀의 남동쪽. 3,000m.

⑤ 가울테리아 프라그란티시마. 6월11일. Q/시바라이의 남동쪽. 2,000m.

⑥ 가울테리아 피롤로이데스. 8월4일. T/양그리의 남쪽. 3,950m. 혁질로 그물맥이 깊게 파인 타원형 잎은 특징이 있기 때문에 굳이 꽃을 보지 않고도 동정할 수 있다.

마취목속 Pieris

① 피에리스 포르모사 *P. formosa* (Wall.) D. Don

분포 ㅁ네팔 중부-미얀마, 티베트 남부, 중국 남부 **개화기** 3-5월

산지의 숲 주변이나 거친 관목림에 자생하는 상록관목. 높이 2-4m. 잎은 가지 끝에 마주나기 하며 길이 5-15mm의 자루가 있다. 잎몸은 약간 혁질의 장원상피침형으로 길이 6-15cm이고 끝이 뾰족하며 가장자리에 가는 톱니가 있다. 어린잎은 붉은색을 띤다. 꽃은 가지 끝에 원추상으로 달리며 아래로 늘어진다. 갈래조각은 삼각형. 화관은 항아리형으로 길이 6-8mm이며 흰색이다.

등대꽃속 Enkianthus

② 엔키안투스 데플렉수스 *E. deflexus* (Griff.) Schneid.

분포 ◇네팔 동부-미얀마, 티베트 남부, 중국 서부 **개화기** 5-6월

산지의 습한 혼합림에 자생하는 낙엽관목. 높이 3-6m. 잎은 짧은 가지에 어긋나기 하며 길이 5-20mm의 자루를 가진다. 잎몸은 타원상피침형으로 길이 4-7cm이고 끝은 날카로우며 가장자리에 가는 톱니가 있다. 기부는 쐐기형. 꽃은 가지 끝에 모여 달리며, 모여나기 한 잎 밑으로 늘어진다. 꽃자루는 길이 2-5cm. 화관은 넓은 종형으로 길이 8-12mm이며 연두색, 맥은 주홍색이다.

디플라르케속 Diplarche

③ 디플라르케 물티플로라

D. multiflora Hook.f. & Thoms.

분포 ■네팔 동부-미얀마, 티베트 남동부, 원난성 **개화기** 6-8월

고산대의 이끼 낀 자갈 비탈에 자생하는 포복성 상록 소관목으로, 돌매화나뭇과에 속한다는 설도 있다. 높이 10cm 이하. 가는 가지는 검은빛의 엽침으로 덮여 있다. 잎은 곧추 선 가지에 빽빽하게 어긋나기 한다. 잎몸은 혁질의 선상장원형으로 길이 4-7mm이고 끝은 날카로우며 가장자리에 가시 모양의 가는 톱니가 있다. 가지 끝에 많은 꽃이 두상으로 모여 달린다. 포엽과 꽃받침은 어두운 붉은색을 띤다. 화관은 연자주색, 통부는 길이 3-5mm이고 끝은 주발형으로 열리며 직경 4-6mm. 갈래조각 5개는 주걱형이며 통부보다 짧다. 수술은 5개가 화통 기부에, 5개는 화통 상부에 달린다. 꽃밥은 화통 밖으로 돌출하지 않는다.

카시오페속 Cassiope

④ 카시오페 파스티기아타

C. fastigiata (Wall.) D. Don

분포 ㅁ파키스탄-부탄, 티베트 남동부, 원난성 **개화기** 5-8월

아고산대나 고산대의 이끼 낀 바위땅에 자생하는 포복성 상록 소관목. 높이 10-30cm. 곧

① 피에리스 포르모사. 5월18일. N/다나큐의 남서쪽. 2,550m.

② 엔키안투스 데플렉수스. 6월16일. U/틴주레 다라. 2,800m.

③ 디플라르케 물티플로라. 8월6일. T/아사마사 부근. 4150m. 안개가 자주 끼는 산등성이의 자갈 사면에 자생하는 보기 드문 포복성 소관목. 잎과 꽃 모두 길이 1cm 이하로 작다.

추 선 줄기 끝에 비늘조각 모양의 잎이 4열로 나란히 촘촘하게 어긋나기 한다. 하부의 줄기에는 암갈색의 오래된 잎이 남아 있다. 잎은 혁질의 난형으로 길이 4-5mm이고 끝은 까끄라기 모양이며, 가장자리는 막질로 겉에 부드러운 털이 자라고 뒷면의 중맥부에 홈이 파여 있다. 꽃은 가지 끝에서 약간 떨어진 잎겨드랑이에 달린다. 꽃자루는 길이 3-7mm이며 오그라든 털이 빽빽하게 자란다. 꽃받침의 가장자리는 막질. 화관은 종형으로 길이 6-8mm이며 흰색이다.

⑤ 카시오페 셀라기노이데스

C. selaginoides Hook.f. & Thoms.

분포 ◇네팔 중부-부탄, 티베트 남동부, 윈난·쓰촨성 개화기 5-8월

고산대의 이끼 낀 바위땅에 자생한다. 동속 파스티기아타와 비슷하나, 전체적으로 작고 잎이 달린 가지는 가늘며 잎자루는 비스듬히 길게 뻗는다. 높이 5-15cm. 잎은 도피침형으로 길이 2-3.5mm이고 가장자리에 톱니 모양의 굵은 털과 부드러운 털이 자란다. 뒷면의 홈은 앞 끝까지 이어진다. 꽃자루는 길이 5-22mm. 화관은 넓은 종형으로 길이 6-8mm이다.

⑥ 카시오페 와르디이 *C. wardii* Marq. & Shaw

분포 ■티베트 남동부 개화기 6-7월

아고산대에서 고산대에 걸쳐 관목림 주변이나 이끼 낀 바위땅에 자생한다. 동속 파스티기아타와 비슷하나 잎은 가늘고 털이 무성하며 4열로 합착해 겹쳐 있고, 줄기 끝은 전체적으로 능이 4개인 기둥 모양을 이룬다. 높이 10-20cm. 잎은 선상피침형으로 길이 5-7mm이고 가장자리에 길이 3mm에 달하는 센털이 자란다. 꽃자루는 길이 8-15mm. 꽃받침의 주변부는 막질. 화관은 길이 5-7mm이다.

④-a 카시오페 파스티기아타. 6월16일. X/레미탕의 동쪽. 4,100m. 곧추 선 줄기는 4줄로 어긋나기 한 비늘조각 모양의 잎에 덮여 있으며, 줄기 기부에는 시커멓게 탄 쌀처럼 생긴 오래된 잎이 시들어 남아 있다.

④-b 카시오페 파스티기아타. 6월15일. X/신체 라. 4,600m.

⑤ 카시오페 셀라기노이데스. 7월28일. Z3/도슝 라의 서쪽. 3,800m.

⑥ 카시오페 와르디이. 7월2일. Z3/파티. 4,250m.

진달래속 Rhododendron

동아시아를 중심으로 분포하는 관목 또는 고목으로, 가지 끝에 단엽이 어긋나기 한다. 꽃받침은 보통 매우 작다. 화관은 종형-깔때기형-원통형이며 끝이 5-10개로 갈라졌다. 수술은 화관갈래조각의 약 2배에 달하는 개수가 달린다. 진달래속 식물은 일반적으로 상록성이며 혁질의 잎을 지닌 석남류와, 낙엽성이며 부드러운 잎을 지닌 진달래 및 철쭉류로 양분된다. 히말라야 동단부 이외의 지역 대부분에서는 상록성 석남류만 발견된다.

석남은 히말라야에서 중국 남서부에 이르는 산악지대에서 고도로 종분화했는데, 산지의 습한 계곡 줄기에서는 고목으로 생장해 아고산대 전나무 숲의 관목층과 아고목층을 우점하고, 삼림한계 부근의 북쪽 비탈에서는 광대한 관목림을 이룬다. 종류의 동정에는 잎과 꽃차례에 자란 털의 유무와 그 형태 및 밀도가 중요한 포인트가 된다. 털의 형태에는 일반적인 직모 외에 선모, 별모양의 털, 별모양의 털에 자루가 달린 수목상의 털, 분지한 털이 길게 자라 얽힌 융털, 미세한 원반모양의 비늘조각이 변한 비늘모양의 털 등이 있으며, 각각의 털의 타입은 종류에 따라 모양이 더욱 세분화된다. 석남류는 잎 등에 비늘모양의 털이 없는 '비늘 없는 석남'(히메난테스Hymenanthes 아속亞屬)과 비늘모양의 털이 있는 '비늘 있는 석남'(로도덴드론 아속)으로 나뉜다. 비늘 없는 석남은 비교적 습하고 온화한 산지나 아고산대의 숲 속에 자생하며, 관목 외에 고목으로 생장하는 종류도 많다. 잎과 꽃은 비교적 크고, 잎 뒷면은 털이 없거나 다양한 타입의 털로 덮여 있다. 관목이나 소관목을 이루는 비늘 있는 석남은 차고 건조한 바람

①-a 로도덴드론 그리피티아눔. 5월1일. V/림빅의 서쪽. 2,500m. 윤기 있는 녹황색 어린잎이 퍼지는 동시에 산나리를 연상케 하는 직경 15cm 정도의 하얀 꽃이 핀다.

①-b 로도덴드론 그리피티아눔. 5월1일.
X/통사의 서쪽. 2,350m.

①-c 로도덴드론 그리피티아눔. 4월29일.
X/타시 라의 북쪽. 2,300m.

② 로도덴드론 아리젤룸. 6월13일.
Z3/구미팀의 북서쪽. 3,200m.

이 부는 혹독한 환경에 강하기 때문에, 고산대 상부까지 진출해 바위틈이나 고목에 착생하는 것도 있다.

● 비늘 없는 석남

① 로도덴드론 그리피티아눔 *R. griffithianum* Wight
분포 ◇네팔 동부-아르나찰 개화기 4-5월
산지의 떡갈나무 숲이나 밝은 강가 숲에 자생하는 높이 3-8m의 상록수. 나무줄기는 회색으로 매끄러우며 나무껍질은 얇다. 잎자루는 길이 2-3cm. 잎몸은 장원형으로 길이 10-15cm이고 털이 없으며 기부는 원형. 가지 끝에 향기로운 꽃 3-5개가 옆을 향해 달린다. 꽃자루는 길이 2-4cm. 꽃받침은 원반형으로 열리며 직경 1.2-1.7cm이고 가장자리는 물결모양. 화관은 흰색이며 막 피기 시작할 무렵에는 바깥쪽이 연붉은색을 띤다. 넓은 종형으로 길이 5-8cm, 직경 6-10cm이고 끝은 5개로 갈라졌다.

② 로도덴드론 아리젤룸 *R. arizelum* Balf.f. & Forrest
분포 ■티베트 남동부, 윈난성, 미얀마
개화기 5-6월
비가 많이 내리는 산지나 아고산대의 숲에 자생하는 높이 2-8m의 상록수. 가지 끝은 굵고 연갈색 융털이 자란다. 잎자루는 길이 1.5-2.5cm. 잎몸은 혁질의 도피침형으로 길이 12-18cm이고 끝은 원형이며 뒷면에 갈색 융털이 나 있다. 꽃은 가지 끝에 모여 달린다. 꽃자루는 길이 2-3cm이며 연갈색 융털이 자란다. 꽃받침은 매우 작다. 화관은 연붉은색이며 활짝 벌어질수록 색깔이 퇴색된다. 비스듬한 종형으로 길이 3-4cm이고 기부에 붉은 자주색 반점이 있으며 끝은 8개로 갈라졌다. 씨방에 연갈색 융털이 나 있다.

③ 로도덴드론 케상기애 *R. kesangiae* Long & Rushforth
분포 ◇부탄 개화기 4-5월
산지의 전나무나 솔송나무 숲에 자생하는 높이 7-15m의 상록수. 동속 호지소니이와 비슷하며 혼생하는 경우가 많으나 꽃은 약간 늦게 핀다. 나무껍질은 회갈색으로 약간 두꺼우며 세로 방향으로 갈라진다. 잎자루는 굵고 길이 3-4cm. 잎몸은 두꺼운 혁질의 타원상도피침형으로 길이 20-30cm이며 어린나무에서는 40cm에 달한다. 앞면은 짙은 녹색으로 측맥이 파여 있고, 뒷면은 은백색의 길고 부드러운 털이 빽빽하게 덮여 있다. 꽃은 가지 끝에 모여 달리며 꽃자루는 길이 2.5-4cm. 꽃받침은 매우 작다. 화관은 넓은 종형으로 길이와 직경 모두 3.5-5cm이고 끝은 8개로 갈라졌으며 짙은 분홍색. 씨방은 길고 부드러운 털과 선모로 덮여 있다.

③-a 로도덴드론 케상기애. 4월26일. X/도추 라의 동쪽. 3,000m. 포장된 도로 옆에 살아남은 것으로, 잎은 비교적 작고 맥이 성기다. 촬영지는 분포역의 서쪽 끝에 위치한다.

③-b 로도덴드론 케상기애. 4월30일. X/유토 라. 3,300m.

③-c 로도덴드론 케상기애. 4월27일. X/고고나의 동쪽. 3,300m.

진달랫과 313

진달래속 Rhododendron

● 비늘 없는 석남

① 로도덴드론 호지소니이 *R. hodgsonii* Hook.f.
분포 ◇네팔 동부·아르나찰, 티베트 남부
개화기 4-6월

아고산대의 전나무 숲에 많은 높이 4-10m의 상록수. 나무줄기는 연갈색-적갈색으로 매끄럽고, 나무껍질은 막질로 오리나무속 나무처럼 크게 벗겨져 떨어진다. 잎자루는 길이 3-5cm. 잎몸은 혁질의 타원상도피침형으로 길이 15-25cm. 표면은 광택이 있으며 뒷면에는 컵모양의 털을 포함한 흰색-연노란색 융털이 붙어 있다. 꽃은 가지 끝에 구상으로 모이며 꽃자루는 길이 2-4cm. 꽃받침은 매우 작다. 화관은 질이 두꺼운 종형으로 길이 3.5-4.5cm이고 분홍색이며, 분포 지역의 동쪽에서는 끝이 벌어지는 경향을 보인다. 씨방에 희뿌연 융털이 자란다.

①-a 로도덴드론 호지소니이. 5월25일.
T/톱케골라의 남쪽. 3,600m.

①-b 로도덴드론 호지소니이. 6월7일. T/돗산의 남쪽. 3,600m. 가축을 치는 산지루민이 주위 나무를 잘라내는 바람에 볕이 잘 들게 되자 이상할 정도로 큰 꽃을 피운 나무.

①-c 로도덴드론 호지소니이. 5월9일. X/돌람켄초의 북쪽. 3,500m.

①-d 로도덴드론 호지소니이. 4월24일.
X/체레 라. 3,600m.

*①-d는 전나무 숲 내 쓰러진 나무의 가지 끝에서 꽃이 피기 시작한 것으로, 잎몸은 길이 40cm로 크고 뒷면에 연갈색 융털이 붙어 있어 동속 그란데(R. grande Wight)나 팔코네리와의 잡종으로 여겨진다.

② 로도덴드론 팔코네리 R. falconeri Hook.f.
분포 ◇네팔 동부-아르나찰 개화기 4-5월
높이 3-15m의 상록수. 산지의 습한 떡갈나무 숲에서 고목으로 생장하며, 바람에 노출된 산등성이나 갈라진 산 비탈에서는 관목 소림을 이룬다. 나무껍질은 붉은색을 띤 갈색으로, 세로로 얇게 벗겨져 떨어진다. 잎자루는 굵으며 길이 4-6cm. 잎몸은 혁질의 타원형-도란상타원형으로 길이 20-35cm이고 끝은 원형이며, 기부는 원형-얕은 심형 가장자리는 약간 물결모양이다. 표면은 짙은 녹색으로 가는 그물맥이 파여 있으며 맥 위에 털이 자란다. 뒷면에는 컵 모양의 털을 포함한 적갈색 솜털이 붙어 있으며 중맥과 측맥이 돌출되어 있다. 곧추 선 가지 끝에 많은 꽃이 짧은 원기둥 모양으로 모여 달린다. 꽃자루는 굵고 털이 자라며 길이 2.5-4cm. 꽃받침은 매우 작다. 화관은 흰색-유황색으로 질이 두껍고 기부에 붉은 자주색 반점이 있으며, 비스듬한 종형으로 길이 3.5-5cm이고 끝은 8개로 갈라졌다. 암술은 다 자라면 화관보다 길게 뻗고, 암술머리는 원반형으로 퍼진다.
*②-b는 산등성이의 도로변에 자란 관목으로 높이 3m. ②-c는 안개가 자주 끼는 북쪽의 산 비탈을 널리 뒤덮은 팔코네리 고목림으로, 숲 바닥에 대나무와 양치류가 번성하고 있다.

②-a 로도덴드론 팔코네리. 4월26일.
X/펠레 라의 서쪽. 2,900m.

②-b 로도덴드론 팔코네리. 5월1일.
X/펠레 라의 서쪽. 2,800m.

②-c 로도덴드론 팔코네리. 5월26일.
V/가이리반스의 남쪽. 2,800m.

②-d 로도덴드론 팔코네리. 5월1일. X/펠레 라. 3,300m. 대나무가 자라는 골짜기의 습한 장소에 자란 나무로, 높이 10m 이상으로 크게 생장해 있다. 가지는 붉은색을 띤 갈색.

진달래속 Rhododendron

● 비늘 없는 석남

① 로도덴드론 와르디이 *R. wardii* W.W. Smith
분포 ◇티베트 남동부, 윈난·쓰촨성
개화기 5-7월

아고산대의 혼합림이나 계곡 줄기의 관목림에 자생하는 높이 2-5m의 상록수. 가지 끝에는 털이 없거나 선모가 자란다. 잎자루는 길이 2-3.5cm로 겉에 드문드문 짧은 선모가 나 있다. 잎몸은 혁질의 광타원형으로 길이 5-8cm이고 기부는 얕은 심형이며, 앞뒷면 전부 털이 없고 매끄럽다. 꽃자루는 길이 2-4cm이며 겉에 적갈색을 띤 짧은 선모가 드문드문 자란다. 꽃받침은 5개로 갈라졌으며 갈래조각은 난형으로 길이 4-8mm. 화관은 주발모양으로 열리고 직경 4-6cm이며 연노란색, 끝은 5개로 갈라졌다. 씨방과 암술대에 짧은 선모가 빽빽하게 자란다.

② 석남의 일종 (A) Rhododendron sp. (A)

도송 라의 남쪽에 군생하는 높이 2-4m의 상록수. 이 고개의 북쪽에 자생하는 동속 와르디이(사진 ①)와 남쪽의 하부 비탈에 자생하는 캄필로카르품(사진 ③-b)의 잡종으로 여겨진다. 잎은 와르디이와 같으나 유황색 화관은 종형으로 캄필로카르품과 비슷하다. 꽃받침조각은 삼각상피침형으로 길이 2-4mm이고 가장자리에 선모가 자란다. 화관은 직경 3.5-4cm이고 기부에 붉은색 반점이 있다. 씨방에 선모가 나 있다.

③ 로도덴드론 캄필로카르품 *R. campylocarpum* Hook.f.
분포 ◇네팔 동부·미얀마, 티베트 남부, 윈난성 개화기 5-6월

아고산대의 혼합림이나 늪 근처의 관목림에 자생하는 높이 2-5m의 상록수. 가지는 가늘

① 로도덴드론 와르디이. 6월11일. Z3/다무로. 3,250m. 윈난성 북서부에서 많이 발견되는 종으로, 촬영지는 이 종 분포역의 서쪽 끝에 가깝다. 광타원형의 잎이 특징.

② 석남의 일종 (A) 6월12일.
Z3/도송 라의 남동쪽. 3,700m.

③-a 로도덴드론 캄필로카르품.
X/탕탕카의 남서쪽. 3,400m.

③-b 로도덴드론 캄필로카르품. 6월13일.
Z3/구미팀의 북서쪽. 3,200m.

고 잎자루와 꽃차례에 선모가 자란다. 잎자루는 길이 1.5-2cm. 잎몸은 얇은 혁질의 타원형으로 길이 4-10cm이고 기부는 원형-얕은 심형이다. 표면에 광택이 있으며 뒷면은 털없이 매끄럽다. 꽃자루는 길이 1.5-3cm. 꽃받침은 매우 작다. 화관은 종형으로 길이 3-4cm이고 유황색, 끝은 5개로 갈라졌으며 이따금 기부에 붉은색 반점이 있다. 씨방에 선모가 빽빽하게 나 있다.

④ 로도덴드론 글리스크룸
R. glischrum Balf.f. & W.W. Smith
분포 ■ 티베트 남동부, 윈난성, 미얀마
개화기 5-6월
아고산대의 혼합림이나 관목림에 자생하는 높이 2-5m의 상록수. 가지는 굵으며 여기에 길이 6mm에 달하는 황록색의 빳빳한 선모로 자란다. 잎자루는 굵고 길이 1-2cm이며 빳빳한 선모가 빽빽하게 뒤덮여 있다. 잎몸은 두꺼운 지질의 장원형으로 길이 10-17cm이고 끝은 갑자기 뾰족해지며 기부는 얕은 심형이다. 표면에 녹황색 측맥이 살짝 파여 있고, 뒷면에 빳빳한 선모가 빽빽하게 나 있다. 꽃자루는 길이 2-3cm. 꽃받침은 길이 6-10mm이고 5개로 갈라졌으며, 갈래조각은 장원형으로 가장자리에 빳빳한 선모가 자란다. 화관은 짙은 붉은색에서 연붉은색으로 변한다. 넓은 종형으로 길이 3-4cm이고 기부에 짙은 붉은색 반점이 있으며 끝은 5개로 갈라졌다. 씨방에 빳빳한 선모가 자란다.

⑤ 석남의 일종 (B) Rhododendron sp. (B)
근처에서 발견된 동속 캄필로카르품(사진 ③-b)과 글리스크룸(사진 ④)의 잡종으로 여겨진다. 전체적으로 캄필로카르품과 비슷하나 화관은 연붉은색. 꽃받침은 5개로 갈라졌으며, 갈래조각은 장원상피침형으로 길이 5-10mm이고 가장자리에 선모가 자란다.

⑥ 로도덴드론 에리트로칼릭스
R. erythrocalyx Balf.f. & Forrest
분포 ■ 티베트 남동부, 윈난성 **개화기** 5-6월
아고산대의 전나무 숲이나 관목림에 자생하는 높이 2-3m의 상록수. 가지는 가늘고 털을 거의 갖지 않는다. 잎자루는 길이 1.5-2m로 겉에 털이 없거나 선모가 자란다. 잎몸은 혁질의 타원형으로 길이 6-9cm이고 끝은 둔형이거나 예형이며 기부는 원형-얕은 심형이다. 표면은 약간 볼록하고 광택이 있으며 뒷면은 털이 매끈하다. 꽃자루는 길이 1.5-2m로 선모가 드문드문 자란다. 꽃받침은 길이 4-6mm, 갈래조각은 난상삼각형이며 가장자리에 짧은 선모가 나 있다. 화관은 흰색-연노란색이며 막 피기 시작할 무렵에는 연붉은색을 띤다. 누도상 종형으로 길이 3-4cm, 직경 4-5cm이고 끝은 5개로 갈라졌다. 씨방에 짧은 선모가 자란다.

④ 로도덴드론 글리스크룸. 6월13일. Z3/구미팀의 북서쪽. 3,150m. 녹황색의 큰 잎을 지니고 있으며, 꽃의 색깔은 짙은 자주색에서 연자주색으로 변한다.

⑤ 석남의 일종 (B) 6월13일. Z3/구미팀의 북서쪽. 3,150m.

⑥ 로도덴드론 에리트로칼릭스. 6월22일. Z3/닌마 라의 북서쪽. 3,900m.

진달래속 Rhododendron

● 비늘 없는 석남
① 로도덴드론 아르보레움

R. arboreum Smith subsp. *arboreum*
분포 ㅁ카슈미르-부탄 개화기 3-5월
산지 산등성이의 떡갈나무나 소나무 숲에서
흔히 볼 수 있는 높이 2-15m의 상록수. 고목
이 채벌된 후의 건조한 비탈에 순림(純林)을
이루며, 전나무 원시림 내에서는 큰 나무로
생장한다. 나무껍질은 연갈색이며 세로로
얇게 벗겨져 떨어진다. 잎자루는 길이 1-
1.5cm. 잎몸은 단단한 혁질의 장원상피침형
으로 길이 7-17cm이고 끝은 날카로우며 기부
는 쐐기형이다. 표면에 측맥이 파여 있고,
뒷면에 희고 조밀한 솜털이 얇게 붙어 있다.
가지 끝에 많은 꽃이 구상으로 모여 달린다.
꽃자루는 길이 5-10mm. 꽃받침은 작다. 화관
은 연붉은색-비홍색으로 이따금 흰색을 띠
며 겉에 짙은 색의 반점이 있다. 원통형 종모
양으로 길이 3-4cm이고 끝은 5개로 갈라졌
다. 씨방에 조밀한 솜털이 붙어 있다.

② 로도덴드론 아르보레움 친나모메움

R. arboreum Smith subsp. *cinnamomeum* (G. Don) Tagg
분포 ㅁ네팔 중부-시킴 개화기 3-5월
잎 뒷면에 기준아종과 마찬가지로 조밀한
솜털이 자라고, 그것을 황갈색-적갈색 털이
덮고 있다.

③ 로도덴드론 아르보레움 델라바이

R. arboreum Smith subsp. *delavayi* (Franch.) Chamberlain
분포 ◇부탄-미얀마, 티베트 남동부, 윈난·
쓰촨성 개화기 3-5월
기준아종과 달리 잎 뒷면의 피모는 길고 부
드러운 흰 털이 서로 얽혀 해면 모양을 이루
고 있다.

①-a 로도덴드론 아르보레움. 5월4일.
N/푼 힐. 3,000m.

①-b 로도덴드론 아르보레움. 4월27일.
X/고고나. 3,050m.

①-d 로도덴드론 아르보레움. 4월28일. X/고고나. 주변의 침엽수 고목이 건축용으로 벌목되는 바람에 볕이 잘 드
게 되자, 하부 가지에도 꽃을 피우게 된 것으로 보인다.

①-c 로도덴드론 아르보레움. 5월5일.
N/고라파니 고개의 동쪽. 3,100m.

②-a 로도덴드론 아르보레움 친나모메움. 4월26일.
U/둘파니. 2,800m.

②-b 로도덴드론 아르보레움 친나모메움. 4월26일.
U/둘파니. 2,700m.

②-c 로도덴드론 아르보레움 친나모메움. 6월7일. T/돗산의 남쪽. 3,800m. 해발이 높은 산등성이에 자란 철 늦은 나무로, 꽃 색깔이 짙고 잎 뒷면의 갈색 털은 눈에 띄지 않는다.

②-d 로도덴드론 아르보레움 친나모메움. 6월17일. U/초우키의 북쪽. 2,750m. 여름에는 한나절 동안 안개에 싸이는 일이 많다. 두꺼운 이끼로 덮인 가지에 양치류와 난초가 착생한다.

③ 로도덴드론 아르보레움 델라바이. 6월14일.
Z3/구미팀의 남동쪽. 3,000m.

진달래속 Rhododendron
● 비늘 없는 석남
① 로도덴드론 프린치피스

R. principis Bur. &. Franch. [*R. vellereum* Hutch.]

분포 ◇티베트 남동부 개화기 5-7월

높이 1-5m의 상록수. 아고산대의 침엽수림이나 고산대 하부의 관목림에 자생한다. 가지 끝에는 털이 없거나 황갈색 융털이 자란다. 잎자루는 길이 5-12mm로 털이 없거나 윗면에 융털이 자란다. 잎몸은 두꺼운 혁질의 협타원형-난상피침형으로 길이 6-12cm이고 끝이 뾰족하며 기부는 원형-얕은 심형이다. 표면은 볼록하고 뒷면은 해면 모양의 흰색-붉은 갈색 융털로 덮여 있다. 꽃자루는 길이 1-3cm로 겉에 털이 없다. 꽃받침은 매우 작다. 화관은 깔때기형 종 모양으로 길이 3-3.5cm, 직경 3.5-4.5cm이며 흰색. 상부에 짙은 색 반점이 있으며 끝은 5개로 갈라졌다. 씨방에는 털이 없다.

*①-d의 뒤로 보이는 눈 덮인 고봉은 남차바르와로, 고봉과의 사이에 얄룽창포 대협곡이 있다.

② 석남의 일종 (C) Rhododendron sp. (C)

동속 프린치피스 군락(사진 ①-a)의 하부 비탈에서 발견된 것으로, 프린치피스와 파오크리숨(*R. phaeochrysum* Balf.f. & W.W. Smith) 간의 잡종으로 여겨진다. 높이 2m. 가지 끝에는 털이 없다. 잎자루는 길이 1-1.5cm이며 털을 갖지 않는다. 잎몸은 혁질의 난상피침형으로 길이 5-8cm이고 끝이 뾰족하며 기부는 원형이다. 표면은 짙은 녹색으로 광택이 있고 불룩하며, 뒷면에는 갈색 융털이 얇게 붙어 있다. 꽃차례의 총축은 길이 1cm이며 황갈색을 띤 털이 자란다. 꽃자루는 길이 1.5-2cm. 꽃받침조각은 광란형으로 길이 2-

①-a 로도덴드론 프린치피스. 6월21일. Z3/세콘드. 4,200m.

①-b 로도덴드론 프린치피스. 6월21일. Z1/초바르바 부근. 4,400m.

①-c 로도덴드론 프린치피스. 6월21일. Z1/초바르바 부근. 4,400m.

①-d 로도덴드론 프린치피스. 6월26일. Z3/하티 라의 동쪽. 4,400m.

② 석남의 일종 (C) 6월21일. Z3/세콘드의 남동쪽. 4,100m.

③ 로도덴드론 룰란겐세. 6월17일. Z3/다무로의 동쪽. 3,400m.

2.5mm. 화관은 원통형 종 모양으로 길이 3cm이며 흰색-연붉은색. 씨방과 암술대, 수술대에는 털이 없다.

③ 로도덴드론 룰랑겐세
R. lulangense L.C. Hu & Y. Tateishi
분포 ■ 티베트 남동부 5-6월
아고산대의 침엽수림이나 관목림에 자생하는 높이 2-5m의 상록수. 가지 끝에 분지한 길고 부드러운 털이 빽빽하게 자란다. 잎자루는 길이 1-2cm이며 털을 지닌다. 잎몸은 혁질의 타원형-장원형으로 길이 7-15cm이고 끝은 갑자기 뾰족해지며 기부는 원형이다. 뒷면에 회색 융털이 얇게 붙어 있다. 꽃자루는 길이 2-3cm로 붉은빛을 띤다. 꽃받침조각은 광삼각형으로 길이 1-2mm. 화관은 깔때기형 종모양으로 직경과 길이 모두 3-4cm이며 흰색. 기부에 붉은 자주색 반점이 있고, 갈래조각 5개는 원형이며 끝이 살짝 파여 있다. 씨방에 부드러운 털이 자란다.
*촬영 개체는 높이 1m의 어린나무. 그 주변에는 높이 3-5m의 그루가 숲을 이루고 있으며 이미 개화가 끝난 상태였다.

④ 로도덴드론 위그티이 *R. wightii* Hook.f.
분포 ◇네팔 동부-부탄, 티베트 남부
개화기 5-6월
높이 1.5-5m의 상록수. 아고산대의 전나무나 향나무 등의 숲에 자생하며, 고산대 하부의 해빙이 늦은 북쪽 비탈에 관목림을 이룬다. 가지 끝에는 털이 없거나 부드러운 털이 자란다. 잎자루는 길이 1.5-2.5cm로 윗면에 길고 부드러운 털이 빽빽하게 나 있다. 잎몸은 혁질의 타원상피침형으로 길이 8-15cm이고 기부는 원형이거나 넓은 쐐기형. 표면에 측맥이 살짝 파여 있고, 뒷면에 갈색 융털이 얇게 붙어 있다. 꽃자루는 길이 1.5-3cm이며 길고 부드러운 털이 자란다. 꽃받침은 매우 작다. 화관은 넓은 종모양으로 길이 2.5-3.5cm, 직경 3-4cm이며 연노란색. 붉은 반점이 있으며 끝은 5개로 갈라졌다. 씨방은 연노란색 융털로 덮여 있다.

⑤ 석남의 일종 (D) Rhododendron sp. (D)
부탄 북부 계곡 줄기의 삼림한계 부근에서 흔히 볼 수 있는 것으로, 잎의 형태와 꽃의 색깔은 일정치 않다. 위그티이와 와나툼 또는 왈리키이의 잡종으로 여겨진다. 가지는 가늘다. 잎자루는 길이 1.5-2.5cm. 잎몸은 도란상타원형으로 길이 9-14cm이고 끝은 둔형이며 기부는 원형. 표면에 연갈색 융털이 매우 얇게 붙어 있다. 꽃자루는 길이 1-2cm. 화관은 넓은 종형으로 직경 4cm이며 흰색이다.

④-a 로도덴드론 위그티이. 6월2일. T/톱케골라의 남서쪽. 4,000m. 고산대 하부의 해빙이 늦은 북쪽 비탈면을 넓게 뒤덮고 있다. 귤색 꽃은 프리물라 스트루모사.

④-b 로도덴드론 위그티이. 6월2일. T/톱케골라의 남서쪽. 4,000m.

⑤ 석남의 일종 (D) 5월11일. X/쇼두의 남서쪽. 4,000m.

진달래속 Rhododendron

● 비늘 없는 석남

① 로도덴드론 캄파눌라툼

R. campanulatum D. Don

분포 ㅁ카슈미르-시킴, 티베트 남부
개화기 5-6월

높이 1.5-5m의 상록수. 아고산대의 계곡 주
변이나 전나무, 향나무, 자작나무 숲 내에
자생하며, 고목 한계 상부의 북쪽 비탈에 폭
넓게 군생해 관목림을 이룬다. 나무껍질은
회갈색이며 줄기 끝에는 털이 없다. 잎자루
는 길이 1-2cm로 겉에 털이 없다. 잎몸은 혁
질의 타원형으로 길이 7-13cm이고 기부는
원형이거나 얕은 심형. 표면은 짙은 녹색으
로 광택이 있고, 뒷면에는 흰색-연갈색의 분
지한 길고 부드러운 털이 벨벳 형태로 빽빽
하게 나 있다. 꽃자루는 길이 1.5-2.5cm로 털
이 없다. 꽃받침은 매우 작다. 화관은 연붉은
색-연자주색이며 그늘진 장소에서는 흰색을
띤다. 상부에 짙은 색의 반점이 있고 끝은 5
갈래이다. 씨방에는 털이 없다.

② 로도덴드론 왈리키이 *R. wallichii* Hook.f.

분포 ◇네팔 동부-부탄, 티베트 남부
개화기 4-5월

아고산대의 전나무나 향나무 숲에 자생하며
삼림한계 부근에서 관목소림을 이룬다. 동
속 캄파눌라툼과 비슷하나, 잎 뒷면은 모여
나기 하는 연갈색 긴 털로 불연속적으로 덮
여 있으며 벨벳 형태를 이루지 않는다. 화관
기부에 보통 붉은 자주색 반점이 있다.

* ②-a는 동쪽 비탈의 향나무 숲 내에서 막
피기 시작한 것으로, 꽃은 직경 3.5cm로 작
으며 눈비늘이 숙존한다. ②-b는 습한 전나
무 숲 내에 자란 것으로 잎과 꽃이 크다.

①-a 로도덴드론 캄파눌라툼. 5월31일. T/톱케골라의 북쪽. 3,800m. 앞 장의 위그티이 사진(④-a)은 이틀 후에 왼쪽 위로 보이는 해빙이 늦은 급사면에서 촬영한 것.

①-b 로도덴드론 캄파눌라툼. 5월22일.
N/마나슬루 주봉의 남서쪽. 3,600m.

②-a 로도덴드론 왈리키이. 5월3일.
X/파조딩. 3,650m.

②-b 로도덴드론 왈리키이. 5월9일.
X/돌람켄조의 북쪽. 3,500m.

③ 석남의 일종 (E) Rhododendron sp. (E)
높이 2-4m의 상록수. 부탄 북부 삼림한계
부근의 위그티이와 애루기노숨이 자생하
는 숲에서 발견되며, 이들 종과 왈리키이
또는 라나툼 간의 잡종으로 여겨진다. 잎
자루는 길이 1.3-1.7cm. 잎몸은 길이 7-
11cm로 뒷면의 맥 위에 갈색 융털이 남아
있다. 꽃받침조각은 피침형으로 길이 3-
4mm. 꽃자루는 길이 1.5-2.5cm로 길고 부드
러운 털이 자란다. 화관은 흰색으로 길이
2.5-3cm, 직경 4cm. 씨방에 길고 부드러운
털이 약간 나 있다.

④ 로도덴드론 애루기노숨
R. aeruginosum Hook.f.
분포 ◇시킴-부탄, 티베트 남부(춘비 계곡)
개화기 5-7월
높이 0.5-2m의 상록수. 다소 건조한 고산대
하부의 북쪽 비탈에 조생해 관목림을 이룬
다. 나무껍질은 붉은빛을 띠는 갈색. 잎자
루는 길이 6-10mm로 털은 거의 갖지 않는
다. 잎몸은 약간 두꺼운 혁질의 협타원형-
도피침형으로 길이 6-8cm이고 기부는 원
형-얕은 심형이며 가장자리가 굽어 있다.
뒷면은 연노란색-적갈색 융털로 두껍게 덮
여 있다. 융털은 손가락으로 문지르면 떨어
진다. 어린잎의 표면은 푸른빛을 띤 물결모
양의 물질로 덮여 있다. 꽃자루는 약간 두
껍고 길이 1-2.5cm. 꽃받침은 매우 작다.
화관은 넓은 종형으로 길이 2.5-3.5cm, 직경
3-4cm이며 분홍색. 상부에 짙은 색 반점이
있으며 끝은 5개로 갈라졌다. 씨방에는 털
이 없다.

⑤ 로도덴드론 라나툼 *R. lanatum* Hook.f.
분포 ◇시킴-부탄, 티베트 남부 개화기 5-6월
높이 2-7m의 상록수. 아고산대의 전나무
숲에 흩어져 자라며, 삼림한계 부근의 상승
기류에 노출된 비탈에 관목림을 이룬다. 나
무껍질은 갈색으로 약간 두껍고 세로로 갈
라진다. 햇가지는 전체적으로 융털에 덮여
있다. 잎자루는 굵고 길이 1-2cm이며 융털
이 자란다. 잎몸은 두꺼운 혁질로, 타원형-
도피침형이며 길이는 7-10cm. 끝은 약간
돌출형. 기부는 원형-쐐기형이며 뒷면은 황
갈색-적갈색, 두껍고 부드러운 융털로 둘러
싸여 있다. 꽃받침은 매우 작다. 화관은 넓
은 종형으로 길이 3.5-4.5cm, 직경 5-7cm이
며 유황색. 상부에 붉은색 반점이 있으며
끝은 5개로 갈라졌다. 씨방은 융털로 덮여
있다.
*⑤-b는 봄에 눈을 뒤집어쓴 것으로 잎이 늘
어져 있다. 눈이 녹아도 융털로 덮인 잎 뒷면
은 젖지 않는다.

③ 석남의 일종 (E) 6월13일.
X/체비사의 북쪽. 4,200m.

④-a 로도덴드론 애루기노숨.
X/체비사의 북쪽. 4,200m.

④-b 로도덴드론 애루기노숨. 6월28일. X/탄자의 남쪽. 4,400m.

⑤-a 로도덴드론 라나툼. 5월9일.
X/돌람켄초의 북쪽. 3,500m.

⑤-b 로도덴드론 라나툼. 4월30일.
V/종그리의 남쪽. 3,900m.

진달래속 Rhododendron

● 비늘 없는 석남

① 로도덴드론 숙코티이

R. succothii Davidian [*R. nishiokae* Hara]
분포 ◇부탄, 아르나찰 개화기 4-5월
높이 1-5m의 상록수. 아고산대의 전나무 숲
이나 산등성이의 관목림에 자생한다. 전체적
으로 털이 없다. 잎자루는 길이 1-4mm로 짧
고 날개를 가진다. 잎몸은 혁질의 타원형·장
원형으로 길이 6-12cm이고 기부는 원형·얕은
심형이며 가장자리는 굽어 있다. 꽃자루는
길이 2-13mm. 꽃받침은 매우 작다. 화관은
원통형 종모양으로 길이 2-3.5cm이고 짙은
붉은색이며 끝은 5개로 갈라졌다.

② 로도덴드론 바르바툼 *R. barbatum* G. Don
분포 ◇쿠마온·부탄, 티베트 남부 개화기 4·6월
높이 3-7m의 상록수. 산지나 아고산대의 전
나무 숲 등에 자생한다. 나무줄기는 매끄럽
다. 나무껍질은 적갈색이며 막 형태로 크게
벗겨진다. 가지 끝과 잎자루에 굵고 긴 센털
이 자란다. 잎자루는 길이 1-2cm. 잎몸은 얇
은 혁질의 타원상도피침형으로 길이 10-
18cm이고 표면에 측맥이 파여 있다. 꽃자루
는 길이 5-15mm. 꽃받침은 길이 5-15mm로
갈래조각은 광란형. 화관은 원통형 종모양
으로 길이 3-3.5cm이며 짙은 붉은색. 기부에
꿀이 담긴 볼록한 곳이 5개 있으며 끝은 5개
로 갈라졌다. 씨방에 센털이 자란다.

③ 로도덴드론 아르기페플룸

R. argipeplum Balf.f. & Cooper [*R. smithii* Hook.f.]
분포 ■시킴-아르나찰, 티베트 남부
개화기 4-5월
아고산대의 전나무 숲에 자생하는 높이 2-
4m의 상록수. 나무줄기는 적갈색으로 가늘

① 로도덴드론 숙코티이. 5월5일. X/지미란초 부근. 3850m 동속 바르바툼과 비슷하나, 햇빛과 바람에 노출된 장소에 자생하며 잎과 꽃은 작고 잎자루는 매우 짧다.

②-a 로도덴드론 바르바툼. 5월28일.
T/톱케골라의 남쪽. 3,600m.

②-b 로도덴드론 바르바툼. 5월28일. T/톱케골라의 남쪽. 3,600m.

다. 가지 끝에 길고 억센 갈색 털이 빽빽하게
자란다. 잎자루는 길이 1-2cm로 긴 센털이
자란다. 잎몸은 장원상도피침형으로 길이 8-
12cm이고 뒷면에 연갈색 융털이 얇게 붙어
있다. 꽃자루는 길이 1-1.5cm이며 겉에 억센
털이 나 있다. 꽃받침은 길이 5-10mm이며 갈
래조각은 광란형. 화관은 원통형 종모양으
로 길이 3-4.5cm. 씨방에 긴 털이 빽빽하게
자란다.

④ 로도덴드론 네리이플로룸 패드로품

R. neriiflorum Franch. subsp. *phaedropum* (Balf.f. &
Farrer) Tagg

분포 ■ 부탄-미얀마, 티베트 남동부, 윈난성
개화기 4-5월
산지의 혼합림에 자생하는 높이 2-6m의 상
록수. 잎자루는 길이 8-18mm. 잎몸은 선상장
원형으로 길이 7-11cm이고 앞뒷면에 연갈
색 털이 자란다. 꽃자루는 길이 8-12mm이며
부드러운 털과 선모가 자란다. 꽃받침조각
은 광란형으로 길이 2mm이며 가장자리에
털이 나 있다. 화관은 원통형 종모양으로 길
이 3-3.5cm이며 짙은 붉은색. 씨방에 부드러
운 털과 선모가 빽빽하게 나 있다.

⑤ 로도덴드론 풀겐스 *R. fulgens* Hook.f.

분포 ◇네팔 동부-아르나찰, 티베트 남부
개화기 5-7월
해빙이 늦은 아고산대나 고산대 하부에 군
생하는 높이 1-4m의 상록수. 나무껍질은 적
갈색이며 막 형태로 벗겨진다. 가지는 유연
하다. 잎자루는 길이 1-2cm. 잎몸은 광타원
형으로 길이 7-12cm이고 표면은 매끄럽고
볼록하며 뒷면은 황갈색 융털로 덮여 있다.
꽃자루는 길이 7-10mm, 꽃받침은 주발모양
으로 작다. 화관은 원통형 종모양으로 길이
2.5-3.5cm이며 주홍색이다.

③-a 로도덴드론 아르기페플룸. 4월28일. X/고고나의 서쪽. 3,300m. 동속 바르바툼과 매우 비슷하나, 잎은 짙은 갈색으로 가늘고 길며 가지에 길고 억센 갈색 털이 빽빽하게 나 있다.

③-b 로도덴드론 아르기페플룸. 4월28일.
X/고고나의 서쪽. 3,300m.

④ 로도덴드론 네리이플로룸 패드로품. 4월30일.
X/유토 라. 3,200m.

⑤ 로도덴드론 풀겐스. 7월21일.
T/사노포카리의 남쪽. 4,100m.

진달래속 Rhododendron

● 비늘 없는 석남

① 로도덴드론 톰소니이 *R. thomsonii* Hook.f.

분포 ◇네팔 동부-아르나찰, 티베트 남부
개화기 4-6월

아고산대의 숲 주변이나 산등성이에 사생하는 높이 2-4m인 상록수. 나무줄기는 매끄럽다. 나무껍질은 연갈색이며 얇게 벗겨진다. 잎자루는 길이 1.5-2.5cm. 잎몸은 광타원형으로 길이 5-10cm이고 겉에 털이 없다. 꽃자루는 길이 1-1.5cm. 꽃받침은 주발형으로 크고 길이 7-10mm이고 5개로 얕게 갈라졌으며 붉은빛을 띤다. 화관은 질이 두꺼운 원통형 종모양으로 길이 4-5cm이며 짙은 붉은색·어두운 붉은색.

*①-d는 동속 캄필로카르품과의 잡종으로, 칸델라브룸(*R.* × *candelabrum* Hook.f.)이라고 한다.

② 로도덴드론 체라시눔 *R. cerasinum* Tagg

분포 ■티베트 남동부, 미얀마 개화기 6월

아고산대의 전나무 숲 주변에 자생하는 높이 1.5-4m의 상록수. 잎자루는 길이 8-13mm이며 겉에 선모가 자란다. 잎몸은 얇은 혁질의 장원형으로 길이 5-9cm. 꽃자루는 길이 1.8-2.5cm. 꽃받침은 길이 2-3mm, 갈래조각은 원형이며 겉에 짧은 선모가 자란다. 화관은 종형으로 길이 3-3.5cm. 씨방과 암술대에 선모가 빽빽하게 나 있다.

③ 로도덴드론 파르물라툼

R. parmulatum Cowan

분포 ■티베트 남동부(도송 라) 개화기 6월

아고산대의 관목림에 자생하는 높이 1-2m인 상록수. 잎자루는 길이 3-5mm. 잎몸은 광란상타원형으로 길이 4-6cm이고 가장자리는 뒤쪽으로 말렸다. 꽃은 가지 끝에 3-6개 달린다. 꽃자루는 길이 1-2cm. 꽃받침조각은 질이 두꺼운 반원형으로 길이 3-5mm이며 연두색. 화관은 원통형 종모양으로 길이 4-5cm이며 흰색·연붉은색, 기부에 있는 볼록한 5곳 안쪽은 어두운 붉은색이다.

④ 로도덴드론 포레스티이 파필라툼

R. forrestii Diels subsp. *papillatum* Chamberlain

분포 ■티베트 남동부 개화기 6-8월

고산대의 해빙이 늦는 바위질 초지에 자생하는 포복성 상록 소관목. 잎자루는 길이 3-8mm. 잎몸은 도란상타원형으로 길이 1.8-3.2cm이고 뒷면에 희뿌연 유두돌기가 분포한다. 꽃은 가지 끝에 1-4개 달린다. 꽃자루는 길이 5-17mm. 꽃받침은 작다. 화관은 길이 3-4.5cm. 씨방에 연갈색 털이 빽빽하게 자란다.

①-a 로도덴드론 톰소니이. 6월21일.
T/돗산의 남쪽. 3,650m.

①-b 로도덴드론 톰소니이. 4월26일.
X/간티의 북동쪽. 3,200m.

①-d 로도덴드론 칸델라브룸. 5월24일.
W/푸네의 북쪽. 3,500m.

② 로도덴드론 체라시눔. 6월14일.
Z3/구미팀의 남동쪽. 3,000m.

③ 로도덴드론 파르물라툼. 6월12일.
Z3/구미팀의 북서쪽. 3,300m.

④-a 로도덴드론 포레스티이 파필라툼. 7월29일.
Z3/도송 라의 남동쪽. 3,600m.

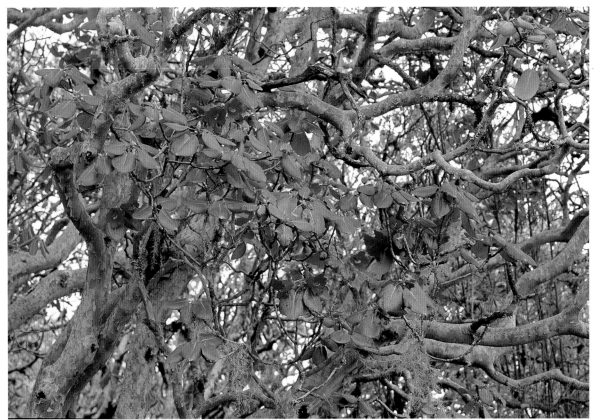

①-c 로도덴드론 톰소니이. 6월7일. T/돗산의 남쪽. 꽃은 짙은 붉은색. 작은 새에 의해 꽃가루가 전파되는 까닭에 화관은 작은 새가 앉을 수 있을 만큼 질이 두껍다. 기부에는 많은 양의 꿀이 담긴 볼록한 곳 5개가 있는데, 새가 구멍을 열고 꿀을 꺼내먹지 못하도록 그 부분이 큰 꽃받침에 싸여 있다.

④-b 로도덴드론 포레스티이 파필라툼. 7월30일. 23/도숑 라의 남동쪽. 3,800m. 여름에도 주변의 움푹 팬 땅에는 눈이 남아 있다.

● 비늘 있는 석남
① 로도덴드론 마데니이

Rhododendron. maddenii Hook.f.

분포 ◇시킴-미얀마, 티베트 남부, 원난성
개화기 5-7월

산지 떡갈나무 숲 내의 절벽이나 바위틈에
자생하는 높이 1-3m인 상록수. 가지 끝은
비늘모양의 털로 덮여 있다. 잎자루는 길이
5-17mm. 잎몸은 타원형-장원상도피침형으로
길이 7-12cm이고 끝이 뾰족하다. 적갈색 비
늘모양의 털이 표면에 흩어져 자라고 뒷면
에는 빽빽하게 나 있다. 가지 끝에 향기로운
꽃이 2-5개 달린다. 꽃자루는 굵고 길이 5-
15mm. 꽃받침은 난형으로 길이 2-4mm. 화
관은 깔때기형 종모양으로 길이 6-8cm이고
바깥쪽에 비늘모양의 털이 드문드문 자라며
끝은 5개로 갈라졌다. 화관은 흰색으로 바깥
쪽은 이따금 분홍색을 띠고, 통부 안쪽은 노
란색을 띤다. 씨방과 암술대에 비늘모양의
털이 빽빽하게 나 있다.

② 로도덴드론 칠리아툼 *R. ciliatum* Hook.f.

분포 ◇네팔 동부-부탄, 티베트 남부
개화기 4-5월

산지의 밝은 소나무 숲이나 관목소림에 자
생하는 높이 1-2m의 상록수. 가지 끝은 녹색
이며, 개출한 황록색 긴 센털과 비늘모양의
털로 빽빽하게 덮여 있다. 잎자루는 길이 3-
6mm. 잎몸은 두꺼운 지질의 협타원형으로
길이 5-8cm이고 끝이 뾰족하다. 표면의 중맥
위와 주변에 긴 센털이 빽빽하게 자라고, 뒷
면에 비늘모양의 털이 드문드문 붙어 있다.
가지 끝에 향기로운 꽃이 2-5개 달린다. 꽃자
루는 길이 7-13mm이며 긴 센털이 빽빽하게
자라고 비늘모양의 털이 붙어 있다. 꽃받침

①-a 로도덴드론 마데니이. 6월3일. X/추카의 북쪽. 2,000m. 가늘고 길게 뻗은 화통의 안쪽은 노란색을 띠며, 치
자나무와 비슷한 향기를 내뿜는다. 기후가 온화한 곳에서는 화관 끝이 크게 벌어진다.

①-b 로도덴드론 마데니이. 7월6일.
X/펠레 라의 서쪽. 2,300m.

② 로도덴드론 칠리아툼. 4월28일.
X/코타카의 북동쪽. 2,800m.

③ 로도덴드론 트리플로룸. 6월10일.
U/자르푸티의 남서쪽. 2,800m.

은 연두색으로 길이 7-10mm이며 5개로 깊게 갈라졌다. 갈래조각은 난형이며 옆으로 열리고, 가장자리에 긴 센털이 자라고 기부에 비늘모양의 털이 빽빽하게 나 있다. 화관은 종형으로 길이 3.5-5cm이고 끝은 5개로 갈라졌으며 흰색. 잎에 강한 독성이 있다.

③ 로도덴드론 트리플로룸 *R. triflorum* Hook.f.
분포 ◇네팔 동부-미얀마, 티베트 남부
개화기 5-6월
산지나 아고산대의 습한 혼합림에 자생하는 높이 1.5-5m의 상록수. 가지 끝에 비늘모양의 털이 붙어 있다. 잎자루는 길이 7-8mm. 잎몸은 장란형-장원상피침형으로 길이 4-6cm이며 끝이 뾰족하며 기부는 원형-얕은 심형이다. 뒷면에 작은 비늘모양의 털이 빽빽하게 나 있다. 꽃은 가지 끝에 2-3개 달리고 비늘모양의 털이 자라며 꽃자루는 길이 8-12mm. 꽃받침은 작고 갈래조각은 물결모양. 화관은 깔때기형으로 크게 피고 길이 1.8-2cm, 직경 2.5-3cm이다. 상부에 녹색-붉은색 반점이 있으며 분포역의 서쪽에서는 연두색, 동쪽에서는 연노란색이고 일부가 붉은빛을 띤다. 씨방에 비늘모양의 털이 붙어 있다.

④ 로도덴드론 달로우시애 *R. dalhousiae* Hook.f.
분포 ◇네팔 중부-아르나찰, 티베트 남부
개화기 4-7월
산지의 절벽이나 습지에 자생하는 높이 1-3m의 상록수. 나무줄기나 바위틈에 착생하는 경우도 많다. 잎자루는 길이 1-1.5cm. 잎몸은 혁질의 타원상피침형-도피침형으로 길이 8-12cm. 표면은 짙은 녹색으로 측맥이 파여 있고, 뒷면에 비늘모양의 갈색 털이 빽빽하게 나 있다. 가지 끝에 꽃이 2-5개 달린다. 꽃받침조각은 장원형으로 길이 1-1.3cm이고 황녹색이며 평개한다. 꽃자루는 굵고 길이 1-1.5cm이며 부드러운 털과 비늘모양의 털로 덮여 있다. 화관은 연노란색 길이 8-10cm.

⑤ 로도덴드론 린들레이 *R. lindleyi* Moore
분포 ◇네팔 동부-미얀마, 티베트 남부
개화기 4-5월
산지 떡갈나무 숲 내의 이끼 낀 나무줄기에 착생하는 높이 1-3m인 상록수. 동속 달호우시애와 매우 비슷하나, 고목 줄기의 손이 닿지 않는 높은 곳에 착생하는 경우가 많으며 가지는 가늘고 늘어지기 쉽다. 잎은 협타원형으로 끝은 뾰족하지 않으며, 뒷면에 선명한 비늘모양의 적갈색 털이 드문드문 붙어 있다. 꽃받침조각은 적갈색을 띠며 가장자리에 긴 털이 자란다. 화관은 질이 얇고 길이 8-10cm, 직경 7-9cm이며 기부가 약간 볼록하고 끝은 크게 벌어진다. 꽃에 강한 향기가 있다.

④-a 로도덴드론 달로우시애. 5월25일. W/라충의 남서쪽. 2,200m. 수확이 끝난 보리밭이 내려다보이는 도로변의 절벽에 유황색의 커다란 꽃을 피우고 있다.

④-b 로도덴드론 달로우시애. 7월13일. V/암질라사의 남서쪽. 2,350m.

⑤ 로도덴드론 린들레이. 4월28일. U/구파포카리의 북동쪽. 2,900m.

진달래속 Rhododendron

● 비늘 있는 석남

① 로도덴드론 니발레

Rhododendron. nivale Hook.f.

분포 ◇네팔 중부·윈난·쓰촨성, 티베트 남동부 개화기 6-7월

고산대 상부의 자갈이 많은 구릉에 군생하는 높이 0.1-1m의 상록 소관목. 가지는 비늘모양의 털로 덮여 있다. 잎자루는 짧다. 잎몸은 난형-광타원형으로 길이 3-7mm이며, 앞뒷면에 연노란색 비늘모양의 털이 빽빽하게 자라고 적갈색 비늘모양의 털이 흩어져 자란다. 가지 끝에 보통 꽃이 1개 달린다. 꽃받침은 길이 2-3mm, 갈래조각은 난형으로 끝 가장자리에 털이 자라고 바깥쪽에 비늘모양의 털이 붙어 있다. 화관은 붉은 자주색-연보라색이고 5개로 깊게 갈라져 평개하며 직경 1.2-2cm. 갈래조각은 타원형, 통부의 안쪽에 부드러운 털이 빽빽하게 나 있다. 수술대의 기부에 부드러운 털이, 씨방에 비늘모양의 털이 빽빽하게 나 있다.

② 로도덴드론 세토숨 *R. setosum* D. Don

분포 ◇네팔 중부-부탄, 티베트 남부
개화기 5-7월

높이 0.2-1m의 상록 소관목. 아고산대의 숲 주변에 자생하며, 고산대의 자갈 비탈이나 습지에 군생한다. 가지 끝에 비늘모양의 털과 긴 센털이 자란다. 잎자루는 짧다. 잎몸은 타원형-장원형으로 길이 1-1.5cm. 표면에 연노란색 비늘모양의 털이 붙어 있고 뒷면에 적갈색 비늘모양의 털이 빽빽하게 나 있으며, 가장자리와 뒷면의 맥 위에 센털이 자란다. 가지 끝에 꽃이 2-5개 모여 달린다. 꽃자루는 길이 3-8mm, 꽃받침조각은 타원형으로 길이 4-7mm이며 비늘모양의 털이 붙어 있다. 화관은 깔때기형으로 길이 1.3-1.8cm이고

①-a 로도덴드론 니발레. 7월13일. S/토닉. 4,950m. 가늘고 단단한 가지를 뻗은 높이 30cm가량의 그루가 발

①-b 로도덴드론 니발레. 6월17일.
R/유리고르차. 4,700m.

②-a 로도덴드론 세토숨. 6월22일. T/두피카르카의 북동쪽. 4,300m. 습한 바람이 불어오는 산등성이의 북쪽 사면을 하얀 꽃을 피운 동속 안토포곤과 함께 가득 메우고 있다.

5개로 깊게 갈라졌으며 붉은 자주색. 씨방에 비늘모양의 털과 부드러운 털이 자란다.

③ 로도덴드론 칼로스트로툼
R. calostrotum Balf. & Ward [*R. riparium* Ward]
분포 ◇티베트 남동부, 윈난성, 미얀마
개화기 5-7월
아고산대의 계곡 줄기나 고산대의 습한 자갈 비탈에 자생하는 높이 0.2-1m의 상록 소관목. 잎자루는 길이 1-4mm. 잎몸은 타원형으로 길이 1.5-2.5cm. 표면에 연노란색 비늘모양의 털이 빽빽하게 자라고 뒷면에 갈색 비늘모양의 털이 두껍게 겹쳐 있으며, 가장자리에 드문드문 센털이 나 있다. 가지 끝에 꽃이 1-4개 달린다. 꽃자루는 길이 1-1.5cm. 꽃받침은 길이 5-7mm, 갈래조각은 타원형으로 가장자리 털이 자란다. 화관은 붉은 자주색으로 길이 1.7-2.2cm, 직경 2.5-3.2cm이고 5개로 깊게 갈라져 평개하며 상부에 짙은 색 반점이 있다.

④ 로도덴드론 푸밀룸 *Rhododendron. pumilum* Hook.f.
분포 ■네팔 동부-미얀마, 티베트 남부, 윈난성 개화기 6-8월
고산대의 습한 바위질 초지나 관목 사이에 자생하는 길이 10-25cm의 상록 소관목. 가는 나무줄기는 땅위로 뻗고, 잎을 어긋나기 한 가지는 곧추 선다. 잎자루는 짧다. 잎몸은 혁질의 타원형으로 길이 1-2cm이고 뒷면에 갈색 비늘모양의 털이 드문드문 붙어 있다. 꽃은 가지 끝에 1-3개 달린다. 꽃자루는 길이 1.5-2.5cm. 꽃받침은 길이 2-4mm이고 5개로 깊게 갈라졌으며, 갈래조각은 장란형으로 약간 옆을 향해 열린다. 화관은 원통형 종모양으로 길이 1.2-2cm이며 분홍색. 바깥쪽에 부드러운 털이 빽빽하게 나 있고, 갈래조각은 곧추 선 채 거의 열리지 않는다.

디딜 틈도 없을 정도로 빽빽하게 자라서 고줌바 빙하가 내려다보이는 석회질 구릉을 덮고 있다.

②-b 로도덴드론 세토숨, 5월31일.
T/톱케골라의 북쪽. 4,000m.

③ 로도덴드론 칼로스트로툼, 7월28일.
Z3/도숭 라의 서쪽. 3,800m.

④ 로도덴드론 푸밀룸, 7월28일.
Z3/도숭 라의 서쪽. 3,800m.

진달래속 Rhododendron
● 비늘 있는 석남
① 로도덴드론 프라가리이플로룸

R. fragariiflorum Ward

분포 ◇부탄, 티베트 남부 개화기 6-7월
고산내의 돌이 많은 초지나 관목 사이에 자
생하는 높이 5-30cm의 상록 소관목. 가는
가지는 활발히 분지하며 비늘모양의 털과
부드러운 털이 자란다. 잎은 가지 끝에 로제
트형태로 모이고 잎자루는 짧다. 잎몸은 광
타원형으로 길이 8-15mm. 표면에 연노란색
비늘모양의 털이 빽빽하게 붙어 있고, 뒷면
에 적갈색 비늘모양의 털이 드문드문 붙어
있다. 꽃은 가지 끝에 2-4개 달린다. 꽃자루
는 길이 5-10mm. 꽃받침은 붉은색으로 길이
3-6cm이고 5개로 깊게 갈라졌으며, 갈래조각
은 타원형으로 비늘모양의 털이 붙어 있다.
화관은 분홍색으로 길이 1.2-1.5cm, 직경 2-
2.5cm이고 5개로 깊게 갈라져 거의 평개하
며, 통부의 안쪽에 부드러운 털이 빽빽하게
자란다. 수술대의 기부에 부드러운 털이 나
있고, 씨방은 비늘모양의 털로 덮여 있다.

② 로도덴드론 글라우코필룸

R. glaucophyllum Rehder

분포 ◇네팔 동부-아르나찰, 티베트 남부
개화기 4-6월
산지의 절벽이나 아고산대의 전나무 · 석남
숲 주변에 자생하는 높이 0.5-1.5m의 상록수.
잎자루는 길이 3-6mm. 잎몸은 타원상피침형
으로 길이 4-6cm이며 끝이 뾰족하다. 표면은
바랜 녹색, 뒷면은 비늘모양의 털로 빽빽하게
덮여 있으며 건조해지면 하얗게 된다. 꽃은
가지 끝에 3-8개 달린다. 꽃자루는 길이 1-
2cm로 비늘모양의 털이 빽빽하게 덮고 있다.
꽃받침은 5개로 깊게 갈라졌으며 갈래조각은
삼각상피침형으로 길이 7-9mm. 화관은 종형

①-a 로도덴드론 프라가리이플로룸. 6월22일. Z1/초바르바 부근. 4,600m. 야크가 방목되는 산 사면에 일정 간
격으로 군생한다. 카시오페속과 금매화속 꽃도 보인다.

①-b 로도덴드론 프라가리이플로룸. 6월22일.
Z1/초바르바 부근. 4,600m.

②-a 로도덴드론 글라우코필룸. 5월19일.
U/구파포카리 부근. 2,900m.

②-b 로도덴드론 글라우코필룸. 5월24일.
W/푸네의 북쪽. 3,400m.

으로 직경 2-2.5cm이고 흰색·연붉은색, 5개의 갈래조각은 타원형이며 평개한다. 수술대의 기부에 부드러운 털이 빽빽하게 자란다. 씨방은 연노란색 비늘모양의 털로 덮여 있고, 암술대는 아래를 향해 완만하게 휘어 있다.

③ 로도덴드론 친나바리눔 *R. cinnabarinum* Hook.f.
분포 ◇네팔 동부·아르나찰, 티베트 남부
개화기 4-6월
아고산대의 전나무 · 석남 숲에 자생하는 높이 2-5m의 상록수. 잎자루는 길이 1-1.5cm이며 비늘모양의 털이 붙어 있다. 잎몸은 협타원형으로 길이 5-9cm이고 뒷면에 갈색 비늘모양의 털이 빽빽하게 나 있다. 꽃은 가지 끝에 3-6개 달린다. 꽃자루는 길이 5-10mm이며 비늘모양의 털이 붙어 있다. 꽃받침은 매우 작다. 화관은 질이 두꺼운 원통형 종모양으로 길이 2.5-3.5cm이고 주홍색·귤색·연노란색이며, 볕이 잘 들지 않는 장소에서는 붉은빛이 강해진다. 노란색 화관에서는 신맛과 쓴맛이 느껴진다.

④ 로도덴드론 카멜리이플로룸
R. camelliiflorum Hook.f.
분포 ◇네팔 동부·부탄, 티베트 남부
개화기 6-7월
높이 1-2m의 상록수. 산지의 습한 숲 주변에 자생하며 나무줄기나 바위에 착생하기도 한다. 잎자루는 길이 5-10mm. 잎몸은 협타원형으로 길이 5-9cm이고 끝이 뾰족하며 뒷면에 갈색 비늘모양의 털이 빽빽하게 자란다. 가지 끝에 꽃이 1-2개 달린다. 꽃자루는 길이 5-8mm. 꽃받침은 5개로 깊게 갈라졌으며 갈래조각은 난형으로 길이 5-8mm. 넓은 종형으로 직경 2.5-3cm이고 갈래조각 5개는 평개한다. 수술대의 기부에 부드러운 털이 자라고, 적갈색 꽃밥은 밖으로 드러난다. 씨방은 비늘모양의 털로 덮여 있고, 암술대는 아래로 휘어 있다.

⑤ 로도덴드론 테프로페플룸
R. tephropeplum Balf.f. & Farrer
분포 ◇티베트 남동부, 윈난성, 아르나찰, 미얀마   개화기 5-6월
아고산대의 전나무 · 석남 숲에 자생하는 높이 0.5-1.5m의 상록수. 잎자루는 길이 5-15mm이며 겉에 비늘모양의 털이 드문드문 붙어 있다. 잎몸은 얇은 혁질의 협타원형으로 길이 5-7cm. 광택이 있는 표면에 비늘 모양의 털이 드문드문 붙어 있으며, 뒷면에는 연갈색 비늘모양의 털이 빽빽하게 나 있다. 꽃은 가지 끝에 3-7개 달린다. 꽃자루는 길이 1-2cm. 꽃받침은 5개로 깊게 갈라졌으며, 갈래조각은 장원형으로 길이 3-5mm이고 끝에 가장자리 털이 자란다. 화관은 깔때기형 종모양으로 길이 2.5-3cm, 직경 3.5-4cm이고 끝은 5개로 갈라졌으며 분홍색. 수술대의 기부에 부드러운 털이 자란다.

③-a 로도덴드론 친나바리눔. 6월21일. T/돗산의 남쪽. 3,600m.

③-b 로도덴드론 친나바리눔. 6월21일. T/돗산의 남쪽. 3,600m.

③-c 로도덴드론 친나바리눔. 5월9일. X/바르숑의 남쪽. 3,200m.

④ 로도덴드론 카멜리이플로룸. 7월15일. V/갸브라의 북동쪽. 2,750m.

⑤ 로도덴드론 테프로페플룸. 6월20일. Z3/세콘드의 남동쪽. 3,600m.

진달래속 Rhododendron

● 비늘 있는 석남

① 로도덴드론 카리토페스 창포엔세

R. charitopes Balf.f. & Farrer subsp. *tsangpoense*
(Ward) Cullen

분포 ■티베트 남동부 개화기 5-6월
아고산대의 숲 주변이나 고산대 하부의 습한
바위 비탈에 자생하는 높이 0.5-1.5m의 상록
수. 잎자루는 길이 2-5mm. 잎몸은 타원형-도
피침형으로 길이 3-5cm이고 기부는 쐐기형.
뒷면은 빽빽이 나 있는 미세한 유두돌기 때
문에 희뿌옇게 보이며, 연노란색과 갈색 비늘
모양의 털이 드문드문 붙어 있다. 꽃은 가지
끝에 3-6개 달린다. 꽃자루는 길이 1.5-2.5cm이
며 비늘모양의 털이 붙어 있다. 꽃받침은 길
이 5-10mm이며 갈래조각은 타원형. 화관은
넓은 종모양으로 길이 1.5-2cm, 직경 2-3cm이
고 5개의 갈래조각은 광란형으로 연붉은색.
수술대의 기부에 부드러운 털이 빽빽하게 자
라고, 꽃밥은 화통 밖으로 나오지 않는다. 암
술대는 아래를 향해 완만하게 휘어 있다.

② 로도덴드론 캄필로기눔

Rhododendron. campylogynum Franch.

분포 ■티베트 남부, 미얀마, 윈난성
개화기 6-8월
고산대의 미부식질로 덮인 바위 비탈에 자생
하는 높이 5-10cm의 포복성 상록 소관목. 잎
은 가지 끝에 모여 달리고 잎자루는 길이 1-
3mm. 잎몸은 타원형-도란형으로 길이 1-
2cm이고 기부는 쐐기형. 뒷면은 희뿌연 색이
며 연갈색 비늘모양의 털이 드문드문 붙어
있다. 꽃은 가지 끝에 1-2개 달린다. 꽃자루는
길이 3-5cm로 곧추 서고 비늘모양의 털이
붙어 있다. 꽃받침은 길이 3-5mm이며 갈래
조각은 광란형. 화관은 종형으로 길이 1.3-
2cm이며 어두운 자주색. 수술대의 기부에

①-a 로도덴드론 카리토페스 창포엔세. 6월17일. Z3/도슝 라의 남동쪽. 3,700m. 고개에서 이어지는 잔설로 뒤

①-b 로도덴드론 카리토페스 창포엔세. 6월13일. Z3/구
미팀의 북서쪽. 3,150m. 전나무 · 석남 숲 주변.

② 로도덴드론 캄필로기눔. 7월29일.
Z3/도슝 라의 서쪽. 4,000m.

③ 로도덴드론 바일레이. 6월27일.
X/탄자의 동쪽. 4,300m.

부드러운 털이 자라고, 씨방에 비늘모양의 털이 붙어 있다.

③ 로도덴드론 바일레이 *R. baileyi* Balf.f.

분포 ◇시킴-아르나찰, 티베트 남부

개화기 5-7월

높이 0.5-2m의 나무줄기가 곧게 서는 상록수. 동속 레피도툼과 비슷하나 잎이 크다. 잎자루는 길이 5-10mm. 잎몸은 타원형으로 길이 2-4cm이고 뒷면에 비늘모양의 털이 빈틈없이 자란다. 꽃은 가지 끝에 3-7개 달린다. 화관은 직경 2.2-2.5cm이다.

④ 로도덴드론 레피도툼

R. lepidotum G. Don [*R. obovatum* Hook.f., *R. salignum* Hook.f]

분포 ◇카슈미르-미얀마, 티베트 남부, 윈난성 개화기 5-7월

높이 0.1-1.5m의 상록수. 다른 환경 아래에서는 잎의 형태 등이 다양하게 변한다. 산지나 아고산대의 숲 주변에 흩어져 자라며, 고산대의 바위가 많은 비탈에 군생한다. 잎자루는 매우 짧다. 잎몸은 도란형-타원형-도피침형으로 길이 1-2.5cm이고 앞뒷면에 원반형의 큰 비늘모양의 털이 빽빽하게 붙어 있다. 꽃은 가지 끝에 1-2개 달린다. 꽃자루는 길이 1-2.5cm로 곧추 선다. 꽃받침은 길이 4-6mm이며 갈래조각은 광란형. 화관은 짙은 붉은색-연붉은색, 또는 노란색-흰색으로 직경 1.5-2cm이며 상부에 검자주색 또는 검녹색 반점이 있다. 갈래조각 5개는 원형이고 통부는 짧다. 암술대는 짧고 아래를 향해 갑자기 휘어진다.

*화관이 노란색이나 흰색(④-c)인 것은 붉은색 계통보다 해발이 높고 건조한 바위땅 등에서 많이 발견되며, 변종 엘라에아그노이데스 var. *elaeagnoides* (Hook.f.) Hook.f. 또는 알붐var. *album* Daidian으로 취급되기도 한다.

덮인 사면 바로 아래에 관목림 띠를 이루고 있다.

④-a 로도덴드론 레피도툼. 7월6일. K/바가 라의 남서쪽. 4,300m.

④-b 로도덴드론 레피도툼. 6월15일. M/야크카르카. 4,050m.

④-c 로도덴드론 레피도툼. 7월3일. S/타메 부근. 3,850m.

진달래속 Rhododendron
● 비늘 있는 석남
① 로도덴드론 안토포곤 *R. anthopogon* D. Don
분포 ◇카슈미르-부탄, 티베트 남부
개화기 5-7월

고산내 북쪽의 자갈 비탈에 군생하는 높이 0.2-1m의 상록 소관목. 잎자루는 길이 1-4mm. 잎몸은 난형-타원형으로 길이 1-3cm이고 표면은 검녹색이며 뒷면에 갈색 비늘모양의 털이 두껍게 붙어 있다. 가지 끝에 꽃 4-10개가 두상으로 달린다. 꽃받침조각은 난형으로 길이 3-4mm이고 가장자리에 털이 있다. 화관은 흰색-분홍색 또는 연노란색으로 직경 1-1.5cm이고 갈래조각 5개는 원형으로 평개한다. 화통은 길이 6-8mm이며 안쪽에 부드러운 털이 빽빽하게 자란다. 수술과 암술은 짧다. 건조한 잎에는 향기가 있어 분향에 쓰인다.

*①-b는 화관이 연노란색으로, 가지 마디에 피침형의 눈비늘이 길게 숙존한다. 변종 히페난툼 var. *hypenanthum* (Balf.f.) Hara 으로 취급된다.

② 로도덴드론 콩보엔세 *R. kongboense* Hutch.
분포 ■티베트 남부 개화기 6-7월

높이 0.5-2m의 상록수. 아고산대의 전나무 숲 주변에 자생하며, 고산대에 관목소림을 이룬다. 잎자루는 길이 3-4mm. 잎몸은 타원형-장원형으로 길이 1.3-2.7cm이고 뒷면에 연갈색 비늘모양의 털이 두껍게 붙어 있다. 꽃은 가지 끝에 두상으로 모여 달린다. 꽃받침조각은 장원형으로 길이 3-5mm. 화관은 흰색-붉은색으로 직경 1-1.4cm이고 갈래조각 5개는 거의 원형이다. 화통은 길이 6-8mm이며 안쪽과 바깥쪽에 부드러운 털이 자란다.

③ 로도덴드론 체팔란툼 *R. cephalanthum* Franch.
분포 ◇티베트 남동부, 미안마, 윈난·쓰촨성 개화기 5-7월

고산대의 바위가 많은 비탈에 자생하는 높이 0.3-1.5m의 상록수. 잎자루는 길이 1.5-3mm. 잎몸은 타원형-장원형으로 길이 1.5-3cm이며, 뒷면에 연갈색 비늘모양의 털이 두껍게 붙어 있는데 갈색 비늘모양의 털이 섞여 있다. 가지 끝에 5-10개의 꽃이 원반상으로 모여 달린다. 꽃받침조각은 장원형으로 길이 3-5mm이고 노란색 비늘모양의 털과 가장자리 털이 붙어 있다. 화관은 고배형(高杯形)으로 직경 1-1.5cm이고 흰색이며 바깥쪽은 분홍색을 띤다. 통부는 길이 7-10mm로 바깥쪽은 털이 없으며 안쪽에 부드러운 털이 자란다.

④ 로도덴드론 라우단둠 *R. laudandum* Cowan
분포 ■티베트 남부 개화기 5-7월
동속 체팔란툼과 매우 비슷하나, 잎은 광타

①-a 로도덴드론 안토포곤. 6월15일. X/로블탕 부근. 4,400m. 기준변종으로, 가지에는 눈비늘이 숙존하지 않는다. 화관의 색은 같은 장소에서도 그루에 따라 흰색에서 짙은 붉은색까지 다양하다.

①-b 로도덴드론 안토포곤. 6월18일. R/초카르마 부근. 4,550m.

② 로도덴드론 콩보엔세. 6월25일. Z3/하티 라의 서쪽. 4,250m.

원형이며 길이 8-15mm로 짧고 뒷면에 암갈
색 비늘모양의 털이 두껍게 붙어 있다. 화통
바깥쪽에 부드러운 털이 빽빽하게 자란다.
씨방은 보통 비늘모양의 털로 덮여 있으며
여기에 부드러운 털까지 빽빽하게 나 있다.
*④-b는 변종 테모엔세 var. *temoense*
Cowan & Davidian로 취급된다. 잎몸은 길
이 1.3-2.2cm로 길고 가늘다. 화통 바깥쪽에는
부드러운 털이 적고 씨방에는 전혀 없다.

⑤ 로도덴드론 메콩겐세 *R. mekongense* Franch.
분포 ◇티베트 남동부, 윈난성, 미얀마
개화기 5-6월
높이 1-2m의 낙엽관목. 아고산대의 전나무 숲
주변이나 고산대의 해빙이 늦은 계곡 줄기에
자생한다. 잎자루는 짧다. 잎몸은 타원상도피
침형으로 길이 2-5cm이고 가장자리에 긴 털이
자라며, 뒷면에 갈색 비늘모양의 털이 빽빽하
게 붙어 있다. 꽃은 가지 끝에 2-5개 달리며, 보
통 잎이 퍼지기 전에 핀다. 꽃자루는 길이 1.5-
2.5cm. 꽃받침조각은 길이 2-6mm. 화관은
노란색·황록색으로 길이 1.5-2.3cm이고 바깥쪽
에 비늘모양의 털이 붙어 있다. 수술대의 기부
에 부드러운 털이 빽빽하게 자란다. 암술대는
아래를 향해 완만하게 휘어 있다.

⑥ 로도덴드론 비리데스첸스 *R. viridescens* Hutch.
분포 ■티베트 남동부 개화기 6-8월
아고산대나 고산대 하부 계곡 줄기의 습한
비탈에 자생하는 높이 0.3-1.2m의 상록 소관
목. 잎자루는 짧다. 잎몸은 타원형-도피침형
으로 길이 2-4cm이고 뒷면에 갈색 비늘모양
의 털이 빽빽하게 붙어 있다. 꽃은 가지 끝에
3-5개 달린다. 꽃자루는 길이 2-3cm이며 개출
한 센털이 빽빽하게 덮고 있다. 꽃받침조각은
난형으로 길이 1-2.5mm이고 가장자리에 긴
털이 자란다. 화관은 연노란색으로 길이 1.5-
2.5cm이고 끝에서 2분의 1 이상이 5개로 갈라
졌으며, 상부에 검녹색 반점이 있다. 암술대
는 길게 뻗으며 끝은 위를 향해 휘어 있다.

⑦ 로도덴드론 비르가툼 *R. virgatum* Hook.f.
분포 ◇네팔 동부-부탄, 티베트 남동부, 윈난
성 개화기 4-5월
산지의 다소 건조한 소나무 숲이나 떡갈나
무 숲에 자생하는 높이 0.3-1.5m의 반낙엽성
관목. 잎자루는 길이 2-5mm. 잎몸은 장원형
으로 길이 2.5-5cm이고 끝이 뾰족하며 뒷면
에 갈색 비늘모양의 털이 빽빽하게 자란다.
꽃은 가지 끝의 잎겨드랑이에 1-2개 달리며
꽃자루는 짧다. 꽃받침은 길이 1-3mm이고
갈래조각은 광란형. 화관은 깔때기형으로
길이 2-3cm이고 5개로 갈라졌으며 연붉은
색. 수술대의 기부에 부드러운 털이 자란다.

③ 로도덴드론 체팔란툼. 6월18일.
Z1/포탕 라의 서쪽. 4,600m.

④-a 로도덴드론 라우단툼. 6월22일.
Z1/초바르바 부근. 4,800m.

④-b 로도덴드론 라우단툼. 6월17일.
Z3/도숑 라의 서쪽. 3,850m.

⑤ 로도덴드론 메콩겐세. 6월13일.
Z3/구미팀의 북서쪽. 3,150m.

⑥ 로도덴드론 비리데스첸스. 7월28일.
Z3/도숑 라의 서쪽. 3,800m.

⑦ 로도덴드론 비르가툼. 4월29일.
X/타시 라의 남쪽. 2,700m.

구상난풀과 MONOTROPACEAE
구상난풀속 Monotropa
① 구상난풀 M. hypopithys L.

분포 ◇히말라야 전역을 포함한 북반구의 온대 각지 개화기 7-8월

전체가 연노란색인 부생식물. 산지의 습한 떡갈나무 숲이나 침엽수림에 자생한다. 꽃줄기는 길이 15-30cm로 절반 가까이 땅속에 묻혀 있다. 줄기에 어긋나기 하는 비늘조각은 장란형으로 길이 1-1.5cm. 꽃줄기의 끝은 아래로 늘어지며 의 꽃 5-10개가 아래를 향해 총상으로 달린다. 꽃차례에 부드러운 털이 빽빽하게 자란다. 꽃받침조각은 조락성. 꽃잎은 4-5장으로 협타원형이며 길이는 1.2-2.5cm다.

노루발과 PYROLACEAE
노루발속 Pyrola
② 피롤라 칼리안타 티베타나

P. calliantha H. Andr. var. tibetana (H. Andr.) Y.L. Chou

분포 ◇티베트 남동부, 윈난 · 쓰촨성

개화기 6-7월

산지나 아고산대의 혼합림에 자생하는 상록 다년초. 가는 뿌리줄기가 옆으로 뻗는다. 꽃줄기는 높이 15-20cm로 붉은색을 띤다. 잎은 기부에 4-6장 달리고 길이 3-7cm의 자루가 있다. 잎몸은 혁질로 거의 원형이며 길이 3-5cm이고 매우 무딘 이를 가졌다. 꽃은 총상으로 12-16개 달린다. 꽃자루는 길이 4-7mm. 꽃받침조각은 피침형으로 길이 6-8mm. 꽃잎은 5장으로 광타원형-도란형이며 길이 6-8mm이고 연붉은색. 수술 10개는 꽃잎보다 짧다. 씨방은 편구형(扁球形). 암술대는 붉은색을 띠며 기부에서 아래를 향해 휘어 있고 끝은 앞쪽을 향한다.

돌매화나뭇과 DIAPENSIACEAE
돌매화나무속 Diapensia
③ 디아펜시아 히말라이카 D. himalaica Hook.f. & Thoms.

분포 ◇네팔 동부·미얀마, 티베트 남부, 윈난성 개화기 5-8월

포복성 상록 소관목으로, 고산대의 미부식질로 덮인 바위땅에 얇은 쿠션 형태의 그루를 이룬다. 잎자루는 짧다. 잎몸은 혁질의 도란싱타원형으로 길이 2.5-5mm이며 끝이 뾰족하고, 표면은 짙은 녹색으로 보통 자줏빛 갈색을 띤다. 자루가 거의 없는 꽃이 가지 끝에 1개 달린다. 꽃받침조각은 5장으로 난상타원형이며 길이 3-4cm이고, 열매시기에 크게 자라 숙존한다. 화관은 연붉은색으로 직경 8-12mm. 통부는 길이 4-7mm이며 5개의 갈래조각은 원형. 수술 5개는 매우 짧으며 화통 안쪽의 정부에 달린다.

① 구상난풀. 7월20일. K/토이잠의 북쪽. 3,100m.

② 피롤라 칼리안타 티베타나. 6월11일. Z3/다무로의 북서쪽. 3,200m.

③ 디아펜시아 히말라이카. 6월22일. Z1/초바르바 부근. 4,800m. 버드나무속 및 카시오페속의 포복성 소관목과 서로 경쟁하듯 얇은 쿠션형태의 그루를 퍼뜨리고 있다.

속씨식물
ANGIOSPERMAE

쌍자엽 이변화류
DICOTYLEDONEAE CHORIPETALAE

산형과 UMBELLIFERAE

대부분 다년초로, 1-4개로 갈라진 잎이 어긋나기 한다. 같은 길이의 자루를 지닌 꽃이 가지 끝에 방사상으로 모여 산형꽃차례를 이룬다. 같은 길이의 축을 지닌 소산형꽃차례가 다시 방사상으로 모이면 복산형꽃차례가 된다. 복산형꽃차례의 기부에는 포엽(총포조각)이 달리고, 소산형꽃차례의 기부에는 소포(소총포조각)가 달린다. 꽃차례의 주변부에 있는 꽃잎은 커지는 경우가 많다. 열매는 2개 분과로 이루어졌다.

누룩치속 Pleurospermum

① 플레우로스페르뭄 아피올렌스

P. apiolens Clarke

분포 ◇네팔 서부-부탄 개화기 8-9월
아고산대의 초지나 고산대의 관목림 주변, 빙하 주변의 돌밭에 자생한다. 꽃줄기는 높이 15-50cm로 겉에 털이 거의 없다. 잎은 3회 우상복엽으로 기부에 달리며 자루를 포함해 길이 10-25cm, 마지막 깃조각은 난형이며 3-7개로 깊게 갈라졌다. 복산형꽃차례는 직경 5-10cm이고 5-10개의 축이 있다. 포엽은 장원상피침형으로 길이 1.5-2cm이고 백녹색이며 이따금 붉은 자주색을 띠기도 한다. 작은 꽃차례는 직경 1.5-2cm, 소포는 포엽과 같은 색의 도란형이며 끝이 돌출한다. 꽃받침조각은 없다. 꽃잎은 흰색으로 길이는 1.3mm이다.

② 플레우로스페르뭄 후케리 *P. hookeri* Clarke

분포 ◇카슈미르-부탄, 티베트 남동부, 중국 서부 개화기 6-9월
아고산대나 고산대의 바위가 많고 습한 초지에 자생한다. 꽃줄기는 높이 10-40cm로 약간 가늘며 겉에 털이 거의 없다. 잎은 2-3회 우상복엽으로 기부에 달리며 길이 7-15cm, 마지막 깃조각은 난형이며 우상으로 갈라졌다. 잎자루의 기부는 붉은 자주색을 띠기 쉽다. 복산형꽃차례는 직경 4-8cm이고 축 5-8개를 가진다. 포엽은 난형으로 흰색. 작은 꽃차례는 직경 1-1.5cm. 소포는 장원형으로 끝이 뾰족하며 주변부는 흰색. 꽃잎은 흰색으로 길이 1-1.3mm이다.

③ 누룩치속의 일종 (A) Pleurospermum sp. (A)

건조한 계곡 줄기의 모래땅에 자생한다. 꽃줄기는 높이 17cm이며 가루 형태의 짧은 털로 덮여 있다. 큰 잎의 기부는 길이 15-17cm의 2회 우상복엽. 1번째 깃조각은 9장, 2번째 깃조각은 광란형으로 길이 5-10mm이고 5-7장이며 다시 우상으로 갈라졌다. 갈래조각은 난형으로 폭 1mm이고 표면에 털이 없으며 광택이 있다. 상부에 달린 소엽의 잎자루에는 폭넓은 날개가 있다. 복산형꽃차례는 직경 5-7cm이고 축을 25개 가졌으며 선형의

① 플레우로스페르뭄 아피올렌스. 9월2일. P/간자 라의 남쪽. 4,450m. 산형꽃차례의 절반에 해당하는 꽃은 개화를 마친 뒤 씨방을 부풀리고 있다. 포엽과 소포는 흰색으로 중앙부가 붉은 자주색을 띤다.

② 플레우로스페르뭄 후케리. 8월27일. P/야라의 북쪽. 4,900m.

③ 누룩치속의 일종 (A) 7월16일. K/링모의 남쪽. 3,500m.

포엽이 달린다. 작은 꽃차례는 직경 1.5cm. 소포는 녹색이며 배축(背軸)쪽에 있는 것은 꽃보다 길고 끝이 잎모양으로 2-3개로 갈라졌다. 꽃은 직경이 3mm이다.

④ 누룩치속의 일종 (B)
Pleurospermum sp. (B)
빙하 하류에 퇴적한 모래에 자생하며 목질의 뿌리줄기가 있다. 지상 높이 8cm로, 줄기의 기부와 잎자루는 모래에 묻혀 있다. 전체적으로 털이 없다. 잎몸은 길이 4-6cm의 2회 우상복엽으로, 1번째 깃조각에는 길이 5mm 이하의 자루가 있다. 2번째 깃조각은 광란형이며 우상으로 갈라졌고 갈래조각의 끝은 약간돌출형. 줄기잎 자루의 하부에 폭넓은 날개가 있어 꽃차례의 봉오리를 품고 있다. 복산형꽃차례는 직경 5cm이며 축을 6-7개 가진다. 포엽은 피침형으로 길이 1.3cm이며 막질의 날개를 가진다. 작은 꽃차례는 직경 1.5cm. 소포는 포엽과 모양이 같으며 길이 6mm로 꽃보다 짧다. 꽃은 직경 3-4mm이며 꽃받침에 이가 있다. 꽃잎은 봉오리일 때 분홍색을 띤다.

⑤ 플레우로스페르뭄 덴타툼
P. dentatum (DC.) Clarke
분포 ◇쿠마온-부탄 개화기 8-9월
아고산대나 고산대 하부의 습한 바위질 비탈에 자생한다. 높이 30-80cm이며 전체적으로 털이 적다. 잎은 1회 우상복엽이며 길이 15-30cm. 소엽은 난상피침형이고 우상으로 얕게 깊게 갈라졌으며 갈래조각은 끝이 뾰족하다. 상부의 잎은 작고 자루에 폭넓은 날개가 있다. 복산형꽃차례는 직경 4-7cm이고 축을 7-15개 갖는다. 포엽은 타원상피침형으로 길이 1.5-2.5cm이고 흰 날개를 가진다. 작은 꽃차례는 직경 1.5cm. 소포는 포엽과 모양이 같고 상부에 톱니가 있으며 배축쪽에 있는 것은 꽃보다 길게 자란다.

⑥ 플레우로스페르뭄 알붐 P. album Wolff
분포 ■시킴-부탄, 티베트 남부(춘비 계곡)
개화기 7-9월
아고산대에서 고산대에 걸쳐 바위가 많고 습한 초지나 못 근처의 바위틈에 자생한다. 높이 30-80cm로 털이 거의 없으며, 창포 비슷한 강한 향기가 있다. 잎의 기부는 길이 15-25cm의 3회 우상복엽. 마지막 깃조각은 난상피침형이며 다시 우상으로 얕게·깊게 갈라졌고 갈래조각은 협피침형. 복산형꽃차례는 직경 5-12cm이고 축을 8-15개 가진다. 포엽은 타원상피침형으로 흰 날개를 가지며 끝은 엽상화해서 우상으로 깊게 갈라졌다. 작은 꽃차례는 직경 1.5-2cm. 소포는 포엽과 모양이 같으며 끝이 돌출한다. 꽃받침에 이가 있으며 꽃잎은 흰색이다.

④ 누룩치속의 일종 (B) 8월4일. V/로닉. 4,750m.

⑤ 플레우로스페르뭄 덴타툼. 9월21일. X/틴타초. 4,250m.

⑥ 플레우로스페르뭄 알붐. 8월25일. V/탕신의 남서쪽. 3,700m. 플랙추 강가에 자란 군락. 개화를 마친 직후로, 희뿌연 포엽과 소포가 수평으로 열려 있다.

누룩치속 Pleurospermum

① 플레우로스페르뭄 칸돌레이

P. candollei (DC.) Clarke

분포 ◇파키스탄-쿠마온 개화기 7-8월
고산대의 건조한 바위땅이나 초지에 자생한
다. 높이 10-20cm로 줄기는 속이 비어 있다.
우상복엽의 잎몸은 길이 6-8cm, 소엽은 광란
형으로 기부는 쐐기형이며 가장자리에 깊은
톱니가 있다. 복산형꽃차례는 직경 15-17cm
이고 축 7-15개를 가진다. 작은 꽃차례는 직
경 1.5-2.5cm. 장원형의 소포는 흰색이고 중
맥 부근은 녹색이며 꽃보다 길다. 꽃잎은 흰
색으로 길이 1mm이다.

② 플레우로스페르뭄 고바니아눔

P. govanianum (DC.) Clarke

분포 ◇파키스탄-가르왈 개화기 7-8월
건조 고지의 자갈땅에 자생하며 굵고 긴 원
뿌리가 있다. 짧은 줄기는 땅속에 묻히고 복
산형꽃차례가 땅위에 퍼진다. 높이 8-15cm.
잎은 꽃차례보다 짧다. 잎몸은 2-3회 우상으
로 갈라졌으며 마지막 갈래조각은 선상피침
형. 복산형꽃차례에는 길이가 고르지 않은
축 15-25개가 있다. 작은 꽃차례는 직경 1.5-
2cm. 소포는 전체적으로 희뿌옇고 꽃보다
길게 자라며 끝은 잎 모양으로 갈라졌다. 꽃
잎은 흰색이다.

③ 플레우로스페르뭄 아마빌레

P. amabile Craib & W.W. Smith

분포 ◇부탄, 티베트 남동부, 윈난·쓰촨성
개화기 7-8월
고산대의 습한 초지나 바위땅에 자생한다.
꽃줄기는 높이 20-50cm이며 분지하지 않는
다. 잎은 3회 우상복엽이며 길이 7-12cm. 잎
자루의 기부는 흰색으로 폭이 넓고, 마지막

① 플레우로스페르뭄 칸돌레이. 7월27일.
B/싱고살루의 서쪽. 3,800m.

② 플레우로스페르뭄 고바니아눔. 7월24일.
F/피체 라의 동쪽. 4,800m.

③-a 플레우로스페르뭄 아마빌레. 8월6일.
Z3/라무라쵸 부근. 4,400m.

③-b 플레우로스페르뭄 아마빌레. 8월6일. Z3/라무라쵸의 남동쪽. 4,700m. 하얀 소포가 휘어 있다. 장원상피침
형 잎과 황백색 포엽으로 둘러싸인 꽃차례는 사우수레아 오브발라타.

깃조각은 피침형이며 우상으로 갈라졌다. 복산형꽃차례의 포엽은 광란형으로 길이 2-2.5cm이며 흰색, 나란히맥은 녹색-자주색, 끝은 잎모양으로 가늘게 갈라졌다. 소포는 포엽과 모양이 거의 같으며 끝에 톱니가 있다. 꽃잎은 흰색-연자주색이다.
*③-a는 포엽에 싸인 꽃차례의 봉오리이다.

에리오치클라속 Eriocycla
④ 에리오치클라 스테와르티이
E. stewartii (Dunn) Wolff [*Pimpinella stewartii* (Dunn) E. Nasir]
분포 ◇파키스탄 개화기 8월
건조지대 산지의 바위가 많은 초지나 강가나 냇가의 모래밭에 자생하며 땅속에 굵은 뿌리줄기가 있다. 꽃줄기는 높이 50-80cm로 활발히 분지하고 줄기와 꽃차례에 부드러운 털이 빽빽하게 자란다. 우상복엽의 기부는 길이 10-20cm. 소엽은 3-6개 달리고 우상으로 갈라졌으며 갈래조각은 선형-피침형. 복산형꽃차례는 직경 3-4cm이고 축 7-9개 있다. 작은 꽃차례는 직경 7-12mm이며 소포는 매우 작다. 꽃은 직경 3mm. 꽃잎은 흰색이며 배축쪽에 있는 것은 크고 끝이 파여 있다.

스쿨지아속 Schulzia
⑤ 스쿨지아 디세크타 *S. dissecta* (Clarke) Norman
분포 ◇시킴-부탄 개화기 8-10월
아고산대나 고산대의 이끼 낀 바위땅에 자생한다. 꽃줄기는 높이 3-20cm로 곧게 자라고 검자주색을 띠기 쉽다. 잎은 길이 2-8cm이며 2-3회 우상으로 갈라졌고, 마지막 갈래조각은 선형으로 길이 1-3mm, 폭 0.3-0.5mm. 잎자루는 폭이 넓으며 배 모양을 이룬다. 복산형꽃차례는 직경 2-3cm이고 축 5-12개를 갖는다. 작은 꽃차례는 직경 8-12mm, 소포는 선형으로 꽃과 길이가 같다. 꽃잎은 흰색으로 봉오리일 때는 자주색을 띤다. 씨방의 상부는 검자주색이다.

시노카룸속 Sinocarum
⑥ 시노카룸 울피아눔
S. wolffianum (Fedde) Mukherjee & Constance [*Acronema wolffianum* Fedde]
분포 ◇시킴-부탄, 티베트 남부, 윈난성
개화기 8-9월
아고산대의 습한 숲 주변 비탈이나 고산대의 바위땅에 자생한다. 꽃줄기는 높이 15-30cm로 이따금 분지하며 전체적으로 털이 없다. 잎의 기부는 길이 7-20cm이고 2-3회 우상으로 갈라졌으며, 마지막 갈래조각은 선형으로 길이 1-3mm, 폭 0.2-0.5mm. 잎자루의 기부는 폭이 넓어진다. 직경 2-4cm인 복산형꽃차례에 축 6-15개가 있다. 작은 꽃차례는 직경 1cm, 소포는 선상피침형으로 길이 1-2mm. 꽃잎은 도란형으로 흰색이다.

④ 에리오치클라 스테와르티이. 8월19일. A/아노고르. 3,800m. 높이 70-80cm. 건조하고 광활한 계곡의 자갈 지형에 개박하속과 마황속 식물과 함께 뿌리를 깊게 내리고 있다.

⑤ 스쿨지아 디세크타. 9월27일. X/틴타초의 남쪽. 4,000m.

⑥ 시노카룸 울피아눔. 9월18일. X/마로탄의 남쪽. 3,000m.

셀리눔속 Selinum

① 셀리눔 왈리키아눔

S. wallichianum (DC.) Raizada & Saxena [*S. tenuifolium*
Clarke]

분포 □파키스탄-부탄, 티베트 남부, 원난성
개화기 7-9월

산지에서 고산대에 걸쳐 숲 주변의 초지나
마을 주변의 방목지에 자생한다. 높이 0.5-
1.3m. 곧게 자라는 가지에 하얀 가루 형태의
부드러운 털이 붙어 있다. 잎의 기부는 길이
30-40cm인 3-4회 우상복엽. 마지막 깃조
각은 난상피침형이고 우상으로 깊게 갈라졌
으며 갈래조각은 폭 0.7-1.2mm. 상부의 잎은
자루가 가는 칼집 모양을 이룬다. 직경 6-
10cm인 복산형꽃차례에는 여러 개의 축이
있으며 포엽은 조락성. 작은 꽃차례는 직경
1-1.5cm. 소포는 선상도피침형으로 주변부
는 희뿌연 색이며 이따금 우상으로 갈라졌
고, 길이는 꽃과 같거나 약간 길어 휘어진다.
꽃은 직경 2-3mm. 꽃잎은 흰색으로 배축쪽
에 있는 것이 약간 크다.

② 셀리눔 왈리키아눔 필리치폴리움

S. wallichianum (DC.) Raizada & Saxena var. *filicifolium*
(Edgew.) Clarke

분포 ◇카슈미르-네팔 서부 개화기 7-9월

기준변종과 달리 우상복엽의 갈래조각은
선형으로 끝이 뾰족하며 약간 간격이 벌어
져 있다. 높이 30-70cm로 전체적으로 약간
작다. 배축쪽의 소포는 꽃보다 훨씬 길게
자란다.

③ 셀리눔 칸돌레이 *S. candollei* DC.

분포 ◇카슈미르-부탄 개화기 7-9월

아고산대의 숲 주변이나 바위가 많고 습한
초지에 자생한다. 동속 왈리키아눔과 매우

①-a 셀리눔 왈리키아눔. 7월27일. V/군사. 3,400m.

①-c 셀리눔 왈리키아눔. 8월8일. X/샤나의 북쪽. 3,000m. 노란 꽃 세네치오 라에투스와 개화 후에 잎을 크게 퍼
뜨린 헤라클레움 칸디칸스와 함께 숲 주변을 장식하고 있다.

①-b 셀리눔 왈리키아눔. 7월27일.
V/체람의 북쪽. 3,950m.

비슷하나 전체적으로 크고 줄기는 굵으며, 우상복엽의 마지막 갈래조각은 협피침형으로 더욱 가늘고 폭 0.7mm 이하이다.

④ 셀리눔 바기나툼 *S. vaginatum* (Edgew.) Clarke
분포 ◇파키스탄-네팔 중부 개화기 8-9월
아고산대의 숲 주변이나 관목림에 자생한다. 꽃줄기는 높이 0.3-1m로 가지에 하얀 가루 형태의 부드러운 털이 붙어 있다. 잎은 길이 15-30cm인 2-3회 우상복엽. 마지막 깃조각은 난상피침형으로 길이 1-3cm이고 우상으로 갈라졌으며 갈래조각의 끝은 둔형. 상부의 잎은 자루가 가는 칼집 모양을 이룬다. 직경 10-15cm인 복산형꽃차례에는 여러 개의 축이 있다. 포엽은 조락성. 작은 꽃차례는 직경 2-3cm. 소포는 피침형으로 흰색, 꽃보다 길게 자라고 우상으로 깊게 갈라졌으며 갈래조각 끝은 뾰족하다. 꽃은 직경 3mm. 꽃잎은 흰색으로 모양이 모두 같다.
*사진에 보이는 장란형의 큰 잎과 노란색 두화는 난노글로티스 후케리이다.

⑤ 셀리눔 파피라체움 *S. papyraceum* Clarke
분포 ◇파키스탄-시킴 개화기 7-9월
아고산대의 벌목지나 양지바르고 습한 초지에 자생한다. 동속 왈리키아눔과 비슷하나, 꽃차례의 기부에 잎이 달리는 방식으로 구별할 수 있다. 잎은 길이 20-30cm의 2회 우상복엽. 마지막 깃조각은 타원상피침형으로 가장자리에 톱니가 있다. 잎자루의 칼집모양 부분은 폭이 넓다. 직경 7-12cm인 복산형 꽃차례는 여러 개의 축이 있다. 소포는 선상피침형으로 꽃과 길이가 같거나 약간 길어 휘어진다. 배축쪽의 꽃잎이 약간 크다.

③ 셀리눔 칸돌레이. 7월23일. I/타인의 북서쪽. 2,800m. 가늘게 갈라진 잎에는 향기가 있어, 가르왈 지방의 힌두교인들은 이를 건조시켜 분향에 쓴다.

② 셀리눔 왈리키아눔 필리치폴리움. 7월16일. I/꽃의 계곡. 3,500m.

④ 셀리눔 바기나툼. 8월20일. P/쟈탕의 서쪽. 3,900m.

⑤ 셀리눔 파피라체움. 7월23일. K/쟈그도라. 3,800m.

시호속 Bupleurum

① 부플레우룸 톰소니이 *B. thomsonii* Clarke

분포 ◇파키스탄-카슈미르 개화기 7-8월

건조한 고산대의 바위가 많은 초지나 모래땅에 자생한다. 뿌리줄기에서 꽃줄기가 1-2개 나와 곧게 자라거나 비스듬히 자란다. 꽃줄기는 길이 15-50cm. 잎의 기부는 선상피침형으로 길이 7-13cm, 폭 2-6mm. 상부의 잎은 난상피침형이며 기부가 줄기를 안고 있다. 복산형꽃차례에는 축이 4-6개 있다. 직경 5-10mm인 작은 꽃차례에는 15-25개의 꽃이 달린다. 소포는 선형으로 꽃과 길이가 거의 같다. 꽃은 직경 1.2-1.5mm. 꽃잎은 도란형으로 노란색이다.

② 부플레우룸 팔카툼 *B. falcatum* L.

분포 □히말라야 전역을 포함한 유라시아의 온대 각지 개화기 7-8월

산지나 아고산대의 건조하고 바위가 많은 초지에 자생한다. 높이 50-80cm. 잎은 선상피침형으로 길이 5-10cm, 폭 3-8mm이고 끝은 날카로우며 기부는 쐐기형-원형. 복산형꽃차례에는 축이 6-8개 있다. 작은 꽃차례는 직경 5-7mm. 소포는 난상피침형으로 꽃과 길이가 거의 같다. 꽃은 직경 1mm. 꽃잎은 노란색, 뒷면의 중맥은 갈색이다.

파키플레우룸속 Pachypleurum

③ 파키플레우룸 시장겐세

P. xizangense H.T. Chang & Shan

분포 ■티베트 남부 개화기 7-8월

고산대의 모래땅에 자생한다. 꽃줄기는 높이 10-30cm로 기부에서 분지해 사방으로 퍼진다. 잎의 기부는 2-3회 우상복엽. 길이 5-10cm인 잎몸에 1회째 깃조각은 3-4개 달리고, 마지막 깃조각은 장란형이며 우상으로 갈라졌다. 직경 3-6cm인 복산형꽃차례에

① 부플레우룸 톰소니이. 8월1일. B/마제노 고개의 남동쪽, 4,200m. 꽃줄기는 높이 15cm 이하. 마제노 빙하를 굽어보는 남쪽 급사면에 자란 것으로, 상승기류가 발생하는 안개로 촉촉이 젖어 있다.

② 부플레우룸 팔카툼. 7월16일.
K/링모의 남쪽, 3,500m.

③ 파키플레우룸 시장겐세. 8월3일.
Y1/팡디 라의 남쪽, 4,450m.

④ 파키플레우룸 날라멘세. 8월1일.
Y1/신데의 서쪽, 4,700m.

는 축이 15-25개 있다. 소포는 선상피침형으로 꽃보다 길다. 꽃잎은 흰색으로 길이는 1.5mm이다.

④ 파키플레우룸 냘라멘세

P. nyalamense H.T. Chang & Shan
분포 ◇티베트 남부 개화기 7-8월
고산대의 모래가 많은 초지에 자생한다. 코르티아 데프레사와 구별하기 어렵다. 잎의 기부는 길이 8-12cm의 2-3회 우상복엽. 마지막 깃조각은 삼각상피침형이고 우상으로 깊게 갈라졌으며 갈래조각은 선상피침형. 꽃차례의 축은 20-50개로 기부의 것은 길이 8-15cm. 작은 꽃차례는 직경 1-2cm. 소포는 1-2회 우상으로 깊게 갈라졌으며 꽃과 길이가 거의 같다.

코르티아속 Cortia

⑤ 코르티아 데프레사 *C. depressa* (D. Don) Norman
분포 ◇파키스탄-부탄, 티베트 남부, 윈난·쓰촨성 개화기 6-9월
다형적인 종으로, 히말라야의 서부와 동부에서는 형태의 차이가 크다. 고산대의 자갈이 많은 초지나 바위땅에 자생한다. 줄기는 없으며 잎과 꽃차례가 땅위로 퍼진다. 잎의 기부는 길이 2.5-8cm의 2회 우상복엽. 마지막 깃조각은 난형-장란형이고 우상으로 깊게 갈라졌으며 갈래조각은 협란형-선상피침형. 꽃차례의 축은 15-40개, 기부에 있는 것은 길이 3-7cm. 작은 꽃차례는 직경 1-2cm, 소포는 우상으로 깊게 갈라졌다. 꽃은 보통 직경 2.5mm이다.
*⑤-a는 전체적으로 작다. ⑤-b는 꽃이 직경 5mm로 크다. ⑤-c의 꽃차례의 중앙부에서는 꽃잎이 떨어진 후 하얀 암술대를 남긴 암적색의 열매가 익고 있다.

⑤-a 코르티아 데프레사. 7월6일.
C/간바보호마 부근. 4,400m.

⑤-b 코르티아 데프레사. 7월7일.
K/눈무 라의 동쪽. 4,950m.

⑤-d 코르티아 데프레사. 8월5일. Z3/라무라쵸 부근. 4,600m. 그루는 직경 10cm. 바위 비탈의 틈에서 자라고 있다. 왼쪽 위로 보이는 우상으로 깊게 갈라진 잎은 은분취속.

⑤-c 코르티아 데프레사. 9월21일.
X/탕페 라의 남서쪽. 4,400m.

코르티엘라속 Cortiella

① 코르티엘라 후케리 *C. hookeri* (Clarke) Norman

분포 ◇네팔 중부-부탄, 티베트 남부
개화기 7-9월

고산대의 모래땅이나 바위틈에 자생하는 줄기 없는 다년초. 잎은 로제트형태로 땅위로 퍼지며, 중앙의 복산형꽃차례에 작은 꽃이 빈틈없이 모여 달린다. 잎몸의 윤곽은 장원형으로 길이 2-5cm이고 1-3회 우상으로 갈라졌으며 마지막 갈래조각은 장원상피침형. 복산형꽃차례는 전체적으로 직경 6-15cm. 포엽은 잎모양으로 갈라졌다. 소포는 선상피침형이며 이따금 우상으로 갈라졌다. 꽃잎은 흰색으로 길이 1-2mm. 열매는 흰색의 타원체로 길이 3-5mm.

② 코르티엘라 캐스피토사

C. caespitosa Shan & Sheh

분포 ■티베트 남부 개화기 8월

건조한 고산대의 바위땅에 자생하며, 땅위에 여러 개의 복산형꽃차례가 모인다. 우상복엽의 잎몸은 장원형으로 길이 7-20mm이고 질이 약간 두껍다. 작은 잎은 우상으로 갈라졌으며 갈래조각은 피침형으로 끝이 날카롭다. 복산형꽃차례는 전체적으로 직경 1.5-3cm이며, 꽃이 편평하게 빈틈없이 모여 달린다. 포엽은 잎모양으로 갈라졌다. 소포는 선형. 꽃잎은 흰색-연자주색으로 길이 1mm이고 뒷면의 중맥은 갈색을 띤다.

어수리속 Heracleum

③ 헤라클레움 핀나툼 *H. pinnatum* Clarke

분포 ▢파키스탄-히마찰 개화기 6-8월

건조 고지 계곡 줄기의 자갈땅이나 절벽 아래, 밭 주변에 자생한다. 꽃줄기는 높이 20-60cm로 상부에 부드러운 털이 붙어 있다.

①-a 코르티엘라 후케리. 7월26일. T/바룬 빙하의 오른쪽 유역. 4,900m. 빙하의 측곡 내에 있는 모래땅. 작은 꽃이 빈틈없이 모여 달린 꽃차례는 씨방이 부풀어 오르는 동시에 반구형 모양으로 퍼진다.

①-b 코르티엘라 후케리. 10월2일.
P/고사인쿤드. 4,250m.

② 코르티엘라 캐스피토사. 8월28일.
Y3/라싸 라의 남쪽. 5,200m.

③ 헤라클레움 핀나툼. 7월21일.
F/후크타르 부근. 3,900m.

잎은 길이 10-25cm의 우상복엽으로 기부에
모인다. 소엽은 난상타원형으로 길이 1-4cm
이고 상부의 3장 이외는 떨어져 달리며 가장
자리에 무딘 톱니가 있다. 직경 4-6cm인 복
산형꽃차례에는 축이 10-25개 있다. 작은 꽃
차례는 직경 1-1.5cm. 포엽과 소포는 선상피
침형으로 짧다. 꽃잎은 흰색이며 배축쪽에
있는 것이 크다.

④ 헤라클레움 칸디칸스 *H. candicans* DC.
분포 □파키스탄-부탄, 티베트 남부, 윈난·
쓰촨성 개화기 6-7월
산지에서 아고산대에 걸쳐 숲 주변이나 관
목소림, 거친 초지, 밭 주변에 자생한다. 꽃
줄기는 높이 0.4-1.5m로 상부에 부드러운
털이 자란다. 우상복엽의 기부는 길이 20-
60cm. 소엽은 타원상피침형으로 5-7장 달리
고 우상으로 갈라졌으며, 표면에 부드러운
털이 자라고 뒷면은 흰 융털로 덮여 있다. 상
부의 잎은 자루가 칼집모양을 이룬다. 복산
형꽃차례는 직경 8-13cm. 작은 꽃차례는 직
경 1.5-3cm. 소포는 선상피침형으로 꽃보다
짧다. 꽃잎은 흰색이며 배축쪽에 있는 것은
길이 4-5mm로 크다.

⑤ 헤라클레움 카네스첸스 *H. canescens* Lindl.
분포 ◇카슈미르-네팔 서부, 티베트 남부
개화기 7-8월
동속 칸디칸스와 비슷하나 전체적으로 길고
부드러운 흰 털로 덮여 있다. 아고산대의 숲
주변이나 돌이 많은 초지에 자생한다. 높이
30-70cm. 잎의 갈래조각은 삼각상피침형으
로 뒷면 털은 짙다. 상부 잎에 있는 칼집모양
의 자루는 크게 펼쳐진다. 복산형꽃차례는
직경 7-10cm. 씨방과 열매에 부드러운 털이
빽빽하게 나 있다.

④-a 헤라클레움 칸디칸스. 7월8일. K/톡큐의 남동쪽. 4,000m. 건조하고 광활한 계곡 내의 관개된 보리밭 주변
에 흩어져 자란다. 꽃줄기는 높이 1m. 잎 뒷면은 하얗다.

④-b 헤라클레움 칸디칸스. 7월19일.
K/카그마라 고개의 서쪽. 3,700m.

④-c 헤라클레움 칸디칸스. 6월7일.
X/샤나의 북쪽. 3,000m.

⑤ 헤라클레움 카네스첸스. 7월31일.
Y1/네라무의 북서쪽. 3,850m.

두릅나뭇과 ARALIACEAE

인삼속 Panax

① 파낙스 프세우도긴셍 히말라이쿠스

P. pseudo-ginseng Wall. subsp. *himalaicus* Hara

분포 ◇네팔 중부-미얀마, 티베트 남부, 중국 개화기 5-7월

산지나 아고산대의 숲속에 자생한다. 옆으로 뻗은 뿌리줄기에 여러 개의 덩이줄기가 사이를 두고 달린다. 꽃줄기는 높이 30-60cm로 상부에 장상복엽 5-6장이 모여나기 하고, 1개 또는 여러 개의 산형꽃차례가 달린다. 소엽은 타원형-피침형으로 길이 3-10cm이고 보통 5장 달리며, 끝은 꼬리모양으로 뾰족하고 가장자리에 톱니가 있다. 꽃차례는 직경 1.5-3cm. 열매는 직경 4-5mm로 붉게 익는다.

*①-a와 ①-c는 소엽이 가늘고 가장자리에 톱니가 있어 변종 앙구스티폴리우스 var. *angustifolius* (Burkill) Li로 취급된다. ①-c에서는 삼림보호관 라춘파 씨가 민간약으로 쓰이는 덩이줄기를 들어 보이고 있다.

층층나뭇과 CORNACEAE

벤타미디아속 Benthamidia

② 벤타미디아 카피타타

B. capitata (Wall.) Hara subsp. *capitata*

[*Cornus capitata* Wall.]

분포 ◇히마찰-미얀마, 티베트 남부, 중국 남서부 개화기 5-6월

산지의 습한 혼합림이나 계곡 줄기의 급경사에 자생하는 높이 3-8m인 반낙엽수. 잎은 마주나기 한다. 잎몸은 타원형-도피침형으로 길이 5-10cm이고 끝은 가늘고 뾰족하며 기부는 쐐기형. 총꽃꽃자루 끝에 있는 총포조각 4장은 도란형으로 길이 3-5cm이며 노란색-흰색. 산형꽃차례는 직경 1-1.5cm. 복합과는 직경 2-3cm로 붉게 익으며, 단맛이 있어 먹을 수 있다.

①-a 파낙스 프세우도긴셍 히말라이쿠스. 5월25일. W/푸네의 남동쪽. 3,200m.

①-b 파낙스 프세우도긴셍 히말라이쿠스. 8월8일. X/샤나의 북쪽. 3,000m.

①-c 파낙스 프세우도긴셍 히말라이쿠스. 5월24일. W/야크체이. 3,050m.

② 벤타미디아 카피타타. 6월1일. M/구르자가온의 남동쪽. 2,300m. 강가의 급사면을 뒤덮은 숲에서 많이 발견된다. 총포조각은 네팔에서는 노란색, 분포 지역의 동쪽인 중국에서는 흰색을 띤다.

소네라티아과 SONNERATIACEAE

두아방가속 Duabanga

③ 두아방가 그란디플로라

D. grandiflora (DC.) Walpers

분포 □쿠마온-동남아시아, 티베트 남동부, 윈난성 개화기 3-7월

아열대기후의 강가 숲에서 위를 점하는 높이 15-30m의 상록고목. 가지는 수평으로 뻗는다. 잎은 마주나기 하며 수평으로 자라고, 잎몸은 장원형으로 길이 15-25cm이며 끝이 뾰족하다. 꽃은 직경 4-5cm로 줄기 끝에 모여 달리며, 밤에 피어 이상한 냄새를 풍긴다. 꽃잎은 흰색, 수술은 길다. 목재는 건축용 자재나 홍차 포장용 상자로 쓰인다.

부처꽃과 LYTHRACEAE

우드포르디아속 Woodfordia

④ 우드포르디아 프루티코사

W. fruticosa (L.) Kurz

분포 □히말라야 전역을 포함한 아시아, 아프리카의 아열대 지방 개화기 3-5월

저산대 계곡 줄기의 비탈에 자생하는 높이 1-3cm의 반낙엽성 관목. 잎은 피침형으로 길이 4-10cm이고 마주나기 한다. 꽃은 6수성. 꽃받침은 원통형 종모양으로 길이 1-1.3cm이고 주홍색이며 갈래조각은 삼각형. 꽃잎은 피침형으로 작다.

배롱나무속 Lagerstroemia

⑤ 라게르스트로에미아 히르수타

L. hirsuta (Lamarck) Willdenow [*L. reginae* Roxb.]

분포 ◇네팔 중부-동남아시아 개화기 5-7월

히말라야 저산대에 야생하는 높이 5-10m의 상록수. 잎은 마주나기 한다. 잎몸은 협타원형으로 길이 12-20cm이고 끝은 가늘며 뾰족하다. 꽃은 6수성으로 직경 5-7cm. 꽃잎은 거의 원형으로 분홍색·연보라색이며 겉에 주름이 있다.

③ 두아방가 그란디플로라. 8월28일. V/조레탕의 동쪽. 500m.

⑤ 라게르스트로에미아 히르수타. 5월23일. W/싱탐의 동쪽. 700m. 꽃을 관상하기 위해 정원이나 도로변에 심고, 목재를 이용하기 위해 산비탈에서 재배된다.

④ 우드포르디아 프루티코사. 4월24일. 카트만두/고다바리. 1,500m.

바늘꽃과 ONAGRACEAE

세계에 널리 분포하며 특히 신대륙에 그 종류가 많다.

바늘꽃속 Epilobium

세계의 냉온대 지역에 많은 다년초. 잎은 단엽으로 어긋나기 또는 마주나기 한다. 꽃은 4수성의 방사상칭형. 씨방은 하위로, 자루처럼 가늘고 길게 자란다. 열매는 세로로 갈라지며, 끝에 털이 붙어 있는 씨앗이 바람에 날려 운반된다. 분홍바늘꽃류는 잎이 어긋나기 하고 꽃은 크고 총상으로 달리며 암술대가 처음에는 아래를 향해 휜다는 점 등에서 다른 종류와 다르기 때문에, 분홍바늘꽃속(Chamaenerion)으로 분류되기도 한다.

① 에필로비움 콘스페르숨

E. conspersum Hausskn.

분포 ◇네팔 중부-미얀마, 티베트 남부, 중국 남서부 개화기 7-9월

아고산대 계곡가의 무너져 내리기 쉬운 자갈 비탈이나 고산대의 빙퇴석에 자생한다. 분홍바늘꽃과 비슷하나, 높이는 30-80cm로 낮고 피침형의 잎몸은 길이 5-10cm로 짧으며 표면에 그물맥이 파여 있다. 측맥은 중맥에서 좁은 각도로 분지해 그물맥과 구별하기 어렵다. 꽃은 직경 2.5-3.5cm로 잎겨드랑이에 달려 아래를 향해 피며, 비스듬히 자라는 긴 자루를 가진다.

② 에필로비움 라티폴리움 *E. latifolium* L.

분포 ◇아프가니스탄-카슈미르, 중국 서부, 북극 지방 주변 개화기 7-8월

고산대 빙하 주변의 바위땅이나 못가의 모래땅에 자생한다. 꽃줄기는 높이 20-50cm이며 전체적으로 미세한 누운 털이 빽빽하게 자라 분백색을 띤다. 잎에는 자루가 없다. 잎몸은 약간 질이 두꺼운 타원형-피침형으로 길이 3-6cm이고 가장자리는 거의 매끈하며 측맥과 그물맥은 선명하지 않다. 줄기 끝 짧은 꽃차례에는 꽃의 수가 적다. 꽃자루는 길이 1-2cm. 꽃은 직경 3-4cm로 거의 옆을 향해 핀다. 털없는 암술대가 갑자기 아래를 향해 휘어 있다.

③ 에필로비움 스페치오숨 *E. speciosum* Decne.

분포 ◇카슈미르-네팔 서부, 티베트 남부 개화기 7-9월

아고산대 계곡 줄기의 바위땅이나 고산대의 빙퇴석에 자생하며, 동속 콘스페르숨과 라티폴리움의 중간적 형태를 지닌다. 높이 15-40cm. 잎은 자루가 거의 없다. 잎몸은 피침형으로 길이 3-6cm이고 끝은 가늘고 날카로우며 가장자리에 무딘 이가 있다. 표면의 중맥과 측맥이 약간 돌출되어 있다. 꽃은 직경 3-4cm로 잎겨드랑이에 달려 살짝 아래를 향해 피며 긴 자루가 있다. 암술대는 기부에 긴 털이 빽빽하게 자란다.

①-a 에필로비움 콘스페르숨. 8월24일. P/펨탕카르포의 북동쪽. 4,650m. 분홍바늘꽃과는 달리 꽃은 크고 아래를 향해 있으며 꽃줄기는 낮고 꽃차례 끝까지 잎이 달린다.

①-a 에필로비움 콘스페르숨. 7월22일. T/테마탄의 동쪽. 3,350m.

② 에필로비움 라티폴리움. 8월16일. A/바이타샤르의 북쪽. 3,600m.

③-a 에필로비움 스페치오숨. 7월14일. I/꽃의 계곡. 3,550m. 상류의 빙하가 녹으면 침수되는 돌밭에 폭넓게 군생한다.

③-b 에필로비움 스페치오숨. 9월5일. J/홈쿤드의 하류. 3,700m. 잎은 끝이 날카롭고 표면에 측맥이 선명하다.

바늘꽃속 Epilobium

① 분홍바늘꽃 E. angustifolium L.

분포 히말라야 각지를 포함한 유라시아와 북아메리카의 냉온대 지역 개화기 7-9월

아고산대에서 고산대에 걸쳐 삼림 벌목지나 산불 흔적지, 못가의 무너지기 쉬운 자갈 비탈, 바위틈에 자생한다. 꽃줄기는 높이 0.5-1.5m로 상부에 짧은 털이 빽빽하게 자란다. 자루가 거의 없는 잎은 어긋나기 한다. 잎몸은 수양버들과 비슷한 장원상피침형으로 길이 5-20cm, 폭 1-2.5cm이며 측맥은 중맥에서 넓은 각도로 분지한다. 길고 곧게 자라는 총상꽃차례에는 기부 이외는 잎이 달리지 않는다. 꽃은 직경 1.5-2.5cm로 옆을 향해 피며 자루는 짧다. 꽃받침조각은 선상피침형으로 꽃잎보다 약간 짧다. 수술은 8개, 수술대는 바깥쪽으로 휘어 있다. 씨방에 하얀 털이 촘촘하게 나 있다. 암술대는 처음에는 아래를 향해 굽었다가, 꽃밥에서 꽃가루가 분출된 후에 곧게 자란다. 암술머리는 4개로 갈라져 휘어 있다.

② 에필로비움 락숨 E. laxum Royle

분포 ◇아프가니스탄-쿠마온, 유라시아의 온대 지역 개화기 7-9월

건조지역의 아고산대나 고산대의 바위가 많은 초지에 자생한다. 줄기에 이어지는 가는 뿌리줄기가 땅속으로 뻗는다. 높이 15-50cm인 꽃줄기에 2줄의 털이 자란다. 자루가 없는 잎은 마주나기 한다. 잎몸은 난상피침형으로 길이 2.5-5cm이고 끝은 가늘고 뾰족하며, 기부는 원형으로 가는 톱니를 가진다. 꽃은 줄기 끝 잎겨드랑이에 달려 옆을 향해 피고, 자루는 매우 짧다. 갈래로 각은 선상피침형으로 꽃잎보다 훨씬 짧다. 꽃잎은 타원형으로 길이 1-1.3cm이고 끝이 2개로 갈라졌으며 분홍색. 씨방에 뻣뻣한 털이 촘촘하게 나 있다. 암술대는 수술보다 길게 자라고, 암술머리는 두상으로 흰색이다.

③ 에필로피움 왈리키아눔

E. wallichianum Hausskn.

분포 ◇네팔 서부-미얀마, 티베트 남동부, 중국 서부 개화기 7-9월

산지에서 아고산대에 걸쳐 숲 사이 벌목지나 산에 마른 풀을 태우고 논 자리, 바위 사이의 초지에 자생한다. 줄기에 이어지는 가는 뿌리줄기가 옆으로 뻗으며 군생하는 경우가 많다. 높이 8-30cm인 꽃줄기에는 누운 털이 빽빽하게 나 있다. 잎은 자루없는 마주나기 한다. 잎몸은 약간 혁질의 타원상피침형으로 길이 1-5cm이고 끝이 뾰족하다. 기부는 원형으로 가장자리에 무딘 톱니가 있으며 표면에 광택이 있다. 꽃자루는 길이 1-2cm. 꽃잎은 광타원형으로 길이 5-8mm이고 끝에 V자형의 새김눈이 있다. 수술은 짧다. 암술머리는 두상으로 흰색. 씨방에 누운 털이 촘촘하게 나 있다.

① 분홍바늘꽃. 8월5일. B/루팔. 3,150m. 빙하가 운반한 바위틈에 자리 잡은 군락. 꽃줄기 상부에 달린 어린 꽃의 암술은 아래를 향해 굽어 있고, 자가수분을 피하기 위해 맨 앞쪽의 암술머리가 꽃잎 뒤로 숨어 있다.

② 에필로비움 락숨. 9월10일. G/크리센사르. 3,850m.

③ 에필로피움 왈리키아눔. 7월21일. T/사노포카리의 남쪽. 4,000m.

④ 에필로비움 로일레아눔

E. royleanum Hausskn.

분포 □아프가니스탄-부탄, 티베트, 중국 서부 **개화기** 7-9월

산지에서 아고산대에 걸쳐 숲 주변이나 바위 사이의 습한 초지에 자생한다. 뿌리줄기의 정부에 많은 비늘조각잎이 시들어 남아 있다. 꽃줄기는 높이 10-60cm로 단면은 원형이며 상부에서 활발히 분지하고, 누운 털이 한 방향으로 나 있다. 짧은 자루가 있는 잎은 마주나기 한다. 잎몸은 협란형-피침형으로 길이 2-6cm이고 끝이 뾰족하다. 기부는 쐐기형으로 가장자리에 가는 톱니가 있으며 주변부와 맥 위에 털이 자란다. 꽃은 직경 7-10mm이고 원추상으로 많이 달리며 위나 옆을 향해 핀다. 꽃자루는 짧다. 꽃받침은 선상피침형으로 꽃잎보다 짧다. 꽃잎은 도란형으로 길이 5-7mm이고 끝에 V자형의 새김눈이 있다. 암술대는 수술보다 길게 자라 아래를 향해 완만하게 휘어진다. 암술머리는 거의 두상으로 흰색. 씨방에 누운 털이 촘촘하게 나 있다.

⑤ 에필로비움 티베타눔 *E. tibetanum* Hausskn.

분포 □아프가니스탄-네팔 서부, 티베트 남부 **개화기** 7-9월

건조지역의 산지에서 아고산대에 걸쳐 계곡줄기의 바위가 많고 습한 초지에 자생한다. 동속 로일레아눔과 매우 비슷하나, 잎은 장원상피침형-협피침형으로 길이 2.5-7cm이며 가늘다. 꽃줄기는 높이 20-80cm이고 상부는 비모양으로 분지해 비스듬히 뻗으며 누운 겉에 털이 2열로 자란다. 꽃은 여러 개 달리는데 거의 위를 향해 핀다. 꽃받침은 꽃잎보다 훨씬 짧다. 꽃잎은 길이 6-9mm이며 끝에 V자형의 새김눈이 있다. 암술은 수술과 길이가 같거나 약간 길다.

④-a 에필로비움 로일레아눔. 7월16일. I/꽃의 계곡.

④-b 에필로비움 로일레아눔. 8월13일. Z3/치틴탕카. 3,450m.

⑤-a 에필로비움 티베타눔. 8월7일. B/루팔. 3,100m.

⑤-b 에필로비움 티베타눔. 8월7일. B/루팔. 3,000m. 곧추 선 씨방은 꽃이 질 무렵에는 길이 3-4cm, 열매로 익을 무렵에는 길이 6cm 이상이 된다.

산석류과 MELASTOMATACEAE

열대에 종류가 많다. 잎은 십자 마주나기 한다. 잎몸의 주맥은 기부에서 3-7개로 갈라지고 그 사이로 2차맥이 수평으로 뻗는다. 씨방은 하위로, 원통모양의 꽃턱에 싸여 있다.

사르코피라미스속 Sarcopyramis

① 사르코피라미스 네팔렌시스

S. nepalensis Wall.

분포 ◇네팔 중부-동남아시아, 티베트 남동부, 중국 남부 개화기 7-9월

높이 8-30cm의 다년초. 저산에서 산지에 걸쳐 떡갈나무 숲의 이끼 낀 둔덕 비탈에 자생한다. 잎자루는 길이 1-3cm. 잎몸은 난형으로 길이 2-7cm이고 끝은 뾰족하며 가장자리에 가는 톱니가 있다. 표면에 굵은 털이 자라고 2차 맥이 파여 있다. 꽃은 직경 1cm로 줄기 끝에 모여 달린다. 꽃턱은 역삼각형, 꽃받침조각 가장자리에 빳빳한 털이 나 있다. 꽃잎은 4장 달리고 일그러진 도란형으로 끝이 뾰족하며 분홍색이다.

소네릴라속 Sonerila

② 소네릴라 카시아나 *S. khasiana* Clarke

분포 ◇네팔 중부-미얀마 개화기 8-9월

높이 5-8cm의 줄기 없는 다년초로, 저산에서 산지에 걸쳐 조엽수림의 이끼 낀 둔덕 비탈에 자생한다. 잎자루는 길이 1-2cm. 잎몸은 난형으로 길이 2-3cm이고 끝은 뾰족하다. 기부는 심형으로 가장자리에 톱니가 있으며 톱니 끝은 가늘게 자란다. 꽃은 직경 1.5cm로 총꽃자루 끝에 1-3개가 모여 달린다. 꽃턱은 가늘고 꽃받침조각은 매우 작다. 꽃잎은 3장 달리고 도란형으로 끝이 뾰족하며 분홍색. 평개해 수술이 길게 튀어나온다.

옥시스포라속 Oxyspora

③ 옥시스포라 파니쿨라타 *O. paniculata* (D. Don) DC.

분포 ◇네팔 중부-동남아시아, 티베트 남동부, 중국 남서부 개화기 8-9월

저산대의 숲 주변에 자생하는 높이 1.5-2.5m의 관목. 가시와 잎맥에 황살색 털이 붙어 있다. 잎자루는 길이 2.5-5cm. 잎몸은 협타원형으로 길이 12-25cm이고 끝이 뾰족하며 녹황색. 표면에 주맥 3-7개와 가는 2차맥이 선명하다. 가지 끝의 원추꽃차례는 길이 15-20cm로 끝은 늘어진다. 꽃턱은 가늘고 꽃받침조각은 매우 작다. 꽃잎은 4장 달리고 분홍색, 장원형으로 길이 1cm이며 약간 휘어있다. 수술은 8개. 꽃밥 4개는 노란색으로 짧고, 4개는 붉은 자주색으로 아래를 향하며 끝이 가늘게 자란다.

① 사르코피라미스 네팔렌시스. 8월8일. T/운시사의 남동쪽. 1,400m.

② 소네릴라 카시아나. 8월19일. P/샤부루의 동쪽. 2,100m.

③ 옥시스포라 파니쿨라타. 8월19일. V/치라우네의 남서쪽. 1,400m. 비가 많이 내리는 깊은 계곡의 급사면에 군생한 것으로, 가지 끝에서 가늘고 긴 원추꽃차례가 활 모양으로 자라 끝이 늘어져 있다.

멜라스토마속 Melastoma

④ 멜라스토마 노르말레 *M. normale* D. Don

분포 ㅁ네팔 중부-동남아시아, 티베트 남부, 중국 남부 개화기 3-6월

저산대의 숲 주변이나 길가의 덤불에 자생하는 높이 1-4m인 관목. 전체적으로 부드러운 감촉의 연갈색 털이 빽빽하게 나 있다. 잎자루는 길이 1cm. 잎몸은 타원상피침형으로 길이 7-12cm이고 끝이 뾰족하며 표면에 주맥 3-5개가 선명하다. 꽃은 직경 4-5cm로 가지 끝에 모여 달린다. 꽃받침조각은 선상피침형으로 길이 8-10mm이며 조락성. 꽃잎은 5장 달리고 도란형으로 분홍색. 수술은 10개로, 그 중 5개는 꽃밥부리가 밑으로 뻗어 활처럼 휘어 있고 끝에 붙은 붉은 자주색 꽃밥은 위를 향한다. 나머지 5개는 짧고 노란색 꽃밥을 지닌다.

오스벡키아속 Osbeckia

⑤ 오스벡키아 스텔라타 *O. stellata* D. Don

분포 ◇쿠마온-아르나찰 개화기 7-10월

반목질의 다년초. 저산에서 산지에 걸쳐 숲 주변이나 계곡 줄기의 습한 초지에 자생한다. 꽃줄기는 높이 0.6-1.5m이며 전체적으로 빽빽한 누운 털이 촘촘하게 나 있다. 잎자루는 길이 7-15mm. 잎몸은 타원형-피침형으로 길이 6-12cm이고 끝이 뾰족하며, 표면에 주맥 3-5개가 선명하고 2차 맥도 약간 선명하다. 꽃은 직경 4-7cm. 꽃턱에 별모양의 뾰족한 털이 빽빽하게 자란다. 꽃받침조각은 삼각상피침형으로 조락성이며 분지한 센털이 자란다. 꽃잎은 원상타원형으로 4장 달린다. 수술은 8개, 꽃밥은 노란색이며 S자형으로 휘었고 끝은 매우 가늘다.

⑥ 오스벡키아 네팔렌시스 *O. nepalensis* Hooker

분포 ◇네팔 중부-태국, 티베트 남동부, 중국 남서부 개화기 7-9월

높이 0.7-2m의 관목. 저산대의 숲 주변이나 강가의 관목소림에 자생한다. 가지는 비스듬히 자라고 능이 4개를 가지며 겉에 연갈색을 띤 빽빽한 누운 털이 촘촘하게 나 있다. 잎에는 자루가 없다. 잎몸은 장원상피침형으로 길이 5-10cm이고 끝이 뾰족하며 기부는 줄기를 안고 있다. 표면에 주맥 3-5개가 선명하고 앞뒷면에 빽빽한 누운 털이 자란다. 꽃은 직경 3-4cm의 원추상으로 많이 달리며 자루는 매우 짧다. 꽃턱은 항아리모양이며, 끝에 긴 털이 자란 비늘조각으로 덮여 있다. 꽃받침조각은 피침형으로 조락성이며 빽빽한 가장자리 털이 자란다. 꽃잎은 도광란형으로 5장 달리며 분홍색 또는 흰색이다. 수술은 10개로 전부 모양이 같고, 꽃밥은 노란색으로 곧추 선다.

④-a 멜라스토마 노르말레. 5월12일. N/베시샤하르의 남동쪽. 750m.

④-b 멜라스토마 노르말레. 4월24일. W/포돈. 1,600m.

⑤-a 오스벡키아 스텔라타. 7월12일. V/치라우네의 남서쪽. 1,400m.

⑤-b 오스벡키아 스텔라타. 9월8일. P/샤브루벤시의 남서쪽. 1,700m.

⑥-a 오스벡키아 네팔렌시스. 8월19일. V/치라우네의 남서쪽. 1,400m.

⑥-b 오스벡키아 네팔렌시스. 8월31일. 카트만두/고다바리. 1,450m.

베고니아과 BEGONIACEAE

일반적으로 다육질의 다년초. 잎은 좌우부정이며 어긋나기 한다. 같은 그루에 암꽃과 수꽃이 달린다. 수꽃에는 꽃덮이조각이 4장 있는데 바깥쪽 2장은 크다. 암꽃에는 꽃덮이 조각 3-5장이 달린다. 열매에 모양이 다른 날개가 3장 있다.

베고니아속 Begonia

① 베고니아 루벨라 *B. rubella* D. Don

분포 ◇네팔 중부-부탄
개화기 8-10월

저산대 숲 주변의 초지에 자생한다. 높이 10-20cm인 꽃줄기에는 털이 없다. 잎의 기부에는 긴 자루가 있다. 잎몸은 난상삼각형으로 길이 5-12cm이고 끝이 뾰족하다. 기부는 심형으로 가장자리에 가는 톱니가 있으며 표면에 드문드문 부드러운 털이 자란다. 줄기 끝과 잎겨드랑이에 집산꽃차례가 달리고, 자루를 포함해 전체가 연붉은색이다. 수꽃의 겉꽃덮이는 광타원형으로 길이 7-10mm. 열매의 날개는 협삼각형이며 앞쪽을 향한다.

② 베고니아 요세피이 *B. josephii* A. DC.

분포 ◇네팔 중부-부탄, 티베트 남부
개화기 7-9월

줄기 없는 다년초로, 반음지인 산지대 하부의 이끼 낀 구덩이나 바위땅에 자생한다. 잎에는 긴 자루가 있다. 잎몸은 방패모양으로 달리고 난형으로 길이 10-30cm이며 끝이 뾰족하다. 기부는 원형으로 가장자리에 가는 톱니가 있고 이따금 드문드문 얕게 갈라졌으며 앞뒷면에 부드러운 털이 자란다. 총꽃차례는 곧게 자라며 꽃을 포함해 높이 15-40cm. 꽃은 흰색-연붉은색이며 잎 위로 고개를 내밀고 핀다. 수꽃의 겉꽃덮이조각은 광타원형으로 길이는 5-10mm이다.

① 베고니아 루벨라. 9월27일.
카트만두/고다바리. 1,450m.

② 베고니아 요세피이. 8월21일.
V/욕솜. 2,000m.

③-a 베고니아 피크타. 8월19일.
V/치라우네의 남서쪽. 1,700m.

③-b 베고니아 피크타. 8월16일. P/둔체의 북동쪽. 1,800m. 위는 수꽃으로, 중심부에 등색 수술이 구상으로 모여 있다. 아래는 암꽃으로, 노란 암술대 3개가 둘로 갈라져 고불고불 말려 있다.

③ 베고니아 피크타 *B. picta* Smith

분포 ㅁ파키스탄-시킴 개화기 7-9월
저산대의 이끼 낀 바위땅이나 숲 주변의 둔덕 비탈에 자생한다. 줄기는 높이 1-20cm. 잎은 황록색으로 1-2장 달린다. 잎몸은 난형으로 길이 4-12cm이고 끝이 뾰족하다. 기부는 싶은 심형으로 가장자리에 불규칙한 겹톱니가 있으며 앞뒷면에 굵은 털이 자란다. 이따금 표면에 자줏빛 갈색 반점이 들어가 있다. 꽃은 연붉은색. 수꽃의 겉꽃덮이조각은 광란형으로 길이 1-1.5cm이고 가장자리에 털이 있으며 뒷면에 길고 부드러운 털이 자란다.

④ 베고니아 디오이카 *B. dioica* D. Don

분포 ◇파키스탄-부탄 개화기 7-8월
산지의 숲 주변이나 바위땅에 자생하며 이따금 나무에 착생해 늘어진다. 땅속에 작은 덩이줄기가 있다. 줄기는 없으며 전체적으로 털이 거의 없다. 잎자루는 길이 5-15cm. 잎몸은 난상삼각형으로 끝이 뾰족하고, 기부는 심형으로 가장자리에 불규칙한 톱니가 있다. 길게 자란 총꽃자루 끝에 흰색·연붉은색 꽃이 2-5개 달린다. 수꽃의 겉꽃덮이조각은 광타원형으로 길이 8-12mm. 암꽃에는 꽃덮이조각이 3장 달린다.

⑤ 베고니아 플라겔라리스 *B. flagellaris* Hara

분포 ■네팔 중부 개화기 7-9월
산지의 숲 주변이나 바위땅에 자생하며 땅속에 작은 덩이줄기가 있다. 꽃줄기는 포복성으로 털이 없으며 길이 30-50cm. 잎자루는 길이 10-25cm. 잎몸은 난형으로 길이 10-20cm이고 끝은 꼬리모양이다. 기부는 심형으로 가장자리에 불규칙한 겹톱니가 있고 이따금 얕게 갈라졌으며 앞뒷면에 부드러운 털이 자란다. 줄기잎은 작다. 길게 자란 총꽃차례 끝에 꽃이 2-6개 달린다. 꽃자루는 길이 2-4cm. 수꽃과 암꽃은 전부 흰색으로 직경은 1.5-2cm이다.

박과 CUCURBITACEAE

헤르페토스페르뭄속 Herpetospermum

⑥ 헤르페토스페르뭄 페둔쿨로숨

H. pedunculosum (Seringe) Clarke

분포 ◇히마찰-부탄, 티베트 남부, 윈난성
개화기 8-9월
산지 계곡 줄기의 관목이나 풀에 휘감기는 덩굴풀. 덩굴손은 분지한다. 잎은 어긋나기 하고, 잎몸은 난형으로 길이 8-15cm이며 끝은 꼬리모양이다. 기부는 심형으로 가장자리에 톱니가 있으며 앞뒷면에 빳빳한 털이 자란다. 꽃은 굴색으로 1개 또는 여러 개가 총상으로 달리며 직경은 5-6cm이다.

④ 베고니아 디오이카. 8월14일. Q/고르잔의 북동쪽. 2,000m.

⑤ 베고니아 플라겔라리스. 8월17일. P/라마 호텔의 남서쪽. 2,000m.

⑥ 헤르페토스페르뭄 페둔쿨로숨. 8월18일. P/라마 호텔의 북동쪽. 2,500m. 짙은 녹색의 큰 잎을 지닌 모시풀속 풀에 휘감겨 있다. 화관의 기부는 원통 모양이며 끝은 5개로 갈라져 평개한다.

위성류과 TAMARICACEAE

건조지에 많은 관목으로 작은 잎이 빽빽하게 어긋나기 한다. 꽃에는 꽃받침조각 5장과 꽃잎 5장이 있다. 씨앗 끝에 하얀 털이 붙어 있다.

위성류속 Tamarix

① 타마릭스 아르체우토이데스

T. arceuthoides Bunge

분포 ◇이라크-파키스탄, 중앙아시아 주변
개화기 4-9월

극도로 건조한 계곡의 모래밭에 자생하는 높이 2-4m인 관목. 나무줄기는 자줏빛 갈색. 가는 가지에 비늘조각모양의 회녹색 잎이 빈틈없이 어긋나기 한다. 잎은 가지를 따라 곧추서거나 비스듬히 나 있다. 잎몸은 난상 피침형으로 길이 1-3mm이고 끝은 가시 모양으로 뾰족하다. 총상꽃차례는 길이 2-6cm, 직경 2-3mm로 가지 끝에 많이 달리며 전체적으로 커다란 원추상의 꽃차례를 이룬다. 꽃은 흑갈색으로 직경 1.5-2mm. 수술은 5개 달리고 화관보다 길게 자라며 수술대는 합착하지 않는다.

미리카리아속 Myricaria

수술은 10개로, 수술대의 기부가 합착한다.

② 미리카리아 엘레간스

M. elegans Royle[*Tamaricaria elegans* (Royle) Qaiser & Ali]

분포 ◇파키스탄-히마찰, 티베트 서남부
개화기 6-8월

건조 고지 계곡 줄기의 자갈땅이나 강가에 자생하는 높이 2-4m인 관목. 가지는 자줏빛 갈색을 띠며 길게 자라 활처럼 휘어지고, 곁가지에 잎이 빽빽하게 어긋나기 한다. 잎에는 자루가 없다. 잎몸은 편평한 협타원형으로 길이 1-1.5cm이고 끝은 둔형이다. 총상꽃차례는 길이 5-10cm로 긴 가지에 많이 달린다. 꽃자루는 길이 3mm. 꽃은 흰색·연붉은색으로 직경 8-10mm. 꽃받침조각은 삼각상란형으로 길이 2mm이고 주변부는 막질. 수술은 10개, 수술대의 기부는 살짝 합착한다. 잎이 크고 비늘조각모양이 아니며 수술대의 합착부가 매우 짧다는 점 등에서 타마리카리아속으로 취급되기도 한다.

③ 미리카리아 로세아 *M. rosea* W.W. Smith

분포 ◇네팔 중부-부탄, 티베트 남부, 윈난성
개화기 6-7월

포복성 관목으로, 고산대의 바위땅에 자생하며 빙하 주변부에 많다. 높이 5-15cm로, 잎이 빽빽하게 돋은 곁가지와 이삭모양의 총상꽃차례가 달린다. 가는 가지에 달리는 잎은 협피침형으로 길이 4-6mm. 꽃차례의 기부에 어긋나기 하는 잎은 길이 7-10mm로 크고 끝은 가시 모양으로 뾰족하다. 꽃차례

① 타마릭스 아르체우토이데스. 8월22일. 파키스탄/가쿠치의 동쪽. 2,100m.

②-a 미리카리아 엘레간스. 7월3일. E/산. 3,750m.

②-b 미리카리아 엘레간스. 7월4일. C/바우마하렐의 남동쪽. 3,500m. 건조한 계곡의 강가에 높이 2-4m의 관목림을 이루고 있다. 꽃봉오리는 붉은색을 띠며, 개화하면 꽃잎이 흰색으로 변한다.

는 길이 3-7cm, 직경 1.5-2cm. 꽃받침조각은 선상피침형. 꽃잎은 장원형으로 길이 5-7mm이고 끝이 분홍색을 띠며 곧추 선 채 거의 열리지 않는다.

④ 미리카리아 게르마니카 알로페쿠로이데스
M. germanica (L.) Desv. subsp. *alopecuroides* (Schrenk) Kitam.

분포 ◇중앙아시아 주변-가르왈, 티베트 서부 개화기 6-7월

건조 고지 계곡 줄기의 자갈땅이나 돌밭에 자생하는 관목으로 높이 1.5-2.5m. 전체적으로 분백색을 띤다. 잎은 가지에 빽빽하게 어긋나기 한다. 잎몸은 협란형-선상장원형으로 길이 2-4mm. 곧추 선 가지 끝의 총상꽃차례는 길이 6-15cm, 직경 1cm. 곁가지의 꽃차례는 짧다. 포엽은 난상피침형이며 막질인 가장자리에 불규칙한 이가 있다. 꽃은 직경 5-7mm. 꽃받침조각은 장원형으로 주변부는 막질. 꽃잎은 협타원형으로 길이 4-6mm이며 분홍색. 수술은 10개, 수술대의 기부는 길게 합착한다.

⑤ 미리카리아 스크바모사 *M. squamosa* Desv.
분포 ◇중앙아시아 주변-네팔 중부, 티베트, 중국 서부 개화기 6-7월

건조 고지 강가의 자갈밭에 군생하는 관목으로 높이 0.5-1.5m이며, 해발고도가 높아지면 기부가 쓰러져 높이가 낮아진다. 잎은 협란형-장원피침형으로 길이 2-5mm이며 끝이 뾰족하다. 총상꽃차례는 많이 달리는데 길이는 3-8cm로 거의 일정하며 꽃이 모여 달린다. 포엽은 막질로 타원형-도피침형. 꽃자루는 길이 3-5mm. 꽃받침조각은 타원상피침형이며 주변부는 막질. 꽃잎은 장원형으로 길이 5-6mm이며 연붉은색. 수술은 10개, 수술대 5개는 길고 5개는 짧으며 기부는 길게 합착한다.

③-a 미리카리아 로세아. 7월 2일. T/탕 라의 북쪽. 4,150m.

③-b' 미리카리아 로세아. 6월 19일. X/마사캉의 북동쪽. 4,500m.

④ 미리카리아 게르마니카 알로페쿠로이데스. 7월 1일. D/사트파라 호수. 2,650m.

⑤ 미리카리아 스크바모사. 6월 29일. K/폭숨도 호수의 북쪽. 3,650m. 빙하에서 흘러나온 물이 몇 가닥으로 갈라져 호수로 흘러드는 삼각주 위에 높이 1-2m의 관목소림을 이루고 있다.

제비꽃과 VIOLACEAE
제비꽃속 Viola

대부분 다년초로 줄기가 없는 것과 줄기나 주출지가 자라는 것이 있다. 잎은 어긋나기 하며 턱잎이 있다. 꽃자루에는 가는 소포 2장이 달린다. 꽃은 좌우상칭으로 꽃받침조각 5장과 꽃잎 5장이 있으며, 입술꽃잎(밑꽃잎)의 기부에 꽃뿔이 있다.

① 비올라 쿠나와렌시스 V. kunawarensis Royle
분포 ◇중앙아시아 주변-시킴, 티베트, 중국 서부 **개화기** 6-8월

고산대 상부의 건조한 초지나 모래땅에 자생하는 소형 다년초. 전체적으로 털이 없다. 잎자루는 길이 7-15mm로 좁은 날개가 있다. 잎몸은 난형-협타원형으로 길이 5-20mm이고 끝은 둔형이며, 기부는 넓은 쐐기형으로 매끈하거나 가장자리에는 성기고 무딘 톱니가 있다. 꽃자루는 높이 2-6cm. 소포는 선상피침형. 꽃은 직경 5-12mm. 꽃받침조각은 협란형으로 길이 3-4mm. 꽃잎은 도란형으로 연자주색. 입술꽃잎은 약간 작고 맥은 짙은 자주색이며, 꽃뿔은 주머니 모양으로 길이는 1-2mm이다.

*①-c는 빙하를 굽어보는 구릉 위에 자란 것으로 높이 1cm, 잎몸은 길이 5-7mm, 꽃은 직경 5mm로 작다.

② 비올라 후케리 V. hookeri Thoms.
분포 ◇네팔 중부-부탄 **개화기** 4-5월

산지의 떡갈나무·석남 숲의 이끼 낀 둔덕 비탈에 자생하며, 끝에 새끼 그루가 딸린 주출지를 뻗어 번식한다. 전체적으로 털이 없다. 잎몸은 광란형-신형으로 폭 1-3cm이고 기부는 심형이며 가장자리에 성기고 둥근 톱니가 있다. 꽃자루는 높이 1.5-7cm이며, 약간 상부에 길이 5-6mm의 선형 소포가 마주나기 한다. 꽃은 직경 1-1.2cm. 꽃받침조각은 장원상피침형으로 길이 3-4mm. 꽃잎은 도란형으로 길이 7-9mm이며 흰색. 입술꽃잎은 작고 자주색 맥이 있으며, 꽃뿔은 길이 2-3mm로 끝이 둥글다.

③ 비올라 필로사 V. pilosa Blume
분포 □파키스탄-동남아시아, 티베트 남동부, 윈난성 **개화기** 3-6월

산지의 습한 떡갈나무나 솔송나무 숲의 둔덕 비탈에 자생하며, 마디 있는 뿌리줄기가 옆으로 뻗는다. 잎자루는 길이 4-7cm이며 털이 자라는 것과 털이 전혀 없는 것이 있다. 잎몸은 광란형으로 길이 2-5cm이며 끝은 갑자기 가늘고 뾰족해진다. 기부는 깊은 심형으로 가장자리에 둥근 톱니가 있으며, 표면에 측맥이 선명하고 그물맥도 약간 선명하다. 앞뒷면의 맥 위에 부드러운 털이 자라거나 털이 전혀 없다. 꽃자루는 높이 4-8cm, 소

①-a 비올라 쿠나와렌시스. 7월23일. F/피체 라의 서쪽. 4,600m.

①-b 비올라 쿠나와렌시스. 7월6일. C/간바보호마 부근. 4,400m.

①-c 비올라 쿠나와렌시스. 6월11일. M/다울라기리 주봉의 북쪽. 4,750m.

②-a 비올라 후케리. 5월5일. N/고라파니 고개의 동쪽. 2,600m.

②-b 비올라 후케리. 4월26일. V/욕솜의 북쪽. 2,200m.

포는 선상피침형. 꽃은 직경 1.3-1.8cm. 꽃받침조각은 선상피침형. 꽃잎은 장원형으로 연자주색이며 안쪽 기부에 부드러운 털이 자란다. 꽃뿔은 길이가 2-3mm이다.

④ **비올라 카네스첸스** *V. canescens* Roxb.
분포 ◇파키스탄·네팔 중부 개화기 3-5월
산지의 떡갈나무나 석남 등의 습한 숲에 자생하며, 뿌리줄기가 부식질 속으로 뻗는다. 전체적으로 털이 자라고, 잎자루는 역방향의 털이 빽빽하게 나 있어 희뿌옇게 보인다. 잎몸은 약간 질이 두꺼운 난형으로 길이 1.5-2.5cm이고 끝은 약간 뾰족하거나 둔형이며, 기부는 심형으로 가장자리에 무딘 톱니가 있다. 꽃자루는 높이 3-7cm, 소포는 선형으로 작다. 꽃은 직경 1.2-1.5cm. 꽃받침조각은 도란형-도피침형으로 상부에 가는 톱니가 있다. 꽃잎은 장원형으로 연붉은색이며 안쪽에 부드러운 털이 자란다. 꽃뿔은 굵고 길이는 2.5-3mm이다.

⑤ **비올라 하밀토니아나** *V. hamiltoniana* D. Don
분포 ◇네팔 중부·동남아시아, 중국 서부
개화기 3-5월
산지의 약간 건조한 숲 주변의 둔덕 비탈에 자생한다. 땅속으로 뻗는 뿌리줄기가 있다. 잎몸은 난형으로 길이 1.5-3cm이며 끝은 가늘고 뾰족하다. 기부는 심형으로 가장자리에 톱니가 있으며 표면에 부드러운 털이 자란다. 잎 뒷면에는 털이 없다. 꽃자루는 높이 4-8cm이며 상부에 선상피침형 소포가 달린다. 꽃은 직경 1.2-1.4cm. 꽃받침조각은 난상피침형. 꽃잎은 장원상도피침형으로 흰색-연자주색이며 안쪽 기부에 희고 부드러운 털이 자란다. 꽃뿔은 굵고 길이 2-3mm.

③-a 비올라 필로사. 6월13일. Z3/구미팀의 남동쪽. 2,200m. 습한 부식질 속으로 마디 있는 뿌리줄기를 뻗어 군락을 이루고 있다. 보통 전체적으로 부드러운 털이 자라지만, 촬영지 부근에 있는 것에는 털이 거의 없다.

③-b 비올라 필로사. 5월20일.
N/쿠룸체의 북쪽. 2,750m.

④ 비올라 카네스첸스. 5월5일.
N/고라파니 고개의 동쪽. 2,700m.

⑤ 비올라 하밀토니아나. 5월15일.
N/코트로의 북쪽. 1,800m.

제비꽃속 Viola

① 장백제비꽃 *V. biflora* L.

분포 □ 히말라야 전역을 포함한 북반구의 아한대와 온대 고산　개화기 5-7월

아고산대에서 고산대에 걸쳐 양지바른 초지의 비탈이나 바위틈에 자생하며, 마디 있는 뿌리줄기가 땅속으로 뻗는다. 꽃줄기는 높이 3-8cm. 근생엽에는 긴 자루가 있다. 잎몸은 광란형·신형으로 폭 1-2cm. 기부는 깊은 심형으로 가장자리에 성기고 무딘 톱니가 있으며 표면에 부드러운 털이 빽빽하게 자란다. 꽃은 1-2개 달리고 꽃자루는 길다. 소포는 선형으로 길이 1-3mm. 꽃은 직경 1.2-1.7cm. 꽃받침 조각은 선상피침형으로 길이 4mm. 꽃잎은 균색이며 상부의 4장은 심하게 휘어 있다. 입술꽃잎에는 검자주색의 선명한 맥이 있고, 꽃뿔은 주머니 모양으로 짧다.

② 비올라 비플로라 히르수타

V. biflora L. var. *hirsuta* Becker

분포 ■ 네팔 동부-시킴, 티베트 남부, 윈난성　개화기 7-8월

다음 내용은 촬영 개체에 관한 기록에 따른 것이다. 산지의 떡갈나무·석남 숲 주변의 이끼 낀 바위에 자생하며, 가는 뿌리줄기가 이끼 속을 뻗어 소군락을 이룬다. 꽃줄기는 높이 4-6cm. 줄기와 잎자루에 굵고 흰 털이 빽빽하게 자란다. 잎몸은 신형으로 폭 1.5-2cm, 기부는 심형으로 가장자리에 성기고 무딘 톱니가 있으며 표면에 미세한 부드러운 털이 자란다. 턱잎은 협란형으로 길이 3-4mm이고 끝이 뾰족하다. 길이 2-3.5cm인 꽃자루에는 털이 없다. 소포는 피침형으로 길이 1mm. 꽃은 직경 1.2-1.4cm. 꽃받침은 선상피침형으로 길이 4mm. 꽃뿔은 길이가 1.5-2mm이다.

③ 비올라 왈리키아나 *V. wallichiana* Gingins

분포 ◇ 네팔 중부-시킴　개화기 5-7월

산지의 떡갈나무·석남 숲 내의 이끼 낀 둔덕 비탈이나 바위땅에 자생하며 잎이 무성한 군락을 이룬다. 장백제비꽃과 비슷하나 꽃은 많이 달리고, 입술꽃잎은 폭이 넓고 기부가 가늘며, 검자주색의 맥은 가늘고 뚜렷치 않다. 꽃뿔은 길이 4-5mm로 가늘게 자라며 끝이 뾰족하다. 꽃줄기는 높이 10-15cm이고 줄기와 꽃자루, 잎자루는 길다.

④ 비올라 스제츠크와넨시스

V. szetschwanensis W. Beck & Boiss

분포 ◇ 티베트 남동부, 윈난·쓰촨성　개화기 6-7월

아고산대의 다소 건조한 소나무나 떡갈나무 숲에 자생하며, 땅속으로 뻗는 가는 뿌리줄기가 있다. 땅위 높이 5-10cm. 꽃줄기는 털이 없고 상부에 잎이 3-4장이 어긋나기 하며,

①-a 장백제비꽃. 7월24일. I/타인의 북서쪽. 3,750m.

①-b 장백제비꽃. 5월30일. Q/베딩의 서쪽. 3,600m.

①-c 장백제비꽃. 7월1일. Z3/시체 라. 4,600m. 바람에 노출된 고개 위 사면에 용담속과 다북떡쑥속, 사초과 풀과 함께 풀밭 형태의 초지를 이루고 있다.

잎 없는 줄기의 하부는 부식질 속으로 길게 뻗는다. 근생엽에는 긴 자루가 있다. 잎몸은 광란형으로 길이 1.5-3cm이고 끝은 예형 또는 점첨형이며 기부는 심형이다. 가장자리에 성기고 무딘 톱니가 있으며, 표면은 광택이 있고 뒷면에는 부드러운 털이 자란다. 줄기잎은 자루가 짧다. 꽃은 1-2개 달린다. 꽃자루는 3-4cm, 소포는 상부에 달리며 협피침형으로 작다. 꽃은 직경 1.5-2cm. 꽃받침조각은 선형으로 길이 5-6mm. 꽃잎은 장원상도란형으로 노란색. 입술꽃잎은 약간 가늘며 검자주색의 선명한 맥이 있다. 꽃뿔은 길이가 2mm이다.

⑤ **비올라 록키아나** *V. rockiana* W. Beck
분포 ◇티베트 남동부, 중국 서부
개화기 6-8월
다소 건조한 아고산대에서 고산대에 걸쳐 숲 주변의 초지나 자갈땅에 자생하며, 땅속에 짧은 뿌리줄기가 있다. 꽃줄기는 높이 5-8cm로, 보통 상부에 잎이 2장 달리고 하부는 땅속에 묻혀 있다. 근생엽의 잎몸은 약간 질이 두꺼운 광란형-신형으로 폭 1-1.5cm이고 기부는 얕은 심형이며 가장자리에 성기고 무딘 톱니가 있다. 표면에 부드러운 털이 자란다. 줄기잎은 자루가 짧고 잎몸의 폭이 좁다. 꽃은 보통 2개 달리며 직경 1-1.2cm. 꽃자루는 길이 1.5-3cm. 꽃받침조각은 선형으로 길이 4-5mm. 꽃잎은 타원상도란형으로 노란색. 입술꽃잎은 약간 짧고, 꽃뿔은 주머니 모양으로 매우 짧다.
*사진의 군락은 과거 기록상에 나타난 분포 지역보다 조금 서쪽에 자란 것으로, 숲 주변이나 초지에 자생하는 이 종의 전형적인 예와는 달리 고산대 상부의 바람에 노출된 평활한 자갈지형에서 왜소화해 있다.

② 비올라 비플로라 히르수타. 7월20일. T/운시사의 남동쪽. 바위를 덮은 두꺼운 이끼 속에 뿌리줄기를 뻗어 소군락을 이루고 있다. 줄기와 잎자루는 역방향의 흰 털로 덮여 있다.

③ 비올라 왈리키아나. 5월24일. T/돈겐의 북쪽. 2,300m.

④ 비올라 스제츠크와넨시스. 6월11일. Z3/다무로의 북서쪽. 3,200m.

⑤ 비올라 록키아나. 7월26일. Y2/라무나 라. 4,900m.

팥꽃나뭇과 THYMELAEACEAE

꽃은 4-5 수성의 방사상칭형. 꽃받침통이 발달해 암술과 수술을 감싸고 있다. 꽃잎은 퇴화했으며, 꽃받침조각이 꽃잎모양으로 휘어 있다.

피뿌리풀속 Stellera

나무줄기처럼 굵은 뿌리줄기를 지닌 다년초.
① 스텔레라 카마에야스메 *S. chamaejasme* L.
분포 ◇가르왈-부탄, 티베트 남동부, 중국 북서부 개화기 5-7월
반건조지대의 아고산대에서 고산대에 걸쳐 침엽수림이나 단구 위의 자갈땅, 바위틈에 자란다. 뿌리줄기의 정수리에 많은 꽃줄기가 모여나기 한다. 꽃줄기는 높이 15-30cm로 겉에 털이 없으며 분지하지 않는다. 잎은 빽빽하게 어긋나기 한다. 잎몸은 자루 없는 타원상피침형으로 길이 1.3-2cm이고 끝은 날카롭다. 꽃은 줄기 끝에 구상으로 모인다. 꽃받침은 길이 7-12mm이고 끝은 5개로 갈라져 휘었으며 갈래조각은 타원형이다. 히말라야에서는 보통 안쪽은 흰색, 바깥쪽은 검자주색·연자주색을 띤다.

팥꽃나무속 Daphne

섬유질로 된 강한 나무껍질을 지닌 관목으로, 다육질의 잎이 어긋나기 한다. 꽃받침 끝은 4개로 갈라졌다.
② 다프네 레투사 *D. retusa* Hemsl.
분포 ◇카슈미르-부탄, 티베트 동부, 중국 서부 개화기 5-6월
높이 0.2-1m의 상록 소관목으로, 아고산대의 침엽수림이나 관목소림에 자생한다. 잎은 가지 끝에 모여나기 하고 자루는 갖지 않는다. 잎몸은 혁질로 겉에 털이 없으며, 주걱형·도피침형으로 길이 2-5cm이고 끝은 둔형이거나 약간 파였으며 가장자리는 바깥쪽으로 말렸다. 꽃은 가지 끝에 두상으로 달리고 향기가 있다. 꽃받

① 스텔레라 카마에야스메. 6월 26일. X/헤디의 북동쪽. 3,900m. 침식된 빙퇴석 구릉 위에 왜성 석남 로도덴드론 안토포곤과 함께 굵은 뿌리를 내리고 있다.

② 다프네 레투사. 6월14일. X/로붙탕 부근. 3,950m.

③ 다프네 볼루아. 4월27일. X/고고나의 동쪽. 3,300m.

④ 다프네 볼루아 글라치알리스. 5월4일. N/푼힐. 3,150m.

침은 바깥쪽은 붉은 자주색, 안쪽은 흰색을 띤다. 통부는 길이 8-10cm, 갈래조각은 난형-피침형으로 끝이 뾰족하다. 열매는 붉게 익는다.

③ 다프네 볼루아 *D. bholua* D. Don var. *bholua*
분포 ◇네팔 중부-부탄, 티베트 남부, 윈난성
개화기 3-5월
산지의 혼합림에 자생하는 높이 1-4m인 상록관목. 잎은 줄기 끝에 모이고 매우 짧은 자루를 가진다. 잎몸은 얇은 혁질의 협타원형-도피침형으로 길이 4-10cm이고 겉에 털이 없으며 끝은 점첨형, 기부는 쐐기형. 꽃받침은 바깥쪽은 자주색, 안쪽은 흰색을 띤다. 통부는 길이 6-10mm이며 바깥쪽에 부드러운 털이 빽빽하게 자란다. 꽃받침 끝은 직경 1.2-1.5cm, 갈래조각은 난형. 열매는 검게 익는다. 나무껍질은 종이 원료로 쓰인다.

④ 다프네 볼루아 글라치알리스
D. bholua D. Don var. *glacialis* (W.W. Smith & Cave) Burtt
분포 ◇네팔 서부-시킴, 티베트 남부, 윈난성 개화기 3-5월
산지나 아고산대의 혼합림에 자생하는 높이 1-7m의 낙엽관목. 기준변종과 달리 꽃은 가지에 잎이 달리기 전에 핀다.

⑤ 다프네 무크로나타 *D. mucronata* Royle
분포 ◇지중해 지방-가르왈 개화기 4-8월
건조한 산지의 바위 비탈에 자생하는 높이 1.5-2.5m의 관목. 가지에 부드러운 털이 빽빽하게 자란다. 잎에는 자루가 없다. 잎몸은 혁질의 협타원형-도피침형으로 길이 2-4cm이고 끝은 뾰족하며 기부는 쐐기형. 꽃은 가지 끝에 두상으로 달린다. 꽃받침은 흰색-유황색으로 길이 7-10mm이고 바깥쪽에 부드러운 털이 자라며 갈래조각은 난형. 열매는 타원체로 길이 7-10mm이며 황적색으로 익는다.

산닥나무속 Wikstroemia
⑥ 위크스트로에미아 카네스첸스
W. canescens Meissner
분포 ◇아프가니스탄-네팔 중부, 인도, 중국
개화기 5-9월
산지의 숲 사이 초지나 관목소림에 자생하는 높이 1-2m인 관목. 줄기 끝은 융털로 덮여 있다. 잎은 어긋나기 또는 마주나기 하며 짧은 자루를 갖는다. 잎몸은 지질의 타원형-도피침형으로 길이 2-5cm이고 끝은 뾰족하며 표면에 부드러운 털이 빽빽하게 자란다. 꽃받침은 노란색, 통부는 길이 8-12mm로 가늘며 바깥쪽에 부드러운 털이 촘촘하게 나 있다. 꽃받침 끝은 직경 4-5mm, 갈래조각은 난형. 열매는 검게 익는다.

⑤-a 다프네 무크로나타. 7월1일. D/사트파라 호수. 2,650m. 건조한 계곡 호숫가의 바위 비탈에 자란 것으로, 가지는 단단해서 쉽게 부러지지 않는다. 잎은 길이 2cm로 질이 두껍고, 꽃은 길이 7mm로 작다.

⑤-b 다프네 무크로나타. 8월11일.
B/페어리 메도우의 북쪽. 3,000m.

⑥ 위크스트로에미아 카네스첸스. 6월25일.
K/라하가온의 북쪽. 2,900m.

보리수나뭇과 ELAEAGNACEAE

꽃에는 꽃잎이 없고 꽃받침이 발달해 있다.

보리수나무속 Elaeagnus

꽃받침의 통부는 길게 자라고 기부에서 씨방을 싸고 있으며, 끝은 4개로 갈라져 열린다. 열매는 헛열매로, 크고 두툼한 통부의 기부에 싸여 있다.

① 엘래아그누스 파르비폴리아

E. parvifolia Royle [*E. umbellata* Thunb.]

분포 ◇아프가니스탄-부탄, 티베트 남부, 중국 남서부 개화기 4-6월

일본의 왕보리수나무와 동종으로 취급되기도 한다. 산지의 숲 주변이나 소림에 자생하는 높이 1.5-4m의 관목. 잎몸은 길이 3-6cm이며 표면에 은색 비늘모양의 털이 빽빽하게 자란다. 꽃받침은 백황색으로 길이 1-1.4cm이고 바깥쪽에 비늘모양의 털이 붙어 있다. 열매는 붉게 익으며 먹을 수 있다.

히포패속 Hippophae

날카로운 가시가 있고, 꽃은 작다. 암수딴그루.

② 히포패 람노이데스 투르케스타니카

H. rhamnoides L. subsp. *turkestanica* Rousi

분포 ◇중앙아시아 주변-히마찰, 티베트 서부, 신장 개화기 4-5월

건조한 산지 계곡 줄기의 자갈땅이나 하천가에 자생하는 높이 1-3m의 낙엽관목. 가지는 넓은 각도로 분지하고, 짧은 가지는 아이스픽 형태의 가시를 이룬다. 잎은 빽빽하게 어긋나기하며 자루를 갖지 않는다. 잎몸은 선상장원형으로 길이 2.5-5cm, 폭 3-6mm이고 표면에 비늘모양의 털이 촘촘하게 나 있다. 열매는 거의 구형으로 직경 6-7mm이며 귤색으로 익는다.

③ 히포패속의 일종 (A) Hippophae sp. (A)

U자 계곡 내 빙하 하류의 하천가에 군생하는 높이 0.3-1.5m의 낙엽관목. 잎은 마주나기 또는 3개씩 돌려나기하며 매우 짧은 자루를 갖는다. 잎몸은 협타원형-피침형으로 길이 1-3cm이며 끝은 날카롭고 표면에 중맥이 선명하다. 가장자리는 바깥쪽으로 말려 있고, 표면에 길고 부드러운 털이 빽빽하게 자란다. 열매는 타원체로 길이 7-8mm이고 황갈색으로 익으며, 단맛이 있어 먹을 수 있다. 동속 살리치폴리아(*H. salicifolia* D. Don)와 티베타나(*H. tibetana* Schlecht.)의 잡종으로 여겨진다.

포도과 VITACEAE

덩굴성 관목. 잎은 어긋나기하고, 덩굴손은 잎에 마주나기한다. 꽃은 4-5수성으로 작다.

암펠로치수스속 Ampelocissus

④ 암펠로치수스 루고사 *A. rugosa* (Wall.) Planch.

① 엘래아그누스 파르비폴리아. 6월1일. M/구르자가온의 북서쪽. 2,700m.

②-a 히포패 람노이데스 투르케스타니카. 8월14일. 장소는 ③-b와 동일.

②-b 히포패 람노이데스 투르케스타니카. 8월14일. A/케렌가르의 남동쪽. 2,800m. 시든 가지가 땅위로 떨어지면 나선 모양으로 어긋나기한 가시 1개는 위를 향하게 된다.

분포 ▢카슈미르-미얀마 개화기 5-7월
저산에서 산지대 하부에 걸쳐 숲 주변이나
관목소림에 자생한다. 잎몸은 광란형으로 길
이 10-25cm이고 3-5개로 얕게 갈라졌으며,
갈래조각은 끝이 뾰족하고 가장자리에 톱니
가 있다. 표면에는 주름이 많고, 뒷면에 적갈
색을 띤 길고 부드러운 털이 자란다. 꽃은 작
고 연두색이며 원추꽃차례로 달린다.

갈매나뭇과 RHAMNACEAE
목본으로, 잎은 어긋나기 하고 꽃은 작다.

망개나무속 Berchemia
잎에 가늘고 평행한 우상맥이 있다.
⑤ 베르케미아 윤나넨시스
B. yunnanensis Franch.
분포 ◇티베트 남동부, 윈난 · 쓰촨성
개화기 6-8월
다소 건조한 산지의 숲 주변이나 관목소림
에 자생하는 높이 3-5m인 관목. 전체적으로
털이 없다. 잎몸은 난상타원형으로 길이 3-
5cm이고 끝은 둔형-예형이며 기부는 원형
이다. 총상꽃차례는 곁가지 끝에 달리며 길
이 2-4cm. 꽃은 연두색으로 직경 2mm. 열매
는 원기둥 모양으로 길이 6-8mm이다.

아욱과 MALVACEAE
우레나속 Urena
⑥ 우레나 로바타 *U. lobata* L. subsp. *lobata*
분포 ▢히말라야 저산대를 포함한 세계의 열
대-아열대 지방 개화기 1년 내내
밭 주변이나 숲 주변에 자생하는 다년초. 꽃줄
기는 높이 0.5-2m이며 기부는 목질화했다. 잎은
어긋나기 한다. 잎의 기부 잎몸은 광란형으로
길이 5-10cm이고 3-5개로 얕게 갈라졌으며 앞뒷
면에 별모양의 털이 자란다. 꽃은 직경 2cm. 수
술은 길이 1-1.5cm, 수술대는 합착한다.

③ 히포패속의 일종 (A) 8월20일. P/랑시샤의 남서쪽. 4,000m. 높이 1m가량의 관목으로, 가지 끝이 날카로운
가시모양을 하고 있다. 광활한 U자 계곡 내 강가에 빽빽한 덤불을 이루고 있다.

④ 암펠로치수스 루고사. 5월25일.
I/푸르나 부근. 2,000m.

⑤ 베르케미아 윤나넨시스. 6월18일.
Z3/다무로의 북서쪽. 3,100m.

⑥ 우레나 로바타. 8월27일.
U/단쿠타의 남쪽. 1,300m.

봉선화과 BALSAMNACEAE

봉선화속 Impatiens

1년초 또는 다년초. 꽃받침조각은 3장 또는 5장 달린다. 밑꽃받침조각은 크고 나팔 모양이나 주머니 모양, 배 모양을 하고 있으며 끝에 보통 꽃뿔이 있다. 곁꽃받침조각은 작고 1-2장 달린다. 꽃잎은 3장으로, 위쪽의 바탕꽃잎(위꽃잎)은 덮개 모양을 하고 있는 경우가 많다. 좌우의 날개꽃잎(곁꽃잎)은 인접한 꽃잎 2장이 상하로 합착한 것으로, 원 꽃잎에서 유래된 윗갈래조각과 밑갈래조각이 있으며 밑갈래조각은 보통 길게 자란다. 열매는 가늘며, 세로로 자르면 단숨에 기부까지 코일 형태로 말리면서 씨앗을 멀리 날려 보낸다.

① 임파티엔스 글란둘리페라 *I. glandulifera* Royle
분포 ㅁ파키스탄-가르왈, 유럽 등지에 귀화
개화기 7-9월

1년초. 한지에서 고산대에 걸쳐 강가나 보리밭 주변, 방목지 주변, 관목림 주변에 자생하며 해빙이 늦는 계곡의 초지에 군생한다. 꽃줄기는 굵고 높이 1-2m이며 전체적으로 털이 없다. 잎은 어긋나기, 마주나기, 돌려나기 한다. 잎몸은 광피침형으로 길이 6-17cm이고 끝은 뾰족하며 가장자리에 톱니가 있다. 꽃은 전체가 분홍색으로, 줄기 끝 잎겨드랑이에서 비스듬히 뻗은 총꽃차례 끝에 여러 개 달리며 꽃뿔을 포함해 길이 3-4cm. 밑꽃받침조각은 주머니 모양. 꽃뿔은 길이 4-6mm로 가늘며 아래로 휘었다. 바탕꽃잎은 원형으로 곧추서고, 날개꽃잎의 밑갈래조각은 반타원형. 열매는 막대기 모양으로 길이 1.5-3cm이다.

② 임파티엔스 술카타 *I. sulcata* Wall.
분포 ㅁ카슈미르-부탄, 티베트 남부
개화기 7-9월

산지에서 아고산대에 걸쳐 강가의 습지나 이끼 낀 바위땅, 볕이 잘 들지 않는 초지에 자생하며 이따금 폭넓게 번식한다. 높이 1-2.5m. 동속 글란둘리페라와 비슷하나, 잎은 약간 크고 난상피침형으로 길이 8-20cm이며 측맥 수가 많고 톱니 끝은 뾰족하지 않다. 꽃잎은 연붉은색·연자주색·붉은 자주색. 밑꽃받침조각은 흰색을 띤다. 바탕꽃잎의 끝은 부리 모양으로 돌출해 휘어 있다.

③ 임파티엔스 락시플로라
I. laxiflora Edgew. [*I. thomsonii* Hook.f.]
분포 ◇파키스탄-부탄, 티베트 남부
개화기 7-8월

건조한 산지나 아고산대의 습한 바위땅 및 하천가에 자생하는 소형 1년초로, 높이 10-50cm이며 전체적으로 털이 없다. 잎은 어긋나기 한다. 잎몸은 타원상도침형으로 길이 2-7cm이고 끝은 뾰족하며 가장자리에 성긴

① 임파티엔스 글란둘리페라. 8월20일. I/꽃의 계곡. 3,400m. 날개꽃잎의 밑갈래조각은 2장이 붙어 바탕꽃잎과 같은 광란형을 하고 있고, 윗갈래조각의 2장은 화후 위를 차양 형태로 덮고 있다.

②-a 임파티엔스 술카타. 8월1일. K/차우타의 북동쪽. 2,900m.

②-b 임파티엔스 술카타. 8월8일. X/샤나의 북쪽. 3,000m.

톱니가 있다. 줄기 끝에 길이 2-7cm인 총꽃
차례가 자라고 끝에 1개-여러 개의 꽃이 총
상으로 달린다. 꽃은 분홍색-흰색. 밑꽃받침
조각은 원추형으로 길이 6-10mm, 안쪽은
노란색을 띠며 갈색 반점이 있다. 꽃뿔은 길
이 5-10mm로 가늘며 아래로 완만하게 휘어
있다. 바탕꽃잎은 원형으로 덮개모양을 하
고 있으며 길이 5-8mm. 날개꽃잎의 윗갈래
조각은 거의 원형, 밑갈래조각은 반타원형
으로 길이 8-15mm이다.

④ 임파티엔스 프라기콜로르
I. fragicolor Marq. & Shaw
분포 ◇티베트 동부 **개화기** 7-8월
1년초. 꽃줄기는 굵고 높이 40-80cm로 곧게
자라며 전체적으로 털이 없다. 잎은 하부에
서 마주나기 하고 상부에서 어긋나기 한다.
하부의 잎에는 길이 2-5cm의 자루가 있다.
잎몸은 피침형으로 길이 8-14cm이고 끝은
뾰족하며, 기부는 쐐기형으로 가장자리에
톱니가 있다. 총꽃자루는 줄기 끝 잎겨드랑
이에서 비스듬히 뻗는다. 꽃자루는 길이 1-2
cm. 꽃은 연자주색으로 꽃뿔을 포함해 길이
2.2-2.5cm. 밑꽃받침조각은 원추상의 나팔모
양으로 길이 1.2-1.4cm. 꽃뿔은 길이 7-10
mm로 가늘며 아래로 말려 있다. 바탕꽃잎은
원상광란형으로 곧추 선다. 열매는 막대기
모양으로 길이는 3-3.5cm이다.

⑤ 임파티엔스 운치페탈라 *I. uncipetala* Hook.f.
분포 ■네팔 동부-시킴 **개화기** 7-9월
산지림의 이끼 낀 부식질에 다생하는 다년초
로, 땅속에 장원형의 덩이줄기가 있다. 꽃줄
기는 높이 20-50cm로 마디마다 약간씩 굽었
으며 전체적으로 겉에 부드러운 털이 자란
다. 잎은 줄기 상부에 어긋나기 하고 길이 5-
10mm의 자루를 가진다. 잎몸은 장란형-도란
상타원형으로 길이 4-8cm이고 끝은 갑자기
뾰족해지며, 기부는 쐐기형으로 가장자리에
둥근 톱니가 있다. 총꽃차례는 상부 잎겨드
랑이에서 옆으로 짧게 뻗고 그 끝에 꽃이 1-2
개 달린다. 꽃은 잎 밖으로 노출되며 꽃뿔을
포함해 길이 3-3.5cm. 곁꽃받침조각은 1개
달리고 난형으로 길이 7mm이며, 백녹색으로
끝은 뾰족하고 바깥쪽에 부드러운 털이 빽빽
하게 자란다. 밑꽃받침조각은 나팔모양으로
흰색이며 끝은 점차 가늘어진다. 꽃뿔은 길
이 8-12mm이고 뒤쪽으로 뻗으며 끝은 살짝
아래를 향한다. 바탕꽃잎은 능형으로 흰색이
며 끝은 가늘게 위로 휘어 있다. 날개꽃잎은
끝이 분홍색을 띠고, 노란색 기부에는 붉은
줄이 세로로 평행하게 나 있다. 날개꽃잎의
윗갈래조각은 일그러진 난형으로 끝이 뾰족
하고 약간 배모양을 하고 있으며, 밑갈래조
각은 끝이 길게 뻗는다.

③ 임파티엔스 락시플로라. 7월29일. H/파체오의 남쪽. 3,500m. 건조한 계곡의 용수(湧水)가 흘러내리는 바위틈
에 뿌리를 내리고 높이 10cm 이하로 왜소화한 꽃을 피우고 있다.

④ 임파티엔스 프라기콜로르. 7월27일.
Z3/다무로. 3,300m.

⑤ 임파티엔스 운치페탈라. 8월23일.
U/구르자가온의 남서쪽. 2,400m.

봉선화속 Impatiens

① 임파티엔스 아르구타 *I. arguta* Hook.f. & Thoms.
분포 ◇네팔 동부-윈난 · 쓰촨성, 티베트 남동부 개화기 7-9월
산지 숲 주변의 부식질에 자생하는 다년초. 꽃줄기는 높이 20-70cm이며 활빌히 분지한다. 잎은 어긋나기 한다. 잎몸은 타원상피침형으로 길이 4-15cm이고 기부는 점첨형이며 가장자리에 가는 톱니가 있다. 꽃은 연보라색으로 잎겨드랑이에 1-2개 달리며 꽃뿔을 포함해 길이 3-4cm. 곁꽃받침조각은 2장 달린다. 밑꽃받침조각은 주머니모양으로 흰색이고, 꽃뿔은 길이 8-17mm로 강하게 휘어 있다. 날개꽃잎의 밑갈래조각은 장원형이며 끝은 절형이다.

② 임파티엔스 킹기이
I. kingii Hook.f. [*I. gamblei* Hook.f., *I. hobsonii* Hook.f.]
분포 ◇네팔 동부-부탄, 티베트 남부
개화기 7-9월
산지나 아고산대의 이끼 낀 숲 주변의 부식질에 자생하는 다년초. 꽃줄기는 높이 30-50cm로 상부에 부드러운 털이 자란다. 잎은 줄기 끝에 빽빽하게 어긋나기 한다. 잎몸은 타원상피침형으로 길이 7-12cm이고 기부는 점첨형이며 가장자리에 둥근 톱니가 있다. 상부의 잎겨드랑이에서 옆으로 뻗은 총꽃자루 끝에 꽃 2-5개가 달린다. 꽃은 흑갈색으로 꽃뿔을 포함해 길이 3-4cm. 곁꽃받침조각은 2장. 밑꽃받침조각은 주머니모양, 꽃뿔은 길이 6-8mm이며 아래로 말려 있다. 날개꽃잎은 길이 1.5-2.5cm, 밑갈래조각의 끝은 끈 형태로 길게 자란다.

③ 임파티엔스 스피리페르 *I. spirifer* Hook.f. & Thoms.
분포 ◇네팔 동부-부탄 개화기 8-10월
1년초. 산지의 습한 숲 주변의 부식질에 자생한다. 높이 15-50cm. 잎은 어긋나기 한다. 잎몸은 타원상피침형으로 길이 3-8cm이고 기부는 점첨형이며 가장자리에 성기고 둥근 톱니가 있다. 앞뒷면에 부드러운 털이 자란다. 줄기 끝 잎겨드랑이에 꽃이 1-2개 달리고, 꽃자루는 길이 2-4cm. 꽃은 분홍색이며 꽃뿔을 포함해 길이 3.5-4cm. 곁꽃받침조각은 광난형. 꽃뿔은 흰색으로 길이 7-10mm이며 끝이 말려 있다. 바탕꽃잎의 뒷면에 흰 돌기가 있다. 날개꽃잎의 밑갈래조각은 일그러진 타원형이며 기부는 노란색을 띤다.

④ 임파티엔스 유르피아 *I. jurpia* Hamilton
분포 ◇네팔 중부-부탄 개화기 7-9월
저산이나 산지의 이끼 낀 숲 주변의 부식질에 자생하는 다년초. 꽃줄기는 높이 20-50cm로 상부에 부드러운 털이 빽빽하게 자란다. 잎은 어긋나기 한다. 잎몸은 타원상피침

①-a 임파티엔스 아르구타. 9월17일.
X/펠레 라의 서쪽. 2,600m.

①-b 임파티엔스 아르구타. 9월17일.
X/펠레 라의 서쪽. 2,600m.

②-a 임파티엔스 킹기이. 7월8일.
U/구르자가온의 남서쪽. 2,550m.

②-b 임파티엔스 킹기이. 9월19일.
X/마로탄의 남쪽. 3,350m.

③ 임파티엔스 스피리페르. 9월17일.
X/도추 라의 동쪽. 2,150m.

④ 임파티엔스 유르피아. 8월20일.
Q/세르둥의 남서쪽. 2,900m.

형으로 길이 4-15cm이고 가장자리에 성긴
톱니가 있다. 꽃은 줄기 끝 잎겨드랑이에 2-5
개 달리고 꽃뿔을 포함해 길이 3-3.5cm이며
전체적으로 희뿌옇다. 밑꽃받침조각은 주머
니모양이며 안쪽은 노란색을 띤다. 꽃뿔은
길이 7-10mm이며 아래로 말려 있다. 바탕꽃
잎의 뒷면에 가늘고 긴 돌기가 있다.

⑤ 임파티엔스 플로리게라 *I. florigera* Hook.f.
분포 ■ 네팔 동부-부탄 **개화기** 6-10월
1년초. 저산대 숲 주변의 이끼 낀 부식질에 자
생한다. 꽃줄기는 높이 30-50cm로 상부에 부
드러운 털이 자란다. 잎은 어긋나기 한다. 잎
몸은 타원상피침형으로 길이 5-12cm이고 기
부는 점첨형이며 가장자리에 둥근 톱니가 있
다. 표면에 부드러운 털이 자란다. 꽃은 붉은
색으로 상부의 잎겨드랑이에 3-5개 달리며 길
이 2.5-3cm. 밑꽃받침조각은 주머니 모양으로
중간에서 잘록하며 바깥쪽에 길고 부드러운
털이 나 있다. 꽃뿔은 길이 3-5mm. 바탕꽃잎
은 날개꽃잎의 윗갈래조각과 덮개 형태로 합
쳐지고 뒷면에 돌기가 있다. 날개꽃잎의 밑갈
래조각은 일그러진 타원형으로, 기부에 곧추
서는 황백색 돌기가 있다.

⑥ 임파티엔스 푸베룰라 *I. puberula* DC.
분포 ◇ 네팔 중부-부탄, 티베트 남부
개화기 6-9월
산지 숲 주변의 부식질에 자생하는 다년초.
꽃줄기는 높이 30-60m로 상부에 부드러운 털
이 자란다. 잎은 줄기 끝에 빽빽하게 어긋나
기 한다. 잎몸은 타원상피침형으로 길이 7-
15cm이고 기부는 쐐기형-절형이며 가장자리
에 둥근 톱니가 있다. 꽃은 줄기 끝 잎겨드랑
이에 1개 달리고, 꽃자루는 길이 2.5-5cm로 곧
추 선다. 밑꽃받침조각은 배 모양으로 흰색이
며 꽃뿔을 포함해 길이 2-3cm. 꽃뿔은 가늘게
뻗어 끝이 살짝 아래를 향한다. 꽃잎은 자주
색. 바탕꽃잎의 뒷면에 돌기가 있으며, 날개
꽃잎의 윗갈래조각은 덮개 형태로 합쳐진다.

⑦ 임파티엔스 엑실리스 *I. exilis* Hook.f.
분포 ◇ 네팔 중부-부탄 **개화기** 7-10월
저산대의 숲 주변이나 초지에 자생하는 1년
초. 꽃줄기는 높이 30-60cm로 상부에 부드러
운 털이 자란다. 잎은 어긋나기 한다. 잎몸은
장란상피침형으로 길이 6-10cm이고 기부는
쐐기형이며 가장자리에 둥근 톱니가 있다. 꽃
은 잎겨드랑이에 1-4개 달리고 분홍색이며
전면 직경 1.2-1.5cm. 밑꽃받침조각은 배모양.
꽃뿔은 길이 1.5-2.2cm이며 아래로 완만하게
휘었다. 바탕꽃잎의 뒷면에 돌기가 있으며,
날개꽃잎의 윗갈래조각은 좌우로 열린다.

⑤ 임파티엔스 플로리게라. 7월11일. U/시누와의 북동쪽. 1,100m. 주머니 모양의 밑꽃받침조각에 빗물이 고이지
않도록 꽃은 잎 밑에 숨어 피고, 바탕꽃잎과 날개꽃잎이 덮개를 이룬다.

⑥ 임파티엔스 푸베룰라. 6월12일.
O/굴반장의 남쪽. 2,300m.

⑦ 임파티엔스 엑실리스. 8월27일.
U/단쿠타의 남쪽. 1,300m.

봉선화속 Impatiens

① 임파티엔스 팔치페르 *I. falcifer* Hook.f.
분포 ◇네팔 중부–시킴 **개화기** 7–10월
산지에서 아고산대에 걸쳐 숲 주변이나 습
한 바위땅에 자생한다. 꽃줄기는 분지해 쓰
러지거나 곧게 자라며 높이 10-50cm. 잎은 마
주나기 한다. 잎몸은 난상피침형으로 길이
1.5-7cm이고 기부는 점첨형이며 가장자리
에 톱니가 있다. 잎겨드랑이에 노란색 꽃이
1-2개 달린다. 밑꽃받침조각은 배 모양이며
가는 꽃뿔을 포함해 길이 1.5-2.5cm. 꽃뿔은
곧게 자라거나 아래 또는 위로 완만하게 휘
어진다. 바탕꽃잎의 뒷면에 능이 있다. 날개
꽃잎은 길이 1.8-2.3cm, 윗갈래조각은 작고
밑갈래조각은 낫모양으로 크다. 보통 바탕
꽃잎과 날개꽃잎의 위쪽 작은 갈래조각에
검자주색 반점이 있다.

② 임파티엔스 암포라타 *I. amphorata* Edgew.
분포 ◇카슈미르–쿠마온 **개화기** 8–10월
산지의 숲 주변이나 물가의 바위땅에 군생한
다. 꽃줄기에는 높이 30-80cm인 전체적으로
털이 없다. 잎은 어긋나기 한다. 잎몸은 타원상
피침형으로 길이 5-10cm이며 가장자리에 가
늘고 무딘 톱니가 있다. 줄기 끝 잎겨드랑이에
서 비스듬히 뻗은 총꽃자루 끝에 노란꽃이 2-5
개 달린다. 꽃은 꽃뿔을 포함해 길이 2.5-3.5cm.
곁꽃받침조각은 광란형. 밑꽃받침조각은 원통
형 주머니모양으로 끝은 붉은빛을 띤다. 꽃뿔
은 길이 8-15mm이며 아래로 휘어졌다. 바탕꽃
잎은 덮개모양이며 뒷면에 용골 형태의 돌기
가 있다. 날개꽃잎의 윗갈래조각은 삼각상광
란형, 밑갈래조각은 손도끼모양으로 2개로 갈
라졌으며, 아래쪽의 작은 갈래조각은 가늘고
길다. 날개꽃잎의 기부에 붉은 맥이 있다.

①-a 임파티엔스 팔치페르. 8월7일.
T/운시사의 북쪽. 3,250m.

①-b 임파티엔스 팔치페르. 8월22일.
V/초카의 북쪽. 2,950m.

①-d 임파티엔스 팔치페르. 8월18일. P/고라타베라의 남서쪽. 2,900m. 날개꽃잎의 밑갈래조각은 상단이 낫 모
양으로 자란다. 랑탕 지방의 것은 꽃잎에 붉은 반점이 없다.

①-c 임파티엔스 팔치페르. 10월1일.
O/타레파티의 북쪽. 3,500m.

③ 봉선화속의 일종 (A) Impatiens sp. (A)

바위가 많은 둔덕 비탈을 뒤덮은 소관목 그루 내에 자생한다. 꽃줄기는 높이 30-40cm로 가늘고 겉에 털이 없다. 잎은 어긋나기 하고 자루는 길이 1.5-2cm. 잎몸은 타원상피침형으로 길이 5-8cm이고 끝은 뾰족하며, 기부는 넓은 쐐기형으로 가장자리에 톱니가 있다. 줄기 끝 잎겨드랑이에서 비스듬히 뻗은 길이 5-6cm의 총꽃자루에 꽃이 여러 개 달린다. 꽃자루는 길이 2cm. 꽃은 흰색으로 꽃뿔을 포함해 길이 2.5cm, 전면 직경 2cm. 곁꽃받침조각은 난형으로 1장 달린다. 밑꽃받침조각은 원통형 주머니 모양. 꽃뿔은 길이 6mm이며 아래로 휘어졌다. 바탕꽃잎은 덮개모양이며 뒷면에 용골형태의 돌기가 있다. 날개꽃잎의 밑갈래조각은 끝이 가늘게 자라고, 기부에 곧추서는 작은 갈래조각이 있다. 날개꽃잎의 기부와 밑꽃받침조각은 검자주색을 띤다.

④ 봉선화속의 일종 (B) Impatiens sp. (B)

아고산대의 이끼 낀 암벽 틈에 자생한다. 땅속에 가늘고 단단한 뿌리줄기가 있으며, 몇 년 분량의 오래된 꽃줄기가 시들어 남아 있다. 꽃높이 10-18cm인 줄기에 털이 거의 없다. 잎은 줄기 상부에 어긋나기 하고 자루는 길이 0-4mm. 잎몸은 난형으로 길이 2-3.5 cm이고 끝은 날카로우며 가장자리에 둥근 톱니가 있다. 톱니 사이에 가시모양의 돌기가 있다. 줄기 끝 잎겨드랑이에서 뻗은 총꽃차례에 꽃이 1-3개 달린다. 꽃은 노란색으로 맥은 붉은 빛을 띠며 꽃뿔을 포함해 길이 3.5-4cm. 곁꽃받침조각은 난상피침형으로 1장 달린다. 밑꽃받침조각은 나팔모양. 꽃뿔은 길이 6mm이며 아래로 말려 점차 가늘어진다. 바탕꽃잎은 덮개모양이며 뒷면에 무딘 능이 있다. 날개꽃잎은 길이 2.3-2.5cm, 밑갈래조각의 끝은 가늘게 자란다.

②-a 임파티엔스 암포라타. 9월22일. J/카티의 북동쪽. 2,200m.

②-b 임파티엔스 암포라타. 9월22일. J/카티의 북동쪽. 2,200m.

③ 봉선화속의 일종 (A) 8월1일. K/구르치 라그나의 북쪽. 3,300m.

④ 봉선화속의 일종 (B) 8월7일. T/투로포카리의 북쪽. 4,100m. 꽃은 길이 4cm. 날개꽃잎의 밑갈래조각은 끝이 가늘고 늘어졌으며, 밑꽃받침조각의 꽃뿔은 돼지꼬리처럼 아래로 말려 있다.

봉선화속 Impatiens

① 임파티엔스 스카브리다
I. scabrida DC. [*I. cristata* Wall.]

분포 ◇파키스탄-부탄, 티베트 남부
개화기 7-10월

1년초. 다소 건조한 저산대에서 아고산대에 걸쳐 침엽수림이나 수로 옆 비탈, 관목림 주변에 자생한다. 꽃줄기는 높이 30-80cm이며 부드러운 털이 자란다. 잎은 어긋나기 한다. 잎몸은 타원상피침형-도피침형으로 길이 6-12cm이고 가장자리에 톱니가 있으며 앞뒷면에 부드러운 털이 나 있다. 상부의 잎겨드랑이에 노란 꽃이 1-3개 달린다. 꽃은 길이 2.5-4cm, 밑꽃받침조각은 나팔 모양-주머니 모양이며 안쪽에 붉은 반점이 있다. 꽃뿔은 길이 8-15mm로 가늘며 아래로 휘어졌다. 바탕꽃잎은 위를 향하고 끝에 V자형의 새김눈이 있으며, 뒷면에 뿔 형태의 돌기가 있다. 날개꽃잎의 밑갈래조각은 일그러진 타원형-장원형이다.

② 임파티엔스 침비페라 *I. cymbifera* Hook.f.
분포 ◇네팔 중부-시킴 **개화기** 7-10월

1년초. 산지의 숲 주변에 자생한다. 높이 0.5-1m인 꽃줄기에 전체적으로 털이 없다. 잎은 줄기 끝에 빽빽하게 어긋나기 한다. 잎몸은 타원상피침형으로 길이 8-15cm이고 기부는 점첨형이며 가장자리에 가는 톱니가 있다. 줄기 끝 잎겨드랑이에서 옆으로 뻗은 총꽃차례에 꽃이 3-6개 달린다. 꽃은 연한 자줏빛 갈색으로 길이 2.5-3.5cm. 밑갈래조각은 나팔 모양이며 끝은 어두운 자주색을 띤다. 꽃뿔은 곧게 자라며 길이 8-14mm. 바탕꽃잎의 뒷면 돌기는 눈에 띄지 않는다. 날개꽃잎은 길이 2-2.5cm, 기부에 검자주색 맥과 오렌지색 반점이 있다.

③ 봉선화속의 일종 (C) Impatiens sp. (C)

계곡 줄기 숲 주변의 습한 초지에 자생한다. 꽃줄기는 높이 0.5-1m로 상부에 부드러운 털이 빽빽하게 자란다. 잎은 어긋나기 하고 잎자루는 길이 1-2cm. 잎몸은 타원상피침형-도피침형으로 길이 6-10cm, 기부는 쐐기형-원형으로 가장자리에 톱니가 있으며 앞뒷면의 맥 위에 부드러운 털이 자란다. 꽃은 직경 2.5-3cm로 짧은 총꽃자루 끝에 1-3개 달린다. 곁꽃받침조각은 1장 달리는데 난형으로 길이 5-6mm이며 부드러운 털이 나 있다. 밑꽃받침조각은 배모양으로 자줏빛 갈색을 띤다. 꽃뿔은 주머니모양으로 짧다. 바탕꽃잎은 노란색으로 길이 7mm, 뒷면에 능형태의 돌기가 있으며 능에는 부드러운 털이 자란다. 날개꽃잎은 길이 2-2.2cm로 자줏빛 갈색을 띤다. 윗갈래조각은 타원형이며 끝이 휘어졌고, 밑갈래조각은 타원상피침형. 동속 세라타(*I. serrata* Hook.f. & Thoms)에 가깝다.

①-a 임파티엔스 스카브리다. 9월15일. H/마날리, 1,900m.

①-b 임파티엔스 스카브리다. 9월16일. G/나라나크, 3,300m.

①-c 임파티엔스 스카브리다. 9월16일. X/탁창 부근, 2,700m.

② 임파티엔스 침비페라. N/고라파니 고개의 남동쪽, 2,700m. 촬영/스즈키

③-a 봉선화속의 일종 (C) 8월1일. K/차우타의 북동쪽, 2,900m.

③-b 봉선화속의 일종 (C) 8월1일. K/차우타의 북동쪽, 2,900m.

④ 임파티엔스 투베르쿨라타

I. tuberculata Hook.f. & Thoms.

분포 ◇시킴-부탄, 티베트 남부 **개화기** 6-9월
1년초. 산지나 아고산대 숲 주변의 습한 초지
나 하천가에 자생한다. 꽃줄기는 높이 20-70
cm이며 전체적으로 털이 없다. 잎은 어긋나
기 하고 줄기 끝에서는 돌려나기 형태로 달
린다. 잎몸은 타원상피침형으로 길이 2-10
cm이고 가장자리에 둥근 톱니가 있다. 줄기
끝 잎겨드랑이에서 비스듬히 뻗은 매우 짧은
총꽃자루에 꽃 3-7개가 총상으로 달린다. 총
꽃자루와 꽃자루는 길이 5-10cm. 꽃은 흰색-
연지주색으로 직경 1-2.5cm. 밑꽃받침조각
은 배모양. 꽃뿔은 주머니모양으로 매우 짧
다. 바탕꽃잎은 광란형이며 위를 향해 곧추
선다. 날개꽃잎은 길이 1-1.8cm, 윗갈래조각
은 좌우가 합쳐져 덮개형태를 이루고 밑갈래
조각은 끝이 갑자기 뾰족해진다. 날개꽃잎의
기부에 붉은색 반점이 있다.

⑤ 임파티엔스 라체모사 *I. racemosa* DC.

분포 □히마찰-부탄, 티베트 남부
개화기 5-10월

1년초. 저산이나 산지의 물이 떨어지는 암벽
기부나 하천가, 길가의 움푹 팬 곳에 자생한
다. 높이 0.2-1m인 꽃줄기에는 전체적으로
털이 없다. 잎은 빽빽하게 어긋나기 한다. 잎
몸은 장원상피침형으로 길이 5-15cm이고 기
부는 쐐기형이며 가장자리에 가늘고 무딘 톱
니가 있다. 상부의 잎겨드랑이에서 곧추 선
가는 총꽃자루에 꽃이 여러 개 달린다. 꽃은
귤색으로 전면 직경 1.2-2cm. 밑꽃받침조각은
배모양이며 끝은 점차 가늘어져 꽃뿔로 이어
진다. 꽃뿔은 길이 1.5-2.5cm로 자라 아래를 향
해 완만하게 휘어진다. 날개꽃잎의 밑갈래조
각은 폭이 넓고 끝은 갑자기 가늘어진다.

⑥ 임파티엔스 스치툴라 *I. scitula* Hook.f.

분포 ◇시킴-부탄 **개화기** 7-9월
산지 숲 주변의 부식질이나 바위질 비탈에
자생한다. 꽃줄기는 길이 10-50cm로 쉽게
쓰러지며, 땅과 맞닿은 마디에서 뿌리를 내
린다. 잎은 가지 끝에 빽빽하게 어긋나기 한
다. 잎몸은 협란형으로 길이 1.5-5cm이고
끝은 날카로우며 가장자리에 톱니가 있다.
꽃은 가지 끝 잎겨드랑이에 2개, 이따금 3-5
개 달린다. 꽃차례는 총꽃자루를 포함해 길
이 2.5-6cm. 꽃은 노란색으로 길이 2-2.5cm.
밑꽃받침조각은 배 모양이며 가늘고 긴 꽃
뿔을 포함해 길이 1.3-1.7cm. 꽃뿔의 끝은 위
를 향해 살짝 말려 있다. 날개꽃잎의 밑갈래
조각은 선형으로 길이 1-1.3cm이며 앞을 향
해 뻗는다. 이따금 바탕꽃잎과 날개꽃잎의
윗갈래조각에 적갈색 반점이 들어가 있다.

④ 임파티엔스 투베르쿨라타. 9월18일.
X/니카르추 추잠의 북쪽. 2,650m.

⑤ 임파티엔스 라체모사. 6월11일.
O/순다리잘의 북쪽. 1,500m.

⑥ 임파티엔스 스치툴라. 8월22일. V/초카의 북쪽. 2,950m. 산등성이의 솔송나무와 석남이 벌채된 급사면에 자
라고 있다. 줄기는 땅위로 뻗으며 마디에서 뿌리를 내린다.

봉선화과 377

칠엽수과 HIPPOCASTANACEAE

커다란 장상복엽이 마주나기 한다. 꽃은 좌우상칭. 꽃받침조각은 5장. 꽃잎은 5장이며 1장은 퇴화했다.

칠엽수속 Aesculus
① 애스쿨루스 인디카

A. indica (Cambess.) Hooker
분포 ◇아프가니스탄-네팔 중부
개화기 5-6월

산지에 자생하는 높이 4-20m의 낙엽수. 잎자루는 길이 10-15cm. 작은 잎은 5-7장 달리고 기부에 자루가 있다. 잎몸은 타원상도피침형으로 길이 15-25cm이고 끝은 가늘고 뾰족하며 가장자리에 가는 톱니가 있다. 꽃은 굵은 가지 끝에 모여 달리며 길이 20-30cm의 원추꽃차례를 이룬다. 꽃잎은 타원형으로 길이 1.5-2cm이며 흰색, 기부에 노란색-붉은색 반점이 있다. 수술은 7개로, 꽃잎보다 길게 자라 끝이 위를 향한다. 열매는 도란상구형으로 직경 3-5cm.

단풍나뭇과 ACERACEAE

잎은 마주나기 한다. 꽃은 4-5 수성. 시과(翅果)에 씨앗 2개와 큰 날개 2장이 붙어 있다.

단풍나무속 Acer
② 아체르 캄프벨리이 A. campbellii Hiern.

분포 ◇네팔 서부-미얀마, 티베트 남부, 윈난성 개화기 3-5월

산지나 아고산대 계곡 줄기의 혼합림에 자생하는 낙엽고목. 높이 7-20m. 잎자루는 길이 4-8cm. 잎몸은 폭 8-15cm이고 기부는 얕은 심형이며 5-7개로 갈라졌다. 갈래조각은 거의 모양이 일정하고 끝이 꼬리형태로 뾰족하며 가장자리에 가는 톱니가 있다. 짧은 가지 끝에 길이 5-12cm의 가늘고 긴 원추꽃차례를 이룬다. 꽃은 연두색으로 직경 6mm. 수술은 꽃잎보다 약간 길고 꽃밥은 붉은색을 띤다. 시과는 넓은 각도로 열린다.

③ 아체르 페크티나툼 A. pectinatum Nicholson

분포 ◇네팔 서부-미얀마, 티베트 남부, 윈난성 개화기 4-5월

산지나 아고산대의 습한 혼합림에 자생하는 낙엽고목. 높이 7-15m. 잎자루는 길이 3-7cm. 잎몸은 폭 7-12cm이며 3-5개로 갈라졌다. 큰 갈래조각은 삼각상협란형으로 끝은 꼬리형태로 뾰족하고 가장자리에 가는 톱니가 있으며, 기부에서는 겹톱니를 이루며 끝이 돌출한다. 기부의 갈래조각은 작다. 잎 뒷면의 맥에 연갈색 부드러운 털이 자란다. 꽃은 적녹색으로 직경 7-8mm이며 아래로 늘어진 총상꽃차례에 드문드문 달린다. 꽃잎과 수술은 꽃받침보다 짧다. 시과는 거의 수평으로 열린다.

① 애스쿨루스 인디카. 6월2일. M/로트반의 북쪽. 2,400m. 떡갈나무와 솔송나무, 단풍나무 등이 어우러진 습한 숲속에서 주위의 고목이 잘려나가 얇아진 가지 끝에 커다란 원추꽃차례를 곧추세우고 있다.

② 아체르 캄프벨리이. 6월22일. P/고라타베라의 북동쪽. 2,650m.

③ 아체르 페크티나툼. 6월20일. P/싱곰파의 북쪽. 3,100m.

④ **아체르 채시움** *A. caesium* Wall.
분포 □아프가니스탄-네팔 중부
개화기 3-5월
산지의 혼합림에 자생하는 높이 10-25m인 낙엽고목. 잎자루는 길이 7-15cm. 잎몸은 폭 8-20cm, 기부는 얕은 심형이며 3-5개로 갈라졌다. 갈래조각은 폭넓은 삼각상란형으로 끝이 뾰족하며 가장자리에 성긴 톱니가 있다. 꽃은 연두색으로 줄기 끝에서 늘어진 산방꽃차례에 달리며 직경 5mm. 시과는 크고 날개 2장은 거의 직각으로 열린다.

⑤ **아체르 카우다툼** *A. caudatum* Wall.
분포 ◇쿠마온-미얀마, 티베트 남부, 윈난·쓰촨성 **개화기** 5-6월
아고산대의 전나무 숲이나 삼림한계 부근의 자작나무 관목림에 자생하는 낙엽수. 높이 4-12m. 잎자루는 길이 5-10cm이며 붉은빛을 띠기 쉽다. 잎몸은 폭 8-15cm이고 기부는 얕은 심형이며 5-7개로 갈라졌다. 갈래조각은 끝이 꼬리 형태로 뾰족하고 가장자리에 겹톱니가 있으며 뒷면에 부드러운 털이 자란다. 꽃은 가늘고 긴 원추꽃차례에 빽빽하게 달린다. 시과는 좁은 각도로 분지한다.

④ 아체르 채시움. 7월16일. l/강가리아의 북쪽. 3,350m. 직각으로 열린 시과가 늘어져 있다.

⑤ 아체르 카우다툼. 10월11일. S/쿰중의 남쪽. 3,800m. 삼림한계 부근의 전나무와 자작나무 속에 섞여 있다. 왼쪽 위로 보이는 산은 아마다브람.

옻나뭇과 ANACARDIACEAE
복엽이 어긋나기 한다. 꽃은 5수성의 방사상칭형.

옻나무속 Rhus
① 루스 푼야벤시스 *R. punjabensis* Stewart
분포 ◇카슈미르-네팔 중부 **개화기** 4-5월
산지대 하부의 소림에 자생하는 높이 7-15m
인 낙엽수. 잎은 기수우상복엽이며 깃대에
날개가 붙어 있지 않다. 소엽은 J.D. Hooker
등의 문헌에서는 5-6쌍, 사진의 그루에서는
6-9쌍 달려 있으며 자루는 없다. 잎몸은 장원
상피침형으로 길이 7-14cm이고 끝은 날카
로우며 기부는 원형이다. 가장자리는 매끈
하거나 끝 쪽에 톱니가 있으며 측맥 수가 많
다. 꽃은 황록색으로 가지 끝 원추꽃차례에
달린다. 열매차례는 아래로 늘어진다.

코리아리아과 CORIARIACEAE
꽃은 5 수성, 꽃잎은 꽃받침보다 작다. 수과
(瘦果)는 크고 두툼한 꽃잎에 싸여 있다.

코리아리아속 Coriaria
② 코리아리아 나팔렌시스 *C. napalensis* Wall.
분포 ◇파키스탄-미얀마, 티베트 남부, 중국
남서부 **개화기** 3-5월
산지의 건조한 숲 주변이나 관목소림에 자생
하는 높이 1-5m인 관목. 나무줄기와 가지는
활처럼 굽어 있다. 잎은 가는 곁가지에 마주
나기 하고 자루는 매우 짧다. 잎몸은 난상타
원형으로 길이 3-8cm이고 맥이 3-5개 있으며
끝은 갑자기 뾰족해진다. 기부는 원형. 잎이
떨어지면 마디에 총상의 수꽃차례와 암꽃차
례가 달린다. 암꽃차례는 길이 4-10cm. 헛열매
는 직경 5-7mm이며 익으면 붉은색에서 검은
색으로 변한다. 단맛이 있어 먹을 수 있으나,
수과에는 독이 있어 먹으면 중독을 일으킨다.

멀구슬나뭇과 MELIACEAE
굵은 가지 끝에 커다란 우상복엽이 어긋나기
한다. 수술대는 합착해 원통모양을 이룬다.

멀구슬나무속 Melia
③ 멜리아 아제다라크

M. azedarach L. var. *azedarach*
분포 ㅁ이란-농남아시아, 티베트 남농부, 중
국 **개화기** 3-6월
일본 멀구슬나무의 기준변종. 남아시아 각지
에서 녹음수로 심는다. 낮은 산이나 산지의
길가 등에 많은 높이 5-15m인 반상록수. 낙엽
성인 멀구슬나무보다 소엽이 약간 작고 새김
눈이 깊다. 잎은 2-3회 우상복엽. 소엽은 난형-
타원형으로 길이 3-5cm이며 끝은 가늘고 뾰족
하다. 기부는 원형으로 가장자리에 톱니가 있
다. 원추꽃차례는 잎겨드랑이에 달리며 끝이
늘어진다. 꽃잎은 5장 달리고 연자주색·흰색

① 루스 푼야벤시스. 5월25일.
I/뷴다르의 남쪽. 2,300m.

② 코리아리아 나팔렌시스. 6월1일.
M/구르자가온의 남동쪽. 2,400m.

③ 멜리아 아제다라크. 6월3일. X/파로. 생장이 빨라 정원수용도 높이 10m 이상으로 자란다. 가늘게 갈라진 우상
복엽은 상록성. 잎겨드랑이에서 뻗은 긴 자루 끝에 연자주색의 작은 꽃이 모여 달린다.

이며 도피침형으로 길이 7-9mm. 열매는 구형으로 직경 1.5cm이며 노란색으로 익는다.

원지과 POLYGALACEAE
꽃은 나비 모양. 꽃잎 기부 3장이 합착한다.

애기풀속 Polygala
④ **폴리갈라 시비리카** *P. sibirica* L. subsp. *sibirica*
분포 ◇동유럽-네팔 중부, 티베트, 중국, 시베리아 개화기 5-7월
다소 건조한 산지에서 아고산대에 걸쳐 자갈땅이나 초지에 자생하는 다년초. 꽃줄기는 길이 10-30cm로 쓰러지기 쉽고, 기부는 목질로 상부에서 활발히 분지하며 전체적으로 미세한 부드러운 털로 덮여 있다. 잎은 어긋나기 하고 자루는 없다. 잎몸은 타원상피침형으로 길이 8-20mm이고 끝은 가시모양이며 기부는 쐐기형. 꽃은 길이 6-8mm로 가지 끝에 총상으로 달린다. 꽃받침조각은 5장으로, 옆쪽의 2장은 크고 주변부는 막질로 희뿌연 색을 띤다. 꽃잎은 3장으로 붉은 자주색이며 위쪽 2장은 작다. 밑꽃잎은 배모양으로 수술과 암술을 감싸고 있으며, 앞부분에 술모양의 부속물이 있다.

⑤ **폴리갈라 아릴라타** *P. arillata* D. Don
분포 ◇네팔 중부-동남아시아, 티베트 남부, 중국 남부 개화기 6-7월
산지의 숲 주변이나 관목소림에 자생하는 높이 1.5-4m인 관목. 잎은 어긋나기 하고 짧은 자루를 가진다. 잎몸은 타원상피침형으로 길이 5-15cm이며 끝은 가늘고 뾰족하다. 줄기 끝과 잎겨드랑이에서 총상꽃차례가 아래로 늘어진다. 노란색-오렌지색 꽃은 길이 1.5-2cm. 옆쪽 꽃받침조각 2장은 도란상타원형으로 크다. 꽃잎 3장은 원통모양으로 합쳐지고 끝은 주황색을 띤다. 밑꽃잎 끝에 가늘게 갈라진 부속물이 붙어 있다.

운향과 RUTACEAE
꽃은 4-5 수성. 잎살에 유점(油點)이 있다.

보엔닝가우세니아속 Boenninghausenia
⑥ **보엔닝가우세니아 알비플로라**
B. albiflora (Hooker) Reichenb.
분포 □히말라야 전역을 포함한 아시아의 동부와 남부 개화기 8-9월
낮은 산이나 산지의 건조한 관목소림 및 절벽에 자생하는 털 없는 다년초. 꽃줄기는 높이 30-80cm. 잎은 2-3회 3출복엽으로 길이 3-12cm이며 어긋나기 한다. 소엽은 도란형-타원형으로 길이 7-20mm. 꽃은 잎이 있는 줄기 끝에 원추상으로 달린다. 꽃잎은 흰색으로 이따금 연붉은색을 띠며 장원형으로 길이 5-6mm. 수술은 꽃잎보다 약간 길고, 씨방의 자루가 자라면 암술대도 꽃 밖으로 돌출한다.

④ 폴리갈라 시비리카. 6월19일. N/묵티나트의 서쪽. 3,550m. 곤충의 날개 같은 커다란 꽃받침조각 2장이 붉은 자주색 꽃잎을 물고 있다. 밑꽃잎에서 술 모양의 부속물이 튀어나와 있다.

⑤ 폴리갈라 아릴라타. 6월16일. O/타르케걍의 북서쪽. 2,100m.

⑥ 보엔닝가우세니아 알비플로라. 8월22일. U/단쿠타의 남쪽. 1,300m.

산초나무속 Zanthoxylum

기수우상복엽이 어긋나기 한다. 암수딴그루.

① 잔톡실룸 네팔렌세 *Z. nepalense* Babu
분포 ◇네팔 중동부 개화기 5월

높이 3-5m인 관목. 산지의 숲 주변이나 강가의 관목소림에 사생하며, 열매는 향신료로 쓰인다. 가지는 자줏빛 갈색으로 겉에 털이 없으며 껍질눈이 두드러지고, 기부에 길이 5-12mm인 굵은 가시가 많이 달린다. 잎은 길이 7-10cm이며 짧은 자루에 작은 가시가 달린다. 깃대에 가시나 날개가 붙어 있지 않다. 소엽은 4-5쌍 달리고 타원형-장란형으로 길이 1.5-3cm이며 끝은 둔형이다. 기부는 쐐기형으로 가장자리에 가는 톱니가 있으며 표면은 짙은 녹색, 뒷면은 연두색이다. 꽃은 잎겨드랑이의 짧은 꽃차례에 모인다. 열매는 구형으로 직경 5mm이며 붉은색. 절개하면 광택 있는 검은 씨앗 1개가 드러난다.

② 잔톡시룸 옥시필룸 *Z. oxyphyllum* Edgew.
분포 ◇쿠마온-미얀마, 티베트 남부
개화기 4-5월

반덩굴성 관목. 산지의 양지바른 숲 주변이나 관목소림에 자생한다. 가지에는 길이 1-3mm인 약간 굽은 가시가 많이 달린다. 잎은 길이 8-15cm로, 깃대 앞뒷면에 가지와 똑같은 가시가 자라고 날개는 붙어 있지 않다. 소엽은 6-8쌍 달리고 장원상피침형으로 길이 3-5cm이며 끝은 뾰족하다. 기부는 쐐기형-원형으로 가장자리에 가늘고 무딘 톱니가 있다. 원추꽃차례는 길이 5-10cm로 가지 끝에 곧추 선다. 수꽃은 검붉은색을 띠며 길이 5-7mm. 꽃받침조각 4장은 매우 작다. 꽃잎 4장은 난상타원형으로 곧추 선다. 수술 4개는 꽃잎보다 길다.

굴거리나뭇과 DAPHNIPHYLLACEAE

잎은 가지 끝에 빽빽하게 어긋나기 한다. 암수딴그루.

굴거리나무속 Daphniphyllum
③ 다프니필룸 히말렌세

D. himalense (Benth.) Mueller
분포 ◇네팔 농부-미얀마, 티베트 남농부
개화기 5-8월

산지의 다소 건조한 혼합림에 자생하는 높이 3-8m인 상록수. 잎자루는 길이 3-5cm. 잎몸은 두꺼운 혁질의 타원상도피침형으로 길이 10-20cm이고 끝이 뾰족하며 기부는 원형-점첨형. 표면은 짙은 녹색, 뒷면은 녹백색을 띠며 측맥은 약간 선명하다. 잎겨드랑이에 달리는 총상꽃차례는 끝이 늘어진다. 꽃에는 꽃받침과 꽃잎이 없다. 수꽃에는 수술이 5-10개 있으며, 꽃밥은 길이 3mm로 가늘며 검자주색이다.

① 잔톡실룸 네팔렌세. 8월10일. R/몬조의 북쪽. 2,900m.

② 잔톡실룸 옥시필룸. 5월2일. N/울레리의 북서쪽. 2,250m.

③ 다프니필룸 히말렌세. 5월24일. W/야크체이. 3,000m. 수그루. 늘어진 어두운 녹색의 커다란 잎의 겨드랑이에서 꽃차례가 뻗어 짙은 자주색 꽃밥이 두드러진 수꽃을 달고 있다.

대극과 EUPHORBIACEAE
대극속 Euphorbia

자르면 유액이 배어 나온다. 꽃은 단성으로 매우 작으며, 주발모양의 총포 안에 자루 있는 수꽃 1개와 암꽃 여러 개를 품은 배상꽃차례를 이룬다. 총포 주변부에 선체(腺體)와 총초편 4-5장이 달린다. 꽃에는 꽃덮이가 없으며, 암꽃에는 씨방 1개와 씨방과 암술대 3개가 있고 수꽃에는 수술 1개 있다. 열매는 원줄기를 중심으로 바깥쪽으로 쓰러진다.

④ 오이포르비아 로일레아나 *E. royleana* Boiss.
분포 ◇파키스탄-부탄
개화기 3-5월

선인장처럼 생긴 높이 2-5m의 낙엽관목. 저산대의 깊은 계곡 절벽이나 건조한 황무지에 자생하며, 자생지 근처 민가의 산울타리에 심는다. 가지는 녹색으로 굵고 곧게 자라고, 물결모양의 돌기가 있는 능을 4-6개 가지며, 돌기 끝에 가시가 2개 달린다. 잎은 가지 끝 돌기마다 1개 달리고 도란상주걱형으로 길이 8-12cm. 배상꽃차례는 황록색이며, 잎이 지고 나면 잎겨드랑이에 1-4개 달린다.

⑤ 꽃기린 *E. milii* Des Moul. [*E. splendens* Hooker]
분포 □마다가스카르 원산
개화기 3-10월

높이 10-70cm인 소관목. 히말라야 저산대 민가의 돌담 위에 침입 방지용이나 관상용으로 심으며, 폐옥이나 숲 주변의 바위땅에 야생화했다. 가지는 회갈색으로 직경 1cm이며 능 위에 가시가 길이 1-2.5cm로 자란다. 잎은 도란상타원형으로 길이 2-4cm이고 끝은 미돌형, 기부는 점첨형이다. 배상꽃차례는 가지 끝에 집산상으로 달리고, 기부에 붉은색 포엽이 2장 달린다. 포엽은 광란형으로 폭 7-12mm이다.

⑥ 오이포르비아 그리피티이 *E. griffithii* Hook.f.
분포 ◇네팔 동부-부탄, 티베트 남부, 윈난·쓰촨성 개화기 5-7월

산지의 혼합림 주변에 자생하는 다년초. 높이 40-80cm로 곁가지가 활발히 분지하고, 개화기에는 상부의 잎에서 꽃차례까지 걸쳐 주홍색으로 물든다. 줄기에 어긋나기 하는 잎에는 자루가 거의 없다. 잎몸은 선형-피침형으로 길이 5-10cm이고 끝은 뾰족하며 기부는 원형-쐐기형. 줄기 정수리에는 잎이 5-8장 돌려나기 한다. 배상꽃차례의 기부에 광란형 주홍색 포엽이 2장 달린다. 배상꽃차례는 직경 4-6mm, 총포의 안쪽에 부드러운 털이 빽빽하게 자라며 선체는 신장형으로 굴색이다.

④ 오이포르비아 로일레아나. 8월23일. 가르왈/루드라플라야크. 650m. 건조한 바람이 넘나드는 협곡의 급비탈에 커다란 그루를 이루고 있다. 상류에 계속되는 비로 하천물이 불어나 있다.

⑤ 꽃기린. 5월19일.
M/베니의 서쪽. 900m.

⑥ 오이포르비아 그리피티이. 6월6일.
X/두게종의 북쪽. 2,700m.

대극속 Euphorbia

① 오이포르비아 프세우도시키멘시스

E. pseudosikkimensis (Hurusawa & Ya. Tanaka) Radcliffe-Smith [*E. donii* Oudejans, *E. longifolia* D. Don]

분포 ▯네팔 서부-부탄, 티베트 남부

개화기 4-6월

산지의 벌목지나 거친 방목지, 밭 주변에 자생한다. 꽃줄기는 높이 0.4-1m이며 곁가지는 가늘고 짧다. 상부의 잎과 꽃차례는 노란색을 띤다. 자루가 없는 줄기잎 선상피침형으로 길이 4-8cm, 폭 1-1.5cm이며 기부는 원형-쐐기형. 줄기 끝 돌려나기잎 겨드랑이에서 자루가 뻗고 그 끝에 난상타원형 포엽이 3-4장 달려 수평으로 열린다. 배상꽃차례는 직경 3-5mm. 암술대 3개는 하부에서 합착한다. 열매 표면에 사마귀 형태의 돌기가 있다.

② 오이포르비아 시키멘시스

E. sikkimensis Boiss.

분포 ▯시킴-동남아시아, 윈난·쓰촨성

개화기 4-7월

매우 비슷한 동속 프세우도시키멘시스와 달리, 꽃차례가 줄기 끝에 편평하게 달리고 총포는 짧으며 열매 표면은 매끈하다. 잎의 기부는 점첨형으로 붉은빛을 띠기 쉽다.

③ 대극속의 일종 (A) Euphorbia sp. (A)

아고산대의 숲 주변에 자생하며 높이 30-40cm. 잎은 난상광타원형으로 길이 4-7cm이고 끝은 둔형, 기부는 원형이며 가는 겉에 우상맥이 있다. 줄기 끝에 녹색 잎이 3-6장 돌려나기 하고, 잎겨드랑이에서 뻗은 긴 자루 끝에 녹색 광란형 포엽이 3장 달린다. 배상꽃차례의 기부에 달리는 포엽은 2장으로 광란형이며 노란색을 띤다. 암술대 3개는 하부에서 합착한다.

①-a 오이포르비아 프세우도시키멘시스. 6월12일. L/도르파탄의 동쪽. 3,000m. 길가의 울타리를 따라 아네모네 리불라리스와 마디풀과의 루멕스 네팔렌시스와 섞여 자라고 있다.

①-b 오이포르비아 프세우도시키멘시스. 6월13일. L/도르파탄의 서쪽. 2,900m.

② 오이포르비아 시키멘시스. 7월21일. W/라첸의 북쪽. 2,670m. 촬영/구로사와

③ 대극속의 일종 (A) 6월30일. Z3/치틴탕카. 3,550m.

④ 오이포르비아 루테오비리디스

E. luteoviridis Long [*E. himalayensis* (Klotzsch) Boiss.]
분포 □ 네팔 서부-부탄, 티베트 남부
개화기 4-7월

아고산대나 고산대의 관목림 주변, 바위가
많은 초지에 자생한다. 꽃줄기는 모여나기
하며 높이 15-50cm인 둥근 그루를 이룬다.
줄기잎은 타원형-장원형으로 길이 3-5cm
이고 기부는 줄기를 살짝 안고 있다. 줄기
끝에 잎 4-6개가 돌려나기 한다. 전체적으
로 선명한 노란색을 띤 꽃차례에는 부드러
운 털이 자란다. 자루 끝에 돌려나기 하는
포엽 3장은 원상광란형이며 포물선모양으
로 벌어져 빛을 꽃차례에 모은다. 배상꽃차
례는 직경 5-7mm이고 선체는 신장형으로
폭 2mm. 암술대 3개는 기부만 합착한다. 열
매 표면은 매끈하다. 동속 왈리키이와 구별
하기 어렵다.

④-a 오이포르비아 루테오비리디스. 5월30일.
Q/베딩 부근. 3,700m.

④-b 오이포르비아 루테오비리디스. 5월23일. W/윰탕. 3,600m. 독이 있는 이 풀은 양과 야크 떼가 남기고 간 배설물을 양분으로 쑥쑥 자라고 있다.

④-c 오이포르비아 루테오비리디스. 6월21일.
T/돗산의 남쪽. 4,000m.

④-d 오이포르비아 루테오비리디스. 7월12일. T/돗산의 남쪽. 4,100m.

대극속 Euphorbia

① 오이포르비아 왈리키이 *E. wallichii* Hook.f.

분포 ◇아프가니스탄-네팔 동부, 티베트, 중국 서부 개화기 5-8월

다소 건조한 산지에서 고산대에 걸쳐 관목림 주변이나 돌이 많은 초지에 자생하는 다년초. 동속 루테오비리디스와 비슷하나, 줄기는 분지하지 않고 잎은 가늘고 길며 열매는 직경 8mm이다. 꽃줄기는 높이 30-60cm. 잎에는 자루가 없다. 잎몸은 타원상피침형으로 길이 4-10cm이며 끝이 뾰족하다. 기부는 원형-쐐기형이며 가는 우상맥이 있다. 열매 표면은 매끈하다. 암술대 3개 겉에는 하부에서 합착한다.

② 오이포르비아 스트라케이 *E. stracheyi* Boiss.

분포 ◇가르왈-부탄, 티베트 남동부, 중국 서부 개화기 5-7월

아고산대나 고산대의 바람에 노출된 돌 많은 초지에 자생하며 긴 뿌리줄기가 있다. 높이 1-5cm. 줄기는 자라지 않으며, 붉임 곁가지와 분지한 꽃차례가 사방으로 퍼진다. 곁가지는 길이 3-7cm. 잎은 곁가지에 어긋나기 한다. 잎몸은 도란형-타원형으로 길이 8-15mm이고 기부는 쐐기형이며 가장자리에 부드러운 털이 자란다. 배상꽃차례의 기부에 달리는 포엽 3-4장은 원상도란형으로 노란색을 띤다. 배상꽃차례는 직경 3-4mm. 암술대는 분리된다. 열매는 직경 5-7mm이다.

③ 오이포르비아 히말라옌시스

E. himalayensis (Klotzsch) Boiss.

분포 ◇네팔 서부-부탄, 티베트 남부
개화기 6-7월

산지 숲 주변의 습한 둔덕 비탈이나 아고산대의 소관목 사이에 자생한다. 동속 스트라케이와 매우 비슷하나, 곁가지와 꽃차례의 자루는 길고 곧게 자라며 상부에 부드러운 털이 나 있다. 높이 12-30cm. 잎에는 자루가

① 오이포르비아 왈리키이. 10월10일. S/남체바자르 부근. 3,500m.

②-a 오이포르비아 스트라케이. 7월4일. S/텐보의 서쪽. 4,500m.

②-b 오이포르비아 스트라케이. 8월3일. Y1/팡디 라의 남쪽. 4,450m. 개화기를 마친 배상꽃차례는 시들고, 수정한 꽃차례에 직경 6mm 가량의 어린 열매가 달려 있다.

없다. 털 없는 잎몸은 타원형-장원형으로 길이 1-3cm이고 기부는 원형. 배상꽃차례의 기부에 달리는 포엽 4장은 광타원형으로 녹색. 배상꽃차례는 직경 4-5mm. 암술대 3개는 하부에서 합착한다.

④ 오이포르비아 프롤리페라

E. prolifera Buch.-Ham.

분포 ◇파키스탄-네팔 중부, 중국 남서부, 동남아시아 **개화기** 4-7월

건조해지기 쉬운 돌 많은 초지에 자생하는 다년초. 높이 20-40cm이며 전체적으로 털이 없다. 원줄기에 어긋나기 하는 자루 없는 선상피침형으로 길이 2-3cm, 폭 1.5-4mm. 원줄기 하부의 잎겨드랑이에서 긴 곁가지가 곧게 자라고, 상부의 잎겨드랑이에서 꽃차례가 비스듬히 자란다. 곁가지에는 꽃이 달리지 않으며, 상부에 선형 잎이 빽빽하게 어긋나기 한다. 줄기 끝에 잎 4-6장이 돌려나기 한다. 꽃차례의 자루 끝에 마주나기 하는 포엽은 광란형으로 길이 8-12mm이고 수평으로 열린다. 배상꽃차례에는 가는 자루가 있다. 열매는 직경 4-5mm이다.

아주까리속 Ricinus

⑤ 아주까리 *R. communis* L.

분포 ㅁ히말라야 전역을 포함한 세계의 열대-난온대 지역 **개화기** 1-3월

씨앗에서 피마자유를 얻기 위해 저산대 민가의 뜰이나 밭 주변에 심으며, 길가나 황무지에 야생화해 있다. 상록다년초로, 꽃줄기는 높이 1-4m이고 기부는 목질화했다. 긴 자루가 있는 잎은 어긋나기 한다. 잎몸은 방패형으로 직경 15-30cm이며 손바닥모양으로 5-10개로 깊게 갈라졌다. 곧추 선 꽃차례의 하부에 수꽃, 끝에 암꽃이 달린다. 열매는 직경 2cm이다.

③-a 오이포르비아 히말라옌시스. 6월13일. L/파구네 다라의 남쪽. 3,000m.

③-b 오이포르비아 히말라옌시스. 6월13일. L/파구네 다라의 남쪽. 3,000m.

④ 오이포르비아 프롤리페라. 8월15일. A/바이타샤르의 남쪽. 3,500m.

⑤ 아주까리. 5월1일. T/한드룽의 북쪽. 1,000m. 가시로 덮인 둥근 열매 속에 유독성 씨앗이 3개 있으며, 씨앗을 압착하면 약으로 쓰이는 피마자유를 얻을 수 있다. 잎과 뿌리도 약으로 쓰인다.

남가새과 ZYGOPHYLLACEAE
페가눔속 Peganum

① 페가눔 하르말라 *P. harmala* L.

분포 ◇지중해 연안, 중앙아시아·카슈미르, 티베트 남부 개화기 6-7월

따뜻한 건조지대의 모래땅에 자생하는 다년초로, 기부는 살짝 목질화했다. 꽃줄기는 모여나기 하며 높이 30-60cm인 둥근 그루를 이룬다. 전체적으로 털이 없다. 잎은 어긋나기 하고 자루를 갖지 않는다. 잎몸은 3-5회 우상으로 갈라졌으며 길이 4-6cm. 갈래조각은 선형으로 길이 2-4cm, 폭 2-3mm이며 끝이 뾰족하다. 잎에 마주나기로 꽃이 1개 달리며 꽃자루는 길이 2-3cm. 꽃받침조각은 5장으로 잎의 갈래조각과 모양이 같으며 꽃잎보다 약간 길다. 꽃잎은 5장 달리고 장원형으로 길이 1.5-2cm이며 흰색. 수술은 15개. 씨방은 편구형이다.

아마과 LINACEAE
레인와르드티아속 Reinwardtia

② 레인와르드티아 인디카

R. indica Dumort. [*R. trigyna* (Roxb.) Planch.]

분포 ㅁ파키스탄-동남아시아, 중국 남서부 개화기 2-5월

낮은 산이나 산지의 계단식 밭 주변이나 길가의 둔덕 비탈, 밝은 소나무 숲에 자생하는 높이 1m 이하인 소관목. 줄기를 자르면 기부에서 많은 곁가지를 내밀어 옆으로 퍼진다. 잎은 가지 끝에 빽빽하게 어긋나기 하고 자루는 짧다. 잎몸은 타원형-도피침형으로 길이 1-5cm이고 끝은 날카로우며 기부는 쐐기형. 꽃은 가지 끝 잎겨드랑이에 달리며 직경 3-4cm이고 자루는 짧다. 꽃받침조각은 피침형으로 5장. 꽃잎은 5장이고 질이 얇은 도란형으로 길이 2-3cm이며 귤색이다.

①-a 페가눔 하르말라. 7월3일. C/시가르의 북동쪽. 2,600m. 건조한 모래땅에 목질의 뿌리를 뻗어 미미한 양의 지하수를 빨아들이며 일정 간격으로 군생하고 있다.

①-b 페가눔 하르말라. 7월8일. E/레의 북서쪽. 3,600m.

①-c 페가눔 하르말라. 7월3일. C/시가르의 북동쪽. 2,500m.

② 레인와르드티아 인디카. 5월1일. N/울레리의 남동쪽. 1,950m.

쥐손이풀과 GERANIACEAE
쥐손이풀속 Geranium

다년초 또는 1년초. 줄기잎은 어긋나기 또는 마주나기 한다. 잎몸은 손바닥모양으로 갈라졌다. 꽃은 5수성의 방사상칭형으로 보통 긴 총상꽃차례 끝에 2개 달린다. 꽃받침조각의 끝은 까끄라기 형태로 돌출한다. 씨방은 상위이고 5실로 갈라졌으며, 각 실의 정수리는 중축과 함께 자라 부리를 형성하고 수술 10개가 이를 에워싼다. 암술대는 5개로 갈라졌다. 삭과는 부리 끝만 남긴 채 5개로 갈라졌으며, 씨앗이 딸린 각 갈래조각이 코일형태로 감겨 있다.

③ 게라니움 레프라크툼

G. refractum Edgew. & Hook.f.

분포 ◇네팔 중부·미얀마, 티베트(춘비 계곡)
개화기 6-8월

고산대의 습한 초지에 자생하며 방목지에 군생한다. 땅속에 분지하는 목질의 뿌리줄기가 있다. 꽃줄기는 높이 10-30cm로 활발히 분지하고 기부는 쓰러지기 쉬우며 상부에 털이 빽빽하게 자란다. 근생엽에는 긴 자루가 있다. 잎몸은 오각상심형으로 폭 2.5-5cm이며 5개로 갈라졌다. 갈래조각은 능형으로 가장자리에 난형의 톱니가 있으며 앞뒷면에 부드러운 털이 자란다. 줄기잎은 자루가 짧다. 총꽃차례는 길이 5-10cm이며 끝에 꽃 2개가 아래를 향해 달린다. 길이 2-3cm인 꽃자루에는 선모가 자란다. 꽃받침조각은 피침형으로 길이 1-1.2cm이고 주변부는 막질. 꽃잎은 흰색으로 꽃받침과 함께 휘어졌고, 가는 도란형으로 길이 1.2-1.5cm이며 기부에 흰 가장자리 털이 빽빽하게 나 있다. 수술대는 붉은색을 띠고, 열개 전의 꽃밥은 검은색을 띤다. 씨방에 길고 부드러운 흰 털이 자란다.

④ 게라니움 로베르티아눔 G. robertianum L.

분포 ◇파키스탄·네팔 서부, 티베트 남동부, 북반구 온대 개화기 4-6월

다소 건조한 지역 산지의 숲 주변이나 바위가 많은 초지에 자생하는 1년초. 꽃줄기는 높이 20-50cm로 활발히 분지하고 기부는 쓰러지기 쉬우며 전체적으로 부드러운 털과 선모가 자란다. 특유의 향기를 지니고 있다. 근생엽에는 긴 자루가 있다. 잎몸은 오각형으로 폭 3-7cm이며 3개로 깊게 갈라졌다. 갈래조각은 1-2회 우상으로 깊게 갈라졌고 앞뒷면에 드문드문 부드러운 털이 자란다. 줄기에 마주나기 하는 잎은 자루가 짧다. 꽃은 총꽃차례 끝에 위나 옆을 향해 2개 달리며 직경 1.5cm. 꽃잎은 도란형으로 끝은 원형, 기부는 쐐기형이고 종근(縱筋)이 1개 또는 3개 있으며 연붉은색. 삭과는 익으면 5개로 갈라져 분과가 떨어져 나가고, 중축 끝에서 가느다란 실에 매달려 늘어진다.

③-a 게라니움 레프라크툼. 8월2일. T/준코르마. 4,050m. 이슬비가 끊이지 않는 계곡 사이의 방목지에 우상복엽을 펼친 양지꽃속 풀과 국화과의 사우수레아 우니플로라와 섞여 자라고 있다.

③-b 게라니움 레프라크툼. 7월12일. S/고쿄. 4,750m.

④ 게라니움 로베르티아눔. 5월25일. I/분다르의 남쪽. 2,300m.

쥐손이풀속 Geranium

① 게라니움 프라텐세

G. pratense L. subsp. *pratense*

분포 ▫카슈미르-네팔 중부, 티베트 동부, 중국 서북부, 유라시아의 온대 각지
개화기 6-8월

다소 건조한 고산대의 자갈이 많은 초지나 바위비탈, 소관목 사이에 자라며 방목지나 관개수로 제방에 군생한다. 높이 20-40cm인 꽃줄기에는 전체적으로 부드러운 털이 자라며, 꽃자루와 꽃받침에는 선모가 섞여 있다. 근생엽의 잎몸은 오각상신장형으로 폭 3-6cm이며 5개로 깊게 갈라졌다. 갈래조각은 능상란형이고 우상으로 갈라졌으며 난형의 톱니가 있다. 줄기잎은 마주나기 한다. 꽃은 직경 3-4cm로 옆을 향해 피며, 개화기가 지나면 아래를 향하고 열매는 곧추 선다. 꽃자루는 짧다. 꽃받침조각은 길이 1-1.2cm. 꽃잎은 도란형으로 붉은 자주색이며, 나란히맥은 붉은빛을 띤다.

② 게라니움 프라텐세 스테와르티아눔

G. pratense L. subsp. *stewartiaum* Y. Nasir

분포 ◇파키스탄-카슈미르 **개화기** 7-8월

기준아종과 달리, 꽃은 거의 위를 향하고 꽃잎의 기부는 흰색이며 부드러운 털이 자란다. 꽃자루는 좀 더 길게 뻗고 개화 후에 갑자기 아래를 향하지 않는다. 잎의 갈래조각은 가늘고 길다.

③ 게라니움 히말라옌세

G. himalayense Klotzsch [*G. grandiflorum* Edgew.]

분포 ◇아프가니스탄-네팔 중부 **개화기** 7-8월

아고산대에서 고산대에 걸쳐 관목림 주변이나 돌이 많은 초지에 자생한다. 동속 프라텐세와 비슷하나, 전체적으로 작고 잎몸은 오

①-a 게라니움 프라텐세. 7월8일. K/도의 북서쪽. 4,000m. 건조하고 넓은 계곡 내의 가축이 오가는 길을 따라 양지꽃속과 개자리속, 산형과의 풀과 함께 무성히 자라고 있다.

①-c 게라니움 프라텐세. 7월14일. I/꽃의 계곡. 3,500m. 국립공원으로 지정되어 방목과 캠핑이 금지된 계곡의 입구 부근에 폭넓게 군생하고 있다.

①-b 게라니움 프라텐세. 8월20일. I/꽃의 계곡. 3,400m.

각형으로 작으며 별로 군생하지 않는다. 꽃은 크고 직경 4-5cm이며 꽃잎은 푸른빛이 강하다. 꽃받침조각은 까끄라기가 짧다. 꽃이 지면 꽃자루는 기부가 아래를 향한다.

④ 쥐손이풀속의 일종 (A) Geranium sp. (A)
매자나무속 소관목 사이에 자생한다. 꽃줄기는 높이 80cm이고 기부는 직경 3-4mm로 굵으며, 전체적으로 부드러운 개출모가 빽빽하게 자라고 꽃자루와 꽃받침에는 선모가 섞여 있다. 하부 잎의 잎몸은 오각형으로 폭 8cm이고 5개로 깊게 갈라졌다. 갈래조각은 능형이고 우상으로 갈라졌으며 앞뒷면의 맥 위에 부드러운 털이 자란다. 턱잎은 피침형으로 길이 1cm. 상부의 잎은 갈래조각의 끝이 날카롭고 가장자리가 붉은 자주색을 띤다. 꽃자루는 길이 2-5mm. 꽃은 직경 4-6cm로 옆을 향해 피며 개화 후에는 아래를 향한다. 꽃받침조각은 타원형으로 길이 1.2cm, 끝부분의 까끄라기는 길이 1.5-2mm, 가장자리는 붉은 자주색을 띤다. 꽃잎은 원상도란형으로 연분홍색. 열매에 부드러운 털이 빽빽하게 나 있다.

⑤ 게라니움 콜리눔 G. collinum Steph.
분포 ◇서아시아-파키스탄, 티베트 서부, 시베리아 서부 개화기 7-8월
건조한 산지의 숲 주변이나 바위가 많은 초지, 관개된 밭 주변에 자생한다. 꽃줄기는 높이 20-40cm로 가늘며 활발히 분지한다. 근생엽의 잎몸은 오각상신장형으로 폭 2-5cm이고 3-5개로 깊게 갈라졌다. 갈래조각은 능형이고 우상으로 갈라졌으며 앞뒷면에 부드러운 털이 자란다. 꽃자루는 길이 2-3cm. 꽃은 직경 2.5-3.5cm. 꽃받침조각은 길이 5-8mm. 꽃잎은 협도란형으로 흰색-연붉은색이며 기부의 양쪽에 털이 자란다.

② 게라니움 프라텐세 스테와르티아눔. 7월20일. D/투크치와이 룸마. 꽃은 위를 향하고 중앙부는 희며, 꽃잎의 기부와 씨방에 부드러운 털이 빽빽하게 자란다.

③ 게라니움 히말라옌세. 7월23일. F/진첸. 4,500m.

④ 쥐손이풀속의 일종 (A) 7월31일. Y1/녜라무의 북서쪽. 3,850m.

⑤ 게라니움 콜리눔. 8월14일. A/케렌가르. 2,850m.

쥐손이풀속 Geranium

① 게라니움 폴리안테스

G. polyanthes Edgew. & Hook.f.

분포 ◇쿠마온-부탄, 티베트 남부
개화기 6-8월

산지에서 고산대에 걸쳐 양지바른 숲 주변이나 초지에 자생한다. 꽃줄기는 높이 10-30cm이며 겉에 부드러운 털이 자란다. 근생엽의 잎몸은 오각상신장형으로 폭 3-5cm이며 5-7개로 갈라졌다. 갈래조각은 도란상장원형이며 불규칙하게 우상으로 얕게 갈라졌다. 총꽃자루 끝에 꽃 3-8개가 위를 향해 달린다. 포엽은 잎모양으로 크다. 꽃자루는 길이 5-15mm. 꽃은 깔때기형으로 열리며 직경 1.5-2cm. 꽃받침조각은 길이 5-7mm이며 선모가 자란다.

② 게라니움 루비폴리움 *G. rubifolium* Lindl.

분포 ■파키스탄-카슈미르 개화기 7-8월

아고산대의 숲 주변이나 강가의 둔덕에 자생한다. 꽃줄기는 높이 15-50cm이며 겉에 부드러운 털이 자란다. 잎몸은 옆으로 긴 오각형으로 폭 3-6cm이며 3-5개로 갈라졌다. 갈래조각은 능상란형으로 끝이 뾰족하고 톱니가 있다. 총꽃차례 끝에 꽃 1-2개가 위를 향해 달린다. 포엽은 선상피침형으로 작다. 꽃은 직경 2cm. 꽃받침조각은 타원상피침형으로 길이 7-8mm이고 긴 털과 선모가 자라며 까끄라기는 길다. 맥은 자주색, 기부 가장자리에 털이나 있다.

③ 게라니움 왈리키아눔 *G. wallichianum* D. Don

분포 ◇아프가니스탄-네팔 중부, 티베트 남부 개화기 6-9월

산지에서 아고산대에 걸쳐 숲 주변이나 임상에 자생한다. 꽃줄기는 길이 0.3-1m이고 옆으로 쓰러지며 겉에 약간 뻣뻣한 털이 자란다. 잎은 마주나기 하고 광란형-타원형의 큰 턱잎을 가진다. 잎몸은 옆으로 긴 오각형으로 폭 5-8cm이고 3-5개로 갈라졌으며, 갈래조각은 능형으로 끝이 뾰족하다. 긴 총꽃차례 끝에 꽃이 2개의 달린다. 포엽은 타원형으로 크다. 꽃은 직경 2.5-3.5cm. 꽃받침조각에 긴 털이 자라고 까끄라기는 길다. 꽃잎은 끝이 파여 있고, 기부는 흰색으로 양쪽에 부드러운 털이 빽빽하게 나 있다. 수술과 암술의 끝은 붉은색-어두운 자주색이다.

④ 게라니움 도니아눔 *G. donianum* Sweet

분포 ㅁ네팔 서부-부탄, 티베트 남동부, 중국 남서부 개화기 6-8월

고산대의 돌이 많은 초지에 자생하며 U자 계곡의 방목지에 많다. 땅속에 목질의 강인한 뿌리가 있다. 꽃줄기는 길이 10-30cm이며 겉에 부드러운 털이 자란다. 근생엽의 잎몸은 원신형으로 폭 2-3.5cm이고 3-5개로 깊게 갈라

① 게라니움 폴리안테스. 7월13일. T/두피카르카. 3,500m. 양지바르고 습한 초지에 자생한다. 곧게 선 줄기 끝에 짙은 분홍색 꽃이 모여 위를 향해 핀다.

② 게라니움 루비폴리움. 7월31일. G/굴마르그의 서쪽. 2,750m.

③ 게라니움 왈리키아눔. 7월27일. K/모레이 다라. 3,500m.

졌으며, 갈래조각은 도란상쐐기형으로 앞뒷면에 부드러운 털이 자란다. 줄기잎은 마주나기 한다. 꽃은 총꽃차례에 2개 달리며 직경 1.7-2.2cm. 꽃자루는 길이 1.5-3cm, 포엽은 협피침형. 꽃받침조각은 길이 6-8mm이고 까끄라기는 짧다. 꽃잎의 끝은 원형이거나 살짝 파여 있다. 꽃잎의 기부와 수술대의 기부, 씨방에 희고 부드러운 털이 빽빽하게 나 있다. 꽃밥은 검붉은색, 꽃가루는 흰색이다.

⑤ 쥐손이풀속의 일종 (B) Geranium sp. (B)
향나무속 소관목 사이에 자생한다. 꽃줄기는 길이 40cm이며 겉에 부드러운 털이 자란다. 잎몸은 원신형으로 폭 4-4.5cm이며 기부까지 5개로 갈라졌다. 갈래조각은 도란상쐐기형, 마지막 갈래조각은 장원형으로 끝이 약간 뾰족하다. 잎에 부드러운 누운 털이 나 있으며 뒷면은 털이 짙다. 줄기잎은 마주나기 한다. 꽃은 가는 총꽃차례에 2개 달리며 직경 3-3.5cm. 꽃자루는 길이 2-3.5cm, 포엽은 선상피침형. 꽃받침조각은 길이 1-1.1cm로 주변에 부드러운 털이 빽빽하게 자라고 까끄라기는 짧다. 수술대와 암술에 부드러운 털이 촘촘하게 나 있다.

⑥ 게라니움 프로쿠렌스 G. procurrens Yeo
분포 ◇쿠마온-아르나찰 개화기 7-9월
산지에서 아고산대에 걸쳐 반음지의 숲 주변에 자생한다. 꽃줄기는 길이 30-80cm로 땅과 맞닿은 마디에서 뿌리를 내리며, 상부에 부드러운 털과 선모가 빽빽하게 자란다. 잎은 마주나기하고 턱잎은 난상피침형. 잎몸은 오각형으로 폭 5-8cm이며 5개로 갈라졌다. 갈래조각은 능형으로 끝이 뾰족하고 마지막 갈래조각은 가늘며, 앞뒷면에 부드러운 털이 자란다. 꽃은 총꽃자루 끝에 2개 달리며 직경 3-4cm. 꽃자루는 길이 2-5cm. 꽃받침조각의 까끄라기는 짧다. 꽃잎은 도란형으로 붉은 자주색, 기부와 맥은 검은색. 씨방에 긴 털이 촘촘하게 나 있다.

⑦ 게라니움 람베르티이 G. lambertii Sweet
분포 ◇가르왈-부탄, 티베트 남부
개화기 7-9월
산지에서 아고산대에 걸쳐 숲 주변이나 바위가 많은 초지에 자생한다. 동속 프로쿠렌스와 비슷하나 마디에서 뿌리를 내리지 않는다. 잎몸은 옆으로 긴 오각형으로 폭 4-6cm이고 갈래조각은 능형이며 가장자리에 톱니가 있다. 턱잎은 광피침형. 꽃자루는 길이 4-7cm로 개화 후에 자라나 기부에서 아래를 향하고 끝에서 휘며, 열매는 곧추 선다. 꽃은 직경 4-6cm로 크다. 꽃잎은 흰색-연자주색-분홍색이며 맥은 색이 짙다. 수술과 암술은 어두운 자주색이다.

④-a 게라니움 도니아눔. 7월22일. V/얄룽 빙하의 오른쪽 유역. 4,200m. 빙하에서 흘러내린 물로 축축한 초지에 모여 자란 미나리아재비과의 라눈쿨루스 부로테루시이에 섞여 분홍색 꽃을 피우고 있다.

④-b 게라니움 도니아눔. 7월20일.
V/얄룽 빙하의 오른쪽 유역. 4,650m.

⑤ 쥐손이풀속의 일종 (B) 7월31일.
Y1/타보체의 동쪽. 4,100m.

⑥ 게라니움 프로쿠렌스. 9월16일.
X/탁창 부근. 3,050m.

⑦ 게라니움 람베르티이. 8월20일.
I/꽃의 계곡. 3,400m.

비에베르스테이니아과
BIEBERSTEINIACEAE

잎은 우상으로 갈라졌다. 꽃은 5수성의 방사상 칭형으로, 줄기 끝에 총상이나 원추상으로 달린다. 예전에는 쥐손이풀과에 포함되어 있었다.

비에베르스테이니아속 Biebersteinia

① 비에베르스테이니아 오도라 B. odora Stephan

분포 ■중앙아시아 주변-카슈미르, 티베트 서부, 신장 개화기 6-8월

건조지대 고산대 상부의 자갈땅에 자생하는 다년초로, 땅속에 굵고 강인한 목질의 뿌리 줄기가 옆으로 뻗는다. 꽃줄기는 높이 7-20cm이고 전체적으로 노란색을 띤 선모가 자라며 특유의 향기가 있다. 기부는 바싹 마른 오래된 잎에 싸여 있다. 잎은 기부에 모여나기 하고 선상장원형으로 자루를 포함해 길이 7-10cm, 폭 1-2cm이며 우상으로 깊숙히 갈라졌다. 갈래조각은 광란형이며 우상으로 갈라졌다. 꽃은 줄기 끝에 총상으로 달린다. 꽃받침조각은 타원형으로 길이 6-8mm이며 겉에 노란색 선모가 빽빽하게 자란다. 꽃잎은 도란형으로 길이 1-1.2cm이며 노란색. 수술대에 부드러운 털이 나 있다.

괭이밥과 OXALIDACEAE

꽃은 5수성의 방사상칭형. 타가수분을 촉진하기 위해 군락 내에 장화주, 중화주, 단화주의 3가지 형태를 지닌 종이 많다.

괭이밥속 Oxails

다년초. 잎은 3출 복엽이며 밤에는 닫힌다.

② 옥살리스 라티폴리아

O. latifolia Humb. Bonpl. & Kunth

분포 □중남미 원산. 유럽과 아시아의 난지에 귀화 개화기 6-7월

히말라야에서는 산지대 하부의 밭고랑이나 논 주변, 길가의 습한 초지에 자생한다. 땅속의 주출지 끝에 작은 비늘줄기가 달려 있다. 잎은 근생하며 긴 자루를 가진다. 소엽은 폭넓은 도삼각형으로 폭 3-6cm이고 겉에 털이 없으며 끝은 넓고 얕게 파여 있다. 꽃줄기는 잎자루보다 길게 자라며 높이 15-30cm. 꽃줄기 끝에 많은 꽃이 산형상으로 달린다. 꽃자루는 길이 1-2cm. 꽃받침조각은 피침형. 꽃잎은 분홍색으로 실이 1-1.5cm이고 끝은 원형, 기부는 녹황색이다.

③ 괭이밥 O. corniculata L.

분포 □잡초 형태로 세계 각지에 분포 개화기 3-8월

저산에서 산지에 걸쳐 길가나 경작지, 황무지에 자생한다. 줄기는 옆으로 퍼지고 마디에서 뿌리를 내린다. 잎은 어긋나기 하고, 도심형인 소엽에는 누운 털이 자란다. 꽃은 노란색으로 직경 8-10cm이며 총꽃차례 끝에 2-5개 달린다.

① 비에베르스테이니아 오도라. 7월23일. F/진첸. 4,500m. 여름에도 이따금 눈이 내리는 기상이 불안정한 건조 고지의 모래땅에 자란 것으로, 굵고 강인한 뿌리가 땅속으로 뻗어 있다.

② 옥살리스 라티폴리아. 6월12일. O/치플링의 남쪽. 2,000m.

③ 괭이밥. 6월10일. Q/지리의 남동쪽. 2,100m.

콩과 LEGUMINOSAE

잎은 복엽으로 어긋나기 하며 취면운동을 한다. 열매는 과피 1장이 떡잎에 양분을 축적한 씨앗을 감싸는 꼬투리를 형성한다. 뿌리에 공생하는 근립균이 공중질소를 호흡할 수 있는 형으로 고정하기 때문에 영양이 부족한 땅에서도 자란다.

실거리나무아과

잎은 우수우상복엽(偶數羽狀複葉). 꽃은 나비 모양이 아니며, 꽃받침조각과 수술대는 대부분 합착하지 않는다.

치풀속 Cassia

꽃잎은 5장으로 모양이 거의 일정하다.

④ 카시아 야바니카 노도사

C. javanica L. subsp. *nodosa* (Roxb.) K. & S. Larsen

분포 ◇말레이시아 원산. 히말라야 동부의 저지에서 재배 개화기 4-6월

히말라야 산기슭의 길가에 있는 낙엽고목. 높이 10-30m. 잎은 길이 15-40cm. 소엽은 난상타원형으로 길이 6-9cm이며 5-20쌍 달린다. 총상꽃차례는 산방상으로 곧추서며 길이 5-15cm. 꽃잎은 타원형으로 길이 1.5-2cm이고 분홍색에서 흰색-연노란색으로 변한다. 꼬투리는 원주형으로 길이 30-70cm이다.

⑤ 카시아 피스툴라 *C. fistula* L.

분포 ◇말레이시아 원산. 세계 각지의 난지에서 관상용으로 재배 개화기 5-6월

영어명은 '골든 샤워(Golden Shower)'. 히말라야 산기슭에서 저산대에 걸쳐 뜰이나 길가에 있는 낙엽수. 높이 7-20m. 소엽은 난형으로 길이 5-10cm이며 3-7쌍 달린다. 총상꽃차례는 길이 14-40cm로 잎겨드랑이에서 늘어진다. 꽃잎은 노란색으로 길이 1.5-2.5cm이다. 수술 10개 중 아래쪽 3개는 암술대와 함께 길게 뻗어 활처럼 휘고 끝은 위를 향한다. 꼬투리는 원주형으로 길이 20-60cm.

④ 카시아 야바니카 노도사. 6월2일. 서벵갈주/실리구리의 동쪽. 350m. 콜코타의 북쪽에 있는 대도시 실리구리에서 아삼의 차밭으로 이어지는 길가에 많이 있다.

⑤-b 카시아 피스툴라. 6월23일. 파키스탄/페샤와르. 500m. 초여름 오후의 폭풍우에 요동치고 있는 우상복엽과 긴 꽃무리. 개화기가 끝날 무렵으로, 꽃잎은 약간 빛이 바래 있다.

⑤-a 카시아 피스툴라(떨어진 꽃, 잎, 열매). 6월23일. 파키스탄/페샤와르. 500m.

실거리나무속 Caesalpinia

① 채살피니아 데카페탈라

C. decapetala (Roth) Alston var. *decapetala*
분포 ◇히말라야 전역을 포함한 남·동남·
동아시아 개화기 3-5월
산지대 하부의 숲 주변이나 강가의 덤불에
자생하는 관목. 가지와 잎줄기에 역방향으
로 가시가 나 있다. 잎은 2회 우수우상복엽
으로 길이 15-30cm. 소엽은 장원형으로 길이
1.5-2cm이며 겉에 가늘고부드러운 털이 자란
다. 총상꽃차례는 길이 20-30cm. 꽃잎은 길이
1.5cm, 수리의 1장은 작다.

델로니스속 Delonix

② 델로니스 레기아 *D. regia* (Hooker) Rafin.

분포 ◇마다가스카르 원산. 열대권 각지에
서 재배 개화기 5-6월
높이 8-17m인 낙엽수. 수관은 옆으로 퍼진다. 잎
은 2회 우수우상복엽으로 길이 20-60cm. 소엽은
장원형으로 길이 7-12mm. 꽃잎은 5장 달리고
화조가 있는 도란형으로 길이 4-6cm이며 붉은
색. 정수리의 꽃잎에 노란색 반점이 있다.

자귀나무아과

잎은 2회 우수우상복엽. 꽃은 작으며 구상으
로 모여 달린다. 수술은 화관보다 훨씬 길고,
수술대의 기부는 합착한다.

미모사속 Mimosa

꽃잎은 4장. 잎은 건드리면 닫힌다.

③ 미모사 히말라야나 *M. himalayana* Gamble

분포 ▭아프가니스탄-부탄, 인도
개화기 6-8월
높이 2-5m인 낙엽관목. 저산대의 숲 주변이
나 강가에 자생하며 가지는 옆으로 자란
다. 잎은 길이 10-25cm이고 6-12쌍의 갈래조
각이 있다. 소엽은 16-20쌍 달리고 장원형으
로 길이 5-10mm이며 끝은 뾰족하다. 두상꽃
차례는 가지 끝에 총상으로 달리며 직경 1-
1.5cm. 꽃은 분홍색-흰색이다.

자귀나무속 Albizia

가지에 가시가 없다. 꽃잎 5장은 기부에서
합착한다.

④ 알비지아 사만

A. saman (Jacq.) F. Murell. [*Samanea saman* (Jacq.) Merill]
분포 ◇열대 아메리카 원산. 남아시아의 구
영국 식민지에 많다 개화기 3-6월
영어명은 '레인 트리(Rain Tree)'. 히말라야 동부
의 저지에서 녹음수로 심는 상록고목. 높이는
20-40m. 수관은 직경 20-40m. 나무줄기는
암갈색. 잎은 길이 15-30cm. 소엽은 능상장원
형으로 길이 1.5-4cm. 총상꽃차례는 길이 6-
7cm. 수술은 분홍색으로 길이 3-4cm이다.

① 채살피니아 데카페탈라. 4월26일. X/펠레 라의 서쪽. 2,500m. 역방향으로 가시가 나 있는 가지와 우상복엽이 다른 관목에 휘감기면서 옆으로 뻗어, 통행이 곤란할 정도의 덤불을 이루고 있다.

③ 미모사 히말라야나. 7월12일.
V/세카툼의 남쪽. 1,600m.

④-a 알비지아 사만. 5월13일.
서벵갈주/콜코타 식물원.

② 델로닉스 레기아. 6월14일. 네팔 동부/이타리. 150m. 수관 위에 짧은 총상꽃차례가 달려 붉은색의 큰 꽃을 피운다.

④-b 알비지아 사만. 5월13일. 서벵갈주/콜코타 식물원. 수관은 직경 30m 이상으로 퍼진다. 꽃은 수관 위에 핀다.

자귀나무속 Albizia

① 알비지아 치넨시스 *A. chinensis* (Osbeck) Merrill

분포 ◇파키스탄-동남아시아, 중국 남부
개화기 4-7월

저산대의 소림이나 강가에 자생하는 높이 5-30m인 낙엽관목. 밭 주면이나 길가에 심고, 차밭의 녹음수로 일정 간격을 두고 심는다. 가지 끝과 잎줄기, 꽃차례 전체에 노란색을 띤 털이 벨벳 형태로 빽빽하게 나 있다. 잎은 길이 15-40cm. 소엽은 20-35장 달리고 좌우부정인 장원형으로 길이 7-10mm, 폭 2-3mm이며 끝은 뾰족하다. 뒷면에 부드러운 털이 자란다. 잎겨드랑이에서 비스듬히 뻗은 자루 끝에 많은 두화가 원추상으로 달리고, 1개의 두화에 15-20개의 꽃이 모여 달린다. 수술은 길이 2.5-3cm이며 끝은 녹황색을 띤다.

② 알비지아 율리브리신

A. julibrissin Durazz. var. *mollis* (Wall) Benth.

분포 ㅁ카슈미르-미얀마, 티베트 남부, 중국 남서부 개화기 4-6월

산지대 하부의 소림이나 강가에 자생하는 높이 4-10m의 낙엽수. 기준변종 자귀나무와는 달리 가지와 잎, 꽃차례에 부드러운 털이 자라고 소엽은 약간 크다. 잎은 길이 10-30cm. 소엽은 10-20쌍 달리고 좌우부정인 장원형으로 길이 1.2-1.8cm, 폭 4-6mm이다. 잎겨드랑이에서 곧추 선 총꽃자루 끝에 두화가 1-3개 달린다. 화관은 길이 8-10mm. 수술대는 분홍색으로 길이 2.5-3.5cm이다.

콩아과

꽃은 나비모양. 꽃잎은 5장. 위쪽 1장(바탕꽃잎)은 크며 휘어지는 경우가 많고, 아래쪽 2장은 합쳐져 용골꽃잎을 이루며, 양쪽 2장(날개꽃잎)은 용골꽃잎을 사이에 끼우듯 곧추 선다. 수술은 보통 10개. 수술대는 10개

①-a 알비지아 치넨시스. 5월14일.
N/자가트의 남쪽. 1,200m.

①-b 알비지아 치넨시스. 5월13일.
N/자가트의 남쪽. 1,200m.

③ 에리트리나 아르보레스첸스. 8월19일. V/치라우네. 1,550m. 히말라야 산기슭에 있는 마을 부근의 급사면 등지에 자생한다. 불꽃 형태의 화수에 모여 달리는 꽃은 아래를 향하고, 꽃잎은 거의 열리지 않는다.

② 알비지아 율리브리신. 6월6일.
M/바가르의 북쪽. 1,900m.

가 합착해 원통형을 이루거나, 9개는 합착하고 상부의 1개는 떨어져 있거나, 10개가 각자 떨어져 있다. 암술대는 끝이 위로 휘었다. 꽃받침은 원통형이며 끝이 4-5개로 갈라졌고, 상부의 갈래조각 2개는 살짝 합착한다.

에리트리나속 Erythrina

③ 에리트리나 아르보레스첸스 *E. arborescens* Roxb.
분포 ◇쿠마온-미얀마, 티베트 남부, 중국 남서부 개화기 8-10월
산지대 하부의 소림이나 논밭 주변에 자생하는 높이 4-15m인 소고목. 가지에 가시가 있다. 잎은 3출 우상복엽으로 가지 끝에 빽빽하게 어긋나기 하며 굵고 긴자루가 있다. 소엽은 삼각상광란형으로 길이 12-18cm이고 끝은 가늘고 뾰족하며 기부는 거의 절형이다. 정소엽에는 긴 자루가 있다. 가지 끝 잎겨드랑이에서 뻗은 굵고 긴 총꽃자루에 아래를 향한 꽃이 이삭형태로 모여 달린다. 꽃은 주홍색으로 길이 4-5cm. 바탕꽃잎은 곧추서서 짧은 날개꽃잎과 용골꽃잎을 덮는다.

회화나무속 Sophora

④ 소포라 알로페쿠로이데스 *S. alopecuroides* L.
분포 ◇지중해 지방-카슈미르, 티베트 서부, 중국 서부 개화기 5-7월
극도로 건조한 모래땅에 자생하는 다년초. 높이 30-80cm. 줄기는 질이 강하고 기부는 목질화했으며 전체적으로 부드러운 털이 빽빽하게 자란다. 잎은 기수우상복엽으로 길이 12-20cm. 소엽은 17-25장 달리고 장원형으로 길이 1.5-2.5cm이며, 햇빛이 지나치게 강하면 위를 향해 곧추 선다. 줄기 끝의 총상꽃차례는 길이 10-20cm. 꽃자루는 짧다. 꽃은 길이 1.5-2cm. 꽃잎은 유황색이며 바탕꽃잎은 위를 향해 휘었다. 꼬투리는 길이 7-10cm이며 씨앗과 씨앗 사이가 잘록하다.

⑤ 소포라 무르크로프티아나

S. moorcroftiana (Benth.) Baker
분포 ◇중앙아시아 주변-네팔 중부, 티베트 남부 개화기 5-7월
건조지대 강 유역의 모래땅에 자생하는 높이 0.3-2m의 관목. 전체적으로 부드러운 털이 자란다. 경질의 가지는 활발히 분지하고 가지 끝은 날카로운 가시를 이룬다. 잎은 기수우상복엽으로 길이 3-5cm이고 턱잎은 가시가 된다. 소엽은 9-17장 달리고 도란상장원형으로 길이 5-8mm이며 끝은 가시 모양으로 뾰족하다. 앞뒷면에 부드러운 털이 빽빽하게 자란다. 가지 끝의 총상꽃차례는 길이 2-3cm로 꽃이 5-10개 달리며 꽃자루는 짧다. 꽃은 길이 1.5-1.8cm. 꽃잎은 연한 자주색 또는 노란색.

④ 소포라 알로페쿠로이데스. 6월30일. C/스카르두의 북서쪽. 2,300m. 모래를 뒤집어 쓴 바위땅에 군생한다. 햇빛이 지나치게 강하면 과도의 증산을 피하기 위해 소엽이 위를 향하게 된다.

⑤ 소포라 무르크로프티아나. 6월7일. Z/체탕의 서쪽. 3,600m. 히말라야 산맥의 북쪽에 평행하게 흐르는 얄룽창포 강 주변에 폭넓게 군생하고 있다.

부테아속 Butea

① 부테아 미노르 *B. minor* Baker

분포 ◇쿠마온-네팔 동부 개화기 4-5월

높이 0.5-1.5m인 반초질의 소관목으로, 건조
한 바람이 넘나드는 깊은 계곡의 바위땅이
나 초지에 자생한다. 전제적으로 부드러운
회색 털이 빽빽하게 자란다. 잎은 3출우상복
엽이며 긴 자루가 있다. 소엽은 얇은 혁질의
광란형으로 길이 15-35cm이며 끝은 날카롭
다. 정소엽에는 자루가 있고, 측소엽은 좌우
부정. 줄기 끝과 잎겨드랑이에서 길이 10-30
cm의 수상꽃차례가 곧추 선다. 꽃은 주홍색
으로 길이 2-2.5cm. 꽃받침과 꽃잎의 바깥쪽
에 부드러운 털이 자란다. 바탕꽃잎은 짧고
끝이 뾰족하며 휘어졌다.

칡속 Pueraria

② 푸에라리아 페둔쿨라리스

P. peduncularis (Benth.) Benth.

분포 ◇네팔 동부-미얀마, 티베트 남부, 중국
남서부 개화기 7-8월

산지 관목림 주변의 비탈이나 키 큰 초지에
자생하는 덩굴성 다년초. 전체적으로 연갈
색을 띤 부드러운 털이 빽빽하게 자란다. 잎
은 긴 자루가 있는 3출우상복엽이며 드문드
문 어긋나기 한다. 소엽은 난상타원형으로
길이 10-15cm이고 끝은 가늘고 뾰족하며 기
부는 넓은 쐐기형. 앞뒷면에 누운 털이 나 있
다. 잎겨드랑이에서 곧추서는 총상꽃차례는
자루를 포함해 길이 20-35cm. 꽃은 길이
1.2-15cm. 꽃잎은 붉은 자주색이며 기부는 흰
색. 바탕꽃잎은 원상광란형으로 강하게 휘
었으며 끝은 살짝 파여 있다.

무쿠나속 Mucuna

③ 무쿠나 임브리카타 *M. imbricata* Baker

분포 ■시킴-부탄, 아삼 개화기 5-6월

저산대의 아열대림에 자생하는 대형 목성
덩굴식물. 잎은 3출우상복엽. 소엽은 난형
으로 길이 7-12cm이고 끝은 꼬리모양으로
뾰족하다. 정소엽에는 긴 자루가 있고, 측소
엽은 좌우부정. 총상꽃차례는 길이 10-30cm
로 잎이 진 가지에서 아래로 늘어진다. 꽃자
루는 길이 8-15mm로 굵다. 꽃은 길이 5-
6.5cm. 꽃받침은 길이 2cm이며 밑갈래조각
은 삼각상피침형. 꽃자루에서 꽃받침까지
부드러운 누운 털이 촘촘하게 나 있어 벨벳
과 같은 감촉이 느껴진다. 꽃잎은 흰녹색.
바탕꽃잎은 끝이 살짝 돌출되었고 날개꽃잎
의 끝은 원형이며, 용골꽃잎의 끝은 가늘고
위를 향해 돌출한다.

*사진의 꽃은 막 피기 시작한 상태. 오른쪽
의 짙은 녹색 잎은 숙주 나무의 것이다.

① 부테아 미노르. 5월18일. M/쿠스마의 북서쪽. 800m. 건조한 바람이 끊임없이 불어대는 아열대기후의 계곡 밑
바위의 밑은 비탈에 자란 것. 불꽃 형태의 꽃이 줄기 끝의 수상꽃차례에 달린다.

② 푸에라리아 페둔쿨라리스. 8월11일.
R/스루케의 남쪽. 2,700m.

③ 무쿠나 임브리카타. 5월20일.
W/포돈 부근. 1,900m.

도둑놈의갈고리속 Desmodium

잎은 3출우상복엽. 날개꽃잎은 용골꽃잎에 밀착한다. 꼬투리는 편평하며 씨앗과 씨앗 사이가 심하게 잘록해, 숙성하면 씨앗마다 분리된다.

④ 데스모디움 엘레간스 *D. elegans* DC.
분포 ▫아프가니스탄-부탄, 티베트 남동부, 중국 서부 개화기 5-9월
산지 숲 주변의 비탈이나 키 큰 초지에 자생하는 높이 1-4m의 낙엽관목. 전체적으로 부드러운 털이 자란다. 잎은 3출우상복엽, 잎자루는 길이 3-8cm, 턱잎은 피침형. 정소엽은 능상 타원형으로 길이 2-8cm. 측소엽은 약간 작고 좌우부정인 난형이다. 소엽의 앞뒷면에 부드러운 털이 자란다. 총상꽃차례는 길이 5-20cm. 꽃자루는 가늘다. 꽃은 연붉은색으로 길이 1-1.5cm. 꽃받침은 길이 2-3mm로 털이 무성하다. 용골꽃잎은 날개꽃잎보다 짧다.

⑤ 도둑놈의갈고리속의 일종 (A) *Desmodium* sp. (A)
촬영한 것에 관한 자세한 기록은 없다. 동속 콘친눔(*D. concinnum* DC.)과 비슷하나 잎자루가 짧다.

⑥ 데스모디움 물티플로룸 *D. multiflorum* DC.
분포 ▫파키스탄-동남아시아, 티베트 남부, 중국 남부 개화기 7-9월
산지의 숲 주변에 자생하는 높이 1-3m인 낙엽관목. 동속 엘레간스와 비슷하나, 꽃은 길이 6-10mm로 작으며 줄기 끝 원추꽃차례에 많이 달린다. 꽃자루는 짧다. 잎은 3출우상복엽이며 잎자루는 길이 3-6cm. 정소엽은 혁질의 광란형-타원형으로 길이 3-8cm이고 끝은 둔형이다. 측소엽은 약간 작다. 소엽의 앞뒷면에 누운 털이 빽빽하게 자란다.

④-a 데스모디움 엘레간스. 7월26일. K/차우리코트의 동쪽. 3,150m. 짧은 총상꽃차례에 밝은 분홍색 꽃이 달려 있다. 짧은 용골꽃잎이 날개꽃잎 사이에 끼어 있다.

④-b 데스모디움 엘레간스. 6월1일.
M/로트반의 북쪽. 2,400m.

⑤ 도둑놈의갈고리속의 일종 (A) 6월21일.
P/라마 호텔의 남서쪽. 2,300m.

⑥ 데스모디움 물티플로룸. 8월17일.
P/라마 호텔의 남서쪽. 2,300m.

땅비싸리속 Indigofera

잎은 기수우상복엽. 총상꽃차례는 곧추 선다.

① 인디고페라 소울리에이 *I. souliei* Craib

분포 ◇티베트 남동부, 쓰촨성 개화기 5-7월

산지의 약간 건조한 숲 주변에 자생하는 높이 0.2-2m인 낙엽관목. 나무줄기는 곧게 자라거나 쓰러져서 뻗는다. 녹색 가지 끝에 부드러운 털이 나 있다. 잎은 길이 3-5cm. 소엽은 7-11장 달리고 타원형으로 길이 8-15mm이며 끝은 약간 돌출형이다. 총상꽃차례는 길이 8-15cm이고 자루는 매우 짧다. 꽃은 길이 9-10mm. 꽃받침은 길이 2.5-3mm이며 갈래조각은 협피침형. 꽃잎은 붉은색. 바탕꽃잎의 바깥쪽에 부드러운 털이 자란다.

② 인디고페라 헤테란타 *I. heterantha* Brandis

분포 ㅁ아프가니스탄-부탄, 티베트 남부, 인도 개화기 5-7월

저산에서 산지에 걸쳐 숲 주변이나 둔덕 비탈에 자생하는 높이 1-2m인 낙엽관목. 질이 강한 가는 줄기를 무수히 뻗으며, 가지 끝과 꽃차례에 누운 털이 빽빽하게 자란다. 잎은 길이 2-4cm. 소엽은 7-15장 달리고 타원형으로 길이 5-10mm이며 앞뒷면에 누운 털이 촘촘하게 나 있다. 총상꽃차례는 길이 3-5cm, 꽃자루는 길이 2-3mm. 꽃은 길이 8-12mm. 꽃받침은 길이 2-3m. 꽃잎은 연붉은색이며 날개꽃잎의 색은 짙다.

③ 땅비싸리속의 일종 (A) Indigofera sp. (A)

산지의 약간 건조한 숲 주변의 둔덕 비탈에 자생하는 높이 0.2-1m의 소관목. 가지에 부드러운 털이 자란다. 잎은 길이 5-8cm. 소엽은 9-13장 달리고 타원형으로 길이 7-10mm이며 끝은 원형이거나 살짝 파여 있다. 앞뒷면에 가늘고 부드러운 털이 나 있다. 총상꽃차례는

① 인디고페라 소울리에이. 6월26일. Z3/톤부룽의 북동쪽. 2,900m. 얄룽창포 대협곡의 험준한 길가에 자란 것으로, 줄기가 땅위로 뻗는다. 부근에서 높이 2m에 달하는 같은 종의 관목도 발견되었다.

②-a 인디고페라 헤테란타. 6월17일. L/야마카르의 북쪽. 2,900m.

②-b 인디고페라 헤테란타. 5월15일. N/코트로의 남쪽. 1,700m.

③ 땅비싸리속의 일종 (A) 6월1일. M/로트반의 북쪽. 2,300m.

길이 7-10cm. 꽃자루는 길이 2-4mm. 꽃은 길
이 7-8mm. 꽃받침조각은 협피침형으로 작
다. 꽃잎 5장은 길이가 거의 같다. 총꽃자루
와 꽃받침에 부드러운 털이 자란다. 동속 엑
실리스(I. exilis Grierson & Long)와 비슷하나 소
엽은 수가 적고 크기가 작다.

④ 인디고페라 브라크테아타 I. bracteata Baker
분포 ◇네팔 서부-부탄, 티베트 남부, 아삼
개화기 5-6월
산지의 임상이나 초지, 밭두둑에 자생하는
반초질의 소관목. 길이 10-40cm. 줄기는 가늘
며, 길게 자라면 기부에서 쓰러진다. 잎은
길이 4-7cm. 소엽은 5-7장 달리고 타원형으로
길이 1-2cm이며 끝은 원형이거나 살짝 파여
있다. 앞뒷면에 누운 털이 자란다. 총상꽃차
례는 길이 2.5-5cm로 긴 자루 끝에 달리며 부
드러운 털이 나 있다. 꽃자루는 매우 짧다.
꽃은 길이 8-11mm. 꽃잎은 흰색-연자주색-연
붉은색으로 변하고, 날개꽃잎의 끝은 짙은
자주색-붉은 자주색이다.

슈테리아속 Shuteria
⑤ 슈테리아 인볼루크라타 글라브라타
S. involucrata (Wall.) Wight & Arn. var. *glabrata* (Wight
& Arn.) Ohashi
분포 ◇히마찰-동남아시아, 인도, 중국 남서
부 **개화기** 9-12월
낮은 산에서 산지에 걸쳐 다소 건조하고 바
위가 많은 초지나 길가에 자생하는 포복성
다년초. 잎은 3출복엽으로 잎자루는 길이 2-
4cm. 소엽은 능상타원형-도란형으로 길이
2-4cm이고 표면의 맥이 선명하다. 총꽃자루
는 길이 4-7cm. 총꽃자루 끝에 자루 없는 꽃
이 2-5개 달린다. 꽃차례에 부드러운 털이
빽빽하게 자란다. 꽃받침은 길이 5-7mm. 꽃
잎은 분홍색. 바탕꽃잎은 화조가 있는 원상
광란형으로 폭 1.1-1.3cm이다.

캄필로트로피스속 Campylotropis
⑥ 캄필로트로피스 스페치오사
C. speciosa (Schindler) Schindler
분포 ◇카슈미르-아르나찰, 아삼 **개화기** 8-
10월
산지 숲 주변의 둔덕 사면이나 절벽에 자생
하는 높이 1-3m인 관목. 가지는 가늘어 늘어
지기 쉬우며 부드러운 털이 자란다. 잎은 3
출우상복엽. 잎자루는 길이 7-20mm. 소엽은
도란형-도피침형으로 길이 1.2-2cm이고 끝은
가시모양으로 뾰족하다. 표면에는 털이 없
고 뒷면에는 누운 털이 촘촘하게 나 있다. 총
상꽃차례는 길이 5-10cm. 꽃자루는 길이 4-
6mm. 꽃은 길이 1.1-1.3cm. 꽃받침은 길이 4-
5mm. 꽃잎은 분홍색. 바탕꽃잎은 곧추 서서
날개꽃잎과 용골꽃잎을 덮는다.

④ 인디고페라 브라크테아타. 6월27일.
R/카리 콜라의 북쪽. 2,400m.

⑤ 슈테리아 인볼루크라타 글라브라타. 9월7일.
P/셰르파가온의 동쪽. 2,550m.

⑥ 캄필로트로피스 스페치오사. 9월7일. P/라마 호텔의 남서쪽. 2,500m. 싸리속 꽃과 달리 꽃받침의 기부에 마디
가 있으며 용골꽃잎의 끝이 낫 모양으로 돌출한다. 바탕꽃잎은 날개꽃잎과 용골꽃잎을 덮는다.

골담초속 Caragana

가시가 있는 관목. 잎은 우수우상복엽. 잎줄기는 단단하게 굳어서 숙존하고, 끝은 가시모양을 이룬다.

① 카라가나 브레비폴리아 *C. brevifolia* Komarov
분포 ◇카슈미르-쿠마온, 티베트, 중국 시부
개화기 6-7월

건조 지대 고산의 상승기류에 노출된 자갈 비탈에 자생하며, 기부에서 활발히 분지해 높이 15-80cm인 섬모양의 그루를 이룬다. 전체적으로 털이 없다. 잎줄기는 길이 5-10mm로, 턱잎과 함께 숙존해 날카로운 가시를 이룬다. 소엽은 손바닥 형태로 4장 달리고 장원형-도피침형으로 길이 7-10mm이며 끝은 약간 뾰족하다. 잎겨드랑이에 꽃이 1개 달린다. 꽃자루는 길이 3-5mm. 꽃은 길이 1.5-2cm. 꽃받침은 적갈색을 띠고, 갈래조각은 삼각형. 꽃잎은 굴색이다.

② 카라가나 유바타 *C. jubata* (Pallas) Poiret
분포 ◇네팔 중부, 부탄, 티베트, 중국 서부, 시베리아 개화기 6-7월

건조한 고산대의 바위가 많은 비탈에 자생하며, 지역에 따라 형태와 꽃 색깔의 변화가 크다. 높이 0.3-1.5m. 가지는 길이 3-5cm인 가시형태의 오래된 잎줄기에 덮여 있다. 소엽은 4-6쌍 달리고 협타원형으로 길이 7-12mm이며 양쪽이 바깥으로 말렸다. 뒷면에 길고 부드러운 털이 빽빽하게 자란다. 꽃은 길이 2.5-3cm로 잎겨드랑이에 1개 달리고, 꽃자루는 매우 짧다. 꽃받침은 길이 1.3-1.5cm이며 부드러운 털이 촘촘하게 나 있다. 꽃잎은 유황색-연붉은색이며 중앙부는 붉은색으로 물들어 있다.

③ 카라가나 게라르디아나 *C. gerardiana* Royle
분포 ◇파키스탄-네팔 중부, 티베트 서부
개화기 5-7월

반건조지대의 아고산대에서 고산대에 걸쳐 숲 주변이나 자갈 비탈에 자생한다. 높이 0.5-1.5m. 가지는 길이 2-4cm인 가시형태의 오래된 잎줄기에 싸여 있다. 가지 끝과 꽃차례에 길고 부드러운 털이 빽빽하게 자란다. 잎은 길이 2-3cm. 소엽은 4-5쌍 달리고 타원형-노씌침형으로 길이 6-12mm이며 끝은 약간 돌출형, 기부는 원형이다. 뒷면에 길고 부드러운 털이 촘촘하게 나 있다. 잎겨드랑이에 꽃이 1개 달리고 자루는 짧다. 꽃은 길이 2-2.5cm. 꽃받침은 길이 1.3-1.5cm. 꽃잎은 노란색이다.

④ 카라가나 수키엔시스 *C. sukiensis* Schneider
분포 ◇가르왈, 네팔 서중부, 부탄, 티베트 남부 개화기 6-7월

아고산대의 숲 주변이나 강가의 관목림에

①-a 카라가나 브레비폴리아. 6월26일. E/칸다 라의 남서쪽. 4,700m. 건조 고지의 안개로 축축한 산등성이 자갈 비탈에서 볼 수 있는 특징적인 식생으로, 단일 종인 섬 모양의 그루가 일정 간격으로 군생한다.

①-b 카라가나 브레비폴리아. 6월25일. E/칸다 라의 북동쪽. 4,500m.

② 카라가나 유바타. 7월6일. Z1/포탕 라의 북동쪽. 4,450m.

자생한다. 높이 1.5-3m. 가지는 굵고 갈색을 띠며, 잎줄기가 단단하게 굳은 굵은 가시가 나 있다. 전체적으로 부드러운 털이 자란다. 잎은 길이 4-7cm, 잎줄기는 굵다. 소엽은 6-10쌍 달리고 협타원형으로 길이 7-15mm이며 끝은 가시모양이다. 표면에는 털이 거의 없다. 잎겨드랑이에서 뻗은 짧은 총꽃자루 끝에 꽃이 1-2개 달린다. 꽃자루는 매우 짧다. 꽃은 길이 2-2.5cm. 꽃받침은 길이 1.2-1.4cm로 적갈색을 띠며 갈래조각은 삼각형. 꽃잎은 굴색으로 뒷면은 적갈색을 띤다. 바탕꽃잎은 비스듬히 뻗는다.

⑤ 카라가나 비콜로르

C. bicolor Komarov [*C. crassispina* Marq.]
분포 ◇티베트 남동부, 윈난 · 쓰촨성
개화기 6-7월
다소 건조한 아고산대의 관목림이나 밝은 혼합림에 자생한다. 높이 1.5-4m. 동속 수키엔시스와 비슷하나 가지와 가시가 약간 짧다. 잎은 길이 2-4cm. 소엽은 4-7쌍 달리고 타원형으로 길이 5-8mm. 꽃은 길이 2cm. 꽃받침은 원통형으로 가늘다.

⑥ 카라가나 브레비스피나 *C. brevispina* Royle
분포 ◇파키스탄-네팔 중부 **개화기** 5-6월
산지의 다소 건조한 소림이나 관목림에 자생한다. 높이 2-3m. 가지는 가늘고, 잎줄기가 단단하게 굳은 가시는 매우 가늘다. 잎은 길이 7-8cm. 소엽은 5-8쌍이 약간 떨어져서 달리고 질이 얇은 타원형으로 길이 1-1.5cm이며 뒷면에 누운 털이 자란다. 총꽃자루 끝에 꽃 2-3개가 살짝 아래를 향해 달린다. 꽃자루는 짧다. 꽃은 길이 2-2.3cm. 꽃받침은 길이 8-10mm로 갈래조각은 짧다. 꽃잎은 노란색이다.

③ 카라가나 게라르디아나. 6월28일. K/링모. 3,600m. 폭숨도 호수의 동쪽 유역을 덮은 소나무 소림 내에 흩어져 자란다. 우상복엽의 소엽은 가을에 떨어지고, 잎줄기는 숙존해 단단한 가시가 된다.

④ 카라가나 수키엔시스. 6월22일.
P/랑탕 마을의 서쪽. 3,350m.

⑤ 카라가나 비콜로르. 6월18일.
Z3/다무로의 북서쪽. 3,100m.

⑥ 카라가나 브레비스피나. 6월1일.
M/구르자가온의 남동쪽. 2,500m.

스퐁기오카르펠라속 Spongiocarpella

다년초로, 땅위줄기는 매우 짧다. 굵고 단단한 목질의 뿌리줄기가 분지해 땅위로 퍼지며 쿠션형태의 그루를 이룬다. 잎은 기수우상복엽, 잎줄기는 단단하게 굳어 숙존한다. 꽃은 잎겨드랑이에 1개 달린다. 꽃받침은 원통형으로 기부는 약간 불룩하며 갈래조각 5개는 모양이 거의 일정하다. 바탕꽃잎은 날개꽃잎보다 길고, 용골꽃잎은 날개꽃잎보다 짧다.

① 스퐁기오카르펠라 푸르푸레아

S. purpurea (Li) Yakovlev [*Chesneya purpurea* Li, *C. nubigena* (D. Don) Ali, *Astragalus nubigenus* D. Don]

분포 ◇쿠마온-미얀마, 티베트 남부, 윈난성
개화기 5-7월

다소 건조한 고산대의 바람에 노출된 자갈땅에 자생한다. 지역에 따라 잎과 꽃의 형태, 털의 상태, 꽃의 색깔이 변한다. 꽃줄기는 길이 5cm 이하이며, 목질화한 기부는 숙존하는 오래된 턱잎과 잎줄기에 덮여 있다. 오래된 잎줄기는 길이 4-8cm로 활처럼 휘었고 끝은 돌출하지 않으며 암갈색이다. 전체적으로 길고 부드러운 털이 자란다. 개화기의 우상복엽은 길이 2.5-4cm이고 잎줄기는 질이 단단하다. 소엽은 15-21장 달리고 타원상피침형으로 길이 2-4mm이며 끝이 뾰족하다. 앞뒷면에 길고 부드러운 털이 자라는데 뒷면에 특히 두껍게 붙는다. 꽃은 길이 1.5-2.5cm로 잎겨드랑이에 1개가 위나 옆을 향해 달린다. 꽃자루는 매우 짧다. 꽃받침은 길이 8-12mm로 겉에 길고 부드러운 털이 빽빽하게 자라며 갈래조각은 삼각형. 꽃잎은 노란색이며 꽃이 필 무렵과 질 무렵에 적갈색을 띠는 것과, 붉은 자주색으로 색은 변하지 않고 바탕꽃잎의 중앙에 흰 반점을 지닌 것이 있다. 바탕꽃잎의 현부(舷部)는 광란형으로 위로 휘었으며 끝은 살짝 파여 있다. 꼬투리는 장타원체로 길이 1.5-2.5cm이며 겉에 부드러운 털이 자란다. 일반적으로 붉은 자주색 꽃은 노란색 꽃보다 해발이 높은 장소에 자라며, 전체적으로 작고 소엽

①-a 스퐁기오카르펠라 푸르푸레아. 5월29일. M/카페 콜라의 왼쪽 기슭. 4,100m.

①-b 스퐁기오카르펠라 푸르푸레아. 6월14일. M/야크카르카. 4,450m.

①-d 스퐁기오카르펠라 푸르푸레아. 7월7일. K/눈무 라의 동쪽. 4,900m. 바람에 노출되어 건조해지기 쉬운 동쪽의 자갈 비탈에 자라나 있다. 전체적으로 질이 두껍기 때문에 바람에 흔들리지 않는다.

①-c 스퐁기오카르펠라 푸르푸레아. 8월2일. Y1/신데의 북쪽. 4,600m.

가늘며 바탕꽃잎은 약간 폭이 넓다. 색이 다른 이들 두 유형은 같은 장소에 자라는 일이 없기 때문에 다른 종으로 취급되기도 한다.

*①-a는 전체적으로 길고 부드러운 털이 빽빽하게 자라며, 바탕꽃잎과 용골꽃잎의 뒷면에도 털이 나 있다. ①-c는 큰 그루를 이룬 것으로, 전체적으로 털이 적으며 잎 표면에는 거의 없다. ①-e와 ①-f는 빙하 근처의 바람이 적게 부는 움푹 파인 땅에 자란 것으로, 꽃은 길이 2.5cm로 크다.

케스네야속 Chesneya
줄기가 땅위를 기어서 뻗는 다년초. 잎은 기수우상복엽. 잎줄기는 단단해지지 않으며 숙존하지 않는다. 꽃받침은 종형. 꽃잎은 길이가 거의 같다.

② 케스네야 데프레사
C. depressa (Oliver) Pop. [*Calophaca depressa* Oliver, *Chesniella depressa* (Oliver) Boiss.]

분포 ◇파키스탄-카슈미르 **개화기** 5-7월
극도로 건조한 산지의 계곡 줄기에 있는 모래땅에 자생한다. 줄기는 질이 강하며, 마디마다 조금씩 꺾어지면서 땅위로 퍼져 나간다. 전체적으로 길고 부드러운 털이 벨벳 형태로 빽빽하게 자란다. 우상복엽은 길이 1.5-2.5cm이고 2열로 어긋나기 하며 녹갈색. 소엽은 7-11장 달리고 질이 두꺼운 타원형으로 길이 4-7mm이며 끝은 원형이다. 정소엽은 도란형으로 끝은 절형이거나 약간 파여 있다. 잎겨드랑이에 달린 꽃 1개가 잎 밑에 숨어서 핀다. 꽃자루는 길이 5-6mm로 가늘다. 꽃은 길이 7-8mm. 꽃받침은 길이 5mm이고 끝에서 절반 이상이 5개로 갈라졌으며 갈래조각은 협피침형. 꽃잎은 연노란색-연자주색. 꼬투리는 길이 1-1.2cm, 직경 4mm로 굵게 부풀어 있으며 겉에 부드러운 털이 촘촘하게 나 있다.

①-e 스퐁기오카르펠라 푸르푸레아. 7월15일. S/가줌바. 5,150m.

①-f 스퐁기오카르펠라 푸르푸레아. 7월13일. S/토닉. 4,950m.

①-g 스퐁기오카르펠라 푸르푸레아. 5월28일. Q/나가온의 동쪽. 4,300m.

② 케스네야 데프레사. 7월3일. C/시가르의 북동쪽. 2,600m. 건조지의 무너지기 쉬운 모래 비탈에 자란 것으로, 강한 줄기가 땅을 기어 퍼진다. 잎 밑에 연노란색 꽃이 숨어 있다.

황기속 Astragalus

건조지에 많은 다년초 또는 소관목. 잎은 기수우상복엽. 꽃받침은 원통형이며 끝이 5개로 갈라졌다. 용골꽃잎은 날개꽃잎보다 짧고 끝은 둔형.

① 아스트라갈루스 잔스카렌시스

A. zanskarensis Benth.

분포 ◇파키스탄-히마찰 개화기 6-7월

극도로 건조한 고산대의 모래땅에 자생하는 소관목으로 거친 방목지에 많다. 높이 5-10cm. 강인한 목질의 뿌리줄기가 땅위로 나와 매우 짧은 나무줄기를 이루고, 가시형태로 굳은 길이 7-10cm인 오래된 잎줄기가 방상으로 숙존한다. 꽃줄기는 매우 짧으며 전체적으로 황갈색을 띤 부드러운 털이 자란다. 개화기의 우상복엽은 길이 5-8cm이고 잎줄기는 굵다. 소엽은 19-27장 달리고 약간 질이 두꺼운 협타원형으로 길이 5-8mm이며 끝은 뾰족하다. 짧은 총꽃자루 끝에 여러 개의 꽃이 모여 달린다. 꽃은 길이 2-2.5cm. 꽃받침은 길이 1.2-1.5cm. 용골꽃잎은 날개꽃잎보다 훨씬 짧다. 건조지에 사는 목축민은 굵은 뿌리를 장작으로 쓰기 위해 집 돌담 위에 쌓아 둔다. 뿌리줄기에 달린 산방상 가시는 진입 방지와 불쏘시개 역할을 한다.

② 아스트라갈루스 칸돌레아누스

A. candolleanus Royle

분포 ◇파키스탄-네팔 중부 개화기 5-6월

아고산대에서 고산대에 걸쳐 숲 주변이나 바위가 많은 초지에 자생한다. 동속 잔스카렌시스와 비슷하나, 숙존하는 잎줄기는 가늘고 질이 약하며 길이 8-17cm이다. 꽃은 잎 위로 드러난다. 소엽은 타원형으로 끝은 둔형이며 가장자리와 뒷면의 중맥에 길고 부드러운 털이 나 있다.

①-a 아스트라갈루스 잔스카렌시스. 6월26일. E/칸다 라의 남서쪽. 4,100m. 잎줄기에서 유래된 목질의 긴 가시 틈에 움츠리고 있는 어린잎과 꽃은 티베트 산양과 양으로부터 보호된다.

①-b 아스트라갈루스 잔스카렌시스. 6월26일. E/칸다 라의 북동쪽. 4,500m.

①-c 아스트라갈루스 잔스카렌시스. 7월15일. F/아브링의 남동쪽. 3,800m.

② 아스트라갈루스 칸돌레아누스. 6월8일. M/차우라반. 3,300m.

③ 아스트라갈루스 리잔투스 *A. rhizanthus* Royle

분포 ◇아프가니스탄-가르왈 **개화기** 6-7월

건조지의 아고산대에서 고산대에 걸쳐 모래 땅이나 바위가 많은 초지에 자생하는 줄기 없는 다년초. 굵고 강인한 목질의 뿌리줄기가 있으며, 잎줄기는 거의 숙존하지 않는다. 전체적으로 길고 부드러운 털이 자란다. 잎은 개화기에 길이 7-18cm. 소엽은 23-29장 달리고 타원형으로 길이 6-8mm이며 가장자리와 뒷면의 중맥에 길고 부드러운 털이 나 있다. 총꽃자루는 뻗지 않으며 꽃자루는 매우 짧다. 꽃은 길이 2-2.5cm. 꽃받침은 길이 1.4-1.6cm, 밑갈래조각은 선상피침형으로 길이는 4-6mm이다.

* ③-a는 우상복엽의 길이가 최장 18cm이고, 꽃받침은 솜털형태의 부드러운 털로 덮여 있다. ③-c는 전체적으로 털이 적고 길이 1-3cm의 땅위줄기가 있어 동속 핀드레엔시스(*A. pindreensis* (Benth.) Ali)에 가깝다.

④ 아스트라갈루스 아카울리스 *A. acaulis* Baker

분포 ◇시킴-부탄, 티베트 남동부, 윈난 · 쓰촨성 **개화기** 5-6월

고산대의 건조한 모래질 초지나 빙퇴석에 자생한다. 굵고 강인한 뿌리가 땅속 깊이 뻗으며, 줄기는 땅위로 자라지 않는다. 땅속의 매우 짧은 줄기는 숙존하는 막질의 턱잎으로 싸여 있다. 전체적으로 길고 부드러운 털이 자란다. 잎은 꽃과 동시에 전개된다. 개화기의 잎은 길이 4-8cm. 소엽은 27-35장 달리고 협피침형으로 길이 5-7mm이다. 다 자란 잎에는 털이 없다. 꽃은 길이 2.2-2.5cm. 꽃받침은 길이 1.1-1.4cm, 갈래조각은 협피침형. 꽃잎은 노란색. 용골꽃잎은 날개꽃잎과 길이가 거의 같으며 끝은 녹갈색을 띤다.

③-a 아스트라갈루스 리잔투스. 7월7일. C/간바보호마 부근. 4,200m.

③-b 아스트라갈루스 리잔투스. 7월14일. F/아브랑의 북서쪽. 4,100m.

③-c 아스트라갈루스 리잔투스. 7월20일. I/바드리나트의 서쪽. 3,600m.

④ 아스트라갈루스 아카울리스. 6월9일. X/장고탕의 북동쪽. 우상복엽이 완전히 열리기 전에 꽃이 핀다. 가장자리에 가시가 달린 협피침형의 잎은 아칸토칼릭스 네팔렌시스의 것.

황기속 Astragalus

① 아스트라갈루스 몬티콜루스

A. monticolus P.C. Li & Ni

분포 ■티베트 남부 개화기 7-8월

건조한 고산대 상부의 바람에 노출된 구릉 위 자갈땅에 자생하며 얇은 쿠션을 이룬다. 강인한 목질의 뿌리가 땅속 깊이 뻗는다. 전체적으로 부드러운 누운 털로 덮여 있어 희뿌옇게 보인다. 잎은 3출복엽으로 길이 4-8mm인 자루가 있다. 소엽은 장원형으로 길이 3-5mm이고 양쪽이 바깥으로 말렸으며 털은 뒷면에 두껍게 붙어 있다. 잎겨드랑이에 꽃이 1-2개 달린다. 총꽃자루와 꽃자루는 매우 짧다. 꽃은 길이 7-8mm이며 위를 향한다. 꽃받침은 길이 3-4mm. 꽃잎은 자주빛 붉은색에서 연자주색으로 변한다. 바탕꽃잎은 원상광란형으로 폭 3mm이며 휘어졌다. 용골꽃잎은 날개꽃잎보다 작다.

② 아스트라갈루스 니발리스 *A. nivalis* Kar. & Kir.

분포 ◇중앙아시아 주변-히마찰, 티베트 서부, 중국 서부 개화기 6-8월

건조 고지의 편평한 자갈 비탈에 자생하는 다년초. 줄기와 우상복엽은 땅위로 퍼지고, 전체적으로 회백색의 부드러운 누운 털이 빽빽하게 자란다. 잎은 길이 3-6㎝. 소엽은 13-19장 달리고 타원형으로 길이 3-5mm이며 끝은 둔형이다. 총꽃자루는 길이 4-8㎝로 잎보다 길게 자란다. 총꽃자루 끝에 여러 개의 꽃이 두상으로 모여 아래를 향해 핀다. 꽃은 길이 1.5-2.2㎝. 꽃받침은 흰색으로 길이 8-12mm이고 흰색과 자줏빛 갈색의 부드러운 털이 촘촘하게 덮고 있으며 심줄 10개를 가진다. 갈래조각은 매우 작다. 꽃받침통은 개화 후에 차츰 부풀어 열매 맺는 시기에는 구형이 된다. 꽃잎은 연자주색. 바탕꽃잎은 크며 곧추 선다. 두과는 부드러운 털로 덮여 있으며, 부풀어 오른 꽃받침 속에서 성숙한다.

① 아스트라갈루스 몬티콜루스. 7월28일. Y2/롱부크 빙하. 5,300m.

②-b 아스트라갈루스 니발리스. 7월24일. F/피체 라의 남동쪽. 4,700m. 건조한 바람이 부는 자갈땅에 둥글게 둘러 앉은 모양으로 땅에 넙적 업드린 것처럼 자라나 있다. 꽃이 질 무렵에는 꽃받침이 풍선처럼 부풀어 오른다.

②-a 아스트라갈루스 니발리스. 7월23일. F/진첸. 4,500m.

③ 아스트라갈루스 콘페르투스

A. confertus Benth.

분포 ◇카슈미르-히마찰, 티베트 남서부, 중국 서부 개화기 7-8월

고산대의 바람이 강한 풀밭 형태의 초지에 자생한다. 땅속에 굵고 강인한 목질의 뿌리줄기가 있어 꽃줄기를 빽빽하게 모여나게 한다. 꽃줄기는 길이 2-5cm로 질이 강하며 기부에서 쓰러진다. 잎은 길이 1-2cm, 잎줄기는 굵고 질이 강하다. 소엽은 9-15장 달리고 질이 약간 두꺼운 난상타원형으로 길이 2-3mm이며 끝은 뾰족하다. 기부는 원형으로 앞뒷면에 부드러운 털이 자란다. 총꽃차례는 굵고 잎보다 길게 자라며 그 끝에 꽃 3-8개가 두상으로 모인다. 꽃은 길이 5-7mm. 꽃받침은 길이 3mm이며 거무스름한 부드러운 털이 촘촘하게 나 있다. 꽃잎은 자줏빛 붉은색에서 연자주색으로 변한다. 바탕꽃잎은 원상타원형으로 폭 3-4mm. 용골꽃잎은 날개꽃잎보다 짧다.

④ 황기속의 일종 (A) *Astragalus sp.* (A)

습한 계절풍이 부는 고산대 상부의 빙하 주변에 있는 편평한 모래땅에 자생하며, 땅속에 굵고 강한 뿌리가 길게 뻗는다. 뿌리줄기는 정수리에서 활발히 분지해 꽃줄기를 모여나게 한다. 꽃줄기는 땅위로 쓰러지며 꽃을 포함해 길이 7-10cm. 전체적으로 부드러운 털이 빽빽하게 자란다. 잎은 길이 3-4cm. 소엽은 17-19장 달리고 난상타원형으로 길이 3-5mm이며 끝은 뾰족하다. 뒷면과 가장자리에 희고 부드러운 털이 촘촘하게 나 있다. 총꽃자루는 길이 4cm로 끝에 꽃 5-12개가 두상으로 달린다. 꽃은 길이 8mm. 꽃받침은 길이 5mm이고 거무스름한 털이 빽빽하게 나 있으며 갈래조각은 선상피침형. 꽃잎은 연자주색. 바탕꽃잎은 원상광란형으로 폭 5mm. 용골꽃잎은 날개꽃잎보다 약간 짧다.

⑤ 아스트라갈루스 옥시오돈 *A. oxyodon* Baker

분포 ◇카슈미르-히마찰, 신장 개화기 7-8월

건조 고지의 습한 바위질 초지나 강가의 자갈밭에 자생한다. 뿌리줄기는 활발히 분지해 꽃줄기를 모여나게 한다. 꽃줄기는 길이 5-10cm이며 쓰러지기 쉽다. 잎은 길이 3-5cm. 소엽은 15-19장 달리고 난상타원형으로 길이 4-6mm이며 끝은 약간 뾰족하다. 기부는 원형이며 앞뒷면에 부드러운 털이 자란다. 길이 3-6cm인 총꽃자루 끝에 꽃 5-10개가 두상으로 달린다. 꽃은 길이 1-1.4cm. 꽃받침은 길이 5-6mm이고 5개로 갈라졌으며, 갈래조각은 선상피침형으로 거무스름하고 부드러운 털이 촘촘하게 나 있다. 꽃잎은 붉은 자주색에서 연자주색으로 변한다. 바탕꽃잎은 원상광란형으로 폭 5-6mm. 용골꽃잎은 날개꽃잎보다 길다.

③ 아스트라갈루스 콘페르투스. 8월15일. Y3/칸바 라. 4,750m.

④ 황기속의 일종 (A). 8월2일. V/로낙의 북쪽. 4,750m.

⑤ 아스트라갈루스 옥시오돈. 7월16일. D/데오사이 고원의 남서부. 멀리서 보면 두메자운속 풀과 비슷하나 날개꽃잎이 짧고 용골꽃잎 끝에 부리 형태의 돌기가 없다.

황기속 Astragalus

① 아스트라갈루스 스트리크투스

A. strictus Benth.

분포 ㅁ카슈미르-부탄, 티베트 각지, 원난성
개화기 5-8월

건조시대의 산시에서 고산내 상부에 걸쳐 둔
덕 비탈의 초지나 습지, 강가 자갈밭, 도로,
밭 주변에 자생하며, 배수가 나쁜 방목지에서
는 가축에게 먹히지 않기 위해 폭넓게 군생한
다. 히말라야 주맥 남쪽에는 그 수가 적다. 뿌
리줄기는 활발히 분지해 많은 꽃줄기를 모여
나기 한다. 꽃줄기는 높이 15-25cm로 곧게 뻗
고 전체적으로 부드러운 털이 자라며, 꽃차례
에 거무스름하고 부드러운 털이 섞여 있다.
잎은 길이 4-8cm. 소엽은 15-29장 달리고 장원
상파침형으로 길이 5-12mm이며 끝은 날카롭
다. 뒷면에 부드러운 누운 털이 자란다. 총꽃
차례는 길이 4-7cm로 곧추 서서 잎보다 길게
자란다. 총상꽃차례는 짧은 원기둥 모양이며
꽃자루는 매우 짧다. 꽃은 길이 6-9mm. 꽃받
침은 길이 4-5mm이고 5개로 갈라졌으며 갈래
조각은 선상피침형. 꽃잎은 붉은 자주색-연
자주색. 바탕꽃잎은 원상타원형으로 중앙부
는 흰색. 날개꽃잎은 바탕꽃잎보다 짧고, 용
골꽃잎은 날개꽃잎보다 짧다.

② 아스트라갈루스 레우코체팔루스

A. leucocephalus Benth.

분포 ◇아프가니스탄-네팔 중부, 티베트 남
동부 개화기 6-8월

건조지대 고산대 하부의 바위가 많고 습한
초지에 자생한다. 동속 스트리크투스와 매
우 비슷하나 꽃은 약간 크고 꽃잎은 흰색-연
노란색이며, 꽃받침조각은 길게 자라고 검
은 털이 빽빽하게 나 있다. 꽃줄기는 높이
12-20cm. 우상복엽의 소엽은 가장자리가
안쪽으로 말리기 쉽고, 앞뒷면에 길고 부드

①-a 아스트라갈루스 스트리크투스. 7월29일. Y2/페르치의 남서쪽. 4,300m. 건조한 티베트 고원의 계곡 줄기어

①-b 아스트라갈루스 스트리크투스. 8월19일.
Y3/라싸의 서쪽 교외. 4,100m.

①-c 아스트라갈루스 스트리크투스. 7월31일.
Y1/네라무의 북서쪽. 3,850m.

② 아스트라갈루스 레우코체팔루스. 7월31일.
Y1/네라무의 북서쪽. 3,850m.

러운 누운 털이 자라며, 뒷면에 특히 두껍게 붙어 있어 희뿌옇게 보인다. 꽃은 길이 9-11mm. 꽃받침조각은 선형으로 길이 4mm. 바탕꽃잎은 광란형으로 폭이 넓다.

③ 아스트라갈루스 도니아누스

A. donianus DC. [*A. pycnorhizus* Benth.]

분포 ◇ 네팔 서부-부탄 **개화기** 5-9월

습한 계절풍에 노출된 산지에서 고산대에 걸쳐 숲 주변의 이끼 낀 바위질 초지나 모래땅에 자생하며, 때때로 옆으로 뻗는 뿌리줄기가 발달해 바위 위를 넓게 덮는다. 형태와 꽃의 색깔은 장소에 따라 크게 변한다. 꽃줄기는 길이 10-35cm로 쓰러져서 퍼져 나가고, 적갈색을 띠며 부드러운 털이 자란다. 잎은 길이 2-5cm이고 줄기에 일정 간격으로 어긋나기하며 땅으로 퍼진다. 소엽은 9-15장 달리고 타원형으로 길이 4-7mm이며 매우 짧은 자루가 있다. 끝은 V자형으로 살짝 파였거나 둔형이고 기부는 원형이며, 표면에는 털이 없고 뒷면에 부드러운 누운 털이 자란다. 총꽃자루는 길이 2-6cm로 잎겨드랑이에서 나와 곧추서거나 옆으로 뻗으며 부드러운 털이 자란다. 총꽃자루 끝에 보통 꽃, 2-3개가 옆을 향해 달린다. 꽃자루는 길이 1-2mm. 꽃은 길이 1.4-1.8cm. 꽃받침은 길이 6-8mm이고 끝에서 3분의 1이 5개로 갈라졌으며, 갈래조각은 협피침형으로 가늘고 부드러운 털이 자란다. 꽃잎은 지역에 따라 청자주색-짙은 자주색-붉은 자주색-자줏빛 갈색으로 변한다. 바탕꽃잎은 타원형-광란형으로 위로 휘었으며 중앙부에 흰색 반점이 있다. 용골꽃잎은 날개꽃잎보다 약간 길고 끝부분의 색이 짙다.
*네팔 동부 칸첸중가 주변에 자란 것은 꽃잎이 자줏빛 갈색이고, 양지바른 바위땅에서는 ③-c와 같이 색이 짙어지며 바탕꽃잎은 광란형으로 폭이 넓다.

있는 방목지에서 가축의 식해를 피해 폭넓게 군생하고 있다.

③-a 아스트라갈루스 도니아누스. 6월13일.
Q/세테의 동쪽. 3,100m.

③-b 아스트라갈루스 도니아누스. 6월23일.
R/준베시의 북동쪽. 3,700m.

③-c 아스트라갈루스 도니아누스. 7월27일.
V/군사의 북동쪽. 3,650m.

황기속 Astragalus

① 아스트라갈루스 밀링겐시스

A. milingensis Ni & P.C. Li

분포 ◇티베트 남부, 쓰촨성 개화기 7-8월

다소 건조한 산지에서 아고산대에 걸쳐 숲 주변의 바위가 많은 둔덕 비탈에 자생한다. 꽃줄기는 길이 7-30cm로 쓰러져서 퍼지며 전체적으로 부드러운 털이 자란다. 잎은 일정 간격으로 어긋나기 하고 자루를 포함해 길이 1-1.5cm. 소엽은 7-11장 달리고 도란상타원형으로 길이 3-5mm이며 끝은 둔형이거나 약간 파여 있다. 표면에는 털이 거의 없고, 뒷면에는 부드러운 누운 털이 빽빽하게 나 있다. 잎겨드랑이에서 뻗은 길이 1-3cm인 총꽃자루 곁에 꽃이 1-3개의 모여 달린다. 꽃은 길이 8-10mm. 꽃받침은 길이 4-5mm이고 끝에서 절반 가까이 5개로 갈라졌으며 갈래조각은 선상피침형. 꽃잎은 붉은 자주색. 바탕꽃잎은 광란형이다.

② 아스트라갈루스 라샌시스

A. lasaensis Ni & P.C. Li

분포 ■티베트 남부 개화기 7-8월

건조한 고산대의 바위가 많은 둔덕 비탈에 자생하며, 굵고 강인한 뿌리가 땅속으로 뻗는다. 동속 밀링겐시스와 비슷하나, 꽃받침이 크고 바탕꽃잎은 옆으로 길다. 소엽은 질이 약간 두껍고, 앞뒷면에 부드러운 누운 털이 빽빽하게 나 있어 녹백색으로 보인다. 잎은 길이 2-4cm. 소엽은 11-17장 달리고 타원형으로 길이 5-7mm. 총꽃자루는 길이 2-4cm. 꽃은 길이 1-1.2cm. 꽃받침은 길이 7-8mm이고 5개로 갈라졌으며, 갈래조각은 협피침형으로 겉에 흰색과 검은색의 누운 털이 빽빽하게 자란다. 바탕꽃잎은 편원형(扁圓形)이며 끝이 파여 있다.

③ 아스트라갈루스 오르비쿨라리폴리우스

A. orbicularifolius P.C. Li & Ni

분포 ■네팔 서중부, 티베트 서남부

개화기 6-8월

건조한 고산대 상부의 평활한 자갈땅에 자생하는 줄기 없는 다년초. 뿌리줄기는 숙존하는 턱잎으로 두껍게 덮여 있다. 전체적으로 부드러운 털이 자란다. 잎은 길이 2-5cm. 소엽은 7-15장 달리고 타원형으로 길이 3-5mm이며 끝은 약간 뾰족하다. 기부는 원형이고 뒷면은 부드러운 털이 짙다. 총꽃자루는 길이 3-5cm. 총꽃자루 끝에 꽃 5-20개가 두상으로 달린다. 꽃은 길이 7mm. 꽃받침은 길이 3mm, 갈래조각은 삼각상피침형. 꽃잎은 붉은 자주색. 바탕꽃잎은 원형으로 날개꽃잎보다 길고, 용골꽃잎은 날개꽃잎보다 짧다.

*사진의 개체는 기준표본 기록과 달리, 소엽은 약간 가늘고 끝이 뾰족하며 표면에 부드러운 털이 자라고, 꽃 수는 많으며 날개꽃잎과 용골꽃잎은 짧다.

① 아스트라갈루스 밀링겐시스. 7월27일. Z3/투둔의 남동쪽. 2,950m.

② 아스트라갈루스 라샌시스. 8월29일. Y3/추부곰파의 서쪽. 4,500m.

③ 아스트라갈루스 오르비쿨라리폴리우스. 7월9일. K/눈무 라. 5,000m. 티베트의 건조 고지와 같은 환경인 네팔령에서 자라고 있다. 이 종은 지금까지 티베트 남부의 고유종으로 취급되어 왔다.

④ 아스트라갈루스 멜라노스타키스

A. melanostachys Benth.

분포 ◇중앙아시아 주변-네팔 서부, 신장
개화기 7-8월

아고산대에서 고산대 상부에 걸쳐 건조하고
자갈이 많은 초지에 자생한다. 꽃줄기는 모
여나기 하고 꽃을 포함해 길이 15-30cm이며,
곧게 자라거나 쓰러져서 사방으로 퍼지고,
꽃차례 이외는 털이 거의 없다. 잎은 길이 4-
8cm. 소엽은 13-15장 달리고 타원형으로 길
이 7-10mm이며 끝은 원형-절형. 총꽃자루는
줄기 끝과 잎겨드랑이에 달리고 잎보다 길
게 자란다. 꽃차례는 길이 1.5-2cm이며 많은
꽃이 곧추서서 모인다. 꽃은 길이 8-10mm.
꽃받침은 길이 4-5mm, 갈래조각은 선형. 꽃
잎은 붉은색. 바탕꽃잎은 날개꽃잎과 용골
꽃잎보다 길게 자라 곧추 선다.

④ 아스트라갈루스 멜라노스타키스. 8월17일.
A/호로고지트. 4,100m.

⑤ 아스트라갈루스 덴시플로루스. 8월4일.
V/로닉. 4,700m.

⑤ 아스트라갈루스 덴시플로루스

A. densiflorus Kar. & Kir

분포 ◇중앙아시아 주변-히마찰, 남동부 이
외의 티베트 각지, 네팔 동부, 중국 서부
개화기 6-8월

건조한 고산의 자갈땅에 자생한다. 형태는
지역과 환경에 따라 크게 변한다. 꽃줄기는
길이 8-30cm로 기부에서 분지해 곧게 곧추서
거나 쓰러지며, 전체적으로 누운 털이 자란
다. 잎은 길이 3-7cm. 소엽은 9-15장 달리고 난
상장원형-선상장원형으로 길이 7-15mm이며
가장자리는 안쪽으로 말리기 쉽다. 길이 3-
8cm인 총꽃자루 끝에 많은 꽃이 모여 달린다.
꽃은 길이 6-8mm. 꽃받침은 길이 3-5mm,
갈래조각은 선형으로 검고 부드러운 털이 빽
빽하게 자란다. 꽃잎은 연붉은색. 바탕꽃잎은
휘어지고, 용골꽃잎은 날개꽃잎보다 짧다.
*과거에 네팔에서 채집된 기록은 없으나, 티
베트 남부에서 이 종으로 동정된 풀과 같은
것으로 여겨진다. 중앙아시아와 히말라야 서
부에 자란 것과는 달리 소엽의 폭이 넓다.

⑥ 아스트라갈루스 윤나넨시스

A. yunnanensis Franch.

분포 ◇네팔 서중부, 티베트 남동부, 윈난·
쓰촨성 개화기 5-7월

고산대의 바위가 많은 초지에 자생한다. 땅
속에 긴 뿌리줄기가 있으며, 땅위로는 줄기
가 자라지 않는다. 잎은 길이 5-12cm. 소엽은
11-25장 달리고 난형-타원형으로 길이 4-
8mm이며 뒷면에 긴 누운 털이 빽빽하게 자
란다. 총꽃자루는 높이 5-10cm로 곧추 선다.
총꽃자루 끝에 꽃이 5-12개 모여 아래로 늘어
지고, 꽃차례에 암갈색의 긴 털이 촘촘하게
나 있다. 꽃은 길이 1.5-2cm. 꽃받침은 길이 8-
12mm이고 5개로 갈라졌으며 갈래조각은 협
피침형. 꽃잎은 노란색으로 길이가 거의 같다.

⑥ 아스트라갈루스 윤나넨시스. 7월18일. K/카그마라 고개의 북동쪽. 4,800m. 티베트 남부를 회랑으로 윈난·쓰
촨성과 네팔 서중부에 분포하며, 비가 많이 내리는 히말라야 동부에서는 찾아볼 수 없다.

황기속 Astragalus

① 아스트라갈루스 프리기두스 *A. frigidus* (L.) A. Gray

분포 ◇파키스탄-네팔 중부, 중국 서부, 북반구 온대 각지 개화기 7-9월

건조 고지의 바위가 많은 초지에 자생하다. 꽃줄기는 높이 30-70cm로 곧게 자란다. 꽃차례에 검고 부드러운 털이 나 있다. 잎은 짧은 자루를 포함해 길이 8-15cm. 소엽은 11-15장 달리고 장란형-장원형으로 길이 2-3.5cm이며 뒷면에 부드러운 털이 자란다. 잎겨드랑이에서 뻗은 길이 5-12cm인 총꽃자루 끝에 짧은 총상꽃차례가 달린다. 꽃은 길이 2-2.3cm. 꽃받침은 원통형으로 길이 9-12mm이며 무딘 이를 5개 가진다. 꽃잎은 노란색. 바탕꽃잎은 약간 길다.

② 아스트라갈루스 플로리두스 *A. floridus* Benth.

분포 ◇네팔 중부-부탄, 티베트 남동부, 중국 서부 개화기 6-8월

고산대의 바위가 많고 습한 초지에 자생한다. 꽃줄기는 높이 20-50cm로 곧게 자라고 부드러운 털이 나 있으며, 꽃차례에 검은 털이 섞여 있다. 잎은 길이 4-8cm. 소엽은 21-29장 달리고 장원형으로 길이 7-20mm이며 뒷면에 부드러운 누운 털이 자란다. 잎겨드랑이에서 곧추 선 길이 7-12cm인 굵은 총꽃자루 끝에 많은 꽃이 모여 달린다. 꽃은 길이 1.2-1.5cm로 한쪽에 모여 아래를 향한다. 꽃받침은 길이 5-7mm이며 밑갈래조각은 길다. 꽃잎은 연노란색이다.

③ 아스트라갈루스 콘크레투스 *A. concretus* Benth.

분포 ◇카슈미르-부탄 개화기 6-7월

산지에서 아고산대에 걸쳐 숲 주변이나 습한 바위질 초지에 자생한다. 꽃줄기는 길이 0.3-1m로 곧게 자라거나 쓰러지고 겉에 부드러운 털이 나 있으며, 꽃차례에 검은 털이 섞여 있다. 잎은 길이 7-15cm. 소엽은 19-23장 달리고 장원형으로 길이 9-13mm이며 뒷면에 부드러운 누운 털이 자란다. 잎겨드랑이에서 뻗은 길이 4-7cm인 가는 총꽃자루 끝에 많은 노란색 꽃이 늘어진다. 꽃은 길이 1-1.5cm로 가늘다. 꽃받침은 원통형으로 길이 5-6mm이며 무딘 이를 5개 갖는다. 바탕꽃잎은 가장자리만 휘어 있다.

④ 아스트라갈루스 스티풀라투스 *A. stipulatus* Sims

분포 ◇네팔 중부-부탄, 티베트 남부
개화기 6-8월

산지의 숲 주변이나 강가의 초지에 자생한다. 꽃줄기는 굵고 높이 1-2m로 곧게 자라며, 기부는 목질이고 전체적으로 털이 없다. 잎은 길이 20-40cm. 소엽은 31-45장 달리고 장원형으로 길이 3-5cm. 잎겨드랑이에서 옆으로 길게 뻗은 총상꽃차례에 많은 꽃이 아래를

① 아스트라갈루스 프리기두스. 7월7일. C/간바보호마 부근. 4,200m. 히말라야 서부를 포함한 북반구 온대의 건조지 고산에 폭넓게 분포한다. 꽃줄기는 굵고, 우상복엽은 크다.

② 아스트라갈루스 플로리두스. 6월25일. P/랑시사의 북서쪽. 4,300m.

③ 아스트라갈루스 콘크레투스. 7월15일. V/갸브라의 북동쪽. 2,750m.

향해 달린다. 꽃은 길이 1.3-1.5cm. 꽃받침은 길이 8-10mm이고 5개로 갈라졌으며 갈래조각은 선상피침형. 꽃잎은 길이가 거의 같으며 노란색에서 붉은 갈색으로 변한다.

⑤ 아스트라갈루스 페둔쿨라리스

A. peduncularis Royle

분포 ◇중앙아시아-히마찰, 티베트 서부, 중국 서부 **개화기** 6-7월

건조 고지의 바람이 넘나드는 계곡 줄기의 자갈땅이나 초지에 자생한다. 꽃줄기는 꽃을 포함해 길이 30-70cm이고 전체적으로 짧은 누운 털이 빽빽하게 자라며, 꽃차례에 검은 털이 섞여 있다. 잎은 길이 5-10cm. 소엽은 15-25장 달리고 장원형으로 길이 8-15mm이며 가장자리가 안쪽으로 말리기 쉽다. 가지 끝에서 길이 10-20cm인 총꽃자루가 곧게 뻗어 짧은 총상꽃차례가 달린다. 꽃은 연노란색으로 길이 1.5-1.7cm이고 끝은 자주색을 띤다. 꽃받침은 길이 7-10mm. 바탕꽃잎은 끝이 휘어 있다.

⑥ 아스트라갈루스 문로이 *A. munroi* Benth.

분포 ◇카슈미르-히마찰, 티베트 서부, 신장 **개화기** 6-8월

건조 고지의 자갈땅에 자생하며, 굵은 뿌리가 땅속 깊이 뻗는다. 꽃줄기는 높이 10-50cm로 곧게 자라거나 쓰러지며, 전체적으로 길고 부드러운 털이 빽빽하게 나 있다. 잎은 길이 5-10cm. 소엽은 17-25장 달리고 선상장원형으로 길이 1.5-2cm이며 뒷면은 털이 짙다. 총꽃자루는 길이 5-10mm로 잎겨드랑이에 달린다. 총꽃자루 끝에 꽃이 3-6개 모여 잎 밑에 숨어서 핀다. 꽃은 길이 1.8-2.2cm. 꽃받침조각은 꽃잎과 길이가 거의 같고 5개로 갈라졌으며 갈래조각은 선상피침형. 꽃잎은 노란색. 방광모양으로 부푼 열매는 길이 2.5-3cm이고 길고 부드러운 털로 덮여 있으며 끝이 돌출한다.

④ 아스트라갈루스 스티폴라투스. 8월7일. X/두계종. 2,550m.

⑤ 아스트라갈루스 페둔쿨라리스. 7월15일. F/아브랑의 남동쪽. 3,800m.

⑥-a 아스트라갈루스 문로이. 7월29일. H/파체오. 3,700m.

⑥-b 아스트라갈루스 문로이. 7월29일. H/파체오. 3,700m. 건조지의 완만한 석회질 암설사면에 일정 간격으로 군생한 것으로, 전체적으로 길고 부드러운 흰 털로 덮여 있다.

두메자운속 Oxytropis

근연의 황기속과는 달리 용골꽃잎의 끝부분에 부리 모양의 작은 돌기가 있다.

① 옥시트로피스 라포니카 *O. lapponica* (Wahl.) Gay

분포 ◇유럽-중국 서부, 히말라야 전역, 시베리아 시부 개화기 6-8월

다형적인 광역 분포종으로, 히말라야에 있는 것은 앞으로 연구가 진행됨에 따라 몇 가지 종과 변종으로 나뉠 가능성이 있다. 반건조지대 고산대의 바위가 많은 초지에 자생하는 다년초로, 꽃줄기는 꽃을 포함해 길이 7-20cm이고 뚜렷한 땅위줄기가 있으며 전체적으로 부드러운 누운 털이 엷게 자란다. 잎은 잎자루를 포함해 길이 3-10cm. 소엽은 11-25장 달리고 타원상피침형으로 길이 4-10mm이며 끝이 뾰족하다. 기부는 원형이며 표면에 부드러운 누운 털이 엷게 자라고 뒷면에는 짙다. 길이 5-12cm의 총꽃자루 끝에 꽃 5-15개가 구상으로 모여 달린다. 꽃은 길이 8-13mm. 꽃받침은 길이 5-8mm, 갈래조각은 선상피침형으로 겉에 검고 부드러운 털이 빽빽하게 나 있다. 꽃잎은 자주색으로 이따금 노란색을 띤다. 용골꽃잎 끝에 있는 부리 모양의 작은 돌기는 길이가 0.5mm이다.

② 두메자운속의 일종 (A) *Oxytropis* sp. (A)

네팔 서중부의 고산대에 분포하며, 다소 건조하고 바위가 많은 초나 모래땅에 자생한다. 동속 라포니카와 비슷하나, 전체적으로 작고 잎과 꽃차례에 빽빽한 긴 털이 자라며, 소엽은 가장자리가 안쪽으로 말려 배모양을 이룬다. 땅위줄기는 매우 짧다. 잎은 길이 3-6cm. 소엽은 9-19장 달리고 길이 3-5mm. 총꽃자루는 길이 4-8cm이며 쓰러지기 쉽다. 꽃은 길이 8-14mm. 꽃받침은 길이 5-7mm, 갈래조각은 선상도피침형으로 검고

① 옥시트로피스 라포니카. 8월20일.
A/나즈바르 고개의 동쪽. 4,000m.

②-a 두메자운속의 일종 (A) 6월16일.
M/야크카르카. 3,800m.

②-b 두메자운속의 일종 (A) 5월28일.
M/카페 콜라의 왼쪽 기슭. 4,050m.

②-c 두메자운속의 일종 (A) 6월30일. K/라체. 4,200m. 동속의 광역 분포종인 라포니카와 비슷하나, 우상복엽의 소엽은 배 모양을 이루고 뒷면에 긴 털이 빽빽하게 자란다.

긴 누운 털이 빽빽하게 나 있다. 용골꽃잎의 부리는 길이가 0.5mm이다.

③ 옥시트로피스 타타리카 *O. tatarica* Bunge

분포 ◇카슈미르-히마찰, 티베트 서부
개화기 6-8월

건조 고지 계곡 줄기의 평활한 자갈땅에 자생하는 줄기 없는 다년초로, 땅속으로 목질의 굵은 뿌리가 뻗는다. 전체적으로 부드러운 누운 털이 빽빽하게 자란다. 잎은 길이 3-5cm. 소엽은 11-19장 달리고 장원상피침형으로 길이 3-7mm이며, 앞뒷면은 흰색의 부드러운 누운 털로 덮여 있다. 총꽃자루는 길이 5-10cm이며 사방으로 쓰러지기 쉽고, 잎보다 훨씬 길게 자라서 끝에 작은 꽃 여러 개가 구상으로 모여 달린다. 꽃은 길이 7-9mm. 꽃받침은 길이 4-5mm이고 겉에 길고 부드러운 털이 빽빽하게 자라며 검은 털이 섞여 있다. 꽃잎은 자주색·청자주색. 용골꽃잎의 부리는 길이가 0.5mm이다.

④ 옥시트로피스 후미푸사 *O. humifusa* Kar. & Kir.

분포 ◇중앙아시아 주변-히마찰, 티베트 서부 개화기 6-9월

건조지대 고산대의 바위질 비탈에 자생하며, 가늘고 강인한 뿌리줄기가 분지하면서 바위 틈으로 길게 뻗는다. 땅위줄기는 거의 자라지 않는다. 전체적으로 희고 부드러운 누운 털이 나 있다. 잎은 길이 2-7cm. 소엽은 15-19장 달리고 장원상피침형으로 길이 2-7mm이며 끝이 뾰족하다. 앞뒷면에 부드러운 누운 털이 빽빽하게 자란다. 길이 2-7cm인 총꽃자루 끝에 꽃 3-8개가 구상으로 모여 달린다. 꽃은 길이 1-1.3cm. 꽃받침은 길이 5-7mm, 갈래조각은 선상피침형. 꽃잎은 자줏빛 붉은색에서 청자주색으로 변한다. 용골꽃잎 부리는 길이가 1mm 이하이다.

③-a 옥시트로피스 타타리카. 7월24일.
F/칼마르프의 북쪽. 4,700m.

③-b 옥시트로피스 타타리카. 7월24일.
F/칼마라프의 북쪽. 4,700m.

④-b 옥시트로피스 후미푸사. 7월4일. C/바우마하렐의 남동쪽. 3,900m. 건조한 계곡의 무너지기 쉬운 사면에 자란 것으로, 가늘고 강인한 뿌리줄기가 바위를 따라 뻗어 있다.

④-a 옥시트로피스 후미푸사. 7월19일.
D/투크치콰이 룬마. 4,400m.

두메자운속 Oxytropis

① 옥시트로피스 글라치알리스 *O. glacialis* Bunge

분포 ◇티베트 남서부 개화기 6-8월

건조지 고산대 상부의 바람에 노출된 모래 땅이나 바위그늘에 자생하며, 크기와 소엽의 개수는 환경에 따라 크게 변한다. 가늘고 강인한 뿌리줄기가 분지하며 바위틈으로 뻗고, 땅위줄기는 자라지 않는다. 전체가 솜털 형태의 길고 부드러운 털로 덮여 있어 희뿌옇게 보인다. 잎은 길이 2-8cm. 소엽은 9-19쌍 달리고 약간 질이 두꺼운 피침형으로 길이 3-9mm이며 끝이 뾰족하다. 앞뒷면에 길고 부드러운 털이 빽빽하게 자란다. 길이 3-12cm인 총꽃자루 끝에 꽃 여러 개가 구상으로 모여 달린다. 꽃차례는 직경 1-2cm. 꽃은 길이 6-10mm. 꽃받침은 길이 4-6mm이고 5개로 깊게 갈라졌으며 갈래조각은 선상피침형. 꽃잎은 붉은 자주색에서 청자주색으로 변한다. 용골꽃잎의 부리는 길이가 0.5mm 이다.

② 옥시트로피스 카케미리아나

O. cachemiriana Cambess.

분포 ◇파키스탄-카슈미르 개화기 6-8월

건조지 고산대의 바위 비탈에 자생한다. 동속 글라치알리스와 매우 비슷하나 용골꽃잎의 부리는 길이 1.5-2mm로 가늘게 자라고, 털은 솜털형태가 아니며, 꽃받침에 자라는 털은 검은빛을 띤다. 잎과 꽃받침은 질이 약간 얇다. 잎은 길이 3-10cm. 소엽은 15-23장 달리고 피침형으로 길이 5-10mm이며 끝이 뾰족하다. 앞뒷면에 길고 부드러운 털이 빽빽하게 자란다. 총꽃자루는 길이 4-12cm. 꽃차례는 직경 1.5-2cm. 꽃은 길이가 8-12mm이다.

①-a 옥시트로피스 글라치알리스. 7월28일. Y2/롱부크 빙하. 5,300m.

①-b 옥시트로피스 글라치알리스. 7월27일. Y2/롱부크곰파의 북쪽. 4,600m.

②-a 옥시트로피스 카케미리아나. 7월31일. B/샤이기리의 서쪽. 4,050m.

②-b 옥시트로피스 카케미리아나. 7월21일. D/데오사이 고원. 4,000m. 구상의 꽃차례는 직경 2cm. 위쪽에 드라바 카세미리카, 아래쪽에 폴리고눔 파로니키오이데스 그루가 보인다.

③ 옥시트로피스 세리코페탈라

O. sericopetala Fischer

분포 ◇티베트 남부 개화기 6-7월

건조 고지의 넓은 계곡 내 모래 비탈에 자생하며, 땅속으로 목질의 뿌리줄기가 길게 뻗는다. 유독식물로, 거친 방목지에 폭넓게 군생한다. 꽃줄기는 높이 20-40cm이며, 줄기 자체는 길이 2-5cm로 짧다. 전체가 흰 융털로 덮여 있다. 잎은 길이 10-20cm. 소엽은 17-29장이 약간 떨어져서 달리고 장원상피침형으로 길이 2-3cm, 폭 3-6mm이며 끝은 뾰족하다. 기부는 쐐기형-배형이며 앞뒷면에 흰 융털이 자란다. 총상꽃차례는 개화와 동시에 자라며 길이 7-20cm로 곧추서거나 비스듬히 뻗는다. 꽃자루는 매우 짧다. 꽃은 길이 1.2-1.5cm. 꽃받침은 길이 7-10mm이고 5개로 갈라졌으며 갈래조각은 선형. 꽃잎은 붉은 자주색. 용골꽃잎의 부리는 길이가 1mm 이하이다.

④ 옥시트로피스 윌리암시이

O. williamsii Vassilicz.

분포 ◇네팔 서중부 개화기 5-7월

산지의 건조한 계곡풍이 부는 자갈 비탈에 자생한다. 땅속으로 강인한 목질의 뿌리줄기가 뻗으며 일정 간격으로 군생한다. 전체가 흰 융털로 덮여 있다. 땅위줄기는 길이 3-5cm. 잎은 길이 8-15cm. 소엽은 21-29장 달리고 타원형으로 길이 7-10mm이며 끝은 뾰족하다. 기부는 원형. 길이 7-15cm인 총꽃자루 끝에 꽃 여러 개가 구상으로 모여 달린다. 꽃은 길이 7-10mm. 꽃받침은 꽃잎보다 약간 짧고 5개로 갈라졌으며 갈래조각은 선상피침형. 꽃잎은 붉은 자주색에서 청자주색으로 변한다.

⑤ 옥시트로피스 칸스벤시스

O. kansuensis Bunge

분포 ◇네팔 서부-부탄, 티베트 남동부, 중국 서부 개화기 7-8월

아고산대 관목림의 숲 주변이나 고산대의 습한 바위질 초지에 자생하며, 뿌리줄기가 땅속으로 길게 뻗는다. 꽃줄기는 길이 15-25 cm, 줄기는 활발히 분지하며 쓰러지기 쉽다. 총꽃자루에서 꽃받침에 걸쳐 흰색과 검은색의 긴 누운 털이 빽빽하게 자란다. 잎은 길이 7-12cm로 드문드문 어긋나기 한다. 소엽은 19-25장 달리고 타원상피침형으로 길이 8-12mm이며 끝은 뾰족하다. 기부는 원형이며 앞뒷면에 희고 부드러운 누운 털이 나 있다. 길이 8-12cm인 총꽃자루 끝에 꽃 7-13개가 구상으로 모여 달린다. 꽃은 길이 1.2-15 cm. 꽃받침은 꽃잎보다 약간 짧고 5개로 갈라졌으며 갈래조각은 선상피침형. 꽃잎은 연노란색. 용골꽃잎의 부리는 길이가 1mm 이하이다.

③ 옥시트로피스 세리코페탈라. 7월15일. Y4/삼예의 북쪽. 3,700m. 방목가축의 식해를 받지 않고 번성하는 유독식물. 알룽창포 강을 따라 거친 초지에 폭넓게 군생하고 있다.

④ 옥시트로피스 윌리암시이. 6월19일. N/묵티나트의 서쪽. 3,500m.

⑤ 옥시트로피스 칸스벤시스. 7월28일. V/캉바첸의 북동쪽. 4,450m.

두메자운속 Oxytropis

① 옥시트로피스 미크로필라

O. microphylla (Pallas) DC.

분포 ◇카슈미르-히마찰, 네팔 중부, 티베트 서남부, 중국 서부, 몽골, 시베리아
개화기 6-8월

건조한 고산대의 모래 비탈에 자생하며, 굵고 강인한 목질의 뿌리가 땅속으로 뻗는다. 뿌리줄기는 긴 털이 촘촘하게 나 있는 턱잎으로 덮여 있고, 땅위줄기는 매우 짧다. 전체적으로 부드러운 털이 빽빽하게 자란다. 잎은 길이가 4-15cm이고 많은 소엽이 어긋나기, 마주나기, 또는 돌려나기 한다. 소엽은 협란형-피침형으로 길이 2-8mm이고 표면에는 엷게, 뒷면과 중축에는 짙게 길고 부드러운 털이 자란다. 총꽃자루는 땅위로 쓰러져 잎보다 길게 뻗으며, 끝에 꽃 4-10개가 모여 달린다. 꽃차례는 개화 후에 약간 길어진다. 길이 1.7-2.2cm인 꽃은 위를 향한다. 꽃받침은 길이 1-1.2cm, 갈래조각은 장원상피침형으로 길이 2-3mm이며 겉에 갈색 선체와 부드러운 털이 촘촘하게 나 있다. 꽃잎은 붉은 자주색-연자주색. 용골꽃잎은 짧고, 부리는 길이가 2-2.5mm로 자란다.

② 옥시트로피스 킬리오필라

O. chiliophylla Royle

분포 ■ 중앙아시아 주변-히마찰, 티베트 서남부 **개화기** 6-8월

건조지대의 봄에서 여름에 걸쳐 눈이 남아있는 고산대 상부의 바위 비탈에 자생하며, 굵은 목질의 뿌리가 땅속으로 뻗는다. 뿌리줄기는 활발히 분지해 잎과 꽃줄기를 빽빽이 모여나기 한 커다란 그루를 이룬다. 땅위줄기는 자라지 않고, 뿌리줄기의 정수리는 오래된 턱잎과 잎줄기로 덮여 있다. 전체적으로 노란색을 띤 길고 부드러운 털로 덮여 있으며, 특유의 강한 향기는 시든 후에도 오래도록 남는다. 잎은 자루를 포함해 길이 4-7cm. 소엽은 촘촘하게 어긋나기, 마주나기, 또는 돌려나기 한다. 잎몸은 선상장원형으로 길이 3-6mm이고 끝은 둔형이며 가장자리가 안쪽으로 말려 있다. 총꽃자루는 길이 6-10cm로 잎과 길이가 거의 같으며, 끝에 꽃 3-7개가 모여 달린다. 꽃은 길이 2.2-2.5cm로 곧추 선다. 꽃받침은 원통형으로 길이 1.2-1.6cm, 갈래조각은 신상피침형으로 길이 3-5mm. 꽃잎은 연자주색. 바탕꽃잎은 색이 엷고, 날개꽃잎과 용골꽃잎보다 훨씬 길며 살짝 휘어 있다. 용골꽃잎의 부리는 길이가 2mm이다.

스트라케야속 Stracheya

1속 1종. 꼬투리의 가장자리에 가시 모양의 톱니가 있다.

③ 스트라케야 티베티카 *S. tibetica* Benth.

분포 ◇카슈미르, 네팔 서부-시킴, 티베트 각지 **개화기** 6-8월

①-a 옥시트로피스 미크로필라. 6월30일. E/칸파. 4,400m.

①-b 옥시트로피스 미크로필라. 6월19일. N/묵티나트의 서쪽. 3,550m.

①-c 옥시트로피스 미크로필라. 7월27일. Y2/롱부크 곰파의 북쪽. 4,600m.

② 옥시트로피스 킬리오필라. 7월28일. Y2/롱부크 빙하. 5,300m.

③ 스트라케야 티베티카. 7월27일. Y2/롱부크 곰파의 북쪽. 4,900m.

건조지 고산의 평활한 모래땅에 자생하는 줄기 없는 다년초. 잎은 기수우상복엽으로 길이 3-5cm. 소엽은 11-17장 달리고 타원형으로 길이 4-8mm이며 끝은 둔형이거나 뾰족하다. 표면에는 털이 없고, 뒷면과 가장자리에 희고 누운 털이 빽빽하게 나 있다. 길이 2-7cm인 총꽃자루 끝에 꽃 3-6개가 모여 달린다. 꽃은 길이 1.7-2cm. 꽃받침은 종형으로 길이 7-8mm이고 5개로 갈라졌으며, 갈래조각은 피침형으로 형태가 일정하다. 꽃잎은 자줏빛 붉은색, 바탕꽃잎은 도란형. 용골꽃잎은 날개꽃잎보다 길고 바탕꽃잎과 길이가 같으며 끝은 원형이다. 꼬투리는 편평한 장원형으로 길이 2-3cm, 폭 1cm이고 낫모양으로 굽었으며, 가장자리와 양쪽 면 중앙부에 가시 모양의 톱니가 이어지고, 부드러운 누운 털이 빽빽하게 자란다. 익으면 씨앗 별로 분열한다.

그벨덴스태드티아속 Gueldenstaedtia
우상복엽인 소엽의 끝이 파여 있다.

④ 그벨덴스태드티아 히말라이카 G. himalaica Baker
분포 ㅁ가르왈-부탄, 티베트 남동부, 중국 서부 **개화기** 5-8월
고산대의 둔덕이나 바위 비탈의 초지에 자생하는 다년초. 뿌리줄기가 옆으로 뻗으며 폭넓게 군생한다. 줄기는 길이 1-7cm로 쓰러져서 자라고, 잎겨드랑이에서 곁가지를 내민다. 잎은 기수우상복엽으로 길이 3-8cm. 소엽은 9-15장 달리고 타원형-도란형으로 길이 3-7mm이며 끝은 보통 V자형으로 파여 있다. 표면에는 엷게, 뒷면과 가장자리에는 짙게 긴 누운 털이 나 있다. 길이 2-8cm인 가는 총꽃자루 끝에 꽃이 1-3개 달린다. 꽃은 직경 7-10mm. 꽃받침은 길이 3-4mm이고 끝은 5개로 갈라졌으며 상부의 갈래조각 2개는 크다. 꽃잎은 짙은 자주색. 바탕꽃잎은 편원형. 용골꽃잎은 길이 2-4mm로 작다.

④-a 그벨덴스태드티아 히말라이카. 7월4일. S/텐보의 서쪽. 4,500m.

④-b 그벨덴스태드티아 히말라이카. 6월20일. Z1/겔톤초의 남동쪽. 4,000m.

④-c 그벨덴스태드티아 히말라이카. 7월31일. S/페리체 부근. 4,300m. 우상복엽의 소엽의 끝은 마치 물어뜯긴 듯이 V자형으로 파여 있다. 용골꽃잎은 매우 작아서 눈에 잘 띄지 않는다.

묏황기속 Hedysarum

다년초. 잎은 기수우상복엽. 꽃은 잎겨드랑이에서 뻗은 총꽃자루 끝에 총상으로 달린다. 꼬투리는 편평하며 씨앗과 씨앗 사이가 잘록하다.

① 헤디사룸 팔코네리 *H. falconeri* Baker

분포 ◇아프가니스탄-카슈미르, 티베트 서부 개화기 6-8월

건조 고지의 관목 사이나 바위 비탈에 자생한다. 꽃줄기는 높이 40-80cm로 곧게 자라며 성기고 부드러운 털이 나 있다. 우상복엽은 길이 10-25cm. 소엽은 13-19장이 약간 떨어져서 달리고 타원형-장원형으로 길이 1.5-2.5cm이며 끝은 둔형, 기부는 원형이다. 표면에는 털이 없고 뒷면에는 부드러운 누운 털이 자란다. 총상꽃차례는 자루를 포함해 길이 10-25cm. 꽃자루는 길이 2-4mm. 꽃은 길이 1.5-2cm. 꽃받침은 길이 4-5mm. 꽃잎은 짙은 분홍색. 바탕꽃잎은 용골꽃잎과 길이가 같고, 날개꽃잎은 약간 짧다.

② 헤디사룸 캄필로카르폰 *H. campylocarpon* Ohashi

분포 ◇네팔 중부, 티베트 남부 개화기 6-8월

아고산대에서 고산대에 걸쳐 바위질의 습한 초지나 관목 사이에 자생한다. 꽃줄기는 높이 30-80cm로 곧게 자라며 전체적으로 부드러운 털이 나 있다. 잎은 길이 10-20cm. 소엽은 17-23장 달리고 장란형으로 길이 2.5-3.5cm이며, 끝은 약간 뾰족하고 기부는 원형이다. 희고 부드러운 누운 털이 표면에는 엷게, 뒷면에는 짙게 나 있다. 총상꽃자루는 자루를 포함해 길이 8-20cm. 꽃자루는 길이 3-4mm로 부드러운 털이 촘촘하게 나 있다. 꽃은 길이 1.7-2cm. 꽃받침은 길이 5-6mm이며 밑갈래조각은 길다. 꽃잎은 약간 어두운 붉은색. 바탕꽃잎은 용골꽃잎과 날개꽃잎보다 짧다.

③ 헤디사룸 치트리눔 *H. citrinum* E. Baker

분포 ◇티베트 남동부, 쓰촨성 개화기 6-8월

아고산대에서 고산대 하부에 걸쳐 숲 주변이나 습한 바위 비탈에 자생한다. 꽃줄기는 높이 20-60cm로 모여나기 하며 상부에 부드러운 누운 털이 자란다. 잎은 길이 6-8cm. 소엽은 15-19장 달리고 다원형으로 길이 1-2cm이며, 끝은 원형이거나 살짝 파여 있고 기부는 원형이다. 뒷면에 부드러운 누운 털이 자란다. 총상꽃차례는 길이 4-7cm, 꽃자루는 길이 3-5mm. 꽃은 길이 1.5-1.7cm. 꽃받침은 길이 5-6mm이고 위쪽의 갈래조각 4개는 삼각상피침형, 아래쪽의 갈래조각 1개는 협피침형으로 길다. 꽃잎은 연노란색. 용골꽃잎은 날개꽃잎보다 길고, 바탕꽃잎은 날개꽃잎보다 짧다.

① 헤디사룸 팔코네리. 7월30일. B/루팔의 남서쪽. 3,500m. 빙하의 측퇴석 위에 자리한 가시가 많은 로사 웨비아나 그루 속에서 자란 것으로, 총상꽃차례가 높이 솟아 있다.

② 헤디사룸 캄필로카르폰. 6월24일. P/랑시샤의 남서쪽. 4,000m.

③ 헤디사룸 치트리눔. 6월22일. Z1/초바르바 부근. 4,400m.

④ 헤디사룸 시키멘세 *H. sikkimense* Baker
분포 ◇네팔 동부-부탄, 티베트 남동부, 중국
남서부 개화기 6-7월
고산대의 습한 바위 비탈이나 모래땅에 자
생하며, 목질의 뿌리줄기가 땅속으로 뻗는
다. 꽃줄기는 길이 10-30cm로 곧게 자라거나
쓰러져서 끝만 곧추 서고, 흰색-연갈색의 길
고 부드러운 털이 나 있다. 잎은 길이 4-8cm.
소엽은 15-29장 달리고 타원형-장란형으로
길이 5-12mm이며, 끝은 둔형이거나 살짝
파여 있고 기부는 원형이다. 뒷면에 긴 누운
털이 자란다. 길이 4-8cm의 총꽃자루 끝에
꽃 10-15개가 총상으로 달린다. 꽃은 길이
1.4-1.7cm로 아래를 향한다. 꽃받침은 길이 5-
7mm, 갈래조각은 피침형. 꽃잎은 자줏빛
붉은색. 용골꽃잎은 날개꽃잎보다 길고, 바
탕꽃잎은 날개꽃잎보다 짧다.

⑤ 헤디사룸 쿠마오넨세 *H. kumaonense* Baker
분포 ◇쿠마온-네팔 중부, 티베트 남부
개화기 6-7월
산지 계곡 줄기의 바싹 마른 굳은 둔덕 비탈
에 자생한다. 땅속으로 강인한 목질의 뿌리
가 뻗으며, 줄기는 매우 짧다. 잎은 길이 5-
15cm. 소엽은 11-21장 달리고 타원형-도란
형으로 길이 6-12mm이며 끝은 둔형이거나
살짝 패여 있다. 표면에는 털이 거의 없고,
뒷면에는 긴 누운 털이 촘촘하게 나 있다.
총꽃자루는 잎보다 짧으며, 끝에 꽃 5-12
개가 총상 또는 두상으로 달린다. 꽃은 길이
1.2-1.5cm로 옆을 향해 핀다. 꽃받침은 길
이 6-8mm, 갈래조각은 선상피침형. 총꽃자
루와 꽃받침에 길고 부드러운 털이 빽빽하
게 나 있다. 꽃잎은 주홍색-분홍색. 바탕꽃
잎은 용골꽃잎보다 약간 짧고, 날개꽃잎은
좀 더 짧다.

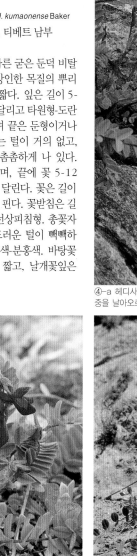

④-a 헤디사룸 시키멘세. 7월24일. T/메라. 빙하에 침식된 남쪽의 암벽 틈에 뿌리를 내린 것으로, 가는 줄기가 공
중을 날아오르듯 뻗어 있다.

④-b 헤디사룸 시키멘세. 7월11일.
S/고쿄의 남쪽. 4,700m.

⑤-a 헤디사룸 쿠마오넨세. 6월25일.
K/숨단의 남쪽. 3,100.

⑤-b 헤디사룸 쿠마오넨세. 6월16일.
M/야크카르카의 남쪽. 3,200m.

치체르속 Cicer

① 치체르 미크로필룸 *C. microphyllum* Benth.

분포 ◇중앙아시아 주변-네팔 서부, 티베트 서남부 개화기 6-8월

건조 고지 계곡 주변의 바위 비탈이나 관목 사이에 자생하는 반덩굴성 초본. 꽃줄기는 길이 20-50cm로 곧게 자라거나 쓰러져서 끝만 곧추 서고, 활발히 분지하며 선모가 촘촘하게 나 있다. 잎은 자루를 거의 갖지 않은 우상복엽으로 길이 4-10cm이며, 큰 잎에서는 정소엽이 짧은 덩굴손으로 변한다. 턱잎은 잎모양으로 크다. 소엽은 11-20장 달리고 도란형으로 길이 6-13mm이며, 끝은 원형-절형으로 가장자리에 날카로운 톱니가 있고 기부는 쐐기형이다. 잎줄기와 소엽의 가장자리에 선모가 자란다. 잎겨드랑이에서 비스듬히 뻗은 길이 2-7cm인 총꽃자루 끝에 긴 가시 모양의 포엽과 꽃 1개가 달린다. 꽃자루는 길이 5-8mm. 꽃받침은 일그러진 종형으로 길이 1-1.2cm이고 5개로 깊게 갈라졌으며 갈래조각은 피침형. 꽃잎은 연자주색. 바탕꽃잎은 반원형이며 길이 2-2.5cm로 크다. 용골꽃잎은 날개꽃잎보다 짧다. 꼬투리는 길이 2.5-3.5cm이며 개출한 부드러운 털로 덮여 있다.

*①-a의 왼쪽 아래로 보이는 열매에는 타원상으로 커진 꽃받침조각이 반개해 있다.

갈퀴속 Vicia

② 비치아 바케리 *V. bakeri* Ali

분포 ◇파키스탄-네팔 중부 개화기 7-8월

산지에서 아고산대에 걸쳐 관목림 주변이나 키 큰 초지에 자생하는 덩굴성 1년초로, 높이 0.5-1m로 자란다. 잎은 자루를 갖지 않은 우수우상복엽으로 길이 5-12cm이며, 끝부분에서 분지한 덩굴손이 뻗는다. 소엽은 6-11장이 떨어져서 달리고 장원상피침형으로 길이 1.2-2.5cm이며 끝은 약간 돌출형이다. 기부는 원형으로 짧은 자루를 가지며, 자루에는 부드러운 털이 촘촘하게 나 있다. 잎겨드랑이에서 뻗은 총상꽃차례는 자루를 포함해 길이 5-13cm이며, 꽃 7-20개가 살짝 아래를 향해 달린다. 꽃자루는 길이 2-3mm이며 부드러운 털이 자란다. 꽃은 길이 1-1.5cm. 꽃받침은 일그러진 종형으로 길이 4-6mm이고 아래쪽 갈래조각은 길다. 꽃잎은 기부는 흰색, 끝은 붉은 자주색을 띤다. 용골꽃잎은 약간 짧다.

연리초속 Lathyrus

③ 라티루스 프라텐시스 *L. pratensis* L.

분포 ◇파키스탄-네팔 중부, 유라시아 온대 각지 개화기 6-8월

산지의 습한 숲 주변이나 키 큰 초지에 자생하는 반덩굴성 다년초. 줄기는 가늘고 능을

①-a 치체르 미크로필룸. 7월31일.
Y1/네라무의 북서쪽. 3,850m.

①-b 치체르 미크로필룸. 7월14일.
D/사트파라 호수의 남쪽. 3,650m.

②-a 비치아 바케리. 8월3일.
K/라라 호수 부근. 2,950m.

②-b 비치아 바케리. 7월19일.
K/카그마라 고개의 서쪽. 3,700m.

③ 라티루스 프라텐시스. 8월3일.
K/라라 호수 부근. 3,000m.

④ 서양벌노랑이. 8월2일.
K/라라 호수 부근. 3,000m.

4개 가졌으며 길이 0.3-1m로 자란다. 잎은 2출복엽, 잎자루는 길이 1-2cm. 소엽은 장원상피침형으로 길이 1.5-3cm이며 끝은 날카롭다. 소엽 2장 사이에 덩굴손이 달린다. 턱잎은 마주나기 하고 잎 모양으로 끝이 뾰족하며, 기부는 화살촉형이다. 잎겨드랑이에서 뻗은 길이 5-10cm인 총꽃자루 끝에 꽃 3-10개가 옆을 향해 달린다. 꽃자루는 길이 2-3mm. 꽃받침은 길이 5-8mm이고 5개로 갈라졌으며 갈래조각은 가늘다. 꽃잎은 노란색으로 길이 1.2-1.7cm. 바탕꽃잎은 날개꽃잎과 용골꽃잎보다 약간 길다.

벌노랑이속 Lotus

④ **서양벌노랑이** *L. corniculatus* L.
분포 □ 히말라야 전역, 유라시아의 온대 각지 개화기 5-9월
산지의 초지나 절벽, 길가, 밭 주변에 자생하는 다년초, 높이 10-30cm. 잎은 자루 없는 우상복엽으로 소엽이 5장 있는데, 그 중 2장은 턱잎처럼 줄기를 안고 있다. 소엽은 도란형으로 길이 5-15mm. 총꽃자루는 길고 곧게 뻗으며, 끝에 꽃 1-6개가 모여 달린다. 꽃은 길이 1-1.5cm. 용골꽃잎의 끝은 위를 향해 가늘게 솟아 있다.

파로케투스속 Parochetus

⑤ **파로케투스 콤무니스** *P. communis* D. Don
분포 ◇ 히마찰-동남아시아, 티베트 남부, 중국 서남부 개화기 5-10월
영어명은 '블루 클로버(Blue Clover)'. 다년초. 산지에서 아고산대에 걸쳐 이끼 낀 바위질 초지나 강가의 둔덕 비탈에 자생하며, 때때로 폭넓게 군생한다. 가는 줄기는 쓰러져서 옆으로 자란다. 잎은 긴 자루가 있는 3출복엽. 소엽은 광도란형으로 길이 1-2cm. 굵고 곧추 선 총꽃자루 끝에 꽃이 1-2개 달린다. 꽃은 짙은 청색으로 직경 1.5-2cm이다.

토끼풀속 Trifolium

⑥ **붉은토끼풀** *T. pratense* L.
분포 □ 유럽 원산. 히말라야를 포함한 북반구의 온대 각지에 귀화 개화기 7-8월
다년초. 다소 건조한 산지에서 아고산대에 걸쳐 방목지나 길가에 자생하며, 카슈미르에서는 보리밭 주변에 폭넓게 번성한다. 꽃줄기는 높이 20-60cm로 곧게 자란다. 잎은 3출복엽. 소엽은 타원형으로 길이 2-3cm이며 기부는 쐐기형. 꽃차례는 구상으로 직경 2-3cm이고 기부에 잎이 달려 있다. 꽃잎은 길이 1.2-1.7cm로 가늘며 끝은 붉은 자주색을 띤다.

⑤-a 파로케투스 콤무니스. 7월13일. N/안나푸르나 내원. 3,700m.

⑤-b 파로케투스 콤무니스. 8월3일. T/양그리의 남동쪽. 3,500m.

⑥ 붉은토끼풀. 7월29일. B/타르신의 동쪽. 2,950m. 보리밭을 둘러싼 돌담을 따라 군생하고 있다. 토끼풀보다 전체적으로 크고, 꽃차례의 기부에 잎이 달린다.

트리고넬라속 Trigonella

① 트리고넬라 그라칠리스 T. gracilis Benth.

분포 ◇파키스탄-네팔 중부 개화기 7-9월

다소 건조한 산지에서 고산대에 걸쳐 바위
질 초지에 자생한다. 옆으로 뻗는 뿌리줄기
가 있다. 꽃줄기는 길이 15-40cm로 쓰러져서
자라며 끝만 곧추 서고, 상부에 부드러운 털
이 나 있다. 잎은 3출우상복엽, 잎자루는 길
이 3-5mm. 턱잎은 협피침형으로 기부에 톱
니가 있다. 소엽은 도란형으로 길이 5-10mm
이고 끝은 둔형·절형, 기부는 쐐기형이다.
기부를 제외하고 날카롭고 가는 톱니가 있
으며, 뒷면에 부드러운 털이 나 있다. 길이 2-
3cm인 총꽃자루 끝에 꽃이 여러 개 모여 달
리고, 꽃차례축의 끝은 까끄라기 형태로 돌
출한다. 꽃은 길이 5-6mm. 바탕꽃잎은 날개
꽃잎보다 길고, 용골꽃잎은 날개꽃잎보다
짧다.

② 트리고넬라 에모디 T. emodi Benth.

분포 □중앙아시아 주변-부탄, 티베트 남부,
중국 서부 개화기 6-8월

반건조지대의 산지에서 고산대에 걸쳐 거친
방목지나 밭 주변, 길가, 관목 사이에 자생한
다. 옆으로 뻗는 뿌리줄기가 활발히 분지해
빽빽하게 군생한다. 꽃줄기는 높이 15-30cm
로 거의 곧게 자라며 상부에 부드러운 털이
나 있다. 잎은 3출우성복엽으로 잎줄기는
3-15mm. 턱잎은 피침형이며 가장자리에 톱
니가 있다. 소엽은 도란상타원형으로 길이
1-2cm이며 가장자리에 날카롭고 가는 톱니
가 있다. 길이 2-5cm인 총꽃자루 끝에 꽃 5-15
개가 모여 달린다. 꽃은 길이 7-10mm. 바탕
꽃잎은 날개꽃잎보다 약간 길고, 용골꽃잎
은 날개꽃잎보다 짧다.

① 트리고넬라 그라칠리스. 7월20일. l/바드리나트의 서쪽. 3,600m. 방목지에서 티무스 리네아리스와 포텐틸라 쿠네아타, 그벨덴스태드티아 히말라이카와 함께 자라고 있다.

② 트리고넬라 에모디. 7월8일.
K/도의 북서쪽. 3,950m.

③ 자주개자리. 7월29일. B/타르신의 서쪽. 2,950m. 관개된 보리밭이 펼쳐진 하안단구 위의 둔덕에서 늘어져 있다. 왼쪽 뒤로 낭가파르바트 주봉이 보인다.

개자리속 Medicago

③ 자주개자리 *M. sativa* L.

분포 □지중해 지방-네팔 중부, 티베트 남동부, 중국 개화기 5-8월

영양가 높은 목초로 세계의 온대 각지에서 재배된다. 히말라야에서는 건조한 산지나 아고산대 방목지의 둔덕 비탈, 밭 주변, 돌이 많은 초지에 야생화해 있다. 다년초로, 강인한 뿌리가 땅속 깊이 뻗는다. 꽃줄기는 길이 0.3-1m로 곧게 자라거나 쓰러져서 뻗으며, 능을 4개 갖고 있다. 잎은 3출우상복엽, 잎자루는 소엽과 길이가 같거나 짧다. 소엽 3장은 길이가 거의 같다. 잎몸은 장원상도피침형으로 길이 1-3cm이고 끝에 이가 있으며, 중맥 끝은 돌출하고 뒷면에 부드러운 누운 털이 자란다. 잎겨드랑이에서 잎보다 길게 자란 총꽃자루 끝에 많은 꽃이 총상으로 모여 달린다. 꽃차례는 길이 1-2.5cm. 꽃자루는 매우 짧다. 꽃은 길이 6-12mm. 꽃받침은 종형으로 길이 3-5mm. 꽃잎은 연자주색-어두운 자주색. 바탕꽃잎은 크고 협타원형이며 끝이 살짝 파여 있다. 용골꽃잎은 작다. 꼬투리는 나선형으로 말렸으며 직경은 5-10mm이다.

④ 메디카고 팔카타 *M. falcata* L.

분포 □유럽-네팔 중부, 티베트, 중국 서북부 개화기 6-8월

자주개자리와 마찬가지로 세계적으로 재배되며 야생화해 있다. 꽃은 노란색. 소엽은 길이 1-2cm. 턱잎은 약간 크고 피침형이며 기부가 창 모양으로 돌출한다. 총상꽃차례는 짧다. 꽃은 길이 6-10mm. 바탕꽃잎은 도란상타원형. 꼬투리는 길이 1-1.5cm로 크고 낫모양으로 휘어 있다.

콜루테아속 Colutea

⑤ 콜루테아 네팔렌시스 *C. nepalensis* Sims

분포 ◇아프가니스탄-쿠마온, 티베트 서부 개화기 5-7월

건조지대 계곡 줄기의 자갈 비탈에 자생하는 높이 1.5-3m인 낙엽관목. 나무껍질은 막질로 벗겨지기 쉽다. 잎은 어긋나기 하고 기수우상복엽으로 길이 5-8cm. 소엽은 7-13장이 떨어져서 달리고 광타원형-도란형으로 길이 1-1.3cm이며 끝은 둔형이거나 살짝 파여 있다. 앞뒷면에 부드러운 털이 자란다. 잎겨드랑이에서 길이 3-5cm인 굵은 총꽃자루가 늘어지고, 그 끝에 꽃 2-5개 달린다. 꽃자루는 길이 1-1.5cm. 꽃잎은 노란색. 바탕꽃잎은 길이 1.8-2.2cm로 크다. 꼬투리는 타원상으로 크게 부풀고 길이 4-6m이며 흰색을 띠고 끝은 갑자기 뾰족해진다.

④-a 메디카고 팔카타. 7월29일. B/타르신의 서쪽. 2,900m. 밭을 가로지르는 비옥한 둔덕 위에 번성한 것으로, 높이 1m 가까이 크게 자라나 있다.

④-b 메디카고 팔카타. 7월30일. H/다르차. 3,300m.

⑤ 콜루테아 네팔렌시스. 7월14일. D/사트파라 호수 부근. 2650m.

피프탄투스속 Piptanthus

① 피프탄투스 네팔렌시스

P. nepalensis (Hooker) Sweet

분포 □ 히마찰-미얀마, 티베트 남동부, 중국 서부 **개화기** 4-6월

산지의 숲 주변이나 관목소림 내에 자생하는 높이 2-4m의 낙엽관목. 형태는 지역에 따라 변화가 크다. 가지 끝과 턱잎, 꽃차례에 부드러운 털이 빽빽하게 자란다. 잎은 짧은 자루가 있는 3출복엽으로, 개화 후에 크게 전개된다. 다 자란 잎의 소엽은 타원형·장원상피침형으로 길이 5-10cm이고 끝은 날카로우며, 뒷면에 부드러운 누운 털이 촘촘하게 나 있다. 가지 끝의 짧은 총상꽃차례에 꽃이 여러 개 달린다. 꽃자루는 길이 1.5-2cm. 꽃받침은 길이 1.2-1.8cm. 꽃잎은 노란색. 바탕꽃잎과 용골꽃잎은 길이가 2-3cm로 같다. 날개꽃잎은 약간 짧다. 꼬투리는 길이 7-12cm로 편평하다.

① -a 피프탄투스 네팔렌시스. 5월4일. N/푼힐. 3,000m.

①-b 피프탄투스 네팔렌시스. 6월23일. Z3/툰바체 부근. 3,500m.

②-a 크로탈라리아 카피타타. 9월16일. X/탁창 부근. 2,800m.

②-b 크로탈라리아 카피타타. 9월16일. X/탁창 부근. 2,800m. 다소 건조한 소나무 숲 내의 석양에 노출된 절벽에 자란 것으로, 줄기에 이어지는 가는 뿌리줄기가 바위와 흙 사이를 내닫고 있다.

활나물속 Crotalaria

② 크로탈라리아 카피타타 *C. capitata* Baker

분포 ◇시킴-부탄, 아삼 개화기 7-10월

산지의 다소 건조한 둔덕 비탈이나 바위가 많은 곳에 자생하는 반목질의 다년초. 꽃줄기는 길이 15-30cm이며 쓰러지기 쉽다. 잎은 일정 간격으로 어긋나기 하고, 자루는 매우 짧다. 잎몸은 타원상피침형-도피침형으로 길이 1-3cm이고 표면에는 성기게, 뒷면에는 빽빽하게 긴 누운 털이 자란다. 꽃은 줄기 끝 총상꽃차례에 모여 달린다. 꽃받침은 갈색 긴 털로 덮여 있으며 길이 1-1.2cm이고 5개로 깊게 갈라졌다. 위쪽 갈래조각 2개는 크다. 꽃잎은 청자주색이며 꽃받침과 길이가 같다. 용골꽃잎의 끝은 위로 솟아 있다.

갯활량나물속 Thermopsis

③ 테르모프시스 바르바타 *T. barbata* Royle

분포 ◇카슈미르-부탄, 티베트 남동부, 중국 서부 개화기 5-7월

고산대 관목림 주변의 둔덕이나 거친 방목지에 자생하며, 굵은 뿌리줄기가 땅속으로 뻗는다. 꽃줄기는 개화와 동시에 자라며, 개화가 끝날 무렵에는 높이 20-45cm에 이른다. 전체적으로 긴 털이 빽빽하게 나 있다. 잎은 짧은 자루 끝에서 3소엽으로 나뉘고, 자루의 기부에 소엽과 모양이 같은 턱잎이 1-4장 달리기 때문에, 줄기를 중심으로 단엽이 4-7장 모여나기 하는 것처럼 보인다. 소엽은 장원상피침형으로 길이 2-4cm이고 바깥쪽 소엽의 기부는 잎자루를 따라 내려간다. 줄기 중심에서 총상꽃차례가 뻗어 나와 마디마다 꽃이 2-4개 달린다. 포엽은 잎과 모양이 같다. 꽃은 길이 2.5-3cm. 꽃받침은 길이 1.5-1.8cm. 꽃잎은 검붉은 자주색. 용골꽃잎은 날개꽃잎과 바탕꽃잎보다 길다.

③-a 테르모프시스 바르바타. 6월30일. K/라체의 남쪽. 4,000m.

③-b 테르모프시스 바르바타. 7월7일. S/남체바자르의 북서쪽. 3,500m.

③-c 테르모프시스 바르바타. 5월4일. N/푼힐. 3,150m. 개화가 진행됨에 따라 꽃줄기가 길게 자라고 잎이 펼쳐진다. 양지바른 장소에서는 꽃잎이 검붉은색을 띤다.

장미과 ROSACEAE

잎은 어긋나기 한다. 꽃은 양성으로 방사상 칭. 보통 꽃받침 5장, 꽃잎 5장으로 되어 있으며 수술은 많이 달린다. 열매의 형태는 변화가 크다.

조팝나무속 Spiraea

낙엽관목. 잎은 단엽. 꽃차례는 산방상.

① 스피래아 아르쿠아타 *S. arcuata* Hook.f.
분포 ◇히마찰-미얀마, 티베트 남부, 원난성
개화기 6-8월

산림한계 부근의 관목소림이나 계곡 줄기의 사면에 자생한다. 높이 0.5-3m. 가지는 자줏빛 갈색으로 활처럼 휘며 자라고 능이 있으며, 꽃차례까지 부드러운 털이 자란다. 잎자루는 짧다. 잎몸은 도란상타원형으로 길이 4-15mm이고 끝은 둔형이거나 약간 파였으며 이따금 톱니가 1-2개 보인다. 뒷면은 짙은 녹색으로 광택이 있다. 산방꽃차례는 직경 1-2cm. 꽃자루는 길이 3-5mm. 꽃은 직경 5-8 mm, 꽃잎은 분홍색이다.

② 조팝나무속의 일종 (A) Spiraea sp. (A)

고산대 계곡 줄기의 자갈 비탈에 자생한다. 높이 0.5-1m이며 굵은 가지는 검붉은 자주색을 띤다. 잎자루는 길이 1-2mm. 잎몸은 질이 두껍고 길이 7-10mm이며, 끝은 둔형-절형으로 가장자리에 날카로운 톱니가 3-9개 있다. 표면은 녹황색이며 그물맥이 선명하다. 직경 2cm인 산방꽃차례에는 붉은빛을 띤 부드러운 털이 촘촘하게 나 있다. 꽃은 직경 6-7mm. 수술은 꽃잎보다 길거나 짧다.

③ 조팝나무속의 일종 (B) Spiraea sp. (B)

아고산대의 계곡 줄기에 자생한다. 높이 1-2m. 가지는 자줏빛 갈색을 띠며 능이 있다. 꽃차례 이외는 털이 없다. 잎자루는 길이 2-3

①-a 스피래아 아르쿠아타. 8월3일.
Y1/팡디 라의 남쪽. 4,450m.

①-b 스피래아 아르쿠아타. 6월21일.
N/묵티나트의 동쪽. 3,700m.

② 조팝나무속의 일종 (A) 7월6일.
S/랑모체의 북서쪽. 4,400m.

③ 조팝나무속의 일종 (B) 7월14일. I/꽃의 계곡. 3,550m. 해빙이 늦은 U자 계곡 내의 늪가에 군생한 것으로, 높이 1-2m인 덤불을 이루고 있다. 잎 끝에 무딘 톱니가 있다.

mm로 가늘다. 잎몸은 타원형-도란형으로 길이 1-2cm이고 끝은 둔형이거나 약간 뾰족하며 가장자리에 무딘 톱니가 있다. 산방꽃차례는 직경 2-4cm, 포엽은 잎 모양. 꽃자루는 길이 7-15mm. 총꽃차례에서 꽃밥통에까지 부드러운 털이 촘촘하게 나 있다. 꽃은 직경 7-8mm. 꽃받침조각에는 털이 없다. 꽃잎은 흰색. 수술은 꽃잎보다 약간 길다. 동속 박치니폴리아(*S. vaccinifolia* D. Don)에 가깝다.

④ 스피래아 시장겐시스

S. xizangensis L.T. Lu [*S. tibetica* T.T. Yu & L.T. Lu]
분포 ◇티베트 남동부, 중국 서부
개화기 6-8월
고산대의 바람에 노출된 초지나 관목소림에 자생한다. 높이 0.5-1.5m. 가지는 적갈색을 띠며 겉에 부드러운 털이 빽빽하게 자란다. 잎자루는 짧다. 잎몸은 장원형-피침형으로 길이 1-1.5cm이고 끝은 둔형이거나 뾰족하며, 앞뒷면에 부드러운 털이 촘촘하게 나 있다. 산방꽃차례는 직경 1-1.5cm. 포엽은 피침형. 꽃자루는 길이 3-5mm이며 겉에 털이 없거나 부드러운 털이 자란다. 꽃은 직경 5-7mm. 꽃잎은 분홍색에서 흰색으로 변한다.

⑤ 스피래아 카네스첸스 *S. canescens* D. Don

분포 ㅁ파키스탄-부탄, 티베트 남부, 중국 남서부 개화기 5-7월
산지에서 아고산대에 걸쳐 숲 주변이나 관목소림에 자생한다. 높이 1.5-4m. 가지는 활처럼 휘면서 자라고 능이 살짝 있으며 겉에 부드러운 털이 나 있다. 잎자루는 매우 짧다. 잎몸은 타원형-도피침형으로 길이 5-15mm이고 끝은 둔형이며, 매끈하거나 가장자리에 무딘이가 1-2쌍 있다. 뒷면에 부드러운 누운 털이 자란다. 산방꽃차례는 직경 1.5-3cm이고 전체적으로 부드러운 털이 자란다. 꽃은 직경 4-7mm. 꽃잎은 흰색.
*사진의 그루는 잎몸이 도피침형인 변종 오블란체올라타(var. *oblanceolata* Rehd.)에 가깝다.

⑥ 스피래아 헤미크리프토피타

S. hemicryptophyta Grierson
분포 ■네팔 동부-시킴 개화기 6-8월
삼림한계 부근의 관목림이나 습한 초지에 자생하는 암수딴그루 소관목. 목질의 뿌리줄기가 땅속에서 옆으로 뻗어 군락을 이룬다. 목질의 꽃줄기는 높이 30-50cm로 곧게 자라고, 꽃차례에 부드러운 털이 빽빽하게 나 있다. 잎자루는 짧다. 잎몸은 난형으로 길이 2-4cm이고 끝이 뾰족하며 가장자리에 뚜렷한 톱니가 있다. 뒷면의 맥 위에 부드러운 털이 나 있다. 꽃줄기 끝의 산방꽃차례는 직경 3-5cm. 꽃자루는 길이 4-6mm, 포엽은 선형. 꽃은 직경 5-7mm. 꽃잎은 연붉은색이다.

④ 스피래아 시장겐시스. 8월22일. Y4/간덴의 동쪽. 4,750m.

⑤ 스피래아 카네스첸스. 6월22일. Z1/초바르바 부근. 4,300m.

⑥ 스피래아 헤미크리프토피타. 8월2일. T/준코르마. 3,900m. 관목 석남 사이의 축축한 초지에 목질의 뿌리줄기가 옆으로 뻗어 있다. 곧추서는 꽃줄기는 직경 1-2mm이며 해마다 새로 자란다.

조팝나무속 Spiraea

① 스피래아 벨라 *S. bella* Sims

분포 ◇파키스탄-부탄, 티베트 남부, 윈난·쓰촨성 개화기 5-7월

산지에서 아고산대에 걸쳐 숲 주변이나 관목소림에 자생한다. 높이 1 2.5m. 굵은 가지는 옆으로 길게 자라고, 가지 끝과 잎자루에 부드러운 털이 촘촘하게 나 있다. 잎자루는 길이 2-4mm. 잎몸은 난형-타원상피침형으로 길이 2-6cm이고 끝은 뾰족하며 가장자리에 성긴 톱니가 있다. 보통 뒷면의 맥 위에 부드러운 털이 자란다. 곧추 선 곁가지 끝에 직경 4-8cm인 복산방꽃차례가 달린다. 꽃은 직경 5-8mm, 꽃잎은 분홍색, 수술은 꽃잎보다 길다.
*①-a는 거친 혼합림에 자란 것으로, 꽃차례의 기부에 어긋나기 하는 잎은 길이 1.5-2.5cm로 작으며 앞뒷면에 부드러운 털이 나 있다. ①-b는 습한 떡갈나무 숲에 자란 것으로, 잎몸은 길이 4-6cm이고 뒷면의 맥 이외에는 털이 거의 없다.

② 스피래아 미크란타 *S. micrantha* Hook.f.

분포 ◇네팔 서부-아르나찰 개화기 6-8월

산지에서 아고산대에 걸쳐 습한 숲 주변이나 관목소림에 자생한다. 높이 1-2m이며 활발히 분지하고 가지는 늘어지기 쉽다. 동속 벨라와 비슷하나, 잎몸은 난상피침형, 길이 4-15cm로 크고 끝은 가늘고 뾰족하며 가장자리에 겹톱니가 있다. 잎자루는 길이 3-8mm. 꽃차례는 직경 8-15cm로 크다. 꽃은 직경 5-7mm. 꽃잎은 흰색-분홍색이다.
*사진 속의 꽃은 질 무렵으로, 연갈색을 띤 꽃잎이 하나 둘 떨어지고 있다.

③ 스피래아 몰리폴리아 *S. mollifolia* Rehd.

분포 ◇티베트 남동부, 중국 서부 개화기 6-8월

산지에서 고산대에 걸쳐 숲 주변이나 관목소림, 소관목 사이에 자생한다. 높이 1-3m. 갈색을 띠는 나무줄기는 분지해 활처럼 휘며 길게 자라고 능이 있다. 곁가지에는 보통 잎과 꽃차례를 포함해 전체적으로 부드러운 털이 촘촘하게 나 있다. 잎자루는 길이 1-2mm. 잎몸은 타원형-장원형으로 길이 5-15mm이고 끝은 둔형이며 매끈하거나 끝 쪽에 톱니가 있다. 곁가지 끝의 산방꽃차례는 직경 1-3cm. 꽃자루는 길이 3-12mm. 꽃은 직경 5-7mm. 꽃잎은 흰색이다.
*③-b는 변종 글라브라타 var. *glabrata* T.T. Yu & L.T. Lu로 취급되는 것으로, 잎과 꽃받침에는 털이 거의 없고 잎자루는 길이 2-5mm로 짧으며 꽃차례는 작다. 커다란 우상복엽과 가시가 있는 가지는 장미속 관목이다.

①-a 스피래아 벨라. 5월25일. W/야크체이. 3,100m. 꽃차례 밑에 어긋나기 하는 잎은 작고, 도장지와 기부의 잎은 크다. 밝은 2차림 내에서 높이 2m 이상으로 자라나 있다.

①-b 스피래아 벨라. 6월27일.
R/카르테의 북쪽. 2,800m.

② 스피래아 미크란타. 7월8일.
U/구파포카리의 북동쪽. 2,950m.

나도국수나무속 Neillia

④ 네일리아 루비플로라 *N. rubiflora* D. Don

분포 ◇네팔 중부-부탄, 티베트 남부, 윈난·쓰촨성 **개화기** 5-7월

산지의 습한 숲 주변 비탈에 자생하는 높이 1-3m의 낙엽관목. 가지는 가늘고 붉은색을 띤다. 잎자루는 길이 1-2cm. 잎몸은 난형으로 길이 3-8cm이고 끝은 꼬리모양이며, 기부는 심형으로 가장자리에 불규칙한 톱니가 있다. 대부분 3개로 얕게 갈라졌으며 옆갈래조각은 작다. 가지 끝의 총상꽃차례는 길이 2-7cm이고 끝은 늘어지며 전체적으로 융털이 나 있다. 꽃자루는 매우 짧다. 꽃은 직경 8-10mm. 꽃받침은 종형으로 길이 6-8mm이고, 갈래조각은 삼각형으로 끝은 가시처럼 뾰족하다. 꽃잎은 난형으로 길이 3mm이며 연붉은색-흰색이다.

아미그달루스속 Amygdalus

열매 속에 편평한 코르크질의 핵이 있다.

⑤ 아미그달루스 미라

A. mira (Koehne) Ricker [*Prunus mira* Koehne]

분포 ◇티베트 남부, 윈난·쓰촨성, 네팔, 러시아 **개화기** 5-7월

반건조지대 산지의 계곡 줄기에 자생하는 높이 3-8m인 낙엽수. 열매를 먹기 위해 뜰이나 길가에 심는다. 가지와 잎에는 털이 거의 없다. 잎에는 길이 8-15mm인 자루가 있다. 잎몸은 피침형으로 길이 5-10cm이고 끝은 점첨형이며 가장자리에 가는 톱니가 있다. 꽃눈 1개에서 꽃이 1-2개 피고, 꽃자루는 매우 짧다. 꽃은 직경 2-2.5cm, 꽃잎은 도란형으로 흰색-연붉은색. 핵과는 거의 구형으로 직경 3-4cm이고 융털로 덮여 있으며, 과육은 즙이 많고 달다.

파두스속 Padus

짧은 가지 끝의 총상꽃차례에 많은 꽃이 달린다.

⑥ 파두스 코르누타

P. cornuta (Royle) Carr. [*Prunus cornuta* (Royle) Steud.]

분포 ▫아프가니스탄-미얀마, 티베트 남부 **개화기** 5-6월

산지의 강가나 산허리 비탈에 자생하는 높이 4-12m인 낙엽수. 나무줄기는 회갈색. 가지 끝에 부드러운 털이 자란다. 잎자루는 길이 1-2.5cm. 잎몸은 타원상피침형으로 길이 7-15cm이고 끝은 꼬리모양이며 가장자리에 가는 톱니가 있다. 총상꽃차례는 잎이 어긋나기한 짧은 가지 끝에 달리며 길이 10-20cm이고 활처럼 휘어 끝이 늘어진다. 꽃차례에 부드러운 털이 자란다. 꽃자루는 길이 3-7mm. 꽃은 직경 8-12mm. 꽃잎은 흰색이다.

③-a 스피래아 몰리폴리아. 6월30일. Z3/치틴탕카. 3,550m.

③-b 스피래아 몰리폴리아. 6월30일. Z3/봉 리의 동쪽. 3,900m.

④ 네일리아 루비플로라. 6월27일. R/스루케의 남쪽. 2,850m.

⑤ 아미그달루스 미라. 8월13일. Z3/키가 부근. 2,900m.

⑥ 파두스 코르누타. 5월24일. N/쿠룸체. 2,950m.

체라수스속 Cerasus

꽃은 1-10개가 모여나기 한다.

① 체라수스 루파

C. rufa (Hook.f.) T.T. Yu & C.L. Li [Prunus rufa Hook.f.]

분포 ◇네팔 서부-미얀마 개화기 4-6월

산지나 아고산대의 혼합림에 자생하는 높이 3-10m인 낙엽수. 나무껍질은 얇게 벗겨진다. 잎은 꽃과 동시에 열린다. 다 자란 잎의 잎몸은 난상피침형으로 길이 5-10cm이고 끝은 꼬리 모양이며 가장자리에 가늘고 날카로운 톱니가 있다. 꽃눈 1개에서 꽃이 1-2개 핀다. 꽃자루는 길이 1.5-2cm. 꽃받침통은 길이 7-10mm이며 겉에 부드러운 털이 자란다. 꽃잎은 거의 흰색으로 길이는 7-9mm이다.

② 체라수스 체라소이데스

C. cerasoides (D. Don) Sokolov [Prunus cerasoides D.Don]

분포 □파키스탄-동남아시아, 티베트 남부, 윈난성 개화기 10-11월

산지의 숲속이나 계곡 줄기에 자생하는 높이 5-15m인 낙엽수. 길가에서 볼 수 있다. 나무껍질은 은갈색. 많은 가는 가지가 비스듬히 뻗어 나온다. 잎은 꽃보다 늦게 열린다. 다 자란 잎에는 길이 1-2cm인 자루가 있다. 잎몸은 난형-협타원형으로 길이 5-10cm이고 끝은 꼬리 모양이며 가장자리에 가는 톱니가 있다. 꽃눈 1개에서 꽃이 1-3개 핀다. 꽃자루는 길이 1-2cm. 꽃받침에는 털이 없다. 꽃잎은 연붉은색으로 길이 1.3-1.5cm이며 평개한다.

산딸기속 Rubus

열매는 집합과로, 꽃받침 위에 다즙질인은 소핵과가 많이 모여 있다.

③ 루부스 칼리치누스 R. calycinus D. Don

분포 ◇쿠마온-미얀마, 티베트 남부, 윈난 · 쓰촨성 개화기 4-5월

산지의 둔덕 비탈이나 습한 바위땅에 자생하는 다년초로, 반목질의 포복줄기가 땅위로 뻗는다. 줄기 끝에 센털과 가시가 나 있다. 잎자루는 길이 3-7cm. 잎몸은 원상심형으로 직경 2-5cm이고 가장자리에 톱니가 있으며 이따금 3개로 얕게 갈라졌다. 꽃줄기는 높이 4-10cm이며 꽃 1-2개가 위를 향해 핀다. 꽃자루는 길이 1-3cm. 꽃은 직경 2-3cm. 꽃받침조각은 난형이며 가장자리에 톱니가 있다. 꽃잎은 흰색. 집합과는 주홍색이다.

④ 루부스 네팔렌시스

R. nepalensis (Hook.f.) Kuntze

분포 ◇가르왈-네팔 동부 개화기 5-6월

산지 숲 주변의 둔덕 비탈이나 절벽에 자생하는 포복성 소관목. 줄기 끝과 잎자루에 가늘고 부드러운 털과 센털이 자란다. 잎은 3출복엽. 정소엽은 능상도란형으로 길이 1.5-

① 체라수스 루파. 5월20일. N/쿠룸체. 2,950m.

②-a 체라수스 체라소이데스. 10월27일. R/스루케. 2,300m.

②-b 체라수스 체라소이데스. 10월27일. R/스루케. 네팔에서는 길가의 쉼터에서 볼 수 있는가 하면, 어린잎을 가축 사료로 쓰거나 수확한 곡물을 가지에 걸어 말리기 위해 밭 주변에 심는다.

3cm이고 끝은 둔형이거나 예형이며 가장자리에 겹톱니가 있다. 꽃받침조각은 난상삼각형이며 끝이 잘려 있다. 꽃은 곧추 선 꽃자루 끝에 아래를 향해 달리며 직경 2-3cm. 꽃잎은 흰색. 집합과는 주홍색이다.

⑤ **루부스 엘리프티쿠스** *R. ellipticus* Smith
분포 □파키스탄-동남아시아, 티베트 남부, 중국 남서부 개화기 2-4월
산지의 숲 주변이나 관목소림에 자생하는 높이 2-3m인 관목. 가지에 갈색 긴 센털이 빽빽하게 자라고 드문드문 가시가 나 있다. 잎은 3출 우상복엽, 잎자루는 길이 3-6cm. 정소엽은 도란상타원형으로 길이 4-10cm이며 가장자리에 톱니가 있다. 뒷면에는 부드러운 털이 자라고 중맥에 가시가 나 있다. 줄기 끝과 잎겨드랑이에 많은 꽃이 모여 달린다. 꽃은 직경 1-1.5cm. 꽃받침조각은 난형으로 끝이 뾰족하며 겉에 부드러운 털이 촘촘하게 나 있다. 꽃잎은 흰색. 집합과는 귤색으로 익으며 단맛이 난다.

⑥ **루부스 비플로루스** *R. biflorus* Smith
분포 □파키스탄-부탄, 티베트 남부, 중국 서부 개화기 4-6월
산지의 숲 주변이나 관목소림에 자생하는 높이 1-3m인 관목으로, 가지에 갈고리형태의 가시가 나 있다. 잎은 3출우상복엽, 잎자루는 길이 2-4cm. 정소엽은 크고 난상타원형으로 길이 3-5cm이고 가장자리에 겹톱니가 있으며 이따금 우상으로 갈라졌다. 뒷면에 부드러운 털이 자란다. 가지 끝과 잎겨드랑이에 꽃이 1-3개 달린다. 꽃자루는 길이 1-3cm. 꽃은 직경 1.5-2.5cm. 꽃받침조각은 난상피침형으로 끝이 가늘고 뾰족하다. 꽃잎은 흰색. 집합과는 귤색으로 익으며 단맛이 난다.

③ 루부스 칼리치누스. 5월18일. U/둘파니의 북동쪽. 2,800m. 다년초. 바위틈으로 반목질의 포복줄기를 뻗어 마디에서 뿌리를 내린다. 잎은 단옆이며 긴 자루가 있다.

④ 루부스 네팔렌시스. 6월16일. O/타르케강의 북서쪽. 2,300m.

⑤ 루부스 엘리프티쿠스. 5월28일. N/날마의 북동쪽. 1,650m.

⑥ 루부스 비플로루스. 6월17일. O/메람체의 서쪽. 2,900m.

양지꽃속 Potentilla

비슷한 종이 많기 때문에 멀리서 본 것만으로는 종을 동정하기 어려울 때가 많다. 다년초 또는 소관목. 잎은 우상복엽, 장상복엽 또는 3출복엽이며 어긋나기 한다. 근생엽의 턱잎은 하부가 잎자루에 합착하고, 상부는 귀모양을 한 갈래각 2장으로 나뉜다. 이들 턱잎갈래조각은 종에 따라 끝부분까지 서로 합착한 것, 일부가 합착한 것, 기부까지 떨어져 있는 것으로 나눈다. 우상복엽은 소엽 사이에 소엽조각이 달리는 것이 있으며, 정부에 달린 소엽의 기부는 잎줄기를 따라 내려가기도 한다. 꽃받침조각과 부꽃받침조각은 5개씩 달리고, 부꽃받침조각은 종에 따라 형태의 변화가 크다. 꽃잎은 5장 달리며 쉽게 떨어진다. 꽃잎의 색깔은 노란색이 가장 많으며 흰색이나 오렌지색, 붉은색, 짙은 붉은색도 있다. 수술과 암술은 여러 개 달린다.

① 포텐틸라 프루티코사 리기다

P. fruticosa L. var. *rigida* (Lehm.) Wolf [*P. arbuscula* D. Don]
분포 □ 히마찰-부탄, 티베트 남부, 윈난·쓰촨성 개화기 6-9월

일본의 물싸리를 포함한 이 종은 북반구의 북극지방 주변과 온대의 고산에 널리 분포한다. 지역과 환경에 따라 형태의 변화가 크며, 수많은 변종으로 분류되어 있지만 그 구별은 쉽지 않다. 변종 리기다는 높이 0.5-1.5m인 소관목으로, 히말라야와 중국 남서부의 아고산대에서 고산대에 걸쳐 습한 바위땅이나 강가, 눈 쌓인 초지에 자생한다. 가지 끝은 적갈색을 띠고 긴 누운 털이 자란다. 잎은 짧은 우상복엽, 잎자루는 길이 5-10mm. 턱잎은 막질이며 바깥쪽에 긴 누운 털이 나 있다. 소엽은 3-7장 달리고 타원형-난상피침형으로 길이는 7-15mm이다. 표면에 부드러운 털이 자라고, 뒷면에 그물맥이 돌출되어 있다. 꽃

①-a 포텐틸라 프루티코사 리기다. 7월10일. T/톱케골라의 북서쪽. 3,900m. 계곡 밑 호수에서 피어오르는 안개에 젖은 커다란 바위 위에 높이 50cm가량의 덤불을 이루고 있다.

①-b 포텐틸라 프루티코사 리기다. 8월17일. Q/판치포카리의 남쪽. 4,000m.

①-c 포텐틸라 프루티코사 리기다. 8월3일. Z3/라무라쵸 부근. 4,350m.

은 직경 2.5-4cm로 줄기 끝에 1개 달린다. 꽃자루는 짧고, 겉에 부드러운 털이 촘촘하게 나 있다. 꽃받침조각은 난형으로 길이 5-8mm이고 안쪽은 꽃잎과 색깔이 같다. 부꽃받침조각은 타원형으로 꽃받침조각과 길이가 같다. 꽃잎은 원상도란형으로 귤색이다.

② 포텐틸라 프루티코사 푸밀라

P. fruticosa L. var. *pumila* Hook.f.
분포 □파키스탄-부탄, 티베트 서남부
개화기 6-9월

바람에 노출된 고산대의 모래땅이나 바위비탈에 자생하며, 많은 가지가 모인 둥근 그루를 이룬다. 높이 5-50cm로 변종 리기다보다 전체적으로 작다. 소엽은 길이 4-8mm이고 표면에 긴 누운 털이 촘촘하게 자라며 가장자리는 바깥쪽으로 심하게 말려 있다. 꽃은 직경이 1.3-3cm이다.

②-a 포텐틸라 프루티코사 푸밀라. 7월30일. S/고락셉의 남서쪽. 5,150m.

②-b 포텐틸라 프루티코사 푸밀라. 8월3일. S/임자 빙하의 오른쪽 유역. 5,200m. 측퇴석 모래로 덮인 비탈에 자란 것으로 높이 10cm 이하. 아래쪽 잎은 산형과 풀.

②-c 포텐틸라 프루티코사 푸밀라. 7월7일. C/간바보호마 부근. 4,000m.

②-d 포텐틸라 프루티코사 푸밀라. 8월4일. V/로낙. 4,700m.

양자꽃속 Potentilla

① 포텐틸라 비플로라 *P. biflora* Willd.

분포 ◇중앙아시아-네팔 동부, 티베트 남부, 중국 서부 개화기 6-7월

고산대의 바위 비탈에 쿠션형태의 그루를 이루는 다년초로, 땅속으로 강인한 목질의 뿌리를 뻗는다. 뿌리줄기는 활발히 분지하고, 암갈색의 오래된 잎에 싸여 있다. 꽃줄기는 높이 2-7cm. 잎은 짧은 우상복엽. 근생엽에는 짧은 자루가 있다. 소엽은 5-9장 달리고 선상장원형으로 길이 4-12mm이며 가장자리는 바깥쪽으로 말려 있다. 앞뒷면에 긴 누운 털이 촘촘하게 나 있다. 줄기 끝에 꽃이 1-3개 달린다. 꽃자루는 길이 5-15mm. 꽃은 직경 1-2.5cm. 꽃받침조각은 광피침형이며 부꽃받침조각과 길이가 같다. 꽃잎은 노원상도란형으로 노란색이며, 꽃받침조각과 길이가 같거나 약간 길다.

② 포텐틸라 아르티쿨라타 라티페티올라타

P. articulata Franch. var. *latipetiolata* (Fischer) Yu & Li

분포 ◇시킴, 티베트 남부, 원난성

개화기 7-8월

건조한 고산대 상부의 바위땅에 쿠션형태의 그루를 이룬다. 뿌리줄기는 암갈색의 오래된 잎에 싸여 있고, 땅위줄기는 매우 짧다. 잎자루는 길이 7-10mm로, 대부분이 턱잎과 합착해 폭 2-2.5mm인 편평한 자루가 된다. 소엽은 선상장원형으로 길이 5-10mm이고 표면에는 중맥이 살짝 파여 있다. 어린잎은 앞뒷면에 긴 누운 털이 촘촘하게 자라지만, 다 자란 잎에는 털이 거의 없다. 가지 끝에 꽃이 1개 달린다. 잎자루는 매우 짧다. 꽃은 직경 1.3-1.5cm. 꽃받침조각은 난상피침형으로 꽃잎보다 약간 짧고, 부꽃받침조각은 꽃받침조각보다 약간 짧다. 꽃잎은 도란상타원형.

①-a 포텐틸라 비플로라. 7월9일. K/눈무 라. 5,100m. 풍화작용으로 잘게 갈라진 이판암이 널려 있는 건조지대의 산등성이에 반구상의 쿠션을 이루고 있다.

①-b 포텐틸라 비플로라. 7월22일. K/쟈그도라의 북서쪽. 4,500m.

①-c 포텐틸라 비플로라. 6월20일. N/토롱 고개의 북서쪽. 4,650m.

①-d 포텐틸라 비플로라. 7월15일. S/갸줌바. 5,150m.

③ 포텐틸라 살레소비이 *P. salessovii* Steph.

분포 ◇중앙아시아 주변·카슈미르
개화기 6-8월

건조 고지 계곡 줄기의 자갈 비탈에 자생하는 반목질의 다년초. 목질의 굵은 뿌리줄기가 바위틈으로 뻗고, 뿌리줄기의 정수리는 긴 누운 털이 촘촘하게 나 있는 갈색의 오래된 턱잎에 싸여 있다. 꽃줄기는 높이 20-50cm로 모여나기 하며 전체에 부드러운 털이 자란다. 잎은 길이 7-15cm인 우상복엽. 소엽은 7-9장 달리고 질이 약간 두꺼운 타원상피침형으로 길이 2.5-4cm이며 가장자리에 성긴 톱니가 있다. 뒷면은 겉에 긴 누운 털이 빽빽하게 나 있어 희뿌옇게 보인다. 줄기 끝의 집산꽃차례에 꽃이 4-10개 달린다. 꽃은 직경 2.5-3cm. 꽃받침은 난상피침형으로 꽃잎보다 짧고, 부꽃받침조각은 작다. 꽃잎은 도란상 장원형으로 흰색이며 간격을 두고 달린다. 수술대와 암술대는 가늘고 길게 자라고, 씨방에 긴 털이 빽빽하게 나 있다.

④ 포텐틸라 비푸르카 *P. bifurca* L.

분포 ▫파키스탄-네팔 중부, 시킴, 티베트, 유라시아의 냉온대 지역 개화기 6-9월

건조 고지 강가의 모래땅이나 거친 초지에 자생하는 다년초. 꽃줄기는 길이 5-10cm이며 쉽게 쓰러진다. 잎은 우상복엽으로 길이 3-8cm. 소엽은 5-15장 달리고 타원형으로 길이 4-10mm이며 갈라짐이 없거나 끝에 이가 1-3개 있다. 앞뒷면에 부드러운 털이 자란다. 줄기 끝에 꽃이 1-5개 달린다. 꽃자루는 길이 5-15mm. 꽃은 직경 1-1.3cm. 꽃받침조각은 난형으로 꽃잎보다 약간 짧다. 꽃잎은 도란형으로 노란색이다.

②-a 포텐틸라 아르티쿨라타 라티페티올라타. 7월12일. Y4/치두 라. 5,100m. 노란색 꽃으로 덮인 쿠션이 이 식물이다. 분홍색 꽃은 로도덴드론 니발레.

②-b 포텐틸라 아르티쿨라타 라티페티올라타.
7월11일. Y4/치두 라. 5,100m.

③ 포텐틸라 살레소비이.
7월18일. D/사트파라 호수의 남쪽. 3,700m.

④ 포텐틸라 비푸르카.
6월28일. E/말카. 3,900m.

양지꽃속 Potentilla

① 포텐틸라 쿠네아타 *P. cuneata* Lehm.

분포 ㅁ카슈미르-부탄, 티베트 남부, 윈난·쓰촨성 개화기 6-8월

산지에서 고산대에 걸쳐 습한 바위질 초지나 모래땅에 자생하며, 가는 뿌리줄기가 옆으로 뻗어 매트형태로 군생한다. 땅위줄기는 매우 짧다. 줄기와 잎은 암적색을 띤다. 잎은 3출복엽. 잎자루는 길이 0.5-3cm이며 겉에 부드러운 털이 자란다. 소엽은 짙은 녹색, 잎몸은 도란형으로 길이 5-12mm이고 끝은 절형이거나 이가 3개 있으며 기부는 쐐기형이다. 뒷면에 긴 누운 털이 나 있다. 꽃은 직경 1.5-2.5cm로 줄기 끝에 1개 달리며 밝은 쪽을 향한다. 꽃자루는 길이 1-2cm로 곧추서고 부드러운 털이 자란다. 꽃받침조각은 삼각상피침형으로 꽃잎보다 짧다. 부꽃받침조각은 타원형으로 꽃받침보다 짧다. 꽃잎은 옆으로 긴 도란형으로 굴색이며 끝이 살짝 파여 있다. 꽃밥은 노란색이다.

② 포텐틸라 에리오카르파 *P. eriocarpa* Lehm.

분포 ◇카슈미르-아르나찰, 티베트 남부, 중국 서부 개화기 6-8월

고산대의 습한 계절풍에 노출된 암벽의 암봉에 자생하는 오래 사는 다년초로, 바위틈으로 강인한 목질의 뿌리를 뻗는다. 지역에 따라 형태가 크게 변한다. 뿌리줄기는 활발

①-a 포텐틸라 쿠네아타. 7월16일. V/군사의 남동쪽. 3,750m.

①-b 포텐틸라 쿠네아타. 7월9일. T/톱케골라. 3,700m. 곧게 자라 연노란색을 꽃을 피운 꽃줄기는 메코노프시스 파니쿨라타.

히 분지하고, 오래된 잎자루와 긴 털이 빽빽
하게 자란 턱잎에 싸여 있다. 꽃줄기는 높이
5-12cm로 모여나기 하며 전체에 긴 털이
자란다. 잎은 3출복엽. 잎자루는 길이 2-
5cm. 소엽은 도삼각형-도란형으로 길이 1-
2cm이고, 끝에 보통 3-5개 혹은 6-10개로 깊
게 파인 이가 있으며 기부는 쐐기형이다. 뒷
면에 긴 누운 털이 나 있다. 줄기 끝에 꽃 1-3
개가 옆을 향해 달린다. 꽃자루는 길이 1-
2.5cm. 꽃은 직경 2-2.5cm. 꽃받침조각은 삼
각상피침형으로 꽃잎보다 짧다. 부꽃받침조
각은 난형-장원상피침형으로 꽃받침조각과
길이가 같거나 짧다. 꽃잎은 도란형으로 귤
색이며 끝이 파여 있다. 꽃밥은 적갈색이다.
*②-a는 지금까지 알려진 바로는 가장 높은
장소에 자란 것 중의 하나로, 깎아지른 암벽
의 이슬비가 잘 고이는 틈에 긴 뿌리를 내리
고 목질의 뿌리줄기를 옆으로 뻗어 쿠션형
태의 그루를 이루고 있다. 꽃줄기는 높이 2-
3cm. 꽃의 형태와 크기는 일반적인 것과 다
를 바 없지만, 3출복엽인 소엽은 길이 1-1.5
cm로 작고 가늘다. 꽃은 줄기 끝에 1개 달리
고 꽃자루는 매우 짧다. ②-c는 건조지대 고
개 근처의 북쪽 수직 암벽 틈에 큰 그루를 이
룬 것으로, 꽃줄기는 길이 5-10cm이고 근생
엽에는 길이 3-5cm인 자루가 있다. 소엽은
도란상쐐기형으로 끝이 5-7개로 갈라졌으
며, 짙은 녹색의 표면에는 부드러운 털이 자
란다. 꽃은 직경 2-2.3cm. ②-d는 전체적으
로 털이 적다. 꽃줄기와 잎자루, 꽃자루는 붉
은색을 띠며 가늘고 길게 자란다. 3출복엽인
소엽은 폭넓은 도란형으로 상부에 무딘 이가
6-10개 있다. 동속 부타니카(P. bhutanica
Ludlow)에 가까운 것으로 여겨진다.

②-a 포텐틸라 에리오카르파. 7월15일.
S/가줌바의 남쪽. 5,100m.

②-b 포텐틸라 에리오카르파. 7월1일.
T/톱케골라의 북쪽. 4,600m.

②-c 포텐틸라 에리오카르파. 8월15일.
Y3/카로 라의 동쪽. 4,600m.

②-d 포텐틸라 에리오카르파. 8월10일. X/장고탕의 북쪽. 4,200m. 살짝 그늘진 암벽 틈에 목질의 긴 뿌리를 뻗
고 있다. 소엽 끝에 이가 6-10개 있다.

양지꽃속 Potentilla

① 포텐틸라 물티피다

P. multifida L. [*P. plurijuga* Hand.-Mazz.]

분포 □파키스탄-쿠마온, 티베트, 북반구의
온대 각지 개화기 6-8월

건조 고지의 거친 방목지나 길가의 모래땅에
자생하는 다년초로, 지역과 환경에 따라 형태
와 크기가 다양하게 변한다. 다음 기록은 사진
의 개체군에 관한 것으로, 종 내에서 가장 왜소
화한 부류에 속한다. 꽃줄기는 길이 5-8cm로 사
방으로 쓰러지며 전체에 부드러운 털이 자란
다. 잎의 기부에는 길이 1-2cm인 자루가 있다.
잎몸의 윤곽은 광란형으로 길이 1-2cm이며 소
엽 3-5장이 손바닥모양으로 모인다. 소엽은 우
상으로 깊게 갈라졌고 갈래조각은 선형으로
길이 3-7mm, 폭 1mm이며 가장자리는 바깥쪽
으로 말려 있다. 표면은 짙은 녹색이며 중맥이
파여 있고, 뒷면은 누운 털이 촘촘하게 나 있어
희뿌옇게 보인다. 꽃은 직경 8-10mm로 줄기 끝
에 3-5개 달린다. 꽃자루는 길이 3-10mm. 꽃받
침조각은 삼각상피침형으로 꽃잎보다 약간 짧
다. 부꽃받침조각은 타원상피침형으로 꽃받침
조각보다 짧다. 꽃잎 끝은 살짝 파여 있다.

② 포텐틸라 안세리나 *P. anserina* L.

분포 □히말라야 전역을 포함한 세계의 온대
각지 개화기 5-7월

반건조지대의 산지에서 고산대에 걸쳐 숲
주변의 초지나 밭 주변, 물가의 모래땅에 자
생한다. 길이 4-15cm인 가는 줄기가 땅위로
퍼지고, 땅과 맞닿은 마디에서 뿌리를 내린
다. 우상복엽의 기부는 길이 3-8cm로, 소엽
사이에 매우 작은 소엽조각이 달리고 자루
는 매우 짧다. 측소엽은 6-12쌍 달리고 타원
형-장란형으로 길이 5-15cm이며 가장자리
에 깊은 톱니가 있다. 뒷면에 은색인 누운 털

①-a 포텐틸라 물티피다. 7월7일.
C/간바보호마의 북서쪽. 3,800m.

①-b 포텐틸라 물티피다. 7월7일.
C/간바보호마의 북서쪽. 3,800m.

②-b 포텐틸라 안세리나. 6월30일. C/카추라의 남쪽. 2,500m.
토끼풀, 민들레, 사초과 풀과 함께 경쟁하듯 모래땅에 붉은 주출지를 내뻗으며 번식하고 있다.

②-a 포텐틸라 안세리나. 6월22일.
Z3/닌마 라의 북서쪽. 3,700m.

이 촘촘하게 나 있다. 줄기잎은 작다. 꽃은 잎겨드랑이에 1개 달리고, 잎자루는 길이 1-3cm로 곧추 선다. 꽃은 직경 1-2cm. 꽃받침 조각은 난형으로 끝이 뾰족하고, 부꽃받침 조각은 피침형으로 작다.

③ 포텐틸라 스테노필라

P. stenophylla (Franch.) Diels

분포 ◇티베트 남·남동부, 윈난·쓰촨성
개화기 6-7월
고산대의 미부식질로 덮인 초지에 소군락을 이룬다. 굵고 강인한 뿌리가 있으며, 뿌리줄 기는 갈색인 오래된 턱잎으로 덮여 있다. 꽃 줄기는 높이 4-10cm. 우상복엽의 기부는 도 피침형으로 길이 1-3cm인 자루를 포함해 길 이 5-15cm. 측소엽은 10-20쌍 달리고 타원형 으로 길이 3-15mm이며 안쪽으로 꺾이는 경 향이 있다. 끝에 이가 3-5개 있으며, 가장자리 와 뒷면의 중맥에 황갈색을 띤 긴 누운 털이 촘촘하게 나 있다. 꽃은 직경 1.5-2cm로 줄기 끝에 1-3개 달린다. 꽃자루는 길이 1-2cm. 꽃은 직경 1.5-2cm. 꽃받침조각은 난형, 부꽃 받침조각은 약간 짧다. 꽃자루에서 꽃받침에 까지 긴 털이 빽빽하게 자란다.

④ 포텐틸라 리네아타

P. lineata Trev. [*P. fulgens* Hooker]

분포 ▯히말라야-부탄, 티베트 남부, 중국 남서부 **개화기** 6-8월
산지나 아고산대 숲 주변의 초지에 자생하며 굵은 뿌리줄기가 있다. 꽃줄기는 길이 20-40cm. 우상복엽의 기부는 도피침형으로 길이 6-20cm이며 소엽 사이에 작은 소엽조각이 달린다. 측소엽은 5-15쌍 달리고 도란상타원 형으로 길이 1-3cm이며 가장자리에 날카로운 톱니가 있다. 녹색 표면에는 가늘게 평행하는 측맥이 파여 있고, 뒷면에는 은색 견모가 촘 촘하게 나 있다. 줄기 끝의 집산꽃차례에 많 은 꽃이 모여 달리고, 꽃차례의 기부에 잎모 양의 포엽이 달린다. 꽃자루에 부드러운 털과 선모가 자란다. 꽃은 직경 1.2-2cm. 꽃받침조 각은 난형으로 끝이 뾰족하고, 부꽃받침조각 은 꽃받침조각과 길이가 거의 같으며 겉에 견모가 나 있다.

⑤ 포텐틸라 요세피아나

P. josephiana H. Ikeda & H. Ohba [*P. lineata* Trev. var.
intermedia (Hook.f.) Dixit & Panigrahi]

분포 ◇네팔 동부-시킴 **개화기** 6-8월
아고산대의 숲 주변이나 고산대의 습한 초 지에 자생한다. 소엽은 가늘고 끝이 약간 뾰 족하며 정수리의 1쌍은 기부가 잎줄기를 따 라 내려간다. 잎 뒷면과 꽃받침에 자라는 털 은 엷다. 꽃줄기는 길이 10-35cm. 꽃은 직경 1-1.5cm이다.

③ 포텐틸라 스테노필라. 6월22일. Z1/초바르바 부근. 4,800m. 버드나무속의 포복성 소관목 등이 말라 죽어 생 긴 미부식질 위에 소군락을 이루고 있다. 소엽 끝에 이가 3-5개 있다.

④ 포텐틸라 리네아타. 7월21일. R/솔루 지방. 2,810m. 촬영/이케다(池田)

⑤ 포텐틸라 요세피아나. 7월20일. U/잘잘레 산지. 3,360m. 촬영/이케다

양지꽃속 Potentilla

① 포텐틸라 폴리필라

P. polyphylla Lehm. var. *polyphylla*

분포 ▢파키스탄-미얀마, 윈난성, 스리랑카
개화기 6-8월

산지나 아고산대의 습한 둔덕 비탈에 자생하는 다년초. 꽃줄기는 길이 10-40cm이며 상부에 긴 털이 빽빽하게 개출한다. 우상복엽의 기부는 도피침형으로 길이 4-20cm이고 소엽 사이에 소엽조가 달린다. 측소엽은 4-15쌍 달리고 도란상타원형으로 길이 1-3cm이며 가장자리에 날카로운 톱니가 있다. 표면에 측맥이 파여 있고, 앞뒷면의 맥에 누운 털이 자란다. 꽃자루는 길이 1-3cm. 꽃은 직경 1.2-1.5cm. 꽃받침조각은 난형, 부꽃받침조각은 도란형이며 이가 3-5개있다.

② 포텐틸라 카르도티아나

P. cardotiana Hand.-Mazz. var. *cardotiana*

분포 ◇티베트 남동부, 윈난성, 미얀마
개화기 7-8월

아고산대나 고산대의 습한 바위질 초지에 자생한다. 꽃줄기는 높이 20-40cm. 우상복엽의 기부는 도피침형으로 길이 12-22cm, 폭 2.5-4cm이며 소엽 사이에 매우 작은 소엽조각이 달린다. 턱잎갈래조각은 떨어져서 달린다. 잎자루는 길이 2-4cm. 측소엽은 장원형으로 15-20쌍 달리고 가장자리에 날카로운 톱니가 있으며, 꽃자루는 길이 1-4cm, 꽃은 직경 1-2cm이다. 꽃받침조각은 삼각상난형. 부꽃받침조각은 피침형이며 꽃받침조각과 길이가 거의 같다.

③ 포텐틸라 페둔쿨라리스 *P. peduncularis* D. Don

분포 ▢쿠마온-부탄, 티베트 남부, 윈난·쓰촨성 개화기 6-8월

고산대의 습한 바위질 초지에 자생한다. 우상복엽의 기부는 도피침형으로 길이 15-25cm, 폭 2-6cm이다. 잎자루는 길이 2-5cm. 턱잎갈래조각은 보통 합착하며 끝은 원형이다. 측소엽은 장원형으로 10-15쌍 달리고 가장자리에 날카로운 톱니가 있으며 표면에는 얇게, 뒷면에는 두껍게 긴 누운 털이 자란다. 꽃자루는 길이 1.5-3cm. 꽃은 직경 2-3cm. 꽃받침조각은 난형이며 끝이 뾰족하다. 부꽃받침조각은 장원형으로 꽃받침조각과 길이가 같으며 끝에 이가 1-4개 있다.

④ 포텐틸라 콘티그바 *P. contigua* Sojak

분포 ▢네팔 중부-부탄, 티베트 남부
개화기 6-8월

자생 장소와 외관은 동속 페둔쿨라리스와 매우 비슷하나, 잎의 기부의 턱잎갈래조각이 떨어져서 달리고 끝은 뾰족하며, 꽃받침조각 가장자리에 짧은 털이 자란다는 점에서 구별할 수 있다.

①-a 포텐틸라 폴리필라. 7월7일.
U/초우키의 북쪽. 2,700m.

①-b 포텐틸라 폴리필라. 6월18일.
U/수케의 북쪽. 2,900m.

② 포텐틸라 카르도티아나. 7월30일.
Z3/도숑 라의 남동쪽. 3,700m.

③-a 포텐틸라 페둔쿨라리스. 6월17일.
P/타레파티의 북쪽. 3,500m.

④-a 포텐틸라 콘티그바. 7월5일.
T/톱케골라의 남서쪽. 4,000m.

④-b 포텐틸라 콘티그바. 7월24일.
V/미르긴 라의 북쪽. 4,250m.

③-b 포텐틸라 페둔쿨라리스. 6월18일. P/수르자쿤드 고개의 동쪽. 4,100m. 가축이 방목되는 사면에 널리 군생하고 있다.

④-c 포텐틸라 콘티그바. 7월25일. V/미르긴 라의 북쪽. 4,150m. 동속 페둔쿨라리스와 외관으로 구별하기 어렵다.

양지꽃속 Potentilla

① 포텐틸라 아리스타타

P. aristata Sojak [*P. microphylla* D. Don var.
achilleifolia Hook.f.]

분포 ◇네팔 서부-부탄, 티베트 남부
개화기 5-8월

고산대 빙하 주변의 모래땅이나 바위틈에 쌓인 미부식질에 자생하며, 목질의 뿌리줄기가 분지해 섬모양의 군락을 이룬다. 꽃줄기는 높이 4-8cm. 잎의 기부는 도피침형으로 길이 2-5cm, 폭 5-10mm이고 자루는 매우 짧으며 턱잎갈래조각은 떨어져서 달린다. 측소엽은 난상타원형으로 13-16쌍 달리고 뒷면에 털이 자란다. 소엽은 우상으로 깊게 갈라졌고, 갈래조각은 선상피침형으로 4-6쌍 달리며 혹독한 환경에서는 갈래조각이 위를 향한다. 꽃자루는 총꽃자루를 포함해 길이 2-5cm. 꽃은 직경 1.3-1.8cm. 꽃받침조각은 난상타원형이며

①-a 포텐틸라 아리스타타. 7월4일.
S/텐보의 서쪽. 4,500m.

①-b 포텐틸라 아리스타타. 8월2일. Y1/콘초 부근. 5,100m. 우상복엽의 소엽은 다시 우상으로 깊게 갈라졌다. 바람에 노출된 혹독한 환경에서는 잎이 짧고 소엽의 가장자리가 위를 향한다.

②-a 포텐틸라 미크로필라. 7월24일.
I/타인의 북서쪽. 3,750m.

②-b 포텐틸라 미크로필라. 6월14일.
M/야크카르카. 4,450m.

②-c 포텐틸라 미크로필라. 8월2일.
Y1/키라프의 남쪽. 4,900m.

뒷면에 털이 자란다. 부꽃받침조각은 약간 짧고 갈라짐이 없거나 2개로 깊게 갈라졌다.

② 포텐틸라 미크로필라

P. microphylla D. Don var. *microphylla*

분포 ◇가르왈-부탄, 티베트 남부
개화기 5-8월

고산대의 바람에 노출된 바위 비탈을 덮은 미부식질에 자생하며, 목질의 뿌리줄기가 활발히 분지해 쿠션형태의 그루를 이룬다. 뿌리줄기는 양갈색의 오래된 턱잎과 잎줄기에 싸여 있다. 땅위줄기는 매우 짧다. 우상복엽은 길이 2-4cm, 폭 4-8mm이고 뒷면에 긴 누운 털이 자라며 자루는 짧다. 턱잎갈래조각은 떨어져서 달린다. 측소엽은 원상도란형으로 6-10쌍 달리고 1-2회 분열하며, 1번째 조각은 우상으로 3-9개로 깊게 갈라졌다. 마지막 갈래조각은 선상피침형으로 혹독한 환경에서는 잎 끝을 향하며, 전체적으로 석송과 외관이 비슷하다. 꽃자루는 길이 0.5-3cm. 꽃은 직경 1.2-2cm. 꽃받침조각은 협란형, 부꽃받침조각은 약간 짧으며 이따금 2개로 깊게 갈라졌다.

③ 포텐틸라 타페토데스 *P. tapetodes* Sojak

분포 ◇시킴-부탄, 티베트 남·남동부
개화기 6-7월

매우 비슷한 미크로필라보다 혹독한 환경에 자생하며, 두껍고 촘촘한 쿠션을 이루어 때때로 바위땅을 폭넓게 덮는다. 잎은 작고 꽃자루는 매우 짧다. 우상복엽은 자루를 포함해 길이 0.5-2cm, 폭 3-6mm. 턱잎갈래조각은 떨어져서 달린다. 측소엽은 3-5장 달리며, 보통 소엽의 기부는 매끄럽고 끝부분의 소엽은 2-5개로 깊게 갈라졌다. 매끄러운 소엽과 그 갈래조각은 선상피침형. 꽃자루는 길이 1-5mm. 꽃은 직경이 1-1.8cm이다.

③-a 포텐틸라 타페토데스. 7월1일. X/초체나의 남동쪽. 5,050m. 루나나 지방의 강풍에 노출된 고산대 상부의 구릉 위에는 이 종의 쿠션이 발달해 바위땅을 폭넓게 덮고 있다.

③-b 포텐틸라 타페토데스. 6월22일. Z3/닌마 라의 남동쪽. 4,350m.

③-c 포텐틸라 타페토데스. 6월30일. X/초체나의 북쪽. 5,200m. 여름에도 얼어붙기 쉬운 대지 위의 불안정한 자갈땅에, 쿠션식물이 오랜 세월에 거쳐 보루를 쌓고 있다.

양지꽃속 Potentilla

① 포텐틸라 콤무타타

P. commutata Lehm. var. *commutata* [*P. microphylla* D.
Don var. *latifolia* Lehm., *P. microphylla* D. Don var.
comutata (Lehm.) Hook.f.]

분포 ◇가르왈-시킴 **개화기** 7·8월
고산대의 미부식질로 덮인 바위땅이나 바위
틈에 자생하며, 땅속으로 굵고 강인한 우엉
형태의 뿌리가 뻗는다. 뿌리줄기 끝에 오래
된 턱잎과 잎자루, 꽃줄기의 기부가 시들어
남아 있으며 땅위줄기는 매우 짧다. 잎은 도
피침형으로 길이 3-6cm, 폭 8-12mm이고 뒷
면에 긴 누운 털이 자라며 자루는 매우 짧다.
턱잎갈래조각은 합착하고 끝은 원형이다.
측소엽은 타원형이며 빽빽하게 7-11쌍 달린
다. 정소엽에는 자루가 거의 없고, 최상부에
달린 소엽쌍 기부는 잎줄기를 따라 내려간
다. 소엽은 우상으로 깊게 갈라졌으며, 2-5쌍
의 갈래조각은 좌우부정인 장원상피침형으
로 끝이 뾰족하다. 총꽃자루는 길이 1-3cm이
며 끝에 꽃이 1-2개 달린다. 꽃은 직경 8-
12mm. 꽃받침조각은 삼각상란형, 부꽃받
침조각은 꽃받침조각과 길이가 같거나 약간
크며 이가 1-3개 있다. 꽃받침은 개화 후에
솟아오르며 붉은빛을 띤다. 수술은 10-14개
이다.

② 포텐틸라 콤무타타 폴리안드라

P. commutata Lehm. var. *polyandra* Soják

분포 ◇가르왈-부탄, 쓰촨성 **개화기** 7-8월
고산대의 해빙이 늦는 이끼 낀 바위땅에 자
생한다. 기준변종보다 전체적으로 약간 크
게 자라고 잎은 길이 3-8cm이며 측소엽은
10-15쌍 달린다. 총꽃자루는 길이 3-5cm. 수
술은 약 20개 달린다.

①-a 포텐틸라 콤무타타. 7월11일. T/봉린 다라의 서쪽. 4,600m. 바위틈으로 목질의 굵은 원뿌리를 뻗고 있다. 개
화 후에 솟아오른 꽃받침은 붉은빛을 띤다.

①-b 포텐틸라 콤무타타. 7월17일.
I/헴쿤드. 4,100m.

② 포텐틸라 콤무타타 폴리안드라. 7월23일.
V/미르긴 라의 남쪽. 4,600m.

③ 포텐틸라 글라브리우스쿨라. 8월23일.
T/찬그리마의 남서쪽. 3,900m. 촬영/츠카타니(塚谷)

③ 포텐틸라 글라브리우스쿨라

P. glabriuscula (T.T. Yü & C.L. Li) Soják

[*P. microphylla* D. Don var. *glabriuscula* Lehm., *P. microphylla* D. Don var. *latiloba* Lehm.]

분포 ◇네팔 동부-부탄, 티베트 남부, 윈난성
개화기 7-8월

고산대의 미부식질이나 이끼로 덮인 바위땅
에 자생한다. 꽃줄기는 높이 1-5cm이며 꽃이
1-2개 달린다. 근생엽에는 짧은 자루가 있
다. 잎몸은 도피침형으로 길이 2-5cm이고
겉에 털이 없거나 드문드문 털이 자란다. 측
소엽은 3-7쌍 달린다. 정소엽은 협도란형으
로 기부는 쐐기형이며, 상부에 깊은 이가 3-7
개 있다. 턱잎갈래조각은 합착하고 끝은 원
형이다. 줄기잎은 포엽모양. 꽃자루는 길이
3-10mm. 부꽃받침조각은 장원상피침형. 꽃
잎은 타원형으로 길이 4-7mm이며 노란색.
수술은 3-5개 달린다.

④ 포텐틸라 트리스티스 *P. tristis* Sojak

분포 ◇쿠마온-네팔 동부 개화기 6-8월

고산대의 이끼 낀 바위질 초지에 자생하며,
목질의 뿌리가 땅속으로 뻗는다. 전체적으
로 길고 부드러운 털이 자란다. 잎은 도피침
형으로 길이 3-7cm, 폭 1-1.5cm. 턱잎갈래조
각은 끝만 떨어져 있다. 측소엽은 타원형으
로 9-13쌍이 빽빽하게 달리고, 가장자리에
깊은 톱니가 9-13개 있으며, 뒷면과 가장자리
에 긴 털이 촘촘하게 자란다. 총꽃자루는 굵
고 길이 2-4cm로 비스듬히 뻗으며, 개출한
희고 긴 털이 빽빽하게 자라고 끝에 꽃이 1-2
개 달린다. 꽃은 직경 1-1.3cm. 겉꽃받침조각
은 꽃받침조각보다 약간 짧고 이따금 이가
2-3개 있다.

⑤ 포텐틸라 그리피티이 *P. griffithii* Hook.f.

분포 ◇네팔 중부-부탄, 티베트 남부, 중국
남서부 개화기 6-9월

산지에서 고산대에 걸쳐 길가의 모래땅이나
둔덕 비탈, 소관목 사이에 자생하며 때때로
폭넓게 군생한다. 꽃줄기는 길이 10-50cm
로, 기부는 쉽게 쓰러지고 전체적에 흰 털이
자란다. 근생엽은 길이 3-18cm, 폭 2-4cm. 턱
잎갈래조각은 소엽모양. 소엽은 우상으로 5-
9장 달리며, 하부의 소엽은 작고 약간 떨어
져서 달린다. 정소엽은 도란상타원형으로
길이 1-2.5cm이고 가장자리에 깊은 톱니가
있으며 뒷면에 흰 털이 촘촘하게 자란다. 줄
기잎에 소엽이 3-5장 달린다. 꽃은 줄기 끝의
집산꽃차례에 달린다. 꽃자루는 길이 1-4cm
로 가늘다. 꽃은 직경 1.7-2.5cm. 부꽃받침조
각은 갈라짐이 없고 꽃받침보다 짧다. 꽃잎
은 끝이 파여 있다.

④ 포텐틸라 트리스티스. 6월20일.
R/두드쿤드의 남쪽. 4,150m.

⑤-a 포텐틸라 그리피티이. 8월19일.
Z2/산티린의 북동쪽. 3,700m.

⑤-b 포텐틸라 그리피티이. 6월25일. P/랑시샤의 남서쪽. 4,000m.

⑤-c 포텐틸라 그리피티이. 8월4일 V/캉바첸의 북동쪽. 4,250m. 칸첸중가 빙하 하류의 단구 위에서 히포패속과
에페드라속 소관목 사이에 군생하고 있다.

양지꽃속 Potentilla

① 포텐틸라 아르기로필라

P. argyrophylla Lehm. var. *argyrophylla* [*P. atrosanguinea* Lodd.]

분포 □아프가니스탄-시킴, 티베트 서남부
개화기 6-8월

고산대의 바람에 노출된 초지에 자생하며, 돌이 많은 건조한 방목지에 폭넓게 군생한다. 땅속으로 굵은 목질의 뿌리줄기가 뻗으며, 정수리는 오래된 턱잎과 잎자루에 싸여 있다. 꽃줄기는 길이 8-40cm이며 전체에 흰색 또는 연노란색의 긴 누운 털이 빽빽하게 자란다. 근생엽은 3출복엽이며 길이 2-18cm인 자루를 가진다. 턱잎갈래조각은 난상피침형이며 떨어져서 달린다. 정소엽은 질이 약간 두꺼운 도란상타원형으로 길이 1-3cm이며 기부를 제외하고 성긴 톱니가 있다. 표면에 측맥이 파여 있고, 뒷면과 가장자리에 긴 누운 털이 짙게 나 있다. 꽃은 직경 2-3.5cm로 줄기 끝에 1-4개 달린다. 꽃자루는 길이 1-5cm. 부꽃받침조각은 난상피침형이며 꽃받침조각과 길이가 같다. 꽃잎은 도심형이다.

② 포텐틸라 아르기로필라 아트로상기네아

P. argyrophylla Lehm. var. *atrosanguinea* (Lodd.) Hook.f. [*P. atrosanguinea* Lodd. var. *argyrophylla* (Lehm.) Grierson & Long]

분포 □파키스탄-네팔 중부, 티베트 남부
개화기 6-8월

고산대의 습한 초지에 자생한다. 기준변종보다 크게 자라고, 꽃잎은 기부 또는 전체가 주홍색 - 짙은 붉은색을 띤다. 꽃줄기는 높이 15-70cm로 곧게 자란다. 잎자루는 길이 10-40cm. 정소엽은 길이 3-7cm. 꽃자루는 길이 3-10cm로, 이따금 쓰러져서 길이 20cm 이상으로 자란다. 꽃은 직경 2-4cm이다.

①-a 포텐틸라 아르기로필라. 7월17일. D/투크치와이 룬마. 4,300m. 분홍색 꽃을 피운 안드로사체 무크로니폴리아와 함께 바위틈 모래땅에서 자라고 있다.

①-b 포텐틸라 아르기로필라. 7월25일. F/누트. 4,400m.

①-c 포텐틸라 아르기로필라. 6월21일. L/장글라 고개의 남동쪽. 4,350m.

①-d 포텐틸라 아르기로필라. 6월17일. R/유리고르차. 4,500m.

③ 포텐틸라 겔리다 P. gelida C. Mayer

분포 □중앙아시아 주변-히마찰, 티베트 서부 개화기 6-8월

고산대의 초지에 자생하며 방목지에 폭넓게 군생한다. 크기와 털의 형태가 다양해, 분류상 종의 윤곽은 확실하지 않다. 다음 기록은 ③-a를 바탕으로 한다. 땅속의 뿌리줄기는 직경 3mm. 꽃줄기는 높이 13-25cm이며 전체에 흰 털이 자란다. 근생엽에는 길이 5-8cm인 자루가 있고, 턱잎갈래조각은 떨어져서 달린다. 정소엽은 질이 약간 얇은 도란상타원형으로 길이 2-2.5cm이고 가장자리에 성긴 톱니가 있으며 표면에는 털이 희박하다. 이따금 잎자루의 상부에 소엽조각이 마주나기 한다. 줄기잎의 턱잎은 협란형-광란형으로 떨어져서 달리며 녹색이다. 꽃자루는 짧고 털이 빽빽하게 자란다. 꽃은 직경 1.5-2cm이다.

②-a 포텐틸라 아르기로필라 아트로상기네아.
8월21일. I/헴쿤드. 3,800m.

②-b 포텐틸라 아르기로필라 아트로상기네아.
7월16일. I/꽃의 계곡. 3,450m.

②-c 포텐틸라 아르기로필라 아트로상기네아.
7월13일. N/안나푸르나 내원. 3,900m.

③-a 포텐틸라 겔리다. 7월16일.
D/데오사이 고원의 남서부. 3,850m.

③-b 포텐틸라 겔리다. 7월17일. D/투크치와이 룸마. 4,000m. 습한 방목지에 빽빽하게 자라나 있다. 군락 주변부에는 동속 아르기로필라의 잡종으로 여겨지는 그루가 많이 섞여 있다.

양지꽃속 Potentilla

① 포텐틸라 사운데르시아나

P. saundersiana Royle

분포 ◇파키스탄-부탄, 티베트, 중국 서부
개화기 6-8월
건조 고지의 바위 사면이나 모래땅, 바람에
노출된 초지에 자생한다. 지역과 환경에 따
라 형태와 크기가 변하기 때문에 여러 개의
변종으로 나누어진다. 땅속으로 약간 굵은
목질의 뿌리줄기가 뻗는다. 꽃줄기는 길이
8-20cm이며 전체에 흰 털이 자란다. 근생하
는 5출복엽에는 길이 1-4cm인 자루가 있다.
정소엽은 능상타원형으로 길이 1-2cm이고
가장자리에 깊은 톱니가 있으며 뒷면에 흰
융털이 붙어 있다. 줄기잎에는 소엽이 3장
달리고, 턱잎은 난상피침형으로 녹색이다.
줄기 끝에 꽃이 1-10개 달린다. 꽃자루는 길
이 1-3cm. 꽃은 직경 1-1.5cm이다.

② 포텐틸라 파미로알라이카

P. pamiroalaica Juz.

분포 ◇중앙아시아 주변-파키스탄, 티베트
서부 개화기 6-8월
건조 고지의 모래가 많은 초지에 자생하며,
땅속의 굵은 뿌리줄기는 오래된 턱잎과 잎
줄기에 싸여 있다. 꽃줄기는 길이 7-12cm로
기부는 쉽게 쓰러지며, 전체가 희고 긴 누운
털로 덮여 있다. 근생하는 우상복엽은 길이
3-7cm. 소엽은 7-9장 달리고 길이 5-10mm
이며 우상으로 5-9개로 깊게 갈라졌다. 줄기
잎에는 녹색 턱잎이 달린다. 꽃자루는 길이
1-2cm. 꽃은 접시모양으로 열리며 직경
1.2-1.5cm. 꽃받침조각은 난상피침형, 부
꽃받침조각은 짧고 끝은 원형이다. 꽃잎은
원상도란형이며 끝은 원형이거나 약간 파여
있다.

③ 포텐틸라 모난테스 *P. monanthes* Lehm.

분포 ◇파키스탄-부탄 개화기 6-7월
고산대 하부의 자갈이 많은 초지에 자생하며,
굵고 짧은 뿌리줄기가 있다. 꽃줄기는 길이
4-7cm이며 전체에 부드러운 털이 엷게 자란
다. 근생엽은 3출복엽이며 길이 1-2cm인 자
루가 있다. 정소엽은 도란형으로 길이 6-
10mm이고 기부는 쐐기형이며 가장자리에
깊고 둥근 톱니가 9-11개 있다. 앞뒷면의 중
맥에 누운 털이 자란다. 줄기 끝에 꽃이 1-2개
달린다. 꽃은 직경 1-1.5cm, 꽃자루는 짧다.
꽃받침조각은 띠모양이며 끝은 둔형-원형.
부꽃받침조각은 작다.

④ 포텐틸라 모난테스 시브토르피오이데스

P. monanthes Lehm. var. *sibthorpioides* Hook.f.

분포 ◇네팔 중부-부탄 개화기 5-6월
고산대 하부의 습한 둔덕 비탈의 초지에 자

①-a 포텐틸라 사운데르시아나. 7월6일. C/간바보호마 부근. 4,600m. 바람에 노출된 남쪽 자갈 사면에 자란 것. 오른쪽의 장원상피침형 잎은 사우수레아 브라크테아타.

①-b 포텐틸라 사운데르시아나. 7월26일. Y2/팡 라. 5,250m.

② 포텐틸라 파미로알라이카. 7월4일. C/간바보호마의 북서쪽. 4,000m.

생하며, 꽃줄기는 쓰러져서 땅위로 뻗는다. 잎과 꽃은 기준변종보다 작다. 정소엽은 길이 4-6mm. 꽃은 직경 6-8mm. 꽃받침조각은 난상피침형이며 끝은 뾰족하다. 꽃잎은 도란형, 기부는 쐐기형이며 끝은 살짝 파여 있다.

⑤ 양지꽃속의 일종 (A) Potentilla sp. (A)

건조지 고산대의 자갈 비탈에 자생한다. 동속 모난테스와 비슷하나, 근생엽에는 5장의 소엽이 있다. 꽃줄기는 길이 4-8cm로 쓰러져서 자란다. 근생엽의 자루는 길이 1-2cm. 정소엽은 원상도란형으로 길이 5-8mm이며 가장자리에 깊고 둥근 톱니가 있다. 표면에 드문드문 누운 털이 자라고, 뒷면에는 털이 거의 없다. 줄기잎의 턱잎은 도란형으로 녹색이며 끝에 이가 1-3개 있다. 줄기 끝에 꽃이 1-4개 달린다. 꽃자루는 길이 3-10 mm. 꽃은 직경 9-11mm. 꽃받침조각의 끝은 둔형이다.

⑥ 포텐틸라 폴리스키스타

P. polyschista Boiss. [P. sericea L. var. polyschista (Boiss.) Lehm.]

분포 ◇카슈미르, 티베트, 중국 서부
개화기 6-7월

건조 고지의 바위땅이나 바람에 노출된 초지에 자생하며 쿠션을 이룬다. 줄기잎은 가늘고, 암갈색의 오래된 턱잎에 싸여 있다. 꽃줄기는 높이 2-5cm이며 전체적으로 누운 털이 빽빽하게 자란다. 근생하는 3출복엽에는 길이 5-20mm인 자루가 있다. 정소엽은 도란상 타원형으로 길이 3-8mm이고 가장자리에 깊은 톱니가 5-7개 있으며 뒷면에 흰 융털이 붙어 있다. 줄기잎은 자루가 짧고 턱잎이 크다. 꽃자루는 길이 5-15mm이며 겉에 희고 부드러운 털이 자란다. 꽃은 직경 1.2-1.5cm. 꽃받침은 피침형, 부꽃받침은 짧다.

③ 포텐틸라 모난테스. 7월19일.
D/투크치와이 룬마. 4,200m.

④ 포텐틸라 모난테스 시브토르피오이데스.
5월30일. M/카페 콜라의 왼쪽 기슭. 4,000m.

⑤ 양지꽃속의 일종 (A) 8월17일.
A/호로고지트. 4,200m.

⑥ 포텐틸라 폴리스키스타. 6월22일. Z1/초바르바 부근. 4,700m. 바위 위를 뒤덮듯 짙은 갈색의 오래된 잎을 지닌 뿌리줄기가 퍼져 쿠션상의 그루를 이루고 있다.

양지꽃속 Potentilla

① 포텐틸라 코리안드리폴리아 *P. coriandrifolia* D. Don

분포 ◇네팔 중부-부탄, 티베트 남부

개화기 6-8월

습한 계절풍에 노출된 산등성이의 초지나 이끼 낀 바위땅에 자생하며, 사초과 풀이 빽빽하게 자란 방목지에 폭넓게 군생한다. 목질의 뿌리가 땅속 깊이 뻗고, 굵고 짧은 뿌리줄기가 꼿꼿이 자라며, 꽃줄기와 근생엽의 기부는 땅속에 묻혀 있다. 모여나기 하는 꽃줄기는 길이 7-15cm로 하부가 쓰러져서 사방으로 퍼진다. 근생하는 우상복엽은 길이 4-10cm. 측소엽은 4-7쌍 달리고 1-2회 우상으로 깊게 갈라졌다. 마지막 갈래조각은 선상피침형으로 폭 0.5-1mm이며 앞뒷면에 드문드문 누운 털이 자란다. 줄기 끝에 꽃이 1-3개 달린다. 꽃자루는 길이 1.5-3cm. 꽃은 흰색으로 직경 1.4-1.8cm, 중앙부는 꽃잎의 기부를 포함해 어두운 붉은 자주색을 띤다. 꽃받침조각은 삼각상피침형, 부꽃받침조각은 꽃받침조각과 길이가 같다. 꽃잎은 도심형으로 약간 휘어 있다.

② 포텐틸라 두모사

P. dumosa (Franch.) Hand.-Mazz. [*P. coriandrifolia* D. Don var. *dumosa* Franch.]

분포 ◇티베트 남동부, 윈난 · 쓰촨성, 미얀마 **개화기** 6-8월

고산대 산등성이의 습한 바위질 초지에 흩어져 자란다. 동속 코리안드리폴리아와 비슷하나, 꽃잎은 노란색이고 꽃의 중심은 연두색이며 꽃줄기와 근생엽은 짧다. 꽃줄기는 길이 5-10cm. 근생엽은 길이 2-5cm. 소엽의 마지막 갈래조각은 폭 0.5mm 이하로 끝은 점첨형. 꽃자루는 길이 1-2cm. 꽃은 직경 1-1.5cm. 꽃잎의 기부는 원형이다.

①-a 포텐틸라 코리안드리폴리아. 8월5일. T/아사마사. 4,450m. 버드나무속과 디플라케속의 포복성 소관목이 자

①-b 포텐틸라 코리안드리폴리아. 7월23일. V/미르긴 라의 남쪽. 4,450m.

② 포텐틸라 두모사. 7월1일. Z3/세치 라. 4,600m.

③ 프라가리아 달토니아나. 5월24일. W/푸네의 북쪽. 3,400m.

딸기속 Fragaria

주출지를 지닌 다년초로 잎은 3출복엽이다. 높게 솟은 꽃턱에 많은 수과(瘦果)가 점점이 박힌 헛열매(딸기 모양)가 달린다.

③ 프라가리아 달토니아나

F. daltoniana Gay [*F. sikkimensis* Kurz]

분포 ▫쿠마온-미얀마, 티베트 남부
개화기 5-6월

산지에서 아고산대에 걸쳐 침엽수 소림이나 반음지의 둔덕 비탈에 자생한다. 잎자루와 꽃자루에 누운 털이 자란다. 근생엽에는 길이 2-5cm인 잎자루가 있다. 소엽 2장에는 짧은 자루가 있다. 정소엽은 도란상타원형으로 길이 1-2.5cm이고 기부는 쐐기형이며 가장자리에 톱니가 4-6쌍 있다. 앞뒷면에는 털이 거의 없다. 근생엽의 겨드랑이에서 길이 2-4cm인 꽃자루가 곧추 선다. 꽃은 직경 1.3-1.8cm. 꽃받침조각은 난상피침형이며 끝이 가늘고 뾰족하다. 부꽃받침조각은 장원형이며 끝에 이가 3-5개 있다. 꽃잎은 흰색이며 거의 원형이다. 헛열매는 원추상난형으로 길이 1.5-2.5cm이며 붉게 익는다.

④ 프라가리아 누비콜라

F. nubicola (Hook.f.) Lacaita

분포 ▫아프가니스탄-미얀마, 티베트 남부
개화기 4-6월

자생 장소와 형태가 동속 달토니아나와 비슷하나, 전체적으로 누운 털이 자라고 잎과 꽃은 크며 헛열매는 작다. 잎자루는 길이 2-8cm. 정소엽은 길이 1-4cm로 가장자리에 톱니가 6-12쌍 있으며 뒷면에 누운 털이 촘촘하게 나 있다. 꽃자루는 길이 2-10cm이며 중간에 피침형 소엽이 2장 달린다. 꽃은 직경 1.5-2.3cm. 부꽃받침조각은 보통 갈라짐이 없다. 헛열매는 구형으로 직경 1-1.5cm이며 붉게 익는다.

라는 산등성이의 초지에 군생하고 있다. 오른쪽 위로 보이는 고봉은 마칼루 주봉.

④-a 프라가리아 누비콜라. 4월25일.
U/치트레의 남쪽. 2,400m.

④-b 프라가리아 누비콜라. 6월23일.
Z3/툰바체. 3,500m.

④-c 프라가리아 누비콜라. 6월 23일.
Z3/툰바체. 3,500m.

너도양지꽃속 Sibbaldia

매트상의 군락을 이루는 다년초. 근연의
양지꽃속과는 달리, 꽃이 작고 수술은 5-10
개이며 꽃받침과 꽃잎은 3-5장이다.

① 시발디아 페르푸실로이데스

S. perpusilloides (W.W. Smith) Hand.-Mazz.

분포 ◇네팔 동부-미얀마, 티베트 남동부,
원난성 **개화기** 6-8월

고산대의 이끼 낀 바위땅에 자생하며, 가는
뿌리줄기가 분지해 매트상의 군락을 이룬다.
높이 1-2cm. 잎은 3출복엽. 잎자루는 길이 3-
8mm이며 겉에 털이 없거나 약간 나 있다.
턱잎은 막질로 갈색이며 가장자리에 털이
자란다. 정소엽은 도란형으로 길이 3-5mm이
고 겉에 털이 거의 없으며 끝에 깊은 톱니가
3-5개 있다. 기부는 쐐기형이며 표면에 광택
이 있다. 꽃자루는 길이 1-5mm. 꽃은 직경 6-
10mm. 꽃받침조각은 난형이며 끝이 뾰족하
다. 부꽃받침조각은 꽃받침조각보다 약간
짧으며 가장자리에 털이 자란다. 꽃잎은 원
상도란형으로 흰색. 수술은 5-10개 달린다.

② 시발디아 시키멘시스

S. sikkimensis (Prain) Chatterjee [*S. melinotricha* Hand.-Mazz.]

분포 ■네팔 동부-시킴, 미얀마, 원난성
개화기 5-7월

아고산대에서 고산대에 걸쳐 바위가 많은
초지에 자생하며 목질의 뿌리가 있다. 꽃줄
기는 길이 5-15cm이며 전체적으로 개출한
연갈색의 긴 털이 자란다. 잎은 3출복엽. 근
생엽의 자루는 길이 2-5cm. 정소엽은 도란
상타원형으로 길이 1-2.5cm이고 끝에 성긴
톱니가 5개의 있으며 기부는 쐐기형이다. 줄
기 끝에 꽃이 2-5개 모여 달린다. 꽃은 직경
6-8mm. 꽃받침조각은 삼각상난형이며 끝이
뾰족하다. 부꽃받침조각은 꽃받침조각과 길
이가 거의 같다. 꽃은 5수성. 꽃잎은 도광란
형으로 짙은 붉은색이고 끝은 절형이거나
살짝 파였으며, 꽃받침조각과 길이가 거의
같거나 약간 길다.

③ 시발디아 쿠네아타 *S. cuneata* Kuntze [*S. parviflora* Willd.]

분포 ◇중앙아시아 주변-부탄, 티베트 남부,
중국 서부 **개화기** 7-8월

다소 건조한 고산대의 바위가 많은 초지에
자생한다. 강인한 목질의 뿌리줄기가 활발
히 분지해 매트상의 군락을 이룬다. 꽃줄기
는 길이 2-4cm이며 전체적으로 누운 털이
자란다. 잎은 3출복엽. 근생엽의 자루는 길
이 1-3cm. 정소엽은 도란상장원형으로 길이
7-15mm이고 끝은 절형으로 가장자리에 이
가 3개 있다. 표면에는 얇게, 뒷면에는 약간
두껍게 긴 누운 털이 자란다. 줄기 끝에 여러
개의 꽃이 모여 달린다. 꽃은 5수성으로 직
경 3-6mm. 꽃잎은 노란색이며 꽃받침조각

① 시발디아 페르푸실로이데스. 8월6일. T/케케 라의 북동쪽. 4,050m. 안개가 자주 끼는 암벽 사면의 바위틈에 매
트상의 군락을 이루고 있다.

② 시발디아 시키멘시스. 6월1일.
T/톱케골라의 북쪽. 4,300m.

③ 시발디아 쿠네아타. 7월17일.
D/투크치와이 룬마. 4,250m.

및 부꽃받침조각과 길이가 같다.

④ **시발디아 테트란드라** *S. tetrandra* Bunge
분포 ■중앙아시아 주변-네팔 중부, 티베트, 중국 서부 **개화기** 6-7월
건조한 고산대의 바위 비탈에 자생하며, 가는 목질의 뿌리줄기가 분지해 쿠션상의 그루를 이룬다. 암수딴그루. 뿌리줄기는 자라다 만 암갈색의 오래된 잎에 덮여 있으며, 그해 자라난 땅위줄기는 매우 짧다. 전체적으로 긴 누운 털이 나 있다. 잎은 3출복엽이며 길이 1-5mm인 자루가 있다. 정소엽은 도란상타원형으로 길이 4-7mm이고 끝에 이가 2-3개 있으며, 뒷면과 가장자리에 견모가 두껍게 붙어 있다. 줄기 끝에 꽃이 1-2개 달리고 꽃자루는 매우 짧다. 꽃은 3-5수성으로 직경 3-5mm. 꽃받침조각은 삼각상난형, 부꽃받침조각은 가늘다. 꽃잎은 도란형으로 연노란색이며 꽃받침조각보다 약간 길다.

⑤ **시발디아 푸르푸레아** *S. purpurea* Royle
분포 ◇카슈미르-부탄, 티베트 남부, 중국 서부 **개화기** 6-7월
고산대의 바람에 노출된 미부식질로 덮인 바위땅에 자생한다. 암수딴그루. 강인한 목질의 뿌리줄기가 활발히 분지해 매트상의 소군락을 이룬다. 높이 2-3cm. 전체적으로 연노란색을 띤 긴 누운 털이 자란다. 근생엽은 5출장상복엽이며 길이 5-15mm인 자루가 있다. 소엽은 도란상타원형으로 길이 4-8mm이고 끝에 이가 1-3개 있으며, 가장자리는 안쪽으로 말려 배 모양을 이루기 쉽다. 뒷면은 견모로 두껍게 덮여 있다. 꽃자루는 잎자루보다 짧다. 꽃은 4-5수성으로 직경 4-6mm. 꽃받침조각은 삼각상난형, 부꽃받침조각은 가늘고 작다. 꽃잎은 협란형으로 붉은색이며 서로 떨어져서 달린다.

스펜체리아속 Spenceria
⑥ **스펜체리아 라말라나 파르비플로라**
S. ramalana Trimen var. *parviflora* (Stapf) Kitamura
분포 ◇부탄, 티베트 남부 **개화기** 6-8월
다소 건조한 고산대의 초지에 자생하며 땅속에 굵은 뿌리줄기가 있다. 꽃줄기는 높이 15-25cm이며 개출한 긴 털로 빽빽하게 덮여 있다. 근생엽은 길이 4-10cm, 폭 1.5-2.5cm이고 자루는 짧다. 측소엽은 도란상타원형으로 5-7쌍 달리고 끝에 성긴 이가 2-3개 있으며 앞뒷면에 누운 털이 자란다. 상부 소엽의 기부는 잎줄기에 합착한다. 줄기잎은 피침형으로 작다. 총상꽃차례는 개화와 함께 길게 자란다. 꽃은 5수성으로 직경 1-1.5cm. 꽃받침조각은 피침형. 꽃잎은 도란상타원형으로 귤색이다.

④ 시발디아 테트란드라. 6월22일. Z1/초바르바 부근. 4,900m. 수그루. 꽃은 3-4수성으로, 5수성의 것은 눈에 띄지 않는다. 건조해지기 쉬운 바위땅에 쿠션을 이루고 있다.

⑤ 시발디아 푸르푸레아. 6월14일. M/야크카르카. 4,450m. 수그루.

⑥ 스펜체리아 라말라나 파르비플로라. Z2/산티린. 3,600m.

뱀무속 Geum

꽃 중심에 여러 개의 가는 암술대가 곧추 선다.

① 게움 엘라툼 *G. elatum* G. Don var. *elatum*

분포 ◇카슈미르-부탄, 티베트 남부, 중국 서부 개화기 6-9월

고산대의 습한 초지 비탈에 군생한다. 꽃줄기는 높이 10-30cm이며 전체적으로 희고 부드러운 털이 자란다. 근생엽은 길이 10-25cm, 폭 2.5-4cm이고 큰 소엽과 작은 소엽이 번갈아 달리며, 소엽의 기부는 잎줄기에 합착한다. 큰 소엽은 원상도광란형으로 가장자리에 불규칙한 톱니가 있고 이따금 갈라졌으며, 녹황색을 띤 표면에 측맥이 파여 있다. 꽃자루는 길이 1-4cm. 꽃은 접시모양으로 열리며 직경 2.5-3.5cm. 꽃받침조각은 삼각상피침형. 꽃잎은 광도란형으로 귤색이며 끝이 살짝 파여 있다.

② 게움 엘라툼 후밀레

G. elatum G. Don var. *humile* (Royle) Hook.f.

분포 ◇네팔 중부-부탄, 티베트 남부, 중국 서부 개화기 6-7월

고산대의 습한 바위질 초지에 자생하며 군생은 하지 않는다. 기준변종보다 전체적으로 작다. 꽃줄기는 근생엽과 길이가 같거나 약간 길고, 꽃이 1-3개가 아래를 향해 달린다. 우상복엽의 소엽은 빽빽하게 겹치고, 가장자리에 불규칙한 둥근 톱니가 있으며, 짙은 녹색이 표면에 측맥은 불분명하다. 꽃은 직경 2-2.5cm이다.

③ 게움 시키멘세 *G. sikkimense* Prain

분포 ◇네팔 서부-부탄 개화기 6-8월

아고산대의 관목림 주변이나 습한 둔덕 비탈에 자생한다. 꽃줄기는 높이 7-20cm이며 전체적으로 흰 털이 자란다. 근생엽은 두대우상복엽으로 길이 5-15cm, 폭 1.5-4cm. 정소엽은 광란형으로 기부는 심형이고 3개로 얕게 갈라졌으며 가장자리에 둥근 톱니가 있다. 줄기 끝에 꽃 1개가 아래를 향해 달린다. 꽃은 직경 1.5-2.3cm. 꽃받침조각은 꽃잎과 길이가 거의 같다. 꽃잎은 도란형으로 흰색·붉은색이며 끝은 절형, 기부는 쐐기형이다.

짚신나물속 Agrimonia

④ 아그리모니아 필로사 네팔렌시스

A. pilosa Ledeb. var. *nepalensis* (D. Don) Nakai

분포 ◇카슈미르-동남아시아, 티베트 남부, 중국 개화기 6-8월

짚신나물과 같은 종으로, 저산대에서 아고산대에 걸쳐 숲 주변이나 강가의 초지에 자생한다. 꽃줄기는 높이 0.3-1m이며 긴 센털이 개출한다. 우상복엽의 기부는 길이 10-15cm. 정수리의 소엽 3장은 크고 능상타원형-도란형으로 길이 3-5cm이며 가장자리에

①-a 게움 엘라툼. 7월17일. I/헴쿤드. 3,800m. 안개가 자주 끼는 바위질 급사면에 포텐틸라 아르기로필라 아트로상그비네아와 함께 폭넓게 군생하고 있다.

①-b 게움 엘라툼. 8월31일.
H/브리그 호수 부근. 4,000m.

② 게움 엘라툼 후밀레. 6월26일.
T/고사. 4,200m.

성기고 무딘 톱니가 있다. 총상꽃차례의 축
에 뻣뻣한 누운 털이 촘촘하게 나 있고, 꽃자
루는 짧다. 꽃은 직경 5-8mm. 꽃받침에 끝이
말린 센털이 자란다.

오이풀속 Sanguisorba
잎은 기수우상복엽. 꽃은 작고 구상으로 모
여 달린다. 꽃잎은 없으며 꽃받침조각은 4장
달린다.

⑤ 상그비소르바 디안드라
S. diandra (Hook.f.) Nordborg
분포 ◇쿠마온-부탄, 티베트 남부 개화기 6-8월
아고산대에서 고산대에 걸쳐 습한 둔덕 초지에
자생하며 굵은 뿌리가 뻗는다. 꽃줄기는 높이
30-80cm. 잎의 기부는 길이 15-25cm로 소엽
11-17장 달린다. 소엽의 자루는 길이 5-15mm. 정
소엽은 타원형으로 길이 2-3cm이고 기부는 심
형이며 가장자리에 성기고 무딘 톱니가 있다.
줄기 끝에 직경 5-10mm의 붉은 자주색을 띤 두
상꽃차례가 총상으로 달린다. 꽃받침조각은 난
상피침형으로 길이 1.5-2mm이다.

⑥ 상그비소르바 필리포르미스
S. filiformis (Hook.f.) Hand.-Mazz.
분포 ◇시킴-부탄, 티베트 남부 윈난 · 쓰촨
성 개화기 5-7월
아고산대나 고산대의 습한 풀밭 형태의 초
지에 자생한다. 꽃줄기는 길이 5-30cm로 쓰
러지기 쉽고 전체적으로 털이 없다. 근생엽
은 자루를 포함해 길이 2-10cm이며 소엽이 3-
11장 달린다. 정소엽은 원상광란형으로 길이
3-10mm이며 가장자리에 깊은 톱니가 있다.
총꽃자루는 길이 4-10cm, 두상꽃차례는 직경
5-7mm. 꽃받침조각은 난상피침형으로 길
이 2-3mm이며 흰색. 수술과 암술대는 꽃받
침조각보다 길다.

③ 게움 시키멘세. 6월18일. L/둘레의 북쪽. 3,850m. 꽃은 아래를 향하고, 같은 그루 안에 흰 꽃과 붉은 꽃이 섞
여 있다. 근생엽의 정소엽은 광란형으로 크고, 측소엽은 매우 작다.

④ 아그리모니아 필로사 네팔렌시스. 8월3일.
K/라라 호수의 북쪽. 3,050m.

⑤ 상그비소르바 디안드라. 7월23일.
K/쟈그도라. 3,900m.

⑥ 상그비소르바 필리포르미스. 6월24일.
Z3/툰바체. 3,500m.

①-a 로사 웨비아나. 7월1일. D/사트파라 호수의 북쪽. 2,600m.

①-b 로사 웨비아나. 7월1일. D/사트파라 호수의 북쪽. 2,600m.

①-c 로사 웨비아나. 7월18일. D/사트파라 호수의 남쪽. 3,600m. 초식동물이 무리를 지어 서식하는 중앙아시아와 히말라야 서부의 건조지대에는 콩과와 장미과의 가시 있
는 관목이 많다. 장미의 가시는 표피가 변형된 것으로, 어린나무의 줄기에는 긴 가시가 빽빽이 나 있어 굶주린 초식동물로부터 겨울눈과 나무껍질을 보호한다. 그러나 꽃줄기
에 달리는 짧은 가시는 그 효과가 거의 없는 듯, 방목되는 양과 염소가 앞발을 걸친 채 어린잎과 꽃을 게걸스럽게 먹어치운다.

장미속 Rosa

가시가 있는 관목. 잎은 기수우상복엽. 열매는 비대해진 꽃받침이 수과를 감싼 헛열매로, 끝에 꽃받침이 4-5장 숙존한다.

① 로사 웨비아나 *R. webbiana* Royle

분포 ◇아프가니스탄-네팔 서부, 티베트 서부 개화기 6-8월

높이 1.5-4m의 낙엽관목. 건조지의 산지에서 아고산대에 걸쳐 계곡 줄기의 자갈 비탈이나 강가에 자생한다. 가지에 황백색인 가늘고 긴 가시가 자란다. 잎은 길이 3-6cm. 소엽은 5-9장 달리고 광타원형으로 길이 8-15mm이며 기부 외에는 톱니가 있다. 가지 끝에 꽃이 1-3개 달린다. 꽃자루는 굵고 길이 2-3cm. 꽃은 직경 3-5cm. 꽃받침조각은 꽃잎보다 짧다. 꽃잎은 분홍색이며 점차 색이 옅어진다. 헛열매는 난구형으로 길이 1.5-2.5cm이다.

② 로사 마크로필라 *R. macrophylla* Lindley

분포 ▫카슈미르-부탄, 티베트 남부, 원난성 개화기 6-7월

산지에서 아고산대에 걸쳐 숲 주변이나 강가, 계곡 줄기의 비탈에 자생한다. 동속 웨비아나와 비슷하나 잎이 크다. 높이 2-5m. 가지에 드문드문 가시가 자란다. 잎은 길이 8-17cm. 소엽은 7-11장 달린다. 잎몸은 난상타원형으로 길이 2-6cm이고 끝이 뾰족하며 가장자리에 가늘고 날카로운 톱니가 있다. 가지 끝에 꽃이 1-2개 달린다. 꽃은 직경 5-7cm. 꽃자루는 길이 1-2.5cm이며 꽃받침에까지 선모가 자란다. 꽃받침은 피침형이며 끝이 꼬리형태로 뻗고, 꽃잎과 길이가 같거나 약간 길다. 꽃잎은 분홍색으로 5장 달린다. 헛열매는 도란형으로 길이 3-5cm.

①-d 로사 웨비아나. 7월18일. D/사트파라 호수의 남쪽. 3,600m. 분홍색 꽃잎은 평개하면 색이 옅어진다. 계곡에서 불어오는 건조한 바람에 꽃들이 쉴 새 없이 흔들린다.

①-e 로사 웨비아나. 8월15일. A/바이타샤르의 남쪽. 3,500m.

①-f 로사 웨비아나. 8월14일. A/케렌가르의 남동쪽. 2,800m.

② 로사 마크로필라. 7월2일. S/남체바자르의 북서쪽. 3,500m.

장미속 Rosa

① 로사 세리체아 *R. sericea* Lindley

분포 □히마찰-미얀마, 티베트 남부, 중국
남서부 개화기 5-7월

산지에서 아고산대 하부에 걸쳐 숲 주변이
나 계곡 줄기의 관목소림에 자생하는 낙엽
관목. 지역과 환경에 따라 형태와 크기의 변
화가 크다. 높이 1-3m. 가지에는 기부가 넓은
갈색빛 자주색 가시가 자라거나, 가시가 전
혀 없다. 잎은 길이 2-5cm. 소엽은 7-11장 달
리고 협타원형으로 길이 7-20mm이며 끝에
가는 톱니가 있다. 뒷면에 부드러운 털이 자
라거나 털이 없다. 짧은 가지 끝에 꽃이 1개
달리며, 건조한 곳에서는 약간 위를 향해 평
개하고 비가 많은 곳에서는 아래를 향해 반
개한다. 꽃자루는 길이 1-2cm이며 꽃받침에
걸쳐 부드러운 털이 자란다. 꽃은 보통 4수
성으로 직경 3-5cm이며, 티베트에서는 같은

①-b 로사 세리체아. 6월14일. R/준베시의 북쪽. 3,100m. 꽃잎은 4장 달리고, 비가 내리면 살짝 아래를 향해 닫힌다. 가시는 하부가 편평한 삼각형으로 짙은 자주색을 띠며 이따금 마주나기 한다.

①-a 로사 세리체아. 6월28일.
M/링모. 3,600m.

①-c 로사 세리체아. 5월29일.
V/팔루트의 북쪽. 3,400m.

①-d 로사 세리체아. 7월8일.
U/구파포카리의 북동쪽. 2,950m.

①-e 로사 세리체아. 6월11일.
Z3/투둔의 남동서쪽. 3,000m.

그루에 5수성의 꽃이 섞이는 경우가 많다. 꽃받침조각은 꽃잎보다 짧다. 꽃잎은 흰색·유황색. 헛열매는 도란형-구형으로 길이는 1cm이다.

*①-a는 건조한 석회질 땅에 군생한 것으로 꽃이 크다. ①-e는 가시의 기부가 광란형이며 폭이 2cm에 달하는 것으로, 프테라칸타라는 품종 f. pteracantha Franch. 또는 변종 var. pteracantha (Franch.) Bean으로 취급된다. ①-f와 ①-g는 같은 장소에 자란 것으로, 전자는 가지가 굵고 가시가 없으며 후자는 가지가 가늘고 가시가 있다. 소엽은 양쪽 다 9-13장 달린다.

② 로사 브루노니이 *R. brunonii* Lindley

분포 ▫ 파키스탄-미얀마, 티베트 남부, 윈난·쓰촨성 개화기 4-6월

산지대 하부의 소림 내나 주변에 자생한다. 높이 1.5-4m로, 숲속에서는 다른 나무에 휘감겨 높이 5m 이상으로 자란다. 가지와 잎줄기에 갈고리모양의 작은 가시가 흩어져 자라고, 전체적으로 짧고 부드러운 털이 벨벳 형태로 촘촘하게 나 있다. 잎은 길이 8-15cm. 소엽은 5-9장 달린다. 잎몸은 타원상피침형으로 길이 3-5cm이고 끝은 뾰족하며 가장자리에 가는 톱니가 있다. 앞뒷면에 부드러운 털이 빽빽하게 자라거나 털이 거의 없다. 줄기 끝의 산방상꽃차례에 많은 꽃이 달린다. 꽃자루는 길이 3-4cm. 꽃은 5수성으로 직경 3-5cm이며 향기가 있다. 꽃받침조각은 피침형으로 휘어 있고 꽃잎보다 짧으며, 끝은 뾰족하고 가장자리에 0-3쌍의 돌기가 있다. 앞뒷면에 부드러운 털과 선모가 촘촘하게 나 있다. 꽃잎은 흰색·유황색. 헛열매는 도란형-구형으로 길이 1-1.5cm이며 단맛이 있어 먹을 수 있다. 꽃받침조각은 떨어져 나간다.

①-f 로사 세리체아. 8월17일. Z2/파숨 호숫가. 3,450m.

①-g 로사 세리체아. 8월17일. Z2/파숨 호숫가. 3,450m.

②-b 로사 브루노니이. 6월3일. X/파로. 2,450m. 부탄의 건조한 분지와 계곡 줄기에 많은 것은 꽃달림이 좋으며, 종카어로 스추라고 불리는 열매는 다른 지역의 것보다 달다.

②-a 로사 브루노니이. 5월7일. N/란드룽의 남쪽. 1,750m.

마가목속 Sorbus

낙엽수. 잎은 단엽 또는 기수우상복엽. 꽃은 가지 끝에 집산상 또는 산방상으로 달린다. 열매는 배 모양이며 끝부분에 꽃받침조각이 숙존한다.

① 소르부스 쿠스피다타

S. cuspidata (Spach) Hedlund [*S. vestita* (G. Don) Loddiges]

분포 ◇쿠마온-미얀마, 티베트 남부
개화기 5-6월

산지의 다소 습한 숲에 자생하는 낙엽수. 높이 5-10m로 가지는 굵다. 어린가지와 잎, 꽃차례는 흰 융털로 덮여 있다. 잎은 단엽이며 길이 1-2cm의 굵은 자루를 갖는다. 잎몸은 난상타원형으로 길이 15-20cm이고 끝은 뾰족하며 기부는 원형-넓은 쐐기형. 가장자리에 외톱니 또는 불규칙한 겹톱니가 있으며 측맥은 10-15쌍이다. 다 자란 잎의 표면은 털이 희박하다. 가지 끝의 복산방꽃차례는 직경 7-12cm. 꽃은 직경 1.5-2cm. 꽃받침조각은 피침형이며 앞뒷면에 융털이 자란다. 꽃잎은 난상타원형으로 흰색이며 안쪽에 융털이 나 있다. 수술은 꽃잎과 길이가 같거나 약간 짧다. 열매는 거의 구형으로 직경 1.5-2cm이며 붉게 익는다.

② 소르부스 폴리올로사

S. foliolosa (Wall.) Spach [*S. ursina* (G. Don) Shauer, *S. himalaica* Gabrielian]

분포 ☐가르왈-미얀마, 티베트 남부, 윈난성
개화기 5-6월

아고산대의 숲 주변이나 계곡 줄기의 비탈에 자생한다. 높이 5-10m로 가지는 굵다. 잎은 길이 12-20cm이고 소엽이 7-11쌍 달리며, 잎줄기에 좁은 날개가 있다. 소엽은 장원형으로 길이 2.5-4cm이고 끝은 약간 돌출형, 기부는 원형이며 끝부분에 톱니가 있다. 가지 끝의 산방상꽃차례는 직경 5-10cm. 꽃자루에 흰색 또는 자줏빛 갈색을 띤 부드러운 털이 촘촘하게 나 있다. 꽃은 직경 6-9mm. 꽃잎은 난원형으로 흰색-분홍색. 열매는 거의 구형으로 직경 7-10mm이며 흰색-분홍색-홍갈색이다.

*②-a와 ②-b는 별종으로 여겨지나, 구별하는 데 도움이 될 만한 자세한 문헌이 없다. ②-a의 소엽은 길고 가늘며 끝이 갑자기 뾰족해지고, 매끄럽거나 끝부분에 가는 톱니가 있다. 턱잎은 난상피침형. 열매는 흰색-분홍색. ②-b의 소엽은 짧고 폭이 넓으며 끝은 약간 돌출형이고, 가장자리의 상반부에 날카로운 톱니가 있다. 턱잎은 광란형으로 끝이 뾰족하다. 열매는 홍갈색이다.

③ 소르부스 미크로필라 *S. microphylla* Wenzig

분포 ☐히마찰-미얀마, 티베트 남부, 윈난성
개화기 6-7월

① 소르부스 쿠스피다타. 5월24일. N/쿠룸체. 2,950m. 난상타원형의 큰 잎은 초여름 무렵부터 앞뒷면이 흰색 융털로 덮이기 때문에 멀리서도 금방 눈에 띈다.

②-a 소르부스 폴리올로사. 9월21일. J/마르톨리의 남쪽. 3,300m.

②-b 소르부스 폴리올로사. 8월20일. I/꽃의 계곡. 3,400m.

여름에 비가 많이 내리는 아고산대의 숲 내에 자생하는 높이 2-5m인 관목. 가지는 가늘다. 잎은 길이 8-15cm이고 소엽이 9-12장 달리며, 잎줄기에 매우 좁은 날개가 있다. 턱잎은 가늘고 작다. 소엽은 장원형으로 길이 1.5-2.5cm, 폭 5-7mm이고 끝이 약간 뾰족하며, 기부는 좌우부정인 원형으로 가장자리에 날카로운 톱니가 있다. 앞뒷면에 긴 누운 털이 자란다. 꽃차례의 자루에서 꽃받침에까지 연갈색의 부드러운 털이 촘촘하게 나 있다. 꽃은 직경 7-10mm로 살짝 아래를 향해 핀다. 꽃잎은 장란형으로 연붉은색. 열매는 구형으로 직경 8-10mm이며 흰색·선홍색이다.
*③-c는 전형적인 것과는 달리, 소엽은 11-13장 달리고 끝은 약간 돌출형이며 톱니는 매우 작다. 꽃은 아직 봉오리인 상태이며 꽃잎은 흰색이다. 타종과의 잡종이거나 별종일 가능성이 있다.

④ 소르부스 레데리아나 S. rehderiana Koehne
분포 ◇티베트 남동부, 미얀마, 중국 서부
개화기 6월

다소 건조한 아고산대의 숲 내에 자생한다. 높이 3-8m로 가지는 굵다. 잎은 길이 12-18cm이고 6-10쌍의 소엽이 달리며, 소엽과 소엽의 간격은 1-1.5cm이다. 소엽은 장원형으로 길이 2.5-5cm, 폭 1-1.5cm이고 끝은 둔형이거나 약간 뾰족하며 기부는 원형이다. 기부를 제외한 가장자리에 가는 톱니가 있고, 뒷면의 중맥에 부드러운 털이 자란다. 턱잎은 피침형으로 조락성. 산방상꽃차례에 꽃이 5-15개 달리며, 전체적으로 적갈색을 띤 부드러운 털이 나 있다. 총꽃자루와 꽃자루는 개화 후에 자라며 위를 향해 곧추 선다. 꽃잎은 난상타원형으로 흰색. 수술은 꽃잎보다 약간 짧다. 열매는 난형으로 길이 7-10mm이며 연붉은색·홍갈색.

③-a 소르부스 미크로필라. 9월20일. X/마로탄의 북쪽. 3,700m. 이끼 낀 전나무·석남 숲 내에 자라는 관목으로, 길이 2cm가량의 소엽에는 날카로운 톱니가 있다.

③-b 소르부스 미크로필라. 6월15일. R/라치와의 북동쪽. 3,600m.

③-c 소르부스 미크로필라. 5월31일. Q/니마레의 서쪽. 3,500m.

④ 소르부스 레데리아나. 8월17일. Z2/파숨 호수 부근. 3,450m.

섬개야광나무속 Cotoneaster

상록 또는 낙엽성 관목으로, 가장자리가 매끈한 단엽이 어긋나기 한다. 열매는 배 모양으로 작다.

① 코토네아스테르 미크로필루스

C. microphyllus Lindley [*C. integrifolius* (Roxb.) Klotz., *C. congestus* Baker, *C. thymifolius* Baker]

분포 □아프가니스탄-미얀마, 티베트 남부, 윈난·쓰촨성 **개화기** 4-7월

종내 변이가 풍부한 만큼 많은 종으로 세분화되기도 하지만, 이들을 일정한 형질을 지닌 종으로서 구별하기는 어렵다. 산지에서 아고산대에 걸쳐 숲 주변이나 바위가 많은 비탈에 자생하는 높이 5-100cm인 상록 소관목으로, 유럽에서는 흔히 정원에 심는다. 가지는 질이 단단한 암갈색으로, 분지하면서 바위 위를 기어가거나 곧추서서 둥근 그루를 이룬다. 잎에는 매우 짧은 자루가 있다. 잎몸은 혁질의 타원형-도란형-협도란형으로 길이 4-10mm이고 기부는 쐐기형이며 가장자리는 바깥쪽으로 말려 있다. 어린잎은 전체에, 다 자란 잎은 뒷면에 희고 부드러운 털이 자란다. 짧은 가지 끝에 꽃이 1개 달린다. 꽃자루는 매우 짧으며, 꽃받침에까지 부드러운 털이 나 있다. 꽃은 직경 7-10mm. 꽃잎은 흰색이며 이따금 연붉은색을 띤다. 열매는 직경 4-6mm로 둥글며 붉게 익는다.

*①-a와 ①-d는 건조한 바위질 비탈에 자란 것으로, 가지가 바위를 감싸듯 퍼진다. ①-b는 흔히 볼 수 있는 형태로, 높이 0.5-1m인 둥근 그루를 이루고 있다. 잎은 타원형-도란형. ①-c는 상승기류에 노출된 절벽 상부의 비탈에 높이 30-50cm인 둥근 그루를 이룬 것으로, 굵고 단단한 가지가 비스듬히 뻗으며 그 끝은 날카로운 가시가 된다. 잎은 가늘고 긴 도란형이며 끝은 원형. 티미폴리우스 var.

①-a 코토네아스테르 미크로필루스. 6월30일. K/라체의 남서쪽. 3,900m. 작은 타원형의 상록잎을 지닌 단단한 가지가 태양열을 간직한 남쪽 비탈의 바위를 감싸듯 기어가고 있다.

①-b 코토네아스테르 미크로필루스. 6월30일. Z3/봉리의 동쪽. 3,800m.

①-c 코토네아스테르 미크로필루스. 5월18일. N/코트로의 동쪽. 2,000m.

①-d 코토네아스테르 미크로필루스. 9월19일. J/마르톨리의 남쪽. 3,600m.

thymifolius (Baker) Koehne라는 변종으로 취급되기도 한다. ①-e는 계곡 줄기의 습한 바위땅에 자란 것으로, 잎은 도란상타원형으로 크다.

② 코토네아스테르 셰리피이 *C. sherriffii* Klotz
분포 ◇네팔 중부, 부탄, 티베트 남부, 쓰촨성 개화기 6-7월

건조 고지의 바위땅이나 절벽에 자생하는 높이 1-2m인 반상록성 관목. 가지 끝에 부드러운 털이 자란다. 잎에는 매우 짧은 자루가 있다. 잎몸은 난상타원형-도란형으로 길이 7-15mm이고 끝은 둔형이거나 약간 뾰족하며, 뒷면과 주변부에 부드러운 털이 자란다. 짧은 가지 끝에 꽃 3-8개가 집산상으로 달린다. 꽃자루는 길이 2-4mm이며 꽃받침에 걸쳐 부드러운 털이 나 있다. 꽃은 직경 8-10mm. 꽃잎은 흰색. 열매는 거의 구형으로 직경 5-7mm이며 붉게 익는다.

③ 코토네아스테르 디엘시아누스

C. dielsianus Pritz.

분포 ◇티베트 남동부, 중국 남서부
개화기 6-7월

산지 숲 주변의 비탈에 자생하는 높이 1-2m의 낙엽관목. 가지는 암갈색을 띠며, 옆으로 길게 자라서 끝은 늘어진다. 잎에는 매우 짧은 자루가 있다. 잎몸은 난형-타원형으로 길이 1-2.5cm이고 끝은 원형이거나 약간 뾰족하며, 뒷면에 황갈색을 띤 융털이 붙어 있다. 짧은 가지 끝에 꽃 3-7개가 집산상으로 달린다. 꽃자루는 길이 1-3mm이며 꽃받침까지 걸쳐 부드러운 털이 자란다. 꽃은 직경 6-7mm로 반개한다. 꽃잎은 연붉은색을 띤다. 열매는 도란상구형으로 길이 6-8mm이며 붉게 익는다.

①-e 코토네아스테르 미크로필루스. 8월9일. X/탕탕카의 북쪽. 3,700m.

② 코토네아스테르 셰리피이. 7월21일. Y3/라싸의 서쪽 교외. 4,400m.

③ 코토네아스테르 디엘시아누스. 8월13일. Z3/치틴탕카의 서쪽. 2,900m.

피라칸타속 Pyracantha

상록관목. 잎은 단엽. 열매는 배 모양.

① 피라칸타 크레눌라타

P. crenulata (D. Don) Roemer

분포 □카슈미르-미얀마, 중국 서남부

개화기 4-5월

산지대 하부의 관목소림이나 강가의 덤불, 붕괴비탈에 자생한다. 높이 1-3m인 상록관목으로, 가지는 비스듬히 길게 뻗고 목질의 가시가 많이 자라 곁가지의 끝은 가시가 된다. 잎에는 짧은 자루가 있다. 잎몸은 장원상피침형으로 길이 2-5cm이고 끝은 원형이며 가장자리에 가는 톱니가 있다. 표면에 광택이 있다. 어긋나기 하는 잎에 둘러싸이듯 꽃 5-10개가 산방상으로 달린다. 꽃은 직경 8-10mm. 꽃잎은 거의 원형으로 흰색. 열매는 편구형으로 직경 5-7mm이며 주홍색으로 익는다.

사과속 Malus

② 말루스 록키이 *M. rockii* Rehder

분포 ◇부탄, 티베트 남부, 윈난 · 쓰촨성

개화기 5-6월

산지에서 아고산대에 걸쳐 다소 습한 숲 주변에 자생하는 높이 5-10m의 낙엽수. 가지 끝은 가늘고 늘어지기 쉬우며, 겉에 길고 부드러운 털이 자란다. 잎은 개화와 동시에 열린다. 개화기의 잎에는 길이 1-2cm인 자루가 있다. 잎몸은 난상타원형으로 길이 3-6cm이고 끝은 점첨형, 기부는 넓은 쐐기형이며 가장자리에 둥근 톱니 또는 무딘 톱니가 있다. 표면의 중맥과 뒷면에 부드러운 털이 나 있다. 산방꽃차례에 꽃이 4-8개 달린다. 꽃자루는 길이 2.5-4cm이며 길고 부드러운 털이 빽빽하게 덮고 있다. 꽃은 직경 2.5-3.5cm. 꽃받침통은 길이 5-6mm이고 기부는 약간 불룩하며, 길고 부드러운 털이 촘촘하게 나 있다. 꽃받침조각

①-a 피라칸타 크레눌라타. 5월22일. M/룰랑의 북서쪽. 2,300m.

①-b 피라칸타 크레눌라타. 8월12일. R/카리 콜라 부근. 2,000m.

②-b 말루스 록키이. 6월17일. Z3/다무로. 3,250m. 벌목지 옆의 전나무 숲 가장자리. 가지에서 늘어진 소나무겨우살이는 남쪽의 도슝 라를 넘어오는 짙은 안개로 축축해져 있다.

②-a 말루스 록키이. 6월17일. Z3/다무로. 3,250m.

은 선상피침형이며 바깥쪽에는 털이 없고 안쪽에 부드러운 털이 자란다. 꽃잎은 도란상타원형으로 흰색. 열매는 거의 구형으로 직경 1-1.5cm이며 붉은색으로 익는다.

③ 말루스 박카타 *M. baccata* (L.) Borkh.

분포 ◇카슈미르-부탄, 티베트 남동부, 유라시아의 냉온대 지역 개화기 4-5월

종내 변이가 풍부한 광역 분포종. 산지의 건조한 소림 내나 삼림 벌목지에 자생하는 높이 3-6m인 낙엽수. 가지는 곧게 자라고, 잎은 꽃과 동시에 열린다. 개화기의 잎에는 길이 1-2cm인 가는 자루가 있다. 잎몸은 협란형·타원상피침형으로 길이 2-5cm이고 끝은 점첨형, 기부는 넓은 쐐기형이며 가장자리에 가늘고 무딘 톱니가 있다. 뒷면에 드문드문 부드러운 털이 자란다. 산방꽃차례에 꽃이 3-6개 달린다. 꽃자루는 길이 2-3.5cm로 겉에 털이 없다. 꽃은 직경 2.3-3cm. 꽃받침통에는 털이 없고 기부가 약간 불룩하다. 꽃받침조각은 삼각상피침형이며 안쪽에 부드러운 털이 빽빽하게 자란다. 꽃잎은 도란상타원형으로 흰색이며 이따금 연붉은색을 띤다. 암술대의 기부에 길고 부드러운 털이 촘촘하게 나 있다.

*부탄에서 흔히 볼 수 있는 것은 다른 지역에 있는 것보다 잎이 가늘고 약간 작다.

③-a 말루스 박카타. 4월28일. X/코토카, 2,550m. 꽃은 잎과 동시에 전개된다.

③-b 말루스 박카타. 4월28일. X/코토카, 2,550m. 산속의 건조한 분지에 자란 것으로, 벌목을 용케 피해 가지를 크게 벌리고 있다.

까치밥나무과 GROSSULARIACEAE

관목. 잎은 어긋나기 하고, 잎자루는 길다. 잎겨드랑이에 짧은 총상꽃차례가 달린다. 꽃은 4-5 수성. 씨방하위. 열매는 투명한 액과.

까치밥나무속 Ribes

① 리베스 히말렌세 R. himalense Decne.

분포 ◇파키스탄-부탄, 티베트 남동부, 중국 서중부 개화기 4-7월

산지나 아고산대의 숲 주변에 자생하는 높이 1.5-4m인 낙엽관목. 가지는 자줏빛갈색을 띠며 털이 없다. 잎은 꽃과 동시에 열린다. 잎자루는 3-7cm. 잎몸은 심형으로 길이 4-7cm이고 3-5개로 갈라졌으며, 갈래조각은 끝이 뾰족하고 가장자리에 불규칙한 겹톱니가 있다. 꽃차례는 길이 4-10cm이고 겉에 부드러운 털이 자라며 끝은 늘어진다. 꽃자루는 포엽보다 약간 길다. 꽃은 길이 5-7mm, 꽃받침은 자줏빛 붉은색을 띠고, 갈래조각은 도란형으로 길이 2-3.5mm이며 곧추 선다. 꽃잎은 꽃받침조각보다 짧아서 눈에 띄지 않는다. 열매는 구형으로 직경 5-7mm이고 익으면 붉은색에서 검자주색으로 변하며 단맛이 있어 먹을 수 있다.

② 리베스 그리피티이

R. griffithii Hook.f. & Thoms.

분포 ◇네팔 서부-부탄, 티베트 남부, 윈난·쓰촨성 개화기 4-6월

비가 많이 내리는 산지나 아고산대의 숲 주변에 자생하는 높이 1.5-4m의 낙엽관목. 동속 히말렌세와 비슷하나, 꽃받침조각이 휘어져 작은 꽃잎이 드러난다. 잎자루의 기부에 긴 털이 자란다. 잎몸은 길이 4-10cm. 총상꽃차례는 길이 7-15cm이며 아래로 늘어진다. 포엽은 꽃자루보다 길다. 꽃받침조각은 삼각상란형으로 길이 2-3.5mm 꽃잎은 도란형으로 길이 2-3mm이며 노란색에서 자줏빛 붉은색으로 변한다. 열매는 직경 7-9mm이며 선홍색으로 익는다.

③ 리베스 오리엔탈레 R. orientale Desf.

분포 ◇서아시아-네팔 서부, 부탄, 티베트, 중국 서부 개화기 4-6월

건조지의 산지에서 고산대에 걸쳐 바위질 사면이나 관목소림에 자생하는 높이 1-2m의 낙엽관목. 암수딴그루. 전체적으로 부드러운 털이 빽빽하게 자라고 드문드문 선모가 섞여 있다. 잎자루는 길이 5-20mm. 잎몸은 원상광란형으로 폭 2-3cm이고 3-5개로 얕게 갈라졌으며, 갈래조각의 끝은 원형으로 가장자리에 무딘 톱니가 있다. 총상꽃차례는 곧추 선다. 수꽃차례는 길이 2-5cm로 꽃이 10-20개가 달린다. 암꽃차례는 짧고 꽃이 적다. 포엽은 꽃자루와 길이가 같다. 꽃받

① 리베스 히말렌세. 6월26일. Z3/하티 라의 남동쪽. 3,500m.

②-a 리베스 그리피티이. 8월13일. X/탕탕카의 남서쪽. 3,300m.

②-b 리베스 그리피티이. 6월13일. Z3/구미팀의 북서쪽. 3,150m. 잎이 전개되는 동시에 가지 끝에서 긴 꽃차례가 늘어진다. 자줏빛 붉은색 꽃받침조각이 휘어지며 매우 작은 꽃잎이 드러난다.

침은 자줏빛 붉은색, 갈래조각은 난형으로 길이 1.5-2mm이며 반개한다. 꽃잎은 매우 작다. 열매는 구형으로 직경 6-8mm이며 오렌지색-붉은색으로 익는다.

④ **리베스 빌로숨** R. villosum Wall.
분포 ◇중앙아시아 주변-카슈미르 개화기 6월
건조 고지 계곡 줄기의 바위땅이나 관목소림에 자생하는 높이 1-3m인 관목. 암수딴그루. 전체적으로 길고 부드러운 흰 털이 자란다. 잎자루는 길이 5-30mm. 잎몸은 원상광란형-신형으로 폭 2-3cm이고 기부는 절형-얕은 심형이며 불분명하게 3-5개로 얕게 갈라졌다. 갈래조각의 끝은 원형이며 가장자리에 낮고 성긴 둥근 톱니가 있다. 총상꽃차례는 길이 1.5-3cm. 포엽은 꽃자루보다 길다. 꽃받침은 검붉은색, 갈래조각은 난상피침형으로 길이 2mm. 꽃잎은 매우 작다. 열매는 구형으로 직경 6-8mm이며 황적색으로 익는다.

③-a 리베스 오리엔탈레. 6월17일.
Z3/다무로의 동쪽. 3,400m.

④-a 리베스 빌로숨. 8월14일.
A/케렌가르의 북서쪽. 3,000m.

③-b 리베스 오리엔탈레. 8월7일. B/치치나라 계곡. 3,300m. 열매는 아직 익지 않았다.

④-b 리베스 빌로숨. 8월14일. A/케렌가르의 북서쪽. 3,000m. 건조 고지 계곡 줄기에 자생하는 관목. 원상광란형 잎은 전체가 부드러운 털로 덮여 있어 하얀 가루를 뒤집어 쓴 듯이 보인다.

수국과 HYDRANGEACEAE

보통 관목 또는 소관목. 잎은 단엽으로 마주나기 한다. 씨방은 3-5실.

수국속 Hydrangea

대부분 산방꽃차례의 주변에 꽃잎과 생식기관이 없는 장식화(裝飾花)를 지닌다. 열매는 삭과.

① 히드랑게아 헤테로말라 *H. heteromalla* D. Don
분포 □가르왈·동남아시아, 티베트 남부, 윈난·쓰촨성 개화기 6-7월
산지나 아고산대의 습한 혼합림에 자생하는 높이 2-8m인 낙엽소고목. 잎자루는 길이 2-5cm. 잎몸은 난상타원형으로 길이 10-20cm이고 끝은 뾰족하며 가장자리에 날카로운 톱니가 있다. 뒷면에 부드러운 털이 빽빽하게 자란다. 꽃차례는 직경 10-20cm이며 겉에 부드러운 털이 촘촘하게 나 있다. 보통 꽃은 직경 5-7mm. 꽃잎은 난상피침형으로 5장이며 황백색. 수술은 10개로 꽃잎보다 길다. 장식화의 꽃받침조각은 난상타원형으로 길이 1.5-2cm이고 흰색이며 갈라짐이 없다.

황상산속 Dichroa

② 황상산 *D. febrifuga* Lour.
분포 □네팔 중부·동남아시아, 티베트 남동부, 중국 남부 개화기 5-7월
일어명은 한방의 상산에서 유래한다. 산지의 습한 메밀잣밤나무·떡갈나무 숲이나 늪 주변에 자생하는 높이 1.5-3m인 낙엽관목. 잎자루는 길이 1-3cm. 잎몸은 타원상피침형으로 길이 8-20cm이며 가장자리에 가늘고 날카로운 톱니가 있다. 꽃차례는 직경 4-6cm. 꽃은 직경 7-8mm. 꽃잎은 타원상피침형으로 5장이고 연한 청자주색이며 강하게 휘어 있다. 액과는 직경 5-7mm로 남색.

①-a 히드랑게아 헤테로말라. 6월20일. P/싱곰파의 북서쪽. 2,900m. 꽃이 막 필 무렵으로, 씨앗을 떨어뜨린 지난해의 열매차례가 시들어 남아 있다.

①-b 히드랑게아 헤테로말라. 7월15일. V/군사의 남서쪽. 3,050m.

②-a 황상산. 5월28일. N/날마의 북동쪽. 1,650m.

②-b 황상산. 11월15일. N/란드룽의 남쪽. 열매는 남색이다.

고광나무속 Philadelphus

꽃은 총상으로 달린다. 꽃잎은 4장, 수술은 여러 개, 암술대는 4개로 갈라졌다. 수술대는 가늘다.

③ 필라델푸스 토멘토수스 *P. tomentosus* G. Don
분포 ㅁ카슈미르-부탄, 티베트 남부, 원난성
개화기 5-7월
산지대 상부의 숲 주변에 자생하는 높이 2-6m인 낙엽관목. 잎자루는 길이 3-10mm. 잎몸은 난상피침형으로 길이 3-10cm이고 끝은 꼬리모양이며 가장자리에 성기고 무딘 톱니가 있다. 뒷면에 부드러운 털이 촘촘하게 자라고 나란히맥이 5개 돌출되어 있다. 가지 끝의 짧은 총상꽃차례에 꽃이 3-7개가 달린다. 꽃자루는 짧다. 꽃은 직경 2-3cm이고 향기를 갖는다. 꽃받침조각은 난형으로 길이 5-6mm이고 끝은 원형이며 안쪽에 부드러운 털이 빽빽하게 나 있다. 꽃잎은 난형-도란형으로 4장이며 흰색이다.

말발도리속 Deutzia

별 모양의 털이 있다. 꽃은 산방상 또는 원추상으로 달린다. 꽃잎은 5장, 수술은 10개. 수술대의 끝은 폭이 넓고 보통 양 끝이 돌출한다.

④ 데우치아 콤파크타 *D. compacta* Craib
분포 ◇티베트 남부, 원난성 개화기 4-6월
건조한 산지나 아고산대의 숲 주변 비탈에 자생하는 높이 1.5-3m의 낙엽관목. 가지는 늘어지기 쉽고 적갈색을 띠며 겉에 별 모양의 털이 자란다. 곁가지에 잎이 3-5쌍의 잎이 달린다. 잎자루는 길이 1-2mm. 잎몸은 타원상피침형으로 길이 2-6cm이고 끝은 가늘고 뾰족하며 가장자리에 가는 톱니가 있다. 기부는 원형이며 표면에는 엷게, 뒷면에는 두껍게 별 모양의 털이 붙어 있다. 산방꽃차례는 직경 4-8cm이며 꽃잎의 바깥쪽을 포함해 전체적으로 별모양의 털이 자란다. 꽃자루는 길이 5-10mm. 꽃받침조각은 작다. 꽃잎은 도란형으로 길이 4-5mm이며 연붉은색으로 반개한다.

⑤ 데우치아 스타미네아 *D. staminea* Wall.
분포 ㅁ파키스탄-부탄, 티베트 남부, 원난·쓰촨성 개화기 4-6월
산지의 다소 건조한 떡갈나무 숲이나 혼합림 내에 자생하는 높이 1-3m인 낙엽관목. 잎은 곁가지에 1-3장 달린다. 잎자루는 길이 1-2mm. 잎몸은 난상피침형으로 길이 2-5cm이고 끝은 뾰족하며 가장자리에 가는 톱니가 있다. 앞뒷면에 별모양의 털이 촘촘하게 나 있다. 산방꽃차례는 직경 4-5cm이며 전체적으로 별모양의 털이 자란다. 꽃은 직경 1-1.5cm이고 향기를 갖는다. 꽃받침조각은 피침형으로 작다. 꽃잎은 장원상피침형으로 길이 7-10mm이고 흰색이며 끝이 휘어 있다.

③ 필라델푸스 토멘토수스. 6월24일. R/준베시의 남동쪽. 2,800m. 꽃은 직경 2-3cm. 꽃잎은 4장, 수술은 여러 개로 전부 흰색이다. 잎 뒷면과 꽃받침조각의 안쪽에 부드러운 털이 촘촘하게 나 있다.

④ 데우치아 콤파크타. 6월19일.
Z3/틴베의 북서쪽. 2,900m.

⑤ 데우치아 스타미네아. 5월24일.
M/로트반의 북쪽. 2,450m.

물매화과 PARNASSIACEAE

다년초. 꽃줄기에 자루 없는 잎이 보통 1장 달린다. 줄기 끝에 꽃이 1개 달린다. 꽃은 5수성으로, 헛수술 5개가 수술 5개와 어긋나기 한다. 꽃잎은 흰색. 열매는 삭과.

물매화속 Parnassia

① 파르나시아 누비콜라 *P. nubicola* Role

분포 ㅁ아프가니스탄-부탄, 티베트 남부, 원난성 개화기 7-9월

아고산대에서 고산대 하부에 걸쳐 습한 관목림 주변이나 둔덕 초지에 자생한다. 꽃줄기는 높이 10-30cm이며 하부에 잎이 1장 달린다. 근생엽에는 길이 2-15cm인 자루가 있다. 잎몸은 난형으로 길이 2-6cm이고 끝은 약간 뾰족하며, 기부는 원형-얕은 심형이고 나란히맥이 5-7개 있다. 줄기잎은 협란상심형. 꽃은 직경 2-2.5cm. 꽃받침조각은 장란형. 꽃잎은 도란형으로 길이 1.3-1.6cm이고 기부는 이따금 가늘게 갈라졌다. 헛수술은 연두색으로 길이가 4-5mm이고 긴 화조가 있으며, 상부는 3개로 갈라졌다.

② 물매화 *P. palustris* L.

분포 ◇파키스탄-카슈미르, 북반구의 냉온대 각지 개화기 6-8월

건조지의 산지에서 아고산대에 걸쳐 습한 초지나 습지에 자생한다. 꽃줄기는 높이 12-25cm이며 하부에 잎이 1장 달린다. 근생엽에는 길이 2-6cm인 자루가 있다. 잎몸은 난형으로 길이 1-2cm이고 끝은 원형-예형, 기부는 얕은 심형이다. 줄기잎은 협란상심형. 꽃은 직경 1.5-2cm. 꽃받침조각은 장원형. 꽃잎은 난상타원형으로 길이 7-10mm. 헛수술의 상부는 흰색이며 실처럼 10-15개로 갈라졌다. 갈래조각은 길이 1-3mm, 화조는 연두색이다.

①-a 파르나시아 누비콜라. 8월7일. S/텡보체의 북동쪽. 3,800m.

①-b 파르나시아 누비콜라. 8월18일. Z2/산티린. 3,600m.

③ 파르나시아 쿠마오니카. 7월4일. T/세사카르카의 북쪽. 4,700m. 꽃줄기는 높이 5cm, 질이 두꺼운 잎몸은 길이 1cm, 꽃은 직경 1cm인 극소종. 꽃받침은 종형으로 크다.

② 물매화. 8월14일. A/샤마란의 북쪽. 2,700m.

③ 파르나시아 쿠마오니카

P. kumaonica Nekrassova

분포 ■카슈미르-네팔 동부

개화기 6-7월

고산대의 미부식질로 덮인 바위질 초지에 자생한다. 꽃줄기는 높이 2-6cm이며 중부-상부에 잎이 1장 달린다. 근생엽에는 길이 1.5-3cm인 자루가 있다. 잎몸은 난형으로 길이 7-15mm이고 끝은 원형, 기부는 심형이며 맥이 5-7개 있고 뒷면은 희뿌옇다. 줄기잎은 배 모양으로 둥글게 말려 줄기를 안고 있다. 꽃은 직경 1-1.2cm. 꽃받침조각은 장란형으로 꽃잎보다 약간 짧으며 거의 곧추 선다. 꽃잎은 도란상타원형으로 길이 5mm이며 반개하고, 가장자리는 매끈하거나 기부에 가는 이가 있다. 헛수술은 녹색으로 길이 1mm, 폭 2mm이며 상부에 이가 3개 있다.

④ 파르나시아 키넨시스

P. chinensis Franch.

분포 ◇네팔 서부-미얀마, 티베트 남동부, 윈난 · 쓰촨성

개화기 7-8월

아고산대에서 고산대에 걸쳐 습한 둔덕 비탈이나 초지에 자생하며, 덩어리 형태의 뿌리줄기가 있다. 꽃줄기는 높이 5-15cm이며 중부하부에 잎이 1장 달린다. 근생엽에는 길이 1-5cm인 자루가 있다. 잎몸은 난형-광란형으로 길이 5-15mm이고 끝은 원형-둔형, 기부는 심형이며 겉에 맥이 5개 있다. 줄기잎의 기부는 줄기를 살짝 안고 있다. 꽃은 직경 1.4-1.7cm. 꽃받침조각은 장란형. 꽃잎은 화조가 있는 도란형으로 길이 8-10mm이고 매끈하거나 가장자리에는 작은 이가 있으며 기부는 이따금 가늘게 갈라졌다. 헛수술은 연두색-황녹색으로 길이 3mm이고 끝은 3개로 갈라졌으며, 갈래조각은 모양이 일정하다.

⑤ 파르나시아 푸실라 *P. pusilla* Arnott

분포 ◇가르왈-부탄, 티베트 남부

개화기 7-8월

고산대의 미부식질로 덮인 바위질 초지에 매트상의 소군락을 이룬다. 꽃줄기는 높이 2-5cm이고 줄기잎은 발달하지 않았다. 근생엽의 자루는 길이 5-30mm이다. 잎몸은 난형-신장형으로 길이 3-6mm이고 끝은 둔형-원형, 기부는 심형이며 맥은 눈에 띄지 않는다. 꽃은 직경 1.2-1.5cm. 꽃받침조각은 장란형. 꽃잎은 도란형-도피침형으로 길이 5-7mm이며 가장자리는 거의 매끈하다. 헛수술은 길이 2-3mm, 화조는 쐐기형이며 끝은 3개로 갈라졌고 가운데 갈래조각은 가늘다.

*⑤-c의 꽃줄기는 상부에 길이 2-3mm인 협란형 잎조각이 달려 있다.

④-a 파르나시아 키넨시스. 8월23일. V/종그리. 3,850m.

④-b 파르나시아 키넨시스. 8월14일. Z3/치틴탕카의 동쪽. 4,350m.

④-c 파르나시아 키넨시스. 7월23일. V/미르긴 라의 남쪽. 4,450m.

⑤-a 파르나시아 푸실라. 7월18일. V/립상의 북쪽. 4,600m.

⑤-b 파르나시아 푸실라. 8월1일. T/양그리의 동쪽. 4,550m.

⑤-c 파르나시아 푸실라. 8월2일. T/준코르마. 4,150m.

범의귓과 SAXIFRAGACEAE

초본. 보통 꽃받침조각 5장, 꽃잎 5장, 수술 10개, 심피 2개로 되어 있다. 씨방은 상위 또는 반하위. 열매는 삭과로, 씨앗이 여러 개다.

도깨비부채속 Rodgersia

① 로드게르시아 애스쿨리폴리아

R. aesculifolia Batalin var. henrici (Franch.) C.Y. Wu

분포 ◇티베트 남동부, 윈난성, 미얀마
개화기 6-8월

아고산대의 숲 주변이나 습지 주변의 초지에 자생하며, 땅속에 굵은 뿌리줄기가 뻗는다. 꽃줄기는 높이 0.8-1.2m로 겉에 털이 거의 없다. 잎은 장상복엽이며 길이 15-40cm인 자루가 있다. 소엽은 3-7장 달리고 약간 혁질의 도란형-도피침형으로 길이 10-25cm이며 가장자리에 불규칙한 겹톱니가 있다. 원추꽃차례는 크고 연갈색의 부드러운 선모가 촘촘하게 나 있다. 꽃자루는 매우 짧다. 꽃은 직경 3-4mm. 꽃받침조각 5장은 난형으로 흰색·연붉은색이며 평개하고 앞뒷면에 선모가 자란다. 꽃잎은 없다. 수술 10개는 꽃받침조각보다 길다. 뿌리줄기는 약용이나 식용으로 쓰인다.
*사진 중앙에 마디풀과 풀이 섞여 있다.

돌부채속 Bergenia

굵은 뿌리줄기를 지닌 다년초. 씨방은 반하위.

② 베르게니아 칠리아타 리굴라타

B. ciliata (Haw.) Sternb. f. ligulata Yeo [B. pacumbis (D. Don) C.Y. Wu & J.T. Pan]

분포 ㅁ아프가니스탄-아르나찰, 티베트 남부, 윈난성 개화기 3-7월

산지 숲 주변의 다소 건조한 둔덕 사면이나 절벽지, 바위땅에 자생한다. 꽃줄기는 높이 7-20cm. 개화기의 어린잎에는 길이 4-10cm인 자루가 있다. 잎몸은 혁질의 원형-도광란형으로 길이 5-15cm이고 가장자리는 거의 매끈하거

① 로드게르시아 애스쿨리폴리아. 6월30일. Z3/봉리의 동쪽. 3,650m.

② 베르게니아 칠리아타 리굴라타. (채집)카트만두/풀초키. 2,700m.

③-a 베르게니아 스트라케이. 7월15일. D/데오사이 고원의 북부. 4,150m.

③-b 베르게니아 스트라케이. 7월7일. C/간바보호마 부근. 4,200m. 뜰에 심는 돌부채의 주요 교배친. 야생종은 꽃이 흰색-연붉은색으로, 큰 잎에 비해 볼품이 없다.

나 가는 물결모양을 이루며 뻣뻣한 털이 덮는다. 꽃차례는 옆으로 퍼진다. 꽃자루는 길이 3-7mm. 꽃받침조각은 난형. 꽃잎은 화조가 있는 도란형으로 길이 1.2-2cm이며 분홍색-흰색이다. *사진은 일본과 네팔의 합동 식물 조사에서 채집한 모종을 도쿄 근교에서 재배한 것으로, 4월 중순에 개화했다.

③ 베르게니아 스트라케이

B. stracheyi (Hook.f. & Thoms.) Engl.

분포 ◇아프가니스탄-쿠마온, 티베트 서부 개화기 6-8월

건조 고지의 바위땅이나 암벽 틈에 자생한다. 꽃줄기는 높이 20-30cm. 잎자루는 길이 3-5cm이고 기부는 칼집모양이다. 잎몸은 혁질의 도란상타원형으로 길이 7-15cm이고 기부는 쐐기형이며, 가장자리에 가는 톱니가 있고 센털이 자란다. 꽃차례는 원추형. 꽃자루는 길이 2-5mm이며 꽃받침에 걸쳐 선모가 나 있다. 꽃받침조각은 장란형이며 뻣뻣한 가장자리 털이 자란다. 꽃잎은 화조가 있는 도란형으로 길이 8-15mm이며 흰색-연붉은색이다.

④ 베르게니아 푸르푸라스첸스

B. purpurascens (Hook.f. & Thoms.) Engl.

분포 □네팔 중부-미얀마, 티베트 남부, 윈난·쓰촨성 개화기 5-7월

고산대의 습한 계절풍에 노출된 바위땅이나 소관목 사이에 자생한다. 꽃줄기는 높이 8-30cm로 상부는 적갈색을 띤다. 잎자루는 길이 3-7cm이고 기부는 칼집모양이다. 잎몸은 혁질의 원상도란형-타원형으로 길이 5-15cm이고 가장자리에 성긴 물결모양의 톱니가 있다. 꽃은 짧은 꽃차례의 한쪽에 모여 아래를 향한다. 꽃자루는 길이 7-10mm이며 꽃받침에 걸쳐 선모가 빽빽하게 자란다. 꽃받침조각은 혀모양. 꽃잎은 길이 1.3-1.8cm로 짙은 분홍색이다.

④-a 베르게니아 푸르푸라스첸스. 6월27일. T/톱케골라의 남서쪽. 4,300m.

④-b 베르게니아 푸르푸라스첸스. 6월24일. T/반두케의 남쪽. 4,200m.

④-c 베르게니아 푸르푸라스첸스. 6월21일. Z3/세콘드. 4,200m.

범의귀속 Saxifraga

보통 다년초로, 한랭지의 안개가 자주 끼고 건조해지기 쉬운 바위질 비탈에 많다. 근생엽은 로제트형태로 달리고, 줄기에는 어긋나기 또는 마주나기 한다. 수술은 10개, 심피는 2개. 때때로 화반이 발달해 씨방을 감싼다. 꽃잎은 흰색·노란색으로 이따금 붉은색을 띠며, 곤충을 꿀샘이나 꽃밥으로 유도하기 위해 반점 모양의 소돌기(캘러스)를 지닌 것이 많다. 꽃은 보통 양성이며 왜소종에는 반암수딴그루인 것이 많다. 곤충이 드문 고지에서는 꽃밥이 1개 암술머리에 달라붙어 암술이 성숙할 때까지 떨어지지 않은 채 있다가, 곤충이 찾아오지 않을 경우에 자가수분을 촉진하는 것도 있다고 한다. 다음에 다루는 종은 R.J. Gornall(1987)의 분류를 바탕으로 4절로 나누었다.

칠리아태절 Ciliatae

대부분 곧추 선 가는 꽃줄기가 모여나기 하고, 가장자리가 매끈한 잎이 어긋나기 한다. 때때로 꽃줄기가 자라지 않고 매트형태나 쿠션형태를 이루기도 한다.

① 삭시프라가 사기노이데스

S. saginoides Hook.f. & Thoms.

분포 ◇가르왈부탄, 티베트 남부 **개화기** 6~9월

고산대 상부 빙하 주변의 바람에 노출된 모래땅이나 바위그늘에 쿠션을 이룬다. 쿠션 내의 뿌리줄기는 매우 가늘며, 숙존하는 짙은 오래된 갈색 잎으로 두껍게 덮여 있다. 반암수딴그루. 꽃줄기는 높이 5~15mm. 잎은 단단한 혁질의 선상피침형·도피침형으로 길이 3~5mm이고 끝은 둔형이며 약간 배 모양으로 둥글게 말려 있다. 혁질인 기부에는 부드러운 털이 자라고, 표면에는 광택이 있다. 줄기 끝에 꽃이 1개 달린다. 꽃자루는 길이 1~5mm이며 길고 부드러운 털이 자란다. 꽃은

①-a 삭시프라가 사기노이데스. 7월25일. T/바룬 빙하의 오른쪽 기슭. 4,800m. 빙하의 측퇴석 사면에 앝은 쿠션을 이루고 있다. 검붉은색 꽃은 돌나물과의 로디올라 부플레우로이데스.

①-b 삭시프라가 사기노이데스(수그루). 7월21일. S/킹충의 남서쪽. 5,200m.

①-c 삭시프라가 사기노이데스(암그루). 8월5일. S/추쿵의 북쪽. 5,350m.

①-d 삭시프라가 사기노이데스. 8월1일. Y1/신데의 남쪽. 4,700m.

직경 4-7mm. 꽃받침조각은 혁질 협란형으로 연두색이며 꽃잎보다 짧다. 꽃잎은 화조가 있는 장란형으로 길이 3-5mm, 폭 1mm이며 노란색으로 거의 평개한다. 수술은 꽃잎보다 약간 짧다.

*①-b는 수그루. 꽃잎은 길고 가늘며, 수술은 암술보다 길게 자라고 암술머리는 안쪽을 향한다. 하얀 솜털에 싸여 있는 하부의 잎은 아나팔리스 네팔렌시스 모노체팔라. ①-c는 암그루. 꽃잎은 짧고 폭이 넓으며, 수술은 암술보다 짧고 암술머리는 밖으로 열린다. 흰 꽃을 피운 하부의 쿠션은 아레나리아 폴리트리코이데스. 솜털에 싸여 있는 상부의 광란형 잎은 베로니카 라누기노사. ①-d도 암그루이다.

② 삭시프라가 아리스툴라타

S. aristulata Hook.f. & Thoms.

분포 □쿠마온-시킴, 티베트 남부, 윈난·쓰촨성 개화기 7-9월

고산대의 이끼 낀 바위땅이나 초지의 비탈에 자생한다. 꽃줄기는 높이 3-8cm로 모여나기하며, 하부의 잎겨드랑이에 연갈색의 긴 선모가 자라고 상부에 짙은 암갈색인 짧은 선모가 자란다. 근생엽에는 길이 2-10mm의 자루가 있다. 잎몸은 질이 두꺼운 선상장원형으로 길이 4-8mm이고 끝에 까끄라기 형태의 센털이 붙어 있다. 상부의 잎은 선상피침형이며 가장자리에 선모가 자란다. 꽃은 직경 8-12mm로 1개 달린다. 꽃받침조각은 협란형. 꽃잎은 화조가 있는 협타원형으로 길이 4-5mm이고 노란색이며, 표면의 끝부분 이외에 불분명한 등색 반점이 있고 기부에 소돌기가 2개 있다.

*②-b의 왼쪽으로 보이는 시들기 시작한 노란 꽃의 쿠션식물은 동속 사기노이데스. ②-e는 습한 둔덕 사면에서 높이 8cm로 자란 것으로, 꽃받침조각과 꽃잎은 가늘다.

②-a 삭시프라가 아리스툴라타. 8월24일. P/펨탕카르포의 북동쪽. 4,750m. 랑탕 빙하의 오른쪽 기슭 빙퇴석 위에 자라나 있다. 빙하 맞은편에는 트라이앵글 피크가 높이 솟아 있다.

②-b 삭시프라가 아리스툴라타. 8월22일. P/펨탕카르포의 북서쪽. 4,850m.

②-c 삭시프라가 아리스툴라타. 7월20일. V/얄룽 빙하의 오른쪽 기슭. 4,700m.

②-d 삭시프라가 아리스툴라타. 8월22일. Y4/간덴의 남동쪽. 4,750m.

범의귀속 Saxifraga
칠리아태절 Ciliatae
① 삭시프라가 몬타넬라 S. montanella H. Smith
분포 ◇네팔 중부-부탄, 티베트 남부, 중국 서부 개화기 7-9월
고산대의 이끼 낀 바위땅에 자생한다. 꽃줄기는 높이 4-8cm이며 양털모양의 연갈색 털이 자란다. 근생엽의 자루는 길이 3-8mm이며 양털모양의 털이 자란다. 잎몸은 난형-타원상 피침형으로 길이 4-10mm이고 겉에 털이 거의 없다. 줄기잎에는 자루가 없으며 양털 모양의 털이 자란다. 꽃은 1개 달린다. 꽃받침조각은 난형-협타원형으로 길이 3-5mm. 꽃잎은 화조가 있는 원형-도란형으로 길이 7-10mm이고 노란색으로 평개하며 기부에 소돌기가 2개 있다.

② 삭시프라가 레피다 S. lepida H. Smith
분포 ◇네팔 중부, 부탄, 티베트 남부 개화기 8-9월
고산대의 이끼 낀 바위땅에 자생하며, 길이 15cm에 달하는 긴 주출지를 뻗는다. 반암수 딴그루. 꽃줄기는 높이 4-7cm이고 잎겨드랑이에 양털모양의 연갈색이 자라며, 상부에는 털이 없거나 선모가 자란다. 근생엽에는 길이 3-10mm인 자루가 있다. 잎몸은 선상장원형으로 길이 3-8mm이며 털이 없다. 꽃은 직경 1.2-1.4cm로 1개 달린다. 협타원형인 꽃받침조각에는 털이 없다. 꽃잎은 도란형으로 길이 5-6mm이고 노란색으로 평개하며 오렌지색 반점이 있다.

③ 삭시프라가 히르쿨루스 S. hirculus L.
분포 ◇유럽-파키스탄, 티베트, 중국 서부, 러시아 개화기 6-8월
고산대의 습한 바위질 초지에 자생한다. 꽃줄기는 높이 8-15cm이며 양털모양의 연갈색 털이 자란다. 길이 1-1.5cm인 근생엽 자루 털이 자란다. 잎몸은 타원형-선상장원형으로 길이 1.2-1.5cm이고 가장자리가 바깥쪽으로 말려 있다. 자루가 없는 상부의 잎은 가늘다. 꽃은 1-3개 달리고 꽃자루는 길이 5-10mm. 꽃받침조각은 협란형이며 바깥쪽에 털이 나 있다. 꽃잎은 타원형-도피침형으로 길이 8-10mm이며 노란색이다.

④ 범의귀속의 일종 (A) Saxifraga sp. (A)
고산대 초지의 급사면에 자생한다. 꽃줄기는 높이 6-8cm로 모여나기 하고, 전체적으로 짧은 연갈색 선모가 자라며 하부에서는 흰 털로 변한다. 근생엽의 잎몸은 협란형-피침형으로 길이 6-8mm이고 끝은 약간 가시모양으로 돌출한다. 자루가 없는 상부의 잎은 끝은 날카로우며 가장자리와 뒷면에 선모가 촘촘하게 나 있다. 꽃은 1-3개 달리고 꽃자루

①-a 삭시프라가 몬타넬라. 9월21일. X/틴타초 부근. 4,200m.

①-b 삭시프라가 몬타넬라. 9월20일. X/틴타초의 남쪽. 3,750m.

② 삭시프라가 레피다. 9월21일. X/틴타초 부근. 4,200m. 자욱한 안개 속에 이슬을 맺은 꽃잎 표면에는 등색의 작은 반점이 거의 전면에 분포하고 있다. 꽃자루를 방출하면 수술이 옆으로 열린다.

는 길이 1-1.2cm. 꽃받침조각은 협란형으로 길이 5-7mm이고 평개하며 바깥쪽에 선모가 빽빽하게 자란다. 꽃잎은 장원형으로 길이 1.2cm이고 가장자리와 뒷면에 선모 또는 흰 털이 자란다.

⑤ **삭시프라가 이소필라** S. isophylla H. smith
분포 ■ 티베트 남동부 개화기 7-9월
아고산대와 고산대의 숲 주변이나 습한 절벽지에 자생한다. 꽃줄기는 높이 8-20cm이며 양털모양의 연갈색 털이 자라고, 상부에 선모가 나 있다. 근생엽의 자루는 길이 5-10mm이다. 잎몸은 장원상피침형으로 길이 5-15mm이며 양털모양의 털이 자란다. 자루가 없는 상부의 잎에는 선모가 나 있다. 줄기 끝에 꽃이 1-5개 산방상으로 달린다. 꽃자루는 길이 7-15mm이며 선모가 자란다. 꽃받침조각은 협란형이며 가장자리에 선모가 자란다. 꽃잎은 협타원형으로 길이 7-9mm이고 등색 반점과 소돌기가 2-4개의 있다.

⑥ **범의귀속의 일종 (B)** Saxifraga sp. (B)
이끼 낀 암봉에 자생한다. 꽃줄기는 높이 4-8cm로 잎이 4-7장 어긋나기 하고 겉에 연갈색을 띤 양털모양의 털이 자란다. 길이 8-15mm인 근생엽의 자루에는 양털 모양의 털이 자란다. 잎몸은 난형-장원상피침형으로 길이 5-10mm이며 가장자리에 양털모양의 털이 나 있다. 가는 상부의 잎에는 자루가 없다. 꽃은 1개 달리고 꽃자루는 길이 5-15mm이며 줄기와 같은 털이 자란다. 꽃받침은 난형-타원형으로 길이 3-5mm이고 겉에 털이 없으며 평개한다. 꽃잎은 화조가 있는 타원형으로 길이 6-7mm이고 소돌기가 2개 있다. 암술대는 길이 2mm. 동속 창카넨시스(S. tsangchanensis Franch.)에 가깝다.

③ 삭시프라가 히르쿨루스. 8월22일. Y4/간덴의 남동쪽. 4,850m.

④ 범의귀속의 일종 (A) 8월16일. V/안마의 북서쪽. 4,350m.

⑤ 삭시프라가 이소필라. 8월14일. Z3/파티의 북동쪽. 4,350m.

⑥ 범의귀속의 일종 (B) 8월4일. Z3/라무라쵸 호숫가. 4,300m. 꽃가루가 떨어져 암술머리가 성숙한 상태로, 암술대가 길게 자라나 있다. 뒤편의 커다란 잎은 앵초속 풀의 것.

범의귀속 Saxifraga

칠리아태절 Ciliatae

① 삭시프라가 나카오이 *S. nakaoi* Kitamura

분포 ◇가르왈-부탄 개화기 7-9월

고산대의 이끼 낀 바위땅이나 초지에 자생
하며 장소에 따라 전체의 크기와 모양, 털의
형태가 변한다. 꽃줄기는 높이 4-8cm이며
보통 잎겨드랑이 부근에 양털모양의 연갈색
털이 자라고, 상부에 암갈색의 짧은 선모가
자란다. 근생엽에는 길이 3-20mm인 자루
가 있다. 잎몸은 난형-피침형으로 길이 4-
10mm이고 가장자리에 드문드문 긴 털이
나 있다. 꽃은 직경 1-1.5cm로 줄기 끝에 1-2
개 달린다. 꽃받침조각은 난형-피침형으로
길이 3-4mm이고 가장자리에 짧은 선모가
자란다. 꽃잎은 도란형으로 길이 6-8mm이며
노란색이다.

*①-b와 ①-c는 소형으로 털이 적다. 네팔 동
부에 자라는 동속 말래(*S. mallae* H. Ohba &
Wakabayashi)에 가깝다.

② 범의귀속의 일종 (C) *Saxifraga* sp. (C)

습한 바위땅에 자생한다. 꽃줄기는 높이 3-
5cm이며 하부-중부에 2-4장 잎이 어긋나기
하고, 상부에 짧은 자줏빛 갈색 선모가 빽빽
하게 자란다. 근생엽에는 길이 2-8mm인 자
루가 있다. 잎몸은 난형으로 길이 3-8mm이
고 드문드문 털이 나 있다. 자루가 없는 줄기
잎은 끝이 뾰족하다. 잎은 줄기 끝에 1-2개
달린다. 꽃받침조각은 난상피침형으로 길이
4-5mm이고 평개하며 가장자리에 선모가 자
란다. 꽃잎은 짧은 화조가 있는 광타원형으
로 길이 6-7mm이며 표면 기부에 소돌기가 2개
있다. 동속 니그로글란돌로사(*S. nigroglandulosa*
Engl. & Irmsch.)에 가깝다.

①-a 삭시프라가 나카오이. 9월2일. P/간자 라의 남쪽. 4,500m. ①-b, ①-c와 거의 같은 장소에 자란 것으로,
그루에 따라 꽃잎의 형태와 잎의 크기가 다르다.

①-b 삭시프라가 나카오이. 9월2일.
P/간자 라의 남쪽. 4,500m.

①-c 삭시프라가 나카오이. 9월2일.
P/간자 라의 남쪽. 4,500m.

② 범의귀속의 일종 (C) 7월24일.
T/메라의 남동쪽. 4,500m.

③ 삭시프라가 코르디게라

S. cordigera Hook.f. & Thoms.

분포 ◇네팔 동부·시킴 개화기 7-8월

고산대의 이끼 낀 바위땅에 자생하며, 꽃줄기와 영양줄기가 모여나기 한다. 높이 2-5cm인 꽃줄기에 길고 부드러운 털이 자란다. 근생엽에는 편평한 자루가 있다. 잎몸은 난형·타원형으로 길이 3-5mm이고 털이 적다. 자루가 없는 줄기잎은 난형·광란형으로 길이 4-7mm. 기부는 줄기를 살짝 안고 있으며 가장자리에 긴 털이 나 있고 표면에 드문드문 털이 자란다. 꽃은 줄기 끝에 1개 달리며 직경 1.2-1.8cm. 꽃받침조각은 일그러진 타원형으로 가장자리와 바깥쪽에 털이 자란다. 꽃잎은 도란형으로 길이 6-10mm이고 굴색이며 표면에 미세한 반점이 있다.

④ 삭시프라가 카베아나 *S. caveana* W.W. Smith

분포 ◇네팔 서부·부탄, 티베트 남부

개화기 6-8월

고산대의 미부식질로 덮인 바위땅이나 바위 그늘에 자생하며 매트형태의 군락을 이룬다. 반암수딴그루. 꽃줄기는 높이 1-5cm이며, 하부의 잎겨드랑이에 보통 긴 털이 자라고 상부에 어두운 암갈색 선모가 자란다. 근생엽에는 길이 3-15mm인 편평한 자루가 있다. 잎몸은 난형으로 길이 3-7mm이며 겉에 털이 없거나 가장자리에 털이 자란다. 선상피침형인 상부의 잎에는 자루가 없다. 꽃은 줄기 끝에 1개 달린다. 꽃받침조각은 협란형·장원형으로 길이 3-5mm이고 끝은 약간 뾰족하며 털이 없거나 가장자리에 선모가 자란다. 꽃잎은 도란상타원형으로 길이 5-10mm이고 노란색으로 반개하며 기부는 쐐기형이다. 표면에 오렌지색 반점이 있다.
*④-b는 암그루로, 수술은 짧다.

③ 삭시프라가 코르디게라. 7월23일.
V/미르긴 라의 남쪽. 4,550m.

④-a 삭시프라가 카베아나. 8월14일.
V/캉 라의 남쪽. 5,050m.

④-b 삭시프라가 카베아나. 6월30일.
T/탕 라의 남쪽. 4,300m.

④-c 삭시프라가 카베아나. 8월3일. Z3/라무라쵸의 남동쪽. 4,700m. 티베트 남동부에 자란 것은 네팔에 있는 것보다 빽빽한 군락을 이룬다. 꽃은 직경 1.5cm이며 꽃잎의 폭이 넓다.

범의귀속 Saxifraga
칠리아태절 Ciliatae

① 삭시프라가 시키멘시스 *S. sikkimensis* Engler
분포 ◇네팔 중부-아르나찰 개화기 8-9월
아고산대에서 고산대에 걸쳐 이끼 낀 바위땅
에 자생한다. 꽃줄기는 높이 10-15cm로 모여
나기 하며 연갈색 양털모양 털이 자란다. 잎
은 빽빽하게 어긋나기 하고 근생엽은 남아있
지 않다. 하부의 잎에는 길이 3-10mm인 자루
가 있다. 잎몸은 협란형-피침형으로 길이 7-
13mm이고 끝이 뾰족하며 기부는 점첨형이
다. 털이 없거나 가장자리와 표면에 드문드
문 털이 자란다. 상부의 잎은 가늘고 자루가
짧다. 줄기 끝에 꽃이 1-5개 달린다. 꽃자루는
길이 8-20mm. 꽃은 직경 1.2-1.5 cm. 꽃받침
조각은 타원형으로 길이 4-5mm. 꽃잎은 도란
형으로 길이 5-7mm이고 노란색이며 표면에
불분명한 오렌지색 반점이 있다.

② 삭시프라가 후케리 *S. hookeri* Engl. & Irmsch.
분포 ◇네팔 중부-부탄, 티베트 남부
개화기 7-9월
자생 장소와 형태가 동속 시키멘시스와 비
슷하나, 꽃줄기 상부에 자줏빛 갈색 선모가
자라고 하부에는 연갈색 양털모양 털이 자
란다. 꽃줄기는 높이 10-20cm. 근생엽에는 길
이 1-3cm인 자루가 있다. 잎몸은 난형으로
길이 7-15cm이고 기부는 원형-얕은 심형이며
가장자리와 표면에 드문드문 긴 털이 나 있
다. 자루가 없는 상부의 줄기잎은 난상피침
형으로 자루가 없으며 가장자리에 선모가
자란다. 꽃은 산방상으로 1-10개 달리고 꽃자
루는 길이 1-5cm. 꽃받침조각은 협란형-장원
형으로 길이 3-5mm. 꽃잎은 도란상타원형으
로 길이 5-8mm이고 노란색이며 표면에 오렌
지색 반점이 있다.

③ 삭시프라가 탕구티카 *S. tangutica* Engler
분포 ◇카슈미르-부탄, 티베트, 중국 서부
개화기 7-9월
히말라야 주맥 북쪽 건조한 바람이 넘나드는
고지의 초지나 미부식질에 자생한다. 네팔
동부에서는 발견된 바 없다. 꽃줄기는 높이
4-15cm이며 겉에 적갈색을 띤 양털모양의
털이 자라고, 기부에 오래된 잎자루가 시들
어 남아 있다. 근생엽에는 길이 1-4cm인 자루
가 있다. 잎몸은 타원상피침형으로 길이 1-
2.5cm이고 끝은 약간 뾰족하며 기부는 점첨
형이다. 가장자리에 드문드문 긴 털이 자란
다. 가는 상부의 잎에는 자루가 없다. 줄기
끝에 꽃이 3-8개 모여 달린다. 꽃은 직경 6-
8mm. 꽃받침조각은 장란형으로 길이 2-
3mm이며 양털모양 털이 자란다. 꽃잎은 도
란상타원형으로 길이 3-4mm이며 노란색-황
적색. 씨방은 편구형이다.

① 삭시프라가 시키멘시스. 8월25일.
V/탕신의 남쪽. 3,700m.

②-a 삭시프라가 후케리. 9월20일.
X/마로탄의 북쪽. 3,500m.

②-b 삭시프라가 후케리. 8월6일. Z3/라무라쵸의 서쪽. 4,400m. 꽃은 직경 1.5cm이며 꽃잎 표면 전체에 등색
의 작은 반점이 있다. 길게 뻗은 꽃자루에 자줏빛 갈색 선모가 촘촘하게 나 있다.

④ **범의귀속의 일종 (D)** Saxifraga sp. (D)
불안정한 자갈 비탈에 자생한다. 높이 2-
5cm인 꽃줄기에는 드문드문 털이 자라고
잎이 빽빽하게 어긋나기 한다. 근생엽에는
길이 8-15mm인 편평한 자루가 있다. 잎몸은
난형-타원형으로 길이 7-12mm이고 앞뒷면
의 주변부에 흰 털이 나 있다. 상부의 잎은
근생엽과 모양이 거의 같으나 자루가 보이
지 않으며 끝이 약간 뾰족하다. 꽃은 직경
1cm로 1-2개 달리고 꽃자루는 짧다. 꽃받침
조각은 협란형으로 꽃잎보다 약간 짧고 바
깥쪽에 털이 자란다. 꽃잎은 화조가 있는
도란형-타원형으로 길이 4-5mm이며 노란
색이다.

⑤ **삭시프라가 킹도니이** S. kingdonii Marq.
분포 ■ 티베트 남동부, 미얀마 **개화기** 7-9월
고산대의 습한 둔덕 비탈이나 이끼 낀 바위
땅에 자생한다. 꽃줄기는 높이 12-25cm로
굵으며 전체적으로 길고 부드러운 흰 털이
자란다. 근생엽은 쉽게 시든다. 줄기에 어긋
나기 하는 잎에는 자루가 없다. 잎몸은 질이
두꺼운 난상타원형으로 길이 1.5-3cm이고
끝은 둔형이며 기부는 줄기를 안고 있다. 앞
뒷면에 길고 부드러운 털이 자란다. 꽃은
직경 1.7-2cm로 줄기 끝에 1개 달린다. 꽃자
루는 길이 2-3.5cm이며 희고 긴 선모가 촘촘
하게 나 있다. 꽃받침조각은 광란형으로 꽃
잎과 길이가 같거나 약간 짧고, 바깥에는
부드러운 털이나 선모가 빽빽하게 자란다.
꽃잎은 질이 두꺼운 도란상타원형으로 길
이 8-10mm이고 노란색이며 표면에 등색
반점이 있다. 씨방의 기부는 황록색 화반에
싸여 있다.

③-a 삭시프라가 탕구티카. 8월17일.
Y3/쇼가 라. 5,400m.

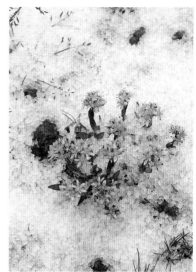
③-b 삭시프라가 탕구티카. 8월28일.
Y3/라싸 라. 5,300m.

④ 범의귀속의 일종 (D) 9월21일.
X/탕페 라의 남서쪽. 4,300m.

⑤ 삭시프라가 킹도니이. 8월14일. Z3/파티의 북동쪽. 4,300m. 곧추 선 굵은 꽃줄기 끝에 1개의 꽃이 피며, 꽃받침은 광란형으로 크다. 전체적으로 흰 털로 덮여 있다.

범의귀속 Saxifraga
칠리아태절 Ciliatae
① 삭시프라가 무르크로프티아나

S. moorcroftiana (Seringe) Sternb.

분포 □파키스탄-부탄, 티베트 남부, 윈난 · 쓰촨성 개화기 8-9월

아고산대나 고산대의 이끼 낀 바위질 초지에 자생한다. 꽃줄기는 높이 15-40cm로 상부에 황록색을 띤 선모가 자란다. 근생엽은 빨리 시든다. 하부의 잎은 타원상도피침형으로 길이 3-6cm이며 겉에 털이 없고, 기부는 점첨형이며 폭넓은 자루로 이어진다. 자루가 없는 상부의 잎은 점차 작아지고 기부는 줄기를 안고 있다. 줄기 끝에 꽃이 1-7개 산방상으로 달린다. 꽃자루는 길이 1-3cm. 꽃은 직경 1.5-1.8cm. 꽃받침조각은 난형으로 꽃잎보다 약간 짧고 가장자리에 짧은 선모가 자란다. 꽃잎은 도란형으로 길이 7-10mm

①-a 삭시프라가 무르크로프티아나. 9월2일. J/바도니부갸르의 북동쪽. 3,800m.

①-b 삭시프라가 무르크로프티아나. 9월20일. J/구피다울라. 3,750m.

①-c 삭시프라가 무르크로프티아나. 9월22일. X/탕페 라의 북동쪽. 4,000m.

①-d 삭시프라가 무르크로프티아나. 9월5일. P/찬부의 북쪽. 4,500m. 암반 틈에서 로디올라 히말렌시스와 함께 무성히 자라나 있다. 높이 25-30cm.

이고 끝은 원형이며 평개한다. 보통 오렌지
색 반점이 있다.

② **삭시프라가 킹기아나** *S. kingiana* Engl. & Irmsh.
분포 ◇네팔 중부-부탄, 티베트 남부
개화기 8-9월
아고산대나 고산대의 습한 바위질 초지에 자
생한다. 꽃줄기는 높이 20-40cm이며 무더기
로 모여나기 하고, 하부에 양털모양 털이 자
라고 상부에 가늘고 긴 연갈색 선모가 빽빽
하게 자란다. 근생엽은 빨리 시든다. 줄기잎
은 빽빽하게 어긋나기 하고 자루가 없다. 잎
몸은 난형-장원형으로 길이 3-5cm이고 끝은
뾰족하며 기부는 줄기를 안고 있다. 앞뒷면에
드문드문 양털 모양의 털이 자란다. 상부의
잎은 작아진다. 줄기 끝은 분지해 꽃이 3-10개
산방상으로 달린다. 꽃받침조각은 난형으로
길이 4-5mm. 꽃잎은 도란형으로 길이 8-
10mm이고 반개하며 오렌지색 반점이 있다.

② 삭시프라가 킹기아나. 9월13일. Q/파타레포카리 부근. 4,000m. 촬영/오바(大場)

③ **삭시프라가 라티플로라**
S. latiflora Hook.f. & Thoms.
분포 ◇네팔 동부-부탄 **개화기** 8-9월
고산대의 습한 바위땅에 자생한다. 꽃줄기
는 높이 8-18cm로 상부에 흰 선모가 빽빽하
게 자란다. 털이 없는 하부의 잎은 쉽게 시든
다. 잎몸은 타원상피침형으로 길이 3-6cm이
고 끝은 뾰족하며 기부는 넓은 자루가 된다.
자루가 없는 상부의 잎은 점차 작아지고, 기
부는 줄기를 안고 있으며 가장자리에 흰 털
이 자란다. 줄기 끝에 꽃이 1-3개 달린다. 꽃
자루는 길이 1-3cm. 꽃은 직경 1.7-2cm. 꽃받
침조각은 약간 두꺼운 난상타원형으로 꽃잎
보다 짧고 가장자리에 선모가 자란다. 꽃잎
은 도란상타원형으로 길이 8-12mm이고 노
란색으로 반개하며 끝은 원형이다. 오렌지
색 반점이 있다.

③-b 삭시프라가 라티플로라. 9월21일. X/틴타초. 4,200m. 절벽 밑의 원뿔 모양으로 쌓인 암설을 비집고 점점이
소군락을 이루고 있다. 꽃은 크고 수가 적다.

③-a 삭시프라가 라티플로라. 9월21일.
X/틴타초. 4,200m.

칠리아태절 Ciliatae

① 삭시프라가 디베르시폴리아 S. diversifolia Seringe

분포 ㅁ카슈미르-미얀마, 티베트 남부, 윈난 · 쓰촨성 개화기 8-10월

아고산대나 고산대의 둔덕 비탈과 이끼 낀 바위땅에 자생한다. 꽃줄기는 높이 7-15cm로 하부는 쓰러지기 쉬우며, 상부에 잎이 어긋나기 하고 짧은 적갈색 선모가 자란다. 근생엽에는 긴 자루가 있다. 잎몸은 난형으로 길이 1-3cm이고 끝은 약간 뾰족하며 기부는 얕은 심형이다. 줄기잎은 줄기를 살짝 안고 있으며 가장자리에 짧은 선모가 자란다. 꽃은 직경 1.2-1.5cm로 1-8개 달린다. 꽃받침조각은 난상피침형이며 가장자리에 선모가 나 있다. 꽃잎은 화조가 있는 도란형이며 노란색으로 평개하고 기부에 4-6개 소돌기가 있다.

② 삭시프라가 파르나시폴리아

S. parnassifolia D. Don

분포 ㅁ카슈미르-부탄, 티베트 남부

개화기 8-9월

산지에서 고산대에 걸쳐 숲 주변이나 이끼 낀 바위땅에 자생한다. 동속 디베르시폴리아와 매우 비슷하나, 잎은 줄기에 일정하게 어긋나기 하고 기부는 줄기를 깊숙이 안고 있다. 꽃줄기는 높이 15-40cm이며 기부에 긴 연갈색털이 자란다. 근생엽은 크다. 꽃은 5-20개 달리고 보통 꽃잎에 소돌기가 없다.

③ 삭시프라가 베르게니오이데스 S. bergenioides Marq.

분포 ■부탄, 티베트 남동부 개화기 7-9월

고산대의 미부식질이나 바위땅에 자생한다. 높이 8-18cm이며 전체적으로 양털모양의 연갈색 털이 자란다. 근생엽에는 긴 자루가 있다. 잎몸은 난상피침형으로 길이 8-20mm이고 끝은 둔형, 기부는 쐐기형이며 앞뒷면에 털이

① -a 삭시프라가 디베르시폴리아. 9월2일. J/바도니 부갸르의 북동쪽. 3,800m.

① -b 삭시프라가 디베르시폴리아. 8월20일. P/캉진의 남동쪽. 3,900m.

② -b 삭시프라가 파르나시폴리아. 9월7일. P/셰르파가온의 동쪽. 2,550m. 암벽 틈에서 자란 꽃줄기가 길이 50cm로 뻗어 있다. 줄기잎의 기부는 물매화처럼 줄기를 안고 있다.

② -a 삭시프라가 파르나시폴리아. 9월30일. O/타레파티의 남쪽. 3,500m.

자란다. 가는 줄기잎에는 자루가 없다. 줄기 끝에 보통 꽃이 1개 달려 아래를 향해 핀다. 꽃은 길이 1.4-1.7cm. 꽃받침은 길이 5-7mm로 자줏빛 갈색, 갈래조각은 협란형이며 가장자리에 털이 있다. 꽃잎은 도란상타원형으로 곧게 뻗으며 분홍색이다.

④ 삭시프라가 니그로글란둘리페라
S. nigroglandulifera Balakr. [*S. nutans* Hook.f. & Thoms.]
분포 ◇네팔 중부-부탄, 티베트 남부, 윈난·쓰촨성 **개화기** 7-8월
고산대의 둔덕 비탈에 자생한다. 꽃줄기는 높이 5-25cm이며 꽃차례 전체에 적갈색 선모가 빽빽하게 자란다. 근생엽에는 긴 자루가 있다. 잎몸은 협란상타원형으로 길이 1-3cm이고 겉에 드문드문 털이 나 있다. 가는 상부의 잎에는 자루가 없고 가늘며 가장자리에 선모가 자란다. 줄기 끝에 꽃이 2-10개 총상으로 달린다. 꽃은 길이 7-12mm이며 아래를 향한다. 꽃받침조각은 피침형. 꽃잎은 도피침형으로 곧게 뻗으며 연노란색이다.

⑤ 삭시프라가 리크니티스
S. lychnitis Hook.f. & Thoms.
분포 ■카슈미르-부탄, 티베트 서남부, 중국 서부 **개화기** 6-8월
고산대의 이끼 낀 바위땅이나 하천가의 모래땅에 자생한다. 꽃줄기는 높이 3-10cm이며 선모가 자라고 상부는 적갈색을 띤다. 근생엽의 자루는 짧다. 잎몸은 난상타원형으로 길이 7-13mm이고 끝은 뾰족하며 기부는 쐐기형이다. 앞뒷면에 선모나 센털이 빽빽하게 나 있다. 꽃은 1개가 옆이나 아래를 향해 달린다. 꽃받침조각은 장원상피침형으로 길이 6-9mm이고 선모가 촘촘하게 나 있다. 꽃잎은 장원상도피침형으로 길이 1-1.5cm이고 노란색이며 꽃받침 끝에서 평개한다.

③ 삭시프라가 베르게니오이데스. 8월3일. Z3/라무라쵸의 남동쪽. 4,650m.

④ 삭시프라가 니그로글란둘리페라. 7월31일. V/팡페마. 5,100m.

⑤-a 삭시프라가 리크니티스. 7월21일. S/루낙의 남동쪽. 4,950m.

⑤-b 삭시프라가 리크니티스. 7월29일. T/마칼루 주봉의 남쪽. 5,000m. 빗물을 빨아들인 안드로사체 델라바이의 스폰지 형태의 쿠션에 뿌리를 내리고 있다.

범의귀속 Saxifraga

칠리아태절 Ciliatae

① 삭시프라가 히스피둘라

S. hispidula D. Don var. *hispidula*

분포 ◇가르왈-시킴 개화기 7-9월

아고산대에서 고산대에 걸쳐 이끼 낀 바위땅
이나 숲 주변의 둔덕 비탈에 자생한다. 꽃줄
기는 가늘고 높이 3-15cm이며 전체적으로
선모와 흰 털이 자란다. 자루 없는 잎은 줄기
에 어긋나기 한다. 잎몸은 난형-타원형으로
길이 3-15mm이고 끝은 뾰족하며 기부는 원형
이다. 앞뒷면에 희고 빳빳한 털이 자라고, 상
부의 잎은 끝이 가시모양을 이룬다. 줄기 끝
에 꽃이 1-3개 달린다. 꽃자루는 길이 5-
15mm. 꽃은 직경 1-1.3cm. 꽃받침조각은 난
형-피침형. 꽃잎은 광타원형으로 노란색이
며, 기부에 소돌기가 5-12개 있다.

② 삭시프라가 히스피둘라 도니아나

S. hispidula D. Don var. *doniana* Engl.

분포 ◇네팔 동부-미얀마, 티베트 남부, 윈
난·쓰촨성 개화기 7-9월

기준변종과 달리 잎에 톱니가 1-2개쌍 있으며
톱니 끝은 가시처럼 뾰족하다. 분포역의 동부
에서는 기준변종과의 중간형이 많이 발견된다.

③ 삭시프라가 와르디이

S. wardii W.W. Smith var. *wardii* [*S. gouldii* Fischer var. *gouldii*]

분포 ◇부탄, 티베트 남동부, 윈난성
개화기 7-9월

아고산대나 고산대의 바위 비탈에 자생한다. 꽃
줄기는 높이 5-20cm로 모여나기 하고, 상부에 끝
이 까만 선모가 자란다. 자루 없는 잎은 줄기에
촘촘하게 어긋나기 한다. 잎몸은 피침형으로
길이 7-12mm이며 끝은 가시 모양이고, 연골질
인 가장자리에 드문드문 가시모양의 센털이나
빳빳한 선모가 자란다. 줄기 끝에 보통 꽃이 1개
아래를 향해 달리고, 꽃받침조각과 꽃잎은 곧게
뻗는다. 꽃자루는 길이 3-7mm. 꽃받침은 적갈색
으로 길이 5-7mm이고 갈래조각은 삼각상피침
형이며 가장자리와 바깥쪽에 선모가 나 있다.
꽃잎은 화조가 있는 도란형으로 길이 8-14mm이
고 노란색이며 가장자리에 짧은 선모가 자란다.

④ 삭시프라가 왈리키아나

S. wallichiana Sternb. [*S. brachypoda* D. Don var. *fimbriata* (Seringe) Engl. & Irmsch.]

분포 ◇쿠마온-미얀마, 티베트 남부, 윈난·
쓰촨성 개화기 7-9월

아고산대의 숲 주변이나 고산대의 바위가 많
은 초지에 자생한다. 꽃줄기는 높이 10-20cm
로 잎이 촘촘하게 어긋나기 하고 잎겨드랑이
마다 곁눈을 안고 있으며 상부에 선모가 자란
다. 잎에는 자루가 없다. 잎몸은 피침형으로
길이 1-1.5cm이고 끝은 가시모양이며 기부는

① 삭시프라가 히스피둘라. 8월 7일. T/투로포카리의 북쪽. 4,100m. 꽃잎 기부에 5-12개의 소돌기(캘러스)가 있
다. 잎은 가장자리가 매끈하고 끝은 가시 모양이며, 앞뒷면에 빳빳한 털이 자란다.

②-a 삭시프라가 히스피둘라 도니아나. 8월 10일.
X/장고탕의 북쪽. 4,100m.

②-b 삭시프라가 히스피둘라 도니아나. 8월 14일.
Z3/남차바르와의 남서쪽. 4,350m.

줄기를 살짝 안고 있다. 가장자리에 가시형태의 톱니가 있으며 표면에 광택이 있다. 줄기 꽃이 끝에 1-4개 달린다. 꽃자루는 길이 3-12mm이고 꽃받침에 걸쳐 선모가 나 있다. 꽃은 직경 1.2-1.4cm. 꽃받침조각은 난형. 꽃잎은 화조가 있는 타원형으로 노란색이며, 기부에 소돌기가 2개 있다.

⑤ **삭시프라가 브라키포다** *S. brachypoda* D. Don
분포 ◇가르왈-미얀마, 티베트 남부, 윈난·쓰촨성 개화기 7-9월
아고산대나 고산대의 건조해지기 쉬운 바위 비탈에 자생한다. 동속 왈리키아나와 매우 비슷하나, 전체적으로 작고 꽃자루는 길이 1-2cm로 뻗으며 붉은빛을 띤 선모가 빽빽하게 자란다. 꽃줄기는 높이 5-15cm. 잎은 길이 5-10mm. 꽃잎은 굴색이고 평개하지 않으며, 표면 기부에 소돌기가 없다.

③-a 삭시프라가 와르디이. 8월14일.
Z3/파티 부근. 4,300m.

③-b 삭시프라가 와르디이. 8월3일. Z3/라무라쵸의 남동쪽. 꽃줄기 끝에 종 모양의 꽃이 1개 달리고, 빗물이 스며들지 않도록 아래를 향해 핀다. 꽃잎 가장자리에 짧은 선모가 나 있다.

④ 삭시프라가 왈리키아나. 8월21일.
P/펨탕카르포의 남서쪽. 4,450m.

⑤-a 삭시프라가 브라키포다. 8월9일.
V/낭고 라의 북쪽. 4,450m.

⑤-b 삭시프라가 브라키포다. 8월25일.
V/종그리의 북쪽. 3,900m.

범의귀속 Saxifraga
칠리아태절 Ciliatae

① 삭시프라가 필리카울리스 *S. filicaulis* Seringe

분포 ㅁ카슈미르-부탄, 티베트 남부, 중국 서부 개화기 7-9월

아고산대 숲 주변 절벽이나 고산대 하부의 자갈 비탈에 자생하며, 땅위로 쓰러지거나 아래로 늘어진 반목질의 가는 줄기에서 꽃줄기가 비형태로 모여나기 한다. 꽃줄기는 높이 3-10cm로 많은 잎이 어긋나기 하고 상부의 잎겨드랑이에 곁눈을 안고 있으며 전체에 선모가 자란다. 잎에는 자루가 거의 없다. 잎몸은 선상 장원형으로 길이 3-10mm이고 끝은 뾰족하며 가장자리에 드문드문 뻣뻣한 선모가 나 있다. 꽃은 직경 1-1.2cm로 줄기 끝에 보통 1개 달린다. 꽃자루는 길이 3-10mm. 꽃받침조각은 난형으로 작다. 꽃잎은 화조가 있는 도란형-타원형으로 길이 5-6mm이며 노란색이다.

② 삭시프라가 브루노니스 *S. brunonis* Seringe

분포 ◇카슈미르-미얀마, 티베트 남부, 윈난·쓰촨성 개화기 8-9월

아고산대에서 고산대에 걸쳐 이끼 낀 바위땅이나 습한 모래땅에 자생한다. 꽃줄기는 짙은 붉은색으로 가늘고 높이 4-8cm이며 잎과 털을 갖지 않는다. 털이 없는 주출지는 실형태로 길이 20cm 이상 자라며 끝에 녹색의 어린 모종이 달려 있다. 잎은 기부에 로제트형태로 달린다. 잎몸은 타원상도피침형으로 길이 8-12mm이며 끝이 뾰족하다. 앞뒷면에는 털이 없고, 가장자리에 드문드문 센털이나 뻣뻣한 선모가 나 있다. 꽃은 줄기 끝에 1-3개 달린다. 꽃자루에는 길이 1-3cm인 드문드문 선모가 자란다. 꽃받침조각은 난형으로 털이 없다. 꽃잎은 타원상도피침형으로 길이 6-8mm이고 귤색이며 기부에서 평개한다.

①-a 삭시프라가 필리카울리스. 8월1일.
K/구르치 라그나의 북쪽. 3,300m.

①-b 삭시프라가 필리카울리스. 9월6일.
P/캉진의 서쪽. 3,700m.

②-b 삭시프라가 브루노니스. 8월10일. X/장고탕의 북쪽. 4,200m. 짙은 붉은색을 띤 실 형태의 주출지가 길이 20cm 이상으로 뻗어 있으며, 그 끝에 달린 어린 모종이 뿌리를 내려 새로운 그루를 이루고 있다.

②-a 삭시프라가 브루노니스. 7월19일.
K/카그마라 고개의 서쪽. 4,300m.

③ 삭시프라가 플라겔라리스 크라시플라겔라타

S. flagellaris Sternb. subsp. *crassiflagellata* Hulten

분포 ◇파키스탄-가르왈 **개화기** 7-9월

플라겔라리스의 아종이 아닌 독립된 종으로 구분해야 한다고 본다. 건조 고지의 자갈이 많은 초지나 생지에 자생하며, 직경 0.6-0.8mm인 다육질의 주출지를 내민다. 꽃줄기는 높이 6-13cm이며 상부에 부드러운 선모가 자란다. 하부의 줄기잎은 다육질의 타원상도 피침형으로 길이 1-2cm이고 끝에 까끄라기 형태의 센털이 있으며 가장자리에 길고 부드러운 선모가 자란다. 상부의 잎은 작다. 줄기 끝에 꽃이 1-5개가 산방상으로 달린다. 꽃자루는 길이 5-20mm이고 꽃받침에 걸쳐 부드러운 선모가 촘촘하게 나 있다. 꽃받침조각은 장원형으로 작다. 꽃잎은 도피침형으로 길이 8-10mm이며 노란색이다.

④ 삭시프라가 스테노필라

S. stenophylla Royle [S. flagellaris Sternb. subsp. *stenophylla* (Royle) Hulten]

분포 ◇파키스탄-네팔 중부 **개화기** 7-9월

건조 고지의 바람이 넘나드는 불안정한 바위 비탈에 자생하며, 길고 가는 짙은 붉은색의 주출지를 내민다. 주출지는 직경 0.2-0.4mm이고 기부 이외에는 털이 없으며 끝에 어린 모종이 붙어 있다. 꽃줄기는 높이 2-5cm이고 이따금 상부에서 분지하며 전체적으로 짧고 부드러운 선모가 자란다. 줄기잎은 혁질의 장원형-타원형으로 길이 4-10mm이고 끝은 약간 까끄라기형태로 뾰족하며 가장자리에 선모가 나 있다. 꽃은 산방상으로 1-5개 달리고 꽃자루는 길이 3-5mm. 꽃받침조각은 장원형. 꽃잎은 도란형으로 길이 6-8mm이며 노란색이다.

③-a 삭시프라가 플라겔라리스 크라시플라겔라타. 7월17일. D/데오사이 고원. 초여름까지 눈이 남아 있는 건조지역 고지의 초지에 자란 것으로, 다육질의 주출지가 나지에 뻗어 있다.

③-b 삭시프라가 플라겔라리스 크라시플라겔라타. 8월10일. B/페어리 메도우의 남쪽. 3,950m.

④-a 삭시프라가 스테노필라. 7월5일. C/간바보호마의 남동쪽. 4,400m.

④-b 삭시프라가 스테노필라. 9월6일. J/홈쿤드 부근. 4,300m.

범의귀속 Saxifraga

칠리아태절 Ciliatae

① 삭시프라가 무크로눌라타

S. mucronulata Royle [*S. flagellaris* Sternb. subsp. *mucronulata* (Royle) Engl. & Irmsch.]

분포 ◇카슈미르-네팔 동부 **개화기** 6-8월

고산대의 바위가 많은 초지나 무너진 둔덕의 비탈에 자생하며, 붉은빛을 띤 주출지가 흙 없는 바위 위나 둔덕의 역경사면까지 뻗는다. 직경 0.5-0.7mm인 주출지에는 선모가 자라며 끝에 어린 모종이 달려 있다. 꽃줄기는 높이 4-8cm이고 잎이 빽빽하게 어긋나기하며 상부에 선모가 자란다. 잎의 기부는 로제트형태로 달린다. 잎몸은 혁질의 도피침형-주걱형으로 길이 7-12mm이고 끝은 가시처럼 뾰족하며 가장자리에 연골질의 센털이나 있다. 상부의 잎은 타원상피침형이며 가장자리에 빳빳한 선모가 나 있다. 줄기 끝에 꽃이 2-5개 모여 달린다. 꽃은 직경 6-8mm. 꽃받침조각은 난형이며 끝이 뾰족하다. 꽃잎은 도란형으로 길이 4-5mm이며 굴색이다.

② 삭시프라가 무크로눌라토이데스

S. mucronulatoides J.T. Pan [*S. flagellaris* Sternb. subsp. *sikkimensis* Hultén]

분포 ◇네팔 동부-부탄, 티베트 남부

개화기 6-8월

고산대의 불안정한 모래땅이나 무너진 둔덕의 수직면에 자생한다. 동속 무크로눌라타와 매우 비슷하나, 잎은 가늘고 상부의 줄기잎은 선상도피침형으로 길이 5-14mm, 폭 2-3mm이다. 상부의 잎은 약간 성기게 달렸다. 주출지는 직경 0.5mm. 꽃줄기는 높이 4-15cm. 줄기 끝에 꽃이 3-12개 모여 달린다. 꽃잎은 협도란형으로 길이 6-8mm이다.

① 삭시프라가 무크로눌라타. 6월16일. M/야크카르카. 3,800m.

②-b 삭시프라가 무크로눌라토이데스. 7월11일. S/고교의 남쪽. 4,750m. 가늘고 질이 강한 주출지가 다른 풀이 자라지 않는 둔덕의 역경사면과 바위 위까지 사방으로 뻗어 있다.

②-a 삭시프라가 무크로눌라토이데스. 7월12일. S/고교. 4,800m.

③ 삭시프라가 콘상기네아

S. consanguinea W.W. Smith

분포 ◇네팔 서부-동부, 티베트 남동부, 중국 서부 **개화기** 6-8월

고산대의 건조한 바람에 노출된 자갈땅에 자생한다. 동속 필리페라와 비슷하나, 주출지는 다육질로 부드러우며 직경 0.6-0.8mm이다. 꽃줄기는 높이 1-5cm. 잎도 다육질로, 상부에서는 점차 작아지고 가장자리에 빳빳한 털이 자라며 뒷면에는 털이 없다. 꽃은 직경 5-6mm. 꽃받침조각은 난형. 꽃잎은 화조가 있는 난형으로 길이 1.5mm이고 끝은 둔형이며 노란색-황적색이다.

④ 삭시프라가 필리페라 *S. pilifera* Hook.f. & Thoms.

분포 ■네팔 서부-부탄 **개화기** 6-8월

고산대의 편평한 모래땅이나 불안정한 자갈비탈에 자생한다. 털이 없는 주출지는 직경 0.3-0.5mm로 붉은빛을 띠고 질이 약간 단단하며 끝에 어린 모종이 붙어 있다. 꽃줄기는 높이 0.7-3cm로 잎이 빽빽하게 어긋나기 하고 상부에 부드러운 털이 자란다. 잎은 혁질의 도피침형으로 길이 3-10mm이고 끝은 둔형이며, 가장자리에 센털이나 선모가 자라고 뒷면에 부드러운 털이 자란다. 줄기 끝에 꽃이 1-4개 모여 달리고 꽃자루는 짧다. 꽃은 직경 6-8mm이며 꽃잎 5장은 간격이 벌어져 있다. 꽃받침조각은 장란형으로 꽃잎보다 약간 짧고 끝은 약간 뾰족하며 가장자리와 바깥쪽에 털이 나 있다. 꽃잎은 협란형-장원상피침형으로 길이 2-3mm이고 끝은 약간 뾰족하며 노란색-황적색이다. 기부에 노란색 소돌기가 2개 있다. 씨방은 편구형이며 녹황색 꽃턱에 파묻혀 있다.

*④-a는 촬영지를 포함해 네팔 서중부에서는 지금까지 채집된 기록이 없다.

④-a 삭시프라가 필리페라. 7월1일. K/셰곰파의 남쪽. 4,850m.

③ 삭시프라가 콘상기네아. 7월9일. K/눈무 라. 5,000m.

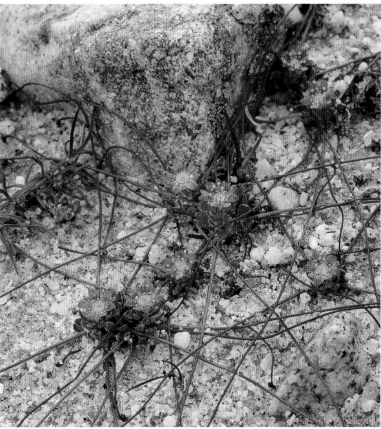

④-b 삭시프라가 필리페라. 7월21일. S/캉충의 북동쪽. 5,250m.

범의귀속 Saxifraga
칠리아태절 Ciliatae
① 삭시프라가 푼크툴라타 *S. punctulata* Engler
분포 ■ 네팔 동부·시킴, 티베트 남부
개화기 7-9월

고산대 상부 비가 내리면 물에 잠기기 쉬운 빙하 주변의 평활한 모래땅이나 지의류로 덮인 자갈 비탈에 자생한다. 꽃줄기는 높이 2-5cm로 분지하고 전체적으로 짙은 붉은색의 선모가 빽빽하게 자라며, 꽃자루와 꽃받침은 만지면 끈적거린다. 꽃잎을 포함해 전체적으로 질이 두껍다. 잎은 로제트형태로 달리고 이따금 줄기 하부에 어긋나기 한다. 잎몸은 약간 다육질의 주걱형으로 길이 3-9mm이며, 잎의 가장자리에는 빳빳한 털이 자라고 상부의 잎에는 선모가 자란다. 꽃줄기 끝에 꽃이 1-4개 달려 차례로 핀다. 꽃자루는 길이 1-3cm. 꽃은 종형으로 직경 8-12mm. 꽃받침조각은 배모양의 협란형으로 길이 2-4mm이고 평개하며, 바깥쪽에 선모가 자라고 안쪽은 털이 없이 연두색을 띤다. 꽃잎은 화조가 있는 광타원형-도란형으로 길이 6-9mm이고 끝은 둔형이며 흰색-귤색이다. 표면에 여러 개의 검붉은색 반점과 꽃밥을 모방한 귤색 반점이 2개 있다. 씨방은 난구형이며 기부는 검자주색 꽃턱에 싸여 있다. 암술대는 매우 짧다.
*칸첸중가 주변의 것(①-b, ①-c)은 꽃잎이 그루와 시기에 따라 흰색-귤색으로 다르다. 건조한 장소에서는 귤색이 많다.

② 삭시프라가 푼크툴라토이데스
S. punctulatoides J.T. Pan
분포 ■ 티베트 남부 개화기 7-8월
고산대 상부 습한 모래땅이나 지의류로 덮인 바위 비탈에 자생한다. 동속 푼크툴라타와 비슷하나, 꽃잎은 다소 질이 얇은 협도란

①-a 삭시프라가 푼크툴라타. 7월29일. S/고락셉. 5,200m. 석영 모래로 덮인 빙하호 부근에 상아색 땅에 2가지 색 반점을 지닌 직경 1cm가량의 꽃이 흩어져 있다.

①-b 삭시프라가 푼크툴라타. 7월29일. V/로낙의 동쪽. 4,850m.

①-c 삭시프라가 푼크툴라타. 7월30일. V/로낙의 동쪽. 4,900m.

①-d 삭시프라가 푼크툴라타. 8월28일. Y3/라싸 라. 5,250m.

형으로 길이 6-7mm이고 표면은 흰색이며, 하부에 붉은 자주색의 반점이 많이 모여 있고 꽃밥을 모방한 작은 노란색 반점이 2개있다. 꽃줄기는 높이 3-6cm로 활발히 분지하고 전체적으로 검붉은색 선모가 자라며, 산방 상으로 꽃이 3-8개 달린다. 잎은 기부에 로제트형태로 달리고, 줄기 전체에 어긋나기 한다. 줄기잎은 검상장원형으로 길이 5-10mm이고 가장자리와 뒷면에 선모가 자란다. 꽃받침조각은 난상삼각형으로 길이 2-3mm이고 끝이 뾰족하다. 꽃자루는 길이 1-3cm. 꽃은 주발 모양으로 열리며 직경 1-1.4cm. 씨방은 어두운 자주색을 띤다.

③ 삭시프라가 시그나텔라

S. signatella Marq. [*S. brunneopunctata* H. Smith]
분포 ◇티베트 남부 개화기 8-9월

건조 고지의 이끼 낀 바위 비탈이나 바위틈에 자생한다. 꽃줄기는 높이 4-8cm로 가늘고 상부에서 활발히 분지하며, 전체적으로 길이가 고르지 않은 자줏빛 갈색 선모가 자란다. 잎은 기부에는 로제트형태로 달리고 줄기에는 어긋나기 한다. 로제트잎은 다소 질이 두꺼운 주걱형으로 길이 4-8mm, 폭 1-2mm이며 상부 가장자리에 톱니 모양의 털이 있다. 줄기잎은 선상도피침형이며 주변부에 선모가 자란다. 줄기 끝의 집산꽃차례에 꽃이 2-10개 달린다. 꽃자루는 길이 1-2.5cm. 꽃은 직경 9-12mm. 꽃받침조각은 협란형으로 길이 2mm이고 평개하며 바깥쪽에 선모가 빽빽하게 나 있다. 꽃잎은 화조가 있는 타원상피침형으로 길이 4-6mm이고 굴색이며, 하부에 검붉은색반점 다수와 작은 노란색 반점 2개가 있다. 씨방의 기부는 꽃턱에 싸여 있으며, 꽃잎의 기부와 함께 어두운 붉은색을 띤다.

②-a 삭시프라가 푼크툴라토이데스. 8월6일.
Z3/라무라쵸의 남동쪽. 4,650m.

②-b 삭시프라가 푼크툴라토이데스. 8월6일.
Z3/라무라쵸의 남동쪽. 4,650m.

③-a 삭시프라가 시그나텔라. 8월22일.
Y4/간덴의 남동쪽. 4,750m.

③-b 삭시프라가 시그나텔라. 8월22일. Y4/간덴의 남동쪽. 4,850m. 바위틈에서 솟아나온 자줏빛 갈색 꽃줄기는 선모로 덮여 있으며, 그 끝에 긴 꽃자루를 지닌 꽃이 여러 개 달린다.

범의귀속 Saxifraga
칠리아태절 Ciliatae

① 삭시프라가 웅기쿨라타 S. unguiculata Engler
분포 ◇티베트 서 · 남동부, 중국 서부
개화기 7-8월

다소 건조한 고산대의 바위가 많은 초지에
자생한다. 꽃줄기는 높이 4-8cm로 잎이 빽빽
하게 어긋나기 하고 상부에 선모가 자란다.
로제트잎과 꽃줄기 잎의 기부는 장원상도피
침형으로 길이 4-8mm이고 끝이 뾰족하며
가장자리에 센털이 나 있다. 중부-상부의 잎
은 약간 다육질로 길이 4-12mm이고 가장자
리에 선모가 나 있다. 줄기 끝에 꽃이 1-5개
달린다. 꽃자루는 길이 1-2cm. 꽃은 직경 1-
1.4cm. 꽃받침조각은 난형으로 휘어 있으며
바깥쪽에 선모가 자란다. 꽃잎은 화조가 있
는 타원상도피침형으로 길이 4-6mm이고 끝
이 뾰족하며 노란색이다. 하부에 오렌지색
반점과 소돌기가 2개가 있다.

② 삭시프라가 피니티마 S. finitima W.W. Smith
분포 ■티베트 동부, 윈난 · 쓰촨성
개화기 7-8월

고산대의 이끼 낀 바위 비탈에 자생한다. 꽃줄
기는 높이 2.5-5cm이며 전체적으로 갈색을 띤
선모가 빽빽하게 자란다. 잎은 기부에 로제트
형태로 달리고, 줄기 중부 아래로는 잎 1-3장
이 어긋나기 한다. 잎의 기부는 장원상도피침
형으로 길이 4-7mm이고 가장자리에 선모가
자라며 앞뒷면에 드문드문 짧은 선모가 나 있
다. 꽃은 직경 1.3-1.5cm로 1개 달린다. 꽃받침
조각은 타원상피침형으로 길이 4mm이며 겉
에 털이 나 있다. 꽃잎은 화조가 있는 타원형
으로 길이 6-8mm이며 노란색. 표면의 하부는
오렌지색이며 소돌기가 2개 있다.

① 삭시프라가 웅기쿨라타. 8월2일. Y1/신데의 북쪽. 4600m.검붉은색을 띤 꽃줄기에 다육질의 가는 잎이 다닥다
닥 붙어 어긋나기 한다. 꽃자루에 선모가 촘촘하게 나 있다.

② 삭시프라가 피니티마. 8월6일.
Z3/라무라쵸의 남동쪽. 4,600m.

③-a 삭시프라가 스텔라아우레아. 7월31일.
T/리푸크 부근. 4,400m.

③-b 삭시프라가 스텔라아우레아. 7월29일.
Z3/도숑 라의 서쪽. 3,900m.

③ 삭시프라가 스텔라아우레아

S. stella-aurea Hook.f. & Thoms.

분포 ◇네팔 중부-부탄, 티베트, 중국 서부
개화기 7-8월

고산대의 이끼 낀 바위땅이나 바위틈에 자생
하며, 로제트잎이 빽빽하게 모인 매트모양이
나 쿠션모양의 그루를 이룬다. 로제트잎은 직
경 4-5mm이며 중심에서 직접 꽃자루가 1개 뻗
어 나온다. 로제트잎은 약간 질이 두꺼운 도란
상주걱형으로 길이 2-4mm이고 가장자리에
선모가 자란다. 길이 1-3cm인 꽃자루에 선모가
나 있다. 꽃받침조각은 난상타원형으로 길이
3mm이고 휘어 있으며 끝은 약간 뾰족하고 주
변부에 드문드문 선모가 자란다. 꽃잎은 화조
가 있는 도란상타원형으로 길이 3.5-5mm이고
노란색이며, 표면에 불분명한 오렌지색 반점
과 노란색 소돌기 2개가 있다.

④ 삭시프라가 움벨룰라타

S. umbellulata Hook.f. & Thoms. f. *umbellulata*

분포 ◇네팔 동부-부탄, 티베트 남동부
개화기 6-9월

아고산대에서 고산대에 걸쳐 습지나 이끼 낀
암벽에 자생한다. 높이 5-10cm인 꽃줄기에 잎
이 드문드문 어긋나기 하고 갈색을 띤 선모
가 자란다. 로제트잎은 반구형으로 빽빽하게
모이고, 약간 다육질의 주걱형으로 길이 6-
12mm이며 겉에 털이 없거나 가장자리에 짧
은 선모가 자란다. 줄기잎은 가늘고 가장자리
에 선모가 촘촘하게 나 있다. 줄기 끝에 꽃 5-
15개가 산형상으로 달린다. 꽃자루는 길이 5-
15mm. 꽃은 직경 8-12mm. 꽃받침조각은 삼
각상협란형으로 길이 2-3mm이며 바깥쪽에
선모가 촘촘하게 나 있다. 꽃잎은 도피침형으
로 길이 7-11mm이고 노란색이며, 표면 기부
에 검붉은색 맥이 5개 있다.

⑤ 삭시프라가 페르푸실라

S. perpusilla Hook.f. & Thoms.

분포 ◇네팔 서부-부탄, 티베트 서남부, 윈난
성 개화기 7-8월

고산대 상부의 이끼 낀 바위땅에 얇은 쿠션
을 이루며 줄기는 자라지 않는다. 로제트잎
은 주걱형으로 길이 2-3mm이며 가장자리에
흰 털이 촘촘하게 나 있다. 꽃은 직경 7-10mm
로 1개 달린다. 꽃자루는 길이 3-15mm이며
선모가 촘촘하게 나 있다. 꽃받침조각은 배
모양의 협란형으로 길이 1-1.5mm이며 가장
자리에 털이 있다. 꽃잎은 화조가 있는 난형
으로 길이 3-4mm이고 끝은 약간 뾰족하며
노란색이다. 표면 하부에 오렌지색 반점이
있다.

*⑤-a는 바위의 역경사면에 착생한 것. ⑤-b는
동속 사기노이데스 쿠션의 왼쪽 윗부분에 자
란 것으로, 잎은 가려져 보이지 않는다.

④ 삭시프라가 움벨룰라타. 7월6일. Z1/포탕 라. 4,800m. 안개가 자주 끼는 북쪽의 서늘한 절벽면에 자라나 있다.
반구상의 로제트잎은 직경 1.5~2cm.

⑤-a 삭시프라가 페르푸실라. 7월30일.
S/고락셉 부근. 5,150m.

⑤-b 삭시프라가 페르푸실라. 7월21일.
S/캉충의 남쪽. 5,200m.

범의귀속 Saxifraga
칠리아태절 Ciliatae
① 삭시프라가 세실리플로라
S. sessiliflora H. Smith

분포 ■ 티베트 남부 개화기 7-8월

건조한 고지대의 상승기류에 노출된 산등성이의 바위 비탈에 자생하며, 바위틈을 메우듯 두꺼운 부정형의 쿠션을 이룬다. 꽃줄기는 높이 1-2.5cm이고 잎은 어긋나기 한다. 로제트잎은 약간 질이 두꺼운 도피침형으로 길이 4-6mm이고 녹황색이며, 끝은 약간 가시모양으로 뾰족하고 가장자리에 빳빳한 털이 자란다. 줄기잎은 약간 가늘고 가장자리에 선모가 자란다. 꽃은 로제트에 1개 달리고 길이 1-10mm인 꽃자루에 선모가 빽빽하게 나 있다. 꽃은 직경 8-3mm로 반개한다. 꽃받침조각은 난상타원형으로 길이 3-4mm이고 가장자리에 센털이나 빳빳한 선모가 자란다. 꽃잎은 화조가 있는 도란형으로 길이 6-8mm, 폭 2.5-4mm이고 끝은 원형이며 흰색이다. 씨방의 기부는 녹황색 꽃받침으로 싸여 있다.

②삭시프라가 브레비카울리스
S. brevicaulis H. Smith

분포 ■ 티베트 남부 개화기 7-8월

건조한 고지대 응달의 축축한 바위 비탈에 쿠션을 이룬다. 동속 세실리플로라와 매우 비슷하나, 전체적으로 작고 꽃줄기는 높이 5-10mm이며 겉에 털이 없거나 선모가 드문드문 자란다. 로제트잎은 길이 2.5-4mm이며 가장자리에 가는 센털이나 선모가 나 있다. 줄기잎의 가장자리에는 선모가 드문드문 나 있다. 꽃자루는 짧다. 꽃은 직경 7-9mm. 꽃받침조각은 길이 2-3mm이고 가장자리에 가는 센털이 자란다. 꽃잎은 능상도란형으로 길이 4-6mm이고 기부는 점차 가늘어진다.

①-a 삭시프라가 세실리플로라. 7월11일. Y4/호뎃사. 5,050m.

①-b 삭시프라가 세실리플로라. 7월11일. Y4/호뎃사의 북쪽. 4,800m.

② 삭시프라가 브레비카울리스. 8월6일. Y3/카로 라의 서쪽. 4,800m.

③ 삭시프라가 야크에몬티아나

S. jacquemontiana Decne.
분포 ◇파키스탄-부탄, 티베트 남동부
개화기 7-9월

건조한 고산대의 바위 비탈에 쿠션을 이룬다. 꽃줄기는 높이 7-20mm이고 잎은 어긋나기 하며 선모가 자라고, 끝에 꽃이 1개 달린다. 잎은 약간 다육질의 도란형-주걱형으로 길이 3-7mm, 폭 1-2mm이고 끝은 원형-예형이며 겉에 선모가 자란다. 자루 없는 꽃은 직경 8-10mm이며 반개한다. 꽃받침조각은 난형으로 길이 3-4mm이고 겉에 선모가 자란다. 꽃잎은 약간 질이 두꺼운 도란상타원형으로 길이 4-6mm이고 끝은 둔형이며 노란색. 표면 하부에 불분명한 오렌지색 반점과 노란색 소돌기가 2개 있다.

④ 삭시프라가 엥글레리아나

S. engleriana H. smith
분포 ◇네팔 중부-부탄, 티베트 남부
개화기 7-8월

고산대 상부의 미부식질이 쌓인 바위땅이나 바위틈에 자생하며 매트모양의 군락을 이룬다. 로제트는 직경 3-5mm. 꽃줄기는 굵고 높이 1-3cm로 곧추서며, 잎은 어긋나기 하고 겉에 짧은 털이 자란다. 끝에 꽃이 1개 달린다. 로제트잎은 질이 두꺼운 도란형으로 길이 2-3mm이며 겉에 털이 없다. 줄기잎은 약간 가늘고 길다. 꽃은 직경 7-10mm. 꽃받침조각은 배모양의 난상타원형으로 길이 2-2.5mm. 꽃잎은 화조가 있는 타원형으로 길이 3-4mm이고 끝은 원형-둔형이며 노란색. 기부는 급히 가늘어져 화조가 된다. 꽃잎 표면에는 불분명한 오렌지색 반점이 있으며, 이따금 표면 전체가 주홍색을 띠고 하부에 2개의 노란색 작은 반점이 두드러진다. 씨방의 기부는 어두운 자주색 꽃받침에 싸여 있다.

③-a 삭시프라가 야크에몬티아나. 8월2일. B/마제노 고개의 남동쪽. 4,700m.

③-b 삭시프라가 야크베몬티아나. 8월31일. H/브리그 호수 부근. 4,200m.

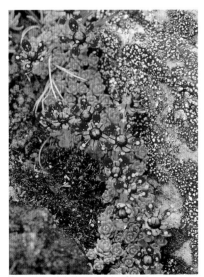

④-a 삭시프라가 엥글레리아나. 7월15일. S/가줌바의 남쪽. 5,100m.

④-b 삭시프라가 엥글레리아나 7월26일. S/타르낙의 북동쪽. 4,900m. 꽃받침조각은 배 모양으로 둥글게 말려 있어 비가 오면 물이 고인다. 씨방의 기부는 꿀을 분비하는 검자주색 꽃턱에 싸여 있다.

범의귀속 Saxifraga
포르피리온절 Porphyrion

석회질의 바위땅이나 바위틈에서 많이 발견
되며, 쿠션형태 또는 매트형태의 그루를 이
룬다. 잎은 로제트형태로 모이고 갈라짐이
없으며, 보통 혁질이고 가장자리는 연골질
이 되기 쉽다. 잎의 끝부분과 주변부에 1개
이상의 미세한 배출공(排出孔)이 있다. 기온
이 급하강하면 이내 배출공에서 여분의 물
이 배출되어 잎 내부의 팽만과 표피의 긴장
이 사라지면서, 잎은 안쪽으로 굽고 로제트
를 닫아 줄기 끝의 생장점과 꽃봉오리가 어
는 것을 막는다. 석회질 지역에 자생하는 종
류는 배출된 수분이 증발하면 배출공 주변
과 표피 전면에 분백색의 엷은 탄산칼슘 층
이 남는다. 이 층은 잎 조직이 과도하게 건
조해지는 것을 막는 효과를 지니고 있다고
한다.

① 삭시프라가 히포스토마 S. hypostoma H Smith
분포 ◇네팔 서중부 **개화기** 5-7월
고산대 상부의 건조해지기 쉬운 석회질의 바
위 비탈에 두꺼운 쿠션을 이룬다. 쿠션내부
의 다년생 줄기에 빽빽하게 숙존하는 오래된
로제트는 직경 2-3mm. 새로운 로제트는 구형
으로 직경 3-5mm이며, 쿠션 표면에 빈틈없이
밀집해 개화기에도 거의 열리지 않는다. 잎
은 혁질의 도란상타원형으로 길이 2-3mm이
고 끝과 가장자리는 안쪽으로 굽었으며, 가
장자리에 하얀 톱니 모양의 빳빳한 털이 자
란다. 잎 끝으로 뚫고 나온 뒷면 정수리에 배
출공이 1개 있으며, 그 주변은 배출된 탄산
칼슘 때문에 분백색을 띤다. 꽃은 직경 5-
7mm로 로제트에 1개 달리고, 꽃줄기와 꽃자
루는 거의 자라지 않으며, 꽃의 기부는 로제
트잎에 묻혀 있다. 꽃잎은 화조가 있는 난상
도란형으로 길이 3-5mm이며 흰색. 꽃밥은 적
갈색이다.

①-a 삭시프라가 히포스토마. 6월11일. M/다울라기리 주봉의 북쪽. 4,750m. 잎 주변에 연골질의 하얀 센털이 나
있다. 잎 끝은 안쪽으로 굽었으며, 돌출된 뒤쪽의 표피에 배출공이 1개 있다.

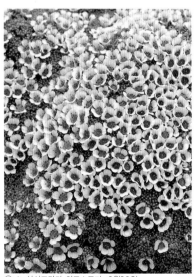

①-b 삭시프라가 히포스토마. 6월20일.
N/트롱 고개의 북서쪽. 4,750m.

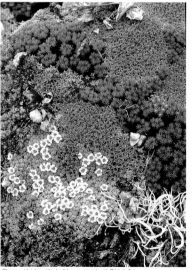

①-c 삭시프라가 히포스토마. 6월20일.
N/트롱 고개의 북서쪽. 4,650m.

② 삭시프라가 로일레이. 5월 28일.
M/카페 콜라의 왼쪽 기슭. 4,050m.

*①-c의 쿠션 군락에는 꽃을 피운 동종 외에 로디올라 콕체네아와 아레나리아 폴리트리코이데스, 살릭스 히레마티카 등이 모자이크처럼 수놓아져 있으며, 오른쪽 아래로는 하얀 끈 형태의 설차(Thamonolia vermicuris)류도 보인다.

② 삭시프라가 로일레이 *S. roylei* H. smith

분포 ■ 네팔 중부 개화기 5-6월

고산대의 바위 그늘진 자갈땅이나 암봉에 쿠션을 이룬다. 로제트잎은 혁질의 난형-도란상타원형으로 길이 2-3.5mm이고 기부 가장자리에 털이 나 있다. 끝은 삼각모양으로 뾰족하고 약간 휘어 있으며, 배출공이 1개 있고 그 주변은 분백색을 띤다. 꽃줄기는 높이 1-2cm로 가는 잎이 드문드문 어긋나기 하고, 끝에 1-3개의 꽃이 모여 달린다. 꽃줄기에서 꽃받침에 걸쳐 선모가 자란다. 꽃받침은 녹색으로 길이 3mm, 갈래조각은 난상피침형. 꽃잎은 화조가 있는 난상도란형으로 길이 4-5mm이고 끝은 원형 또는 둔형이며 흰색. 꽃밥은 적갈색이다.

③ 삭시프라가 안데르소니이

S. andersonii Engler

분포 □ 네팔 서부-부탄, 티베트 남부

개화기 5-7월

고산대의 바위 비탈에 느슨한 쿠션을 이루며, 로제트 사이에는 틈이 있다. 꽃줄기는 높이 2-5cm로 보통 붉은빛을 띠고 잎은 어긋나기 하며 상부에 선모가 자란다. 로제트는 직경 8-12mm이며 보통 악천후 속에서도 닫히지 않는다. 로제트잎은 혁질의 도란형-주걱형으로길이 3-6mm이고 기부 가장자리에 털이 나 있다. 끝은 약간 뾰족하고 살짝 휘어 있으며, 표면 가장자리에 배출공이 3-7개 늘어서 있고 그 주변은 분백색을 띤다. 줄기 잎은 약간 가늘고 가장자리에 선모가 자란다. 줄기 끝에 꽃이 1-7개 모여 달린다. 꽃자루는 길이 4mm 이하. 꽃은 직경 6-9mm. 꽃받침은 길이 3-4mm로 붉은색을 띠고, 갈래조각은 협란형이며 선모가 나 있다. 꽃잎은 화조가 있는 도란형으로 길이 4-6mm이며 흰색-연붉은색. 꽃밥은 적갈색이다.

*③-c는 비가 많이 내리는 지역의 미부식질이 쌓인 바위땅에서 자란 것으로, 줄기와 잎 그리고 꽃받침은 녹색이고 로제트는 악천후 속에서 쉽게 닫힌다. 잎은 선모양의 쐐기형, 끝은 절형으로 휘어 있지 않으며 절형면에 보통 배출공이 3개 있다. 별종처럼 보이나 H. Smith(1958)에 따르면 이것도 동종에 포함된다.

③-a 삭시프라가 안데르소니이. 6월21일. N/트룽 고개의 북서쪽. 4,650m. 잎 끝에 달라붙은 흰 탄산칼슘 가루의 특히 짙은 부분에 작은 배출공이 3-7개 열려 있다.

③-b 삭시프라가 안데르소니이. 6월11일. M/다울라기리 주봉의 북쪽. 4,750m.

③-c 삭시프라가 안데르소니이. 6월21일. R/두드쿤드의 남쪽. 4,300m.

범의귀속 Saxifraga
포르피리온절 Porphyrion
① 삭시프라가 게오르게이 *S. georgei* Anthony
분포 ■네팔 서부-부탄, 티베트 남부, 윈난·
쓰촨성 개화기 5-7월

고산대의 바위 비탈면이나 암벽 틈에 약간
느슨한 쿠션을 이루며, 안정한 장소에서는
직경 40cm 이상으로 생장한다. 불임경(不稔
莖)에 달린 로제트는 직경 3-4mm이며 개화
기에도 거의 열리지 않는다. 로제트잎은 십
자 마주나기 하고 혁질의 난형-장원형으로
길이 1.5-3mm이며 겉에 털이 거의 없다.
끝은 절형으로, 절형면은 삼각형이고 분백
색을 띠며 배출공이 1개 있다. 꽃줄기는 길
이 2-5mm, 잎은 마주나기 하고 꽃받침에
걸쳐 미세한 선모가 자란다. 꽃은 1개 달리
며 직경 5-7mm. 꽃받침조각은 난형으로
길이 1-2mm. 꽃잎은 화조가 있는 원상도란
형으로 길이 3-4mm, 폭 2mm이고 약간
주름이 있으며 흰색. 수술의 꽃밥은 적갈색
이다.

② 범의귀속의 일종 (E) *Saxifraga sp (E)*
고산대의 그늘진 암벽에 두께 10cm, 직경
30cm인 조밀하게 얽힌 쿠션을 이룬다. 불임
경 끝에 달린 로제트는 직경 3-5mm이며 개
화기에 살짝 열린다. 잎은 어긋나기 하고 혁
질의 도란형-주걱형으로 길이 2-3mm, 폭
1mm이며 털이 없다. 끝은 삼각모양으로
뾰족하거나 절형이다. 분백색을 띤 잎 끝의
절형면에 배출공이 1개 있다. 꽃은 로제트에
살짝 파묻혀 1개 달리며 직경 5-7mm로 로
제트의 직경보다 크다. 꽃받침조각은 협란
형이며 털이 거의 없다. 꽃잎은 원상도란형
으로 흰색이고 기부는 쐐기형이다.

①-a 삭시프라가 게오르게이. 6월9일. X/장고탕의 북쪽. 4,300m. 빗물이 흐르는 바위의 비탈면을 덮고 있다. 로
제트를 잘 살펴보면 잎이 십자 마주나기 하고 있는 것을 알 수 있다.

①-b 삭시프라가 게오르게이. 6월9일. X/장고탕의 북쪽. 4,300m.

② 범의귀속의 일종 (E) 7월1일.
K/세곰파의 남쪽. 4,900m.

③ **삭시프라가 풀비나리아** S. pulvinaria H. smith
분포 ◇파키스탄-부탄, 티베트 남부
개화기 5-7월
고산대의 비에 노출된 바위 비탈에 두꺼운
쿠션을 이루며 때때로 두께 7cm 이상, 직경
40cm 이상으로 크게 생장한다. 잎은 혁질의
장원상쐐기형으로 길이 2.5-4mm이고 가장
자리에 털이 자란다. 잎 끝은 절형으로, 분
백색을 띠며 원형-삼각형인 배출공이 1개
있다. 꽃은 로제트에 살짝 파묻혀 1개 달리
며 직경 6-7mm. 줄기와 꽃자루는 거의 자라
지 않는다. 꽃받침의 기부는 두껍고, 갈래조
각은 난형으로 길이 2mm이고 가장자리에
선모가 나 있다. 꽃잎은 화조가 있는 원상도
란형으로 길이 4-6mm이며 흰색. 꽃밥은 적갈
색이다.

④ **삭시프라가 클리보룸** S. clivorum H. Smith
분포 ■시킴-부탄, 티베트 남부 개화기 6-7월
비가 많이 내리는 고산대의 이끼 낀 바위땅
에 약간 느슨한 쿠션을 이룬다. 불임경 끝에
달리는 로제트는 개화기에 열리며 직경 7-
10mm. 잎은 혁질의 도란형-장원형으로 길이
3-6mm, 폭 1.5-3mm이고 기부 가장자리에 미
세한 선모가 자라며, 끝은 삼각모양으로 뾰
족하거나 절형이다. 삼각형-원형인 절형면
에 배출공이 1-3개의 있다. 꽃줄기는 길이 3-
7mm이고 가는 잎이 어긋나기 하며 끝에 꽃
이 1-2개 달린다. 꽃은 직경 7-8mm. 꽃받침조
각은 난형으로 길이 2mm이며 매끈하거나
가장자리에 선모가 나 있다. 꽃잎은 약간 질
이 얇고 화조가 있는 원상도란형으로 길이
4mm이고 끝은 원형-둔형이며 흰색, 꽃밥은
노란색이다.

③-a 삭시프라가 풀비나리아. 7월1일. T/탕 라의 남서쪽. 4,500m.

③-b 삭시프라가 풀비나리아. 5월27일.
T/톱케골라의 북서쪽. 4,100m.

④ 삭시프라가 클리보룸. 7월4일. X/탕페 라의 남서쪽. 4,600m. 여름 낮 동안 이슬비가 이어지는 음습한 바위땅
에 얇은 쿠션을 이룬다. 꽃밥은 노란색이다.

범의귀속 Saxifraga
포르피리온절 Porphyrion
① 삭시프라가 티안타 치트리나

S. thiantha H. Smith var. *citrina* H. Smith

분포 ■부탄 개화기 6-7월

고산대의 이끼가 낀 바위땅에 약간 느슨한 쿠션을 이룬다. 로제트는 직경 6-8mm. 로제트잎은 혁질의 장원상쐐기형으로 길이 3-5mm, 폭 1-1.5mm이고 기부 가장자리에 털이 자란다. 끝은 삼각모양으로 뾰족하고 약간 휘어 있으며, 보통 배출공이 3개 있다. 꽃줄기는 길이 1-3cm이고 가는 잎이 어긋나기하며 끝에 꽃이 1개 달린다. 줄기 상부에서 꽃받침까지 끝이 암갈색을 띠는 선모가 빽빽하게 자란다. 줄기 잎은 가늘고 끝은 약간 돌출형이다. 꽃은 직경 1.5cm. 꽃받침조각은 협란형으로 길이 3mm. 꽃잎은 화조가 있는 편원형으로 길이 6-8mm, 폭 6-7mm이며 레몬색. 꽃밥은 꽃잎과 색이 같다.

② 삭시프라가 치네레아 *S. cinerea* H. Smith

분포 ■네팔 중부 개화기 5-6월

산지에서 아고산대에 걸쳐 지의류와 이끼로 덮인 석회질의 암벽에 자생하며, 매트모양 그루를 이룬다. 로제트잎은 혁질의 선상도피침형으로 길이 7-15mm, 폭 2mm . 끝은 뾰족하고 약간 휘어 있으며, 표면 가장자리에 배출공이 7-15개 있고 그 주변이나 표피 전체가 분백색을 띤다. 꽃줄기는 높이 5-10cm로, 전체적으로 검붉은색을 띠고 선모가 자라며 가는 잎이 드문드문 어긋나기 한다. 줄기 끝에 꽃 3-6개가 산방상으로 달린다. 꽃자루는 길이 1-2cm. 꽃은 직경 1.5cm. 꽃받침조각은 피침형으로 길이 3-4mm. 꽃잎은 화조가 있는 도란형으로 길이 8-10mm, 폭 6mm이며 흰색이다.

③ 삭시프라가 스톨리츠캐

S. stolitzkae Engl. & Irmsch.

분포 ■쿠마온-부탄 개화기 4-6월

아고산대의 지의류와 이끼로 덮인 석회질의 암벽에 자생하며, 느슨한 쿠션모양의 그루를 이룬다. 잎은 혁질의 선상도피침형으로 길이 7-13mm, 폭 2-3.5mm이고 기부 가장자리에 털이 자라며 끝은 둔형으로 약간 휘어 있다. 표면 가장자리에 배출공이 7-13개의 있으며 그 주변은 흰색을 띤다. 꽃줄기는 높이 3-7cm로 붉은빛을 띠고 잎이 드문드문 어긋나기 하며 끝은 분지한다. 꽃이 2-5개 달린다. 꽃자루는 길이 3-15mm. 꽃은 직경 1.2-1.5cm. 꽃받침조각은 삼각상협란형으로 길이 3mm이고 겉에 선모가 자라며 검붉은색. 꽃잎은 화조가 있는 도란형-편원형으로 길이 7-9mm, 폭 4-6mm이며 분홍색이다.

① 삭시프라가 티안타 치트리나. 7월4일 X/탕페 라의 남서쪽. 4,600m. 습한 바위질 비탈면에 작은 쿠션을 이루고 있다. 직경 1.5cm의 레몬색 꽃이 눈길을 끈다.

② 삭시프라가 치네레아. 6월9일. M/차우라반의 북동쪽. 3,550m.

③ 삭시프라가 스톨리츠캐. 5월12일 X/바르숑의 남동쪽. 3,300m.

미크란테스절 Micranthes

④ 삭시프라가 팔리다 *S. pallida* Seringe

분포 ㅁ카슈미르-부탄, 티베트 남부, 중국 서부 **개화기** 6-8월

다형적인 종으로, 아고산대나 고산대의 이끼 낀 모래질 비탈에 자생한다. 꽃줄기는 높이 3-20cm로 검붉은색을 띠고 전체적으로 부드러운 선모가 자란다. 잎은 기부에 달리고 길이 1-3cm인 자루를 가진다. 잎몸은 난형으로 길이 7-30mm이고 가장자리에 성기고 무딘 톱니가 있으며, 매끈하거나 표면에 털이 나 있다. 꽃줄기 끝은 분지해 꽃이 1-7개 달린다. 포엽은 피침형으로 작다. 꽃자루는 길이 5-40mm. 꽃은 직경 7-10mm. 꽃받침조각은 난형으로 약간 휘어 있다. 꽃잎은 화조가 있는 타원형으로 길이 3-4mm이며 흰색. 씨방과 꽃밥은 검붉은색이다.

⑤ 삭시프라가 멜라노첸트라

S. melanocentra Franch. [*S. pseudopallida* Engl. & Irmsch.]

분포 ◇네팔 중부-부탄, 티베트 남부, 중국 서부 **개화기** 7-8월

다형적인 종으로, 고산대의 습한 둔덕 초지나 모래땅에 자생한다. 꽃줄기는 높이 3-10cm로 검붉은색을 띠고 끝에 꽃이 1-5개 달리며, 꽃받침에 걸쳐 부드러운 선모가 자란다. 잎은 기부에 달리고 길이 5-20mm인 자루가 있다. 잎몸은 난형으로 길이 1-2cm이며 가장자리에 성기고 무딘 톱니가 있다. 포엽은 피침형으로 작다. 꽃자루는 길이 1-2cm. 꽃은 직경 1.2-2cm. 꽃받침조각은 난상피침형으로 길이 4-7mm이며 휘어 있다. 꽃잎은 화조가 있는 난형으로 길이 5-9mm이고 흰색이며 기부에 오렌지색 반점이 2개 있다. 암술과 꽃밥은 초콜릿색이다.

⑥ 삭시프라가 가게아나 *S. gageana* W. W. Smith

분포 ◇네팔 중부-시킴 **개화기** 7-9월

고산대의 이끼 낀 바위땅이나 둔덕 비탈에 자생한다. 꽃줄기는 높이 2-5cm로 가늘고 검붉은색을 띠며 부드러운 선모가 자란다. 잎은 기부에 촘촘히 어긋나기 하고 길이 5-10mm인 자루를 가진다. 잎몸은 타원형-난상피침형으로 길이 3-5cm이고 끝은 둔형이거나 뾰족하고, 매끈하거나 가장자리에 톱니가 1-2개 있다. 표면에 길고 부드러운 털이 자란다. 꽃줄기는 기부에서 분지해 꽃이 1-3개 달린다. 꽃자루는 길이 1-3cm. 꽃은 접시 모양으로 피며 직경 7-10mm. 꽃받침조각은 장란형으로 길이 2mm이고 끝은 둔형이거나 약간 돌출형. 꽃잎은 화조가 있는 난형으로 길이 3mm이며 붉은색. 씨방은 작으며 검붉은색의 꽃받침에 싸여 있다.

④ 삭시프라가 팔리다. 6월29일. T/톱케골라. 3,750m.

⑤ 삭시프라가 멜라노첸트라. 7월16일. S/가줌바. 5,150m.

⑥ 삭시프라가 가게아나. 8월17일. Q/판치포카리 부근. 4,500미터 꽃줄기는 기부에서 분지해 붉은 빛을 띤 긴 꽃자루가 곧추 선다. 꽃자루 끝에 붉은 꽃잎을 지닌 꽃이 옆을 향해 달린다.

범의귀속 Saxifraga
메소귀네절 Mesogyne
① 삭시프라가 시비리카 *S. sibirica* L.

분포 ㅁ유라시아의 아한대와 온대의 고산
개화기 6-9월

히말라야에서는 파키스탄에서 네팔 중부까지, 그리고 티베트에 분포하며 고산의 바위가 많고 습한 둔덕 비탈에 자생한다. 꽃줄기는 높이 5-20cm이며 꽃받침에까지 길고 부드러운 선모가 빽빽하게 자란다. 잎의 기부에는 길이 2-5cm인 자루가 있다. 잎몸은 원신형, 기부는 심형으로 폭 1-2cm이고 손바닥모양으로 5-9개로 갈라졌다. 갈래조각은 광란형-삼각상란형이고 표면에 털이 없거나 짧은 털이 나 있다. 상부의 잎은 자루가 없고 작다. 잎 끝에 꽃이 1-7개가 산방상으로 달린다. 꽃자루는 길이 1-4cm, 꽃은 직경 1.2-2.2cm. 꽃받침조각은 장원상피침형으로 길이 3-4mm. 꽃잎은 도피침형으로 길이 8-15mm이고 흰색이며 기부는 황록색을 띤다.

② 삭시프라가 체르누아 *S. cernua* L.

분포 ◇북반구의 아한대와 온대의 고산
개화기 7-8월

히말라야에서는 파키스탄 북부의 고산에 분포하며, 안개가 자주 끼는 바위가 많은 초지에 자생한다. 꽃줄기는 높이 5-15cm로 이따금 분지하고 상부에 부드러운 선모가 자라며, 꽃과 구슬눈이 총상으로 달린다. 잎의 기부에는 가는 자루가 있다. 잎몸은 원신형, 기부는 심형으로 폭 8-13mm이고 5-7개로 갈라졌으며 갈래조각은 광란형이다. 포엽은 피침형, 꽃은 1.5-2cm. 꽃받침조각은 장란형으로 길이 2-4mm. 꽃잎은 도피침형으로 길이 6-12mm, 폭 3-8mm이며 흰색이다.

헐떡이풀속 Tiarella
③ 헐떡이풀 *T. polyphylla* D. Don

분포 ㅁ네팔 중부-미얀마, 티베트 남부, 중국 남부, 일본 개화기 4-7월

산지에서 아고산대에 걸쳐 숲 주변의 둔덕 초지에 자생한다. 높이 15-30cm인 꽃줄기에 부드러운 선모가 빽빽하게 자라고 꽃이 10-20개 총상으로 달린다. 근생엽에는 긴 자루가 있다. 잎몸은 광란형으로 길이 3-5cm이고 기부는 심형이며 3-5개로 얕게 갈라졌다. 가장자리에 이가 있고 앞뒷면에 선모가 나 있다. 줄기 잎은 작고 자루가 짧다. 꽃자루는 길이 4-8mm, 꽃은 아래를 향한다. 꽃받침조각은 장란형으로 길이 2-3mm이고 반개하며, 흰색을 띠거나 바깥쪽이 붉은색을 띤다. 꽃잎은 아주 가늘고 꽃받침조각은 좀 더 길다.

① 삭시프라가 시비리카. 7월17일. K/카그마라 고개의 북동쪽. 4,400m. 원신형의 잎몸은 손바닥 모양으로 5-9개로 갈라졌고, 갈래조각의 형태는 같은 그루 안에서도 광란형에서 삼각상란형으로 다양하다.

② 삭시프라가 체르누아. 7월27일.
B/상고살루의 서쪽. 3,600m.

③ 헐떡이풀. 5월23일.
M/로트반의 남동쪽. 2,750m.

괭이눈속 Chrysosplenium

꽃에는 꽃받침조각이 4장 있고 꽃잎은 없다.

④ 크리소스플레니움 카르노숨

C. carnosum Hook.f & Thoms.

분포 ◇ 가르왈-미얀마, 티베트 동부, 쓰촨성
개화기 6-8월

고산대의 습한 바위땅이나 둔덕 비탈에 자생
한다. 옆으로 뻗는 뿌리줄기가 있으며 근생엽
은 달리지 않는다. 꽃줄기는 높이 4-8cm로 모
여나기 하고 기부에 비늘조각잎이 달린다. 줄
기에 어긋나기 하는 잎에는 길이 2-8mm인 자
루가 있다. 잎몸은 도란형으로 작다. 줄기끝에
꽃이 5-9개 모여 달린다. 포엽은 광란형-타원
형으로 길이 5-10mm이고 가장자리에 성기고
둥근 톱니가 있다. 표면은 녹황색으로 광택이
있으며, 맥이 약간 파여 있다. 꽃은 황금색으
로 직경 2.5-3mm. 꽃받침조각은 거의 원형으
로 길이 2mm이며 곧추 선다.

⑤ 크리소스플레니움 누디카울레

C. nudicaule Bunge

분포 ◇네팔 서부-부탄, 티베트, 중국 서부,
러시아 **개화기** 5-8월

고산대의 습한 바위땅이나 둔덕 비탈에 자
생한다. 꽃줄기는 높이 5-8cm로 모여나기
하고, 잎이 없거나 작은 잎이 1개 달린다. 근
생엽에는 길이 2-5cm인 자루가 있다. 잎몸
은 원신형으로 폭 5-12mm이고 기부는 심형
이며 손바닥모양으로 얕게 갈라졌다. 갈래
조각은 원상광란형. 줄기 끝에 꽃이 3-12개
모여 달린다. 하부의 포엽은 원상광란형이
며 자루는 매우 짧다. 상부의 포엽은 가늘고
작으며 노란색을 띤다. 꽃은 보통 노란색으
로 직경 3-4mm. 꽃받침조각은 거의 원형이
며 곧추 선다.
*⑤-a는 상부의 포엽은 녹색, 꽃받침은 고동
색. 꽃줄기는 길이 5-7cm, 잎은 없다.

④ 크리소스플레니움 카르노숨. 6월25일. T/반두케의 북쪽. 4,300m.

⑤-a 크리소스플레니움 누디카울레. 5월 30일.
M/카페 콜라의 왼쪽 기슭. 4,000m.

⑤-b 크리소스플레니움 누디카울레. 6월16일. R/베니카르카의 북서쪽. 4,300m. 꽃에는 노란색 꽃받침조각이 4
장 있고 꽃잎은 없다. 상부의 포엽은 꽃과 함께 노란색을 띤다.

돌나물과 CRASSULACEAE

바위땅 등 건조해지기 쉬운 장소에 자생하는 다육식물. 꽃은 방사상칭형.

돌꽃속 Rhodiola

우엉형태의 뿌리줄기를 지닌 다년초로, 히말라야와 중국 서부의 산악지대에 집중적으로 분포한다. 뿌리줄기는 이따금 땅위로 드러나고, 정수리는 보통 비늘조각잎에 덮여 있다. 꽃줄기는 단순하며 잎이 빽빽하게 어긋나기 한다. 꽃은 집산상으로 모여 달리고 보통 꽃받침조각과 꽃잎이 5장, 심피가 5개, 수술이 10개이며 씨방 기부에 비늘조각모양의 꿀샘이 달려 있다. 암수딴그루인 종이 많다.

① 로디올라 프라이니이

R. prainii (Hamet) H. Ohba

분포 ◇네팔 서부-시킴, 티베트 남부
개화기 7-9월

건조한 산지에서 고산대에 걸쳐 바위그늘이나 절벽에 자생하며, 땅속에 직경 1-2cm인 뿌리줄기가 있다. 매우 짧은 꽃줄기에 잎 4-5장이 돌려나기 형태로 달린다. 잎자루는 길이 7-30mm. 잎몸의 기부에서 자루에까지 붉은 자주색을 띤다. 잎몸은 약간 혁질의 난형-원상광란형으로 길이 1-4cm이고 기부는 넓은 쐐기형-얕은 심형, 끝은 둔형-원형이며 표면은 철형(凸形)이다. 앞뒷면에 유두상의 짧은 털이 자란다. 꽃차례는 직경 1.5-4cm이고 5수성의 양성화가 8-17개 달리며, 잎모양 작은 포엽이 있다. 꽃받침조각은 삼각상피침형으로 길이 3-4mm이며 자줏빛 붉은색을 띤다. 꽃잎은 난형으로 반개하며 길이 5-7mm이고, 끝은 갑자기 뾰족해지며 가장자리에 미세한 톱니가 있다. 봉오리는 붉은색을 띠며, 열리면 흰색이 된다.

② 로디올라 스탑피이 *R. stapfii* (Hamet) S. H. Fu

분포 ◇시킴-부탄, 티베트 남부 개화기 8-9월
고산대 바람에 노출된 풀밭형태의 초지나 둔덕에 자생한다. 단단하게 얽힌 미부식질 속에 직경 5-10mm인 짧은 뿌리줄기가 있으며, 정수리는 오래된 밤갈색의 잎자루나 꽃줄기에 덮여 있다. 끝에 잎 4-6장이 돌려나기 형태로 달린다. 잎자루는 길이 1-3mm. 잎몸은 혁질의 타원형으로 길이 8-15mm이고 끝은 둔형, 기부는 넓은 쐐기형이며 가장자리 부분은 질이 얇다. 꽃은 집산상으로 1-5개 달리고 5수성이며 황록색-주홍색이다. 암수딴그루. 꽃자루는 길이 7-12mm. 꽃받침조각은 삼각상피침형으로 길이 2-3mm. 꽃잎은 장원상피침형이며 꽃받침조각과 길이가 같거나 약간 짧다. 심피는 길이 3-5mm, 끝은 밖으로 굽어 있다.
*사진의 꽃은 모두 자성(雌性)이다.

①-a 로디올라 프라이니이. 8월6일. S/팡보체의 북동쪽. 4,000m. 꽃이 막 피기 시작한 무렵으로, 비홍색을 띤 잎은 점점 희어진다. 혁질의 잎에 유두상의 짧은 털이 나 있다.

①-b 로디올라 프라이니이. 8월27일.
Y3/추부곰파의 서쪽. 4,500m.

② 로디올라 스탑피이. 8월11일.
X/주푸 호수의 서쪽. 4,100m.

③ 로디올라 호브소니이 *R. hobsonii* (Hamet) S.H. Fu

분포 ◇시킴-부탄, 티베트 남부 개화기 7-9월

아고산대의 이끼 낀 바위땅이나 절벽에 자생한다. 뿌리줄기는 직경 5-10mm. 꽃줄기는 자줏빛 붉은색을 띠고 길이 5-25cm로 쓰러져서 사방으로 뻗으며, 잎은 촘촘하게 겹쳐 어긋나기 한다. 근생엽에는 길이 1-3cm인 자루가 있다. 잎몸은 능상타원형이며 줄기잎보다 크다. 잎줄기는 다육질의 타원형-도란형으로 길이 7-12mm이고 끝은 약간 뾰족하며 가장자리는 자줏빛 붉은색을 띤다. 줄기 끝에 꽃이 2-8개 모여 달린다. 꽃은 5수성의 양성화. 꽃받침조각은 난상피침형으로 길이 4-5mm이며 붉은 자주색 띤다. 꽃잎은 흰색-연붉은색, 배모양의 난상타원형으로 길이 6-7mm이며 곧추 선다.

④ 로디올라 후밀리스

R. humilis (Hook.f.&Thoms.) S.H. Fu

분포 ◇네팔 중부-부탄, 티베트, 칭하이성 개화기 7-9월

고산대의 건조한 바람에 노출된 절벽이나 바위에 쌓인 흙에 자생한다. 뿌리줄기는 직경 1-2cm로 굵고 정수리는 오래된 잎자루나 꽃줄기에 싸여 있으며, 그 속에서 근생엽과 꽃줄기가 자란다. 꽃줄기는 길이 3-5cm로 쓰러져서 사방으로 뻗으며, 잎이 촘촘하게 어긋나기 한다. 근생엽에는 길이 5-10mm인 가는 자루가 있다. 잎몸은 다육질의 장원형-도피침형으로 길이 4-8mm이고 끝은 약간 돌출형. 자루가 없는 잎줄기는 약간 작다. 줄기 끝에 5수성의 양성화가 1-5개 달린다. 포엽은 잎모양. 꽃받침조각은 난상삼각형으로 길이 2-4mm. 꽃잎은 난상피침형으로 반개하고 길이 5-7mm이며 흰색에서 붉은색으로 변한다.

③-a 로디올라 호브소니이. 9월16일.
X/탁창 부근. 3,050m.

③-b 로디올라 호브소니이. 8월9일.
X/탕탕카의 북쪽. 3,650m.

④-a 로디올라 후밀리스. 8월20일.
P/캉진의 남동쪽. 3,900m.

④-b 로디올라 후밀리스. 8월27일. Y3/추부곰파의 서쪽. 4,600m. 건조지의 단단한 절벽에 자란 것으로, 쿠션식물을 뒤덮듯 꽃줄기를 사방으로 뻗고 있다.

① 로디올라 콕치네아

R. coccinea(Royle) Boriss. [*Sedum quadrifidum* Pallas var. *coccineum* (Royle) Hook.f.&Thoms.]

분포 ◇아프가니스탄-부탄, 티베트, 중국 서부 개화기 6-7월

고산대의 자갈땅이나 바위틈에 자생한다. 뿌리줄기는 직경 3cm, 길이 30cm에 달하고 상부에서 활발히 분지하며, 가지 끝에 오래된 많은 꽃줄기가 숙존한다. 꽃줄기는 높이 2-5cm. 바람이 강한 장소에서는 매우 짧은 꽃줄기 끝에 잎이 모여 쿠션형태를 이룬다. 잎은 선상타원형으로 길이 3-10mm. 꽃은 줄기 끝에 1-8개 달리고 3-5수성이며 암수 딴그루. 꽃받침조각은 선상피침형으로 작다. 꽃잎은 난상장원형으로 길이 2-4mm이며 노란색이다.

*①-e의 바위 비탈에는 이 종 외에도 흰 꽃이 달린 범의귀속 2종, 벼룩이자리속, 잎이 큰 양지꽃속의 쿠션식물이 함께 자라고 있다.

② 로디올라 스미티이 *R. smithii* (Hamet) S.H .Fu

분포 ■시킴, 티베트 남부 개화기 7-9월

고산대의 건조한 바람이 넘나드는 모래땅이나 바위틈에 자생한다. 뿌리줄기는 직경 5-15mm, 꽃줄기는 길이 2-4cm이며 하부에는 보통 잎이 달리지 않는다. 근생엽은 원주상으로 길이 1-2cm, 폭 1-2mm이고 끝은 점첨형이며 기부는 가는 자루가 된다. 자루가 없는 줄기잎은 길이 5-10mm. 줄기 끝에 꽃이 3-11개 두상으로 모여 달린다. 꽃받침조각은 피침형으로 길이 2-3mm이며 검붉은색을 띤다. 꽃잎은 배모양의 피침형으로 길이 4-5mm이며 흰색-연붉은 색이다.

①-a 로디올라 콕치네아. 6월 11일. M/다울라기리 주봉의 북쪽. 4,750m.

①-b 로디올라 콕치네아(암그루) 6월21일. N/토롱 고개의 북서쪽. 4,600m.

①-c 로디올라 콕치네아(수그루와 지난해의 암그루) 6월20일. N/토롱 고개의 북서쪽. 4,650m.

①-d 로디올라 콕치네아(수그루) 7월12일. T/싱스와 다라의 서쪽. 4,500m.

①-e 로디올라 콕치네아(노란꽃) 등의 군락. 6월21일. N/토롱 고개의 북서쪽. 4,650m.

② 로디올라 스미티이. 7월27일. Y2/롱부크곰파의 북쪽. 4,600m.

③ 로디올라 크레티니이 *R. cretinii* (Hamet) H. Ohba

분포 ◇네팔 서부-부탄, 티베트 남부, 윈난성
개화기 7-8월

고산대의 이끼 낀 바위땅에 자생한다. 뿌리
줄기는 가늘고 옆으로 뻗으며 이따금 정수
리가 드러나고, 드문드문 오래된 꽃줄기가
남아 있다. 꽃줄기는 높이 3-7cm이며 잎은
어긋나기로 개출한다. 잎몸은 선상장원형으
로 길이 4-8mm, 폭 1-1.5mm이고 끝은 약간
돌출형이며 매끈하거나 가장자리에 이가 1-2
개 있다. 줄기 끝에 꽃이 3-10개 모여 달린다.
꽃은 4-5수성이며 암수딴그루 또는 암수한그
루. 꽃받침조각은 협피침형으로 길이 3-
4mm. 꽃잎은 장원형으로 길이 4-5mm이며
연노란색-주홍색. 심피는 길이 5-6mm이며
선홍색을 띤다.
*③-c는 동속의 노빌리스와의 잡종일 가능성
이 있다.

④ 돌꽃속의 일종 (A) *Rhodiola sp.* (A)

건조지 고산대의 바위틈에 자생한다. 뿌리줄
기는 직경 5-10mm이고 상부는 땅위로 드러
나며 오래된 꽃줄기가 많이 남아 있다. 꽃줄
기는 높이 5-15cm로 잎이 촘촘하게 어긋나게
한다. 잎은 난상피침형으로 길이 3-5mm, 폭
2mm이고 기부는 갑자기 가늘어지며 가장자
리는 바깥쪽으로 휘어 있다. 표면에 중맥이
살짝 파여 있다. 꽃차례는 직경 8-15mm이며
꽃이 3-8개 모여 달린다. 꽃은 5수성이며 암
수딴그루. 꽃받침조각은 작다. 꽃잎은 배모
양의 장원상도피침형으로 길이 3-4mm이고
검붉은색이며 평개한다. 심피는 귤색으로 길
이 3mm. 동속 알라시아 가와구치이(*R. alsia*
(Fröd.) S.H. Fu subsp. *kawaguchii* H. Ohba)
로 생각되기 쉽지만, 꽃이 단성이고 암수딴
그루라는 점에서 다르다.

③-a 로디올라 크레티니이(암수한그루) 7월18일. V/랍상 부근. 4,600m.

③-b 로디올라 크레티니이(수그루) 7월23일. V/미르긴 라의 남쪽. 4,450m.

④ 돌꽃속의 일종 (A) 7월1일. Z3/세치 라. 4,500m. 어두운 녹색의 작은 잎이 빽빽하게 달린 줄기 끝에서 검붉은색 꽃잎과 오렌지색 심피를 지닌 암꽃이 빛을 받아 반짝거린다.

③-c 로디올라 크레티니이. 7월14일.
K/바가 라의 남서쪽. 4,900m.

①-a 로디올라 파스티기아타(수그루) 6월15일.
M/야크카르카. 4,000m.

①-b 로디올라 파스티기아타(수그루) 7월11일.
Y4/호뎃사의 북쪽. 4,700m.

①-c 로디올라 파스티기아타. 7월2일. X/린첸조 고개. 5,100m. 녹은 빙하가 남아 있는 바위 많은 습지에 높이
10cm가량의 꽃줄기가 모여나기 하며 군생하고 있다.

②-a 로디올라 노빌리스(수그루) 6월22일.
Z1/초바르바 부근. 4,500m.

②-b 로디올라 노빌리스(수그루) 6월18일.
Z1/포탕 라의 동쪽. 4,500m.

②-c 로디올라 노빌리스(암그루) 8월14일.
Z3/파티의 북동쪽. 4,350m.

돌꽃속 Rhodiola

① 로디올라 파스티기아타

R. fastigiata (Hook. f. & Thoms.) S.H. Fu

분포 ◇카슈미르-부탄, 티베트 서남부

개화기 6-7월

고산대의 눈이 잘 쌓이는 편평한 자갈땅에 자생하며, 때때로 커다란 그루를 이루어 일정 간격으로 널리 군생한다. 뿌리줄기는 직경 1-1.5cm이며 정수리에 오래된 꽃줄기가 남아 있다. 꽃줄기는 모여나기 하고, 길이 6-13cm로 곧추서거나 사방으로 쓰러지며, 잎이 빽빽하게 어긋나기 한다. 다육질 잎은 선상타원형으로 길이 4-8mm이며 분백색을 띤다. 꽃차례는 직경 1.3-1.8cm로 대부분의 꽃이 두상으로 모여 달린다. 꽃은 5수성이며 암수딴그루. 꽃받침조각은 피침형으로 길이 2-3mm. 꽃잎은 장원형-도피침형으로 길이 3-5mm이고 연노란색-연붉은색이며 반개한다.

② 로디올라 노빌리스 *R. nobilis* (Franch.) S.H. Fu

분포 □티베트 남동부, 윈난·쓰촨성, 미얀마 개화기 6-7월

아고산대에서 고산대에 걸쳐 바위와 소관목이 많고 부식질이 쌓인 비탈에 자생한다. 뿌리줄기 상부는 분지해 땅위로 드러나고, 많은 오래된 꽃줄기가 단단하게 굳어 숙존한다. 꽃줄기는 높이 5-20cm. 잎은 선상장원형으로 개출하고 길이 5-15mm이며 끝이 뾰족하다. 가장자리는 바깥쪽으로 휘어 있고 매끈하거나 이가 1-5쌍 있으며, 표면에 중맥이 살짝 패여 있다. 줄기 끝에 꽃이 5-10개 모여 달린다. 꽃은 4-5수성이며 암수딴그루. 꽃받침조각은 피침형으로 길이 2mm. 꽃잎은 장원형으로 길이 3.5-5mm이고 연노란색이며 이따금 연붉은색을 띤다.

③ 로디올라 왈리키아나

R. wallichiana (Hooker) S.H. Fu

분포 □가르왈-미얀마, 티베트 남동부, 윈난·쓰촨성 개화기 7-9월

아고산대에서 고산대에 걸쳐 부식질로 덮인 바위땅에 자생하며 땅속에 긴 뿌리줄기가 있다. 꽃줄기는 높이 15-35cm로 모여나기 하고 잎이 촘촘하게 어긋나기 하며, 잎의 기부는 쉽게 시든다. 잎은 장원형-도피침형으로 길이 1-3cm, 폭 2-4mm이고 끝은 날카롭고 뾰족하며 끝 쪽에 톱니가 2-6개 있다. 표면에 중맥이 살짝 패여 있다. 포엽은 잎모양으로, 꽃차례를 감싸듯 끝이 위를 향한다. 꽃은 5수성으로 단성 또는 양성이다. 꽃받침조각은 선형. 꽃잎은 선상장원형으로 길이 4-7mm이며 연노란색-황록색. 수술은 꽃잎과 길이가 같거나 약간 길다.

*③-c는 변종 콜라엔시스(var. *cholaensis* (praeger) S.H. Fu)에 가깝다.

③-a 로디올라 왈리키아나. 8월21일. I/헴쿤드. 3,800m.

③-b 로디올라 왈리키아나. 7월14일. I/꽃의 계곡. 3,650m.

③-c 로디올라 왈리키아나. 8월25일. P/랑시사의 북서쪽. 4,300m 샤르바쿰 빙하에서 떨어져 나온 나이프리지 형태의 쪽퇴석 꼭대기에 높이 30cm 이상의 꽃줄기가 무더기로 자라고 있다.

돌꽃속 Rhodiola

① 로디올라 임브리카타 *R. imbricata* Edgew.
분포 □파키스탄-네팔 중부 개화기 7-8월
건조지 고산대의 바위땅에 자생하며, 오래된
꽃줄기가 남아 있다. 꽃줄기는 높이 7-20cm로
모여나기 하고 잎이 촘촘하게 어긋나기 한나.
잎은 질이 두꺼운 난상피침형-선상장원형으
로 길이 8-15mm, 폭 2-4mm이고 끝은 뾰족하
며 가장자리는 매끈하거나 상부에 가는 톱니
가 있다. 표면의 중맥은 뚜렷하지 않다. 줄기
끝에 많은 꽃이 두상으로 모여 달린다. 꽃은 5
수성으로 암수딴그루. 꽃받침조각은 선형으로
길이 1.5-2mm. 꽃잎은 도피침형으로 길이 3-
5mm. 수꽃의 수술은 꽃잎보다 2mm가량 길다.

② 로디올라 수보포시타

R. subopposita (Maxim.) Jacobsen
분포 ■카슈미르-히마찰, 중국 서부
개화기 개화기 7-9월
지금까지 히말라야에서 채집된 기록은 없다.
다음 기록은 촬영 개체를 토대로 한다. 바람
이 넘나드는 편평한 바위땅에 자생한다. 뿌
리줄기는 직경 8-15mm이며 정수리에 꽃줄기
와 근생엽이 달린다. 꽃줄기는 길이 5-15cm
이며 잎이 촘촘하게 어긋나기하고, 상부에서
는 마주나기 형태로 달린다. 근생엽에는 길
이 1-1.5cm, 폭 1-2mm인 자루가 있으며 기부
는 연갈색으로 폭이 넓다. 약간 다육질인 잎
몸은 도란형-장도란형으로 길이 1.2-1.5cm, 폭
5-7mm이고 끝은 둔형이며 상부에 얕은 이가
있다. 줄기잎은 자루가 짧다. 줄기 끝에 몇
개 또는 여러 개의 꽃이 달리고, 꽃차례에 포
엽이 있다. 꽃은 5수성이며 암수딴그루. 꽃받
침조각은 협피침형으로 길이 2-2.5mm. 꽃잎
은 장원형으로 길이 4mm이며 노란색이다.
*사진의 꽃차례는 시기가 늦어 볼품이 없다.

①-a 로디올라 임브리카타(암그루) 7월17일. D/투크치와이 룬마. 4,300m. 뒤로 보이는 고봉은 발리 라의 북쪽에 위치한 5,385m 피크이다.

①-b 로디올라 임브리카타(수그루) 7월5일.
C/간바보호마 부근. 4,400m.

①-c 로디올라 임브리카타(수그루) 8월17일.
A/호로고지트. 4,200m.

② 로디올라 수보포시타(수그루) 9월8일.
H/바칼라차 라. 4,900m.

③ 로디올라 헤테로돈타

R. heterodonta (Hook.f. & Thoms.).Boriss.

분포 ◇중앙아시아 주변-네팔 중부, 티베트
남부, 신장 개화기 6-7월

건조 고지의 자갈이 많은 초지나 바위땅에
자생하며, 땅속에 굵은 뿌리줄기가 있다. 꽃
줄기는 높이 15-40cm로 굵고 잎이 어긋나기
한다. 잎은 약간 다육질이며 전체적으로 분
백색을 띤다. 잎몸은 삼각상광란형-오각상
란형-타원상피침형으로 길이 1-3cm이고 끝
은 뾰족하며, 기부는 줄기를 살짝 안고 있고
가장자리에 톱니가 있다. 직경 2-4cm인 꽃차
레에 많은 꽃이 모여 달리고 포엽은 없다. 암
수딴그루. 꽃받침조각은 협피침형으로 길이
2-3mm.꽃잎은 협타원형으로 길이가 2-5mm
이다.

④ 로디올라 키릴로위이

R. kirilowii (Regel) Maxim.

분포 ◇티베트 남동부, 중국 서부, 미얀마
개화기 6-7월

아고산대에서 고산대에 걸쳐 부식질이 쌓인
바위땅에 자생하며, 땅속에 덩이모양의 굵
은 뿌리줄기가 있다. 꽃줄기는 수가 적고 높
이 15-50cm, 직경 3-5mm이며 잎이 촘촘하게
어긋나기 하고, 상부에서는 3장이 돌려나기
형태를 이룬다. 잎은 약간 질이 두껍고 전체
적으로 분백색을 띤다. 잎몸은 협삼각상피
침형으로 길이 1.5-5cm, 폭 4-10mm이고 끝은
뾰족하며, 기부는 줄기를 살짝 안고 있고 가
장자리에 무딘톱니가 0-5개 있다. 꽃차례는
직경 2-5.5cm. 꽃은 4-5수성이며 암수딴그루.
꽃받침조각은 협삼각형으로 길이 1.5-2mm.
꽃잎은 피침형-장원형으로 길이 2-4mm이며
노란색. 심피 끝은 바깥쪽으로 굽어 있다.

③-a 로디올라 헤테로돈타(수그루) 7월17일. D/데오사이 고원. 4,050m 카슈미르의 것은 꽃잎이 황갈색−자주고
동색으로, 멀리서 보면 시든 것처럼 보인다.

③-b 로디올라 헤테로돈타(수그루) 7월15일
I/헴쿤드 3,700m.

③-c 로디올라 헤테로돈타(암그루) 6월 30일.
K/라체의 남서쪽. 4,100m.

④ 로디올라 키릴로위이. 8월14일.
Z3/파티의 북동쪽. 4,350m.

돌꽃속 Rhodiola

① 로디올라 티베티카

R. tibetica (Hook.f. & Thoms.) S.H. Fu

분포 ◇아프가니스탄-히마찰, 티베트 남서부
개화기 6-8월

건조 고시의 사갈 비탈이나 바위틈에 사생한
다. 뿌리줄기는 직경 1-1.5cm이며 오래된 꽃줄
기가 많이 남아 있다. 꽃줄기는 높이 7-20cm.
잎은 다육질의 선상장원형으로 길이 7-12mm,
폭 1-2mm이고 끝이 뾰족하다. 직경 1-2cm인
꽃차례에는 포엽이 있다. 꽃은 전체적으로 황
적색-흑갈색-검붉은색을 띠고 보통 5수성이
며 암수딴그루. 꽃받침조각은 협피침형으로
길이 2mm. 꽃잎은 선상타원형으로 길이 3-
4mm. 수술은 꽃잎과 길이가 거의 같다. 심피
끝은 바깥쪽으로 굽어 있다.
*①-b의 어린 꽃줄기는 잎이 촘촘하게 겹쳐
있다. 근처에 자라나 있는 동속 임브리카타
와의 잡종일 가능성이 있다.

② 로디올라 디스콜로르

R. discolor (Franch.) S.H. Fu

분포 ◇네팔 중부-시킴, 티베트 남동부, 윈
난·쓰촨성 개화기 6-8월

고산대의 바위가 많고 습한 초지나 소관목
사이에 자생한다. 뿌리줄기의 정수리는 분지
하고 오래된 꽃줄기가 조금 남아 있다. 꽃줄
기는 높이 10-25cm이며 잎이 규칙적으로 어
긋나기 한다. 잎은 초질의 타원상피침형으로
길이 1-1.5cm이고 끝은 날카롭고 뾰족하다.
가장자리는 살짝 뒤쪽으로 휘어 있으며, 매끈
하거나 무딘톱니가 1-3개의 있다. 꽃차례는
직경 2-3cm이며 검붉은색 꽃이 구상 또는 산
방상으로 달리고 포엽이 있다. 꽃은 보통 5수
성이며 암수딴그루. 꽃받침조각은 피침형.
꽃잎은 장원형으로 길이 4-5mm이며 약간 휘
어 있다. 수술은 꽃잎보다 약간 짧다.

①-a 로디올라 티베티카(수그루) 7월7일. C/간바보호마 부근. 4,200m. 줄기 끝에 고동색 꽃이 편평하게 모여 달
린다. 검녹색의 가는 잎은 다육질로 가장자리에 이가 없다.

①-b 로디올라 티베티카(암그루) 7월17일.
D/투크치와이 룬마. 4,300m.

①-c 로디올라 티베티카(수그루) 7월2일.
E/츄킬모 부근. 4,300m.

② 로디올라 디스콜로르(수그루) 8월1일.
T/양그리의 동쪽. 4,550m.

520 돌나물과

③ 로디올라 히말렌시스 *R. himalensis* (D. Don) S.H. Fu
분포 ▫ 네팔 서부-부탄, 티베트 남부, 중국
서부 개화기 6-8월
아고산대에서 고산대에 걸쳐 관목소림이나
바위가 많은 초지에 자생한다. 뿌리줄기는
직경 2-4cm이고 이따금 땅위로 곧게 자라
높이 30cm 이상의 소관목 형태를 이루며,
오래된 꽃줄기가 시든 채 많이 남아 있다. 꽃
줄기는 높이 7-25cm이며 잎이 어긋나기 한
다. 상부의 잎은 혁질의 타원상도란형으로
길이 1-2cm이고 끝은 뾰족하며 상부에 보통
톱니가 있다. 표면은 유두상 돌기가 빽빽하
게 나 있어 매트상의 광택을 띤다. 꽃차례는
직경 1-3cm, 포엽은 잎 모양. 꽃은 5수성이며
암수딴그루. 꽃받침조각은 삼각상피침형.
꽃잎은 황갈색으로 끝과 바깥쪽은 자줏빛
붉은색을 띠며, 난형-장란형으로 길이 2-
4mm이고 끝이 약간 뾰족하다. 수술은 꽃잎
보다 짧다. 심피는 길이 4-5mm이며 검붉은
색으로 물든다.

④ 로디올라 셰리피이 *R. sherriffii* H. Ohba
분포 ■ 시킴-부탄, 티베트 남부 개화기 6-7월
아고산대에서 고산대에 걸쳐 이끼 낀 바위
땅이나 관목림 주변에 자생한다. 꽃줄기는
높이 15-25cm. 잎은 도피침형-장원형으로
길이 2-3cm, 폭 4-7mm이고 끝은 날카롭고 뾰
족하며 가장자리는 매끈하고 뒤쪽으로 휘어
있다. 표면에는 유두상 돌기가 있고, 중맥이
파여 있다. 꽃차례는 직경 1.5-3cm, 포엽은
잎 모양. 꽃은 5수성이며 암수딴그루. 꽃받
침조각은 협피침형. 꽃잎은 도피침형으로
길이 4-5mm이고 황록색이며 이따금 붉은색
을 띤다. 수술은 꽃잎보다 길다.
*사진의 그루는 개화기 끝 무렵이다.

③-a 로디올라 히말렌시스(수그루) 7월12일. Y4/쇼가 라의 남동쪽. 5,100m. 건조한 티베트의 고지에 자라는 것은 잎과 꽃이 약간 작고 큰 그루를 이룬다.

③-b 로디올라 히말렌시스(수그루) 7월11일. S/고쿄의 남쪽. 4,650m.

③-c 로디올라 히말렌시스(암그루) 8월3일. Y1/키라프의 남쪽. 4,700m.

④ 로디올라 셰리피이(수그루) 7월28일. Z3/도슝 라의 서쪽. 3,800m.

돌꽃속 Rhodiola

① 로디올라 부플레우로이데스

R. bupleuroides (Hook.f. & Thoms.) S.H. Fu

분포 ◇네팔 서부-미얀마, 티베트, 윈난·쓰촨성 **개화기** 6-7월

산지에서 고산대 상부에 걸쳐 바람에 노출된 자갈 비탈이나 절벽, 빙퇴석 구릉의 초지에 자생하며, 환경에 따라 형태가 극단적으로 변한다. 땅속의 뿌리줄기는 보통 덩이모양이며 정수리에서 꽃줄기가 1-5개 나와 사방으로 퍼지거나 곧게 서고, 절벽에서는 약간 아래로 늘어진다. 꽃줄기는 길이 2-50cm이며 잎이 개출하여 어긋나기 한다. 간 다육질인 잎은 광란형-도란형-타원형-삼각상피침형으로 길이 3-40mm이고 끝은 둔형이거나 뾰족하며 기부는 줄기를 살짝 안고 있다. 가장자리는 매끈하거나 드문드문 무딘 톱니가 있고, 앞뒷면에 유두상 돌기가 빽빽하게 나 있어 분백색을 띤다. 줄기 끝의 꽃차례는 직경 5-80mm로 몇 개많은 꽃이 모여 달리거나 편평하게 퍼지며 포엽이 있다. 꽃은 직경 3-6mm로 평개하고 3-5수성이며 암수딴그루. 꽃받침조각은 협피침형으로 길이 1-2mm. 꽃잎은 타원상피침형-장원형으로 길이 2-3mm이고 약간 떨어져서 달리며 검붉은색. 수술은 꽃잎과 길이가 거의 같다. 심피는 길이 2.5-5mm이며 끝은 바깥쪽으로 굽어 있다.

*①-f는 아고산대의 절벽에서 소관목과 바위 틈에 군생한 것으로, 모두 수그루이다. 꽃줄기는 길이 30-50cm. 잎의 기부는 난형이며 가장자리에 성긴 톱니가 있고, 상부의 잎은 피침형으로 길이 1.5cm이고 매끈하다. 꽃차례는 크게 벌어지고, 검붉은색 꽃잎이 약간 휘어 있다. 동속 푸르푸레오비리디스와 달리 꽃줄기와 꽃차례에서는 선모를 찾아볼 수 없다.

①-a 로디올라 부플레우로이데스(암그루) 7월12일. S/고쿄. 4,800m. 빙하 쪽퇴석의 급사면에서 자라 왜소화한 것으로 높이 2cm, 잎은 길이 7mm 이하, 꽃은 직경 3mm.

①-b 로디올라 부플레우로이디스(수그루) 6월16일. M/야크카르카. 3,700m.

①-c 로디올라 부플레우로이디스(암그루) 8월22일. Y4/간덴의 동쪽. 4,750m.

①-d 로디올라 부플레우로이디스(수그루) 6월22일. Z1/초바르바 부근. 4,400m.

② 로디올라 푸르푸레오비리디스

R. purpureoviridis (Praeger) S.H. Fu

분포 ◇티베트 남부, 윈난·쓰촨성
개화기 6-7월

아고산대에서 고산대에 걸쳐 숲 주변이나 바위가 많은 비탈에 자생한다. 다음 기록은 촬영지의 개체군을 토대로 한다. 직경 1-2cm인 뿌리줄기에 오래된 꽃줄기가 남아 있다. 꽃줄기는 높이 20-35cm. 잎은 다소 단단한 혁질의 삼각상피침형으로 길이 1-2cm, 폭 3-5mm이고 끝은 가늘고 뾰족하다. 가장자리는 뒤쪽으로 말리는 경향이 있고 무딘 톱니가 있으며, 표면에는 중맥이 살짝 파여 있다. 꽃차례는 직경 2-3cm이고 포엽이 있으며, 꽃줄기의 상부와 꽃자루에 유두상의 선모가 빽빽하게 나 있다. 꽃은 5수성이며 암수딴그루. 꽃받침조각은 협피침형으로 길이 2mm. 꽃잎은 난상피침형으로 길이 3mm이고 황갈색이며 바깥쪽은 자줏빛 갈색을 띤다.

③ 로디올라 세라타 *R. serrata* H. Ohba

분포 ◇티베트 남부, 아루나찰 **개화기** 6-8월
아고산대의 숲 주변이나 부식질이 쌓인 초지에 자생하며, 땅속에 굵은 뿌리줄기가 있다. 꽃줄기는 높이 30-70cm로 굵고 곧추서며, 전체적으로 연노란색을 띤 유두상의 짧은 털이 자란다. 잎은 녹황색으로 초질이다. 잎몸은 장원형·피침형으로 길이 5-8cm, 폭 1.5-2.5cm이고 끝은 둔형이거나 뾰족하며 기부는 줄기를 살짝 안고 있다. 가장자리에 불규칙한 톱니가 있으며 표면의 중맥은 희뿌옇다. 꽃차례는 직경 8-12cm로 여러 개의 꽃이 모여 달리고 포엽은 적다. 꽃은 노란색으로 보통 5수성이며 암수딴그루. 꽃받침조각은 작다. 꽃잎은 선상도피침형으로 길이 2-3mm이며 반개한다. 수술은 꽃잎보다 길다.

①-e 로디올라 부플레우로이디스(수그루) 7월9일. S/쿰중의 북동쪽. 3,800m. 깎아지른 듯한 절벽에서 길이 20cm의 꽃줄기가 수평하게 자라나 있으며, 상승기류를 맞아 끊임없이 흔들리고 있다.

①-f 로디올라 부플레우로이디스(수그루) 6월30일.
Z3/봉리의 동쪽. 3,800m.

②-로디올라 푸르푸레오비리디스. 6월22일.
Z1/초바르바 부근. 4,400m.

③ 로디올라 세라타(수그루) 6월30일.
Z3/치틴탕카. 3,500m.

①-a 로디올라 크레눌라타(암그루) 8월6일.
Z3/라무라쵸의 남동쪽. 4,700m.

①-b 로디올라 크레눌라타(수그루) 6월23일.
X/칼라카추 라의 남서쪽. 4,900m.

①-c 로디올라 크레눌라타(수그루) 7월21일.
S/캉충의 북쪽. 5,250m.

①-d 로디올라 크레눌라타(암그루) 7월21일.
S/캉충의 남쪽. 5,150m.

돌꽃속 Rhodiola

① 로디올라 크레눌라타

R. crenulata (Hook.f. & Thoms.) H. Ohba

[*R. rotundata* (Hemsley) S.H. Fu]

분포 ◇네팔 중부-부탄, 티베트 남동부, 중국 서부 개화기 6-7월

고산대 상부의 빙퇴석 비탈이나 안개가 자주 끼는 산등성이 바위땅에 자생하며, 반구상의 커다란 그루를 이룬다. 뿌리줄기는 굵고 이따금 바위틈을 따라 길게 뻗으며, 정수리는 분지해 곧추 서고 자줏빛 갈색의 오래된 꽃줄기가 많이 남아 있다. 꽃줄기는 높이 8-20cm. 잎은 녹황색으로 약간 다육질이다. 잎몸은 광란형-타원형-도피침형으로 길이 1.5-3cm이고 끝은 원형이거나 뾰족하며 위쪽으로 굽었고, 매끈하거나 가장자리에 이가 있다. 꽃차례는 직경 2-4cm. 꽃은 여러 개 달리고 5수성이며 암수딴그루. 꽃받침조각은 협피침형. 꽃잎은 장원형으로 길이 4-6mm이며 붉은색-노란색. 수술은 꽃잎보다 길다.

② 로디올라 크리산테미폴리아

R. chrysanthemifolia (Leveille) S.H. Fu

분포 ◇티베트 남부, 윈난·쓰촨성 개화기 7-8월

건조 고지의 바위땅이나 깎아지른 듯한 암벽의 갈라진 틈에 자생하며, 바위틈을 따라 길게 뻗는 뿌리줄기가 있다. 꽃줄기는 길이 7-10cm로, 바위틈에 가려진 하부에는 잎이 없고 상부에 여러 장의 잎이 빽빽하게 어긋나기 또는 마주나기 한다. 잎은 질이 두꺼운 난형으로 길이 1.5-2cm이고 기부는 쐐기형이며, 기부를 제외한 가장자리는 물결모양 또는 불규칙하게 우상으로 얕게 갈라졌다. 직경 2-3cm인 꽃차례에 포엽이 있다. 꽃은 5수성으로 양성. 꽃받침조각은 협피침형. 꽃잎은 흰색으로 끝이 주황색을 띠며, 난상피침형으로 길이 6-7mm이고 반개한다. 수술은 꽃잎보다 약간 길다.

③ 로디올라 사크라 *R. sacra* (Hamet) S.H. Fu

분포 ◇네팔 서중부, 티베트 남동부, 칭하이성 개화기 8-9월

건조지의 산지에서 고산대에 걸쳐 암벽 틈이나 안정된 절벽에 자생한다. 뿌리줄기는 굵고 이따금 정수리에서 분지해 커다란 그루를 이룬다. 높이 5-17cm인 꽃줄기에 잎이 촘촘히 어긋나기 하고 이따금 마주나기 또는 돌려나기 한다. 약간 다육질인 잎은 도란형-능상타원형으로 길이 7-20mm이고 기부는 쐐기형이며 가장자리는 우상으로 얕게 갈라졌다. 갈래조각은 삼각상란형. 꽃차례는 직경 1-3cm. 꽃은 5수성으로 양성. 꽃받침조각은 피침형. 꽃잎은 피침형으로 길이 5-7mm이며 심피와 함께 흰색에서 붉은색으로 변한다. 수술은 꽃잎보다 약간 짧다.

② 로디올라 크리산테미폴리아. 8월19일. Y3/라싸의 서쪽 교외. 4,100m. 건조지의 깎아지른 듯한 암벽에 자란 것으로, 바위틈에 잎이 없는 줄기의 기부와 우엉 모양의 긴 뿌리가 있다.

③-a 로디올라 사크라. 8월27일. Y3/추부곰파의 서쪽. 4,500m.

③-b 로디올라 사크라. 8월22일. Y4/간덴의 남동쪽. 4,750m.

돌꽃속 Rhodiola

① 로디올라 알테르나 *R. alterna* S.H. Fu

분포 ■티베트 동부 개화기 8-9월

건조 고지의 숲 주변이나 바위땅에 자생한다.
뿌리줄기의 정수리는 갈색 비늘조각잎에 덮
여 있다. 꽃줄기는 높이 8-15cm로 곧추 서고
잎이 어긋나기 한다. 다육질인 잎에는 잎자루
가 없다. 잎몸은 도란상타원형으로 길이 1-
2cm이고 끝은 둔형이며 기부를 제외한 가장
자리에 불규칙하고 날카로운 이가 있다. 직경
2.5-4cm인 꽃차례에는 꽃이 10-25개 달리며
포엽이 있다. 꽃은 5수성으로 양성이며 직경
1-1.5cm. 꽃받침조각은 협피침형으로 길이
3-5mm. 꽃잎은 고르지 않은 장원상피침형으
로 길이 7-9mm이고 흰색이며 이따금 붉은색
을 띤다. 수술은 꽃잎보다 약간 짧다.

② 로디올라 오바티세팔라

R. ovatisepala (Hamet) S.H. Fu

분포 ◇시킴-미얀마, 티베트 남부, 윈난성
개화기 7-8월

산지나 아고산대의 이끼 낀 바위땅에 자생하
며, 가늘고 긴 뿌리줄기가 옆으로 뻗는다. 꽃
줄기는 길이 5-15cm이며, 끝에 질 두꺼운 잎 5-
8장이 촘촘하게 달려 개출한다. 하부의 잎은
크다. 잎몸은 도란형-도피침형으로 불분명한
자루를 포함해 길이 3-6cm이고 끝은 원형-둔
형, 기부는 점첨형이며 기부를 제외한 가장자
리가 불규칙하게 우상으로 갈라졌다. 갈래조
각의 끝은 둔형. 꽃은 5수성으로 양성이며 줄
기 끝에 모여 달린다. 꽃받침조각은 협피침형
으로 길이 3-5mm. 꽃잎은 고르지 않은 난상장
원형으로 길이 4-6mm이며 녹백색. 수술은 꽃
잎과 길이가 같거나 약간 짧다.
*사진의 군락은 아직 꽃봉오리가 굳게 닫힌
상태이다.

① 로디올라 알테르나. 8월19일.
Y3/라싸의 서쪽 교외. 4,200m.

② 로디올라 오바티세팔라. 6월30일.
Z3/봉 리의 동쪽. 3,800m.

③-a 로디올라 시누아타. 9월1일.
J/바도니부갸르. 3,000m.

③-b 로디올라 시누아타. 9월6일. P/랑탕 마을의 동쪽. 3,700m. 마을을 벗어난 길에 중앙분리대처럼 세워져 있
는 경문총(經文塚)의 옆면. 경문이 새겨진 편평한 돌 틈으로 뿌리가 길게 자라나 있다.

③ 로디올라 시누아타 *R. sinuata* (Edgew.) S.H. Fu
분포 ◇카슈미르-네팔 동부, 티베트 남부, 윈 난성 개화기 8-9월
산지에서 아고산대에 걸쳐 이끼 낀 바위땅이나 나무줄기, 돌담에 자생하며 직경 5mm 이하인 가는 뿌리줄기가 옆으로 뻗는다. 꽃줄기는 길이 10-20cm로, 잎이 없는 하부는 쓰러지거나 돌 틈에 숨어 있으며, 상부에 잎이 촘촘하게 어긋나기-마주나기-돌려나기 한다. 잎은 선상도피침형으로 길이 1-3cm이고 상부는 보통 우상으로 3-5개로 갈라졌으며 갈래조각은 선상장원형이다. 줄기 끝에 꽃이 여러개 모여 달린다. 꽃은 5수성으로 양성. 꽃받침조각은 난상피침형으로 작다. 꽃잎은 장원형으로 길이 5-7mm이고 끝은 둔형이며 흰색-연붉은색. 수술은 꽃잎과 길이가 거의 같다.

힐로텔레피움속 Hylotelephium
뿌리줄기는 짧고, 정부에 비늘조각잎이 없다.

④ 힐로텔레피움 에웨르시이
H. ewersii (Ledeb.) H. Ohba
분포 ▫중앙아시아 주변-쿠마온, 티베트 서부, 신장 개화기 7-9월
건조 고지의 양지바른 바위 비탈에 자생한다. 뿌리는 가늘고 길게 자라며 뿌리줄기는 활발히 분지한다. 꽃줄기는 길이 8-25cm로 모여나기 하고 하부는 쉽게 쓰러지며 자줏빛 갈색을 띤다. 자루 없는 편평한 잎이 개출하여 마주나기 한다. 다육질의 잎은 광란형-타원형으로 길이 7-50mm이고 가장자리는 거의 매끈하다. 줄기 끝의 복산방꽃차례는 직경 1.5-5cm이며 많은 꽃이 모여 달린다. 꽃은 5수성으로 양성이며 직경 5-10mm. 꽃받침조각은 피침형으로 작다. 꽃잎은 타원상피침형으로 길이 2-4mm이며 분홍색. 수술은 꽃잎과 길이가 거의 같고, 꽃밥은 거무스름하다.

④-a 힐로텔레피움 에웨르시이. 8월19일. A/아노고르. 4,000m.

④-b 힐로텔레피움 에웨르시이. 9월10일. G/크리센사르 부근. 3,850m.

④-c 힐로텔레피움 에웨르시이. 7월31일. B/샤이기리의 서쪽. 4,050m.

돌나물과 527

로술라리아속 Rosularia

로제트잎을 지닌 다년초로 뿌리가 길다.

① 로술라리아 알페스트리스

R. alpestris (Kar. & Kir.) Boriss.

분포 ◇중앙아시아 주변-히마찰, 티베트 서남부 개화기 7-8월

건조 고지의 모래가 많은 초지나 바위틈, 소관목 주변에 자생한다. 꽃줄기는 로제트 중앙에서 높이 6-15cm로 곧추 서고 잎이 어긋나기 하며 전체적으로 자줏빛 갈색을 띤다. 로제트잎은 녹색으로 다육질이고, 난형-장원상피침형으로 길이 5-30mm이며 끝은 돌출하거나 경화하지 않는다. 줄기잎은 가늘다. 줄기 끝의 집산꽃차례에 꽃이 3-12개 모여 달린다. 꽃은 직경 1-2cm이며 6-8수성. 꽃받침조각은 협란형으로 작다. 꽃잎은 피침형으로 길이 5-7mm이고 표면은 거의 흰색으로 중맥이 파여 있으며 뒷면은 붉은빛 갈색을 띤다. 수술은 꽃잎보다 짧다.

② 로술라리아 세도이데스

R. sedoides (Decne.) H. Ohba

분포 ■파키스탄-히마찰 개화기 8-9월

산지에서 아고산대에 걸쳐 건조한 바위그늘이나 바위틈에 자생하며, 끝에 어린 모종이 달린 가늘고 유연한 주출지가 뻗어 매트모양의 군락을 이룬다. 주출지는 털이 자라고 검붉은색을 띠며 길이 10cm에 달한다. 꽃줄기는 높이 2-8cm로 붉은색을 띠고 잎이 촘촘하게 어긋나기 하며 겉에 길고 부드러운 털이 자란다. 상부에는 잎과 꽃차례를 포함해 선모가 나 있다. 로제트는 직경 1-2cm. 다육질인 잎은 장원형-도피침형으로 길이 5-15mm이며 겉에 길고 부드러운 털이 빽빽하게 자란다. 줄기 끝에 꽃이 1-4개 모여 달린다. 꽃은 직경 1.4-1.6cm이며 6-8수성. 꽃받침

①-a 로술라리아 알페스트리스. 7월21일. D/데오사이 고원. 4,000m. 꽃줄기 기부에 다육질의 로제트잎이 비늘줄기 모양으로 모여 달린다. 그 고장 사람들은 이를 약용으로 채집한다.

②-b 로술라리아 알페스트리스. 7월31일. B/샤이기리의 서쪽. 4,050m.

② 로술라리아 세도이데스. 9월15일. G/나라나크의 북서쪽. 3,450m.

③ 로술라리아 로술라타. 5월25일. I/푸르나 부근. 2,000m.

조각은 협란형이며 끝이 뾰족하다. 꽃잎은 흰색으로 평개하고, 장란형으로 길이는 6-8mm이고 끝이 뾰족하며 가장자리에 털이 나 있다. 수술은 꽃잎보다 짧고, 꽃밥은 적갈색. 심피에 부드러운 털이 자란다.

③ 로술라리아 로술라타
R. rosulata (Edgew.) H. Ohba
분포 ◇아프가니스탄-네팔 서부 개화기 4-6월
산지 숲 주변의 습한 둔덕 비탈이나 이끼 낀 바위땅에 자생하며, 로제트잎의 겨드랑이에서 끝에 어린 모종이 달린 주출지가 뻗는다. 꽃줄기는 가늘고 높이 5-8cm로 곧추서며 잎이 드문드문 어긋나기 한다. 로제트잎은 도란형-주걱형으로 길이 6-20mm. 줄기잎은 가늘고 작다. 줄기 끝에 꽃이 1-5개의 달리고 꽃자루는 길이 3-7mm. 꽃은 5수성. 꽃받침조각은 협란형으로 작다. 꽃잎은 장란형으로 길이 4-5mm이며 흰색. 수술은 꽃잎보다 짧다.

돌나물속 Sedum
다년초 또는 1, 2년초. 근생엽은 남지 않는다. 꽃은 양성으로 보통 5수성이다.

④ 세둠 그리피티이
S. griffithii Clarke [*S. pseudosubtile* Hara]
분포 ◇시킴-부탄 개화기 4-5월
산지대 하부의 숲 주변이나 냇가의 습한 둔덕 비탈, 이끼 낀 바위땅에 자생한다. 길이 5-12cm인 꽃줄기는 곧게 자라거나 기부에서 분지해 사방으로 퍼진다. 잎은 주걱형-선상도 피침형으로 길이 1-3cm이고 끝은 둔형이거나 약간 뾰족하다. 꽃은 줄기 끝에 산방상으로 많이 달리고, 꽃차례에 잎모양의 포엽이 있다. 꽃받침조각은 주걱형으로 길이 3-4mm. 꽃잎은 피침형으로 길이 5mm이고 끝은 날카로우며 노란색. 심피는 황금색이다.

⑤ 세둠 오레아데스 *S. oreades* (Decne.) Hamet
분포 ◇파키스탄-미얀마, 티베트 남부, 윈난성 개화기 7-9월
1년초. 아고산대에서 고산대에 걸쳐 숲 주변의 습한 둔덕 비탈이나 붕괴지, 이끼 낀 바위땅에 자생하며, 뿌리줄기의 정수리에서 꽃줄기가 몇 개 뻗어 나온다. 꽃줄기는 연약하고 높이 3-6cm로 곧게 자라거나 비스듬히 뻗으며, 잎은 빽빽이 어긋나기 하고 정수리에서는 돌려나기형태를 이룬다. 잎은 장원상피침형으로 길이 2-7mm이고 끝은 둔형이며, 기부는 곧추 서고 질이 얇다. 하부의 잎은 점차 작아진다. 자루가 없는 꽃은 줄기 끝에 1-5개 달린다. 꽃받침조각은 잎모양으로 길이 5-6mm이며 곧추 선다. 꽃잎은 도피침형으로 길이 7-9mm, 폭 2-3mm이고 끝은 둔형이거나 약간 뾰족하며 노란색이다. 곧추 선 채로 있거나, 꽃받침조각 끝에서 옆으로 휘어진다.

④ 세둠 그리피티이. 4월26일. V/욕솜의 북쪽. 2,000m.

⑤-a 세둠 오레아데스. 7월17일. K/카그마라 고개의 북동쪽. 4,300m.

⑤-b 세도움 오레아데스. 9월21일. X/틴타초 부근. 4,200m. 꽃줄기 끝부분의 잎은 크고 모여 달리며 꽃의 기부를 감싼다. 노란색 꽃잎은 곧추 선다.

돌나물속 Sedum

① 세둠 물티카울레 *S. multicaule* Lindley

분포 ◇파키스탄-미얀마, 티베트 남부, 중국 서부 **개화기** 7-8월

산지의 습한 바위땅에 자생하는 다년초. 가는 뿌리줄기의 정수리에서 연약한 꽃줄기가 여러개 뻗어 나온다. 꽃줄기는 길이 7-12cm로 다육질인 잎이 촘촘하게 어긋나기 하고 전체적으로 붉은 갈색을 띠며 하부는 쓰러지기 쉽다. 잎은 선상피침형으로 길이 8-15mm, 폭 1-1.5mm이고 끝은 돌출하며 기부에 꽃뿔이 있다. 줄기 끝 집산꽃차례에 꽃이 3-7개 달린다. 꽃은 직경 7-9mm. 꽃받침조각은 잎과 모양이 같으며 꽃잎보다 약간 짧다. 꽃잎은 장원상피침형으로 길이 5-6mm이고 끝이 돌출하며 노란색. 표면은 광택이 있으며 중맥이 파여 있다. 수술은 10개이다.

② 세둠 헨리치로베르티이

S. henrici-robertii Hamet

분포 ◇네팔 중부, 티베트 남부, 칭하이성 **개화기** 7-9월

1년초. 고산대의 양지바르고 이끼로 덮인 바위땅이나, 비가 내리면 물이 고이는 돌 틈에 자생하며 때때로 폭넓게 군생한다. 꽃줄기는 길이 2-6cm로 기부에서 활발히 분지하고 가지는 넓은 각도로 분지하며 전체적으로 고동색을 띤다. 다육질인 잎은 줄기에 드문드문 어긋나기 하며 장란형으로 길이 2-5mm이고 끝은 둔형 또는 예형이다. 잎의 기부는 비늘조각모양이다. 꽃은 5수성으로, 몇 개가 산방상으로 달리거나 여러 개가 원추상으로 달린다. 꽃받침조각은 협란형으로 작다. 꽃잎은 장원상피침형으로 길이 3-4mm이고 끝은 뾰족하며 노란색. 수술은 10개이다.

③ 세둠 트룰리페탈룸

S. trullipetalum Hook.f. & Thoms.

분포 ◇카슈미르-미얀마, 티베트 남부, 윈난·쓰촨성 **개화기** 8-9월

아고산대에서 고산대에 걸쳐 이끼 낀 바위땅이나 습한 돌 틈에 자생하는 다년초. 가는 뿌리줄기가 분지하며 돌과 이끼 틈으로 퍼지고, 짧은 불임경이 매트상으로 모인다. 불임경에는 녹색 잎이 모여 달리고, 기부는 적갈색 비늘조각잎으로 덮여 있다. 불임경에 달린 잎은 피침형으로 길이 2-6mm이고 배모양으로 둥글게 굽었으며 끝은 날카롭고 뾰족하다. 꽃차례는 직경 1.5-2cm이며 꽃 4-15가 구상으로 모여 달린다. 꽃은 5수성으로 직경 8-12mm이며 굴색. 꽃받침조각은 난상피침형. 꽃잎은 긴 화조가 있는 난상삼각형으로 길이 5-7mm, 폭 2mm. 수술은 10개이다.

① 세둠 물티카울레. 8월10일. R/몬조의 북쪽. 2,900m.

②-a 세둠 헨리치로베르티이. 8월20일. P/자탕의 서쪽. 3,900m.

②-b 세둠 헨리치로베르티이. 8월25일. P/랑시샤의 남서쪽. 4,000m. 빗물을 듬뿍 머금은 이끼의 쿠션 속에서 씨앗이 싹터 이내 꽃을 피운다.

버즘나뭇과 PLATANACEAE

버즘나무속 Platanus

④ 버즘나무 *P. orientalis* L.

분포 □유럽 남동부·파키스탄 개화기 4-5월
저산대에 자생하며, 히말라야 서부 산지에
서는 분지 내의 공원이나 물가, 도로 주변
에 녹음수로서 널리 재배된다. 높이 30m
이상인 낙엽고목. 나무껍질은 박판상(薄板
狀)으로 벗겨지고, 어린 줄기에는 회갈색
과 회녹색의 얼룩 반점이 있다. 잎에 어긋
나기 하는 길이 3-8cm의 자루가 있다. 잎몸
은 길이와 폭 모두 12-25cm이고 손바닥모
양으로 5-7개로 갈라졌다. 암수한그루. 암
꽃과 수꽃은 작고, 양쪽 다 구상의 두상꽃
차례를 이룬다. 집합과는 직경 3cm이며 가
지 끝에서 길게 늘어진 열매꼭지에 3-7개가
달린다.

③ 세둠 트룰리페탈룸. 9월2일.
P/간자 라의 남쪽. 4,500m.

④-a 버즘나무. 9월18일.
G/스리나가르. 1,700m.

④-b 버즘나무. 8월12일. G/스리나가르의 달 호수. 1,700m. 인도의 잠무 카슈미르주를 상징하는 표장에 사용되는 이 나무는 치나르라는 이름으로 친숙하며, 스리나가르 주
변의 호숫가나 우기에 주위가 물에 잠기는 도로변에 많이 심는다. 나무줄기의 직경이 1.5m이상인 거목도 드물지 않다.

십자화과 CRUCIFERAE

초본식물. 전 세계에 분포하고, 다소 건조한 지역에 많다. 잎은 어긋나기 한다. 꽃은 방사상칭형이며 꽃받침조각과 꽃잎이 4장 달린다. 꽃잎은 기부에 보통 화조가 있으며 끝이 평개한다. 수술은 6개이며 보통 2개는 짧다. 암술은 1개. 열매는 각과(角果).

꽃다지속 Draba

꽃잎은 노란색 또는 흰색으로 이따금 붉은 자주색을 띤다. 열매는 편평하고 짧으며 난형·협타원형. 보통 줄기와 잎에 단모와 별모양의 털이 자란다.

① 드라바 오레아데스 *D. oreades* Schrenk

분포 ⼝중앙아시아 주변-부탄, 티베트, 중국 서부 개화기 6-7월

환경에 따라 연속적으로 형태가 바뀌는 다년초로, 고산대의 미부식질이 쌓인 바위땅이나 둔덕 비탈에 자생한다. 뿌리줄기는 활발히 분지하고, 정수리는 오래된 황갈색 잎자루에 싸여있다. 꽃줄기는 높이 1-15cm로 모여나기 하고 보통 겉에 부드러운 털이 촘촘하게 나 있다. 잎은 근생하고 길이 0-15mm인 자루를 가진다. 잎몸은 타원형-도피침형으로 길이 3-20mm이고 끝은 둔형이거나 약간 뾰족하며 기부는 점첨형으로 매끈하다. 앞뒷면에 부드러운 털과 별모양의 털이 자라고 가장자리에 긴 털이 나 있다. 줄기에는 이따금 잎이 1-2장이 달린다. 줄기 끝에 꽃이 5-15개의가 모여 달린다. 포엽은 달리지 않는다. 꽃은 직경 3-7mm. 꽃받침조각은 장란형으로 길이 2-2.5mm이며 털이 나 있다. 꽃잎은 도란형-주걱형으로 길이 3-5mm이고 열매는 난원형으로 길이는 4-8mm이다.

*①-b는 꽃줄기 높이는 5-10cm로, 초식동물에게 먹힌 흔적이 있다. ①-c는 꽃줄기 높이가 5-10mm로 매우 작아서 변종 콤무타타로 취급되기도 한다.

② 드라바 인볼루크라타

D. involucrata W.W. Smith

분포 ■네팔 서중부, 티베트 남동부, 윈난·쓰촨성 개화기 6-7월

고산대의 건조한 바위땅이나 바위그늘에 자생하며 느슨한 쿠션을 이룬다. 뿌리줄기는 가늘고 활발히 분지하며, 시든 채 남아 있는 오래된 잎에 싸여 있다. 꽃줄기는 높이 1.5-3cm로 가늘고 겉에 털이 나 있다. 잎은 로제트형태로 달리고, 이따금 기부에서 약간 떨어진 꽃줄기에 잎이 1-2장 달린다. 로제트잎에는 길이 2-7mm인 폭넓은 자루가 있다. 잎몸은 난형-광란형으로 길이 2-5mm이고 끝은 원형이거나 둔형이며 앞뒷면에 길고 부드러운 털이 자란다. 줄기 끝에 꽃 5-12개가 짧은 총상꽃차례를 이룬다. 포엽은 없다. 꽃자루

①-a 드라바 오레아데스. 6월20일. N/토롱 고개의 북서쪽. 4,650m.

①-b 드라바 오레아데스. 6월30일. Z3/봉 리의 동쪽. 4,400m.

①-c 드라바 오레아데스. 6월22일. Z1/초바르바 부근. 4,900m. 깎아 세운 듯한 암벽에서 자란 극소종. 잎은 길이 5mm, 폭1-2mm. 꽃자루는 길이 2-3mm. 꽃은 길이 3-3.5mm.

는 개출하고 길이 2-7mm이며 겉에 부드러운
털이 촘촘하게 나 있다. 꽃은 직경 4-6mm.
꽃받침조각은 난형으로 길이 1.5mm. 꽃잎은
도란형으로 길이 3-4mm이며 노란색. 열매는
거의 원형으로 길이는 2-3mm이다.

③ 드라바 세토사 D. setosa Royle
분포 □카슈미르-히마찰, 티베트 서부
개화기 6-8월
건조 고지의 바람에 노출된 돌이 많은 초지
에 군생한다. 뿌리줄기의 정수리는 활발히
분지하고, 오래된 잎의 기부에 싸여 있다.
꽃줄기는 가늘고 높이 5-15cm로 모여나기
하며 털이 자란다. 자루 없는 잎은 기부에 로
제트상으로 달린다. 잎몸은 장원상도피침형
으로 길이 5-15mm이고 끝은 둔형이거나 약
간 뾰족하며 뒷면에 중맥이 돌출되어 있다.
앞뒷면에 부드러운 털과 별모양의 털이 자
라고, 가장자리에 센털이 나 있다. 줄기 끝에
꽃이 5-12개 모여 달린다. 포엽은 없다. 꽃은
직경 3-5mm. 꽃받침조각은 장원형으로 길이
2mm이며 주변은 막질이다. 꽃잎은 도장란
형으로 길이 3-4mm이며 노란색. 열매는 난
상타원형으로 길이 5-8mm이다.

④ 드라바 카셰미리카 D. cashemirica Gandoger
분포 ◇카슈미르, 티베트 서부 개화기 5-7월
겨울철에 눈이 쌓이는 건조 고지의 자갈 많
은 초지나 바위땅에 자생한다. 동속 세토사
와 비슷하나 전체적으로 작다. 높이 3-10cm
인 꽃줄기는 털이 거의 없다. 잎은 선상도피
침형으로 길이 3-7mm. 열매는 난원형으로
길이 3-5mm이다.
*사진 중앙부에 지난해의 열매껍질이 달린
열매줄기가 시들어 남아 있다.

② 드라바 인볼루크라타. 7월1일. K/셰곰파의 남쪽. 4,900m. 건조 고지의 바위틈에 느슨한 쿠션을 이루고 있다.
개화기에는 직경 5mm인 황금색 꽃으로 뒤덮인다.

③-a 드라바 세토사. 7월25일.
F/누트. 4,400m.

③-b 드라바 세토사. 7월13일.
F/펜시 라의 북서쪽. 4,200m.

④ 드라바 카셰미리카. 7월15일.
D/데오사이 고원의 북쪽. 4,150m.

꽃다지속 Draba

① 드라바 윈테르보토미이
D. winterbottomii (Hook.f. & Thoms.) Pohle

분포 ■파키스탄-카슈미르, 티베트 서남부, 칭하이성 개화기 6-8월

건조 고지의 바위땅이나 빙하 유역의 바위 그늘에 자생한다. 뿌리줄기는 가늘고 오래된 잎의 기부에 싸여 있으며, 바위틈을 비모양으로 분지하며 자라고, 로제트잎과 꽃줄기는 모여나기 한다. 전체적으로 별모양의 부드러운 털에 덮여 있다. 잎은 도피침형으로 길이 1-1.5cm이고 가장자리는 매끈하다. 꽃줄기는 높이 3-8cm이며 잎을 갖지 않으며 끝에 꽃이 5-10개 모여 달린다. 꽃자루는 길이 5-10mm. 꽃은 직경 4-5mm. 꽃받침조각은 타원형. 꽃잎은 화조가 있는 원상도란형으로 길이 4-5mm이며 흰색이다.

② 드라바 라시오필라 *D. lasiophylla* Royle

분포 ◇중앙아시아 주변-부탄, 티베트, 중국 서부 개화기 6-8월

건조한 고산대의 바위땅이나 초지에 자생하는 다년초로, 로제트잎과 꽃줄기가 빽빽하게 모여나기 한다. 높이 4-20cm인 꽃줄기에 잎이 드문드문 달리고, 전체적으로 별 모양으로 분지한 길고 부드러운 털이 촘촘하게 자란다. 로제트잎은 도피침형으로 길이 5-15mm. 난형-피침형인 줄기잎에는 이가 1-4개 있다. 꽃차례는 직경 8-15mm. 꽃은 직경 4mm. 꽃받침조각은 타원형. 꽃잎은 도피침형으로 길이 3mm이며 흰색이다.

③ 드라바 알타이카 *D. altaica* (C. Mayer) Bunge

분포 □중앙아시아 주변-시킴, 티베트, 중국 서부 개화기 6-8월

건조한 고산대의 바위땅에 자생하며 가늘고 긴 뿌리줄기가 있다. 뿌리줄기의 정수리는 오래된 잎의 기부에 싸여 있고, 로제트잎과 꽃줄기가 빽빽하게 모여나기 한다. 전체적으로 부드러운 털로 덮여 있다. 로제트잎은 선

① 드라바 윈테르보토미이. 7월28일. Y2/롱부크 빙하. 5,200m.

② 드라바 라시오필라. 7월1일. K/세곰파의 남쪽. 4,850m.

③ 드라바 알타이카. 8월2일. B/마제노 고개의 남동쪽. 4,700m.

상도피침형으로 길이 4-15mm이고 가장자리는 거의 매끈하다. 꽃줄기는 높이 2-7cm로 잎을 갖지 않으며 끝에 꽃이 3-12개 모여 달린다. 꽃은 직경 3mm. 꽃받침조각은 타원형으로 길이 1mm. 꽃잎은 도피침형으로 길이 2mm이며 흰색이다.

④ 드라바 윌리암시이 *D. williamsii* Hara
분포 ■네팔 서중부, 부탄 개화기 6-7월
아고산대나 고산대의 불안정한 둔덕 비탈면에 자생한다. 뿌리줄기는 가늘고 정수리에서 활발히 분지한다. 근생엽은 남아 있지 않다. 높이 3-8cm인 꽃줄기에는 전체적으로 부드러운 털이 자란다. 잎은 어긋나기 한다. 잎몸은 도피침형으로 길이 7-15mm이고 가장자리에 톱니가 0-3개 있다. 줄기 끝에 꽃이 3-10개 모여 달리고 꽃자루는 길이 3-6mm. 꽃은 직경 8-10mm. 꽃받침조각은 난형. 꽃잎은 화조가 있는 도란형으로 길이 5-7mm이고 끝은 약간 파였거나 원형이며 흰색이다.

⑤ 드라바 아모에나 *D. amoena* Schulz
분포 ◇쿠마온-네팔 동부 개화기 6-7월
아고산대에서 고산대에 걸쳐 습한 바위땅이나 둔덕 비탈에 자생한다. 꽃줄기는 높이 15-30cm이며 겉에 부드러운 털이 자란다. 잎은 줄기에 개출하여 어긋나기 하고 자루를 갖지 않는다. 잎몸은 장원상피침형으로 길이 2-3.5cm이고 끝은 뾰족하며 기부는 줄기를 살짝 안고 있다. 가장자리에 톱니가 1-5개 있으며, 앞뒷면에 짧은 별 모양의 털이 촘촘하게 나있다. 줄기 끝의 꽃차례는 직경 3-4cm. 하부의 잎겨드랑이에서도 작은 꽃차례가 나온다. 꽃은 직경 1-1.3cm. 꽃잎은 화조가 있는 도란형으로 길이 7-9mm이고 끝은 약간 움푹 파였거나 절형이며 분홍색이다.

리그나리엘라속 Lignariella
⑥ 리그나리엘라 호브소니이
L. hobsonii (Pearson) Baehni
분포 ◇네팔 서부-부탄, 티베트 남부
개화기 5-7월
수명이 짧은 다년초로, 고산대 이끼 낀 바위땅이나 둔덕 비탈에 자생한다. 꽃줄기는 길이 8-20cm로 쓰러져서 자란다. 잎은 어긋나기 하고 잎자루는 길이 3-10mm. 잎몸은 옆으로 긴 광란형으로 폭 4-8mm이고 얕게-깊게 3개로 갈라졌다. 가운데 갈래조각은 협타원형, 옆갈래조각은 이따금 2-3개로 갈라졌다. 꽃자루는 길이 1-3cm이며 부드러운 털이 자란다. 꽃은 직경 9-12mm. 꽃받침조각은 열린다. 꽃잎은 화조가 있는 난상도란형으로 길이 6-8mm이며 자주색. 수술대는 길이 4-5mm. 암술대는 길이 3mm이다.

④ 드라바 윌리암시이. 7월18일. K/카그마라 고개의 북동쪽. 4,700m. 둔덕의 무너진 비탈에 자란 것으로, 전체적으로 희고 부드러운 털이 나 있다. 왼쪽 위로 범의귓과의 삭시프라가 안데르소니이가 싹트고 있다.

⑤ 드라바 아모에나. 6월16일.
R/베니카르카의 북서쪽. 4,200m.

⑥ 리그나리엘라 호브소니이. 6월13일.
Q/람주라 고개. 3,450m.

말냉이속 Thlaspi

① 틀라스피 안데르소니이

T. andersonii (Hook.f. & Thoms.) Schulz

분포 ◇카슈미르-부탄, 티베트 남부
개화기 5-8월

고산대의 습한 자갈질 비탈에 자생하는 다년
초. 가느다란 뿌리줄기가 분지하고, 가지 끝에
꽃줄기와 로제트잎이 달린다. 불안정한 장소
에서는 잎이 어긋나기 한 주출지가 땅위로 뻗
는다. 전체적으로 털이 없다. 꽃줄기는 높이 6-
15cm로 곧게 자란다. 근생엽에는 길이 2-
10mm인 자루가 있다. 잎몸은 원형-타원형으
로 길이 3-15mm이고 매끈하거나 가장자리에
드문드문 작은 이가 있다. 주출지에 달린 잎은
근생엽과 모양이 같으며 작다. 꽃줄기 상부에
어긋나기 하는 잎에는 자루가 없다. 잎몸은
난형-타원상피침형으로 길이 5-15mm이고 끝
은 뾰족하며 매끈하거나 가장자리에 작은 이
가 있다. 기부는 줄기를 살짝 안고 있거나 줄
기에서 떨어져 화살촉모양을 이룬다. 꽃은 줄
기 끝 짧은 총상꽃차례에 달리고, 꽃자루는
길이 3-6mm. 꽃받침조각은 협란형으로 길이
2mm이며 가장자리는 막질. 꽃잎은 주걱형으
로 길이 4-6mm이며 연자주색. 열매는 편평한
타원형으로 길이 5-8mm, 정부는 원형으로 길
이 1mm인 암술대가 남아 있다.

② 틀라스피 코클레아리오이데스

T. cochlearioides Hook.f. & Thoms.

분포 ◇카슈미르-부탄 **개화기** 6-7월

고산대의 습하고 이끼 낀 자갈질 비탈에 자
생한다. 동속 안데르소니이와 비슷하나, 꽃줄
기는 유연하고 쓰러지기 쉬우며 길이 3-8cm.
약간 질이 두꺼운 줄기잎에는 뚜렷한 톱니
가 있다. 꽃은 약간 작고, 꽃받침은 장원형으
로 길이 1-2mm. 꽃잎은 흰색-연자주색으로
길이 3-5mm. 열매는 도란상타원형으로, 정수
리의 양쪽 끝이 살짝 돌출하고 중앙의 파인
곳에 길이 0.5mm인 암술대가 남아 있다.

③ 틀라스피 그리피티아눔 *T. griffithianum* Boiss.

분포 ㅁ아프가니스탄-가르왈 **개화기** 5-8월

건조 고지의 바람에 노출된 자갈질 비탈에 자
생한다. 동속 안데르소니이와 비슷하나, 잎은
질이 두꺼운 타원형으로 끝은 약간 뾰족하며
표면은 짙은 녹색이다. 꽃은 약간 작고 줄기
끝에 모여 달린다. 꽃받침조각은 길이 1.5mm.
꽃잎은 흰색-연자주색으로 길이 3-5mm. 꽃자
루는 처음에는 곧추 서고 개화 후에는 축에 직
각으로 개출한다. 열매는 타원형으로 길이 5-
6mm, 정수리는 파여 있거나 절형이며 숙존하
는 암술대는 길이 0.5mm이다.
*사진의 그루는 거의 개화가 끝난 무렵으
로, 꽃차례의 하부에서는 열매가 익어가고
있다.

① 틀라스피 안데르소니이. 7월 4일.
X/탕페 라. 4,600m.

② 틀라스피 코클레아리오이데스. 6월 21일.
R/베니카르카의 북동쪽. 4,350m.

③ 틀라스피 그리피티아눔. 9월 7일.
H/바랄라차 라. 4,900m.

④ 틀라스피 코클레아리오포르메. 6월 21일.
Z3/세콘드. 4,200m.

⑤-a 카르다미네 마크로필라 폴리필라. 6월 29일.
T/톱케골라의 북쪽. 3,900m.

⑤-b 카르다미네 마크로필라 폴리필라. 7월 30일.
Z3/도숑 라의 남동쪽. 3,700m.

④ 틀라스피 코클레아리포르메 *T. cochleariforme* DC.
분포 □중앙아시아 주변-카슈미르, 티베트
남부, 중국 서부 개화기 5-7월
산지에서 고산대에 걸쳐 습한 둔덕 비탈에
자생한다. 동속 안데르소니이와 비슷하나,
전체적으로 분백색을 띠고 주출지는 없다.
열매는 도란상타원형으로, 정수리의 양쪽
끝이 돌출하고 중앙의 파인 곳에 길이 1mm
인 암술대가 남아 있다. 꽃줄기는 높이 10-
30cm로 곧게 자란다. 꽃받침조각은 길이
2-3mm. 꽃잎은 흰색으로 길이 5-7mm. 열매
는 길이 6-10mm이다.

황새냉이속 Cardamine

⑤ 카르다미네 마크로필라 폴리필라

C. macrophylla Willd. subsp. *polyphylla* (D. Don) Schulz
분포 □카슈미르-부탄, 티베트 남동부, 중국
개화기 5-8월
대형적인 다년초로, 아고산대의 숲 주변이나
계곡 줄기에 군생한다. 높이 0.4-1m인 꽃줄기
에 부드러운 털이 자란다. 잎은 우상복엽으
로 길이 12-20cm. 소엽은 5-15장 달리고 타원
상피침형으로 길이 3-8cm이며 끝은 날카롭고
가장자리에 톱니가 있다. 기부는 쐐기형-원
형. 상부의 소엽쌍은 기부가 중축을 따라 내
려간다. 줄기 끝과 하부의 잎겨드랑이에서
비스듬히 뻗은 가지 끝에 짧은 총상꽃차례가
달린다. 꽃자루는 길이 1-2cm. 꽃은 직경 1-
1.5cm. 꽃받침조각은 길이 5-8mm. 꽃잎은 화
조가 있는 도란형으로 길이 1-1.5cm, 폭 3-
5mm이며 분홍색이다.

⑥ 카르다미네 록소스테모노이데스

C. loxostemonoides Schulz
분포 ◇카슈미르-부탄, 티베트 남부, 윈난성
개화기 5-7월
다소 건조한 고산대의 무너지기 쉬운 자갈
비탈에 자생하는 다년초. 땅속에 길이 30cm
에 달하는 가는 뿌리줄기가 있으며, 길이 1.5-
2mm인 비늘눈이 달린다. 비탈이 무너지면
비늘눈이 자란다. 꽃줄기는 길이 5-20cm, 땅
위 높이 0-10cm이고 하부는 돌에 묻혀 있으며
가늘고 부드럽다. 전체적으로 털이 없다. 근
생엽은 우상복엽으로 꽃줄기와 길이가 같은
자루를 가지며, 잎몸은 길이 2-3cm. 소엽은 5-
11장 달리고, 짧은 자루가 있는 광란형-타원
형으로 길이 4-15mm이고 끝은 약간 돌출형이
며 가장자리는 매끈하거나 불규칙하게 1-3개
로 얕게 갈라졌다. 꽃줄기에는 자루가 짧은
잎이 1-3장 달린다. 줄기 끝 짧은 총상꽃차례
에 꽃이 3-12개의 달린다. 꽃자루는 길이 2-
10mm. 꽃은 직경 7-18mm. 꽃받침조각은 난
형으로 길이 2-4mm이고 주위는 막질. 꽃잎은
화조가 있는 도란형으로 길이 7-12mm, 폭 4-
6mm이며 분홍색이다.

⑥-a 카르다미네 록소스테모노이데스. 7월27일. B/상고살루 호수의 서쪽. 3,600m. 이 종의 생육지는 해발고도가 낮고 안정한 장소에 자란 것으로, 꽃줄기는 곧게 자라 높이 10cm에 달한다.

⑥-b 카르다미네 록소스테모노이데스. 6월30일. K/라체. 4,400m.

⑥-c 카르다미네 록소스테모노이데스. 6월20일. N/토롱 고개의 북서쪽. 4,600m.

타프로스페루뭄속 Taphrosperumum

① 타프로스페루뭄 폰타눔

T. fontanum (Maxim.) Al-Shehbaz & G. Yang subsp. *fontanum* [*Dilophia fontana* Maxim.]

분포 ◇티베트 남동부, 중국 서부
개화기 6-8월

고산대의 모래진흙이나 하층에 얼음을 품고 있는 자갈땅에 자생한다. 연질의 줄기가 분지하며 땅속으로 뻗고, 마디에서 뿌리를 내려 끝부분만 땅위로 나온다. 꽃줄기는 땅위 높이 2-5cm이며 곁에 드문드문 부드러운 털이 자란다. 잎은 촘촘하게 어긋나기 하고, 길이 7-20mm인 자루를 갖는다. 잎몸은 장란형으로 길이 4-10mm이고 가장자리는 매끈하거나 물결 모양. 줄기 끝 포엽의 겨드랑이마다 꽃이 1개 달린다. 꽃자루는 길이 5-15mm. 꽃은 직경 5-6mm. 꽃받침조각은 난형으로 길이 2-3mm. 꽃잎은 화조가 있는 난상피침형으로 길이 4-5mm, 폭 3mm이고 끝이 살짝 파였으며 흰색이다.

아프라그무스속 Aphragmus

② 아프라그무스 옥시카르푸스

A. oxycarpus (Hook.f. & Thoms.) Jafri
[*Braya oxycarpa* Hook.f. & Thoms.]

분포 ◇중앙아시아 주변-부탄, 티베트, 중국 서부 개화기 6-9월

고산대 상부 습한 모래땅에 자생한다. 높이 2-5cm인 꽃줄기에 미세하고 부드러운 털이 자란다. 로제트잎에는 길이 5-10mm인 자루가 있다. 잎몸은 질이 두꺼운 협란형-도피침형으로 길이 5-15mm. 상부의 잎과 포엽은 도피침형. 짧은 총상꽃차례에 꽃이 5-12개의 달리고, 꽃자루는 길이 2-6mm. 기부에 포엽이 있다. 꽃은 직경 5-6mm. 꽃받침조각은 난형으로 길이 2mm이며 가장자리는 막질. 꽃잎은 원상도란형으로 길이 4-5mm, 폭 2-3mm이며 흰색이다.

피크노플린토프시스속 Pycnoplinthopsis

③ 피크노플린토프시스 부타니카 *P. bhutanica* Jafri

분포 ■네팔 중부-부탄, 티베트 남부
개화기 5-7월

산지에서 고산대에 걸쳐 습한 암벽이나 물이 고이는 바위땅에 자생하며, 굵은 뿌리줄기가 옆으로 뻗는다. 줄기는 자라지 않고 잎은 로제트상으로 달리며, 잎겨드랑이에서 뻗은 꽃자루 끝에 꽃이 1개 달린다. 잎은 주걱형-도피침형으로 길이 1.5-5cm, 폭 3-17mm이고 기부는 쐐기형이며 상부에 깊은 이가 있다. 털은 없거나 앞뒷면에 부드러운 털이 나 있다. 꽃자루는 길이 1.5-3cm. 꽃은 직경 1-1.8cm. 꽃받침조각은 난형으로 길이 2-5mm. 꽃잎은 화조가 있는 타원형-원상도란형으로 길이 7-12mm이며 흰색. 성숙하기 전의 꽃밥은 암녹색이다.

① 타프로스페루뭄 폰타눔. 6월21일. Z1/초바르바 부근. 4,600m.

② 아프라그무스 옥시카르푸스. 9월7일. H/바랄라차 라. 4,900m.

③-a 피크노 플린토프시스 부타니카. 5월12일. X/바르슝의 남동쪽. 3,300m. 강기슭에서 가까운 불안정한 암벽의 역경사면에 군생하고 있다.

③-b 피크노플린토프시스 부타니카. 5월12일. X/바르슝의 남동쪽. 3,300m. 잎은 길이 4-5cm, 폭 10-17mm.

③-c 피크노플린토프시스 부타니카. 7월18일. K/카그마라 고개의 북동쪽. 4,600m. 잎은 길이 1.5-3cm, 폭 3-6mm.

폐개오피톤속 Pegaeophyton

① 폐개오피톤 스카피플로룸

P. scapiflorum (Hook.f. & Thoms.) Marq. & Shaw subsp.
scapiflorum

분포 ◇카슈미르-미얀마, 티베트, 중국 서부
개화기 5-7월

고산대의 바위가 많은 초지나 모래진흙을 품고 있는 자갈땅에 자생하며, 굵은 뿌리줄기가 있다. 줄기는 자라지 않고, 뿌리줄기 정수리에서 많은 근생엽과 꽃자루가 방사상으로 나온다. 잎에는 길이 7-30mm인 자루가 있다. 잎몸은 장란형-선상도피침형으로 길이 5-30mm, 폭 2-5mm이고 매끈하거나 가장자리에 이가 1-3쌍 돌출한다. 꽃자루는 길이 1.5-4cm. 꽃은 직경 5-9mm. 꽃받침조각은 난형으로 길이 2-3mm이고 겉에 털이 없거나 부드러운 털이 자라며 가장자리는 막질이다. 꽃잎은 흰색으로 이따금 연자주색이나 연붉은색을 띠고 길이 5-7mm, 폭 2-3mm이며 끝은 살짝 파였거나 절형이다. 열매는 편평한 난상타원형이다.

② 폐개오피톤 스카피플로룸 로부스툼

P. scapiflorum (Hook.f. & Thoms.) Marq. & Shaw subsp.
robustum (Schulz) Al-Shehbazet al.

분포 ◇부탄, 티베트 남동부, 윈난·쓰촨성
개화기 6-8월

고산대의 습하고 이끼 낀 바위땅, 하천가의 모래땅이나 미부식질에 자생한다. 기준아종보다 전체적으로 크고 꽃잎 폭이 넓다. 잎자루는 길이 1.5-8cm. 잎몸은 길이 1-5cm, 폭 5-15mm. 꽃받침조각은 길이 3-4mm. 꽃잎은 길이 6-12mm, 폭 4-9mm이다.

패오니키움속 Phaeonychium

③ 패오니키움 야프리이 *P. jafrii* Al-Shehbaz

분포 ◇네팔 서부, 부탄, 티베트 남부
개화기 6-7월

반건조지 고산대의 바위가 많은 비탈이나 바위그늘, 소관목 사이에 자생한다. 땅속에 굵고 흰 목질 뿌리줄기가 있다. 뿌리줄기 정수리는 활발히 분지해 꽃줄기와 근생엽이 모여나기 하고, 오래된 잎자루가 많이 남아 있다. 전체적으로 부드러운 털이 자란다. 근생엽에는 길이 1-5cm인 자루가 있다. 잎몸은 장란형-도피침형으로 길이 3-7cm, 폭 1-2.5cm이고 가장자리는 매끈하며 끝은 둔형-예형이다. 약간 뚜렷한 맥이 3개 있다. 높이 10-25cm인 꽃줄기에 잎과 포엽은 달리지 않으며, 정수리에 꽃이 10-30개 모여 산방상의 총상꽃차례를 이룬다. 꽃자루는 길이 5-15mm. 꽃은 직경 8-10mm. 꽃잎은 길이 7-10mm, 폭 4-5mm이고 흰색-연붉은 자주색이며 기부는 황록색에서 붉은 자주색으로 변한다.

①-a 폐개오피톤 스카피플로룸. 6월15일. R/베니카르카의 남서쪽. 4,200m.

①-b 폐개오피톤 스카피플로룸. 5월11일. X/쇼두의 북동쪽. 4,100m.

② 폐개오피톤 스카피플로룸 로부스툼. 7월29일. Z3/도슝 라의 남동쪽. 4,100m. 눈 녹은 물이 흐르는 산등성이의 평활한 바위땅에 군생하고 있다.

④ 패오니키움 파리오이데스
P. parryoides (Kurz) Schulz

분포 ◇카슈미르, 티베트 서부 개화기 6-7월
건조 고지의 바위가 많은 초지에 난다. 동속
야프리이와 비슷하나, 잎은 폭이 넓고 끝은
원형 또는 둔형이다. 전체적으로 부드러운
털이 빽빽하게 나 있어 희뿌옇게 보인다. 잎
자루는 길이 1-2cm. 잎몸은 선상도피침형으
로 길이 1-4cm, 폭 3-7mm. 줄기 끝에 꽃
20-30개가 총상으로 모여 달린다. 꽃자루는
길이 1-2cm. 꽃은 직경 6-8mm. 꽃받침조각은
장원형으로 길이 3-4mm이며 가장자리는 막
질. 꽃잎은 길이 7-9mm, 폭 3-4mm이며 흰색-
연자주색이다.

장대속 Arabis

⑤ 아라비스 악실리플로라 *A. axilliflora* (Jafri)Hara
분포 ■부탄, 티베트 남부 개화기 5-6월
아고산대에서 고산대에 걸쳐 건조한 암붕
에 자생하며, 쉽게 부러지는 목질의 뿌리
줄기가 있다. 뿌리줄기의 정수리는 시든
채 남아 있는 잎의 기부로 덮여 있다. 높이
10-20cm인 꽃줄기에 잎 1-3장이 어긋나기
하고 전체적으로 부드러운 털이 자란다.
근생엽에는 길이 2-5cm인 자루가 있다.
잎몸은 타원형-도피침형으로 길이 2-5cm,
폭 8-15mm이고 끝은 둔형, 기부는 점첨형
이며 매끈하거나 가장자리에 무딘톱니가
있다. 줄기잎은 장원형. 줄기 끝은 휘는
경향을 보이고, 꽃 4-12개가 아래를 향해
핀다. 꽃자루는 길이 1-1.5cm, 기부에 포
엽이 달린다. 꽃은 직경 1-1.5cm로 반개한
다. 꽃받침조각은 난상장원형으로 길이 5-
8mm. 꽃잎은 화조가 있는 원상도란형으
로 길이 1-1.4cm, 폭 5-7mm이며 붉은 자주
색이다.

③ 패오니키움 야프리이. 6월29일. K/폭숨도 호수의 서쪽 기슭. 3,800m. 깎아지른 듯한 석회질 절벽의 상부에 자
란 것으로, 굵은 뿌리줄기의 정수리에 많은 근생엽과 꽃줄기가 모여나기 한다.

④ 패오니키움 파리오이데스. 7월13일. F/펜시 라의 북서쪽. 4,100m.

⑤ 아라비스 악실리플로라. 5월12일.
X/바르숑의 남동쪽. 3,300m.

부지깽이나물속 Erysimum

① 에리시뭄 플라붐 알타이쿰

E. flavum (Georgi) Bobrov subsp. *altaicum* (C.A. Meyer)
Polozhij

분포 ◇중앙아시아 주변-카슈미르, 티베트, 시베리아 개화기 5-8월

건조 고지의 바위땅에 자생하는 다년초. 꽃줄기는 길이 5-30cm로 개화와 동시에 자라고 쉽게 쓰러지며, 전체적으로 누운 털이 촘촘하게 나 있다. 근생엽 잎몸은 선상도피침형으로 길이 2-6cm, 폭 2-5mm이고 매끈하거나 가장자리에 드문드문 이가 있다. 줄기잎은 가늘고 작다. 꽃은 귤색으로 직경 1.2-1.5 cm이고 줄기 끝에 모여 달리며, 열매 맺을 시기에는 축이 자라 총상이 된다. 포엽은 없다. 꽃자루는 길이 3-8mm. 열매는 길이 4-6cm, 직경 1.3-2mm로 비스듬히 자란다.

② 에리시뭄 데플렉숨 *E. deflexum* Hook.f. & Thoms.

분포 ◇시킴, 티베트 남부 개화기 6-8월

다소 건조한 고산대의 자갈질 비탈에 자생한다. 동속 플라붐과 비슷하나, 꽃은 작고 열매는 축에 직각으로 개출한다. 꽃줄기는 길이 3-10cm. 근생엽은 길이 3-5cm, 폭 3-6mm이고 매끈하거나 가장자리에 날카로운 이가 있다. 꽃은 직경 7-10mm. 열매는 길이 3-5cm, 직경 1-1.5mm이다.

③ 에리시뭄 히에라치이폴리움 *E. hieraciifolium* L.

분포 ㅁ유럽, 중앙아시아 주변-네팔, 티베트 개화기 5-8월

산지의 습한 초지에 자생하는 월년초(越年草). 꽃줄기는 높이 30-80cm이며 전체적으로 병모양의 털이 자란다. 줄기 잎에는 자루가 거의 없다. 잎몸은 협타원형-도피침형으로 길이 3-6cm이고 끝은 뾰족하며 기부는 점첨형. 매끈하거나 가장자리에 드문드문 이가 있다. 꽃자

① 에리시뭄 플라붐 알타이쿰. 8월6일. B/치치나라 계곡. 3,700m.

② 에리시뭄 데플렉숨. 8월2일. Y1/신데의 북쪽. 4,600m.

③ 에리시뭄 히에라치이폴리움. 7월29일. K/줌라의 남동쪽. 2,400m.

④ 에리시뭄 벤타미아이. 6월14일. X/쟈리 라의 남쪽. 4,300m.

루는 길이 5-10mm. 포엽은 없다. 꽃은 직경 1-1.3cm. 꽃받침조각은 장원형으로 길이 4-7mm. 꽃잎의 화조는 꽃받침과 길이가 같고, 현부(舷部)는 원상도란형으로 길이 5-6mm이며 귤색이다. 열매는 길이 1.5-3.5cm, 직경 1-1.5mm로 위를 향해 곧추 선다.

④ 에리시뭄 벤타미이 E. benthamii Monnet
분포 □인도 북서부-부탄, 티베트 남부, 윈난·쓰촨성 개화기 5-6월
산지에서 고산대에 걸쳐 밭 주변이나 돌이 많은 초지, 바위땅에 자생하는 1년초 또는 월년초. 동속 히에라치이폴리움과 비슷하나, 꽃줄기는 굵고 도드라진 심줄이 있으며, 꽃차례 기부에 포엽이 달리고 열매는 길게 비스듬히 자란다. 잎은 도피침형으로 길이 3-8cm이고 가장자리에 드문드문 날카로운 이가 있다. 꽃자루는 길이가 5-15mm. 꽃은 직경 1-1.5cm. 열매는 길이 6-10cm이다.

크리스톨레아속 Christolea
⑤ 크리스톨레아 크라시폴리아
C. crassifolia Cambess.
분포 ◇중앙아시아-네팔 중부, 티베트 서부, 중국 서부 개화기 6-8월
건조 고지의 자갈 비탈에 자생하며, 땅속에 목질의 뿌리줄기가 있다. 꽃줄기는 길이 10-40cm이고 활발히 분지하며 털이 없거나 전체적으로 흰 털이 자란다. 잎은 어긋나기 한다. 잎몸은 혁질의 도란상쐐기형으로 길이 2-5cm이고 상부에 성긴이가 3-5개 있다. 꽃자루는 길이 5-10mm. 꽃은 직경 5-7mm. 꽃잎은 흰색이며 기부가 녹색에서 붉은 자주색으로 변한다.

⑥ 크리스톨레아 히말라옌시스
C. himalayensis (Cambess.) Jafri [Ermania himalayensis (Cambess.) Schulz, Desideria himalayensis (Cambess.) Al-Shehbaz]
분포 ■아프가니스탄-시킴, 티베트 서남부 개화기 6-7월
땅속에 얼음이나 모래진흙을 품고 있는 고산대 상부의 불안정한 자갈땅에 자생하며, 우엉형태의 뿌리가 땅속 깊이 뻗는다. 꽃줄기는 길이 5-15cm로 굵고, 기부는 4-6개로 갈라져 사방으로 쓰러지거나 비스듬히 자라며, 전체적으로 길고 부드러운 털이 촘촘하게 나 있다. 잎의 기부는 질이 두꺼운 도란형-주걱형으로 길이 1-5cm이고 끝은 손바닥모양 또는 우상으로 얕게 갈라졌다. 상부 잎은 가늘고 가장자리가 매끈하다. 꽃자루는 짧고 기부에 포엽이 달린다. 꽃은 직경 6-8mm. 꽃받침조각은 난형. 꽃잎은 넓은 주걱형이며 끝이 살짝 파였고, 연붉은색-붉은색이며 기부는 노란색에서 붉은 자주색으로 변한다.

⑤ 크리스톨레아 크라시폴리아. 7월 20일. F/이차르의 남동쪽. 3,750m.

⑥-a 크리스톨레아 히말라옌시스. 6월 12일. M/프렌치 고개의 남쪽. 4,900m.

⑥-b 크리스톨레아 히말라옌시스. 7월 7일. K/눈무 라. 5,100m. 산등성이의 얼어붙기 쉬운 불안정한 자갈땅에 자란 것으로, 질이 강한 우엉 형태의 뿌리가 수직으로 뻗는다.

마티올라속 Matthiola

① 마티올라 플라비다

M. flavida Boiss. [*M. chorassanica* Boiss.]

분포 □ 서아시아, 중앙아시아 주변-카슈미르, 티베트 서부 개화기 5-7월

건조지의 자갈 비탈에 자생하는 다년초. 꽃줄기는 높이 15-80cm이며 전체적으로 별모양 흰 털로 덮여 있다. 잎의 기부에는 짧은 자루가 있다. 잎몸은 타원형-도피침형으로 길이 3-7cm이고 물결 모양이거나 가장자리에 이가 있으며 이따금 우상으로 갈라졌다. 꽃자루는 굵고 짧다. 꽃받침조각은 길이 8-12mm. 꽃잎은 황갈색으로 이따금 녹색이나 자주색을 띠며, 선형으로 길이 1.5-2.5cm, 폭 1.5-2.5mm이고 끝은 안쪽으로 말리는 경향이 있다. 열매는 길이가 7-10cm이다.

말코미아속 Malcomia

② 말코미아 아프리카나 *M. africana*(L.) R. Brown

분포 □ 지중해 연안-인도 북서부, 티베트 남부, 중국 서부 개화기 4-7월

건조지 길가의 모래땅이나 하원에 자생하는 1년초. 꽃줄기는 길이 10-30cm이고 분지해서 쓰러지거나 곧게 자라며, 전체적으로 별 모양 털이 나 있다. 잎의 기부는 타원형-도피침형으로 길이 1.5-6cm이고 매끈하거나 가장자리에 드문드문 이가 있다. 꽃자루는 짧다. 꽃은 직경 4-6mm. 꽃받침조각은 길이 3-5mm. 꽃잎은 도피침형으로 길이 6-10mm이며 연붉은색-연자주색. 열매는 길이 3-6cm, 자루는 열매와 두께가 같다.

파리아속 Parrya

③ 파리아 누디카울리스 *P. nudicaulis* (L.) Regel

분포 ◇ 북극 지방 주변, 아프가니스탄-인도 북서부, 시킴-부탄, 티베트 남부, 중국 서부 개화기 5-7월

고산대의 자갈질 비탈이나 바위틈에 자생하며, 목질인 긴 뿌리줄기가 있다. 꽃줄기는 길이 8-30cm이며 전체적으로 선모가 자란다. 잎은 근생하고 긴 자루를 가진다. 잎몸은 선상도피침형으로 길이 4-10cm이고 가장자리에 성긴 이가 있으며 이따금 우상으로 갈라졌다. 꽃자루는 길이 1-2cm. 꽃받침조각은 길이 6-10mm. 꽃잎은 긴 화조가 있는 원상도란형으로 길이 1.5-2.2cm, 폭 6-10mm. 화조는 노란색-붉은 자주색, 현부는 연붉은색-연자주색이며 가장자리는 물결모양이다.

코리스포라속 Chorispora

④ 코리스포라 시비리카 *C. sibirica* (L.) DC.

분포 □ 중앙아시아 주변-인도 북서부, 티베트 서부 개화기 5-8월

건조지의 모래땅이나 길가에 자생하는 1년초 또는 월년초. 꽃줄기는 길이 3-20cm로 개화와

① 마티올라 플라비다. 7월3일. E/산. 3,700m.

② 말코미아 아프리카나. 6월30일. C/카추라의 남쪽. 2,500m.

③ 파리아 누디카울리스. 6월21일. Z1/초바르바 부근. 4,600m. 살짝 자줏빛을 띤 연분홍색 꽃은 직경 2cm, 기부는 원통모양, 중앙부는 노란색에서 붉은 자주색으로 변한다.

동시에 자라고 기부에서 분지해 곧추서거나
쓰러지며, 전체적으로 선모가 자란다. 잎의
기부에는 짧은 자루가 있다. 잎몸은 장원형-
도피침형으로 길이 1.5-5cm이고 불규칙하게
우상으로 갈라졌으며 갈래조각은 삼각상피
침형. 꽃자루는 길이 2-4mm. 꽃받침조각은
길이 3-4mm. 꽃잎은 화조가 있는 삼각상도란
형으로 길이 7-10mm, 폭 3-7mm이고 끝은 파
여 있으며 노란색. 열매는 길이 1.5-2cm이며
씨앗과 씨앗 사이가 잘록하다.

⑤ **코리스포라 사불로사** *C. sabulosa* Cambess.
분포 □중앙아시아 주변-히마찰, 티베트 서
부 개화기 6-9월
건조지 고산대의 자갈 비탈이나 초지에 자
생하는 다년초. 꽃줄기는 길이 3-15cm로
개화와 동시에 자라고 전체적으로 드문드문
선모가 나 있다. 잎은 근생하고 길이 5-30
mm인 자루를 가진다. 잎몸은 타원형-도피
침형으로 길이 2-5cm이고 매끈하거나 가장
자리에 성긴 이가 있으며 이따금 우상으로
얕게-깊게 갈라졌다. 꽃받침조각은 길이 3-
4mm. 꽃잎은 분홍색-연노란색으로 기부는
황록색-붉은 자주색이며, 화조가 있는 도란
형으로 길이 7-10mm, 폭 3-4mm이고 끝은 파
여 있다. 열매는 길이 1.5cm이다.

⑥ **코리스포라 마크로포다** *C. macropoda* Trautv.
분포 ◇중앙아시아 주변-카슈미르 개화기 6-7월
건조 고지의 자갈땅에 자생한다. 동속 사불
로사와 비슷하나 전체적으로 작다. 꽃줄기
는 길이 3-10cm. 근생엽은 길이 2-3cm. 꽃잎
은 주걱형으로 길이 5-8mm, 폭 2-3mm이고
연노란색이며 기부는 짙은 노란색. 꽃받침
은 연노란색이다.

④-a 코리스포라 시비리카. 7월 30일. B/ 바진 빙하의 왼쪽 기슭. 3,650m. 빙하에 평행하는 쪽퇴석의 바깥쪽 급
사면에 자란 것으로, 뒤로 낭가파르바트 주봉의 하부가 보인다.

④-b 코리스포라 시비리카. 6월 30일.
C/카추라의 남쪽. 2,500m.

⑤ 코리스포라 사불로사. 7월 27일.
B/상고살루 호수의 서쪽. 3,600m.

⑥ 코리스포라 마크로포다. 7월 16일.
D/데오사이 고원의 남서부. 3,900m.

레피도스테몬속 Lepidostemon

① 레피도스테몬 글라리콜라

L. glaricola (Hara) Al-Shehbaz [*Chrysobraya glaricola* Hara]

분포 ■ 네팔 동부·부탄 **개화기** 5-7월

고산대의 불안정한 자갈 비탈이나 바위땅에 자생하는 다년초. 높이 3-7cm인 둥근 그루를 이룬다. 전체적으로 다소 빳빳한 분지한 털이 촘촘하게 나 있다. 잎은 짧은 줄기 상부에 로제트상으로 모여 달린다. 잎몸은 질이 두꺼운 주걱형-도피침형으로 길이 1-2cm이고 끝에 이가 3-7개 있다. 꽃은 직경 6-8mm로 줄기 끝에 모여 달린다. 개화 후에 축이 자라고 열매는 총상으로 달린다. 꽃자루는 길이 5-15mm. 꽃받침조각은 길이 2-2.5mm. 꽃잎은 화조가 있는 광도란형으로 귤색. 꽃잎과 수술은 개화 후에도 숙존한다.

② 레피도스테몬 고울디이 *L. gouldii* Al-Shehbaz

분포 ■ 네팔 서부, 부탄 **개화기** 6-7월

동속 중에서는 다소 이질적인 종으로, 아고산대에서 고산대에 걸쳐 불안정한 자갈 비탈에 자생한다. 1년초. 꽃줄기는 높이 3-10cm이며 전체적으로 부드러운 털이 자라고, 잎의 기부는 시들기 쉽다. 줄기잎에는 자루가 거의 없다. 잎몸은 주걱형-도피침형으로 길이 5-15mm, 폭 1-3mm이고 매끈하거나 가장자리에 성긴 이가 1-6개 있다. 꽃은 직경 6-7mm로 줄기 끝에 모여 달린다. 꽃자루는 길이 3-7mm, 포엽은 없다. 꽃받침조각은 길이 1.5mm. 꽃잎은 화조가 있는 광도란형으로 분홍색. 열매는 총상으로 달린다.

*촬영 개체 Yoshida 1007이 Al-Shehbaz (2000)에 따라 상기의 종으로 동정됨으로써, 네팔 내의 분포가 비로소 확인되었다.

① 레피도스테몬 글라리콜라. 5월11일. X/쇼두 부근. 4,100m. 뿌리줄기의 정부에서 여러 개의 짧은 줄기가 뻗고, 각각의 줄기 끝에 잎이 빽빽하게 모여 전체적으로 둥근쿠션과 같은 형태를 이룬다.

② 레피도스테몬 고울디이. 7월4일. K/링모의 서쪽. 4,100m.

③-a 네오토룰라리아 후밀리스. 7월3일. X/탕페 라의 북동쪽. 4,300m.

③-b 네오토룰라리아 후밀리스. 7월3일. X/탕페 라의 북동쪽. 4,300m.

네오토룰라리아속 Neotorularia

③ 네오토룰라리아 후밀리스

N. humilis(C.A. Meyer) Hedge& Leonard [*Torularia humilis* C.A. Meyer]

분포 □중앙아시아-부탄, 아시아 북동부, 북아메리카 개화기 5-8월

산지에서 고산대 상부에 걸쳐 자갈 비탈이나 이끼 낀 바위땅에 자생하는 다년초. 꽃줄기는 높이 2-20cm로 개화와 동시에 자라고 전체적으로 분지한 털이 나 있다. 잎은 기부에 달리고 길이 5-15mm인 자루가 있다. 잎몸은 타원형-도피침형으로 길이 5-20mm이고 우상으로 갈라졌다. 꽃은 직경 5-7mm로 줄기 끝에 모여 달린다. 포엽은 잎 모양이며, 상부에서는 점차 작아진다. 꽃받침조각은 길이 2-2.5mm. 꽃잎은 화조가 있는 원상도란형으로 분홍색. 열매는 총상으로 달리며 길이는 1-2cm이다.

고추냉이속 Eutrema

④ 오이트레마 헤테로필룸

E. heterophyllum (W.W. Smith) Hara [*E.compactum* Schulz]

분포 ◇네팔 서부-부탄, 티베트 남부, 중국 서부 개화기 5-6월

고산대의 자갈 비탈이나 미부식질이 쌓인 초지에 자생하는 다년초로, 땅속에 수직으로 자라는 다육질 뿌리가 있다. 꽃줄기는 높이 2-10cm로 정수리까지 잎이 규칙적으로 어긋나기 하고 전체적으로 털이 없다. 근생엽에는 긴 자루가 있다. 잎몸은 난형-타원형으로 길이 7-15mm이고 끝은 둔형이거나 약간 뾰족하다. 가는 상부 잎에는 자루가 없다. 줄기 끝에 많은 꽃이 산방상으로 모여 달린다. 꽃은 직경 2.5-3mm. 꽃받침조각은 길이 1.5-2mm. 꽃잎은 흰색으로 주걱형이다.

풍접초과 CAPPARACEAE

카파리스속 Capparis

⑤ 카파리스 스피노사 *C. spinosa* L.

분포 □지중해 연안-네팔, 오스트레일리아 개화기 5-8월

건조한 계곡줄기의 바람에 노출된 모래땅에 자생하는 다형적인 포복성 관목. 지중해 지방 원산의 것은 케이퍼라는 이름으로 꽃봉오리가 식용으로 쓰인다. 잎은 어긋나기 하고, 짧은 자루의 기부에 갈고리모양의 턱잎이 있다. 잎몸은 난형-원형-타원형-도란형으로 길이 2-6cm. 꽃은 잎겨드랑이에 1개 달리고 흰색-연붉은색이며 직경 4-7cm. 꽃자루는 길이 3-7cm. 꽃받침조각 4장은 길이 1.5-2cm로 모양이 거의 일정하다. 꽃잎 4장은 도란상쐐기형으로 길이 2-4cm. 수술은 여러 개 달리고, 꽃잎과 길이가 같거나 약간 길다. 씨방에는 수술과 길이가 같은 자루가 있다.

④-a 오이트레마 헤테로필룸. 6월14일. M/야크카르카. 4,450m.

④-b 오이트레마 헤테로필룸. 5월11일. X/쇼두의 남서쪽. 4,100m.

⑤ 카파리스 스피노사. 7월8일. C/시가르의 북동쪽. 2,800m. 건조한 바람이 불어오는 계곡줄기의 모래땅에 자란 것으로, 직경 5cm 이상인 커다란 꽃이 나비처럼 하늘거린다.

양귀비과 PAPAVERACEAE

잎은 어긋나기. 꽃에는 꽃받침조각이 2-3장, 꽃잎이 4-16장, 수술이 많이 달린다. 씨방상위. 열매는 삭과. 씨앗은 작고 수가 많다.

메코노프시스속 Meconopsis

다년초 또는 1회 결실성의 2-4년초. 근연종과 교잡하기 쉬워 동정하기 어려운 종이 많다. 꽃은 옆이나 아래로 향하고, 강한 빛을 받으면 꽃잎 주름이 펴지며 활짝 핀다. 꽃받침조각은 2장 달리고 조락성. 꽃잎 색깔은 노란색, 파란색, 청자주색, 자줏빛 붉은색, 검붉은색, 붉은색, 연붉은색, 흰색과 같이 다양하며, 같은 종이라도 기상 등의 요인에 따라 색깔이 변하기 쉽다. 암술에는 보통 암술대가 있다. 씨방은 타원체이며 가시털이나 센털로 덮인 것이 많다. 파란 꽃을 피우는 몇몇의 종과 그것을 모체로 교배된 원예품종은 블루포피(푸른 양귀비)라는 이름으로 널리 알려져 있다.

① **메코노프시스 파니쿨라타** *M. paniculata* Prain
분포 □가르왈·아루나찰 **개화기** 5-8월
1회 결실성 초본. 여름에 비가 많이 내리고 겨울에 눈이 쌓이는 아고산대의 숲 주변이나 고산대의 바위가 많은 비탈에 자생하며, 방목지 주변의 관목을 태우고 난 사면에 흔히 군생한다. 꽃줄기는 굵고 속이 비었으며 높이 1-2m로 곧게 자라고, 중공 속에 노란색을 띤 물이 고여 있다. 전체적으로 길이 8mm에 달하고 쉽게 떨어지는 황금색 긴 센털이 자라고, 매우 작은 별모양의 털이 촘촘하게 나 있어 물방울이 겉돈다. 로제트잎에는 길이 10-20cm인 자루가 있다. 잎몸은 협타원형으로 길이 25-50cm이고 우상으로 갈라졌다. 갈래조각은 장란형으로 끝이 약간 뾰족하고 매끈하거나 가장자리에 성긴 톱니가 있다.

①-a 메코노프시스 파니쿨라타. 6월29일. T/톱케골라. 3,700m. 굵은 꽃줄기는 속이 비었으며, 그 속에 고이는 노란색 물은 근처에 물이 없는 방목지에서 가축을 치는 사람들의 목을 축인다.

①-b 메코노프시스 파니쿨라타. 6월19일. L/셍 콜라. 3,800m.

①-c 메코노프시스 파니쿨라타. 6월21일. R/베니카르카 부근. 4,050m.

①-d 메코노프시스 파니쿨라타. 5월27일. Q/베딩의 남동쪽. 3,800m.

자루가 없는 상부의 잎은 차츰 작아진다. 원추꽃차례는 꽃줄기 상부의 3분의 2를 차지하며 많은 꽃이 달린다. 꽃자루는 길이 3-6cm. 꽃은 직경 6-10cm. 꽃잎은 노란색으로 4장 달리고 거의 원형이며 길이 3-5cm. 암술대는 길이 6-10mm. 열매는 협타원체로 길이 2.5-3cm이다.

*①-d는 겨울을 지낸 로제트잎으로, 잎 표면에 촘촘하게 나 있는 별모양의 털이 빗물을 튀겨낸다. 겨울에 두터운 눈 속에 묻히고 봄에 눈이 녹아 물에 잠겨도, 이 별모양의 털이 공기층을 유지하며 잎의 조직과 줄기 끝의 생장점이 얼지 않도록 보호한다. 부탄 중앙부의 비가 많은 지역에서는 ①-e와 같이 꽃은 크고 수가 적으며 아래를 향해 핀다.

② 메코노프시스 드호지이 *M. dhwojii* Hay
분포 ◇네팔 중-동부, 티베트 남부
개화기 5-8월

고산대의 바위가 많은 초지에 자생한다. 동속 파니쿨라타와 비슷하나 전체적으로 약간 작다. 꽃줄기는 개화와 함께 높이 0.3-1m로 자라고, 꽃은 보통 지표에 가까운 순서로 핀다. 잎의 기부의 잎몸은 길이 20-35cm이고 우상으로 깊게-중맥까지 갈라졌다. 갈래조각의 끝은 원형-둔형이며 매끈하거나 가장자리에 성기고 무딘 톱니가 있다. 앞뒷면에 긴 센털이 자라고, 털 기부의 잎면은 두드러져 자줏빛 검정색을 띠기 쉽다. 파니쿨라타에서 볼 수 있는 별모양의 털은 매우 적다. 꽃잎은 노란색으로 길이 3-4cm이다.

*네팔 중부 고사인쿤드나 랑탕 계곡에서 흔히 볼 수 있는 것(②-c)은 파니쿨라타와의 잡종일 가능성이 있다.

①-e 메코노프시스 파니쿨라타. 7월4일. X/탕페 라의 남서쪽. 4,500m. 여름 낮 동안 이슬비가 단속적으로 이어지는 급사면의 방목초지에 자라나 있다. 뒤로 보이는 호수는 움초.

②-a 메코노프시스 드호지이. 8월17일.
Q/판치포카리의 남쪽. 4,000m.

②-b 메코노프시스 드호지이. 5월29일.
Q/베딩의 남동쪽. 3,800m.

②-c 메코노프시스 드호지이. 6월19일.
P/고사인쿤드. 4,200m.

메코노프시스속 Meconopsis

① 메코노프시스 나파울렌시스 *M. napaulensis* DC.
분포 ◇네팔 서부-부탄, 티베트 남부
개화기 6-8월

1회 결실성 초본. 아고산대에서 고산대에 걸쳐 숲 주변이나 관목소림, 이끼 낀 바위땅에 자생한다. 동속 파니쿨라타와 비슷하나, 꽃은 검붉은색·붉은색이며 이따금 흰색을 띤다. 꽃줄기는 높이 1-2.5m이고 전체적으로 황갈색의 긴 센털이 자라고 매우 짧은 센털이 촘촘하게 나 있다. 로제트잎에는 길이 10-20cm인 자루가 있다. 잎몸은 협타원형-도피침형으로 길이 20-40cm이고 우상으로 깊게 갈라졌으며, 갈래조각은 타원상피침형으로 가장자리에 둔한 톱니가 있다. 원추꽃차례의 가지는 비스듬히 길게 자란다. 꽃자루는 길이 4-8cm. 꽃잎은 도란형-원형으로 길이 3-4.5cm이며 4장 달린다.

*①-c는 네팔 중서부에서 흔히 볼 수 있는 것으로, 잎은 파니쿨라타와 비슷하다.

①-a 메코노프시스 나파울렌시스. 7월22일.
V/체람의 북동쪽. 3,900m.

①-b 메코노프시스 나파울렌시스. 7월25일. V/미르긴 라의 북쪽. 4,150m. 꽃줄기는 높이 1m 전후. 이끼 낀 바위질 초지에 이 종으로서는 드물게 많은 그루가 군생하고 있다.

①-c 메코노프시스 나파울렌시스. 6월16일.
M/야크카르카. 3,700m.

①-d 메코노프시스 나파울렌시스. 7월14일.
N/힌크의 북쪽. 3,700m.

①-e 메코노프시스 나파울렌시스. 7월12일.
N/힌크의 북쪽. 3,500m.

② 메코노프시스 왈리키이 *M. wallichii* Hooker

분포 ◇네팔 중부-부탄, 티베트 남부, 윈난 쓰촨성 개화기 6-8월

안개가 자주 끼는 아고산대의 숲속이나 고산대의 관목림 주변에 자생한다. 동속 나파올렌시스와 비슷하나 꽃은 연한 청자주색이다. 잎몸은 약간 푸른빛을 띠며 우상으로 깊게 갈라졌다. 갈래조각은 좌우부정인 삼각형-삼각상피침형이고 가장자리에 성긴 이가 있으며, 잎면에는 짧은 센털이 적다.

③ 메코노프시스속의 왈리키이와 파니쿨라타와의 잡종

M. wallichii × paniculata

네팔 동부 아고산대의 숲 사이에 있는 벌채지 등에서 발견되며, 때때로 꽃이 연노란색인 그루와 청자주색인 그루가 같은 장소에서 함께 자란다.

②-b 메코노프시스 왈리키이. 7월12일. T/두피카르카의 북동쪽. 3,700m. 짙은 안개에 싸이는 날이 많은 계곡 줄기의 노간주나무·석남 숲 내에 군생하고 있다. 꽃줄기는 높이 2m에 가깝다.

②-a 메코노프시스 왈리키이. 6월21일. T/두피카르카. 3,500m.

②-c 메코노프시스 왈리키이. 7월12일. T/두피카르카의 북동쪽. 4,000m.

③ 메코노프시스속의 왈리키이와 파니쿨라타와의 잡종. 6월21일. T/두피카르카. 3,500m. 고목 전나무를 벌채하고 불을 지른 후의 방목지에, 꽃이 연노란색인 그루와 청자주색인 그루가 함께 자라고 있다.

메코노프시스속 Meconopsis

① 메코노프시스 베토니치폴리아

M. betonicifolia Franch.

분포 ◇티베트 남동부, 윈난성, 미얀마
개화기 6-7월

블루포피로 종칭하는 원예품종군의 수요 교
배친. 1회 결실성 또는 그루가 갈라져 늘어나
는 다회(多回) 결실성의 다년초로, 아고산대의
숲속이나 숲 주변 초지의 비탈, 이끼 낀 바위
땅에 자생한다. 높이 0.5-1.5m인 꽃줄기에는 털
이 없거나 쉽게 떨어지는 갈색 긴 털이 개출하
고, 기부는 오래된 잎 섬유에 싸여 있다. 하부
의 잎에는 길이 5-20cm인 자루가 있다. 잎몸은
장란형-협타원형으로 길이 7-15cm이고 끝은
둔형이거나 약간 뾰족하며 기부는 절형-심형
이다. 가장자리에 성기고 무딘 톱니가 있으며
톱니 사이는 얕게 잘려 있고, 앞뒷면에 긴 센
털이 드문드문 자란다. 상부의 잎은 자루를
갖지 않고 기부는 줄기를 안고 있으며, 줄기
끝에는 이따금 잎(포엽)이 돌려나기 한다. 꽃은
줄기 끝의 잎겨드랑이마다 달리며, 꽃줄기 1
개에 3-7개가 달린다. 꽃자루는 길이 10-20cm
로 곧게 자란다. 꽃은 직경 6-8cm로 살짝 아래
를 향한다. 꽃잎은 보통 4장 달리고 원상도란
형-타원형으로 길이 3-5cm이며 파란색. 암술대
는 길이 3-6mm. 열매는 협타원체로 길이는 3-
4cm이다.

② 메코노프시스 프세우도인테그리폴리아 로부스타

M. pseudointegrifolia Prain subsp. *robusta* Grey-
Wilson [*M. integrifolia* (Maxim) Franch.]

분포 ◇티베트 남동·동부, 윈난성, 미얀마
개화기 6-7월

1회 결실성 초본. 아고산대에서 고산대에 걸
쳐 숲 주변이나 비탈의 초지, 바위땅에 자생

①-a 메코노프시스 베토니치폴리아. 6월26일. Z3/하티 라의 남동쪽. 3,650m. 방목 가축이 모여 있는 오두막 뒤
쪽의 비옥한 둔덕의 비탈에 커다란 그루를 이루고 있다.

①-b 메코노프시스 베토니치폴리아. 7월28일.
Z3/다무로의 동쪽. 3,600m.

②-a(좌) ②-b(상) 메코노프시스 프세우도인테그리폴리
아 로부스타. 6월21일.
Z3/닌마 라 부근. 3,850m(좌), 4,100m(상)

한다. 꽃줄기는 굵고 하부는 속이 비었으며 개화와 함께 높이 0.3-1.2m로 곧게 자라고, 전체적으로 황갈색을 띤 긴 센털이 겉에 촘촘하게 나 있다. 잎의 기부는 선상도피침형으로 길이 10-25cm, 폭 1-3cm이고 기부에 나란히 맥이 3개 있으며 상부에 우상맥이 있다. 줄기에는 몇 개의 잎이 드문드문 어긋나기 하고, 정수리에 보통 잎 모양의 포엽이 돌려나기 한다. 꽃자루는 포엽의 겨드랑이에서 나와 개화하면서 길이 5-20cm로 곧게 자란다. 꽃은 옆이나 살짝 아래를 향해 피고, 날씨가 좋을 때는 거의 평개하여 직경 7-12cm에 이른다. 꽃잎은 6-8장 달리고 원상도란형으로 길이 4-7cm이며 연노란색. 길이 6-10mm인 암술대에 털이 없다.

③ 메코노프시스 셰리피이 *M. sherriffii* Taylor
분포 ■ 부탄, 티베트 남동부 개화기 6-7월
다소 건조한 고산대의 바위 비탈에 자생하는 다년초로, 기부에 오래된 잎자루가 많이 남아 있다. 전체적으로 황갈색을 띠고 쉽게 떨어지는 길이 6mm인 센털로 덮여 있다. 잎은 근생하고 길이 3-7cm인 폭넓은 자루를 가진다. 잎몸은 난상타원형-도피침형으로 길이 3-6cm, 폭 1.2-2.5cm이고 가장자리는 매끈하며 끝은 약간 뾰족하거나 둔형이다. 꽃줄기는 높이 20-40cm로 끝에 보통 꽃이 1개 옆을 향해 달리고, 하부-중부에 자루가 없는 잎모양의 포엽이 마주나기 또는 돌려나기 한다. 작은 그루에는 포엽이 없거나, 근생엽과 구별하기가 어렵다. 꽃은 직경 8-10cm. 꽃잎은 붉은빛이 강한 분홍색으로 6-8장 달리며 길이 4-5cm. 수술대는 흰색으로 가늘다. 암술대는 짧다. 암술머리는 직경 5mm이고 4-6갈래로 휘어 있다.

②-c 메코노프시스 프세우도인테그리폴리아 로부스타. 7월13일. Y4/치두 라의 남쪽. 5,000m. 눈이 내리면 꽃은 꽃잎을 반쯤 닫고 고개를 숙여, 수술과 암술이 얼지 않도록 보호한다.

③-b 메코노프시스 셰리피이. 6월30일. X/루나나 지방. 4,700m. 밝은 분홍색 꽃은 직경 8-10cm로 크다. 작은 그루에는 꽃줄기에 포엽이 달리지 않는다.

③-a 메코노프시스 셰리피이. 6월30일. X/루나나 지방. 4,700m.

메코노프시스속 Meconopsis

① 메코노프시스 그란디스 *M. grandis* Prain

분포 ㅁ네팔 서부-부탄, 티베트 남부
개화기 6-7월

아고산대의 바위가 많은 초지나 소관목 사이
에 자생하며, 방목지 주변에 흔히 군생한다.
커다란 그루를 이루는 다년초로, 기부에 오래
된 잎자루가 많이 남아 있다. 전체적으로 쉽
게 떨어지는 황갈색 긴 센털이 촘촘하게 나
있다. 잎은 근생하고 긴 자루를 갖는다. 잎몸
은 협타원형-도피침형으로 길이 10-30cm이고
끝은 뾰족하며 가장자리에 드문드문 톱니가
있다. 꽃줄기는 높이 0.5-1.2m로 상부에 보통
잎 모양의 포엽이 돌려나기 하고 꽃이 1-4개
달린다. 꽃자루는 포엽의 겨드랑이에서 나와
길이 7-15cm로 곧게 자란다. 꽃은 직경 8-
14cm로 옆이나 아래를 향해 핀다. 꽃잎은 4-8
장 달리고 원상도란형으로 길이 4-7cm이며

①-a 메코노프시스 그란디스. 6월16일.
R/베니카르카. 3,950m.

①-b 메코노프시스 그란디스. 6월 28일. T/톱케골라의 남서쪽. 4,000m. 포도주색 꽃은 직경 12cm 정도. 석남
및 물싸리와 같은 소관목 사이에서 자라고 있다.

①-c 메코노프시스 그란디스. 6월30일.
T/톱케골라의 북쪽. 4,250m.

①-d 메코노프시스 그란디스. 7월2일. T/탕 라의 북쪽. 4,100m. 야크의 배설물이 흩어져 있는 텐트 오두막 자리
에 군생하고 있다. 흰 꽃은 프리뮬러 시키멘시스 호페아나.

파란색·청자주색·포도주색. 암술대는 길이 8-12mm이다.

② 메코노프시스 심플리치폴리아
M. simplicifolia (D. Don) Walp.

분포 ◇네팔 중부-부탄, 티베트 남·남동부
개화기 5-7월

아고산대에서 고산대에 걸쳐 숲 주변이나 소관목 사이, 바위가 많은 초지에 자생하는 1회 또는 다회 결실성의 다년초. 동속 그란디스와 비슷하나, 전체적으로 작고 꽃은 꽃줄기에 1개 달리며 포엽은 없다. 높이 20-70cm. 잎몸은 길이 4-10cm이고 가장자리는 매끈하거나 물결 모양이다. 꽃잎은 5-8장 달리며 길이 2-5cm. 아고산대나 비가 많은 지역에는 꽃줄기가 가늘며 길게 자라고, 꽃은 작고 아래를 향해 반개하며 꽃잎의 색이 옅다.

②-a 메코노프시스 심플리치폴리아. 6월25일. Z3/하티 라의 서쪽. 4,250m.

②-b 메코노프시스 심플리치폴리아. 6월15일. X/신체 라. 4,700m. 꽃줄기는 높이 30cm, 꽃은 직경 9cm. 사면을 내려갈수록 꽃줄기는 가늘며 길어지고, 꽃은 작고 아래를 향하게 된다.

②-c 메코노프시스 심플리치폴리아. 6월25일. Z3/하티 라의 서쪽. 4,250m.

②-d 메코노프시스 심플리치폴리아. 7월12일. T/돗산의 남쪽. 4,100m.

②-e 메코노프시스 심플리치폴리아. 7월10일. T/톱케골라의 북서쪽. 4,200m.

메코노프시스속 Meconopsis

① 메코노프시스 벨라 *M. bella* Prain

분포 ■ 네팔 중부-부탄 개화기 6-9월

고산대 초지의 비탈이나 암붕에 자생하는 다
년초로, 우엉 형태의 긴 뿌리가 있다. 뿌리줄
기의 정수리는 오래된 잎자루로 덮여 있고,
그 중심에서 많은 근생엽과 잎 없는 꽃줄기
가 자라나온다. 꽃줄기는 높이 5-12cm이고
갈색을 띤 센털이 드문드문 자라며 끝에 꽃
이 1개 달린다. 꽃줄기는 개화 후에 자라 휘
어진다. 잎에는 길이 2-8cm인 자루가 있다.
잎몸은 난형-장란형으로 길이 1-4cm이고 털
이 거의 없으며, 가장자리는 매끈하거나 물
결 모양이고 이따금 우상으로 깊게 갈라졌
다. 꽃잎은 파란색-연자주색으로 4장 달리며
길이 1.8-2.5cm. 씨방은 센털로 덮여 있다. 암
술대는 길이 3mm. 열매는 길이 1.5cm이다.

② 메코노프시스 리라타

M. lyrata (Cummins & Prain) Prain

분포 ■ 네팔 중부-부탄, 티베트 남부
개화기 6-9월

1회 결실성 초본. 아고산대에서 고산대에 걸
쳐 바위땅의 비탈이나 절벽에 자생하며, 땅속
에 무형태의 뿌리가 있다. 꽃줄기는 길이 5-
20cm이며 겉에 전체적으로 드문드문 털이
자란다. 잎은 꽃줄기의 하부에 어긋나기 하
고, 길이 3-7cm인 자루를 갖는다. 잎몸은 난
상-장란형으로 길이 1-5cm이고 가장자리는
물결 모양 또는 우상으로 얕게-깊게 갈라졌으
며, 옆갈래조각은 작고 1-3쌍 달린다. 꽃은
줄기 끝과 잎겨드랑이에 달리고, 꽃자루는
길며 곧추 선다. 꽃잎은 옅은 청자주색으로
보통 4장 달리며 길이 1.3-1.7cm. 수술대는 꽃
잎과 색이 같고 꽃밥은 황금색이다. 씨방에는
털이 없고 암술머리는 막대모양이다.

①-a 메코노프시스 벨라. 7월3일. X/탕페 라의 북동쪽. 4,300m. 쿠션식물인 삭시프라가 티안타와 함께 무너져 내
리기 쉬운 불안정한 둔덕의 급사면에 군생하고 있다.

①-b 메코노프시스 벨라. 7월3일.
X/탕페 라의 북동쪽. 4,300m.

①-c 메코노프시스 벨라. 9월27일. X/틴타초의 남쪽. 4,100m. 열매줄기는 길이 15cm나 자라 휘어지고, 익은 열
매의 끝이 갈라져 어미그루가 자라는 바위틈 상부에 씨앗을 떨어뜨린다.

③ 메코노프시스 프리물리나 *M. primulina* Prain
분포 ◇부탄, 티베트 남부(춘비 계곡)
개화기 6-8월

1회 결실성 초본. 아고산대에서 고산대에 걸쳐 소관목 사이나 초지의 비탈에 자생하며, 땅속에 무형태의 뿌리가 있다. 뿌리줄기 정수리에 오래된 잎자루가 남아 있고, 보통 잎 없는 꽃줄기가 3개 잎겨드랑이에서 차례로 뻗어 나온다. 전체적으로 약간 단단한 털이 드문드문 자란다. 잎에는 길이 1-3cm인 자루가 있다. 잎몸은 타원형-장원형으로 길이 2-5cm이고 기부는 점첨형이며 가장자리는 물결모양이다. 꽃줄기는 높이 5-20cm이며 직경 3-4cm인 꽃이 1개 달린다. 꽃잎은 청자주색으로 5-8장 달린다. 수술대는 꽃잎과 색이 같다.

④ 메코노프시스속의 일종 (A) *Meconopsis* sp. (A)
다소 건조하고 바위가 많은 초지의 비탈이나 관목 사이에 흩어져 자생한다. 원뿌리는 가늘고 길게 자라며, 정수리에 오래된 잎자루의 섬유가 남아 있다. 꽃줄기는 높이 30-45cm. 전체적으로 길이 4mm 이하인 황갈색의 강한 털이 자라며, 강한 털은 기부에서 꺾이거나 굽어 있기 쉽다. 잎의 기부에는 길이 2-4cm인 자루가 있다. 잎몸은 장란형으로 길이 6-20cm, 폭 1-2.5cm이고 끝은 둔형, 기부는 점첨형이며 가장자리는 불규칙한 이가 있거나 물결모양이고 뒷면은 약간 희다. 줄기에는 포엽 모양의 잎 3-5장이 어긋나기 한다. 꽃은 기부에서 줄기 끝에 까지 8-12개 달리고, 상부에 있는 것 이외는 잎겨드랑이에 달린다. 꽃자루는 길이 5-12cm. 꽃은 직경 3-5cm. 꽃잎은 파란색으로 5-6장 달리며 길이 1.7-2.2cm. 씨방은 강한 털로 덮여 있다. 암술대는 길이 3mm. 동속 시누아타(*M. sinuata* Prain)에 가깝다.

② 메코노프시스 리라타. 8월9일. X/탕탕카의 북쪽. 3,650m. 잎몸은 질이 얇고 단순한 장란형이며 가장자리는 물결 모양 또는 우상으로 얕게-깊게 갈라졌다. 옆갈래조각은 수가 적고 작다.

③-a 메코노프시스 프리물리나. 6월17일. X/라야 부근. 4,200m.

③-b 메코노프시스 프리물리나. 8월10일. X/장고탕의 북쪽. 4,100m.

④ 메코노프시스속의 일종 (A) 7월6일. Z1/포탕 라의 동쪽. 3,700m.

메코노프시스속 Meconopsis

① 메코노프시스 아쿨레아타 *M. aculeata* Royle

분포 ◇카슈미르-쿠마온 **개화기** 6-9월

1회 결실성 초본. 고산대의 바위가 많은 초지나 바위틈에 자생하며, 땅속으로 우엉형태의 뿌리가 길게 뻗는다. 꽃줄기는 높이 20-50 cm이며 전체적으로 적갈색을 띤 가시털이 자란다. 잎의 기부에는 길이 3-10cm인 자루가 있다. 잎몸은 장원형으로 길이 4-10cm, 폭 2.5-5cm이고 우상으로 깊게 갈라졌으며, 갈래조각은 장원형-난상삼각형으로 이따금 성긴 이가 있다. 상부의 잎은 자루가 없고 작다. 꽃은 꽃줄기에 3-15개 달리고, 상부의 것 이외는 잎겨드랑이에 달린다. 꽃자루는 길이 3-20cm. 꽃잎은 4장 달리고 원상도란형으로 길이 2.5-4cm이며 연청색·연붉은 자주색. 씨방에 가시털이 촘촘하게 나 있다. 수술대는 꽃잎보다 색이 짙다. 암술대는 길이 4-8mm이다.

② 메코노프시스 스페치오사

M. speciosa Prain [*M. cawdoriana* Ward, *M. pseudohorridula* C.Y.Wu & H. Chuang]

분포 ◇티베트 남동부, 윈난·쓰촨성
개화기 6-8월

1회 결실성 초본. 고산대의 절벽이나 바위가 많은 초지, 암벽 틈에 자생하며 땅속에 우엉형태의 긴 뿌리가 있다. 전체적으로 적갈색 또는 연갈색 가시털이 자란다. 꽃줄기는 높이 10-40cm. 잎의 기부에는 길이 2-8cm인 자루가 있다. 잎몸은 타원상피침형-장란형으로 길이 3-12cm이고 끝은 예형-둔형, 기부는 쐐기형이며 보통 우상으로 얕게-깊게 갈라졌다. 갈래조각은 장원형으로 끝은 약간 뾰족하거나 원형이며, 표면에 가시털의 기부가 솟아 있다. 꽃은 총상으로 3-30개 달리고, 상부에 있는 것 이외에는 포엽이 달린다. 때때로 줄기가 거의 자라지 않고 꽃이 기부에 모여 달린다. 꽃자루는 길이 2-15cm. 꽃은 직경 3-7cm. 꽃잎은 파란색으로 4-7장 달리며 도란형-난형. 수술대는 꽃잎보다 색이 짙다. 씨방에 가시털이 촘촘하게 나 있다. 암술대는 길이 2-8mm. 열매는 길이가 1.5-2.5cm이다.

*촬영지 주변의 것은 1926년에 채집자인 F. Kingdon Ward가 동행자의 이름을 기념하여 메코노프시스 카우도리아나라는 새로운 종명으로 발표했는데, 후에 G. Tayler(1934)는 G. Forrest가 1905년에 윈난성에서 발견한 상기의 종에 포함시켰다. 티베트에 있는 것은 윈난성에 있는 것에 비해 꽃줄기가 짧고 줄기잎이 적으며, 잎은 불규칙하게 우상으로 갈라졌고 갈래조각의 간격이 좁다. 또한 꽃의 수가 적고 암술대는 짧은 경향이 있다.

①-a 메코노프시스 아쿨레아타. 7월24일. L/타인의 북서쪽. 3,800m.

①-b 메코노프시스 아쿨레아타. 9월1일. H/마리 부근. 3,300m.

①-c 메코노프시스 아쿨레아타. 7월17일. I/헴쿤드. 3,700m. 꽃줄기는 높이 40cm. 시크교의 신성한 호수로 통하는 순례길을 굽어보듯 연푸른색 꽃을 차례로 피우고 있다.

③ 메코노프시스속의 일종 (B) Meconopsis sp. (B)

건조지 반음지의 습한 자갈 비탈에 자생하며, 땅속에 우엉형태의 뿌리가 있다. 전체적으로 길이 3cm 이하의 황갈색 가시털이 자란다. 꽃줄기는 높이 8-20cm. 잎은 기부에 많이 달리고 길이 1-2cm인 자루를 갖는다. 잎몸은 장원상도피침형으로 길이 3-6cm이고 끝은 원형이며 가장자리는 매끈한 물결모양이다. 기부에서 줄기 끝에 까지 8-13개의 꽃이 총상으로 달리고, 하부의 꽃에는 포엽이 달린다. 꽃자루는 길이 0.5-10cm. 꽃받침조각에는 개출하는 가시털이 성기게 또는 촘촘하게 자란다. 꽃잎은 파란색으로 5-10장 달리며 길이 1.8-2.3cm. 씨방에 가시털이 촘촘하게 나 있다. 암술대는 길이 3mm. 동속 호리둘라 및 라체모사(*M. racemosa* Maxim.)와 비슷하나 가시털은 가늘고 짧다.

②-a 메코노프시스 스페치오사. 7월1일. Z3/세치 라. 4,500m.

②-b 메코노프시스 스페치오사. 7월1일. Z3/세치 라. 4,500m. 바람이 넘나드는 구릉 위의 초지에서는 줄기가 거의 자라지 않은 채 꽃이 피고, 개화 후에 자루가 뻗어 열매를 높이 매단다.

②-c 메코노프시스 스페치오사. 6월24일. Z3/톤 라의 서쪽. 4,400m.

③-a 메코노프시스속의 일종 (B) 7월21일. Y3/라싸의 서쪽 교외. 4,450m.

③-b 메코노프시스속의 일종 (B) 7월21일. Y3/라싸의 서쪽 교외. 4,450m.

①-a 메코노프시스 호리둘라. 7월17일. S/갸줌바. 5,150m. 뒤로 보이는 보루 형태의 고봉은 낭파이 고숨, 그 왼쪽은 초아우이.

메코노프시스속 Meconopsis

① 메코노프시스 호리둘라

M. horridula Hook.f. & Thoms.

분포 ◇네팔 서부-부탄, 티베트, 칭하이성
개화기 7-8월

1회 결실성 초본. 다소 건조한 고산대의 바위
땅이나 빙하 유역의 모래땅, 바람에 노출된
초지에 자생하며 혹독한 환경 속에서는 왜소
화한다. 땅속에 우엉형태의 긴 뿌리가 있다.
전체적으로 길이 7-10mm에 달하는 연갈색
가시털이 빽빽하게 자란다. 가시털은 동속
중에서는 가장 단단해서 쉽게 부러지지 않는
다. 보통 줄기는 자라지 않으며, 로제트잎 틈
에서 차례로 봉오리가 부풀고 꽃자루가 뻗는
다. 비교적 온화한 장소에서는 꽃자루의 기
부가 합착해 줄기 형태를 이루며 포엽이 달
리기도 한다. 잎은 장원상도피침형으로 짧은
자루를 포함해 길이 2-10cm이고 끝은 약간
뾰족하거나 원형이며 가장자리는 매끈하거
나 얕은 물결 모양이다. 꽃은 1그루에 5-20개
달린다. 꽃자루는 꽃을 포함해 높이 3.5-
30cm이고 약간 질이 단단하며 자줏빛 갈색
을 띠기 쉽다. 꽃은 직경 2-5cm. 꽃잎은 파란
색으로 5-13장 달린다. 햇볕이 강한 장소에
자라는 것은 색이 짙으며, 개화기에 눈이 내
리거나 얼음이 얼면 자줏빛 붉은색으로 변한
다. 수술대는 실모양이며 꽃잎과 색이 같다.
암술대는 길이 3-8mm. 암술머리는 짧은 막대
모양. 열매는 타원체로 길이 1.5cm이다.

*①-c에서는 중앙의 꽃자루 몇 개가 하부에
서 합착해 포엽이 달려 있다. ①-d와 ①-e는
비가 많은 지역에서 자란 것으로, 대부분의
꽃자루가 합착하고 꽃의 기부에는 포엽이 있
다. 잎 가장자리는 물결모양이며 앞뒷면에
나 있는 가시털은 가늘다. 동속 시누아타(*M.
sinuata* Prain)와 교잡했을 가능성이 있다.

①-b 메코노프시스 호리둘라. 8월6일. Y3/카로 라 5,150m. 높이 5cm, 꽃은 직경 3cm로 작다. 햇빛이 강한 장소에서는 꽃의 색이 짙어진다. 왼쪽 뒤로 노징캉사봉이 보인다.

①-c 메코노프시스 호리둘라. 8월11일.
X/주푸 호수의 서쪽. 4,200m.

①-d 메코노프시스 호리둘라. 7월3일.
X/탕페 라의 북동쪽. 4,300m.

①-e 메코노프시스 호리둘라. 7월19일.
K/카그마라 고개의 서쪽. 4,200m.

메코노프시스속 Meconopsis

① 메코노프시스 프라이니아나

M. prainiana Ward

분포 ◇티베트 남동부 개화기 6-8월

건조지 고산대의 이끼 낀 바위땅이나 소관목 사이, 바람에 노출된 사면에 자생하는 1회 결실성 초본. F. Kingdon Ward가 신종으로 발표한 후 많은 연구자에 의해 동속 호리둘라나 라체모사에 포함되어 왔으나, 이들 2종 기준지의 것과는 달리 꽃줄기는 굵고 하부는 속이 비었으며 속에 물이 고여 있다. 또한 상부는 유연해서 구부러지기 쉽고, 꽃자루는 줄기에서 개출하듯 갈라진다. 뿌리는 직경 1.5-2cm이며 우엉형태로 길게 자라고 빗물을 흡수하면 부드러워진다. 꽃줄기는 개화와 함께 높이 40-80cm로 자라고, 전체적으로 가시털이 빽빽하게 개출한다. 가시털은 유리질로 부러지기 쉽고 길이 5mm 이하이며 기부는 원추상이다. 가시털에 찔리면 쐐기풀처럼 선단부가 부러져 피부 속에 박히기 쉽다. 잎의 기부에는 자루가 거의 없다. 잎몸은 장원형으로 길이 12-18cm, 폭 1.5-2cm이고 가장자리는 약간 물결 모양이며 가는 우상맥이 있다. 표면중맥은 굵고 희뿌옇다. 상부의 잎은 차츰 작아진다. 줄기 끝의 총상꽃차례에 꽃이 8-20개 달리고, 하부의 꽃에는 포엽이 있다. 꽃자루는 길이 2-5cm. 꽃은 직경 6-7cm. 꽃잎은 4-6장 달리고 연푸른색이며 이따금 연노란색을 띤다. 암술대는 짧다. 쓰촨성 서부와 윈난성 북서부에 많은 동속 큰프라티이(*M. prattii* Prai)와 비슷하나, 가시털이 가늘어 부러지기 쉽고 꽃잎이 기본적으로 4장이며 프라티이와 같은 짙은 푸른색을 띠지 않는 점에서 다르다.

①-a 메코노프시스 프라이니아나. 7월1일. Z3/세치 라. 4,500m 꽃줄기는 높이 70cm. 쓰촨성과 티베트의 라싸를 잇는 천장남로가 지나가는 고개 위의 안정한 바위 비탈에서 곧게 자라나 있다.

①-b 메코노프시스 프라이니아나. 7월1일. Z3/세치 라. 4,400m.

②-a 메코노프시스 디스치게라. 7월30일. X/주푸 호수 부근. 4,300m. 촬영/치바.

②-b 메코노프시스 디스치게라. 7월20일. V/알룽 빙하의 오른쪽 기슭. 4,650m.

② **메코노프시스 디스치게라** *M. discigera* Prain

분포 ◇네팔 서부-부탄, 티베트 남부
개화기 6-8월

여름에 안개가 자주 끼는 고산대의 바위땅이나 암붕에 자생하는 1회 결실성 초본으로, 땅속에 우엉형태의 긴 뿌리가 있다. 꽃줄기는 높이 20-50cm로 굵고 기부에 많은 오래된 잎자루가 남아 있으며, 전체적으로 쉽게 떨어지는 길이 1cm의 황갈색 센털이 빽빽하게 자란다. 잎은 거의 기부에 달린다. 잎몸은 도피침형으로 불분명한 자루를 포함해 길이 5-15cm, 폭 1-2.5cm이며 끝은 우상으로 3-7개로 갈라졌다. 줄기에는 작은 잎이 드문드문 어긋나기 한다. 꽃줄기 상부에 꽃이 13-25개가 총상으로 모여 달리고, 하부의 꽃에는 포엽이 달린다. 꽃줄기는 길이 2-3cm로 곧게 자라고, 종모양의 꽃이 옆을 향해 핀다. 꽃잎은 4장 달리고 원상도란형으로 길이 3.5-5cm이며 연푸른색-붉은 자주색 또는 연노란색. 수술대는 실모양이며 꽃잎과 색이 같거나 약간 짙다. 타원체인 씨방은 황갈색 센털에 덮여 있다. 암술대는 암술머리를 포함해 길이 8-12mm. 암술머리는 막대기 모양이며 6-9개로 갈라졌고, 갈래조각은 선형이며 휘어 있지 않다. 암술대 기부에 가장자리가 얕게 갈라진 직경 7-10mm인 원반상 부속물이 달려 씨방의 정수리를 덮으며, 개화 후에 검붉은색이 된다.

카토카르티아속 Cathcartia

③ **카토카르티아 빌로사**

C. villosa Hooker [*Meconopsis villosa* (Hooker) G. Taylor]

분포 ◇네팔 동부-부탄 **개화기** 6-7월

아고산대 반음지의 숲 주변 초지나 이끼 낀 바위땅에 자생하는 다년초. 꽃줄기는 가늘고 높이 0.4-1m로 곧게 자라며, 전체적으로 황갈색 긴 털이 촘촘하게 나 있다. 근생엽에는 긴 자루가 있다. 잎몸은 원상광란형으로 길이 6-12cm이고 기부는 얕은 심형이며 보통 손바닥모양으로 5개로 깊게 갈라졌다. 만입부(灣入部)는 원형이고 갈래조각의 끝에 성긴 이가 있으며 표면에는 맥이 살짝 파여 있다. 줄기에는 자루가 짧은 잎이 규칙적으로 어긋나기 한다. 꽃은 줄기 끝과 상부의 잎겨드랑이에서 곧추 선 긴 자루 끝에 달리고, 살짝 아래를 향해 핀다. 꽃자루는 길이 3-10m이고 기부에 작은 잎모양의 포엽이 달린다. 꽃잎은 굴색으로 4장 달리고, 광란형-타원형으로 길이 2.5-5 cm이고 접시모양으로 피며 끝은 약간 뾰족하거나 원형이다. 수술대는 꽃잎과 색이 같다. 암술은 녹색. 씨방은 원주형으로 길이 1.7-2 cm이며 털이 없다. 씨방 끝에 4-7개로 갈라진 암술머리가 달리며 암술대는 없다.

②-c 메코노프시스 디스치게라. 7월4일. T/온복 고개의 남쪽. 4,500m. 바람이 넘나드는 바위땅에 자라난 것으로, 꽃줄기는 낮고 꽃은 크다. 네팔 동부에서는 꽃이 연노란색을 띤다.

③-a 카토카르티아 빌로사. 7월13일. T/두피카르카 부근. 3,500m.

③-b 카토카르티아 빌로사. 7월4일. X/마로탄의 남쪽. 3,600m.

양귀비속 Papaver

① 숙근꽃양귀비 *P. nudicaule* L.

분포 ◇아시아 북중부, 아프가니스탄-카슈미르 개화기 7-8월

건조 고지의 자갈비탈에 자생하는 다년초. 전체적으로 센털이 빽빽하게 자란다. 잎은 근생하고 잎몸은 난상타원형으로 길이 1.5-5cm이며 우상으로 깊게 갈라졌다. 꽃줄기는 높이 10-30cm이며 직경 1.7-3cm인 꽃이 1개 달린다. 꽃잎은 귤색으로 4장 달린다. 암술머리는 화반모양으로 퍼진다. 원예품종은 아이슬란드파피로 불린다.

아르게모네속 Argemone

② 아르게모네 멕시카나 *A. mexicana* L.

분포 ◇북아메리카 남부 원산. 세계 각지의 난지에 야생화했다 개화기 2-6월

높이 0.3-1m의 1년초. 잎에 자루가 없다. 잎몸은 타원상장원형으로 길이 7-20cm이고 우상으로 갈라졌으며 이의 끝은 가시를 이룬다. 꽃에 자루가 없다. 꽃받침조각은 3장으로 조락성이며 가시모양의 돌기를 가진다. 꽃잎은 노란색으로 6장이며 길이 2-3.5cm이다.

디크라노스티그마속 Dicranostigma

③ 디크라노스티그마 라크투코이데스

D. lactucoides Hook.f. & Thoms.

분포 ◇가르왈-네팔 중부, 티베트 남동부, 쓰촨성 개화기 6-7월

아고산대에서 고산대에 걸쳐 건조해지기 쉬운 불안정한 자갈 비탈에 자생하며, 땅속에 우엉형태의 긴 뿌리가 있다. 잎줄기는 길이 7-30cm이며 드문드문 분지하고 가지 끝에 꽃 1개가 위를 향해 달린다. 근생엽에는 길이 2-5cm인 자루가 있으며 분백녹색을 띤다. 잎몸은 도피침형으로 길이 5-20cm이고 두대우상으로 깊게 갈라졌으며 가장자리에성긴 이가 있고 뒷면에 드문드문 부드러운 털이 자란다. 줄기잎은 작다. 꽃은 직경 3-5cm. 꽃받침조각 2장은 조락성. 꽃잎은 귤색으로 4장 달리고 원형-도란형이며 평개한다.

① 숙근꽃양귀비, 7월20일. D/투크치와이 룬마, 4,500m.

② 아르게모네 멕시카나, 5월19일. M/베니의 서쪽, 900m.

③-a 디크라노스티그마 라크투코이데스, 6월19일. N/묵티나트 부근, 3,550m.

③-b 디크라노스티그마 라크투코이데스, 7월5일, K/링모 부근, 3,700m. 원주상의 열매는 익으면 길이 5-7cm가 된다. 뒤로는 폭숨도 분지에서 떨어지는 폭포의 정부가 보인다.

현호색과 FUMARIACEAE

잎은 어긋나기 한다. 꽃은 좌우상칭의 양성화. 꽃받침조각은 2장 달리고 아주 작다. 꽃잎은 4장 달리고, 보통 바깥쪽 2장이 크다.

현호색속 Corydalis

털 없는 다년초. 꽃은 총상으로 달린다. 바깥쪽 꽃잎 2장 가운데 윗쪽 꽃잎에는 꽃뿔이 있다. 안쪽 꽃잎 2장은 끝이 합착한다.

④ 코리달리스 콘스페르사 *C. conspersa* Maxim.

분포 ◇네팔 중부, 티베트 남동부, 중국 서부
개화기 6-7월

고산대의 하천가 자갈땅에 자생하며, 땅속에 육질의 뿌리가 있다. 꽃줄기는 길이 15-30cm이며 하부는 쓰러지기 쉽다. 근생엽에는 길이 5-7cm인 자루가 있다. 잎몸은 길이 5-10cm이고 2-3회 우상으로 중맥까지 갈라졌으며, 작은 갈래조각은 도란상장원형으로 폭 2mm이고 끝이 뾰족하다. 줄기잎은 작다. 총상꽃차례는 길이 2-4cm이며 많은 꽃이 살짝 아래를 향해 모여 달린다. 포엽은 능상도란형이며 붉은 자주색을 띤다. 꽃은 연노란색으로 길이 1.5-1.8cm, 꿀주머니는 짧고 아래로 말린다. 위아래 꽃잎의 뒷면에 능상돌기가 있다.

⑤ 코리달리스 윤체아 *C. juncea* Wall.

분포 ◇네팔 중부-부탄, 티베트 남부
개화기 6-8월

고산대 하부의 초지에 자생하며, 땅속에 가늘고 긴 덩이줄기가 방상으로 달린다. 꽃줄기는 분지하지 않고 높이 10-30cm로 곧게 자란다. 근생엽에는 긴 자루가 있다. 잎몸은 보통 2-3회 3개로 갈라지고, 작은 갈래조각은 선상장원형으로 길이 1-3cm. 줄기 잎은 0-2장 달리고 선상피침형. 총상꽃차례에 꽃이 5-25개 달린다. 포엽은 선상피침형. 꽃자루는 포엽보다 길다. 꽃은 노란색으로 길이 9-15mm. 꿀주머니는 굵고 길이가 3-6mm이다.

⑥ 코리달리스 폴리갈리나

C. polygalina Hook.f. & Thoms.

분포 ◇네팔 동부-부탄, 티베트 남동부
개화기 6-8월

다소 건조한 고산대의 모래땅에 자생한다. 땅위줄기는 길이 8-20cm로 질이 강하고 쓰러지기 쉬우며, 드문드문 분지하고 잎이 어긋나기 한다. 잎의 기부는 우상으로 중맥까지 갈라졌으며, 갈래조각 1-5개는 선형으로 길이 2-3cm, 폭 2mm이고 끝이 뾰족하다. 꽃은 10-15개 달린다. 포엽은 단순한 피침형 또는 우상으로 3-5개로 갈라졌다. 꽃자루는 포엽보다 길다. 꽃은 노란색으로 길이 1.4-1.7cm, 꿀주머니는 꽃의 절반 이하를 차지한다. 위아래 꽃잎의 능상돌기는 짧다.

④ 코리달리스 콘스페르사. 6월20일. Z1/초바르바 부근. 4,200m. 빗물이 복류(伏流)하는 자갈땅에 자란 것으로, 하층의 모래진흙에 뿌리를 뻗고 있다. 꽃의 기부는 유황색이며 아래로 말린 짧은 꽃뿔이 있다.

⑤ 코리달리스 윤체아. 8월9일.
V/낭고 라의 북쪽. 4,450m.

⑥ 코리달리스 폴리갈리나. 8월11일.
V/얀마의 북동쪽. 4,150m.

① 코리달리스 이그메이 *C. jigmei* Fischer & Kaul

분포 ◇티베트 남부 **개화기** 6-8월

고산대의 이끼 낀 둔덕 비탈이나 미부식질에 자생한다. 땅속에 작은 비늘줄기가 있고, 육질인 뿌리가 방상으로 달린다. 꽃줄기는 분지하지 않고 높이 4-7cm로 곧게 자라며, 포엽 외에 잎은 달리지 않고 지중부(地中部)는 가늘며 희다. 근생엽에는 길이 1-5cm인 자루가 있다. 잎몸은 광란형으로 길이 5-10mm이고 3개로 중맥까지 갈라졌으며, 갈래조각은 다시 2-3개로 갈라졌다. 작은 갈래조각은 타원형-도란형. 포엽은 3-5개로 깊게 갈라졌다. 꽃은 산방상으로 2-4개 달린다. 꽃자루는 길이 3-10mm. 꿀주머니는 길이 4mm이며 끝이 약간 주머니 모양으로 부풀어 있다.

② 코리달리스 에크리스타타

C. ecristata (Prain) Long var. *ecristata*

분포 ▫네팔 동부-부탄, 티베트 남부
개화기 6-8월

고산대의 이끼 낀 바위땅이나 둔덕 비탈에 자생한다. 땅속에 작은 비늘줄기가 있고, 육질인 뿌리가 방상으로 달린다. 꽃줄기는 땅 위 높이 5-10cm이며 포엽 모양의 잎이 1장 달린다. 근생엽에는 긴 자루가 있다. 잎몸은 광란형으로 길이 5-20mm이고 3개로 중맥까지 갈라졌으며, 갈래조각은 다시 3개로 깊게 갈라졌다. 작은 갈래조각은 도란형-장원형이며 끝은 약간 돌출형이다. 포엽은 3-5개로 깊게 갈라졌고, 갈래조각은 선형으로 끝이 뾰족하다. 꽃은 산방상으로 1-4개 달린다. 꽃자루는 길이 8-20mm로 포엽보다 훨씬 길다. 꽃은 청자주색으로 길이 1.3-1.7cm. 위쪽 꽃잎은 작고 뒷면의 능상돌기는 매우 짧다. 꿀주머니는 길이 5-7mm. 아래쪽 꽃잎은 옆으로 긴 광란형-원형이며, 위쪽 꽃잎의 현부보다 훨씬 길고 휘어 있다.
*②-a의 꽃차례에는 타원형의 어린 열매가 달려 있다.

③ 코리달리스 카쉬메리아나

C. cashmeriana Royle subsp. *cashmeriana*

분포 ▫카슈미르-네팔 중부 **개화기** 5-8월

고산대의 관목림 주변이나 초지에 자생한다. 동속 에크리스타타와 비슷하나, 꽃은 많이 달리고 위아래 꽃잎에 뚜렷한 능상돌기가 있다. 아래쪽 꽃잎은 세로로 긴 능상란형으로 끝이 뾰족하고 위쪽 꽃잎보다 약간 길다. 꽃줄기는 땅위 높이 5-20cm이며 포엽모양의 잎이 1-2장 달린다. 포엽은 3-5개로 깊게 갈라졌고 갈래조각은 선상장원형. 꽃은 산방상으로 3-8개 달리고, 꽃자루는 포엽과 길이가 거의 같다. 꿀주머니 끝은 살짝 아래를 향한다.

① 코리달리스 이그메이. 8월6일.
Z3/라무라쵸의 남동쪽. 4,700m.

②-a 코리달리스 에크리스타타. 8월11일.
X/주푸 호수의 서쪽. 4,200m.

②-b 코리달리스 에크리스타타. 8월7일. V/낭고 라의 남동쪽. 4,300m. 남쪽 타무르 계곡에서 불어오는 안개로 촉촉해진 이끼 낀 바위 사면에 자라나 있다. 아래쪽 꽃잎은 거의 원형이다.

④ 코리달리스 롱기브라크테아타

C. longibracteata Ludlow

분포 ■ 티베트 남동부 **개화기** 6-8월
아고산대나 고산대의 바위가 많고 습한 초지
에 자생한다. 땅속에 작은 비늘줄기와 긴 뿌
리 몇 개가 있으며, 뿌리의 기부는 굵다. 꽃줄
기는 길이 12-20cm이며 상부에 잎이 1장 달린
다. 근생엽에는 짧은 자루가 있고, 잎몸은 길
이 5-10mm이며 4-5개로 깊게 갈라졌다. 줄기
잎에는 길이 1-2.5cm인 자루가 있고, 잎몸은
손바닥 모양으로 5개로 중맥까지 갈라졌으며
갈래조각은 선형으로 길이 2-4cm. 줄기 끝에
1-5개의 꽃이 산방상으로 달린다. 하부의 포엽
은 잎 모양, 상부의 포엽은 작고 1-3개로 중맥
까지 갈라졌다. 꽃자루는 포엽보다 짧다. 꽃
은 파란색으로 길이 1.5-1.8cm, 꿀주머니는 길
이 6-7mm. 위쪽 꽃잎에는 능상돌기가 없다.

⑤ 코리달리스 리나리오이데스

C. linarioides Maxim.

분포 ◇ 티베트 남동부, 중국 서부
개화기 6-7월
산지에서 고상대 하부에 걸쳐 숲 주변이나
습한 초지에 자생하며, 땅속에 육질인 뿌리
가 방상으로 달린다. 꽃줄기는 분지하지 않
고 땅위 높이 20-40cm로 곧게 자라며 잎이 어
긋나기 한다. 근생엽에는 긴 자루가 있다.
잎몸의 윤곽은 거의 원형으로 길이 3-4cm이
고 3개로 중맥까지 갈라졌으며, 갈래조각은
다시 3-7개로 중맥까지 갈라졌다. 줄기 하부
의 잎은 길이 5-10cm이며 기수우상으로 중맥
까지 갈라졌고, 갈래조각 3-4개는 선형으로
길이 2-4cm. 상부의 잎은 차츰 작아진다. 길
이 5-8cm인 총상꽃차례에 많은 꽃이 달린
다. 포엽은 선상피침형이며 꽃자루보다 짧
다. 꽃은 노란색으로 길이 1.7-2cm, 꿀주머니
는 꽃잎의 현부보다 길다. 위쪽 꽃잎의 능상
돌기는 꽃뿔까지 이어진다.

③-a 코리달리스 카쉬메리아나. 5월30일. M/카페 콜라의 왼쪽 기슭. 4,000m. 자작나무와 석남의 관목소림에서 자라고 있다. 파란 꽃은 길이 1.8cm, 아래쪽 꽃잎은 능상난형으로 끝이 뾰족하다.

③-b 코리달리스 카쉬메리아나. 5월30일. M/카페 콜라의 왼쪽 기슭. 4,000m.

④ 코리달리스 롱기브라크테아타. 7월30일. Z3/도숭 라의 남동쪽. 3,500m.

⑤ 코리달리스 리나리오이데스. 7월2일. Z3/파티 부근. 4,250m.

현호색속 Corydalis

① 코리달리스 게르대 C. gerdae Fedde

분포 ■부탄, 티베트 남부 개화기 7-9월

고산대의 바위 비탈이나 바위그늘에 자생하며, 땅속에 긴 뿌리줄기가 있다. 꽃줄기는 길이 10-20cm로 하부는 바위틈에 가려져 있고, 상부는 노출하여 곧게 자란다. 근생엽의 잎몸은 삼각상광란형으로 길이 3-7cm이고 우상으로 중맥까지 갈라졌으며, 자루가 있는 깃조각이 2-3쌍 달린다. 깃조각은 다시 3-5개로 깊게 갈라졌으며 작은 갈래조각은 도란형-도피침형이다. 줄기에는 약간 작은 잎이 마주나기 한다. 줄기 끝의 총상꽃차례에 꽃 4-11개가 옆을 향해 달린다. 포엽은 장원상피침형이며 꽃자루보다 짧다. 꽃자루는 길이 1-2cm로 곧게 자란다. 꽃은 흰색-연자주색으로 길이 1.5-2cm이고 끝부분에 짙은 자주색과 녹황색의 반점이 있다. 꿀주머니는 길이 3-5mm로 기부에서 아래로 굽어 있다. 위아래 꽃잎 뒷면에 반원형 능상돌기가 있다.

② 코리달리스 라티플로라

C. latiflora Hook.f. & Thoms.

분포 ■네팔 서부-부탄, 티베트 남부
개화기 6-8월

고산대의 건조한 석회질 바위땅이나 바위그늘에 자생하며, 땅속에 긴 목질의 뿌리줄기가 있다. 동속 게르대와 비슷하나, 전체적으로 작고 꽃줄기는 쓰러진다. 잎은 약간 혁질이며 작은 갈래조각은 가늘다. 꽃은 약간 작고 꽃뿔은 짧으며, 위아래 꽃잎의 능상돌기는 짧아서 눈에 띄지 않는다. 꽃줄기는 길이 7-15cm. 줄기 끝에 꽃 5-15개가 위를 향해 모여 달리고, 꽃자루는 포엽과 길이가 거의 같다. 꽃은 길이 1-1.5cm. 꿀주머니는 길이 1-3mm로 살짝 아래를 향한다.

③ 코리달리스 다시프테라 C. dasyptera Maxim.

분포 ◇티베트 중동부, 중국 서부
개화기 7-8월

건조 고지의 초지나 둔덕 비탈에 자생하며, 땅속에 굵고 긴 원뿌리가 있다. 꽃줄기는 높이 8-20cm이고 포엽모양의 잎이 1-3장 달린다. 근생엽의 잎몸은 도피침형으로 길이 5-15cm, 폭 1-3cm이고 우상으로 중맥까지 갈라졌다. 깃조각은 다시 우상으로 3-7개로 깊게 갈라졌으며, 작은 갈래조각은 도란형으로 겹쳐 있다. 총상꽃차례 하부의 포엽은 삼각상장란형이며 우상으로 깊게 갈라졌고 꽃자루보다 길다. 꽃자루는 길이 5-10mm. 꽃은 귤색으로 길이 1.8-2cm. 꿀주머니는 길이 8-10mm로 끝은 살짝 아래를 향한다. 위아래 꽃잎에는 날개가 있으며, 뒷면에 커다란 반원형 능상돌기가 있다.

*사진 속 그루는 개화 전이다.

① 코리달리스 게르대. 8월11일. X/주푸 호수의 서쪽. 4,200m. 부탄 서부와 그에 인접한 티베트 춘비 계곡의 좁은 범위에 분포하는 고유종. 꽃뿔은 짧고 기부에서 아래로 휘어진다.

② 코리달리스 라티플로라. 7월1일. K/셰곰파의 남쪽. 4,900m.

③ 코리달리스 다시프테라. 7월12일. Y4/호뎃사. 4,900m.

④ 코리달리스 아나기노바

C. anaginova Liden & Z.Y. Su

분포 ◇티베트 중부 **개화기** 6-7월

건조 고지의 초지나 둔덕 비탈에 자생하며, 땅속에 약간 굵은 원뿌리가 있다. 꽃줄기는 높이 7-15cm로 기부 이외에는 잎이 달리지 않는다. 근생엽의 잎몸은 약간 질이 두꺼운 장원형으로 길이 3-5cm, 폭 1-2cm이고 우상으로 중맥까지 갈라졌다. 깃조각은 3-5쌍 달리고 다시 우상으로 깊게 갈라졌으며, 작은 갈래조각은 난상타원형으로 끝이 날카롭고 뾰족하다. 총상꽃차례에 꽃이 7-15개 달린다. 하부의 포엽은 장원상피침형이며 꽃자루와 길이가 같거나 짧다. 꽃자루는 길이 5-20mm, 꽃은 귤색으로 길이 1-1.2cm. 꿀주머니는 길이 3-4m로 곧게 뻗는다. 위아래 꽃잎은 가늘고 끝이 약간 뾰족하며 뒷면에 능상돌기가 있다.

⑤ 현호색속의 일종 (A) Corydalis sp. (A)

꽃줄기는 길이 5-12cm로 기부에 잎이 어긋나기 한다. 전체적으로 분백색을 띤다. 잎자루는 길이 2.5-8cm이며 기부는 폭이 넓다. 잎몸은 약간 질이 두꺼운 장원형으로 길이 1-3.5cm, 폭 5-10mm이고 우상으로 중맥까지 갈라졌다. 깃조각은 4-5쌍 달리고 다시 우상으로 깊게 갈라졌으며, 작은 갈래조각은 도란형-장원형으로 폭 0.5-3mm이다. 꽃차례 하부의 포엽은 잎모양. 꽃자루는 길이 2-4cm. 꽃은 길이 2.5-2.7cm. 꿀주머니 길이는 1.3cm. 위쪽 꽃잎의 능상돌기는 매우 짧고 옆면에 갈색 심줄이 있다. 동속 파키포다(*C. pachypoda* (Frach.) Hand.-Mazz.)와 비슷하나, 잎의 작은 갈래조각이 가늘고 꽃은 크며 위쪽 꽃잎에 능상돌기가 없는 점에서 다르다.

⑥ 코리달리스 심플렉스

C. simplex Liden [*C. pachypoda* (Franch.) Hand.-Mazz.]

분포 ■네팔 서중부 **개화기** 5-6월

다소 건조한 고산대의 풀밭 형태 초지에 자생하며, 기부에 오래된 갈색 잎자루가 남아 있다. 꽃줄기는 굵고 질이 강하며 분지하지 않고, 기부 이외는 곧게 서서 자라고 길이 5-15cm이며 전체적으로 분백색을 띤다. 잎은 기부에 달리고 길이 3-5cm이며 우상으로 중맥까지 갈라졌다. 깃조각은 다시 우상으로 깊게 갈라졌으며, 작은 갈래조각은 질이 두꺼운 타원형-도란형으로 폭 2-3mm이고 끝은 약간 돌출형이다. 꽃은 노란색이며 짧은 총상꽃차례에 4-10개 달린다. 포엽은 피침형으로 길이 6-8mm. 꽃자루는 길이 7-13mm. 위쪽 꽃잎은 길이 1.7-2cm이며 옆면에 검녹색 심줄이 있다. 꿀주머니는 꽃잎 길이의 절반을 차지하며 끝이 살짝 아래를 향한다. 위아래 꽃잎 뒷면에 능상돌기가 있다.

④ 코리달리스 아나기노바. 7월12일. Y4/치두 라의 북쪽. 5,050m 귤색의 가는 꽃이 살짝 위를 향해 모여 달린다. 꽃뿔은 꽃 길이의 3분의 1을 차지한다.

⑤ 현호색속의 일종 (A) 7월13일. Y4/치두 라의 남쪽. 4,800m.

⑥ 코리달리스 심플렉스. 5월27일. M/카페 콜라의 왼쪽 기슭. 3,950m.

현호색속 Corydalis

① 코리달리스 고바니아나 C. govaniana Wall.

분포 ㅁ파키스탄-네팔 동부, 티베트 남부
개화기 5-8월

아고산대에서 고산대에 걸쳐 관목림 주변이
나 바위 사면에 자생한다. 꽃줄기는 높이 15-
30cm이며 잎이 없거나 하부에 작은 잎이 마주
나기 형태로 달린다. 근생엽에는 긴 자루가
있다. 잎몸은 길이 5-10cm이고 3회 우상으로
갈라졌으며, 작은 갈래조각은 타원형·피침형
으로 폭 1-2mm이고 끝은 약간 돌출형이다.
길이 5-10cm인 총상꽃차례에는 많은 꽃이 모
여 달린다. 하부의 포엽은 가늘게 갈라지고
꽃자루보다 길다. 꽃자루는 길이 5-15mm. 꽃
은 노란색으로 길이 1.8-2.5cm. 꿀주머니는
꽃 길이의 절반을 차지하며, 끝은 곧게 뻗거나
살짝 아래를 향한다. 위아래 꽃잎에 능상돌기
가 있다.

② 코리달리스 후케리

C. hookeri Prain [C. denticulato-bracteata Fedde]

분포 ◇네팔 서부-부탄, 티베트 서남부
개화기 7-8월

고산대의 습한 자갈 비탈에 자생한다. 꽃줄기
는 높이 5-20cm로 잎이 어긋나기 하고 하부는
쓰러지기 쉽다. 잎은 짧은 자루를 포함해 길이
5-10cm이고 2-3회 우상으로 갈라졌으며, 작은 갈
래조각은 도란형으로 폭 2-4mm이고 끝은 약간
돌출형이다. 줄기 끝과 잎겨드랑이에서 뻗은
가지 끝에 길이 2-5cm인 총상꽃차례가 달린다.
하부의 포엽은 잎모양으로 우상으로 깊게 갈라
졌다. 상부의 포엽은 선상피침형이며 꽃자루보
다 약간 길다. 꽃자루는 길이 5-8mm. 꽃은 황갈
색으로 길이 1.3-2cm. 꿀주머니는 꽃 길이의
절반을 차지하며 끝은 살짝 아래를 향한다. 위
아래 꽃잎에 능상돌기가 있다.

①-a 코리달리스 고바니아나. 7월28일. H/바랄라차 라의 북서쪽. 4,500m. 건조한 지역의 빗물이 복류하는 바위
비탈에 군생한 것으로, 굵고 강인한 목질의 뿌리줄기가 땅속으로 뻗는다.

①-b 코리달리스 고바니아나. 6월16일.
R/베니카르카의 북서쪽. 4,200m.

② 코리달리스 후케리. 8월4일.
S/추쿵의 동쪽. 5,000m.

③ 코리달리스 임브리카타. 7월26일.
Y2/라무나 라의 북서쪽. 4,700m.

③ 코리달리스 임브리카타 C. imbricata Z.Y. Su & Liden
분포 ◇티베트 남동부　개화기 6-8월

고산대의 다소 건조한 바위 바탕에 자생한다. 꽃줄기는 길이 12-15cm로 잎이 어긋나기 하고 기부는 쓰러져 돌에 파묻혀 있기 쉽다. 전체적으로 분백색을 띤다. 잎은 짧은 자루를 포함해 길이 7-10cm이며 우상으로 중맥까지 갈라졌다. 갈래조각은 다시 우상으로 깊게 갈라졌으며, 작은 갈래조각은 도란형-타원형으로 폭 2-3mm이고 끝은 둔형이며 겹쳐 있다. 총상꽃차례는 길이 5-8cm. 포엽은 선상피침형이며 꽃자루보다 약간 길고 기부에서는 우상으로 깊게 갈라졌다. 꽃자루는 길이 3-7mm. 꽃은 노란색으로 길이 1.5-1.8cm. 꿀주머니는 꽃 길이의 절반을 차지하며 끝이 살짝 아래를 향한다. 위아래 꽃잎은 끝이 뾰족하고, 능상돌기는 매우 짧다.

④ 코리달리스 클라르케이 C. clarkei Prain
분포 ◇카슈미르　개화기 6-8월

고산대의 건조한 바위땅에 자생하며, 기부에 오래된 잎자루가 남아 있다. 꽃줄기는 높이 15-30cm로 약간 작은 잎이 마주나기 형태로 달린다. 긴 자루가 있는 근생엽이 많이 달렸다. 잎몸은 길이 5-12cm이고 우상으로 중맥까지 갈라졌다. 깃조각은 보통 2회 3갈래로 나누고 작은 갈래조각은 도란형-장원형으로 폭 2-5mm이고 끝은 둔형이거나 약간 뾰족하다. 길이 3-10cm인 총상꽃차례에는 많은 꽃이 모여 달린다. 포엽은 타원형-피침형이며 끝은 뾰족하고 꽃자루보다 길다. 꽃자루는 길이 5-10mm. 꽃은 노란색으로 길이 1.8-2.2mm. 꿀주머니는 꽃 길이의 절반을 차지하며 끝은 살짝 아래를 향한다. 위아래 꽃잎의 능상돌기는 크다.

⑤ 코리달리스 고르츠카코비이
C. gortschakovii Schrenk
분포 ◇중앙아시아 주변-카슈미르
개화기 6-8월

건조 고지 계곡 줄기의 빗물이 모이는 편평한 모래땅에 자생하며, 땅속 뿌리줄기가 활발히 분지해 커다란 그루를 이룬다. 꽃줄기는 높이 15-40cm로 잎이 1-2장 어긋나기 한다. 전체적으로 흰 가루모양의 털로 덮여 있어 모래먼지를 뒤집어쓴 듯 보인다. 근생엽은 자루를 포함해 길이 10-20cm이고 2-3회 우상으로 중맥까지 갈라졌으며, 작은 갈래조각은 타원형-도란형으로 끝은 둔형이거나 약간 뾰족하다. 줄기에는 자루가 거의 없다. 길이 3-10cm인 총상꽃차례에는 많은 꽃이 모여 달린다. 포엽은 타원상피침형이며 꽃자루보다 길다. 꽃은 노란색으로 길이 1.7-2.5cm. 꿀주머니는 꽃 길이의 절반을 차지하며, 끝은 곧게 뻗거나 살짝 아래를 향한다. 위아래 꽃잎의 능상돌기는 크다.

④-a 코리달리스 클라르케이. 7월21일. D/데오사이 고원 북부. 4,000m. 건조한 고원을 에워싼 바위산의 남쪽 사면에서, 상승기류가 몰고 오는 안개의 혜택으로 커다란 그루를 이루고 있다.

④-b 코리달리스 클라르케이. 7월20일. D/투크치와이 룬마. 4,600m.

⑤ 코리달리스 고르츠카코비이. 6월26일. E/싱고의 남서쪽. 4,000m.

현호색속 Corydalis

① 코리달리스 바기난스

C. vaginans Royle [*C. ramosa* Hook.f. & Thoms.]

분포 ▢아프가니스탄-네팔 중부

개화기 7-9월

다소 건조한 지역 고산대의 자갈 비탈이나 하원에 자생하는 1, 2년초로 둥글고 커다란 그루를 이룬다. 꽃줄기는 높이 10-30cm이며 기부는 활발히 분지하고 가늘어서 쓰러지기 쉽다. 전체적으로 분백색을 띤다. 잎의 기부에는 긴 자루가 있으며 자루의 기부는 칼집 모양이다. 잎몸은 장원상피침형으로 길이 7-15cm, 폭 3-6cm이고 2-3회 우상으로 갈라졌으며, 작은 갈래조각은 장원형·도피침형으로 폭1mm이고 끝이 뾰족하다. 상부의 잎은 작다. 길이 5-10cm인 총상꽃차례에는 많은 꽃이 살짝 아래를 향해 달린다. 하부의 포엽은 잎모양으로 가늘게 갈라졌고, 상부의 포엽은 선형으로 작다. 꽃자루는 길이 3-7mm. 꽃은 노란색으로 길이 1-1.5cm. 꿀주머니는 길이 5-7mm로 가늘고 끝은 암갈색을 띠며, 곧게 뻗거나 살짝 아래를 향한다. 위아래 꽃잎은 끝이 뾰족하고, 뒷면의 능상 돌기에 보통 이가 있다.

② 코리달리스 메이폴리아 *C. meifolia* Wall.

분포 ◇카슈미르-부탄, 티베트 남부

개화기 7-9월

고산대의 습한 바위 비탈에 흩어져 자생한다. 꽃줄기는 굵고 심줄이 두드러져 있으며 높이 15-30cm. 전체적으로 분백색을 띤다. 잎의 기부에는 긴 자루가 있으며 자루의 기부는 칼집모양이다. 잎몸은 장원형으로 길이 5-15cm, 폭 2.5-5cm이고 3회 우상으로 갈라졌으며, 작은 갈래조각은 협타원형·선형으로 폭 0.3-1mm이고 끝은 약간 뾰족하다. 상부의 잎은 작다. 길이 4-8cm인 총상꽃차례에는

①-a 코리달리스 바기난스. 7월14일. I/꽃의 계곡. 3,550m. 빙하 하류의 시냇가. 뒤쪽에 에필로비움 스페치오숨의 붉은 자주색 꽃이 피어 있고, 옥시리아 디기나의 열매 이삭이 곧추 서 있다.

①-b 코리달리스 바기난스. 9월7일.
J/훔쿤드의 남쪽. 3,800m.

②-a 코리달리스 메이폴리아. 8월31일.
H/브리그 호수 부근. 4100m.

②-b 코리달리스 메이폴리아. 7월29일.
T/마칼루 주봉의 남쪽. 5,100m.

많은 꽃이 달린다. 하부의 포엽은 잎 모양.
꽃자루는 길이 1-2cm. 꽃은 굴색으로 길이
1.2-1.7cm. 꽃뿔은 굵고 길이 2-5mm이며
어두운 자주색을 띤다. 위아래 꽃잎의 능상
돌기는 반원형으로 크고, 아래쪽 꽃잎의 기
부는 주머니모양으로 부풀어 있다.
*②b는 꽃줄기가 높이 20cm 이하로 낮고 잎
의 작은 갈래조각은 협타원형으로 짧아서,
변종 시키멘시스 var. *sikkimensis* Prain로
취급되기도 한다.

③ 현호색속의 일종 (B) Corydalis sp. (B)
해빙이 늦는 자갈 비탈에 자생한다. 동속 메
이폴리아와 비슷하나, 잎의 작은 갈래조각
은 털모양으로 폭 0.3mm 이하다. 꽃은 길이
1.1cm로 작다. 꽃주머니는 길이 1-2mm. 위
아래 꽃잎은 삼각모양으로 뾰족하고, 뒷면
의 능상돌기는 매우 짧다. 꽃줄기는 높이
18-25cm이다.

④ 코리달리스 메가칼릭스
C. megacalyx Ludlow [*C. nana* Royle]

분포 ■ 가르왈-네팔 중부 개화기 7-9월
고산대의 습한 바위 비탈에 자생하며, 땅속
에 긴 뿌리줄기가 있다. 전체적으로 분백색
을 띤다. 꽃줄기는 높이 5-10cm. 잎의 기부
에는 약간 긴 자루가 있다. 잎몸의 윤곽은
장란형으로 길이 1.5-3cm이고 2회 우상으로
갈라졌으며, 작은 갈래조각은 타원형-장원
형으로 끝이 약간 뾰족하다. 짧은 총상꽃차
례에 많은 꽃이 모여 달리고, 잎모양의 포
엽이 달린다. 꽃자루는 포엽보다 짧다. 꽃
은 노란색으로 길이 1.5-1.7cm. 위아래 꽃잎
은 끝이 돌출하고 뒷면에 능상돌기가 있다.
위쪽 꽃잎 끝에 녹색-자줏빛 갈색 반점이 2
개 있으며 옆면에 갈색 심줄이 있다. 꿀주
머니는 원통형으로 길이 7-8mm이며 거의
곧게 뻗는다. 안쪽 꽃잎 끝은 자줏빛 갈색
을 띤다.

⑤ 코리달리스 칼리안타 *C. calliantha* Long
분포 ■ 부탄 개화기 7-10월
고산대의 습한 바위땅에 자생한다. 동속 메
이폴리아와 비슷하나, 전체적으로 작고 잎
의 작은 갈래조각은 짧으며 꽃은 크고 수가
적다. 꽃줄기는 높이 7-20cm. 잎의 기부에는
길이 2-5cm인 자루가 있다. 잎몸은 길이 4-
7cm, 폭 1.5-2.5cm이고 작은 갈래조각은 길
이 1-2mm, 폭 0.5mm이다. 꽃줄기 끝에 꽃 4-
12개 산방상으로 달린다. 포엽은 꽃자루보
다 짧다. 꽃자루는 길이 1.5-3cm. 꽃은 길이
1.8-2.3cm. 꿀주머니는 길이 4-6mm. 위아래
꽃잎의 능상돌기는 매우 짧다.

③ 현호색속의 일종 (B) 7월17일.
I/헴쿤드. 4,050m.

④ 코리달리스 메가칼릭스. 9월4일.
J/바그와바사. 4,300m.

⑤ 코리달리스 칼리안타. 9월25일. X/탕페 라의 남서쪽. 4,500m. 짧은 꿀주머니의 기부에는 꿀벌이 바깥쪽에서
구멍을 뚫고 꿀을 가져간 흔적이 있다.

현호색속 Corydalis

① 코리달리스 비마쿨라타

C. bimaculata C.Y. Wu & Z.Y. Su

분포 ■티베트 남동부 개화기 7-8월

고산대 하부 계곡 줄기의 이끼 낀 바위땅에 자생하며, 땅속에 긴 뿌리줄기가 있다. 뿌리줄기는 높이 13-20cm로 작은 잎 2-3장이 사이를 두고 어긋나기 한다. 근생엽은 꽃줄기와 길이가 거의 같으며 길이 5-10cm의 자루를 가진다. 잎몸은 장란형으로 길이 3-7cm, 폭 2-3cm이고 표면은 회녹색, 뒷면은 녹색이며 3회 우상으로 중맥까지 갈라졌다. 1번째 4-6쌍의 깃조각에는 자루가 있고, 작은 갈래조각은 도피침형으로 폭 1-2mm이며 끝은 돌출한다. 길이 2-4cm인 총상꽃차례에는 꽃이 산방상으로 모여 달린다. 꽃자루는 길이 5-15mm. 꽃차례 하부의 포엽은 잎모양으로 갈라졌으며 꽃자루보다 길다. 꽃은 길이 1.8-2cm. 꿀주머니는 길이 7-9mm로 거의 곧게 자란다. 위아래 꽃잎의 능상돌기는 크다.

② 코리달리스 스트라케이

C. stracheyi Prain var. *stracheyi* [*C. ramosa* Hook.f. & Thoms.]

분포 ◇쿠마온-부탄, 티베트 남부 개화기 7-9월

고산대의 개울가나 해빙이 늦은 편평한 바위땅에 자생한다. 꽃줄기는 길이 10-30cm이며 기부는 쓰러져서 분지해 사방으로 퍼지고 잎이 어긋나기 한다. 하부의 잎은 자루를 포함해 길이 5-8cm이고 2-3회 우상으로 중맥까지 갈라졌으며, 작은 갈래조각은 선상도피침형으로 폭 1mm 이하고 끝은 뾰족하며 표면은 분백색을 띤다. 총상꽃차례는 줄기 끝과 잎겨드랑이에서 비스듬히 뻗은 가지 끝에 달리며 길이는 2-4cm이며 꽃이 모인다. 하부의 포엽은 잎모양으로 가늘게 갈라졌으며 꽃자루보다 길다. 꽃자루는 길이 5-15mm. 꽃은 노

① 코리달리스 비마쿨라타. 7월29일. Z3/도슝 라의 서쪽. 4,100m. 암녹색 이끼와 바위를 배경으로 분백색을 띤 녹색 잎과 검붉은색 줄기와 잎줄기, 연두색을 띤 노란색 꽃이 두드러져 보인다.

②-a 코리달리스 스트라케이. 7월23일. V/미르긴 라의 남쪽. 4,600m.

②-b 코리달리스 스트라케이. 7월23일. V/미르긴 라의 남쪽. 4,600m.

③ 코리달리스 카베이. 7월3일. S/타메. 3,900m.

란색으로 길이 1.1-1.4cm이며 양지바른 장소에서는 부분적으로 암갈색을 띤다. 꽃받침조각은 길이 1-1.5mm이며 가장자리에 이가 있나. 꽃뿔은 협원추형으로 길이 3-5mm이며 꽃 길이의 3분의 1을 차지한다. 위아래 꽃잎의 능상돌기는 크다.

③ 코리달리스 카베이

C. cavei Long [C. longipes DC., C. papillipes C.Y. Wu]
분포 ◇네팔 동부-시킴, 티베트 남부
개화기 6-8월
아고산대와 고산대 하부의 바위가 많고 습한 초지나 돌담에 자생한다. 꽃줄기는 분지하며 높이 20-40cm로 곧게 자라고, 능을 가지며 잎은 드문드문 어긋나기 한다. 하부의 잎은 자루를 포함해 길이 5-12cm. 잎몸의 윤곽은 삼각상광란형이며 2회 3갈래로 중맥까지 갈라졌다. 1번째 갈래조각에는 약간 긴 자루가 있다. 2번째 갈래조각에는 자루가 거의 없고 이것은 다시 2-3개로 깊게 갈라졌으며, 작은 갈래조각은 도란형·도피침형으로 폭 2-3mm이고 끝은 약간 돌출형이다. 줄기 끝과 잎겨드랑이에서 비스듬히 뻗은 가지 끝에 노란색 꽃이 총상으로 달린다. 꽃차례 기부의 포엽은 잎모양으로 크다. 꽃자루는 길이 1-4cm로 비스듬히 자라며 포엽보다 길다. 꽃받침조각은 원형으로 폭 2mm이고 끝은 돌출하며 가장자리에 이가 있다. 길이 1.3-1.7cm인 위쪽 꽃잎에는 능상돌기가 있다. 꿀주머니는 꽃잎 길이의 절반을 차지한다. 아래쪽 꽃잎의 능상돌기는 매우 짧다.

④ 코리달리스 크리스파 C. crispa Prain [C. bowes-lyonii Long]

분포 □부탄, 티베트 남부 개화기 7-9월
다소 건조한 지역의 아고산대에서 고산대에 걸쳐 관목 사이나 자갈이 많은 초지에 자생한다. 꽃줄기는 높이 13-50cm로 활발히 분지하고 가지는 곧게 자라며 잎이 어긋나기 한다. 잎의 기부에는 길이 1-5cm인 자루가 있다. 잎몸은 장란형으로 길이 2-5cm이고 우상으로 중맥까지 갈라졌으며, 깃조각 3-7장에는 짧은 자루가 있다. 깃조각은 보통 다시 우상으로 깊게 갈라졌고, 갈래조각은 1-3개로 갈라졌다. 작은 갈래조각은 도란형으로 폭 1-3mm이고 끝은 약간 돌출형이다. 총상꽃차례는 길이 2-10cm로 줄기 끝과 가지 끝에 달리고, 많은 꽃이 약간 사이를 두고 달린다. 포엽은 꽃차례의 기부에서는 잎모양, 상부에서는 선상도피침형이다. 꽃자루는 가늘며 길이 3-10mm. 꽃은 노란색으로 길이 1-1.5cm. 꿀주머니는 꽃 길이의 절반을 차지하며 위를 향해 활처럼 휘어진다. 위아래 꽃잎에 능상돌기가 있다. 다형적인 종으로 꽃줄기의 높이, 잎의 작은 갈래조각의 크기, 꽃의 수와 크기 등은 지역과 환경에 따라 변화가 크다.

④-a 코리달리스 크리스파. 8월15일. Y3/암드록 호숫가. 4,400m.

④-b 코리달리스 크리스파. 9월20일. X/틴타초의 남쪽. 3,750m.

④-c 코리달리스 크리스파. 8월19일. Z2/산티린의 북동쪽. 3,700m. U자 계곡 내의 떡갈나무 숲 주변에서 히포패속 관목과 봉선화속 다년초의 지탱을 받으며 높이 자라고 있다.

현호색속 Corydalis

① 코리달리스 엘레간스 C. elegans Hook.f. & Thoms.

분포 ■ 가르왈-네팔 서부 **개화기** 7-9월

고산대의 바위가 많은 초지에 자생한다. 땅
속에 목질 뿌리줄기가 있고, 정수리는 시든
채 남아 있는 오래된 잎자루에 싸여 있다. 꽃
줄기는 높이 15-30cm이며 하부에 잎이 달린
다. 근생엽에는 길이 5-10cm인 자루가 있다.
잎몸은 길이 7-10cm이고 우상으로 중맥까
지 갈라졌다. 깃조각은 원상광란형으로 2-5
쌍 달리고 3-7개로 깊게 갈라졌으며, 작은
갈래조각은 도란상타원형이다. 줄기 끝의
총상꽃차례에 꽃이 6-14개 달린다. 포엽은
장원상쐐기형으로 끝이 뾰족하고 꽃자루와
길이가 같거나 약간 길다. 꽃은 노란색으로
길이 2cm. 꽃주머니는 꽃 길이의 절반을 차
지하고 끝부분은 원형이다. 위아래 꽃잎에
능상돌기가 있으며 안쪽 꽃잎의 끝은 어두
운 자주색을 띤다.

② 코리달리스 푸베스첸스

C. pubescens C.Y. Wu & H. Chuang[C. papillipes C.Y. Wu]

분포 ■ 티베트 남부 **개화기** 6-8월

아고산대에서 고산대에 걸쳐 길가의 초지나
소관목 사이에 자생한다. 꽃줄기는 높이 30-
50cm로 활발히 분지한다. 전체적으로 흰 가
루모양의 털로 덮여 있다. 잎의 기부에는 긴
자루가 있다. 잎몸은 길이 7-12cm이고 2-3회
3개로 갈라졌다. 1번째 갈래조각에는 자루가
있으며 윗갈래조각은 크다. 작은 갈래조각
은 도란형-도피침형이며 끝은 약간 돌출형.
줄기 끝과 가지 끝에 총상꽃차례가 달린다.
포엽은 선상피침형이며 하부에서는 3-5개로
깊게 갈라졌다. 꽃은 노란색으로 길이 1.1-
1.3cm. 꿀주머니는 꽃 길이의 절반을 차지하
며 끝이 아래를 향한다. 위아래 꽃잎은 끝이
뾰족하고 능상돌기는 짧다.

① 코리달리스 엘레간스. 9월3일.
J/바그와바사. 4,200m.

② 코리달리스 푸베스첸스. 7월31일.
Y1/네라무 북서쪽. 3,850m.

③ 코리달리스 플라벨라타. 7월1일.
D/사트파라 호수의 북쪽. 2,500m.

④ 코리달리스 이노피나타. 8월16일. Y3/카로 라 5,000m. 고개 위의 석회질 암설 비탈에 자라나 있다. 다육질의
작은 잎은 주변의 바위와 같은 색으로, 꽃이 없으면 좀처럼 눈에 띄지 않는다.

③ 코리달리스 플라벨라타 *C. flabellata* Edgew.

분포 ◇파키스탄-네팔 중부, 티베트 서부 개화기 6-8월

건조 고지의 바람에 노출된 자갈땅에 자생하며, 강인한 목질 뿌리줄기가 있다. 꽃줄기는 높이 30-60cm로 활발히 분지하고 전체적으로 분백색을 띤다. 잎의 기부는 길이 10-17cm이고 우상으로 중맥까지 갈라졌으며, 윗갈래조각은 이따금 3개로 갈라졌다. 옆갈래조각은 부채상도란형으로 폭 1-2cm이고 가장자리에 둥근 톱니가 있다. 총상꽃차례는 줄기 끝과 가지 끝에 달리고, 포엽은 피침형으로 작다. 꽃자루는 길이 2-3mm. 꽃은 노란색으로 길이 1.4-1.6cm. 꿀주머니는 짧고 끝이 아래를 향한다. 위아래 꽃잎은 끝이 뾰족하고 능상돌기는 없다.

④ 코리달리스 이노피나타 *C. inopinata* Prain

분포 ■티베트 서중앙·남부 개화기 8월

고산대 상부의 건조한 바람에 노출된 바위땅에 자생하며, 직경 2mm인 원뿌리가 길게 아래로 뻗는다. 지상줄기는 자라지 않고 다육질 잎이 로제트상으로 사방으로 퍼지며 그 중앙에 꽃이 산방상으로 모여 달린다. 짧아진 줄기 잎의 기부에는 길이 1.5-3cm의 자루가 있다. 잎몸은 구리색을 띠고 광란형으로 길이 6-10mm이며 3개로 중맥까지 갈라졌다. 갈래조각은 다시 2-5개로 갈라졌고, 작은 갈래조각은 거의 원형이며 가장자리에 부드러운 털이 나 있다. 포엽은 2-3개로 깊게 갈라졌고 갈래조각은 도피침형이며 가장자리에 부드러운 털이 나 있다. 꽃자루는 길이 8-15mm. 꽃은 길이 1.2-1.5cm. 꽃뿔은 길이 5-6mm이다.

⑤ 코리달리스 헨데르소니이

C. hendersonii Hemsl.

분포 ◇카라코룸-네팔 중부, 티베트 서중부, 칭하이성 개화기 6-8월

다형적인 종으로, 고산대 상부의 건조한 바람이 부는 모래땅에 자생한다. 굵은 목질 뿌리줄기가 있다. 땅위줄기는 없고 다육질 잎이 지표로 퍼지며, 높이 2-5cm인 꽃차례에 꽃이 모여 달린다. 전체적으로 분백색을 띤다. 잎자루는 길이 1.5-4cm이며 폭이 넓다. 잎몸은 길이 1-4cm이고 보통 2회 우상으로 중맥까지 갈라졌다. 작은 갈래조각은 타원형-선형이며 위를 향해 겹쳐 있다. 포엽은 보통 가늘게 갈라진다. 꽃은 노란색으로 길이 1.5-2.5cm, 꿀주머니는 그 절반을 차지하며 끝은 가늘다. 보통 위아래 꽃잎에 능상돌기가 있다.

*⑤-a의 잎은 작은 갈래조각이 폭넓고, 포엽은 가늘게 갈라지지 않았다. ⑤-b의 꽃은 길이 2.5cm, 잎몸은 3개로 중맥까지 갈라졌고, 각 갈래조각은 우상으로 깊게 갈라졌다. ⑤-c의 꽃은 길이 1.5cm 이하로 작고 능상돌기는 매우 짧다.

⑤ 코리달리스 헨데르소니이. 8월1일. B/마제노 고개의 남동쪽. 4,600m.

⑤ 코리달리스 헨데르소니이. 7월29일. Y2/팡 라. 5,100m.

⑤ 코리달리스 헨데르소니이. 7월6일. K/눈마 라의 서쪽. 4,450m. 무너지기 쉬운 모래땅에 자라나 있다. 네팔 중서부에서 발견되는 것은 잎이 작고 꽃잎의 능상돌기가 매우 짧다.

① 코리달리스 크라시폴리아

C. crassifolia Royle [*C. crassissima* Camb.]

분포 ■파키스탄-히마찰 개화기 7-8월

다형적인 종으로, 고산대의 건조한 바위땅에 자생하며 가는 줄기뿌리가 땅속으로 뻗는다. 꽃줄기는 높이 10-20cm이며 전체적으로 분백색을 띤다. 잎의 기부에는 긴 자루가 있다. 잎몸은 혁질로 단단하고 폭 5-10cm이며 3개로 중맥까지 갈라졌다. 갈래조각은 부채상도란형으로 이따금 2-3개로 갈라졌으며 가장자리에 둥근 톱니가 있다. 줄기에는 보통 3개로 중맥까지 갈라진 자루 없는 잎이 달린다. 총상꽃차례는 길이 3-7cm로 많은 꽃이 한 방향을 향해 모여 달린다. 포엽은 도란형-도피침형이며 꽃자루보다 길다. 꽃자루는 길이 5-10mm. 꽃은 연자주색으로 길이 1.8-2.5 cm. 꿀주머니는 꽃 길이의 절반을 차지하며 끝은 아래를 향한다. 열매는 풍선처럼 부풀어 바람을 타고 먼 곳까지 날아간다.

② 코리달리스 킹기이 *C. Kingii* Prain

분포 ◇티베트 남부 개화기 6-8월

다소 건조한 고산대의 바위땅이나 관목 사이에 자생한다. 굵은 원뿌리가 아래로 뻗는다. 환경에 따라 크기가 변한다. 꽃줄기는 높이 10-40cm이며 드문드문 분지하고 잎이 1-3장 달린다. 근생엽의 잎몸은 길이 1-8 cm이고 2회 우상으로 중맥까지 갈라졌거나 2회 3개로 갈라졌으며, 1번째 갈래조각에는 가는 자루가 있다. 2번째 갈래조각은 2-5개로 깊게 갈라졌고, 작은 갈래조각은 도피침형으로 폭 1-3mm이고 끝은 약간 뾰족하며 뒷면은 분백색을 띤다. 줄기잎의 작은 갈래조각은 가늘다. 총상꽃차례는 길이 2-8cm, 포엽은 도피침형으로 작다. 꽃자루는 길이 5-10mm. 꽃은 분홍색으로 길이 2-2.5cm. 위아래 꽃잎은 끝이 뾰족하고, 아래쪽 꽃잎은 위쪽 꽃잎의 현부보다 길다. 꽃뿔은 원통형이며 아래쪽 꽃잎과 길이가 같다.

*②-a는 높이 20cm, 꽃은 길이 2.5cm. ②-b는 바위틈에 자란 것으로, 높이 6cm로 왜소화했다. 부근의 관목이 무성한 곳에서는 높이 40cm인 그루가 발견되었다.

③ 코리달리스 디필라 옥치덴탈리스

C. diphylla Wall. subsp. *occidentalis* Lidén [*C. rutifolia* (Smith) DC.]

분포 □파키스탄-카슈미르 개화기 5-7월

아고산대 숲속의 부식질에 자생하며, 땅속 깊이 가늘고 긴 덩이줄기가 방상으로 달린다. 꽃줄기는 분지하지 않고 곧게 자라며 땅위 높이 7-15cm. 잎은 2장이 마주보기 형태로 달리고, 자루는 잎몸보다 짧다. 잎몸은 2회 3개로 중맥까지 갈라졌고, 1번째 갈래조각에

① 코리달리스 크라시폴리아. 7월24일. F/피체 라의 남동쪽. 4,700m. 판 모양의 줄기는 3개로 중맥까지 갈라졌으며, 갈래조각은 딸기 잎과 비슷한 형태로 주변의 석회암과 비슷한 색을 띤다.

②-a 코리달리스 킹기이. 7월21일. Y3/라싸의 서쪽 교외. 4,400m.

②-b 코리달리스 킹기이. 8월22일. Y4/간덴의 남동쪽. 4,750m.

는 자루가 있다. 작은 갈래조각은 타원상피침형-장원형으로 길이 1.5-4cm이고 가운데 갈래조각은 약간 크다. 줄기 끝의 총상꽃차례에 꽃 5-15개 한 방향을 향해 달린다. 포엽은 난상피침형으로 길이 1-2cm. 꽃자루는 포엽과 길이가 거의 같다. 꽃은 연자주색으로 끝부분은 색이 진하며 길이 1.7-2.5㎝. 꿀주머니는 꽃 길이의 절반을 차지하고 약간 위를 향하며, 끝부분은 아래를 향한다. 위아래 꽃잎은 끝이 약간 파여 있다.

④ 코리달리스 캐로필라 C. chaerophylla DC.
분포 ▫쿠마온-부탄 개화기 5-10월
산지 숲 주변의 반그늘지고 습한 둔덕 비탈에 자생하며, 땅속에 굵은 뿌리줄기가 있다. 꽃줄기는 높이 0.5-1m로 곧게 자라고, 양치류와 비슷한 잎이 어긋나기 한다. 하부의 잎에는 긴 자루가 있다. 잎몸의 윤곽은 삼각상피침형이며 3회 우상으로 중맥까지 갈라졌다. 작은 갈래조각은 난형-장원형으로 끝은 둔형이거나 약간 뾰족하며 기부는 축을 따라 내려간다. 총상꽃차례는 줄기 끝과 가지 끝에 달린다. 포엽은 장원상피침형으로 길이 2-4mm이고 기부에 있는 것은 이따금 깊게 갈라졌다. 꽃자루는 포엽과 길이가 거의 같다. 꽃은 연노란색으로 가늘고길이 1.5-1.8mm. 꽃주머니는 꽃 길이의 절반을 차지하고, 기부에서 살짝 위를 향한다. 위아래 꽃잎의 뒷면에 매우 짧은 능상돌기가 있다.

금낭화속 Dicentra
⑤ 디첸트라 마크로카프노스 D. macrocapnos Prain
분포 ▫가르왈-네팔 동부 개화기 4-10월
덩굴성 다년초로, 산지의 관목소림이나 습한 둔덕 초지에 자생한다. 가늘고 유연한 줄기는 관목이나 다른 풀에 휘감겨 길이 0.5-2m로 자라고, 잎이 어긋나기 한다. 잎자루는 길이 2-3cm. 잎몸은 길이 3-5cm이고 2-3회 3개로 중맥까지 갈라졌으며, 1번째 갈래조각에는 긴 자루가 있다. 짧은 자루가 있는 작은 갈래조각은 난상타원형으로 길이 5-20mm이고 끝은 약간 뾰족하다. 작은 갈래조각 1장은 끝이 분지한 가는 덩굴손이 된다. 총꽃자루는 길이 2-5cm이며 끝에서 꽃 2-5개가 아래로 늘어진다. 포엽은 선형으로 작다. 꽃자루는 가늘고 길이 1-2cm. 꽃은 편평한 항아리모양으로 길이 1.8-2.2cm이며 노란색. 꽃받침조각은 난상피침형으로 매우작다. 바깥쪽 꽃잎 2장은 끝부분을 제외하고 합착해 있고, 기부는 주머니모양으로 크게 부풀어 있으며, 끝부분은 휘어 있다. 안쪽 꽃잎 2장에는 긴 화조가 있으며 노출된 끝부분의 뒷면에 능상돌기가 있다.

③ 코리달리스 디필라 옥치덴탈리스. 6월10일. G/굴마르그의 서쪽. 2,950m.

④ 코리달리스 캐로필라. 6월27일. R/푸이안의 남동쪽 2,800m.

⑤ 디첸트라 마크로카프노스. 6월6일. M/바가르의 북쪽. 2000m. 부드러운 덩굴초로, 꽃차례의 자루가 복엽과 마주나기로 수평으로 뻗어 있으며, 끝이 갈라진 심장모양의 노란 꽃이 아래로 늘어져 있다.

끈끈이주걱과 DROSERACEAE

끈끈이귀개속 Drosera

① 끈끈이귀개 *D. peltata* Thunb.

분포 ◇히말라야를 포함한 아시아 동남부, 오스트레일리아 개화기 6-9월

산지와 아고산대의 습한 초지에 자생하는 다년초. 꽃줄기는 높이 10-25cm이며 상부에서 분지한다. 잎은 어긋나기 하고 길이 5-10mm인 자루를 가진다. 잎몸은 방패모양으로 달리고, 반원형으로 폭 3-5mm이며 가장자리에는 자루가 긴 선모가, 표면에는 자루가 짧은 선모가 자라고 작은 곤충을 잡는 점액을 분비한다. 총상꽃차례는 길이 2-4cm. 꽃자루는 길이 5-10mm. 꽃은 4·5수성으로 직경 8-12mm. 히말라야와 티베트에 있는 것은 변종 루나타 var. *lunata* (DC) Clarke로 취급된다.

물레나물과 HYPERICACEAE

잎과 꽃에 선체(腺體)가 있다. 잎은 마주나기. 꽃잎은 보통 좌우부정으로 5장. 수술은 여러 개.

물레나물속 Hypericum

② 히페리쿰 엘로데오이데스

H. elodeoides Choisy.

분포 ▢파키스탄-미얀마, 중국 남부
개화기 6-8월

산지와 아고산대 숲 사이의 습한 초지에 자생하는 다년초. 꽃줄기는 가늘고 높이 15-30cm로 곧게 자라며, 기부의 마디에서 뿌리를 내민다. 잎에는 자루가 없다. 잎몸은 난형-피침형으로 길이 1.5-3cm이고 끝은 원형이거나 약간 뾰족하며, 기부는 줄기를 안고 있다. 꽃자루는 길이 3-10mm. 포엽과 꽃받침조각의 가장자리에 긴 선모가 자란다. 꽃은 노란색으로 직경 1.5-2cm. 수술은 기부에서 합착해 3묶음으로 나뉜다. 암술대 3개는 가늘고 길다.

③ 히페리쿰 코이시아눔 *H. choisianum* Robson

분포 ◇파키스탄-미얀마, 티베트 남부, 윈난성 개화기 6-7월

높이 0.5-2m의 관목. 산지에서 아고산대에 걸쳐 습한 관목림 주변이나 암벽의 기부에 자생한다. 줄기는 질이 강하고 활발히 분지한다. 잎자루는 매우 짧다. 잎몸은 피침형으로 길이 4-6cm이고 기부는 원형이며, 짙은 녹색 표면에는 맥이 파여 있다. 뒷면은 연두색. 가지 끝에 꽃이 1-7개 꽃이 달린다. 꽃자루는 길이 1cm. 꽃은 파라볼라안테나 형태로 열리며 직경 4-6cm. 꽃받침조각은 타원상피침형으로 길이 1-1.5cm이며 평개한다. 꽃잎은 도란형. 수술은 여러 개로, 기부에서 합착해 5묶음으로 나뉜다. 암술대는 5개이다.

① 끈끈이귀개. 8월18일. Z2/산티린. 3,600m.

② 히페리쿰 엘로데오이데스. 8월2일. K/라라 호수의 남쪽. 3,000m.

③ 히페리쿰 코이시아눔. 7월6일. U/틴주레 다라. 2,900m. 습한 바람에 노출된 암벽 틈에 뿌리를 내리고 있다. 파라볼라안테나 형태의 꽃은 직경 5cm로 크다.

차나뭇과 THEACEAE

상록수. 잎은 단엽으로 어긋나기 한다. 꽃받침조각과 꽃잎 구별이 뚜렷하지 않은 것이 많다.

스키마속 Schima

④ 스키마 왈리키이 *S. Wallichii* (DC.) Korthals
분포 □ 네팔중부-동남아시아, 중국 남서부
개화기 5-6월

일본의 히메츠바키(ヒメツバキ)와 같은 종에 속하는 상록고목. 네팔어로 '치라우네'라고 하며, 저산대의 아열대림이나 계곡 줄기의 양지 바른 비탈에 자생한다. 가지는 회갈색. 잎자루는 길이 1.5-2cm. 잎몸은 타원상피침형으로 길이 10-17cm이고 끝은 날카롭고 뾰족하며 가장자리는 매끈하다. 길이 2-3cm인 꽃자루에는 2장의 조락성 소포가 달린다. 꽃은 흰색으로 직경 3-4cm이며 향기를 내뿜는다. 봉오리는 구형. 꽃받침조각은 5장 달리고 거의 원형이다. 꽃잎은 광란형-도란형으로 5장이며 바깥쪽의 1장은 작다. 수술은 여러 개이다.

동백나무속 Camellia

⑤ 카멜리아 키시이 *C. kissii* Wallich
분포 ◇ 네팔 서부-동남아시아, 중국 남서부
개화기 9-다음해 1월

높이 3-10m인 상록수로, 산지대 하부의 메밀잣밤나무 · 떡갈나무 숲에 자생한다. 잎자루는 길이 3-7mm. 잎몸은 혁질 타원상피침형으로 길이 6-10cm이고 끝은 날카롭고 뾰족하며 가장자리에 가는 톱니가 있다. 꽃자루는 길이 2-5mm. 소포와 꽃받침조각은 이어진다. 직경 3cm인 꽃에는 향기가 있다. 꽃잎은 5-6장 달리고 도란형-타원형으로 길이 1.2-1.5 cm이며 흰색. 수술은 여러 개 달리고, 수술대의 기부는 합착한다. 씨방에 희고 부드러운 털이 촘촘하게 나 있다. 암술대는 3개이며 하부에서 합착한다. 열매는 난구형이다.

사스레피나무속 Eurya

⑥ 오이리아 카비네르비스 *E. cavinervis* Vesque
분포 ◇ 네팔 동부-미얀마, 티베트 남동부, 원난성 개화기 4-5월

산지대 상부의 숲 주변에 자생하는 암수판그루 상록관목으로 높이 1-3m. 가지의 마디에서 능 2개가 아래로 내려간다. 잎자루는 길이 3-5mm. 잎몸은 장원상피침형으로 길이 5-10cm이고 끝은 가늘고 뾰족하며 가장자리 끝 쪽에 무딘 톱니가 있다. 표면은 짙은 녹색이며 그 물맥이 선명하다. 꽃은 유백색으로 직경 6-8mm이며 잎이 떨어진 가지의 마디에 1-4개 달리고, 꽃자루는 매우 짧다. 꽃받침조각은 5장 달리고 광란형이며 가장자리에 털이 자란다. 꽃잎은 5장 달리고 원상도란형으로 길이 4-5mm. 수꽃에는 수술이 5개 있다.

④-a 스키마 왈리키이. 5월16일. N/세티도반의 동쪽. 950m.

④-b 스키마 왈리키이. 5월16일.
N/세티 도반의 동쪽. 950m.

④-c 스키마 왈리키이. 5월20일.
U/도반의 남서쪽. 1,500m.

⑤ 카멜리아 키시이. 9월28일.
O/물카르카의 북쪽. 2,200m.

⑥ 오이리아 카비네르비스. 4월27일.
V/초카의 북쪽. 3,150m.

이엽시과 DIPTEROCARPACEAE

열대에 많은 고목. 잎은 단엽으로 어긋나기하고 가장자리는 매끈하다. 꽃받침조각과 꽃잎은 5장. 꽃받침조각은 개화 후에도 그대로 남아 발달하여 열매의 날개가 된다. 다 익은 열매는 전체적으로 배드민턴공 비슷한 형태가 되어 낙하할 때 회전하기 때문에, 바람이 불지 않아도 어미나무로부터 멀리 떨어진 장소까지 날아간다.

사라수속 Shorea

열매에 숙존하는 꽃받침조각 5장 중에 3장은 길고 2장은 짧다. 수술은 여러 개이다.

① 사라수 S. robusta Gaertner

분포 ㅁ히마찰·아삼, 인도 개화기 3-5월
히말라야 산기슭 저지에 자생하는 큰 고목으로, 건기에 잎이 떨어진다. 불교 3대 성수의 하나로, 힌디어로 살라라고 한다. 석가가 열반했을 때 주위에 이 나무가 2그루씩 서 있었다는 전설이 있다. 잎자루는 길이 2-2.5cm. 잎몸은 난상타원형으로 길이 10-25cm이고 끝은 갑자기 가늘고 뾰족해지며 기부는 심형이다. 표면에 쪽맥이 12-15개 있다. 꽃은 향기를 뿜고 원추꽃차례에 많이 달리며, 꽃차례 전체에 부드러운 털이 촘촘하게 나 있다. 꽃잎은 난상피침형으로 길이 1.2-1.5cm이며 유황색. 열매는 난구형으로 길이 1-2cm. 숙존하는 꽃받침조각은 도피침형으로 3장은 길이 6-7cm이고 2장은 약간 짧다. 나무줄기는 곧게 자라고 질이 단단하며 내구성이 있어 토목·건축용 목재를 얻기 위해 널리 심는다. 잎은 접시모양으로 짜 맞춰 대꼬챙이로 고정해서는, 힌두신에게 바치는 공물을 넣는 데에 사용한다.

①-a 사라수. 8월28일. V/조레탕의 동쪽. 500m. 협곡 주변의 식림지. 봄의 건기가 끝날 무렵에는 대부분의 가지에서 잎이 떨어지고, 나무 전체가 무수히 작은 유황색 꽃으로 뒤덮이기도 한다.

①-b 사라수. 5월28일.
N/날마의 남서쪽. 900m.

①-c 사라수. 4월24일. V/실리구리의 북쪽. 150m 숲 바닥은 풀과 관목이 적어 걷기 쉽다.

연꽃과 NELUMBONACEAE
연꽃속 Nelumbo
긴 뿌리줄기를 지닌 수초. 잎은 근생한다. 꽃받침조각과 꽃잎은 이어져 있어 구별하기가 어렵다.

② 연꽃 N. nucifera Gaertner
분포 ◇아시아 남동부, 오스트레일리아
개화기 5-9월
저지와 저산대의 늪지에 자생한다. 잎자루는 길이 0.5-2m. 잎몸은 방패모양으로 달리고, 원형으로 직경 30-70cm이며 가장자리는 물결모양이다. 꽃자루는 길이 1-2m. 꽃은 직경 12-20cm이며 수면 위로 솟아올라 핀다. 꽃잎은 도란상타원형으로 분홍색이며 나선모양으로 많이 달린다. 수술은 여러 개. 암갈색 열매껍질에 싸인 씨앗은 타원체로 길이 1.5cm이며, 크고 두툼한 도원추형 꽃받침 위의 구멍에 1개씩 묻혀 있다. 비대한 뿌리줄기와 씨앗은 식용으로 쓰인다.

후춧과 PIPERACEAE
후추속 Piper
잎은 어긋나기 하고 가장자리는 매끈하다. 꽃은 단성으로 작고 굵은 축에 수상으로 모여 달리며 꽃덮개는 없다.

③ 피페르 수이피구아
P. suipigua D. Don [P. nepalense Miquel]
분포 ▫가르왈-부탄, 인도, 원난성
개화기 5-8월
저산과 산지대 하부의 메밀잣밤나무 · 떡갈나무 숲에 자생하는 목성 덩굴식물. 잎자루는 길이 1-1.3cm. 잎몸은 얇은 혁질의 난상피침형으로 길이 8-15cm이고 끝은 가늘고 뾰족하며 기부는 원형이다. 기부에서 쪽맥이 1-2쌍 분지하고, 약간 사이를 두고 1쌍의 쪽맥이 분지한다. 수꽃차례는 길이 7-14cm로 곧추 선다. 수꽃에는 수술이 3개 있다. 암꽃차례는 길이 3-8cm로, 길이 1-2cm인 자루 끝에서 아래로 늘어진다. 열매는 장란형으로 길이 5-6mm이다.

삼백초과 SAURURACEAE
약메밀속 Houttuynia
④ 약메밀 H. cordata Thunb.
분포 ▫히마찰-동남아시아, 티베트 남동부, 동아시아 개화기 6-8월
산지대 하부의 밭 주변이나 길가의 습한 초지에 자생하며, 뿌리줄기가 사방으로 뻗어 군생한다. 꽃줄기는 높이 20-40cm. 잎은 어긋나기 하고 턱잎의 하부는 잎자루에 합착한다. 잎몸은 심형으로 길이 4-7cm이며 끝은 가늘고 뾰족하다. 수상꽃차례는 길이 1.5-2.5cm로 곧추 서고, 기부에 흰 총포조각이 4장 개출한다. 총포조각은 장원형으로 길이 1.5-2cm. 꽃은 양성으로 꽃덮개가 없고 긴 수술 3개가 두드러진다.

② 연꽃. 5월14일. 서벵갈주/콜코타 식물원. 스리나가르 등 히말라야 중턱의 분지에 야생화한 것은 7-8월에 일제히 꽃이 피는데, 아열대의 저지에서는 반년에 걸쳐 계속 피어 있다.

③ 피페르 수이피구아. 5월1일. V/욱솜의 북쪽 2,000m.

④ 약메밀. 6월26일. R/카리콜라. 2,100m.

다래나뭇과 ACTINIDIACEAE
다래나무속 Actinidia
잎은 어긋나기 한다. 꽃받침조각과 꽃잎은
5장 달린다.
① 아크티니디아 칼로사 *A. callosa* Lindley
분포 ◇히마찰-동남아시아, 중국 남부
개화기 5-7월
산지의 떡갈나무 숲 주변에 자생하는 암수
딴그루 덩굴성 목본. 잎자루는 길이 2-5cm이
며 휘기 쉽다. 잎몸은 난상타원형으로 길이
6-13cm이고 끝은 가늘고 뾰족하며 가장자
리에 털과 같은 톱니가 있다. 잎겨드랑이에
서 뻗은 짧은 총꽃자루 끝에 꽃이 1-5개달린
다. 꽃자루는 길이 1-1.5cm. 꽃은 직경 2-
2.5cm. 꽃잎은 원상도란형으로 흰색. 열매는
장란형으로 길이 2-3cm이며 먹을 수 있다.

쥐방울덩굴과 ARISTOLOCHIACEAE
쥐방울덩굴속 Aristolochia
잎은 어긋나기 한다. 꽃은 좋지 않은 냄새
를 풍기며 파리를 유혹한다. 꽃덮이는 나팔
형. 씨방하위.
② 아리스톨로키아 그리피티이 *A. griffithii* Duchartre
분포 ◇네팔 중부-아루나찰, 티베트 남부, 원
난성 개화기 4-6월
산지림에 자생하는 목성 덩굴식물. 잎자루
는 길이 3-5cm. 잎몸은 광란상심형으로 길이
6-15cm이고 끝은 갑자기 뾰족해지며 가장
자리는 매끈하다. 기부는 귀모양이며 뒷면
에 부드러운 털이 나 있다. 꽃은 잎겨드랑이
에 1개 달린다. 꽃자루는 길게 늘어진다. 꽃
덮이는 황녹색, 통부는 S자형으로 구부러지
고 바깥쪽에 붉은 자주색 심줄이 평행하며
굴곡부는 부풀어 있다. 현부는 깔대기형으
로 직경 6-9cm이고 안쪽에 자주빛 갈색 반점
이 퍼져 있다.

으름덩굴과 LARDIZABALACEAE
홀보엘리아속 Holboellia
암수한그루. 장상복엽이 어긋나기 한다.
③ 홀보엘리아 라티폴리아 *H. latifolia* Wall.
분포 ◇파키스탄-미얀마, 티베트 남부, 중국
남서부 개화기 4-6월
산지의 습한 숲에 자생하는 덩굴성 관목. 장
상복엽에는 긴 자루가 있다. 소엽은 3-9장
달리고, 타원상피침형으로 길이는 4-10cm,
끝은 가늘고 뾰족하며 작은 잎자루가 있다.
짧은 총상꽃차례에 꽃 3-7개가 아래를 향해
달린다. 꽃자루는 길이 2-5cm. 꽃받침조각 6
장은 꽃잎모양으로 흰색·연자주색·연붉은색
이며, 난상타원형으로 길이 1.9-1.5cm이고 끝
은 뾰족하다. 수꽃의 수술은 6개. 암꽃 심피
는 3개. 열매는 타원체로 길이 5-8cm이며
먹을 수 있다.

① 아크티니디아 칼로사. 6월27일. R/푸이얀의 남쪽. 2,800m.

② 아리스톨로키아 그리피티이. 5월13일. X/도데나의 북쪽. 2,650m.

③ 홀보엘리아 라티폴리아. 5월 27일. V/가이리반스의 북서쪽. 2,800m. 연붉은색 꽃에는 향기가 있다. 6장인 꽃받침조각 중앙에 수꽃은 수술 6개가, 암꽃은 심피 3개가 달린다.

매자나뭇과 BERBERIDACEAE

포도필룸속 Podophyllum

④ 포도필룸 헥산드룸

P. hexandrum Royle [Sinopodophyllum hexandrum (Royle) Ying]

분포 ◇아프가니스탄-부탄, 티베트 남동부, 중국 서부 **개화기** 6-7월

아고산대에서 고산대에 걸쳐 숲속이나 바위가 많은 초지에 자생하며, 사방으로 퍼지는 짧은 뿌리줄기가 있다. 높이 15-40cm. 줄기 끝에 잎 2장이 어긋나기 한다. 잎몸은 원신형으로 폭 10-20cm이고 3개로 깊게 갈라졌으며 가장자리에 날카로운 톱니가 있다. 옆갈래조각은 이따금 2개로 갈라졌다. 정수리의 잎겨드랑이에 꽃이 1개 달린다. 꽃자루는 길이 3-4cm. 꽃은 직경 2.5-4cm로 위를 향해 핀다. 꽃잎은 6장 달리고 도란형으로 연붉은색-흰색. 수술은 6개. 암술대는 매우 짧다. 열매는 길이 3-5cm로 붉게 익으며 먹을 수 있다. 뿌리줄기와 열매는 약으로 쓰인다.

디소스마속 Dysosma

⑤ 디소스마 차유엔시스 D. tsayuensis Ying

분포 ■티베트 남동부 **개화기** 6월

아고산대의 숲 주변에 자생한다. 높이 40-70cm이며 정부에 잎 2장이 마주나기 한다. 잎몸은 방패모양으로 달리고, 원신형으로 폭 25-30cm이며 손바닥 모양으로 5-7개로 깊게 갈라졌다. 갈래조각은 타원상피침형이며 까끄라기형태의 톱니를 가지며 겉에 부드러운 털이 자란다. 잎겨드랑이에 꽃 4-6개가 모여나기 한다. 꽃자루는 길이 4-6cm. 꽃은 3-4cm로 아래를 향한다. 꽃잎은 6장 달리고 장원형으로 연붉은색-흰색. 수술은 6개. 씨방은 길이 4-5mm. 암술대는 길이 2mm. 암술머리는 직경 4mm. 열매와 뿌리줄기는 식용이나 약용으로 쓰인다.

④-a 포도필룸 헥산드룸. 6월8일. X/장고탕의 남서쪽. 3,900m. 가축과 목축민들이 달콤한 열매를 따 먹은 뒤 씨앗을 배설하거나 뱉어놓기 때문에, 방목지 주변에서 많이 발견된다.

④-b 포도필룸 헥산드룸. 6월8일. M/차우라반. 3,300m.

④-c 포도필룸 헥산드룸. 9월10일. G/크리센사르. 3,750m.

⑤ 디소스마 차유엔시스. 6월14일. Z3/구미팀의 남동쪽. 2,900m.

매자나무속 Berberis

가지에 보통 3개로 갈라진 가시가 있으며, 잎은 가시 겨드랑이에서 나온 사마귀모양의 짧은 가지에 모여나기 한다. 꽃덮이는 노란색으로, 바깥쪽에 꽃받침조각이 6-12장 있으며 안쪽에 색이 짙은 꽃잎이 6장 있다.

① 베르베리스 키트리아 *B. chitria* Lindley

분포 ▫카슈미르-네팔 중부 개화기 6-7월
건조 고지의 자갈 비탈에 자생하는 높이 1.5-4m인 관목. 가지는 가시를 포함해 적갈색을 띤다. 가시는 길이 1-1.5cm이며 3개로 갈라졌다. 잎은 도란형-타원형으로 길이 2-4cm이고 매끈하거나 가장자리에 가시 모양의 가는 톱니가 있다. 표면은 짙은 녹색, 뒷면은 연두색. 원추꽃차례는 자루를 포함해 길이 3-12cm이며 산방상으로 꽃 10-25개가 달린다. 꽃자루는 길이 5-15mm. 안쪽 꽃받침조각은 도란상타원형으로 길이 6-10mm. 꽃잎은 광타원형이다.
*①-a와 ①-b는 잎이 작고 톱니가 뚜렷치 않아서, 변종 옥치덴탈리스 var. *occidentalis* Ahrendt로 취급한다.

② 베르베리스 아리스타타 *B. aristata* DC.

분포 ▫히마찰-부탄 개화기 4-6월
산지의 소림에 자생하는 높이 1-3m인 낙엽관목. 가지는 회갈색이며 홈이 있다. 가시는 길이 1-2cm로 단립(單立)하거나 3개로 갈라졌다. 잎은 도란형으로 길이 2-4cm이고 기부는 점첨형이며, 매끈하거나 가장자리에 가시모양 톱니가 있고 쪽맥은 투명하다. 길이 4-6cm인 총상꽃차례에 꽃이 5-15개 달린다. 꽃자루는 길이 5-10mm. 안쪽 꽃받침조각은 도란형으로 길이 6-8mm, 바깥쪽 꽃받침조각은 매우 작다. 열매는 길이 7-9mm로 자줏빛 검은색으로 익으며 달콤해서 먹을 수 있다. 네팔에서는 열매를 먹을 수 있는 근연의 몇몇 종과 함께 '추토로'라고 불린다.

③ 베르베리스 프란케티아나

B. franchetiana Schneider

분포 ◇티베트 남동부, 원난성 개화기 5-6월
아고산대의 소림에 자생하는 높이 1.5-3m의 낙엽관목. 가지는 적갈색. 길이 1.5-2.5cm인 가시에는 홈이 있다. 잎은 도란형-도피침형으로 길이 1.5-4cm이고 매끈하거나 가장자리에 가시모양 톱니가 3-7개 있다. 길이 2-4cm인 총상꽃차례에는 꽃 3-15개가 산방상으로 달린다. 꽃자루는 길이 5-15mm이며 털이 없거나 부드러운 털이 자란다. 안쪽 꽃받침조각은 도란형으로 길이 5-6mm, 바깥쪽 꽃받침조각은 가늘고 짧다.

①-a 베르베리스 키트리아. 7월4일. C/바우마하렐의 남동쪽. 3,500m. 건조한 파키스탄 북부의 산악지대에서는 장미 및 히포패 종류와 함께 유자(有刺) 관목림을 이룬다.

①-b 베르베리스 키트리아. 7월7일. C/바우마하렐의 남동쪽. 3,800m.

①-c 베르베리스 키트리아. 7월16일. K/링모의 남쪽. 3,500m.

④ 베르베리스 앙굴로사

B. angulosa Hook.f. & Thoms.

분포 ◇네팔 중부-부탄, 티베트 남부

개화기 5-6월

아고산대의 숲 주변이나 바위가 많은 비탈에 자생하는 높이 0.5-2m의 낙엽관목. 갈색 가지에는 홈이 있다. 가시는 길이 5-15mm로 가늘다. 잎은 도란상타원형으로 길이 1-2.5cm이고 끝은 가시모양으로 돌출하거나 원형이며 가장자리는 매끈하다. 꽃은 1-3개가 모여나기 한다. 꽃자루는 길이 1-2cm. 안쪽 꽃받침조각은 광란형으로 길이 6-7mm. 꽃잎은 도란형. 암술대는 짧다.

⑤ 베르베리스 아시아티카 *B. asiatica* DC.

분포 ㅁ가르왈-부탄 개화기 3-5월

산지대 하부의 숲 주변이나 바위가 많은 비탈에 자생하는 높이 1-3m인 상록관목. 가지에 부드러운 털이 자란다. 가시는 길이 1-1.5cm. 잎은 혁질의 타원상도란형으로 길이 2-6cm이고 가장자리에 드문드문 강인한 가시 모양 톱니가 있다. 짙은 녹색 표면에는 그물맥이 파여 있다. 길이 2-4cm인 총상꽃차례에는 꽃 10-20개 달린다. 꽃자루는 길이 5-10mm. 안쪽 꽃받침조각은 도란형으로 길이 6-8mm, 바깥쪽 꽃받침조각은 광란형으로 짧다.

⑥ 베르베리스 왈리키아나 *B. wallichiana* DC.

분포 ◇쿠마온-네팔 동부 개화기 4-6월

산지의 숲 주변에 자생하는 높이 1.5-3m의 상록관목. 가지는 황갈색. 길이 1.5-2.5cm이며 약간 가는 가지에 홈이 있다. 잎은 혁질의 장원상피침형으로 길이 4-8cm이고 끝은 뾰족하며 가장자리에 짧은 가시 모양의 톱니가 많이 나 있다. 짙은 녹색 표면에는 중맥과 쪽맥이 살짝 파여 있다. 꽃은 10-25개가 모여나기 한다. 꽃자루는 약간 굵으며 길이 5-10mm. 꽃받침조각은 협도란형으로 길이 3-5mm. 꽃잎은 도란형이다.

⑦ 베르베리스 후케리 *B. hookeri* Lemaire

분포 ◇네팔 중부-아루나찰 개화기 4-6월

산지대 상부의 숲 주변에 자생하는 높이 1-3m의 상록관목. 길이 1-2.5cm인 가시에는 홈이 있다. 잎은 질이 단단한 협타원형으로 길이 3-8cm이고 가장자리에 드문드문 날카로운 가시 모양의 톱니가 있다. 표면은 짙은 녹색으로 광택이 있고 그물맥이 투명하다. 꽃은 3-6개가 모여나기 한다. 꽃자루는 굵으며 길이 1.5-2cm. 안쪽 꽃받침조각은 원상도란형으로 길이 7-8mm, 바깥쪽 꽃받침조각은 난상으로 작다. 꽃잎은 도란형이다.

② 베르베리스 아리스타타. 4월28일. U/구파포카리의 북동쪽. 2,900m.

③ 베르베리스 프란케티아나. 6월11일. Z3/다무로의 북서쪽. 3,200m.

④ 베르베리스 앙굴로사. 6월20일. X/나리탕의 남서쪽. 3,700m.

⑤ 베르베리스 아시아티카. 5월2일. N/울레리의 북서쪽. 2,250m.

⑥ 베르베리스 왈리키아나. 5월19일. U/초우키의 북쪽. 2,800m.

⑦ 베르베리스 후케리. 5월25일. M/다르싱게카르카. 2,800m.

매자나무속 Berberis

① 베르베리스 프래치푸아

B. praecipua Schneider

분포 ◇부탄-아루나찰 개화기 4-6월
산지대 상부의 다소 건조한 숲 주변에 자생
하는 높이 1-3m인 상록관목. 가지는 황갈색.
가시는 가늘며 길이 1-1.5cm. 잎은 질이 단단
한 장원상피침형으로 길이 3-6cm이고 끝은
가늘고 뾰족하며 기부는 점첨형이다. 살짝
뒤쪽으로 휜 가장자리에는 길이 1-2mm인
가시모양 톱니가 있으며, 짙은 녹색으로 광
택이 있는 표면에는 중맥과 쪽맥이 파여 있
다. 꽃은 5-15개가 모여나기 한다. 꽃자루는
가늘며 길이 1-1.5 cm. 안쪽 꽃받침조각은 도
란형으로 길이가 5mm이다.

② 베르베리스 에베레스티아나

B. everestiana Ahrendt

분포 ◇네팔 서중부, 티베트 남부
개화기 5-6월
고산대의 U자 계곡 내나 자갈 비탈에 군생
하는 높이 0.2-1.5m인 낙엽관목. 굵은 가지에
는 홈이 있으며, 끝 쪽은 붉은빛을 띤다. 가
시는 길이 5-12mm. 잎은 도란형으로 길이 5-
15mm이고 매끈하거나 가장자리에는 가시
모양 작은 톱니가 2-3개 있으며, 표면에는 분
기한 맥이 있고 뒷면은 약간 광택이 있는 연
두색이다. 꽃은 단생한다. 꽃자루는 길이 3-
8mm. 안쪽 꽃받침조각은 도란형으로 길이
7-8mm이다.

③ 베르베리스 콘친나 *B. concinna* Hook.f.& Thoms.

분포 □네팔 중부-시킴, 티베트 남부
개화기 6-7월
아고산대의 숲 주변이나 고산대 하부의 관
목소림에 자생하는 높이 0.5-2m인 반상록관
목. 굵은 가지에는 홈이 있다. 가시는 길이 1-

① 베르베리스 프래치푸아. 5월8일.
X/도데나의 북쪽. 2,800m.

② 베르베리스 에베레스티아나. 5월27일.
Q/베딩의 남동쪽. 3,900m.

③-a 베르베리스 콘친나. 6월16일.
M/야크카르카. 3,700m.

③-b 베르베리스 콘친나. 6월17일.
O/타레파티의 북쪽. 3,400m.

④-a 베르베리스 애스크케아나. 10월11일. S/쿰중의 동쪽. 3,600m.

④-b 베르베리스 애스크케아나. 10월25일.
S/쿰중의 동쪽. 3,600m.

2cm. 잎은 약간 혁질의 도란상타원형으로 길이 1-2cm이고 가장자리에 가시모양 톱니가 3-7개 있으며, 쪽맥은 적고 뒷면은 약간 희뿌옇다. 꽃은 단생한다. 꽃자루는 굵고 길이 5-20mm. 안쪽 꽃받침조각은 도란형으로 길이 8-10mm. 꽃잎은 도란형이며 끝이 파여 있다. *③-b는 꽃자루가 매우 짧아서, 변종 브레비오르 var. *brevior* Ahrendt로 취급된다.

④ 베르베리스 얘스크케아나

B. jaeschkeana Schneider

분포 ▫파키스탄-네팔 동부, 티베트 남부
개화기 5-6월
다소 건조한 삼림한계 부근에 소림을 이루는 높이 1-2m인 낙엽관목. 가지 끝은 붉은빛을 띤다. 가시는 길이 1-1.5cm로 가지와 색이 같다. 잎은 타원상도란형으로 길이 1-2.5cm이고 매끈하거나 가장자리에는 가시모양 톱니가 3-7개 있다. 꽃은 산방상으로 2-5개 달린다. 총꽃자루는 길이 1-2.5cm, 꽃자루는 길이 5-12mm. 안쪽 꽃받침조각은 도란형으로 길이 6-8mm. 열매는 장란형으로 길이 8-12mm이며 붉은 색으로 익는다. 열매에 숙존하는 암술대는 매우 짧다.

⑤ 베르베리스 울리치나 *B. ulicina* Hook.f. & Thoms.

분포 ▫파키스탄-카슈미르, 티베트 서부
개화기 6-7월
건조 고지의 자갈땅에 자생하는 높이 1-2m의 낙엽관목. 굵고 적갈색을 띠는 가지에는 날카로운 황갈색 가시가 촘촘하게 나 있다. 가시는 굵고 길이 1-1.5cm. 잎은 분백색을 띠며, 선상도피침형으로 길이 5-15mm이고 매끈하거나 가장자리에는 가시모양의 톱니가 1-3쌍 있다. 꽃은 3-8개가 모여나기 하고, 꽃차례는 잎보다 짧다. 꽃자루는 길이 3-5mm. 안쪽 꽃받침조각은 길이 4-5mm이다.

⑤-a 베르베리스 울리치나. 7월4일. C/바우마하렐의 남동쪽 3,500m. 황갈색 가시는 이 속 중에서 가장 단단하고 날카롭다. 초식동물에게 먹히지 않도록 잎과 꽃은 가시 밖으로 나오지 않는다.

중국남천속 Mahonia

⑥ 마호니아 나파울렌시스 *M. napaulensis* DC.

분포 ▫네팔 서부-아루나찰, 티베트 남동부
개화기 10-4월
산지의 떡갈나무 숲에 자생하는 높이 1-3m인 상록관목. 굵은 가지에는 가시가 없고, 가지 끝에 길이 25-40cm인 기수우상복엽이 빽빽하게 어긋나기 한다. 소엽은 7-13쌍 달린다. 잎몸은 혁질의 타원상피침형으로 길이 5-10cm이고 끝은 날카롭고 뾰족하며, 기부는 원형이고 가장자리에 드문드문 가시모양의 톱니가 나 있다. 총상꽃차례는 길이 15-20cm이며 가지 끝에 여러 개 달린다. 꽃자루는 길이 5-10mm. 꽃은 노란색. 안쪽 꽃받침조각은 길이 7-8mm. 열매는 타원체로 길이 8-10mm이고 익으면 푸른빛 검은색을 띠며 달콤해서 먹을 수 있다.

⑤-b 베르베리스 울리치나. 6월27일. E/샤로크. 3,700m.

⑥ 마호니아 나파울렌시스. 4월6일. V/다질링. 2,100m.

미나리아재빗과 RANUNCULACEAE

씨방상위. 꽃은 방사상칭 또는 좌우상칭의 양성화. 보통 여러 개의 수술이 나선 형태로 달린다. 꽃잎이 소형화하여 꿀을 분비하거나, 꽃받침조각이 꽃잎모양을 이루는 것이 많다.

동의나물속 Caltha

습지에 많은 다년초로, 땅속에 수염뿌리가 길게 뻗고 뿌리줄기는 눈에 띄지 않는다. 꽃은 방사상칭형이며 꽃잎은 없다. 꽃받침조각은 보통 5장 달리고 꽃잎모양으로 발달해 색깔을 띠며, 개화기가 끝나면 떨어진다. 수술은 여러 개.

① 칼타 스카포사 *C. scaposa* Hook.f. & Thoms.
분포 ◇네팔 서부-부탄, 티베트 남동부, 중국 서부 개화기 6-7월

고산대의 해빙이 늦는 산등성이의 초지나 진흙이 쌓인 바위땅, 빗물이 흐르는 모래땅에 자생하며 굵은 수염뿌리가 땅속으로 깊이 뻗는다. 꽃줄기는 굵고 하부가 땅속에 묻혀 있기 쉬우며, 땅위 높이 3-10cm이고 끝에 보통 꽃 1개 달린다. 기부에 모인 잎에 길이 2-10cm인 굵은 자루가 있다. 잎몸은 삼각상광란형-원형으로 길이 1.5-3.5cm이고 기부는 깊은 심형이며 가장자리는 완만한 물결모양을 이룬다. 표면은 암녹색으로 광택이 있다. 꽃은 굴색으로 직경 2.5-3.5cm. 꽃받침조각은 도란형-타원형-광란형. 심피는 여러 개이다.

② 동의나물속의 일종 (A) Caltha sp. (A)
산등성이 관목림 주변의 부드러운 부식질이 쌓인 초지에 자생한다. 꽃줄기는 높이 1.5-5cm로 끝에 꽃이 1개 달리고, 잎은 모두 기부에 달린다. 땅속에 묻힌 줄기 기부와 잎자

①-a 칼타 스카포사. 6월21일. L/장글라 고개의 북쪽. 4,400m. 해빙이 늦은 고개의 북쪽 비탈에 군생하고 있다. 왼쪽의 움푹 파인 땅에 군생하는 분홍색 꽃은 프리물라 아토로덴타타.

①-b 칼타 스카포사. 6월14일. X/자리 라의 북쪽. 4,700m.

①-c 칼타 스카포사. 6월10일. X/네레 라의 남쪽. 4,650m.

①-d 칼타 스카포사. 6월21일. Z3/세콘드 부근. 4,200m.

루는 칼집모양의 비늘조각잎에 싸여 있다. 잎자루는 가늘고 길이 1-2cm. 잎몸은 거의 원형으로 폭 7-15mm이고 기부는 깊은 심형이며 가장자리에 매우 무디고 둥근 톱니가 있다. 표면은 녹색으로 광택이 없고, 이따금 앞뒤에 부드러운 털이 나 있다. 꽃은 귤색으로 직경 1-1.3cm. 꽃받침조각은 도란상타원형이며 끝은 원형. 심피는 5-6개 달린다. 동속 스카포사와 매우 비슷하나, 반그늘진 두터운 부식질에 뿌리를 내리고 잎은 녹색으로 광택이 없으며, 꽃은 작고 꽃받침조각은 약간 가늘며 심피 수는 적다.

③ 칼타 시노그라칠리스

C. sinogracilis W.T. Wang [*C. rubiflora* B.L. Burtt & Lauener]

분포 ■ 티베트 남동부, 윈난성 개화기 5-8월 해빙이 늦는 고산대의 이끼 낀 바위땅이나 둔덕 비탈의 초지에 자생하며, 약간 굵은 수염뿌리가 땅속으로 뻗는다. 꽃줄기는 보통 분지하지 않고 높이 4-12cm로 곧게 자라며, 전체적으로 털이 없고 잎이 1장 달리며 기부는 잎집과 오래된 갈색 섬유에 싸여 있다. 근생엽에는 길이 3-6cm인 자루가 있다. 잎몸은 원신형으로 폭 1.2-3.5cm이고 기부는 깊은 심형이며 가장자리에 삼각상란형의 성긴 이가 있다. 줄기잎은 하부에서는 근생엽과 모양이 같고, 상부에서는 자루가 없고 포엽 모양으로 가늘며 작다. 꽃은 직경 2-2.8cm로 1개 달린다. 꽃자루는 길이 5-50mm. 꽃받침조각은 4-6장 달리고 협타원형-장원형으로 끝은 원형이며 노란색-붉은 자주색. 심피는 4-10개 달린다. 티베트 남동부에서 발견되는 꽃받침조각이 붉은 자주색을 띠는 것은 품종 루비플로라 f. *rubiflora*(B.L. Burtt & Lauener) W.T. Wang로 취급된다.

②-a 동의나물속의 일종 (A) 5월31일. M/부중게 바라의 남동쪽. 3,900m.

②-b 동의나물속의 일종 (A) 5월31일. M/부중게 바라의 남동쪽. 3,900m.

③-a 칼타 시노그라칠리스. 7월29일. Z3/도송 라의 남동쪽. 3,600m.

③-b 칼타 시노그라칠리스. 7월29일. Z3/도송 라의 남동쪽. 3,600m. 붉은 자주색의 가늘고 긴 꽃받침조각을 지니고 작은 잎의 가장자리에는 성긴 이가 있어, 바람꽃속 풀처럼 보인다.

동의나물속 Caltha

① 칼타 고바니아나 *C. govaniana* Royle

분포 □카슈미르-부탄 개화기 5-8월

아고산대의 습한 초지나 빗물이 괸 구덩이에 자생한다. 동속 팔루스트리스와 비슷하나 전체적으로 크다. 꽃줄기는 높이 30-70cm로 모여나기 하고 상부에서 활발히 분지하며, 가지와 꽃자루는 가늘고 곧게 자란다. 근생엽에는 긴 자루가 있다. 잎몸은 신형으로 폭 5-12cm이고 기부는 깊은 심형이며, 물결모양 가장자리에는 끝이 뾰족한 가는 이가 있다. 표면은 녹황색으로 광택이 있으며 그물맥이 파여 있다. 줄기에는 자루가 짧은 잎이 어긋나기 하고, 정부의 것은 자루가 없으며 포엽모양이다. 꽃은 노란색으로 직경 2.5-3.5cm. 꽃받침조각은 약간 가는 도란상타원형이며 기부는 쐐기형. 암술대는 길이 2-3mm이다.

② 칼타 알바

C. alba Cambess. [*C. palustris* L. var. *alba* (Cambess.) Hook.f. & Thoms.]

분포 ◇파키스탄-카슈미르 개화기 5-8월

아고산대의 물을 머금은 초지나 강가의 둔덕, 퇴적된 진흙에 자생하며 때때로 군생한다. 동속 고바니아나와 비슷하나, 꽃은 흰색으로 수가 적고 꽃자루는 짧다. 꽃줄기는 굵고 높이 10-50cm이며 분지한다. 잎몸은 질이 약간 얇은 원신형으로 폭 4-10cm이고 기부는 깊은 심형이며 가장자리에 규칙적 가는 이가 있다. 표면은 짙은 녹색이며 매끄럽고 광택이 있다. 꽃은 직경 2-4cm. 꽃받침조각은 5-6장으로 타원형-협도란형이다.

③ 칼타 팔루스트리스 *C. palustris* L. var. *palustris*

분포 ◇티베트 남동부, 중국 서북부, 북반구의 냉온대 각지 개화기 5-8월

털이 없는 다년초. 동의나물의 기준변종. 히말라야에서는 아고산대 계곡 줄기의 숲 주변이나 습한 초지에 자생하며, 많은 굵은 뿌리가 땅속으로 뻗는다. 꽃줄기는 높이 20-40cm이고 하부는 속이 비었으며, 상부에서 분지해 꽃이 2-5개 달린다. 근생엽에는 길이 8-20cm인 자루가 있다. 잎몸은 혁질의 원신형으로 폭 3-7cm이고 기부는 깊은 심형이며 가장자리에 둥근 톱니가 있다. 녹황색 표면에는 광택이 있고 맥이 살짝 파여 있다. 줄기잎은 작고 자루가 짧다. 꼭대기 부분은 포엽모양. 꽃자루는 길이 1.5-5cm로 개화 후에 자란다. 꽃은 노란색으로 직경 2cm. 꽃받침조각은 도란상타원형. 심피는 5-9개 달리고 암술대는 길이 1mm.

① 칼타 고바니아나. 7월30일. H/다르차. 3,300m.

② 칼타 알바. 6월9일. G/굴마르그 부근. 2,850m.

③ 칼타 팔루스트리스. 7월30일. Z3/도숑 라의 남동쪽. 3,600m. 이 종의 기준변종으로, 히말라야 동단부와 중국 서부를 포함한 북반구의 냉온대에 널리 분포한다.

④ **칼타 팔루스트리스 히말렌시스**

C. palustris L. var. *himalensis* (D. Don) Mukerjee

분포 ▫ 네팔 서부-부탄, 티베트 남부
개화기 5-7월

아고산대에서 고산대에 걸쳐 습한 초지나 습지에 자생한다. 꽃줄기는 높이 10-30cm. 근생엽에는 길이 8-20cm인 자루가 있다. 잎몸은 약간 질이 두꺼운 삼각상광란형-원신형으로 폭 3-10cm이고 기부는 깊은 심형이다. 가장자리에 약간 성긴 이가 있으며 이의 끝은 둔형이다. 꽃자루는 굵고 길이 3-10cm. 꽃은 직경 2.5-3cm로 기준변종보다 크다. 꽃받침조각은 약간 질이 두껍다. 암술대는 길이 1.5-2mm이다.

금매화속 Trollius

털이 없는 다년초. 잎몸은 손바닥모양으로 갈라졌다. 꽃은 1개 달린다. 꽃받침조각은 꽃잎모양으로 5-6장 달린다. 꽃잎은 보통 매우 작고 화조가 있으며, 화조 정수리의 결각에 꿀샘이 있다.

⑤ **트롤리우스 라눈쿨로이데스**

T. ranunculoides Hemsley

분포 ◇ 티베트 남동부, 중국 서부
개화기 5-7월

아고산대에서 고산대에 걸쳐 숲 주변이나 초지에 자생한다. 높이 5-20cm이며 줄기 하부에 약간 작은 잎 1-3장 달린다. 근생엽의 자루는 길이 4-10cm, 기부는 칼집모양. 잎몸은 오각상원형으로 폭 1.5-2.5cm이고 3개로 깊게 갈라졌다. 가운데 갈래조각은 능상광도란형이며 3개로 갈라졌고 끝이 뾰족한 삼각모양의 이가 있다. 옆갈래조각은 비스듬히 뻗은 부채모양이며 2개로 깊게 갈라졌다. 꽃은 노란색으로 직경 2.5-3cm. 꽃받침조각은 광도란형이며 건조하면 녹색을 띤다. 꽃잎은 주걱형으로 길이 4-5mm이다.
＊사진에서는 이 종의 잎이 쥐손이풀속과 양지꽃속, 앵초속 풀에게 그늘을 만들어 주고 있다.

⑥ **트롤리우스 파레리** *T. farreri* Stapf var. *farreri*

분포 ◇ 티베트 동부, 중국 서부 개화기 6-7월
고산대의 건조한 바람이 부는 초지에 자생한다. 꽃줄기는 높이 3-10cm, 잎은 기부에 모여 달린다. 잎자루는 길이 2-4cm, 기부는 칼집모양. 잎몸은 오각상으로 폭 1.3-2.5cm이고 3개로 갈라졌다. 가운데 갈래조각은 도란상 쐐기형이고 3개로 갈라졌으며 가장자리에 끝이 뾰족하고 들쭉날쭉한 삼각모양의 이가 있다. 옆갈래조각은 2개로 깊게 갈라졌다. 꽃은 노란색으로 직경 2-3cm. 꽃받침조각은 광란형-광도란형이고 뒷면은 자줏빛 갈색을 띠며 이따금 숙존한다. 꽃잎은 주걱형으로 길이 5mm이다.

④ 칼타 팔루스트리스 히말렌시스. 6월13일. Q/람주라 고개. 3,450m. 꽃잎처럼 보이는 노란색 꽃받침조각 5장은 기준변종보다 크고 질이 두껍다.

⑤ 트롤리우스 라눈쿨로이데스. 6월22일. Z1/초바르바 부근. 4,700m.

⑥ 트롤리우스 파레리. 7월11일. Y4/호뎃사의 북쪽. 4,700m.

금매화속 Trollius

① 트롤리우스 시키멘시스

T. sikkimensis (Brühl) Doroszewska

[*T. pumilus* D.Don f. *sikkimensis* (Brühl) Hara]

분포 ◇쿠마온-부탄, 티베트 남부
개화기 5-6월

고산대의 초지나 미부식질에 자생하며, 건조
지의 관개된 목초지에 군생한다. 꽃줄기는 높
이 3-12cm로, 기부는 오래된 잎자루 섬유에 싸
여 짧은 원주형을 이루며 땅속에 묻혀 있다.
잎은 기부에 모여 달리고 길이 1-4cm인 자루를
가진다. 잎몸은 오각상광란형으로 폭 1-2cm
이고 3개로 깊게 갈라졌다. 가운데 갈래조각은
폭넓은 능상도란형이며 다시 3개로 갈라졌고,
난상삼각형의 이가 있으며 이 끝은 날카롭고
뾰족하다. 옆갈래조각은 불규칙하게 2개로 깊
게 갈라졌다. 꽃은 노란색으로 줄기 끝에 1개
달리며 직경 1.7-2cm. 꽃받침조각은 도란형으
로 5장 달린다. 꿀을 분비하는 꽃잎은 꽃받침
조각과 수술 사이에 있으며, 주걱형으로 길이
2-3mm이고 끝은 굴색이다. 수술은 여러 개
달리고 꽃잎보다 길다. 꽃밥은 장원형으로 길
이 2-2.5mm. 암술은 여러 개 달린다.

② 트롤리우스 푸밀루스

T. pumilus D. Don var. *pumilus*

분포 ◇네팔 서부-미얀마, 티베트 남부
개화기 6-7월

아고산대나 고산대의 습한 초지에 자생하며
방목지에 군생한다. 높이 8-20cm이며 줄기
하부에 잎 1-2장 달린다. 짧은 자루의 하부는
막질이며 칼집모양으로 줄기를 안고 있고,
그 정수리는 귀 모양으로 돌출한다. 근생엽
에는 길이 3-10cm인 자루가 있다. 잎몸은
오각상광란형으로 폭 2-4cm이고 기부까지 5
개로 깊게 갈라졌다. 갈래조각은 능형이며

①-a 트롤리우스 시키멘시스. 6월12일. X/체비사. 3,850m. 초여름에 불어난 강물이 유입되면 목초지는 화려한
꽃밭으로 탈바꿈한다. 분홍색 꽃은 프리뮬러 티베티카.

①-b 트롤리우스 시키멘시스. 6월14일.
M/야크카르카. 4,450m.

①-c 트롤리우스 시키멘시스. 6월19일.
X/마사캉봉의 북동쪽. 4,500m.

②-a 트롤리우스 푸밀루스. 7월12일.
T/싱스와 다라의 남서쪽. 4,300m.

다시 우상으로 깊게 갈라졌고, 작은 갈래조
각은 장원상피침형이다. 줄기잎은 근생엽과
모양이 같다. 꽃은 직경 2.5-3cm로 줄기 끝에
1개 달린다. 꽃받침조각은 노란색으로 5장
달리고, 난상타원형으로 끝은 원형-절형이
며 가장자리에 작은 이가 있다. 뒷면은 녹색
을 띤다. 꽃잎은 협도란형으로 길이 3-4mm.
꽃밥은 길이 2-3mm이다.
*②-b는 양 방목지와 가까운 습한 초지로,
가축이 먹기를 꺼리고 남기는 바람에 폭넓
게 군생하고 있다. 앵초속 및 라고티스속 꽃
과 교대하듯 이 풀의 노란 꽃이 전성기를 맞
고 나면, 양지꽃속과 범의귀속 풀이 기다렸
다는 듯이 꽃을 피우기 시작한다.

소울리에아속 Souliea

③ 소울리에아 바기나타 S. vaginata Franch.
분포 ■시킴-미얀마, 티베트 남동부 중국 서
부 **개화기** 5-6월
아고산대의 숲 주변이나 계곡 줄기의 부식질
비탈에 자생하며, 땅속으로 굵은 뿌리줄기가
뻗는다. 꽃은 꽃줄기와 잎이 자라기 전에 핀
다. 꽃줄기는 높이 5-15cm로 열매 맺는 시기
에는 70cm에 달하고, 2-3회 3출복엽이 2장이
크게 펼쳐진다. 다 자란 잎에는 길이 5-30cm
의 자루가 있다. 잎몸의 윤곽은 삼각형으로
길이 10-20cm이고 1번째 소엽에는 긴 자루가
있다. 마지막 소엽은 난상피침형이며 불규칙
하게 우상으로 갈라졌다. 꽃은 총상으로 4-7
개 달리고 흰색-연붉은색이며 꽃자루는 짧
다. 꽃잎모양 꽃받침조각 5장은 도란상타원
형으로 길이 5-10mm. 꽃잎 5장은 광도란형으
로 길이 2-5mm. 수술은 여러 개 달리고 꽃받
침조각은 좀 더 길게 자란다. 심피는 1-3개 달
린다. 중국에서는 말린 뿌리줄기가 황삼칠
(黃三七)이라는 이름으로 약에 쓰인다.

②-b 트롤리우스 푸밀루스. 7월12일. T/싱스와 다라의 남서쪽. 4,200m.

③-a 소울리에아 바기나타. 6월21일.
Z3/닌마 라의 남동쪽. 3,900m.

③-b 소울리에아 바기나타. 5월10일. X/쇼두의 동쪽. 3,700m. 다른 풀보다 앞서 싹을 틔운 직후에 꽃을 피우고
있다. 한여름에는 높이 50cm 이상으로 자라 복엽을 2장 크게 펼친다.

바꽃속 Aconitum

보통 다년초. 잎은 손바닥모양으로 3-5개로 갈라졌고, 작은 갈래조각은 이 모양이 된다. 꽃자루에는 소포가 2장 달린다. 꽃은 좌우상칭형. 꽃받침조각은 5장이며 꽃잎모양으로 색을 띠고, 윗꽃받침조각은 배형 또는 투구형. 윗꽃받침조각의 안쪽에 있는 꽃잎 2장에는 긴 화조가 있다. 꽃잎 끝은 주머니 모양을 이루고, 주머니 안쪽은 위쪽이나 뒤쪽으로 돌출해 꽃뿔이 되며, 주머니 상단은 꽃뿔과 반대방향으로 길게 자라 현부가 된다. 수술과 암술을 발판으로 윗꽃받침조각의 안쪽에 머리를 들이민 우수리뒤영벌류는, 복부의 털을 꽃밥과 암술머리에 접촉하면서 꽃잎의 주머니 속에 주둥이를 디밀어 꿀주머니 안쪽에 담긴 꿀을 빨아들인다.

① 아코니툼 헤테로필룸 *A. heterophyllum* Royle
분포 ◇파키스탄-네팔 중부 개화기 8-9월
건조한 아고산대나 고산대 하부의 초지에 자생하며, 환경에 따라 크기가 변한다. 꽃줄기는 높이 0.1-1.5m로 털이 없고 상부에서 분지한다. 하부의 줄기잎은 난상피침형으로 길이 7-12cm이고 털이 없으며 끝이 뾰족하다. 가장자리에 드문드문 고르지 않은 난형의 이가 있으며 기부는 줄기를 안고 있다. 줄기 끝에 꽃 1-15개가 총상으로 달린다. 꽃자루는 굵고 길이 2-7cm로 곧게 자란다. 꽃은 연두색옅은 자주빛 붉은색으로 길이 3-3.5cm. 곁꽃받침조각은 비스듬한 난형으로 끝이 길게 아래로 뻗고, 주변부의 맥이 두드러진다.

② 아코니툼 로툰디폴리움 *A. rotundifolium* Kar. & Kir.
분포 ◇중앙아시아 주변-네팔 서부, 신장
개화기 8-9월
건조 고지의 자갈 비탈에 자생한다. 꽃줄기는 높이 10-20cm이며 이따금 분지하고 겉에 부드러운 털이 촘촘하게 자란다. 잎은 거의 기부에 달린다. 잎자루는 길이 3-8cm, 기부는 칼집모양으로 줄기를 안고 있다. 잎몸은 약간 혁질의 원형-신형으로 폭 2-4cm이고 3-5개로 깊게 갈라졌다. 갈래조각은 다시 2-3개로 갈라졌는데 이는 장란형이며 끝은 둔형이다. 줄기 끝에 꽃 3-5개가 총상으로 달린다. 꽃자루는 굵고 길이 5-20mm로 곧게 자란다. 포엽은 장원상피침형이며 이따금 3-5개로 깊게 갈라졌다. 꽃은 길이 1.5-2cm. 꽃받침조각은 연한 자줏빛 갈색으로 맥의 색은 짙으며, 바깥쪽에 부드러운 털이 나 있다. 윗꽃받침조각은 배형, 곁꽃받침조각은 원상도란형. 꽃잎의 현부는 2개로 갈라졌으며 갈래조각은 가늘다. 꿀주머니는 주머니모양으로 크게 부풀어 있으며 꿀은 분비하지 않는다. 심피는 5개로, 겉에 길고 부드러운 털이 촘촘히 나 있다.
*촬영개체를 포함한 표본 T. Yoshida 771은 Y. Kadota(1996)에 의해 동정되었다.

① 아코니툼 헤테로필룸. 9월11일. G/크리센사르의 북서쪽. 3,750m. 곁꽃받침조각의 끝이 유달리 길게 자란 꽃은 서양 기사의 투구를 연상케 한다.

② 아코니툼 로툰디폴리움. 9월9일. H/톱포 온마. 4,650m.

③ 아코니툼 웨일레리. 8월18일. A/자미치리. 3,700m.

③ 아코니툼 웨일레리 *A. weileri* Gilli

분포 ◇파키스탄 개화기 7-8월

건조 고지의 초지에 자생한다. 동속 로툰디
폴리움과 비슷하나, 잎몸은 혁질로 폭 3-
5cm이고 이는 가늘고 길며 끝이 뾰족하다.
꽃줄기는 높이 15-30cm로 중부에 자루가 거
의 없는 잎이 달리며 잎겨드랑이에서 곁가
지를 내민다. 꽃은 길이 2-3cm이며 가지 끝
에 2-4개 달린다. 심피는 5개로, 길고 부드러
운 털이 촘촘하게 나 있다.

④ 아코니툼 후케리 *A. hookeri* Stapf

분포 ◇네팔 중부-부탄 개화기 8-9월

고산대의 초지나 소관목 사이에 자생한다.
꽃줄기는 높이 5-15cm이며 노란색을 띤 부드
러운 털이 자라고 끝에 꽃 1-4개 달린다. 근
생엽에는 길이 2-5cm인 자루가 있다. 잎몸은
오각상원형으로 폭 1-2cm이고 겉에 털이 없
거나 부드러운 털이 자라며 3개로 깊게 갈라
졌다. 갈래조각은 다시 깊게 갈라졌고, 이는
타원상피침형이며 끝이 뾰족하다. 줄기잎은
포엽모양으로 작다. 꽃자루는 길이 2-6cm.
꽃은 청자주색으로 길이 2.5-3.5cm. 꽃받침조
각 바깥쪽에 가늘고 부드러운 털이 자란다.
윗꽃받침조각은 배형. 꽃잎에는 털이 없다.
심피는 5개 달리고, 노란색을 띤 부드러운
털에 덮여 있다.

⑤ 아코니툼 나비쿨라레

A. naviculare (Brühl) Stapf

분포 ◇네팔 서부-부탄, 티베트 남부
개화기 8-9월

고산대의 바람에 노출된 초지나 소관목 사이
에 자생한다. 동속 후케리와 매우 비슷하나,
잎몸의 이는 도란상타원형이며 끝은 뾰족하
지 않다. 줄기잎은 3개로 깊게 갈라졌고, 갈래
조각은 선형으로 길다. 꽃받침조각은 청자주
색-연자주색이며 개화 후에도 숙존한다. 꽃줄
기는 높이 5-25cm, 하부는 쓰러지기 쉽다.

⑥ 아코니툼 라치니아툼

A. laciniatum (Brühl) Stapf

분포 ◇네팔 중부-부탄 개화기 7-9월

아고산대에서 고산대에 걸쳐 소관목 사이나
바위땅의 초지에 자생한다. 꽃줄기는 높이
0.5-1m, 가지는 가늘고 곧게 뻗으며 겉에 부드
러운 털이 자란다. 하부의 잎에는 길이 4-8cm
인 자루가 있다. 잎몸은 오각상광란형으로 폭
5-10cm이고 3개로 깊게 갈라졌으며 갈래조각
은 다시 깊게 갈라졌다. 작은 갈래조각은 광
선형이며 끝은 둔형이다. 가지 끝에 꽃 2-5개
가 총상으로 달리고 꽃자루는 길이 1.5-4cm.
꽃은 청자주색으로 길이 3-3.5cm. 심피는 3개
로, 황갈색 털이 촘촘하게 나 있다.

④ 아코니툼 후케리. 8월23일. V/사미티 레이크의 남쪽. 4,000m. 빙하에 평행하는 단구 위의 편평한 초지에 자라나 있다. 매우 짧은 땅위줄기 끝에 짙은 청자주색 꽃이 1-4개 달린다.

⑤ 아코니툼 나비쿨라레. 9월3일.
S/타르낙의 북동쪽. 5,000m.

⑥ 아코니툼 라치니아툼. 9월23일.
X/총소탄의 북쪽. 4,400m.

미나리아재빗과 **597**

바곳속 Aconitum

① 아코니툼 감미에이 *A. gammiei* Stapf

분포 ◇네팔 중부-시킴, 티베트 남부
개화기 9-10월

아고산대에서 고산대에 걸쳐 소관목 사이나 급
비탈의 초지에 자생한다. 꽃줄기는 높이 30-
60cm로 가늘고 쓰러지기 쉬우며 활발히 분지한
다. 털은 없고 어두운 자주색을 띠며 잎이 어긋
나기 한다. 하부의 잎에는 길이 4-6cm인 자루가
있다. 잎몸은 오각상원형으로 폭 5-8cm이고 3-5
개로 깊게 갈라졌으며 갈래조각은 다시 우상으
로 깊게 갈라졌다. 작은 갈래조각은 선형으로
폭 1-2mm이고 끝은 뾰족하다. 꽃은 가지 끝에
2-4개 달리고 꽃자루는 길이 4-8cm. 꽃받침조각
은 희뿌옇다. 윗꽃받침조각과 곁꽃받침조각의
중앙부는 자주색을 띤다.

② 아코니툼 스피카툼 *A. spicatum* (Bruhl) Stapf

분포 ◇네팔 서부-부탄, 티베트 남부
개화기 7-9월

아고산대의 숲 주변이나 고산대 계곡 줄기의
초지에 자생한다. 꽃줄기는 높이 1-1.5m로
곧게 자란다. 하부의 잎에는 긴 자루가 있다.
잎몸은 오각상으로 폭 7-12cm이고 3개로 깊
게 갈라졌고 중앙 갈래조각은 농형으로 3개
로 잘라졌으며 이의 끝은 약간 뾰족하다. 줄
기 끝의 총상꽃차례는 길이 10-30cm이며, 축
과 꽃자루에 노란색을 띤 부드러운 털과 선
모가 촘촘하게 나 있다. 하부의 포엽은 잎모
양이다. 꽃자루는 길이 3-8cm로 비스듬히 뻗
고 하부에 소포가 달린다. 꽃받침조각은 청자
주색 연한 자줏빛 갈색이며 바깥쪽에 부드러
운 털이 자란다. 윗꽃받침조각은 투구 모양으
로 길이 2-2.5cm. 꽃잎에 털이 나 있고 꽃뿔은
짧다. 심피는 5개로, 노란색을 띤 부드러운
털이 촘촘하게 나 있다. 덩이줄기에서 맹독성
약용성분이 추출된다.

①-a 아코니툼 감미에이. 9월3일.
P/캉진의 남쪽. 4,100m.

①-b 아코니툼 감미에이. 10월1일.
O/곱테의 북서쪽. 3,500m.

②-a 아코니툼 스피카툼. 8월30일.
S/포르체의 남쪽 3,900m.

②-b 아코니툼 스피카툼. 8월11일. X/주푸 호수 부근. 4,300m. 맹독이 있어 가축의 피해를 입지 않고 방목 오두
막 근처의 습한 초지에 번성해 있다.

③ 아코니툼 발포우리 *A. balfouri* Stapf
분포 ◇가르왈·네팔 개화기 7-9월
고산대의 양지바르고 습한 키 큰 초지에 자생하며, 빙하계곡의 방목 비탈에 널리 군생한다. 동속 스피카툼과 비슷하나, 잎이 얕게 갈라지고 총상꽃차례는 가늘며 정수리에 꽃이 모여 달리고, 꽃차례에 자라는 부드러운 털과 선모는 희다. 꽃받침조각은 청자주색. 윗꽃받침조각은 스피카툼보다 짧다.

④ 아코니툼 헤테로필로이데스
A. heterophylloides (Brühl) Stapf [*A. leucanthum* (Brühl) Stapf]
분포 ◇네팔 중부-부탄 개화기 8-9월
아고산대나 고산대의 습한 초지에 자생하며 전체적으로 부드러운 털이 자란다. 꽃줄기는 높이 0.3-1m. 하부의 잎에는 긴 자루가 있다. 잎몸은 오각상으로 폭 6-8cm이고 3개로 깊게 갈라졌다. 가운데 갈래조각은 능형이며 불규칙하게 우상으로 갈라졌고 이의 끝은 뾰족하다. 옆갈래조각은 3개로 갈라졌다. 꽃은 길이 3-3.5cm이며 줄기 끝에 총상으로 달린다. 포엽과 소포는 잎모양이며 자루를 가진다. 꽃자루는 길이 3-6cm. 꽃받침조각은 유황색이며 이따금 연자주색을 띤다. 꽃잎의 꿀주머니는 고리모양으로 말려 있다.

⑤ 아코니툼 오로크리세움 *A. orochryseum* Stapf
분포 ◇네팔 중부-부탄 개화기 8-9월
아고산대에서 고산대에 걸쳐 습한 바위땅의 초지에 자생한다. 동속 헤테로필로이데스와 비슷하나 잎몸은 좀 더 깊게 갈라졌고, 작은 갈래조각은 장원형으로 모양이 고르며, 부드러운 털은 적다. 줄기 끝의 원추꽃차례에 꽃 여러 개 달린다. 꽃자루는 길이 2-5cm로 곧게 자란다. 꽃은 길이 2.5-3cm. 꽃받침조각은 연노란색 또는 담청색. 꽃잎에는 부드러운 털이나 있다.

⑥ 아코니툼 남랜세 *A. namlaense* W.T. Wang
분포 ■티베트 남동부 개화기 8월
고산대 하부의 소관목 사이에 자생한다. 꽃줄기는 반덩굴성으로 길이 50-80cm이고 겉에 털이 거의 없으며 상부는 분지한다. 하부 잎의 잎몸은 오각상으로 길이 4-6cm이고 3개로 깊게 갈라졌다. 가운데 갈래조각은 능형이며 3개로 갈라졌고 끝이 뾰족하다. 가지 끝에 꽃 5-9개가 총상으로 달린다. 포엽은 잎모양이다. 꽃자루는 길이 2-6cm. 꽃은 길이 3-3.5cm. 꽃받침조각은 자줏빛 붉은색. 윗꽃받침조각은 투구모양. 곁꽃받침조각에 길고 부드러운 털이 자란다. 꽃잎에는 털이 없고, 꿀주머니의 끝은 고리모양으로 말려 있다. 심피는 5개이다.

③-a 아코니툼 발포우리. 9월 7일. J/홈쿤드 부근. 4,000m.

③-b 아코니툼 발포우리. 9월 7일.
J/홈쿤드 부근. 3,900m.

④ 아코니툼 헤테로필로이데스. 8월 7일.
V/닝고 라의 남동쪽. 4,050m.

⑤ 아코니툼 오로크리세움. 9월 21일.
X/틴타초 부근. 4,250m.

⑥ 아코니툼 남랜세. 8월 4일.
Z3/라무라쵸 부근. 4,300m.

바꽃속 Aconitum

① 아코니툼 콩보엔세

A. kongboense Lauener var. *kongboense*

분포 ◇티베트 남동부, 쓰촨성 개화기 7-8월
다소 건조한 아고산대의 관목소림이나 초지에
자생한다. 꽃줄기는 높이 1-1.8m이며 부드러운
누운 털이 촘촘하게 자라고, 잎겨드랑이에서
짧은 곁가지가 비스듬히 뻗는다. 하부의 잎에
는 긴 자루가 있다. 잎몸은 오각형으로 폭 10-
14cm이고 5개로 깊게 갈라졌으며, 갈래조각은
능형으로 끝이 뾰족하고 기부는 쐐기형이다.
갈래조각은 다시 3개로 또는 우상으로 깊게
갈라졌으며 이는 피침형이다. 줄기 끝의 총상
꽃차례는 길이 20-50 cm, 포엽의 기부는 잎모
양. 꽃자루는 길이 2-4cm. 꽃은 흰색-연한 자줏
빛 녹색으로 길이 3cm. 윗꽃받침조각은 투구
형이며 삼각모양의 부리가 있다. 옆갈래조각
은 거의 원형. 심피에는 털이 거의 없다.

① 아코니툼 콩보엔세. 8월18일. Z2/산티린 3,600m. 꽃줄기는 굵고 질기며 사람 키만큼 자란다. 뒤쪽으로 희게 빛나는 고봉은 남라카르포.

① 아코니툼 콩보엔세. 8월17일.
Z2/파숨 호수 부근. 3,450m.

② 아코니툼 콩보엔세 빌로숨.
Z3/치틴탕카 부근. 3,500m.

③ 아코니툼 비올라체움. 9월9일.
G/니치나이 고개의 남동쪽. 3,650m.

③ 아코니툼 비올라체움. 9월11일.
G/크리센사르의 북서쪽. 3,450m.

② 아코니툼 콩보엔세 빌로숨

A. kongboense Lauener var. *villosum* W.T. Wang

분포 ■티베트 남동부, 쓰촨성

개화기 8-9월

아고산대의 관목소림이나 습한 키 큰 초지에 자생한다. 기준변종과 달리, 꽃줄기의 상부에 개출한 길고 부드러운 털이 빽빽하게 나 있다. 잎의 갈래조각은 난상피침형이며 기부는 넓은 쐐기형, 이는 난형이다. 꽃은 길이 2.5-3cm. 윗꽃받침조각은 투구형. 심피에 길고 부드러운 털이 자란다.

③ 아코니툼 비올라체움 A. violaceum Stapf

분포 □파키스탄-네팔 중부

개화기 7-9월

다형적인 종으로, 건조 고지의 초지나 자갈 비탈에 자생하며 습한 방목지에 군생한다. 꽃줄기는 높이 0.2-1.5m이며 상부에 노란색을 띤 털이 촘촘하게 나 있다. 중부의 잎에는 곧추 선 짧은 자루가 있다. 잎몸은 오각상으로 폭 3-10cm이고 3개로 깊이 갈라졌으며, 가운데 갈래조각은 능형으로 기부는 쐐기형이다. 갈래조각은 다시 2-3회 3개로 갈라졌으며, 작은 갈래조각은 선상피침형으로 폭 1.5-2.5mm이고 끝은 약간 뾰족하다. 줄기 끝의 길이 5-30cm인 총상꽃차례에는 몇 개-여러 개의 꽃이 모여 달린다. 꽃자루는 길이 1-3cm로 곧게 자란다. 꽃은 길이 2-2.5cm. 꽃받침조각은 보통 연한 청자주색. 윗꽃받침조각은 배 모양. 심피는 5개.

③ 아코니툼 비올라체움. 9월9일. G/니치나이 고개의 남동쪽. 3,900m.

③ 아코니툼 비올라체움. 8월6일. B/치치나라 계곡. 3,600m. 야크는 독성이 있는 이 풀을 피해 주변의 초지를 먹어 들어간다.

제비고깔속 Delphinium

바꽃속과 달리 작은 꽃잎이 4장 달린다. 위쪽에 붙은 한 쌍의 꽃잎은 윗꽃받침조각과 함께 꿀을 분비하는 꽃뿔을 뒤쪽으로 돌출시킨다.

① 델피니움 비스코숨 *D. viscosum* Hook.f. & Thoms.
분포 ◇네팔 중부-부탄, 티베트 남동부
개화기 8-10월

아고산대에서 고산대에 걸쳐 습한 바위땅이나 둔덕의 비탈에 자생한다. 꽃줄기는 높이 10-50cm이며 상부에 부드러운 누운 털과 선모가 촘촘하게 나 있다. 잎의 기부에는 긴 자루가 있다. 잎몸은 원신형으로 폭 4-8cm이고 3개로 갈라졌다. 갈래조각은 도란상쐐기형이며 광란형-피침형의 이가 있다. 중부-상부의 잎은 작다. 꽃은 직경 2-2.5cm로 3-7개 달린다. 꽃자루는 길이 2-15cm. 포엽과 소포는 짧은 자루가 있는 장원형이며 이따금 3개로 깊게 갈라졌다. 꽃받침조각은 연노란색-연자주색이며 바깥쪽에 부드러운 털이 자란다. 윗꽃받침조각은 길이 1.5-2cm, 꽃뿔은 통상원추형으로 길이 1-1.5cm있다.

② 델피니움 노르다게니이

D. nordhagenii Wendelbo
분포 ■파키스탄 개화기 7-8월

건조지 고산대의 바위 비탈에 자생한다. 꽃줄기는 높이 15-30cm이며 부드러운 털이 자란다. 잎의 기부에는 길이 5-10cm인 자루가 있다. 잎몸은 오각형으로 폭 3-5cm이고 끝에서 2분의 1 이상이 3개로 갈라졌다. 짙은 녹색 표면에는 광택이 없으며 털이 거의 없다. 뒷면은 옅은 녹색이며 2차맥이 돌출하고 드문드문 부드러운 털이 자란다. 가운데 갈래조각은 능형, 이는 광란형이다. 꽃자루는 길이 4-10cm. 소포는 꽃자루의 중부-상부에 달리고 장원형이며 자루가 있다. 윗꽃받침

① -a 델피니움 비스코숨. 9월21일.
X/틴타초 부근. 4,250m.

① -b 델피니움 비스코숨. 9월20일.
X/틴타초의 남쪽. 3,900m.

② -a 델피니움 노르다게니이. 8월3일.
B/샤이기리의 남동쪽. 4,400m.

② -b 델피니움 노르다게니이. 8월3일. B/샤이기리의 남동쪽. 4,400m. 동속 브루노니아눔과 카쉬메리아눔의 중간적인 형태를 지니며, 꽃받침조각의 바깥쪽에 부드러운 털이 촘촘하게 자란다.

조각의 현부는 길이 2-2.5cm. 꽃뿔은 원추상으로 길이 1cm이고 끝은 뾰족하며 살짝 아래를 향한다. 꽃잎은 검정색, 아래쪽 한 쌍에 금색 센털이 나 있다.

③ 델피니움 브루노니아눔 *D. brunonianum* Royle

분포 ◇카슈미르-네팔 동부, 티베트 남부
개화기 7-9월

고산대 상부의 자갈땅에 자생한다. 꽃줄기는 높이 10-30cm이고 부드러운 털이 자라며 꽃차례에 선모가 섞여 있다. 잎의 기부에는 긴 자루가 있다. 잎몸은 원상오각형으로 폭 5-8cm이고 끝에서 3분의 2까지 3개로 갈라졌다. 가운데 갈래조각은 도란형이며 기부는 넓은 쐐기형, 이는 협란형이다. 꽃자루는 길이 3-10cm이며 중부-상부에 소포가 달린다. 윗꽃받침조각은 길이 2-3cm. 꿀주머니는 길이 7-9mm로 굵고 아래를 향한다. 꽃받침조각의 바깥쪽에 긴 은색 털이 나 있다. 꽃잎은 검정색, 아래쪽 한 쌍에 금색 센털이 자란다.
*네팔 중동부의 것(③-a, ③-c)은 잎맥이 깊어 동속 글라치알레와 비슷하다.

④ 델피니움 글라치알레 *D. glaciale* Hook.f. & Thoms.

분포 ■네팔 동부-부탄, 티베트 남부
개화기 7-9월

고산대 상부의 바위땅에 자생한다. 동속 브루노니아눔과 비슷하나, 잎의 이는 선상장원형이며 끝이 약간 뾰족하다. 꽃받침조각은 끝이 뾰족하고 긴 은색 털은 찾아볼 수 없다. 꽃줄기는 높이 6-15cm. 잎몸은 기부 부근까지 3개로 갈라졌으며, 가운데 갈래조각은 도란상쐐기형이다. 꽃뿔은 원추상으로 길이 1-1.4cm이며 끝이 뾰족하다. 위쪽 꽃잎 한 쌍은 끝부분이 2개로 갈라졌고 아래쪽 한 쌍은 중간까지 2개로 갈라졌으며, 각 갈래조각 끝은 날카롭고 뾰족하다.

③-a 델피니움 브루노니아눔. 8월23일. P/펨탕카르포의 북서쪽. 2,950m. 빙하 왼쪽 유역에 자라난 꽃은 아직 피지 않았다. 히말라야 서부에 있는 것에 비하면 잎의 결각이 깊다.

③-b 델피니움 브루노니아눔. 9월4일. J/바그와바사. 4,300m.

③-c 델피니움 브루노니아눔. 9월4일. S/추키마 고개의 서쪽. 5,100m.

④ 델피니움 글라치알레. 7월26일. T/바룬 빙하 위쪽. 5,100m.

제비고깔속 Delphinium

① 제비고깔속의 일종 (A) Delphinium sp. (A)
고산대의 건조한 바위땅에 자생하며, 옆으로
뻗는 긴 뿌리줄기가 있다. 꽃줄기는 굵고 높이
15-30cm로 자라며 전체적으로 부드러운 털과
선모가 촘촘하게 나 있다. 잎의 기부에는 긴
자루가 있다. 잎몸은 질이 두꺼운 원신형으로
폭 4-8cm이고 끝에서 3분의 2까지 3-5개로 갈
라졌다. 갈래조각은 도란상쐐기형으로 기부
는 넓은 쐐기형, 이는 난형이며 끝은 약간 돌
출형이다. 잎모양으로 3개로 갈라진 포엽에는
폭넓은 자루가 있다. 꽃자루는 길이 2-5cm,
꽃의 기부에 협피침형의 소포가 달린다. 윗꽃
받침조각은 꽃뿔을 포함해 긴 털이 자라고 현
부는 길이 1.8-2.3cm, 꽃뿔은 주머니모양·원뿔
모양으로 길이 7-8mm이며 끝은 둔형. 위쪽 꽃
잎 한 쌍은 흰색. 아래쪽 꽃잎은 난상타원형으
로 길이 6mm이고 2개로 깊게 갈라졌으며 희
고 긴 털이 촘촘하게 나 있다.

② 제비고깔속의 일종 (B) Delphinium sp. (B)
비가 많은 고산대 상부의 무너지기 쉬운 불
안정한 자갈땅에 자생한다. 동속 크리스토트리
쿰(*D. chrysotrichum* Finet & Gagnep.)과 비
슷하나, 잎의 결각이 깊고 꽃받침조각에 노란
색을 띤 선모가 없으며, 꽃잎에 길고 부드러
운 연갈색 털이 자란다. 꽃줄기는 높이 12-
18cm이며 전체적으로 부드러운 털이 촘촘하
게 나 있다. 잎의 기부에는 길이 5-7cm인 자루
가 있다. 잎몸은 원상오각형으로 폭 3-4cm이
고 기부 부근까지 3개로 갈라졌으며, 앞뒷면
에 부드러운 털이 자란다. 가운데 갈래조각은
도란상쐐기형이며 3개로 갈라졌고 이는 난상
삼각형이다. 꽃자루는 길이 4-8cm, 중부에
소포가 달린다. 윗꽃받침조각의 현부는 길이
2.2-2.5cm, 꿀주머니는 주머니모양·원뿔모양
으로 길이 1.3-1.7cm이다.

①-a 제비고깔속의 일종 (A) 8월17일. A/호로고지트. 4,100m. 살짝 오른쪽으로 기운 꽃의 아래쪽 꽃잎에 희고 긴 털이 촘촘하게 나 있는 것을 볼 수 있다. 뒤로 보이는 산은 사한 도크봉.

①-a 제비고깔속의 일종 (A) 7월19일.
D/투크치와이 룬마. 4,400m.

②-a 제비고깔속의 일종 (B) 8월3일.
Z3/라무라쵸의 남동쪽. 4,650m.

②-b 제비고깔속의 일종 (B) 8월5일.
Z3/라무라쵸의 남동쪽. 4,600m.

③ 델피니움 카쉬메리아눔 *D. cashmerianum* Royle
분포 ◇파키스탄-가르왈 개화기 7-9월
다소 건조한 고산대의 바위땅이나 바위가 많
은 초지, 개울가에 자생한다. 꽃줄기는 높이
10-50cm이며 상부에 부드러운 털이 자란다.
잎몸은 오각상신형으로 폭 3-8cm이고 3개로
갈라졌다. 가운데 갈래조각은 능형이며 끝이
뾰족한 난형의 이가 있다. 앞뒷면에 기부의
굵은 털이 드문드문 나 있다. 꽃은 산방상으
로 달린다. 꽃자루는 길이 4-7cm. 소포는 선
상피침형. 연자주색 꽃받침조각에 이며 드문
드문 긴 털이 나 있다. 윗꽃받침조각의 현부
는 길이 2-2.5cm. 꽃뿔은 원추형으로 길이 1-
1.5cm이며 곧게 뻗거나 끝이 살짝 아래를 향
한다. 꽃잎은 어두운 자주색, 아래쪽 한 쌍은
2개로 갈라지고 금색 센털이 자란다.

④ 델피니움 무스코숨
D. muscosum Exell & Hillcoat
분포 ■부탄 개화기 8-9월
고산대의 습한 바위땅이나 불안정한 자갈 비
탈에 자생한다. 꽃줄기는 높이 7-10cm이며
기부에서 활발히 분지하고, 잎과 꽃받침조각
의 바깥쪽을 포함해 전체적으로 길고 부드러
운 털이 촘촘하게 자란다. 잎몸은 원신형으로
폭 2-3.5cm이고 5개로 깊게 갈라졌으며 갈래
조각은 다시 가늘게 갈라졌다. 작은 갈래조각
은 선형으로 길이 3-6mm, 폭 1mm이고 끝은
늘어지기 쉽다. 포엽과 소포는 잎모양으로 가
늘게 갈라졌다. 꽃은 자주색으로 직경 3cm.
윗꽃받침조각은 삼각상광란형으로 길이 2cm.
꿀주머니는 통상으로 길이 1.5cm이며 곧게
뻗거나 끝이 살짝 아래를 향한다. 위쪽 꽃잎
끝은 가늘고 희다. 아래쪽 꽃잎은 능상도란형
으로 길이 8-10mm이고 꽃받침조각과 같은
자주색이며, 기부에 금색 털이 나 있다.

③-a 델피니움 카쉬메리아눔. 7월27일. B/상고살루의 서쪽. 3,600m. 바람에 노출된 바위틈에서 자라 왜성화한
것으로, 짧은 줄기를 대신하듯 꽃자루가 길게 뻗어 있다.

③-b 델피니움 카쉬메리아눔. 9월9일.
G/니치나이 고개의 남동쪽. 3,650m.

④-a 델피니움 무스코숨. 9월25일.
X/탕페 라의 남서쪽. 4,500m.

④-b 델피니움 무스코숨. 9월25일.
X/탕페 라의 남서쪽. 4,500m.

제비고깔속 Delphinium

① 델피니움 칸델라브룸

D. candelabrum Ostenfeld

분포 ◇시킴, 티베트 남부 개화기 8-9월

건조지 고산대의 불안정한 자갈 비탈에 자생하며, 줄기의 하부는 쓰러져 땅에 묻히기 쉽다. 꽃줄기는 길이 8-20cm이며 꽃자루와 잎 표면을 포함해 전체에 약간 뻣뻣한 누운 털이 촘촘하게 자란다. 잎의 기부에는 길이 3-6cm인 자루가 있다. 잎몸은 원신형으로 폭 1.5-3cm이고 3-5개로 깊게 갈라졌으며 갈래조각은 다시 가늘게 갈라졌다. 작은 갈래조각은 타원형-선상장란형으로 폭 1-3mm이고 끝은 둔형이다. 포엽은 잎모양으로 가늘게 갈라졌다. 꽃자루는 길이 2-6cm. 소포는 선형이며 가장자리는 매끈하거나 잎모양으로 깊게 갈라졌다. 꽃받침조각은 자주색이며 바깥쪽에 부드러운 누운 털이 자란다. 윗꽃받침조각의 현부는 원상광란형으로 길이 1.8-2.3cm. 꿀주머니는 길이 1.7-2.3cm로 가늘며 곧게 뻗거나 끝이 살짝 아래를 향한다. 꽃잎은 어두운 자주색, 아래쪽 한 쌍은 광타원형으로 길이 8mm이고 끝에 V자형의 새김눈과 이가 있으며 중앙부에 부드러운 털이 나 있다. 심피는 3개이며 누운 털이 자란다.

② 델피니움 캐룰레움 *D. caeruleum* Cambess

분포 ◇네팔 서부-부탄, 티베트, 중국 남부 개화기 7-9월

건조 고지의 자갈땅이나 소관목 사이, 불안정한 둔덕 비탈에 자생하며 환경에 따라 전체의 크기가 변한다. 꽃줄기는 높이 5-30cm로 곧게 자라고 드문드문 분지하며, 전체적으로 부드러운 누운 털이 촘촘하게 나 있다. 잎의 기부에는 긴 자루가 있다. 잎몸은 원신형으로 폭 1-4cm이고 3-5개로 깊게 갈라졌으며 갈래조각은 다시 가늘게 갈라졌다. 작은 갈래조각

① 델피니움 칸델라브룸. 8월28일. Y3/라싸 라의 남쪽. 5,150m. 낮에 쌓인 눈이 석양볕에 녹으면서 물방울이 증발하자, 쓰러져 있던 꽃줄기가 고개를 들기 시작한다.

②-a 델피니움 캐룰레움. 8월15일. Y3/카로 라. 4,800m.

②-b 델피니움 캐룰레움. 7월27일. Y2/롱부크 곰파의 북쪽. 4,700m. 꽃 중앙에 4장의 꽃잎이 있다. 위쪽 한 쌍은 짧고 곧게 자라며, 아래쪽 한 쌍은 기부에 금색 털이 나 있다.

은 선형으로 폭 1.5-2.5mm이고 끝은 뾰족하다. 꽃자루는 길이 2-10cm이며 중부에 선상피침형의 소포가 마주나기 형태로 달린다. 꽃받침조각은 청자주색, 바깥쪽의 기부에 길고 부드러운 털이 촘촘하게 자란다. 윗꽃받침조각은 협란형으로 길이 1.3-1.8cm이고 끝이 갑자기 뾰족해진다. 꽃뿔은 길이 1.7-2.5cm로 가늘고 거의 곧게 뻗는다. 꽃잎은 짙은 자주색, 아래쪽 한 쌍은 능상도란형이며 기부에 금색 털이 나 있다. 심피는 5개이며 길고 부드러운 털이 촘촘하게 자란다.

③ 델피니움 카마오넨세 *D. kamaonense* Huth
분포 ▫ 쿠마온-네팔 중부, 티베트 남동부, 중국 서부 개화기 7-9월
다소 건조한 아고산대에서 고산대에 걸쳐 바위가 많은 초지나 길가, 보리밭 주변에 자생한다. 꽃줄기는 높이 30-80cm로 곧게 자라고 드문드문 분지하며 전체적으로 털이 거의 없다. 잎의 기부에는 긴 자루가 있다. 잎몸은 원신형으로 폭 2.5-6cm이고 3-5개로 깊게 갈라졌으며 갈래조각은 다시 가늘게 갈라졌다. 작은 갈래조각은 선형으로 폭 1.5-3mm. 꽃은 줄기 끝에 총상으로 달리고 직경 2.5-3.5cm이며 자주색으로 평개한다. 꽃자루는 길이 2-6cm. 포엽과 소포는 선상으로 작다. 윗꽃받침조각 현부는 원상광란형. 꽃뿔은 길이 1.3-2.8cm로 가늘고 거의 곧게 뻗는다. 꽃잎은 짙은 자주색. 위쪽 한 쌍은 가장자리가 매끈하고, 아래쪽 한 쌍은 도광란형이며 보통 2개로 갈라졌고 기부에 금색 털이 나 있다. 심피는 3개이며 길고 부드러운 털이 촘촘하게 자란다.
*③-b는 고지에서 왜성화한 것으로 꽃줄기는 높이 20cm. 뒤쪽의 노란색 꽃은 삭시프라가 왈리키아나. ③-d는 윗꽃받침조각의 꽃뿔이 현부보다 훨씬 길어 변종 글라브레스첸스 var. *glabrescens* W.T. Wang로 취급된다.

③-a 델피니움 카마오넨세. 9월6일. P/고라타베라의 북동쪽. 3,300m. 매자나무 등의 관목과 함께 남쪽 비탈의 따뜻한 바위 위에 쌓인 흙에서 자란 것으로, 높이 50cm로 크게 생장해 있다.

③-b 델피니움 카마오넨세. 8월21일.
P/펨탕카르포의 남서쪽. 4,450m.

③-c 델피니움 카마오넨세. 7월31일.
Y1/녜라무의 북서쪽. 3,850m.

③-d 델피니움 카마오넨세. 8월19일.
Z2/산티린의 북동쪽. 3,700m.

제비고깔속 Delphinium

① 델피니움 킹기아눔
D. kingianum Huth var. *acuminatissimum* W.T. Wang
분포 ◇티베트 서남부 개화기 7-9월
건조 고지 바위땅의 초지나 관목소림에 자생한다. 꽃줄기는 굵고 높이 0.3-1m로 자라며 겉에 털이 거의 없고 잎이 일정 간격으로 어긋나기 한다. 하부의 잎은 오각상으로 폭 8-12cm이고 5개로 깊게 갈라졌다. 갈래조각은 가는 능형이며 가장자리에 피침형 톱니가 있다. 꽃은 산방상으로 많이 달린다. 꽃자루는 길이 2-4cm, 꽃의 기부에 선형의 소포가 달려있다. 꽃받침 조각은 보라색으로 바깥쪽에 부드러운 누운 털이 촘촘하게 나 있다. 곁꽃받침조각은 길이 1.5-1.7cm. 윗꽃받침조각의 꿀주머니는 가늘고 길이 8-12mm. 아래쪽 꽃잎의 기부에 흰 털이 자란다.

② 델피니움 피라미달레 *D. pyramidale* Royle
분포 □파키스탄-네팔 중부 개화기 7-9월
다소 건조한 아고산대의 초지나 관목소림에 자생한다. 꽃줄기는 높이 1-1.5m로 자라고 활발히 분지하며, 잎이 일정 간격으로 어긋나기 하고 전체적으로 부드러운 털이 나 있다. 중부의 잎은 오각상신형으로 폭 5-10cm이고 3-5개로 갈라졌다. 가운데 갈래조각은 도란상쐐기형이며 끝이 뾰족한 난형의 이가 있다. 줄기 끝 총상꽃차례에 청자주색 꽃이 많이 달린다. 꽃자루는 길이 2-5cm. 포엽과 소포는 선상피침형이며, 소포 1장은 꽃의 기부에 달린다. 윗꽃받침조각의 현부는 장원상도란형으로 길이 1.5-1.7cm이고 끝은 뾰족하다. 꿀주머니는 가늘고 길이 1.2-1.5cm. 꽃잎은 검은색, 아래쪽 한 쌍에 흰 털이 자란다.
*사진의 꽃에는 벌레 먹은 흔적이 있다.

③ 델피니움 노르토니이 *D. nortonii* Dunn
분포 ◇네팔 서부-시킴, 티베트 남부(춘비 계곡) 개화기 7-9월
고산대의 이끼 낀 바위땅이나 급비탈의 초지에 자생한다. 꽃줄기는 높이 15-35cm로 가늘고 마디에서 꺾여 자란다. 잎 1-3장이 어긋나기 하고 상부는 활발히 분지하며 부드러운 털이 나 있다. 근생엽에는 긴 자루가 있다. 잎몸은 원신형으로 폭 4-8cm이고 손바닥모양으로 기부까지 5개로 갈라졌다. 마지막 갈래조각은 선상피침형으로 폭 1-2.5mm이고 끝은 뾰족하며 표면에 짧고 부드러운 누운 털이 자란다. 꽃자루는 길이 3-5cm이며 선형의 소포가 2장 달린다. 꽃은 청자주색으로 꿀주머니를 포함해 길이 3-3.5cm. 윗꽃받침조각은 장란형이며 끝이 뾰족하다. 꽃뿔은 가늘고 길이는 1.5-2cm이다.

① 델피니움 킹기아눔. 8월 29일. Y3/라틴 부근. 4,900m. 방목 오두막 뒤쪽의 바위 비탈에 커다란 그루를 이루고 있다. 줄기는 굵고 질기다.

② 델피니움 피라미달레. 9월 11일. G/크리센사르의 북서쪽. 3,550m.

③ 델피니움 노르토니이. 8월 30일 S/쿰중의 북동쪽. 3,800m.

④ 델피니움 드레파노첸트룸
D. drepanocentrum(Brühl) Munz

분포 ◇네팔 동부-시킴, 티베트 남부
개화기 7-9월

아고산대의 소관목 사이나 키 큰 초지에 자생한다. 꽃줄기는 분지하지 않고 높이 40-60cm로 곧게 자라며, 전체적으로 단단한 털이 나 있다. 잎의 기부는 오각상신형으로 폭 6-10cm이고 끝에서 3분의 2까지 3개로 갈라졌다. 가운데 갈래조각은 폭넓은 능형이며 협란형의 이가 있다. 총상꽃차례는 길이 10-20cm, 상부의 포엽과 소포는 선상피침형. 꽃자루는 길이 2-3cm. 꽃받침조각은 청자주색이며 기부는 흰색. 윗꽃받침조각 현부는 난형으로 길이 1.2-1.5cm. 꽃뿔은 가늘고 길이 1.5-2cm이며 끝은 완만하게 아래로 휘어 있다. 아래쪽 한 쌍은 2개로 갈라졌고 갈래조각은 피침형으로 끝 가장자리에 털이 있다.

④-a 델피니움 드레파노첸트룸. 8월5일. V/람푸크. 3,850m.

④-b 델피니움 드레파노첸트룸. 8월10일. V/눕 부근. 3,950m.

⑤ 델피니움 스카브리플로룸
D. scabriflorum D. Don [*D. altissimum* Hook.f. & Thoms.]

분포 ▢네팔 서부-아루나찰 개화기 7-8월

산지 계곡 주변의 습한 초지에 자생한다. 꽃줄기는 높이 0.5-1.5m이며 부드러운 털이 자란다. 하부의 잎은 폭 10-15cm이며 5개로 깊게 갈라졌다. 갈래조각은 능상피침형이며 3개로 갈라졌고 가장자리에 성긴 이가 있으며 앞뒷면에 드문드문 부드러운 털이 나 있다. 꽃은 가지 끝에 총상으로 달린다. 꽃차례 포엽의 기부는 잎모양으로 깊게 갈라졌으며 갈래조각은 가장자리가 매끈하다. 꽃자루는 길이 2-5 cm, 소포는 협피침형으로 작다. 윗꽃받침조각은 광란형으로 길이 1-1.5cm. 꿀주머니는 가늘고 길이 1.5-2cm이며 거의 곧게 뻗는다. 꽃잎 끝은 짙은 자주색, 아래쪽 꽃잎은 2개로 깊게 갈라지고 겉에 센털이 자란다.

⑤ 델피니움 스카브리플로룸. 8월17일. P/라마 호텔의 남서쪽. 2,100m.

⑥ 델피니움 갈라눔
D. gyalanum Marq. & Airy Shaw [*D. kawaguchii* Tamura]

분포 ▢티베트 남부 개화기 7-9월

건조 고지의 바위가 많은 초지나 바위땅에 자생한다. 절벽 밑의 반그늘진 암설 비탈에 흔히 군생한다. 꽃줄기는 높이 0.4-1m이며 꽃차례에 부드러운 털과 선모가 빽빽하게 나 있다. 잎의 기부는 오각상신형으로 폭 8-15cm이고 3-5개로 깊이 갈라졌다. 가운데 갈래조각은 능상피침형이며 불규칙하게 갈라졌고 이는 협란형. 총상꽃차례는 길이 20-35cm. 꽃자루는 길이 2-5cm로 비스듬히 뻗고, 상부에 협피침형 소포가 달린다. 꽃은 짙은 자주색으로 평개한다. 윗꽃받침조각 현부는 난형으로 길이 1.3-1.5cm. 꽃뿔은 가늘고 길이 1.5-1.8cm이며 끝이 뾰족하다. 꽃잎의 아래쪽 한 쌍은 2개로 갈라지고 연노란색 털이 자란다.

⑥-a 델피니움 갈라눔. 8월15일. Y3/암드록 호수 부근. 4,400m.

⑥-b 델피니움 갈라눔. 8월16일. Y3/카로 라의 동쪽. 4,500m.

제비고깔속 Delphinium

① 델피니움 쿠페리 *D. cooperi* Munz

분포 ◇부탄 **개화기** 8-10월

산지 숲 주변의 건조한 둔덕 비탈에 자생한다. 꽃줄기는 가늘고 활발히 분지하며 높이 15-40cm로 마디에서 꺾여 자라고 전체적으로 긴 털이 나 있다. 잎의 기부에는 길이 3-6cm인 자루가 있다. 잎몸은 원신형으로 폭 4-7cm이고 3개로 갈라졌다. 가운데 갈래조각은 도란상쐐기형이며 3개로 얕게 갈라진 상부에는 둥근 톱니가 있다. 포엽은 3-5개로 깊게 갈라졌다. 꽃자루는 길이 3-7cm, 중부 상부에 타원상피침형 소포가 달린다. 꽃받침조각은 자주색으로 길이 1.2-1.7cm. 윗꽃받침조각의 꿀주머니는 길이 1.5-2cm, 직경 2mm로 가늘고 곧게 뻗는다. 꽃잎은 어두운 자주색, 아래쪽 한 쌍에는 긴 가장자리 털이 자라고 표면에 금색 털이 나 있다.

② 델피니움 히말라야이 *D. himalayai* Munz

분포 ◇네팔 서중부 **개화기** 7-9월

아고산대에서 고산대 하부에 걸쳐 소관목 사이나 바위가 많은 초지에 자생한다. 꽃줄기는 분지하지 않고 높이 30-60cm로 곧게 자라며, 전체적으로 굵은 털이 빽빽하게 나 있다. 잎의 기부에는 긴 자루가 있다. 잎몸은 오각상신형으로 폭 5-8cm이고 3개로 깊게 갈라졌다. 가운데 갈래조각은 도란상쐐기형이며, 3개로 갈라진 각 갈래조각의 상부에는 난형의 이가 있다. 총상꽃차례는 길이 8-15cm. 꽃자루는 길이 1.5-2cm이며 꽃의 기부에 장원형의 소포가 달린다. 꽃은 자주색. 윗꽃받침조각의 현부는 광란형으로 길이 1.3-1.5cm. 꿀주머니는 가늘고 길이 1-1.4cm이며 기부에서 위를 향해 휘어 있다. 꽃잎은 검자주색, 아래쪽 한 쌍은 2개로 깊이 갈라지고 기부에 금색 털이 나 있다.

③ 델피니움 힐코아티애 *D. hillcoatiae* Munz

분포 ■티베트 남부 **개화기** 8-9월

건조지의 바위가 많은 초지나 소관목 사이에 자생한다. 꽃줄기는 높이 0.5-1m이며 꽃차례에 걸쳐 부드러운 털과 선모가 빽빽하게 자란다. 잎의 기부에는 길이 4-7cm인 자루가 있다. 잎몸은 오각상신형으로 폭 5-7cm이고 3개로 깊게 갈라졌다. 가운데 갈래조각은 도란상쐐기형이며 3개로 갈라지고 협란형의 이가 있다. 총상꽃차례는 길이 15-30cm, 포엽의 기부는 잎모양. 꽃자루는 길이 2-4cm이며 꽃의 기부에 소포가 달린다. 꽃받침조각은 연붉은색·연자주색. 윗꽃받침조각 현부는 광란형으로 길이 1.3-1.7cm이고 끝이 뾰족하다. 꿀주머니는 가늘고 곧게 뻗으며 현부와 길이가 같다. 꽃잎은 어두운 자주색, 아래쪽 한 쌍에 금색 털이 자란다.

① 델피니움 쿠페리. 9월16일. X/탁창 부근. 3,000m.

② 델피니움 히말라야이. 9월5일. P/찬부의 남쪽. 4,150m.

③ 델피니움 힐코아티애. 8월19일. Y3/라싸의 서쪽 교외. 4,000m. 티베트 최대의 불교사원으로 알려진 데풍사 뒷산의 바위가 많은 둔덕 비탈에 자라나 있다.

미나리아재빗과

매발톱속 Aquilegia

꽃받침조각 5장은 꽃잎처럼 색을 띤다. 꽃잎 5장은 여러 개의 수술을 감싸듯 곧추 서고, 기부는 꽃받침조각 사이에서 뒤쪽으로 돌출해 꽃뿔이 되며 꽃뿔 끝은 안쪽으로 구부러진다. 수술은 5개이다.

④ 아크빌레기아 프라그란스 *A. fragrans* Benth.
분포 ◇파키스탄-가르왈 **개화기** 6-8월
건조 고지 계곡 줄기의 바위 비탈이나 관목소림에 자생한다. 꽃줄기는 높이 30-70cm이며 상부에서 활발히 분지하고, 전체적으로 가늘고 부드러운 털이 촘촘하게 나 있어 희뿌옇게 보인다. 잎의 기부에는 긴 자루가 있으며, 잎몸은 2-3회 3출복엽으로 폭 5-7cm. 3개로 갈라진 부채모양 소엽에는 도란형의 이가 있다. 포엽은 장원상피침형. 꽃자루는 길이 3-8cm. 꽃은 연자주색-연푸른색-흰색으로 직경 3-5cm. 꽃받침조각은 타원상피침형으로 길이 2-2.5cm. 꽃잎은 흰색으로 길이 1.3-1.7cm. 꿀주머니는 길이 1.2-1.8cm이다.

⑤ 아크빌레기아 푸비플로라 *A. pubiflora* Royle
분포 ◇파키스탄-네팔 서부 **개화기** 6-8월
아고산대의 습한 초지나 관목 사이에 자생한다. 꽃줄기는 높이 0.5-1m이며 겉에 드문드문 부드러운 털이 자란다. 하부의 잎에는 긴 자루가 있으며, 잎몸은 2회 3출복엽으로 직경 7-30cm. 3개로 갈라진 도란형 소엽에는 협란형의 이가 있다. 포엽은 깊게 갈라지고 꽃받침조각은 협피침형. 꽃자루는 길이 3-10cm. 꽃은 연한 자줏빛 붉은색으로 직경 3-5cm. 꽃받침조각은 피침형으로 길이 2-2.5cm이고 끝은 점첨형. 꽃잎은 꽃받침조각과 색이 같거나 희고, 꿀주머니는 길이 5-10mm이다.

⑥ 아크빌레기아 니발리스

A. nivalis (Baker) Bruhl
분포 ◇파키스탄-네팔 중부 **개화기** 6-8월
고산대 하부의 바위가 많고 습한 초지에 자생한다. 땅속에 굵고 긴 목질 뿌리줄기가 있으며, 오래된 잎자루의 기부가 많이 남아 있다. 꽃줄기는 높이 10-25cm이며 상부에 부드러운 털이 빽빽하게 자란다. 잎의 대부분은 기부에 달리고 길이 5-15cm인 잎자루가 있다. 잎몸은 2회 3출복엽으로 폭 2-5cm. 3개로 갈라진 부채모양 소엽에 도란형의 둥근 톱니가 있으며 표면은 분백색을 띤다. 포엽은 잎모양. 꽃은 짙은 자주색으로 1-4개 달리며 직경 4-6cm. 꽃자루는 길이 2-4cm. 꽃받침조각은 난상피침형으로 길이 2-3cm이고 끝은 둔형이거나 약간 뾰족하다. 꽃잎은 어두운 자주색으로 길이 1-1.2cm, 꽃뿔은 길이 0.3-1cm이다.

④ 아크빌레기아 프라그란스. 7월14일. D/사트파라 호수의 남쪽. 3,500m. 건조한 바람이 넘나드는 계곡 줄기의 암설 사면에 자란 것으로, 높이 뻗은 가지 끝에서 늘어진 꽃이 쉴 새 없이 흔들리고 있다.

⑤ 아크빌레기아 푸비플로라. 8월1일. K/구르치 라그나의 북쪽. 3,300m.

⑥ 아크빌레기아 니발리스. 6월14일. L/파구네 다라의 북쪽. 3,800m.

꿩의다리속 Thalictrum

잎은 3출상의 복엽이며 보통 많은 소엽이 있다. 꽃은 작고 조락성 꽃받침조각 4-5장이 꽃잎모양을 이루며 꽃잎은 없다.

① 탈리크트룸 켈리도니이

T. chelidonii DC. [*T. reniforme* Wall.]

분포 ㅁ카슈미르-미얀마, 티베트 남부
개화기 7-9월

다형적인 종으로, 산지에서 아고산대에 걸쳐 숲속이나 이끼 낀 바위땅에 자생한다. 꽃줄기는 높이 0.4-2m로 곧게 뻗고 절벽에서는 늘어지는 경향을 보이며 상부에 미세한 털이 자란다. 하부의 잎은 2-3회 3출복엽으로 짧은 자루를 포함해 길이 10-30cm. 소엽은 광란형-원상도란형으로 폭 1-4cm이고 가장자리에 둥근 톱니가 3-10개있으며, 뒷면에 미세한 털이 자란다. 줄기 끝에 많은 꽃이 총상 또는 원추상으로 달린다. 꽃자루는 가늘고 길이 2-5cm. 꽃은 직경 1.2-3.5cm. 꽃받침조각은 분홍색으로 난형-타원형. 수술은 꽃받침조각보다 짧고, 수술대는 주홍색으로 길이 3-5cm. 꽃밥은 길이 3-5mm로 가늘며 노란색이다.

② 탈리크트룸 디푸시플로룸

T. diffusiflorum Marq. & Airy Shaw

분포 ◇티베트 남동부 **개화기** 6-8월

아고산대의 숲속이나 관목소림에 자생한다. 꽃줄기는 높이 1-2m이며 상부에 드문드문 짧은 선모가 자란다. 하부의 잎은 3-4회 우상복엽, 윤곽은 협삼각형으로 짧은 자루를 포함해 길이 7-15cm. 소엽은 능상란형으로 길이 4-10mm이고 3-5개로 갈라졌으며, 뒷면에 짧은 선모가 자라고 가운데 갈래조각의 끝은 날카롭고 뾰족하다. 줄기 끝에 많은 꽃이 원추상으로 달린다. 꽃자루는 길이 2-3.5cm. 꽃은 직경 2-3cm. 꽃받침조각은 분홍색으로

①-a 탈리크트룸 켈리도니이. 7월7일. S/타메 부근. 3,600m. 협곡을 따라 길가에 자생하는 관목성 석남의 보호를 받으며 꽃줄기가 높이 뻗어 있다. 수술대는 주홍색, 꽃밥은 노란색이다.

①-b 탈리크트룸 켈리도니이. 8월20일. Q/데오랄리의 북동쪽. 3,000m.

①-c 탈리크트룸 켈리도니이. 8월9일. X/탕탕카의 북쪽. 3,600m.

② 탈리크트룸 디푸시플로룸. 6월30일. Z3/봉 리의 동쪽. 3,650m.

협란형-타원형. 수술은 꽃받침조각보다 짧고, 수술대는 짙은 붉은색. 꽃밥은 길이 2.5-3mm로 가늘고 끝은 약간 돌출형.

③ **탈리크트룸 델라바이** *T. delavayi* Franch.
분포 ◇티베트 남동부, 중국 남서부
개화기 7-9월
관목상 다년초로, 산지에서 아고산대에 걸쳐 숲 주변이나 관목소림에 자생한다. 꽃줄기는 높이 1-2.5m이며 전체적으로 털이 없다. 하부의 잎은 3-4회 우상복엽으로 자루를 포함해 길이 20-40cm. 정소엽은 원상광도란형으로 폭 5-20mm이고 기부는 얕은 심형이며 3-5개로 얕게 갈라졌다. 갈래조각은 광란형이며 끝은 약간 돌출형. 쪽소엽은 도란형-타원형으로 약간 작다. 가지 끝의 원추꽃차례는 길이 15-40cm, 많은 꽃이 달려있다. 꽃자루는 길이 1-2cm. 꽃은 직경 1-1.5cm. 꽃받침조각은 분홍색으로 난상타원형-장원형. 수술대 끝의 폭이 넓어진다. 꽃밥은 길이 1.5-2mm이며 끝은 약간 돌출형.

④ **탈리크트룸 폴리올로숨** *T. foliolosum* DC.
분포 □파키스탄-미얀마, 티베트 남부, 윈난 · 쓰촨성 개화기 6-8월
산지의 숲 주변이나 벌채지에 자생하는 관목상 다년초로, 높이 2m 이상 자란다. 하부의 잎에는 짧은 자루가 있고, 잎몸은 여러 회 3출복엽으로 폭 20-40cm. 소엽은 광란형으로 길이 1-3cm이고 가장자리에 둥근 톱니가 있다. 줄기 끝의 원추꽃차례는 길이 15-30cm이며 작은 꽃이 많이 달린다. 꽃받침조각은 난형-도란형으로 길이 3-5mm이고 흰색-연두색이며 조락성으로, 수술이 성숙할 무렵에 떨어진다. 수술대는 흰색으로 실모양. 꽃밥은 길이 2-3mm로 가늘고 끝은 약간 돌출형. 뿌리는 약으로 쓰인다.

⑤ **탈리크트룸 쿨트라툼** *T. cultratum* Wall.
분포 □파키스탄-부탄, 티베트 동부, 중국 남서부 개화기 6-7월
산지에서 아고산대에 걸쳐 숲 주변이나 계곡 줄기의 관목림에 자생한다. 꽃줄기는 높이 0.5-1.2m. 하부의 잎에는 짧은 자루가 있고, 잎몸은 여러 회 3출상 또는 우상복엽으로 길이 10-20cm. 소엽은 광란형으로 폭 5-10mm이고 가장자리에 둥근 톱니가 있다. 줄기 끝의 원추꽃차례에 작은 꽃이 아래를 향해 모여 달린다. 꽃자루는 길이 1-2cm. 꽃받침조각은 타원형으로 길이 3-4mm이고 녹색이며 이따금 자줏빛 붉은색을 띤다. 수술대는 실처럼 매우 가늘고 길이 4-5mm이며 자줏빛 붉은색을 띤다. 꽃밥은 가늘고 길이 3mm이며 끝은 약간 돌출형. 암술머리는 삼각상피침형이다.

③ 탈리크트룸 델라바이. 8월13일. Z3/치틴탕카의 서쪽. 3,250m. 숲 주변에 자생하는 관목상 다년초로, 꽃줄기는 사람 키보다 크게 자라고 기부는 직경 1cm를 넘는다.

④ 탈리크트룸 폴리올로숨. 7월14일. V/암질라사의 북동쪽. 2,400m.

⑤ 탈리크트룸 쿨트라툼. 6월26일. K/링모의 남쪽. 3,400m.

꿩의다리속 Thalictrum

① 탈리크트룸 비르가툼 *T. virgatum* Hook.f. & Thoms.
분포 ◇네팔 서부-부탄, 티베트 남부, 윈난·
·쓰촨성 개화기 6-7월

산지에서 아고산대에 걸쳐 습한 바람이 부
는 산등성이의 자갈 비탈이나 이끼 낀 암벽
에 자생한다. 꽃줄기는 가늘고 질기며 비스
듬히 자라거나 아래로 늘어진다. 길이 20-
50cm이며 전체적으로 털이 없다. 잎은 삼출
복엽이며 일정 간격으로 마주나기 하고 자
루는 매우 짧다. 소엽은 광란상선형으로 폭
1-2.5cm이고 3개로 얕게 갈라졌으며 가장자
리에 둥근 톱니가 있다. 줄기 끝에 몇 개 또
는 많은 꽃이 원추형으로 달려 있다. 꽃자루
는 가늘고 길이 1-2cm. 꽃은 직경 1.5-2cm로
위나 옆을 향해 달린다. 꽃받침조각은 흰색
으로 타원형. 수술대는 흰색으로 실모양. 꽃
밥은 가늘고 길며 끝은 원형이다.

② 탈리크트룸 푼두아눔 *T. punduanum* Wall.
분포 ◇쿠마온-네팔 중부, 부탄-아루나찰
개화기 6-7월

산지대 하부 산등성이의 바위땅이나 절벽에
자생한다. 동속 비르가툼과 비슷하나, 하부의
잎은 1-2회 3출복엽으로 길이 2-8cm인 가는
자루가 있다. 소엽은 3-9개 달린다. 잎몸은
광란형-광도란형-원신형으로 폭 1.5-4cm이
고 기부는 원형-심형이며 3-5개로 얕게 갈라
진 가장자리에는 지고 둥근 톱니가 있다. 뒷
면은 분백색을 띠고 이따금 부드러운 선모가
자란다. 꽃줄기는 높이 20-60cm로 곧게 자라
고, 끝에 많은 꽃이 산방상의 원추꽃차례에
달린다. 꽃차례에 작은 난형의 포엽이 달린
다. 꽃은 직경 1cm. 꽃받침조각은 붉은 자주
색-흰색으로 난상타원형. 수술대는 실모양이
며 꽃받침조각과 색이 같다.

① 탈리크트룸 비르가툼. 7월6일.
U/틴주레 다라. 2,850m.

② 탈리크트룸 푼두아눔. 6월5일.
M/바가르의 남서쪽. 2,300m.

③-a 파라크빌레기아 아네모노이데스. 7월11일.
Y4/호뎃사. 5,050m.

③-b 파라크빌레기아 아네모노이데스. 7월11일. Y4/호뎃사의 북쪽. 4,800m. 바람이 넘나드는 산등성이의 바위
사면에 자생하는 오래 사는 다년초. 새로 자란 잎 밑에 오래된 잎자루가 무수히 남아 있다.

파라크빌레기아속 Paraquilegia

뿌리줄기의 정수리는 오래된 바늘모양 잎자루에 싸여 있다. 잎은 3출복엽. 꽃은 가늘고 꽃줄기에 1개 달린다. 꽃받침조각 5장은 꽃잎모양. 꽃잎 5장은 노란색으로 작으며 기부에 꿀샘이 있다.

③ 파라크빌레기아 아네모노이데스

P. anemonoides (Willdenow) Ulbrich

분포 ■중앙아시아 주변, 티베트 서중앙부, 중국 서부 개화기 6-8월

건조 고지의 바람에 노출된 바위 비탈이나 암봉에 자생한다. 전체적으로 털이 없고 분백색을 띤다. 꽃줄기는 높이 6-10cm이며 상부에 포엽이 마주나기 형태로 달린다. 잎은 근생하고 2회 3출복엽이며 길이 2-6cm인 가는 자루를 가진다. 잎몸은 삼각상광란형으로 폭 1-2cm이고 소엽은 2회 얕게·깊게 갈라졌으며, 이는 장원형으로 폭 0.5mm. 포엽은 가장자리가 매끈하거나 3개로 깊게 갈라졌다. 꽃은 직경 2-2.5cm. 꽃받침조각은 도란형·타원형으로 길이 1-1.3cm이고 붉은 자주색·파란색이며 수술보다 약간 길다. 꽃잎은 주걱형으로 길이 6mm. 씨앗 표면에 가는 주름이 있다.

④ 파라크빌레기아 미크로필라

P. microphylla (Royle) Drumm. & Hutch.

분포 ◇파키스탄-부탄, 티베트 남동부, 중국 서부 개화기 6-7월

고산대의 바람에 노출된 자갈땅이나 역경사진 암벽, 암봉에 자생한다. 동속 아네모노이데스와 비슷하나, 전체적으로 크고 꽃받침조각은 수술보다 훨씬 길게 자라며 씨앗 표면에 주름이 없다. 꽃줄기는 높이 5-15cm. 잎몸은 폭 1-6cm, 이는 도피침형으로 폭 1-1.5mm. 포엽은 가장자리가 매끈하다. 꽃은 직경 2.5-5cm. 꽃받침조각은 흰색·연붉은 자주색이다.

디코카르품속 Dichocarpum

⑤ 디코카르품 아디안티폴리움

D. adiantifolium (Hook.f. & Thoms.) Wang & Hsiao

[*Isopyrum adiantifolium* Hook.f. & Thoms.]

분포 ◇네팔 중부-미얀마 개화기 4-6월

털이 없는 다년초로, 산지 숲속의 절벽이나 이끼 낀 바위땅에 자생한다. 꽃줄기는 높이 8-20cm이며 상부에 자루 짧은 잎이 마주나기하고 끝에 꽃 1-2개 달린다. 잎은 조족상복엽(鳥足狀複葉)이며 근생엽에는 긴 자루가 있다. 소엽은 부채상도란형으로 폭 5-12mm이고 가장자리에 둥근 톱니가 있다. 꽃은 직경 1.3-1.7cm. 꽃잎모양 꽃받침조각 5장은 도란상타원형으로 흰색. 꽃잎 5장에는 흰 자루가 있고, 현부는 도심형으로 길이 1mm이며 귤색이다. 2개의 대과(袋果)는 기부가 합착하고, 열매꼭지 끝에 V자형으로 달린다.

④-a 파라크빌레기아 미크로필라. 7월1일. K/세곰파의 남쪽. 4,900m. 건조지에서는 꽃받침조각이 붉은 자주색을 띠는 경향이 있다. 수술과 귤색 꽃잎은 꽃잎모양의 꽃받침조각 보다 훨씬 짧다.

④-b 파라크빌레기아 미크로필라. 6월19일. L/셍 콜라. 3,800m.

⑤ 디코카르품 아디안티폴리움. 5월2일. N/울레리의 북서쪽. 2,400m.

바람꽃속 Anemone

잎은 뿌리줄기의 정수리에 달린다. 줄기 끝
에 포엽 2-4장이 돌려나기 하여 총포모양을
이룬다. 꽃에는 꽃잎이 없고 꽃받침조각이
꽃잎모양을 이룬다.

① 아네모네 비티폴리아 A. vitifolia DC.

분포 ◇아프가니스탄-중국 남서부, 티베트
남부 개화기 7-9월

산지의 숲 주변이나 습한 둔덕 비탈에 자생한
다. 꽃줄기는 높이 20-60cm이며 전체적으로
부드러운 털이 자란다. 근생엽에는 긴 자루가
있다. 잎몸은 광란형으로 길이 7-20cm이고 3-5
개로 갈라졌으며 뒷면에 융모가 나 있다. 갈
래조각은 삼각상이며 가장자리에 톱니가 있
다. 포엽은 근생엽보다 약간 작고 짧은 자루
를 가진다. 꽃은 3-5개 달린다. 꽃자루는 길이
5-12cm. 꽃은 직경 3-4cm. 꽃받침조각은 5-6장
달리고 도란형-타원형으로 흰색이며, 바깥쪽
은 자주색을 띠고 부드러운 털이 자란다. 심
피는 여러 개가 공모양으로 달린다.

② 아네모네 그리피티이 A. griffithii Hook.f. & Thoms.

분포 ◇부탄, 티베트 남부, 쓰촨성
개화기 5-6월

산지에서 아고산대에 걸쳐 숲 주변의 비탈이
나 못가에 자생한다. 꽃줄기는 가늘고 높이
10-20cm. 근생엽의 잎몸은 광란형으로 길이 2-
4cm이고 3개로 중맥까지 갈라졌다. 갈래조각
에는 짧은 자루가 있고, 앞뒷면에 드문드문
부드러운 털이 자란다. 가운데 갈래조각은
난상피침형이며 3개로 깊게 갈라지고 가장자
리에 원형 톱니가 있다. 옆갈래조각은 2개로
깊게 갈라졌다. 포엽은 근생엽보다 작고 짧은
자루를 가진다. 꽃은 1-2개 달린다. 꽃자루는
길이 3-7cm이며 부드러운 털이 촘촘하게 나
있다. 꽃은 직경 1.5-2.5cm. 꽃받침조각은 5장
달리고 능상도란형으로 흰색이다.

①-a 아네모네 비티폴리아. 8월14일.
R/살롱의 북동쪽. 2,600m.

①-b 아네모네 비티폴리아. 9월17일.
X/펠레 라의 서쪽. 2,600m.

② 아네모네 그리피티이. 6월14일.
Z3/구미팀의 북서쪽. 2,950m.

③-a 아네모네 루피콜라. 6월18일.
I /둘레의 북동쪽. 3,850m.

③-b 아네모네 루피콜라. 7월23일.
K/쟈그도라 부근. 4,100m.

③-c 아네모네 루피콜라. 7월13일.
N/안나푸르나 내원. 3,900m.

③-d 아네모네 루피콜라. 6월12일.
X/링시 종의 북동쪽. 3,900m.

③ 아네모네 루피콜라 *A. rupicola* Cambess.
분포 ◇아프가니스탄-부탄, 티베트 남부, 중국 남서부 개화기 5-7월
고산대의 관목림 주변이나 초지, 바위틈, 건조한 모래땅 등 다양한 환경에서 자생한다. 꽃줄기는 높이 4-20cm이며 기부는 오래된 잎자루에 싸여 있다. 근생엽은 오각상광란형으로 폭 2-4cm이고 3개로 중맥까지 갈라졌으며 뒷면에 견모가 촘촘하게 자란다. 가운데 갈래조각은 능상도란형이며 3-5개로 깊게 갈라지고 가장자리에 이가 있다. 옆갈래조각은 2개로 깊게 갈라졌다. 포엽은 잎모양이며 자루를 갖지 않는다. 꽃은 직경 4-6cm로 꽃줄기에 1개 달린다. 길이 3-10cm인 꽃자루에는 부드러운 털이 촘촘하게 나 있다. 꽃받침조각은 5장 달리고 도란형-광타원형-광란형으로 흰색이며, 뒷면은 자줏빛 붉은색을 띠고 견모가 자란다.

④ 아네모네 리불라리스 *A. rivularis* DC.
분포 ▫카슈미르-동남아시아, 티베트 남동부, 중국 서부 개화기 5-8월
산지에서 고산대에 걸쳐 숲 주변이나 초지, 방목지 주변, 휴경지에 자생한다. 꽃줄기는 높이 12-60cm이며 전체적으로 부드러운 털이 자란다. 근생엽은 삼각상광란형으로 폭 4-10cm이고 3개로 중맥까지 갈라졌다. 가운데 갈래조각은 능상광타원형이며 3개로 갈라졌고, 광란형-협피침형 작은 갈래조각에는 이며 이가 있다. 옆갈래조각은 2-3개로 갈라졌다. 포엽에는 폭넓은 자루가 있고 잎몸은 가늘게 갈라졌다. 갈래조각은 도란상쐐기형이며 3개로 깊게 갈라졌거나 단순한 피침형-선형이다. 꽃은 직경 1.5-3cm로 몇 개많이 달린다. 꽃자루는 개화 후에 길이 2-12cm로 자란다. 꽃받침조각은 5-9장 달리고 도란상타원형-장원형으로 흰색이며, 뒷면은 자주색을 띤다.

④-a 아네모네 리불라리스. 6월17일. L/야마카르의 북쪽. 2,850m. 꽃자루는 개화 후에 자라서 수평을 이룬다. 익은 수과 끝에 남아 있는 갈고리 모양의 암술대가 옆을 지나는 초식동물의 털에 달라붙는다.

④-b 아네모네 리불라리스. 7월4일. X/마로탄의 북쪽. 3,800m.

④-c 아네모네 리불라리스. 6월28일. K/링모 부근. 3,600m.

④-d 아네모네 리불라리스. 6월27일. Z3/틴베의 북쪽. 3,100m.

바람꽃속 Anemone

① 아네모네 데미사

A. demissa Hook.f. & Thoms. var. *demissa*

분포 ◇네팔 서부·미얀마, 티베트 남동부, 중국 서부 개화기 6-7월

고산대의 바람에 노출된 건조한 비탈에 자생한다. 뿌리줄기는 질이 강하고 정수리는 갈색 섬유에 싸여 있다. 꽃줄기는 길이 10-25cm로 곧게 뻗거나 쓰러지며, 전체적으로 길고 부드러운 털이 자란다. 근생엽에는 길이 2-8cm인 자루가 있다. 잎몸은 삼각상광란형으로 길이 1.5-3cm이고 3개로 중맥까지 갈라졌으며, 뒷면과 가장자리에 길고 부드러운 털이 빽빽하게 나 있다. 가운데 갈래조각은 옆 갈래조각보다 크고 능상타원형이며 다시 3개로 깊게 갈라졌고 가장자리에 장란형의 이가 있다. 포엽은 깊게 갈라졌다. 꽃은 직경 1.5-2cm로 줄기 끝에 2-6개가 모여 달린다. 꽃자루는 길이 1-4cm. 꽃받침조각은 5-6장 달리고 타원형으로 청자주색·흰색이며 바깥쪽에 길고 부드러운 털이 나 있다. 꽃밥은 장원형. 암술대는 길이 1mm이다.

② 아네모네 데미사 빌로시스마

A. demissa Hook.f. & Thoms. var. *villosissma* Bruhl

분포 ◇네팔 동부·부탄, 티베트 남동부, 중국 남서부 개화기 6-8월

고산대 하부의 습한 초지의 비탈이나 소관목 사이에 자생한다. 변종 마요르와 비슷하나, 꽃줄기와 꽃자루, 잎의 뒷면에 노란색을 띤 길고 부드러운 털이 빽빽하게 자란다. 잎몸의 갈래조각에는 자루가 없으며, 이는 길고 끝이 뾰족하다. 포엽은 잎모양. 꽃은 직경 1.8-2.2cm로 줄기 끝에 4-7개 달린다. 꽃자루는 길이 1.5-2cm. 꽃받침조각은 흰색으로 4-5장 달린다. 중국에서 이들 변종으로 취급되는 것은 『윈난식물지(雲南植物志)』에 적혀 있듯이 바람꽃류 *A. narcissiflora* L.에 가깝다.

③ 아네모네 데미사 마요르

A. demissa Hook.f. & Thoms. var. *major* W.T. Wang

분포 ◇티베트 남동부, 윈난·쓰촨성
개화기 7-8월

고산대의 바위가 많고 습한 초지에 자생한다. 꽃줄기는 높이 30-45cm이며 겉에 길고 부드러운 털이 자란다. 근생엽에는 길이 10-20cm인 자루가 있다. 잎몸은 오각상심형으로 길이 5-7cm이고 3개로 중맥까지 갈라졌다. 갈래조각에는 짧은 자루가 있으며, 드문드문 길고 부드러운 털이 자란다. 가운데 갈래조각은 옆갈래조각과 크기가 거의 같은 능상도란형이며 3개로 갈라졌고, 이는 난형으로 끝이 둔형이다. 포엽은 깊게 갈라졌다. 꽃은 직경 1.7-2cm로 줄기 끝에 2-4개 달린다. 꽃자루는 길이 2-4cm. 꽃받침조각은 5장 달리고 타원형으로 흰색·연자주색이다.

①-a 아네모네 데미사. 7월13일. S/토닉 부근. 5,200m.

①-b 아네모네 데미사. 7월9일 K/눈무 라의 동쪽. 4,900m.

② 아네모네 데미사 빌로시스마. 7월28일. Z3/도숑 라의 서쪽. 3,800m. 잎의 작은 갈래조각은 가늘고 길며, 꽃줄기의 상부에서 꽃자루에 걸쳐 노란색을 띤 길고 부드러운 털이 빽빽하게 나 있다.

④ 아네모네 임브리카타 A. imbricata Mazim.
분포 ◇티베트 남동부, 중국 서부
개화기 6-7월
다소 건조한 고산대의 초지에 자생한다. 꽃
줄기는 길이 5-15cm로 자라고 쓰러지기 쉬우
며, 전체적으로 길고 부드러운 털이 촘촘하
게 나 있다. 잎자루의 기부는 칼집모양. 잎몸
은 장란형으로 길이 2-3cm이고 3개로 중맥까
지 갈라졌으며, 뒷면에 길고 부드러운 털이
두껍게 붙어 있다. 가운데 갈래조각은 약간
크고 짧은 자루를 가지며, 여러 개로 깊게 갈
라졌다. 작은 갈래조각은 도란형-타원형이
며 서로 겹친다. 포엽은 3개로 깊게 갈라졌
다. 꽃은 직경 1.5-2.5cm로 줄기 끝에 1-2개 달
린다. 꽃자루는 길이 1-3.5cm. 꽃받침조각은
5-7개 달리고 도란형으로 흰색-자주색-자갈
색이며 끝이 뾰족하다. 수술대는 가늘고 꽃
밥은 타원체. 암술대는 길이 1mm이다.

③ 아네모네 데미사 마요르. 8월6일.
Z3/라무라쵸 부근. 4,400m.

④ 아네모네 임브리카타. 6월22일.
Z1/초바르바 부근. 4,800m.

⑤ 아네모네 폴리카르파 A. polycarpa Evans
분포 ◇네팔 중부-부탄, 티베트 남동부, 윈난
성 개화기 6-7월
비가 많은 고산대의 초지에 자생한다. 동속
임브리카타와 비슷하나, 전체적으로 길고 부
드러운 털이 약간 적으며 잎의 갈래조각에는
자루가 있고, 가운데 갈래조각의 자루는 특히
길게 뻗으며 작은 갈래조각은 폭이 좁다. 꽃받
침조각은 광타원형으로 끝은 원형. 수술대는
짧고 폭이 넓다. 꽃밥은 사각상광란형으로 짧
다. 암술대는 매우 짧다. 꽃줄기는 길이 7-
15cm. 꽃줄기와 잎자루의 기부는 길고 부드러
운 털이 촘촘하게 나 있는 비늘조각잎에 싸여
있다. 잎몸은 난형-장란형으로 길이 1.5-3cm,
폭 1-2.5cm. 꽃은 직경 1.5-2cm로 줄기 끝에 1개
달린다. 꽃자루는 길이 1-3cm. 꽃받침조각은 5-
6장 달리고 흰색이며 가장자리는 자줏빛 갈색
을 띤다. 수술과 암술은 자줏빛 갈색이다.

⑤-a 아네모네 폴리카르파. 7월12일.
T/싱스와 다라. 4,500m.

⑤-b 아네모네 폴리카르파. 7월24일.
V/미르긴 라의 남쪽. 4,450m.

⑥ 아네모네 테트라세팔라 A. tetrasepala Royle
분포 ◇아프가니스탄-가르왈, 티베트 서부
개화기 6-8월
고산대의 바위가 많은 비탈에 자생한다. 꽃
줄기는 높이 30-80cm로 굵고 속이 비었으며
짧고 부드러운 털이 자란다. 근생엽에는 긴
자루가 있다. 잎몸은 약간 혁질의 오각상신
형으로 폭 7-15cm이고 끝에서 3분의 2까지 3
개로 갈라졌으며, 앞뒷면의 맥 위에 부드러
운 털이 나 있다. 가운데 갈래조각은 폭넓은
능형이며 3개로 얕게 갈라지고 삼각상의 이
가 있다. 옆갈래조각은 2-3개로 갈라졌다.
포엽은 3개로 깊게 갈라졌다. 커다란 그루에
서는 복산형상의 꽃차례에 꽃이 여러 개 달
린다. 꽃은 직경 3-5cm. 꽃자루는 길이 3-
7cm. 꽃받침조각은 4-6장 달리고 능상도란형
으로 흰색이며 끝이 뾰족하다. 꽃밥은 황록
색. 암술대는 완만하게 휘어 있다.

⑥-a 아네모네 테트라세팔라. 7월14일.
I/꽃의 계곡. 3,600m.

⑥-b 아네모네 테트라세팔라. 7월15일.
I/헴쿤드. 4,000m.

바람꽃속 Anemone

① 아네모네 폴리안테스 *A. polyanthes* D. Don

분포 ◇카슈미르-부탄 **개화기** 5-7월

고산대의 관목림 주변이나 초지에 자생하며, 안개가 자주 끼는 산등성이의 방목지에 군생한다. 땅속에 굵고 질긴 뿌리줄기가 있으며, 정수리는 갈색 섬유에 싸여 있다. 꽃줄기는 높이 7-20cm이며 길고 부드러운 흰털이 빽빽하게 개출한다. 근생엽에는 길이 3-10cm인 자루가 있다. 잎몸은 약간 질이 두꺼운 오각상심형으로 폭 3-7cm이고 3개로 깊게 갈라졌으며 앞뒷면에 견모가 촘촘하게 자란다. 가운데 갈래조각은 옆갈래조각보다 작고 폭넓은 능형이며 가장자리에 난형-협란형의 이가 있다. 옆갈래조각은 2-3개로 갈라졌다. 줄기 끝에 꽃 3-7개가 산방상으로 모여 달린다. 포엽은 3개로 갈라졌다. 꽃자루는 길이 1-2cm. 꽃은 직경 2-3cm. 꽃받침조각은 보통 5장 달리고 도란형이며 끝은 원형이거나 약간 뾰족하고, 흰색-붉은 자주색을 띠며 바깥쪽 기부에 부드러운 털이 자란다. 수술의 꽃밥은 암갈색이다.

*①-b와 ①-c는 피기 시작한 무렵으로, 꽃줄기와 꽃자루가 충분히 자라지 않았다. ①-d는 잎의 결각이 깊은 점으로 보아 동속 스미티아나에 가깝다.

② 아네모네 스미티아나

A. smithiana Lauener & Panigrahi

분포 ◇네팔 중부-부탄, 티베트 남부 **개화기** 5-7월

아고산대와 고산대 하부의 관목림 주변이나 습한 바위땅의 초지, 바위틈에 자생하며 땅속에 굵고 강한 뿌리줄기가 있다. 동속 폴리안테스와 비슷하나, 군생하지 않고 단독으로 커다란 그루를 이루며, 뿌리줄기의 정수리에 많은 오래된 잎자루와 꽃줄기가 형태를 유지한 채 시들어 남아 있고, 잎과 꽃은 크고

①-a 아네모네 폴리안테스. 6월21일. L/징글라 고개의 남동쪽. 4,300m. 가축이 방목되는 산등성이의 초지에 연

①-b 아네모네 폴리안테스. 5월31일. M/부중게 바라의 남동쪽. 4,100m.

①-c 아네모네 폴리안테스. 5월31일. M/부중게 바라의 남동쪽. 4,100m.

①-d 아네모네 폴리안테스. 6월26일. T/고사. 4,200m.

잎몸의 결각은 깊다. 그러나 폴리안테스와 뚜렷이 구별하기는 어렵다. 꽃줄기는 높이 15-40cm이며 길고 부드러운 털이 빽빽하게 개출한다. 근생엽에는 길이 10-20cm인 자루가 있다. 잎몸은 오각형, 기부는 심형으로 폭 5-10cm이고 3-5개로 깊게 갈라졌으며 앞뒷면에 길이 5mm에 달하는 길고 부드러운 털이 촘촘하게 자란다. 가운데 갈래조각은 능형, 기부는 쐐기형이며 3개로 중맥까지 갈라져서 다시 우상으로 깊게 갈라졌으며, 이는 장원형으로 끝이 뾰족하다. 꽃은 직경 2.5-4cm로 줄기 끝에 3-10개 달린다. 꽃자루는 길이 2-4cm. 꽃받침조각은 흰색-분홍색으로 난상 타원형이며 끝은 원형이거나 약간 뾰족하고, 바깥쪽에 길고 부드러운 털이 자란다.

③ 아네모네 푸스코푸르푸레아 A. fuscopurpurea Hara
분포 ■ 네팔 동부 개화기 6월

고산대의 습한 둔덕에 자생하며, 해빙 후 꽃줄기가 충분히 자라기 전에 꽃이 핀다. 뿌리줄기의 정수리는 갈색 섬유에 싸여 있다. 꽃줄기는 높이 3-15cm이며 상부에 길고 부드러운 털이 빽빽하게 자란다. 길이 3-10cm인 근생엽의 자루에는 드문드문 길고 부드러운 털이 자란다. 잎몸은 오각상신형으로 폭 1.5-4cm이고 3개로 깊게 갈라졌으며, 표면은 털이 없고 가장자리에 길고 부드러운 털이 나 있다. 가운데 갈래조각은 능상쐐기형이며 3개로 중맥까지 갈라졌고 약간 뾰족한 장란형의 이가 있다. 옆갈래조각은 2개로 깊게 갈라졌다. 포엽은 잎모양으로 3개로 중맥까지 갈라졌다. 꽃은 직경 1.5-2cm로 줄기 끝에 2-4개 달린다. 꽃자루는 길이 1-2.5cm이며 부드러운 털이 자란다. 꽃받침조각은 4-5장 달리고 장원형으로 자줏빛 갈색. 심피는 3-8개 달리고 수술대와 함께 털이 없다.

붉은색-붉은자주색 꽃을 피운 그루와 흰 꽃을 피운 그루가 섞여 있다.

②-a 아네모네 스미티아나. 6월 15일.
L/파구네 다라의 북쪽. 3,800m.

②-b 아네모네 스미티아나. 6월 8일.
X/탕탕카의 북쪽. 3,700m.

③ 아네모네 푸스코푸르푸레아. 6월 3일.
T/라토 다라. 4,200m.

바람꽃속 Anemone

① 아네모네 오브투실로바 *A. obtusiloba* D. Don

분포 ▫아프가니스탄-미얀마, 티베트, 중국 서부 **개화기** 5-7월

아고산대에서 고산대에 걸쳐 관목림 주변이나 초지에 자생하며 방목지에 군생한다. 땅속에 굵은 목질 뿌리줄기가 있으며, 정수리는 갈색 섬유에 싸여 있다. 꽃줄기는 높이 7-20cm로 모여나기 하고 기부는 쓰러지기 쉬우며, 전체적으로 부드러운 털이 자란다. 근생엽의 잎몸은 오각상심형으로 폭 2-4cm이고 3개로 깊게 갈라졌다. 가운데 갈래조각은 옆 갈래조각과 크기가 거의 같은 넓은 능형이며 3개로 중맥까지 갈라졌고 가장자리에 장란형의 이가 있다. 포엽은 도란상쐐기형이며 보통 3개로 갈라졌다. 꽃은 직경 2-3.5cm로 꽃줄기에 1-2개 달린다. 꽃자루는 길이 1-3cm. 꽃받침조각은 5장인데 이따금 6-8장 달리며 도란상타원형으로 흰색·청자주색이며 건조지에서는 노란색이 된다.

*①-a의 노란 꽃은 라눈쿨루스 브로테루시이, 주홍색 꽃과 작은 톱니가 있는 잎은 포텐틸라 아르기로필라 아트로상그비네아. ①-e에는 동속의 노란 꽃 그루와 하얀 꽃 그루가 함께 자라고 있다. 라눈쿨루스 히르텔루스의 광택 있는 노란 꽃도 보인다.

② 아네모네 루페스트리스

A. rupestris Hook.f. & Thoms. subsp. *rupestris*

분포 ◇네팔 중부-부탄, 티베트 남부
개화기 5-7월

다형적인 기준아종으로, 아고산대에서 고산대에 걸쳐 관목림 주변이나 습한 둔덕 초지에 자생한다. 꽃줄기는 높이 3-15cm로 곧게 자라고 꽃자루에까지 심줄이 두드러지며, 심줄 위에 길고 부드러운 털이 빽빽하게 개출한다. 근생

①-a 아네모네 오브투실로바. 6월20일. L/푸르팡 콜라 부근. 4,000m. 야크 방목오두막에서 가까운 풀밭 형태의 초지로, 청사색 꽃을 피운 그루와 흰색 꽃을 피운 그루가 함께 자라고 있다.

①-b 아네모네 오브투실로바. 6월22일. R/베니카르카의 남쪽. 3,900m.

①-c 아네모네 오브투실로바. 6월22일. R/베니카르카의 남쪽. 3,900m.

①-d 아네모네 오브투실로바. 5월31일. Q/니마레의 서쪽. 3,700m.

엽에는 길이 1-5cm인 자루가 있다. 잎몸은 난형
으로 길이 1-3cm이고 3개로 중맥까지 갈라졌다.
갈래조각에는 짧은 자루가 있으며 길고 부드러
운 털이 자란다. 가운데 갈래조각은 옆갈래조
각보다 크고 난형이며 1-2회 3개로 갈라졌다. 마
지막 갈래조각은 광란형-피침형이며 살짝 겹쳐
있다. 포엽은 3개씩 돌려나기 하고, 장란상피침
형으로 끝은 뾰족하며 가장자리는 매끈하거나
3개로 얕게 갈라졌다. 꽃은 직경 1-1.8cm로 줄기
끝에 보통 1개 달린다. 꽃자루는 굵고 길이 2-
8cm로 곧게 자란다. 꽃받침조각은 5-6장 달리고
타원형-도란상장원형으로 끝은 약간 뾰족하며
흰색-자줏빛 붉은색·청자주색·검붉은색이다.
수술대는 끝부분 이외에는 폭이 넓고, 꽃밥은
암갈색으로 짧다.
*②-a는 잎의 가운데 갈래조각에 긴 자루가
있다. 같은 장소에 흰색과 연붉은색, 검붉은
색 꽃을 피운 그루도 보인다. ②-b와 ②-c의
잎은 갈래조각의 자루가 매우 짧다.

③ 아네모네 루페스트리스 겔리다

A. rupestris Hook.f. & Thoms. subsp. *gelida* (Maxim.) Lauener
분포 ■ 티베트 남동부, 윈난 · 쓰촨성
개화기 6-8월

기준아종과 달리, 꽃줄기와 꽃자루는 털이 없
고 약간 가늘다. 높이 5-12cm이며 기부는 길고
부드러운 털이 나 있는 비늘조각모양 잎에 싸
여 있다. 근생엽에는 길이 5-10cm의 자루가 있
다. 잎몸은 오각상광란형으로 길이 1.5-2.5cm이
고 갈래조각에는 짧은 자루가 있으며 표면은
광택이 있다. 포엽은 피침형-도란형이며 가장
자리는 매끈하거나 3개로 중맥까지 갈라졌다.
꽃은 직경 8-13mm로 줄기 끝에 1개 달리고 전
체적으로 털이 없다. 꽃자루는 길이 7-10mm. 꽃
받침조각은 보통 5장 달리고 타원형-광란형이
며 흰색·연자주색이다. 수술대는 가늘다.

①-e 아네모네 오브투실로바. 9월11일. G/가드사르의 남동쪽. 3,700m.

①-f 아네모네 오브투실로바. 9월11일.
G/가드사르의 남동쪽. 3,700m.

②-a 아네모네 루페스트리스. 6월17일.
O/곱테의 북서쪽. 3,500m.

②-b 아네모네 루페스트리스. 6월22일.
R/베니카르카. 3,950m.

②-c 아네모네 루페스트리스. 6월22일.
R/베니카르카. 3,900m.

③ 아네모네 루페스트리스 겔리다. 7월29일.
Z3/도송 라의 서쪽. 4,100m.

바람꽃속 Anemone

① 아네모네 트룰리폴리아 *A. trullifolia* Hook.f. & Thoms.
분포 ◇네팔 동부-부탄, 티베트 남부, 윈난 · 쓰촨성 개화기 5-7월

고산대의 초지나 둔덕 비탈에 자생하며, 갈색 섬유에 싸인 굵고 짧은 뿌리줄기가 있다. 꽃 줄기는 높이 3-15cm이며 전체적으로 길고 부드러운 털이 빽빽하게 자란다. 근생엽에는 폭 넓은 자루가 있다. 잎몸은 능상광란형으로 길이 1.5-4cm이고 3개로 중간 정도-깊게 갈라졌으며 작은 갈래조각은 광란형이다. 포엽은 장원형이며 가장자리는 매끈하거나 3개로 갈라졌다. 꽃은 직경 1.5-2.5cm로 줄기 끝에 보통 1개 달린다. 꽃자루는 길이 5-50mm로 개화 후에 자란다. 꽃받침조각은 5-6장 달리고 도란형-광타원형으로 굴색이며, 뒷면은 어두운 자주색을 띠고 견모가 자란다. 씨방에는 부드러운 털이 나 있다.
*①-b의 군락은 개화기가 끝날 무렵이다.

② 아네모네 코엘레스티나 리네아리스
A. coelestina Franch. var. *linearis* (Brühl) Ziman & B.E. Dutton [*A. trullifolia* Hook.f. & Thoms. var. *linearis* (Brühl) Hand.-Mazz.]
분포 ◇부탄, 티베트 남동부, 중국 서부
개화기 6 7월

아고산대에서 고산대에 걸쳐 소림이나 풀밭 형태의 초지에 자생한다. 동속 트룰리폴리아와

①-a 아네모네 트룰리폴리아. 5월11일. X/쇼도 부근. 4,000m.

①-b 아네모네 트룰리폴리아. 7월2일. T/탕 라의 북쪽. 4,250m. 바위가 많은 방목 사면에 군생하고 있다. 연자주색 꽃은 프리뮬러 프리뮬리나.

비슷하나, 잎은 장원형이며 매끈하거나 끝에 이가 2-3개 있다. 꽃줄기는 높이 5-15cm. 잎몸은 길이 1.5-5cm. 포엽은 장원형·피침형이며 매끈하다. 꽃은 직경 1.5-2cm로 1개 달린다. 꽃자루는 길이 1-5cm. 꽃받침조각은 5장 달리고 타원형·장원형이며 노란색·자주색. 심피는 짧고, 길고 부드러운 털이 촘촘하게 나 있다.

할미꽃속 Pulsatilla

바람꽃속과 비슷하나, 바깥쪽 수술은 꿀을 분비하는 헛수술로 변한다. 암술대에는 깃털모양의 털이 촘촘하게 나 있는데 이것은, 개화 후에 자라서 수과 끝에 숙존한다.

③ 풀사틸라 왈리키아나

P. wallichiana (Royle)Ulbrich

분포 ◇파키스탄·카슈미르 개화기 5-7월
건조지 고산대의 바람에 노출된 초지에 자생한다. 질이 강한 뿌리줄기가 땅속으로 뻗으며, 뿌리줄기의 정수리는 오래된 잎자루에 싸여 있다. 꽃줄기는 높이 15-20cm이며 겉에 길고 부드러운 털이 빽빽하게 자란다. 근생엽에는 길이 2-8cm인 털 많은 자루가 있다. 잎몸은 장란형으로 길이 3-5cm이고 우상으로 중맥까지 갈라졌으며, 뒷면에 길고 부드러운 털이 자란다. 갈래조각은 5-7장 달리고 다시 우상으로 깊게 갈라졌다. 작은 갈래조각은 도란상쐐기형으로 끝에 3개의 이가 있다. 이는 장란형으로 폭 1.5mm이고 끝이 뾰족하다. 포엽은 돌려나기 하고 기부는 합착하며, 잎몸은 3개로 중맥까지 갈라졌고 작은 갈래조각은 장원상피침형이다. 꽃은 종형으로 줄기 끝에 1개 달리며 아래를 향한다. 꽃자루는 길이 2.5-5cm. 꽃받침조각은 5-7장 달리고 황갈색·자줏빛 붉은색이며, 타원상피침형으로 길이 1.5-2m이고 끝이 휘어지며 바깥쪽에 견모가 촘촘하게 나 있다. 꽃자루는 개화 후에 곧게 서서 자란다.

②-a 아네모네 코엘레스티나 리네아리스. 6월28일. X/탄자의 남쪽. 4,300m.

②-b 아네모네 코엘레스티나 리네아리스. 7월11일. Y4/호뎃사의 북쪽. 4,700m.

③-a 풀사틸라 왈리키아나. 7월4일 C/간바보호마 부근. 4,000m.

③-b 풀사틸라 왈리키아나. 7월4일. C/간바보호마 부근. 4,100m. 꽃줄기와 꽃자루, 포엽, 꽃받침조각의 바깥쪽에 촘촘하게 나 있는 희고 부드러운 견모가 강한 직사광선을 받아 반짝거린다.

으아리속 Clematis

덩굴식물. 잎은 마주나기 또는 모여나기 하고, 잎자루는 휘어 있기 쉽다. 꽃에는 꽃잎 모양의 꽃받침조각이 4-8장 달리고, 꽃잎은 없다. 수술과 암술은 여러 개 달린다. 수과는 두상으로 모여 달리고, 길게 자란 암술대가 숙존한다. 암술대에는 보통 길고 부드러운 털이 깃털모양으로 촘촘하게 나 있다.

① 클레마티스 몬타나 *C. montana* DC.
분포 ▫아프가니스탄-미얀마, 티베트 남부, 중국 서남부 개화기 4-6월
산지에서 고산대 하부의 혼합림이나 관목소림에 자생하는 덩굴성 목본. 높이는 1.5-5m이며 전체적으로 짧고 부드러운 털이 자란다. 3출복엽 잎에는 길이 3-7cm인 자루가 있다. 정소엽은 쪽소엽보다 약간 크고, 난형-타원상피침형으로 길이 2-6cm이고 끝은 가늘고 뾰족하며 가장자리에 성기고 불규칙한 톱니가 있다. 꽃은 거의 위를 향해 평개한다. 꽃자루는 길이 3-10cm. 꽃받침조각은 4장 달리고 흰색이며, 타원형-광피침형으로 길이 1.5-3cm이고 끝은 원형-예형이며 바깥쪽에 부드러운 털이 자란다.

② 클레마티스 플레반타
C. phlebantha L. H. Williams
분포 ■네팔 서중부 개화기 6-7월
아고산대의 다소 건조한 바위 비탈에 자생하는 반덩굴성 소관목. 높이 0.3-1.5m이며 전체적으로 흰 솜털로 덮여 있다. 잎은 우상복엽으로 길이 4-8cm, 폭 1.5-3cm이고 자루는 짧다. 소엽은 5-9장 달리고 도란형이며 3개로 중맥까지 갈라졌고 갈래조각은 삼각상란형이다. 꽃은 거의 위를 향해 평개한다. 꽃자루는 길이 2.5-6cm. 꽃받침조각은 5-6장 달리고 흰색이며, 도란상타원형으로 길이 1.3-2cm이고 중앙에 맥이 3개 있다. 가장자리 부분에 가늘게 평행하는 맥이 있으며, 뒷면에 솜털이 붙어 있다. 수술대는 털이 없다. 암술에 길고 부드러운 털이 촘촘하게 나 있다. 건조해지면 꽃받침조각의 맥과 수술대가 자줏빛 갈색으로 물든다.

③ 클레마티스 그라타 *C. grata* Wall.
분포 ▫아프가니스탄-네팔 중부, 티베트 남부 개화기 6-9월
산지대 하부의 숲 주변이나 관목소림에 자생하는 덩굴성 목본. 초질의 가지는 잘 자라고 심줄이 두드러진다. 3-5출우상복엽 잎에는 길이 3-7cm인 자루가 있다. 소엽은 난상피침형으로 길이 2-6cm이고 끝은 가늘고 뾰족하며, 기부는 원형이고 가장자리에 성긴 톱니가 있다. 원추꽃차례에 향기 있는 꽃이 여러 개 달린다. 꽃자루는 길이 1-2cm. 꽃받침조각은 4장 달리고 흰색-유황색이며, 장원

① 클레마티스 몬타나. 6월11일. Z3/다무로. 3,250m. 이 종으로서는 꽃이 직경 5-6cm로 크고 꽃받침조각의 폭이 넓다. 꽃과 잎의 형태는 환경에 따라 변화가 크다.

① 클레마티스 몬타나. 5월16일. N/다나큐의 남서쪽. 2,800m.

① 클레마티스 몬타나. 5월25일. W/푸네의 남동쪽. 3,250m.

형으로 길이 7-10mm이고 약간 휘어지며 바깥쪽에 견모가 촘촘하게 나 있다.

④ 클레마티스 아쿠탕굴라 *C. acutangula* Hook. f. & Thoms.
분포 ◇부탄 개화기 8-10월
산지의 소나무 소림에 자생하는 반목질의 덩굴초. 잎은 1-2회 3출복엽이고 길이 4-7cm인 자루를 갖는다. 정소엽은 난상피침형으로 길이 3-5cm이고 끝은 가늘고 뾰족하며 기부는 원형-얕은 심형이다. 보통 3개로 얕게 갈라졌고 가장자리에 성긴 톱니가 있으며 앞뒷면에 부드러운 털이 자란다. 꽃자루는 길이 3-15cm로 곧게 자라고, 짧고 부드러운 털이 나 있다. 꽃은 옆이나 아래를 향한다. 꽃받침조각은 4장 달리고 붉은 자주색이며, 질이 두꺼운 장원상피침형으로 길이 1.2-1.5cm이고 바깥쪽의 양쪽 가장자리와 중앙에 능이 있으며, 부드러운 털이 자라는 끝은 휘어 있다. 수술에는 희고 긴 털이 촘촘하게 나 있다.

⑤ 클레마티스 콘나타 *C. connata* DC.
분포 ▫파키스탄-부탄, 티베트, 중국 남서부 개화기 7-9월
산지의 숲 주변이나 관목소림에 자생하는 덩굴성 목본. 잎은 우상복엽, 잎자루는 길이 5-8cm, 기부는 폭이 넓고 서로 합착한다. 소엽은 5-7장 달리고 자루는 휘어 있기 쉽다. 소엽의 잎몸은 난형으로 길이 5-12cm이고 끝은 점첨형, 기부는 심형이며 가장자리에 무딘 톱니가 있다. 앞뒷면에 드문드문 부드러운 털이 자란다. 총꽃자루는 길이 5-10cm, 꽃자루는 길이 2-4cm, 포엽은 장원형-피침형. 꽃은 종형으로 아래를 향한다. 꽃받침조각은 4장 달리고 연노란색-황녹색이며, 질이 두꺼운 장원상피침형으로 길이 1.5-2cm이고 앞뒷면에 부드러운 털이 촘촘하게 나 있다.

② 클레마티스 플레반타. 7월5일. K/링모의 남동쪽. 3,700m. 꽃받침조각의 중앙부는 두껍고 뒷면에 솜털이 붙어 있으며, 3개의 1차맥이 있고, 가장자리 부분은 질이 얇고 가는 맥이 평행한다.

③ 클레마티스 그라타. 8월22일.
I/푸르나. 2,000m.

④ 클레마티스 아쿠탕굴라. 9월16일.
X/탁창 부근. 2,700m.

⑤ 클레마티스 콘나타. 7월15일.
V/갸브라의 북동쪽. 3,050m.

으아리속 Clematis

① 클레마티스 티베타나 베르나이

C. tibetana Kuntze subsp. *vernayi* (C.E.C. Fischer)
Grey-Wilson var. *vernayi* [*C. tibetana* Kuntze var.
vernayi (C.E.C. Fischer) W.T. Wang]

분포 ◇티베트 남동부, 쓰촨성 개화기 5-7월
건조 고지의 바위 비탈이나 관목소림에 자생
하며, 가느다란 목질 덩굴이 땅을 기듯이 옆
으로 퍼져 소관목을 뒤덮는다. 전체적으로
짧고 부드러운 털이 자란다. 잎은 1-2회 우상
복엽으로 분백색을 띠며 길이 1.5-8cm인 자루
를 갖는다. 소엽은 피침형-선상피침형으로
길이 1-4cm, 폭 2-8mm이고 가장자리는 거의
매끈하다. 꽃자루는 길이 4-14cm로 곧게 뻗
고 겉에 털이 없거나 부드러운 털이 자라며,
꽃은 아래를 향한다. 꽃받침조각은 4장 달리
고 노란색-홍갈색이며, 두꺼운 혁질의 장란
형으로 길이 1.7-2.5cm이고 곧추서거나 약간
벌어진다. 바깥쪽에는 털이 없고, 안쪽에 짧
고 부드러운 누운 털이 촘촘하게 나 있다. 꽃
받침조각 끝은 뾰족하며 안쪽으로 굽어 있
다. 수술은 길이 5-10mm. 수술대와 씨방에
부드러운 털이 자라고, 암술대에 길고 부드
러운 털이 촘촘하게 나 있다.

② 클레마티스 티베타나 베르나이 라치니이폴리아

C. tibetana Kuntze subsp. *vernayi* (C.E.C. Fischer)
Grey-Wilson var. *laciniifolia* Grey-Wilson

분포 ◇네팔 서중부 개화기 6-7월
다소 건조한 산지에서 고산대 하부에 걸쳐
계곡 줄기의 바위땅이나 관목소림, 수로 주
변의 초지에 자생한다. 기준변종과 달리, 소
엽은 난형-타원상피침형이며 드문드문 톱니
가 있고 꽃받침조각의 끝은 휘어 있다.

①-a 클레마티스 티베타나 베르나이. 7월21일. Y3/라싸의 서쪽 교외. 4,150m. 굴색의 꽃받침조각 4장은 질이 두
껍고 안쪽에 부드러운 털이 촘촘하게 나 있으며, 끝부분이 안쪽으로 굽어 있다.

①-b 클레마티스 티베타나 베르나이. 8월19일.
Y3/라싸의 서쪽 교외. 4,200m.

②-a 클레마티스 티베타나 베르나이 라치니이폴리아.
6월18일. N/킨가르의 서쪽. 3,300m.

②-b 클레마티스 티베타나 베르나이 라치니이폴리아. 7
월11일. K/남궁 부근. 4,300m.

③ **클레마티스 탕구티카** *C. tangutica* (Maxim.) Korsh
분포 ◇중앙아시아 주변-카슈미르, 티베트, 중국 서부 개화기 6-8월
건조 고지 계곡 줄기의 불안정한 바위 비탈이나 물가의 모래땅, 관목소림에 자생한다. 덩굴은 땅을 기듯이 옆으로 뻗고, 목질로 가늘고 홈이 6-8개 있으며 부드러운 털이 자란다. 잎은 1-2회 우상복엽. 소엽은 장란형-장원상피침형으로 길이 2-6cm이고 기부의 양 가장자리에 톱니가 0-7개 있다. 꽃자루는 길이 5-15cm이며 겉에 부드러운 털이 자란다. 꽃받침조각은 4장 달리고 귤색이며 질이 부드러운 타원상피침형-장원상피침형으로 길이 2-4cm이고 곧추서거나 옆으로 벌어지며 안쪽은 털이 거의 없다. 바깥쪽에 견모가 자라고, 끝은 가늘고 뾰족하며 완만하게 휘어 있다. 수술대와 씨방에 부드러운 털이 나 있다. 수과에 숙존하는 깃털모양 암술대는 길이 5cm로 자란다.

④ **클레마티스 프세우도포고난드라**
C. pseudopogonandra Finet & Gagnep.
분포 ◇티베트 동부, 윈난 · 쓰촨성
개화기 6-7월
아고산대의 숲속이나 냇가의 관목림에 자생한다. 덩굴은 목질로 가늘고 홈이 4-6개 있으며 길게 아래로 늘어지고, 전체적으로 짧고 부드러운 털이 자란다. 잎은 보통 5출우상복엽이며 긴 자루를 가진다. 잎몸의 윤곽은 협삼각형으로 길이 5-12cm. 소엽은 난상피침형이며 다시 우상으로 중앙-깊게 갈라졌고, 갈래조각은 삼각상란형이며 끝이 뾰족하다. 꽃자루는 길이 4-8cm. 꽃은 종형으로 길이 2-3.5cm이며 아래를 향한다. 꽃받침조각은 4장 달리고 자줏빛 갈색, 혁질의 광피침형이며 앞뒷면에 부드러운 털이 촘촘하게 자란다. 수술은 길이 1-1.5cm. 수술대와 꽃밥의 끝 쪽에 길고 부드러운 털이 촘촘하게 나 있다. 씨방에는 부드러운 털이 자라고, 암술대에는 길고 부드러운 털이 촘촘하게 나 있다.

⑤ **클레마티스 바르벨라타** *C. barbellata* Edgew.
분포 ◇파키스탄-네팔 중부, 티베트 남부
개화기 6-7월
산지나 아고산대의 밝은 숲에 자생한다. 목질 덩굴은 가늘고 질이 강하며 겉에 털이 거의 없다. 잎은 3출복엽으로 길이 3-7cm인 자루가 있으며, 쪽소엽은 2개로 갈라졌다. 정소엽은 난상피침형으로 길이 4-8cm이고 이따금 3개로 얕게 갈라졌으며 가장자리에 날카로운 톱니가 있다. 꽃자루는 길이 4-7cm, 꽃은 종형으로 아래를 향한다. 꽃받침조각은 4장 달리고 홍갈색이며, 질이 두꺼운 타원상피침형으로 길이 2.2-3cm이고 끝은 뾰족하며 앞뒷면에 부드러운 털이 빽빽하게 자란다. 수술에는 전체적으로 부드러운 털이 자란다. 암술대에는 길고 부드러운 털이 빽빽하게 나 있다.

③ 클레마티스 탕구티카. 7월21일. F/후크타르 부근. 3,800m.

④ 클레마티스 프세우도포고난드라. 7월1일. Z3/치틴탕카의 남동쪽. 3,800m.

⑤ 클레마티스 바르벨라타. 7월4일. K/링모의 서쪽. 3,800m. 옆으로 길게 뻗은 꽃자루 끝에 홍갈색 꽃이 늘어져 있다. 꽃받침조각 전체에 부드러운 털이 자라고, 질이 얇은 가장자리 부분은 특히 털이 짙다.

미나리아재비속 Ranunculus

꽃은 방사상칭이며, 꽃받침조각과 꽃잎이 함께 5장 달린다. 꽃잎은 파라볼라안테나 모양으로 열리고, 매끄러운 광택이 있는 표면이 햇빛을 반사해 중앙의 심피를 따뜻하게 해 준다. 매우 얇은 꽃잎의 표피에는 노란 색소가 들어 있어 유해한 자외선을 흡수하고, 표피 하층에 있는 하얀 전분립을 축적한 조직이, 흡수한 빛을 최대한으로 반사한다. 꽃잎 기부에 꿀이 고이는 작은 결각이 있다.

① 라눈쿨루스 히말라이쿠스

R. himalaicus Kadota

분포 ■ 네팔 동부 개화기 7월
고산대 상부의 자갈 비탈에 자생한다. 꽃줄기는 높이 1-5cm이며 흰 견모가 자라고, 잎과 포엽은 달리지 않는다. 근생엽에는 길이 5-20mm인 자루가 있다. 잎몸은 약간 다육질이고, 윤곽은 광란형으로 길이 3-7mm이며 기부까지 3개로 갈라졌다. 가운데 갈래조각은 도란형-도피침형으로 끝은 원형이고 이따금 3개로 얕게 갈라졌으며 가장자리에 흰 견모가 자란다. 옆갈래조각은 2개로 깊게 갈라졌다. 꽃은 직경 6-10mm로 1개 달린다. 꽃받침조각은 장란형이며 꽃잎과 길이가 같거나 약간 짧다. 꽃잎은 도란상타원형으로 노란색이며 평개한다.

② 라눈쿨루스 문로아누스 *R. munroanus* Dunn

분포 ■ 파키스탄-네팔 중부, 티베트 서부
개화기 6-7월
고산대 상부의 자갈 비탈에 자생하며, 뿌리의 기부는 약간 크고 두툼하다. 꽃줄기는 높이 3-8cm이며 기부에서 분지하고 꽃이 1-3개 달린다. 잎은 기부에 모여 달리고 길이 1-5cm의 자루가 있다. 잎몸은 신형으로 폭 1-2cm이고 3개로 중맥까지 갈라졌으며 원형 톱니가 있다. 포엽은 가장자리가 매끈하거나 깊게 갈라졌고, 갈래조각은 가늘다. 꽃자루는 길이 1.5-5cm이며 상부에 부드러운 털이 자란다. 꽃은

① 라눈쿨루스 히말라이쿠스. 7월 20일. S/루낙 부근. 5,200m.

② 라눈쿨루스 문로아누스. K/라체의 북동쪽. 5,100m.

④ 라눈쿨루스 글라레오수스. 6월 22일. Z1/초바르바 부근. 4,900m. 햇빛과 차가운 바람에 노출된 불안정한 석회암 사면에 가늘고 유연한 꽃줄기가 쓰러져 자라고 있다.

③ 라눈쿨루스 프세우도피그매우스. Q/나가온의 동쪽. 4,300m.

직경 7-13mm. 꽃받침조각은 장란형이며 꽃잎보다 약간 짧다. 꽃잎은 도란상타원형으로 노란색. 집합과는 타원체로 높이 3-4mm이다.

③ 라눈쿨루스 프세우도피그매우스

R. pseudopygmaeus Hand.-Mazz.
분포 ◇네팔 중동부, 티베트 남동부, 원난성
개화기 5-8월
고산대의 모래땅이나 물가에 자생하며, 뿌리의 기부는 약간 크고 두툼하다. 꽃줄기는 높이 2-5cm이며 겉에 부드러운 털이 자란다. 근생엽에는 길이 1-3cm인 자루가 있다. 잎몸은 신장형으로 폭 5-10mm이고 3개로 중앙-중맥까지 갈라졌으며 앞뒷면에 부드러운 털이 자란다. 갈래조각은 도란상타원형으로 끝은 약간 뾰족하고 이가 0-3개 있다. 줄기잎은 자루가 짧다. 꽃자루는 길이 1-2.5cm이며 부드러운 털이 자란다. 꽃은 직경 6-9mm로 1개 달린다. 꽃받침조각은 휘어 있으며 부드러운 털이 나 있다. 꽃잎은 도란형으로 노란색, 끝은 원형이거나 살짝 파여 있다.

④ 라눈쿨루스 글라레오수스

R. glareosus Hand.-Mazz.
분포 ■티베트 동부, 중국 서부 개화기 6-7월
하층에 모래진흙을 품고 있는 고산대의 자갈 비탈에 자생하며, 땅속으로 뿌리가 길게 뻗는다. 꽃줄기는 가늘고 부드러우며 길이 5-15cm로 자라고, 땅과 맞닿는 마디에서 뿌리를 내민다. 잎의 기부에는 길이 2-6cm인 자루가 있다. 잎몸은 약간 두꺼운 오각상원신장형으로 폭 7-20mm이고 보통 3개로 깊게 갈라졌다. 가운데 갈래조각은 3개로 갈라졌고, 옆갈래조각은 들쭉날쭉하게 2개로 갈라졌다. 상부의 줄기잎은 포엽모양. 꽃자루는 길이 1-3cm이며 겉에 부드러운 털이 자란다. 꽃은 직경 1.3-2cm로 1개 달린다. 꽃받침조각에 부드러운 털이 나 있다. 꽃잎은 도란형으로 노란색, 끝은 원형-절형이다.

⑤ 라눈쿨루스 히르텔루스 *R. hirtellus* D. Don

분포 □아프가니스탄-네팔, 티베트, 중국 서부 개화기 6-9월
다형적인 종으로, 고산대의 모래땅이나 초지에 자생한다. 길이 5-15cm인 꽃줄기에는 부드러운 털이 자란다. 근생엽에는 길이 1.5-5cm인 자루가 있다. 잎몸은 원신형으로 폭 1-2.5cm이고 3개로 깊게 중맥까지 갈라졌다. 갈래조각은 광도란형이며 다시 0-3개로 중앙까지 갈라졌고 가장자리에 난형의 이가 있다. 상부의 잎은 포엽모양이며 깊게 갈라졌고 갈래조각은 장원상피침형이다. 꽃은 직경 1.3-2cm로 1-2개 달린다. 길이 1-5cm인 꽃자루에는 길고 부드러운 털이 자란다. 꽃받침조각은 꽃잎보다 약간 짧다. 꽃잎은 광도란형으로 노란색, 끝은 원형-절형이다.

⑤-a 라눈쿨루스 히르텔루스. 8월17일.
A/호로고지트. 4,200m.

⑤-b 라눈쿨루스 히르텔루스. 7월17일.
D/투크치와이 룬마. 4,250m.

⑤-c 라눈쿨루스 히르텔루스. 9월11일.
G/가드사르의 남동쪽. 3,700m.

⑤-d 라눈쿨루스 히르텔루스. 9월7일.
H/바칼라차 라. 4,900m.

⑤-e 라눈쿨루스 히르텔루스. 8월31일.
H/브리그 호수 부근. 4,200m.

⑤-f 라눈쿨루스 히르텔루스. 6월14일.
M/야크카르카. 4,450m.

미나리아재비속 Ranunculus

① 라눈쿨루스 브로테루시이 *R. brotherusii* Freyn
분포 □ 중앙아시아·아루나찰, 티베트 남부,
중국 서부 개화기 6-8월
고산대의 초지에 자생하며, 빙하 주변의 빗
물이 잘 고이는 방목 초지에 넓게 군생한다.
꽃줄기는 부드럽고 길이 7-30cm로 자라며,
기부는 쓰러지기 쉽고 드문드문 분지하며,
전체적으로 부드러운 누운 털이 자란다. 잎
의 기부에는 길이 2-5cm인 자루가 있다. 잎몸
의 윤곽은 원신형으로 폭 1-3cm이고 가늘게
갈라졌으며, 작은 갈래조각은 선상피침형으
로 폭 0.5-1.5mm. 줄기 상부의 잎에는 자루가
없다. 꽃은 직경 5-12mm로 줄기 끝에 1개 달
린다. 꽃자루는 길이 2-5cm. 꽃받침조각은 꽃
잎보다 짧고 바깥쪽에 부드러운 누운 털이
자란다. 꽃잎은 도란상타원형으로 노란색.
집합과는 타원체로 높이 4-6mm이다.
*①-c는 가지계곡이 합류하는 빙하 유역의
평탄한 초지로, 저지에는 물이 고여 있다.

② 라눈쿨루스 탕구티쿠스
R. tanguticus (Maxim.) Ovczinnikov [*R. brotherusii*
Freyn var. *tanguticus* (Maxim.) Tamura]
분포 □ 네팔서-동부, 티베트 남동부, 중국 서
부 개회기 6-8월
아고산대에서 고산대에 걸쳐 초지나 냇가의
둔덕에 자생한다. 동속 브로테루시이와 비
슷하나, 줄기와 꽃자루는 약간 두껍고 꽃은
줄기 끝에 1-3개 달리며 잎의 작은 갈래조각
은 폭이 넓다. 꽃줄기는 높이 10-25cm. 잎의
기부 잎몸은 오각상광란형으로 폭 1-3cm이
고, 작은 갈래조각은 선상피침형으로 폭 1.5-
3mm이다. 꽃은 직경 1-2cm. 꽃자루는 길이
2-6cm이며 겉에 부드러운 누운 털이 빽빽하
게 나 있다. 꽃잎은 원형-도란형.

①-a 라눈쿨루스 브로테루시이. 7월30일. T/셰르숭. 4,550m. 빙하 주변의 물이 촉촉하게 밴 초지에 자란 것으
로, 가늘고 유연한 꽃줄기가 서로 기대면서 높이 30cm로 뻗어 있다.

①-b 라눈쿨루스 브로테루시이. 6월25일.
P/캉진의 남동쪽. 4,100m.

①-c 라눈쿨루스 브로테루시이. 7월22일. V/알룽 빙하의 오른쪽 기슭. 4,400m. 한여름에는 빙하 주변의 광대한
초지가 이 꽃으로 물든다. 멀리 목초를 쌓아둔 오두막과 야크 방목텐트가 보인다.

③ **라눈쿨루스 팔마티피두스** *R. palmatifidus* H. Riedl
분포 ■파키스탄-카슈미르 개화기 6-7월

건조 고지 초지의 비탈에 자생한다. 꽃줄기는 높이 20-40cm이며 상부에서 분지하고 꽃이 1-3개달린다. 잎의 기부에는 긴 자루가 있다. 잎몸은 신장형으로 폭 3-8cm이고 3개로 깊게 갈라졌으며 가운데 갈래조각은 피침형이다. 옆갈래조각은 2개로 깊게 갈라졌고 이따금 다시 갈라지기도 하며, 가장자리에 부드러운 털이 자란다. 꽃자루는 길이 3-6cm이며 상부에 길고 부드러운 털이 촘촘하게 나 있다. 꽃은 직경 1.8-2.2cm. 꽃받침조각 바깥쪽에는 부드러운 털이 자란다. 꽃잎은 광도란형으로 노란색. 심피는 털이 없다.

④ **라눈쿨루스 풀켈루스 스트라케야누스**
R. pulchellus Meyer var. *stracheyanus* (Maxim.)
Hand.-Mazz. [*R. popovii* Ovczinnikov var.
stracheyanus (Maxim.) W.T. Wang]
분포 ◇파키스탄-부탄, 티베트, 중국 서부
개화기 5-8월

고산대의 초지에 자생한다. 꽃줄기는 높이 5-17cm이며 드문드문 분지하고, 털이 없거나 상부에 부드러운 털이 자라며 꽃이 1-3개 달린다. 근생엽에는 길이 2-5cm인 자루가 있다. 잎몸은 오각상광란형으로 폭 1-2cm이고 3개로 깊게 갈라졌으며, 중앙갈래조각은 갈라짐이 없거나 3개로 갈라졌다. 작은 갈래조각은 장원상도피침형으로 끝은 뾰족하다. 옆갈래조각은 보통 2개로 깊게 갈라졌다. 상부의 잎에는 짧은 자루가 있고, 잎몸은 매끈하거나 3-5개로 깊게 갈라졌으며 갈래조각은 선상피침형이다. 꽃자루는 길이 2-10cm. 꽃은 직경 1-1.5cm. 꽃받침조각 바깥쪽에는 부드러운 털이 나 있다. 꽃잎은 도란형으로 노란색. 심피는 털이 없거나 부드러운 털이 자란다.

② 라눈쿨루스 탕구티쿠스. 6월11일. Z3/다무로. 3,250m.

③ 라눈쿨루스 팔마티피두스. 7월6일. C/간바보호마 부근. 4,500m.

④-a 라눈쿨루스 풀켈루스 스트라케야누스. 6월22일. Z1/초바르바 부근. 4,700m.

④-b 라눈쿨루스 풀켈루스 스트라케야누스. 6월19일. R/베니카르카, 3,950m. 근생엽의 잎몸은 3개로 깊게 갈라지고 갈래조각은 다시 깊게 갈라졌다. 줄기잎은 단순하게 깊게 갈라졌으며 갈래조각은 가늘다.

미나리아재비속 Ranunculus

① 라눈쿨루스 아우케리 *R. aucheri* Boiss.

분포 ■이란-카슈미르 **개화기** 6-8월

건조 고지의 해빙이 늦은 초지에 자생한다. 꽃줄기는 높이 10-20cm로 곧게 뻗고, 가늘고 질기며 털이 없거나 누운 털이 자란다. 근생엽에는 가는 자루가 있다. 잎몸은 광란형으로 폭 2-3cm이고 3개로 중맥까지 갈라졌으며, 다시 중간 정도-깊게 갈라진 갈래조각에는 짧은 자루가 있다. 작은 갈래조각은 선상장원형으로 끝이 뾰족하다. 잎줄기는 갈라짐이 없거나 깊게 갈라졌으며 갈래조각은 선상피침형이다. 꽃은 직경 1.5-2cm로 보통 1개 달린다. 꽃받침조각은 꽃잎보다 짧다. 꽃잎은 광도란형으로 노란색이며, 기부의 꿀샘에 큰 비늘조각이 있다. 수과에 부드러운 털이 자라고, 부리는 갈고리모양으로 굽어 있다.

② 라눈쿨루스 네펠로게네스

R. nephelogenes Edgew. [*R. longicaulis* Meyer var. *nephelogenes* (Edgew.) L. Liou, *R. pulchellus* Meyer]

분포 ◇중앙아시아 주변-네팔, 티베트, 중국 서부 **개화기** 5-8월

고산대의 초지나 습지에 자생하며, 관개되어 물이 고이기 쉬운 방목지에 군생한다. 꽃줄기는 유연해서 쉽게 쓰러지고 길이 10-30cm이며 드문드문 분지하고 꽃 1-4개 달린다. 전체적으로 털이 없거나 부드러운 털이 자란다. 근생엽에는 길이 3-8cm인 폭넓은 자루가 있다. 잎몸의 형태는 난형-타원형-장원형-피침형으로 다양하며 길이 1-5cm, 폭 3-20mm이고 가장자리는 보통 매끈하다. 줄기잎은 작다. 꽃자루는 길이 2-10cm. 꽃은 직경 1.2-2 cm. 꽃받침조각은 꽃잎보다 짧다. 꽃잎은 도란형으로 노란색. 수과에는 털이 없다.

① 라눈쿨루스 아우케리. 7월14일. F/펜시 라의 남동쪽. 4,300m. 잎몸은 3개로 중맥까지 갈라지고, 갈래조각에 짧은 자루가 있다. 뒤로는 드랑드룽 빙하를 둘러싼 고봉군이 보인다.

②-a 라눈쿨루스 네펠로게네스. 6월26일. E/싱고의 남서쪽. 4,000m.

②-b 라눈쿨루스 네펠로게네스. 6월26일. 7월26일. Y2/팡 라의 북서쪽. 5,200m. 꽃줄기가 물속에 쓰러져 길게 뻗어 있다. 잎몸은 타원상피침형을 이루는 경우가 많다.

③ 라눈쿨루스 포타니니이

R. potaninii Komarov [*R. pulchellus* Meyer var.
potaninii (Komarov) Hand.-Mazz.]

분포 ◇네팔서 중부, 부탄, 티베트 남부, 중
국 남서부 개화기 5-7월

아고산대에서 고산대에 걸쳐 숲 주변이나
초지, 밭 주변에 자생한다. 꽃줄기는 높이
12-25cm이며 상부에서 분지해 꽃이 1-3개
달린다. 전체적으로 드문드문 부드러운 털
이 자란다. 근생엽에는 길이 4-8cm인 자루가
있다. 잎몸은 신장형으로 폭 2-4cm이고 3개
로 깊게 갈라졌다. 가운데 갈래조각은 도란
형, 옆갈래조각은 일그러진 선형이며 2개로
얕게 갈라지고 가장자리에 이가 있다. 줄기
잎은 작다. 정수리의 잎은 3개로 깊게 갈라
지고 갈래조각은 선상피침형이다. 꽃자루는
길이 2-6cm. 꽃은 직경 1-1.5cm.

④ 라눈쿨루스 멤브라나체우스

R. membranaceus Royle [*R. pulchellus* Meyer var.
sericeus Hook.f. & Thoms.]

분포 ◇파키스탄-부탄, 티베트 남부, 중국 서
부 개화기 7-8월

건조한 고산대의 모래땅에 자생한다. 꽃줄
기는 길이 4-12cm이며 쉽게 쓰러지고 드문
드문 분지해 꽃 1-3개 달리며, 기부는 오래된
섬유에 싸여 있다. 전체적으로 흰 견모가 자
란다. 근생엽에는 길이 2-8cm인 자루가 있
다. 잎몸은 질이 두꺼운 장원형-선상피침형
으로 길이 1.5-7cm, 폭 2-8mm이고 배모양으
로 둥글게 말려 있다. 가장자리는 보통 매끈
하고, 뒷면에는 견모가 두껍게 붙어 있다.
줄기잎은 포엽모양이며 0-7개로 깊게 갈라
지고 갈래조각은 선상피침형이다. 꽃자루는
길이 2-5cm. 꽃은 직경 1.2-2.2cm. 수과에는
털이 없다.

③ 라눈쿨루스 포타니니이. 5월24일. N/쿠룸체. 2,950m. 산등성이 위에 개간된 감자밭의 울타리 밑에 자란 것. 잎
몸이 신장형이고 3개로 깊게 갈라진다는 특징이 있다.

④-a 라눈쿨루스 멤브라나체우스. 7월30일.
S/투클라의 북쪽. 4,800m.

④-b 라눈쿨루스 멤브라나체우스. 8월1일.
Y1/신데의 서쪽. 4,700m.

④-c 라눈쿨루스 멤브라나체우스. 7월27일.
Y2/롱부크곰파 부근. 4,950m.

미나리아재비속 Ranunculus

① 라눈쿨루스 디스탄스

R. distans Royle [*R. laetus* Royle]

분포 □중앙아시아 주변-부탄, 티베트 남부, 원난성 **개화기** 6-9월

산지에서 아고산대에 걸쳐 습한 초지나 밭 주변, 수로 주변의 둔덕에 자생한다. 꽃줄기는 높이 30-70cm로 중부-하부에 여러 장의 잎이 마주나기 하고 상부는 활발히 분지하며 많은 꽃이 달린다. 전체적으로 드문드문 누운 털이 자란다. 하부의 잎에는 긴 자루가 있다. 잎몸은 오각상광란형으로 폭 5-12cm이고 3개로 깊게 갈라졌다. 가운데 갈래조각은 넓은 능형이며 다시 3개로 갈라지고 가장자리에 협삼각형의 이가 있다. 옆갈래조각은 2-3개로 갈라졌다. 상부의 잎은 작고 자루를 갖지 않으며 갈래조각은 선상피침형이다. 꽃자루는 길이 1-8cm. 꽃은 직경 2-3cm. 꽃받침조각은 피침형이며 바깥쪽에 견모가 촘촘하게 나 있다. 꽃잎은 도란형으로 노란색, 끝은 원형 또는 절형. 집합과는 구형이다.

② 라눈쿨루스 디푸수스 *R. diffusus* DC.

분포 □아프가니스탄-미얀마, 티베트 남부, 원난성 **개화기** 4-7월

산지에서 아고산대에 걸쳐 숲속이나 냇가의 습한 초지에 자생하며 주출지가 뻗는다. 꽃줄기는 높이 15-30cm이며 전체적으로 긴 털이 빽빽하게 자란다. 하부의 잎에는 긴 자루가 있다. 잎몸은 오각상신형, 기부는 심형으로 폭 3-4cm이고 3개로 중간 정도-깊게 갈라졌다. 가운데 갈래조각은 도란상능형이며 이따금 3개로 얕게 갈라지고 가장자리에 협란형의 이가 있다. 옆갈래조각은 일그러진 선형이며 2개로 얕게 갈라졌다. 상부의 잎은 작고 자루가 짧다. 꽃은 직경 1-1.8cm로 1-3개 달린다. 꽃자루는 길이 1-5cm. 꽃받침조각은

①-a 라눈쿨루스 디스탄스. 7월29일. B/타르신의 서쪽. 2,950m. 보리밭 주변에서 서양톱풀, 붉은토끼풀과 함께 무성히 자라나 있다. 오른쪽 아래로 이 풀의 잎이 보인다.

①-b 라눈쿨루스 디스탄스. 6월30일. C/카추라의 남쪽. 2,550m.

② 라눈쿨루스 디푸수스. 7월4일. X/마로탄의 북쪽. 3,800m.

③ 라눈쿨루스 히페르보레우스. 6월9일. G/굴마르그의 서쪽. 2,850m.

타원형. 꽃잎은 도란형으로 노란색이다.
＊사진의 군락은 기준적인 것보다 꽃이 크고
꽃잎의 폭이 넓다.

③ 라눈쿨루스 히페르보레우스
R. hyperboreus Rottb.
분포 ◇북극 지방 주변, 중앙아시아 주변-카
슈미르 개화기 5-8월
히말라야에서는 반건조지의 해빙이 늦고 습
한 풀밭형태의 초지에 자생한다. 꽃줄기는
쓰러져서 자라며 끝만 곧추 서고, 전체적으
로 털이 거의 없다. 잎에는 길이 2-4cm인 자
루가 있다. 잎몸은 난형-원형-신형으로 폭 7-
20mm이고 3-7개로 갈라졌으며, 갈래조각
의 끝은 원형이고 표면에 광택이 있다. 꽃은
줄기 끝과 잎겨드랑이에 달린다. 꽃자루는
길이 2-4cm. 꽃은 직경 1-1.5cm. 꽃받침조각
은 꽃잎보다 약간 짧고 휘어 있다. 집합과는
구형으로 작다.

④ 라눈쿨루스 나탄스 *R. natans* Meyer
분포 ◇중앙아시아 주변-네팔 중부, 티베트,
중국 서부 개화기 6-8월
건조 고지의 얕은 늪지에 자생하는 수초. 꽃
줄기는 길이 20-40cm로 물속과 진흙 속으로
뻗고 활발히 분지하며 마디에서 뿌리를 내
린다. 전체적으로 털이 없다. 잎자루는 굵고
길이 3-12cm. 잎은 물 위에 뜬다. 잎몸은 신
장형, 기부는 심형으로 폭 1.5-3cm이고 3-5개
로 갈라졌으며, 원형 이가 있고 표면은 광택
이 있다. 꽃은 직경 1-1.3cm로 가지 끝과 잎
겨드랑이에 달린다. 꽃자루는 길이 1-4cm이
며 물위로 솟아오른다. 꽃받침조각은 꽃잎
보다 약간 짧다. 꽃잎은 도란형 또는 화조가
있는 원형으로 노란색, 끝은 원형. 집합과는
구형으로 직경 8mm이다.

할레르페스테스속 Halerpestes
땅위로 길게 뻗는 주출지가 있다.
⑤ 할레르페스테스 트리쿠스피스
H. tricuspis (Maxim.) Hand.-Mazz. [*Ranunculus tricuspis* Maxim.]
분포 ▢히말라야 전역, 티베트, 중국 서부
개화기 5-8월
건조지의 하원이나 늪지, 거친 초지에 자생
한다. 주출지는 길이 30cm로 뻗어 마디에서
뿌리를 내린다. 전체적으로 털이 없다. 잎자
루는 길이 1-3cm. 잎몸은 광란형으로 폭 5-
20mm이고 3개로 얕게-깊게 갈라졌으며, 갈
래조각은 주걱형-도피침형이고 표면에 광택
이 있다. 가운데 갈래조각은 크고 이따금 3
개로 얕게 갈라졌다. 옆갈래조각은 이따금 2
개로 얕게 갈라졌다. 꽃자루는 길이 1-
2.5cm. 꽃은 직경 8-12mm. 꽃받침조각은
협란형으로 녹색이며 꽃잎보다 약간 짧다.

④-a 라눈쿨루스 나탄스. 7월30일. B/루팔의 남서쪽. 3,500m. 잎몸은 신형이며 3-5개로 갈라졌다. 타원형 잎
이 마주나기한 풀은 베로니카 벡카붕가.

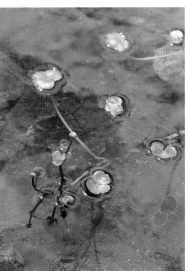

④-b 라눈쿨루스 나탄스. 8월15일.
A/디데르의 북동쪽. 3,400m.

⑤ 할레르페스테스 트리쿠스피스. 6월28일.
E/말카. 3,900m.

바트라키움속 Batrachium

수초. 물속의 잎은 실모양으로 가늘게 갈라졌다.

① 바트라키움 트리코필룸

B. trichophyllum (Chaix) Bossche [*Ranunculus trichophyllus* Chaix]

분포 ◇히말라야 거의 전역을 포함한 북반구의 온대, 북아프리카 **개화기** 6-8월

건조지의 아고산대와 고산대의 늪지에 자생한다. 꽃줄기는 길이 10-40cm로 물속과 진흙 속으로 뻗고 활발히 분지하며 마디에서 가는 뿌리를 방상(房狀)으로 내민다. 잎은 어긋나기 한다. 잎자루는 굵고 길이 3-15mm. 잎몸은 길이 2-3.5cm이고 3개로 중맥까지 갈라졌으며, 갈래조각은 다시 깊게 갈라졌다. 작은 갈래조각은 실모양. 꽃은 직경 8-12mm로 잎겨드랑이에 1개 달린다. 꽃자루는 길이 1-4cm이며 물위로 솟아오른다. 꽃받침조각은 타원형으로 꽃잎보다 짧고 휘어 있다. 꽃잎은 도란형-도피침형으로 흰색, 끝은 원형이거나 약간 파여 있으며 기부는 노란색을 띤다. 집합과는 구형으로 작다.

옥시그라피스속 Oxygraphis

줄기 없는 다년초. 꽃잎은 5-17장 달린다. 꽃받침조각은 5장 달리고 녹색이며 개화후에 커진다.

② 옥시그라피스 엔들리케리

O. endlicheri (Walp.) Bennet & Chandra [*O. polypetala* (Royle) Hook.f. & Thoms.]

분포 ◇파키스탄-부탄, 티베트 남부(춘비 계곡) **개화기** 5-7월

아고산대에서 고산대에 걸쳐 산등성이의 해빙이 늦는 초지나 습한 둔덕의 급비탈에 자생하며, 굵고 긴 수염뿌리가 땅속으로 뻗는다. 전체적으로 털이 없다. 근생엽에는 길이 1-3cm인 자루가 있다. 잎몸은 광란형-원신

① 바트라키움 트리코필룸. 8월15일. A/디데르의 북동쪽. 3,400m. 넓은 지역에 분포하는 수초. 미나리아재비속과 달리 꽃잎은 흰색, 기부는 노란색을 띠며 꿀샘이 없다.

②-a 옥시그라피스 엔들리케리. 7월17일. I/헴쿤드. 4,100m.

②-b 옥시그라피스 엔들리케리. 6월22일. R/베니카르카의 남쪽. 3,900m.

②-c 옥시그라피스 엔들리케리. 6월13일. Q/람주라 고개. 3,500m.

장형으로 폭 5-15mm이고 기부는 절형-심형이며 가장자리에 원형의 이가 5-10개 있다. 꽃줄기는 높이 1-5cm로 끝에 꽃이 1개 달리고, 잎은 달리지 않는다. 꽃은 직경 1-8cm. 꽃받침조각은 협란형. 꽃잎은 노란색으로 12-15장 달리고, 선상도피침형으로 폭 1.5-2mm이고 기부는 광택이 없으며 꿀샘이 1개 있다.

③ 옥시그라피스 델라바이 *O. delavayi* Franch.
분포 ◇티베트 남동부, 윈난 · 쓰촨성
개화기 5-8월

고산대의 해빙이 늦는 둔덕 비탈이나 부식질이 쌓인 바위땅에 자생한다. 꽃줄기는 높이 5-15cm이며 상부에 부드러운 털이 자라고 끝에 꽃이 1-3개 달리며 난형-선형인 포엽이 있다. 근생엽에는 길이 3-7cm인 자루가 있다. 잎몸은 원신장형으로 폭 1-3.5cm이고 기부는 심형이며 가장자리에 원형 이가 있다. 꽃은 직경 1-2cm. 꽃받침조각은 장원형으로 녹색이며 꽃잎과 길이가 같고 개화기에 떨어진다. 꽃잎은 5-10장 달리고 타원형-장원형으로 노란색이다.

④ 옥시그라피스 글라치알리스 *O. glacialis* (DC.) Bunge
분포 ◇티베트, 중국 서부, 중앙아시아 주변, 시베리아 개화기 5-8월

고산대 물가의 둔덕이나 돌이 많고 습한 초지에 자생한다. 전체적으로 털이 없다. 꽃줄기는 높이 2-8cm로 끝에 꽃이 1개 달리고, 잎은 달리지 않는다. 근생엽에는 길이 1-5cm인 폭넓은 자루가 있다. 잎몸은 약간 질이 두꺼운 난형-광란형으로 길이 1-3cm이고 끝은 둔형, 기부는 절형-넓은 쐐기형이며 매끈하거나 가장자리에 드문드문 무딘 톱니가 있다. 꽃은 직경 1.5-3cm. 꽃받침조각은 약간 혁질의 광란형-원상도란형이며 개화 후에도 숙존한다. 꽃잎은 12-17장 달리고 도피침형으로 노란색이다.

복수초속 Adonis

⑤ 아도니스 네팔렌시스 *A. nepalensis* Simonovicz
분포 ◇네팔 중부-시킴 개화기 5-7월

고산대 산등성이의 해빙이 늦는 초지에 자생한다. 꽃줄기는 높이 3-8cm이며 상부에 잎모양 포엽이 달린다. 전체적으로 털이 없다. 근생엽에는 길이 2-5cm인 자루가 있다. 잎몸은 장란형으로 길이 2-8cm, 폭 1.5-3cm이고 3회 우상으로 중맥까지 갈라졌다. 작은 갈래조각은 선상피침형으로 끝이 뾰족하다. 꽃은 직경 2-3cm로 줄기 끝에 1개 달린다. 꽃자루는 길이 5-10mm. 꽃받침조각은 노란색 또는 적갈색을 띠며 꽃잎보다 짧다. 꽃잎은 12-16장 달리고 도피침형으로 굴색이며, 표면 전체에 광택이 있고 기부에는 꿀샘이 없다. 수술대는 노란색. 수과에는 털이 없다.

③ 옥시그라피스 델라바이. 7월30일. Z3/도숑 라의 남동쪽. 3,600m. 꽃은 직경 1-2cm. 꽃받침조각은 꽃잎과 길이가 거의 같으며, 꽃이 지면 떨어진다.

④ 옥시그라피스 글라치알리스. 7월12일. Y4/호뎃사. 4,900m.

⑤ 아도니스 네팔렌시스. 5월31일. M/부중게 바라 부근. 4,400m.

선인장과 CACTACEAE

녹색의 줄기마디를 지닌 관목. 잎은 가시로 변형. 씨방은 하위로, 작은 줄기마디(꽃받침) 끝에 파묻혀 있다. 꽃덮이조각과 수술은 여러 개 달린다.

부채선인장속 Opuntia
다육화한 둥근 부채모양의 줄기마디가 있으며, 목질 가시 외에 쉽게 떨어지는 센털 모양의 작은 가시가 모여나기 한다. 센털 모양 가시에 피부를 찔리면 빼내기 어렵다.

① 오푼티아 불가리스
O. vulgaris Miller [*O. monacantha* (Willdenow) Haworth]
분포 ◇남미 원산. 히말라야 전역을 포함한 구대륙의 난지에 귀화 개화기 4-6월
건조한 바람이 부는 저산대의 계곡 비탈이나 황무지에 야생화했으며, 민가나 밭 주변의 울타리에 심는다. 높이 1-3m 줄기 마디는 타원상도란형으로 길이 10-30cm. 목질의 가시는 길이 1.5-4cm. 꽃은 직경 4-7cm. 꽃덮이조각은 노란색이며 바깥쪽은 붉은색을 띤다. 열매는 도란형으로 길이 5-7cm이고 익으면 붉은빛을 띠며, 과육은 달아서 먹을 수 있다.

오미자나뭇과 SCHISANDRACEAE

오미자나무속 Schisandra
목성 덩굴식물. 잎은 단엽으로 어긋나기 한다. 암수딴그루 또는 암수한그루. 수술과 심피는 돌출한 꽃받침 위에 나선모양으로 여러 개 달린다. 꽃받침은 개화 후에 자라고, 집합과는 이삭모양이 된다.

② 스키산드라 그란디플로라
S. grandiflora (Wall.) Hook.f. & Thoms.
분포 ◇히마찰-미얀마, 티베트 남부, 원난성 개화기 4-6월
산지의 혼합림에 자생하는 목성 덩굴식물. 전체적으로 털이 없다. 잎자루는 길이 1-3.5 cm. 잎몸은 타원형-도피침형으로 길이 8-15cm이고 끝은 날카롭고 뾰족하며 기부는 쐐기형이다. 매끈하거나 가장자리에 작은 이가 있다. 꽃자루는 길이 1-5cm. 꽃에는 향기가 있다. 꽃덮이조각은 흰색-유황색으로 7-8장 달리고, 원상타원형-도란형으로 길이 1-2cm. 집합과는 길이 12-20cm. 분과는 30-80개 달리고, 도란형으로 길이 7-9mm이고 붉게 익으며 먹을 수 있다.
＊사진은 암꽃이다.

③ 스키산드라 네글레크타 *S. neglecta* A.C. Smith
분포 ◇네팔 중부-미얀마, 티베트 남부, 원난·쓰촨성 개화기 5-6월
산지의 습한 혼합림 내에 자생하는 목성 덩굴식물. 동속 그란디플로라와 비슷하나 잎과 꽃이 작다. 잎몸은 길이 5-12cm. 꽃받침조각은 6-7장 달리고 길이 5-10mm. 집합과는

①-a 오푼티아 불가리스. 4월26일.
X/왕듀 포드랑. 1,350m.

①-b 오푼티아 불가리스. 4월26일.
X/왕듀 포드랑. 1,350m.

② 스키산드라 그란디플로라. 5월19일.
N/쿠룸체의 서쪽. 2,500m.

③ 스키산드라 네글레크타. 5월23일.
M/로트반의 남동쪽. 2,600m.

④ 리체아 킹기이. 4월10일.
V/가이리반스의 북서쪽. 2,800m.

⑤ 미켈리아 벨루티나. 9월17일.
X/펠레 라의 서쪽. 2,400m.

길이 5-12cm이다.
*사진은 수꽃이다.

녹나뭇과 LAURACEAE
꽃은 방사상칭형, 단성 또는 양성. 보통 3
수성이며 꽃덮이조각은 6장 달린다.

까마귀쪽나무속 Litsea
④ **리체아 킹기이** *L. kingii* Hook.f.
분포 ◇네팔 중부-미얀마, 윈난·쓰촨성
개화기 3-4월
습한 산지림에 자생하는 높이 5-10m인 낙엽
수. 꼭지눈은 가늘고 곧추서며 끝이 뾰족하
다. 잎은 어긋나기 하고 개화 후에 전개된다.
잎자루는 길이 1cm. 잎몸은 질이 얇은 타원
형으로 길이 7-12cm이고 끝은 뾰족하며 겉에
털이 거의 없다. 암수딴그루. 꽃은 산형상으
로 달린다. 총꽃자루는 길이 5-10mm, 꽃자루
는 길이 3-6mm. 꽃덮이조각은 광란형으로
길이 3-5mm이며 노란색이다.

목련과 MAGNOLIACEAE
잎은 단엽으로 어긋나기 한다. 꽃덮이조각과
수술, 암술은 나선모양으로 여러 개 달린다.

초령목속 Michelia
잎은 잎겨드랑이에 달린다.
⑤ **미켈리아 벨루티나** *M. velutina* DC. [*M. lanuginosa* Wall.]
분포 ◇네팔 중부-미얀마, 티베트 남동부, 윈
난성 개화기 8-9월
산지의 조엽수림에 자생하는 상록고목으로,
높이 20m에 이르며 가지 끝에 부드러운 털이
자란다. 길이 1-2cm인 잎자루에는 부드러운
털이 촘촘하게 나 있다. 잎몸은 장원형으로
길이 15-20cm, 폭 4-7cm이고 끝은 날카롭고 뾰
족하며 기부는 넓은 쐐기형이다. 뒷면은 융털
로 덮여 있다. 꽃자루는 굵고 길이 5mm로 곧
추서며 부드러운 털이 빽빽하게 자란다. 꽃은
직경 5-7cm. 꽃덮이조각은 도피침형으로 길이
3-3.8cm, 폭 5-12mm이며 흰색이다.

목련속 Magnolia
꽃은 가지 끝에 달린다.
⑥ **마그놀리아 캄프벨리이**
M. campbellii Hook.f. & Thoms.
분포 □네팔 중부-미얀마, 티베트, 윈난성
개화기 3-5월
산지의 습한 혼합림에 자생하는 낙엽고목.
높이 20m에 이르고 나무껍질은 회색이다.
잎은 개화 후에 전개되고 길이 2-4cm인 자루
를 갖는다. 잎몸은 타원형-도란형으로 길이
10-30cm이고 끝은 뾰족하며 털이 거의 없다.
꽃은 직경 15-20cm. 꽃덮이조각은 12-16장 달
리고 흰색-유황색이며 이따금 연붉은색을
띤다. 집합과는 원주형으로 길이 10-20cm
이며 자줏빛 붉은색을 띤다.

⑥-a 마그놀리아 캄프벨리이. 4월 27일. V/초카 부근. 2,900m.

⑥-b 마그놀리아 캄프벨리이. 5월 1일. V/초카의 남쪽. 2,800m. 조엽수림의 상부에 베툴라 우틸리스와 함께 낙
엽림대를 이루고 있다. 로도덴드론 아르보레움의 붉은 꽃이 섞여 있다.

비름과 AMARANTHACEAE

비름속 Amaranthus

① 아마란투스 히브리두스 히포콘드리아쿠스

A. hybridus L. subsp. *hypochondriacus* (L.) Thellung

분포 ▢원산지 불명. 세계의 난지에서 곡물이나 채소로 재배 개화기 7-8월

1년초. 낮은 산이나 산지에서 재배되며, 밭주변이나 황무지에 야생화해 있다. 꽃줄기는 높이 0.5-2m로 끝에 많은 수상꽃차례가 곧추 선다. 잎은 어긋나기 하고 하부에는 긴 자루가 있다. 잎몸은 난상타원형으로 길이 5-18cm이며 끝이 뾰족하고 털은 없다. 꽃차례는 길이 4-15cm이며 연두색·주홍색. 꽃덮이조각은 5장 달리고 난형으로 길이 3mm. 열매는 직경 1.5mm이며, 그대로 볶거나 가루로 빻아 식용으로 쓴다.

명아줏과 CHENOPODIACEAE

크라스케닌니코비아속 Krascheninnikovia

② 크라스케닌니코비아 체라토이데스

K. ceratoides(L.) Gueldenst. [*Eurotia ceratoides* (L.) Meyer]

분포 ◇파키스탄-네팔 중부, 티베트, 유라시아 개화기 7-8월

건조 고지의 돌이 많은 초지에 자생하는 소관목으로, 높이 0.2-1m이며 활발히 분지한다. 전체적으로 별 모양의 털이 빽빽하게 나 있어 희뿌옇게 보인다. 잎은 어긋나기 하고 매우 짧은 자루가 있다. 잎몸은 피침형-선상장원형으로 길이 1-3cm. 암수한그루로 꽃은 작다. 수꽃에는 4장의 꽃덮이조각이 있으며, 줄기 끝에 모여 길이 1-3cm의 수상꽃차례를 이룬다. 암꽃은 잎겨드랑이에 달리고 소포 2장 있으며 꽃덮이는 없다.

①-a 아마란투스 히브리두스 히포콘드리아쿠스. 8월14일. X/샤나의 남동쪽. 2,700m. 산간의 왕바랭이밭 주변에 자란 것. 짙은 붉은색 꽃차례는 건조하면 녹색을 띤다.

①-b 아마란투스 히브리두스 히포콘드리아쿠스. 9월22일. J/카티. 2,200m. 인도 북서부의 히말라야 산기슭에서는 곡물로 밭에서 널리 재배된다.

② 크라스케닌니코비아 체라토이데스. 7월26일. F/누트 부근. 4,300m.

석죽과 CARYOPHYLLACEAE

초본. 잎은 단엽으로 마주나기 하고 갈라짐이 없다. 꽃은 양성. 꽃받침조각과 꽃잎이 4-5장씩 달린다. 수술은 2-10개. 암술대는 2-5개이다.

패랭이꽃속 Dianthus

꽃받침은 원통모양이며 끝이 4-5개로 갈라졌고, 기부는 작은 포엽 2-3쌍에 싸여 있다. 꽃잎에는 가는 화조가 있다. 암술대는 실모양으로 2개 달린다.

③ 디안투스 아나톨리쿠스 *D. anatolicus* Boiss.

분포 ◇서아시아-히마찰 개화기 7-8월

건조 고지의 모래땅이나 바위땅에 자생한다. 꽃줄기는 높이 7-30cm로 모여나기 하고, 겉에 미세하고 부드러운 털이 자란다. 근생엽은 선형으로 길이 3-7cm, 폭 0.5-1.5mm이고 끝은 뾰족하며 가장자리에 미세한 털이 있다. 줄기잎은 길이 1-3cm. 꽃은 직경 1cm로 줄기 끝에 1-2개 달린다. 포엽 끝은 까끄라기 형태. 꽃받침은 길이 1-1.3cm. 꽃잎의 현부는 분홍색이며 끝에 보통 이가 있다.

*③-b는 고지에서 쿠션형태로 왜성화한 것으로, 꽃잎은 가장자리가 거의 매끈하다.

④ 디안투스 앙굴라투스 *D. angulatus* Royle

분포 ◇파키스탄-히마찰 개화기 6-8월

반건조지의 돌이 많은 초지나 수로의 둔덕에 자생한다. 꽃줄기는 가늘고 높이 15-25cm로 모여나기 하며 털이 없다. 잎은 선형으로 길이 1-3cm이고 가장자리에 미세한 이가 있다. 꽃은 직경 1-1.5cm로 1개 달린다. 포엽은 작다. 꽃받침은 길이 1.5-1.7cm. 꽃잎 현부는 흰색-연붉은색이며 끝에서 3분의 1이 가늘게 갈라졌다.

③-a 디안투스 아나톨리쿠스. 8월18일. A/자미치리. 3,700m. 습한 바위그늘의 초지에서 크게 자라나 있다. 꽃줄기는 길이 30cm, 잎의 기부는 길이 8cm에 달한다.

③-b 디안투스 아나톨리쿠스. 7월31일. B/마제노 고개의 남동쪽. 4,200m.

③-c 디안투스 아나톨리쿠스. 7월16일. F/페. 3,700m.

④ 디안투스 앙굴라투스. 7월30일. H/다르차. 3,300m.

흰장구채속 Silene

꽃받침은 통형-구형이며 10개 이상의 심줄이 있고 끝이 5개로 갈라졌다. 꽃잎은 5장 달리고 화조가 있다. 수술은 10개. 암술대는 3-5개이다.

① 실레네 니그레스첸스

S. nigrescene (Edgew.) Majumdar

분포 ◇네팔 중부-미얀마, 티베트 남부, 윈난·쓰촨성 **개화기** 7-9월

고산대의 빙퇴석이나 습한 바위땅에 자생한다. 꽃줄기는 분지하지 않고 높이 7-20cm로 곧게 뻗으며, 자홍색 선모가 자라고 잎이 2-3쌍 달린다. 근생엽은 선상피침형으로 길이 2-6cm이고 끝과 기부는 점첨형이며 뒷면에 중맥이 돌출한다. 줄기잎은 짧다. 줄기 끝에 꽃 1개가 아래를 향해 달린다. 꽃자루는 길이 1-6cm. 꽃받침은 구형으로 직경 1-1.8cm이고 심줄 10개 검은 털이 촘촘하게 자란다. 꽃잎은 검붉은색으로 길이 1-1.5cm이고 끝에서 3-5mm가 꽃받침통에서 돌출하며 가장자리에 작은 이가 있다.

② 실레네 고노스페르마 히말라옌시스

S. gonosperma (Rupr.) Bocquet

subsp. *himalayensis* (Rohrb.) Bocquet

분포 ◇아프가니스탄-부탄, 티베트 서남부 중국 서부 **개화기** 7-9월

아고산대에서 고산대에 걸쳐 초지나 자갈비탈에 자생한다. 꽃줄기는 높이 10-30cm이며 상부에서 분지하고 전체적으로 부드러운 털과 선모가 자란다. 근생엽은 도피침형으로 길이 2-5cm이고 기부는 폭넓은 자루가 된다. 하부의 줄기잎에는 짧은 자루가 있다. 잎몸은 난형-타원형-선상장원형으로 길이 1-3cm이고 끝이 뾰족하다. 꽃은 집산상으로 1-5개 달린다. 꽃자루는 길이 5-50mm로 개화와 함께 자라고, 상부에 자줏빛 갈색 선모가

①-a 실레네 니그레스첸스. 8월24일. V/체마탄의 북쪽. 4,500m. 솜털에 싸인 베로니카 라누기노사, 에리오피톤 왈리키이와 함께 빙퇴석 비탈에 깊이 뿌리를 내리고 있다.

①-b 실레네 니그레스첸스. 8월7일.
V/닝고 라의 남동쪽. 4,300m.

②-a 실레네 고노스페르마 히말라옌시스. 8월2일.
V/로낙의 북쪽 4,750m.

②-b 실레네 고노스페르마 히말라옌시스. 7월29일.
V/로낙의 동쪽. 4,750m.

촘촘하게 나 있다. 꽃받침은 구형으로 직경 8-15mm이며 심줄이 10개 있다. 꽃잎 현부는 살짝 돌출하고 연붉은색-검붉은색이며 불규칙한 이가 있다.

③ 실레네 톰소니이 S. thomsonii Majumdar
분포 ◇네팔 서-동부 개화기 7-9월

아고산대에서 고산대에 걸쳐 안정한 빙퇴석이나 소관목 사이에 자생한다. 근생엽은 남아 있지 않다. 꽃줄기는 높이 30-45cm이며 활발히 분지하고 전체적으로 부드러운 선모가 빽빽하게 자라며, 상부에 자줏빛 갈색 선모가 나 있다. 하부의 잎은 자루가 거의 없고, 잎몸은 광타원형-난상피침형으로 길이 1.5-4cm이고 끝이 뾰족하다. 꽃자루는 길이 2-7cm. 꽃받침은 구형으로 직경 1cm이고 끝에서 2분의 1 이상이 5개로 갈라졌다. 꽃받침 조각은 난형이며 막질인 가장자리에 부드러운 털이 자란다. 꽃잎은 연붉은색으로 길이 1.2-1.4cm이며 끝에 불규칙한 이가 있다.

④ 실레네 남랜시스 S. namlaensis (Marq.) Bocquet
분포 ■티베트 남동부 개화기 7-9월

고산대의 습한 빙퇴석에 자생한다. 근생엽은 남아 있지 않다. 꽃줄기는 분지하지 않고 높이 13-30cm로 곧게 뻗으며, 잎이 3-4쌍 달리고 전체적으로 선모가 자란다. 중부의 잎에는 자루가 없다. 잎몸은 타원상피침형으로 길이 3-5cm이고 끝은 뾰족하며 가장자리에 선모가 짙게 나 있다. 줄기 끝에 보통 꽃 1개가 살짝 아래를 향해 달린다. 꽃자루는 길이 2-5cm이며 자줏빛 붉은색 선모가 촘촘하게 나 있다. 꽃받침은 원주상종형으로 길이 2-2.5cm, 직경 8-13mm이며 심줄 10개에 자줏빛 붉은색 선모가 촘촘하게 나 있다. 꽃잎은 연자주색으로 끝에서 4-5mm가 꽃밥통에서 돌출해 평개하며 이가 4개 있다.

③-a 실레네 톰소니이. 8월25일. P/랑시샤의 북서쪽. 4,300m.

③-b 실레네 톰소니이. 9월3일. S/고줌바 빙하 위. 4,600m.

④-a 실레네 남랜시스. 8월5일. Z3/라무라쵸의 남동쪽. 4,700m.

④-b 실레네 남랜시스. 8월3일. Z3/라무라쵸의 남동쪽. 4,750m. 이끼 낀 빙퇴석 사면에 자란 것으로, 붉은 자줏빛 붉은색 선모가 촘촘하게 나 있는 꽃받침과 꽃자루, 상부의 잎이 서로 달라붙어 있다.

흰장구채속 Silene

① 실레네 롱기카르포포라

S. longicarpophora (Komarov) Boqeut

분포 ◇중앙아시아 주변-카슈미르 개화기 7-8월
건조 고지 자갈땅의 완만한 비탈에 자생하
며, 땅속에 강인한 녹질 뿌리줄기가 있다. 꽃
줄기는 높이 10-25cm이며 전체적으로 선모가
자란다. 잎의 기부는 타원형-선상장원형으로
길이 3-7cm이고 기부는 점첨형이다. 줄기잎
은 피침형으로 작다. 줄기 끝에 꽃 1-3개가 살
짝 아래를 향해 달린다. 꽃받침은 원주상종
형으로 길이 1.7-2cm이고 자줏빛 갈색 심줄이
10개 이상 있다. 꽃잎 현부는 연붉은색으로
길이 4-5mm이고 2개로 갈라졌으며, 갈래조
각은 다시 2개로 얕게 갈라졌다.

② 실레네 무르크로프티아나

S. moorcroftiana Benth.

분포 ☐아프가니스탄-네팔 중부, 티베트 서
남부 개화기 6-8월
건조 고지 자갈땅의 초지에 자생하며, 뿌리
줄기가 옆으로 뻗는다. 꽃줄기는 높이 12-
30cm이며 전체적으로 짧고 부드러운 털과
선모가 자란다. 잎의 기부는 선상장원형으
로 길이 1-4cm, 폭 1.5-3mm이고 기부는 점첨
형이다. 줄기잎은 선상피침형. 꽃은 줄기 끝
에 1-3개 달리고 위를 향해 핀다. 꽃자루는
1.5-3cm. 꽃받침은 곤봉모양으로 2.5-3cm
이며 검붉은색 심줄이 10개 있다. 꽃잎 현부
는 도란상쐐기형으로 7-10mm이고 2개로 갈
라졌으며 연붉은색이다.

③ 실레네 테누이스 S. tenuis Willd.

분포 ☐중앙아시아 주변-히마찰 개화기 7-8월
건조 고지의 자갈 비탈에 자생한다. 꽃줄기
는 높이 20-40cm이며 전체적으로 짧고 부드
러운 선모가 자란다. 잎의 기부는 선형으로
길이 3-8cm, 폭 3mm이다. 줄기잎은 작다. 꽃
은 2-7개가 한쪽을 향해 총상으로 달리며 살
짝 아래를 향해 핀다. 꽃자루는 5-10mm. 꽃
받침은 원주상종형으로 길이 8-10mm이며
홍갈색 심줄이 10개 있다. 꽃잎 현부는 어두
운 흑갈색으로 길이 5-6mm이고 2개로 깊게
갈라졌으며 갈래조각은 선형이다.

④ 실레네 에드게우르티이 S. edgeworthii Bocquet

분포 ☐파키스탄-쿠마온 개화기 7-9월
반건조지의 아고산대에서 고산대에 걸쳐 관
목림 주변이나 바위가 많은 초지에 자생한
다. 꽃줄기는 길이 30-50cm로 비스듬히 뻗고,
전체적으로 짧고 부드러운 털이 빽빽하게
자란다. 하부의 줄기잎은 피침형으로 길이
4-8cm. 줄기 끝에 여러 개의 꽃이 총상 또는
집산상으로 달리며 살짝 아래를 향해 핀다.
꽃자루는 길이 5-20cm. 꽃받침은 타원상으로

①-a 실레네 롱기카르포포라. 7월 23일.
F/피체 라의 서쪽. 4,600m.

①-b 실레네 롱기카르포포라. 7월 23일.
F/피체 라의 서쪽. 4,600m.

②-a 실레네 무르크로프티아나. 8월 2일.
B/샤이기리의 서쪽. 4,000m.

②-b 실레네 무르크로프티아나. 8월 3일.
B/샤이기리의 남쪽. 3,700m.

③ 실레네 테누이스. 7월 18일.
D/사트파라 호수의 남쪽. 3,700m.

④ 실레네 에드게우르티이. 9월 16일.
G/나라나크. 3,300m.

부풀고 길이 1.5-1.8mm이며 겉에 녹갈색의 맥이 있다. 꽃잎 현부는 흰색-연붉은색으로 5-7mm이고 2개로 깊게 갈라졌으며 갈래조각은 파여 있다.

⑤ 실레네 불가리스 *S. vulgaris* (Moench) Garcke
분포 ▢지중해 연안, 중앙아시아 주변-네팔 중부 개화기 6-8월
반건조지의 산지에서 고산대에 걸쳐 바위가 많은 초지나 보리밭 주변에 자생한다. 꽃줄기는 가늘고 길이 50-80cm이며 전체적으로 털이 없다. 줄기 중부 잎은 난형-타원상피침형으로 길이 2-5cm이고 끝이 뾰족하다. 꽃은 집산상으로 달리며 살짝 아래를 향해 핀다. 꽃받침은 타원상-구형으로 부풀고 길이 1.5cm이며 겉에 연두색 또는 연갈색의 그물맥이 있다. 꽃잎 현부는 흰색으로 길이 5-6mm이며 2개로 깊게 갈라졌다.

대나물속 Gypsophila
⑥ 기프소필라 체라스티오이데스

G. cerastioides D. Don
분포 ▢파키스탄-부탄, 티베트 남부
개화기 4-8월
산지에서 고산대에 걸쳐 초지나 둔덕 비탈에 자생하며, 옆으로 뻗는 뿌리줄기의 마디에서 뿌리를 내민다. 꽃줄기는 길이 8-20cm이고 쉽게 쓰러지며 전체적으로 부드러운 털이 자란다. 근생엽은 도피침형으로 길이 1-3cm. 줄기잎은 광타원형-도란형으로 5-10mm. 꽃은 직경 5-10mm이며 집산상으로 여러 개 달린다. 꽃자루는 3-10mm. 꽃받침은 종형으로 4-6mm이고 5개로 갈라졌다. 꽃잎은 흰색으로 5장 달리고, 도란형으로 길이 5-8mm이고 자줏빛 붉은색 맥이 3개 있으며 끝은 파여 있다. 수술은 10개. 암술대는 2개이다.

⑤-a 실레네 불가리스. 7월29일. B/타르신의 동쪽. 2,950m. 빙하 녹은 물로 관개된 보리밭 둘레의 돌담 안쪽에 붉은토끼풀, 서양톱풀과 함께 무성히 자라나 있다.

⑤-b 실레네 불가리스. 8월20일. I/꽃의 계곡. 3,400m.

⑥-a 기프소필라 체라스티오이데스. 8월4일. H/로탕 고개의 남쪽. 3,700m.

⑥-b 기프소필라 체라스티오이데스. 7월3일. S/타메의 서쪽. 4,000m.

벼룩이자리속 Arenaria

꽃줄기는 곧게 자라거나 쓰러지고, 고지의 바위땅에서는 매트상이나 쿠션상의 그루를 이루는 것이 많다. 꽃받침조각과 꽃잎은 5장씩 달리고 수술은 10개, 암술대는 2-3개 달린다.

① 아레나리아 멜란드리이포르미스

A. melandryiformis Williams

분포 ◇네팔 중부-부탄, 티베트 남부
개화기 6-8월

고산대 습지 주변의 모래땅이나 바위가 많은 둔덕 비탈에 자생하며, 환경에 따라 크기가 변한다. 꽃줄기는 높이 5-30cm이며 두 갈래로 분지하고, 전체적으로 짧고 부드러운 털이 자라며 상부에는 선모가 나 있다. 잎의 기부에는 짧은 자루가 있다. 잎몸은 장원형-타원상피침형으로 길이 7-30mm이고 끝은 둔형이다. 상부의 작은 잎은 피침형으로 끝이 뾰족하고 기부는 쐐기형이다. 꽃은 집산상으로 1-5개 달리며 옆이나 아래를 향해 반개한다. 꽃자루는 길이 3-7cm. 꽃받침의 기부는 부풀어 있다. 꽃받침조각은 피침형으로 길이 5-6mm. 꽃잎은 도피침형으로 길이 7-8mm이고 끝은 파여 있거나 불규칙한 톱니가 있으며 분홍색. 수술은 꽃받침조각과 길이가 같거나 약간 짧다. 씨방 상부에 부드러운 털이 자라고, 기부에 반투명한 화반이 두드러진다. 암술대는 2개이다.

② 아레나리아 모난타 *A. monantha* Williams

분포 ■티베트 남부(라싸 주변) 개화기 7-8월

건조한 고산지대의 바위가 많은 둔덕 비탈이나 초지에 자생하며, 땅속에 질긴 뿌리줄기가 있다. 꽃줄기는 높이 4-6cm이며 희고 부드러운 털이 자란다. 잎은 선상장원형-협피침형으로 길이 6-15mm, 폭 1-2.5mm이고 가장자리는 뒤쪽으로 말리는 경향이 있다. 뒷면에는 중맥이 돌출하고, 가장자리와 뒷면에 부드러운 털이 자란다. 꽃은 1-3개 달리며 살짝 위를 향해 반개한다. 꽃자루는 개화와 함께 길이 2-3cm로 자라고, 부드러운 털이 역방향으로 촘촘하게 나 있다. 꽃받침조각은 타원상피침형으로 길이 4-5mm이고 가장자리는 막질이며, 바깥쪽에 부드러운 털이 나 있다. 꽃잎은 타원상도란형으로 7-9mm이며 연붉은색. 암술대는 2개. 씨방 기부에 녹황색 선체가 5개 두드러진다.

③ 벼룩이자리속의 일종 (A) Arenaria sp.(A)

고산대의 불안정한 모래땅이나 둔덕 비탈에 자생한다. 꽃줄기와 불임경이 모여나기 한 매트모양의 군락을 이룬다. 꽃줄기는 가늘고 높이 7-12cm로 곧게 자라거나 쓰러지며 어두운 자주색을 띠고, 다세포의 긴 털과 선모가 빽빽하게 자란다. 잎은 일정 간격으로 십자

①-a 아레나리아 멜란드리이포르미스. 8월4일. S/추쿵의 동쪽. 4,900m.

①-b 아레나리아 멜란드리이포르미스. 7월24일. V/미르긴 라의 북쪽. 4,300m.

② 아레나리아 모난타. 7월13일. Y4/치두 라의 남쪽. 4,700m. 역방향으로 희고 부드러운 털이 빽빽하게 나 있는 꽃자루는 개화와 함께 자라고, 꽃이 지면 옆으로 쓰러진다. 줄기 자체는 짧다.

마주나기 하고 자루가 거의 없다. 잎몸은 난상피침형-협타원형으로 길이 5-15mm이고 가장자리에 긴 털이 자란다. 꽃은 줄기 끝에 1-3개 달리며 거의 옆을 향해 반개한다. 꽃자루는 개화와 함께 길이 2-4cm로 자란다. 꽃받침조각은 장원상피침형으로 길이 4-5mm이고 가장자리는 막질이다. 꽃잎은 도란형으로 길이 7-10mm이고 끝에 가는 이가 있으며 흰색. 수술은 꽃받침조각보다 약간 길다. 동속 트리코포라(A. *trichophora* Franch.)와 트리코필라(A. *trichophylla* L. H. Zhou)에 가깝다.

④ 아레나리아 글로비플로라
A. *globiflora* Edgew. & Hook. f

분포 ■ 네팔 서동부, 티베트 남부 개화기 6-7월
고산대의 초지 비탈이나 미부식질로 덮인 자갈땅에 자생하며, 느슨한 쿠션을 이룬다. 쿠션안쪽의 줄기는 목질화해서 쉽게 꺾인다. 꽃줄기는 높이 1-5cm이며 상부에 짧고 부드러운 털이 자란다. 잎의 기부는 협피침형으로 길이 4-8mm이고 끝은 가시모양으로 뾰족하며, 가장자리와 뒷면의 가운데 능은 연골질이다. 앞뒷면 전부 털이 없고 짧은 가장자리 털이 있으며, 기부는 줄기를 안고 있다. 줄기잎은 짧고 폭이 넓으며 2-4쌍 달린다. 꽃은 직경 1-1.8cm로 줄기 끝에 1개 달리며 살짝 위를 향해 핀다. 꽃자루는 길이 3-6mm. 꽃받침조각은 원형-난상타원형으로 꽃잎과 길이가 거의 같으며, 가장자리는 막질이다. 꽃잎은 화조가 있는 광란형-타원형으로 길이 5-8mm이고 끝에 가는 이가 있으며 흰색, 기부는 자주색 또는 연두색을 띤다. 암술대는 3개. 지금까지 네팔 이외에서 채집된 기록은 없다.

*티베트의 것(④-a)은 꽃이 직경 1.5-1.8cm로 크다. 꽃잎은 약간 가늘고, 수술대는 가늘고 길다. 화반은 작다.

③-a 벼룩이자리속의 일종 (A) 8월6일.
Z3/라무라쵸의 남동쪽. 4,650m.

③-b 벼룩이자리속의 일종 (A) 8월5일.
Z3/라무라쵸의 남동쪽. 4,650m.

④-a 아레나리아 글로비플로라. 6월22일.
Z3/초바르바 부근 4,400m.

④-b 아레나리아 글로비플로라. 6월15일. M/야크카르카. 4,000m. 꽃잎 기부에 자주색 밀표(蜜標)와 화조가 있다. 크고 배 모양으로 둥글게 생긴 꽃받침조각에는 빗물이 고이기 쉽다.

벼룩이자리속 Arenaria

① 아레나리아 스트라케이 *A. stracheyi* Edgew.

분포 ■카슈미르, 티베트 서중앙부
개화기 7-9월

건조지 고산대의 미부식질로 덮인 자갈땅이
나 하천가의 둔덕에 자생하며 매트상의 군
락을 이룬다. 꽃줄기는 길이 1-3cm이며 잎이
1-2쌍 달린다. 전체적으로 털이 없다. 잎은
질이 두꺼운 장원상피침형으로 길이 5-
7mm, 폭 1.5-2.5mm이고 끝은 날카롭고 뾰족
하며, 겉에 중맥은 선명하지 않다. 꽃은 직
경 1cm로 가지 끝에 1개 달린다. 꽃자루는
길이 3-7mm. 꽃받침조각은 장원형으로 길
이 5mm이고 가장자리는 막질이다. 꽃잎은
화조가 있는 난형-타원형으로 길이 7-9mm이
고 흰색이며, 화조는 곧추서 있다. 수술은
꽃받침조각보다 길다.

② 아레나리아 칠리올라타

A. ciliolata Edgew. & Hook.f.

분포 ◇가르왈-부탄, 티베트 남부
개화기 7-9월

고산대의 이끼 낀 바위땅에 자생하며, 가는
뿌리줄기가 사방으로 뻗어 매트상의 군락을
이룬다. 꽃줄기는 가늘고 쉽게 꺾이며, 길이
1.5-5cm로 비스듬히 자라거나 쓰러지고 기부
에서 분지한다. 다세포이고 길고 부드러운 황
갈색 털이 자라며 상부에서는 선모가 된다.
잎에는 자루가 없다. 잎몸은 타원상피침형으
로 길이 5-12mm, 폭 1.5-3mm이고 끝은 날카롭
고 뾰족하며, 가장자리에 길고 부드러운 털이
자란다. 꽃은 직경 1-1.5cm로 가지 끝에 1개 달
리며 거의 위를 향해 핀다. 꽃자루는 길이 3-
12mm. 꽃받침조각은 피침형이며 길이 6-
10mm로 꽃잎과 길이가 거의 같다. 꽃잎은
화조가 있는 난상타원형으로 흰색이며, 화조
는 곧추서 있다. 꽃잎의 현부는 평개하고, 끝
은 원형이거나 불규칙한 톱니가 있다.

③ 아레나리아 라멜라타 *A. ramellata* Williams

분포 ■부탄, 티베트 남부 개화기 7-8월

고산대의 습한 자갈땅에 자생한다. 동속 칠리올
라타와 비슷하나 전체적으로 털이 거의 없다.
꽃줄기는 유연하고 가늘며 길이 3-6cm로 자라
고, 드문드문 분지하며 하부는 쓰러진다. 잎에
는 자루가 없다. 잎몸은 질이 단단한 피침형으
로 길이 4-7mm이고 끝은 날카롭고 뾰족하며 기
부는 쐐기형이다. 이따금 가장자리에 미세한
털이 자란다. 꽃은 직경 1.3-1.5cm로 줄기 끝에 1-
4개 달린다. 꽃자루는 길이 3-10mm. 꽃받침조각
은 잎모양으로 길이 5-6mm, 꽃잎은 화조가 있는
타원형으로 길이 8-10mm, 폭 3-4mm이고 끝에
미세한 이가 있으며 흰색이다.

*③-a의 주줄지와 3개로 갈라진 광란형 잎은
할레르페스테스 트리쿠스피스.

① 아레나리아 스트라케이. 8월28일.
Y3/라싸 라의 남쪽. 5,250m.

②-a 아레나리아 칠리올라타. 9월1일.
P/간자 라의 북쪽. 4,850m.

②-b 아레나리아 칠리올라타. 8월24일.
V/고차 라의 남쪽. 4,600m.

②-c 아레나리아 칠리올라타. 9월21일.
X/탕페 라의 남서쪽. 4,450m.

③-a 아레나리아 라멜라타.
Y3/카로 라의 동쪽. 4,600m.

③-b 아레나리아 라멜라타. 8월11일.
X/주푸 호수의 서쪽. 4,200m.

650 석죽과

④ 아레나리아 루들로위이 *A. ludlowii* Hara
분포 ■ 부탄 개화기 7-9월
고산대의 이끼 낀 바위 비탈에 자생한다. 동
속 글란둘리게라와 비슷하나 잎과 꽃잎이 가
늘다. 꽃줄기는 길이 5-10cm이며 전체적으로
드문드문 다세포의 부드러운 털이 자란다.
잎의 기부에는 자루가 없다. 잎몸은 장원상
피침형으로 길이 3-6mm이고 끝은 날카롭고
뾰족하며, 가장자리에 얇고 부드러운 털이
자란다. 줄기잎은 난상피침형. 꽃은 직경 1-
1.2cm. 꽃자루는 길이 1-3cm로 개화 후에
자라며 끝은 아래를 향한다. 꽃받침조각은
길이 4-5mm, 가장자리는 막질. 꽃잎은 화조
가 있는 난상타원형으로 흰색이며, 화조는
어두운 자주색을 띠고 곧추서지 않는다.

⑤ 아레나리아 글란둘리게라
A. glanduligera Edgew. & Hook.f.
분포 ◇가르왈-부탄, 티베트 남부
개화기 7-9월
고산대의 습한 모래땅이나 미부식질로 덮인
바위땅에 자생하며, 매트상 또는 느슨한 쿠션
상의 그루를 이룬다. 꽃줄기는 길이 1.5-5cm이
며 다세포의 부드러운 털이 자란다. 잎은 줄
기 상부에 모여 달리고 자루를 갖지 않는다.
잎몸은 난형-난상피침형으로 길이 3-7mm이
고 끝은 날카롭고 뾰족하며, 가장자리에 부드
러운 털이 자란다. 꽃은 직경 6-12mm로 1-2개
달린다. 꽃자루는 길이 5-20mm이며 부드러운
털이 촘촘하게 자란다. 꽃받침조각은 협란형
으로 길이 4-5mm이고 가장자리는 막질이며,
바깥쪽에 개출한 길고 부드러운 털이 자란다.
꽃잎은 화조가 있는 난형으로 분홍색이며, 화
조는 어두운 자주색을 띠고 곧추 선다. 암술
대는 3개 달리고 꽃받침조각보다 길다.
*⑤-a의 우상으로 얕게 갈라진 주걱형의 작
은 잎은 프리뮬러 프리뮬리나.

④ 아레나리아 루들로위이. 9월20일. X/틴타초의 남쪽. 3,900m.

⑤-a 아레나리아 글란둘리게라. 8월30일.
P/다파쎄의 북동쪽. 4,850m.

⑤-b 아레나리아 글란둘리게라. 8월1일. Y1/신데의 서쪽. 4,700m.

벼룩이자리속 Arenaria

① 아레나리아 그리피티이 *A. griffithii* Boiss.

분포 ㅁ중앙아시아 주변-가르왈 개화기 6-8월
반건조지 고산대의 바위 비탈에 자생하며,
꽃줄기와 불임경이 모여나기 한다. 꽃줄기
는 높이 6-10cm이고 기부는 반목질이며 상부
에 짧고 부드러운 선모가 자란다. 잎은 연두
색이며 건조하면 연갈색을 띤다. 불임경 잎
은 선형으로 길이 1-2cm, 폭 0.5mm이고 끝은
가시모양이며, 미세한 가장자리 털이 자라
고 하부는 살짝 배모양을 이룬다. 줄기잎은
길이 5-10mm로 드문드문 마주나기 한다.
꽃은 직경 1.2-1.7cm로 3-5개 달린다. 꽃자루
는 길이 3-15mm. 꽃받침조각은 난상피침형
으로 길이 5-8mm이고 양쪽에 흰 막질부가
있으며, 맥 3개가 바깥쪽으로 돌출한다. 꽃
잎은 타원상도피침형으로 흰색이다.

② 벼룩이자리속의 일종 (B) *Arenaria* sp. (B)

티베트 라싸 주변의 고산대 상부에서 많이
발견되며, 바위 비탈이나 안정한 절벽에 매
트상 또는 쿠션상의 그루를 이룬다. 뿌리줄
기는 질이 강하고 정수리는 활발히 분지하
며, 오래된 잎의 기부에 싸여 있다. 꽃줄기
는 높이 1-3cm로 잎이 3-4쌍 달리고 끝에 꽃
이 1개 달린다. 잎의 기부는 질이 다소 약한
침형으로 길이 1-2.5cm, 폭 1mm 이하이고
끝은 가시모양으로 뾰족하며, 양쪽에 좁은
막질부가 있고 하부에 짧고 뻣뻣한 가장자
리 털이 자란다. 줄기잎은 짧고 막질부가 넓
다. 꽃자루는 길이 3-5mm이며 미세한 선모
가 자란다. 꽃은 직경 1-1.5cm. 꽃받침조각은
피침형이며 길이 5-7mm로 꽃잎보다 약간
짧고, 양쪽에 넓은 막질부가 있다. 꽃잎은
장원상도피침형으로 길이 6-8mm이며 흰색.
씨방은 구형으로 직경 1mm. 동속 칸스벤시
스(*A. kansuensis* Maxim.)와 비슷하나 꽃
잎이 길다.

③ 아레나리아 페스투코이데스

A. festucoides Benth

분포 ㅁ파키스탄-네팔 중부, 티베트 서남부,
중국 서부 개화기 7-9월
건조 고지의 바위 비탈이나 모래땅에 매트상
또는 쿠션상의 그루를 이룬다. 뿌리줄기는
단단하고, 정수리는 부채모양으로 분지한다.
꽃줄기는 높이 1-5cm이며 털이 없거나 부드
러운 선모가 자라고 전체적으로 암녹색을 띤
다. 기부에 잎이 모여 달리고 끝에 꽃이 1개
달린다. 불임경 잎은 길이 1-3cm, 폭 0.5-
1mm이고 살짝 활 모양으로 휘어 있다. 줄기
잎은 약간 짧다. 꽃은 직경 1-1.5cm. 꽃받침조
각은 협피침형으로 길이 6-10mm이고 양쪽은
막질이며, 바깥쪽은 중맥만 돌출한다. 꽃잎
은 장원상도피침형이다.

①-a 아레나리아 그리피티이. 7월19일.
I/바순다라 폭포 부근. 3,650m.

①-b 아레나리아 그리피티이. 8월4일.
H/로탕 고개의 남쪽. 3,700m.

②-a 벼룩이자리속의 일종 (B) 8월29일.
Y3/라틴 부근. 4,900m.

②-b 벼룩이자리속의 일종 (B) 8월17일.
Y3/동 라. 4,950m.

③ 아레나리아 페스투코이데스. 7월26일.
Y2/라무나 라. 4,900m.

④ 아레나리아 이스크노필라. 7월11일.
Y4/호뎃사 부근. 4,700m.

④ 아레나리아 이스크노필라

A. ischnophylla Williams

분포 ■ 부탄, 티베트 남부 **개화기** 6-7월

건조지 고산대의 바위 비탈에 자생하며 두 꺼운 쿠션을 이룬다. 꽃줄기는 매우 짧다. 잎은 선형으로 길이 4-10mm, 폭 0.5-1mm이고 끝은 가시모양으로 뾰족하며, 가장자리에 좁은 막질부가 있고 이따금 미세한 털이 자란다. 꽃은 직경 8-10mm로 줄기 끝에 1개 달린다. 꽃자루는 길이 5-8mm이며 부드러운 선모가 자란다. 꽃받침조각은 협피침형이며 길이 3.5-4mm로 꽃잎보다 짧고, 겉에 털이 거의 없으며 가장자리는 막질이다. 꽃잎은 흰색으로 장원형, 끝은 둔형이며 기부에 짧은 화조가 있다. 수술은 꽃받침조각보다 짧다.

⑤ 아레나리아 로보로우스키이

A. roborowskii Maxim.

분포 ■ 티베트 남동부, 칭하이 · 쓰촨성
개화기 6-8월

고산대의 바위 비탈에 자생하며 두꺼운 쿠션을 이룬다. 꽃줄기는 높이 5-10mm이며 겉에 털이 거의 없다. 불임경에 모여 달린 잎은 선상피침형으로 길이 4-10mm, 폭 0.5-1mm이고 살짝 배모양을 이루며, 끝은 까끄라기형태로 돌출한다. 양쪽에 좁은 막질부가 있고, 기부는 단단한 막질이며 줄기를 안고 있다. 줄기잎은 피침형으로 짧고 막질부가 넓다. 꽃은 직경 6-8mm로 줄기 끝에 1개 달린다. 꽃받침조각은 피침형이며 꽃잎보다 약간 짧다. 꽃잎은 흰색으로 협란상피침형, 끝은 뾰족하고 기부에 쐐기형 화조가 있다. 수술은 꽃받침조각보다 길게 자란다. 씨방은 구형, 기부는 연두색 화반에 싸여 있다.

⑥ 아레나리아 브리오필라 *A. bryophylla* Fernald

분포 ◇ 파키스탄-시킴, 티베트 각지, 칭하이성 **개화기** 6-8월

건조지 고산대 상부의 자갈 비탈에 쿠션을 이루며, 땅속으로 질이 강한 목질의 뿌리줄기가 뻗는다. 꽃줄기는 매우 짧고 털이 없다. 잎은 녹황색으로 질이 강하다. 잎몸은 선상피침형으로 길이 4-7mm, 폭 0.5-1mm이고 끝은 가시모양이다. 뒷면에 중맥이 두드러지고, 이따금 짧은 가장자리 털이 자란다. 꽃은 직경 7-14mm로 1개 달린다. 꽃자루는 매우 짧고, 건조해지면 쉽게 부러진다. 꽃받침조각은 피침형으로 길이 4-7mm이고 가장자리는 막질이며, 바깥쪽에 맥이 1-3개 돌출한다. 꽃잎은 흰색으로 장원상피침형, 끝은 원형-둔형이며 꽃받침조각보다 약간 길고 기부에 짧은 화조가 있다. 씨방은 구형으로 작다.

⑤ 아레나리아 로보로우스키이. 6월22일. Z1/초바르바 부근. 4,800m. 별 모양의 꽃 중앙에 있는 짙은 녹색의 씨방을 둘러싸듯, 꿀을 분비하는 연두색 화반이 솟아 있다.

⑥ 아레나리아 브리오필라. 7월7일.
K/눈무 라의 동쪽. 4,900m.

⑥ 아레나리아 브리오필라. 8월2일.
Y1/신데의 북쪽. 4,600m.

버룩이자리속 Arenaria

① 아레나리아 에도게워르티아나
A. edgeworthiana Majumdar

분포 ◇네팔 중부-부탄, 티베트 남부
개화기 7-8월

고산대 상부의 모래땅이나 미부식질로 덮인
바위땅에 쿠션을 이룬다. 꽃줄기와 꽃자루는
매우 짧다. 잎은 질이 단단하고 활처럼 휘어
있다. 잎몸은 선상피침형으로 길이 5-9mm,
폭 1mm 이하이고 끝은 가시모양으로 뾰족
하며 가장자리에 미세한 털이 자란다. 뒷면
에 중맥이 돌출한다. 꽃은 직경 1-1.5cm로 가
지 끝에 1개 달리며 반개한다. 꽃 밑에 달리
는 잎은 포엽모양이며 폭이 넓다. 꽃받침조
각은 난상피침형이며 꽃잎보다 약간 짧고,
바깥쪽에 맥이 3개 있으며 양쪽은 막질이다.
꽃잎은 타원상도피침형으로 길이 7-10mm
이고 끝은 둔형이며 흰색. 악천후일 때는 꽃
잎이 곧추 서고, 개화 후에는 황갈색을 띤 채
숙존한다. 수술은 꽃받침조각보다 짧다.

② 아레나리아 덴시시마 *A. densissima* Edgew. & Hook.f.

분포 ◇네팔 서부-부탄, 티베트 남부, 중국
서부(?) 개화기 6-8월

안개가 자주 끼는 고산대의 암벽 틈이나 가
파른 바위땅에 뿌리를 내려, 벌집처럼 생긴
두껍고 느슨한 쿠션을 이룬다. 줄기는 1년에
2-8mm 자란다. 전체적으로 털이 없다. 잎몸
은 피침형으로 길이 개출하고 3-5mm이고
끝은 날카롭고 뾰족하며, 중맥은 불분명하
고 기부는 합착해 칼집 모양이 된다. 꽃은 직
경 3-5mm로 가지 끝에 1개 달리며 평개한다.
자루는 매우 짧다. 꽃받침조각은 난형이며
길이는 꽃잎의 절반 정도. 꽃잎은 도광란형
으로 길이 4-6mm이고 끝은 원형, 기부는 쐐
기형이다.

①-a 아레나리아 에도게워르티아나. 8월22일.
P/펨탕카르포의 북서쪽. 4,750m.

①-b 아레나리아 에도게워르티아나. 7월22일.
S/숨나의 남쪽. 4,650m.

②-a 아레나리아 덴시시마. 6월18일.
P/수르자쿤드 고개의 남동쪽. 4,500m.

②-b 아레나리아 덴시시마. 6월19일.
P/고사인쿤드. 4,200m.

③-a 아레나리아 폴리트리코이데스. 6월14일.
M/야크카르카. 4,450m.

③-b 아레나리아 폴리트리코이데스. 6월20일.
N/토롱 고개의 북서쪽. 4,650m.

③-c 아레나리아 폴리트리코이데스. 7월12일.
Y4/쇼가 라의 북쪽 5,100m.

③ 아레나리아 폴리트리코이데스

A. polytrichoides Edgew. & Hook.f.

분포 ◇네팔 중부-부탄, 티베트 남동부, 중국 서부 개화기 6-7월

다형적인 종으로, 잎과 꽃의 크기는 지역과 환경에 따라 변한다. 고산대 상부의 미부식질로 덮인 바위 비탈이나 빙퇴석 구릉에 빽빽하게 얽힌 구상의 쿠션을 이룬다. 꽃줄기와 꽃자루는 매우 짧다. 전체적으로 털이 없다. 잎몸은 배모양의 협피침형으로 길이 3-7mm이고 곧추서거나 끝이 휘어지며, 끝부분은 황갈색을 띠고 가시모양으로 단단하다. 가장자리는 두껍고 단단하며 뒷면에 중맥이 돌출하고, 단면은 삼각모양이며 기부는 합착해 칼집모양이 된다. 꽃은 직경 2-3.5mm로 가지 끝에 1개 달리며 반개한다. 기부는 잎 사이에 묻혀 있다. 꽃받침조각은 난상타원형으로 길이 2-3mm이며 끝은 둔형이다. 꽃잎은 도란형으로 길이 2.5-4mm이며 흰색이다.

④ 아레나리아 풀비나타 *A. pulvinata* Edgew. & Hook.f.

분포 ■네팔 동부-부탄, 티베트 남부
개화기 7-8월

고산대 상부의 미부식질로 덮인 빙퇴석에 약간 느슨하고 두꺼운 쿠션을 이룬다. 꽃줄기와 꽃자루는 매우 짧다. 잎은 질이 단단하고 약간 두껍다. 잎몸은 선상피침형으로 길이 4-6mm이고 완만하게 휘었으며 끝은 가시모양으로 뾰족하다. 기부는 단단한 막질로 줄기를 안고 있으며 가장자리에 짧은 털이 자란다. 꽃은 직경 6-8mm로 가지 끝에 1개 달리며 반개한다. 꽃받침조각은 협란형으로 길이 3-4mm이고 겉에 털이 없으며, 끝은 뾰족하고 양쪽은 막질이다. 꽃잎은 흰색, 도란형으로 길이 4-6mm이고 매끈하거나 끝에 가는 톱니가 있으며 살짝 물결 모양을 이룬다. 수술은 꽃받침조각보다 길고, 수술대는 가늘다.

③-d 아레나리아 폴리트리코이데스. 7월1일. Z3/세치 라. 4,650m. 직경 45cm, 두께 10cm 정도로 크게 자란 쿠션이 2개로 나뉘려 하고 있다.

③-e 아레나리아 폴리트리코이데스. 6월25일. Z3/톤 라의 서쪽. 4,400m.

③-f 아레나리아 폴리트리코이데스. 8월17일. Y3/쇼가 라. 5,400m.

④ 아레나리아 풀비나타. 7월29일. V/로낙의 동쪽. 4,750m.

틸라코스페르뭄속 Thylacospermum
쿠션식물. 잎과 꽃은 매우 작다.
① 틸라코스페르뭄 캐스피토숨

T. caespitosum(Cambess.) Schischk.
분포 ◇중앙아시아 주변-시킴, 티베트 각지,
중국 서부 개화기 6-7월
건조지 고산대 상부의 자갈땅에 빽빽하게
얽힌 부정형의 커다란 쿠션을 이루며, 단단
한 목질 뿌리가 땅속 깊이 뻗는다. 꽃줄기와
꽃자루는 거의 자라지 않는다. 전체적으로
털이 없다. 새로 나는 잎은 녹황색으로 쿠션
표면에 빈틈없이 빽빽하게 모여 달린다. 잎
몸은 질이 단단한 도피침형으로 길이 2-
4mm, 폭 1mm이고 곧추서거나 살짝 배모양
을 이루며, 끝은 날카롭고 뾰족하다. 기부는
경막질, 중맥은 선명하지 않다. 꽃은 보통 5
수성이며 직경 2-3mm로 가지 끝에 1개 달린
다. 꽃받침조각은 연두색으로 질이 두껍고,
도란형으로 길이 1.5-2mm이며 끝은 뾰족하
다. 꽃잎은 장원형으로 흰색이며 꽃받침조
각보다 짧다. 수술은 길이 2-3mm로 10개 달
린다. 수술대는 흰색이며 매우 가늘다. 꽃밥
은 노란색. 삭과 끝은 6개로 갈라졌다.

너도개미자리속 Minuartia
근연의 벼룩이자리속은 삭과가 6개로 얕게
갈라지는데 반해, 삭과 끝은 3개로 갈라진다.
② 미누아르티아 카쉬미리카 *M. kashmirica*(Edgew.)Mattf.
분포 ◇아프가니스탄-네팔 서부, 티베트 서
부 개화기 7-8월
건조 고지의 자갈땅이나 바위틈에 자생하며
때때로 폭넓게 군생한다. 뿌리줄기의 정수
리는 비모양으로 분지하고, 오래된 잎의 기
부가 시들어 많이 남아 있다. 꽃줄기는 가늘
고 길이 7-20cm로 곧게 자라며 드문드문 잎
이 어긋나기 하고, 상부는 분지하며 짧고 부
드러운 선모가 자란다. 잎의 기부는 선상피

①-a 틸라코스페르뭄 캐스피토숨. 7월1일.
K/세곰파의 남쪽. 4,850m.

①-b 틸라코스페르뭄 캐스피토숨. 7월1일.
K/세곰파의 남쪽. 4,850m.

②-a 미누아르티아 카쉬미리카. 7월29일.
H/파체오. 3,700m.

②-b 미누아르티아 카쉬미리카. 8월10일
B/페어리메도우의 남쪽. 3,800m.

침형으로 길이 1-2cm, 폭 1mm 이하이고 끝은 날카롭고 뾰족하며, 털이 없거나 부드러운 선모가 자라고 맥이 3개 있다. 줄기잎은 짧다. 꽃은 5수성이며 직경 8-10mm로 꽃줄기에 3-7개 달린다. 꽃자루는 가늘고 길이 5-10mm이며 개화 후에 자란다. 꽃받침조각은 협란형으로 길이 4-5mm이고 끝은 날카롭고 뾰족하며, 연두색 맥 3개 이외는 막질로 희다. 꽃잎은 흰색, 도피침형으로 길이 7-9mm이고 꽃받침에서 나와 평개하며, 끝은 원형이거나 약간 파여 있다. 수술은 10개, 수술대는 매우 가늘다. 암술대는 3개.

점나도나물속 Cerastium
꽃잎 끝은 보통 2개로 갈라진다.

③ 체라스티움 체라스티오이데스
C. cerastioides (L.) Britton
분포 □ 지중해 연안, 중앙아시아 주변-히마찰, 티베트 서부, 중국 서북부, 북아메리카
개화기 6-9월
다소 건조한 고산대의 불안정한 자갈질 초지에 자생한다. 꽃줄기는 가늘고 길이 7-15cm로 곧게 자라거나 하부가 쓰러지며, 잎이 3-4쌍 달리고 상부는 분지하며 부드러운 선모가 자란다. 꽃줄기 중부의 잎에는 자루가 없다. 잎몸은 장원상피침형으로 길이 7-15mm, 폭 1-3mm이고 겉에 털이 없거나 부드러운 선모가 자라며, 끝은 날카롭고 뾰족하다. 상부의 잎은 짧다. 꽃은 꽃줄기에 1-5개 달리고 깔때기형으로 열리며 직경 1.5-2cm. 꽃자루는 길이 5-20mm. 꽃받침조각은 타원상피침형으로 길이 4-5mm이고 끝은 뾰족하며, 양쪽은 막질이고 맥이 1개 있으며 겉에 부드러운 선모가 자란다. 꽃잎은 삼각상도피침형으로 길이 7-12mm이고 끝은 2개로 갈라졌으며 흰색이다. 수술은 10개 달리고 꽃받침조각보다 길다. 암술대는 3개, 삭과 끝은 6개로 갈라졌다.

③-a 체라스티움 체라스티오이데스. 7월 6일. C/간바보호마의 북쪽. 4,600m. 빙하를 굽어보는 양지바른 남쪽 사면에 자라나 있다. 흰 꽃잎은 광택이 있으며 끝이 2개로 갈라졌다.

③-b 체라스티움 체라스티오이데스. 7월 16일. D/데오사이 고원. 3,900m.

③-c 체라스티움 체라스티오이데스. 7월 19일. D/투크치와이 룬마. 4,000m.

③-d 체라스티움 체라스티오이데스. 9월 8일. H/바랄라차 라. 4,950m.

별꽃속 Stellaria

① 스텔라리아 콩게스티플로라 S. congestiflora Hara

분포 ◇네팔 서중부, 시킴-부탄, 티베트 남부
개화기 6-8월

반건조지 고산대의 바위 비탈에 자생한다. 땅속 뿌리줄기는 가늘고 마디마다 뿌리를 내리며, 정수리에서 활발히 분지한다. 꽃줄기는 길이 5-15cm로 모여나기 하고 하부는 쉽게 쓰러지며, 상부에 솜털이 붙어 있다. 잎은 일정 간격으로 마주나기 하고 자루를 갖지 않는다. 잎몸은 피침형으로 길이 7-10mm이고 끝은 예리하고 뾰족하며, 뒷면에 중맥이 돌출한다. 꽃은 직경 1cm로 줄기 끝에 여러 개가 모여 달린다. 꽃자루는 길이 1-5mm이며 솜털이 붙어 있다. 꽃받침조각은 협피침형으로 길이 5-6mm. 꽃잎은 흰색으로 길이 2-3mm이고 기부까지 2개로 갈라졌다. 갈래조각은 선상피침형이며 V자형으로 열린다. 수술은 10개로 꽃잎보다 길다. 암술대는 3개이다.

② 스텔라리아 네팔렌시스

S. nepalensis Majumdar & Vartak

분포 ◇네팔 중부, 티베트 남부 개화기 5-7월
다년초. 산지대 하부 숲 주변의 습한 바위땅이나 둔덕 비탈에 자생한다. 꽃줄기는 길이 10-30cm로 하부는 쉽게 쓰러지고 드문드문 분지하며 전체적으로 부드러운 털이 자란다. 하부의 잎에는 짧은 자루가 있다. 잎몸은 광란형-난상타원형으로 길이 1-2cm이고 끝은 뾰족하며 가장자리에 털이 있다. 어린잎은 앞뒷면에 부드러운 털이 자란다. 포엽은 난상피침형. 꽃자루는 길이 1-4cm이며 부드러운 털이 자란다. 꽃은 직경 1-1.2cm. 꽃받침조각은 피침형으로 길이 5-6mm. 꽃잎은 흰색이며 꽃받침조각보다 길고 2개로 깊게 갈라졌다. 수술은 10개, 암술대는 3개이다.

① 스텔라리아 콩게스티플로라. 7월19일.
K/카그마라 고개의 서쪽. 4,200m.

② 스텔라리아 네팔렌시스. 6월15일.
O/타르케강 부근. 2,600m.

③-a 나도개별꽃. 7월10일.
S/포르체의 북서쪽 4,000m.

③-b 나도개별꽃. 6월7일. X/샤나의 북쪽. 3,100m. 바람이 통하지 않는 이끼 낀 바위 비탈에 가늘고 연약한 꽃줄기가 자라나 있다. 흰 꽃잎 위에 양귀비 씨처럼 생긴 흑갈색 꽃밥이 있다.

개별꽃속 Pseudostellaria

③ 나도개별꽃

P. heterantha (Maxim.) var. *nepalensis* (Majumdar) Hara

분포 ◇네팔 서부-부탄, 티베트 남동부

개화기 5-7월

아고산대의 이끼 낀 바위땅이나 둔덕의 급비탈에 자생하며, 땅속에 작은 덩이줄기가 있다. 꽃줄기는 높이 4-15cm이며 상부에 부드러운 털이 자란다. 잎은 마주나기 하고, 자루가 없거나 짧은 자루가 있다. 잎몸은 도란상타원형으로 길이 1-2cm이고 끝은 둔형이며 가장자리에 부드러운 털이 자란다. 꽃자루는 길이 2-3cm. 꽃은 직경 1-1.3cm. 꽃받침조각은 타원상피침형으로 꽃잎보다 짧고 끝은 날카롭고 뾰족하며 가장자리는 막질이다. 바깥쪽에 개출한 부드러운 털이 자란다. 꽃잎은 도란상광타원형으로 흰색, 끝은 원형이거나 약간 파여 있다.

발라노포라과 BALANOPHORACEAE

나무나 풀의 뿌리에 기생하는 다육식물. 기부는 덩이줄기 모양이며, 안에 숙주 뿌리가 들어있다.

발라노포라속 Balanophora

④ 발라노포라 디오이카 *B. dioica* Royle

분포 ◇네팔 중부-아삼, 티베트 남동부, 윈난성 개화기 7-10월

산지대 하부의 임상에 자생하는 암수딴꽃차례 기생식물. 꽃줄기는 높이 5-15cm. 비늘조각잎은 난형으로 길이 1.5-2cm이며 약간 겹쳐 있다. 수꽃차례는 난형으로 길이 2-3cm. 꽃덮이는 4-5개로 갈라지고, 갈래조각은 난형으로 길이 2-3mm이며 휘어 있다. 수술은 합착한다. 꽃밥은 말굽모양, 꽃가루는 흰색. 암꽃차례는 타원체로 길이 2-3cm이다.

*사진의 왼쪽 끝은 암꽃차례, 그 밖은 수꽃차례이다.

겨우살잇과 LORANTHACEAE

스쿠룰라속 Scurrula

⑤ 스쿠룰라 엘라타 *S. elata* (edgew.)Danser

분포 □히말라야-부탄, 티베트 남부, 윈난성

개화기 5-7월

산지림의 나무에 기생하는 길이 1.5-3m인 상록관목. 가지 끝과 어린잎에 짧은 별모양의 털이 붙어 있다. 잎은 마주나기 또는 어긋나기 한다. 잎몸은 난형-장란형으로 길이 5-10cm이고 끝은 점첨형이다. 잎겨드랑이의 짧은 꽃차례에 꽃이 5-11개 달린다. 꽃받침은 길이 2mm. 화관은 길이 2.5-3.5cm로 담녹색, 기부는 주홍색이다. 앞뒷면에 별모양의 털이 자라고 아래쪽이 깊게 갈라졌다. 화관의 끝은 4개로 갈라지고 갈래조각은 선형이며 휘어 있다. 수술은 4개, 꽃밥은 주홍색으로 길이 4-6mm. 열매는 도란형으로 길이 8mm이고 붉게 익으며 단맛이 난다.

④ 발라노포라 디오이카. 8월17일. P/라마 호텔 남서쪽. 2,200m.

⑤-a 스쿠룰라 엘라타. 6월27일. R/카르테의 북쪽. 2,600m.

⑤-b 스쿠룰라 엘라타. 6월27일. R/카르테의 북쪽. 2,600m. 노린재나뭇과의 상록소고목에 기생한 것. 화관 끝이 4개로 갈라져 휘어 있고, 주홍색의 가늘고 긴 꽃밥과 검붉은색 암술대가 돌출해 있다.

마디풀과 POLYGONACEAE

잎은 단엽으로 보통 어긋나기 한다. 턱잎은 칼집모양으로 줄기를 안고 있다. 꽃덮이조각(꽃받침조각)은 3-6장 달리고 기부가 합착한다. 암술대는 2-3개. 열매는 수과로 능이 3개 있으며, 보통 숙존하는 꽃덮이조각에 싸여 있다.

범꼬리속 Bistorta

굵은 목질 뿌리줄기가 있다. 꽃은 이삭모양의 총상꽃차례에 모여 달린다. 꽃덮이조각은 5장이다. 수술은 보통 8개. 잎몸의 가장자리는 뒷쪽으로 말리고, 곡선으로 꺾인 잎맥이 가늘고 둥근 톱니를 이룬다.

① 비스토르타 암플렉시카울리스

B. amplexicaulis (D. Don) Green var. *amplexicaulis*

[*polygonum amplexicaule* D. Don var. *amplexicaule*]

분포 ▫파키스탄-부탄, 티베트 남부, 중국 남서부 개화기 7-8월

산지에서 고산대에 걸쳐 습한 키 큰 초지나 숲 주변에 자생하며, 목질 뿌리줄기가 땅속으로 길게 뻗는다. 꽃줄기는 높이 25-80cm이고 상부에서 분지하며 전체적으로 털이 거의 없다. 잎의 기부에는 긴 자루가 있다. 잎몸은 난상타원형으로 길이 5-15cm이고 끝은 날카롭고 뾰족하며 기부는 심형. 상부의 잎은 자루가 없고 가늘며, 기부는 줄기를 안고 있다. 꽃차례는 길이 3-6cm로 곧추 선다. 총꽃자루는 길이 3-10cm, 꽃자루는 길이 3-6mm. 꽃은 길이 4-7mm로 보통 짙은 붉은색이며 이따금 분홍색을 띤다. 꽃덮이조각은 광타원형이다.

② 비스토르타 암플렉시카울리스 펜둘라

B. amplexicaulis (D. Don) Greene var. *pendula* Hara

분포 ◇네팔 중부-부탄 개화기 7-8월

기준변종과 달리 꽃차례는 아래로 늘어진다.

① 비스토르타 암플렉시카울리스. 8월4일. K/구르치 라그나의 북쪽. 2,800m. 침엽수림 내의 습한 초지에 게라니움 알리키아눔, 플로미스 브레비플로라와 함께 무성히 자라나 있다.

②-a 비스토르타 암플렉시카울리스 펜둘라. 8월2일. T/준코르마. 4,050m.

②-b 비스토르타 암플렉시카울리스 펜둘라. 8월7일. S/템보체. 3,800m.

③ 비스토르타 시노몬타나. 8월13일. Z3/치틴탕카. 3,450m.

③ 비스토르타 시노몬타나

B. sinomontana (Samuelsson) Miyamoto

분포 ◇티베트 남동부, 윈난·쓰촨성
개화기 7-8월

다형적인 종으로, 아고산대의 숲 주변이나 바위가 많고 습한 초지에 자생한다. 동속 암플렉시카울리스와 비슷하나 잎은 가늘고, 하부의 잎은 잎몸의 기부가 자루를 따라 내려가 날개가 되며, 상부의 잎은 난상피침형이며 끝은 점첨형으로 돌출하고, 턱잎집은 길게 뻗는다. 꽃줄기는 가늘고 활발히 분지하며 빽빽하게 모여나기 한다. 막질의 턱잎집은 자줏빛 갈색을 띠고 하부의 잎에서는 길이 7cm, 상부에서는 길이 3cm에 달한다. 하부 잎의 잎몸은 피침형-타원상피침형, 기부는 넓은 쐐기형-절형이다. 꽃차례는 곧추 선다. 꽃은 보통 분홍색으로 길이 3-5mm. 꽃덮이조각은 난상타원형이다.

④ 비스토르다 루브라

B. rubra Yonekura & H. Ohashi

분포 ◇가르왈-네팔 중부 **개화기** 7-8월

아고산대와 고산대 하부의 습한 키 큰 초지에 자생하며, 땅속에 있는 목질 뿌리줄기는 짧고 뒤틀려 있다. 꽃줄기는 분지하지 않고 높이 20-50cm로 곧게 자란다. 잎의 기부에는 긴 자루가 있다. 잎몸은 장원상피침형으로 길이 5-15cm, 폭 1-3cm이고 끝은 둔형이나 예형이며, 기부는 쐐기형으로 자루를 따라 짧게 내려간다. 자루가 없는 상부의 잎은 선상피침형. 막질의 턱잎집은 연갈색을 띠고, 잎집과 길이가 같거나 약간 짧다. 꽃차례는 길이 2-4cm로 곧추 선다. 꽃은 짙은 붉은색으로 길이 3.5-5mm. 꽃덮이조각은 타원형이다.

⑤ 비스토르다 그리피티이

B. griffithii (Hook. f.) Grierson [*polygonum*
calostachyum Diels]

분포 ◇부탄-미얀마, 티베트 남동부, 윈난성
개화기 7-8월

아고산대에서 고산대에 걸쳐 안개가 자주 끼는 관목림 주변이나 바위가 많은 비탈에 자생하며, 땅속에 긴 목질 뿌리줄기가 있다. 꽃줄기는 굵고 분지하지 않으며 높이 20-40cm로 곧게 자라고 붉은색을 띠기 쉽다. 잎의 기부에는 길이 5-10cm인 두꺼운 자루가 있다. 잎몸은 타원형-장원형으로 길이 8-15cm, 폭 2-5cm이고 끝은 뾰족하며 기부는 원형-쐐기형이다. 뒷면에 보통 부드러운 털이 자란다. 자루가 없는 상부의 잎은 타원상피침형. 잎집은 길이 2-7cm로 붉은색을 띤다. 턱잎집은 작다. 꽃차례는 길이 4-8cm이며 아래로 늘어진다. 꽃자루는 길이 5-8mm. 꽃은 짙은 주홍색으로 길이 5-6mm. 꽃덮이조각은 타원형으로 곧추 선다.

④ 비스토르다 루브라. 7월25일. I/타인의 북서쪽. 3,550m. 동속 암플렉시카울리스와 비슷하나, 잎몸은 장원상피침형-선상피침형이고 기부는 쐐기형이다.

⑤-a 비스토르다 그리피티이. 7월2일. Z3/파티 부근. 4,500m.

⑤-b 비스토르다 그리피티이. 8월6일. Z3/라무라쵸의 남동쪽. 4,500m.

범꼬리속 Bistorta

① 비스토르타 마크로필라

B. macrophylla (D. Don) Sojak [*Polygonum*

macrophyllum D. Don]

분포 □가르왈-부탄, 티베트 남동부, 중국
서부 개화기 7-8월

고산대의 다소 건조한 풀밭형태의 초지에
군생하며, 굵고 짧은 목질 뿌리줄기가 땅속
으로 뻗는다. 꽃줄기는 분지하지 않고 땅위
높이 5-30cm로 곧게 자라며, 작은 잎 2-4장
달리고 기부는 땅속에 길게 묻혀 있다. 근
생엽에는 긴 자루가 있다. 잎몸은 약간 혁
질의 타원상피침형-선상피침형으로 길이 3-
8cm, 폭 1-2cm이고 끝은 뾰족하며, 기부는
원형-얕은 심형이고 가장자리는 질이 두껍
다. 줄기 하부의 잎은 자루가 짧고 긴 턱잎
집이 있다. 상부의 잎은 자루가 없고 가늘
며 턱잎집은 짧다. 꽃차례는 타원형으로 길
이 1.5-3cm. 꽃은 분홍색으로 길이 3-4mm.
꽃덮이조각 5장은 타원형. 수술 8개는 꽃덮
이보다 길게 자라고, 암술대는 3개 달린다.

② 비스토르타 루들로위이

B. ludlowii Yonekura & H. Ohashi

분포 ■티베트 남동부(도숑 라 부근)
개화기 7-8월

고산대의 해빙이 늦는 산등성이의 초지나
소관목 사이에 군생한다. 동속 마크로필라
와 비슷하나, 근생엽의 잎몸은 장원상피침
형으로 길이 6-12cm, 폭 1-3cm이고 가장자리
는 완만한 물결모양이며, 뒷면은 연두색으
로 털이 없거나 부드러운 털이 자란다. 상부
의 잎은 자루가 없고 삼각상피침형이며 기
부는 줄기를 안고 있다. 턱잎집은 갈색으로
잎집보다 길게 자라고 끝이 2개로 갈라진
다. 꽃줄기는 높이 15-30cm. 꽃은 길이 3.5-
4mm. 꽃덮이조각은 난상타원형이다.

② 비스토르타 루들로위이. 7월29일. Z3/도숑 라의 남동쪽. 4,000m. 해빙이 늦는 산등성이 사면에 진달래과의 카

①-a 비스토르타 마크로필라. 8월2일.
Y1/키라프의 남쪽. 4,900m.

①-b 비스토르타 마크로필라 7월31일
Y1/녜라무의 북서쪽. 3,850m.

③ 비스토르타 그리에르소니이. 9월25일.
X/탕페 라의 남동쪽. 4,500m.

③ 비스토르타 그리에르소니이

B. griersonii Yonekura & H. Ohashi

분포 ■ 부탄　개화기 9-10월

고산대의 습한 바위 비탈에 자생한다. 동속 마크로필라와 비슷하나, 꽃덮이조각은 광란형으로 4장 달린다. 꽃줄기는 자줏빛 갈색으로 높이 7-18cm이고 작은 잎이 2-3장 달린다. 근생엽은 땅위로 펼쳐진다. 잎몸은 장원상피침형으로 길이 7-11cm, 폭 1.5-2.5cm이고 기부는 좌우부정인 원형-얕은 심형이며 뒷면에 솜털이 붙어 있다. 줄기 하부의 잎에는 긴 잎집이 있다. 상부의 잎에는 짧은 잎집과 느슨하고 짧은 턱잎집이 있다. 꽃차례는 길이 2-3.5cm, 직경 1.5-1.8cm. 꽃은 길이 4-5mm. 수술은 6개이고 암술대는 2개이다.

④ 비스토르다 셰레이 *B. sherei* H. Ohba & S. Akiyama

분포 ◇네팔 중부-부탄　개화기 6-8월

고산대의 습한 바위 비탈이나 소관목 사이에 자생하며, 부탄에서는 풀밭형태의 초지에 군생한다. 동속 마그로필라와 비슷하나, 근생엽의 잎몸은 혁질의 선형으로 길이 5-12cm, 폭 2-5mm이고 끝은 둔형이며 기부는 점첨형이다. 뒷면에 중맥이 돌출하고 털이 없으며 흰색을 띤다. 상부 잎의 턱잎집은 연갈색으로 잎집보다 약간 길다. 잎줄기는 가늘고 높이 5-18cm이며 작은 잎이 2-3장 달린다. 꽃차례는 길이 1-1.5cm, 직경 7-10 mm. 꽃은 길이 3-3.5mm.

*④-b는 『시장식물지(西藏植物志)』의 폴리고눔 마크로필룸 스테노필룸(*Polygonum macrophyllum* D. Don var. *stenophyllum* (Meisn.) A. J. Li)과 같은 것으로 생각된다.

시오페 셀라기노이데스, 왜성 석남과 함께 군생하고 있다.

④-a 비스토르다 셰레이. 8월18일. O/두피카르카의 북쪽. 4,200m.

④-b 비스토르다 셰레이. 6월30일. X/초체나 호숫가. 4,950m.

범꼬리속 Bistorta

① 씨범꼬리

B. vivipara (L.) S. F. Gray [*Polygonum viviparum.* L.]

분포 ◇히말라야 전역을 포함한 북반구의 냉온대 각지 개화기 6-9월

다형적인 종으로, 다소 건조한 아고산대에서 고산대에 걸쳐 바위 비탈이나 초지에 자생한다. 뿌리줄기는 굵고 짧다. 꽃줄기는 분지하지 않고 높이 5-30cm로 곧게 자란다. 근생엽의 잎몸은 난형·장원상피침형으로 길이 2-10cm이고 끝은 둔형 또는 예형, 기부는 원형·얕은 심형이다. 상부의 잎은 선형으로 자루가 없으며 긴 턱잎집이 있다. 꽃차례는 길이 1.5-7cm, 하부의 꽃은 구슬눈으로 변한다. 꽃은 흰색 또는 분홍색으로 길이 2-3mm이다.

② 비스토르타 롱기스피카타

B. longispicata Yonekura & H. Ohashi

분포 ■티베트 남부(라싸 주변) 개화기 7-9월

건조지 고산대의 초지나 바위가 많은 둔덕 비탈에 자생한다. 뿌리줄기는 굵고 짧다. 꽃줄기는 분지하지 않고 높이 12-25cm로 곧게 자라며, 작은 잎 2-3장이 어긋나기 한다. 근생엽의 잎몸은 장원상피침형으로 길이 4-10cm, 폭 8-20mm이고 끝은 뾰족하며 기부는 절형·얕은 심형이다. 표면은 암록색이며 그물맥이 살짝 파여 있고, 뒷면에 희고 부드러운 털이 자란다. 상부의 잎에는 자루가 없고 잎몸은 선상피침형이며, 막질의 턱잎집은 잎집보다 길게 자란다. 꽃차례는 길이 3-6cm, 직경 8-13mm. 꽃은 분홍색으로 길이 4-6mm이며 옆을 향해 달린다. 꽃덮이조각은 장란형으로 5장 달리고, 아래(배축)쪽 2장은 작다. 수술은 8개, 암술대는 3개이다.

①-a 씨범꼬리. 8월20일.
A/나즈바르 고개의 동쪽. 4,000m.

①-b 씨범꼬리. 7월8일.
S/쿰중 부근. 3,700m.

④-b 비스토르타 박치니폴리아. 9월22일. X/총소탄의 남쪽. 3,950m. 목질의 기는줄기가 분지하며 땅위로 넓게

④-a 비스토르타 박치니폴리아. 9월22일.
X/쏜소탄의 남쪽. 3,950m.

③ 비스토르타 페르푸실라

B. perpusilla (Hook.f.) Greene

분포 ■ 가르왈-부탄 개화기 7-8월

고산대의 이끼 낀 바위땅에 자생한다. 땅속에 직경 4-6mm인 원주형 뿌리줄기가 있다. 꽃줄기는 분지하지 않고 높이 1-3cm로 곧게 자라거나 쓰러진다. 전체적으로 털이 없다. 근생엽에는 길이 3-7mm인 자루가 있다. 잎몸은 혁질 선상장원형으로 길이 8-15mm, 폭 1.5-3mm이고 끝은 둔형이며 기부는 원형이다. 가장자리는 살짝 뒤쪽으로 말리고, 뒷면에 중맥이 돌출한다. 줄기잎은 작고 막질인 턱잎이 발달해 있다. 꽃차례는 길이 3-5mm이며 꽃이 5-10개 달린다. 꽃은 붉은색으로 길이 1.5-2mm이며 옆을 향해 달린다. 꽃덮이조각은 난형 또는 장원형으로 4장 달리고 서로 겹치며, 곧추 선 채 거의 열리지 않는다. 수술은 4개, 암술대는 2-3개이다.

④ 비스토르타 박치니폴리아

B. vaccinifolia (Meisn.) Greene [Polygonum vaccinifolium Meisn.]

분포 ◇파키스탄-부탄, 티베트 남부
개화기 8-9월

고산대의 이끼 낀 바위땅에 자생하는 포복성 관목으로, 직경 1-3m인 면적을 뒤덮는다. 꽃줄기는 빽빽하게 모여 높이 5-15cm로 곧게 자라고, 이따금 상부에서 분지한다. 전체적으로 털이 없다. 잎은 주출지와 꽃가지에 어긋나기 하고 자루는 거의 갖지 않는다. 잎몸은 얇은 혁질의 난형-타원형으로 길이 7-20mm이고 끝은 뾰족하며 기부는 쐐기형이다. 뒷면은 흰색을 띤다. 턱잎집은 길이 5-15mm이며 끝은 가늘게 갈라졌다. 꽃차례는 길이 1-5cm로 곧추 선다. 꽃은 붉은색·연붉은 색으로 길이 4-5mm. 꽃덮이조각은 5장. 수술 8개와 암술대 3개는 꽃덮이조각보다 길다.

② 비스토르타 롱기스피카타. 8월22일.
Y4/간덴의 남동쪽. 4,700m.

③ 비스토르타 페르푸실라. 7월31일.
T/리푸크의 동쪽. 4,500m.

진다. 곧추 선 수많은 꽃가지가 이끼 낀 바위를 뒤덮고 있다.

④-c 비스토르타 박치니폴리아. 8월23일.
V/종그리의 북쪽. 4,000m.

범꼬리속 Bistorta

① 비스토르타 아피니스

B. affinis (D. Don) Greene [*Polygonum affine* D. Don]

분포 ◇아프가니스탄-시킴, 티베트 남부
개화기 7-9월

다형적인 종으로 고산대의 빙퇴석 비탈에 자생하며, 굵고 단단한 목질 뿌리줄기가 땅속과 바위 사이를 길게 뻗는다. 뿌리줄기의 정수리는 활발히 분지하고, 오래된 잎이 시든 채 많이 남아 있다. 꽃줄기는 분지하지 않고 높이 15-40cm로 곧게 자라며 잎 2-4장이 어긋나기 한다. 전체적으로 털이 없다. 근생엽의 자루는 짧다. 잎몸은 얇은 혁질의 타원상피침형-도피침형으로 길이 3-8cm, 폭 5-15mm이고 끝은 뾰족하며 기부는 점첨형이다. 상부의 잎은 가늘고 잎집은 붉은빛을 띤다. 턱잎집은 막질로 잎집과 길이가 같거나 길게 자라며, 2개로 깊게 갈라졌다. 꽃차례는 길이 3-8cm, 직경 1-1.5cm. 꽃은 연붉은색-짙은 붉은색으로 길이 3-5mm. 꽃덮이조각 5장은 광타원형이다.

싱아속 Aconogonon

잎은 줄기에 어긋나기 하고, 턱잎집이 발달해 있으며, 잎자루는 짧다. 꽃은 원추꽃차례에 달린다. 꽃덮이조각은 5장, 수술은 8개, 암술대는 3개.

② 아코노고논 토르투오숨

A. tortuosum (D. Don) Hara var. *tortuosum*

[*Polygonum tortuosum* D. Don var. *tortusum*]

분포 ◇파키스탄-부탄, 티베트, 완난성
개화기 7-8월

다소 건조한 고산대의 모래땅이나 바위가 많은 초지의 비탈에 자생하며, 땅속에 긴 목질의 뿌리줄기가 있다. 꽃줄기에는 털이 없거나 부드러운 털이 자라고 기부에서 두 갈래로 분지하며, 높이 20-60cm의 둥근 그루를 이룬다. 기부는 약간 목질화했다. 잎자루는 매우 짧다.

①-a 비스토르타 아피니스. 8월10일.
B/페어리메도우의 남쪽. 3,700m.

①-b 비스토르타 아피니스. 7월31일.
B/샤이기리의 남동쪽. 3,700m.

①-d 비스토르타 아피니스. 7월25일. T/바룬 빙하의 오른쪽 기슭. 4,800m. 빙하의 측퇴석위에서, 동행한 셰르파들이 건너편 기슭의 거대한 암벽에서 발생한 눈사태를 지켜보고 있다.

①-c 비스토르타 아피니스. 7월16일.
I/꽃의 계곡. 3,500m.

잎몸은 질이 부드러운 난형-난상타원형으로 길이 2-5cm이고 끝은 둔형-예형이며 기부는 넓은 쐐기형-절형이다. 표면의 맥은 파여 있고, 앞뒷면에 얇고 부드러운 털이 자란다. 턱잎집은 길이 1-2cm로 갈색을 띠며 겉에 부드러운 털이 나 있다. 가지 끝의 원추꽃차례는 길이 2.5-7cm, 총꽃자루에 부드러운 털이 자란다. 꽃은 유백색·연붉은색으로 길이 3-4mm이며 반개한다. 꽃덮이조각은 난상타원형이며 털이 없다. 수술과 암술대는 매우 짧다.

③ 아코노고논 토르투오숨 푸비테팔룸

A. tortuosum (D. Don) Hara var. *pubitepalum* S.-P. Hong
분포 ■ 네팔 동부(에베레스트 주변)
개화기 7-8월
고산대의 산 중턱 비탈이나 관목 사이에 자생한다. 기준변종과 달리 꽃덮이조각의 바깥쪽에 부드러운 털이 자란다. 잎은 장란형-도란상타원형으로 길이 3-7cm이고 표면에는 맥이 깊게 파였으며, 앞뒷면에 부드러운 털이 촘촘하게 자란다. 턱잎집의 바깥쪽에 부드러운 털이 촘촘하게 나 있다. 가지 끝의 원추꽃차례는 길이 2-4cm, 총꽃자루에도 부드러운 털이 촘촘하게 나 있다.

④ 아코노고논 토르투오숨 티베타눔

A. tortuosum (D. Don) Hara var. *tibetanum* (Meisn.) S.-P. Hong
분포 ◇파키스탄-가르왈, 티베트 서남부
개화기 7-8월
건조 고지의 양지바른 모래땅이나 빙퇴석 비탈에 자생하며, 쑥속 풀과 함께 군생하는 경우가 많다. 기준변종과 달리 잎몸은 얇은 혁질의 난형-광타원형으로 길이 2-4cm이고 가장자리는 완만한 물결모양을 이룬다. 가장자리에 기부가 굵은 짧은 털이 자라고 맥은 뚜렷하지 않으며, 표면은 광택이 있고 앞뒷면에는 털이 적다.

②-a 아코노고논 토르투오숨. 8월1일. Y1/신데의 서쪽. 4,700m.

②-b 아코노고논 토르투오숨. 7월31일. Y1/네라무의 북서쪽. 3,850m.

④ 아코노고논 토르투오숨 티베타눔. 7월31일. B/샤이기리의 서쪽. 4,000m. 건조지에 특유의 둥근 그루를 이루며 일정 간격으로 군생하고 있다. 잎은 얇은 혁질로 완만한 물결 모양을 이룬다.

③ 아코노고논 토르투오숨 푸비테팔룸. 7월31일. S/페리체 부근. 4,400m.

싱아속 Aconogonon

① 아코노고논 캄파눌라툼 오블롱굼

A. campanulatum (Hook.f.) Hara

var. *oblongum* (Meisn.) Hara

분포 ◇네팔 중부-미얀마, 윈난 · 쓰촨성
개화기 6-8월

산지대 상부에서 아고산대에 걸쳐 습한 떡
갈나무 숲이나 전나무 숲 주변에 자생한다.
꽃줄기는 높이 0.5-1m이고 상부는 두 갈래로
분지하며 부드러운 털이 자란다. 잎에는 짧
은 자루가 있다. 잎몸은 협타원형-장원상피
침형으로 길이 8-15cm이고 끝은 점첨형이
며 기부는 넓은 쐐기형이다. 표면에 부드러
운 털이 촘촘하게 나 있고 뒷면에는 맥 부근
에 부드러운 털이 나 있으며, 기준변종과 같
은 솜털은 자라지 않는다. 턱잎집은 짧다.
가지 끝의 원추꽃차례는 길이 1.5-5cm. 꽃은
종형으로 길이 4-5mm이며 흰색·분홍색. 꽃
덮이조각의 끝은 원형, 하부는 합착한다.

② 아코노고논 몰레

A. molle (D.Don) Hara var. *molle* [*Polygonum molle* D. Don]

분포 ▯네팔 서부-미얀마, 티베트 남부, 중국
남서부, 안도, 동남아시아 개화기 6-9월

산지의 숲 주변에 자생하며, 못가를 따라 군
생한다. 꽃줄기는 굵고 높이 1-2.5m로 곧게
자라며, 상부에서 분지하고 부드러운 털이
빽빽하게 자란다. 잎에는 길이 5-20mm인
자루가 있다. 잎몸은 타원상피침형으로 길
이 10-20cm이고 끝은 점첨형, 기부는 원형-쐐
기형이며 앞뒷면에 부드러운 누운 털이 자
란다. 턱잎집은 갈색으로 크고, 부드러운 털
이 나 있다. 줄기 끝의 원추꽃차례는 길이
10-30cm이고 축은 두 갈래로 분지하며 부드
러운 털이 촘촘하게 나 있다. 꽃은 유황색으
로 직경 3-3.5mm이며 거의 평개한다. 꽃덮이
조각은 협타원형이다.

③ 아코노고논 폴리스타키움

A. polystachyum (Meisn.) Haraldson

[*Polygonum polystachyum* Meisn., *Persicaria*

polystacha (Meisn.) H. Gross]

분포 ▯아프가니스탄-미얀마, 티베트 남부,
윈난 · 쓰촨성 개화기 7-9월

아고산대에서 고산대에 걸쳐 숲 주변이나
키 큰 초지에 자생하며 흔히 군생한다. 꽃줄
기는 높이 0.7-2m이며 상부에서 분지한다.
잎에는 짧은 자루가 있다. 잎몸은 타원상피
침형으로 길이 10-20cm이고 끝은 점첨형,
기부는 원형이다. 표면에는 드문드문, 뒷면
에는 촘촘하게 부드러운 털이 자란다. 턱잎
집은 크다. 꽃은 분지한 총상꽃차례에 달린
다. 꽃덮이조각은 흰색-연붉은색으로 길이
3mm이고 안쪽 3장은 원상도란형, 바깥쪽 2
장은 도란형이다.

① 아코노고논 캄파눌라툼 오블롱굼. 6월27일.
R/카르테의 북쪽. 2,800m.

② 아코노고논 몰레. 7월15일.
V/갸브라의 북동쪽. 2,950m.

③ 아코노고논 폴리스타키움. 9월20일. X/마로탄의 북쪽. 3,500m. 습한 계곡 줄기의 숲 주변이나 벌목 흔적지에
널리 군생한다. 꽃차례의 축과 꽃자루, 씨방이 자줏빛 갈색을 띤다.

④ 아코노고온 루미치폴리움

A. rumicifolium (Babc.) Hara [Polygonum rumicifolium Babc.]

분포 ◇아프가니스탄-네팔 중부 개화기 6-8월

겨울에 눈이 쌓이는 건조 고지의 바위 비탈에 자생한다. 꽃줄기는 분지하지 않고 빽빽하게 모여 높이 0.3-1m로 곧게 자라며, 전체적으로 털이 거의 없다. 하부의 잎에는 길이 2-3cm인 자루가 있다. 잎몸은 난상타원형으로 길이 7-12cm이고 끝은 뾰족하며 기부는 원형-얕은 심형, 가장자리는 물결모양이다. 상부의 잎은 가늘다. 턱잎집은 갈색으로 크고, 줄기의 하부에서는 길이 4cm에 달한다. 원추꽃차례는 길이 20-30cm, 가지는 가늘며 늘어지기 쉽다. 꽃은 황록색으로 반개하고 길이, 직경 모두 4-5mm. 꽃덮이조각은 광타원형이다.

여뀌속 Persicaria

⑤ 페르시카리아 카피타타

P. capitata (D. Don) H. Gross [Polygonum capitatum D. Don]

분포 □파키스탄-동남아시아, 티베트 남부, 중국 남부 개화기 5-9월

산지대 하부의 길가나 돌담, 하원, 밭 주변에 자생하며 땅위로 뻗는 줄기의 마디에서 뿌리를 내린다. 꽃줄기는 활발히 분지해 끝만 곧추 서고 높이 10-20cm이며 전체적으로 털이 자란다. 잎은 2개로 갈라져 어긋나기 하고 자루는 매우 짧으며, 기부는 귀모양으로 펼쳐진다. 잎몸은 난상타원형으로 길이 2-3cm이고 끝은 뾰족하며 가장자리에 촘촘하게 털이 나 있다. 표면에는 보통 검은 반점이 있으며 측맥이 파여 있다. 턱잎집은 회갈색이다. 꽃차례는 거의 구형으로 직경 7-12mm. 꽃은 분홍색으로 길이 2-3mm. 꽃덮이조각은 5장 달리며, 곧추 선 채 거의 열리지 않는다.

⑥ 페르시카리아 룬치나타

P. runcinata (D. Don) H. Gross [Polygonum runcinatum D. Don]

분포 □카슈미르-동남아시아, 티베트 남부, 중국 남부 개화기 5-10월

산지에서 아고산대에 걸쳐 습한 길가나 숲 주변, 강가의 둔덕에 자생한다. 꽃줄기는 높이 20-40cm이며 겉에 드문드문 털이 자라고 상부에는 선모가 나 있다. 하부의 잎에는 길이 1-3cm인 자루가 있다. 잎자루에는 좁은 날개가 달리고, 기부는 귀모양으로 돌출해 줄기를 안고 있다. 잎몸은 길이 5-10cm이고 두대우상(頭大羽狀)으로 깊게 갈라졌으며, 앞뒷면에 드문드문 털이 자라고 가장자리에 짧은 센털이 빽빽하게 나 있다. 윗갈래조각은 난상삼각형, 끝은 점첨형이다. 옆갈래조각은 1-3쌍 달린다. 꽃차례는 두상으로 직경 1-1.5cm. 꽃은 분홍색으로 길이 4-6mm이며 반개한다.

④ 아코노고온 루미치폴리움. 7월15일. D/데오사이 고원의 북부. 4,150m. 타원상피침형의 커다란 잎과 황록색의 작은 꽃은 소리쟁이속 풀을 연상시킨다.

⑤ 페르시카리아 카피타타. 6월12일. Q/켄자. 1,650m.

⑥ 페르시카리아 룬치나타. 9월20일. X/마로탄의 북쪽. 3,700m.

마디풀속 Polygonum

건조지에 많은 포복성 1년초, 다년초 또는 소관목이다. 막질의 턱잎집이 발달해 있다.

① 폴리고눔 파로니키오이데스

P. paronychioides Hohen

분포 ◇코카시스, 이란-히마찰, 디베트 서부
개화기 6-8월

건조 고지의 모래땅이나 바위틈에 자생하며, 땅속에 목질 굵은 뿌리줄기가 있다. 줄기는 목질로 가늘고 단단하며, 분지하면서 땅위로 퍼져 직경 5-20cm의 느슨한 쿠션상의 그루를 이룬다. 새로 자란 가지는 길이 2-5cm이고 잎이 빽빽하게 어긋나기 한다. 잎에는 자루가 거의 없다. 잎몸은 선상장원형으로 길이 4-10mm, 폭 0.5-1.5mm이고 끝은 까끄라기형태로 돌출하며, 털이 없고 분백색을 띤다. 턱잎집은 배모양의 난형으로 잎몸과 길이가 거의 같고 끝은 가늘게 갈라지며, 반투명한 흰색을 띤다. 턱잎집은 서로 겹쳐 잎과 줄기를 감싸서 식물에 유해한 빛과 바람을 완화한다. 자루가 없는 꽃은 직경 3mm로 잎겨드랑이에 1개 달리며, 햇빛을 받으면 잎을 밀어제치며 평개한다. 꽃덮이조각은 난형-피침형으로 5장 달리고 붉은 자주색이며 가장자리는 색이 엷다. 바깥쪽의 2장은 약간 가늘고 길다. 수술은 보통 8개 달리고 매우 짧다. 화반과 씨방은 붉은 자주색. 암술대는 3개. 열매는 길이 2mm이고 3개의 능이 있으며, 숙존하는 꽃덮이에 싸여 있다.

코에니기아속 Koenigia

한랭지에 자라는 1년초 또는 다년초.

② 코에니기아 포레스티이

K. forrestii (Diels) Měsiček & Soják [*Polygonum forrestii* Diels]

분포 ◇네팔 중부-미얀마, 티베트 남부, 중국 남서부 개화기 7-9월

고산대의 미부식질로 덮인 바위땅이나 소관목 사이에 자생하며, 뿌리줄기로 이어지는 기는줄기가 있다. 꽃줄기는 높이 2-10cm이며 긴 누운 털이 촘촘하게 자란다. 잎의 기부에는 길이 5-20mm인 자루가 있으며, 막질의 갈색 턱잎집이 발달해 있다. 잎몸은 광란형-원신형으로 폭 6-15mm이고 끝은 원형, 기부는 얕은 심형이다. 잎자루와 잎몸의 가장자리에 긴 털이 자란다. 꽃차례는 산방상으로 직경 1-2cm. 꽃덮이조각은 흰색으로 보통 5장 달리고, 원상도란형으로 길이 2.5-4mm이며 열리면 기부가 붉은색을 띤다.

③ 코에니기아 눔물라리폴리아

K. nummularifolia (Meisn.) Měsiček & Soják

[*Polygonum nummularifolium* Meisn.]

분포 ◇카슈미르-미얀마, 티베트 남부, 윈난성 개화기 7-8월

① 폴리고눔 파로니키오이데스. 7월18일. D/사트파라 호수의 남쪽. 3,800m 반투명한 흰색 턱잎집이 가지 끝의 잎을 감싸서 식물에 유해한 빛과 건조, 급격한 온도변화를 완화해 준다.

② 코에니기아 포레스티이. 7월29일. Z3/도숑 라의 서쪽. 4,100m.

③ 코에니기아 눔물라리폴리아. 8월1일. T/준코르마의 서쪽. 4,550m.

고산대의 미부식질로 덮인 건조한 바위땅에
자생한다. 기는줄기는 질이 약하고 1년에 2-
5mm 자라며, 암갈색 턱잎집에 싸여 있고
오래된 잎이 시든 채 남아 있다. 꽃줄기는 높
이 5-20mm. 꽃자루는 잎몸과 길이가 같고 겉
에 부드러운 털이 자란다. 잎몸은 광란형-원
신형으로 길이 2-5mm이고 기부는 원형이며
가장자리에 부드러운 털이 나 있다. 표면에
중맥이 파여 있다. 가지 끝의 꽃차례는 산방
상으로 직경 5-10mm. 꽃은 직경 2-3mm로 반
개하고 가장자리 부분은 흰색, 중앙 부분은
주홍색을 띠며 화반이 두드러져 있다. 꽃덮이
조각은 난원형으로 2mm이며 4-5장 달린다.

소리쟁이속 Rumex

곧게 자라는 1년초 또는 다년초. 꽃은 꽃차례
축의 마디마다 돌려나기 한다. 꽃덮이조각은
6장 달리고, 안쪽 3장은 자라서 열매의 날개
가 된다. 수술은 6개, 암술대는 3개 달린다.

④ **루멕스 네팔렌시스** *R. nepalensis* Sprengel
분포 □ 서아시아-히말라야 전역, 중국 서남
부, 동남아시아 **개화기** 4-7월
다년초. 다소 건조한 산지에서 고산대 하부
에 걸쳐 방목지나 밭 주변, 길가에 자생한다.
꽃줄기는 굵고 강하며 높이 0.5-1.5m이고
상부에서 분지한다. 전체적으로 털이 거의
없다. 하부의 잎에는 잎몸보다 짧은 자루가
있다. 잎몸은 장란형-난상피침형으로 길이
10-20cm이고 끝은 뾰족하며 기부는 심형이
다. 꽃은 꽃차례축의 마디마다 돌려나기 한
다. 꽃덮이조각은 길이 2-3mm로 6장 달린다.
안쪽 꽃덮이조각은 3장은 개화 후에 자라고,
삼각상광란형으로 길이 5-6mm이고 끝은 뾰
족하며 가장자리에 끝이 굽은 가시모양의
톱니가 있다. 열매는 난형으로 길이 3-4mm
이고 능이 3개 있으며 끝이 뾰족하다.

⑤ **루멕스 하스타투스** *R. hastatus* D. Don
분포 ◇ 아프가니스탄-부탄, 티베트 남동부
개화기 4-8월
건조한 산지대 하부의 바위가 많은 초지나
절벽, 돌담에 자생하는 반목질의 다년초. 꽃
줄기는 높이 30-80cm로 모여나기 하고, 두 갈
래로 활발히 분지해 둥근 그루를 이룬다. 전
체적으로 털이 없으며 분백색을 띤다. 잎은
어긋나기 또는 모여나기 하고 2-4cm인 자루
가 있다. 잎몸은 약간 혁질로 길이 1.5-3cm이
고 보통 창모양으로 3개로 갈라졌으며, 갈래
조각은 선상피침형으로 끝이 뾰족하다. 꽃은
연두색으로 매우 작으며 가지 끝에 원추꽃차
례를 이룬다. 꽃자루는 짧고 가늘며 개화기에
약간 자란다. 열매는 원신형으로 날개 3장을
포함해 직경 5-6mm이고 날개는 막질이며 연
붉은색을 띤다. 혈관 모양으로 분지하는 맥이
있다. 열매는 길이 2mm이다.

④-a 루멕스 네팔렌시스. 7월19일. I/마나 부근 3,200m. 방목지와 밭 주변에 흔히 군생한다. 이가 있는 3장의 꽃덮이조각에 싸인 열매는 익으면 자줏빛 갈색을 띤다.

④-b 루멕스 네팔렌시스. 8월4일.
Y1/네라무의 북서쪽. 3,850m.

⑤ 루멕스 하스타투스. 8월22일.
파키스탄 북부/가쿠치의 동쪽. 2,100m.

나도수영속 Oxyria

① 나도수영 *O. digyna* (L.)Hill

분포 ◇히말라야 전역을 포함한 북반구의 온대·한대 개화기 6-7월

고산대의 자갈비탈에 자생하며, 땅속에 굵은 목질 뿌리줄기가 있다. 꽃줄기는 높이 12-20cm로 곧게 뻗고 드문드문 분지하며 개화 후에 크게 자란다. 전체적으로 털이 거의 없다. 잎은 근생하고 긴 자루를 갖는다. 잎몸은 원신형으로 폭 1.5-4cm이고 기부는 심형이다. 꽃은 직경 2-3mm이며 이삭모양의 총상꽃차례를 이룬다. 꽃덮이조각은 연두색으로 4장 달리고, 안쪽의 2장은 크고 숙존해 열매 날개가 된다. 열매는 거의 원형으로 직경 4-5mm이며 날개는 자줏빛 갈색을 띤다.

메밀속 Fagopyrum

꽃덮이조각은 5장 달리고, 개화 후에 자라지 않는다. 수술은 8개, 암술대는 3개 달린다. 수과는 난형이며 여기에 능이 3개 있다.

② 메밀 *F. esculentum* Moench

분포 □히말라야 전역을 포함한 세계 각지에서 곡물로 재배 개화기 5-9월

1년초. 산지에서 고산대에 걸쳐 밭에서 재배된다. 꽃줄기는 높이 0.3-1m이며 상부에서 분지하고 붉은색을 띠기 쉽다. 하부의 잎에는 긴 자루가 있다. 잎몸은 난상삼각형으로 길이 3-6cm이고 끝은 점첨형, 기부는 심형이다. 턱잎집은 짧다. 정수리의 잎에는 자루가 없고, 기부가 줄기를 안고 있다. 꽃은 직경 4-5mm이며 산방상으로 모여 달린다. 꽃덮이조각은 타원형으로 길이 2.5-3mm이며 흰색·붉은색. 수술은 꽃덮이보다 짧다. 열매는 난형으로 길이 5-6mm이고 날카로운 능이 3개 있으며 암갈색으로 익는다.

① 나도수영. 7월27일. B/상고살루의 서쪽. 3,800m. 넓은 날개가 달린 열매는 커지면서 녹색에서 선명한 자주고동색으로 변한 다음 갈색이 된다.

② 메밀. 8월5일. 네팔 중부/무스탕. 3,400m. 고지에서는 꽃이 붉은색을 띤다. 촬영/아마노(天野)

③ 달단메밀. 6월16일. O/타르케강의 북서쪽. 2,100m.

③ **달단메밀** *F. tataricum* (L.) Gaertner

분포 □히말라야 전역을 포함한 유라시아의 온대 각지에서 재배 **개화기** 6-9월

1년초. 산지에서 고산대에 걸쳐 밭에서 재배되며, 마을 주변에 야생화해 있다. 메밀과 비슷하나, 잎몸은 넓은 삼각형이며 길이, 폭 모두 5-8cm이다. 상부의 잎에는 짧은 자루가 있다. 총꽃자루 끝에 기부에서 분지한 총상꽃차례가 달린다. 꽃덮이조각은 타원형으로 길이 2mm이며 황녹색을 띤 흰색. 열매에는 둥근 능 3개와 홈 3개가 있다. 씨앗에는 약간 쓴맛이 있으며, 식용 외에 사료용으로도 쓰인다. 메밀보다 추위와 건조에 강해서 수확성이 좋다. 어린잎은 채소로 쓰인다.

④ **파고피룸 디보트리스**

F. dibotrys (D. Don) Hara [*F. cymosum* (Trev.) Meisn.]

분포 □파키스탄-동남아시아, 티베트 남부, 중국 남·중부 **개화기** 7-9월

산지의 숲 주변이나 연못줄기, 밭 주변에 자생하며 땅속에 목질 뿌리줄기가 있다. 꽃줄기는 높이 1-2m로 자라 분지하고, 능 위에 부드러운 털이 나 있다. 하부의 잎에는 긴 자루가 있다. 잎몸은 삼각형으로 길이 7-13 cm이고 끝은 점첨형, 기부는 심형이다. 잎겨드랑이에서 가는 총꽃자루가 자라고, 끝에 길이 2-3cm인 총상꽃차례가 집산상으로 달린다. 꽃은 흰색으로 직경 3-4mm. 꽃덮이조각은 장란형으로 길이 2-3mm. 열매는 삼각뿔 모양으로 길이 7mm이며 능은 날카롭다.

대황속 Rheum

굵은 목질 뿌리줄기를 지닌 다년초. 꽃에는 꽃덮이조각이 6장 있다. 수술은 6개, 암술대는 3개 달린다. 수과에 날개가 3장 달린다.

⑤ **레움 웨비아눔** *R. webbianum* Royle

분포 ◇파키스탄-네팔 서부, 티베트 서남부 **개화기** 6-8월

건조 고지 계곡 줄기의 자갈땅이나 초지에 자생한다. 꽃줄기는 높이 0.5-1.5m로 곧게 자라고 상부에서 분지한다. 잎의 기부에는 굵은 다즙질 자루가 있다. 잎몸은 광란형-원신형으로 폭 15-30cm이고 기부는 심형이며, 뒷면에는 털이 없거나 미세하고 부드러운 털이 자란다. 턱잎집은 갈색으로 크다. 상부의 잎은 작고, 짧은 자루를 가진다. 꽃은 황갈색을 띤 흰색으로 직경 2-2.5mm이며 가지 끝에 원추상으로 달린다. 꽃자루는 길이 3-5mm. 수술은 꽃덮이조각보다 짧다. 꽃이 지면 꽃차례의 축과 가지, 꽃자루가 곧게 자란다. 열매는 광타원형으로 길이 1-1.2cm이며 넓은 날개가 있다.

④ 파고피룸 디보트리스. 8월17일. P/라마 호텔의 남서쪽. 2,300m.

⑤-a 레움 웨비아눔. 7월14일. I/꽃의 계곡. 3,600m.

⑤-b 레움 웨비아눔. 8월19일. A/아노고르. 3,800m. 열매가 익은 상태. 꽃이 지면 꽃차례의 축이 자라고 가지는 곧추 선다.

대황속 Rheum

① 레움 스피치포르메 *R. spiciforme* Royle

분포 ◇아프가니스탄-부탄, 티베트 서남부
개화기 6-7월

건조 고지 늦가의 자갈땅에 자생하며, 땅속에 굵은 목질 뿌리줄기가 있다. 땅위줄기는 자라지 않고, 뿌리줄기의 정수리에서 이삭 모양 총상꽃차례 여러 개가 곧게 자란다. 잎은 근생하고, 다즙질 두꺼운 자루가 있다. 잎몸은 약간 혁질의 광란형-타원형으로 길이 10-20cm이고 기부는 원형-얕은 심형이며 가장자리는 물결모양이다. 꽃차례는 높이 5-20cm, 직경 1cm이고 털이 없으며 개화 후에 자란다. 꽃자루는 가늘고 길이 2-3mm. 꽃은 황녹색으로 직경 2-3mm. 수술은 꽃덮이조각 보다 짧다. 열매는 광타원형으로 길이 8-10mm, 날개는 폭 2.6-3.5mm로 넓으며 익으면 적갈색을 띤다.

*①-a에서는 인접한 두 그루의 꽃차례가 엇갈려서 보인다.

② 레움 무르크로프티아눔

R. moorcroftianum Royle

분포 ◇아프가니스탄-네팔 중부, 티베트 서남부 **개화기** 6-7월

고산대의 안개가 자주 끼는 바위 비탈에 자생한다. 동속 스피치포르메와 비슷하나, 꽃차례에 가늘고 부드러운 털이 촘촘하게 자라고 열매는 난형이며 날개가 좁다. 근생엽 잎몸은 난형-삼각상광란형으로 길이 7-20cm이고 끝은 둔형, 기부는 원형-얕은 심형이며, 뒷면의 맥 위에 부드러운 털이 나 있다. 꽃차례는 높이 15-30cm이며 개화 후에 자란다. 꽃은 직경 3-4mm, 꽃덮이조각은 연두색으로 타원형. 수술은 꽃덮이조각보다 짧고, 꽃밥은 자줏빛 갈색을 띤다. 열매는 길이 6-8mm, 날개는 폭 1-1.5mm이다.

①-a 레움 스피치포르메. 7월10일.
K/랑모시 라 부근. 4,800m.

①-b 레움 스피치포르메. 7월23일.
F/진첸. 4,500m.

②-a 레움 무르크로프티아눔. 7월17일.
I/헴쿤드. 4,100m.

②-b 레움 무르크로프티아눔. 7월24일. I/타인의 북서쪽. 3,800m. 개화 후에 꽃차례의 축이 길게 자란 상태. 열매를 맺지 못하고 떨어진 꽃이 잎 위에 담겨 있다.

③ 레움 티베티쿰 R. tibeticum Hook.f.

분포 ◇아프가니스탄-카슈미르, 티베트 서부
개화기 6-7월

건조 고지의 암설 비탈에 자생하며, 땅속에
있는 굵은 목질 뿌리줄기에서 잎이 없는 원
추꽃차례가 곧추서거나 비스듬히 뻗는다.
잎은 근생하고, 굵고 짧은 자루를 갖는다.
잎몸은 혁질 원심형으로 길이 10-20cm이고
끝은 둔형이며 뒷면의 맥 위에 가늘고 부드
러운 털이 자란다. 꽃차례는 땅위 높이 15-
30cm이고 많은 가지가 비스듬히 뻗으며, 기
부는 잎자루와 함께 땅속에 길게 묻혀 있다.
꽃자루는 짧다. 꽃덮이조각은 협타원형으로
길이 2-2.5mm이며 황록색. 수술은 꽃덮이조
각과 길이가 같다. 꽃밥은 노란색. 열매는
광타원형으로 길이 8-10mm이고 날개는 넓
으며, 익으면 붉은 자주색을 띤다.

④ 레움 아쿠미나툼

R. acuminatum Hook.f. & Thoms.

분포 ◇네팔 중부-미얀마, 티베트 서부, 중국
남서부 개화기 6-7월

아고산대에서 고산대 하부에 걸쳐 바위가 많
고 습한 초지나 관목 사이에 자생한다. 꽃줄
기는 굵고 속이 비었으며 높이 0.5-1.2m로 곧
게 자라고, 상부에서 분지하며 줄기 끝과 잎
겨드랑이에서 총상의 원추꽃차례가 곧추 선
다. 잎의 기부에는 굵고 긴 자루가 있다. 잎몸
은 삼각상광란형으로 길이 15-25cm이고 끝은
점첨형, 기부는 깊은 심형이다. 줄기잎은 작
고 형태가 일정하며 막질의 턱잎집이 발달해
있다. 털이 없는 원추꽃차례는 검붉은색을 띠
며, 커다란 꽃차례는 두 갈래로 분지한다. 꽃
자루는 길이 3-5mm, 꽃은 직경 4-5mm. 꽃덮이
조각은 원상광란형. 수술은 꽃덮이조각보다
짧다. 열매는 난원형으로 길이 7-8mm이고
자줏빛 갈색으로 익으며 날개는 좁다.

③-a 레움 티베티쿰. 7월14일.
D/사트파라 호수의 남쪽. 3,650m.

③-b 레움 티베티쿰. 7월18일. D/사트파라 호수의 남
쪽. 3,700m. 열매는 아직 익지 않았다.

④-a 레움 아쿠미나툼. 7월21일.
T/콘마 라. 3,550m.

④-b 레움 아쿠미나툼. 7월28일. Z3/도송 라의 서쪽. 3,800m. 못 주변의 습한 바위질 초지에 커다란 그루를 이
루고 있다. 분홍색 꽃은 십자화과의 카르다미네 마크로필라.

대황속 Rheum

① 레움 노빌레 *R. nobile* Hook.f. & Thoms.

분포 ◇네팔 동부·부탄, 티베트 남동부, 윈난·쓰촨성 개화기 6-8월

1회 결실성 다년초. 여름의 습한 계절풍이 넘나드는 고산대의 바위 비탈에 자생한다. 해빙 후에 꽃줄기의 싹이 양배추형태로 부풀어 오른 뒤 바깥쪽을 감싸는 녹색 잎이 전개된다. 꽃줄기는 다즙질로 굵고 속이 비었으며 분지하지 않고 높이 0.7-2m로 곧게 자라며, 열매 맺을 시기까지 자라고 기부 이외는 유황색 포엽에 싸인다. 녹색 잎 기부에는 다즙질의 굵은 자루가 있으며, 막질의 턱잎집이 발달해 있다. 잎몸은 질이 두꺼운 원상 광란형으로 길이 20-30cm이고 뒷면에 손바닥모양의 맥이 돌출한다. 포엽은 촘촘하게 어긋나기 해 아래를 향해 겹친다. 포엽에는 유해한 자외선을 흡수하는 플라보노이드 색소는 있으나 엽록소는 없다. 잎살에는 해면상 조직이 없고 반투명하기 때문에, 햇빛을 투과해 내부의 기온을 바깥 기온보다 평균 섭씨 5도 가량 높게 유지한다. 포엽의 겨드랑이마다 총상 원추꽃차례가 여러 개 달린다. 꽃차례는 기부에서 분지해 곧추 서고, 총꽃자루를 포함해 높이 5-15cm, 직경 8-15mm이며 개화 후에 축이 자란다. 꽃자루는 가늘고 짧다. 꽃덮이조각은 협란형으로 길이 1.5-2mm이며 황록색. 열매는 난형으로 길이 5-6mm이고 암갈색으로 익으며, 바싹 마른 포엽 사이로 돌출해 강풍을 타고 날아간다. 꽃줄기 하부의 쓴맛이 없는 부분은 날로 먹을 수 있다.

*①-d에서 그 지방 가이드인 푸르바 씨가 들고 서 있는 것은 포엽과 열매를 떨어뜨리고 땅위에 쓰러져 있던 지난해의 꽃줄기이다.

①-a 레움 노빌레. 8월2일. T/준코르마. 4,250m. 이 종은 윈난성과 쓰촨성의 경계 지역에 있는 다쉐산 산계에서 네팔 동부의 마칼루 산에 걸쳐 분포하며, 촬영지는 분포역의 서쪽 끝에 해당한다.

①-b 레움 노빌레. 7월1일. T/탕 라의 남쪽. 4,500m.

①-c 레움 노빌레. 6월24일. Z3/톤 라의 서쪽. 4,400m. 포엽을 벌려 꽃차례를 보이고 있다.

①-d 레움 노빌레. 6월24일. Z3/톤 라의 서쪽. 4,400m.

①-e 레움 노빌레. 8월6일. Z3/라무라쵸의 남동쪽. 4,700m. 이 종의 전형적인 생육지—여름에 안개가 자주 끼는 고지 계곡 원두부의 남서쪽 바위 급비탈에 군생하고 있다. 사우수레아 오브발라타, 로디올라 크레눌라타, 푸른 양귀비의 일종, 범의귓속 꽃도 보인다.

분꽃과 NYCTAGYNACEAE

부게인빌레아속 Bougainvillea

① 부게인빌레아의 원예종 Bougainvillea cv.

분포 ▫브라질 원산 **개화기** 2-6월

히말라야 저산대의 뜰에 흔히 볼 수 있는 반덩굴성 관목. 잎은 어긋나기 하고, 타원형-광란형으로 길이 3-10cm이며 끝은 뾰족하다. 꽃차례에는 붉은 자주색-연자주색 포엽이 3장 달리고, 포엽의 기부에 각각 1개의 꽃이 달린다. 포엽은 잎모양으로 길이 3-4.5cm. 꽃은 단화피, 원통모양으로 길이 2cm, 바깥쪽은 포엽과 색이 같고 안쪽은 황백색이며 끝은 평개한다.

쐐기풀과 URTICACEAE

꽃은 3-5수성이며 풍매화. 꽃덮이는 작아서 눈에 띄지 않는다. 수술은 꽃덮이조각과 개수가 같다.

쐐기풀속 Urtica

다년초 또는 소관목. 전체적으로 가늘고 쉽게 부러지는 가시털이 자란다. 잎은 마주보기 한다. 꽃덮이는 4개로 갈라졌다. 수과는 커다란 꽃덮이조각 2장 싸여 있다. 동물이 가시털 끝에 닿으면 가시털의 기부가 부러져 피부 속에 박힌다. 피부 조직에 박힌 극모는 끝부분이 꺾이면서 개미산을 뿜어내 동물에게 쿡쿡 쑤시는 통증을 느끼게 한다.

② 우르디카 디오이카 U. dioica L.

분포 ▫히말라야 전역을 포함한 북반구의 온대 각지, 중국 서부 **개화기** 8-9월

히말라야에서는 다소 건조한 산지의 밭 주변이나 길가에 많다. 홈이 있는 꽃줄기는 높이 0.5-1.5m로 굵고 질이 강하다. 가시털은 단단하다. 잎에는 길이 2-5cm인 자루가 있다. 잎몸은 난상피침형으로 길이 4-8cm이고 끝은 점첨형, 기부는 원형-얕은 심형이며 가장자리에 성긴 톱니가 있다. 암수딴그루 또는 암수한그루. 꽃차례는 길이 2-6cm로 잎겨드랑이에 달리고, 수평으로 자라거나 아래로 늘어진다. 꽃은 녹색으로 매우 작다. 줄기 끝의 어린잎은 익혀서 먹을 수 있다. 예전에는 줄기의 섬유가 옷감 재료로 쓰였다.

③ 우르디카 히페르보레아 U. hyperborea Weddell

분포 ◇파키스탄-네팔 중부, 티베트 서남부, 중국 서부 **개화기** 6-8월

건조지 고산대 상부의 바위땅이나 초지에 자생하며, 땅속에 굵은 목질 뿌리줄기가 있다. 꽃줄기는 높이 15-50cm로 모여나기 하고, 가시털 사이에 부드러운 털이 자란다. 잎에는 자루가 거의 없다. 잎몸은 난형으로 길이 3-7cm이고 끝은 점첨형, 기부는 심형이며 살짝 아래로 늘어진다. 가장자리에 성긴 톱

① 부게인빌레아의 원예종. 5월4일. W/싱탐의 북동쪽. 900m.

② 우르디카 디오이카. 7월19일. I/마나 부근. 3,150m.

③ 우르디카 히페르보레아. 8월6일. Y3/카로 라. 5,150m. 전체적으로 가시털과 부드러운 털로 덮여 있다. 꽃차례는 작고, 아래로 향한 잎 뒤에 숨어 있다. 뒤로 보이는 흰 산은 노징캉사봉.

니가 있으며, 표면에는 맥이 깊게 파여 있다. 암수딴그루 또는 암수한그루. 꽃차례는 이삭모양으로 길이 1-2cm. 열매를 감싼 꽃덮이 조각은 크다.

모시풀속 Boehmeria

④ 보에메리아 마크로필라

B. macrophylla Hornemann [*B. platyphylla* D. Don]

분포 ▫ 카슈미르-동남아시아, 티베트 남동부, 중국 남부 개화기 7-9월

낮은 산에서 산지대 하부에 걸쳐 습한 숲에 자생하는 다년초 또는 소관목. 꽃줄기는 높이 0.5-2m이며 전체적으로 짧고 부드러운 털이 자란다. 잎은 마주나기 하고, 길이 3-7cm인 자루가 있다. 잎몸은 난상타원형으로 길이 5-15cm이고 끝은 돌형(突形), 기부는 넓은 쐐기형-원형이며 가장자리에 고른 톱니가 있다. 암수딴그루 또는 암수한그루. 수상꽃차례는 길이 5-20cm로, 직경 2-5mm인 구형 윤산꽃차례가 축으로 이어진다. 꽃덮이는 4개로 갈라졌다. 연자주색 암술대에는 짧고 부드러운 털이 자란다.

*사진은 암그루. 수상꽃차례가 길이 5-13cm로 짧고 잎의 그물맥이 뒷면에 돌출하는 점으로 보아 변종 스카브렐라(var. *scabrella* (Roxb.)Long)에 가깝다고 할 수 있다.

삼과 CANNABACEAE
삼속 Cannabis

암수딴그루 1년초. 꽃은 5 수성.

⑤ 삼 *C. sativa* L.

분포 ▫ 중앙아시아 주변 원산의 재배식물
개화기 6-9월

다형적인 종으로, 히말라야의 저산대에서 산지에 걸쳐 뜰이나 밭에서 재배되며, 숲 주변이나 길가에 야생화해 있다. 높이 1-3m. 잎은 어긋나기, 기부에서는 마주나기 하고 장상복엽이며 긴 자루가 있다. 소엽은 3-11장 달린다. 잎몸은 장원상피침형으로 길이 5-15cm이고 끝은 점첨형, 기부는 쐐기형이며 가장자리에 톱니가 있다. 뒷면에 부드러운 털이 자란다. 수꽃차례는 원추상으로 길이 1-5cm이며 아래로 늘어진다. 암꽃차례는 이삭모양으로 길이 2-3cm이고 꽃차례 안에 작은 잎이 달린다. 꽃은 연두색으로 작다. 암꽃에는 수지(樹脂)를 분비하는 선모가 자란다. 줄기의 섬유에서 베실을 뽑고 씨앗에서 식용유를 얻는다. 암꽃차례와 어린잎이 분비하는 수지에는 마취효과와 환각작용을 불러일으키는 물질이 함유되어 있어, 마리화나, 하시슈, 간쟈, 챠라스 등으로 불리는 중독성 있는 마약으로 만들어진다. 중국명 대마(大麻)는 일본에서는 마약이라는 뜻으로 쓰인다.

④ 보에메리아 마크로필라. 8월16일. P/둔체의 북동쪽. 2,000m. 숲 주변의 쓰러진 나무와 양치류 사이에서 자라고 있다. 꽃차례는 자성(雌性), 부드러운 털이 나 있는 연자주색 암술대만 두드러져 보인다.

⑤-a 삼. 7월23일.
I/타인의 북서쪽. 2,500m.

⑤-b 삼. 7월22일.
I/죠시마트 부근. 1,700m.

뽕나뭇과
MORACEAE

열대에 많은 암수딴그루 또는 암수한그루 나무로, 흰 유액을 지니고 있다. 잎은 보통 어긋나기 한다.

무화과속 Ficus

각각의 종이 아가오니과(Agaonidae) 벌과 대응하며 함께 진화했다고 한다. 꽃받침이 플라스크 형태로 발달해 안쪽에 모여 달린 작은 꽃을 감싼 화낭(花囊)이라는 특수한 꽃차례를 지닌다. 화낭의 정수리에는 단단한 비늘조각으로 막힌 작은 구멍이 있다. 수꽃차례에는 수꽃 외에 암꽃이 변한 충매화가 있어, 열린 구멍을 통해 내부로 들어간 암벌이 충매화의 짧은 암술대 끝에 산란관을 삽입하여 씨방에 산란한다. 벌의 유충은 씨방을 먹고 우화(羽化)해 교미한 다음, 암벌만 수꽃의 꽃가루를 묻힌 채 화낭을 빠져 나온다. 그리고 개화기를 맞이한 암꽃차례 속에 들어가 긴 암술대를 지닌 암꽃에 수분한다.

① 인도보리수 *F. religiosa* L.

분포 □히말라야, 인도-동남아시아
열매시기 10-4월

봄에 일시적으로 잎이 떨어지는 고목으로, 히말라야의 저지와 저산대의 계곡 줄기에 야생화해 있으며, 신성한 녹음수로서 열대와 아열대지방에 심는다. 불교에서는 석가가 이 나무 밑에서 깨달음을 얻었다 하여 인도와 네팔 외에도 스리랑카, 미얀마, 태국 등 불교사원에 성수로서 많이 심는다. '교살자 무화과'의 하나로, 새똥과 함께 나무 위나 낡은 건물에 떨어진 씨앗이 자연 발아하여 숙주 나무를 덮어버리고, 합착한 뿌리는 숙주의 가지에 휘감기며 때때로 건물을 파괴하기도 한다. 나무줄기는 회갈색이며 매끄럽다. 잎에는 길이 7-12cm인 가는 자루가 있다. 잎몸은 광란형으로 길이 10-18cm이고 기부는 원형-얕은 심형, 가장자리는 파형이다. 끝은 길게 돌출하고 돌출부는 길이 3-6cm이며 점차 가늘어진다. 잎몸의 표면에는 광택이 있으며, 측맥이 6-10쌍 있다. 어린잎은 붉은색을 띤다. 화낭은 구형으로 직경 1-3cm, 잎겨드랑이에 2개씩 달리고 자루가 없으며 어두운 자주색으로 익는다.

② 벵갈보리수 *F. benghalensis* L.

분포 □인도 원산. 세계의 열대와 아열대지방에서 재배 **열매시기 4-6월**

히말라야의 저지와 저산대에 신성한 녹음수로 심으며, '교살자 무화과'의 하나로 알려져 있다. 높이 10-30m인 낙엽고목. 나무줄기는 회갈색. 굵은 횡지(橫枝)에서 로프 형태의 기근(氣根)이 아래로 늘어진다. 땅에 다다른 기

①-a 인도보리수. 6월8일. M/다르방의 남동쪽. 1,000m. 나무그늘은 마을 사람들의 쉼터로 이용된다.

①-b 인도보리수. 6월7일. M/베니의 남동쪽. 800m.

①-c 인도보리수. 5월22일.
T/사크라테 부근. 1,150m. 어린잎.

①-d 인도보리수. 5월22일.
T/사크라테 부근. 1,150m.

근은 뿌리를 내려 지주근이 되고, 지주근의 지탱을 받은 횡지는 다시 분지하며 퍼져, 때때로 한 그루의 나무가 숲을 이루기도 한다. 잎에는 길이 3-6cm인 두꺼운 자루가 있다. 잎몸은 혁질의 난상타원형으로 길이 10-20 cm이고 표면에는 광택이 있으며, 5-6쌍의 뚜렷한 측맥이 있다. 화낭은 구형으로 직경 1.5-2cm, 잎겨드랑이에 2개씩 달리고 자루는 없으며 등홍색으로 익는다. 과육에 단맛이 있어 많은 새들이 모여든다.

*②-a는 한 그루의 나무로서는 세계 최대의 수관을 자랑하는 콜카타식물원 내의 거목이다. 1750년대에 뿌리를 내린 이 나무는 1864년과 1867년의 사이클론 피해로 원줄기가 꺾이자, 기울어진 큰 가지에서 앞 다투어 기근이 나와 사방으로 퍼지기 시작했다고 한다. 1981년의 기록에 따르면 수관은 둘레 417m, 높이 27m, 지주근은 전부 1,573개였다고 안내판에 쓰여 있다. 원줄기는 썩었기 때문에 1925년에 제거되고, 현재는 그 장소에 기념비가 서 있다. ②-d는 많은 기근을 늘어뜨린 나무. ②-e는 ②-a의 거목림에 나무처럼 죽 늘어선 지주근.

*힌두교 문화권에서는 인도보리수는 피팔, 벵갈보리수는 바니얀 또는 바르라 불리며, 신과 정령이 깃든 나무로서 친숙해 있다. 이들처럼 커다란 수관을 지닌 장수 나무는 여름 더위가 기승을 부리는 히말라야 산기슭의 광장이나 길가의 '초타라'로 불리는 신성한 쉼터에 심는 경우가 많다. 두 수종 모두 농촌에서는 어린잎이 달린 가지가 가축 사료로 쓰이기도 하지만, 성수라서 땔나무로 쓰이는 일은 없다.

②-a 벵갈보리수의 거목림. 5월14일. 서벵갈주/콜코타 식물원.

②-b 벵갈보리수. 5월10일. N/둠레의 북동쪽. 500m.

②-c 벵갈보리수. 6월5일.
N/칼키네타의 북서쪽. 1,300m.

②-d 벵갈보리수. 6월5일
N칼키네타의 북서쪽. 1,300m.

②-e 벵갈보리수. 5월14일.
서벵갈주/콜코타 식물원.

무화과속 Ficus

① 피쿠스 네르보사 *F. nervosa* Roth

분포 ◇네팔 동부-동남아시아, 중국 남부,
스리랑카 열매시기 2-8월

히말라야 저산대의 광장이나 길가에 녹음수
로 심는 높이 10-30m인 '교살자 무화과'.
나무줄기는 회갈색. 잎자루는 길이 1-2cm.
잎몸은 혁질의 장원상타원형으로 길이 10-
20cm이며 끝은 갑자기 가늘고 뾰족해진다.
표면은 짙은 녹색으로 광택이 있으며, 우상
맥 8-12쌍이 뒷면에 돌출한다. 화낭은 거의
구형으로 직경 1.5cm이며 잎겨드랑이에 1-2
개 달린다. 총꽃자루는 길이 7-13mm이며
아래로 늘어진다.

② 피쿠스 세미코르다타

F. semicordata J.E. Smith

분포 ◇파키스탄-동남아시아, 티베트 남동
부, 중국 남서부 열매시기 6-9월

저지와 저산대에 자생하며, 사료용 어린잎
을 얻기 위해 심는다. 높이 4-10m. 나무줄기
는 암갈색. 잎자루는 짧다. 잎몸은 협타원상
피침형으로 길이 15-30cm이고 끝은 짧게 돌
출하며, 가장자리에 무딘 톱니가 있다. 기부

①-a 피쿠스 네르보사. 5월20일.
U/구르자가온의 북동쪽. 1,500m.

①-b 피쿠스 네르보사. 8월21일. U/미트롱 남동쪽. 1,250m. 타무르 협곡으로 불거진 산등성이 위 마을의 신성한

①-c 피쿠스 네르보사. 5월24일. V/페마양체의 남쪽. 1,600m.

② 피쿠스 세미코르다타. 6월9일.
M/다르방의 북서쪽. 1,200m.

한쪽에 원형의 귀모양 부분이 있고, 앞뒷면에 성긴 털이 자란다. 나무줄기와 굵은 가지에서 잎 없는 가지가 늘어져 많은 화낭이 달린다. 총꽃차례는 매우 짧다. 화낭은 구형으로 직경 1.5-2cm, 표면에 작은 비늘조각이 많이 달리고 홍갈색으로 익는다. 과육은 달아서 먹을 수 있다.

③ 피쿠스 아우리쿨라타

F. auriculata Loureiro [*F. roxburghii* Miquel]

분포 ▫파키스탄-동남아시아, 중국 남부
열매시기 5-7월

히말라야의 저지와 저산대의 숲속에 자생하며, 사료용 어린잎과 식용 화낭을 얻기 위해 마을 주변에 심는다. 높이 3-10m. 잎자루는 길이 5-10cm이다. 잎몸은 광란형으로 길이 15-30cm이고 끝은 삼각형, 기부는 심형이며 매끈하거나 가장자리에는 성긴 톱니가 있다. 뒷면에 측맥이 4-7대 돌출하고 부드러운 털이 자란다. 나무줄기와 굵은 가지에서 길이 5-10cm의 잎 없는 가지가 뻗고, 그 끝에 화낭이 2-15개 달린다. 총꽃자루는 길이 2-4cm. 화낭은 정수리가 평평한 도란형으로 직경 3-6cm이고 흑갈색으로 익으며 과육은 달다.

④ 피쿠스 올리고돈 *F. oligodon* Miquel

분포 ◇네팔 서부-동남아시아, 티베트 남동부, 중국 남부 열매시기 5-7월

동속 아우리쿨라타와 같은 용도로 이용되고 자생하는 장소와 형태도 비슷하나, 잎몸은 약간 두꺼운 타원형으로 길이 10-25cm이고 측맥은 선명하지 않다. 화낭은 편구형으로 직경 3-8cm이다.

*나무줄기에 착생해 아래로 늘어진 가늘고 긴 다육질 잎은 호야속의 일종이다.

거목. 이 지역은 여름 장마가 끝나면 대규모의 산사태와 토석류가 빈발한다.

③-a 피쿠스 아우리쿨라타. 8월21일.
V/욕솜. 1,750m.

③-b 피쿠스 아우리쿨라타. 6월5일.
M/바가르의 남서쪽. 1,600m.

④ 피쿠스 올리고돈. 4월25일.
서벵갈주/칼림퐁. 1,200m.

뽕나뭇과 683

참나뭇과 FAGACEAE

고목으로, 단엽이 어긋나기 한다. 암수한그루. 열매는 견과, 기부는 목질 총포조각이 겹쳐서 생긴 각두(殼斗)로 싸여 있다.

참나무속 Quercus

견과는 난구형-원주형이며, 기부는 주발 모양의 각두로 싸여 있다. 각두의 총포조각은 기와가 겹치듯이 배열되어 있거나 동심원 모양으로 합착한다. 수꽃은 미상꽃차례를 이루고, 4-6개로 갈라진 꽃덮이조각과 4-12개의 수술이 있다. 상록과 반상록성인 것은 '떡갈나무'로 총칭된다.

① 크베르쿠스 세메카르피폴리아

Q. semecarpifolia Smith

분포 □아프가니스탄-부탄, 티베트 남부
개화기 5-6월

산지대 상부의 다소 건조한 산등성이의 삼림에 우점하는 반상록성 고목 또는 관목. 마을 주변에서는 사료용 어린잎과 땔감용 가지를 채취하는 유용림(有用林)으로 유지된다. 높이 3-30m. 잎자루는 매우 짧다. 잎몸은 혁질의 난상타원형-장원형으로 길이 3-12cm이고 끝은 둔형이며 기부는 원형-얕은 심형이다. 가장자리는 매끈하고 뒤쪽으로 굽어 있거나, 가

①-a 크베르쿠스 세메카르피폴리아. 4월29일. X/타시 라의 북쪽. 2,650m.

①-c 크베르쿠스 세메카르피폴리아. 10월31일 Q/람주라 고개의 서쪽. 3,000m.

①-b 크베르쿠스 세메카르피폴리아. 4월29일. X/타시 라의 북쪽. 2,650m.

①-d 크베르쿠스 세메카르피폴리아. 6월1일. M/구르자가온의 북서쪽. 2,700m.

①-e 크베르쿠스 세메카르피폴리아. 6월17일. L/둘레의 남서쪽. 2,900m.

①-f 크베르쿠스 세메카르피폴리아. 7월20일. K/토이잠의 북쪽. 3,100m.

시모양 톱니를 가지고 있고 큰 물결모양을 이룬다. 기부의 가지와 어린나무의 잎에는 크고 날카로운 가시모양 톱니가 있다. 어린잎은 뒷면에 털이 촘촘하게 자란다. 수꽃은 길이 6-12cm인 미상꽃차례를 이루며 지난해에 자란 가지에서 늘어진다. 견과는 거의 구형으로 직경 2-2.5cm, 기부는 각두로 싸여 있다.
*①-a의 중앙에는 삼림의 우점 수종인 동종의 고목이 잎을 떨어뜨리고 있다. ①-b는 ①-a와 같은 장소의 임상에 쌓인 낙엽. 약간 작고 가장자리가 매끈한 잎이 동종의 것이다. 장원형으로 끝이 가늘고 뾰족하며 상부에 날카로운 톱니를 지닌 잎은 동속 옥시오돈 (*Q. oxyodon* Miquel)의 것으로 생각된다. ①-c는 마을 주변의 숲. 어린잎이 나 있는 가지를 잘라가는 탓에 막대 형태를 이루고 있다. ①-f는 빗물을 빨아들여 뿌리를 내리기 시작한 임상의 견과.

② 크베르쿠스 아키폴리오이데스

Q. aquifolioides Rehd. & Wils.
분포 □티베트 동부, 중국 남서부, 미얀마
개화기 6-7월

건조지 아고산대의 양지바른 비탈에 널리 군생하는 상록고목 또는 관목. 동속 세메카르피폴리아와 비슷하나, 가지 끝과 어린잎에 황갈색을 띤 털이 촘촘하게 자란다. 잎은 약간 작고, 타원형-도란형으로 길이 2.5-7cm이며 뒷면에 황갈색 털이 촘촘하게 자란다. 건조한 어린잎은 전체적으로 노란색이 강해진다. 견과는 난구형으로 직경 1-1.5cm, 하부의 절반가량이 각두로 싸여 있다.
*②-b는 어린나무의 것으로, 잎 가장자리에 날카로운 가시모양의 톱니가 있다. ②-c는 꽃이 질 무렵의 수꽃차례. ②-d의 견과는 아직 익지 않은 상태로, 절반 이상이 각두로 싸여 있다.

②-a 크베르쿠스 아키폴리오이데스. 8월19일. Z2/산티린의 북동쪽. 3,700m. 가지 끝의 어린잎이 황금색으로 빛난다. 뒤쪽으로 보이는 급사면에는 소나무와 가문비나무속 나무가 섞여 있고, 임상에는 송이버섯이 자란다.

②-b 크베르쿠스 아키폴리오이데스. 6월11일. Z3/투둔의 남동쪽. 3,050m.

②-c 크베르쿠스 아키폴리오이데스. 6월27일. Z3/틴베의 북동쪽. 3,100m.

②-d 크베르쿠스 아키폴리오이데스. 8월17일. Z2/파숨 호수 부근. 3,450m.

참나무속 Quercus

① 크베르쿠스 그리피티이 *Q. griffithii* Miquel

분포 ◇부탄-동남아시아, 중국 남서부
개화기 4월

높이 10-25m인 낙엽고목. 다소 건조한 산지대 하부의 소나무 숲에 자생하며, 때때로 순림(純林)을 이룬다. 잎은 가지 끝에 모여 달리고, 자루는 매우 짧다. 잎몸은 도란형-타원상도피침형으로 길이 15-25cm이고 끝은 뾰족하며, 기부는 쐐기형이고 가장자리에 성긴 톱니가 있다. 수꽃차례는 길이 8-12cm. 견과는 난상타원체로 길이 1.5cm, 3분의 1 이상이 각두로 싸여 있다. 각두에 부드러운 털이 나 있다.

메밀잣밤나무속 Castanopsis

상록수. 꽃차례는 이삭모양으로 곧추 선다. 각두는 견과 1-3개를 완전히 감싸고, 보통 끝이 불규칙하게 갈라져 벌어져 있다. 꽃은 충매화로, 곤충을 유혹하는 특유의 강한 향기를 내뿜는다.

② 카스타노프시스 인디카 *C. indica* (Roxb.) A. DC.

분포 □네팔 중부-동남아시아, 티베트 남동부, 중국 남부 **개화기** 10-12월

저산과 산지대 하부의 숲에 자생하는 고목 또는 소고목으로, 흔히 군생한다. 잎자루는 길이 5-15mm. 잎몸은 혁질의 도란상타원형-장란형으로 길이 10-25cm이고 끝은 가늘고 뾰족하며, 기부는 거의 원형이고 가장자리에 날카로운 톱니가 있다. 뒷면에 측맥 14-19쌍이 돌출하고 부드러운 연갈색 털이 자란다. 어린잎은 붉은색을 띤다. 수상꽃차례는 길이 10-15cm이며 부드러운 연갈색 털이 촘촘하게 자란다. 각두는 구형으로 직경 2.5-4cm, 길이 5-15mm인 가는 가시가 빽빽하게 나 있다. 견과는 난구형으로 길이 1.3cm이고 각두 안에서 단생하며 식용으로 쓰인다. 목재는 건축용으로 이용되고, 시든 잎이 숙존하는 가지는 오두막 지붕을 이는데 쓰인다.

③ 카스타노프시스 트리불로이데스

C. tribuloides (Smith) A. DC.

분포 □쿠마온-동남아시아, 티베트 남동부, 윈난성 **개화기** 4-5월

저산과 산지대 하부의 숲에 자생하는 고목 또는 소고목으로, 흔히 군생한다. 잎자루는 길이 1-2cm. 잎몸은 타원상피침형으로 길이 8-15cm이고 끝은 가늘고 뾰족하며, 기부는 거의 원형이고 가장자리는 매끈하거나 상부에 무딘 톱니가 있으며 털은 없다. 수상꽃차례는 유황색으로 길이 10-20cm이며 겉에 부드러운 털이 촘촘하게 자란다. 각두는 구형으로 직경 1.5-2.5cm, 바깥쪽에 기부에서 분지한 길이 5-10mm인 굵은 가시가 나 있다. 견과는 난구형으로 길이 1cm이며 각두 안에서 단생한다.

① 크베르쿠스 그리피티이. 4월25일.
X/탁창 부근. 2,600m.

② 카스타노프시스 인디카. 5월28일.
N/날마의 북동쪽. 1,600m.

③-a 카스타노프시스 트리불로이데스. 4월29일. X/타시 라의 북쪽. 1,800m.

③-b 카스타노프시스 트리불로이데스. 4월29일.
X/타시 라의 북쪽. 1,800m.

④ 알누스 네팔렌시스. 5월2일.
V/육솜의 남서쪽. 1,300m.

자작나뭇과 BETULACEAE

암수한그루 낙엽수로, 단엽이 어긋나기 한다. 수꽃과 암꽃은 각각의 꽃차례에 달린다. 수꽃차례는 꼬리모양으로 늘어지고, 암꽃차례는 곧추서거나 아래로 늘어진다. 꽃은 풍매화로 매우 작다.

오리나무속 Alnus

수꽃에는 4개로 갈라진 꽃덮이와 4개의 수술이 있다. 암꽃에는 꽃덮이가 없다. 열매를 덮은 비늘조각은 열매가 떨어진 후에도 숙존한다.

④ 알누스 네팔렌시스 A. nepalensis D. Don

분포 ㅁ히마찰-동남아시아, 티베트 남부, 중국 남서부 개화기 8-9월

높이 5-15m의 낙엽수로, 저산에서 산지대 하부에 걸쳐 계곡 줄기의 습한 숲이나 벌목 흔적지에 자생하며, 급비탈 붕괴 방지를 위해 널리 심는다. 잎자루는 길이 1-2cm. 잎몸은 광타원형으로 길이 10-15cm이고 끝은 뾰족하며, 기부는 원형-쐐기형이고 가장자리는 거의 매끈하다. 어린잎은 맥 위에 부드러운 털이 자란다. 수꽃차례는 꼬리모양으로 길이 7-10cm. 암꽃차례는 타원체로 길이 1-2cm이며 열매 맺을 시기에 목질로 변한다.

자작나무속 Betula

수꽃에는 4개로 갈라진 꽃덮이가 있으며, 수술은 2개 달린다. 암꽃에는 꽃덮이가 없다. 열매에는 날개가 있고 3개로 갈라진 비늘조각으로 덮여 있으며, 비늘조각과 함께 1개씩 떨어진다.

⑤ 베툴라 우틸리스 B. utilis D. Don

분포 ㅁ아프가니스탄-부탄, 티베트, 중국 서북부 개화기 4-6월

아고산대에 자생하는 관목 또는 소고목. 삼림한계 부근에 순림을 형성한다. 나무껍질은 갈색-은회색으로 얇은 지질막(紙質膜)을 이루며, 옆으로 갈라져 크게 벗겨진다. 잎자루는 길이 1-2.5cm이다. 잎몸은 난형으로 길이 3-8cm이고 끝은 뾰족하며, 기부는 난형-절형이고 가장자리에 톱니가 있다. 어린잎은 앞뒷면의 맥을 따라 부드러운 털이 자란다. 수꽃차례는 황갈색으로 길이 5-12cm이고 가지 끝 잎겨드랑이에서 꼬리모양으로 늘어진다. 암꽃차례는 이삭모양으로 길이 2-4cm, 직경 1-1.5cm이고 짧은 가지 끝에서 늘어진다. 목재는 건축용으로 쓰이고, 나무껍질은 건조지의 평지붕 방수용으로 쓰인다. 예전에는 교전(教典) 등의 기록지로 이용되었다.
*⑤-b는 안개가 자주 끼는 삼림한계 부근의 급비탈을 덮은 숲으로, 잎이 떨어진 가지에 소나무 겨우살이가 착생해 있다. 그늘진 장소에는 전나무속 나무가 많이 섞여 있다.

⑤-a 베툴라 우틸리스. 9월9일. G/니치나이 고개의 남동쪽. 3,350m.

⑤-b 베툴라 우틸리스. 10월24일. S/텡보체 부근. 3,850m.

⑤-c 베툴라 우틸리스. 6월29일. K/링모의 북쪽. 3,800m.

⑤-d 베툴라 우틸리스. 6월9일. M/차우라반의 북쪽. 3,550m.

버드나뭇과 SALICACEAE

암수딴그루 낙엽수로, 단엽이 마주나기 한다. 꽃은 꼬리모양 또는 이삭모양으로 모여 달리고, 포겨드랑이마다 꽃이 1개 달린다. 수꽃에는 수술이 2개-여러 개 있고, 암꽃에는 씨방이 1개 있다. 씨앗 기부에 긴 털이 모여나기 한다.

버드나무속 Salix

① 살릭스 린들레야나 S. lindleyana Andersson

분포 ◇파키스탄-부탄, 티베트 남부, 윈난성
개화기 6-7월

고산대의 바위 비탈에 자생하는 포복성 소관목. 잎몸은 혁질의 타원상도피침형으로 길이 5-15mm이고 가장자리는 매끈하거나 상부에 무딘 톱니가 있으며, 뒷면은 창백색(蒼白色)을 띤다. 수꽃차례는 난상타원체로 길이 4-10mm. 포조각은 타원상도란형으로 길이 2-2.5mm이며 황록색. 수술은 2개 달리고, 수술대에는 털이 없다. 삭과는 난형으로 길이 4-5mm이며 끝은 가늘고 뾰족하다.
*①-b는 열개 전의 삭과가 달린 암그루.

② 살릭스 세르필룸

S. serpyllum Andersson [S. hylematica Schneider]

분포 ◇쿠마온-부탄, 티베트 남부(?)
개화기 5-6월

고산대의 바위 비탈에 자생하는 포복성 소관목. 높이 3-10cm. 잎몸은 타원상피침형으로 길이 5-15mm이고 매끈하거나 가장자리에는 무딘 톱니가 있으며, 뒷면은 창백색을 띤다. 수꽃차례는 잎이 달린 짧은 가지 끝에 곧추 서고 길이 7-15mm이며, 축에 긴 털이 촘촘하게 자란다. 표조각은 광란형으로 길이 2-3mm이며 검붉은색을 띤다. 검붉은색을 띠는 수술대에는 털이 자란다.

③ 살릭스 카렐리니이 S. karelinii Turcz.

분포 ◇중앙아시아 주변-네팔 중부, 티베트 남부 개화기 4-7월

건조한 아고산대와 고산대의 비탈에 자생한다. 높이 0.3-1.5m. 가지는 옅은 자줏빛 갈색이며 털이 없다. 잎몸은 타원상피침형-장원형으로 길이 2-7cm이고 겉에 털이 거의 없으며, 끝은 날카롭고 뾰족하며 가장자리에 가는 톱니가 있다. 꽃은 잎과 동시에 열린다. 총꽃자루는 매우 짧고, 작은 잎이 달린다. 수꽃차례는 길이 2.5-5cm. 포조각은 장원형으로 길이 2-3mm이며 겉에 길고 부드러운 털이 촘촘하게 자란다.

④ 살릭스 피크노스타키아

S. pycnostachya Andersson

분포 □중앙아시아 주변-네팔, 티베트 서부
개화기 5-7월

건조 고지 계곡 줄기의 비탈이나 하원에 소림을 이룬다. 높이 3-8m. 전체적으로 분백색을

①-a 살릭스 린들레야나. 6월22일. Z1/초바르바 부근. 4,800m. 땅위를 기며 갈라진 가지 끝에 길이 5mm가량의 난형의 수꽃차례가 달리고, 황갈색 포조각에서 수술이 길게 솟아있다.

①-b 살릭스 린들레야나. 9월25일. X/탕페 라의 남동쪽. 4,500m.

② 살릭스 세르필룸. 5월29일. M/카페 콜라의 왼쪽 기슭. 4,050m.

띤다. 잎몸은 장원상도피침형으로 길이 4-8cm이고 끝은 날카로우며 기부는 쐐기형이다. 매끈하거나 가장자리에는 무딘 톱니가 있으며 뒷면에 견모가 자란다. 암꽃차례의 총꽃자루는 매우 짧으며 잎은 달리지 않는다. 열매차례는 길이 3-5cm, 포조각에 긴 털이 자란다. 삭과는 가는 원추형으로 길이 4-6mm이다.
*촬영 개체는 다 자란 잎의 앞뒷면에 견모가 촘촘하게 자라고 삭과에 부드러운 털이 나 있어, 변종 옥시카르파 var. *oxycarpa*(Andersson) Y.L. Chou & C.F. Fang로 취급된다.

⑤ 살릭스 달토니아나 *S. daltoniana* Andersson
분포 □네팔 중부-아루나찰, 티베트 남부
개화기 5-6월
아고산대와 고산대 하부의 바위 비탈이나 관목림에 자생한다. 높이 1-5m. 가지는 자줏빛 갈색으로 겉에 털이 없으며 분백색을 띤다. 꽃은 잎보다 약간 빨리 핀다. 잎몸은 타원상피침형-장원형으로 길이 3-7cm이고 끝은 뾰족하며 가장자리는 매끈하다. 뒷면에 견모가 빽빽하게 자라고, 어린잎에는 표면의 맥 위에 부드러운 털이 나 있다. 총꽃자루는 길이 5-15mm, 하부에 녹색 잎이 2-5장 달린다. 수꽃차례는 길이 3-5cm. 포조각은 주걱형으로 길이 2mm, 바깥쪽에 길고 부드러운 털이 촘촘하게 나 있다.

⑥ 살릭스 시키멘시스 *S. sikkimensis* Andersson
분포 □네팔 중부-부탄, 티베트 남부, 윈난성
개화기 5-6월
삼림한계 부근에 높이 1-3m인 소림을 이룬다. 가지는 흑갈색으로 털이 없으며, 짧은 가지를 떨어뜨린 흔적이 많이 남아 있다. 꽃은 잎보다 약간 빨리 핀다. 잎몸은 타원상도피침형으로 길이 2-5cm이고 기부는 쐐기형이며 가장자리는 매끈하다. 뒷면에 황갈색을 띤 견모가 빽빽하게 자란다. 수꽃차례는 길이 2.5-4cm, 총꽃차례는 매우 짧고 잎은 달리지 않는다. 포조각은 도란형-도삼각형으로 길이 3mm이며 바깥쪽에 길고 부드러운 털이 촘촘하게 자란다.

⑦ 살릭스 에리오스타키아
S. eriostachya Andersson
분포 ◇네팔 중부-시킴, 티베트 남부
개화기 6-7월
아고산대의 숲 주변이나 하천가에 자생한다. 높이 2-5m. 가지는 굵고 짙은 갈색을 띠며 겉에 털이 없다. 잎몸은 타원형-장원형으로 길이 4-7cm이고 끝은 뾰족하며 가장자리는 거의 매끈하다. 뒷면에 견모가 옅게 나 있다. 총꽃자루는 길이 2-5cm, 부드러운 털이 촘촘하게 자라고 작은 잎이 어긋나기 한다. 포엽은 도란형으로 길이 2-3mm이며 바깥쪽에 부드러운 털이 빽빽하게 나 있다. 꽃은 잎과 동시에 핀다. 수꽃차례는 길이 3-5cm이며 보통 활모양으로 휘어 있다.

③-a 살릭스 카렐리니이. 7월5일.
C/간바호호마의 남동쪽. 4,400m.

③-b 살릭스 카렐리니이. 7월7일.
C/간바호호마의 북서쪽. 4,100m.

④ 살릭스 피크노스타키아. 7월31일.
B/샤이기리의 서쪽. 3,700m.

⑤ 살릭스 달토니아나. 5월22일.
N/마나슬루 주봉의 남서쪽. 3,700m.

⑥ 살릭스 시키멘시스. 6월9일.
X/장고탕의 북쪽. 4,100m.

⑦ 살릭스 에리오스타키아. 6월25일.
P/랑시샤의 북서쪽. 4,300m.

사시나무속 Populus

① 포풀루스 니그라 *P. nigra* L.
분포 □중국 서부 원산. 유라시아와 아프리카 북부의 각지에서 재배 개화기 4-5월
히말라야 서부 건조한 산지의 수로 주변에 많이 심는다. 높이 10-30m. 잎사루는 편평하고 잎몸과 길이가 같다. 잎몸은 능상난형-광삼각형으로 길이 5-10cm이고 무딘 톱니와 가장자리 털이 있으며, 끝은 돌출한다. 히말라야 서부에 많은 것은 변종 이탈리카 var. *italica* (Moench) Koehne로 취급된다.

② 포풀루스 칠리아타 *P. ciliata* Royle
분포 ◇카슈미르-미얀마, 티베트 남부, 윈난성 개화기 3-4월
건조한 산지와 아고산대의 숲속에 자생하며, 사람이 직접 심기도 한다. 높이 10-25m. 나무줄기는 굵고 나무껍질은 갈색이며 세로로 깊게 갈라진다. 잎자루는 길이 5-10cm, 단면은 원형. 잎몸은 난형으로 길이 10-17cm이고 끝은 날카롭고 뾰족하며 기부는 심형-원형이다. 가장자리에 가늘고 둔한 톱니와 털이 있으며, 뒷면에 가늘고 부드러운 털이 자란다. 수꽃차례는 길이 6-10cm이다.

③ 포풀루스 로툰디폴리아 *P. rotundifolia* Griff.
분포 ◇부탄, 티베트 남부, 중국 남서부
개화기 4-5월
다소 건조한 산지와 아고산대의 소나무 숲에 자생한다. 높이 5-20m. 나무줄기는 회백색이며 매끄럽다. 잎몸은 길이 3-6cm. 잎몸은 광란형-원형으로 길이 5-9cm이고 끝은 갑자기 뾰족해지며, 기부는 원형-얕은 심형이다. 가장자리는 물결모양으로 겉에 털이 있으며, 뒷면은 분백색을 띤다. 어린나무의 잎은 크다. 암꽃차례는 길이 5-10cm이며 축에 부드러운 털이 자란다. 티베트를 포함해 중국에 대부분의 자라는 것은 변종 두클로욱시아나 var. *duclouxiana* (Dode) Gomb. 로 취급된다.

가래나뭇과 JUGLANDACEAE
엥겔하르디아속 Engelhardia

④ 엥겔하르디아 스피카타 *E. spicata* Blume
분포 □파키스탄-동남아시아, 티베트 남동부, 중국 남부 개화기 3-5월
저산대의 숲에 자생하는 암수한그루 낙엽수. 높이 8-20m. 잎은 우수우상복엽으로 길이 15-40cm이며 어긋나기 한다. 소엽은 6-12장 달리고, 타원형-장란형으로 길이 8-18cm이며 짧은 자루를 가진다. 미상과서(尾狀果序)는 길이 15-40cm. 견과의 날개는 3개로 깊게 갈라졌고, 가운데 갈래조각은 도피침형으로 길이 2-4cm이다.

① 포풀루스 니그라. 9월19일. G/스리나가르. 1,700m.

② 포풀루스 칠리아타. 4월25일. X/탁창 부근. 2,600m.

③ 포풀루스 로툰디폴리아. 6월11일.
Z3/투둔의 남동쪽. 3,050m.

④ 엥겔하르디아 스피카타. 5월11일.
카트만두/고다바리. 1,450m.

속씨식물
ANGIOSPERMAE

단자엽류
MONOCOTYLEDONEAE

겉씨식물
GYMNOSPERMAE

난초과 ORCHIDACEAE

지생 또는 나무나 바위에 착생하는 다년초. 공생하는 균류의 도움으로 양분을 흡수하고, 덩이줄기나 헛비늘줄기에 물과 양분을 축적하는 것이 많다. 씨방하위. 꽃은 보통 좌우상칭이며, 씨방이 뒤틀려서 도립(倒立)한다. 꽃받침조각은 3장 달리고 정부에 뒤꽃받침조각, 양쪽에 곁꽃받침조각이 있다. 꽃잎은 3장으로, 입술꽃잎으로 불리는 아래쪽 1장은 커서 쉽게 눈에 띄기 때문에 날아오는 곤충을 위한 표시 및 발판 역할을 한다. 기부에 꿀을 담아두는 꿀주머니를 지닌 것이 많다. 수술과 암술은 합체해 꽃술대를 이룬다. 꽃가루는 모여 꽃가루덩이가 되고, 곤충에 부착하기 쉽도록 꽃가루덩이에서 뻗은 자루 끝에 점착체(粘着體)가 달린다. 열매는 삭과. 씨앗은 몹시 작은 알갱이가 무수히 달려 먼지처럼 공중을 떠다닌다.

개불알꽃속 Cypripedium

옆으로 뻗는 뿌리줄기를 지닌 지생란. 꽃자루의 기부에 잎모양의 포엽이 있다. 곁꽃받침조각은 합착해 밑꽃받침조각 1장이 된다. 입술꽃잎은 주머니 모양으로 크다. 꽃술대는 입술꽃잎의 좁은 개구부를 막듯 곧추서고, 끝은 덮개모양의 헛수술에 싸여 있으며, 그 뒤쪽에 암술머리와 꽃밥 2개가 숨어 있다. 색깔과 향기에 이끌려 입술꽃잎 속에 들어간 어린 꿀벌은 꽃에 꿀이 없음을 깨닫고 시행착오 끝에 역방향으로 자란 털과 빛의 도움으로 꽃술대 겨드랑이의 개구부를 통해 탈출한다. 이때 꿀벌은 앞서 방문한 꽃의 꽃가루를 암술머리에 묻히고, 꽃밥 속의 꽃가루를 털에 묻히게 된다. 겨우 빠져나온 꿀벌은 그 곳을 벗어나 멀리 떨어진 군락까지 꽃가루를 운반한다.

①-a 키프리페디움 코르디게룸. 6월11일. L/구르자가트 부근. 3,050m. 거머리가 득실대는 혼합림 내의 습한 초지에 가시가 많은 매자나무속 관목의 보호를 받으며 크게 자라나 있다.

①-b 키프리페디움 코르디게룸. 6월19일. P/싱곰파 부근. 3,300m.

②-a 키프리페디움 히말라이쿰. 7월16일. I/꽃의 계곡. 3,500m.

②-b 키프리페디움 히말라이쿰. 7월10일. S/두드코시 계곡. 4,200m.

① 키프리페디움 코르디게룸 *C. cordigerum* D. Don
분포 ◇파키스탄-부탄, 티베트 남부(춘비 계곡) 개화기 5-7월
아고산대의 소림이나 소관목 사이에 자생한다. 꽃줄기는 높이 25-50cm이며 겉에 부드러운 털이 자라고, 잎 3-5장이 어긋나기 하며 끝에 꽃이 1개 달린다. 잎은 타원형으로 길이 8-15cm이고 끝은 날카롭다. 포엽은 난상피침형으로 길이 5-8cm이며 곧추 선다. 씨방은 꽃자루를 포함해 길이 3-4cm이며 선모가 촘촘하게 자란다. 꽃받침조각과 곁꽃잎은 연두색-황록색으로 길이 3-5cm. 입술꽃잎은 약간 짧고 앞쪽으로 돌출했으며 흰색을 띤다. 뒤꽃받침조각은 난상피침형, 밑꽃받침조각은 협타원형. 곁꽃잎은 협피침형이며 기부에 부드러운 털이 나 있다. 헛수술은 귤색. 입술꽃잎과 헛수술에 연갈색-홍갈색 반점이 들어 있다.

② 키프리페디움 히말라이쿰
C. himalaicum Rolfe
분포 ◇가르왈-부탄, 티베트 남부 개화기 5-7월
고산대의 초지나 소관목 사이에 자생한다. 꽃줄기는 높이 15-30cm로 기부에 잎이 3-4장 어긋나기 하고 부드러운 털이 자라며, 상부에는 잎이 달리지 않고 1개의 꽃이 달린다. 잎은 타원형으로 길이 5-10cm이고 끝은 뾰족하며, 가장자리에 짧고 부드러운 털이 촘촘하게 나 있다. 포엽은 타원상피침형으로 길이 3-5cm. 씨방은 자루를 포함해 길이 1.5-3cm. 홍갈색-자줏빛 갈색 꽃덮이에는 연두색 심줄이 있다. 뒤꽃받침조각은 난상타원형이며 앞쪽으로 쓰러진다. 밑꽃받침조각은 장원상피침형. 곁꽃잎은 협피침형이며 안쪽 기부에 길고 부드러운 털이 자란다. 입술꽃잎의 외관은 럭비공모양으로 비스듬히 아래를 향하고, 길이 3-4cm로 꽃받침조각과 곁꽃잎보다 길게 자라며, 개구부는 좁고 가장자리가 가늘게 물결친다. 헛수술은 귤색이다.

③ 키프리페디움 티베티쿰 *C. tibeticum* Rolfe
분포 ◇시킴-부탄, 티베트 남부, 중국 남서부 개화기 6-7월
다소 건조한 아고산대의 소림이나 고산대의 초지에 자생한다. 동속 히말라이쿰과 비슷하나, 꽃줄기 중부에 잎이 달리고 포엽은 크고 곧게 자란다. 입술꽃잎은 짙은 자줏빛 갈색으로 길이 3-6cm이고 앞쪽으로 돌출하며, 바닥은 평평하고 끝은 원형이며 그물맥이 살짝 내비친다. 뒤꽃받침조각과 밑꽃받침조각은 타원상피침형으로 입술꽃잎과 길이가 같거나 짧다. 곁꽃잎은 장원상피침형으로 입술꽃잎과 길이가 같거나 길다. 헛수술은 입술꽃잎과 색이 같다. 꽃은 잎보다 먼저 피고, 꽃줄기 상부에서 씨방에 걸쳐 완만하게 휘어 있다.

③-a 키프리페디움 티베티쿰. 7월3일. Z3/남차바르와. 3,950m. 주머니 모양의 입술꽃잎이 덧버선 모양으로 돌출해 있으며, 그물맥이 혈관처럼 내비친다.

③-b 키프리페디움 티베티쿰. 6월16일. X/라야 부근. 4,000m.

③-c 키프리페디움 티베티쿰. 6월12일. X/링시 부근. 3,900m.

은난초속 Cephalanthera

① 케팔란테라 롱기폴리아 *C. longifolia* (L.) Fritsch
분포 ◇북아프리카, 히말라야 전역을 포함한
유라시아의 온대 각지 개화기 5-6월
산지 혼합림 내의 부식질에 자생한다. 꽃줄
기는 높이 20-45cm로 곧게 자라고, 잎 5-8장
이 어긋나기 한다. 잎은 타원상-선상피침형
으로 길이 5-13cm이고 기부는 칼집모양으
로 줄기를 안고 있다. 줄기 끝의 길이 5-10
cm인 총상꽃차례에는 꽃이 5-20개 달린다.
포엽은 피침형으로 씨방보다 짧다. 씨방은
자루를 포함해 길이 6-10mm. 꽃은 흰색으로
길이 1-1.5cm이고 비스듬히 달리며, 입술꽃
잎 끝은 노란색을 띠고, 꽃받침조각과 꽃잎
은 거의 열리지 않는다. 꽃받침조각은 장원
상피침형. 곁꽃잎은 꽃받침조각보다 약간
짧다. 입술꽃잎은 곁꽃잎보다 약간 짧고, 위
아래로 2개로 갈라진다.

닭의난초속 Epipactis

② 에피파크티스 헬레보리네 *E. helleborine* (L.) Grants
분포 ◇히말라야 전역을 포함한 유라시아의
온대, 아프리카 북부 개화기 7-8월
산지에서 아고산대에 걸쳐 습한 임상의 부식질
에 자생한다. 꽃줄기는 높이 20-70cm로 잎이 어
긋나기 하고 상부에 부드러운 털이 자라며, 기
부는 비늘조각모양 잎에 싸여 땅속에 묻혀 있
다. 잎은 타원상-장원상피침형으로 길이 5-
13cm. 줄기 끝의 총상꽃차례는 길이 10-30 cm,
꽃은 한 방향을 향한다. 씨방은 가는 자루를 포
함해 길이 1-1.5cm. 꽃은 연두색이며 이따금 어
두운 자주색을 띤다. 꽃받침조각은 난상피침형
으로 길이 7-12mm. 곁꽃잎과 입술꽃잎은 꽃받
침조각보다 약간 짧다. 입술꽃잎은 위아래 2개
로 갈라지고, 끝은 삼각 모양이다.

으름난초속 Galeola

③ 갈레올라 린들레야나

G. lindleyana (Hook.f. & Thoms.) Rchb.f.
분포 ◇히마찰-동남아시아, 티베트 남동부,
중국 남부 개화기 6-7월
녹색잎이 없는 부생식물(腐生植物). 산지대
하부의 습한 떡갈나무 숲속의 부식질에 자생
하며, 땅속에 굵고 짧은 뿌리줄기가 있다. 꽃
줄기는 높이 1-2m로 곧게 자라고 황갈색을
띠며, 하부에 비늘조각잎이 어긋나기 하고 상
부는 가늘고 긴 원추꽃차례를 이룬다. 꽃차례
가지는 짧고 드문드문 자라 아래를 향하며,
꽃 3-8개가 모여 달린다. 꽃은 노란색으로 폭
2.5-3.5m이고 다육질이며, 입술꽃잎의 안쪽에
붉은색 반점이 있다. 씨방은 자루를 포함해
길이 1.5-2cm이며 겉에 부드러운 털이 촘촘하
게 나 있다. 꽃받침조각은 타원형, 곁꽃잎은
광란형, 입술꽃잎은 반구형이다. 열매는 방추
상원주형으로 길이 10-15cm이다.

①-a 케팔란테라 롱기폴리아. 5월23일.
M/로트반 부근. 2,850m.

①-b 케팔란테라 롱기폴리아. 5월20일.
N/마나슬루 주보의 남서쪽. 2,700m.

② 에피파크티스 헬레보리네. 7월20일.
K/토이잠의 북쪽. 3,100m.

③ 갈레올라 린들레야나. 6월15일.
T/보테바스의 북동쪽. 2,000m.

④-a 타래난초. 8월18일.
V/룽퉁의 북쪽. 2,200m.

④-b 타래난초. 8월18일.
P/고라타베라의 북동쪽. 3,100m.

타래난초속 Spiranthes

④ 타래난초 *S. sinensis* (Persoon) Ames

분포 □히말라야 전역, 유럽 동부-아시아, 말레이시아 개화기 4-9월

저산에서 아고산대에 걸쳐 습한 초지에 자생하며, 땅속에 굵은 뿌리가 모여나기 한다. 꽃줄기는 높이 15-40cm로 기부에 잎 3-5장이 어긋나기 하고, 상부는 수상꽃차례를 이루며 부드러운 털과 선모가 자란다. 잎은 선상피침형으로 길이 5-10cm. 꽃차례는 길이 7-15cm이며 많은 꽃이 나선상으로 달린다. 꽃받침조각과 곁꽃잎은 붉은색이며 길이 3.5-5mm로 곧추 선다. 입술꽃잎은 흰색, 윗면에 소돌기가 빽빽하게 나 있고 끝은 늘어진다.

아오르키스속 Aorchis

⑤ 아오르키스 스파툴라타

A. spathulata (Lindl.) Vermeulen [*Galearis spathulata* (Lindl.) P.F. Hunt, *Orchis diantha* Schltr.]

분포 ◇가르왈-부탄, 티베트 남부, 중국 서부 개화기 6-7월

아고산대나 고산대 관목림 내의 습한 초지에 자생하며, 가는 뿌리줄기가 부식질 속으로 뻗는다. 꽃줄기는 높이 5-15cm이며 기부에 잎 1장과 비늘조각잎 2장이 달린다. 잎은 난상타원형으로 길이 4-7cm이고 기부는 칼집모양으로 줄기를 안고 있다. 줄기 끝에 분홍색 꽃이 2-4개 모여 달린다. 포엽은 피침형으로 꽃보다 높이 자란다. 씨방은 곧추서고, 꽃은 옆을 향한다. 꽃받침조각은 장원상피침형으로 길이 7-10mm. 뒤꽃받침조각은 곁꽃잎과 함께 덮개모양으로 꽃술대를 덮는다. 입술꽃잎은 타원형으로 꽃받침조각보다 약간 길고, 중앙부에 여러 개의 짙은 붉은색 반점이 있으며 기부에 길이 3mm안 꿀주머니가 있다.

브라키코리티스속 Brachycorythis

⑥ 브라키코리티스 오브코르다타

B. obcordata (Lindl.) Summerhayes

분포 ◇히말라야-아루나찰 개화기 7-8월

산지대 하부의 습한 둔덕 사면의 초지에 자생하며, 땅속에 덩이줄기가 있다. 꽃줄기는 높이 10-25cm로 잎이 약간 촘촘하게 어긋나기 하며, 기부의 잎은 작고 칼집모양으로 줄기를 안고 있다. 잎은 타원상피침형으로 길이 3-5cm. 총상꽃차례는 길이 5-10cm. 포엽은 잎모양으로 꽃과 길이가 같거나 약간 길다. 씨방은 자루를 포함해 길이 7-10mm. 꽃받침조각은 피침형으로 길이 4-7mm이고 연두색이며 붉은색 심줄이 있다. 뒤꽃받침조각은 곁꽃잎과 함께 덮개모양으로 꽃술대를 덮는다. 입술꽃잎은 도삼각형-도심형으로 길이 7-9mm이고 분홍색이며 아래로 늘어진다. 중앙부에 붉은 자주색 반점이 있고, 기부에 길이 2-3mm의 꿀주머니가 있다.

⑤-a 아오르키스 스파툴라타. 6월22일. R/베니카르카. 3,950m. 빙하 말단퇴석의 움푹 팬 땅으로, 석남과 노간주나무 등의 관목이 드문드문 자라는 습한 초지에 군생하고 있다.

⑤-b 아오르키스 스파툴라타. 6월22일. R/베니카르카. 3,950m.

⑥ 브라키코리티스 오브코르다타. 7월12일. V/치라우네의 북쪽. 1,600m.

나비난초속 Orchis

① 오르키스 와르디이 *O. wardii* W.W. Smith

분포 ■ 티베트 남동부, 윈난성 개화기 6-7월
아고산대에서 고산대 하부에 걸쳐 관목소림
이나 초지에 자생하며, 옆으로 뻗는 육질 뿌
리줄기가 있다. 꽃줄기는 높이 15-20cm로
잎이 2장 달린다. 잎의 기부는 크다. 잎몸은
타원형-장원형으로 길이 8-15cm이고 끝은
둔형이며, 기부는 칼집모양으로 줄기를 안고
있다. 줄기 끝 길이 3-7cm인 총상꽃차례에는
꽃이 5-10개 달린다. 포엽은 씨방보다 길다.
씨방은 자루를 포함해 길이 1-1.2cm. 꽃은 직
경 1-1.5cm. 꽃받침조각과 곁꽃잎은 난상피침
형으로 길이 6-8mm이고 흰색이며 홍갈색
반점이 있다. 뒤꽃받침조각은 곁꽃잎과 함께
덮개모양을 이룬다. 입술꽃잎은 원상광란형
으로 길이 7-9mm이고 가장자리에 둥근 톱니
가 있으며 홍갈색을 띤다. 꽃뿔은 길이 8-
10mm, 끝은 살짝 앞을 향한다.

다크틸로리자속 Dactylorhiza

② 다크틸로리자 하타기레아

D. hatagirea (D. Don) Soo [*Orchis hatagirea* D. Don]

분포 ▫ 파키스탄-아루나찰, 티베트 남동부
개화기 6-7월
산지에서 고산대 하부에 걸쳐 관목림 주변
이나 하천가, 초지에 자생한다. 땅속에 기부
가 굵은 수염뿌리가 있다. 꽃줄기는 높이 20-
50cm이며 잎 4-5장이 어긋나기 한다. 잎은 장
원형-도피침형으로 길이 6-15cm이고 끝은
뾰족하며 기부는 칼집모양이다. 줄기 끝의
길이 4-10cm인 총상꽃차례에는 많은 꽃이
모여 달린다. 꽃은 붉은색-연붉은색, 꽃덮이
조각은 길이 7-10mm. 뒤꽃받침조각은 곁꽃
잎과 함께 덮개모양을 이룬다. 곁꽃받침조각
은 일그러진 타원상피침형. 입술꽃잎은 광도

①-a 오르키스 와르디이. 6월30일.
Z3/봉 리의 동쪽. 3,900m.

①-b 오르키스 와르디이. 7월3일.
Z3/파티 부근. 4,000m.

②-a 다크틸로리자 하타기레아. 7월14일.
I/꽃의 계곡. 3,500m.

②-b 다크틸로리자 하타기레아. 7월14일.
I/꽃의 계곡. 3,500m.

②-c 다크틸로리자 하타기레아. 6월13일.
L/파구네 다라의 남쪽. 3,100m.

②-d 다크틸로리자 하타기레아. 7월8일.
C/시가르의 북동쪽. 2,600m.

②-e 다크틸로리자 하타기레아. 6월17일.
Z3/다무로 부근. 3,250m.

란형이며 짙은 붉은색과 흰색 반점이 있다. 꽃뿔은 원통형으로 길이 9-10mm이다.
*②-d와 ②-e는 오르키스 라티폴리아 (*Orchis latifolia* L.) 로 취급되기도 한다.

주름제비난속 Gymnadenia
땅속에 손바닥 모양으로 갈라진 덩이줄기가 있다.

③ 김나데니아 오르키디스 *G. orchidis* Lindl.
분포 ◇파키스탄-부탄, 티베트 남·동부, 중국 서부 개화기 7-8월
아고산대와 고산대의 초지에 자생한다. 꽃줄기는 높이 20-40cm로 잎 3-5장이 어긋나기 하고, 상부에 포엽 모양의 잎이 달린다. 잎은 타원형-장원상피침형으로 길이 5-15cm이고 끝은 둔형 또는 예형이며 기부는 칼집모양이다. 꽃차례는 길이 5-15cm. 포엽은 길이 1.5-2.5cm. 씨방은 자루를 포함해 길이 7-10mm. 꽃은 분홍색. 곁꽃받침조각은 난상피침형으로 길이 4-6mm. 뒤꽃받침조각은 약간 짧고, 곁꽃잎과 함께 덮개모양을 이룬다. 입술꽃잎은 길이 3-5mm, 끝은 3개로 갈라진다. 꽃뿔은 길이 1-1.7cm이다.

④ 주름제비난속의 일종 (A) Gymnadenia sp. (A)
노간주나무 등의 관목림 주변에 자생한다. 동속 오르키디스와 비슷하나 전체적으로 크다. 꽃줄기는 높이 60-80cm. 잎은 6-10장 달리고 장원상피침형-협피침형이며, 상부에서 점차 가늘고 짧아진다. 하부의 잎은 길이 20cm, 폭 5.5cm. 꽃차례는 길이 15-18cm로 꽃 100-120개가 모여 달린다. 포엽은 협피침형으로 길이 1-3cm, 끝은 긴 점첨형. 씨방은 자루를 포함해 길이 1cm. 뒤꽃받침조각은 길이 3.5-4mm. 곁꽃받침조각은 길이 5-6mm. 입술꽃잎은 길이 5-6mm이며 끝은 3개로 갈라져 휘어 있다. 꽃뿔은 길이 1.3-1.5cm이다.

⑤ 손바닥난초 *G. conopsea* (L.) R. Br.
분포 ■히말라야(티베트 남동부), 유라시아의 아한대 개화기 7-8월
아고산대에서 고산대에 걸쳐 초지나 관목림 주변에 자생한다. 꽃줄기는 높이 30-60cm로 잎 3-5장이 어긋나기 하고, 상부에 포엽 모양의 가는 잎이 달린다. 잎은 장원형으로 길이 7-15cm이고 끝은 둔형-점첨형이다. 총상꽃차례는 길이 5-15cm. 포엽은 협피침형으로 꽃과 길이가 같거나 길며, 끝은 긴 점첨형이다. 꽃은 분홍색-유황색. 곁꽃받침조각은 길이 4-5mm. 입술꽃잎은 길이 4-6mm. 꽃뿔은 길이가 8-12mm이다.

③ 김나데니아 오르키디스. 7월16일. I/꽃의 계곡. 3,500m. ②-a, b와 같은 장소인 산등성근처의 초지에 자란 것으로, 흰 꽃을 피운 아네모네 리불라리스 군락에서 꽃줄기가 솟아 있다.

④ 주름제비난속의 일종 (A) 8월7일. S/팡보체의 서쪽. 3,900m.

⑤ 손바닥난초. 8월14일. Z3/치틴탕카의 남동쪽. 4,350m.

포네로르키스속 Ponerorchis

땅속에 타원체의 덩이줄기가 있다.

① 포네로르키스 쿠스바

P. chusua (D. Don) Soó [*Orchis chusua* D. Don, *Chusua pauciflora* (Lindl.) P.F. Hunt]

분포 ◇쿠마온-미얀마, 티베트 남부, 중국
개화기 6-8월

아고산대에서 고산대에 걸쳐 초지나 소관목
사이에 자생한다. 꽃줄기는 높이 10-20cm이
며 잎은 1-2장 달린다. 잎몸은 장원형-선상피
침형으로 길이 5-15cm이고 끝은 둔형-점첨형
이며 기부는 칼집모양이다. 줄기 끝에 꽃 2-6
개가 한쪽을 향해 모여 달린다. 포엽은 길이
1-2cm. 씨방은 자루를 포함해 길이 7-10 mm.
꽃은 붉은 자주색으로 직경 1.7-2cm. 곁꽃받
침조각은 낫 모양의 장원상피침형. 뒤꽃받침
조각은 약간 짧고, 곁꽃잎과 함께 덮개모양을
이룬다. 입술꽃잎은 광도란형으로 길이 8-
12mm이며 끝이 3개로 갈라진다. 꽃뿔은 원
주형으로 길이 8-10mm이다.

방울난초속 Habenaria

땅속에 타원체-장타원체의 덩이줄기가 있다.

② 하베나리아 아이치소니이 *H. aitchisonii* Rchb.f.

분포 ◇아프가니스탄-부탄, 티베트 남부, 중
국 서부 개화기 7-9월

산지에서 아고산대에 걸쳐 숲속의 이끼 낀
바위땅이나 둔덕에 자생한다. 꽃줄기는 높이
12-30cm로 기부 부근에 잎이 2장 마주나기 형
태로 달리고, 상부에 포엽 모양의 잎이 1-4장
달린다. 잎은 질이 두꺼운 난원형으로 길이
2-6cm이며 기부는 줄기를 안고 있다. 총상꽃
차례는 길이 4-15cm. 꽃은 연두색. 곁꽃받침
조각은 낫모양의 피침형으로 길이 4-5mm이
고 가장자리 부분은 희다. 뒤꽃받침조각은
짧고, 곁꽃잎과 함께 덮개모양을 이룬다. 입
술꽃잎은 3개로 깊게 갈라졌다. 갈래조각은
선형으로 길이 4-6mm, 가운데 갈래조각은 약
간 짧고 두껍다. 꽃뿔은 길이 6-9mm이다.

③ 하베나리아 인테르메디아 *H. intermedia* D. Don

분포 ◇파키스탄-네팔 중부, 티베트 남부
개화기 6-8월

산지의 숲 주변이나 초지의 비탈에 자생한
다. 꽃줄기는 높이 10-30cm이며 잎 3-5장이 어
긋나기 한다. 잎은 난상피침형으로 길이 5-
8cm이고 끝은 날카롭다. 꽃은 2-4개 달린다.
씨방은 자루를 포함해 길이 4-5cm. 곁꽃받침
조각은 낫모양의 피침형으로 길이 2.5-3cm이
고 녹색이며 좌우로 열린다. 뒤꽃받침조각은
피침형으로 약간 짧고 녹백색이며 완만하게
휘어 있다. 곁꽃잎은 낫모양으로 흰색이며,
뒤꽃받침조각으로 이어진다. 입술꽃잎은 길
이 3-4cm이고 화조 끝에서 3개로 갈라지며
가운데 갈래조각은 선형이다. 옆갈래조각 바

①-a 포네로르키스 쿠스바. 6월16일. M/야크카르카. 3,600m. 다형적인 종으로, 잎의 형태와 꽃의 반점 등이 다양하게 변한다. 위 군락처럼 잎에 검은 반점이 들어 있는 것도 많다.

①-b 포네로르키스 쿠스바. 8월3일.
T/양그리의 동쪽. 3,500m.

② 하베나리아 아이치소니이. 8월1일.
K/구르치 라그나의 북쪽. 3,300m.

깔쪽은 실모양으로 가늘게 갈라지고, 갈래조각과 작은 갈래조각의 끝은 위를 향한다. 꽃뿔은 길이 5-6.5cm. 화분낭 기부 2개에서 길이 4-5mm의 희고 가는 관이 비스듬히 뻗는다. 2개의 암술머리 돌기는 길이 1-1.4cm이며 위를 향해 활처럼 휘어 있다.

④ 하베나리아 페크티나타
H. pectinata (J.E. Smith) D. Don
분포 ◇파키스탄-시킴, 원난성 개화기 6-9월
산지 숲 사이의 초지에 자생한다. 꽃줄기는 높이 20-45cm이며 잎 5-8장이 어긋난다. 하부의 잎은 선상피침형으로 길이 7-15cm이고 기부는 칼집모양이다. 총상꽃차례는 길이 7-15cm. 포엽은 씨방보다 길다. 씨방은 자루를 포함해 길이 1.5-2cm. 꽃받침조각과 곁꽃잎은 연두색으로 길이 1.5-1.8cm. 뒤꽃받침조각은 타원상피침형이며 곁꽃잎과 살짝 겹친다. 곁꽃받침조각은 낫모양의 타원상피침형. 입술꽃잎은 황록색이고 화조 끝에서 3개로 갈라지며, 갈래조각은 길이 1.3-2cm이다. 중앙갈래조각은 선형, 곁갈래조각의 바깥쪽은 빗살모양으로 가늘게 갈라진다. 꿀주머니는 길이 1.5-2.5cm이다.

⑤ 하베나리아 아리엔티나 *H. arientina* Hook.f.
분포 ◇히마찰-아삼, 티베트 남부
개화기 7-8월
산지 숲 주변의 초지나 소관목 그루 내에 자생한다. 동속 페크티나타와 비슷하나, 곁꽃잎 기부 바깥쪽이 원형으로 크게 돌출하고 가장자리에 미세한 털이 있다. 꽃줄기는 높이 20-60cm. 잎은 장란형-피침형으로 길이 3-12cm이고 끝은 둔형-긴 점첨형. 총상꽃차례는 길이 10-20cm. 포엽은 씨방과 길이가 같거나 약간 길다. 씨방은 자루를 포함해 길이 2-3cm. 곁꽃받침조각은 녹색이며 뒤쪽으로 휘어 있다.

③-a 하베나리아 인테르메디아. 7월25일. I/타인의 북쪽. 2,800m. 입술꽃잎 옆갈래조각의 바깥쪽은 실모양으로 가늘게 갈라졌다. 꿀주머니는 길이 5cm 이상으로 뻗어 있다. 긴 주둥이를 지닌 나방이 꿀을 빨아먹는 모습이 상상된다.

③-b 하베나리아 인테르메디아. 7월23일. I/타인의 북쪽. 2,800m.

④ 하베나리아 페크티나타. 7월13일. V/암질라사의 남서쪽. 2,400m.

⑤ 하베나리아 아리엔티나. 8월4일. K/차우타의 남동쪽 2,800m.

개제비난속 Coeloglossum

① 개제비난 *C. viride* (L.) Hartman

분포 ◇히말라야의 거의 전역을 포함한 북반구의 아한대 개화기 6-8월

아고산대에서 고산대에 걸쳐 초지나 소림에 자생한다. 꽃줄기는 높이 7-25cm이며 잎 3-4장이 달린다. 잎은 타원상피침형으로 길이 4-10cm. 꽃차례는 길이 2-6cm. 꽃은 연두색, 입술꽃잎과 곁꽃잎은 적갈색을 띤다. 뒤꽃받침조각과 곁꽃받침조각은 길이 4-6mm이며, 곁꽃잎과 함께 꽃줄대를 덮는다. 입술꽃잎은 장원상쐐기형으로 길이 6-8mm이며 끝에 이가 3개 있다.

부탄테라속 Bhutanthera

② 부탄테라속의 일종 (A) *Bhutanthera* sp.(A)

습한 절벽지에 모여나기 하고, 땅속에 길이 2.5-5mm의 도란형 덩이줄기가 있다. 동속 알보비렌스 *B. albovirens* Renz와 비슷하나, 곁꽃잎과 입술꽃잎은 흰색이고 곁꽃잎의 끝은 거의 절형이다. 꽃줄기는 높이 2-4cm로 잎 2장이 마주보기 형태로 달리고, 끝에 꽃이 1-2개 달린다. 잎은 난상타원형으로 길이 1.5-2.5cm. 포엽은 길이 1mm. 씨방은 길이 6-7mm. 꽃받침조각은 녹색을 띤 흰색. 곁꽃받침조각은 일그러진 장란형으로 길이 5-6mm이며 끝이 뾰족하다. 뒤꽃받침조각은 약간 짧다. 곁꽃잎은 도란상쐐기형으로 길이 3-4mm. 입술꽃잎은 길이 4-5mm이고 3개로 깊게 갈라졌으며, 갈래조각은 선형이다. 꽃뿔은 길이 1-1.5mm이다.

씨눈난초속 Herminium

땅속에 구형-타원체의 덩이줄기가 있다.

③ 헤르미니움 두티에이 이나야티이

H. duthiei Hook.f.var. *inayatii* Deva & Naithani

분포 ◇가르왈-부탄 개화기 6-8월

아고산대에서 고산대에 걸쳐 바위가 많은 초지에 자생한다. 꽃줄기는 높이 6-20cm이며 기부 부근에 잎이 2-3장 달린다. 잎은 선상도피침형으로 길이 4-8cm. 끝은 둔형이나 예형, 기부는 칼집모양이며 꽃차례는 2-8cm. 꽃받침조각과 곁꽃잎은 타원상피침형으로 길이 2-2.5mm이며 연두색. 입술꽃잎은 난상타원형으로 길이 2.5-3mm이고 끝은 둔형이며 완만하게 휘어 있다. 표면의 중맥 부근은 짙은 녹색을 띤다.

④ 헤르미니움 마크로필름

H. macrophyllum (D. Don) Dandy

분포 ◇네팔 중부-부탄, 티베트 남부
개화기 6-8월

아고산대에서 고산대에 걸쳐 관목림 주변이나 초지에 자생한다. 꽃줄기는 높이 7-20cm이며 기부 부근에 잎이 2-3장 달린다. 잎은

① 개제비난. 7월6일.
C/간바보호마 부근. 4,400m.

② 부탄테라속의 일종 (A) 7월31일.
T/리푸크의 동쪽. 4,300m.

③ 헤르미니움 두티에이 이나야티이. 7월20일.
I/바드리나트의 서쪽. 3,600m.

④ 헤르미니움 마크로필름. 7월2일.
S/남체바자르 부근. 3,600m.

⑤ 나도씨눈난. 6월30일.
C/카추라의 남쪽. 2,550m.

⑥ 페리스틸루스속의 일종 (A) 8월2일.
K/라라 호수의 남쪽. 3,000m.

선상피침형-도피침형으로 길이 4-10cm. 꽃차
례는 길이 2-7cm. 씨방은 길이 2-3mm. 꽃은 직
경 3mm이며 약간 아래를 향한다. 꽃받침조각
은 녹색으로 길이 1.5-2mm. 뒤꽃받침조각은
난형, 곁꽃받침조각은 피침형. 곁꽃잎과 입술
꽃잎은 황록색으로 질이 두껍고 꽃받침조각
과 길이가 거의 같다. 곁꽃잎은 삼각상란형.
입술꽃잎에 주머니모양의 꿀주머니가 있다.

⑤ **나도씨눈난** *H. monorchis* (L.) R. Br.
분포 ◇파키스탄-네팔 중부, 유라시아의 아
한대 **개화기** 6-8월
건조지의 아고산대와 고산대의 습한 초지에
자생한다. 꽃줄기는 높이 8-18cm이며 기부
부근에 2-4장의 잎이 달리고, 상부에 포엽
모양의 잎이 달린다. 잎은 난형-피침형으로
길이 3-7cm. 꽃차례는 길이 3-8cm. 꽃은 녹황
색으로 길이 3-4mm이며 아래를 향한다. 곁
꽃잎과 입술꽃잎은 꽃받침조각보다 약간 길
다. 입술꽃잎에는 꿀주머니가 없다.

페리스틸루스속 Peristylus

⑥ **페리스틸루스속의 일종 (A)** *Peristylus* sp. (A)
물기 있는 방목 초지에 자생한다. 동속 라우
위이 (*P. lawii* Wight)와 비슷하나, 포엽은 짧
고 입술꽃잎은 살짝 3개로 갈라졌거나 매끈
하다. 땅속에 길이 1cm인 타원체 덩이줄기
가 있다. 꽃줄기는 높이 17-20cm이며 기부 부
근에 잎이 2장 달리고, 상부에 포엽모양의
잎이 1-2장 달린다. 잎은 선상피침형-도피침
형으로 길이 8-12cm, 폭 8-15mm. 꽃차례는
길이 6-7cm로 꽃 25-30개 달린다. 씨방은
길이 3mm. 꽃은 흰색으로 직경 4mm이며 씨
방이 뒤틀려 도립한다. 꽃받침조각과 곁꽃
잎은 난형-난상피침형으로 길이 2.3mm. 입
술꽃잎은 약간 길고 삼각상란형이며 주머니
모양의 꿀주머니가 있다.

네오티안테속 Neottianthe

⑦ **네오티안테 칼치콜라**
N. calcicola (W. W. Smith) Schltr.
분포 ◇가르왈-부탄, 티베트 남·동부, 중국
서부 **개화기** 7-9월
아고산대에서 고산대에 걸쳐 습한 초지나
소관목 사이에 자생하며, 땅속에 구형의 덩
이줄기가 있다. 꽃줄기는 높이 8-17cm이며
기부 부근에 잎이 2장 달린다. 잎은 선상피
침형-도피침형으로 길이 3-7cm. 꽃차례는
길이 3-6cm로 꽃 6-15개가 한쪽을 향해 달린
다. 포엽은 씨방보다 길다. 꽃덮이조각은 분
홍색으로 길이 6-8mm. 뒤꽃받침조각은 난상
피침형이며 선형의 곁꽃잎과 함께 꽃추대를
덮는다. 입술꽃잎은 3개로 갈라졌고, 옆갈
래조각은 작다. 꽃뿔은 원추상으로 길이 4-
5mm이며 끝은 아래로 휘어진다.

⑦-a 네오티안테 칼치콜라. 8월10일. X/장고탕의 북쪽. 4,100m. 코토네아스테르 미크로필루스와 로디올라 호브
소니이로 덮인 빙퇴석 비탈에 자라나 있다.

⑦-b 네오티안테 칼치콜라. 7월27일.
V/캉바첸의 남서쪽. 3,850m.

⑦-c 네오티안테 칼치콜라. 8월4일.
V/캉바첸의 북동쪽. 4,150m.

말락시스속 Malaxis

① 말락시스 무스치페라

M. muscifera (Lindl.) Kuntze

분포 ◇파키스탄-부탄, 티베트 남부
개화기 6-8월

아고산대 숲 사이의 습한 초지에 자생하며, 땅속에 짧은 뿌리줄기와 헛비늘줄기가 있다. 꽃줄기는 헛비늘줄기 끝에서 높이 12-30cm로 곧게 자라고, 기부 부근에 잎2장이 마주보기 형태로 달린다. 잎에는 칼집모양의 자루가 있다. 잎몸은 난형-장원상피침형으로 길이 3-8cm. 꽃차례는 길이 5-15cm. 포엽은 피침형으로 씨방보다 짧다. 씨방은 자루를 포함해 길이 3-4mm. 꽃은 녹색이며 도립하지 않는다. 꽃받침조각은 장원상피침형으로 길이 2-2.5mm. 곁꽃잎은 선형으로 꽃받침조각과 길이가 거의 같다. 위쪽 입술꽃잎은 배모양의 광란형으로 꽃받침조각과 길이가 같으며 끝은 돌출한다.

제비난속 Platanthera

② 플라탄테라 에드게워르티이

P. edgeworthii (Collett) Gupta

분포 ◇파키스탄-네팔 중부 개화기 7-8월

산지의 바위가 많은 초지의 비탈에 자생하며, 땅속에 타원체의 덩이줄기가 있다. 꽃줄기는 높이 25-50cm로 하부에 잎 3-5장이 어긋나기 하고, 상부에 포엽모양의 잎이 달린다. 잎은 장원형-피침형으로 길이 5-10cm. 꽃차례는 길이 6-20cm. 포엽은 피침형으로 씨방과 길이가 같거나 길다. 씨방은 자루를 포함해 길이 1-1.3cm. 꽃받침조각은 연두색. 곁꽃잎과 입술꽃잎은 노란색. 뒤꽃받침조각은 광란형으로 길이 3-4mm. 곁꽃받침조각은 난상타원형으로 길이 5-6mm. 곁꽃잎은 뒤꽃받침조각의 양쪽으로 이어진다. 입술꽃잎은 선형으로 길이 6-8mm. 꿀주머니는 길이 1.5-2.5cm이다.

③ 플라탄테라 라틸라브리스 *P. latilabris* Lindl.

분포 □파키스탄-부탄, 티베트 남부, 윈난·쓰촨성 개화기 7-9월

산지 둔덕의 초지나 소관목 사이에 자생하며, 땅속에 타원체 덩이줄기가 있다. 꽃줄기는 높이 25-50cm이며 잎 3-5장이 어긋나기 한다. 잎은 장란형-광피침형으로 길이 4-10cm. 꽃차례는 길이 10-25cm. 포엽은 피침형으로 씨방과 길이가 같거나 길다. 씨방은 자루를 포함해 길이 8-13mm. 꽃받침조각은 녹색이며 가장자리에 짧은 선모가 자란다. 곁꽃잎과 입술꽃잎은 황녹색. 뒤꽃받침조각은 광란형으로 길이 4-5mm. 곁꽃받침조각은 장란형으로 길이 5-6mm이며 살짝 휘어 있다. 곁꽃잎은 낫모양의 선상장원형으로 뒤꽃받침조각보다 약간 길다. 입술꽃잎은 선형으로 길이 6-8mm. 꽃뿔은 길이 1-1.5cm이다.

① 말락시스 무스치페라. 7월23일.
K/자그도라. 3,850m.

② 플라탄테라 에드게워르티이. 7월25일.
I/타인의 북쪽. 2,800m.

③-a 플라탄테라 라틸라브리스. 8월14일.
R/살룽의 북동쪽. 2,700m.

③-b 플라탄테라 라틸라브리스. 8월1일.
K/구르치 라그나의 북쪽. 3,200m.

④-a 플라탄테라 스테난타. 8월12일.
R/카르테의 북쪽. 2,700m.

④-b 플라탄테라 스테난타. 8월12일.
R/카르테의 북쪽. 2,700m.

④ **플라탄테라 스테난타** *P. stenantha* (Hook.f.) Soó
분포 ◇네팔 중부·미얀마, 티베트 남부, 윈난
성 개화기 7-9월
산지 떡갈나무 숲의 반그늘지고 습한 초지에
자생하며, 땅속에 육질의 굵은 뿌리줄기가
있다. 꽃줄기는 높이 30-80cm로 하부에 잎 3-
4장이 어긋나기 하고, 그 상부에 포엽모양의
잎이 어긋나기 한다. 잎에는 칼집모양의 자
루가 있다. 잎몸은 장원상도피침형으로 길이
10-18cm. 꽃차례는 길이 10-30cm. 포엽은
협피침형으로 꽃보다 짧다. 씨방은 자루를
포함해 길이 1-1.3cm. 꽃받침조각은 연두색.
곁꽃잎과 입술꽃잎은 황녹색. 뒤꽃받침조각
은 난상피침형으로 길이 5-6mm. 곁꽃받침조
각은 선상피침형으로 길이 6-7mm이며 휘어
있다. 곁꽃잎은 선상피침형으로 길이 6-
7mm. 입술꽃잎은 선상장원형으로 길이 7-
9mm이고 앞쪽을 향하며, 가장자리가 뒤쪽으
로 말려 있다. 꽃뿔은 길이 1.5-1.8cm이며
끝은 아래를 향해 굽어 있다.

사티리움속 Satyrium
꽃은 도립하지 않으며, 입술꽃잎에 2개의
꽃뿔이 있다.

⑤ **사티리움 네팔렌세** *S. nepalense* D. Don
분포 ㅁ카슈미르·미얀마, 티베트 남부, 중국
남서부 개화기 8-10월
산지에서 고산대하부에 걸쳐 숲 주변의 비탈
이나 바위가 많고 습한 초지에 자생한다. 땅
속에 타원체 덩이줄기가 있다. 꽃줄기는 높
이 17-50cm로 기부 부근에 잎 2-3장 달리고,
상부에 포엽모양 잎이 어긋나기 한다. 잎에
는 칼집모양 자루가 있다. 잎몸은 장란형·장
원상피침형으로 길이 7-20cm이고 완만하게
휘어 있다. 꽃차례는 길이 6-15cm. 포엽은 장
원상피침형으로 붉은색을 띠고, 꽃보다 길게
자라 기부에서 늘어진다. 씨방은 자루를 포
함해 길이 5-7mm이며 꽃은 연붉은색. 뒤꽃받
침조각은 장란형으로 길이 4-5mm이며 아래
로 늘어진다. 곁꽃받침조각은 난상타원형·장
원형으로 길이 5-6mm. 곁꽃잎은 장원형으로
길이 3-5mm. 입술꽃잎은 반구형으로 길이 5-
8mm이며 위를 향해 곧추 선다. 가는 꽃뿔 2
개는 길이 1-1.5cm이며 씨방을 따라 아래로
늘어진다.

⑥ **사티리움 칠리아툼** *S. ciliatum* Lindl.
분포 ◇가르왈·아루나찰, 티베트 남부, 중국
남서부 개화기 7-9월
산지에서 아고산대에 걸쳐 숲 주변의 반그
늘지고 습한 둔덕 비탈의 초지에 자생한다.
동속 네팔렌세와 비슷하나 꽃줄기는 높이
30cm 이하이다. 입술꽃잎의 꿀주머니 2개는
길이 2-5mm로 짧다. 꽃받침조각 가장자리에
털이 나 있다.

⑤-a 사티리움 네팔렌세. 9월6일. P/고라타베라의 북동쪽. 3,300m. 꽃의 정부에 있는 입술꽃잎은 붉은 두건처
럼 둥글게 굽어 있으며, 그 기부에서 가는 꿀주머니 2개가 씨방을 가르듯 아래로 뻗어 있다.

⑤-b 사티리움 네팔렌세. 9월29일.
O/굴반장의 남쪽. 2,200m.

⑥ 사티리움 칠리아툼. 8월7일.
V/군사의 서쪽. 3,350m.

감자난속 Oreorchis

헛비늘줄기 끝에 세로 주름이 있는 잎이 1-2
장 달리고, 기부에 1장의 꽃줄기가 측생한다.

① 오레오르키스 폴리오사

O. foliosa (Lindl.) var. *foliosa*

분포 ◇히마찰부탄, 티베트 남부 개화기 5-7월
산지에서 아고산대에 걸쳐 혼합림이나 숲 사
이의 초지에 자생한다. 잎은 헛비늘줄기 끝
에 1장 달린다. 잎몸은 장원상피침형으로 길
이 20-35cm이고 끝은 날카롭고 뾰족하며 기
부는 점첨형이다. 꽃줄기는 높이 20-30cm로
끝에 7-15개의 꽃이 총상으로 달린다. 포엽은
피침형으로 씨방보다 짧다. 씨방은 자루를
포함해 길이 6-7mm. 꽃덮이조각은 길이 7-
8mm. 꽃받침조각과 곁꽃잎은 자줏빛 갈색.
입술꽃잎은 흰색으로, 기부에 붉은 자주색
반점과 2개의 능상돌기가 있으며 꽃뿔은 없
다. 뒤꽃받침조각은 선상피침형. 곁꽃받침
조각과 곁꽃잎은 낫모양의 장원상피침형. 입
술꽃잎은 3개로 갈라졌다. 가운데 갈래조각
은 화조가 있는 원상광란형, 옆갈래조각은
낫모양의 장원형이며 매우 작다.

② 오레오르키스 미크란타 *O. micrantha* Lindl.

분포 ◇카슈미르-미얀마, 티베트 남부
개화기 6-7월
산지의 습한 떡갈나무 숲에 자생한다. 동속
폴리오사와 비슷하나, 잎은 2장 달리고 꽃은
흰색이며 입술꽃잎과 곁꽃잎의 상부에 붉은
자주색 반점이 퍼져 있다. 꽃줄기는 높이 20-
35cm. 잎은 선형으로 길이 15-25cm, 폭 5-
7mm이고 끝은 점첨형이다. 씨방은 자루를
포함해 길이 7-10mm. 꽃덮이조각은 길이 4-
6mm. 입술꽃잎의 가운데 갈래조각은 도란
상쐐기형으로 끝이 약간 패여 있고, 옆갈래
조각은 선형이다.

③ 오레오르키스 포르피란테스

O. porphyranthes Tuyama [*Aphyllorchis sanguinea* N.
Pearce & P.J.Cribb]

분포 ◇네팔 서부-부탄 개화기 6-7월
산지의 습한 떡갈나무 숲에 자생한다. 헛비
늘줄기는 타원체로 길이 1-1.3cm. 잎은 1장
달리다. 잎몸은 장원상피침형으로 길이
10cm, 폭 2cm. 꽃줄기는 높이 20-30cm이며
끝에 짙은 홍갈색 꽃 3-10개가 성기게 달린
다. 씨방은 자루를 포함해 길이 1-1.5cm이며
활 모양으로 휘어 있다. 포엽은 피침형으로
작다. 꽃받침조각과 곁꽃잎은 장원상피침형
으로 길이 8-12mm. 곁꽃받침조각과 곁꽃잎
은 낫모양으로 굽어 있고, 뒤꽃받침조각은
덮개모양으로 꽃술대를 덮고 있다. 입술꽃
잎은 약간 짧고 도란상쐐기형이며, 기부에 2
개의 능상돌기가 있다. 꽃뿔은 턱 모양이고
길이 1mm로 작다.

① 오레오르키스 폴리오사. 6월2일. M/로트반. 2,700m.

① 오레오르키스 폴리오사. 5월23일.
M/로트반. 2,700m.

② 오레오르키스 미크란타. 6월27일.
R/카르테의 북쪽. 2,750m.

③ 오레오르키스 포르피란테스. 7월20일.
K/토이잠의 북쪽. 3,100m.

④ 오이로피아 스페크타빌리스. 5월14일.
N/자가트의 남쪽. 1,300m.

오이로피아속 Eulophia

④ 오이로피아 스페크타빌리스

E. spectabilis(Dennstedt) Suresh [E. nuda Lindl.]

분포 ◇네팔 중부-동남아시아, 중국 남서부, 인도 개화기 4-6월

산지에서 산지대 하부에 걸쳐 숲 주변이나 초지에 자생한다. 잎은 3-4장 달린다. 잎몸은 장원상피침형으로 길이 15-30cm이고 끝은 예형, 기부는 점첨형이다. 꽃줄기는 헛비늘줄기의 기부에 측생하고 높이 30-60cm이며 꽃은 드문드문 달린다. 씨방은 자루를 포함해 길이 1.5-2.5cm. 꽃덮이조각은 연두색-자갈색으로 길이 1.5-2.5cm. 입술꽃잎은 흰색에서 황록색이나 붉은 자주색으로 변한다. 곁꽃받침조각은 낫모양의 장원상피침형. 입술꽃잎은 난상타원형이며 가장자리에 둥근 톱니가 있다. 꽃뿔은 원추형으로 길이 4-8mm.

보춘화속 Cymbidium

비늘조각잎에 싸인 헛비늘줄기가 있다. 입술꽃잎은 3개로 갈라지고, 옆갈래조각은 곧추서서 꽃술대를 감싼다.

⑤ 침비디움 알로이폴리움

C. aloifolium (L.) Swartz

분포 □쿠마온-동남아시아, 중국 남부, 인도 개화기 4-6월

저지나 저산대의 나무에 착생한다. 잎은 4-5장 달린다. 잎몸은 혁질의 선상장원형으로 길이 0.3-1m, 폭 2-4cm이고 끝은 좌우부정이며, 2개로 얕게 갈라지고 기부는 점첨형이다. 꽃줄기는 길이 30-80cm로 아래로 늘어지며 많은 꽃이 달린다. 씨방은 자루를 포함해 길이 1.5-2.5cm. 꽃은 황갈색으로 직경 3.5-4cm이고, 곁꽃잎의 중앙과 입술꽃잎은 붉은색을 띤다. 꽃받침조각과 곁꽃잎은 장원형으로 길이 1.5-2.3cm. 입술꽃잎은 약간 짧고, 가운데 갈래조각은 휘어 있다.

⑥ 침비디움 후케리아눔 C. hookerianum Rchb.f.

분포 ◇네팔 동부-미얀마, 티베트 남동부, 중국 남서부 개화기 3-5월

안개가 자주 끼는 산지대 하부의 떡갈나무 숲의 나무 위나 이끼 낀 절벽지에 자생한다. 잎은 4-7장 달린다. 잎몸은 선상장원형으로 길이 40-70cm, 폭 1.5-3cm이고 끝은 뾰족하다. 꽃줄기는 길이 40-80cm로 아래로 늘어지고 6-15개의 꽃이 달리며, 축은 마디마다 꺾여 구부러진다. 포엽은 작다. 씨방은 자루를 포함해 길이 3.5-5cm. 꽃은 직경 8-10cm이며 향기가 있다. 꽃받침조각과 곁꽃잎은 장원상피침형으로 길이 5-6cm이고 끝은 뾰족하며 녹황색. 입술꽃잎은 유황색으로 약간 짧고 홍갈색 반점이 있으며, 기부에 2개의 능상돌기가 있다. 가운데 갈래조각은 삼각상광란형, 가장자리는 물결 모양이다.

⑤ 침비디움 알로이폴리움. 5월27일. W/싱탐. 800m.

⑥ 침비디움 후케리아눔. 4월12일. V/라맘의 북쪽. 2,500m.

⑥ 침비디움 후케리아눔. 5월1일. V/플렉추. 2,200m. 협곡에 자생하는 높은 떡갈나무에 아가페테스 세르펜스와 함께 착생해 있다. 앞서 핀 꽃의 입술꽃잎이 붉게 빛나고 있다.

난초과 705

안토고니움속 Anthogonium

① 안토고니움 그라칠레 *A. gracile* Lindl.

분포 ◇네팔 중부–동남아시아, 티베트 남동부, 중국 남서부 **개화기** 6-10월

산지대 하부 숲 주변의 초지나 이끼 낀 바위 땅에 모여나기 하고, 지표 부근에 난형의 작은 헛비늘줄기가 있다. 잎은 헛비늘줄기 끝에 2-3장 달리고, 기부는 칼집모양으로 서로 겹쳐 짧은 헛줄기를 이룬다. 잎몸은 선상장원형으로 길이 10-30cm, 폭 5-20mm이고 세로 주름이 있으며 끝과 기부는 점첨형이다. 꽃줄기는 헛비늘줄기에 측생하고 높이 20-40cm이며 끝에 꽃이 5-8개 달린다. 포엽은 작다. 씨방은 자루를 포함해 길이 1-2cm. 꽃은 분홍색 또는 흰색으로 길이 1-1.5cm이고 도립하지 않는다. 꽃받침조각의 하부는 합착해 가는 원통모양을 이루고, 기부에 주머니모양 꿀주머니가 있다. 뒤꽃받침조각의 끝은 난상장원형이며 아래로 늘어지고, 곁꽃받침조각의 끝은 삼각상난형이며 좌우로 열린다. 곁꽃잎에는 긴 화조가 있으며 현부는 장원상피침형이다. 입술꽃잎은 꽃술대를 감싸고, 끝은 삼각상광란형이며 붉은 자주색 반점이 있다.

새우난초속 Calanthe

땅속에 원추상의 작은 헛비늘줄기가 있다. 잎은 보통 상록이며, 세로 주름이 두드러진다.

② 칼란테 알피나

C. alpina Lindl. [*C. fimbriata* Franchet]

분포 ◇쿠마온–아루나찰, 티베트 남부, 중국 남서부 **개화기** 6-8월

산지대 상부의 습한 혼합림에 자생하며, 땅속에 있는 작은 헛비늘줄기의 기부에서 굵은 수염뿌리가 자란다. 꽃줄기는 굵고 높이 25-40cm이며 기부에 잎이 3-5장 달리고, 줄기 끝에 꽃 6-12개가 총상으로 달린다. 잎은 타원상도피침형으로 길이 15-35cm이고 끝은 뾰족하며 기부는 칼집모양이다. 포엽은 장원상피침형으로 씨방보다 짧다. 씨방은 자루를 포함해 길이 1.5-2cm이고 활처럼 휘었으며, 단면은 삼각 모양이다. 꽃은 보통 유황색으로 직경 1.5-2cm이며 아래를 향해 반개한다. 꽃받침조각은 타원상피침형으로 길이 1-1.5cm이고 끝은 날카롭고 뾰족하며 녹색을 띤다. 입술꽃잎은 삼각상광란형으로 약간 짧고 맥은 어두운 자주색을 띠며, 가장자리는 가늘게 갈라졌다. 꽃뿔은 원주형으로 길이 1-2.5cm이며 뒤쪽을 향해 뻗는다.

③ 칼란테 트리카리나타 *C. tricarinata* Lindl.

분포 ▢파키스탄–부탄, 티베트 남동부, 중국, 일본 **개화기** 4-7월

산지의 떡갈나무 숲이나 혼합림에 자생한다. 꽃줄기는 높이 30-50cm이며 기부에 잎이 3-4장 달린다. 잎은 타원상피침형으로 길이 15-

① 안토고니움 그라칠레. 7월13일. V/암질라사의 남서쪽. 2,200m.

② 칼란테 알피나. 6월8일. M/차우라반의 남쪽. 2,700m.

③ 칼란테 트리카리나타. 5월19일. N/쿠룸체의 서쪽. 2,400m. 몇 겹으로 쌓인 오래된 잎 사이로 어린잎에 둘러싸인 꽃줄기가 자란다. 입술꽃잎의 표면은 갈색을 띠고, 강하게 물결치는 볏 모양의 능이 3개 있다.

30cm이고 끝은 뾰족하며 기부는 칼집모양 자루가 된다. 줄기 끝 총상꽃차례에 꽃이 5-20개가 달린다. 포엽은 피침형으로 작다. 씨방은 자루를 포함해 길이 1.5-2cm이고 활처럼 휘어 있다. 꽃은 녹황색으로 직경 2-3.5cm이며 살짝 아래를 향한다. 꽃받침조각은 타원상피침형으로 길이 1.5-1.8cm. 곁꽃잎은 도란상피침형으로 꽃받침조각보다 약간 짧다. 입술꽃잎은 꽃받침조각보다 약간 길고 3개로 갈라졌으며, 옆갈래조각은 작다. 입술꽃잎 가운데 갈래조각은 광타원형으로 갈색을 띠고 가장자리는 물결 모양이며, 표면에 볏모양의 능이 3개 있다.

아룬디나속 Arundina
④ 아룬디나 그라미니폴리아
A. graminifolia (D. Don.) [A. bambusifolia (Roxb.) Lindl.]
분포 ▫네팔 중부-동남아시아, 티베트 남동부, 중국 남부, 태평양의 섬들 개화기 3-9월
낮은 산이나 저산대의 초지에 자생한다. 꽃줄기는 높이 1-2.5m이며 많은 잎이 2열로 어긋나기 한다. 잎은 선상피침형으로 길이 10-20cm이며 기부는 줄기를 안고 있다. 꽃은 분지한 짧은 총상꽃차례에 달린다. 포엽은 씨방보다 짧다. 꽃은 분홍색으로 직경 5-7cm. 꽃받침조각은 장원상피침형으로 길이 3-4cm. 입술꽃잎은 꽃받침조각보다 약간 길고 3개로 얕게 갈라졌다. 옆갈래조각은 곤추서서 꽃술대를 감싸고, 가운데 갈래조각은 2개로 얕게 갈라졌다.

스파토글로티스속 Spathoglottis
⑤ 스파토글로티스 익시오이데스
S. ixioides (D. Don) Lindl.
분포 ◇네팔 중부-아루나찰 개화기 7-9월
산지의 이끼 낀 바위나 절벽에 모여나기 한다. 헛비늘줄기는 구형으로 직경 8-1.5mm이고, 끝에 비늘조각잎으로 싸인 짧은 줄기가 곤게 자라며, 줄기 끝에 잎이 2-3장 달린다. 잎은 선형으로 길이 7-20cm, 폭 3-8mm이고 세로 주름이 있으며, 끝과 기부는 점첨형이다. 꽃줄기는 헛비늘줄기의 기부에 측생하고 높이 8-20cm이며 끝에 꽃이 1-3개 달린다. 포엽은 협란형으로 작다. 씨방은 자루를 포함해 길이 2-2.5cm이며 겉에 부드러운 털이 자란다. 꽃은 황금색으로 직경 2.5-3.5cm이며 강한 빛을 받아 평개한다. 꽃덮이조각은 길이 1.5-2.2cm. 꽃받침조각과 곁꽃잎은 난상타원형이며 끝이 약간 뾰족하다. 입술꽃잎은 3개로 갈라지고, 옆갈래조각은 곤추 선다. 입술꽃잎의 가운데 갈래조각은 도심형이며 기부 양쪽에 돌기가 있고, 표면에 능 2개와 붉은색 반점이 있다. 꽃술대는 끝이 약간 아래로 휘어 있고, 양쪽에 날개가 있다.

④ 아룬디나 그라미니폴리아. X/푼촐링의 동쪽. 800m. 카르반디 라캉이라는 아열대 지방에서는 보기 드문 티베트 불교사원의 부지 안에 심은 것으로, 반야생 상태로 무성히 자라고 있다.

⑤-a 스파토글로티스 익시오이데스. 8월 24일. R/준베시의 남서쪽. 2,700m.

⑤-b 스파토글로티스 익시오이데스. 7월 15일. V/갸브라의 북동쪽. 2,700m.

코엘로기네속 Coelogyne

착생란이다. 잎은 헛비늘줄기 끝에 2장 달린다. 입술꽃잎은 3개로 갈라지고, 옆갈래조각은 곧추 선다.

① 코엘로기네 크리스타타 *C. cristata* Lindl.
분포 ◇가르왈-아루나찰 개화기 4-5월
산지대 하부의 떡갈나무 숲이나 이끼 낀 바위에 착생한다. 헛비늘줄기는 길이 5-8cm. 잎은 장원상피침형으로 길이 15-30cm이고 끝과 기부는 점첨형이다. 꽃줄기는 뿌리줄기 끝에서 길이 13-30cm로 자라고 끝은 늘어지며, 꽃이 3-8개 달린다. 포엽은 씨방과 길이가 거의 같다. 씨방은 자루를 포함해 길이 3-5cm. 꽃은 흰색으로 직경 6-8cm. 꽃받침조각과 곁꽃잎은 장원형이며 가장자리는 물결모양이다. 입술꽃잎의 옆갈래조각은 거의 반원형이고, 가운데 갈래조각은 삼각상신형이다. 곧추 선 옆갈래조각 사이에 낀 입술꽃잎의 아랫부분에는 샘털모양의 돌기가 4-5열로 늘어서 있다. 꽃술대는 끝이 완만하게 아래로 휘어 있고, 양쪽에 넓은 날개가 있다.

② 코엘로기네 코림보사 *C. corymbosa* Lindl.
분포 ◇네팔 중부-미얀마, 티베트 남동부, 윈난성 개화기 4-6월
산지의 습한 떡갈나무·석남 숲속의 나무에 착생한다. 헛비늘줄기는 난형-방추상타원형으로 길이 2.5-4cm. 잎자루는 길이 5-15mm로 곧추서고 홈이 있다. 잎몸은 장원상피침형으로 길이 10-18cm이고 끝은 뾰족하다. 꽃줄기는 길이 8-15cm이며 끝에 꽃이 2-4개 달린다. 꽃은 동시에 핀다. 포엽은 조락성. 씨방은 자루를 포함해 길이 3-3.5cm. 꽃은 흰색으로 직경 4-7cm이며 향기가 있다. 꽃받침조각과 곁꽃잎은 타원상피침형. 입술꽃잎에는 갈색으로 가장자리를 두른 굴색 반점과 낮은 능이 3개 있다. 가운데 갈래조각은 난상피침형이다.

③ 코엘로기네 니티다

C. nitida (D. Don) Lindl. [*C. ochracea* Lindl.]
분포 ▫가르왈-동남아시아, 윈난성
개화기 4-6월
산지의 밝은 떡갈나무 숲이나 혼합림의 나무에 착생하며, 이따금 쓰러진 나무나 바위틈에 자생한다. 동속 코림보사와 비슷하나, 헛비늘줄기는 크고 꽃은 약간 작으며 수가 많다. 헛비늘줄기는 장란형-원주형으로 길이 3.5-7cm. 잎자루는 길이 4-5cm. 잎몸은 장원상피침형으로 길이 12-22cm. 꽃줄기는 길이 12-25cm이며 꽃이 4-8개 달리고, 축은 마디마다 살짝 꺾인다. 씨방은 자루를 포함해 길이 1.5-2.5cm. 꽃은 직경 3.5-4.5cm. 입술꽃잎의 가운데 갈래조각은 삼각상광란형이다.

① 코엘로기네 크리스타타. 4월13일. V/라맘의 남쪽. 2,400m.

②-a 코엘로기네 코림보사. 5월19일. U/초우키의 북쪽. 2,800m.

②-b 코엘로기네 코림보사. 5월20일. U/구파포카리의 북동쪽. 2,900m. 이끼와 지의류로 덮인 로도덴드론 아르보레움의 나무줄기에 착생해 있으며, 안개로 촉촉이 젖어 있다.

④ **코엘로기네속의 일종 (A)** Coelogyne sp. (A)
협곡 내의 바람에 노출된 이끼 낀 바위틈에
자생하며, 옆으로 뻗는 뿌리줄기에 헛비늘줄
기가 빽빽하게 이어진다. 뿌리줄기는 황갈색
비늘조각잎에 싸여 있다. 헛비늘줄기는 타원
체로 길이 3.5cm, 직경 1.5cm. 어린 헛비늘줄
기 끝에 잎이 2장 달리고, 잎이 완전히 전개
되기 전에 잎 사이로 꽃줄기가 뻗어 나와 꽃
을 피운다. 꽃줄기는 높이 7-12cm로 곧게 자
라며 끝에 꽃이 4개 달린다. 포엽은 조락성.
씨방은 자루를 포함해 길이 1.3-1.7cm. 꽃은
흰색으로 직경 2.8-3.5cm. 꽃받침조각은 타원
상피침형으로 길이 1.7-2cm. 곁꽃잎은 약간
가늘다. 입술꽃잎에는 노란색 반점과 능 2-3
개가 있다. 옆갈래조각은 앞쪽으로 돌출한
삼각상광란형이며 황갈색 심줄 무늬가 있다.
가운데 갈래조각은 광란형이며 끝이 약간 뾰
족하다. 잎은 장원상피침형, 자루는 짧다. 동
속 옥쿨타타 *C. occultata* Hook.f.의 변이종
에 속하는 것으로 보인다.

⑤ **코엘로기네 플락치다** *C. flaccida* Lindl.
분포 ◇네팔 중부-동남아시아, 중국남서부
개화기 3-5월
낮은 산과 산지대 하부의 이끼 낀 나무나 바
위에 착생한다. 헛비늘줄기는 난상원주형으
로 길이 4-10cm이며 홈이 있다. 잎자루는
길이 3-5cm. 잎몸은 장원상피침형으로 길이
10-17cm. 꽃줄기는 길이 15-20cm로 아래로 늘
어지고 꽃이 6-12개 달리며, 축은 마디마다
살짝 꺾여 있다. 씨방은 자루를 포함해 길이
2-2.5cm. 꽃은 유백색으로 직경 3-5cm. 꽃받
침조각은 장원상피침형, 곁꽃잎은 선상피침
형. 입술꽃잎의 가운데 갈래조각은 난상피
침형이며 끝이 휘어 있다.

③-a 코엘로기네 니티다. 5월18일. W/룸텍. 1,600m. 식물원 내의 썩은 나무 그루터기에서 심겨져 번식한 것. 주변 삼림의 나무에는 이와 같은 난이 많이 착생한다.

③-b 코엘로기네 니티다. 5월28일.
N/날마의 북동쪽. 1,700m.

④ 코엘로기네속의 일종 (A) 5월25일.
N/코트로의 남쪽. 1,600m.

⑤ 코엘로기네 플락치다. 5월4일.
W/강톡. 1,700m.

코엘로기네속 Coelogyne

① 코엘로기네 프롤리페라

C. prolifera Lindl. [*C. flavida* Lindl.]

분포 ◇네팔 중부-동남아시아, 티베트 남동부, 원난성 개화기 4-6월

낮은 산에서 산지대 하부에 걸쳐 나무에 착생하며, 비늘줄기가 모여 구형의 커다란 그루를 이룬다. 헛비늘줄기는 장란형으로 길이 3-6cm이고 세로 주름이 있으며, 끝에 잎 2장과 꽃차례 1개가 달린다. 잎자루는 길이 3-4cm이며 홈이 있다. 잎몸은 장원상피침형으로 길이 8-15cm. 꽃차례는 수년에 걸쳐 자라 길이 50cm에 달한다. 1년 동안 자라는 꽃차례의 축은 길이 3-6cm로 꽃이 5-10개 달리고, 기부에 비늘조각잎이 2열로 모이며, 끝에 이듬해 자랄 꽃차례의 눈이 달린다. 포엽은 조락성. 꽃은 노란색으로 직경 8-15mm. 꽃받침조각은 난형이며 가장자리가 뒤쪽으로 말려 있다. 곁꽃잎은 선형. 입술꽃잎의 가운데 갈래조각은 도심상쐐기형이며 끝이 휘어 있다.

② 코엘로기네 롱기페스 *C. longipes* Lindl.

분포 ◇네팔 중부-동남아시아, 티베트 남동부, 원난성 개화기 4-6월

산지대 하부의 이끼 낀 나무에 착생한다. 동속 프롤리페라와 비슷하나 뿌리줄기는 약간 가늘고, 헛비늘줄기는 길고 세로 주름이 없으며, 잎자루는 길다. 꽃차례는 약간 짧고, 꽃은 크고 수가 적으며, 꽃받침조각은 폭이 좁다. 헛비늘줄기는 장원상원주형으로 길이 4-10cm. 잎자루는 길이 3-5cm. 잎몸은 협피침형. 꽃은 직경 1-2cm. 꽃받침조각은 피침형. 곁꽃잎은 협선형. 입술꽃잎의 가운데 갈래조각은 사각상타원형이다.

*사진은 허공으로 돌출한 뿌리줄기의 선단부로, 헛비늘줄기가 아래를 향하고 있다.

①-a 코엘로기네 프롤리페라. 6월4일. M/물리의 북쪽. 1,500m. 사방으로 뻗은 뿌리줄기에서 헛비늘줄기가 일정 간격으로 곧게 자라나 있다. 헛비늘줄기 끝에 달린 꽃줄기는 뿌리줄기 끝에 달린 것부터 차례로 일정 비율로 길어진다.

①-b 코엘로기네 프롤리페라. 6월16일. T/무레의 북동쪽. 1,700m.

② 코엘로기네 롱기페스. 6월2일. Q/곤가르의 북쪽. 1,300m.

③ 에피게네이움 로툰다툼. 4월24일. W/포돈 부근. 1,600m.

에피게네이움속 Epigeneium

③ 에피게네이움 로툰다툼

E. rotundatum (Lindl.) Summerh.

분포 ■ 네팔 동부-미얀마, 티베트 남동부, 윈난성 개화기 4-5월

산지대 하부의 나무나 바위에 착생하며, 뿌리줄기가 옆으로 뻗는다. 헛비늘줄기는 난상장타원체로 길이 3-4cm이고 끝에 잎이 2장 달린다. 잎에는 자루가 없다. 잎몸은 협타원형으로 길이 6-10cm이고 기부는 쐐기형이며 끝에 가는 새김눈이 있다. 잎 2장 사이에 꽃이 1개 달린다. 포엽은 씨방과 길이가 같다. 씨방은 자루를 포함해 길이 3cm. 꽃은 황갈색으로 질이 두껍다. 뒤꽃받침조각은 타원상피침형으로 길이 2-3cm. 입술꽃잎은 3개로 갈라졌으며, 옆갈래조각은 곧추서고 가운데 중앙갈래조각은 원상광란형이다.

폴리도타속 Pholidota

④ 폴리도타 임브리카타 *P. imbricata* Hooker

분포 ◇가르왈-동남 · 남아시아, 티베트 남동부, 윈난 · 쓰촨성, 오스트레일리아 개화기 5-9월

낮은 산과 산지대 하부의 나무에 착생한다. 헛비늘줄기는 원주형으로 길이 4-7cm이고 끝에 잎이 1장 달린다. 잎은 협타원형으로 길이 15-35cm이고 끝은 뾰족하며, 기부는 짧은 자루로 이어진다. 꽃차례는 헛비늘줄기의 기부에 측생해 늘어지며 길이 20-40cm, 상부에 많은 꽃이 2열로 모여 달린다. 포엽은 원상광란형으로 씨방보다 길다. 꽃은 유백색으로 길이 5-7mm. 뒤꽃받침조각은 원상광란형이며 가는 곁꽃잎과 함께 덮개모양을 이룬다. 입술꽃잎은 아래쪽에 위치하고, 가운데 갈래조각의 끝은 2개로 갈라졌다.

⑤ 폴리도타 아르티쿨라타

P. articulata Lindl. [*P. griffithii* Hook.f.]

분포 ◇가르왈-동남아시아, 티베트 남동부, 윈난 · 쓰촨성 개화기 4-8월

낮은 산과 산지대 하부의 나무에 착생하며 커다란 그루를 이룬다. 헛비늘줄기는 원주형으로 길이 5-8cm이고, 정부에 이듬해 자라날 헛비늘줄기의 눈이 측생하며, 줄기는 뿌리줄기 형태로 분지하며 계속 자란다. 잎은 가지 끝에 2장 달리고 자루는 짧다. 잎몸은 타원형-장원상피침형으로 길이 7-13cm이고 끝은 뾰족하며 5-7개의 나란히맥이 있다. 꽃차례는 잎 사이로 뻗고 길이 4-10cm인 축은 아래로 늘어진다. 마디마다 꺾여 자라고, 많은 꽃이 2열로 달린다. 포엽은 능상도란형으로 씨방보다 길다. 꽃은 연한 황갈색으로 직경 8-13mm. 꽃받침조각은 길이 5-8mm. 입술꽃잎은 아래쪽에 위치하고 중부가 잘록하다. 갈래조각의 기부는 배모양이며 아랫부분에 굴색 심줄이 있고, 상부의 갈래조각은 원형이다.

④ 폴리도타 임브리카타. 6월9일. M/다라파니의 남쪽. 1,600m. 어린 헛비늘줄기 끝에서 가는 자루가 길게 자라 늘어지고, 그 끝의 총상꽃차례에 콩알과 같은 꽃이 2열로 나란히 모여 있다.

⑤-a 폴리도타 아르티쿨라타. 6월5일. M/쿠스마의 남쪽. 900m.

⑤-b 폴리도타 아르티쿨라타. 6월5일. M/쿠스마의 남쪽. 900m.

석곡속 Dendrobium

줄기는 육질이며 마디가 있다. 꽃술대의 기부는 곁꽃받침조각의 기부와 함께 턱모양으로 돌출한다.

① 덴드로비움 덴시플로룸 D. densiflorum Lindl.
분포 ◇네팔 중부-미얀마, 티베트 남동부
개화기 4-6월

낮은 산과 산지대 하부의 나무에 착생한다. 줄기는 길이 20-40cm이며 상부에 잎이 3-5장 달린다. 잎에는 짧은 자루가 있다. 잎몸은 타원형-장원상피침형으로 길이 12-15cm. 총상꽃차례는 타원체로 길이 8-17cm이며 잎 겨드랑이에서 아래로 늘어진다. 꽃은 노란색으로 직경 2.5-3.5cm. 꽃받침조각은 난상타원형, 곁꽃잎은 광란형. 입술꽃잎은 귤색으로 원상도란형이며 깔대기모양으로 둥글게 말려 있고, 가장자리에 이가 있다.

② 덴드로비움 크리세움

D. chryseum Rolfe [D. denneanum Kerr]
분포 ◇가르왈-동남 아시아, 중국 남부
개화기 5-7월

산지대 하부의 나무에 착생한다. 줄기는 녹황색으로 길이 30-50cm이며 상부에 여러 장의 잎이 2열로 달린다. 잎에는 자루가 없다. 잎몸은 협타원형-장원상피침형으로 길이 9-13cm. 총상꽃차례는 잎이 떨어진 후 줄기 끝 부근의 마디에서 아래로 늘어진다. 꽃차례의 축은 길이 5-10cm이고 마디마다 약간 꺾여 자라며, 꽃이 3-5개 달린다. 꽃은 귤색으로 직경 2.5-5cm. 꽃받침조각은 장원형, 곁꽃잎은 타원형. 입술꽃잎은 원신형이며 깔대기모양으로 둥글게 말려 있고, 기부에 커다란 검붉은색 반점이 있으며 가장자리에 가는 이가 있다.

③ 덴드로비움 크리산툼 D. chrysanthum Lindl.
분포 ◇쿠마온-동남아시아, 티베트 남동부, 중국 남서부 개화기 8-10월

낮은 산과 산지대 하부의 나무에 착생한다. 줄기는 녹색으로 길이 0.3-1m이고 끝은 늘어지며, 기부에서 끝까지 많은 잎이 2열로 달린다. 잎은 피침형으로 길이 8-20cm이며 자루가 없다. 잎이 달린 줄기 상부의 마디에 꽃 2-4개가 모여나기 한다. 꽃은 황금색으로 직경 3-4cm. 꽃받침조각은 난상타원형, 곁꽃잎은 난원형. 입술꽃잎은 원신형이며 기부에 검붉은색 반점이 2개 있고, 가장자리에 미세한 이가 있다.

④ 덴드로비움 핌부리아툼

D. fimbriatum Hooker [D. normale Falconer]
분포 ◇가르왈-동남아시아, 중국 남부
개화기 4-5월

낮은 산과 산지대 하부의 나무에 착생한다. 줄기는 녹황색으로 길이 0.5-1.2m이고 끝은 가늘고 늘어지며, 많은 잎이 2열로 달린다. 잎은 피침형으로 길이 7-17cm이며 자루를 갖지 않

① 덴드로비움 덴시플로룸. 5월18일. W/강톡. 1,600m.

② 덴드로비움 크리세움. 6월4일. M/물리의 북서쪽. 1,500m.

③ 덴드로비움 크리산툼. 8월20일. V/욕솜 부근. 1,600m. 꽃은 황금색이며, 꽃받침조각과 곁꽃잎은 질이 두껍고 폭이 넓다. 입술꽃잎의 기부에 2개의 검붉은색 반점이 있다.

는다. 꽃차례는 잎이 떨어진 후 줄기 끝 부근의 마디에서 길이 5-15cm로 자라 늘어진다. 꽃은 굴색으로 직경 3-5cm이며 4-15개 달린다. 꽃받침조각은 협타원형, 곁꽃잎은 협타원형-원상타원형. 입술꽃잎은 원형이며 기부에 커다란 검붉은색 반점이 있고, 가장자리는 깃털 모양으로 가늘게 갈라졌다.

⑤ 덴드로비움 모스카툼

D. moschatum (Buch.-Ham.) Swartz
분포 ◇쿠마온-동남아시아, 윈난성
개화기 5-7월
저산대의 나무에 착생한다. 줄기는 길이 0.5-1.5m로 곧게 자란다. 잎은 줄기 상부에 2열로 어긋나기 한다. 잎몸은 장원상피침형으로 길이 8-15cm이며 자루를 갖지 않는다. 꽃차례는 줄기 끝 부근의 마디에서 길이 5-20cm로 자라 늘어진다. 꽃은 연한 굴색으로 직경 5-7cm이며 8-15개 달리고 향기가 있다. 꽃받침조각은 난상장원형, 곁꽃잎은 광란형. 입술꽃잎은 원형이며 가장자리가 위쪽으로 말려 주머니모양을 이룬다.

⑥ 덴드로비움 헤테로카르품 *D. heterocarpum* Lindl.

분포 ■네팔 중부-동남아시아, 윈난성, 인도
개화기 3-5월
산지대 하부의 나무에 착생한다. 줄기는 녹황색으로 길이 20-50cm이고 중부는 굵고 양끝은 가늘며, 많은 잎이 어긋나기 하고 마디 사이는 짧다. 잎은 장원상피침형으로 길이 7-12cm이며 자루를 갖지 않는다. 잎이 떨어진 후 줄기 마디에 꽃이 1-3개 달린다. 꽃은 연노란색으로 직경 4-6cm이며 향기가 있다. 꽃받침조각은 장원상피침형, 곁꽃잎은 난상피침형. 입술꽃잎은 난상피침형이며 기부의 양쪽은 위쪽으로 말려 꽃술대를 감싸고, 끝은 휘어 있으며 안쪽에 황갈색 반점이 있다.

④-a 덴드로비움 핌부리아툼. 4월25일. V/타시딩 부근. 800m. 안개가 자주 끼는 협곡의 급비탈에 접한 도로는 착생란을 관찰하는 공중회랑 역할을 하고 있다.

④-b 덴드로비움 핌부리아툼. 4월20일.
W/사랑사. 1,000m.

⑤ 덴드로비움 모스카툼. 5월27일.
W/싱탐의 북동쪽. 800m.

⑥ 덴드로비움 헤테로카르품. 5월4일.
W/룸텍. 1,600m.

석곡속 Dendrobium

① 덴드로비움 아모에눔 *D. amoenum* Lindl.

분포 ◇가르왈·미얀마 개화기 5-6월

낮은 산과 산지대 하부의 나무에 착생한다. 줄기는 가늘며 길이 20-50cm로 비스듬히 자란다. 어린줄기에 여러 장의 잎이 2열로 달리고, 잎이 떨어진 후 줄기 마디에 꽃이 1-2개 달린다. 잎은 장원상피침형으로 길이 6-12cm이며 자루가 없다. 총꽃자루는 매우 짧다. 씨방은 자루를 포함해 길이 2-3cm. 꽃은 흰색으로 직경 2.5-4cm. 곁꽃잎과 입술꽃잎의 끝부분에 붉은 자주색 반점이 있다. 꽃받침조각은 장원형, 곁꽃잎은 난상타원형·장원형. 입술꽃잎은 화조가 있는 광란형이며 끝이 약간 뾰족하고, 하부는 꽃술대를 감싸고 있으며 안쪽에 황녹색 반점이 있다. 악상돌기(顎狀突起)는 협원추형으로 길이 5-7mm이며 끝이 붉은 자주색을 띤다.

② 덴드로비움 아필룸

D. aphyllum (Roxb.) C.E.C. Fischer [*D. pierardii* Roxb.]

분포 ◇가르왈·동남아시아, 중국 남서부, 인도 개화기 3-5월

저산대 계곡 줄기의 나무에 착생한다. 줄기는 길이 20-60cm로 비스듬히 자라거나 아래로 늘어진다. 어린 줄기에 여러 장의 잎이 어긋나기 하고, 잎이 떨어진 후 줄기 마디에 꽃이 1-2개 달린다. 잎은 타원상피침형으로 길이 5-10cm이며 자루가 없다. 총꽃차례는 매우 짧다. 씨방은 자루를 포함해 길이 1.5-3cm. 꽃은 연자주색으로 직경 3.5-5cm. 입술꽃잎은 흰색이며 바깥쪽 기부에 옆으로 평행하는 자주색 심줄이 있다. 꽃받침조각은 장원상피침형, 곁꽃잎은 협타원형. 입술꽃잎은 원상도란형이며 나팔모양으로 둥글게 말려 있고 가장자리는 가늘게 갈라졌다.

①-a 덴드로비움 아모에눔. 6월9일. M/다라파니의 북쪽. 1,700m.

①-b 덴드로비움 아모에눔. 6월5일. M/물리의 북쪽. 1,500m.

② 덴드로비움 아필룸. 5월14일. N/자가트의 남쪽. 1,250m.

③ 덴드로비움 노빌레. 4월29일. X/왕두 포드랑 부근. 1,700m. 마을 부근의 북쪽 급사면을 뒤덮은 숲의 나무에 착생해 있다. 땔감용으로 쓰이기 위해 가지가 여기저기 베어져 있다.

③ 덴드로비움 노빌레 *D. nobile* Lindl.

분포 ■네팔 동부-동남아시아, 티베트 남동부, 중국 남부 개화기 4-5월

저산대의 나무에 착생한다. 줄기는 녹황색으로 길이 20-50cm이며 상부에 여러 장의 잎이 2열로 달린다. 잎은 장원형으로 길이 6-11cm이며 자루를 갖지 않는다. 잎이 떨어지기 전 또는 후에 줄기 마디에 꽃이 1-4개 달린다. 씨방은 자루를 포함해 길이 3-5cm. 꽃은 분홍색으로 직경 4-7cm이며 중앙부는 흰색을 띤다. 꽃받침조각은 장원형, 곁꽃잎은 난상타원형. 입술꽃잎은 광란형이며 하부는 꽃술대를 감싸고 안쪽은 검붉은색을 띤다. 상부의 가장자리는 뒤쪽으로 말려 있고, 끝부분은 붉은 자주색을 띤다.

④ 덴드로비움 에리이플로룸

D. eriiflorum Griff. [*D. peguanum* Lindl., *D. pygmaeum* Lindl.]

분포 ◇네팔 중부-미얀마 개화기 7-11월

낮은 산에서 산지에 걸쳐 나무나 바위에 착생하며, 환경에 따라 헛비늘줄기의 길이와 꽃차례의 크기가 변한다. 다음은 ④-a와 ④-b 그루에 관한 기록을 토대로 한다. 높이 2.5-4cm. 헛비늘줄기는 난구형-장란형으로 길이 7-12mm, 직경 3-6mm이고 끝에 잎 2장과 총상꽃차례 1-2개가 달리며, 꽃차례에 꽃이 2-5개 달린다. 잎에는 자루가 없다. 잎몸은 협타원형-선상장원형으로 길이 1.5-5cm, 폭 3-6mm이고 끝은 좌우부정. 씨방은 자루를 포함해 길이 3-6mm. 꽃은 흰색으로 직경 1-1.2cm, 입술꽃잎과 곁꽃잎에 황갈색-붉은 자주색 맥이 있다. 뒤꽃받침조각은 장원상피침형으로 길이 6-8mm. 곁꽃잎은 선형. 입술꽃잎의 현부는 도란형으로 길이 5-6mm이고 3개로 얕게 갈라졌으며, 끝은 삼각 모양으로 휘어 있다. 악상돌기는 길이 4-5mm이다.

⑤ 덴드로비움 롱기코르누 *D. longicornu* Lindl.

분포 ◇네팔 중부-미얀마 개화기 8-12월

산지대 하부의 나무에 착생한다. 줄기는 길이 15-40cm이고 검은 털이 자라며, 상부에 여러 장의 잎이 달린다. 잎에는 자루가 없다. 잎몸은 장원상피침형으로 길이 3-7cm이고 끝은 좌우부정. 줄기 끝 잎겨드랑이에 꽃이 1-3개가 모여나기 한다. 씨방은 자루를 포함해 길이 2.5-3.5cm. 꽃은 흰색으로 길이 4-5cm. 뒤꽃받침조각과 곁꽃잎은 협피침형으로 길이 2-2.5cm. 입술꽃잎은 3개로 갈라지고 아랫부분은 연한 굴색으로 도드라져 있다. 가운데 갈래조각은 난상타원형이며 가장자리가 실모양으로 가늘게 갈라졌다. 악상돌기는 길이 2-3cm로, 뒤쪽으로 가늘고 길게 자란다.

*사진의 좌우로 보이는 잎은 숙주인 노린재속 상록수의 것.

④-a 덴드로비움 에리이플로룸. 8월16일. P/바르쿠의 동쪽. 2,300m. 길이 1cm의 헛비늘줄기 끝에 잎이 2장 달린다. 꽃도 직경 1cm가량이며, 악상돌기가 발달해 있다.

④-b 덴드로비움 에리이플로룸. 8월16일. P/바르쿠의 동쪽. 2,000m.

⑤ 덴드로비움 롱기코르누. 9월28일. O/물카르카의 북쪽. 2,200m.

플레이오네속 Pleione

지난해에 성숙한 헛비늘줄기의 기부에서 잎 1-2장과 꽃줄기 1개가 자란다.

① 플레이오네 후케리아나

P. hookeriana (Lindl.) B.S. Williams

분포 ㅁ쿠마온-동남아시아, 티베트 남부, 중국 남부 개화기 5-6월

산지대 상부의 나무나 바위에 착생한다. 헛비늘줄기는 난형으로 길이 1-2cm. 잎은 1장으로, 꽃과 동시에 또는 늦게 전개된다. 잎자루는 길이 3-4cm. 잎몸은 타원상피침형으로 길이 4-10cm. 꽃줄기는 높이 5-10cm. 꽃은 연붉은색-흰색으로 직경 3-5cm이며 1개 달린다. 포엽은 씨방과 길이가 같다. 꽃받침조각은 타원상피침형, 곁꽃잎은 약간 가늘다. 입술꽃잎은 광란형이며 굴색 반점이 있고, 아랫부분에 센털모양의 돌기가 7열로 늘어서 있다.

② 플레이오네 스코풀로룸

P. scopulorum W.W. Smith

분포 ■티베트 남동부, 미얀마, 윈난성 개화기 5-7월

산지의 이끼 낀 나무나 바위에 착생한다. 헛비늘줄기는 길이 1-2cm. 잎과 꽃은 동시에 열린다. 잎은 선상피침형으로 길이 5-13cm이며 2장 달린다. 꽃줄기는 높이 10-17cm. 꽃은 붉은 자주색으로 직경 4-6cm이며 1-2개 달린다. 포엽은 씨방보다 길다. 꽃받침조각은 타원형이며 끝이 뾰족하다. 입술꽃잎은 도광란형이며, 굴색 아랫부분에 센털모양의 돌기가 5-7열로 늘어서 있다.

반다속 Vanda

③ 반다 크리스타타 *V. cristata* Lindl.

분포 ◇가르왈-아루나찰, 티베트 남동부, 윈난성 개화기 4-6월

저산과 산지대 하부의 나무에 착생한다. 줄기는 길이 7-15cm이며 상부에 잎이 모여 달린다. 잎겨드랑이에서 짧은 총상꽃차례가 뻗어 꽃 2-5개 달린다. 잎은 장원형으로 길이 5-10cm이고 끝은 불규칙하게 파여 있다. 꽃은 녹황색으로 직경 3.5-5cm. 꽃받침조각은 주걱형. 입술꽃잎에는 주머니모양의 꽃뿔이 있다. 현부는 다육질 사각상장원형으로 노란색이며 검자주색 반점이 있고, 끝에 2개의 부속 조각과 아래를 향한 돌기가 있다.

킬로스키스타속 Chiloschista

④ 킬로스키스타 우스네오이데스

C. usneoides (D. Don) Lindl.

분포 ■가르왈-미얀마 개화기 3-6월

저산대 계곡 줄기의 나무나 바위에 착생하며, 굵은 뿌리가 수없이 뻗어 나온다. 녹색 잎은 없다. 꽃차례는 아래로 늘어지고 부드러운 털이 자라며, 꽃이 여러 개 달린다. 꽃

①-a 플레이오네 후케리아나. 6월16일. U/틴주레 다라. 2,800m. 이끼 속에 작은 난형의 헛비늘줄기가 있으며, 그 기부에서 새로운 싹이 자라나와 1개의 꽃이 피고 1장의 잎이 달린다.

①-b 플레이오네 후케리아나. 5월24일. W/야크체이. 3,300m

② 플레이오네 스코풀로룸. 6월14일. Z3/구미팀의 남동쪽. 2,900m.

은 흰색-연붉은색으로 직경 1-1.3cm이며 노
란색 반점이 있다. 꽃받침조각은 난형, 뒤꽃
받침조각은 덮개모양. 곁꽃잎은 기부가 넓
은 난형. 입술꽃잎은 짧고 배모양으로 둥글
게 말려 있으며 끝은 절형이다. 옆갈래조각
은 난상사각형이며 곧추 선다. 가운데 갈래
조각은 매우 작고 2개로 갈라졌다.

나도풍난속 Aerides

⑤ 애리데스 물티플로라 *A. multiflora* Roxb.

분포 ◇히마찰-동남아시아 개화기 4-6월

낮은 산과 저산대의 나무에 착생하며 뿌리는
굵다. 줄기는 길이 10-25cm이며 상부에 혁질의
잎이 모여 달리고, 잎겨드랑이에서 총상꽃차
례가 늘어진다. 잎은 선상장원형으로 길이 15-
35cm이고 단면은 V자형이며, 끝은 불규칙하
게 2개로 갈라졌다. 꽃차례는 길이 25-40cm. 꽃
은 분홍색으로 직경 1.5-2.5cm. 꽃받침조각과
곁꽃잎은 협타원형-난원형. 입술꽃잎은 난상
삼각형이며 앞쪽을 향한다. 기부의 돌기는 꿀
주머니의 개구부를 막고 있으며, 곤충이 날아
와 입술꽃잎을 밀어내리면 개구부가 열린다.
꽃뿔은 원추형으로 길이 3-4mm이다.

린코스틸리스속 Rhynchostylis

⑥ 린코스틸리스 레투사 *R. retusa* (L.) Blume

분포 ◇히마찰-동남아시아, 중국 남서부, 인
도 개화기 5-7월

저산대의 나무에 착생한다. 애리데스 물티
플로라와 비슷하나 잎과 꽃차례는 약간 크
다. 꽃은 직경 1.3-2cm. 꽃받침조각과 곁꽃잎
은 흰색이며 붉은 자주색 반점이 있다. 곁꽃
받침조각은 일그러진 난형으로 길이 7-
10mm. 입술꽃잎은 배모양의 도란상쐐기형
으로 길이 7-9mm이고 붉은 자주색이며, 앞
이나 위를 향한다. 꽃뿔은 원통형으로 길이
4-7mm이다.

③ 반다 크리스타타. 6월4일.
N/칼키네타. 1,600m.

④ 킬로스키스타 우스네오이데스. 6월5일.
M/물리의 북쪽. 1,500m.

⑤ 애리데스 물티플로라. 6월6일.
M/쿠스마의 북서쪽. 850m.

⑥ 린코스틸리스 레투사. 6월8일. M/다르방의 남동쪽. 1,100m. 마을 근처의 2차림 내에 착생해 있다. 길게 늘어
진 꽃차례에 거미집이 걸려 있다. 입술꽃잎은 선명한 붉은 자주색이다.

난초과 717

생강과 ZINGIBERACEAE

땅속에 굵고 큰 뿌리줄기가 있다. 땅속줄기는 없고 잎집이 겹친 헛줄기가 발달해 있으며, 잎집 정부에는 잎혀라고 불리는 부속조각이 달린다. 잎은 2열로 나란히 달린다. 꽃은 3수성. 꽃받침과 화관은 원통모양. 꽃받침의 끝은 한쪽만 갈라진 경우가 많고, 화관의 끝은 꽃잎을 3장 이루며, 보통 곁꽃잎은 중앙의 뒤꽃잎보다 작다. 수술의 기본수는 6개로, 1개만 임성(稔性)이 있는 꽃밥이 달리고, 2개는 꽃잎모양으로 발달해 수술과 암술의 아래쪽에 위치한 입술꽃잎을 이루며, 나머지 3개는 퇴화하거나 1개만 퇴화하고 2개는 헛수술로 변한다. 가는 암술대의 끝은 2개로 갈라져 꽃밥 사이에 끼인다. 씨방하위. 열매에 많은 씨앗이 달린다.

글로바속 Globba

① 글로바 안데르소니이 *G. andersonii* Baker

분포 ■네팔 동부·시킴 개화기 7-8월

저산대 계곡 줄기의 아열대림이나 습한 둔덕 비탈에 군생한다. 높이 0.5-1m. 잎에는 자루가 없다. 잎몸은 피침형으로 길이 20-30cm, 폭 4-6cm이고 끝은 꼬리모양이며 뒷면에 부드러운 털이 자란다. 길이 3-10mm인 잎혀에는 부드러운 털이 자란다. 꽃차례는 길이 8-15cm로 곧게 자라고 겉에 부드러운 털이 나 있으며, 작은 꽃차례 6-10개가 한쪽을 향해 달린다. 포엽은 작다. 작은 꽃차례에는 길이 5-15mm의 자루가 있으며, 여러 개의 꽃이 소포 4장의 싸여 부채모양으로 밀집해 차례로 개화한다. 소포는 황록색으로 반투명하고, 광란형으로 길이 5-10mm이며 숙존한다. 꽃은 귤색. 꽃받침은 원통모양으로 길이 4-7mm. 화관의 통부는 꽃받침의 2배 이상 자란다. 꽃잎과 헛수술은 길이가 5mm로 같고, 입술꽃잎은 약간 길다. 수술은 길이 1.5-2.5cm이며 활 모양으로 휘어 있다. 암술대는 매우 가늘고 수술로 이어지며, 이따금 활시위처럼 수술에서 떨어진다. 암술머리는 꽃밥 끝에서 조금 삐져나온다.

② 글로바 클라르케이 *G. clarkei* Baker

분포 ◇네팔 중부·동남아시아 개화기 5-9월

낮은 지에서 산지대 하부에 걸쳐 습한 메밀잣밤나무·떡갈나무 숲속이나 연못 주변의 둔덕에 자생한다. 동속 안데르소니이와 달리 꽃차례는 길이 25-40cm로 높이 자라며, 꽃은 드문드문 달리고 상부에서는 구슬눈으로 변한다. 작은 꽃차례의 자루는 길이 2-3cm이고 꽃이 1-3개 달린다. 소포는 피침형으로 극히 작으며 조락성이다. 입술꽃잎은 길이 1-1.5cm로 꽃잎보다 훨씬 길다. 잎 뒷면과 꽃차례에는 털이 거의 없다.

① 글로바 안데르소니이, 8월9일. T/눔 부근, 1,000m. 아룬 협곡의 계곡 바닥에서 가까운 숲 주변의 사면에 군생해 있다. 곧추 선 활 모양으로 휘어진 수술 끝에서 실 모양의 암술대가 살짝 나와 있다.

② 글로바 클라르케이, 8월31일. 카트만두/고다바리, 1,450m.

③ 카우틀레야 스피카타, 8월11일. R/파크딩의 남쪽, 2,650m.

카우틀레야속 Cautleya

③ 카우틀레야 스피카타 C. spicata (Smith) Baker

분포 ◇히마찰-부탄, 티베트 남부, 중국 남서부 개화기 5-9월

산지의 숲 주변이나 습한 둔덕 비탈에 자생한다. 높이 40-80cm이며 헛줄기의 상부에 잎 4-6장이 어긋나기 한다. 전체적으로 털이 없다. 잎에는 길이 2-5cm인 자루가 있다. 잎몸은 장원형으로 길이 22-30cm, 폭 4-8cm이고 끝은 꼬리모양으로 뾰족하다. 수상꽃차례는 길이 10-20cm로 곧추 선다. 포엽은 장원상도란형으로 길이 2-2.5cm이며 검붉은색으로 물든다. 꽃받침은 포엽과 길이가 같고 검붉은색을 띠며 한쪽이 갈라졌다. 화관과 입술꽃잎은 노란색, 화관의 통부는 꽃받침과 길이가 같다. 꽃잎 3장 피침형이며 길이가 2.5-3cm로 같고, 뒤꽃잎은 덮개모양을 이루며 곁꽃잎은 입술꽃잎 밑에 숨어 있다. 입술꽃잎은 꽃잎보다 약간 길고 2개로 깊게 갈라졌으며, 가장자리에 미세한 이가 있고 기부의 양쪽에 부속 조각이 달린다.

④ 카우틀레야 그라칠리스

C. gracilis (Smith) Dandy [C. lutea Royle]

분포 ㅁ카슈미르-부탄, 티베트 남부, 중국 남서부 개화기 5-8월

산지대 하부 숲 주변의 습한 둔덕 비탈에 자생하며, 부식질이 쌓인 나뭇가지 사이나 바위틈에 착생한다. 동속 스피카타보다 전체적으로 작고 질이 약하며, 수상꽃차례에 달리는 꽃은 5-12개로 수가 적고, 포엽은 녹색으로 검붉은색 꽃받침보다 훨씬 짧다. 높이 30-50cm. 잎에는 자루가 없다. 잎몸은 길이 10-20cm, 폭 2-4cm이고 뒷면은 주로 검붉은색을 띤다. 꽃차례는 길이 5-15cm. 포엽은 길이 1-1.5cm. 꽃은 노란색. 화관의 통부는 길이 1.5-2cm로 꽃받침보다 약간 길다. 입술꽃잎과 꽃잎은 길이가 1.7-2cm로 같다.

⑤ 카우틀레야 카트카르티이 C. cathcartii Baker

분포 ■시킴, 티베트 남부 개화기 5-6월

산지대 하부의 다소 건조한 둔덕 비탈이나 소나무 숲에 자생한다. 동속 그라칠리스와 비슷하나, 꽃은 전체적으로 크고 귤색이며 수가 많고 수상꽃차례에 12-20개가 모여 달린다. 포엽은 녹색으로 길이 2cm이고 꽃받침과 길이가 같거나 약간 짧다. 입술꽃잎은 길이 2.5-3cm, 폭은 넓고 쪼글쪼글하며 끝에 이가 있다. 잎에는 자루가 없고, 뒷면은 검붉은색을 띤다.

④-a 카우틀레야 그라칠리스. 6월12일. Q/세테의 서쪽. 2,200m. 두꺼운 이끼로 덮인 크베르쿠스 세메카르피폴리아의 굵은 가지에 착생해 있다. 검붉은색 꽃받침은 녹색 포엽에서 길게 돌출한다.

④-b 카우틀레야 그라칠리스. 7월14일. V/암질라사의 북동쪽. 2,500m.

⑤ 카우틀레야 카트카르티이. 5월31일. V/라맘의 남쪽. 2,300m.

로스코에아속 Roscoea

꽃이 눈에 띄는 작은 풀로, 땅속 깊이 육질의 수염뿌리가 있다. 뒤꽃잎은 덮개모양이며 2장의 헛수술과 함께 꽃밥과 암술머리를 덮는다. 꽃밥 기부에 꽃뿔이 있다.

① 로스코에아 알피나 *R. alpina* Royle

분포 ㅁ파키스탄-부탄, 티베트 남부, 윈난·쓰촨성 개화기 5-7월
산지대 상부에서 아고산대에 걸쳐 숲 주변의 부식질이나 습한 둔덕 비탈, 풀밭 형태의 초지에 자생한다. 꽃줄기는 높이 8-15cm이며 잎보다 약간 앞서 꽃을 피운다. 잎은 2-3장 달린다. 잎몸은 타원상피침형으로 길이 5-13cm이고 끝은 둔형-점첨형. 꽃은 분홍색으로 1-5개 달리며 차례로 핀다. 포엽은 짧다. 꽃받침은 길이 3-5cm. 화통은 꽃받침보다 훨씬 길다. 뒤꽃잎은 덮개모양의 원상광란형으로 길이 1.5-1.8cm. 뒤꽃잎 안쪽에 곧추서는 헛수술 2장은 타원형-광란형으로 흰색 또는 분홍색. 입술꽃잎은 도란형으로 길이 1.5-2.5cm이며 2개로 깊게 갈라졌다.

② 로스코에아속의 일종 (A) *Roscoea* sp.(A)

산지의 숲 주변이나 길가의 습한 둔덕 비탈, 냇가의 바위가 많은 초지에 자생한다. 동속 티베티카 *R. tibretica* Batalin과 비슷하나 꽃은 흰색으로 화통이 길고, 헛수술은 크고 곧추서며 꽃밥이 돌출한다. 입술꽃잎은 크고 폭이 넓다. 꽃줄기는 높이 8-15cm. 잎은 장원상피침형으로 길이 5-10cm, 폭 2-3cm. 화통은 길이 4.5-5cm로 녹색 꽃받침보다 2cm가량 길다. 뒤꽃잎은 타원형으로 길이 2-2.2cm. 곁꽃잎은 장원형이며 휘어 있다. 헛수술은 도란형으로 길이 1.5-1.7cm. 입술꽃잎은 도란형으로 길이 2.5-2.8cm이며 2개로 깊게 갈라져 완만하게 휘어 있다.

①-a 로스코에아 알피나. 6월13일.
Q/세테의 동쪽. 2,800m.

①-b 로스코에아 알피나. 6월11일.
L/구르자가트의 동쪽. 3,050m.

②-a 로스코에아속의 일종 (A) 7월31일.
K/차우타의 남동쪽. 2,800m.

②-b 로스코에아속의 일종 (A) 7월29일.
K/데팔의 서쪽. 2,450m.

③-a 로스코에아 푸르푸레아. 7월23일.
I/타인의 북쪽. 2,800m.

③-b 로스코에아 푸르푸레아. 8월20일.
Q/데오라리의 북동쪽 2,800m.

③-c 로스코에아 푸르푸레아. 8월20일.
Q/데오릴리의 북동쪽. 2,800m.

③ 로스코에아 푸르푸레아 *R. purpurea* Smith.

분포 □가르왈·미얀마, 티베트 남부, 윈난·쓰촨성 **개화기** 6-9월

산지의 떡갈나무 숲이나 둔덕 비탈, 바위가 많은 초지에 자생한다. 꽃줄기는 높이 20-45cm이며 잎 4-8장이 어긋나기 한다. 잎은 타원형-장원상피침형으로 길이 10-25cm, 폭 2-3.5cm이고 끝은 점첨형이며 하부의 잎은 기부가 헛줄기를 안고 있다. 꽃받침은 연두색으로 길이 3-6cm. 꽃은 연붉은색·연자주색으로 2-4개 달려 있다. 화통은 꽃받침과 길이가 거의 같다. 뒤꽃잎은 덮개모양의 협타원형으로 길이 3-4cm이며 거의 곧추 선다. 헛수술은 화조가 있는 주걱형으로, 2장이 덮개모양으로 겹쳐 꽃밥을 덮는다. 입술꽃잎은 화조가 있는 도란형으로 길이 4-6cm, 폭 2-3.5cm이며 끝은 2개로 갈라져 완만하게 휘어 있다.

④ 로스코에아 아우리쿨라타

R. auriculata K. Schum. [*R. purpurea* Smith var. *auriculata* (K. Schum.) Hara]

분포 □네팔 중부·시킴 **개화기** 5-7월

산지에서 아고산대에 걸쳐 숲 주변의 둔덕 비탈이나 이끼 낀 바위땅, 숲 사이의 습한 초지에 자생한다. 동속 푸르푸레아와 매우 비슷하나, 잎은 약간 가늘고 모든 잎의 기부가 헛줄기를 안고 있으며, 귀모양으로 돌출한 부분이 헛줄기를 완전히 에워싼다. 꽃은 붉은 자주색. 꽃잎과 입술꽃잎, 헛수술은 전부 폭이 넓다. 헛수술은 화조가 있는 도란형이며 이따금 흰색을 띤다. 꽃밥의 꿀주머니는 굵다.

⑤ 로스코에아 카피타타 *R. capitata* Smith

분포 ◇네팔 중부, 티베트 남부 **개화기** 6-7월

산지 소림 내의 둔덕 비탈에 자생한다. 꽃줄기는 가늘고 높이 15-40cm로 곧게 자라며 기부에 많은 잎이 로제트상으로 달리고, 정부에 많은 꽃이 모여 협타원체의 두상꽃차례를 이룬다. 잎은 장원상 또는 선상피침형으로 길이 15-30cm. 꽃은 자주색이며 차례로 핀다. 포엽은 피침형으로 길이 2-3.5cm이며 녹색. 꽃받침은 녹색으로 길이 2cm. 화통은 꽃받침과 길이가 같거나 약간 길다. 뒤꽃잎은 덮개모양의 장원형으로 길이 2cm. 곁꽃잎은 선상장원형으로 약간 길다. 헛수술은 뒤꽃잎과 길이가 거의 같으며 곧추 선다. 입술꽃잎은 타원상쐐기형으로 길이 2.5cm이며 2개로 갈라졌다.

④-a 로스코에아 아우리쿨라타. 6월11일. Q/데오랄리의 북서쪽. 2,300m. 모든 잎의 기부가 원반상으로 헛줄기를 에워싸는 점에서, 동속 푸르푸레아와는 다른 별종 또는 변종으로 취급된다.

④-b 로스코에아 아우리쿨라타. 7월14일. V/암질라사의 북동쪽. 2,450m.

⑤ 로스코에아 카피타타. 6월14일. O/쿠툼상의 북동쪽. 1,700m.

긴 헛줄기에 많은 잎이 달린다. 포엽은 꽃의 기부를 칼집모양으로 안고 있다. 화통은 가늘고 길며, 꽃잎은 선형이다. 헛수술은 꽃잎모양. 수술은 길다. 많은 종이 관상용으로 재배된다.

① 헤디키움 스피카툼 H. spicatum Smith

분포 ㅁ히마찰-부탄, 티베트 남부, 중국 남서부 개화기 7-9월

산지의 숲 주변이나 계곡 줄기의 습한 둔덕 비탈에 자생한다. 높이 1-2m. 잎은 타원상피침형-도피침형으로 길이 20-45cm이고 끝은 꼬리모양. 꽃차례는 길이 15-25cm. 꽃은 흰색, 기부는 주홍색-노란색을 띤다. 포엽은 길이 2-3cm. 꽃받침은 길이 4-5cm. 화통은 길이 5-7cm. 꽃잎은 길이 2-4cm. 입술꽃잎은 화조가 있는 도란형으로 길이 4-5.5cm이며 2개로 깊게 갈라졌다. 수술대는 길이 2cm이다.

② 꽃생강 H. coronarium J. Konig

분포 ◇네팔 중부-동남아시아, 중국 남부, 인도 개화기 8-10월

저산대의 뜰에 심겨지고 때때로 야생화해 있다. 아루나찰로부터 동쪽지역에는 아열대림이나 습지에 자생한다. 높이 1-2m. 잎은 장원상피침형으로 길이 20-40cm. 꽃차례는 타원체로 길이 10-20cm. 포엽은 길이 3-5cm. 꽃은 흰색, 입술꽃잎의 기부는 노란색을 띤다. 꽃받침은 포엽보다 짧고, 화통은 포엽보다 훨씬 길다. 꽃잎은 길이 3-4cm. 헛수술은 도피침형. 입술꽃잎은 위를 향해 곧추서고, 화조가 있는 난원형으로 길이 3-5cm이며 끝이 2개로 얕게 갈라졌다. 수술은 입술꽃잎과 길이가 같다.

③ 헤디키움 티르시포르메 H. thyrsiforme Smith

분포 ◇쿠마온-부탄, 아삼 개화기 8-10월

저산대 아열대림의 습한 임상에 자생하며, 이따금 나뭇가지 사이에 착생한다. 높이 1-1.5m. 잎은 타원상피침형으로 길이 15-30cm이고 끝은 약간 꼬리모양. 꽃차례는 타원체로 길이 7-10cm. 포엽은 길이 2-3cm이며 흰색 꽃 1-2개를 감싼다. 꽃받침은 포엽보다 짧고, 화통은 포엽보다 약간 길다. 꽃잎은 길이 2-2.5cm. 입술꽃잎은 화조가 있는 도란형으로 길이 3-4cm이며 2개로 갈라졌다. 수술은 길이 5-7cm이다.

④ 헤디키움 엘리프티쿰 H. ellipticum Smith

분포 ㅁ가르왈-부탄, 아삼 개화기 6-8월

저산대의 다소 건조한 숲 주변의 비탈에 자생한다. 높이 1-1.7m. 잎은 타원형으로 길이 20-30cm이고 끝은 짧은 꼬리모

①-a 헤디키움 스피카툼. 8월16일.
P/바르쿠의 북동쪽. 2,000m.

①-b 헤디키움 스피카툼. 8월18일.
P/라마 호텔의 북쪽. 2,500m.

② 꽃생강. 9월27일.
카트만두/고다바리. 1,450m.

③ 헤디키움 티르시포르메. 8월31일.
카트만두/고다바리. 1,450m.

④-a 헤디키움 엘리프티쿰. 7월11일.
U/미트룽의 북쪽. 1,000m.

④-b 헤디키움 엘리프티쿰. 7월11일.
U/미트룽의 북쪽. 1,000m.

양. 꽃차례는 타원체로 길이 8-12cm이며 정부에 흰색 꽃이 원반상으로 모여 핀다. 포엽은 길이 2-2.5cm. 꽃받침은 포엽과 길이가 같다. 화통은 길이 6-7cm로 노란색을 띤다. 꽃잎은 길이 4-5cm. 헛수술은 주걱형. 입술꽃잎은 화조가 있는 도란형-도피침형으로 길이 3-4cm이며 위를 향해 곧추 선다. 수술은 주홍색으로 길이 6-8cm이다.

⑤ 헤디키움 가르드네리아눔

H. gardnerianum Ker-Gawler

분포 ■ 네팔중부-부탄, 아샘 개화기 7-9월
낮은 산에서 산지대 하부에 걸쳐 숲 주변이나 계곡 줄기의 관목림에 자생한다. 높이 1-1.5m. 잎은 타원상피침형으로 길이 20-40cm이고 끝은 날카롭다. 꽃차례는 원주형으로 길이 15-30cm. 포엽은 길이 2-3cm이며 굴색 꽃 1-2개를 감싼다. 꽃에는 향기가 있다. 꽃받침은 포엽과 길이가 같다. 화통은 길이 5-6cm. 꽃잎은 길이 3-4cm. 헛수술은 주걱형. 입술꽃잎은 화조가 있는 도란형으로 길이 2.5-3cm. 수술은 길이 5-7cm이며 전체적으로 주홍색을 띤다.

⑥ 헤디키움 덴시플로룸 *H. densiflorum* Wall.

분포 ◇네팔 중부-아루나찰, 티베트 남동부
개화기 7-8월
산지 숲 주변이나 계곡 줄기의 관목림에 자생한다. 높이 1-1.5m. 잎은 타원형-장원상피침형으로 길이 15-30cm이고 끝은 날카롭다. 꽃차례는 원주형으로 길이 10-20cm이며, 여러 개의 굴색-선홍색 꽃이 비스듬히 달린다. 포엽은 길이 1.5-2cm. 꽃받침과 화통은 포엽과 길이가 같거나 약간 길다. 꽃잎은 길이 1.5-2cm. 헛수술은 도피침형. 입술꽃잎은 도란상쐐기형으로 길이 1-1.5cm이며 끝은 2개로 갈라졌다. 수술은 길이 1.5-2cm로 색이 짙다.

⑦ 헤디키움 아우란티아쿰

H. aurantiacum Roscoe

분포 ■ 네팔 중부-부탄 개화기 6 -8월
저산이나 산지대 하부의 숲 주변에 자생한다. 높이 1-1.5m. 잎은 장원상피침형으로 길이 20-40cm이고 끝은 짧은 꼬리모양. 꽃차례는 원주형으로 길이 15-30cm이며 여러 개의 꽃이 개출한다. 포엽은 길이 2.5-3.5cm이며 굴색 꽃 2-3개를 감싼다. 꽃받침은 포엽과 길이가 같고, 화통은 약간 길다. 꽃잎은 길이 3cm. 헛수술은 도피침형. 입술꽃잎은 화조가 있는 광도란형으로 길이 2-2.5cm이며 끝은 2개로 갈라졌다. 수술은 주홍색이며 입술꽃잎의 2배 이상 자란다.

⑤ 헤디키움 가르드네리아눔. 8월21일. V/욕솜의 북쪽. 2,000m. 메밀잣밤나무, 떡갈나무, 녹나무 종류가 많은 숲 속 늪가의 덤불에 자라나 있다. 꽃은 레몬색으로 향기가 있으며, 주홍색 수술이 길게 옆으로 자란다.

⑥ 헤디키움 덴시플로룸. 8월14일. X/두게종의 북쪽. 2,700m.

⑦ 헤디키움 아우란티아쿰. 6월30일. 카트만두/고다바리. 1,450m.

캠프페리아속 Kaempferia

① 캠프페리아 로툰다 *K. rotunda* L.

분포 ◇네팔 중부, 시킴, 인도, 동남아시아
개화기 3-5월

저지나 저산대의 뜰에 심으며, 임상의 다소
건조한 부식질에 자생한다. 꽃차례는 뿌리
줄기에서 뻗은 짧은 자루 끝에 달리고, 잎이
나오기 전에 꽃 4-6개를 땅위에 피운다. 화통
은 길이 3-5cm. 꽃잎은 선형으로 길이 4-
5cm이며 흰색. 헛수술은 난상피침형으로
길이 4cm이고 흰색이며 곧추 선다. 입술꽃
잎은 길이 4-5cm로 붉은 자주색을 띠고 2개
로 깊게 갈라졌으며 갈래조각은 타원형이다.
잎에는 자루가 있다. 잎몸은 장원형으로 길
이 15-30cm이고 끝은 날카롭다. 표면에 거무
스름한 반점이 있고, 뒷면은 어두운 자주색
을 띤다.

울금속 Curcuma

② 쿠르쿠마 앙구스티폴리아

C. angustifolia Roxb.

분포 ◇쿠마온-네팔 중부, 인도 개화기 5-6월

다소 건조한 저산대의 소나무 숲 등에 자생
하며, 잎이 나오기 전에 길이 8-17cm의 꽃차
례가 땅에 곧추 선다. 정부의 포엽은 크
고, 장원상피침형으로 길이 4-6cm이며 분
홍색을 띤다. 하부의 포엽은 난형으로 짧으
며 연두색. 꽃은 직경 1.5-2cm로 하부 포엽의
겨드랑이에 달린다. 화통은 포엽보다 짧다.
뒤 꽃잎은 길이 1.5cm, 옆 꽃잎은 약간 짧다.
입술꽃잎과 헛수술은 굴색으로 꽃잎보다 길
게 자라고, 헛수술 2장은 위쪽으로 말려 덮
개모양으로 겹친다. 입술꽃잎은 도란상쐐기
형이며 끝이 2개로 갈라졌다. 다 자란 잎에
는 긴 자루가 있고, 잎몸은 피침형으로 길이
15-30cm이다.

① -a 캠프페리아 로툰다. 5월4일.
W/사람사. 900m.

① -b 캠프페리아 로툰다. 5월4일.
W/사람사. 900m.

② 쿠르쿠마 앙구스티폴리아. 6월9일.
M/다르방의 북서쪽. 1,400m.

③ 울금. 5월21일. M/파레가온의 남동쪽. 1,750m. 꽃차례 상부의 포엽은 분홍색을 띠고 꽃잎 모양으로 퍼진다. 꽃
은 작고 끝부분만 오렌지색을 띠며, 연두색 포엽 사이에 달린다.

③ **울금** C. aromatica Salisb.
분포 ◇네팔 중부·동남아시아, 티베트 남동부, 중국 남부 개화기 4-6월
저산대의 숲 주변이나 바위가 많은 초지에 자생하며, 민가의 뜰이나 밭 귀퉁이에 심는다. 동속 앙구스티폴리아와 비슷하나, 꽃차례의 분홍색 포엽은 폭이 넓고 끝이 갑자기 뾰족해지며, 꽃은 작고 굴색을 띤 입술꽃잎과 헛수술은 연두색 포엽보다 짧다. 꽃차례는 길이 10-20cm이며 잎이 전개되기 전에 꽃을 피운다. 잎에는 긴 자루가 있다. 잎몸은 타원형으로 길이 40-80cm이고 끝은 갑자기 뾰족해진다. 뿌리줄기의 내부는 노란색으로 향기가 있으며 약으로 쓰인다. 중국명은 욱금(郁金)이다.

아모뭄속 Amomum
④ **아모뭄 수블라툼** A. sublatum Roxb.
분포 ◇네팔 중부-부탄, 티베트 남동부, 인도 개화기 4-6월
저산대나 산지대 하부의 계곡 줄기의 숲에 자생하며, 녹음과 흙 다지기용으로 알누스 네팔렌시스와 함께 널리 재배된다. 높이 1.5-2m이며 많은 헛줄기가 모여나기 하고, 뿌리줄기 정부에 꽃차례가 달린다. 잎은 헛줄기 상부에 2열로 마주나기 한다. 잎몸은 장원상피침형으로 길이 30-50cm이고 끝은 꼬리모양이다. 꽃차례는 난구형으로 길이 5-8cm. 꽃은 노란색, 꽃받침과 화통은 포엽보다 약간 길다. 꽃잎은 장원형. 뒤꽃잎은 덮개모양을 이루며 끝이 뿔처럼 돌출한다. 입술꽃잎은 도란상쐐기형으로 길이 2.5-3cm이고 가장자리에 불규칙한 이가 있다. 네팔어로 아라이치라고 한다. 카르다몸의 하나로 씨앗이 향신료로 쓰이며, 시킴의 주요 환금작물로 이용되고 있다.

코스투스과 COSTACEAE
코스투스속 Costus
⑤ **코스투스 스페치오수스**
C. speciosus (J. König) Smith
분포 ◇가르왈·동남아시아, 중국 남부, 인도 개화기 7-9월
저지나 저산대의 숲 주변, 관목림에 자생한다. 꽃줄기는 높이 1.5-2.5m이며 잎이 나선상으로 어긋나기 하고, 끝에 난상타원체의 꽃차례가 달린다. 잎은 장원상피침형으로 길이 15-35cm이고 끝은 날카롭다. 꽃차례는 길이 5-10cm이며 흰색 꽃이 차례로 핀다. 포엽은 검붉은색. 꽃받침조각은 장란형이며 끝이 돌출한다. 화통은 꽃받침보다 짧다. 꽃잎은 장란형으로 길이 2.5-4cm. 입술꽃잎은 부채모양의 원형으로 폭 5-8cm이고 세로 주름이 있으며, 가장자리에 가는 이가 있다.

④-a 아모뭄 수블라툼. 5월20일. W/포돈 부근. 1,850m. 꽃차례는 뿌리줄기의 정부에 달린다. 포엽과 꽃받침조각, 뒤꽃잎의 끝은 개화 전부터 노란색을 띠며 뿔모양으로 돌출한다.

④-b 아모뭄 수블라툼. 5월2일.
V/케체팔리 호수의 북동쪽. 1,600m.

⑤ 코스투스 스페치오수스. 8월31일.
카트만두/고다바리. 1,450m.

천남성과 ARACEAE

불염포(佛炎苞)로 덮인 육수꽃차례(肉穗花序)를 지닌다.

천남성속 Arisaema

다년초. 뿌리줄기는 크고 굵다. 잎은 복엽. 잎자루 하부는 총꽃자루를 안고 있으며 헛줄기가 된다. 꽃은 단성으로 꽃덮이가 없다. 암수딴그루 또는 암수한그루. 꽃차례 끝에 다양한 부속체가 달린다.

① 아리새마 토르투오숨 *A. tortuosum* (wall.)Schott
분포 ◇카슈미르-미얀마, 티베트 남부, 윈난·쓰촨성 개화기 5-6월

산지의 숲 주변이나 둔덕 비탈, 돌담 주변에 자생한다. 꽃줄기는 높이 0.35-2m이며 잎이 2-3장이 어긋나기 형태로 달려 헛줄기를 이룬다. 잎은 조족상복엽(鳥足狀複葉)으로 꽃차례보다 낮게 전개된다. 소엽은 7-15장 달린다. 잎몸은 길이 5-25cm이고 끝은 점첨형이며 기부에 길이 1-5cm인 작은 잎자루가 있다. 불염포는 녹황색, 통부는 길이 3-6cm. 현부는 타원상피침형으로 길이 4-10cm이고 덮개모양으로 굽었으며, 끝은 날카롭고 뾰족하다. 육수꽃차례의 부속체는 길이 10-25cm이고 S자형으로 굽어 있으며, 상부는 끈 모양으로 곧추 선다.

② 아리새마 플라붐 *A. flavum* (Forsk.) Schott
분포 ◇아프가니스탄-부탄, 티베트, 윈난·쓰촨성 개화기 5-7월

건조 고지의 자갈땅이나 거친 방목지에 자생하며, 땅속 깊이 구형의 덩이줄기가 있다. 꽃줄기는 땅위 높이 10-30cm이며 조족상복엽이 1-2장 달린다. 잎자루는 길이 5-20cm로 총꽃자루와 길이가 같거나 짧다. 소엽은 7-11장 달리고, 정소엽에는 자루가 없다. 잎몸은 타원상피침형-도피침형으로 길이 3-10cm이고 끝은 점첨형이다. 불염포의 통부는 술통 모

①-a 아리새마 토르투오숨. 6월16일. L/뗄마의 남동쪽. 3,200m. 버려진 방목 오두막의 돌담 옆에 군생하고 있다. 육수꽃차례의 부속체가 S자형으로 구부러져 끝이 하늘을 향해 뻗어 있다.

①-b 아리새마 토르투오숨. 6월11일. Q/시바라이의 남동쪽. 2,500m.

②-a 아리새마 플라붐. 7월5일. K/링모의 남동쪽. 3,800m.

②-b 아리새마 플라붐. 6월19일. N/묵티나트 부근. 3,600m.

양으로 길이 1-1.5cm. 현부는 삼각상피침형으로 길이 1.5-3cm이고 노란색이며, 앞이나 아래를 향해 굽어 있다. 육수꽃차례의 부속체는 타원체로 길이 3-6mm이다.

③ 아리새마 약크베몬티이 *A. jacquemontii* Blume
분포 ◇아프가니스탄-아루나찰, 티베트 남부
개화기 6-7월

다형적인 종으로, 산지에서 고산대에 걸쳐 숲 주변이나 이끼 낀 바위땅, 바위가 많은 초지에 자생한다. 꽃줄기는 땅위 높이 8-50cm이며 잎이 1-2장 어긋나기 형태로 달린다. 잎은 보통 꽃차례보다 낮게 전개되고, 숲 주변에서는 꽃차례보다 높게 전개되기도 한다. 잎자루는 녹색으로 가늘고 길이 3-30cm. 소엽은 3-7장 달리고 자루가 거의 없다. 잎몸은 난상타원형-피침형으로 길이 2-15cm이고 끝은 급첨형-점첨형. 불염포는 녹색-황록색이며 드문드문 흰색 세로 줄무늬가 있다. 통부는 길이 2.5-8cm. 현부는 난상삼각형으로 길이 4-15cm이고 긴 미상돌기가 있으며, 덮개 모양으로 굽어 있다. 미상돌기는 위를 향한다. 육수꽃차례 부속체는 끈모양이며 기부가 살짝 부풀어 있고, 끝은 불염포의 통부보다 길게 자라 앞이나 아래를 향해 굽어 있다.

④ 아리새마 와르디이 *A. wardii* Marq. & Shaw
분포 ■티베트 남·동부, 중국 서부
개화기 6-7월

아고산대에서 고산대 하부에 걸쳐 숲 주변이나 초지에 자생한다. 동속 약크베몬티이와 비슷하나, 불염포의 미상돌기는 앞이나 살짝 위를 향하고, 육수꽃차례의 부속체는 곤봉 모양으로 불염포의 통부와 길이가 같거나 약간 길며, 곧추서거나 살짝 앞쪽으로 굽는다.

③-a 아리새마 약크베몬티이. 7월6일. S/란모체의 동쪽. 4,150m. 이 종은 무엇보다 왜소화한 형태로 소엽은 3장밖에 없고, 길이 2-3cm이다. 불염포의 꼬리모양돌기가 길게 뻗어나와 있다.

③-b 아리새마 약크베몬티이. 7월16일. I/꽃의 계곡. 3,400m.

③-c 아리새마 약크베몬티이. 6월22일. P/고라타베라 부근. 3,050m.

④ 아리새마 와르디이. 6월26일. Z3/톤부룽의 북쪽. 3,400m.

천남성속 Arisaema

① 아리새마 네펜토이데스

A. nepenthoides (Wall.) Schott

분포 ◇네팔 중부-미얀마, 티베트 남부, 윈난성 개화기 4-6월

산지의 떡갈나무 숲이나 혼합림의 주변에 자생한다. 꽃줄기는 높이 0.4-1.5m. 보통 잎 2장이 마주보기 형태로 달려 하부에서 긴 헛줄기를 이룬다. 잎은 꽃차례보다 약간 낮게 전개되고 길이 8-30cm인 자루가 있다. 소엽은 5-7장 달리고 자루가 없다. 잎몸은 타원형-도피침형으로 길이 8-20cm이고 끝은 점첨형이며 가장자리는 완만한 물결모양이다. 불염포는 황갈색-녹황색이며 갈색의 좁은 직사각형 무늬와 연한색의 세로 줄무늬가 있다. 불염포의 통부는 길이 4-8cm. 현부는 난상피침형으로 길이 5-10cm이고 덮개모양으로 굽어 있으며, 기부의 양쪽은 귀모양으로 돌출한다. 육수꽃차례의 부속체는 곤봉모양으로 길이 4-7cm이고 불염포의 통부에서 솟아 곧추 선다.

② 아리새마 콘상기네움

A. consanguineum Schott

분포 ◇쿠마온-동남아시아, 티베트 남부, 중국 각지 개화기 5-6월

산지의 습한 떡갈나무 숲 주변이나 관목 사이에 자생한다. 높이 30-70cm. 잎은 1장 달리고 꽃차례보다 높은 위치에서 우산모양으로 펼쳐진다. 헛줄기는 보통 연붉은색을 띠고 연갈색의 격자무늬가 있다. 소엽은 방사상으로 11-20장 달리고 자루가 없다. 잎몸은 선상장원형-도피침형이고 보통 끝이 꼬리모양으로 자라 늘어지며, 꼬리 부분을 제외하고 길이 10-20cm, 폭 5-30mm이다. 불염포는 연두색, 통부는 길이 4-7cm. 현부는 난상삼각상이고 끝은 꼬리모양으로 길게 늘어지며, 꼬리 부분을 제외하고 길이 4-7cm, 덮개모양으로 굽어 있고 가장자리는 휘어 있다. 불담포의 꼬리 부분은 길이 5-20cm. 육수꽃차례의 부속체는 연두색의 곤봉모양이며 길이 2-4cm로 곧추서고, 불염포의 통부보다 약간 높이 자란다. 열매차례의 자루는 휘어 있다.

③ 아리새마 에루베스첸스

A. erubescens (Wall.) Schott

분포 ◇네팔중부-시킴 개화기 5-6월

동속 콘상그비네움과 비슷하나 산지의 다소 건조한 떡갈나무 숲에 자생하며, 소엽과 불염포 끝에 꼬리모양으로 길게 늘어지는 부분이 없다. 불염포는 연갈색-녹갈색이며 연한색 세로 줄무늬가 있고, 현부의 기부는 폭이 넓고 급히 구부러진다. 높이 15-50cm. 총꽃자루는 잎자루와 길이가 같거나 약간 짧다. 소엽은 7-14장 달린다. 열매차례의 자루는 곧추 선다.

①-a 아리새마 네펜토이데스. 5월23일. M/롤랑의 북서쪽. 2,950m. 네펜테스의 포충낭을 연상케 하는 불염포에는 갈색의 좁은 직사각형 무늬와 빛을 투과하는 세로 줄무늬가 있다.

①-b 아리새마 네펜토이데스. 5월27일. V/가이리반스의 북서쪽. 2,700m.

①-c 아리새마 네펜토이데스. 5월8일. X/도데나의 북쪽. 2,700m.

④ **아리새마 콘친눔** A. concinnum Schott
분포 ◇히말라야·미얀마, 티베트 남부
개화기 5-6월
산지의 떡갈나무 숲 주변이나 숲 사이의 초지
에 자생한다. 잎은 1장 달린다. 잎자루는 굵고
길이 30-70cm로 곧게 자란다. 소엽은 방사상
으로 7-13장 달리고 자루가 없다. 잎몸은 도피
침형으로 길이 15-25cm, 폭 3-7cm이고 끝은 점
첨형이며 측맥은 빽빽하게 평행한다. 총꽃자
루는 잎자루보다 약간 짧다. 불염포는 녹색이
며 폭넓은 흰색 세로 줄무늬가 있다. 통부는
가늘고 길이 5-8cm. 현부는 난상피침형으로
길이 5-10cm이며 끝은 꼬리모양으로 자란다.
육수꽃차례의 부속체는 끈모양이며 불염포의
통부와 길이가 거의 같다.

⑤ **아리새마 인테르메디움** A. intermedium Blume
분포 ◇카슈미르-시킴, 티베트 남부, 원난성
개화기 5-6월
산지대 상부에서 아고산대에 걸쳐 숲 주변이
나 둔덕 비탈의 초지에 자생한다. 잎자루는
연두색으로 길이 15-40cm. 소엽은 길이 10-
20cm로 3장 달린다. 정소엽은 타원상피침형
으로 약간 작고 자루가 없으며, 측소엽의 기
부는 바깥쪽으로 돌출한다. 총꽃자루는 길이
15-30cm. 불염포는 녹황색이며 이따금 자줏
빛 갈색을 띠고 통부는 길이 4-7cm. 현부는
피침형으로 길이 10-20cm이고 앞쪽으로 굽었
으며 끝은 꼬리모양이다. 육수꽃차례의 부속
체는 길이 15-40cm로, 기부는 불룩하고 상부
는 실처럼 땅위로 늘어진다.
*사진의 군락은 미상돌기가 길이 8cm 이상
으로 뻗어 있어, 품종 비플라겔라툼 *f. bifla
gellatum* (Hars) Hara로 취급된다.

⑥ **아리새마 스페치오숨**

A. speciosum (Wall.) Schott
분포 ◇네팔 동부-아루나찰, 티베트 남부, 윈
난성 개화기 4-6월
산지의 떡갈나무 숲이나 이끼 낀 둔덕 비탈
에 자생하며, 땅속을 이리저리 뻗는 원주형
뿌리줄기가 있다. 잎자루는 길이 20-50cm
이며 연갈색 격자무늬가 있다. 소엽은 길이
15-35cm로 3장 달린다. 정소엽은 타원상피침
형으로 약간 작고 짧은 자루가 있으며, 가장
자리는 완만한 물결모양이고 적갈색을 띤
다. 측소엽의 기부는 바깥쪽으로 돌출한다.
총꽃자루는 잎자루보다 훨씬 짧다. 불염포
는 자줏빛 갈색이며 통부에 흰색 세로 줄무
늬가 있다. 현부는 삼각상피침형으로 전장
10-20cm이고 앞쪽으로 굽었으며, 기부의
가장자리는 약간 휘어 있고 끝은 실처럼 늘
어진다. 육수꽃차례의 부속체는 길이 20-
50cm로, 기부는 불룩하고 끝은 실처럼 길게
자란다.

② 아리새마 콘상기네움. 6월11일.
O/순다리잘의 북쪽. 1,600m.

③ 아리새마 에루베스첸스. 6월1일.
Q/시미가온의 북동쪽. 2,500m.

④ 아리새마 콘친눔. 6월1일.
M/로트반의 북쪽. 2,300m.

⑤ 아리새마 인테르메디움. 6월10일.
U/자르푸티의 남서쪽. 2,600m.

⑥-a 아리새마 스페치오숨. 5월1일.
V/욕솜의 북쪽. 2,200m.

⑥-b 아리새마 스페치오숨. 4월24일.
W/포돈 부근. 1,600m.

천남성속 Arisaema

① 아리새마 그리피티이 A. griffithii Schott

분포 ◇네팔 중부-아루나찰, 티베트 남부
개화기 4-6월
산지 혼합림에 자생한다. 잎은 1-2장 달리고
잎자루는 길이 15-50cm. 소엽은 3장 달리고
자루가 없다. 잎몸은 난형-능상광란형으로
길이 10-30cm이고 끝은 뾰족하며 가장자리
는 물결모양이다. 뒷면에 그물맥이 돌출한
다. 총꽃자루는 길이 5-20cm로 잎자루보다
훨씬 짧다. 불염포는 자줏빛 갈색. 현부는
폭 8-15cm로 강하게 안쪽으로 굽어 있고
가장자리에 흰색-황록색 그물무늬가 있으
며, 끝은 약간 파여 있고 미상돌기가 있다.
육수꽃차례의 부속체는 길이 20-70cm로,
끝은 실처럼 자라 땅위로 늘어진다. 편구형
덩이줄기는 독을 제거해 식용이나 사료로
쓴다.

② 아리새마 그리피티이 베루코숨

A. griffithii Schott var. verrucosum (Schott) Hara
분포 ◇네팔 동부-아루나찰 개화기 4-6월
기준변종과 달리 잎자루는 연두색이며 어두
운 자주색을 띤 사마귀모양 돌기가 있다. 불
염포는 느슨하게 안쪽으로 말려 있고, 그물
무늬는 약간 가늘다.

③ 아리새마 우틸레 A. utile Schott

분포 ◇파키스탄-부탄, 티베트 남부, 윈난성
개화기 5-7월
산지대 상부에서 고산대 하부에 걸쳐 숲 주
변이나 바위가 많은 초지에 자생한다. 동속
그리피티이와 비슷하나 불염포는 적갈색을
띠고, 현부는 폭 7-10cm로 좁고 완만하게
굽어 있으며, 가장자리의 그물무늬는 두드
러지지 않고, 육수꽃차례 부속체의 굵은 부
분은 불염포의 통부보다 길다. 잎을 으깨어
발효시켜 말린 것을 식용으로 쓴다.

④ 천남성속의 일종 (A) Arisaema sp.(A)

산지대 상부에서 아고산대에 걸쳐 계곡 줄
기의 습한 초지에 자생한다. 동속의 우틸레
와 비슷하나, 불염포는 폭 4-6cm로 좁고
끝은 거의 점첨형이며 길이 3-4cm인 미상돌
기로 이어진다. 육수꽃차례의 부속체 기부
의 굵은 부분은 짧고, 상부는 끈모양으로
굵다.

⑤ 아리새마 프로핀크붐 A. propinquum Schott

분포 ◇카슈미르-부탄, 티베트 남부
개화기 5-6월
산지에서 아고산대에 걸쳐 숲 주변이나 바
위가 많은 초지에 자생한다. 동속 그리피티
이와 비슷하나, 불염포는 녹갈색이며 흰색
세로 줄무늬가 있고, 현부는 약간 가늘고 난

①-a 아리새마 그리피티이. 5월16일. N/다나큐의 남서쪽. 2,550m. 자줏빛 갈색 불염포는 폭이 넓고 안쪽으로 강하게 굽어 있다. 빛을 투과하는 그물무늬가 파충류의 피부를 연상시킨다.

①-b 아리새마 그리피티이. 4월27일.
V/초카의 남쪽 2,850m.

② 아리새마 그리피티이 베루코숨. 5월27일.
V/가이리반스의 북서쪽. 2,700m.

상장원형으로 폭 4-6cm이며 덮개모양으로 완만하게 굽어 있다. 꽃차례의 부속체 상부는 실모양이며 불염포의 미상돌기 끝에서 살짝 늘어진다. 잎자루와 총꽃자루에 검갈색 격자무늬가 있다. 소엽은 능상도란형으로 길이는 10-20cm이다.

⑥ 아리새마 시키멘세 *A. sikkimense* Chatterjee
분포 ■ 네팔 동부-부탄 서부 개화기 5-6월
산지에서 아고산대에 걸쳐 혼합림 주변의 비탈에 자생한다. 동속 프로핀크붐과 매우 비슷하나 잎은 1장 달리고, 잎자루는 개화기에 꽃차례보다 짧으며, 소엽은 약간 질이 두껍고 가장자리가 자줏빛 갈색을 띤다. 불염포의 기부는 총꽃차례에 비스듬히 달리고, 현부는 가늘고 안쪽으로 완만하게 굽었으며 끝은 약간 뾰족하다.

⑦ 아리새마 코스타툼 *A. costatum* (Wall.) Schott
분포 ◇ 네팔 중·동부, 티베트 남부
개화기 5-7월
산지의 혼합림이나 소나무 숲에 자생한다. 잎자루는 녹색으로 길이 30-50cm. 소엽은 3장 달리고, 정소엽은 자루가 거의 없다. 잎몸은 난상타원형으로 길이 15-35cm이고 끝은 점첨형이며, 뒷면에 빽빽하게 평행하는 측맥이 돌출한다. 측소엽은 기부가 크게 바깥쪽으로 돌출한다. 총꽃자루는 잎자루보다 짧다. 불염포는 자줏빛 갈색이며 흰색 세로 줄무늬가 있고 통부는 길이 5-7cm. 현부는 장원형으로 길이 6-10cm이고 덮개모양으로 굽었으며, 끝은 갑자기 가늘어지고 길이 2-4cm인 미상돌기가 있다. 꽃차례의 부속체는 길이 20-50cm, 끝은 실처럼 길게 늘어진다.

③-a 아리새마 우틸레. 6월19일.
L/생 콜라. 3,800m.

③-b 아리새마 우틸레. 5월23일.
W/윰탕의 남쪽. 3,550m.

④ 천남성속의 일종 (A) 6월13일.
Z3/구미팀의 남동쪽. 3,150m.

⑤ 아리새마 프로핀크붐. 5월29일.
Q/베딩 부근. 3,700m.

⑥ 아리새마 시키멘세. 5월30일.
V/팔루트의 남동쪽. 3,000m.

⑦-a 아리새마 코스타툼. 6월11일.
O/순다리잘의 북쪽. 1,600m.

⑦-b 아리새마 코스타툼. 6월28일.
R/카르테의 북쪽. 2,600m.

티포니움속 Typhonium

① 티포니움 디베르시폴리움 미크로스파딕스

T. diversifolium Schott var. *microspadix* Engler

분포 ◇히마찰-미얀마, 티베트 남부, 윈난·
쓰촨성 개화기 6-7월

다음은 촬영지의 개체군에 관한 기록을 토
대로 한다. 향나무·석남 관목림 주변의 용
담속 로제트로 덮인 둔덕에 자생한다. 땅속
에 직경 1cm인 덩이줄기가 있다. 총꽃자루
는 길이 4-8cm이며, 잎자루와 함께 막질의
비늘조각잎에 싸여 땅속에 묻혀 있다. 잎은
1장 달리고 길이 1-3cm인 자루가 있다. 잎몸
은 피침형-장원형으로 길이 2.5-5cm이고 기
부는 화살촉모양이거나 밋밋하다. 불염포는
길이 4.5-7cm, 직경 1-1.5cm로 곧추서며 백록
색이다. 안쪽에 검붉은색 반점이 있고, 현부
는 삼각상난형이며 끝이 뾰족하다. 육수꽃
차례의 가는 축의 기부에 암꽃 무리가 달리
고 중부에 중성화 무리가 달리며, 상부에 수
꽃 무리가 달린다. 부속체는 원주형으로 길
이 1.5cm, 직경 2mm이고 검자주색을 띠며
하부는 약간 굵다.

토란속 Colocasia

② 토란 *C. esculenta* (L.) Schott

분포 □세계의 난지에서 재배, 아시아 남부·
오세아니아에 야생화 개화기 7-9월

저산대의 밭에서 재배되며 아열대림의 계곡
줄기나 마을 주변에 야생한다. 땅속에 식용
으로 쓰이는 덩이줄기가 있으며, 야생종에
는 옆으로 뻗는 뿌리줄기가 있다. 잎자루는
길이 1-1.5m. 잎몸은 난상타원형으로 길이
30-60cm이고 기부는 심형. 불염포는 협피침
형으로 길이 10-20cm이고 곧추서며 통부는
녹색, 현부는 노란색이다.

① 티포니움 디베르시폴리움 미크로스파딕스.
7월2일. S/남체바자르 부근. 3,600m.

② 토란. 7월22일. I/ 죠시마트의 북쪽. 1,700m.

③ 라피도포라 그란디스. 5월18일.
W/사람사. 1,000m.

④ 라피도포라 데쿠르시바. 5월14일. 서벵갈주/콜코타 식물원. 목질의 줄기에서 부착근을 내밀어 나무껍질에 밀착
한 다음, 우상으로 깊게 갈라진 잎을 크게 펼치며 고목 줄기를 타고 오른다.

라피도포라속 Rhaphidophora

③ 라피도포라 그란디스 *R. grandis* Schott

분포 □쿠마온-부탄, 아삼 개화기 8-11월

산지에서 산지대 하부에 걸쳐 계곡 줄기의 아열대림에 자생하며, 목질의 굵은 줄기에서 부착근(附着根)을 내밀어 고목을 타고 오른다. 잎자루는 길이 30-70cm. 잎몸은 난상타원형으로 길이 0.4-1m이고 우상으로 깊게 갈라졌다. 갈래조각은 6-12쌍으로 폭 4-6cm이고 중맥이 선명하다. 불염포는 장원형으로 길이 20-30cm이고 연노란색이며 끝은 뾰족하다. 육수꽃차례는 불염포보다 짧다.

④ 라피도포라 데쿠르시바

R. decursiva (Roxb.) Schott

분포 □네팔 중부-동남아시아, 티베트 남동부, 중국 남부 개화기 8-11월

저지나 저산대의 아열대림에 자생한다. 동속 그란디스와 비슷하나, 잎의 갈래조각은 12쌍 이상이고 폭 2-3.5cm로 가늘며 끝에 가는 돌기가 있다. 갈래조각의 중맥은 눈에 띄지 않고, 만입부(灣入部)는 잎몸의 중맥에 이른다.

레무사티아속 Remusatia

다년초. 덩이줄기의 상부에서 뻗은 주출지에 갈고리모양의 센털이 나 있는 비늘눈이 달린다.

⑤ 레무사티아 푸밀라

R. pumila (D. Don) H. Li & A. Hay [*Gonatanthus pumilus* (D. Don) Engler & Krause]

분포 □히마찰-동남아시아, 티베트 남부, 윈난성 개화기 5-7월

저산에서 산지대 하부에 걸쳐 이끼 낀 바위땅이나 절벽에 자생한다. 잎자루는 길이 10-40cm. 잎몸은 방패모양으로 달리고, 난형-난상피침형으로 길이 8-20cm이며 기부는 얕은 심형이다. 앞뒷면 전부 희뿌연 녹색이며 맥과 맥 사이가 표면에서는 검녹색, 뒷면에서는 자줏빛 갈색을 띤다. 불염포는 협원추형으로 길이 15-25cm이고 곧추서며 기부는 녹색, 현부는 노란색이다.

⑥ 레무사티아 비비파라

R. vivipara (Roxb.) Schott

분포 □히말라야를 포함한 아시아 남부, 오세아니아, 아프리카 개화기 3-5월

저산대 아열대림의 나무줄기나 절벽, 바위땅에 자생한다. 덩이줄기에서 곧게 자라거나 비스듬히 뻗은 주출지에 무수히 많은 비늘눈이 달리고, 비늘눈은 새의 날개에 붙어 멀리 운반된다. 잎자루는 길이 20-50cm. 잎몸은 난형-난상피침형으로 길이 20-40cm이고 기부는 심형이다. 표면은 검녹색, 뒷면은 자줏빛 갈색이며 앞뒷면 모두 맥과 가장자리가 연두색을 띤다. 불염포는 길이 10-15cm로 기부는 녹색, 현부는 노란색이며 휘어 있다.

⑤-a 레무사티아 푸밀라. 5월19일. W/포돈 부근. 1,900m.

⑤-b 레무사티아 푸밀라. 6월6일. M/쿠스마의 북서쪽. 900m.

⑥ 레무사티아 비비파라. 5월22일. W/망간의 북동쪽. 1,200m. 고목에 착생한 덩이줄기에서 잎과 꽃차례와 함께 비늘눈이 달린 주출지가 뻗어 나온다. 새의 날개에 붙은 비늘눈이 멀리 운반되어 번식한다.

사초과 CYPERACEAE

줄기는 삼능형으로 속이 꽉 차 있으며, 기부는 잎집에 싸여 있다. 잎은 가늘고 3열로 달린다. 꽃은 작은 이삭에 있는 비늘조각의 겨드랑이에 1개 달리고, 꽃덮이는 없거나 비늘조각 모양 또는 센털 모양으로 변한다.

좀바늘사초속 Kobresia

① 코브레시아 로일레아나

K. royleana (Nees) Boeck.

분포 ㅁ중앙아시아-네팔 중부, 티베트 각지, 중국 서부 개화기 6-7월

건조지 고산대의 바람에 노출된 초지에 자생하는 다년초로, 기부는 숙존하는 황갈색 잎집에 두껍게 싸여 있다. 꽃줄기는 높이 10-25cm로 모여나기 한다. 잎은 편평한 선형으로 꽃줄기보다 약간 짧고 폭 2-4mm. 꽃차례는 장원상원주형으로 길이 2-3cm, 직경 5-10mm이며 여러 개의 작은 이삭이 수상으로 모여 달린다. 비늘조각은 난형으로 길이 3-5mm이고 갈색이며, 가장자리 부분은 막질로 반투명하고, 중맥은 녹색이며 바깥쪽으로 돌출한다. 암술머리는 3개로 갈라졌다.

사초속 Carex

다년초. 잎은 선형. 꽃은 단성, 보통 암수한그루. 수꽃에는 3개의 수술이 있다. 암꽃에는 1개의 암술이 있고, 암술머리는 2-3개로 갈라졌다. 작은 이삭은 줄기 끝에 수상이나 원추상으로 달리고, 꽃차례의 기부에 포엽이 있다.

② 카렉스 멜라난타 *C. melanantha* C.A. Meyer

분포 ㅁ중앙아시아 주변-네팔 서부, 시베리아 남부 개화기 7-8월

건조 고지의 바람이 넘나드는 바위가 많은 초지에 자생한다. 땅속에 직경 2mm의 목질 뿌리줄기가 사방으로 뻗고, 정부는 숙존하는 연갈색 잎집에 두껍게 싸여 있다. 잎은 초질로 기부에 달린다. 잎몸은 선형으로 폭 3-6mm이고 꽃줄기보다 짧으며 기부는 폭이 넓다. 꽃줄기는 높이 10-30cm로 뾰족한 능이 3개 있으며, 끝에 작은 이삭이 3-6개 달린다. 작은 이삭의 기부는 약간 사이를 두고 잎모양의 포엽 겨드랑이에 달리며 짧은 자루가 있다. 작은 이삭은 길이 1-1.8cm, 정부의 1개는 웅성(雄性)으로 원주상이며 그 외는 자성(雌性)으로 난상타원체이다. 비늘조각은 난형-피침형으로 길이 3-5mm이고 끝은 날카롭고 뾰족하며 자줏빛 갈색을 띤다. 과포(果胞)는 도란상타원체이며 끝은 돌출한다. 암술대는 길다.

③ 카렉스 프래클라라 *C. praeclara* Nelmes

분포 ㅁ카슈미르, 티베트, 시킴, 원난성 개화기 7월

건조 고지의 바람이 넘나드는 초지나 자갈 비탈에 자생한다. 동속 멜라난타와 비슷하나, 꽃

① 코브레시아 로일레아나. 7월6일. C/간바보호마 부근. 4,500m.

② 카렉스 멜라난타. 8월20일. A/나즈바르 고개의 남서쪽. 4,700m.

차례는 난형-타원체로 직경 1.5-3cm이고 폭이
넓으며 자루 없는 작은 이삭 3-7개가 두상으로
모여 달린다. 작은 이삭은 타원체로 길이 1.2-
2cm이고 보통 양성이며 형태가 일정하다.

바늘골속 Eleocharis
줄기는 곧게 서고 마디가 없으며, 끝에 작은
이삭이 1개 달린다. 잎은 퇴화해 잎집이 된다.
꽃은 양성, 꽃덮이조각은 센털로 변한다. 암술
대의 기부는 부풀어 있으며 열매에 숙존한다.

④ 엘레오카리스 팔루스트리스
E. palustris (L.) Roemer & Schultes
분포 ▫히말라야를 포함한 북반구의 온대와
아한대의 각지 개화기 6-7월
물꼬챙이골류를 포함하는 다형적인 종으로,
몇 개의 종이나 아종 등으로 나뉘기도 한다.
건조 고지의 습지나 냇가의 초지, 관개된 밭
에 자생하며 옆으로 뻗는 뿌리줄기가 있다.
꽃줄기는 원주형이며 높이 7-30cm로 모여
나기 한다. 잎집은 막질로 갈색을 띠며 끝은
절형이다. 줄기 끝 작은 이삭은 협타원체로
길이 5-15mm, 직경 2-3mm이고 끝은 뾰족하
다. 비늘조각은 장란형으로 길이 3mm이고
갈색을 띠며 가장자리는 반투명하다. 수술
은 2-3개, 암술머리는 2개. 꽃덮이조각에서
비롯된 센털은 4-7개 달리고 갈색을 띠며 열
매보다 길다. 줄기의 기부는 다즙질로 단맛
이 있어, 밭에서 잡초 제거 일을 하는 아이들
이 즐겨 따 먹는다.

스코에노플레크투스속 Schoenoplectus
잎은 잎집으로 퇴화한다. 작은 이삭은 집산상으
로 달린다. 꽃은 양성, 꽃덮이는 센털로 변한다.

⑤ 스코에노플레크투스 라쿠스트리스
S. lacustris (L.) Palla subsp. *validus* (Vahl) T. Koyama
[*S. tabernaemontani* (Gmel.) Palla, *Scirpus validus*
Vahl, *S. tabernaemontani* Gmel.]
분포 ◇히말라야를 포함한 아시아 동·남부,
북아메리카 개화기 6-7월
산지나 아고산대의 밑바닥에 진흙이 쌓인 호
소(湖沼)의 얕은 물속에 자생하며, 굵은 뿌리
줄기가 사방으로 뻗어 군락을 이룬다. 꽃줄기
는 원주형으로 직경 7-16mm이고 높이 1-2m로
곧게 자라며, 분백색을 띠고 마디는 없으며
기부에 잎집이 3-4장 있다. 정부의 잎집에는
선형의 짧은 잎몸이 달린다. 줄기 끝에서 몇
개의 축이 개출해 집산상으로 갈라지고, 줄기
끝마다 작은 이삭이 1-3개 달린다. 꽃차례는
전체적으로 직경 5-10cm, 표엽의 기부는 꽃차
례보다 짧다. 작은 이삭은 난형으로 길이 5-
10mm이며 여러 개의 꽃이 달린다. 비늘조각
은 연갈색으로 막질이며, 타원형-광란형으로
길이 3mm이고 끝은 약간 파였으며 가장자리
에 털이 자란다. 꽃덮이조각에서 비롯된 센털
은 6개 달리고 열매와 길이가 같으며, 역방향
으로 자란 짧은 지모(枝毛)가 있다.

③ 카렉스 프래클라라. 7월13일.
F/펜시 라의 북서쪽. 4,000m.

④ 엘레오카리스 팔루스트리스. 7월11일.
Y4/헤프의 남동쪽. 4,500m.

⑤ 스코에노플레크투스 라쿠스트리스. 8월2일. K/라라 호수. 2,950m. 산 위의 호숫가에서 수면에 장원형 잎을
띄운 물여뀌 *Persicaria amphibia* (L.) S.F Gray와 함께 군생하고 있다.

벼과 GRAMINEAE (POACEAE)

줄기(稈)는 속이 비었으며 마디가 있다. 잎은 선상이며, 기부에 잎집과 잎혀가 있다. 작은 꽃은 화영(花穎) 1쌍에 싸여 있고, 축 위에 작은 꽃이 1개-여러 개 모여 작은 이삭을 이룬다. 작은 이삭의 기부에 포영(苞穎) 1쌍이 달린다. 작은 이삭은 원추상 또는 수상꽃차례를 이룬다. 꽃덮이조각은 미세한 비늘조각으로 퇴화한다. 꽃밥은 수술대에 丁(정)자 모양으로 붙는다.

포아풀속 Poa

① **포아 파고필라** *P. pagophila* Bor
분포 □이란-아루나찰, 티베트, 원난성
개화기 6-9월
고산대의 모래가 덮인 빙퇴석이나 하원, 초지의 비탈에 자생하며 땅속에 옆으로 뻗는 가는 뿌리줄기가 있다. 높이 6-20cm이고 전체적으로 붉은빛을 띠기 쉽다. 잎의 기부는 길이 1-4cm, 폭 0.5-1mm. 줄기 끝의 꽃차례는 전체적으로 협원추형이며 길이 3-8cm. 작은 이삭은 길이 4-6mm로 드문드문 달리고, 작은 꽃이 2-3개 달린다. 외포영(外苞穎)은 협피침형. 외화영(外花穎)은 장원상피침형으로 끝은 반투명하고 기반(基盤)에 긴 털 덩이가 붙어 있다.

왕바랭이속 Eleusine

② **엘레우시네 코로카나** *E. corocana* (L.) Gaertner
분포 □동아프리카 원산, 세계의 난지에서 잡곡으로 재배 개화기 3-10월
저지와 산지의 밭에서 재배된다. 높이 0.5-1.2m이며 정부에 수상꽃차례 5-10개가 비스듬히 뻗는다. 잎몸은 길이 20-50cm, 폭 5-10mm이고 뒷면에 중맥이 돌출한다. 수상꽃차례는 길이 7-10cm이고 끝은 안쪽으로 굽어 있다. 작은 이삭은 길이 7-10mm이며 작은 꽃이 3-8개 달린다. 곡립(穀粒)은 구형으로 직경 2mm이며, 토속주의 원료로 사용하는 외에 잡곡죽에 넣기도 한다.

덴드로칼라무스속 Dendrocalamus

③ **덴드로칼라무스 시키멘시스** *D. sikkimensis* Oliver
분포 □네팔 동부-아루나찰 개화기 부정기 1회성
저산대 산등성이의 낙엽수림에 자생하며 마을 주변에 심는다. 줄기는 그루를 이루어 높이 15-25m로 곧게 자라고 기부는 직경 18cm이며, 상부의 마디 사이는 길이 45cm에 달하고 하부에는 가지가 거의 달리지 않는다. 간(稈) 껍질은 조락성으로 폭이 넓고, 금색을 띤 암갈색 융털에 덮여 있다. 정부에 달리는 잎조각의 양쪽은 귀모양으로 따라 내려가고, 가장자리에 덩이 형태의 긴 털이 자란다. 잎에는 자루가 없다. 잎몸은 장원상피침형으로 길이 15-30cm이고 끝은 검은색을 띠며 기부는 원형이다. 뒷면에 흰 누운 털이 자란다.

① 포아 파고필라. 7월29일. T/바룬 호수. 4,700m. 빙하호 하류쪽에 있는, 석영이 많이 포함된 흰 모래를 뒤집어쓴 빙퇴석에 자라나 있다. 전체적으로 붉은빛을 띤다.

② 엘레우시네 코로카나. 10월22일.
N/바운다라 부근. 1,500m.

③ 덴드로칼라무스 시키멘시스. 4월20일.
W/사람사. 1,000m.

산새풀속 Calamagrostis
작은 꽃 1 개가 작은 이삭을 이룬다.

④ 칼라마그로스티스 에모덴시스
C. emodensis Grisebach

분포 ◇파키스탄-부탄, 티베트 남부, 윈난 · 쓰촨성 개화기 7-9월

아고산대와 고산대의 붕괴 비탈이나 바위가 많은 초지에 자생한다. 높이 0.4-1m. 잎몸은 선형으로 길이 15-40cm, 폭 5-10mm. 잎혀는 길이 1-4mm. 원추꽃차례는 길이 10-20cm. 작은 이삭은 길이 5-7mm. 포영은 협피침형으로 폭 1mm 이하이며 자줏빛 갈색을 띤다. 외포영은 막질로 투명하고 길이 2-3mm이며 끝은 2개로 갈라졌다. 까끄라기는 외포영보다 길게 자라고, 기반에 달린 긴 털은 화영보다 길다.

⑤ 칼라마그로스티스속의 일종 (A)
Calamagrostis sp. (A)

건조 고지의 바위질 초지에 자생하며, 가늘고 긴 뿌리줄기가 있다. 줄기는 높이 25-30cm이며 마디 3개에 잎이 달린다. 근생엽은 길이 14-25cm, 폭 1.5-2mm이며 배모양으로 둥글게 말려 있다. 줄기잎은 길이 2-8cm, 폭 2-3mm. 잎혀는 막질로 길이 5mm이며 털이 없다. 잎집은 약간 불룩하다. 꽃차례는 타원체로 길이 2-2.5cm. 포영은 난상피침형으로 길이 4mm이고 투명하며 상부는 자주색, 맥 3개는 녹색을 띤다. 바깥쪽에 길이 3mm에 달하는 희고 긴 털이 자란다. 기반의 털은 짧다. 화영은 피침형으로 길이 3mm이고 투명하고 털이 없으며 끝은 연자주색을 띤다. 까끄라기는 길이 9-11mm로 외포영의 기부에 달린다. 꽃밥은 자주색으로 길이 1.2mm. 동속 티베티카 *C. tibetica* (Bor) G. Singh [*Deyeuxia tibetica* Bor]에 가깝다.

④-a 칼라마그로스티스 에모덴시스. 7월30일. B/루팔의 남서쪽. 3,500m 낭가파르바트 산군의 광활한 U자 계곡 내에 쌓인 토석 구릉 위에 자라나 있다.

④-b 칼라마그로스티스 에모덴시스. 8월2일. B/샤이기리의 서쪽. 4,000m.

⑤ 칼라마그로스티스속의 일종 (A) 8월20일. A/나즈바르 고개의 북동쪽. 4,000m.

골풀과 JUNCACEAE

골풀속 Juncus

다년초. 보통 옆으로 뻗는 뿌리줄기가 있으
며, 근생엽과 꽃줄기가 모여나기 한다. 꽃
줄기의 기부는 비늘조각잎에 싸여 있다. 잎
의 기부는 칼집모양. 꽃은 풍매화로 작고,
보통 줄기 끝에 모여 달린다. 꽃덮이조각은
6장. 수술은 3-6개 달리고, 암술머리는 3개
로 갈라졌다. 씨방상위.

① 윤쿠스 멤브라나체우스 *J. membranaceus* D. Don
분포 ◇파키스탄-네팔 중부, 티베트 남부
개화기 7-8월
다소 건조한 지역 고지의 초지나 냇가의 습
한 모래땅에 자생하며, 땅속에 옆으로 뻗는
짧은 뿌리줄기가 있다. 꽃줄기는 질이 강하
고 높이 12-30cm로 곧게 자라며, 기부에 잎이
1-2장 달리고 중부에 짧은 잎이 곧추 선다. 꽃
줄기 끝에 두상꽃차례가 1개 달린다. 잎은
선형으로 폭 1mm이고 가장자리가 안쪽으로
말려 있으며, 꽃줄기보다 훨씬 짧다. 꽃차례
는 직경 1.5-1.8cm. 포편은 막질로 투명하거나
연한 자줏빛 갈색을 띠고, 배모양의 난형-장
원형이며 꽃과 길이가 거의 같다. 꽃은 7-10
개 달린다. 꽃덮이조각은 장원상피침형으로
길이 5mm, 폭 1mm이고 흰색이며 바깥쪽은
이따금 연한 자줏빛 갈색을 띤다. 씨방은 타
원체로 길이 2.5mm. 수술 6개와 암술은 꽃덮
이조각보다 길다. 꽃밥은 장타원체로 길이
2.5-3mm이며 노란색이다.

② 윤쿠스 킹기이
J. kingii Rendle [*J. longibracteatus* A. M. Lu & Z. Y. Zhang]
분포 ◇네팔 서부-윈난 · 쓰촨성, 티베트 남
동부 개화기 6-8월
다소 건조한 지역의 아고산대에서 고산대에
걸쳐 바위가 많고 습한 초지에 자생한다. 땅
속에 옆으로 길게 뻗는 뿌리줄기가 있다. 꽃

① 윤쿠스 멤브라나체우스. 8월6일. B/치치나라 계곡. 3,700m. 건조한 U자 계곡 내의 빙하 녹은 물에 씻긴 돌
땅에서 하층의 모래진흙에 뿌리를 내리고 자라나 있다.

②-a 윤쿠스 킹기이. 8월10일.
X/장고탕의 북쪽. 4,200m.

②-b 윤쿠스 킹기이. 6월23일.
Z3/툰바체 부근. 3,500m.

③ 윤쿠스 톰소니아. 7월20일.
D/데오사이 고원. 4,000m. 촬영/미야모토(宮本)

줄기는 굵고 높이 15-35cm로 곧게 자라며, 기부에 잎이 1장 달린다. 잎은 원통모양으로 둥글게 말려 있고 직경 1-2mm이며 꽃줄기의 중부 부근까지 자란다. 줄기 끝의 두상꽃차례는 직경 1.5-2.5cm. 포조각 최하부의 1장은 잎모양이며, 꽃의 2배 이상으로 비스듬히 자란다. 꽃은 7-15개 달린다. 꽃덮이조각은 협피침형으로 길이 4-6mm이며 유황색. 수술대는 꽃덮이조각보다 길다. 꽃밥은 담황색으로 길이 2-2.5mm. 암술머리는 짧다.

*②-b의 하부에 보이는 흰색 꽃은 동속 벵갈렌시스.

③ 윤쿠스 톰소니이 *J. thomsonii* Buchenau
분포 ◇중앙아시아 주변-부탄, 티베트 전역, 중국 서부 개화기 5-8월

다소 건조한 지역 고지의 습한 초지에 자생한다. 꽃줄기는 모여서 높이 7-15cm로 곧게 자라고, 기부에 보통 잎이 2장 달리며, 중부-상부에는 잎이 달리지 않는다. 잎은 약간 질이 단단하고 곧게 뻗는다. 잎몸은 길이 1-6cm, 폭 0.7-1mm이며 원통모양으로 둥글게 말려 있다. 꽃은 줄기 끝 두상꽃차례에 3-10개 달린다. 포엽은 배모양의 광피침형-난형이며, 최하부의 1장을 포함해 꽃과 길이가 같거나 짧고, 가장자리는 막질로 이따금 갈색을 띤다. 꽃덮이조각은 피침형으로 길이 3.5-5mm이며 흰색-유황색. 수술대는 꽃덮이조각과 길이가 같다. 암술대는 짧다. 암술머리는 3개로 갈라지고 길이는 1-2mm이다.

④ 윤쿠스 레우칸투스 *J. leucanthus* D. Don
분포 □쿠마온-부탄, 티베트 남부, 중국 서부 개화기 5-8월

아고산대에서 고산대에 걸쳐 이끼 낀 바위질 초지에 자생한다. 꽃줄기는 높이 7-30cm로 곧게 자라고 잎이 2-3장 달린다. 꽃줄기의 기부를 감싸는 비늘조각잎은 자줏빛 갈색을 띠고 보통 끝이 돌출한다. 하부의 줄기잎은 보통 원통모양으로 둥글게 말려 있고 직경 0.7-1.5mm이며, 상부 잎의 기부보다 길게 자란다. 상부 잎은 센털 형태로 곧추 서고 길이 2cm 이하이며, 잎집은 길고 약간 불룩하다. 잎귀는 원형-장원형. 근생엽은 가늘고 꽃줄기와 길이가 같거나 더 길다. 줄기 끝 두상꽃차례는 직경 1-1.7cm이며 꽃이 4-10개 달린다. 포조각 기부 2장은 배모양의 피침형으로 자줏빛 갈색을 띠며, 꽃덮이조각과 길이가 거의 같다. 꽃덮이조각은 피침형으로 길이 4-6mm이며 흰색. 수술대는 꽃덮이조각보다 길게 자란다. 꽃밥은 선형으로 길이 2-3mm이며 연노랑색. 씨방은 타원체로 끝은 원형. 암술머리는 짧게 3개로 갈라진다.

④-a 윤쿠스 레우칸투스. 7월24일. I/타인의 북서쪽. 3,750m.

④-b 윤쿠스 레우칸투스. 7월22일. S/숨나. 4,800m.

④-c 윤쿠스 레우칸투스. 7월28일. Z3/도송 라의 서쪽. 3,800m .늪가의 이끼 낀 바위를 뒤덮은 로디올라 셰리피이의 목질 뿌리줄기 사이에 뿌리를 내려 군생하고 있다.

골풀속 Juncus

① 윤쿠스 벵갈렌시스 *J. benghalensis* Kunth

분포 □카슈미르-아루나찰, 원난성
개화기 6-9월

산지대 상부에서 아고산대에 걸쳐 습한 둔덕
의 초지나 소관목 사이에 자생한다. 땅속에
옆으로 뻗는 가는 뿌리줄기가 있다. 꽃줄기
는 가늘고 높이 8-20cm로 자라며, 보통 실모
양의 잎이 2장 달린다. 잎귀는 뚜렷하다. 잎
의 기부는 길이 3-10cm. 상부의 잎은 이따금
꽃보다 길게 자라고 긴 잎집이 있다. 꽃은 줄
기 끝의 두상꽃차례에 3-10개 달린다. 포조각
의 기부는 때때로 잎모양으로 뻗는다. 꽃덮
이조각은 협피침형으로 길이 4-6mm이며 흰
색. 수술대는 꽃덮이조각과 길이가 같거나
약간 길다. 꽃밥은 가늘고 길이 2.5-3mm. 암
술머리는 길이 0.5-1.5mm이다.

② 윤쿠스 레우코멜라스 *J. leucomelas* D. Don

분포 ◇카슈미르-부탄, 티베트 남동부, 원
난·쓰촨성 개화기 5-7월

고산대의 습한 초지나 연못가의 모래땅에
자생하며 뿌리줄기는 짧다. 꽃줄기는 높이
3-12cm이며 기부에 잎이 2장 달린다. 잎은 폭
0.7-1mm로 꽃줄기의 3분의 2 길이로 자라고
가장자리가 안쪽으로 말리며 끝은 날카롭다.
잎집의 양 가장자리는 막질, 잎귀는 뚜렷하
지 않다. 꽃은 줄기 끝의 두상꽃차례에 5-10
개 달린다. 포조각의 기부는 잎모양이며 꽃
의 2배 이상 자란다. 꽃덮이조각은 협피침형
으로 길이 5-6.5mm이며 흰색. 수술대는 꽃덮
이조각과 길이가 같거나 약간 길다. 꽃밥은
선형으로 길이 2-3mm이며 연노란색. 암술머
리는 길이 0.5-1mm이다.
*②-a의 오른쪽 아래로 보이는 선형 잎은 사
초과 풀의 것.

① -a 윤쿠스 벵갈렌시스. 6월18일.
O/수르자쿤드 고개의 남동쪽. 3,400m.

① -b 윤쿠스 벵갈렌시스. 6월23일.
Z3/툰바체 부근. 3,500m.

②-b 윤쿠스 레우코멜라스. 7월18일. K/카그마라 고개의 북동쪽. 4,700m. 만년설로 덮인 고개 하부의 불안정
한 자갈 사면에 자라나 있다. 오른쪽 아래로 보이는 4장의 하얀 꽃잎을 지닌 꽃은 드라바 윌리암시이.

②-a 윤쿠스 레우코멜라스. 8월18일.
T/메라 라의 남동쪽. 4,600m. 촬영/미야모토

③ 윤쿠스 크리소카르푸스

J. chrysocarpus Buchenau

분포 ◇네팔 동부-부탄, 티베트 남부(춘비 계곡) **개화기** 8-9월

아고산대에서 고산대에 걸쳐 습한 둔덕의 초지나 바위땅, 이끼 낀 나무줄기에 자생하며 가는 뿌리줄기가 옆으로 뻗는다. 꽃줄기는 가늘고 높이 12-25cm로 자라며, 하부와 상부에 사이를 두고 잎이 달린다. 잎은 실모양으로 길이 3-15cm이며 끝은 약간 가시모양이다. 상부의 잎은 보통 꽃차례보다 길게 자란다. 꽃은 줄기 끝의 두상꽃차례에 3-12개 달린다. 포조각의 기부는 이따금 꽃의 2배로 자라고 끝은 잎모양이며 연갈색을 띤다. 꽃덮이조각은 협피침형으로 길이 4-6mm이고 흰색-연갈색이며 바깥쪽 3장은 약간 짧다. 수술대는 꽃덮이조각과 길이가 같다. 씨방은 타원체로 끝이 뾰족하다. 암술대는 길이 2-3mm, 암술머리는 짧다.

④ 윤쿠스 콘친누스 *J. concinnus* D. Don

분포 ◇카슈미르-부탄, 티베트 남부, 윈난·쓰촨성 **개화기** 6-9월

산지에서 고산대에 걸쳐 이끼 낀 둔덕 비탈이나 절벽, 바위땅에 자생한다. 꽃줄기는 가늘고 높이 15-30cm로 자라며, 보통 잎 3장이 일정 간격으로 달린다. 잎은 길이 3-20cm, 폭 1-2mm이고 잎귀는 막질로 반투명하다. 줄기 끝에 두상꽃차례 3-7개가 집산상으로 달리고, 옆쪽 두상꽃차례에는 길이 5-12mm인 자루가 있다. 총포조각은 막질로 연갈색이며, 이따금 1장이 잎모양으로 변해 꽃보다 길게 자란다. 꽃은 두상꽃차례에 2-10개 달린다. 포조각은 연갈색이며 꽃보다 짧다. 꽃덮이조각은 길이 2-4mm. 수술대와 암술대는 꽃덮이조각보다 길다. 꽃밥은 등색으로 길이 1.3mm. 암술머리는 길이 1mm.

⑤ 윤쿠스 암플리폴리우스 *J. amplifolius* A. Camus

분포 ◇네팔 동부-부탄, 티베트 남동부, 중국 서부 **개화기** 6-8월

아고산대에서 고산대 하부에 걸쳐 습한 바위땅이나 초지에 자생하며, 땅속에 옆으로 뻗는 굵은 뿌리줄기가 있다. 꽃줄기는 높이 20-35cm이며 잎이 2-3장이 일정 간격으로 어긋나기 한다. 하부의 잎은 선형으로 길이 10-18cm, 폭 3-5mm. 잎귀는 없다. 줄기 끝에 두상꽃차례 2-4개가 집산상으로 달린다. 총포조각은 잎모양이며 꽃보다 길거나 짧다. 꽃은 두상꽃차례에 3-6개 달린다. 포조각은 피침형으로 자줏빛 갈색을 띠며 꽃보다 약간 짧다. 꽃덮이조각은 협피침형으로 길이 4-6mm이며 자줏빛 갈색. 수술은 꽃덮이조각보다 약간 짧다. 암술대는 꽃덮이조각보다 길게 자라고, 암술머리는 홍갈색으로 길이 2.5-4mm이다.

③ 윤쿠스 크리소카르푸스. 9월18일. X/마로탄의 남쪽. 3,050m.

④ 윤쿠스 콘친누스. 9월28일. X/마로탄의 남쪽. 3,350m.

⑤ 윤쿠스 암플리폴리우스. 7월29일. Z3/도숑 라의 서쪽. 4,100m. 선모양의 노란색 꽃밥과 3개로 갈라진 홍갈색 암술머리가 불꽃을 터뜨린 듯 방사상으로 퍼져 있다.

곡정초과 ERIOCAULACEAE
곡정초속 *Eriocaulon*

① 검은곡정초

E. atrum Nakai [*E. alpestre* Hook.f. & Thoms.]

분포 ㅁ쿠마온-부탄, 티베트 남부, 동아시아 온대 개화기 7-10월

산지의 길가나 초지에 생긴 웅덩이 주변에 자생하는 1년초 또는 다년초. 꽃줄기는 높이 2-8cm. 잎은 근생하고 기부에서 끝으로 차츰 가늘어진다. 잎몸은 길이 2-5cm, 폭 1.5-4mm이고 끝은 예형. 줄기 끝의 거무스름한 두상꽃차례는 반구상으로 직경 2.5-4mm. 총포조각은 타원형-도란형으로 길이 1-2mm. 포조각은 도피침형이며 상부 바깥쪽에 흰 털이 자란다. 암꽃과 수꽃은 길이 1.5-2mm이며, 3개로 얕게 갈라진 꽃받침과 꽃잎 3장 있다.

닭의장풀과 COMMELINACEAE
닭의장풀속 *Commelina*

② 콤멜리나 마쿨라타 *C. maculata* Edgew.

분포 ㅁ가르왈-동남아시아, 티베트 남부, 윈난·쓰촨성 개화기 6-8월

낮은 산에서 산지에 걸쳐 숲 주변이나 밭도랑에 자생하는 다년초. 꽃줄기는 길이 15-50cm이며, 하부는 쓰러져 마디에서 뿌리를 내린다. 상부의 잎은 타원상피침형으로 길이 3-7cm, 폭 1.5-2cm이고 표면에 털이 자란다. 줄기 끝에 1개-여러 개의 둘로 접혀 닫힌 총포조각이 달리고, 그 안에 수축한 집산꽃차례가 달리며, 개화기에만 꽃자루가 곧추서서 꽃이 노출한다. 총포조각은 길이 1-1.5cm이고 끝이 뾰족하며 길고 부드러운 털이 자란다. 꽃은 양성으로 하루살이꽃. 꽃받침조각 3장 중 아래쪽 2장은 타원형으로 투명하다. 꽃잎 3장 중 위쪽 2장은 크고, 현부는 타원상광란형으로 길이 4-5mm이며 연푸른색. 임성(稔性)이 있는 수술은 3개 달리고, 아래쪽 2개는 길며 선숙(先熟)한다.

① 검은곡정초. 9월18일.
X/니카르추 추잠의 북동쪽. 2,650m.

② 콤멜리나 마쿨라타. 8월18일.
P/라마 호텔 북동쪽. 2,500m.

③-b 치아노티스 바가. 8월21일. V/욕솜의 북쪽. 1,850m. 3개로 갈라진 화관에서 6개의 수술이 돌출하고, 수술대에 빽빽하게 나 있는 자주색 긴 털이 공기를 품은 깃털처럼 개출한다.

③-a 치아노티스 바가. 9월8일.
P/샤브루벤시의 남서쪽. 1,700m.

치아노티스속 Cyanotis

③ 치아노티스 바가

C. vaga (Lour.) J.A. & J.H. Schultes [*C. barbata* D. Don. *C. arachnoidea* Clarke]

분포 □카슈미르-동남아시아, 티베트 남부, 중국 남부 개화기 6-9월

분류가 정해지지 않은 다형적인 다년초. 낮은 산에서 산지에 걸쳐 이끼 낀 바위땅이나 절벽지에 자생한다. 줄기는 쓰러져서 길이 10-60cm로 활발히 분지한다. 줄기잎은 피침형-선상피침형으로 길이 2-8cm, 폭 4-8mm. 잎집 가장자리에 긴 털이 자란다. 꽃차례는 전갈 형태로 가지 끝과 잎겨드랑이에 달리고, 기부에 잎모양의 총포조각이 있다. 포조각은 배모양의 난상피침형으로 길이 6-9mm이고 서로 겹쳐 있으며, 낫모양으로 휘어 있고 긴 가장자리 털이 자란다. 꽃받침조각 3장은 막질로 도피침형이며 끝이 뾰족하고 기부는 합착한다. 화관은 연자주색으로 길이 6-8mm이며, 상부는 3개로 갈라지고 갈래조각은 도란형이다. 수술 6개는 화관에서 길게 돌출해 곧추 서고, 수술대에 연자주색의 긴 털이 개출해 빽빽하게 자란다.

*③-a는 줄기가 비스듬히 자라고 잎은 길이 3-5cm, 폭 3mm로 길고 가늘다. 꽃차례와 잎집에 거미줄모양의 긴 털이 나 있고, 화관은 길이 4-5mm로 작다. 기준지역의 것과 다른 별종일 가능성이 크다.

④ 치아노티스 크리스타타

C. cristata (Blume) R.S. Rao

분포 □히말라야를 포함한 아시아와 아프리카의 열대·아열대지역 개화기 6-9월

동속 바가보다 따뜻한 지역을 좋아하고 전체적으로 크다. 줄기잎은 폭 1-1.5cm로 넓다. 총포조각은 타원상피침형으로 폭이 넓고, 긴 가장자리 털이 빽빽하게 자란다. 꽃차례는 약간 길다.

물옥잠과 PONTEDERIACEAE
부레옥잠속 Eichhorinia

⑤ 부레옥잠 *E. crassipes* (Mart.) Solms

분포 □남아메리카 원산. 세계의 난지에 폭넓게 야생화 개화기 5-7월

저산대의 연못이나 도랑물에 떠 있는 다년초. 잎은 근생하고, 내부가 해면상인 불룩한 잎자루를 지닌다. 잎몸은 거의 원형으로 길이 5-10cm. 꽃줄기는 높이 5-20cm이며 꽃 5-20개가 수상으로 달린다. 꽃은 연자주색으로 직경 3-4cm. 꽃덮이조각은 6장 달리고, 정부의 1장은 타원형이며 노란색과 짙은 자주색 반점이 있다.

④ 치아노티스 크리스타타. 8월14일. Q/고르잔의 북동쪽. 2,000m. 곧게 선 가지 끝에 전갈 형태의 꽃차례가 달린다. 낫 모양으로 구부러진 포엽 가장자리에 희고 긴 털이 나 있는 것을 알 수 있다.

⑤ 부레옥잠. 6월11일. U/싯다포카리. 1,550m.

물옥잠과 **743**

붓꽃과 IRIDACEAE

붓꽃속 Iris

다년초. 잎은 중맥에서 접혀 합착하고, 칼집 모양의 기부가 2열로 겹쳐 있다. 1개 이상의 꽃봉오리가 포엽에 2-5장 싸여 차례로 꽃을 피운다. 꽃받침조각(겉꽃덮이조각)은 3장 달리고 폭이 넓은 화조가 있으며 현부는 크다. 꽃잎(안꽃덮이조각)은 3장 달리고 약간 작다. 꽃받침조각과 꽃잎의 기부는 합착해 꽃덮이통을 이룬다. 수술은 꽃받침조각 기부에 3개 달린다. 3개로 갈라진 암술대 줄기는 폭이 넓으며 활모양으로 구부러져 수술을 덮고, 끝은 꽃잎으로 변해 2개로 갈라진다. 꽃받침조각의 반점에 이끌린 꿀벌은 꿀을 찾아 암술대 줄기와 꽃받침조각 사이를 파고들어, 암술대 줄기의 뒤쪽에 붙어 있는 꽃밥에 등을 문질러 꽃가루를 묻힌다. 암술머리는 암술대 줄기의 뒤쪽 끝에 있다.

① 아이리스 케마오넨시스

I. kemaonensis D. Don

분포 ㅁ카슈미르-미얀마, 티베트 남부, 윈난·쓰촨성 개화기 5-6월

아고산대나 고산대의 해빙이 늦은 관목소림이나 물이 고이기 쉬운 초지에 자생한다. 꽃줄기는 꽃을 포함해 높이 8-15cm이며 기부에 오래된 회갈색 잎이 숙존한다. 줄기와 잎은 개화 후에 자란다. 다 큰 잎은 길이 20-40cm, 폭 4-10mm. 포엽은 폭이 넓으며 꽃봉오리 1개를 감싼다. 꽃은 청자주색으로 직경 5-8cm. 꽃덮이통은 길이 4-6cm. 꽃받침조각의 현부는 협타원형으로 길이 2.5-3.5cm이고, 쌀알 형태의 짙은 색 반점이 방사상으로 분포하며, 하부의 가운데 능에 끝이 굵고 노란색을 띤 희고 긴 털이 수염 형태로 빽빽하게 자란다. 꽃잎은 곧추 서고, 끝은 안쪽으로 말려 있다.

①-a 아이리스 케마오넨시스. 6월14일. X/자리 라의 남쪽. 4,100m. 코토네아스테르 미크로필루스 그루에서 솟아나와 피어 있다. 꽃받침조각에는 쌀알 형태의 반점이 있고, 하부의 가운데 능에 수염 형태의 긴 털이 자란다.

①-b 아이리스 케마오넨시스. 5월22일. N/마나슬루 주봉의 남서쪽. 3,700m.

② 아이리스 후케리아나. 7월16일. D/데오사이 고원. 3,900m.

③-a 아이리스 데코라. 6월5일. M/바가르의 남서쪽. 2,000m.

② 아이리스 후케리아나 *I. hookeriana* Foster
분포 ◇파키스탄-히마찰 개화기 6-7월
건조 고지의 해빙이 늦는 자갈질 초지에 자
생한다. 동속 케마오넨시스와 비슷하나, 줄
기는 개화기에 5cm 이상 자라고 잎은 질이
약간 얇다. 꽃덮이통은 짧다. 꽃받침조각,
꽃잎, 암술대 줄기는 길고 가늘다. 꽃받침조
각에 자라는 수염 형태의 털은 거의 흰색으
로 짧고 수가 적다.

③ 아이리스 데코라 *I. decora* Wall.
분포 ㅁ카슈미르-아루나찰, 티베트 남부, 윈
난·쓰촨성 개화기 5-7월
다형적인 종으로, 산지나 아고산대에 자생
하며 땅속에 굵고 큰 뿌리가 모여나기 한다.
꽃줄기는 분지하며 높이 15-30cm로 자란다.
잎은 길이 12-40cm, 폭 2-9mm이고 평행 맥이
돌출한다. 포엽은 질이 얇고 꽃봉오리 1-3개
를 감싼다. 꽃은 직경 4-7cm. 꽃덮이통은 길
이 2-3cm. 꽃받침의 기부는 타원형으로 길이
2-4cm이며, 기부의 가운데 능에 끝이 노란색
을 띤 희고 긴 털이 자란다. 꽃잎은 꽃받침조
각과 같은 방향을 향한다.
*③-a, ③-b는 네팔 습윤지역의 숲 주변 비탈
이나 절벽에서 많이 발견되며, 전체적으로
약간 크고 꽃덮이 조각과 암술대 줄기는 폭
이 넓다. 꽃받침조각의 현부는 흰 바탕에 연
붉은 자주색의 가는 맥 무늬가 있으며, 꽃잎
과 함께 늘어진다. ③-c, ③-d는 분포지 전역
의 다소 건조한 숲 주변이나 절벽, 자갈 비탈
에서 볼 수 있는 것으로, 꽃받침조각의 현부
는 연보라색이고 기부에 방사상의 하얀 심
줄 무늬가 있으며, 꽃잎과 함께 수평으로 열
린다. ③-e의 꽃은 꽃덮이통이 길다. 동속 콜
레티이 *I. collettii* Hook.f.에 가깝다.

③-b 아이리스 데코라. 6월29일. Z3/니틴 부근. 3,100m. 건조한 얄롱창포 계곡의 도로를 따라 세워진 제방
위에 자생해 있다. 꽃받침조각과 꽃잎은 수평으로 열린다.

③-c 아이리스 데코라. 6월12일.
Q/세테의 서쪽. 2,500m.

③-d 아이리스 데코라. 7월4일.
K/링모의 서쪽. 3,800m.

③-e 아이리스 데코라. 6월30일.
Z3/치틴탕카 부근. 3,550m.

붓꽃속 Iris

① 아이리스 클라르케이 *I. clarkei* Hook.f.

분포 ◇네팔 중부-부탄, 티베트 남부, 윈난성
개화기 5-7월

산지대 상부에서 아고산대에 걸쳐 숲 주변
이나 냇가의 습지, 해빙이 늦는 초지에 군생
하며 땅속에 옆으로 뻗는 뿌리줄기가 있다.
꽃줄기는 질이 강하고 높이 30-90cm로 자라
며, 보통 상부에서 가지 1개를 분지한다. 잎
은 길이 30-80cm, 폭 8-17mm. 포엽은 꽃봉오
리 2개를 감싼다. 꽃자루는 길이 3-4cm. 꽃은
자주색으로 직경 7-10cm. 꽃덮이통은 깔대
기모양으로 길이 1-2cm. 꽃받침조각 현부
는 장원형으로 길이 3-4cm이고 아래로 늘어
지며, 기부에 흰색-짙은 자주색-금색의 방
사상 반점이 있고 수염 형태의 털은 자라지
않는다. 꽃잎은 타원상피침형이며 활처럼
구부러져 끝이 아래를 향한다. 암술대 줄기
는 전체적으로 폭이 넓고 갈래조각은 반원
형이다.

② 아이리스 크리소그라페스

I. chrysographes Dykes

분포 ◇티베트 남부, 중국 남서부
개화기 6-7월

아고산대의 양지바른 숲 주변의 초지나 모
래땅, 고산대의 평활한 방목지에 자생한다.
동속 클라르케이와 비슷하나, 다소 건조한
장소에 자라고 꽃줄기는 속이 비었으며, 거
의 분지하지 않고 높이 30-50cm로 곧게 자란
다. 잎은 길이 25-70cm, 폭 5-12mm로 약간 가
늘다. 포엽은 질이 얇다. 꽃은 전체적으로
짙은 자주색을 띤다. 꽃덮이통은 길이 2-
2.5cm. 꽃받침조각 현부는 도란형으로 폭이
넓다. 꽃잎은 끝까지 거의 수평으로 뻗고,
가는 화조가 있다. 암술대 줄기의 갈래조각
은 사각상타원형.

①-a 아이리스 클라르케이. 5월 29일.
V/팔루트의 북쪽. 3,400m.

①-b 아이리스 클라르케이. 6월 13일.
R/준베시 부근. 2,800m.

②-a 아이리스 크리소그라페스. 7월 27일.
Z3/다무로. 3,300m.

②-b 아이리스 크리소그라페스. 6월 23일. Z3/툰바체 부근. 3,500m. 꽃받침조각에 있는 짙은 자주색과 금색의
흰색 반점은 같은 장소에서도 그루마다 모양이 다르며, 흰 부분이 전혀 없는 것도 있다.

③ **아이리스 고니오카르파** *I. goniocarpa* Baker
분포 ◇가르왈-미얀마, 티베트 남동부, 중국
서부 개화기 6-7월
아고산대나 고산대의 습한 초지에 자생한
다. 꽃줄기는 단순하며 높이 15-30cm로 자
란다. 잎은 길이 15-40cm, 폭 2-4mm로 곧추
선다. 포엽은 질이 얇고 꽃봉오리 1개를 감
싼다. 꽃은 자주색으로 직경 4-6cm. 꽃덮이
통은 길이 1-2cm. 꽃받침조각 현부는 타원
형으로 길이 2-3cm이고 짙은 자주색-흰색의
방사상 반점이 있으며, 가운데 능에 끝이
굵고 노란색을 띤 수염 형태의 흰 털이 자
란다. 꽃잎의 화조는 가늘고 현부는 장원형
이다. 암술대 줄기는 수평으로 열린다.

④ **아이리스 라크테아** *I. lactea* Pallas
분포 □중앙아시아-히마찰, 티베트 남부, 아
시아 동부 개화기 4-6월
건조 고지 냇가의 습지나 관개된 밭 주변에
자생한다. 꽃줄기는 높이 15-30cm. 잎은 길
이 30-40cm, 폭 3-6mm이며 분백색을 띤
다. 포엽은 꽃봉오리 1-3개를 감싼다. 꽃자
루는 길이 2-10cm. 꽃은 흰색 또는 연보라
색. 꽃덮이통은 매우 짧다. 꽃받침조각은
길이 4-5 cm, 현부는 협타원형이며 화조보
다 짧다. 꽃잎은 도피침형으로 곧추 선다.

수선화과 AMARYLLIDACEAE
나도사프란속 Zephyranthes
⑤ **나도사프란** *Z. carinata* Herbert
분포 ◇멕시코 원산. 세계의 난지에서 관상
용으로 재배 개화기 4-6월
난지의 뜰에 재배되며, 마을 주변 둔덕의 초
지에 야생화해 있다. 꽃줄기는 높이 10-
20cm이며 끝에 꽃이 1개 달린다. 잎은 길이
20-30cm, 폭 2-5mm. 꽃덮이조각은 도피침형
으로 길이 5-7cm이고 분홍색이며 기부는 합
착한다.

하이폭시스과 HYPOXIDACEAE
하이폭시스속 Hypoxis
⑥ **하이폭시스 아우레아** *H. aurea* Lour.
분포 □카슈미르-동남아시아, 동아시아
개화기 5-7월
산지의 소림이나 초지에 자생하며, 땅속
구슬줄기의 정부에서 선형 잎과 잎이 달리
지 않은 꽃줄기가 자라 나온다. 잎은 길이
5-20cm, 폭 2-5mm이며 희고 긴 털이 나 있
다. 꽃줄기는 높이 3-8cm이며 끝에 1-2개의
꽃이 달린다. 꽃덮이조각은 장원형으로 길
이 5-7mm이며 노란색이다.

③-a 아이리스 고니오카르파. 6월24일.
P/랑시샤의 남서쪽. 3,900m.

③-b 아이리스 고니오카르파. 6월23일.
Z3/툰바체 부근. 3,500m.

④-a 아이리스 라크테아. 6월21일.
E/레. 3,550m.

④-b 아이리스 라크테아. 6월21일.
E/레. 3,550m.

⑤ 나도사프란. 5월24일.
V/페마양체. 2,000m.

⑥ 하이폭시스 아우레아. 6월12일.
O/치플링의 남쪽. 2,000m.

백합과 LILIACEAE

보통 꽃덮이조각이 안팎에 3장씩 달린다.
수술은 6개, 암술은 1개 달린다.

백합속 Lilium

땅속 비늘줄기의 중심에서 꽃줄기가 곧게
자란다. 잎은 보통 어긋나기 한다. 꽃밥은
丁자 모양으로 달리고, 암술머리는 두상으
로 3개로 얕게 갈라졌다. 씨방은 상위이며
3실로 나뉘어 있다. 열매는 삭과. 씨앗은
편평하고 막질에 날개가 있어 바람을 타고
날아간다.

① 릴리움 나눔 L. nanum Klotzsch f. nanum

분포 □히마찰-미얀마, 티베트 남부, 윈난·
쓰촨성 개화기 6-7월

아고산대에서 고산대에 걸쳐 숲 주변이나
소관목 사이, 초지의 비탈에 자생한다. 꽃줄
기는 땅위 높이 10-35cm. 잎은 선형으로 길이
3-13cm, 폭 2-8mm이고 상부의 잎은 가늘다.
꽃은 종형으로 줄기 끝에 1개 달려 아래를
향한다. 꽃덮이조각은 타원상피침형으로 길
이 1.5-3cm이고 연보라색-홍갈색이며, 안쪽
하부에 보통 반점 무늬가 있고 끝은 급히 뾰족
해지며 휘어 있지 않다. 꽃밥은 굴색-홍갈색.
*①-c는 꽃줄기의 하부가 흙속에 길게 파묻
혀 있으며, 지표 부근에 많은 잎이 빽빽하게
어긋나기 하고 있다.

② 릴리움 나눔 플라비둠

L. nanum Klotz.f. flavidum (Rendle) Hara

분포 ■네팔 동부-시킴, 티베트 남부(춘비 계
곡) 개화기 6-7월

여름에 비가 많은 지역의 아고산대에서 고산
대 하부에 걸쳐 관목림 주변의 바위가 많고 습
한 초지에 자생한다. 기준품종보다 전체적으
로 크게 생장하고 꽃자루는 짧다. 꽃은 가는
종형. 꽃덮이조각은 유황색, 끝은 둔형이다.

①-a 릴리움 나눔. 6월26일. X/탄자의 서쪽. 4,200m. 빙하를 따라 난 단구 위에서 관목과 키 큰 초지에 섞여 크게 자라나 있다. 꽃덮이조각의 안쪽 하부에 반점 무늬가 있다.

①-b 릴리움 나눔. 6월25일.
P/랑시샤 부근. 4,300m.

①-c 릴리움 나눔. 7월1일.
Z3/세치 라. 4,500m.

② 릴리움 나눔 플라비둠. 6월29일.
T/톱케골라의 북쪽. 3,900m.

③ 릴리움 네팔렌세 *L. nepalense* D. Don

분포 ◇쿠마온-아루나찰, 티베트 남부, 윈난
성 개화기 6-7월

산지의 습한 상승기류에 노출된 산등성이
의 바위땅이나 숲 주변의 절벽 정부에 자생
한다. 꽃줄기는 높이 0.3-1m로 개화기에
비스듬히 기울고, 정부에 보통 포엽 모양의
잎 3-5장이 돌려나기 하며 이따금 상부에서
분지한다. 잎은 타원상피침형-장원상피침
형으로 길이 4-10cm. 꽃은 깔때기모양으로
줄기나 가지 끝에 1-2개 달려 아래를 향한
다. 꽃자루는 길이 3-10cm. 꽃덮이조각은
도피침형으로 길이 7-15cm이고 유황색이
며 이따금 연두색을 띤다. 끝은 점첨형이며
휘어 있고, 안쪽의 중부 이하는 혈홍색-홍
갈색으로 물들어 있다. 꽃밥은 홍갈색으로
길이 8-12mm. 암술머리는 성숙하면 위를
향한다.

카르디오크리눔속 Cardiocrinum
④ 카르디오크리눔 기간테움

C. giganteum (Wall.) Makino

분포 ◻카슈미르-미얀마, 티베트 남부, 중국
서부 개화기 6-7월

산지 계곡 줄기의 떡갈나무와 솔송나무 또
는 낙엽수가 섞인 습한 숲에 자생하며, 땅속
에 커다란 비늘줄기가 있다. 꽃줄기는 굵고
속이 비었으며 높이 1.5-3m로 곧게 자란다.
잎의 기부에는 굵고 긴 자루가 있다. 잎몸은
난형으로 길이 15-30cm이고 끝은 날카롭고
뾰족하며 기부는 심형이다. 표면은 짙은 녹
색으로 광택이 있다. 꽃은 나팔모양으로 흰
색이며 향기가 있고, 총상으로 7-18개 달려
옆이나 아래를 향해 핀다. 꽃자루는 매우 짧
다. 꽃덮이조각은 협도피침형으로 길이 12-
17cm이고 끝은 둔형이며 기부는 주머니 모
양으로 불룩하다. 안꽃덮이조각은 하부 양
쪽에 홍갈색 심줄 무늬가 있다.

③-a 릴리움 네팔렌세. 7월6일. U/틴주레 다라. 2,900m.

③-b 릴리움 네팔렌세. 7월14일.
U/미르케 부근. 2,850m.

④ 카르디오크리눔 기간테움. 6월28일. R/푸이안 부근. 2,800m.

노톨리리온속 Notholirion

암술머리는 가늘고, 3개로 깊게 갈라져 휘어 있다.

① 노톨리리온 마크로필룸

N. macrophyllum (D. Don) Boissier

분포 ◇네팔 서부-부탄, 티베트 남부, 윈난·쓰촨성 개화기 6-8월

산지대 상부에서 고산대에 걸쳐 떡갈나무·솔송나무 숲이나 소관목 사이, 바위가 많고 습한 초지에 자생한다. 꽃줄기는 높이 15-40cm이며 끝에 꽃 1-5개가 총상으로 달린다. 하부의 잎은 선상피침형으로 길이 10-15m, 폭 5-8mm이고 활처럼 휘어 있다. 꽃은 깔때기형 종모양으로 포엽의 겨드랑이에 달리며, 옆이나 살짝 아래를 향해 핀다. 꽃자루는 길이 1-2.5cm. 꽃덮이조각은 도피침형으로 길이 3-4.5cm이고 끝은 둔형이며 연보라색. 수술과 암술은 성숙하면 끝이 위를 향한다.

② 노톨리리온 불불리페룸

N. bulbuliferum (Lingelsh.) Stearn

분포 ◇네팔 중부-부탄, 티베트 남부, 중국 서부 개화기 7-9월

아고산대에서 고산대에 걸쳐 숲 사이의 초지나 관목 사이에 자생한다. 꽃줄기는 높이 0.5-1.7m로 곧게 자라고 많은 잎이 어긋나기하며, 끝에 꽃 8-20개가 총상으로 달린다. 하부의 잎은 선상피침형으로 길이 10-18cm, 폭 1-2cm. 꽃자루는 매우 짧다. 꽃은 깔때기형으로 포엽의 겨드랑이에 달리며 옆을 향해 핀다. 꽃덮이조각은 도피침형으로 길이 3-4cm이고 연자주색-연보라색, 끝은 둔형이며 녹색을 띤다. 수술대는 아래쪽으로 자라고, 꽃밥이 성숙하면 끝을 위를 향해 꽃가루를 방출한 뒤 구부러져 뒤쪽을 향한다.

① 노톨리리온 마크로필룸. 7월 7일. S/남체바자르의 북서쪽. 3,400m. 안개가 자주 끼는 남쪽 비탈의 바위그늘에 자라나 있다. 수술과 암술은 성숙하면 끝이 위를 향한다.

②-a 노톨리리온 불불리페룸. 8월 14일.
Z3/파티. 4,350m.

②-b 노톨리리온 불불리페룸. 8월 7일.
Z3/니틴의 동쪽. 3,750m.

③-a 프리틸라리아 치로사. 5월 20일.
N/쿠룸체. 2,900m.

패모속 Fritillaria

꽃은 종형으로 아래를 향한다. 꽃덮이조각 안쪽에 그물 무늬가 있고, 기부에 꿀샘이 있다.

③ 프리틸라리아 치로사 F. cirrhosa D. Don
분포 ▫네팔 서부-미얀마, 티베트 남동부, 중국 서부 개화기 5-7월

산지에서 고산대에 걸쳐 소관목 사이나 바위가 많은 초지에 자생하며, 땅속에 직경 1-2cm인 구형 비늘줄기가 있다. 꽃줄기는 높이 20-50cm로 곧게 자라고 잎은 어긋나기, 마주보기, 또는 돌려나기 하며 끝에 꽃 1-3개 달린다. 잎은 선상피침형으로 길이 5-10cm, 폭 3-10mm이고 상부 잎의 끝은 실처럼 자라 덩굴손이 되는 경우가 많다. 꽃자루는 길이 1-3cm. 꽃덮이조각은 협피침형-장원상피침형으로 길이 3-5cm이고 녹황색-노란색이며, 안쪽에 자줏빛 갈색 그물 무늬가 있다. 비늘줄기는 약용으로 쓰인다.

④ 프리틸라리아 푸스카 F. fusca Turrill
분포 ■ 티베트 남부 개화기 6-7월

고산대의 하층에 모래진흙을 품고 있는 자갈 비탈에 자생한다. 다음은 촬영지의 개체군에 관한 기록을 토대로 한다. 비늘줄기는 길이 1.5-2cm. 줄기는 길이 15-30cm로 대부분이 땅속에 묻혀 있고, 끝에 잎 2장이 마주보기 형태로 달린다. 잎은 난상타원형-장원상피침형으로 길이 2.5-5cm, 폭 1.2-2cm이고 끝은 둔형이며 기부는 줄기를 안고 있다. 앞뒷면 전부 회색을 띤 황갈색으로, 가는 그물 무늬와 유두돌기가 있다. 꽃은 1개 달리고 꽃자루는 길이 2-4cm. 꽃덮이조각은 도란형-협타원형으로 길이 2.3-3cm이고 잎과 색이 같거나 약간 검은색을 띠며, 뒷면은 옅고 자줏빛 붉은색 그물 무늬가 있다. 수술과 암술은 꽃덮이조각의 3분의 2 길이이며 전체적으로 유황색을 띤다. 암술머리의 갈래조각은 길이 3mm이다.

③-b 프리틸라리아 치로사. 5월27일. M/카페 콜라의 왼쪽 기슭. 3,700m.

③-c 프리틸라리아 치로사. 7월2일. Z3/파티 부근. 4,250m.

④-a 프리틸라리아 푸스카. 6월21일. Z1/초바르바 부근. 4,600m.

④-b 프리틸라리아 푸스카. 6월21일. Z1/초바르바 부근. 4,600m. 하층에 모래진흙을 품고 있는 불안정한 암설 사면에 자란 것으로, 꽃을 포함해 전체가 주변의 바위와 같은 색을 띠고 있다.

개감채속 Lloydia

땅속에 작은 비늘줄기가 있다. 잎은 선형으로 기부에 달리고, 줄기에는 잎모양의 포엽이 달린다.

① 로이디아 롱기스카파

L. longiscapa Hooker [*L. ixiolirioides* Baker]

분포 ◇카슈미르-부탄, 티베트 남부, 윈난·쓰촨성 **개화기** 6-8월

고산대의 습한 상승기류에 노출된 바위질 초지나 소관목 사이에 자생한다. 꽃줄기는 높이 15-30cm이며 기부에 잎이 2-6장 달리고, 끝에 꽃이 1-3개 달린다. 잎의 기부는 단면이 배모양을 이루고 폭 1-1.5mm이며 꽃줄기보다 약간 짧고, 보통 기부에 긴 가장자리 털이 자란다. 줄기에는 포엽이 2-5장 달리고, 하부의 포엽은 길다. 꽃은 종형으로 흰색이며 아래를 향한다. 꽃덮이조각은 능상협타원형으로 길이 1.5-2cm. 바깥쪽에 중맥이 돌출하고 나란히맥과 기부는 자줏빛 갈색을 띠며, 안쪽 기부에 부드러운 털이 자란다. 수술대에 개출하는 부드러운 털이 자란다. 암술머리는 두상이며 3개로 얕게 갈라졌다.

② 개감채 *L. serotina* (L.) Reichenb. var. *serotina*

분포 ◇히말라야 전역을 포함한 북반구의 온대 각지 **개화기** 5-7월

다소 건조한 고산대 초지의 비탈이나 바위땅에 자생한다. 비늘줄기는 섬유질 피막에 싸여 있다. 꽃줄기는 가늘고 높이 8-20cm로 자라며, 기부에 잎이 1-2장 달리고 끝에 꽃이 1-2개 위나 옆을 향해 달린다. 잎의 기부는 폭 1mm로 가장자리가 안쪽으로 말려 실모양을 이루며, 길이는 꽃줄기와 같거나 짧다. 포엽은 줄기 상부에 1-4장 달리고, 선상피침형으로 단면은 배모양을 이루고 가장자리는 막질이며, 기부는 살짝 줄기를 안고 있다.

① 로이디아 롱기스카파. 7월17일. I/헴쿤드. 4,000m. 안개가 자주 끼는 바위등성이의 급사면에 자란 것으로, 로디올라 얄리키아나와 사우수레아 오브발라타(왼쪽 위)에 둘러싸여 있다.

②-a 개감채. 7월6일.
C/간바보호마 부근. 4,400m.

②-b 개감채. 7월2일.
E/츄킬모 부근. 4,300m.

③ 로이디아 세로티나 파르바. 6월11일.
X/링시 부근. 4,200m.

꽃덮이조각은 협타원형-도피침형으로 길이
8-15mm이고 흰색. 기부는 황녹색이며 꿀샘
이 1개 있고 이따금 나란히맥이 자줏빛 갈색
을 띤다. 암술머리는 두상으로 작다.

③ 로이디아 세로티나 파르바
L. serotina (L.) Reichenb. var. *parva* (Marquand &

Shaw) Hara

분포 ◇네팔 중부-부탄, 티베트 남부, 쓰촨성
개화기 5-7월
고산대의 모래가 많은 둔덕 비탈이나 풀밭
형태의 초지에 자생하며, 땅속의 비늘줄기
와 꽃줄기의 기부는 약간 섬유화한 피막으
로 싸여 있다. 기준변종보다 전체적으로 작
고 꽃줄기는 높이 2-6cm. 꽃덮이조각은 길이
6-10mm. 꽃밥은 짧다.

④ 로이디아 델리카툴라 *L. delicatula* Noltie
분포 ■네팔 동부-부탄, 티베트 남부(?)
개화기 6-7월
고산대의 풀밭 형태의 초지나 미부식질로
덮인 빙퇴석 비탈에 자생한다. 땅속에 비늘
줄기가 모여 매트상의 작은 군락을 이룬다.
비늘줄기와 꽃줄기의 기부는 피막으로 두껍
게 싸여 있다. 꽃줄기는 땅위 높이 1-3cm, 기
부에 보통 잎이 1장 달리고 끝에 꽃 1개가 위
를 향해 달린다. 잎의 기부는 폭 0.5mm로 가
장자리가 안쪽으로 말려 바늘 모양을 이루
며, 꽃보다 높이 자란다. 줄기에는 보통 포엽
이 3장 달리고, 하부 2장은 마주나기 형태를
이룬다. 꽃은 깔때기형으로 직경 8-10mm.
꽃덮이조각은 장원형으로 길이 4-6mm이고
유황색이며, 자줏빛 갈색을 띤 맥이 1-3개
있다. 기부는 황녹색이며 꿀샘이 1개 있다.
꽃밥은 짧고 암술머리는 두상이다.

⑤ 로이디아 윤나넨시스 *L. yunnanensis* Franch.
분포 ◇네팔 서부-부탄, 티베트 남부(?), 윈
난·쓰촨성 개화기 5-7월
아고산대에서 고산대에 걸쳐 이끼 낀 바위
땅이나 바위틈에 자생하며, 꽃줄기와 근생
엽이 빽빽하게 모여나기 한다. 비늘줄기와
꽃줄기의 기부는 짙은 갈색의 피막에 싸여
있다. 꽃줄기는 길이 10-25cm, 기부에 잎이 1-
3장 달리고 끝에 꽃이 1개 달린다. 잎의 기부
는 실모양으로 폭 0.5-1mm이고 꽃줄기와
길이가 같거나 길게 자라며, 끝은 짙은 갈색
을 띤다. 포엽은 선상피침형으로 짧으며 줄
기 상부에 3-5장 달린다. 꽃은 종형으로 옆이
나 아래를 향해 핀다. 꽃덮이조각은 타원상
도피침형으로 길이 1.5-2cm이며 흰색이고,
끝은 갑자기 뾰족해지며 바깥쪽에 중맥이
돌출한다. 안쪽 기부는 연두색을 띠고, 바깥
쪽의 중맥과 기부는 어두운 자주색을 띤다.
꽃밥은 장타원체. 암술머리는 3개로 얕게 갈
라지고 갈래조각은 휘어 있다.

④ 로이디아 델리카툴라. 7월12일.
S/고쿄. 4,800m.

⑤-a 로이디아 윤나넨시스. 6월20일.
L/푸르팡 콜라. 4,100m.

⑤-b 로이디아 윤나넨시스. 6월9일. M/차우라반 부근. 3,550m. 역경사진 서쪽 바위벽 틈에 뿌리를 내린 것으
로, 긴 꽃줄기 끝의 하얀 꽃이 옆을 향해 피어 있다.

개감채속 Lloydia

① 로이디아 티베티카 *L. tibetica* Baker

분포 ■네팔 중부, 티베트 남부, 중국 서부
개화기 6-7월

아고산대 숲 주변의 이끼 낀 바위땅이나 절벽에 자생한다. 꽃줄기는 길이 10-25cm, 기부에 잎이 3-8장 달리고 끝에 노란 꽃이 1-3개 달린다. 전체적으로 질이 연하다. 잎의 기부는 선형으로 폭 1.5-3mm이고 꽃줄기보다 길거나 짧으며, 가장자리는 안쪽으로 말려 있다. 포엽은 2-3장 달린다. 꽃은 깔때기형 종모양으로 거의 옆을 향해 핀다. 안꽃덮이 조각은 능상도란형으로 길이 1.3-1.8cm이고 하부 양쪽에 오렌지색을 띤 능상돌기가 있다. 겉꽃덮이조각은 가늘다. 수술 길이는 꽃덮이조각의 절반 이하, 수술대에 부드러운 털이 촘촘하게 나 있다. 암술머리는 3개로 얕게 갈라졌다.

② 로이디아 플라보누탄스 *L. flavonutans* Hara

분포 ◇네팔 중부-아루나찰, 티베트 남부
개화기 5-7월

아고산대에서 고산대에 걸쳐 초지나 소관목 사이에 자생한다. 꽃줄기는 높이 6-15cm로 곧게 자라고 기부에 잎이 2-4장 달리며, 끝에 귤색 꽃이 아래를 향해 1개 달린다. 잎의 기부는 실모양으로 폭 0.5-1mm이고 꽃줄기와 길이가 같거나 짧다. 포엽은 2-3장 달린다. 안꽃덮이조각은 능상도피침형으로 길이 1.3-1.8cm, 안쪽 기부는 귤색을 띠고 이따금 바깥쪽이 연두색을 띤다. 겉꽃덮이조각은 약간 가늘다. 수술 길이는 꽃덮이조각의 약 절반, 수술대에 부드러운 털이 자란다. 암술머리는 두상으로 작다.

중의무릇속 Gagea

③ 가게아 엘레간스 *G. elegans* D. Don

분포 ◇파키스탄-네팔 중부 개화기 5-7월

아고산대의 소림이나 고산대의 초지 비탈에 자생하며, 땅속 깊이 작은 비늘줄기가 묻혀 있다. 꽃줄기는 땅위 높이 7-13cm, 기부에 잎이 1장 달리고 끝에 노란색 꽃이 1-3개가 달린다. 전체적으로 질이 연하다. 잎의 기부는 선형으로 폭 2-4mm이고 꽃보다 높게 자란다. 최하부의 포엽은 협피침형으로 길이 3-5cm, 폭 4-6mm이고 기부는 줄기를 안고 있으며, 뒷면에 긴 털이 자란다. 상부의 포엽은 선형으로 짧다. 꽃자루는 길이 2-4cm이며 긴 털이 자란다. 꽃은 위를 향해 거의 평개한다. 꽃덮이조각은 선상도피침형으로 길이 1.2-1.5cm이고 끝은 약간 뾰족하며, 표면의 기부와 뒷면은 연두색 또는 귤색을 띤다. 암술머리는 두상으로 매우 작다.

① 로이디아 티베티카. 6월17일. O/곱테. 3,450m.

② 로이디아 플라보누탄스. 6월14일. X/자리 라의 북동쪽. 4,500m.

③ 가게아 엘레간스. 7월6일. C/간바보호마 부근. 4,400m. 빙하를 굽어보는 양지바른 남쪽 급사면에 자라나 있다. 약간 녹색을 띤 노란색 꽃이 위를 향해 평개한다.

죽대아재비속 Streptopus

옆으로 뻗는 뿌리줄기가 있다. 꽃은 종형으로, 잎겨드랑이에서 자란 가는 꽃자루 끝에서 아래로 늘어진다.

④ **스트레프토푸스 심플렉스** *S. simplex* D. Don
분포 ◇가르왈·미얀마, 티베트 남부, 윈난·쓰촨성 개화기 6-8월
산지대 상부에서 아고산대에 걸쳐 숲 주변의 둔덕이나 소관목 사이에 자생한다. 꽃줄기는 길이 20-80cm로 비스듬히 자라고 보통 중부에서 분지하며, 잎이 2열로 어긋나기 한다. 잎은 타원상피침형으로 길이 3-10cm이고 끝은 날카롭고 뾰족하며, 기부는 심형으로 줄기를 안고 있으며 많은 나란히맥이 있다. 꽃자루는 잎과 길이가 같거나 약간 짧다. 꽃은 흰색, 바깥쪽은 연붉은색을 띠고 안쪽에 작은 붉은색 반점이 분포한다. 꽃덮이조각은 협타원형으로 길이 1-2cm이고 끝은 뾰족하다. 겉꽃덮이조각은 약간 가늘다. 수술대는 피침형으로 매우 짧다. 암술머리는 3개로 갈라지고 갈래조각은 길이 1-4mm. 액과는 직경 7-10mm로 붉게 익는다.
*④-b는 전체적으로 작고 분지하지 않는다. 잎은 길이 3-4cm, 꽃은 길이 1-1.4cm이다.

⑤ **스트레프토푸스 파라심플렉스**

S. parasimplex Hara & Ohashi
분포 ◇네팔 동부·시킴 개화기 5-7월
아고산대 관목림 주변의 이끼 낀 둔덕 비탈이나 절벽의 정부에 자생하며, 지표 부근을 가는 뿌리줄기가 뻗어 꽃줄기가 모여나기 한다. 동속 심플렉스보다 전체적으로 작고 꽃줄기는 높이 25cm 이하로 분지하지 않는다. 잎은 폭 2cm 이하로 가늘다. 꽃은 흰색, 바깥쪽 기부는 붉은색을 띠며 안쪽에 반점이 없다. 꽃밥은 작고 암술머리의 갈래조각은 매우 짧다.

④-a 스트레프토푸스 심플렉스. 6월 27일. R/카르테의 북쪽. 2,800m.

④-b 스트레프토푸스 심플렉스. 7월 28일. Z3/도숑 라의 서쪽. 3,800m.

⑤-a 스트레프토푸스 파라심플렉스. 6월 10일. U/자르푸티의 남서쪽. 3,050m.

⑤-b 스트레프토푸스 파라심플렉스. 6월 19일. U/자르푸티의 남동쪽. 3,400m. 잎겨드랑이에서 뻗은 가는 꽃자루가 잎 표면을 비스듬히 가로지르고, 그 끝에 종형의 꽃이 아래로 늘어져 있다.

윤판나무속 Disporum

① 디스포룸 칸토니엔세

D. cantoniense (Lour.) Merrill

분포 ☐가르왈-동남아시아, 티베트 남부, 중국 남부 개화기 5-6월

산지 혼합림 내의 조지에 군생하며, 땅속에 옆으로 뻗는 뿌리줄기가 있다. 줄기는 길이 0.5-1.2m이며 하부는 쓰러지기 쉽고 상부는 두 갈래로 분지한다. 잎은 2열로 어긋나기 한다. 잎몸은 피침형으로 길이 5-12cm이고 끝은 날카롭고 뾰족하며 기부에 매우 짧은 자루가 있다. 상부의 잎에 마주나기로 꽃 3-8개가 모여 아래로 늘어진다. 꽃자루는 길이 1.5-3cm. 꽃은 원통형 종모양으로 흰색-유황색이며 상부와 기부가 연두색을 띤다. 꽃덮이조각은 장원상도피침형으로 길이 1.2-2cm이고 끝은 삼각모양이며, 기부는 주머니모양으로 불룩하다. 암술머리는 3개로 깊게 갈라졌다. 액과는 직경 7-10mm로 검게 익는다. 히말라야의 것은 변종 파르비플로룸 var. *parviflorum* (Wall.) Hara으로 취급되기도 한다.

나도옥잠화속 Clintonia

② 클린토니아 우데니스 알피나

C. udensis Trautv. & Meyer var. *alpina* (Baker) Hara

분포 ☐가르왈-미얀마, 티베트 남부, 중국 서부 개화기 5-6월

나도옥잠화의 변종. 산지대 상부나 아고산대 숲 내의 부식질에 자생한다. 잎은 기부에 3-5장 달리고 꽃과 동시에 또는 늦게 전개된다. 다 자란 잎은 장원상도피침형으로 길이 15-25cm, 폭 5-8cm이고 끝은 뾰족하며, 기부는 칼집모양이고 주변부에 부드러운 털이 자란다. 꽃줄기는 높이 12-40cm로 상부에 부드러운 누운 털이 촘촘하게 자라고, 끝에 꽃 5-12개가 산형상으로 모인다. 꽃자루는 길이 5-10mm. 포엽은 조락성. 꽃은 종형으로 핀다. 꽃덮이조각은 도피침형으로 길이 7-10mm이고 흰색-연보라색이며, 바깥쪽에 부드러운 털이 자란다. 액과는 직경 8-12mm로 검게 익는다.

쥐꼬리풀속 Aletris

③ 알레트리스 파우치플로라

A. pauciflora (Klotzsch) Franch.

분포 ☐카슈미르-부탄, 티베트 남부, 윈난·쓰촨성 개화기 6-7월

아고산대에서 고산대에 걸쳐 초지의 비탈에 자생하며, 땅속에 짧은 뿌리줄기와 굵고 흰 수염뿌리가 있다. 꽃줄기는 높이 3-15cm로 양털모양의 부드러운 털이 빽빽하게 자라고, 끝에 꽃 5-10개가 총상으로 달린다. 잎은 기부에 모여 달린다. 잎몸은 선상피침형으로 길이 3-12cm, 폭 3-7mm. 꽃자루는 길이 1-3mm이며 부드러운 털이 자란다. 꽃의 기부에 보통 선형 포조각이 2장 달리고, 아래쪽

① 디스포룸 칸토니엔세. 5월24일. M/로트반의 북쪽. 2,350m.

②-a 클린토니아 우데니스 알피나. 5월13일. X/돌람켄초의 북쪽. 3,400m.

②-b 클린토니아 우데니스 알피나. 5월23일. N/쿠룸체의 북동쪽. 3,200m. 솔송나무 고목이 늘어선 협곡 주변의 습한 원시림 내에서, 바위틈에 쌓인 두꺼운 부식질에 뿌리를 내리고 있다.

의 것은 꽃보다 길게 자란다. 꽃은 종형으로 길이 3-5mm이고 흰색이며 옆을 향해 달린다. 꽃덮이의 하부는 씨방과 합착해 귤색을 띠고, 끝은 6개로 갈라져 휘어 있다.

④ 알레트리스 알페스트리스 옥치덴탈리스

A. alpestris Diels var. *occidentalis* Hara
분포 ◇네팔 서중부, 티베트 남부
개화기 6-7월
아고산대나 고산대의 바위가 많은 초지에 자생한다. 꽃줄기는 높이 10-20cm이며 부드러운 털이 자라고, 상부에 꽃 10-20개가 총상으로 달린다. 잎은 기부에 모여 달린다. 잎몸은 선상도피침형으로 길이 5-10cm, 폭 3-5mm. 꽃자루는 길이 2-5mm이며 부드러운 털이 촘촘하게 자라고, 끝에 꽃보다 짧은 선상피침형 포조각이 2장 달린다. 꽃은 종형으로 길이 4-5mm이며 위를 향해 달린다. 꽃덮이의 하부는 씨방과 합착해 귤색을 띤다. 꽃덮이 조각은 피침형으로 거의 흰색이며 평개한다. *사진의 그루는 개화기 끝 무렵이다.

클로로피툼속 Chlorophytum

⑤ 클로로피툼 네팔렌세

C. nepalense (Lindl.) Baker
분포 ◇네팔 서부-아루나찰, 티베트 남부, 중국 남서부 개화기 7-9월
산지 계곡 줄기의 숲 주변이나 이끼 낀 바위땅에 자생한다. 잎은 기부에 모여 달린다. 잎몸은 띠모양으로 길이 15-40cm, 폭 1-3cm이고 끝은 약간 뾰족하며 뒷면에 중맥이 돌출한다. 꽃줄기는 가늘고 길이 20-80cm로 비스듬히 자라며, 상부에서 분지해 가지마다 흰색 꽃이 총상으로 달린다. 꽃은 아래를 향해 핀다. 꽃자루는 흰색으로 길이 4-7mm. 포엽은 작다. 꽃덮이조각은 협타원형으로 길이 1-1.5cm. 꽃밥은 길이는 5-8mm이다.

③ 알레트리스 파우치플로라. 6월15일. M/야크카르카. 4,000m.

④ 알레트리스 알페스트리스 옥치덴탈리스. 7월19일. K/카그마라 고개의 서쪽. 4,300m.

⑤-a 클로로피툼 네팔렌세. 9월7일. P/셰르파가온의 동쪽. 2,550m.

⑤-b 클로로피툼 네팔렌세. 8월18일. P/라마 호텔의 북동쪽. 2,500m. 잎 없는 꽃줄기가 비스듬히 길게 자라 분지하고, 가지마다 별모양의 작은 흰 꽃이 무수히 늘어져 있다.

부추속 Allium

보통 땅속에 비늘줄기가 있다. 잎은 원통형·선형, 또는 장원형이며 으깨면 특유의 냄새가 난다. 꽃은 산형꽃차례에 달리고, 꽃차례의 봉우리는 막질의 총포에 싸여 있나. 꽃덮이조각 6장은 이생(離生)하고, 기부에 수술이 달린다. 씨방상위. 암술대는 가늘고, 암술머리는 작다.

① 알리움 카롤리니아눔 A. carolinianum DC.

분포 ◇중앙아시아-네팔 중부, 티베트 서북부, 중국 서부 개화기 7-8월

건조 고지의 자갈 비탈에 자생하며, 땅속 깊이 원주형 비늘줄기가 있다. 비늘줄기는 길이 4-7cm이며 질이 강한 회갈색 외피에 싸여 있다. 꽃줄기는 땅위 높이 20-60cm로 기부에 잎이 5-6장 달리고 전체적으로 분백색을 띤다. 잎몸은 약간 다육질의 광선형으로 길이 12-18cm, 폭 7-12mm이고 살짝 낫모양으로 굽었으며 끝은 둔형이다. 기부는 땅속의 긴 잎집으로 이어진다. 잎집의 정부는 수평으로 쪼개진다. 줄기 끝의 산형꽃차례는 구형으로 직경 2-3.5cm이며 분홍색. 총포는 투명하고 갈래조각은 광란형이다. 꽃자루는 길이 7-9mm. 꽃덮이조각은 장원상피침형으로 길이 5-7mm이고 곧추 선 채 열리지 않는다. 암술과 수술 끝은 닫힌 꽃덮이조각에서 돌출한다.

② 알리움 페드츠켄코아눔

A. fedtschenkoanum Regel

분포 ◇중앙아시아 주변-카슈미르 개화기 6-7월

건조 고지의 습한 상승기류에 노출된 바위 등성이의 비탈이나 해빙이 늦은 방목 초지에 자생하며, 땅속에 가는 원주형 비늘줄기가 있다. 비늘줄기의 외피는 암갈색을 띤다. 꽃줄기는 땅위 높이 12-40cm이며 기부에 잎이 1-3장 달린다. 잎은 원통형으로 직경 3-7mm이고 곧추서며, 길이는 꽃줄기와 같거나 약간 길다. 기부는 연두색 잎집으로 이어진다. 잎집은 땅위로 길게 돌출한다. 줄기 끝의 꽃차례는 난구형으로 길이 2-3cm. 총포의 갈래조각은 광란형. 꽃자루는 짧다. 꽃덮이조각은 노란색, 타원상피침형으로 길이 8-12mm이고 끝은 점첨형이며 중맥은 뚜렷하다. 수술과 암술은 꽃덮이조각보다 훨씬 짧다. 어린잎은 식용으로 쓰인다.

③ 알리움 아트로상기네움

A. atrosanguineum Schrenk

분포 ◇중앙아시아 주변-파키스탄, 티베트 각지, 중국 서부 개화기 6-7월

건조 고지의 바람이 넘나드는 구릉 위의 자갈 비탈이나 방목 초지에 자생한다. 땅속의 비늘줄기는 가는 원주형으로 길이 4-6cm이고, 섬유화한 암갈색 외피에 싸여 있다. 꽃

① 알리움 카롤리니아눔. 7월 18일. D/사트파라 호수의 남쪽. 3,700m. 건조한 계곡 상부의 암설로 덮인 급사면

② 알리움 페드츠켄코아눔. 7월 15일. D/데오사이 고원의 북부. 4,150m.

③ 알리움 아트로상기네움. 7월 12일. Y4/쇼가 라의 북쪽. 4,900m.

줄기는 원통형으로 높이 5-30cm이고 기부에 잎이 2-4장 달린다. 잎은 원통형으로 직경 2-4mm이고 비스듬히 자라며, 길이는 꽃줄기보다 길거나 짧고 끝은 둔형이다. 기부는 땅속의 잎집으로 이어진다. 줄기 끝의 꽃차례는 짧고 구형으로 직경 2-2.5cm이며, 보통 노란색에서 자줏빛 붉은색으로 변한다. 꽃덮이조각은 장원형으로 길이 7-12mm이고 중맥은 뚜렷하며 안꽃덮이조각은 약간 작다. 수술과 암술은 꽃덮이조각보다 훨씬 짧다.

④ 알리움 프라티이 *A. pratti* C.H. Wright
분포 ◇네팔 서부-부탄, 티베트 남동부, 중국 서부 개화기 6-8월
아고산대 숲 사이의 초지나 소관목 사이, 고산대의 바위가 많은 방목 초지에 자생한다. 땅속의 비늘줄기는 가는 원주형으로 길이 4-6cm이고, 그물 모양으로 섬유화한 암갈색 외피에 싸여 있다. 꽃줄기는 땅위 높이 20-40cm이고 기부에 잎이 2장 달린다. 잎은 띠 모양의 장원형으로 길이 10-30cm, 폭 1-4cm이고 끝은 날카롭고 뾰족하다. 기부는 점점형이며 잎자루로 이어진다. 줄기 끝의 꽃차례는 반구형으로 직경 2.5-3.5cm이며 분홍색. 총포의 갈래조각은 타원형. 꽃자루는 길이 7-15mm. 꽃덮이조각은 장원형으로 길이 3-6mm이며 보통 비스듬히 열린다. 수술과 암술은 꽃덮이조각보다 길게 자란다. 씨방은 도란형이며 끝이 파여 있다. 어린잎은 식용으로 쓰인다.
*사진의 잎은 야크에게 먹힌 흔적이 있다.

⑤ 알리움 왈리키이 *A. wallichii* Kunth
분포 ▢네팔 서부-미얀마, 티베트 남부, 중국 남서부 개화기 8-9월
산지대 상부에서 고산대에 걸쳐 반그늘진 숲 주변이나 관목림, 안개가 자주 끼는 키 큰 초지에 자생하며, 흔히 커다란 그루를 이루어 군생한다. 땅속의 비늘줄기는 가는 원주형이며, 가늘게 갈라진 오래된 잎집에 싸여 있다. 꽃줄기는 땅위 높이 25-70cm이고 날개 모양의 능이 3개 있으며, 기부에 잎이 3-5장 달린다. 잎은 선형으로 길이 20-50cm, 폭 5-20mm. 중맥 부근은 질이 두껍고 그 뒤쪽으로 능형으로 돌출하며, 기부는 잎집으로 이어진다. 줄기 끝의 산형꽃차례는 반구형으로 직경 5-7cm이며 여러 개의 붉은 자주색 꽃이 달린다. 총포는 한쪽이 갈라져 휘어 있으며 일찍 떨어진다. 꽃자루는 길이 1.5-3cm. 꽃덮이조각은 장원상피침형으로 길이 4-8mm이며 약간 휘어 있다. 수술과 암술은 꽃덮이조각보다 짧고, 꽃밥의 피막은 검은색을 띤다. 씨방은 거의 구형으로 녹색 또는 암갈색이다. 전체적으로 강한 마늘 냄새가 나고 어린잎은 식용으로 쓰인다.

에 군생하고 있다. 강인한 외피에 싸여 있는 원주형 비늘줄기가 땅속 깊이 묻혀 있다.

④ 알리움 프라티이. 7월28일. V/캉바첸의 북동쪽. 4,450m.

⑤ 알리움 왈리키이. 9월3일. P/캉진 부근. 3,800m.

부추속 Allium

① 알리움 마크란툼 *A. macranthum* Baker

분포 ◇시킴-부탄, 티베트 남부, 중국 남서부
개화기 7-8월

고산대 바위질의 습한 초지에 자생하며, 땅속에 극히 가는 원주형 비늘줄기와 굵고 흰 수염뿌리가 있다. 꽃줄기는 땅위 높이 20-40cm이고 기부에 잎이 4-7장 달린다. 잎은 길이 15-30cm로 곧게 자라고 선형으로 폭 2-6mm이며, 기부는 땅속의 잎집으로 이어진다. 줄기 끝에 꽃 4-20개가 산형상으로 달린다. 총포는 2-3개로 갈라지고 일찍 떨어진다. 꽃자루는 길이 1.2-4cm로 비스듬히 자라 끝이 완만하게 휘어지며 종형 꽃이 아래로 늘어진다. 꽃덮이조각은 붉은 자주색, 난형으로 길이 8-12mm이고 끝은 절형·원형이며 중맥은 검붉은색을 띤다. 수술은 꽃덮이조각과 길이가 같거나 약간 길고, 암술은 꽃덮이조각에서 길게 돌출한다.

② 알리움 파스치쿨라툼 *A. fasciculatum* Rendle

분포 ◇네팔 서부-부탄, 티베트 남동부, 칭하이성 개화기 7-8월

다소 건조한 고산대의 모래가 많고 습한 초지에 자생한다. 땅속에 극히 가는 원주형 비늘줄기가 있으며, 그 밑에 크고 굵은 뿌리가 모여나기 한다. 꽃줄기는 땅위 높이 10-35cm이고, 기부에 3-5장의 잎이 달린다. 잎은 선상피침형으로 길이 10-30cm, 폭 2-4mm이고 단면은 배모양이다. 줄기 끝 꽃차례는 편구형으로 직경 2-2.5cm. 총포는 2개로 갈라졌다. 꽃자루는 길이 4-10mm. 꽃덮이조각은 피침형으로 길이 5-8mm이고 흰색이며 활처럼 휘어 있다. 수술과 암술은 꽃덮이조각과 길이가 같거나 약간 짧다.

*사진은 야크가 미처 먹지 못하고 남긴 잎으로, 길이 30cm 가까이 자라나 있다.

③ 알리움 오레오프라숨 *A. oreoprasum* Schrenk

분포 ◇중앙아시아 주변-카슈미르, 티베트 서부, 중국 서부 개화기 6-7월

건조 고지의 자갈 비탈에 자생한다. 땅속의 비늘줄기는 원주형이며, 그물모양으로 섬유화한 황갈색 외피에 싸여 있다. 꽃줄기는 가늘고 높이 15-30cm이며 기부에 잎이 3-5장 달린다. 잎은 협선형으로 폭 1-3mm이고 꽃줄기보다 짧다. 꽃차례의 꽃수는 적다. 꽃자루는 길이 2cm. 꽃덮이조각은 흰색이며 이따금 분홍색을 띠고, 타원형으로 길이 4-7mm이고 끝은 돌출해 휘어 있으며 중맥은 녹색·검붉은색을 띤다. 안꽃덮이조각은 약간 짧다. 수술과 암술은 꽃덮이조각보다 짧다. 씨방은 구형으로 분홍색을 띤다. 어린잎은 식용으로 쓰인다.

① 알리움 마크란툼. 8월12일. X/장고탕의 남서쪽. 3,900m. 성긴 산형꽃차례에 종 모양의 작은 붉은 자주색 꽃이 아래로 늘어져 있다. 암술은 개화와 함께 자라 꽃덮이에서 길게 돌출한다.

② 알리움 파스치쿨라툼. 8월10일. X/장고탕의 북쪽. 4,200m.

③ 알리움 오레오프라숨. 7월21일. F/후쿠타르의 남쪽. 3,800m.

④ **알리움 킹도니이** A. kingdonii Stearn
분포 ■ 티베트 동부 **개화기** 6-7월
약간 건조한 고산대의 바위가 많고 습한 초
지나 소관목 사이에 자생한다. 땅속의 비늘줄
기는 원주형으로 극히 가늘며, 볏짚 형태의
단단한 외피에 두껍게 싸여 있다. 꽃줄기는
땅위 높이 15-25cm이며, 기부에 잎이 3-6장 달
리고 끝에 꽃이 3-5개 달린다. 잎은 선형으로
폭 1.5-4mm이고 꽃줄기보다 짧다. 줄기 끝에
서 꽃자루에 걸쳐 완만하게 휘어 있으며 꽃
은 아래를 향한다. 총포는 얇은 막질이며 2개
로 갈라지고 일찍 떨어진다. 꽃자루는 길이 8-
20mm. 꽃덮이조각은 장원형으로 길이 1.2-
1.5cm이고 자홍색이며, 곧추서거나 비스듬
히 열려 끝과 가장자리가 살짝 휘어진다. 수
술의 길이는 꽃덮이조각의 약 절반이다.

솜대속 Smilacina

땅속에 옆으로 뻗는 뿌리줄기가 있다. 꽃덮
이조각 6장의 기부에 짧은 수술이 달린다.
씨방상위. 암술머리는 보통 3개로 갈라진
다. 열매는 구형의 액과.

⑤ **스밀라치나 올레라체아**
S. oleracea (Baker) Hook.f. var. oleracea
[Maianthemun oleraceum (Baker) La Frankie var. oleraceum]
분포 ◇ 네팔 동부-미얀마, 티베트 남부, 중국
남서부 **개화기** 5-7월
산지나 아고산대의 숲 주변 비탈에 자생한
다. 꽃줄기는 길이 0.5-1.2m이며 잎이 2열로
어긋나기 하고, 꽃차례에 걸쳐 가늘고 부드
러운 털이 빽빽하게 자란다. 잎에는 짧은 자
루가 있다. 잎몸은 타원상피침형으로 길이
12-20cm이고 끝은 약간 꼬리모양으로 뾰족하
다. 줄기 끝 원추꽃차례는 길이 5-15cm, 꽃차
례의 가지는 개출한다. 꽃자루는 길이 1-
5mm. 꽃은 종형으로 흰색-담홍색. 꽃덮이조
각은 능상난형으로 길이 4-7mm이다.

⑥ **스밀라치나 푸르푸레아**
S. purpurea Wall. [Maianthemun purpureum (Wall.) La
Frankie]
분포 ◇ 히마찰-부탄, 티베트 남부, 윈난 · 쓰
촨성 **개화기** 5-7월
산지대 상부나 아고산대 계곡 줄기의 숲 주
변에 자생한다. 꽃줄기는 길이 0.2-1m이며 꽃
차례에 걸쳐 가늘고 부드러운 털이 자란다.
잎은 타원형으로 길이 6-15cm이고 끝은 뾰족
하며, 가장자리와 뒷면에 짧은 털이 자란다.
기부는 급히 가늘어지며 줄기를 살짝 안고
있다. 줄기 끝에 길이 5-10cm인 원주형 총상
꽃차례가 달리고, 기부에 작은 꽃차례 0-3개
가 개출한다. 꽃자루는 길이 2-5mm. 꽃은
직경 7-10mm로 아래를 향해 평개한다. 꽃덮
이조각은 장원형으로 표면은 흰색, 가장자리
와 뒷면은 검붉은색이며 이따금 전체적으로
흰색을 띤다. 수술과 암술은 매우 짧다.

④ 알리움 킹도니이. 7월1일. Z3/세치 라. 4,500m. 적절하게 수분이 유지된 바위그늘에서 소관목 카시오페 셀
라기노이데스와 함께 자라나 있다. 붉은 자주색 꽃이 바람에 크게 흔들리고 있다.

⑤ 스밀라치나 올레라체아. 6월27일.
R/카르테의 북쪽. 2,800m.

⑥ 스밀라치나 푸르푸레아. 5월24일.
N/쿠룸체의 북동쪽. 2,700m.

둥글레속 Polygonatum

땅속에 옆으로 뻗는 굵은 뿌리줄기가 있다. 꽃은 잎겨드랑이에서 뻗은 총꽃자루 끝에 1개 여러 개 달리고, 꽃덮이는 원통모양이며 끝이 6개로 갈라졌다. 수술은 화통에 달리고 밖으로 돌출하지 않는다. 열매는 구형의 액과.

① 폴리고나툼 치르히폴리움

P. cirrhifolium (Wall.) Royle
분포 ◇히마찰-부탄, 티베트 남동부, 중국 서부 개화기 5-7월
산지에서 고산대 하부에 걸쳐 숲 주변의 초지나 소관목 사이에 자생한다. 꽃줄기는 높이 0.3-1m로 곧게 자란다. 잎은 보통 3-6장이 돌려나기 형태로 달린다. 잎몸은 선상피침형으로 길이 6-12cm, 폭 3-8mm이고 비스듬히 뻗으며, 끝이 아래로 말려 코일 형태를 이루는 경우가 많다. 가장자리는 뒤쪽으로 말려 있고, 뒷면에 중맥이 강하게 돌출한다. 줄기 중부 이하의 잎겨드랑이에서 길이 8-15mm인 총꽃자루가 뻗고, 그 끝에서 꽃 2-4개가 아래로 늘어진다. 꽃자루는 총꽃자루보다 짧다. 꽃은 연보라색-유백색으로 길이 7-10mm, 직경 3-5mm. 화통의 기부는 약간 불룩하고, 갈래조각은 피침형으로 길이 2mm이며 휘어 있다.

② 폴리고나툼 베르티칠라툼 *P. verticillatum* (L.) Allioni

분포 ◇히말라야 각지와 중국 서부를 포함한 유라시아의 서중부 개화기 6-7월
다형적인 광역 분포종으로, 히말라야에서는 산지대 상부에서 아고산대에 걸쳐 숲 주변이나 숲 사이의 습한 초지에 자생한다. 꽃줄기는 높이 0.5-1m로 곧게 자라거나 비스듬히 뻗는다. 잎은 보통 3-4장이 돌려나기 한다. 잎몸은 장원상피침형으로 길이 7-15cm, 폭 8-30mm이고 끝은 뾰족하며 코일 형태를 이루지 않는다. 중맥 이외에 나란히맥 1쌍이 뒷면에 살짝 돌출한다. 줄기 하부에서 상부에 걸친 잎겨드랑이에 짧은 총꽃자루가 달리고, 그 끝에서 꽃 2개가 아래로 늘어진다. 꽃자루는 길이 5-15mm. 꽃은 유백색-연두색-연보라색으로 길이 8-12mm이다.

③ 폴리고나툼 레프토필룸 *P. leptophyllum* (D. Don) Royle

분포 ◇히마찰-부탄, 티베트 남부, 중국 남서부 개화기 5-7월
산지대 상부에서 아고산대에 걸쳐 못가의 습한 숲이나 이끼 낀 바위 비탈에 자생한다. 동속 베르티칠라툼과 비슷하나 잎은 폭 3-10mm로 가늘고, 기부에서 점차 가늘어져 끝부분은 매우 가늘고 아래로 늘어진다. 꽃자루 길이는 총꽃자루의 약 절반이다. 꽃은 유황색-연두색, 갈래조각의 안쪽은 황갈색-녹갈색을 띤다.
*③-b의 꽃줄기는 오른쪽 아래로 늘어져 있다.

① 폴리고나툼 치르히폴리움. 6월26일. K/링모의 남쪽. 3,400m.

② 폴리고나툼 베르티칠라툼. 6월20일. Z3/틴베의 북서쪽. 3,200m.

③-a 폴리고나툼 레프토필룸. 5월20일. N/쿠룸체의 북쪽. 2,700m.

③-b 폴리고나툼 레프토필룸. 6월8일. M/차우라반의 남서쪽. 3,200m.

④-a 폴리고나툼 칸스벤세. 6월23일. P/캉진의 서쪽. 3,550m.

④-b 폴리고나툼 칸스벤세. 6월8일. X/탕탕카의 북쪽. 3,700m.

④ 폴리고나툼 칸스벤세

P. Kansuense Maxim. [*P. curvistylum* Hua]

분포 ◇네팔 중부-부탄, 티베트 동부, 중국 서부 개화기 5-7월

산지에서 고산대 하부에 걸쳐 숲 주변이나 바위가 많은 초지의 비탈에 자생한다. 동속 레프토필룸 및 베르티칠라툼과 비슷하나 전체적으로 작고 꽃은 연보라색을 띤다. 꽃줄기는 높이 15-50cm로 곧게 자란다. 잎은 마디에 불규칙적으로 1-4장 달려 비스듬히 뻗는다. 잎몸은 길이 3-7cm, 폭 2-8mm이고 끝은 뾰족하거나 살짝 파여 있다. 줄기 하부의 잎 겨드랑이에서 뻗은 총꽃자루 끝에 1-2개의 꽃이 달린다. 꽃자루는 보통 총꽃자루보다 길다. 꽃은 길이 6-10mm.

⑤ 폴리고나툼 후케리 *P. hookeri* Baker

분포 ◇가르왈-아루나찰, 티베트 남부, 중국 서부 개화기 5-6월

아고산대에서 고산대에 걸쳐 관목림의 숲 주변이나 방목 초지, 빙하 주변의 불안정한 자갈 비탈에 자생하며, 땅속 깊이 옆으로 뻗는 뿌리줄기가 있다. 꽃은 잎과 줄기가 땅위로 나오는 동시에 피거나 앞서 핀다. 줄기는 개화기에 길이 3-10cm이고, 전부 또는 일부가 땅속에 묻혀 막질의 비늘조각잎에 싸여 있으며 끝에 몇 장의 잎이 모여나기 형태로 달린다. 잎은 협타원형-피침형으로 길이 1.5-4cm이고 끝은 둔형이며, 가장자리는 뒤쪽으로 말리고 뒷면은 연두색을 띤다. 꽃은 보통 하부의 커다란 잎의 겨드랑이에 1개 달리고, 분홍색으로 직경 1-1.5cm이며 거의 위를 향해 핀다. 꽃자루는 가늘고 길이 4-10mm로 곧추서며, 잎의 기부에 싸여 있다. 꽃덮이의 통부는 길이 7-12mm, 갈래조각은 협타원형으로 길이 5-8mm이며 완만하게 휘어 있다.

⑤-a 폴리고나툼 후케리. 6월19일. X/마사캉의 북동쪽. 4,500m. 땅속의 줄기 끝에 몇 장의 잎이 모여 달리고, 최하부의 커다란 잎의 겨드랑이에서 잎자루가 뻗어 땅위에 별 모양의 꽃을 피운다.

⑤-b 폴리고나툼 후케리. 6월8일. M/차우라반 부근. 3,400m.

⑤-c 폴리고나툼 후케리. 5월28일. Q/나가온의 동쪽. 4,100m.

맥문아재비속 Ophiopogon

씨방반하위(子房半下位). 씨앗은 남자색 육질종피(肉質種皮)에 싸여 노출되며 액과처럼 보인다.

① 오피오포곤 인테르메디우스

O. intermedius D. Don

분포 □아프가니스탄-동남아시아, 티베트 남부, 중국 남부 개화기 5-7월

산지의 메밀잣밤나무·떡갈나무 숲의 둔덕 비탈에 자생하며, 땅속에 옆으로 길게 뻗는 뿌리줄기가 있다. 꽃줄기는 길이 20-40cm로 상부에 15-35개의 꽃이 총상으로 달리며 꽃은 아래를 향한다. 잎은 선형으로 폭 3-8mm이고 꽃줄기보다 길다. 포엽은 피침형이며 꽃보다 짧다. 꽃자루는 길이 4-8mm이고 중부에 관절이 있다. 꽃은 흰색, 바깥쪽은 연자주색을 자색을 띠고 주발 모양으로 피며 직경 6-10mm. 꽃덮이조각은 장란형으로 길이 5-6mm.

② 오피오포곤 보디니에리 *O. bodinieri* Leveille

분포 ◇네팔 동부-부탄, 티베트 남동부, 중국 서남부 개화기 5-6월

다음은 촬영개체에 관한 기록을 토대로 한다. 산지의 떡갈나무·석남 숲에 자생하며, 땅속의 긴 뿌리 끝부분에 길이 1-2cm의 장타원체 덩이뿌리가 달린다. 개화기의 어린잎은 모여나기 한다. 바깥쪽의 잎은 차츰 짧고 폭이 넓어지며, 가장자리 이외는 질이 두껍고, 땅속 부분은 칼집모양으로 안쪽 잎을 안고 있다. 안쪽 잎은 선형으로 길이 10cm 이하, 폭 3mm. 꽃줄기는 길이 12cm로 12-14개의 꽃이 달린다. 꽃은 포엽 겨드랑이에 1-2개씩 달린다. 포엽은 피침형으로 연두색을 띠고 가장자리는 막질이며, 꽃자루와 길이가 같거나 짧다. 꽃자루는 길이 3-5mm이고 약간 하부에 관절이 있다. 꽃은 흰색으로 직경 7-9mm이며 깔대기모양으로 핀다. 꽃덮이조각은 장원형으로 길이 4-5mm. 수술대는 매우 짧고, 꽃밥은 피침형이다.

테로포곤속 Theropogon

씨방상위. 열매는 구형의 액과.

③ 테로포곤 팔리두스 *T. pallidus* (Kunth) Maxim.

분포 ◇쿠마온-부탄, 티베트 남부, 중국 남서부 개화기 6-8월

산지의 바위가 많은 급비탈이나 바위 위의 부식질에 자생하며 커다란 그루를 이룬다. 잎은 선형으로 길이 20-50cm, 폭 3-12mm이고 기부는 칼집모양이며, 뒷면에 중맥이 돌출한다. 꽃줄기는 높이 15-40cm이고 능이 있으며, 끝에 5-20개의 꽃이 총상으로 달린다. 포엽은 선상피침형으로 꽃자루와 길이가 같거나 길다. 꽃자루는 길이 5-10mm. 꽃은 종형으로 흰색-연자주색이며 아래를 향해 핀다. 꽃덮이조각 6장은 이생하고, 장원상피침형으로 길이 5-7mm. 수술은 매우 짧다.

①-a 오피오포곤 인테르메디우스. 6월27일. R/카르테의 북쪽. 2,800m. 습하고 이끼 낀 떡갈나무 숲의 둔덕 사면에 자란 것으로, 긴 꽃줄기에 여러 개의 꽃이 아래를 향해 달려 있다. 잎은 꽃줄기보다 길게 자라 있다.

①-b 오피오포곤 인테르메디우스. 6월27일. R/카르테의 남서쪽. 2,650m.

② 오피오포곤 보디니에리. 6월10일. Q/지리의 남동쪽. 2,000m.

764 백합과

삿갓나물속 Paris

꽃잎은 실모양이며, 초질의 꽃받침조각과 개수가 같다.

④ 파리스 폴리필라 P. polyphylla Smith

분포 ◇카슈미르-동남아시아, 티베트 남부, 중국 남부 개화기 4-6월

분류가 어려운 다형적인 종으로, 산지나 아고산대의 혼합림에 자생한다. 꽃줄기는 높이 15-50cm로, 끝에 6-9장의 잎이 돌려나기하고 그 중앙에 1개의 꽃이 달린다. 잎자루는 길이 5-20mm. 잎몸은 장원상피침형으로 길이 7-13cm, 폭 1.5-3.5cm이고 끝은 약간 꼬리 모양이다. 꽃자루는 길이 2-5cm. 꽃받침조각은 보통 4장이며, 피침형으로 길이 4-7cm. 꽃잎은 녹황색으로 실모양이며 꽃받침조각보다 짧거나 길다. 꽃밥은 길이 4-7mm이고 끝에 0.5-1mm의 꽃밥부리가 돌출한다. 씨방은 구형. 암술머리의 갈래조각은 길이 2-4mm.

이상의 기록은 기준변종을 토대로 한다.

*④a는 기준변종 var. *polyphylla*와 일치한다. ④b는 솔송나무·석남 숲에 자란 것. 잎은 길이 7-9cm, 폭 2.5-3.3cm이고 기부는 쐐기형이며 자루는 짧다. 꽃받침조각은 길이 4-5cm. 꽃잎은 길이 1.5-2.5cm. 꽃밥은 길이 5mm이고 끝에 1.5-3mm의 꽃밥부리가 돌출한다. 씨방은 도란형으로 4개의 능이 있으며, 정부는 평평하고 검자주색을 띤다. 변종 키넨시스 var. *chinensis* (Franch.) Hara에 가깝다. ④c는 솔송나무·석남 숲에 자란 것. 잎자루는 길이 5-7mm. 잎몸은 길이 5.5-6.5cm, 폭 2-2.5cm. 꽃자루는 길이 7-10mm. 꽃받침조각은 길이 3.5cm. 꽃잎은 길이 2cm. 씨방은 난형으로 4개의 능이 있으며 상부는 노란색이다. 수술대는 짧고 꽃밥부리는 돌출하지 않는다. 아종 마르모라타 subsp. *marmorata* (Stearn) Hara에 가깝다.

트릴리디움속 Trillidium

⑤ 트릴리디움 고바니아눔

T. govanianum (D. Don) Kunth [Trillium govanianum D. Don]

분포 ◇파키스탄-부탄, 티베트 남부

개화기 4-6월

아고산대의 해빙이 늦은 임상에 자생하며, 땅속에 굵고 짧은 뿌리줄기가 있다. 꽃줄기는 땅위 높이 10-20cm로, 끝에 3장의 잎이 돌려나기 하고 그 중앙에 1개의 꽃이 달린다. 잎자루는 길이 3-10mm. 잎몸은 난형으로 길이 4-8cm. 꽃자루는 길이 7-15mm로 곧추선다. 꽃덮이조각 6장은 선상피침형으로 길이 1.2-1.5cm. 자줏빛 갈색이며 기부에서 휘어진다. 씨방은 협란형. 암술머리의 갈래조각은 선형으로 길이 3-6mm이고 자줏빛 갈색이며 곧추 선다.

③ 테로포곤 팔리두스. 6월21일.
P/라마 호텔의 남서쪽. 2,300m.

④-a 파리스 폴리필라. 5월6일.
N/간드룽의 서쪽. 2,600m.

④-b 파리스 폴리필라. 6월13일.
Z3/구미팀의 남동쪽. 3,100m.

④-c 파리스 폴리필라. 5월16일.
N/다나큐의 남서쪽. 2,600m.

⑤-a 트릴리디움 고바니아눔. 5월16일.
N/나문 고개의 북동쪽. 3,000m.

⑤-b 트릴리디움 고바니아눔. 5월16일.
N/나문 고개의 북동쪽. 3,000m.

마황과 EPHEDRACEAE

마황속 Ephedra

암수딴그루 소관목. 땅위로 뻗는 목질부에서 원통형 녹색 줄기가 모여나기 한다. 잎은 비늘조각 모양이며 마디에 십자 마주나기 한다. 꽃차례는 난구형-타원체이며 마디에 마주나기 한다. 수꽃은 여러 개가 모여 달리고, 비늘조각 모양의 꽃덮이조각과 수술대가 합착한 여러 개의 수술이 있다. 암꽃은 2개씩 포조각에 싸여 있으며, 수정하면 포조각은 주홍색으로 물들고 다육질이 된다. 포조각에서 노출된 밑씨 끝에 주공관(珠孔管)이 돌출하고, 꽃가루는 이 주공관을 통해 흡인된다. 녹색 줄기에 함유되어 있는 에페드린은 천식 치료약으로 쓰인다.

① **에페드라 게라르디아나** *E. gerardiana* Stapf
분포 ◇아프가니스탄, 부탄, 티베트 남부, 윈난·쓰촨성 개화기 5-8월

고산대의 바람에 노출된 바위가 많은 초지에 자생한다. 높이 5-30cm. 녹색 줄기의 마디 사이는 길이 1-4cm, 직경 1.5-2mm이고 세로로 평행하는 심줄이 두드러져 있다. 비늘조각잎은 난형으로 길이 2-3mm. 수정 후의 암꽃차례는 거의 구형이다. 씨앗은 편평한 난형으로 길이 6-7mm이며 암갈색. 주공관은 길이 1-1.5mm로 곧추 선다.

*①-c는 높이 5cm 이하의 줄기가 쿠션상으로 밀집해 그루를 이루고, 녹색 줄기는 분백색을 띠는 점에서 변종 콘게스타 var. *congesta* C.Y Cheng로 취급된다.

② **에페드라 파키클라다** *E. pachyclada* Boiss
분포 ▫이란-네팔 중부, 티베트 서부(?)
개화기 6-7월

건조 고지의 자갈 비탈이나 바위틈에 자생하며, 해발고도와 환경에 따라 전체의 크기가 변한다. 높이 8-150cm. 동속 게라르디아나

①-a 에페드라 게라르디아나(암그루) 8월7일. S/팡보체 부근. 3,900m.

①-b 에페드라 게라르디아나(수그루) 7월31일. S/페리체 부근. 4,250m.

①-c 에페드라 게라르디아나(암그루) 8월19일. Y3/라싸의 서쪽 교외. 4,200m.

②-a 에페드라 파키클라다(암그루) 7월31일. B/샤이기리의 서쪽. 4,000m. 녹색 줄기는 분백색을 띠고, 세로줄은 두드러지지 않는다. 주홍색으로 성숙한 암꽃차례 끝에 구부러진 주공관이 돌출해 있다.

와 달리 녹색 줄기는 가늘고 약간 푸른빛이
도는 분백색을 띠며, 표피 안쪽에 평행하는
섬유다발 수가 많은 탓에 심줄이 선명하지
않다. 수정 후의 암꽃차례는 난형, 주공관은
길이 2mm이며 휘어진다. 줄기는 염소나 양
이 즐겨 먹고, 목질의 뿌리는 마을 사람들이
파내어 땔감으로 쓴다.

측백나뭇과 CUPRESSACEAE
쿠프레수스속 Cupressus
암수한그루 상록수. 잎은 비늘조각 모양으
로 매우 작고, 작은 가지에 밀착해 4열로 겹
쳐 있다. 원가지에 달리는 잎은 약간 크고
끝이 뾰족하다. 구과(球果)는 구형이며 여러
개의 목질 과린(果鱗)에 덮여 있다. 과린은
다각형이며 방패모양으로 달리고, 뒤쪽에
여러 개의 날개 있는 씨앗이 달린다.

③ 쿠프레수스 코르네야나 C. corneyana Carriere
분포 ◇부탄 원산 개화기 5-7월
산지대의 솔송나무나 소나무 숲에 자생하는
높이 10-30m의 고목. 히말라야 각지에서 드
문드문 재배된다. 가지는 길게 늘어진다. 작
은 가지에 달린 비늘조각잎은 능상난형으로
길이 1mm. 구과는 직경 1.5-2cm. 과린은
사각 모양이다.

④ 쿠프레수스 토룰로사 C. torulosa D. Don
분포 ◇히마찰-네팔 중부, 티베트 남부
개화기 1-2월
고목 또는 관목으로, 산지의 소나무나 가문
비나무 숲에 자생하며, 계곡 줄기의 건조한
바람에 노출된 자갈 비탈에 순림을 이룬다.
줄기는 보통 늘어지지 않는다. 작은 가지에
달리는 비늘조각잎은 삼각상난형으로 길이
1mm. 구과는 직경 1cm.

②-b 에페드라 파키클라다(수그루) 7월3일.
C/바우마하렐의 남서쪽. 2,800m.

②-c 에페드라 파키클라다(암그루) 6월22일.
K/두나이의 남동쪽. 2,200m.

③-a 쿠프레수스 코르네야나. 8월7일.
X/두게종. 2,600m.

③-b 쿠프레수스 코르네야나. 8월7일.
X/두게종. 2,600m.

④-a 쿠프레수스 토룰로사. 6월17일.
N/투쿠체의 북동쪽. 2,600m.

④-b 쿠프레수스 토룰로사. 6월17일. N/투쿠체의 북동쪽. 2,600m.

향나무속 Juniperus

상록수. 잎은 작은 가지에 모여 달리고, 비늘 조각 모양의 잎이 4열로 늘어서거나, 바늘 모양의 잎이 3열로 늘어선다. 구과는 3-8개의 다육질 비늘조각이 합착해 액과 형태가 된다. 비늘조각잎을 지닌 것을 사비나(Sabina)속으로 분류해, 바늘잎으로 한정된 협의의 향나무속과 구별하기도 한다. 네팔어로 두피, 티베트어로 슈프라고 하며 가지와 잎이 향으로 쓰인다.

① 유니페루스 인디카

J. indica Bertoloni [*J. pseudosabina* Fischer & Meyer,

J. wallichiana Hook.f. & Thoms.]

분포 □ 히마찰-부탄, 티베트 남동부, 윈난성

개화기 5-6월

다소 건조한 지역에 분포한다. 고산대의 산등성이에서는 왜성화하고 아고산대의 전나무숲에서는 고목화하며, 삼림한계 부근에서 때때로 순림을 형성한다. 높이 1-20m. 원가지에 달리는 잎은 바늘 모양으로 길이 4-5mm. 작은 가지에 밀착하는 비늘조각잎은 능상난형으로 길이 1.5-2.5mm이며 4열로 겹쳐 전제적으로 끈 형태를 이룬다. 구과는 구형으로 직경 8-12mm이고 검자주색으로 익으며, 속에 1개의 씨앗이 있다.

② 유니페루스 티베티카 *J. tibetica* Komarov

분포 ◇ 티베트 남동부, 중국 서부

개화기 5-6월

다소 건조한 지역의 아고산대에 자생하는 고목 또는 소고목. 동속 인디카와 비슷하나, 줄기는 약간 굵고 구과는 난상타원체이며 길이 1.2-1.5cm로 크다.

③ 유니페루스 콤무니스 삭사틸리스

J. communis L. var. *saxatilis* Pallas [*J. sibirica* Burgsd.]

분포 ◇ 파키스탄-네팔 중부, 티베트, 북반구 아한대 개화기 4-6월

건조 고지의 상승기류에 노출된 자갈 비탈이나 모래땅에 자생한다. 높이 0.3-2m. 잎은 전부 바늘 모양으로 비스듬히 뻗고 길이 6-12mm, 폭 1.5-2mm이며 분백색을 띤다. 끝은 가시모양으로 돌출한다. 구과는 3장의 과린이 합착한 것으로, 직경 6-8mm이고 검자주색으로 익으며 속에 보통 3개의 씨앗이 있다.

④ 유니페루스 마크로포다 *J. macropoda* Boiss

분포 ◇ 파키스탄-가르왈 개화기 4-6월

건조 고지에 자생하는 관목 또는 소고목으로, 때때로 넓은 소림을 형성한다. 동속 인디카와 비슷하나 구과 속에 씨앗이 2개 이상 달리고, 작은 가지는 약간 드문드문 달려 넓은 각도로 분지한다. 나무줄기는 자줏빛 갈색을 띤다. 작은 가지에 밀착하는 비

①-a 유니페루스 인디카. 7월4일. K/폭숨도 호수. 3,600m. 터키석 빛을 띤 호수를 굽어보는 본교 사원의 하부 사면에 남겨진 노목. 신성한 나무로서 보호받고 있다.

①-b 유니페루스 인디카. 7월16일. V/군사의 남동쪽. 3,750m.

② 유니페루스 티베티카. 6월20일. Z1/겔톤초의 남동쪽. 4,000m.

늘조각잎은 삼각상난형으로 길이 1-2mm
이고 분백색을 띠며, 건조하면 바깥쪽에 심줄
형태의 홈이 생긴다. 잎의 기부는 바늘모양으
로 길이 4-8mm이고 끝은 날카롭고 뾰족하
다. 구과는 직경 6-13mm이고 자흑색으로
익는다.

⑤ 유니페루스 레쿠르바 *J. recurva* D. Don
분포 ㅁ카슈미르-미얀마, 티베트 남부, 윈난
성 개화기 5-6월
비와 눈이 다소 많이 내리는 지역의 아고산
대나 고산대에 자생하는 관목 또는 고목으
로, 종종 삼림한계 부근에 관목소림을 형성
한다. 수피는 쉽게 벗겨진다. 원가지는 가늘
고 길게 자라 끝이 늘어진다. 작은 가지에 밀
착하는 잎은 바늘 모양으로 길이 3-4mm이며
3열로 겹친다. 구과는 직경 8-12mm로 검게
익는다.

③-a 유니페루스 콤무니스 삭사틸리스. 8월4일.
B/샤이기리의 동쪽. 3,500m.

③-b 유니페루스 콤무니스 삭사틸리스. 8월4일.
B/샤이기리의 동쪽. 3,500m.

④-a 유니페루스 마크로포다. 7월30일.
B/라트보 부근. 3,600m.

④-b 유니페루스 마크로포다. 7월4일. C/바우마하렐의 남동쪽. 3,800m.

⑤-a 유니페루스 레쿠르바. 10월24일.
S/텡보체의 서쪽. 3,600m.

⑤-b 유니페루스 레쿠르바. 5월27일. T/톱케골라의 북서쪽. 3,900m.

소나뭇과 PINACEAE

암수한그루. 암구화는 성숙하면 목질의 구과가 된다. 종린(種鱗)에 씨앗이 2개 달린다.

전나무속 Abies

상록수. 잎은 선형으로, 뒷면에 흰 심줄(기공조선)이 2개 있다. 구과는 곧게 서고, 성숙하면 중축만 남긴 채 과린이 떨어져 나간다. 씨앗에 쐐기형의 커다란 날개가 있다.

① 아비에스 스페크타빌리스

A. spectabilis (D. Don) Mirbel
분포 □아프가니스탄-네팔동부, 티베트남부
개화기 4-5월
아고산대의 고목림에 우점하고, 산지대 상부에서는 떡갈나무 숲에 혼생한다. 높이 10-50m. 가지는 수평으로 펼쳐지고, 어린나무는 가지런한 원추형 수형을 이룬다. 나무껍질은 갈색이며 수직으로 평행하게 균열이 나 있다. 어린가지는 황갈색을 띠고 균열 틈새에 갈색의 부드러운 털이 자라며, 나선 형태로 빽빽하게 달린 잎이 가지 위쪽에서 거의 좌우로 갈라진다. 잎은 선형으로 길이 2-4cm, 폭 2-3mm이고 가장자리는 뒤쪽으로 굽었으며, 끝은 작게 2개로 갈라진다. 구과는 원주형으로 길이 10-15cm, 직경 5-7cm이고 자흑색으로 익으며, 포린 끝은 노출되지 않는다. 재목은 건축자재로 쓰인다.

② 아비에스 덴사 *A. densa* Griffith

분포 □네팔 동부-부탄, 티베트 남부
개화기 4-5월
매우 비슷한 동속 스페크타빌리스보다 비가 많이 내리는 동쪽 지역에 분포하고, 정부가 평평한 타원형 수형을 이룬다. 나무껍질은 쉽게 벗겨지고 잎은 약간 폭이 넓으며, 구과의 종린 사이로 포린 끝이 살짝 노출된다.

①-a 아비에스 스페크타빌리스. 10월23일. S/텡보체. 3,850m. 오른쪽 위의 아마다블람과 왼쪽 위의 에베레스

①-b 아비에스 스페크타빌리스. 7월10일. S/포르체 부근. 3,700m.

② 아비에스 덴사. 5월10일. X/바르숭의 서쪽. 3,650m.

③ 아비에스 핀드로우. 9월14일. G/나라나크의 북쪽. 3,150m.

③ **아비에스 핀드로우** *A. pindrow* Royle
분포 □아프가니스탄-네팔 서부
개화기 4-5월

반건조지역 아고산대의 침엽수림에 우점하고, 때때로 북쪽 비탈에 순림을 형성한다. 매우 비슷한 동속 스페크타빌리스와 달리, 끝이 날카롭고 뾰족한 원주형 수형을 이룬다. 어린가지는 털이 없다. 잎은 가지 위쪽에서 반원형으로 크게 펼쳐지고 좌우로 갈리지 않으며, 잎끝은 2개로 갈라지고 갈래조각은 날카롭고 뾰족하다. 구과는 장원상원주형으로 길이 8-12cm이다.

개잎갈나무속 Cedrus

④ **개잎갈나무** *C. deodara* (D. Don) G. Don
분포 ◇아프가니스탄-네팔 서부 개화기 10월

기암(基岩)이 많이 노출된 기암이 많은 비탈에 자생하는 상록고목. 계곡 줄기에서는 가문비나무와 혼생하고, 종종 거목으로 생장해 산등성이에 소림을 형성한다. 높이 15-60m. 옆가지가 수평으로 펼쳐지고, 고립된 나무는 피라미드형 수형을 이룬다. 원가지 끝은 살짝 늘어진다. 나무껍질은 갈색이며, 수직으로 평행하게 균열이 나 있다. 바늘잎은 긴 가지에 어긋나기 하거나 짧은 가지에 모여나기 한다. 잎몸은 검녹색으로 길이 2.5-4cm이고 가늘며 질이 두껍고, 능이 3개 있으며 끝은 날카롭고 뾰족하다. 구과는 난상광타원체로 길이 10-13cm이고 많은 과린이 겹쳐 있으며, 익으면 녹백색에서 갈색으로 변한다. 힌디어와 네팔어로 '데오다르'라고 하며, 마을 변두리나 길가에 남아 있는 거목은 신령이 깃든 나무로서 보호받고, 산기슭에 심겨진 나무는 내구성 있는 건축자재로 쓰인다.

트 사이에 두 그루의 전나무가 서 있다. 오른쪽 중간쯤에 1988년에 소실된 곰파(불교사원)가 찍혀 있다.

④-a 개잎갈나무. 9월16일.
H/마날리의 서쪽. 2,200m.

④-b 개잎갈나무. 9월16일.
H/마날리의 서쪽. 2,200m.

④-c 개잎갈나무. 6월23일.
K/두나이의 북동쪽. 2,500m.

잎갈나무속 Larix

낙엽고목. 잎은 협선형으로, 긴 가지에 나
선상으로 어긋나기 하거나 짧은 가지 끝에
여러 장이 모여나기 한다. 종린은 혁질로
씨앗이 떨어진 후에도 중축에 숙존하고, 포
린은 종린 사이로 길게 노출된다. 씨앗에
막질의 날개가 붙어 있다.

① 라릭스 히말라이카 *L. himalaica* Cheng & L.K. Fu
분포 ◇네팔 중부, 티베트 남부 개화기 5월
산지대 상부에서 아고산대에 걸쳐 밝은 혼합
림이나 하원에 자생하며 원추형 수형을 이룬
다. 높이 15-30m. 작은 가지는 늘어진다. 어린
가지에는 드문드문 털이 자란다. 잎은 길이
1.5-3cm, 폭 1mm. 구과는 원주형으로 길이 5-
6cm, 직경 3cm이고 곧추서며 익으면 회갈색
이 된다. 중부의 종린은 사각상원형으로 길
이 1.2-1.5cm. 포엽은 난상피침형이며 위를 향
해 곧게 자라고, 종린과 길이가 같거나 약간
길며, 끝은 급격히 뾰족해진다.

② 라릭스 그리피티아나 *L. griffithiana* Carrière
분포 □네팔 동부-부탄, 티베트 남부
개화기 4-5월
산지대 상부에서 아고산대에 걸쳐 밝은 혼
합림이나 못가의 붕괴 흔적지에 자생한다.
높이 10-20m. 가지는 가늘고 아래로 길게
늘어진다. 어린가지에 부드러운 털이 자란
다. 잎은 녹황색으로 질이 부드럽고 길이
2.5-4 cm, 폭 1mm이며 끝은 약간 뾰족하다.
암구화는 붉은 자주색이다. 구과는 원주형
으로 길이 6-8cm, 직경 2.5-3cm이고 위를 향
해 곧추서며 익으면 갈색이 된다. 종린은 원
상도란형으로 길이 1.2-1.5cm이고 끝은 원형
이거나 약간 파여 있다. 포린은 종린보다 길
게 자라 급히 휘어지며, 끝은 돌출한다.
*②-a는 늘어진 가지에 달린 어린 구과가 위
를 향해 곧추서 있다.

① 라릭스 히말라이카. 9월6일. P/랑탕 마을의 동쪽. 3,700m. 가지에 곧추 선 구과는 익으면 회갈색이 된다.
분포는 한정되어 있으나, 랑탕 계곡에서는 흔히 볼 수 있다.

②-a 라릭스 그리피티아나. 8월9일.
X/탕탕카의 북쪽. 3,700m.

②-b 라릭스 그리피티아나. 7월8일.
X/체레 라의 서쪽. 3,700m.

②-c 라릭스 그리피티아나. 8월17일.
Z2/파숨 호수. 3,450m.

가문비나무속 Picea

상록수. 가지에 잎이 나선상으로 달리고, 잎이 떨어지면 가지 표면에 엽침(葉枕)이라고 하는 소돌기가 남는다. 짧은 가지는 없다. 잎은 바늘 모양이며 4개의 능이 있고 끝은 날카롭다. 구과는 아래로 늘어지고, 과린은 중축에 숙존하며, 포린은 노출되지 않는다.

③ 피체아 스미티아나 *P. smithiana* (Wall.) Boiss.
분포 ▫아프가니스탄-네팔 중부, 티베트 남부 개화기 4-5월

반건조지대의 산지나 아고산대에 자생하는 상록고목으로, 피누스 왈리키아나, 아비에스 핀드로우와 혼생하는 경우가 많다. 높이 15-40m로, 횡지(橫枝)가 돌려나기 형태로 달려 장원상원추형 수형을 이룬다. 나무껍질은 회색색이며 균열은 거의 없다. 작은 가지는 아래로 늘어진다. 바늘잎은 검녹색으로 길이 2.5-4cm이고 거의 개출하며, 가지 끝 방향으로 활처럼 휘어 있다. 구과는 원주형으로 길이 10-15cm, 직경 3-5cm이고 익으면 녹색에서 갈색으로 변한다. 종린은 광란형으로 길이 3cm.

④ 피체아 스피눌로사 *P. spinulosa* (Griffith) Henry
분포 ◇시킴-부탄, 티베트 남부(춘비 계곡) 개화기 4-5월

산지대 상부에서 아고산대에 걸쳐 다소 건조한 계곡 줄기의 혼합림이나 강가에 자생한다. 높이 10-50m. 어린잎이 빽빽하게 달린 작은 가지는 아래를 향해 완만하게 휘어진다. 잎은 선상침형으로 길이 1-2cm, 폭 1-1.5mm이고 비스듬히 뻗으며 녹황색이다. 뒷면은 분백색을 띠고, 끝은 날카롭고 뾰족하다. 구과는 갈색으로 길이 7-10cm, 직경 3-4cm. 종린은 능상도란형.

⑤ 피체아 리키앙겐시스 린지엔시스

P. likiangensis (Franch.) Prits. var. *linzhiensis* Cheng & L.K Fu

분포 ▫티베트 남부, 윈난·쓰촨성 개화기 4-5월

다소 건조한 아고산대에 자생하며 전나무, 소나무, 크베르쿠스 아크비폴리오이데스와 혼생한다. 높이 15-40m. 나무껍질은 회갈색. 작은 가지는 굵고 늘어지지 않으며, 짧고 부드러운 털과 선모가 빽빽하게 자란다. 잎은 선상침형으로 길이 1-1.5cm, 폭 1-1.5mm이고 끝은 약간 뾰족하다. 구과는 장원상원주형으로 길이 5-9cm, 직경 3-4cm이고 익으면 연붉은 자주색에서 황갈색으로 변한다. 종린은 능상난형으로 길이 1.5-2.3cm이고 가장자리는 살짝 물결 모양이다.

③ 피체아 스미티아나. 9월14일. G/나라나크의 북쪽. 3,150m.

④ 피체아 스피눌로사. 6월25일. X/헤디 부근. 3,700m.

⑤ 피체아 리키앙겐시스 린지엔시스. 6월19일. Z2/산티린의 북동쪽. 3,700m. 피누스 덴사타, 크베르쿠스 아크비폴리오이데스와 함께 티베트 동부의 산 사면을 폭넓게 덮고 있다.

소나무속 Pinus

상록고목. 짧은 가지 끝에 2, 3개 또는 5개의 바늘잎이 모여나기 한다. 포린은 매우 작다.

① 피누스 록스부르기이

P. roxburghii Sargent [*P. longifolia* Roxb.]
분포 □아프가니스탄-부탄, 티베트 남부
개화기 2-5월
저산대나 산지대 하부의 건조한 계곡 줄기의 비탈에 숲을 이룬다. 나무줄기는 쉽게 타지 않기 때문에 산불이 많은 비탈에 폭넓게 순림을 형성한다. 높이 15-40m. 나무껍질은 두껍고 적갈색을 띠며 깊게 갈라진다. 바늘잎은 길이 12-30cm로 3개씩 모여 달리며 긴 잎은 아래로 늘어진다. 구과는 길이 10-17cm로 줄기 끝에 1-3개 달리고 자루가 없으며, 익으면 과린이 옆으로 벌어져 거의 구형이 된다. 종린은 두껍고 단단하다.

② 피누스 덴사타 *P. densata* Mast.

분포 □티베트 동부, 중국 서부 개화기 5월
다소 건조한 지역의 아고산대에 숲을 이룬다. 동속 록스부르기이와 비슷하나 바늘잎은 길이 6-15cm로 2개씩, 이따금 3개씩 모여 달린다. 구과는 길이 5-8cm이다.

③ 피누스 왈리키아나 *P. wallichiana* A.B. Jackson

분포 □아프가니스탄-미얀마, 티베트 남부, 윈난성 개화기 4-5월
산지나 아고산대의 혼합림에 자생한다. 다소 건조한 계곡 줄기에 순림을 형성하고, 히말라야 중부에서는 가문비나무와 혼생하며 넓은 면적을 차지한다. 높이 10-30m. 어린가지는 회녹색. 바늘잎은 길이 10-18cm로 5개씩 모여 달린다. 구과는 장타원체로 길이 12-25cm이고 2-3개가 가지 끝에서 늘어지며, 과린이 옆으로 벌어지면 직경 5-8cm가 된다. 종린은 목질로 약간 얇다. 목재는 건축자재로 쓰인다.

솔송나무속 Tsuga

상록고목. 잎은 선형으로, 가지에 나선상으로 달리며 거의 2열로 늘어선다. 포린은 작다.

④ 추가 두모사 *T. dumosa* (D. Don) Eichler

분포 □쿠마온-미얀마, 티베트 남부, 윈난·쓰촨성 개화기 5-6월
이슬비가 많이 내리는 산지대 상부에 자생하며 떡갈나무, 전나무, 석남과 혼생하고 이따금 순림을 형성한다. 높이 15-40m. 가지는 수평으로 펼쳐지거나 살짝 늘어진다. 잎은 길이 1.5-2.5cm, 폭 1.5-2mm이고 끝은 둔형이며, 가장자리는 뒤쪽으로 말리고 뒷면은 흰색을 띤다. 구과는 난형으로 길이 1.5-2.5cm이며 가지 끝에서 늘어진다.

①-a 피누스 록스부르기이. 9월17일. X/왕듀 포드랑의 북서쪽. 1,500m.

①-b 피누스 록스부르기이. 6월22일. K/타라코트의 북서쪽. 2,600m.

② 피누스 덴사타. 6월11일. Z3/투둔의 남동쪽. 3,050m.

③-a 피누스 왈리키아나. 6월28일. K/폭숨도 호수. 3,600m.

③-b 피누스 왈리키아나. 4월25일. X/탁창 부근. 2,600m.

③-c 피누스 왈리키아나. 7월27일. B/라마의 남서쪽. 3,200m. 빙하 하부의 건조해지기 쉬운 동쪽 사면에 순림을 이루고 있다.

④-a 추가 두모사. 7월15일.
V/갸브라의 북동쪽. 2,850m.

④-b 추가 두모사. 10월25일. R/남체바자르의 남쪽. 2,900m. 보테코시와 두드코시의 합류지.

학명색인

* 이탤릭체는 별칭, ( )안에 있는 숫자는 항목 이외의 페이지.

H

S

속명 · 종명색인

지상 최대 식물의 보고, 히말라야

해발 5,000m를 넘는 히말라야의 고산대에도 한여름에는 작은 꽃이 여기저기 피어난다. 상공의 안개가 걷히고 햇빛이 쏟아지면 꽃 색깔이 한층 두드러진다. 어디선가 꿀벌한 마리가 날아와 꽃잎 사이를 분주히 오가며 꿀을 모으더니, 체모에 꽃가루를 묻힌 채 저만치 가 버린다. 피부에 와닿는 바람은 몹시 차가워서 서 있으면 오리털 점퍼가 간절해진다. 하지만 안개를 뚫고 내리쬐는 태양의 열기를 머금은 바위는 따뜻하다. 바위 위에 양팔을 벌리고 엎드려 있으면 티셔츠 한 장으로도 견딜만하다.

노곤함에 언덕 위에서 무심코 잠이 들면, 짙은 대기 속에서 태어나 자라온 우리는 일찍이 경험하지 못했던 재난을 맞이하게 될지도 모른다. 무방비로 노출된 피부는 검게 그을리기도 전에 새까맣게 타고 말 것이다. 얇고 완만한 호흡이 계속되면 체내의 산소가 부족해져 극심한 두통과 호흡곤란, 구토증으로 괴로워하게 될 것이다. 그러나 지의류와 이끼로 덮인 바위 위에서 작은 꽃을 피우는 식물에게는 대기권의 상층으로 돌출한 이 거친 바위땅이야말로 쾌적한 생활공간으로 느껴지리라.

바위 위에 엎드린 나는 식물의 뿌리가 향유하는 태양의 열기를 가슴에 느끼며, 유혹을 느낀 꿀벌처럼 꽃에 코를 들이댄다. 그 꽃의 미세한 구조와 색채에 어린 아이처럼 가슴이 두근거린다. 그리고 눈앞의 식물을 관찰하고, 그 식물의 가장 아름다운 한 순간을 언제든 볼 수 있는 한 장의 객관적인 존재로 남기기 위해 카메라 셔터를 누른다.

우리는 작은 식물의 형태, 크기, 색, 질감을 관찰하여 다른 식물과 비교한다. 그 정보를 통해 고유 성질을 공유하는 기본적인 그룹 '종'이 인식된다. 종으로 자리매김함으로써 식물의 구체적인 관찰이 가능해진다. 종을 구성하는 개체군은 균일하지만은 않다. 식물의 형태는 유전하는 것과 그렇지 않은 것이 있으며, 유전하는 형질에는 종 내에서 평균적인 것과 주연적인 것이 있다. 만일 하나의 집단이 산맥 내의 한 지역에 고립된 채 자연환경이 크게 변하면, 새로운 환경에 적합한 주연적인 것이 평균적인 것으로 바뀐다. 그러한 변화 과정에 있는 집단에서는 평균적인 형태를 인식하는 것 자체가 어렵다.

식물의 유전하지 않는 변이에는 생육환경에 대응한 개체 변이가 있다. 모든 식물에는 잠재적인 변이의 폭이 있어 그 범위 내에서 생장하고, 또한 생장을 조정해 위축하거나 방향을 바꿔가며 3차원의 구체적인 형태를 획득한다.

꽃의 형태, 크기, 색채는 꽃가루를 매개하는 곤충과 밀접한 관계가 있다. 날씨가 변화무쌍한 히말라야에서는, 식물은 곤충의 도움을 받아 복잡한 지형 속에 흩어져 있는 동종 그루와 확실히 타가수분하고 유전자를 다양화해 주연적인 형질을 풍부하게 할 필요가 있다. 또한 광대한 산맥 속에서 좁은 적지를 찾아내 자손을 퍼뜨리기 위해서는, 수분으로 이동성 좋은 열매를 많이 맺어야만 한다.

고산대의 상부는 변온동물인 곤충이 활동하기에는 몹시 위험한 장소다. 곤충은 햇빛을 받아 몸이 따뜻해지면 찬바람 속에서도 날아다닐 수가 있다. 그러나 해가 숨어버리면 체온은 급격히 떨어진다. 안전한 곳으로 피신하기도 전에 몸을 움직일 수 없게 되면 얼어 죽게 될지도 모른다. 따라서 잠깐의 맑은 날씨 동안 멀리 있는 곤충을 유혹하려면 꽃은 보통 식물보다 눈에 띄어야 하고, 이에 성공한 식물만이 이 불안정한 환경 속에서 자손을 퍼뜨릴 수 있다.

식물이 보여주는 모든 표정은 태양과 깊은 관계가 있다. 꽃 색깔은 빛이 강한 장소일수록 짙어진다. 기상이 나쁠 때는 눈에 띄지 않지만, 해가 나오면 꽃은 빛을 반사하기에 가장 좋은 모습으로 변해 동물의 시선을 강하게 잡아끈다. 가는 자루를 지닌 잎과 꽃은 태양열에 민감하게 반응해 방향을 바꾼다. 햇빛을 받아 활기를 찾은 곤충은 꽃을 흔들어 깨워 꽃의 형태를 바꾼다. 태양이 일으키는 기상의 리듬 속에서 생활하는 식물은 습도가 일정하지 않은 바람에 끊임없이 흔들린다. 이러한 식물의 움직임도 종마다 독특한 경향이 있으며, 같은 환경에서 자라는 개체군에는 동조성이 있다.

파인더에 비친 영상을 가만히 들여다보면, 식물과 그것을 둘러싼 환경 사이에 팽팽하게 당겨진 실과 같은 긴장관계가 엿보인다. 무심코 손을 내밀어 잎을 살짝 건드리기만 해도 긴장관계가 뚝 끊겨 두 번 다시 회복되지 못할 것만 같다. 혹독한 기상 조건 속에서 살아가는 식물은 그 모습 하나하나가 전부 생존과 관련되어 있다.

햇빛을 받아 따뜻해진 바람은 상승하여 안개를 형성한 뒤 계곡의 원두부를 향해 단속적으로 흘러간다. 촬영자의 머리 위로 안개가 흘러들면 피사체는 바람을 따라 크게 요동친다. 안개를 뚫고 땅위에 도달한 햇빛은 식물을 둘러싼 풍경을 언뜻언뜻 스치며 지나간다. 잎과 꽃에 맺힌 이슬이 반짝반짝 빛을 낸다. 떠도는 안개가 배경의 일부를 하얗게 채색한다. 파인더에 비친 그림은 시시각각 변한다. 사랑할 수밖에 없는 작은 생명의 표정에 이끌린 나는 쉴 새 없이 셔터를 눌러댄다.

내가 촬영해 고른 사진은 운이 좋으면 슬라이드나 프린트, 인쇄물 등을 통해 다른 사람에게 소개된다. 이 책과 같은 인쇄물은 여러 분야의 많은 전문가들의 도움으로 완성된다. 이들 작품은 다양한 자질과 인생 경험을 지닌 사람들이 감상하게 된다. 같은 사진을 같은 사람이 몇 번이고 반복해서 보거나 다른 광원에서 보면 색다른 인상을 느끼게 될 때가 많다. 이 책에 실린 사진이 보는 이에게 언제든 신선한 충격을 줄 수 있다면, 촬영자로서 그 이상 기쁜 일은 없으리라. 맨 처음 파인더 너머로 또 다른 세상을 만나게 되었을 때의 기억을 떠올리며, 그 광경을 아낌없이 드러내 보여준 대자연에 깊은 감사를 느낀다.

식물의 고향 히말라야로의 여행

하늘과 가장 가까운 곳, 히말라야.

언제나 눈부시게 맑은 만년설로 뒤덮여 있는 그 곳.

그렇기에 오히려 더 삭막하게 느껴질 수밖에 없는 그 곳, 히말라야.

하지만 그런 히말라야 곳곳에서 생명의 신비를 머금은 숨결이 수줍게 싹트고 있다는 사실을 여러분은 아시나요?

히말라야는 '히마(hima, 눈)'와 '알 야(alaya, 거처, 안식처)'가 합쳐져 즉 '눈의 안식처'라는 뜻을 품고 있습니다. 그래서인지 아직도 때 묻지 않은 순수함을 간직하고 있습니다.

다윈의 진화론에서 주장하듯 지구의 생명체들은 주어진 환경에 자신을 맞추어 정착하게 됩니다. 식물 또한 이에 적용이 됩니다. 한 지역이 더운지 추운지, 습한지 건조한지에 따라 그 기후에 맞는 식물은 적응을 하며 살고 그렇지 못한 식물은 곧 최후를 맞게 됩니다. 따라서 한 지역에서 볼 수 있는 식물들은 그 종류가 비교적 제한적일 수밖에 없습니다. 하지만 히말라야에는 지구 최대의 식물원이라 불릴 만큼 많은 아름다운 식물들이 있습니다. 히말라야의 높은 고도로 인해 각 지대의 기온이 차이가 나 다양한 환경을 조성해 주기 때문입니다. 저지대의 열대성 식물과 고지대의 한대성 식물까지 한 곳에서 볼 수 있는 히말라야는 지상 최대의 식물의 보고이자 지구상에서 하늘이 가장 가까운 곳을 축복하는 신의 선물일 것입니다.

히말라야를 바라보는 우리네들의 시선은 단적입니다.

일반인들에게 있어 히말라야는 끝도 보이지 않을 만큼 높은 산을 공략하는 탐험가의 성지이거나 혹은 때 되면 간간이 나오는 TV 다큐멘터리의 단골소재 정도로만 알고 있을 것입니다. 지금 이 글을 읽는 순간에도 나무라고는 한그루 없는 길에 쓸쓸이 야크를 몰고 다니는 터번을 쓴 노인이나 눈보라가 휘몰아치는 어느 산 중턱에서 손과 발, 얼굴이 동상에 걸린 채 텐트 안에서 몸을 녹이고 있는 어느 탐험가가 머릿속에 그려지지 않았나 하는 생각이 듭니다. 이는 얼마나 우리가 히말라야에 대해 편중된 시각을 가져왔나를 단적으로 보여준다고 할 수 있습니다. 이렇듯 히말라야의 산과 사람의 이야기는 이미 많은 사람들에게 널리 퍼져 히말라야에 대한 그네들의 생각에 많은 영향을 주고 있습니다.

하지만 히말라야의 진정한 주인공 중에 하나인 식물에 대한 이야기는 많이 부족하다는 생각이 들었습니다. 이런 히말라야에 대한 아쉬움을 제 지식이 부족함에도 불구하고 용기를 내어 이야기 하려고 합니다. 이 책이 히말라야에 대한 여러분의 시선을 약간이나마 변화시켜 새로운 시각으로 히말라야를 바라봤으면 합니다. 또한 이 책에 실린 히말라야 식물들을 보면서 새롭고 크나큰 아름다움을 느낄 수 있었으면 합니다.

날마다 지쳐가는 삶과 각박해지는 생활에서 잠시 벗어나 이 책과 함께 신비롭고 생명력 가득한 히말라야로 식물과의 여행을 떠나봄은 어떻습니까? 우리가 평생 보지 못할지도 모르는 경이롭고 신비한 갖가지 식물들에 대한 소개를 통해 식물 마니아들과 기쁨을 함께 하고 싶습니다.

백운산방 대표 **박종한**

신비와 미지의 땅에 피어있는 야생화의 세계를 소개하다

세계의 지붕이라 일컬어지는 히말라야는 식물을 전공하는 사람들에게는 동경의 땅이요 미지의 땅이다. 세계에서 생물종 다양성이 가장 높은 곳으로, 특히 식물에서는 히말라야에 그 기원을 두거나 공통적으로 분포하는 종들이 매우 많다.

히말라야의 지형과 기후적 특성에 의해 식물 분포의 제한 요소가 되는 습윤과 건조, 더위와 추위 등의 환경인자가 다양하게 교차하고 있어, 수많은 열대성 식물의 북한(北限)이 되고 온대성 식물의 남한(南限)이 된다. 해발 3,000 미터가 넘는 고산지대의 식물 수직분포는 희귀식물의 종 다양성을 더욱 높이고 있다. 히말라야의 장소와 환경에 따라 시간을 달리하며 개화하는 수많은 식물들을 보고 사람들은 "히말라야는 자연의 꽃밭"이라고 표현한다.

현재 우리들이 경제적으로 이용하고 있는 관상용 식물, 식용, 약용 등 다양한 식물자원들이 히말라야를 기원으로 하고 있다. 관상식물로 널리 이용하고 있는 진달래과(Ericaceae), 앵초과(Primulaceae)의 대부분 식물종들, 라일락, 로도덴드론, 마그놀리아, 임파티언스, 캄파눌라, 프리뮬라, 클레마티스 등의 재배종들은 히말라야가 종 분화의 중심이 된 대표적인 식물들이다.

21세기를 "유전자 전쟁"으로 논하는 학자들이 많다. 석유, 광물, 목재 등의 천연자원 이상으로 전 세계는 유용한 생물자원을 차지하기 위해 경쟁을 벌인다는 이야기이다. 이미 우리들 주변에는 식물자원을 이용한 다양한 제품들이 많다. 화단에 피어있는 아름다운 화훼작물을 비롯하여 텍솔 등의 항암제, 아스피린으로 알려진 진통제, 플라스틱 분해

용 포플러, 각종 기호식품 및 약품 등 일일이 열거하기조차 벅차다. 이 모든 식물자원의 원천은 야생식물에서 비롯된다. 그러므로 선진국을 중심으로 한 세계 각국은 유용한 식물종을 확보하기 위해 종을 탐사하고 수집에 열을 올리고 있다. 히말라야는 이제 마지막 남은 생물유전자 은행이다.

저자인 요시다 도시오 선생은 일본의 저명한 자연사진 작가이며 대표적인 식물탐사가이다. 수차례에 걸쳐 히말라야를 탐사한 사진자료와 채집한 식물을 대학과 연구소에 제공한 인물이다. 나는 수년 전 일본 기후현에 있는 지인의 농장을 방문한 적이 있었다. 그 곳에서 저자의 영문판 저서를 접하게 되었다. 늘 이름만 접하던 히말라야 야생식물의 화려한 사진과 그의 글을 보고 매료된 기억을 잊을 수 없었다. 이제 본격적인 그의 저서를 한글판으로 읽을 수 있다는 것에 크게 기대된다.

우리도 식물자원에 대해 국제적인 감각을 가져야 할 때가 되었다. 우리의 자생식물도 잘 지키고 개발해야겠지만 보다 큰 안목으로 세계의 식물자원에 관심을 가지고 국제적인 조류에 편승해야 할 것이다. 이때 미지의 식물과 자연에 대한 우리의 관심을 높여줄 수 있는 요시다 도시오의 저서 출판은 참으로 적기라 할 수 있다. 식물을 전공하는 학자는 물론이고 자연을 사랑하는 모든 사람들에게 이 책을 권하고 싶다.

중앙대학교 산업과학대학(식물응용과학) 학장 **안영희**

HIMALAYAN PLANTS ILLUSTRATED